计算机科学丛书

ARM版

计算机组成与设计

硬件/软件接口

[美] 戴维·A. 帕特森（David A. Patterson）约翰·L. 亨尼斯（John L. Hennessy） 著
陈微 译

Computer Organization and Design

The Hardware/Software Interface ARM Edition

机械工业出版社
China Machine Press

图书在版编目（CIP）数据

计算机组成与设计：硬件/软件接口（原书第5版·ARM版）/（美）戴维·A. 帕特森（David A. Patterson），（美）约翰·L. 亨尼斯（John L. Hennessy）著；陈微译. —北京：机械工业出版社，2018.9（2024.6重印）
（计算机科学丛书）
书名原文：Computer Organization and Design: The Hardware/Software Interface, ARM Edition

ISBN 978-7-111-60894-3

I. 计…　II. ①戴…　②约…　③陈…　III. 计算机体系结构　IV. TP303

中国版本图书馆CIP数据核字（2018）第211387号

北京市版权局著作权合同登记　图字：01-2016-4745号。

Computer Organization and Design: The Hardware/Software Interface, ARM Edition
David A. Patterson, John L. Hennessy
ISBN: 9780128017333

《计算机组成与设计：硬件/软件接口》（原书第5版·ARM版）（陈微 译）
ISBN: 9787111608943

出版发行：机械工业出版社（北京市西城区百万庄大街22号　邮政编码：100037）
责任编辑：曲　熠　　责任校对：殷　虹
印　　刷：北京建宏印刷有限公司　　版　　次：2024年6月第1版第7次印刷
开　　本：185mm×260mm　1/16　　印　　张：32.75
书　　号：ISBN 978-7-111-60894-3　　定　　价：139.00元

客服电话：（010）88361066　68326294

教材的选择往往是一个令人沮丧的妥协过程——教学方法的适用度、知识点的覆盖范围、文辞的流畅性、内容的严谨度、成本的高低等都需要考虑。本书之所以是难得一见的好书，正是因为它能满足各个方面的要求，不再需要任何妥协。这不仅是一部关于计算机组成的教科书，也是所有计算机科学教科书的典范。

——Michael Goldweber，Xavier University

我从第 1 版开始就在使用本书，到现在已经很多年了。这次的版本是对已有经典内容的又一次完美升级。从桌面计算到移动计算再到大数据、云计算，技术的发展为嵌入式处理器（如 ARM）开拓了新的应用领域，为通过软硬件交互来提高性能带来了新素材。所有这些都离不开基本的组成原理。

——Ed Harcourt，St. Lawrence University

无论是对于 80 后、90 后还是 00 后，这都是一本应该珍藏在书架上（或 iPad 中）的计算机体系结构教材。这本书既古老又新颖，不仅介绍了那些伟大的原理——摩尔定律、抽象、加速大概率事件、可靠性、存储器层次结构、并行和流水线，而且使用现代设计对这些伟大原理进行了说明。

——Mark D. Hill，University of Wisconsin-Madison

本书的新版本与新兴的嵌入式和众核（GPU）系统的发展保持同步，当前的发展趋势使得平板电脑和智能手机很快变成新的桌面电脑。本书接纳了这些变化，但仍介绍了大量计算机组成与设计的基本原理，这对于新设备和新系统的软硬件设计人员来说非常有用。

——Dave Kaeli，Northeastern University

本书不仅仅会讲解计算机体系结构，而且为读者准备了迎接新的变化与挑战的“锦囊”。目前，半导体工艺技术按比例缩小的困难使得所有系统功率受限，而移动系统和大数据处理的性能需求却仍在不断增长。在计算技术这一新领域，必须进行软硬件协同设计，并且系统级体系结构优化与部件级优化一样重要。

——Christos Kozyrakis，Stanford University

Patterson 和 Hennessy 讨论了不断变化的计算机硬件体系结构中的重要议题，强调硬件和软件模块在不同抽象层次上的交互。书中涵盖各种硬件和软件机制，I/O 和并行的概念贯穿其中，全景式呈现了后 PC 时代的计算机体系结构。无论是平板电脑硬件工程师还是云计算软件架构师，如果你正对能源效率和并行化问题一筹莫展，那么本书必将成为不二之选。

——Jae C. Oh，Syracuse University

译者序

本书的翻译工作终于接近尾声，有机会翻译图灵奖得主 Patterson 和 Hennessy 的著作让我感到非常荣幸。本书对计算机组成和设计实践进行了系统深入的介绍和讨论，是计算机组成方面最为畅销的经典教材之一，适合作为计算机及相关专业的本科生教材，同时也适合需要对计算机组成的基本原理有所理解的读者，以及需要进一步理解计算机系统如何工作的读者阅读。

本书至今已经发行了 5 版，现在这一版为第 5 版的 ARM 版。在翻译本书之前，我们在计算机原理的教学工作中已经由使用 MIPS 调整为使用 ARM 体系结构进行教学，目的是使计算机原理的教学工作紧跟技术前沿。2016 年 5 月，在合肥举行的全国计算机专业系统能力培养会议上，我们得知 Patterson 即将出版《计算机组成与设计》的 ARM 版，这与我们的工作不谋而合。ARM 版出版之后，华章很快引进了该书。当我看到原版著作后，当即答应翻译此书。

ARM 处理器是典型的 RISC 架构，具有性能高、成本低和能耗省的特点，在智能手机、平板电脑、嵌入控制、多媒体数字等处理器领域拥有主导地位。同时 ARM 也在向桌面机、服务器和超级计算机领域发展。在后 PC 时代，ARM 具有巨大的生态系统和应用领域。因此，了解这一体系结构对于我们理解计算机的组成原理与设计实践具有重要的意义。

当然，除了 ARM 版，本书还有传统的 MIPS 版和新推出的 RISC-V 版。无论哪个版本，都阐述了相似的基本原理和设计技术，而同样的根基又可以衍生出不同的结构。我想这也正是作者提供不同版本的目的所在，为读者提供更多的选择与比较的途径，同时也让读者体会到计算机组成与设计万变不离其宗的道理。

作者认为，计算领域各个方向的读者都能从本书的学习中受益。过去，程序员在计算机体系结构专家、编译器开发者以及芯片工程师的帮助下，一行代码也不用修改，就能让程序更快或更高效地运行在新型微处理器上。但是，这样的时代已经一去不返了。随着现代计算机技术的发展，计算领域的各个方向都需要对硬件和软件均有深入理解的专业人士。作者在本书各个章节的组织和阐述中，也贯穿了这种软硬件贯通的思想。

国内的学者也早已意识到软硬件贯通对计算机人才培养的重要性，系统能力培养正在国内高校的计算机专业中如火如荼地展开。计算机专业人才培养已从强调“程序”设计向强调“系统”设计转变。无论计算机发展是呈现当前网络化、服务化、普适化和智能化的特征，还是将来呈现其他的新趋势，“系统”都是各种酷炫应用背后的支撑，是计算机体系里最核心的存在。培养具有系统观、能够进行软硬件协同设计的软硬件贯通人才正是计算机专业人才培养的关键。千里之行始于足下，对计算机系统基本原理和组成结构的学习，正是理解硬件和软件在各个层次上的相互关系的基础。

如果读者阅读过本书的前三版，会发现自第 4 版起到第 5 版，本书的撰写风格有了不小的改变，很多较为“底层”和基础的内容不见了（比如运算器的细节等），而并行和优化等知识的篇幅增加了不少。撰写风格和内容发生改变的原因，一方面是技术发展所致，另一方面，我认为也是教学理念和方式的改变所致。我于 2017 年在美国德克萨斯大学奥斯汀分校进行了为期三个月的教学交流（教学内容是与计算机组成原理相关的），期间也为美国学生授课。我发现，教授在课堂上讲授的内容通常是较为高层甚至抽象的，而大量与授课内容相关的基础和细节，都需要学生在课后查阅资料自行学习，这对学生的学习能力要求更高。而我们则总是希望在课堂上把细节和关键都告诉学生。这种授课和人才培养理念的不同给我留下了深刻的印象，也值得国内的同行思考。

为了尊重原著，本书译文中的有些用词可能与国内的其他书不太一致，例如第 1 章出现的“die”，有的书称为“芯片”（这种解释会与“chip”混淆），有的书称为“模具”。我根据自己 4 年的微处理器工程项目经验，并咨询了芯片设计开发的专业人士，最终将“die”解释为“管芯”，即芯片中的裸片（事实上，专业人士沟通时通常直接使用“die”而非中文定义）。本书中很多地方在首次给出中文解释后都直接使用了英文名词（例如 load/store），因为有些定义只可“意会”不可“言传”，相信读者完全可以体会这些名词的含义，而不需要拘泥于中文翻译。这些地方请读者阅读时注意。

在翻译过程中，我们也发现了原著中的一些笔误与不妥之处，译稿中已进行了纠正。还有一些标有“译者注”的地方，是我们根据对原文的理解并结合多年工程和研究工作中的经验所做的一些补充说明，以便于读者阅读。

全书主要由我逐字翻译并校对。研究生刘文杰、王璐、王博千参与了部分内容的翻译和资料整理工作。在本书的翻译过程中，还得到了国防科技大学王志英教授和 ARM 教育生态部总监陈炜博士的热情指导和鼓励。机械工业出版社的编辑也为本书的翻译和出版提出了大量宝贵意见。在此，谨向他们表示衷心的感谢。

感谢本书前 4 版以及第 5 版 MIPS 版的译者清华大学郑纬民教授、西北工业大学康继昌教授、樊晓桠教授、王党辉副教授、安建峰副教授等，他们的工作使得这本重要的教材在国内有了广泛的读者，也使第 5 版 ARM 版的翻译有了很好的基础和参考。

在此也要感谢我的家人，正是由于他们的全力支持，使我能全身心投入到自己所热爱的工作之中。特别感谢我的儿子安之，当我工作繁忙加班加点时，五岁的他总是在办公室安静地伴我左右。

翻译是一件很难做得完美的事，尽管我们常常为了一个名词而请教相关方向的专家并反复斟酌，但由于时间及水平的限制，难免还有错误及欠妥之处。请各位读者批评指正，并提出宝贵意见，欢迎发送电子邮件至 cod5_arm @ qq.com。

今日写序，正值端午，想起屈大夫“路漫漫其修远兮，吾将上下而求索”的心志。当前正是我国信息技术创新、两化深度融合、IT 服务全面改革以及推动社会与经济健康进步的关键时期。中兴事件之后，国人愈发认识到核心技术亟须攻克。肩负新型计算系统设计与开发责任的计算机专业人员需要具有系统级的设计、实现和应用能力，才能为实现国家发展目标做出贡献。这需要从事计算机研究和教学的人士以及读者的共同努力。今日未济，明日可期。

陈微

2018 年端午于长沙

神秘是我们所能体验的最美好的事物，它是所有真正的艺术和科学的源泉。

——阿尔伯特·爱因斯坦，《我的信仰》，1930 年

关于本书

我们学习计算机科学与工程时，不仅需要了解这个领域内的最新进展，同时也需要掌握计算技术背后的基本原理和组成结构。计算机系统的组成决定了系统的功能和性能，是系统成功与否的关键。因此，计算领域各个方向的读者都能从计算机系统组成理论的学习中受益。

随着现代计算机技术的发展，计算领域的各个方向都需要对硬件和软件均有深入理解的专业人士。硬件和软件在各个层次上的相互关系，为理解计算技术的基本原理提供了框架。无论你感兴趣的是硬件还是软件，是计算机科学还是电气工程，计算机组成与设计的核心思想都是相同的。因此，本书着重展示计算机硬件与软件间的相互关系，并重点介绍当今计算机中的基础概念。

当前，微处理器由单核发展为多核，这一趋势印证了本书自第 1 版就提出的观点。过去，程序员可以忽略我们的建议，在计算机体系结构专家、编译器开发者以及芯片工程师的帮助下，他们一行代码也不用修改，就能让程序更快或更高效地运行在新型微处理器上。但是，这样的时代已经一去不返了。为了使程序运行得更快，就必须要实现并行化。虽然许多研究者的目标是希望程序员在编写程序时无须考虑底层硬件的并行特性，但这一目标还要很多年才能实现。我们认为，至少在下一个十年里，大多数程序员仍必须理解硬件 / 软件接口，才能编写出在并行计算机上高效运行的程序。

本书适合以下读者：在汇编语言或（数字）逻辑设计方面只有少许经验，需要对计算机组成的基本原理有所理解；具有汇编语言或逻辑设计基础，需要学习如何设计计算机，或者需要进一步理解计算机系统是如何工作的。

与本书相关的另一本书

有些读者可能对《计算机体系结构：量化研究方法》一书有所了解，也就是人们常说的“ Hennessy and Patterson”（本书则常被称为“ Patterson and Hennessy ”）。我们撰写“量化研究方法”那本书，意在通过坚实的工程基础和量化的开销 / 性能权衡方法来描述计算机体系结构的原理。书中以商用系统为基础，将案例和测量方法相结合，以期帮助读者积累实际的设计经验。我们希望阐明的是，计算机体系结构可以通过“量化”的方法而不是“描述”的方法来学习。因此，它主要面向需要对计算机体系结构有详细了解的计算机专业人士。

本书的大多数读者可能并不打算成为计算机体系结构专家。然而，软件设计人员对底层硬件技术的理解程度，将对软件系统的性能和能效产生显著影响。因此，编译器开发

者、操作系统设计者、数据库程序员以及其他大多数软件工程师都应当对本书所介绍的原理有充分了解。同样，硬件设计人员也必须清楚地理解他们的工作将对软件应用产生何种影响。

因此，本书绝非“量化研究方法”一书的子集，而是进行了大量扩充和修订，以满足不同层次的读者。我们在“量化研究方法”的后续版本中删除了很多介绍性的内容，较之这两本书的第 1 版，现在重叠的内容已经大幅减少，这是一个令人高兴的变化。

这一版为何采用 ARMv8

指令集的选择对于一本计算机体系结构教科书而言是非常关键的。无论一种指令集多受欢迎，如果它对初学者来说花哨难懂，我们仍会放弃这种巴洛克式的华美。初次接触的指令集应当是指令集中的“典范”，足以被牢记心间，就像牢记初恋一样。你或许不会相信，初恋和初次接触的指令集都有令人记忆犹新的魔力。

虽然当年也有很多种指令集可供选择，但在撰写“量化研究方法”的第 1 版时，我们自己构造了一种 RISC 风格的指令集——MIPS。MIPS 指令集非常简洁而且广受欢迎，因此从第 1 版开始，那本书的后续版本以及我们的其他相关书籍都采用 MIPS 指令集作为范例。MIPS 一直陪伴着我们以及我们的广大读者。

当前，ARM 发展速度惊人，其指令集的受欢迎程度也令人难以置信。2015 年 ARM 芯片的出货量就达到了 140 亿片。很多教师提出需求，希望能够基于 ARM 出版一个版本。在本书亚洲版的一些章节中，我们曾做过尝试。但是，ARMv7（32 位地址）指令集“怪异”的风格让我们无法忍受[⊖]。因此，我们考虑不再继续采用 ARMv7。

然而，让人惊喜的是，ARM 推出的 64 位指令集有了很大的改动。较之 ARMv7，新的 64 位指令集和 MIPS 有很多相似之处：

- 将寄存器数由 16 个增加为 32 个。
- 将 PC 设计为独立的寄存器，而不是寄存器组中的一个。
- 去除了指令的条件执行功能。
- 去除了多字连续 load 和 store（load multiple 和 store multiple）指令。
- 增加了 PC 相对寻址的分支指令，支持较大的转移空间。
- 将所有数据传输指令的寻址模式设置为一致的。
- 减少了指令集的条件码。
- ……

虽然 ARMv8 比 MIPS 庞大得多（ARMv8 指令集参考手册多达 5400 页），但是本书只挑选了 ARMv8 指令集的一个子集，这个子集在指令数量和特性上都与以前版本所采用的 MIPS 相似。为了避免混淆，本书将这个子集称为 LEGv8。所以，本书基于 LEGv8 撰写了 ARMv8 版。

ARMv8 指令集本身提供了 32 位地址指令和 64 位地址指令两种模式。我们原本可以选择 ARMv8 指令集并保持 32 位地址模式，不过我们的出版商对读者进行了调查，结论是 75% 的读者倾向于采用 64 位地址模式或者持中立态度。因此我们最终决定将地址空间扩展为 64 位，从目前技术发展的角度来看也更为合理。

⊖ ARMv7 指令集支持条件执行，操作数寻址方式复杂，指令集复杂度介于 RISC 和 CISC 之间。——译者注

ARM 版和 MIPS 版的区别仅在于涉及指令集的章节，主要是第 2、3、5 章的虚拟存储器部分，以及第 6 章的 VMIPS 例子部分。第 4 章切换到了 ARMv8 指令，修改了若干图表，增加了一些“精解”模块，这些改动都较为简单。第 1 章和剩下的附录几乎没有改动。考虑到网络上大量的文档材料以及 ARMv8 本身的复杂度，将原来的附录 A（汇编器、链接器和 SPIM 模拟器）从 MIPS 版替换为 ARM 版是非常困难的。对此，本书在第 2、3、5 章中均包含了对除 ARMv8 核心指令[⊖]之外的其他 ARMv8 指令的快速概述，而这些核心指令则在其他章节中详细介绍。我们相信本书的读者即使没有阅读网络上动辄几千页的资料的经验，也依旧能够较好地理解 ARMv8。其他勇于探索的读者则可以通过阅读这些概述对 ARMv8 形成框架性的认识，以便后续更好地理解 ARMv8 众多复杂的特点。

当然，我们并没有打算永久地采用 ARMv8 结构，例如本书第 5 版的 ARM 版和 MIPS 版就同时在售。本书未来的版本可能还会有对 MIPS 版和 ARM 版的需求，也可能会有包含另一种指令集的新版本出现。我们期待你的反馈。

第 5 版的变化

第 5 版有 6 项主要变化：

- 通过实例论证理解硬件的重要性。
- 对于第 1 章中提到的 8 个伟大思想，在后面每次应用这些思想时予以突出显示。
- 更新例题，体现从 PC 时代到后 PC 时代的发展变化。
- 将 I/O 吞吐率方面的内容贯穿在整本书中，而不是集中在一章中阐述。
- 对技术内容进行了更新，体现自 2009 年本书第 4 版出版以来工业界的变化。
- 将附录和可选章节的内容放在互联网上（带有 🌐 图标），而不是随书附加 CD，从而降低了成本，也使新版本可独立成为一部电子书。

在详细介绍第 5 版的变化即修订目标之前，首先看下表。该表列出了本书的主要内容，并为关注硬件和关注软件的两类读者分别进行了导读。其中，第 1、4、5、6 章是两类读者都需关注的。第 1 章讨论了能耗的重要性及其如何引发微处理器从单核向多核转变，还介绍了计算机体系结构中的 8 个伟大思想。第 2 章对于硬件方向的读者来说很可能是复习性的内容，而对于软件方向的读者来说则是必选的学习内容，特别是希望对编译器和面向对象编程语言有更多了解的读者。第 3 章适合对数据通路构建或浮点运算感兴趣的读者。如果你对这些内容没有兴趣，或是已经掌握了这部分知识，则可以跳过该章。不过，第 3 章中给出了一个矩阵乘法的实例，展示如何通过子字并行方法将性能提高 4 倍，因此不要跳过 3.6 ～ 3.8 节。第 4 章介绍流水线处理器。其中，4.1、4.5 和 4.10 节为概述，4.12 节给出了进一步提高矩阵乘法性能的方法，这些小节对于关注软件的读者来说比较重要。而对于关注硬件的读者，第 4 章是核心内容，你可以根据自己具备的硬件知识背景，选择是否先阅读附录 A 中的逻辑设计部分。最后一章是全新的内容，涉及多核、多处理器和集群系统，所有读者都应该阅读。我们重新组织了内容，希望能使很多技术思想的阐述更加自然，并且引入了更多关于 GPU、仓储式计算机以及网络软硬件接口（集群系统中的关键）的内容。

⊖ 即 LEGv8。——译者注

章 / 附录	节	关注软件	关注硬件
第 1 章 计算机的抽象与技术	1.1~1.11	仔细阅读	仔细阅读
	1.12（历史）	拓展阅读	拓展阅读
第 2 章 指令：计算机的语言	2.1~2.14	仔细阅读	回顾或阅读
	2.15（编译器和 Java）	有时间阅读	
	2.16~2.21	仔细阅读	回顾或阅读
	2.22（历史）	拓展阅读	拓展阅读
附录 D RISC 指令集体系结构	D.1 ～ D.17	有时间阅读	
第 3 章 计算机的算术运算	3.1 ～ 3.5	回顾或阅读	回顾或阅读
	3.6~3.9（子字并行）	仔细阅读	仔细阅读
	3.10~3.11（谬误）	回顾或阅读	回顾或阅读
	3.12（历史）	拓展阅读	拓展阅读
附录 A 逻辑设计基础	A.1~A.13		回顾或阅读
第 4 章 处理器	4.1（引言）	仔细阅读	仔细阅读
	4.2（逻辑设计的一般方法）		仔细阅读
	4.3~4.4（简单实现）	回顾或阅读	仔细阅读
	4.5（流水线概述）	仔细阅读	仔细阅读
	4.6（流水线数据通路）	回顾或阅读	仔细阅读
	4.7~4.9（冒险和异常）		仔细阅读
	4.10~4.12（并行和实例）	仔细阅读	仔细阅读
	4.13（Verilog 流水线控制）		有时间阅读
	4.14~4.15（谬误）	仔细阅读	仔细阅读
	4.16（历史）	有时间阅读	有时间阅读
附录 C 控制器的硬件实现	C.1~C.6		有时间阅读
第 5 章 大容量和高速度：开发存储器层次结构	5.1~5.10	仔细阅读	仔细阅读
	5.11（廉价冗余磁盘阵列）	回顾或阅读	回顾或阅读
	5.12（Verilog cache 控制器）		回顾或阅读
	5.13~5.16	仔细阅读	仔细阅读
	5.17（历史）	拓展阅读	拓展阅读
第 6 章 并行处理器：从客户端到云	6.1~6.8	仔细阅读	仔细阅读
	6.9（网络）	有时间阅读	有时间阅读
	6.10~6.14	仔细阅读	仔细阅读
	6.15（历史）	拓展阅读	拓展阅读
附录 B 图形处理单元	B.1~B.13	作为参考	作为参考

仔细阅读　　有时间阅读　　作为参考

回顾或阅读　　拓展阅读

第 5 版的第一个目标是希望通过具体的例子，帮助读者理解硬件对提高性能和能效的重要性。正如前面所述，第 3 章介绍了如何采用子字并行将矩阵乘法加速 4 倍。第 4 章介绍了通过循环展开将性能翻倍，从而证明了指令集并行的价值。第 5 章阐述了如何利用分块技术优化 cache，将性能再次翻倍。第 6 章证明了通过在 16 个处理器上采用线程级并行可以获得 14 倍的加速比。而这四种优化技术的实现，仅需要在原始矩阵乘法例子的 C 代码上增加 24 行代码。

第二个目标是帮助读者更好地理解计算机体系结构技术的精髓：首先集中介绍计算机体系结构设计中的 8 个伟大思想，然后在整本书中明确指出这些思想的应用。在每次引用这些伟大思想时会突出显示，全书大约有 100 次引用，每章中至少有 7 处应用实例，并且每个思想至少被引用 5 次。通过并行、流水线以及预测技术提高性能是被引用最多的三个思想，其次是摩尔定律。讲述处理器的第 4 章是实例最多的一章，也是最吸引计算机架构师的一章。通过并行提高性能是在每一章中都能找到的伟大思想，这也是近年来计算机领域以及本书所一直强调的。

第三个目标是通过例题和相关讲解，来展现计算技术从 PC 时代进入后 PC 时代的变化。因此，第 1 章中直接介绍了平板电脑而非传统的 PC，第 6 章则描述了云计算基础设施。此外，本版还引入了后 PC 时代个人移动设备里广泛使用的 ARM 指令集，以及在 PC 时代和云计算中占主导地位的 x86 指令集。

第四个目标是将 I/O 吞吐率方面的内容贯穿在整本书中，而不是集中在一章中介绍。这与第 4 版中将并行技术贯穿全书各章的做法一样。因此，大家可在 1.4、4.9、5.2、5.5、5.11 和 6.9 节中找到 I/O 相关的内容。我们的初衷是希望通过分散这些内容，使得 I/O 对于读者（和教师）而言更容易掌握。

计算机是一个快速发展的领域，本书推出新版就是希望能通过更新技术内容而跟上发展浪潮，这也是我们的第五个目标。所以，本版采用能够反映后 PC 时代特点的 ARM Cortex-A53 和 Intel Core i7 作为实例。此外，我们还增加了关于 GPU 特有术语的教程，并对构成云的仓储式计算机以及 10G 以太网卡进行了较为深入的阐述。

最后一个目标是，为了保持本书主体部分的精简，以及考虑到纸质书与电子书的兼容性，我们一改以前版本的做法，将可选内容由随书 CD 改为网络资源。

此外，我们更新了本书的所有练习题。

在修订内容的同时，本版仍然保留了以往版本中有用的要素。例如，为使本书作为参考书使用时更为便捷，我们仍在新术语第一次出现时给出定义，放在页边供读者参考。书中的“理解程序性能”模块有助于读者理解程序的性能，以及如何提高性能；而“硬件 / 软件接口”模块会帮助读者理解有关接口的权衡问题。与之前的版本一样，本版依旧包含“重点”模块，防止读者“只见树木不见森林”。“小测验”模块以及每章最后的“小测验答案”，可帮助读者在第一时间加强对内容的理解。本版同样提供了 ARMv8 参考数据卡[⊖]，这是从 IBM System/360 的“绿卡”中得到的灵感。卡片上的数据已进行了更新，在编写 ARMv8 汇编语言程序时，可以作为很好的参考。

教学支持[⊜]

我们收集了大量材料供用书教师在授课时使用，包括练习题答案、书中的图表、配套的幻灯片等，教师可以在出版商处注册后获得。本书的网页上同时给出了一个链接，读者可以从该链接上下载 ARM DS-5 专业软件套件，包括 ARMv8-A（64 位）体系结构模拟器，以及附录、术语表、参考文献和推荐读物等其他用于进一步学习的资料。如需更多信息，请访问出版商网址：booksite.elsevier.com/9780128017333。

⊖ 即 LEGv8 参考数据卡（Reference Data Card），见本书封面以及封底的背面。——译者注

⊜ 关于本书教辅资源，只有使用本书作为教材的教师才可以申请，需要的教师请访问爱思唯尔的教材网站 https://textbooks.elsevier.com/ 进行申请。——编辑注

结语

从下面的致谢中，你会发现我们花费了很长时间去修订本书各版中的错误。由于本书印刷了多次，因此我们有机会做更多的校正。如果你发现还有遗留的错误，请通过电子邮件与出版社联系（codARMbugs@mkp.com），或者通过邮局将信件邮寄给出版商。

本版是 Hennessy 和 Patterson 自 1989 年以来长期合作的第三次中止。由于要管理一所世界知名的大学，Hennessy 校长将无法继续参加新版本的实际编写工作。留下 Patterson 一人感觉自己像是走在没有安全网保护的钢丝绳上。所以，在致谢中列出的人以及伯克利的同事们在本书的撰写过程中起了更大的作用。当然，以后读者阅读本书时抱怨的对象应该只有我一人。

致谢

在本书的每一版中，我们都非常幸运地得到了许多来自读者、审稿人以及其他撰稿人的帮助。每个人的帮助都使本书更加完美。

我们要向 Khaled Benkrid 和他在 ARM 公司的同事表示衷心的感谢。他们仔细阅读了本书中和 ARM 相关的内容，并提供了很多建设性的反馈意见。

第 6 章做了较大的修改，以至于我们对该章中的思想和内容进行了单独评审，并根据每位评审人的反馈意见做了修改。感谢斯坦福大学的 Christos Kozyrakis，他建议在集群中使用网络接口来论证 I/O 的软硬件接口，并对该章其他内容的组织提出了建议。感谢斯坦福大学的 Mario Flagsilk，他提供了 NetFPGA NIC 的细节、图表以及性能评测数据。感谢对第 6 章修改提出建议的下列人员：David Kaeli（Northeastern University），Partha Ranganathan（HP Labs），David Wood（University of Wisconsin）。还要感谢我在伯克利的同事 Siamak Faridani、Shoaib Kamil、Yunsup Lee、Zhangxi Tan、Andrew Waterman。

特别感谢 Rimas Avizenis（UC Berkeley），他开发了不同版本的矩阵乘法，并提供了相应的性能数据。我在 UCLA 读研究生时与他的父亲一起工作，和 Rimas 共事是一件美好的事情。

感谢我的长期合作伙伴 Randy Katz（UC Berkeley）。我们共同讲授本科生课程时，一起提炼了计算机体系结构中的伟大思想。

感谢 David Kirk、John Nickolls 以及他们在 NVIDIA 的同事（Michael Garland、John Montrym、Doug Voorhies、Lars Nyland、Erik Lindholm、Paulius Micikevicius、Massimiliano Fatica、Stuart Oberman、Vasily Volkov），他们为本书提供了第一个深入介绍 GPU 的附录。再次感谢 Jim Larus，他现在是 EPFL 计算机与通信科学学院的院长，为本书发挥了他在汇编语言方面的专长，欢迎本书读者使用他所开发和维护的模拟器。

非常感谢 Zachary Kurmas（Grand Valley State University）在本书前几版的基础上，为本版更新和新增了很多练习题。同样感谢本书过去几版中练习题的编写人员：Perry Alexander（Te University of Kansas），Jason Bakos（University of South Carolina），Javier Bruguera（Universidade de Santiago de Compostela），Matthew Farrens（University of California, Davis），David Kaeli（Northeastern University），Nicole Kaiyan（University of Adelaide），John Oliver（Cal Poly, San Luis Obispo），Milos Prvulovic（Georgia Tech），Jichuan Chang（Google），Jacob Leverich（Stanford），Kevin Lim（Hewlett-Packard），Partha Ranganathan（Google）。

再次感谢 Jason Bakos 更新了本书的配套幻灯片。

感谢众多教师和读者的贡献，他们回答了出版商的问卷调查、审阅我们的提议、参加座谈，并对本版的出版计划进行分析和反馈。他们的名单如下。焦点小组：Bruce Barton（Suffolk

County Community College), Jeff Braun (Montana Tech), Ed Gehringer (North Carolina State), Michael Goldweber (Xavier University), Ed Harcourt (St. Lawrence University), Mark Hill (University of Wisconsin, Madison), Patrick Homer (University of Arizona), Norm Jouppi (HP Labs), Dave Kaeli (Northeastern University), Christos Kozyrakis (StanfordUniversity), Jae C. Oh (Syracuse University), Lu Peng (LSU), Milos Prvulovic (Georgia Tech), Partha Ranganathan (HP Labs), David Wood (University of Wisconsin), Craig Zilles (University of Illinois at Urbana-Champaign)。参加调查问卷和审阅的学者：Mahmoud Abou-Nasr (Wayne State University), Perry Alexander (Te University of Kansas), Behnam Arad (Sacramento State University), Hakan Aydin (George Mason University), Hussein Badr (State University of New York at Stony Brook), Mac Baker (Virginia Military Institute), Ron Barnes (George Mason University), Douglas Blough (Georgia Institute of Technology), Kevin Bolding (Seattle Pacifc University), Miodrag Bolic (University of Ottawa), John Bonomo (Westminster College), Jeff Braun (Montana Tech), Tom Briggs (Shippensburg University), Mike Bright (Grove City College), Scott Burgess (Humboldt State University), Fazli Can (Bilkent University), Warren R. Carithers (Rochester Institute of Technology), Bruce Carlton (Mesa Community College), Nicholas Carter (University of Illinois at Urbana-Champaign), Anthony Cocchi (Te City University of New York), Don Cooley (Utah State University), Gene Cooperman (Northeastern University), Robert D. Cupper (Allegheny College), Amy Csizmar Dalal (Carleton College), Daniel Dalle (Université de Sherbrooke), Edward W. Davis (North Carolina State University), Nathaniel J. Davis (Air Force Institute of Technology), Molisa Derk (Oklahoma City University), Andrea Di Blas (Stanford University), Derek Eager (University of Saskatchewan), Ata Elahi (Souther Connecticut State University), Ernest Ferguson (Northwest Missouri State University), Rhonda Kay Gaede (Te University of Alabama), Etienne M. Gagnon (L'Université du Québec à Montréal), Costa Gerousis (Christopher Newport University), Paul Gillard (Memorial University of Newfoundland), Michael Goldweber (Xavier University), Georgia Grant (College of San Mateo), Paul V. Gratz (Texas A&M University), Merrill Hall (Te Master's College), Tyson Hall (Southern Adventist University), Ed Harcourt (St. Lawrence University), Justin E. Harlow (University of South Florida), Paul F. Hemler (Hampden Sydney College), Jayantha Herath (St. Cloud State University), Martin Herbordt (Boston University), Steve J. Hodges (Cabrillo College), Kenneth Hopkinson (Cornell University), Bill Hsu (San Francisco State University), Dalton Hunkins (St. Bonaventure University), Baback Izadi (State University of New York—NewPaltz), Reza Jafari, Robert W. Johnson (Colorado Technical University), Bharat Joshi (University of North Carolina, Charlotte), Nagarajan Kandasamy (Drexel University), Rajiv Kapadia, Ryan Kastner (University of California, Santa Barbara), E. J. Kim (Texas A&M University), Jihong Kim (Seoul National University), Jim Kirk (Union University), Geoffrey S. Knauth (Lycoming College), Manish M. Kochhal (Wayne State), Suzan Koknar-Tezel (Saint Joseph's University), Angkul Kongmunvattana (Columbus State University), April Kontostathis (Ursinus College), Christos Kozyrakis (Stanford University), Danny Krizanc (Wesleyan University), Ashok Kumar, S. Kumar (Te University of Texas), Zachary Kurmas (Grand Valley State University), Adrian Lauf (University of Louisville), Robert N. Lea (University of Houston), Alvin Lebeck (Duke University), Baoxin Li (Arizona State University), Li Liao (University of Delaware)，Gary Livingston（University of Massachusetts），Michael Lyle, Douglas W. Lynn（Oregon Institute of Technology），Yashwant K Malaiya（Colorado State University），Stephen Mann（University of Waterloo），Bill Mark（University of Texas at Austin），Ananda Mondal（Claflin University），Alvin Moser（Seattle University），Walid Najjar（University of California, Riverside），Vijaykrishnan Narayanan（Penn State University），Danial J. Neebel（Loras College），Victor Nelson（Auburn University），John Nestor（Lafayette College），Jae C. Oh（Syracuse University），Joe Oldham（Centre College），Timour Paltashev, James Parkerson（University of Arkansas），Shaunak Pawagi（SUNY at Stony Brook），Steve Pearce, Ted Pedersen（University of Minnesota），Lu Peng（Louisiana State University），Gregory D. Peterson（Te University of Tennessee），William Pierce（Hood College），Milos Prvulovic（Georgia Tech），Partha Ranganathan（HP Labs），Dejan Raskovic（University of Alaska, Fairbanks）Brad Richards（University of Puget Sound），Roman Rozanov, Louis Rubinfeld（Villanova University），Md Abdus Salam（Southern University），Augustine Samba（Kent State University），Robert Schaefer（Daniel Webster College），Carolyn J. C. Schauble（Colorado State University），Keith Schubert（CSU San Bernardino），William L. Schultz, Kelly Shaw（University of Richmond），Shahram Shirani（McMaster University），Scott Sigman（Drury University），Shai Simonson（Stonehill College），Bruce Smith, David Smith, Jeff W. Smith（University of Georgia, Athens），Mark Smotherman（Clemson University），Philip Snyder（Johns Hopkins University），Alex Sprintson（Texas A&M），Timothy D. Stanley（Brigham Young University），Dean Stevens（Morningside College），Nozar Tabrizi（Kettering University），Yuval Tamir（UCLA），Alexander Taubin（Boston University），Will Tacker（Winthrop University），Mithuna Tottethodi（Purdue University），Manghui Tu（Southern Utah University），Dean Tullsen（UC San Diego），Steve VanderLeest（Calvin College），Christopher Vickery（Queens College of CUNY），Rama Viswanathan（Beloit College），Ken Vollmar（Missouri State University），Guoping Wang（Indiana-Purdue University），Patricia Wenner（Bucknell University），Kent Wilken（University of California, Davis），David Wolfe（Gustavus Adolphus College），David Wood（University of Wisconsin, Madison），Ki Hwan Yum（University of Texas, San Antonio），Mohamed Zahran（City College of New York），Amr Zaky（Santa Clara University），Gerald D. Zarnett（Ryerson University），Nian Zhang（South Dakota School of Mines & Technology），Jiling Zhong（Troy University），Huiyang Zhou（North Carolina State University），Weiyu Zhu（Illinois Wesleyan University）。

特别感谢 Mark Smotherman 反复查找本书中的技术错误和写作错误，他的工作大大提高了本版的质量。

感谢 Morgan Kaufmann 出版公司的支持，在 Todd Green、Steve Merken 和 Nate McFadden 的有力领导下，我们顺利推出了 ARM 版，没有他们的工作，本书不可能得以问世。还要感谢 Lisa Jones 对本书出版过程的管理，感谢 Mattew Limbert 设计了封面。新封面巧妙地将本版所要呈现的后 PC 时代的内容和第 1 版封面所要表达的内容呼应起来。

以上提到的近 150 名人士为本版提供了大量帮助，使之成为我们期望的最棒的书。希望读者喜爱我们的新版本！

David A. Patterson

作者简介

戴维·A. 帕特森（David A. Patterson）

自1976年加入加州大学伯克利分校开始执教起，一直在该校讲授计算机体系结构课程，是伯克利计算机科学Pardee讲座教授主席。他的教学工作曾获得加州大学杰出教学奖、ACM Karlstrom奖、IEEE Mulligan教育奖章以及IEEE本科教学奖。因为对RISC的贡献，Patterson获得了IEEE技术进步奖和ACM Eckert-Mauchly奖，并因为对RAID的贡献分享了IEEE Johnson信息存储奖。他和John Hennessy共同获得了IEEE John von Neumann奖章以及C&C奖金。与Hennessy一样，Patterson是美国艺术与科学院和计算机历史博物馆院士，ACM和IEEE会士，并入选了美国国家工程院、国家科学院和硅谷工程名人堂。他曾服务于美国总统信息咨询委员会，担任过伯克利电子工程与计算机科学（EECS）系计算机科学分部主任、计算研究学会主席和ACM主席。这些工作使他获得了ACM、CRA以及SIGARCH的杰出服务奖。

在伯克利，Patterson领导了RISC I的设计与实现工作，这可能是第一台VLSI精简指令集计算机，为商用SPARC体系结构奠定了基础。他也是廉价冗余磁盘阵列（RAID）项目的领导者，RAID技术引导许多公司开发出了高可靠的存储系统。他还参加了工作站网络（NOW）项目，正是因为该项目，才有了被互联网公司广泛使用的集群技术以及后来的云计算。这些项目获得了四个ACM最佳论文奖。Patterson当前的研究项目包括："算法－机器－人"（AMP）；可证明最优实现的高效及弹性算法和专用器（ASPIRE）。AMP实验室的目标是开发可扩展的机器学习算法、适用于仓储式计算机的编程模型以及能够快速洞悉云中海量数据的众包工具。ASPIRE实验室的目标是通过深度硬件和软件协同，在移动和机架计算系统中获得可能的最高性能和能效。

约翰·L. 亨尼斯（John L. Hennessy）

斯坦福大学的第十任校长，从1977年开始任教于该校电子工程与计算机科学系。Hennessy是IEEE和ACM会士，美国国家工程院、国家科学院、美国哲学院以及美国艺术与科学院院士。Hennessy获得的众多奖项包括2001年ACM Eckert-Mauchly奖（因对RISC的贡献），2001年Seymour Cray计算机工程奖，2000年与Patterson共同获得John von Neumann奖章。他还获得了七个荣誉博士学位。

1981年，Hennessy带领几位研究生在斯坦福大学开始研究MIPS项目。1984年完成该项目后，他暂时离开大学，与他人共同创建了MIPS Computer Systems公司（现在的MIPS Technologies公司），该公司开发了最早的商用RISC微处理器之一。2006年，已有超过20亿片MIPS微处理器应用在从视频游戏和掌上计算机到激光打印机和网络交换机的各类设备中。Hennessy后来领导了共享存储器控制体系结构（DASH）项目，该项目设计了第一个可扩展cache一致性多处理器原型，其中的很多关键思想都在现代多处理器中得到了应用。除了参与科研活动和履行学校职责，Hennessy还作为前期顾问和投资者参与了很多初创项目，为相关领域学术成果的商业化做出了杰出贡献。

网络内容

计算机的抽象与技术

1.1 引言

> 在不关注具体过程的情况下完成更多的重要操作，这种方法促进了文明的进步。
> *Alfred North Whitehead, An Introduction to Mathematics, 1911*

欢迎阅读本书！非常高兴有机会与大家一起分享令人兴奋的计算机系统世界，这是一个进步飞快、新思想层出不穷、非常有趣的领域。事实上，计算机是极其充满活力的信息技术工业的产物，其相关产品几乎占美国国民生产总值的10%，美国经济已与摩尔定律驱动的信息技术的快速发展密不可分。这一领域的创新速度同样惊人，在过去30年里，出现了许多导致计算产业革命的新型计算机，但很快又被更好的计算机所取代。

电子计算机自20世纪40年代后期诞生以来，其创新性的竞争带来了史无前例的进步。如果运输业能够按计算机工业的速度发展，那么我们只需要花一美分就可以在一秒钟之内从纽约赶到伦敦。想象一下这样的进步将如何改变社会——生活在南太平洋的塔希提岛，而工作在旧金山，傍晚去莫斯科欣赏波修瓦芭蕾舞团的表演——你可以从这些改变中充分享受生活。

1
~
3

继农业革命、工业革命之后，计算机促进了人类文明的第三次革命——信息革命。信息革命使得人类智力的广度和深度成倍增长，既影响了人类的日常生活，也改变了人们寻求新知识的方式。现在有一种科学探索的新方式，即计算科学家与理论和实验科学家联手，共同探索天文、生物、化学、物理以及其他学科的前沿问题。

计算机革命一直在向前推进。每当计算成本降低为原来的1/10，计算机的发展机遇就会大大增加。原本出于经济考虑不可行的应用突然就变得可行了。例如，下述各项应用在过去曾被认为是“计算机科学幻想”：

- 车载计算机：在20世纪80年代初微处理器的性能和价格得到极大改进之前，用计算机来控制汽车几乎是天方夜谭。而今天，车载计算机通过控制汽车发动机减少了污染、改进了燃油效率，通过盲点警告、车道偏离警告、移动目标检测和安全气囊实现了碰撞时对乘客的保护。
- 手机：谁曾想到计算机系统的发展会使这个星球一半以上的人口拥有手机，并让人们几乎在全球的任何一个角落都可以自由通信？
- 人类基因项目：用于匹配和分析人类DNA序列的计算机设备价格高达几亿美元。而在过去的15～25年里，用于该项目的计算机设备的价格降低了10～100倍。随着计算机设备价格的持续下降，人们很快就可以获得自己的基因序列，从而实现个性化医疗。[⊖]
- 万维网：在编写本书第1版时，万维网尚不存在，而如今万维网已经改变了整个社

⊖ 个性化医疗可以根据病人的基因信息为其提供“定制医疗”服务，使治疗更加精准。这种个性化的医疗服务甚至在你尚未出生时就已经被清晰地制定好了。——译者注

会。在很多地方，网络已经取代了传统的图书馆和报纸。

- 搜索引擎：网络上所提供的内容越来越丰富，也越来越有价值，如何快速精确地找到所需信息变得越来越重要。今天，对于很多人而言，生活和工作中的大量信息都依赖于网络，若没有了搜索引擎，人们将寸步难行。

显然，计算机技术的进步几乎影响了社会的每一个方面。硬件的进步使得程序员可以编写出各种强大实用的软件，这些软件的应用也让计算机变得无处不在。今天的科学幻想可能就是明天的“杀手级”应用，例如增强现实眼镜、无现金社会和无人驾驶汽车。

4

1.1.1 计算机应用的分类和特点

从智能家电到手机再到大型超级计算机，这些设备中都使用了一些通用的计算机硬件技术（参见1.4节和1.5节）。当然，这些不同的应用有不同的设计需求，因此需要不同的核心硬件技术。一般而言，计算机按其应用可以分为以下三类。

个人计算机（Personal Computer，PC）可能是最为人所知的应用方式，也是本书读者使用最多的方式。个人计算机侧重于为单个用户提供良好的性能，保证低廉的价格，并通常运行第三方软件。此类应用虽然出现才仅仅35年，但却推动了许多计算技术的革新。

服务器（server）过去被称为大型计算机，现在则称为服务器，通常通过网络访问。服务器适用于执行大负载任务，可以处理单个复杂应用（科学的或工程的），也可以处理大量的简单作业，如构建大型Web服务器时的相关作业。这些应用通常基于其他软件（例如数据库或仿真软件）实现，并且往往为了实现特殊的功能而加以修改或定制。服务器的制造和桌面计算机的制造所使用的一些基本技术是相同的，但服务器能够提供更强的计算、存储和I/O能力。并且服务器具有更强的可靠性，因为相对于个人计算机，服务器崩溃后恢复的代价要高得多。

服务器的功能和价格的浮动范围很大。低端服务器可能比桌面计算机稍贵些，若不带显示器或键盘，大约需要1000美元。低端服务器通常用于文档存储、小型商业应用或者简单的Web服务。另一方面是高端服务器，其极致是**超级计算机**（supercomputer）。超级计算机一般由上万个处理器组成，内存为**terabyte**级，其价格可高达数千万甚至上亿美元，通常用于高端科学和工程计算，如天气预报、石油勘探、蛋白质结构计算和其他大规模计算问题。虽然超级计算机代表了最高的计算能力，但是其数量只占服务器数量的很小一部分，在整个计算机市场份额中所占的比例更小。

嵌入式计算机（embedded computer）是计算机中数量最多的一类，应用十分广泛，包括汽车中的微处理器、电视机中的计算机，以及用来控制飞机和货船的处理器网络。嵌入式计算系统的设计目标是运行一个或者一组相关的应用，这些应用通常和硬件集成在一

个人计算机：用于个人使用的计算机，通常包含图形显示器、键盘和鼠标等。

服务器：能同时为多个用户使用、运行大型程序的计算机，一般通过网络访问。

超级计算机：具有最高性能和最高成本的一类计算机，一般配置为服务器，需要花费数千万甚至数亿美元。

terabyte：原始的定义为1 099 511 627 776（2^{40}）字节，但在通信和二级存储系统领域又用terabyte代表1 000 000 000 000(10^{12})字节。为了避免混淆，我们使用术语tebibyte（TiB）表示2^{40}字节，而terabyte表示10^{12}字节。图1-1给出了十进制和二进制下相关术语的范围。

嵌入式计算机：嵌入到其他设备中的计算机，运行预先定义的一个应用或者一组软件。

起，以单一系统的方式交付用户使用。因此，尽管嵌入式计算机数量庞大，但是很多用户从来没有意识到他们正在使用的其实是计算机！㊀

5

十进制术语	缩写	值	二进制术语	缩写	值	差别
kilobyte	KB	10^3	kibibyte	KiB	2^{10}	2%
megabyte	MB	10^6	mebibyte	MiB	2^{20}	5%
gigabyte	GB	10^9	gibibyte	GiB	2^{30}	7%
terabyte	TB	10^{12}	tebibyte	TiB	2^{40}	10%
petabyte	PB	10^{15}	pebibyte	PiB	2^{50}	13%
exabyte	EB	10^{18}	exbibyte	EiB	2^{60}	15%
zettabyte	ZB	10^{21}	zebibyte	ZiB	2^{70}	18%
yottabyte	YB	10^{24}	yobibyte	YiB	2^{80}	21%

图 1-1　2^x 与 10^y 字节之间的歧义通过在常用容量术语后面添加一个二进制标记㊁来解决。最后一列表示二进制术语和与其相应的十进制术语所表示的数值之间的差距㊂。在以比特（bit）为单位时，这些前缀表示同样适用，例如 gigabit（Gb）是 10^9bit，而 gibibit（Gib）是 2^{30}bit

嵌入式应用通常只有单一的应用需求，因而可以在保证达到功能最低要求的前提下严格控制成本或功耗。以音乐播放器为例，因为需要实现的功能有限，处理器可以设计得很快，此外，降低成本和功耗才是最重要的设计需求。除了降低成本之外，嵌入式计算机对可靠性还有较高的要求，因为失效会给用户带来不便（例如新电视机死机），甚至导致毁灭性的灾难（例如飞机或货船失事）。因此，在面向消费者的嵌入式应用（如数字家电）中，一般通过简化设计来提高可靠性——其重点在于尽可能地保证一项功能的正常运转。而大型嵌入式系统则可以采用服务器领域使用的多种冗余技术来提高可靠性。尽管本书将重点放在通用计算机上，但是大多数概念可直接或者稍微修改之后用于嵌入式计算机。

精解 本书中的“精解”（elaboration）是正文中的一些段落，用来对读者可能感兴趣的内容做深入介绍。由于后续内容的理解并不依赖精解部分，因此不感兴趣的读者可以直接跳过。

许多嵌入式处理器在设计时使用由硬件描述语言（如 Verilog 或 VHDL，见第 4 章）描述的处理器核，这使得设计者能够面向特定应用将其他专用硬件与之一起集成在一块芯片上。

1.1.2 欢迎来到后 PC 时代

技术的持续进步给计算机硬件带来了革命性的变化，而这种革命性的变化又对整个信息技术工业产生了震动。从本书上一版开始，我们已经感受到一种变化，这种变化的重要性就像 30 年前出现的以个人计算机为代表的转折点一样。目前，代替 PC 的是**个人移动设备**（Personal Mobile Device，PMD）。PMD 由电池供电，通过无线方式接入因特网，价格通常只有数百美元。并且，与 PC 一样，PMD 可下载软件（即“App”）并运行。与 PC 不同的是，PMD 没有键盘和鼠标，而采用触摸屏甚至

个人移动设备：连接到因特网上的小型无线设备，由电池供电，通过下载 App 安装软件。典型例子包括智能手机和平板电脑。

6

㊀ 与个人计算机这样的通用计算机系统不同，嵌入式系统通常执行的是带有特定要求的预先定义的任务。因此用户使用时没有使用通用计算机的体验，而感觉是在使用一个“设备”。——译者注

㊁ 例如 kibibyte 中的“bi”。——译者注

㊂ 例如 2% 表示二进制术语表示的值比对应十进制术语表示的值大了 2%。——译者注

语音作为输入。今天的PMD可以是智能手机或平板电脑，而明天的PMD还可能会包括电子眼镜。图1-2给出了平板电脑和智能手机与PC和传统手机增长速度的对比。

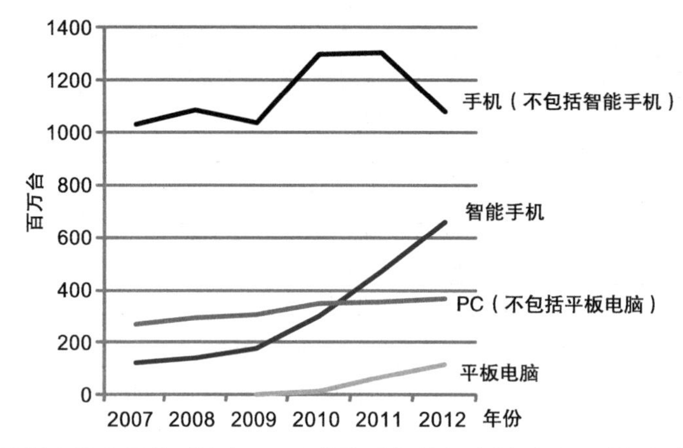

图1-2　平板电脑和智能手机与PC和传统手机的年产量对比。平板电脑和智能手机是后PC时代的产物。智能手机反映了手机工业近期的增长情况，其产量在2011年超过了PC的产量。平板电脑产量增长最快，2011至2012年间几乎翻了一番。而近年来，PC和传统手机的产量则保持不变甚至在下降

云计算（cloud computing）能够取代传统的服务器，依赖于被称为仓储式计算机（Warehouse Scale Computer，WSC）的巨型数据中心。类似Amazon和Google这样的公司构建了包含100 000台服务器的WSC，并将其中一部分租借给其他公司。这样一来，这些租用WSC的公司就可以为PMD提供软件服务，而不用自己构建WSC。就像PMD和WSC是革命性的硬件产业一样，通过云计算实现的**软件即服务**（Software as a Service, SaaS）[⊖]也革命性地影响了软件工业的发展。当今的软件开发者通常令其设计的应用一部分运行在PMD上，另一部分运行在云平台上。

> **云计算**：指通过因特网提供服务的大规模服务器集群，一些运营商可以动态地出租不同数量的服务器供租借者使用。

> **软件即服务**：通过因特网提供软件和数据作为服务，通过诸如运行在本地客户端的浏览器等小程序使用服务，不需要在本地设备上安装和运行所有的二进制代码。典型的例子如Web搜索和社交网络。

1.1.3　你能从本书中学到什么

成功的程序员总是关心程序的性能，因为能否让用户快速得到结果是软件成功与否的关键。在20世纪六七十年代，限制计算机性能的主要因素是内存容量。那时候，程序员所遵循的一个简单原则就是：尽量少占用内存空间，以加速程序的执行。然而，近十年来，计算机设计和内存技术的长足进步，使得在除嵌入式系统之外的大多数应用中，内存容量对性能的影响大大降低了。

7

对于那些关心性能的程序员而言，必须明确的一点是：20世纪60年代的简单存储模型对程序性能的影响已经被处理器的并行性和存储的层次性取代了。在本书的第3～6章中，我们将通过展示如何将一个C程序的性能提高200倍来阐述这一点。此外，当今的程序员需要考虑PMD或云上所运行的程序能效，因此他们应当了解代码之下的很多细节（见1.7节）。

⊖ SaaS是一种通过因特网提供软件的服务模式，运营商将应用软件统一部署在自己的服务器上，客户可以根据自己的实际需求，通过互联网向厂商定购所需的应用软件服务，按定购的服务多少和时间长短向厂商支付费用，并通过互联网获得厂商提供的服务，而不需要自己安装和运行软件。——译者注

而那些期望开发出有竞争力的软件版本的程序员则更应当加强对计算机组成原理的了解。

我们很荣幸有此机会为读者揭开计算机的神秘面纱，阐述机箱覆盖之下的软硬件是如何工作的。当你读完本书之后，我们相信你将能够回答下面的问题：

- 用C或Java等高级语言编写的程序如何转变为机器语言？硬件如何执行程序？理解这些概念是理解软硬件两者如何影响程序性能的基础。
- 什么是软硬件之间的接口？软件如何指导硬件完成所需功能？这些概念对于许多软件的编写是至关重要的。
- 哪些因素决定了程序的性能？程序员如何才能提高程序性能？从本书中我们将了解到，程序性能取决于原始程序、将程序转换为机器语言的软件以及执行程序的硬件。
- 什么技术可供硬件设计者用于提高性能？本书将介绍现代计算机设计的基本理念。对此有兴趣的读者可深入阅读我们的另一本进阶教材《计算计体系结构：量化研究方法》。
- 什么技术可供硬件设计者用于改进能效？什么技术可供（软件）程序员提高或降低能效？
- 为什么近来串行处理发展为并行处理？这种发展带来的结果是什么？本书给出了这种发展变化的动机，阐述了支持并行处理的硬件机制，并对新一代的**多核微处理器**（multicore microprocessor）（见第6章）进行了评述。

多核微处理器：在一块集成电路上包含多个处理器（“核”）的微处理器。

- 自1951年的第一台商用计算机开始，计算机架构师们提出的哪些伟大思想构成了现代计算的基础？

8

如果无法理解这些问题，那么要在现代计算机上提升程序性能，或者要评估面向特定应用时哪种计算机性能更好，将会是反复试验和错误的复杂过程，而不是一个深入分析和洞察的科学过程。

本书第1章为其余各章奠定了良好的基础，介绍了计算机中的一些基本概念和定义，指出了如何正确地剖析软硬件、如何评价性能和功耗，还介绍了集成电路（计算机革命背后的推动力）技术，并在最后解释了技术发展向多核迁移的原因。

在本章和后面几章里，读者会看到许多新的名词，或者曾听过却不知道含义。但不用惊慌！在描述现代计算机时，确实会遇到很多专用术语，但这些术语恰恰能帮助我们精确地描述计算机的功能和性能。此外，计算机设计人员（包括本书作者）喜欢用**首字母缩略词**（acronym）来代表一些术语，只要了解每个字母代表的含义，就很容易理解。为了帮助读者查找和识记，在这些术语第一次出现时，我们将其**加粗标记**并给出定义。熟悉一段时间后，你就能熟练地正确使用这些术语的缩写了，例如BIOS、CPU、DIMM、DRAM、PCIe、SATA等。

首字母缩略词：由一串单词中每个单词的首字母相连构成。例如，RAM是随机访问存储器（Random Access Memory）的缩写，CPU是中央处理单元（Central Process Unit）的缩写。

为了深入理解软件和硬件对程序运行性能的影响，我们特别在全书中增加了“理解程序性能”的部分，将对程序性能有重要影响的因素加以提炼总结。下面就是本书中的第一个。

理解程序性能 程序的性能取决于以下各因素的组合：程序所用的算法，创建程序并将其翻译成机器指令的软件系统，以及执行机器指令（可能包括I/O操作）的计算机。下表总结了硬件和软件对性能产生的影响。

软件或硬件名称	对性能的影响	描述章节
算法	决定了源码级语句的数量和I/O操作的数量	其他书
编程语言、编译器和体系结构	决定了每条源码级语句对应的机器指令数量	第2、3章
处理器和存储系统	决定了指令的执行速度	第4、5、6章
I/O系统（硬件和操作系统）	决定了I/O操作可能的执行速度	第4、5、6章

9

为了论证本书所述思想的作用，我们在不同章节中采用不同的技术对一个矩阵和向量相乘的C程序进行不断的优化。这些优化步骤可以帮助我们逐步理解现代微处理器中的硬件是如何工作的，以及最终如何使性能提高200倍！这些优化包括：

- 第3章的数据级并行部分，通过C语言的内联函数，使用子字并行将性能提高3.8倍。
- 第4章的指令级并行部分，使用循环展开充分利用硬件的多指令发射和乱序执行特性，使性能再提高2.3倍。
- 第5章的存储器层次结构优化部分，使用阻塞cache技术将大型矩阵处理性能再提高2～2.5倍。
- 第6章的线程级并行部分，在OpenMP中通过循环并行化充分利用硬件的多核特性，使性能再提高4～14倍。

小测验 本书设计了“小测验”环节，目的是帮助读者检验自己是否理解了书中介绍的主要概念及其内涵。有些题目可以简单回答，有些则适合进行小组讨论。部分题目的答案可在各章末尾找到。小测验设置在各节末尾，如果你确信自己已对该部分内容完全理解，则可以跳过。

1. 每年嵌入式处理器的售出数量远远超过PC处理器甚至后PC处理器的数量。对此，请你根据自己的经验谈谈看法。数一数你家中有多少嵌入式处理器，与你家中传统计算机的数量相比如何？
2. 如前所述，软件和硬件都会影响程序的性能。你能否举出一些例子，在这些例子中，下列因素可能会导致性能瓶颈。

- 算法
- 编程语言或编译器
- 操作系统
- 处理器
- I/O系统和设备

10

1.2 计算机体系结构中的8个伟大思想

下面介绍计算机架构师在过去60年的计算机设计中提出的8个伟大思想，这些思想无不影响深远。时至今日，架构师在设计新处理器时仍会延续采用这些思想。这些思想将贯穿本章以及后续章节。

1.2.1 面向摩尔定律的设计

计算机设计者面临的一个永恒的问题就是**摩尔定律**（Moore’s Law）。摩尔定律指出，集成电路上可容纳的晶体管数每18～24个月翻一番。摩尔定律是Intel公司创始人之一Gordon Moore在1965年对集成电路集成度做出的预测。由于计算机设计通常需要几年时间，因此项目结束时芯片的集成度较之项目开始时，很容易翻一番甚至翻两番。像双向飞碟射击运动员一样，计算机体系结构设计师应当预测设计完成时的工艺和技术水平，而不是设计开始时的工艺。

1.2.2 使用抽象简化设计

计算机架构师和程序员都需要开发能够提高效率的技术，否则设计周期会像资源规模随摩尔定律增长一样延长。提高硬件和软件开发效率的主要技术之一是使用抽象（abstraction）来表征不同级别的设计。从而，低层将细节隐藏起来，呈现给高层的只是一个简化的模型。

1.2.3 加速大概率事件

加速大概率事件（common case fast）远比优化小概率事件更能提高性能。大概率事件通常比小概率事件简单，因而更易于对其进行优化以提高性能。加速大概率事件意味着设计者需要知道哪些事件是经常发生的，这要经过仔细的实验与测量过程（见 1.6 节）。 11

1.2.4 通过并行提高性能

从计算诞生开始，计算机架构师就给出了通过并行执行操作来提高性能的设计方案。在本书中将会看到许多并行（parallel）的例子。

1.2.5 通过流水线提高性能

在计算机体系结构中，有一种并行技术非常普遍，这种技术有一个特殊的名字：流水线（pipelining）。例如，许多西部电影中有这样的场景，在消防车出现之前，人们用“水桶队列”来灭火——小镇居民们一个接一个排成长队，接力将水桶快速从水源传至火场，而不是让每个人来回奔跑运水灭火。

1.2.6 通过预测提高性能

遵循谚语“求人准许不如求人原谅”，下一个伟大的思想是预测（prediction）。假设预测错误后恢复的代价不大，并且预测的准确率相对较高，那么通过猜测的方式提前开始工作，要比等到确定知道能执行时才启动要效率高一些。[⊖]

1.2.7 存储器层次结构

现如今，计算机价格的很大一部分来自于存储器的开销。存储器对程序执行有很大的影响，其速度影响着程序的性能，其容量限制着解题的规模。因此，程序员总是希望存储器速度更快、容量更大、价格更便宜。计算机架构师发现，通过存储器层次结构（hierarchy of memory）可以来缓解这些相互矛盾的需求。在存储器层次中，位于顶层的存储器速度最快、容量最小，但每位价格最昂贵。反之，处于最底层的存储器速度最慢、容量最大，但每位价格最便宜。第 5 章中介绍的 cache 技术可以给程序员造成一种假象，让他们感觉自己所使用的主存既有存储器层次中顶层的高速度，又和底层存储器一样价格便宜量又足。

1.2.8 通过冗余提高可靠性

计算机工作时不仅要快，还要稳定可靠。任何一个物理器件都有可能失效，因此可以通

⊖ 预测也体现了加速大概率事件的思想。——译者注

过增加冗余器件的方式提高系统的可靠性（dependable）。当发生失效时，冗余器件可以替代失效器件并帮助检测错误。例如，牵引式挂车后轴每边都有两个双轮胎，当一个轮胎出问题时，另一个轮胎保证卡车仍然可以继续行使。（卡车司机发现故障后，立即开往修理厂修复轮胎，从而又恢复了冗余性。）

12

1.3 程序表象之下

> 在巴黎，我对当地人讲法语，他们只是瞪着我看；我从来没能让这些白痴理解他们自己的语言。
>
> *Mark Twain, The Innocents Abroad, 1869*

一个典型的应用程序，如字处理程序或大型数据库系统，可能包括数百万行代码，并依靠丰富的软件库来实现复杂的功能。然而，计算机中的硬件只能执行极为简单的低级指令。从复杂的应用程序到简单的指令，需要经过几个软件层次来将高层的操作（高级语言描述）逐步解释或翻译成简单的计算机指令。这也是伟大思想抽象的一个典型例子。

系统软件：提供常用服务的软件，包括操作系统、编译器、加载器和汇编器等。

图 1-3 给出了这些软件的层次结构，最外层是应用软件，中心是硬件，各种**系统软件**（systems software）位于两者之间。

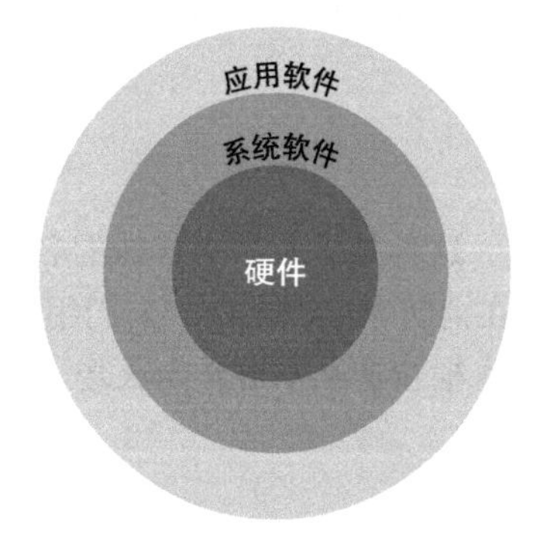

图 1-3　简化的硬件和软件层次图，中心是硬件，最外层是应用软件。在复杂的应用中，应用软件通常又有多个层次。例如，一个数据库系统运行于系统软件之上，而系统软件上运行的某个应用可能又反过来运行在该数据库之上

系统软件有很多种，其中有两种对现代计算机系统来说是最重要的：操作系统和编译器。**操作系统**（operating system）是用户程序和硬件之间的接口，为用户提供各种服务和管理功能。操作系统最重要的作用包括：

操作系统：为了使程序更好地在计算机上运行而管理计算机资源的监管程序。

- 处理基本的输入 / 输出操作。
- 分配内存和外存。
- 为多个同时运行的应用提供计算机资源的共享和保护。

13

当前主要使用的操作系统有 Linux、iOS 和 Windows。

编译器（compiler）完成另外一项重要功能：将用高级语言（如 C、C++、Java 或 Visual Basic 等）编写的程序翻译成硬件能执行的指令。现代编程语言功能强大，而硬件却只能执行简单的指令。因此，翻译过程相当复杂，本章仅作概述，第 2 章中再深入介绍。

编译器：将高级语言语句翻译为汇编语言语句的程序。

从高级语言到硬件语言

控制电子设备时，首先要向其发送电信号。对于计算机来说，最简单的信号是通（on）和断（off）。因此，计算机的字母表只需两个字母。正如英语的 26 个字母可以随意组合、写多少不受

限制一样，计算机的两个字母也可以随意组合。代表这两个字母的符号是 0 和 1，我们通常认为计算机语言就是以 2 为基数的数或称为二进制数（binary number），其中每个字母是一个**二进制位**（binary digit）或称为一个**比特**（bit）。计算机服从于我们的命令，即**指令**（instruction）。指令是能被计算机识别并执行的二进制位串。例如，位串

二进制位：也称为比特（bit）。基数为 2 的数字中的 0 或 1，是信息的基本组成元素。

```
1000110010100000
```

指令：计算机硬件所能理解并执行的命令。

的含义是告诉计算机将两个数相加。第 2 章将解释为什么我们用数字同时表示指令和数据。使用数字既表述指令又表示数据是计算机的基础。

第一代程序员直接使用二进制数与计算机交互，工作起来非常枯燥，以至于人们很快发明了一种接近于人类思维方式的助记符表示。起初，助记符由手工翻译成二进制，过程仍然繁琐。随后人们又开发了专门的软件将助记符自动翻译成对应的二进制，利用计算机来帮助生成计算机程序，这种特殊的软件被称为**汇编器**（assembler）。汇编器将助忆符表示的指令翻译为对应的二进制串。例如，程序员写下

汇编器：将指令由助记符形式翻译成二进制形式的程序。

```
ADD A,B
```

汇编器将该助忆符表示的指令翻译为

```
1000110010100000
```

该指令告诉计算机将 A 和 B 两数相加。这种符号语言的名称沿用至今，即**汇编语言**（assembly language）。而机器可以理解的二进制语言被称为**机器语言**（machine language）。

汇编语言：机器指令的助记符表示。

虽然助忆符的发明是一个巨大的进步，但汇编语言仍然与科学家想用来模拟流体流动或会计师想用来结算账目所使用的符号相去甚远。汇编语言要求程序员将计算机需要执行的指令逐条写出来，因而要求程序员要像计算机一样思考。

机器语言：机器指令的二进制表示。

通过编写一个程序来将更强大的高级语言翻译成计算机指令是计算机发展早期的重大突破。**高级编程语言**（high-level programming language）及其编译器极大地提高了软件的生产率和软件质量。图 1-4 展示了这些程序和语言之间的关系，这是抽象思想的典型应用。

高级编程语言：如 C、C++、Java、Visual Basic 等可移植的语言，由一些单词和代数符号组成，可由编译器翻译为汇编语言。

14
~
15

编译器允许程序员使用高级语言编写表达式，如：

```
A + B
```

然后将其编译为相应的汇编语言语句，如：

```
ADD A,B
```

然后，由汇编器将该语句翻译为二进制指令，告诉计算机将 A、B 两数相加。

高级编程语言有多个优点。第一，允许程序员用更接近自然语言的方式来思考，用英文和代数符号来表示，这样程序看起来更像文本而不是密码符号表（见图 1-4）。此外，人们可以根据用途来开发高级语言，例如，Fortran 为科学计算而设计，Cobol 用于商业数据处理，Lisp 用于符号操作，等等。还有一些特定领域的语言只为少数专业人群设计，例如流体仿真领域使用的语言。

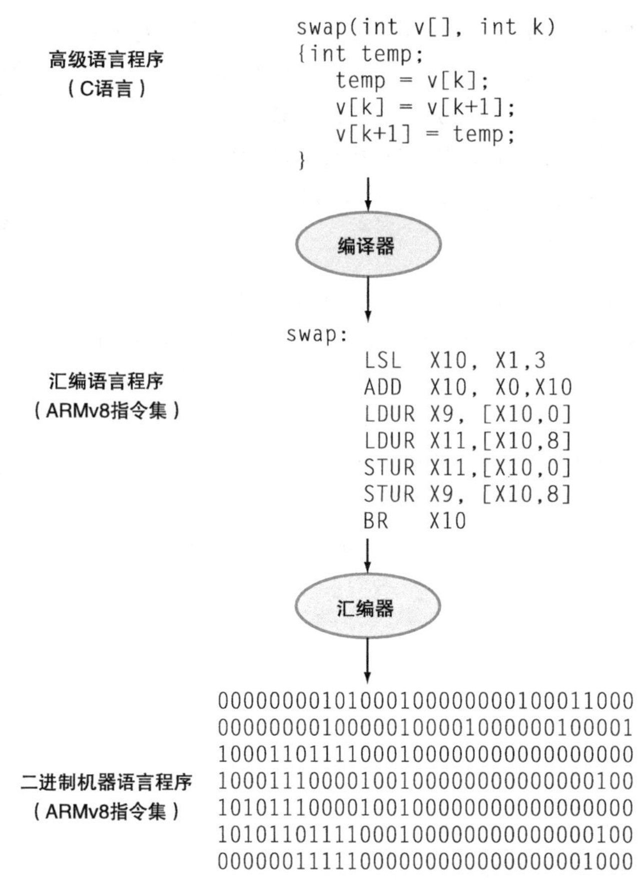

图 1-4　C 程序经编译转换为汇编语言，再经汇编转换为二进制机器语言。虽然如图中所示，将高级语言翻译成二进制机器语言需要两步，但一些编译器可能将中间结果略去，直接产生二进制的机器语言。第 2 章将对该例中的语言和程序进行详细分析

第二，高级语言提高了程序员的生产率。如果用较少的语句就能表达意图，那么用这样的语言编写程序可以缩短软件的开发周期，这是软件开发人员的共识。简明性是高级语言相对汇编语言最明显的优势。

第三，高级语言使得用其编写的程序可以独立于开发这些程序的计算机平台，提高了程序的可移植性。因为编译器和汇编器能够把高级语言程序翻译成任何计算机的二进制指令。高级编程语言的这些优点使其得到广泛采用。现如今，已很少再有程序使用汇编语言编写了。

1.4　硬件包装之下

上节中，我们揭示了程序表象之下的软件，本节将打开计算机的机箱学习其中的硬件。任何一台计算机的硬件都要完成同样的基本功能：输入数据、输出数据、处理数据和存储数据。如何实现这些功能是本书的主题，后续各章将分别对这四项任务进行讨论。

本书在遇到需要读者牢记的重要知识点时，都会用“重点”（big picture）标题加以强调。全书大致有十多处“重点”，第一个是计算机完成输入、输出、处理和存储数据任务的五大部件。

16

计算机的两个关键部件是**输入设备**（input device）和**输出设备**

输入设备：为计算机输入信息的装置，如键盘。

输出设备：将计算结果传达给用户（如显示器）或传达给其他计算机的装置。

(output device)，例如麦克风是输入设备，扬声器是输出设备。顾名思义，输入设备为计算机提供数据，输出设备则将计算结果传送给用户。像无线网络等设备既是输入设备又是输出设备。

第 5 章和第 6 章将详细介绍输入 / 输出（I/O）设备，本章由外部 I/O 设备开始先对计算机硬件做简单介绍。

重点 组成计算机的五个经典部件包括输入设备、输出设备、存储器、数据通路[⊖]和控制器，其中最后两个部件通常合称为处理器。图 1-5 表示了一台计算机的标准组成，该组成与硬件技术无关。任何一台计算机（无论是现在的还是过去的）中的任何部件都归于这五种之一。为了加深读者对这一重点的印象，我们在后续每章的首页都会给出此图，并将每章描述的部件在图中突出显示。

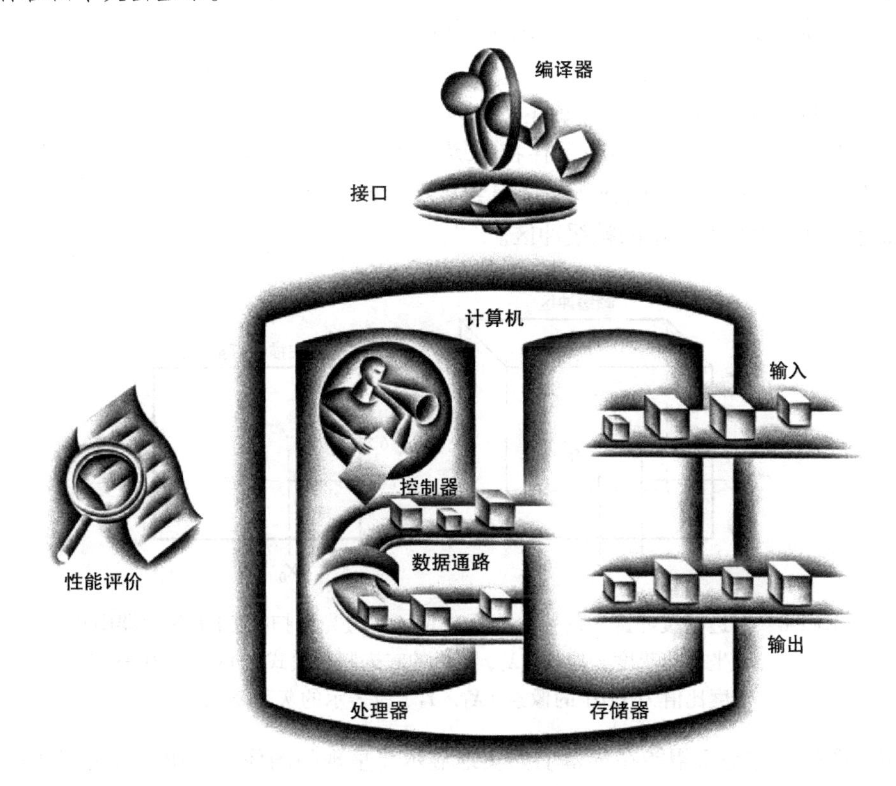

图 1-5　计算机的五大部件。处理器从存储器中得到指令和数据，输入设备将数据写入存储器，输出设备从存储器中读出数据，控制器产生控制信号控制数据通路、存储器、输入设备和输出设备

17

1.4.1 显示器

> 透过计算机显示器，我将飞机降落在一个移动载体的甲板上，观察到一颗核粒子打到势阱中，乘着火箭以接近光的速度飞行，看到计算机展现最深层最神秘的工作。
> *Ivan Sutherland (计算机图形学之父), Scientific American, 1984*

最吸引人的 I/O 设备应该是图形显示器了。大多数个人移动设备都用**液晶显示器**（Liquid Crystal Display，LCD）来获得轻巧、低功耗的显示效果。LCD 本身并不能发光[⊖]，而是控制光的传输。LCD 内充满了棒状的液态分子（液晶），这些分子可以形成扭转的螺旋线，弯曲来自显示器背后光源产生的光线或者少量的反射光线。而在电

⊖ 也称运算器。——译者注

⊖ LCD 是一种介于固态与液态之间的物质，本身是不能发光的，需要借助额外的光源才行。——译者注

流作用下，液晶分子会变直，变直后就无法弯曲光线。显示器内两层相互垂直的偏光板之间充满了液晶材料，当液晶分子弯曲时，光线才能通过[⊖]。今天，大多数 LCD 采用**主动矩阵**（active matrix）式显示，每个像素都对应一个晶体管，该晶体管可以精确地控制电流，从而使显示器呈现清晰的图像。彩色液晶显示屏中，每个像素由红绿蓝三个液晶共同构成，三个液晶的不同亮度组合决定了最后画面的色彩效果[⊜]。因此，彩色主动矩阵式 LCD 中，每个像素点需要三个晶体管开关，分别控制三种不同颜色的液晶。

液晶显示器：通过对一种特殊的液态聚合物（液晶）薄层施加电压来控制光线穿透或阻断的显示技术。

图像由**像素**（pixel）矩阵组成，也可以表示成二进制位的矩阵，称为位图。针对不同的屏幕尺寸及分辨率，矩阵大小和显示器的尺寸以及分辨率相关，典型的矩阵大小在 1024 × 768 到 2048 × 1536 之间。彩色显示器使用 8 位来表示每个三原色（红、绿和蓝），每个像素有 24 位，可以显示百万种不同的颜色。

主动矩阵式显示：液晶显示技术的一种，使用晶体管控制单个像素上光线的传输。

计算机硬件采用光栅刷新缓冲区（又称为帧缓冲区）来保存位图以支持图像显示。要显示的图像保存在帧缓冲区里，每个像素的二进制位模式（二进制值）以刷新频率读出到显示设备。图 1-6 显示了一个简化后每像素只有 4 位的帧缓冲区。

像素：最小的独立图像单元。屏幕由成千上万的像素按矩阵形式构成。

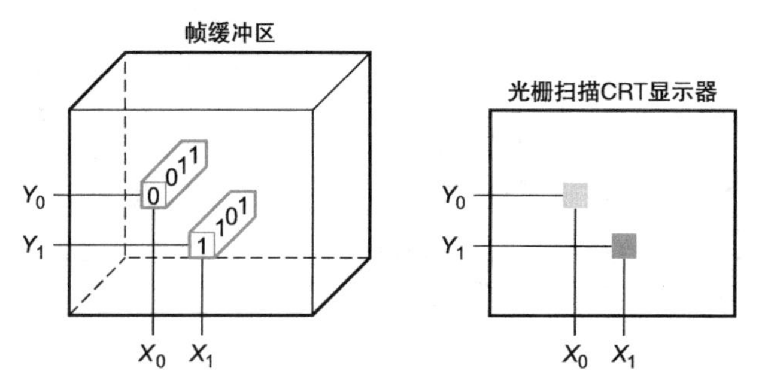

图 1-6　左边帧缓冲区中的每个坐标决定了右边光栅扫描 CRT 显示器中相应坐标的灰度。像素（X_0，Y_0）的二进制位模式是 0011，其表示的灰度比值为 1101 的像素（X_1，Y_1）所表示的灰度要浅

使用位图的目的是希望能在屏幕上如实地显示要呈现的图像。人眼可以分辨出屏幕上细小的变化，因此，图像显示技术是极富挑战性的。

18

1.4.2　触摸屏

当 PC 还在使用 LCD 时，后 PC 时代的平板电脑和智能手机已使用触摸屏代替了键盘和鼠标。触摸屏提供了良好的用户界面，用户可以直接指向感兴趣的内容，而不需要使用鼠标。

触摸屏有多种实现方式，许多平板电脑都采用电容感应式触摸屏。人体本身是导电性的，如果绝缘材料（如玻璃）上覆盖了一层透明的导体，当人的手指接触到屏幕时就会使屏

⊖　典型的 LCD 中，液晶在电压作用下状态发生变化，呈扭转状态或竖立状态，通过透光或遮光导致显示屏呈现白色或黑色。——译者注

⊜　单色液晶显示屏中，一个液晶就是一个像素。——译者注

幕的静电场发生变化，进而导致电容发生变化。这种技术允许同时接触多个点，可以识别手势，因此可以提供更吸引人的用户界面。

1.4.3 打开机箱

图 1-7 给出了 Apple iPad 2 平板电脑的主要组成部件。不难看出，对照计算机系统的五大传统部件，I/O 在 iPad 中占据了很大一部分。这些 I/O 设备包括电容性多触点 LCD、前置摄像头、后置摄像头、麦克风、耳机插孔、扬声器、加速计、陀螺仪、WiFi 网络和蓝牙网络。而数据通路、控制器和存储器在 iPad 中只占很小一部分。

集成电路：也称为芯片，由几十至数百万甚至数千万个晶体管构成。

图 1-7 Apple iPad 2 A1395 的组成部件。中间是 iPad 的金属背板（中心是一个左右倒置的 Apple 标志），顶部是电容性触摸屏和 LCD。最右边是 3.8V、25Wh 的锂聚合物电池，包含三块锂离子电池芯，可供电 10 小时。最左边是将 LCD 固定在 iPad 背板上的金属外壳。金属背板周围的小部件组成了我们熟知的计算机，它们于电池旁边的金属壳内呈 L 形排布。图 1-8 放大显示了金属外壳左下方 L 形的逻辑主板，上面集成有处理器和存储器。位于该电路板下方的小方块中包含一块提供无线通信（WiFi、蓝牙和 FM 调频调谐器）的芯片，可以插在逻辑主板左下角的插槽中。背板左上角是另外一个 L 形部件，它是前置摄像组件，包括摄像头、耳机插孔和麦克风。背板右上角的电路板包含音量控制、静音 / 屏幕旋转锁定按钮、加速计和陀螺仪，后两个组件使得 iPad 可以识别 6 轴运动。该电路板旁边的小方块是后置摄像头。背板右下角是 L 形的扬声器组件，底部的电缆用于将逻辑主板和相机 / 音量控制电路板相连。电缆和扬声器组件之间的电路板是电容性触摸屏的控制器（本图由 iFixit 提供，www.ifixit.com[⊖]）

图 1-8 中的一个个小方块是**集成电路**（integrated circuit），俗称**芯片**（chip），是推动计算机发展的关键技术。图中间的芯片标有 A5 字样，芯片中包含一个主频为 1GHz 的双核 ARM 处理器。处理器是计算机中最活跃的部分，它按照程序中的指令运行，对数据进行运算和测试，产生控制信号操作 I/O 设备，等等。有时，人们也把处理器称为**中央处理单元**（central processor unit），即 CPU。

中央处理单元：也称为处理器，是计算机中最活跃的部分，包括数据通路和控制器，能对数据进行运算和测试，能产生控制信号操作 I/O 设备，等等。

⊖ 该网站提供了很多设备的拆解过程。——译者注

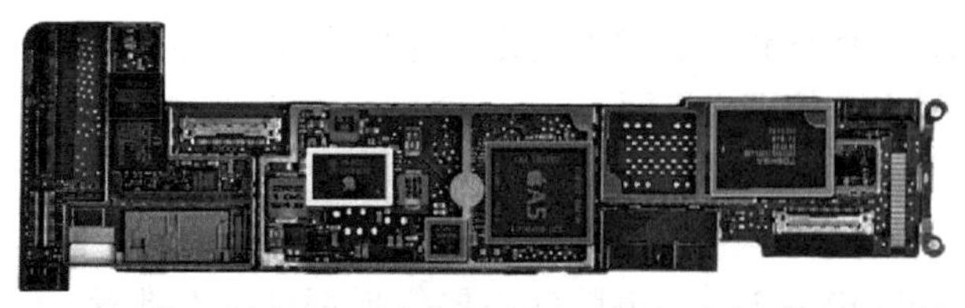

图 1-8　图 1-7 中 Apple iPad 2 的逻辑主板。图中突出了五块集成电路。中间最大的集成电路是 Apple A5 芯片，包含一个主频为 1GHz 的双核 ARM 处理器以及 512MB 的内存。图 1-9 是 A5 中处理器芯片的照片。本图右边和 A5 大小相当的芯片是一块 32GB 非易失闪存芯片。两块芯片之间保留的空间用于安装第二块闪存芯片，以便扩展 iPad 的存储容量。A5 左边的芯片包含电源控制和 I/O 控制芯片（本图由 iFixit 提供，www.ifixit.com）

数据通路：处理器中进行算术运算操作的部分。

控制器：处理器中根据程序的指令指挥数据通路、存储器和 I/O 设备协同工作的部分。

图 1-9 展示了一款微处理器的内部细节。处理器从逻辑上包括两个部分：数据通路和控制器，分别相当于处理器的“肌肉”和“大脑”。**数据通路**（datapath）负责完成算术运算，而**控制器**（control）则负责指导数据通路、存储器和 I/O 设备按照程序指令的要求协同工作。第 4 章将详细阐述数据通路和控制器。

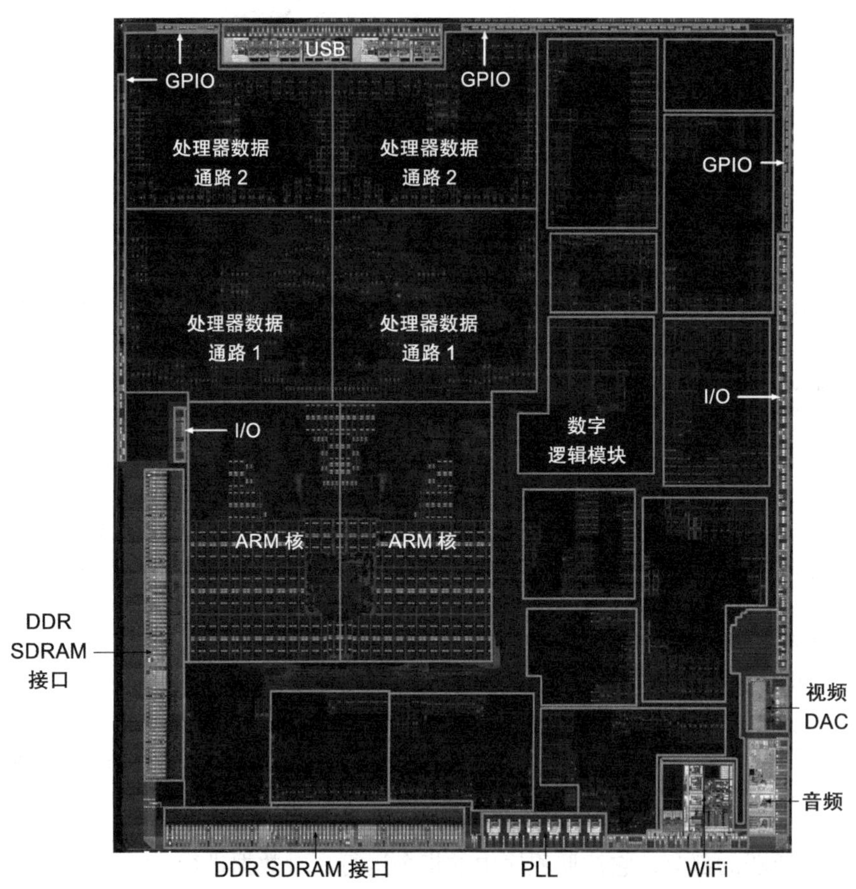

图 1-9　A5 中的处理器集成电路。芯片尺寸为 12.1mm × 10.1mm，采用 45nm 工艺制造（见 1.5 节）。中间靠左的部分是两个相同的 ARM 处理器核，左上角的四分之一部分是具有四个数据通路的 PowerVR GPU（Graphic Processor Unit，图形处理单元），ARM 核的左下角和底部是 A5 与主存（DRAM）的接口（本图由 Chipworks 提供，www.chipworks.com）

图 1-8 中，A5 芯片的封装中还有两块存储器（内存）芯片，每块容量为 2gibibit，共 512MiB。程序运行时的指令和数据都保存在**内存**（memory）中。内存由 DRAM 芯片组成，DRAM 是 Dynamic Random Access Memory（**动态随机访问存储器**）的缩写。多片 DRAM 一起组成内存，存放程序运行时的指令和数据。与串行访问内存（如磁带）不同的是，DRAM 中的 RAM 意味着无论数据处于存储器的哪个位置，数据读出的时间都是基本相同的。

内存：程序运行时的存储空间，同时还存储程序运行时所需的数据。

DRAM：动态随机访问存储器，集成电路形式的存储器，可随机访问任何地址的存储内容。访问时间大约为 50ns，在 2012 年时每 gigabyte 售价 5～10 美元。

19
～
20

处理器内部还有另一种类型的存储器——缓存。**缓存**（cache memory）是一种小而快的存储器，作为 DRAM 的缓冲（cache 有一个非技术性的定义——隐藏事物的安全地方）。cache 采用的是另一种存储技术——**静态随机访问存储器**（Static Random Access Memory，SRAM）。相对于 DRAM 而言，SRAM 速度更快，集成度更低，因此价格也更高（见第 5 章）。SRAM 和 DRAM 对应了存储器层次结构中的两层。

cache：一种小而快的存储器，一般作为大而慢的存储器的缓存。

如前所述，抽象是计算机设计中的一个伟大思想。而最重要的抽象之一就是硬件和底层软件之间的接口。鉴于其重要性，该抽象层被命名为计算机的**指令集体系结构**（instruction set architecture），或简称**体系结构**。指令集体系结构包含了程序员正确编写二进制机器语言程序所需的全部信息，如指令、I/O 设备等。通常，操作系统将 I/O 操作、内存分配和其他底层系统功能的细节封装起来，程序员无须关心这些细节。提供给应用程序员的基本指令集和操作系统接口合称为**应用程序二进制接口**（Application Binary Interface，ABI）。

SRAM：静态随机访问存储器，集成电路形式的存储器，比 DRAM 速度更快，集成度更低。

指令集体系结构：也叫体系结构，是硬件和底层软件之间的抽象接口，包含了正确编写机器语言程序所需要的全部必要信息，如指令、寄存器、访存和 I/O 等。

指令集体系结构允许计算机设计者独立于具体硬件讨论功能。譬如，我们讨论数字时钟的功能（如计时、显示时间、设置闹钟）时，可以不涉及时钟的硬件（如石英晶体、LED 显示、塑料按钮等）。计算机设计者将体系结构与该体系结构的**实现**（implementation）分开考虑，这一点本质上遵循了同样的思路：硬件实现必须遵循体系结构的抽象。这些概念产生了另一个重点。

应用程序二进制接口：用户部分的指令加上应用程序员调用的操作系统接口，定义了不同计算机平台之间的二进制兼容标准。

重点 无论硬件还是软件都可以抽象成多个层次，每一层次将本层的细节对上层隐藏起来。抽象层中的一个关键接口就是指令集体系结构，即硬件和底层软件之间的接口。这一抽象接口使得同一软件可以运行在不同的（硬件）实现上。也就是说，虽然不同的硬件实现在成本、性能上可能各不相同，但由于遵循相同的抽象接口——指令集体系结构，因此都可以支持相同软件的执行。

实现：遵循体系结构抽象的硬件。

1.4.4 数据的安全存储

目前为止，我们已经了解了如何输入数据，如何使用这些数据进行计算，以及如何显示结果。然而，一旦关掉计算机的电源，所有数据就丢失了，因为计算机中的内存是**易失性的**（volatile）。与之不同的是，如果关掉 DVD 机的电源，DVD 碟片上记录的内容并不会丢失，因为 DVD 采用的是**非易失性存储**（nonvolatile memory）技术。

易失性存储器：仅在加电时保存数据的存储器，如 DRAM。

非易失性存储器：在掉电时仍可保存数据的存储器，例如 DVD。

21
～
22

易失性存储器存放程序运行时的数据和指令，非易失性存储器存放没有运行的程序和数据。为了区分两者，我们将前者称为**主存储器**（main memory）或**一级存储器**（primary memory），将后者称为**二级存储器**（secondary memory）[⊖]。二级存储器形成了存储器层次结构中（主存）下面更低的一层。自1975年起，DRAM开始在主存储器中占主导地位。而在此之前，**磁盘**（magnetic disk）早已成为二级存储器中的主流。由于尺寸和形状的约束，个人移动设备中使用**闪存**（flash memory）——一种非易失性半导体存储器——代替磁盘。图1-8所示的iPad 2中的芯片上包含了闪存。虽然比DRAM慢，但闪存比DRAM便宜得多，并且具有非易失的特性。与磁盘相比，闪存虽然每位价格更高，但在体积、电容、坚固性和能耗方面都优于磁盘。因此，闪存已成为PMD中二级存储器的标配。遗憾的是，与硬盘和DRAM不同，闪存在擦写100 000～1 000 000次之后就容易磨损。因此，文件系统必须记录闪存写操作的次数，而且提供有效的机制以避免磨损，例如，将经常访问的数据移动到别的闪存区域存储。第5章将会对磁盘和闪存进行详细阐述。

主存储器：也叫一级存储器，用于保存运行中的程序（指令和数据），在现代计算机中一般由DRAM组成。

二级存储器：非易失性存储器，用来保存两次运行之间的程序和数据。在PMD中一般使用闪存，在服务器中则使用磁盘。

磁盘：也叫硬盘，非易失的二级存储器，由覆盖了磁介质材料的旋转盘片构成。因为是旋转的机械设备，所以磁盘的访问时间大约是5～20ms，2012年每gigabyte的价格大约为0.05～0.1美元。

1.4.5　与其他计算机通信

我们已经介绍了如何输入、计算、显示和保存数据，但还有一项并未提及，就是计算机网络。如图1-5所示，在计算机内部，处理器与存储器和I/O设备连接。而通过网络，整个计算机也可以与其他计算机通信，从而扩展计算能力。当今网络已经十分普遍，成为计算机系统的主干。一台新型的个人移动设备或服务器如果没有网络接口将是十分可笑的。联网的计算机具有如下几个主要优点：

闪存：一种非易失性半导体存储器，单位价格和速度均低于DRAM，但高于磁盘。其访问时间大约为5～50ms，2012年每gigabyte的价格大约为0.75～1美元。

- 通信：信息在计算机之间高速交换。
- 资源共享：网络上的计算机可以共享I/O设备，不必每台计算机都配备I/O。
- 远程访问：通过网络，用户可以远程使用计算机。

网络根据距离和性能有很多不同的类型，而通信代价随信息传输的速度以及传输的距离增长。最普遍的网络类型是以太网，其传输距离可达到1公里，传输速率可达到40Gbps。根据传输距离和速度的特点，以太网适合用于将一栋建筑物中同一层的计算机连接起来，这就形成了通常所说的**局域网**（Local Area Network，LAN）的一个例子。局域网通过交换机进行连接，可以提供路由服务与一定的安全保护。**广域网**（Wide Area Network，WAN）的连接范围可以跨越大陆，是因特网的骨干网，可支持万维网（Web）。广域网主要基于光纤实现，由电信公司对外租借运营。

23

局域网：在局部的地理范围内（例如在同一栋建筑物中）传输数据的计算机通信网络。

广域网：能够跨接很大的物理范围，从几十公里到几千公里，或跨越大陆提供远距离通信。

在过去的30年间，随着性能的大幅提升和应用的普及，网络已经改变了计算的面貌。在20世纪70年代，很少有人接触到电子邮件，因特网和Web还不存在，两地之间大量的数据传输通过邮寄磁带的方式实现。局域网基本没有，而少数几个广域网容量很小且访问受限。

⊖ 或辅存。——译者注

随着网络技术的进步，网络变得越来越便宜，性能也越来越好。在 30 多年前，第一代标准局域网（以太网的一个版本）的最大容量（也称为带宽）为 10Mbps，只能供几十台计算机共享。而今天，局域网所能提供的带宽已达到 1Gbps ～ 40Gbps。与此同时，光通信技术促使广域网有了类似的发展，带宽从几百 Kbps 到 Gbps，互联的计算机从几百台到几百万台。网络规模和网络带宽的急剧增长，使得网络技术成为最近 30 年来信息革命的核心推动力。

最近 10 年来，另一种创新型网络技术重塑了计算机的通信方式，这种技术就是无线网络。随着无线网络的普及，后 PC 时代开启。与此同时，CMOS 技术（原用于制造无线电设备）用于制造存储器和微处理器，极大地降低了成本，促进了计算机数量和网络规模的爆炸式增长。当前无线通信技术（IEEE 标准 802.11）支持从 1Mbps 到近 100Mbps 的传输速率。与有线网络不同的是，在无线网络里，电波被同一个区域里的所有用户共享。

小测验　半导体 DRAM 存储器、闪存和磁盘有很大差别。试从易失性、访问时间和价格三方面进行比较。

1.5 处理器和存储器制造技术

处理器和存储器发展速度惊人，因为计算机设计者一直采用最新的电子技术进行设计，以期设计出性能更好的机器。图 1-10 列出计算机发展过程中采用的各种技术，其中最后一列给出了各技术的相对性价比，即每单位价格所能获得的性能。这些技术决定了计算机的功能和性能，正因如此，我们认为计算机专业人士都应当对集成电路的基础知识有所了解。24

年份	计算机中采用的技术	相对性价比
1951	真空电子管	1
1965	晶体管	35
1975	集成电路	900
1995	超大规模集成电路	2 400 000
2013	甚大规模集成电路	250 000 000 000

图 1-10　计算机发展过程中采用的实现技术及其性价比。来源：波士顿计算机博物馆，其中 2013 年的数据由作者推断得到（见 1.12 节）

晶体管（transistor）是一种受电流控制的开关。集成电路（IC）是由几十到几百个晶体管组成的单个芯片。摩尔定律提出时，最初预测的是单芯片上晶体管数量的增长速度。为了描述晶体管数目从几百增长到成千上万的情形，形容词“超大规模”被添加到术语中，简写为 VLSI，即**超大规模集成电路**（very large-scale integrated circuit）。

晶体管：一种由电信号控制通断的开关。

超大规模集成电路：由数十万到数百万晶体管组成的器件。

集成电路集成度的增长率是相当稳定的，以 DRAM 为例，图 1-11 显示了自 1977 年以来 DRAM 容量的增长趋势。过去的几十年中，DRAM 的容量每隔三年翻两番，累积增长已超过 16 000 倍。

硅：一种自然元素，属于半导体。

下面我们从头开始介绍集成电路的制造过程。芯片的制造从原材料**硅**（silicon）开始，硅可以从沙子中提炼[⊖]。硅的导电能力不强，属于**半导体**（semiconductor）材料。通过化学处理在硅中添加其他

半导体：导电性不好的材料，介于导体与绝缘体之间。

⊖　沙子的成分是二氧化硅。——译者注

成分，可以获得以下三种合成材料：

25

- 良好的导电体（类似于细微的铜线或铝线）。
- 良好的绝缘体（类似于塑料膜或玻璃）。
- 不同条件下可变成导电体或绝缘体（类似开关）。

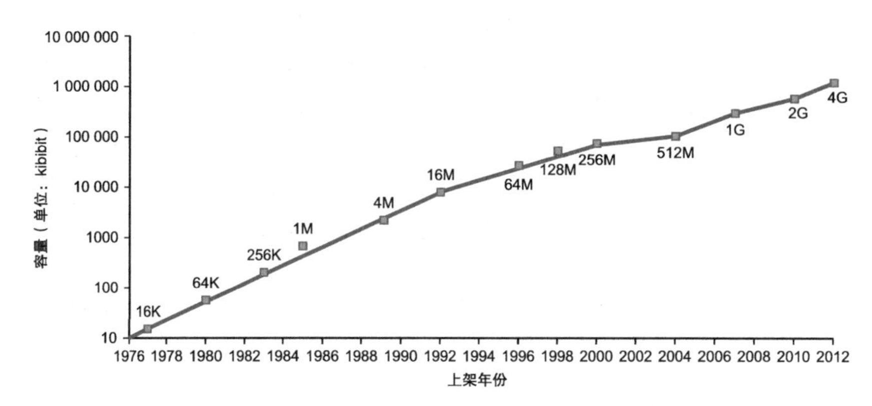

图 1-11 单片 DRAM 容量增长趋势。y 轴单位为 Kib（2^{10} 比特）。在近 20 多年中，DRAM 容量平均每三年翻两番，即每年增长约 60%；但近几年增长速度有所下降，接近每两三年翻一番的水平

晶体管属于第三类。VLSI 电路就是由数亿个上述三种材料（即导体、绝缘体、开关）组合起来并封装在一起所制成的。

集成电路的制造过程对芯片的价格非常关键，因此对计算机设计者而言也是十分重要的。图 1-12 展示了集成电路从**硅锭**（silicon crystal ingot）开始的整个制造过程。目前，硅锭（看上去像一根巨大的香肠）的直径可达 8 ～ 12 英寸，长度约 12 ～ 24 英寸。硅锭再被精细地切割成厚度不超过 0.1 英寸的**晶圆**（wafer）。经过一系列化学处理后，晶圆上会产生之前所讨论的晶体管、导体和绝缘体。目前，集成电路只包含一层晶体管，但是可能有 2 ～ 8 个金属导电层，由多个绝缘层隔开。

硅锭：直径约 8 ～ 12 英寸，长度约 12 ～ 24 英寸的硅晶体棒。

晶圆：厚度不超过 0.1 英寸的硅锭片，用于制造芯片。

晶圆本身或是几十个加工步骤中，若出现一个细微的瑕疵就可能使其附近的晶圆损坏。**瑕疵**（defect）的存在，使得制成一个完美的晶圆几乎是不可能的。对付不完美最简单的方法，是把很多彼此独立的芯片放在一个晶圆上，然后将图样化的晶圆切割开得到**管芯**（die），更非正式的叫法是**芯片**（chip）。图 1-13 是一个切割前的晶圆，上面是一个个微处理器，而图 1-9 则对应了其中的单个微处理器芯片（管芯）。

26

瑕疵：晶圆本身具有的或者在生产过程中产生的微小缺陷，可能导致芯片失效。

管芯：从晶圆中切割出来的单个矩形部分，更为非正式的名称是芯片。

通过切分，可以只淘汰那些有瑕疵的芯片，而不必淘汰整个晶圆，毕竟一个芯片出现瑕疵的概率要低得多。我们用过程良率即**成品率**（yield）来进行量化，其定义为晶圆上合格管芯数占总管芯数的百分比。

成品率：晶圆上合格管芯数占总管芯数的百分比。

当管芯尺寸增大时，集成电路的成本也会快速增加。因为芯片尺寸变大后，成品率和晶圆中能容纳的管芯数都会下降。为了降低成本，经常使用下一代工艺（晶体管和导线的尺寸更小）压缩大芯片的尺寸，从而提高晶圆的成品率和管芯数。2012 年，典型工艺尺寸为 32nm，这意味着芯片上的最小特征尺寸是 32nm。

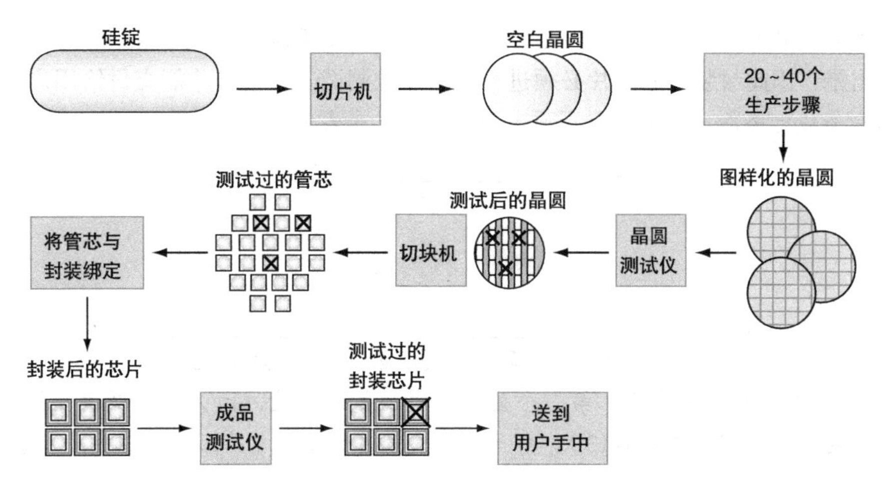

图 1-12 芯片制造过程。从硅锭切下来的空白晶圆，经过大约 20 ～ 40 个加工步骤后，得到图样化的晶圆[㊀]（见图 1-13）。晶圆测试仪对这些图样化的晶圆进行检测，并生成一张映射图，表明晶圆上哪些部分合格，哪些部分有问题。晶圆进一步被切割成管芯[㊁]（见图 1-9）。本图中一个晶圆能生产 20 个管芯，其中有 17 个通过测试（ × 表明这个管芯是坏的）。本例中管芯的良率（又称成品率）是 17/20，也就是 85%。合格的管芯被封装起来并且再次测试。最终封装后的合格成品被送到用户手中，而不合格的成品在最终测试中会被挑选出来

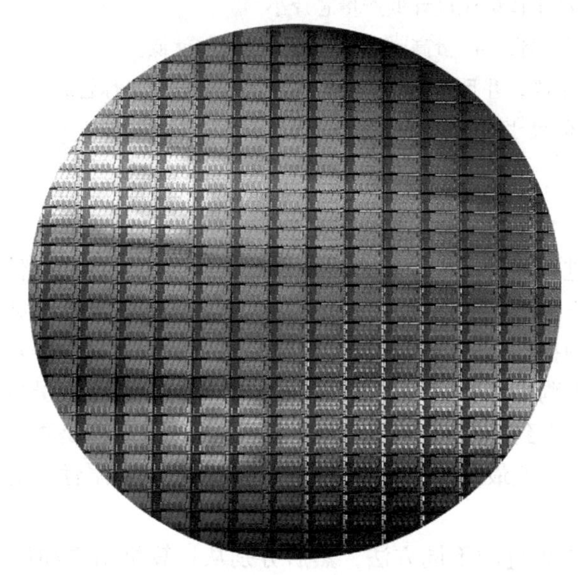

图 1-13 Intel Core i7 的 12 英寸（300mm）晶圆（Intel 提供）。在这个直径为 300mm、良率为 100% 的晶圆中，有 280 个管芯，每个尺寸为 20.7mm × 10.5mm。晶圆边缘几十个不完整的芯片是没用的，之所以包含它们是为了简化掩膜制造，用于对硅片进行光刻。该芯片使用 32nm 工艺，这意味着最小的特征尺寸约为 32nm，通常比实际的特征尺寸（即晶体管尺寸）还要小，就像“图纸”尺寸和最后的产品尺寸总有差距一样

27

㊀ 硅锭上切割下来的晶圆是没有任何掺杂，也没有任何电路的。生产厂家根据设计版图制备掩膜版，然后进行曝光和光刻，得到图样化的晶圆。光刻过程就好像把设计的版图“印制”在晶圆上，故称图样化的晶圆（patterned wafer）。——译者注

㊁ 管芯指晶圆中图样化的一个个方形晶片，即裸片。管芯从晶圆上切割下来后，经过封装形成完整的芯片。芯片常作为泛称，有时指封装好的芯片，有时指管芯，读者可根据上下文进行区分。——译者注

合格的管芯连接到芯片外壳的I/O引脚上，这一过程称为绑定（bonding）。由于封装过程也可能出错，因此封装后的芯片必须进行最后一次测试，合格后才能交付给用户。

精解 集成电路的成本可以用下面三个简单公式来表示：

$$每芯片的价格=\frac{每晶圆的价格}{每晶圆的管芯数\times 成品率}$$

$$每晶圆的管芯数\approx\frac{晶圆面积}{管芯面积}$$

$$成品率=\frac{1}{(1+(单位面积的瑕疵数\times 管芯面积/2))^2}$$

第一个公式是直接等价的。第二个公式获得的是近似值，因为没有减去晶圆边上不满足管芯矩形要求的面积（见图1-13）。第三个公式是基于集成电路工厂的成品率经验得到的，与生产步骤的数量呈指数关系。

因此，管芯的成本取决于成品率以及管芯和晶圆的尺寸，与管芯面积之间不是简单的线性关系。

小测验 产量是决定集成电路价格的关键因素。下列哪几项说明了芯片产量越高成本就越低？

1. 高产量可以采用定制设计的制造过程，从而提高成品率。
2. 设计高产量芯片的工作量比设计低产量芯片小。
3. 制造芯片用的掩膜很贵，产量高时每芯片的掩膜成本就低。
4. 工程开发的成本很高，并且基本与产量无关，故产量高时每片管芯的开发成本较低。
5. 产量高时，管芯的尺寸比产量低时小，因此成品率较高。

1.6 性能

对计算机的性能进行评价是一项富有挑战性的工作。由于现代软件系统的规模及其复杂度，以及硬件设计者采用了大量先进方法来改进性能，因此性能评价变得更为困难。

28

在不同的计算机中挑选合适的产品时，性能是重要的因素之一。对不同的计算机进行精确地测量和比较，对于购买者和设计者都很重要。计算机的销售人员也需要知道这些，因为销售人员总是希望用户看到所推销产品最好的一面，无论这一面是否能准确地反映购买者的需求。因此，理解怎样才能最好地测量性能以及这些测量的局限性，对于选择一台计算机是非常重要的。

本节首先介绍性能评价的不同方法，然后分别从计算机用户和设计者的角度描述性能测量的度量标准，最后分析这些度量标准之间的内在关联，并提出经典的处理器性能方程式（全书中都将使用该方程式进行性能评价）。

1.6.1 性能的定义

当我们说一台计算机的性能优于另一台计算机时，究竟意味着什么？这个问题看似简单，实则不然。我们可以先用客机问题类比一下。图1-14列举了若干典型客机的巡航速度、续航里程、载客量。如果我们要评价哪架客机的性能最好，那么首先要对性能进行定义。性能指标不同，评价结果就不同。例如，巡航速度最高的是Concorde（2003年退役），续航里程最远的是DC-8-50，而载客量最大的是波音747。

飞机	载客量	续航里程（英里）	巡航速度（英里/小时）	载客流量（载客量×巡航速度）
波音777	375	4630	610	228 750
波音747	470	4150	610	286 700
BAC/Sud Concorde	132	4000	1350	178 200
Douglas DC-8-50	146	8720	544	79 424

图 1-14　若干客机的载客量、续航里程和巡航速度。最后一列是飞机运载乘客的速率，即载客流量，等于载客量乘以巡航速度（忽略距离、起飞和降落时间）

即使用速度来衡量性能，这里仍然有两种可能的定义。如果要求将单个乘客从一个地方送到另一个地方的时间最短，那么具有最高巡航速度的飞机就是最“快”的飞机。如果你关心的是将 450 名乘客从一个地方运送到另一地方的最短时间，那么波音 747 是最“快”的（如图中最后一列所示）。与此类似，定义计算机的性能也有不同的方法。

如果在两台不同的桌面计算机上运行同一个程序，那么首先完成作业的那台计算机显然更快。但如果运行的是一个数据中心（有多台服务器同时运行多个用户提交的作业），那你也许会说在一天之内完成作业最多的那台计算机更快。因此，个人计算机用户希望降低**响应时间**（response time）——一个任务从开始执行到完成的总时间——又称为**执行时间**（execution time）。而数据中心的管理员感兴趣的是增加**吞吐率**（throughput）和**带宽**（bandwidth），即单位时间内完成的工作量。因此，在评测性能时，对于关注响应时间的个人移动设备（以及桌面电脑）和关注吞吐率的服务器，需要使用不同的性能指标和基准测试程序。

响应时间：也叫执行时间，是计算机完成一项任务所需的总时间，包括磁盘访问、内存访问、I/O 操作、操作系统开销以及 CPU 执行时间等。

29

吞吐率：也叫带宽，一种度量性能的参数，表示单位时间内完成的任务量。

例题｜吞吐率和响应时间

下面哪种改进能够增加吞吐率或减少响应时间？

1. 将计算机中的处理器更换为更高速的型号。
2. 增加多个处理器分别处理独立的任务，如搜索万维网。

答案｜减少响应时间一般都可以增加吞吐率。因此，方式 1 同时改进了响应时间和吞吐率。方式 2 不能使单个任务完成得更快，只能增加吞吐率。

方式 2 中，当需要处理的任务量达到吞吐率上限时，系统会要求请求的任务排队等待。在这种情况下，提高吞吐率可同时减少响应时间，因为吞吐率的增加使得排队等待时间缩短，那么单个任务的响应时间也相应减少了。因此，在实际的计算机系统中，响应时间和吞吐率往往是相互影响的。

在讨论计算机性能时，本书前几章主要考虑响应时间。为了使性能最大化，我们希望任务的响应时间或执行时间最小。对于某个计算机 X，响应时间和执行时间可以表达为：

$$性能_X = \frac{1}{执行时间_X}$$

如果有两台计算机 X 和 Y，X 比 Y 性能更好，则

$$性能_X > 性能_Y$$

$$\frac{1}{执行时间_X} > \frac{1}{执行时间_Y}$$

$$执行时间_Y > 执行时间_X$$

30 也就是说，如果X比Y快，那么Y的执行时间比X长。

在讨论计算机设计时，经常要定量地比较计算机的性能，通常说“X的速度是Y的n倍”或“X是Y的n倍快”，即

$$\frac{性能_X}{性能_Y} = n$$

如果X比Y快n倍，那么Y上的执行时间是X上执行时间的n倍，即

$$\frac{性能_X}{性能_Y} = \frac{执行时间_Y}{执行时间_X} = n$$

例题 | 相对性能

如果计算机A运行一个程序需要10秒，而计算机B运行同样的程序需要15秒，那么计算机A比计算机B快多少？

答案 | A比B快n倍，则

$$\frac{性能_A}{性能_B} = \frac{执行时间_B}{执行时间_A} = n$$

故性能比为

$$\frac{15}{10} = 1.5$$

因此A的速度是B的1.5倍。

上例中，我们也可以说，计算机B比计算机A慢1.5倍，因为

$$\frac{性能_A}{性能_B} = 1.5$$

意味着

$$\frac{性能_A}{1.5} = 性能_B$$

31 简单而言，当我们试图对计算机进行量化比较时，通常采用术语比什么快（as far as）。因为性能和执行时间是倒数关系，所以提高性能就需要减少执行时间。为了避免使用术语增加和减少时造成混淆，当我们想说“增加性能”和“减少执行时间”时，通常用“改进性能”或者“改进执行时间”来表示。

1.6.2　性能的度量

时间常用来度量计算机性能。完成同样的任务时，所需时间最少的计算机是最快的。程序的执行时间一般以秒为单位。然而，当我们采用的计量方式不同时，时间也有不同的定义方法。对时间最直接的定义是墙钟时间（也叫响应时间或消逝时间）。这些术语均表示完成一项任务所需的总时间，包括磁盘访问、内存访问、I/O操作和操作系统开销等一切时间。

计算机经常被多个用户共享，因此一个处理器可能需要同时运行几个程序。在这种情况下，系统可能更侧重于优化整个系统的吞吐率，而不是最小化一个程序的响应时间。因此，我们往往需要把

CPU执行时间： 简称CPU时间，是CPU完成某个计算任务所花费的总时间。

任务执行时间与CPU工作时间区别开来。我们使用**CPU执行时间**（CPU execution time）或简称CPU时间，表示CPU为完成某任务花费的计算时间，不包括等待I/O或等待其他程序运行的时间。（需要注意的是，用户所感受到的是程序的响应时间，而不是CPU时间。）CPU时间还可进一步分为用户程序执行所花费的CPU时间和操作系统为用户程序执行（操作系统服务）所花费的CPU时间。前者称为**用户CPU时间**（user CPU time），后者称为**系统CPU时间**（system CPU time）。两者很难精确区分，因为通常难以分清哪些操作系统的活动是属于哪个用户程序的，而且不同操作系统的功能也千差万别。

用户CPU时间：程序执行本身所花费的CPU时间。

系统CPU时间：为执行程序而花费在操作系统上的时间。

为了具有一致性，我们保持基于响应时间和基于CPU执行时间的性能的区别。术语系统性能表示空载系统的响应时间[⊖]，CPU性能表示用户CPU时间。本章关于性能的描述，既适用于响应时间的度量，也适用于CPU时间的度量，但本章主要关注CPU性能。

理解程序性能 不同的应用关注计算机系统性能的不同方面。许多应用，特别是运行在服务器上的应用，主要关注I/O性能，既依赖硬件又依赖软件，因此关注的是墙钟时间。而在其他一些应用中，用户可能对吞吐率、响应时间或两者的组合更为关注（例如，最差响应时间下的最大吞吐率）。要改进程序的性能，必须明确哪个性能指标是关键的，然后对程序执行进行测量，寻找可能的性能瓶颈。在后面的章节中，我们将介绍如何在系统的各个部分中寻找瓶颈并改进性能。

32

虽然作为计算机用户，我们关心的是时间，但当我们深入研究计算机的细节时，使用其他性能指标可能更为方便。比如，计算机设计者往往以硬件完成基本功能的速度来评价一台计算机。几乎所有计算机都用时钟来确定硬件中发生的各种事件。这种离散的时间间隔称为**时钟周期数**（clock cycle，tick，clock tick，clock period，clock，cycle）。**时钟周期长度**（clock period）可以用一个完整时钟周期的时间或者其倒数时钟频率来描述。例如，时钟周期为250ps，对应的时钟频率为4GHz。在下一节，我们将形式化地定义硬件设计师使用的时钟周期和计算机使用者所指的秒之间的关系。

时钟周期数：由处理器以恒定速率运行时的时钟决定。

时钟周期长度：每个时钟周期的时间长度。

小测验

1. 假设某个使用个人移动设备和云的应用受网络性能的限制。那么对于下列三种方法，哪种只改进了吞吐率？哪种同时改进了响应时间和吞吐率？哪种两者都没有改进？
   a. 在PMD和云之间额外增加一条网络信道，从而增加总的网络吞吐率，并减少获得网络访问的延迟（现在已经存在两条网络信道）。
   b. 改进网络软件，减少网络通信延迟，但并不增加吞吐率。
   c. 增加计算机的内存。
2. 计算机C的性能是计算机B的4倍。如果计算机B运行某个应用需要28秒，那么计算机C运行同样的应用需要多长时间？

⊖ 空载系统指没有运行用户程序时的系统，此时响应时间主要是操作系统等系统软件产生的开销。——译者注

1.6.3　CPU 的性能及其度量因素

用户和设计师经常以不同的指标来评价性能。如果我们能掌握这些不同指标之间的关系，就能确定设计中的变化对性能以及用户体验的影响。目前我们关注 CPU 性能，度量的底线是 CPU 执行时间。下面用一个简单的公式把最基本的几个指标（时钟周期数和时钟周期长度）和 CPU 时间关联起来：

33

$$\text{程序的 CPU 执行时间} = \text{程序的 CPU 时钟周期数} \times \text{时钟周期长度}$$

由于时钟频率和时钟周期长度互为倒数，故：

$$\text{程序的 CPU 执行时间} = \frac{\text{程序的 CPU 时钟周期数}}{\text{时钟频率}}$$

该公式清楚地表明，硬件设计者可以通过减少程序执行时所需的 CPU 时钟周期数，或减少时钟周期长度来提高性能。在后面几章中我们将看到，设计者经常要在这两者之间进行权衡。许多技术在减少时钟周期数的同时也会引起时钟周期长度的增加。

例题｜性能改进

某程序在时钟频率为 2GHz 的计算机 A 上运行需要 10 秒。现在要设计一台计算机 B，希望将运行时间缩短为 6 秒。设计师有办法提高时钟频率，但这会影响 CPU 其余部分的设计，使计算机 B 运行该程序时所需的时钟周期数约为计算机 A 所需的 1.2 倍。那么设计师应该将时钟频率提高到多少？

答案｜首先确定在计算机 A 上运行该程序需要多少时钟周期数：

$$\text{CPU 时间}_{A} = \frac{\text{CPU 时钟周期数}_{A}}{\text{时钟频率}_{A}}$$

$$10\text{ 秒} = \frac{\text{CPU 时钟周期数}_{A}}{2\times 10^{9}\dfrac{\text{周期数}}{\text{秒}}}$$

$$\text{CPU 时钟周期数}_{A} = 10\text{ 秒} \times 2\times 10^{9}\frac{\text{周期数}}{\text{秒}} = 20\times 10^{9}\text{ 周期数}$$

34

计算机 B 的 CPU 时间为：

$$\text{CPU 时间}_{B} = \frac{1.2\times \text{CPU 时钟周期数}_{A}}{\text{时钟频率}_{B}}$$

$$6\text{ 秒} = \frac{1.2\times 20\times 10^{9}\text{ 时钟周期数}}{\text{时钟频率}_{B}}$$

$$\text{时钟频率}_{B} = \frac{1.2\times 20\times 10^{9}\text{ 时钟周期数}}{6\text{ 秒}}$$

$$= \frac{0.2\times 20\times 10^{9}\text{ 时钟周期数}}{\text{秒}} = \frac{4\times 10^{9}\text{ 时钟周期数}}{\text{秒}} = 4\text{GHz}$$

因此，要在 6 秒内运行完该程序，B 的时钟频率必须提高为 A 的 2 倍。

1.6.4　指令的性能

上述性能公式没有考虑程序执行所需的指令数。编译器产生与程序对应的指令，然后计算机通过执行指令来运行程序，因此执行时间依赖于程序中的指令数。一种考虑执行时间的方法是，执行时间等于执行的指令数乘以每条指令的平均执行时间。所以，一个程序需要的时钟周期数可写为：

$$\text{CPU 时钟周期数} = \text{程序的指令数} \times \text{每条指令的平均时钟周期数}$$

术语 CPI（Clock cycles Per Instruction）表示执行每条指令所需的平均时钟周期数。不同的指令需要的时间可能不同，因此 CPI 是程序全部指令的平均值。因为一个程序的指令数是不变的[⊖]，所以可以通过 CPI 来对相同指令集的不同实现方式进行比较。

CPI：每条指令的时钟周期数，表示某个程序或程序片段执行时，平均每条指令所需的时钟周期数。

例题 | 性能公式的使用

假设有相同指令集的两种不同实现方式。计算机 A 的时钟周期为 250ps，对某程序的 CPI 为 2.0；计算机 B 的时钟周期为 500ps，对同样程序的 CPI 为 1.2。对于该程序，哪台计算机执行得更快？快多少？

35

答案 | 对于相同的程序，每台计算机执行的指令数相同，用 I 表示。首先，计算每台计算机的 CPU 时钟周期数：

$$\text{CPU 时钟周期数}_A = I \times 2.0$$

$$\text{CPU 时钟周期数}_B = I \times 1.2$$

然后，计算每台计算机的 CPU 时间：

$$\text{CPU 时间}_A = \text{CPU 时钟周期数}_A \times \text{时钟周期时间} = I \times 2.0 \times 250\text{ps} = 500 \times I\ \text{ps}$$

同理，对于 B：

$$\text{CPU 时间}_B = I \times 1.2 \times 500\text{ps} = 600 \times I\ \text{ps}$$

显然，计算机 A 更快。快多少由执行时间之比来计算：

$$\frac{\text{CPU 性能}_A}{\text{CPU 性能}_B} = \frac{\text{执行时间}_B}{\text{执行时间}_A} = \frac{600 \times I\ \text{ps}}{500 \times I\ \text{ps}} = 1.2$$

因此，计算机 A 执行该程序是计算机 B 的 1.2 倍快。

1.6.5 经典的 CPU 性能公式

下面用**指令数**（instruction count）、CPI 和时钟周期长度来表示基本性能公式：

指令数：某程序执行所需的指令数量。

$$\text{CPU 时间} = \text{指令数} \times \text{CPI} \times \text{时钟周期长度}$$

由于时钟频率和时钟周期长度互为倒数，因此也可以表示为：

$$\text{CPU 时间} = \frac{\text{指令数} \times \text{CPI}}{\text{时钟频率}}$$

这些公式把性能分解为三个关键因素。因此，如果我们知道某些实现或设计对这三个参数的影响，就可用这些公式对不同方案进行评估。

36

例题 | 比较代码段

一个编译器设计者正试图在两个代码序列之间进行选择。硬件设计者给出了如下数据：

⊖ 同一个编译器编译。——译者注

	每类指令的CPI		
	A	B	C
CPI	1	2	3

对于某行高级语言语句，编译器开发人员正在考虑需要如下指令数量的两个代码序列：

代码序列	每类指令的数量		
	A	B	C
1	2	1	2
2	4	1	1

哪个代码序列执行的指令数更多？哪个执行得更快？每个代码序列的 CPI 是多少？

答案 序列 1 共执行 2 + 1 + 2 = 5 条指令。序列 2 共执行 4 + 1 + 1 = 6 条指令。所以，序列 1 执行的指令数更少。

基于指令数和 CPI，用 CPU 时钟周期数公式计算出每个代码序列的总时钟周期数：

$$\text{CPU 时钟周期数} = \sum_{i=1}^{n}(\text{CPI}_i \times \text{C}_i)$$

因此：

$$\text{CPU 时钟周期数}_1 = (2\times1)+(1\times2)+(2\times3) = 2+2+6 = 10 \text{ 个周期}$$

$$\text{CPU 时钟周期数}_2 = (4\times1)+(1\times2)+(1\times3) = 4+2+3 = 9 \text{ 个周期}$$

虽然多执行了一条指令，但序列 2 更快。由于序列 2 总时钟周期数较少，而指令数较多，因此具有较小的 CPI。CPI 的计算公式为：

$$\text{CPI} = \frac{\text{CPU 时钟周期数}}{\text{指令数}}$$

$$\text{CPI}_1 = \frac{\text{CPU 时钟周期数}_1}{\text{指令数}_1} = \frac{10}{5} = 2.0$$

$$\text{CPI}_2 = \frac{\text{CPU 时钟周期数}_2}{\text{指令数}_2} = \frac{9}{6} = 1.5$$

37

重点 图 1-15 给出了计算机在不同层次上的性能测试指标。通过这些指标的组合可以计算出程序的执行时间（单位为秒）：

$$\text{执行时间} = \frac{\text{执行的秒数}}{\text{程序}} = \frac{\text{指令数}}{\text{程序}} \times \frac{\text{时钟周期数}}{\text{指令}} \times \frac{\text{秒}}{\text{时钟周期}}$$ [⊖]

要注意的是，时间是唯一能够被完全可靠测量的计算机性能指标。例如，改动指令集减少指令数目可能会减少时钟周期长度或增加 CPI，从而抵消了改进的效果。类似地，CPI 与执行的指令类型相关，执行指令数最少的代码未必是执行最快的。

性能要素	测量单位
程序的CPU执行时间	程序的执行时间，以秒为单位
指令数目	程序执行的指令数目
指令的平均执行时钟周期数（CPI）	每条指令的平均时钟周期数
时钟周期时间	每个时钟周期的长度，以秒为单位

图 1-15 性能的基本要素及其测量单位

⊖ 即，执行时间 = 程序执行的秒数 = 程序的指令数 × 平均每条指令的时钟周期数 × 每时钟周期的秒数。——译者注如何确定性能公式中这些因素的值呢？我们可以通过运行程序来测量CPU的执行时间，而时钟周期通常是一台计算机的固有属性，在计算机的说明书中都会明确说明。难以测量的是指令数和CPI。当然，如果确定了时钟频率和CPU执行时间，我们只需要知道指令数或者CPI两者之一，就可以依据性能公式计算出另一个。

通过用体系结构仿真器等软件工具分析程序的执行可以测量出指令数。此外，也可以通过很多处理器中自带的硬件计数器来测量执行的指令数、平均CPI和性能损失源等。由于指令数取决于体系结构而非具体实现，因而对指令数进行测量并不需要知道计算机实现的全部细节。但是，CPI与计算机的各种设计细节密切相关，包括存储系统和处理器结构（见第4、5章），以及应用程序中不同类型指令所占的比例。因此，不同的应用程序有不同的CPI，就像相同指令集有不同的实现方式一样。

38

指令混合比：在一个或多个程序中，指令的动态使用频率的测量。㊀

上述例子表明，只用一种因素（如指令数）去评价性能是不合理的。在比较两台计算机时，形成执行时间的三个因素都应当考虑。如果某个因素相同（如上例中的时钟频率），则性能由其他不同的因素决定。因为CPI随着**指令混合比**（instruction mix）而变化，所以即使时钟频率相同，指令数和CPI都需要进行比较。在本章最后的练习题中，有几道题要求你改进计算机和编译器后再对时钟频率、CPI和指令数目的影响进行评价。在1.10节，我们将讨论一种常见的性能评价方式，这种方式因没有全面考虑各种因素而产生了误导。

理解程序性能 程序的性能与算法、编程语言、编译器、体系结构以及实际的硬件有关，下表概述了它们对CPU性能公式中的各种因素的影响。

硬件或软件	影响对象	如何影响
算法	指令数，可能的CPI	算法决定源程序中指令的数目，从而也决定了CPU执行的指令数。算法也可能通过使用较快或较慢的指令影响CPI。例如，当算法使用很多除法时，CPI将增大
编程语言	指令数，CPI	编程语言显然会影响指令数，因为编程语言中的语句必须翻译为指令，从而决定了指令数。编程语言也可影响CPI，例如，一种高级语言（如Java）如果支持高度的数据抽象，就需要进行间接调用，因而需要较高CPI的指令
编译器	指令数，CPI	因为编译器决定了源程序到计算机指令的翻译过程，所以编译器的效率既影响指令数又影响CPI。编译器的作用十分复杂，会以多种方式影响CPI
指令集体系结构	指令数，CPI时钟频率，CPI	指令集体系结构影响完成某功能所需的指令数、每条指令的周期数以及处理器的时钟频率，因此对CPU性能的三个因素都有影响

精解 你可能认为CPI的最小值为1.0，在第4章我们将看到，有些处理器在每个时钟周期是可以对多条指令取指并执行的㊁。为了反映这一点，有些设计者反过来用IPC（Instruction Per Clock cycle）来代替CPI。如一个处理器每时钟周期可平均执行两条指令，则IPC = 2，CPI = 0.5。

39

精解 虽然时钟周期长度传统上是固定的，但是为了节省功耗或临时提升性能，当今的处理器可以调整时钟频率。因此我们需要使用平均时钟频率。例如，Intel Core i7处理器在处理器温度升高之前可以临时将时钟频率提高10%。Intel称之为涡轮增压模式（Turbo mode）。

㊀ 即一个程序中各类指令所占的比例。

㊁ 因此CPI可能小于1。——译者注

小测验 某 Java 程序在桌面处理器上运行需时 15 秒。一个新版的 Java 编译器发布了，其编译产生的指令数量是旧版 Java 编译器的 0.6 倍，但不幸的是，CPI 增加为原来的 1.1 倍。请问使用新的编译器后，程序运行时间是多少？从以下三个选项中选出正确答案：

a. $\frac{15\times0.6}{1.1}=8.2$ 秒

b. $15\times0.6\times1.1=9.9$ 秒

c. $\frac{15\times1.1}{0.6}=27.5$ 秒

1.7 功耗墙

图 1-16 显示了过去 30 年间 Intel 八代微处理器的时钟频率和功耗的增长趋势。两者密切相关，因而增长趋势接近。两者快速增长了几十年，但近几年平缓下来，因为目前技术已经走到了实际功耗的极限，无法以更低的功耗冷却商用微处理器。

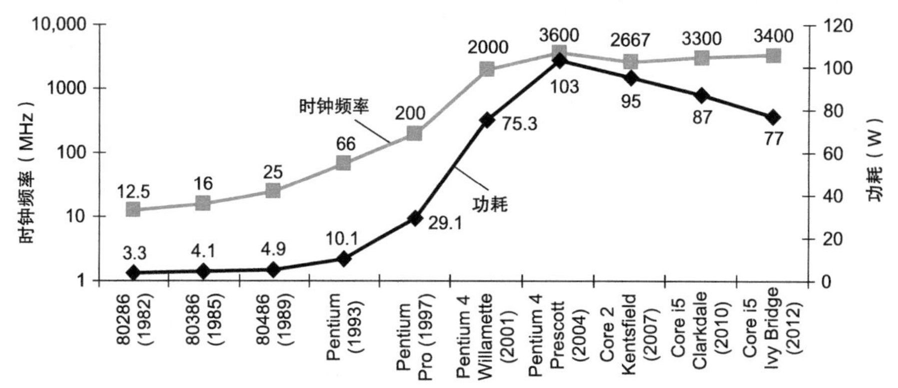

图 1-16 近 30 年来 Intel x86 八代微处理器的时钟频率和功耗。Pentium 4 处理器的时钟频率和功耗提高很大，但性能提升不大。Prescott 发热问题导致 Pentium 4 的生产线被放弃。Core 2 生产线恢复使用低时钟频率的简单流水线，并采用片上多处理器技术。Core i5 采用与 Core 2 同样的流水线

40

功耗决定了能够冷却的极限，但在后 PC 时代，能量才是真正有价值的资源。对于个人移动设备来说，电池寿命比性能更重要。对于具有 100 000 个服务器的仓储式计算机来说，设计者要尽量降低供电和冷却的开销（在这个规模上开销昂贵）。就像在评价性能时，使用执行时间比使用 MIPS（见 1.10 节）之类的比率更加可信一样，在评价功耗时，使用能耗（焦耳）比使用功率（如瓦特或焦耳 / 秒）更加合理。

目前，占统治地位的集成电路技术是 CMOS（Complementary Metal Oxide Semiconductor，*互补型金属氧化半导体*），其主要的能耗来源是动态能耗，即在晶体管开关过程中（状态从 0 翻转到 1 或从 1 翻转到 0）消耗的能量。动态能耗取决于每个晶体管的负载电容和工作电压：

$$\text{能耗} \propto \text{负载电容} \times \text{电压}^2$$

这个等式表示的是一个 0 → 1 → 0 或 1 → 0 → 1 的逻辑转换过程中消耗的能量。则单个翻转消耗的能量为：

$$\text{能耗} \propto 1/2 \times \text{负载电容} \times \text{电压}^2$$

每个晶体管需要的功耗是一个翻转需要的能耗和翻转（开关）频率的乘积：

$$\text{功耗} \propto 1/2 \times \text{负载电容} \times \text{电压}^2 \times \text{开关频率}$$

开关频率是时钟频率的函数。晶体管的负载电容是连接到输出上的晶体管数量（称为扇出）和工艺的函数，该函数决定了导线和晶体管的电容。

图 1-16 中，为什么时钟频率增长为 1000 倍，而功耗只增长了 30 倍呢？每次工艺更新换代时都会通过降低工作电压减少能耗和功耗，因为功耗是电压平方的函数。一般来说，每代新技术的电压降低了大约 15%。20 多年来，电压从 5V 降到了 1V。这就是功耗只增长 30 倍的原因所在。

例题 | 相对功耗

假设我们需要开发一种新处理器，其负载电容只有旧处理器的 85%。并且电压可以调节，与旧处理器相比电压可降低 15%，进而导致频率也降低了 15%。新处理器的动态功耗有何影响？

41

答案

$$\frac{\text{功耗}_{\text{新}}}{\text{功耗}_{\text{旧}}}=\frac{(\text{电容负载}\times 0.85)\times(\text{电压}\times 0.85)^2\times(\text{开关频率}\times 0.85)}{\text{电容负载}\times\text{电压}^2\times\text{开关频率}}$$

功耗比为：

$$0.85^4=0.52$$

故新处理器的功耗大约为旧处理器的一半。

目前的问题是如果电压继续下降会使晶体管泄漏电流过大，就像水龙头不能被完全关闭一样。目前服务器芯片中 40% 的功耗是由于泄漏造成的。如果晶体管的泄漏电流再大，整个过程就会变得难以处理。

为了解决功耗问题，设计者采用大型冷却设备以增强冷却效果，并关闭芯片中一些在给定时钟周期内暂时不用的部分以节省功耗。尽管有很多更加昂贵的方式来冷却芯片，但继续提高芯片的功耗（比如 300W）对个人计算机甚至服务器来说成本太高了，对个人移动设备就更不用说了。

功耗墙问题的存在，使设计师不能再采用过去 30 年微处理器设计中使用的方法，而需要开辟新的路径，继续推进计算机的发展。

精解 虽然动态能耗是 CMOS 能耗的主要来源，但静态能耗也是存在的，因为即使在晶体管关闭的情况下，还是有泄漏电流存在。在服务器中，电流泄漏通常占 40% 的能耗。因此，增加晶体管的数目就会增加功耗，即使这些晶体管一直处于关闭状态。尽管人们采用各种设计技术和工艺创新来控制电流泄漏，但还是难以进一步降低电压。

精解 功耗成为集成电路设计的挑战有两个原因。首先，电源必须由外部输入并且分布到芯片的各个角落。现代微处理器通常有几百个管脚作为电源和地。同样，芯片有多个互联的层级也仅仅是为了解决芯片的电源和地的分布问题[⊖]。其次，功耗以热量形式散发，因此必须进行散热处理。服务器芯片的热量可达 100W 以上，因此冷却芯片及其外围系统是仓储式计算机开销的主要来源（见第 6 章）。

42

1.8 沧海巨变：从单处理器向多处理器转变

迄今为止，很多软件就像为独奏者所写的音乐；使用当代芯片，我们对于二重奏、四重奏以及其他小合奏的经验很少；但是为大型交响乐团或者合唱谱曲则是另一种不同的挑战。

Brian Hayes, Computing in a Parallel Universe, 2007

功耗的限制迫使微处理器的设计产生了巨大的变化。图 1-17 给出了桌面微处理器程序响应时间的变化。从 2002 年起，每年的增长速率从 1.5 下降到 1.2。

⊖ 芯片表面看起来异常平滑，但事实上可能包含几十层复杂的电路。——译者注

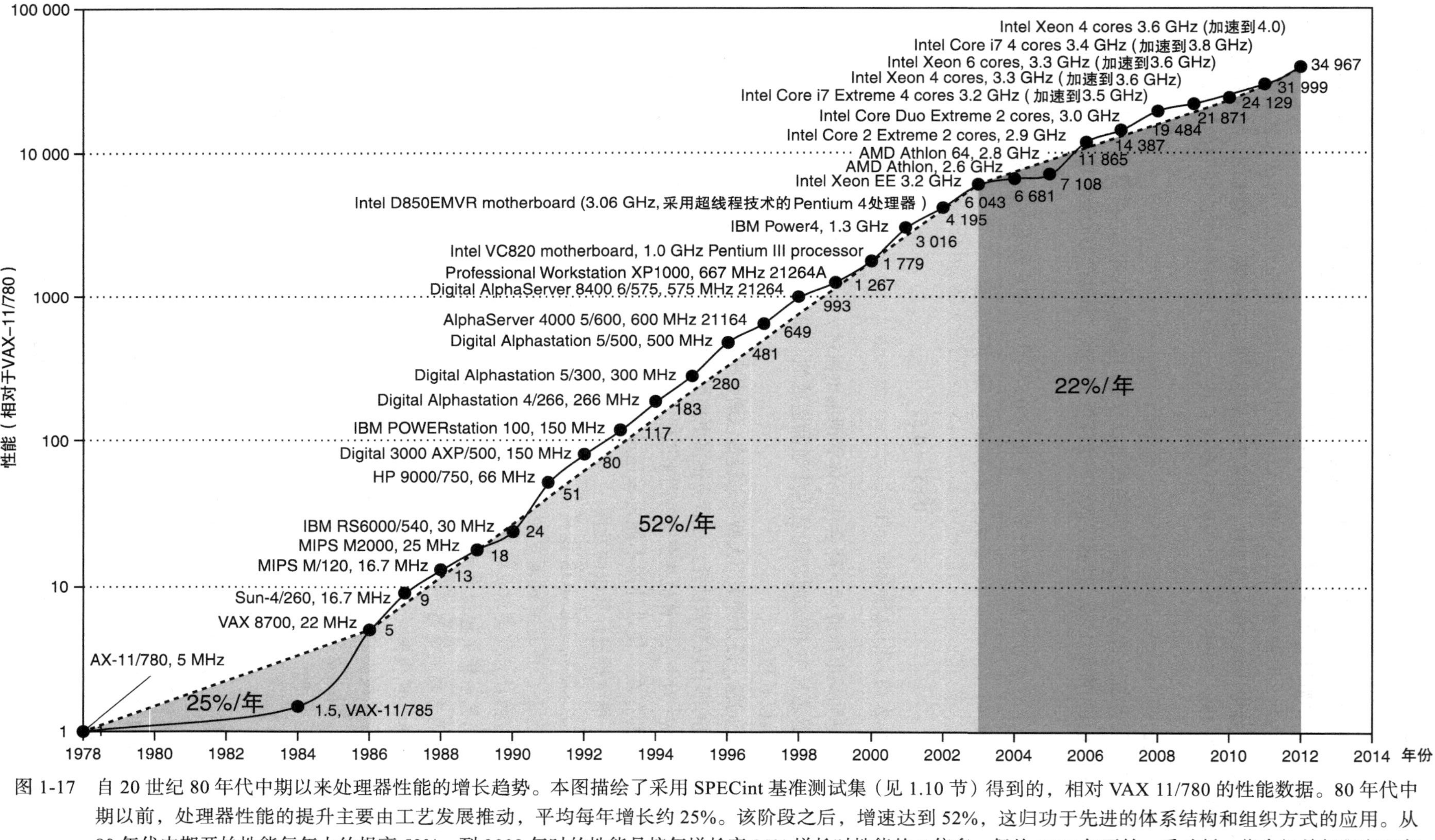

图 1-17　自 20 世纪 80 年代中期以来处理器性能的增长趋势。本图描绘了采用 SPECint 基准测试集（见 1.10 节）得到的，相对 VAX 11/780 的性能数据。80 年代中期以前，处理器性能的提升主要由工艺发展推动，平均每年增长约 25%。该阶段之后，增速达到 52%，这归功于先进的体系结构和组织方式的应用。从 80 年代中期开始性能每年大约提高 52%，到 2002 年时的性能是按年增长率 25% 增长时性能的 7 倍多。但从 2002 年开始，受功耗、指令级并行程度和存储器访问延迟的限制，单处理器的性能增长变缓，年增长率约 22%

自2006年起，所有桌面机和服务器公司都在单片微处理器中加入了多个处理器，以求更大的吞吐率，而不再继续追求降低单个处理器上单个程序的响应时间。为了减少处理器（processor）和微处理器（microprocessor）两词之间的混淆，一些公司将处理器称为“核”（core），而微处理器通常称为多核微处理器。因此，一个“四核”微处理器是一个包含了四个处理器或者四个核的芯片。

过去，程序员无需修改一行代码，仅依赖硬件、体系结构和编译器的创新，就能实现性能每18个月翻一番。而今天，程序员要想显著地改进响应时间，就必须重写程序以充分利用多处理器的**并行**优势。而且，随着核的数目不断增加，程序员也必须不断改进他们的代码，才能在更快的新微处理器上获得显著的性能提升。

为了强调软件和硬件系统如何协同工作，本书增加了多个硬件/软件接口模块，对这一重要接口的相关概念进行介绍，下面是本书中的第一个。

硬件/软件接口 **并行**对计算性能一直十分重要，但并行性往往是被隐藏起来的。第4章将介绍**流水线**，该技术通过让指令重叠执行以使程序运行得更快。这是一种指令级并行的优化方法，抽取了硬件的并行特性。而程序员和编译器仍可以认为指令在硬件中是串行执行的。

迫使程序员关注硬件的并行性并重写程序以使其并行化，曾经是计算机体系结构领域的“烈酒”，以致很多依赖这种变化的公司都失败了（见6.15节）。从历史视角来看，整个IT行业已经将未来赌在了程序员最终将成功跃进到显式并行编程上。

43

为什么程序员编写显式并行程序如此困难呢？第一个原因是并行编程以提高性能为目的，这增加了编程的难度。程序不仅要正确、能解决重要问题、能为用户或其他程序提供接口以供调用，还必须运行得足够快。否则就无所谓性能，编写一个串行程序就足够了。

第二个原因是为了发挥并行硬件的优势，程序员必须划分应用，使每个核上同时执行的任务量大致相同，并且要尽可能减小调度开销，以免浪费了并行带来的性能提升。

打个比方，现在有一个新闻故事的撰写任务，如果由8名记者共同完成，完成速度能否提高8倍呢？为了达到这一目标，先要对新闻故事进行划分，让每个记者都有事可做。因此，首先要安排出子任务。假如某名记者要比其他7人花费更长的时间，那么8人合作的好处就缩水了。因此，平衡负载，即平衡任务分配才能得到理想的加速。另一个危险是，记者们可能要花费很长时间互相交流才能完成任务。如果故事的一部分（例如结论）必须等到其他部分完成之后才能编写，这种情况下，计划就会功亏一篑。因此，必须尽量减少通信和同步的开销。对于上述比喻和并行编程而言，挑战包括：任务调度、负载平衡、通信以及同步开销等。当有更多的记者参与编写一个故事，或是有更多的核参与并行编程时，挑战会变得更为严峻。

44

为了反映工业界的这个沧海巨变，本书后面5章每章都有一节有关并行的内容：

- 2.11节：并行与指令：同步。通常独立的并行任务需要一次次地协调，以便告知任务何时完成。这一章将解释多核处理器同步任务所使用的指令。
- 3.6节：并行与计算机算术：子字并行。并行化最简单的一种形式是计算元素并行，例如两个向量相乘。**摩尔定律**提供了位宽更大且能同时处理多个操作数的算术单元，子字并行正是利用了这种资源特点。
- 4.10节：指令级并行。尽管并行编程很困难，但20世纪90年代起，人们依然付出了巨大的努力开发硬件和编译器的并行性，流水线就是初始技术之一。这一章描述了这些技术，包括同时对多条指令取指和执行、猜测决策结果、通过预测推断指令执行等。

- 5.10 节：*并行与存储器层次结构*：cache 一致性。降低通信开销的一种方法是让所有处理器使用同一个地址空间，因此任何处理器都可以读写该空间的任何数据。今天的处理器中都采用 cache，即在靠近处理器的更快的存储器中保存内存中数据的一个临时副本。不难想象，如果多个处理器 cache 中的共享数据不一致的话，并行编程将更为困难。这一章将介绍保持 cache 数据一致性的相关机制。
- 5.11 节：*并行与存储器层次结构：廉价冗余磁盘阵列*。本节介绍如何使用多个磁盘构建系统，以提供更高的吞吐率。这也是*廉价冗余磁盘阵列*（RAID）提出的初衷。但使 RAID 流行的真正原因是它能够通过采用一定数量的冗余磁盘提供更高的可靠性。本节将介绍不同 RAID 级别的性能、成本和可靠性。

45

除了这些章节之外，本书第 6 章专门介绍并行处理。该章详细叙述了并行编程的挑战，提出了两种方法来处理共享编址通信和显式消息传递，介绍了一种易于编程的并行模型，讨论了使用基准测试程序对并行处理器进行评测的困难，为多核微处理器引入了一个新的简单性能模型，并在最后使用该模型描述和评价了四种多核微处理器。

如上所述，第 3 ～ 6 章使用矩阵向量相乘的实例展示如何利用不同的并行性提高性能。

附录 B 介绍了一种在桌面计算机中越来越普及的硬件——*图形处理单元*（GPU）。GPU 为加速图像处理而发明。得益于高度的并行性，GPU 以其优越性能发展为完善的编程平台。

附录 B 介绍了 NVIDIA GPU，并重点介绍了其并行编程环境。

1.9 实例：Intel Core i7 基准测试

本书的每一章都有“实例”一节，将书中的概念与日常使用的计算机联系起来。这些内容涵盖了现代计算机中使用的多种技术。下面是本书中的第一个“实例”，以 Intel Core i7 为例，说明如何制造集成电路，以及如何测量性能和功耗。

> 我想，就像书一样，“计算机”也是一个全世界广泛应用的概念。我不曾想到它会发展得如此迅速，因为我完全没有预料到在一块芯片上可以得到如此多的部件。晶体管的进步出乎预料，其发展比我们预想的要快得多。
>
> *J. Presper Eckert（ENIAC 的创建者之一），1991*

1.9.1 SPEC CPU 基准测试程序

用户每日使用的程序是用于评价新型计算机性能的最佳选择。**工作负载**（workload）由一组程序集构成。要评价两台计算机系统，只需简单地比较工作负载在两台计算机上的执行时间。然而大多数用户并不这样做，他们通过其他方法测量计算机的性能，希望这些方法能够反映计算机执行用户工作负载的情况。最常用的测量方法是使用一组专门用于测量性能的**基准测试程序**（benchmark）。通过这些基准测试程序形成负载，用户可以预测实际负载的运行性能。如前所述，要加速大概率事件的执行，必须先准确地知道哪些是大概率事件，因此基准测试程序在计算机体系结构中扮演着非常重要的角色。

> **工作负载**：运行在计算机上的一组程序，可以是一组用户实际运行的应用程序，也可以从实际程序中抽取构建。典型的工作负载必须指明程序和相应的频率。

SPEC（System Performance Evaluation Cooperative）是由许多计算机销售商共同赞助并支持的合作组织，目的是为现代计算机系

> **基准测试程序**：用于比较计算机性能的程序。

统建立基准测试程序集。1989年，SPEC建立了47个主要面向处理器性能的基准程序（称为SPEC89），并经历了五代发展。目前最新的是SPEC CPU 2006，包括12个整数基准程序（CINT 2006）和17个浮点基准程序（CFP 2006）。CINT 2006来源于C编译器、棋类程序、量子计算机仿真等应用。CFP 2006包括有限元模型结构化网格代码、分子动力学粒子方法代码、稀疏线性代数流体动力学代码等。 46

图1-18列举了SPEC整数基准程序及其在Intel Core i7上的执行时间，显示了影响执行时间的各个因素，即指令数、CPI和时钟周期时间等。注意，CPI的最大和最小值相差达到5倍。

描述	名称	指令数目（$\times 10^9$）	CPI	时钟周期时间（$\times 10^9$秒）	执行时间（秒）	参考时间（秒）	SPEC分值
字符串处理解释程序	perl	2252	0.60	0.376	508	9770	19.2
块排序压缩	bzip2	2390	0.70	0.376	629	9650	15.4
GNUC编译器	gcc	794	1.20	0.376	358	8050	22.5
组合优化	mcf	221	2.66	0.376	221	9120	41.2
围棋（人工智能）	go	1274	1.10	0.376	527	10490	19.9
基因序列搜索	hmmer	2616	0.60	0.376	590	9330	15.8
国际象棋（人工智能）	sjeng	1948	0.80	0.376	586	12100	20.7
量子计算机仿真	libquantum	659	0.44	0.376	109	20720	190.0
视频压缩	h264avc	3793	0.50	0.376	713	22130	31.0
离散事件仿真库	omnetpp	367	2.10	0.376	290	6250	21.5
游戏/寻找路径	astar	1250	1.00	0.376	470	7020	14.9
XML解析	xalancbmk	1045	0.70	0.376	275	6900	25.1
几何平均	—	—	—	—	—	—	25.7

图1-18 SPECINTC 2006基准程序在2.66GHz的Intel Core i7 920上的运行结果。根据CPU性能公式，执行时间是本表中三个因素的乘积：以十亿为单位的指令数、每条指令的时钟数（CPI）以及纳秒级的时钟周期时间。SPE分值（SPECratio）仅仅是参考时间（由SPEC提供）除以所测量的执行时间得到的比值。SPECINTC 2006所列的数字是SPEC分值的几何平均值

出于简化考虑，SPEC使用单一的数字来归纳12种整数基准程序的测试结果。具体方法是将被测计算机的执行时间标准化，即用参考处理器的执行时间除以被测计算机的执行时间，结果称为SPEC分值。SPEC分值越大，表示性能越快（因为SPEC分值是执行时间的倒数）。CINT 2006或CFP 2006的综合测试结果以SPEC分值的几何平均值为准。

精解 使用SPEC分值比较两台计算机时采用的是几何平均值，因此无论采用哪台计算机进行标准化都可得到同样的相对值。如果采用的是算术平均值，结果会因参考计算机的不同而变化。 47

求几何平均值的公式：

$$\sqrt[n]{\prod_{i=1}^{n} 执行时间比_i}$$

其中，执行时间比$_i$是n个工作负载中第i个程序的执行时间相对参考计算机进行标准化的结果，并且

$$\prod_{i=1}^{n} a_i \text{ 表示 } a_1 \times a_2 \times \cdots \times a_n$$

1.9.2 SPEC 功耗基准测试程序

由于能耗和功耗日益重要，SPEC 增加了一组用于评估功耗的基准测试程序，用以评测服务器在不同负载水平（以 10% 递增测试）下的功耗。图 1-19 给出了采用 Intel Nehalem 处理器的服务器的测试结果。

目标负载%	性能（ssj_ops）	平均功耗（瓦特）
100%	865 618	258
90%	786 688	242
80%	698 051	224
70%	607 826	204
60%	521 391	185
50%	436 757	170
40%	345 919	157
30%	262 071	146
20%	176 061	135
10%	86 784	121
0%	0	80
合计	4 787 166	1922
$\sum$ssj_ops / $\sum$power =		2490

图 1-19　SPECpower_ssj 2008 在服务器上的运行结果。服务器的具体配置为双插槽 2.6GHz Intel Xeon X5650 处理器，16GB DRAM 内存，100GB SSD 固态硬盘

SPECpower 起始于面向 Java 商业应用的 SPEC 基准程序（SPECJBB 2005），主要测试处理器、cache、主存以及 Java 虚拟机、编译器、垃圾收集器以及操作系统片段。性能以吞吐率衡量，单位是每秒完成的商业操作次数。出于简化考虑，SPEC 采用单个的数字来进行归纳，称为“overall ssj_ops per watt”（每瓦 ssj_op 操作数），其计算公式是：

48

$$\text{overall ssj\_ops per watt} = \frac{\sum_{i=0}^{10} \text{ssj\_ops}_i}{\sum_{i=0}^{10} \text{power}_i}$$

式中，ssj_ops_i 为工作负载在每 10% 增量处的性能，power_i 是对应的功耗。

1.10 谬误与陷阱

> 科学一定开始于神话和对神话的批判。
>
> *Sir Karl Popper, The Philosophy of Science, 1957*

本书中每一章都会有“谬误与陷阱”一节，解释实际中经常产生的误解，我们称之为谬误。讨论谬误时，我们会列举反例。此外，我们也讨论陷阱，即那些容易犯的错误。通常陷阱是指一般原理只在有限的上下文中才是真的[⊖]。这些“谬误与陷阱”旨在帮助你在设计或使用计算机时避免犯同样的错误。价格 / 性能谬误和陷阱迷惑了许多计算机架构师，包括我们在内。本节也不乏相关的例子。下面介绍本书的第一个陷阱，它曾迷惑了许多设计者，但揭示了计算机设计中的一个重要关系。

陷阱：期望通过计算机一个方面的改进就能提高总体性能，并且性能提高与改进规模成比例。

加速大概率事件的伟大思想有时也会导致令人沮丧的结果，困扰软硬件设计人员。这提

⊖ 即原理的成立依赖于上下文，或者说依赖于条件，上下文 / 条件不同，原理可能不成立。——译者注

醒我们，一个事件需要的时间（占所有事件所需时间的比例）会影响性能改进的机会。

Amdahl 定律：表明某种改进可能带来的性能提升，受限于被改进部分被使用的次数，该规则是“收益递减定律”的量化版本。[㊀]

用一个简单的例子就可以很好地说明这一点。假设一个程序在一台计算机上运行需要 100 秒，其中 80 秒用于乘法操作。那么如果要把该程序的运行速度提高 5 倍，乘法操作的速度应该改进多少？

改进以后的程序执行时间可根据 **Amdahl 定律**计算：

$$\text{改进后的执行时间} = \frac{\text{受改进影响的执行时间}}{\text{改进量}} + \text{未受改进影响的执行时间}$$

对于该问题有：

$$\text{改进后的执行时间} = \frac{80\text{秒}}{n} + (100\text{秒} - 80\text{秒})$$

49

由于要求快 5 倍，新的执行时间应该是 20 秒，则：

$$20\text{秒} = \frac{80\text{秒}}{n} + 20\text{秒}$$

$$0 = \frac{80\text{秒}}{n}$$

可见，如果乘法运算占总工作负载的 80%，那么无论怎样改进乘法，也无法实现性能提高 5 倍。某种改进可能带来的性能提升，受限于被改进部分被使用的次数。这个概念也存在于日常生活中，称为收益递减定律。

当已知某些功能所消耗的时间[㊁]及其潜在的加速比时，我们就可以使用 Amdahl 定律估算整体的性能提升。Amdahl 定律以及 CPU 性能公式是很方便的性能评价工具，读者可以在本章练习中进一步体会。

Amdahl 定律同样可以用于说明并行处理器数量的实际限制[㊂]，第 6 章中的“谬误与陷阱”中将详细讨论。

谬误：利用率低的计算机功耗低。

服务器的工作负载是变化的，所以在低利用率的情况下功率很重要。例如，Google 仓储式计算机中，服务器利用率大多数时间在 10% ～ 50% 之间，只有不到 1% 的时间达到 100%。即使人们花费了 5 年时间来研究如何很好地运行 SPECpower 基准测试程序，但 2012 年，在特别配置的计算机中，最好的结果也只有 10% 的工作负载能够消耗 1/3 的峰值功耗。在实际工作中的系统并不是针对 SPECpower 测试进行配置的，因此结果会更为糟糕。

由于服务器的工作负载差异大且消耗了峰值功耗的很大比例，Luiz Barroso 和 Urs Hölzle [2007] 提出需要重新设计硬件，实现“按能量比例计算”。在未来的服务器中，如果 10% 的工作负载使用 10% 的峰值功耗，那么将减少数据中心的电费和二氧化碳的排放。

谬误：面向性能的设计和面向能效的设计是不相关的目标。

能耗是功耗和时间的乘积。通常情况下，对于软硬件优化而言，即使优化本身的实现可

㊀ Amdahl 定律定义了由于采用特殊的方法所能获得的性能加速比的大小。加速比与两个因素有关：一个是计算机执行某个任务的总时间中可被改进部分的时间所占的百分比；另一个是改进部分采用改进措施后比没有采用改进措施前性能提高的倍数。——译者注

㊁ 以及总执行时间。——译者注

㊂ 处理器通过增加核数可以提高性能，但核数增加到一定程度，就无法再提升性能，Amdahl 定律可以给出理论证明。——译者注

能增加了一些能耗，但如果这些优化能够缩短系统运行时间，还是可以在整体上节约能量。原因之一是，当一个程序运行时，计算机的其他部分也在消耗能量，因此，即使优化的部分多消耗了一些能量，运行时间的减少也可以减少整个系统的能耗。

陷阱：用性能公式的一个子集去度量性能。

前面我们已经指出，简单地只用时钟频率、指令数或CPI之一去预测性能是不合理的。50另一种常犯的错误是只用三种因素中的某两个去比较性能。虽然在有些条件下这样做可能是正确的，但这种方法容易被误用。实际上，几乎所有取代用时间去度量性能的方法都会导致歪曲的结果或错误的解释。

MIPS：以百万条指令作为基数的程序执行速度的一种测量，由指令数除以执行时间与10^6之积获得。

MIPS（Million Instructions Per Second，每秒百万条指令）是一种取代时间以度量性能的方法。对于一个给定的程序，MIPS表示为：

$$\text{MIPS}=\frac{\text{指令数}}{\text{指令时间}\times 10^6}$$

MIPS是指令执行的速率，其所定义的性能与执行时间成反比，越快的计算机，其MIPS值越高。从表面看，MIPS容易理解，计算机越快MIPS值越高，符合人的直觉。

然而，用MIPS来评价计算机存在三个问题。首先，MIPS规定了指令执行的速率，但没有考虑指令的能力。我们不能用MIPS比较指令集不同的计算机，因为指令数肯定是不同的。其次，即使在同一台计算机上，不同的程序也会有不同的MIPS，因而一台计算机的MIPS值不是唯一的。例如，将执行时间用MIPS、CPI、时钟频率替代后可得：

$$\text{MIPS}=\frac{\text{指令数}}{\dfrac{\text{指令数}\times\text{CPI}}{\text{时钟频率}}\times 10^6}=\frac{\text{时钟频率}}{\text{CPI}\times 10^6}$$

如图1-18所显示，SPEC 2006在Intel Core i7上的CPI最大值和最小值相差5倍，MIPS也是如此。最后，也是最重要的一点，如果一个新程序执行的指令数更多，但每条指令的执行速度更快，则MIPS的变化与性能无关。

小测验　某程序在两台计算机上的性能测量结果为：

测量内容	计算机A	计算机B
指令数	10亿次	8亿次
时钟频率	4GHz	4GHz
CPI	1.0	1.1

a. 哪台计算机的MIPS值更高？

51

b. 哪台计算机更快？

1.11　本章小结

虽然很难准确预测未来计算机的成本与性能将发展到何种水平，但肯定比现在的计算机更好。计算机设计者和程序员必须理解更广泛的问题才能参与推动计算机的发展。

哪里……ENIAC配备有18 000个真空管，重达30吨，未来的计算机可能只有1000个真空管，且仅重1.5吨。

Popular Mechanics, March 1949

硬件和软件设计者都采用分层的方法构建计算机系统，下层对上层隐藏本层的细节。这种伟大的思想即抽象，这是理解当今计算机系统的基础，但这并不意味着设计者只要懂得抽象原理就足够了。硬件和底层软件之间的接口称为指令集体系结构，可能是最重要的抽象层次。虽然有多种价格和性能不同的实现方法，但只要保持指令集体系结构不变，就能运行相同的软件。与此同时产生的负面效应是，那些引起接口变化的体系结构创新技术可能不会被采用。[⊖]

使用实际程序的执行时间作为尺度评测性能是一种可靠的方法。该执行时间与其他一些重要的指标相关，可用公式表示为：

$$\frac{\text{秒数}}{\text{程序}}=\frac{\text{指令数}}{\text{程序}}\times\frac{\text{时钟周期数}}{\text{指令数}}\times\frac{\text{秒数}}{\text{时钟周期}}$$ [⊜]

本书中我们将多次使用这一公式及其组成因子。必须明确的是，任何一个独立的因子都不能确定性能，只有三个因子的乘积（即执行时间）才是可靠的性能度量标准。

重点 执行时间是唯一有效且可靠的性能度量指标。人们曾经提出许多其他度量方法，但都有所欠缺。有些从一开始就没有反映执行时间，还有一些只能在有限条件下有效，或是必须有明确附加条件。

52

硅是现代处理器硬件技术的关键。与理解集成电路技术同样重要的是，理解预期的技术变化速率，如同摩尔定律的描述。在硅技术加快硬件发展的同时，计算机组织结构的新技术也提高了产品的性价比。其中有两个重要的新思想：第一，开发程序的并行性，一般通过多处理器实现；第二，开发存储器层次结构的访问局部性，目前的典型方法是通过 cache。

能效已经取代芯片面积，成为微处理器设计中最重要的资源。节约功耗的同时改进性能的需求已经迫使硬件工业向多核微处理器转移，从而也导致软件工业向并行硬件编程跃进。并行已成为提高性能的必要途径。

计算机设计的好坏总是以成本和性能来度量，也包括其他一些重要的因素，如能耗、可靠性、购置成本和可扩展性等。尽管本章重点关注的是成本、性能和能耗，但最佳的设计应该根据面向的市场或应用领域，在所有因素之间进行适当的平衡。

本书导读

在这些抽象层的底部是计算机的五个经典部件：数据通路、控制器、存储器、输入和输出（见图 1-5）。这五个部件也是本书后几章的主要内容：

- 数据通路：第 3、4、6 章以及附录 B。
- 控制器：第 4、6 章以及附录 B。
- 存储器：第 5 章。
- 输入：第 5 章和第 6 章。
- 输出：第 5 章和第 6 章。

如前所述，第 4 章介绍处理器如何开发隐式并行性，第 6 章介绍并行革命的核心——显式并行多核微处理器，附录 B 介绍高度并行的图形处理器芯片。第 5 章介绍层次存储结构如何利用局部性。第 2 章介绍指令集——编译器和计算机之间的接口，并强调了编译器和编程语言在利用指令集特性方面的作用。第 3 章介绍计算机如何处理算术运算。附录 A 介绍逻辑设计。

53

1.12 历史观点与拓展阅读

本书的每一章都有“历史观点与拓展阅读”一节，可在本书配套网站上找到。我们可以

⊖ 否则无法实现兼容性，不能运行相同的软件。——译者注

⊜ 即，程序执行的秒数 = 程序的指令数 × 平均每条指令的时钟周期数 × 时钟周期的秒数。——译者注

通过一系列的计算机来追溯某一思想的发展历程，或者叙述一些历史上具有重要贡献的项目，本书还提供了一些参考资料供读者进一步探究。

> 活跃的科学领域就像一个巨大的蚂蚁窝：个体消失在海量的观点中，这些观点相互交错，以光速将信息从一个地方传递到另一个地方。
>
> *Lewis Thomas，The Lives of a cell* 中的"自然科学"，1974

本章的"历史观点"部分提供了本章开头提到的几个关键思想的历史背景，其目的是向读者介绍技术进步背后的人物故事，以及他们的历史贡献。通过了解过去，你可以更好地理解那些推动未来计算发展的技术力量。配套网站中每个历史观点小节之后都会给出进一步的阅读资料，这些资料也可以单独从配套网站中的"进一步阅读"部分获取。1.12节剩余部分见网站。

1.13 练习题

完成练习题所需的相对时间标示在题号之后的方括号中。平均来说，标记为 [10] 的练习题所需要的时间可能是标记为 [5] 的练习题的2倍。与题目相关的章节标示在尖括号中。例如，< 1.4 > 表示你应该在读过1.4节后才能完成本题。

1.1 [2] < 1.1 > 列举和描述除智能手机之外的四种其他类型的计算机。

1.2 [5] < 1.2 > 计算机体系结构中的8个伟大思想与其他领域的一些思想有相似之处。将"面向摩尔定律的设计""使用抽象简化设计""加速大概率事件""采用并行提高性能""采用流水线提高性能""采用预测提高性能""存储器层次结构""通过冗余提高可靠性"这8个伟大思想与下列其他领域的思想进行匹配：

a. 汽车工厂的装配线。

b. 吊桥的缆索。

c. 采用风场信息的飞机和船舶导航系统。

54

d. 高楼中的快速电梯。

e. 图书馆的非外借区。

f. 增大CMOS晶体管的栅极面积以减少翻转时间。

g. 增加电磁飞机弹射器（由电驱动，不同于蒸汽动力模型），允许通过新型反应堆技术产生更多的能量。

h. 制造自动驾驶汽车，其控制系统部分依赖于安装在汽车上的传感器系统，例如车道偏离检测系统和智能巡航控制系统。

1.3 [2] < 1.3 > 描述高级语言（例如C）编写的程序转化为能够直接在计算机处理器上执行的表示的步骤。

1.4 [2] < 1.4 > 彩色显示器中的每个像素由三种基色（红，绿，蓝）构成，每种基色用8位表示，每帧图像大小为1280×1024像素。

a. 为了保存一帧图像，帧缓存至少要多大（以字节计算）？

b. 在100Mbps的网络上传输一帧图像最少需要多长时间？

1.5 [4] < 1.6 > 三种不同的处理器P1、P2和P3执行同样的指令集。P1的时钟频率为3GHz，CPI为1.5；P2的时钟频率为2.5GHz，CPI为1.0；P3的时钟频率为4GHz，CPI为2.2。

a. 以每秒钟执行的指令数目为标准，哪个处理器性能最高？

b. 如果每个处理器执行一个程序都花费10秒钟时间，求执行的时钟周期数和指令数。

c. 我们试图把执行时间减少30%，但这会引起CPI增加20%。那么时钟频率应该是多少才能达到时间减少30%的目的？

1.6 [20] < 1.6 > 同一个指令集体系结构有两种不同的实现方式。根据 CPI 的不同将指令分成四类（A、B、C、D）。P1 的时钟频率为 2.5GHz，CPI 分别为 1、2、3、3；P2 时钟频率为 3GHz，CPI 分别为 2、2、2、2。

给定一个程序，有 1.0×10^6 条动态指令，按如下比例分为四类：A, 10%；B, 20%；C, 50%；D, 20%。那么 P1 和 P2 哪个更快？

a. 每种实现方式的全局 CPI 是多少？

b. 计算两种情况下的时钟周期数。

55

1.7 [15] < 1.6 > 编译器对应用有较深的影响。假定有一个程序，经编译器 A 编译处理得到的动态指令数为 1.0×10^9，执行时间为 1.1s；若采用编译器 B，动态指令数为 1.2×10^9，执行时间为 1.5s。

a. 假设处理器时钟周期都为 1ns，求每个程序的平均 CPI。

b. 假定编译后的程序在两个不同处理器上的执行时间相同，求运行编译器 A 产生代码的处理器的时钟，相对于运行编译器 B 产生代码的处理器的时钟快多少？

c. 假设开发了一种新的编译器，只用 6.0×10^8 条指令，平均 CPI 为 1.1。求使用新编译器相对于使用编译器 A 和 B 的加速比。

1.8 2004 年发布的 Pentium 4 Prescott 处理器时钟频率为 3.6GHz，工作电压为 1.25V。假定平均情况下静态功耗为 10W，动态功耗为 90W。2012 年发布的 Core i5 Ivy Bridge 时钟频率为 3.4GHz，工作电压为 0.9V。假定平均情况下静态功耗为 30W，动态功耗为 40W。

1.8.1 [5] < 1.7 > 分别求出每个处理器的平均电容负载。

1.8.2 [5] < 1.7 > 求出每种技术中静态功耗占总功耗的比例，以及静态功耗相对于动态功耗的比率。

1.8.3 [15] < 1.7 > 如果要将整体功耗降低 10%，那么电压要降低多少才能保持漏电流不变？注意：功耗定义为电压与电流的乘积。

1.9 在一个处理器中，假定算术运算指令、load/store 指令和分支指令的 CPI 分别是 1、12 和 5；一个程序在单个处理器上运行需要执行 2.56×10^9 条算术指令、1.28×10^9 条 load/store 指令和 2.56×10^8 条分支指令；每个处理器的时钟频率都为 2GHz。

现假定程序并行运行在多核上，分配到每个处理器上运行的算术指令和 load/store 指令数为运行于单核处理器时的总指令数除以 $0.7 \times p$（p 是处理器的数量），而每个处理器的分支指令数保持不变。

1.9.1 [5] < 1.7 > 求出处理器核数分别为 1、2、4、8 时程序的总执行时间，以及相对于单核处理器的加速比。

56

1.9.2 [10] < 1.6, 1.8 > 如果算术指令的 CPI 翻倍，那么在处理器核数分别为 1、2、4、8 时，对执行时间有何影响？

1.9.3 [10] < 1.6, 1.8 > 单核处理器中 load/store 指令的 CPI 应该降低多少，才能使单核处理器的性能与四核处理器的（假定每核 CPI 保持不变）相当？

1.10 假定一个直径 15cm 的晶圆，（相对）成本是 12，包含 84 片管芯，缺陷率为 0.020 瑕疵 /cm^2。另一个直径 20cm 的晶圆，成本是 15，包含 100 片管芯，缺陷率为 0.031 瑕疵 /cm^2。

1.10.1 [10] < 1.5 > 求出每块晶圆的成品率。

1.10.2 [5] < 1.5 > 求出每块晶圆上每片管芯的成本。

1.10.3 [5] < 1.5 > 如果每晶圆的管芯数增加 10%，每单位面积的瑕疵数增加 15%，求管芯面积和成品率。

1.10.4 [5] < 1.5 > 制造工艺的进步使成品率从 0.92 上升到 0.95。假定管芯面积为 200mm^2，求每块晶圆上单位面积的瑕疵数。

1.11 SPEC CPU 2006 的 bzip2 基准程序在 AMD Barcelona 处理器上执行的指令数为 2.389×10^{12}，执行时间为 750s，参考时间为 9650s。

1.11.1 [5] < 1.6, 1.9 > 如果时钟周期时间为 0.333ns，求 CPI 值。

1.11.2 [5] < 1.9 > 求 SPEC 分值。

1.11.3 [5] < 1.6, 1.9 > 如果基准程序的指令数增加 10%，CPI 不变，求 CPU 时间增加多少？

1.11.4 [5] < 1.6, 1.9 > 如果基准程序的指令数增加 10%，CPI 增加 5%，求 CPU 时间增加多少？

1.11.5 [5] < 1.6, 1.9 > 根据上题中指令数和 CPI 的变化，求 SPEC 分值的变化。

1.11.6 [10] < 1.6 > 假设正在开发时钟频率为 4GHz 新款 AMD Barcelona 处理器，指令集中增加了一些新的指令，从而使指令数目减少了 15%，程序的执行时间减少到了 700s，新的 SPEC 分值为 13.7，求新的 CPI。

1.11.7 [10] < 1.6 > 当时钟频率由 3GHz 上升到 4GHz 时，上一题算出的 CPI 比练习题 1.11.1 中的高。判断 CPI 的升高是否与时钟频率升高相同？如果不同，为什么？

57

1.11.8 [5] < 1.6 > CPU 时间减少了多少？

1.11.9 [10] < 1.6 > 对第二个基准程序 libquantum，假定执行时间为 960ns，CPI 为 1.61，时钟频率为 3GHz。在时钟频率为 4GHz 时，执行时间降低 10%，CPI 不变，求指令数。

1.11.10 [10] < 1.6 > 在指令数和 CPI 保持不变的前提下，如果要将 CPU 时间进一步减少 10%，求时钟频率。

1.11.11 [10] < 1.6 > 在指令数保持不变的前提下，如果要将 CPI 降低 15%，CPU 时间减少 20%，求时钟频率。

1.12 1.10 节已讨论过用性能公式的子集作为性能指标的陷阱。为了进一步说明，考虑下面两种处理器。P1 的时钟频率为 4GHz，平均 CPI 为 0.9，需要执行 5.0×10^9 条指令；P2 的时钟频率为 3GHz，平均 CPI 为 0.75，需要执行 1.0×10^9 条指令。

1.12.1 [5] < 1.6, 1.10 > 一个常见的谬误是认为时钟频率最高的计算机具有最高的性能。这种说法对 P1 和 P2 是否成立？

1.12.2 [10] < 1.6, 1.10 > 另一个谬误是认为执行指令最多的处理器需要更多的 CPU 时间。假定 P1 正在执行 1.0×10^9 条指令，P1 和 P2 的 CPI 不变，计算在 P1 执行 1.0×10^9 条指令的时间里，P2 可以执行多少条指令？

1.12.3 [10] < 1.6, 1.10 > 一个常见的谬误是用 MIPS（每秒百万条指令）来比较两台不同的处理器的性能，并认为 MIPS 最大的处理器具有最高的性能。此说法对 P1 和 P2 成立吗？

1.12.4 [10] < 1.10 > 另一个常见的性能标志是 MFLOPS（每秒百万条浮点指令），其定义为

$$\text{MFLOPS} = \frac{\text{浮点操作的数目}}{\text{执行时间} \times 10^6}$$

MFLOPS 与 MIPS 有同样的问题。假定 P1 和 P2 上执行的指令有 40% 是浮点指令，求这两台机器上的 MFLOPS。

1.13 1.10 节提到的另一个陷阱，是期望通过只改进计算机的一个方面来提高总体性能。假如一台计算机运行一个程序需要 250s，其中 70s 用于执行浮点指令，85s 用于执行 L/S 指令，40s 用于执行分支指令。

58

1.13.1 [5] < 1.10 > 如果浮点操作的时间减少 20%，总时间将减少多少？

1.13.2 [5] < 1.10 > 如果总时间减少 20%，整数（INT）操作时间应减少多少？

1.13.3 [5] < 1.10 > 如果只减少分支指令时间，总时间能否减少 20%？

1.14 假定一个程序需要执行 50×10^6 条浮点指令、110×10^6 条整数指令、80×10^6 条 L/S 指令和 16×10^6 条分支指令。每类指令的 CPI 分别是 1、1、4、2。假定处理器的时钟频率为 2GHz。

1.14.1 [10] <1.10> 如果要将程序运行速度提高为原来的 2 倍，浮点指令的 CPI 需如何改进？

1.14.2 [10] <1.10> 如果要将程序运行速度提高为原来的 2 倍，L/S 指令的 CPI 需如何改进？

1.14.3 [5] <1.10> 如果整数和浮点指令的 CPI 减少 40%，L/S 和分支指令的 CPI 减少 30%，程序的执行时间能改进多少？

1.15 [5] <1.8> 对于在多核处理器上运行的程序来说，每一个处理器上的执行时间包括计算时间、临界区加锁的开销以及核间数据通信的时间。

假定一个程序在处理器上执行时需要 $t = 100$s。当运行在 p 个处理器上时，每个处理器需要 t/p s，以及额外 4s 开销（该开销与处理器数量无关）。在处理器数目分别为 2、4、8、16、32、64、128 时，计算每个处理器的执行时间。在每种情况下，列出相对于单处理器的性能加速比，以及实际加速比与理想加速比（没有额外开销时的加速比）的比值。

小测验答案

1.1 节　问题讨论：可以有多种答案。

1.4 节　DRAM 存储器：易失性，访问时间短（50 ～ 70ns），每 GB 5 ～ 10 美元。磁盘存储器：非易失性，访问时间比 DRAM 慢 100 000 ～ 400 000 倍，每 GB 价格比 DRAM 便宜 100 倍。闪存存储器：非易失性，访问时间比 DRAM 慢 100 ～ 1000 倍，每 GB 价格比 DRAM 便宜 7 ～ 10 倍。

1.5 节　1、3、4 是正确答案，答案 5 一般可认为正确，因为产量高时可以增加额外投资去减小芯片面积，例如减小 10%，这是一种经济决策（产量高则值得增加投资，因为增加的投资可以分摊到每一块芯片中），但并不总是正确。

1.6 节　1. a. 两者都改进；b. 延迟；c. 都不改进。7s。

1.6 节　b。

1.10 节　a. 计算机 A 有较高的 MIPS 值；b. 计算机 B 更快。

59

第 2 章

Computer Organization and Design: The Hardware/Software Interface, ARM Edition

指令：计算机的语言

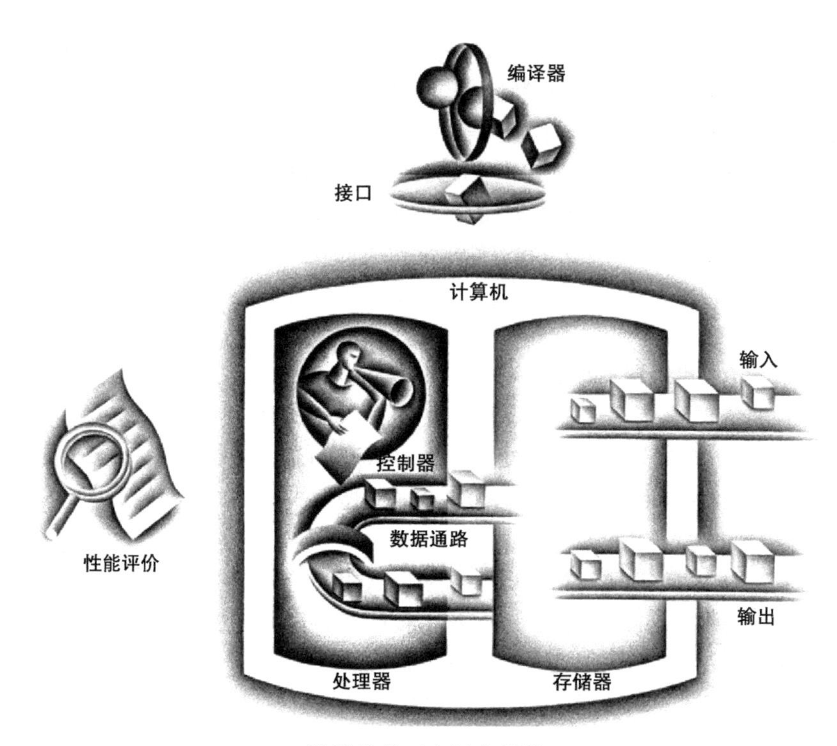

计算机的五个经典部件

2.1 引言

想要命令计算机，就必须使用计算机的语言。计算机语言中的基本单词称为指令，而一台计算机的全部指令（即词汇库）称为该计算机的**指令集**（instruction set）。本章将介绍一种实际计算机的指令集及其两种形式，一种是人们编程书写的形式，另一种是计算机所能识别的形式。我们将以自顶向下的方式来介绍指令，从汇编语言助记符（看似受限的程序设计语言）开始，逐步精炼，直至实际计算机的语言。第 3 章将继续采用这种向下探究的方式，揭示算术运算的硬件以及浮点数的表示方法。

我对上帝说西班牙语，对女人说意大利语，对男人说法语，对我的马说德语。

Charles V，Holy Roman Emperor（1500—1558）

指令集：一个给定的计算机体系结构所能理解的所有命令，即所有指令的集合。

也许你会认为计算机的语言就像人类的自然语言一样种类繁多，但实际上机器语言之间十分相似，其差异性更像人类语言中的“方言”，而非独立的语言。因此，理解了一种机器语言，即可举一反三，其他种类的机器语言也就容易理解了。

本书选择的指令集是 ARMv8，由 ARM 公司在 2011 年发布。为了便于教学，本书只使用了 ARMv8 的一个子集。书中采用术语 ARMv8 表示原始的完整指令集，用 LEGv8 表示用于教学的指令集子集，该子集当然是基于 ARMv8 指令集的。（LEGv8 是 ARMv8 的一种双关语，也是

“Lessen Extrinsic Garrulity”的首字母缩写。）在“精解”部分我们会介绍两者的区别。本章和一些其他章节中都有专门一节概述 LEGv8 中所没有的 ARMv8 的特点（见 2.19 节、3.8 节和 5.14 节）。

为了证明掌握一种指令集后其他的指令集就很容易理解这一点，我们将简单介绍以下其他三种较为流行的指令集。

- MIPS 是自 20 世纪 80 年代以来出现的一种非常优秀的指令集。
- ARMv7 也是由 ARM 公司发布的，但地址范围是 32 位，而不是 ARMv8 中的 64 位。2015 年，ARM 处理器芯片的产量超过 140 亿片，这使得 ARM 成为世界上最流行的指令集。在我们看来，颇具讽刺意味的是，ARMv8 比 ARMv7 更接近于 MIPS。
- 最后一个例子是 Intel x86，它在 PC 领域和后 PC 时代的云计算领域占统治地位。

指令集间的相似性，一方面是因为所有计算机都是基于基本原理相似的硬件技术所构建的，另一方面是因为所有计算机都必须提供一些相似的基本操作。此外，计算机设计者有一个共同的目标：找到一种语言，可方便硬件和编译器的设计，且使性能最佳，同时使成本和功耗最低。这个目标由来已久，下面这段话在人们能买到计算机之前就有了，虽然写于 1947 年，但在今天依然适用：

60 ~ 62

> 用形式逻辑的方法可以很容易看到，存在某种“指令集”在理论上足以控·制并引起任何操作序列的执行……在选择“指令集”时，从现在的观点来看，真正的决定性因素其实更具实用性：实现“指令集”要求的设备的简单性，其应用对于解决实际问题的明确性，及其解决这些问题的处理速度。[⊖]
>
> ——Burks, Goldstine, and von Neumann，1947

无论是对 20 世纪 50 年代的计算机，还是对现代的计算机来说，“设备简单性”都是值得考虑的重要因素。本章将讲解符合此原则的一种指令集，介绍其怎样用硬件表示，以及其与高级编程语言之间的关系。我们的示例使用 C 语言编写，2.15 节介绍了使用像 Java 这样的面向对象语言时会有何变化。

通过理解如何表述指令，读者也将发现计算的秘密：**存储程序思想**（stored-program concept）。此外，通过使用机器语言编程，并在本书提供的模拟器中运行，读者可以锻炼一门新的“外语”技巧，并将进一步体会到编程语言和编译优化对程序性能的影响。本章最后简要介绍指令集的发展历史和其他的计算机“方言”。

存储程序思想：多种类型的指令和数据均以数字形式存储于存储器中，该思想导致了存储程序型计算机的诞生。

本书在介绍指令集时，每次介绍一点，并给出相应的理论描述和计算机结构。采用自顶向下、循序渐进的方法介绍各部件及其解释，使学习机器语言变得十分有趣。图 2-1 给出了本章将要介绍的指令集的预览。

LEGv8操作数

名称	示例	注释
32个寄存器	X0~X30，XZR	寄存器用于数据的快速存取。在LEGv8中，数据只能存放在寄存器中以参与算术运算，寄存器XZR的值恒为0
2^{62}个存储字	Memory[0], Memory[4], . . . , Memory[4 611 686 018 427 387 904]	存储器只能通过数据传输指令访问。LEGv8采用字节编址，所以连续的双字地址相差8。存储器存储数据结构、数组和溢出的寄存器

图 2-1　本章讨论的 LEGv8 汇编语言。这些信息也可以在 LEGv8 参考数据卡[⊖]的第 1 列中找到

⊖ 满足指令集要求的硬件要简单，能够解决实际问题，并且解决问题的速度（即性能）要快。——译者注

⊖ 见本书封面和封底的背面。——编辑注

LEGv8汇编语言

类型	指令	示例	含义	注释
算术运算	add	ADD X1, X2, X3	X1 = X2 + X3	三个寄存器操作数
	subtract	SUB X1, X2, X3	X1 = X2 − X3	三个寄存器操作数
	add immediate	ADDI X1, X2, 20	X1 = X2 + 20	用于加常数
	subtract immediate	SUBI X1, X2, 20	X1 = X2 − 20	用于减常数
	add and set flags	ADDS X1, X2, X3	X1 = X2 + X3	加法，设置条件码
	subtract and set flags	SUBS X1, X2, X3	X1 = X2 − X3	减法，设置条件码
	add immediate and set flags	ADDIS X1, X2, 20	X1 = X2 + 20	加常数，设置条件码
	subtract immediate and set flags	SUBIS X1, X2, 20	X1 = X2 − 20	减常数，设置条件码
数据传输	load register	LDUR X1, [X2,40]	X1 = Memory[X2 + 40]	将双字从存储器取到寄存器
	store register	STUR X1, [X2,40]	Memory[X2 + 40] = X1	将双字从寄存器存入存储器
	load signed word	LDURSW X1,[X2,40]	X1 = Memory[X2 + 40]	将一个字从存储器取到寄存器
	store word	STURW X1, [X2,40]	Memory[X2 + 40] = X1	将一个字从寄存器存入存储器
	load half	LDURH X1, [X2,40]	X1 = Memory[X2 + 40]	将半字从存储器取到寄存器
	store half	STURH X1, [X2,40]	Memory[X2 + 40] = X1	将半字从寄存器存入存储器
	load byte	LDURB X1, [X2,40]	X1 = Memory[X2 + 40]	将一个字节从存储器取到寄存器
	store byte	STURB X1, [X2,40]	Memory[X2 + 40] = X1	将一个字节从寄存器存入存储器
	load exclusive register	LDXR X1, [X2,0]	X1 = Memory[X2]	取数，原子交换的第一部分
	store exclusive register	STXR X1, X3 [X2]	Memory[X2]=X1;X3=0 or 1	存数，原子交换的第二部分
	move wide with zero	MOVZ X1,20, LSL 0	X1 = 20 or 20 * 2^{16} or 20 * 2^{32} or 20 * 2^{48}	取16位常数，其余位置0
	move wide with keep	MOVK X1,20, LSL 0	X1 = 20 or 20 * 2^{16} or 20 * 2^{32} or 20 * 2^{48}	取16位常数，其余位不变
逻辑运算	and	AND X1, X2, X3	X1 = X2 & X3	三个寄存器操作数，按位与
	inclusive or	ORR X1, X2, X3	X1 = X2 | X3	三个寄存器操作数，按位或
	exclusive or	EOR X1, X2, X3	X1 = X2 ^ X3	三个寄存器操作数，按位异或
	and immediate	ANDI X1, X2, 20	X1 = X2 & 20	寄存器数和常数按位与
	inclusive or immediate	ORRI X1, X2, 20	X1 = X2 | 20	寄存器数和常数按位或
	exclusive or immediate	EORI X1, X2, 20	X1 = X2 ^ 20	寄存器数和常数按位异或
	logical shift left	LSL X1, X2, 10	X1 = X2 << 10	向左移动常数位
	logical shift right	LSR X1, X2, 10	X1 = X2 >> 10	向右移动常数位
条件分支	compare and branch on equal 0	CBZ X1, 25	if (X1 == 0) go to PC + 100	比较是否等于0；PC相对跳转
	compare and branch on not equal 0	CBNZ X1, 25	if (X1 != 0) go to PC + 100	比较是否不等于0；PC相对跳转
	branch conditionally	B.cond 25	if (condition true) go to PC + 100	条件码检测；结果为真则跳转
无条件分支	branch	B 2500	go to PC + 10000	跳转到目标地址；PC相对
	branch to register	BR X30	go to X30	用于switch语句，过程返回
	branch with link	BL 2500	X30 = PC + 4; PC + 10000	用于PC相对的过程调用

图 2-1 （续）

2.2 计算机硬件的操作

> 计算机必须有执行基本算术运算操作的指令。
> *Burks, Goldstine, and von Neumann, 1947*

任何计算机都必须能够执行算术运算。LEGv8 的汇编语句

```
ADD a, b, c
```

命令计算机将两个变量 b 和 c 相加，并将结果放入变量 a 中。

这种助忆符表示是固定的：每条 LEGv8 算术指令只执行一个操作，并且有且仅有三个变量。例如，将变量 b、c、d、e 之和放入变量 a 中（本节并不深究“变量”的含义，下一节将详细解释）。

下面的指令序列将实现四个变量的相加：

```
ADD a, b, c       // The sum of b and c is placed in a
ADD a, a, d       // The sum of b, c, and d is now in a
ADD a, a, e       // The sum of b, c, d, and e is now in a
```

因此，对四个变量求和需要三条指令。

上述每行代码中，符号“//”右边的是注释，用于帮助人们理解程序，而计算机将忽略这些内容。注意与其他编程语言不同的是，这种语言的每一行最多只有一条指令。另一点与 C 语言不同的是，注释总是在一行的末尾结束。

与加法类似的指令一般都有三个操作数：两个用于运算，一个保存结果。要求每条指令有且仅有三个操作数，这一点符合硬件简单性的设计原则：操作数个数可变的硬件要比操作数个数固定的硬件复杂得多。这种情况反映了硬件设计三条基本原则的第一条：

设计原则 1：简单源于规整。

下面的两个示例程序展示了用高级编程语言编写的程序和用汇编语言编写的程序之间的关系。

63 ~ 65

例题｜把 C 语言中的两条赋值语句编译成 LEGv8

本例中的 C 程序片段包含五个变量 a、b、c、d 和 e。因为 Java 语言由 C 语言演化而来，所以本例及以后若干例子对这两种高级语言均适用：

```
a = b + c;
d = a - e;
```

编译器将 C 语言程序转换为 LEGv8 汇编指令。写出由编译器生成的 LEGv8 代码。

答案｜一条 LEGv8 指令对两个源操作数进行操作，并将结果存入目的寄存器。因此上面两条简单的 C 语句可直接编译为如下两条 LEGv8 汇编指令：

```
ADD a, b, c
SUB d, a, e
```

例题｜将一条复杂 C 语句编译成 LEGv8 语句

下面一条复杂的 C 语句包含五个变量 f、g、h、i 和 j：

```
f = (g + h) - (i + j);
```

C 编译器将产生什么样的 LEGv8 汇编代码？

答案｜因为一条 LEGv8 指令仅执行一个操作，所以编译器必须将这条 C 语句编译成多条汇编指令。若第一条指令计算 g 与 h 的和，其结果必须暂存在某一个地方。因此，编译器需创建一个临时变量 t0：

```
ADD t0,g,h // temporary variable t0 contains g + h
```

虽然下一个操作是减法，但在做减法操作之前，必须先计算出 i 与 j 的和。因此，第二条指令将 i、j 之和存放在由编译器创建的另一个临时变量 t1 中：

```
ADD t1,i,j // temporary variable t1 contains i + j
```

最后，用一条减法指令将 t0 和 t1 中的值相减，结果存入变量 f，完成编译：

66

```
SUB f,t0,t1 // f gets t0 - t1, which is (g + h) - (i + j)
```

精解 为了增强可移植性，Java 最初被设定为依靠软件解释器执行的语言。解释器的指令集称作 Java 字节码（Java bytecode，见 2.15 节），它与 LEGv8 指令集有很大不同。为使性能与等效的 C 程序接近，Java 系统现在的典型做法是将字节码编译成类似 LEGv8 这样的本地机器指令。因为 Java 完成编译的时间通常迟于 C，所以 Java 编译器常被称为即时（Just In Time，JIT）编译器。2.12 节展示了在程序启动阶段 JIT 是如何迟于 C 编译器的，2.13 节展示了 Java 程序编译执行和解释执行对性能的影响。

小测验 对于一个给定的功能，用下列哪种编程语言实现代码行数最多？将下面三种语言排序：

1. Java
2. C
3. LEGv8 汇编语言

2.3 计算机硬件的操作数

与高级语言不同，LEGv8 算术运算指令的操作数有严格的限制——必须来自寄存器。寄存器直接由硬件构建，且数量有限，是计算机硬件设计的基本元素。当计算机设计完成后，寄存器对程序员是可见的，你可以把寄存器想象成构造计算机这座建筑的砖块。在 LEGv8 体系结构中每个寄存器的大小为 64 位。LEGv8 体系结构中将 64 位称为**双字**（doubleword），32 位称为**字**（word）。

双字：计算机中的一种基本访问单位，通常 64 位为一组（即一次访问或操作 64 位）；在 LEGv8 体系结构中与寄存器大小相同。

字：计算机中的一种基本访问单位，通常 32 位为一组。

高级语言的变量与寄存器的一个主要区别在于寄存器的数量是有限的，现代计算机（如 LEGv8 中）一般有 32 个寄存器（见 2.22 节关于寄存器数目演变历史的讨论）。下面继续以自顶向下的方式逐步介绍 LEGv8 语言的符号表示。本节限定 LEGv8 算术运算指令的三个操作数必须从 32 个 64 位寄存器中选取。

寄存器个数限制为 32 个，可以通过硬件设计三条基本原则中的第二条来理解：

设计原则 2：越少越快。

大量的寄存器可能会使时钟周期变长，因为电信号传输更远的距离必然花费更长的时间。

当然，该原则也不是绝对的，31 个寄存器也不一定比 32 个更快。因此，设计者必须在程序期望更多寄存器和设计师期望更高时钟频率之间进行权衡。寄存器个数不超过 32 个的另一个原因是指令格式的位数（32 位）限制，详见 2.5 节。

67

第 4 章论证了寄存器在硬件结构中所扮演的核心角色。该章同样阐述了有效利用寄存器对于提高程序性能极为关键。

编写指令时，尽管可以简单地使用序号 0 ～ 31 表示相应的寄存器，但在 LEGv8 中，除一些特殊的寄存器名称外，通常采用 X 后面跟寄存器编号的方式来表示寄存器。

例题 | 使用寄存器编译 C 赋值语句

将程序变量和寄存器对应起来是编译器的工作之一。以前面提到的 C 赋值语句为例：

```
f = (g + h) - (i + j);
```

寄存器 X19、X20、X21、X22 和 X23 依次分配给变量 f、g、h、i 和 j。请写出编译后的 LEGv8 代码。

答案 除了将变量用上述寄存器代替、将两个临时变量用 X9 和 X10 代替外，编译后生成的代码与前面例题中的代码非常相似：

```
ADD X9,X20,X21  // register X9 contains g + h
ADD X10,X22,X23 // register X10 contains i + j
SUB X19,X9,X10  // f gets X9 - X10, which is (g + h) - (i + j)
```

2.3.1 存储器操作数

在编程语言中，有仅含一个数据元素的简单变量（如上面的例子），也有如数组和结构体那样复杂的数据结构。这些复杂数据结构中的数据元素可能远多于计算机中寄存器的个数。计算机怎样来表示和访问这样大的结构呢？

回忆一下第 1 章以及本章开头所描述的计算机五大组成部分。处理器只能将少量数据保存在寄存器中，但存储器可以存放数十亿的数据元素。因此，数据结构（如数组和结构体）存放在存储器中。

如上所述，LEGv8 的算术运算指令只对寄存器进行操作，因此，LEGv8 必须包含在存储器和寄存器之间传输数据的指令。这些指令称为**数据传输指令**（data transfer instruction）。为了访问存储器中的字或双字，指令必须给出存储器的**地址**（address）。可将存储器视为一个很大的一维数组，其地址相当于数组的索引，从 0 开始。例如，图 2-2 中，第三个数据元素的地址为 2，存放的数据为 10。

数据传输指令：在存储器和寄存器之间移动数据的命令。

地址：指明存储器数组中某数据元素位置的值。

68

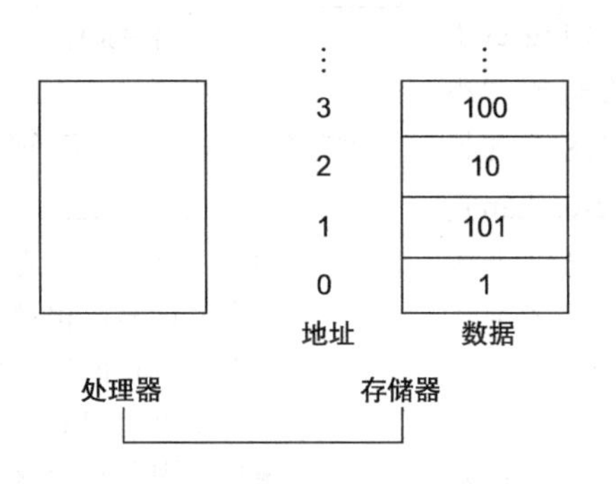

图 2-2 存储器地址和存储器的内容。如果存放的元素是双字，那么这些地址就是错误的。因为 LEGv8 按字节编址，每个双字含 8 个字节。图 2-3 给出了双字存放的存储器地址

将数据从存储器复制到寄存器的数据传输指令通常叫作取数（load）指令。load 指令的格式是操作码后接着目的寄存器，再后面是用来访问存储器的寄存器和常数。常数和第二个寄存器中的值相加即得到待访问的存储器地址。实际的 LEGv8 load 指令助记符为 LDUR，表示加载寄存器。

精解 LDUR 中的 U 表示不可扩展的（unscaled）立即数，和可扩展的（scaled）立即数相对，详细解释见 2.19 节。

例题 编译一个操作数在存储器中的赋值语句

设 A 是一个含有 100 个双字的数组，像前面的例题一样，编译器仍然将寄存器 X20、

X21 依次分配给变量 g、h。又设数组 A 的起始地址（或称基址（base address））存放在寄存器 X22 中。试编译下面的 C 赋值语句：

```
g = h + A[8];
```

69 **答案** 虽然该 C 赋值语句只有一个简单操作，但其中一个操作数在存储器中，所以首先必须将 A[8] 传输到寄存器中。该数组元素的地址由 A 的基址（X22 中）加上该元素序号 8 构成。取出的数据放在一个临时寄存器中供下条指令使用。由图 2-2 可知，编译后生成的第一条指令为（这里是一种简化描述，后面会对这条指令做细微的调整）：[⊖]

```
LDUR       X9,[X22,#8] // Temporary reg X9 gets A[8]
```

下一条指令可对 X9（其值等于 A[8]）进行操作。该指令将 h（在 X21 中）加上 A[8]（在 X9 中），并将结果放到对应于 g 的寄存器 X20 中：

```
ADD      X20,X21,X9 // g = h + A[8]
```

用于计算机访存地址的寄存器（本例中为 X22）称为基址寄存器（base register），数据传输指令中的常数（本例中为 8）称为偏移量（offset）。

硬件/软件接口 除了为变量分配寄存器以外，编译器还在存储器中为数组和结构体这样的数据结构分配相应的存储空间，并将这些数据结构在存储器中的起始地址放到数据传输指令中。

很多程序经常用到 8 比特的字节类型，事实上目前的体系结构都按字节编址。因此，双字的地址和其所包括的 8 字节中某个字节的地址相匹配，且相邻双字的地址相差 8。例如，图 2-3 给出了图 2-2 中双字的实际 LEGv8 地址，其中第三个双字的字节地址是 16。

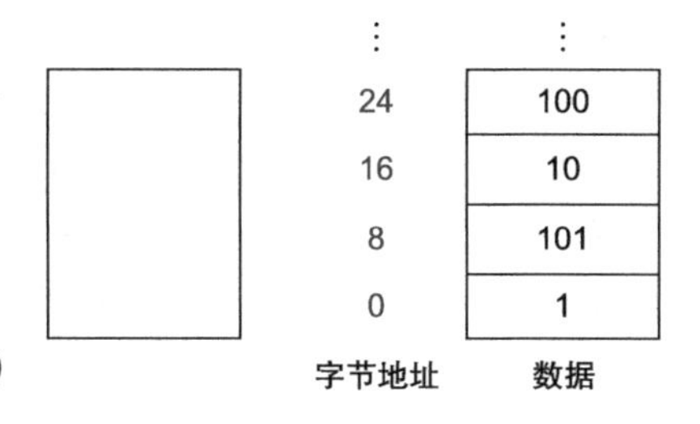

图 2-3　LEGv8 中双字的存储器地址和存储内容。相对于图 2-2，本图中变化的地址采用灰色显示。由于 LEGv8 按字节编址，因此每个双字的长度为 8 字节，地址是 8 的倍数

有的计算机使用双字中最左边或“大端”（big end）字节的地址作为双字地址，而有的则使用最右边或“小端”（little end）字节的地址作为双字地址。LEGv8 既支持大端模式（big-endian），也支持小端模式（little-endian）。只有在考虑以双字方式还是以 8 字节方式访问同一个数据时，“端”的顺序才起作用，其他多数情况下并不需要关注该问题。

字节寻址对数组索引也有影响。在上面的代码中，为了得到正确的字节地址，与基址寄存器 X22 相加的偏移量必须是 8×8（或 64），这样才能正确选择到 A[8]，而不是 A[8/8]。（参见 2.20 节相关陷阱的介绍。）

与取数（load）指令相对应的指令通常叫作存数（store）指令，将数据从寄存器复制到存储器中。存数指令的格式和取数指令相似：首先是操作码，接着是包含待存储数据的寄存器，然后是基址寄存器，最后是选择具体数组元素的偏移量。同样，访存地址由常数和基址寄存器共同决定。LEGv8 的存数指令为 STUR，表示将寄存器内容存储到存储器中。70

⊖ A 应该为按双字编址，本题的描述有误，或者就是所谓的简化描述。——译者注

精解 在很多体系结构中，字的起始地址必须是4的倍数，双字的起始地址必须是8的倍数。这种要求称为对齐限制（alignment restriction）。（第4章解释了为什么对齐会加速数据传输。）ARMv8和Intel x86没有对齐限制，而ARMv7和MIPS有对齐限制。

对齐限制：也称边界对齐，要求存储器中存放的数据按数据的自然边界对齐。

精解 ARMv8没有对齐限制并不完全正确。对于大多数数据传输指令，ARMv8支持对普通存储器的非对齐访问，但栈访问和取指令必须遵守对齐限制。

硬件/软件接口 由于load和store指令中的地址是二进制，因此作为主存的DRAM的容量使用二进制表示，而非十进制。例如，使用gibibyte（2^{30}）或tebibyte（2^{40}）表示，而不用gigabyte（10^9）或terabyte（10^{12}），见图1-1。

例题 用load/store进行编译

假设变量h存放在寄存器X21中，数组A的基址放在X22中。那么下面C赋值语句的LEGv8汇编代码是怎样的？

```
A[12] = h + A[8];
```

答案 虽然该C语句只有一个操作，但两个操作数都在存储器中，因此需要更多的LEGv8指令。前两条指令基本上与上个例题中的相同，但本例按字节寻址，load指令使用偏移量64来选择A[8]，并且加法指令将结果放在寄存器X9中：

71

```
LDUR  X9, [X22,#64]  // Temporary reg X9 gets A[8]
ADD   X9,X21,X9      // Temporary reg X9 gets h + A[8]
```

最后一条指令将加法结果存放到存储器单元A[12]中，使用96（8×12）作为偏移量，X22作为基址寄存器。

```
STUR X9, [X22,#96] // Stores h + A[8] back into A[12]
```

LDUR和STUR是ARMv8体系结构中在存储器和寄存器之间复制双字的指令。有些计算机采用其他的指令来传输数据，如Intel x86体系结构（见2.18节）。

硬件/软件接口 很多程序中的变量个数要远多于计算机中的寄存器个数。因此，编译器尽量将最常用的变量保持在寄存器中，而将其他变量放在存储器中，通过load/store指令在寄存器和存储器间传输变量。将不常使用的变量（或稍后才使用的变量）存放到存储器中的过程叫作寄存器溢出（spilling register）。

根据硬件设计原则2（越少越快），存储器肯定比寄存器慢，因为寄存器数量更少。事实的确如此，访问寄存器中的数据要快于访问存储器中的数据。

此外，寄存器中的数据更容易利用。一条LEGv8算术运算指令能读两个寄存器，对它们进行运算，并将结果写回。一条LEGv8数据传输指令只能读或写一个操作数，且不能对它们进行运算。

与存储器相比，寄存器访问时间短、吞吐率高，从而使得寄存器中的数据访问速度快并易于使用。访问寄存器相对于访问存储器功耗更小。因此，为了获得最高的性能并节约能耗，指令集的体系结构必须拥有足够多的寄存器，并且编译器必须能够有效地利用这些寄存器。

精解 对比寄存器和内存的能耗与性能。假设在2015年，传输64位的数据，寄存器比DRAM快200倍（分别是0.25ns和50ns），节能10 000倍（分别是0.1pJ和1000pJ）。这种巨大的差异催生了cache，cache能够减少访问存储器的性能和能耗损失（见第5章）。

72

2.3.2 常数或立即数操作数

程序中经常会在某个操作中使用到常数，例如，将数组的索引递增，以指向下一个数组元素。实际上，在运行SPEC CPU 2006测试基准程序集时，有超过一半的LEGv8算术运算指令会用到常数作为操作数。

如果仅使用目前已介绍过的指令，使用常数时则必须先将其从存储器中取出（常数可能是在程序被加载进主存时放入存储器的）。例如，要使寄存器X22加4，可以使用以下代码：

```
LDUR X9, [X20, AddrConstant4]        // X9 = constant 4
ADD  X22,X22,X9                      // X22 = X22 + X9 (X9 == 4)
```

假设X20+AddrConstant4是常量4在存储器中的地址。

避免使用load指令的另一方法是，增加一种算术运算指令，并令其中一个操作数是常数。这种一个操作数是常数的快速加法指令称为*立即数加*（add immediate），或写成ADDI。因此，上述操作可写成：

```
ADDI      X22,X22,#4           // X22 = X22 + 4
```

常数操作数出现频率很高，而且相对于从存储器中取常数，包含常数的算术运算指令执行速度更快，并且能耗更低。

常数0还有另外的作用，即通过提供有用的变量简化指令集。例如，数据移动指令MOV等价于一个常数操作数为0的加法。因此，LEGv8将寄存器XZR（寄存器编号为31）通过硬件连线恒置为0。根据使用频率来论证在指令集中增加包含常数的指令，是**加速大概率事件**思想的另一个典型例子。

精解 虽然本书中介绍的LEGv8寄存器都是64位的，但是完整的ARMv8指令集有两种执行状态：AArch32下寄存器为32位宽（见2.19节），AArch64下寄存器为64位宽。第一种状态支持A32和T32指令集，第二种状态支持A64指令集。本章采用A64的子集构成LEGv8指令集。

73

精解 LEGv8中偏移量加基址寄存器的寻址方式非常适合数组这种数据结构，因为基址寄存器可指向数组的起始地址，而偏移量可用于选择所需的元素。2.13节中提供了这样的例子。

精解 数据传输指令中的寄存器最初用来存放数组的索引，而偏移量用来指明数组的起始地址。因此，基址寄存器也叫作索引寄存器（index register）。现在，存储器容量大大增加，数据分配的软件模型也更为复杂，所以数组的基址现在通常放在寄存器中，因为偏移量的位宽可能已经不适合存放（较大的）基址了。后续将对此进行介绍。

精解 从32位地址计算机到64位地址计算机的转变，使得编译器设计者需要选择C语言中不同数据类型的大小。很显然，指针应该是64位，但是整数呢？除此之外，C语言的数据类型还有整型（int）、长整型（long int）和双长整型（long long int）。对于不完全兼容的C代码，从一种数据类型转换为另一种数据类型可能导致不可预测的溢出，这会产生严重的问题。不幸的是，这种情况并不少见。下表给出了两种较为流行的解决方案：

操作系统	指针	整型	长整型	双长整型
Microsoft Windows	64位	32位	32位	64位
Linux和大部分Unix	64位	32位	64位	64位

尽管每个编译器都有多种选择，但一般而言，同一种操作系统上的编译器选择相同的解决方案。为简化起见，本书假设所有指针都是64位，并定义C寄存器都是双长整型，以便与指针的大小保持一致。本书也遵循C99标准，将索引数组的变量声明为size_t，这保证了该变量能与数组的大小匹配。索引值的声明一般和长整型相同。

精解 在完整的 ARMv8 指令集中，31 号寄存器在绝大多数指令中表示 XZR，而在其他指令中表示栈指针 SP，这容易造成歧义。因此 LEGv8 中 31 号寄存器总是与 XZR 一致，而栈指针 SP 是 28 号寄存器。另外，这种歧义不仅会令用户混淆，还会增加数据通路（第 4 章介绍）设计的复杂性。

精解 完整的 ARMv8 指令集没有采用助记符 ADDI 表示立即数加，而是和普通加法一样用 ADD 表示，由汇编器负责选择正确的操作码。用相同的助记符表示不同的操作可能会引起混淆，因此为了便于教学，LEGv8 中用不同的助记符对这两种加法进行区分。

小测验 根据寄存器的重要性，芯片中寄存器数目随时间的增长率符合下面哪种情况？

1. 非常快：像摩尔定律描述的那样快，即芯片上的晶体管数目每 18 个月翻一番。
2. 非常慢：由于程序是通过计算机语言实现的，而指令集体系结构通常具有惯性（即应用后通常要维持一段时间），因此寄存器数目的增长与新指令集变为可行（应用）保持一致。

74

2.4 有符号数和无符号数

首先我们快速回顾一下计算机是如何表示数的。人们日常习惯使用以 10 为基的数，但数的基可以是任意的。例如，以 10 为基的数 123 等于以 2 为基的数 1111011。

在计算机硬件中，数是以一串为高或为低的电信号来体现的，因此可以被认为是基为 2 的数（与基为 10 的数称为十进制数一样，基为 2 的数称为二进制数）。

因为所有信息都由**二进制位**（binary digit）或位（bit）组成，所以计算机运算的“原子”（基本单位）是位。位的值可以是两种状态之一：高或低，开或关，真或假，1 或 0。

二进制位：二进制状态之一，即 0 或 1，是信息的基本组成单位。

推广到任意进制数，其第 i 位 d 的值为

$$d \times 基^{i}$$

这里，i 是从 0 开始并且从右向左递增的。显而易见，计算一个数各位数值的方法是计算该位对应的基的幂次方。为便于区分，我们在十进制数的右下角写上 ten（10），在二进制数的右下角写上 two（2）。例如，

1011_{two}

表示

$$\begin{aligned} & (1 \times 2^3) + (0 \times 2^2) + (1 \times 2^1) + (1 \times 2^0)_{ten} \\ = & (1 \times 8) + (0 \times 4) + (1 \times 2) + (1 \times 1)_{ten} \\ = & \ 8 + 0 + 2 + 1_{ten} \\ = & \ 11_{ten} \end{aligned}$$

在一个 64 位的双字中，我们从右向左标记各位为 0，1，2，3……下面的图片显示了 LEGv8 的一个双字中每一位的编号和数字 1011_{two} 的放置情况（因页面大小限制，该双字分两部分显示）：[⊖]

63	62	61	60	59	58	57	56	55	54	53	52	51	50	49	48	47	46	45	44	43	42	41	40	39	38	37	36	35	34	33	32
0	0	0	0	0	0	0	0	0	0	0	0	0	0	0	0	0	0	0	0	0	0	0	0	0	0	0	0	0	0	0	0
31	30	29	28	27	26	25	24	23	22	21	20	19	18	17	16	15	14	13	12	11	10	9	8	7	6	5	4	3	2	1	0
0	0	0	0	0	0	0	0	0	0	0	0	0	0	0	0	0	0	0	0	0	0	0	0	0	0	0	0	1	0	1	1

（64位宽，分两行32位显示）

⊖ 原书中第 35 ～ 32 位为“1011”，应为笔误，正确的为“0000”。——译者注

由于双字可以水平书写，也可以垂直书写，用最左边或最右边表述并不清晰。因此用术语**最低有效位**（least significant bit）表示最右边的一位（上例中的第 0 位），**最高有效位**（most significant bit）表示最左边的一位（上例中的第 63 位）。

75

最低有效位：LEGv8 双字中最右边的一位

最高有效位：LEGv8 双字中最左边的一位

LEGv8 的双字有 64 位，可以表示 2^{64} 个不同的 64 位模式，可表示从 0 到 $2^{64}-1$（18 446 774 073 709 551 615_{ten}）之间的数：

00000000 00000000 00000000 00000000 00000000 00000000 00000000 00000000_{two} = 0_{ten}
00000000 00000000 00000000 00000000 00000000 00000000 00000000 00000001_{two} = 1_{ten}
00000000 00000000 00000000 00000000 00000000 00000000 00000000 00000010_{two} = 2_{ten}

...　　　　　　　　　　...

11111111 11111111 11111111 11111111 11111111 11111111 11111111 11111101_{two} = 18 446 774 073 709 551 613_{ten}
11111111 11111111 11111111 11111111 11111111 11111111 11111111 11111110_{two} = 18 446 744 073 709 551 614_{ten}
11111111 11111111 11111111 11111111 11111111 11111111 11111111 11111111_{two} = 18 446 744 073 709 551 615_{ten}

任意 64 位的二进制数字都可以表示成每位的值乘以该位对应的 2 的幂次的形式（这里 x_i 表示数字 x 的第 i 位）：

$$(x_{63}\times 2^{63}) + (x_{62}\times 2^{62}) + (x_{61}\times 2^{61}) + \cdots + (x_1\times 2^1) + (x_0\times 2^0)$$

这些正数被称为无符号数，原因稍后解释。

硬件/软件接口 二进制对人类来说不是自然的计数方法，我们有十根手指，所以采用十进制数是非常自然的。为什么计算机不使用十进制呢？事实上，第一台商用计算机的确提供了十进制算术运算。但问题在于计算机仍然采用开关信号，所以一个十进制数位要由几个二进制数位来表示。事实证明，十进制效率很低，所以后来的计算机都转向了二进制，只有在频率相对较低的 I/O 事件中才将数据转换成十进制。

需要注意的是，以上二进制数只是数的简单表示。实际上，数是由无穷多的位组成的，除了最右边的少数位以外其余大部分都是 0，而前面（左边）的 0 只是没有表示出来而已。硬件可以对这些二进制数进行加、减、乘、除操作。如果操作结果不能被最右端的硬件位表示，那么就发生了溢出。如何处理溢出由编程语言、操作系统和程序来决定。

76

计算机程序对正数和负数都要进行计算，所以需要一种表示方法来区分正数和负数。最显而易见的解决方案是增加一个独立的符号位，这种表示方法称为符号和幅值表示法。[⊖]

符号和幅值表示法有若干缺点。首先，符号位放在哪里不够明确。放右边还是放左边？早期的计算机对两种方法都做了尝试。其次，对于符号和幅值表示的数进行计算需要额外的步骤来设置符号，因为计算结果不可能提前知道。最后，一个单独的符号位意味着在符号和幅值表示的数中不但有正零而且还有负零，这将给粗心的程序员带来麻烦。这些缺点导致这种表示方法很快就被抛弃了。

在研究其他方案时产生了这样一个问题，当我们试图用一个较小的数减去一个较大的数时，无符号数表示方法的结果会是什么？答案是较小的数字将会从前面的 0 中借位，因此结果中前面的位都变成了一串 1。

在没有其他明显更好选择的情况下，最终的解决方案是选择一种易于硬件实现的表示方法：前导位为 0 表示正数，前导位为 1 表示负数。这种表示有符号二进制数的方法称为二进制补码。例如：

⊖ 即原码表示法。——译者注

$00000000\ 00000000\ 00000000\ 00000000\ 00000000\ 00000000\ 00000000_{two} = 0_{ten}$

$00000000\ 00000000\ 00000000\ 00000000\ 00000000\ 00000000\ 00000001_{two} = 1_{ten}$

$00000000\ 00000000\ 00000000\ 00000000\ 00000000\ 00000000\ 00000010_{two} = 2_{ten}$

... ...

$01111111\ 11111111\ 11111111\ 11111111\ 11111111\ 11111111\ 11111111\ 11111101_{two} = 9\ 223\ 372\ 036\ 854\ 775\ 805_{ten}$

$01111111\ 11111111\ 11111111\ 11111111\ 11111111\ 11111111\ 11111111\ 11111110_{two} = 9\ 223\ 372\ 036\ 854\ 775\ 806_{ten}$

$01111111\ 11111111\ 11111111\ 11111111\ 11111111\ 11111111\ 11111111\ 11111111_{two} = 9\ 223\ 372\ 036\ 854\ 775\ 807_{ten}$

$10000000\ 00000000\ 00000000\ 00000000\ 00000000\ 00000000\ 00000000\ 00000000_{two} = -\ 9\ 223\ 372\ 036\ 854\ 775\ 808_{ten}$

$10000000\ 00000000\ 00000000\ 00000000\ 00000000\ 00000000\ 00000000\ 00000001_{two} = -\ 9\ 223\ 372\ 036\ 854\ 775\ 807_{ten}$

$10000000\ 00000000\ 00000000\ 00000000\ 00000000\ 00000000\ 00000000\ 00000010_{two} = -\ 9\ 223\ 372\ 036\ 854\ 775\ 806_{ten}$

... ...

$11111111\ 11111111\ 11111111\ 11111111\ 11111111\ 11111111\ 11111111\ 11111101_{two} = -\ 3_{ten}$

$11111111\ 11111111\ 11111111\ 11111111\ 11111111\ 11111111\ 11111111\ 11111110_{two} = -\ 2_{ten}$

$11111111\ 11111111\ 11111111\ 11111111\ 11111111\ 11111111\ 11111111\ 11111111_{two} = -\ 1_{ten}$

其中一半的正数，从 0 到 $9\ 223\ 372\ 036\ 854\ 775\ 807_{ten}$（$2^{63}-1$），表示方式与前面相同。紧接着的 $1000...0000_{two}$ 表示最小的负数 –9 223 372 036 854 775 808（-2^{63}）。后面是按绝对值递减的负数：从 $-9\ 223\ 372\ 036\ 854\ 775\ 807_{ten}$（$1000...0000_{two}$）到 –1（$1111...1111_{two}$）。

77

二进制补码中的最小负数 $-9\ 223\ 372\ 036\ 854\ 775\ 808_{ten}$ 没有相应的正数与之对应。这种不平衡同样也会为粗心的程序员带来烦恼。但相比之下，符号和幅值方法对程序员以及硬件设计人员都会造成困扰。因此，现在计算机都采用二进制补码来表示有符号数。

采用二进制补码方法的优点在于所有负数的最高有效位都是 1。硬件只需检测这一位就能判断一个数是正数还是负数（为 0 表示正数）。这个位通常叫作符号位。在理解了符号位的作用之后，就可以使用位值乘以 2 的幂次的方式来表示 64 位的正数和负数：

$$(x_{63} \times -2^{63}) + (x_{62} \times 2^{62}) + (x_{61} \times 2^{61}) + \cdots + (x_1 \times 2^1) + (x_0 \times 2^0)$$

符号位与 -2^{63} 相乘，其余的位仍按前面的方法计算。

| 例题 | 二进制转换为十进制

求以下 64 位二进制补码表示对应的十进制数。

$11111111\ 11111111\ 11111111\ 11111111\ 11111111\ 11111111\ 11111111\ 11111100_{two}$

| 答案 | 将数的位值代入上面的公式：

$$(1 \times -2^{63}) + (1 \times 2^{62}) + (1 \times 2^{61}) + \cdots + (1 \times 2^1) + (0 \times 2^1) + (0 \times 2^0)$$
$$= -2^{63} + 2^{62} + 2^{61} + \cdots + 2^2 + 0 + 0$$
$$= -9\ 223\ 372\ 036\ 854\ 775\ 808_{ten} + 9\ 223\ 372\ 036\ 854\ 775\ 804_{ten} = -4_{ten}$$

后面我们会给出从负数转换为正数的捷径。

对二进制补码表示的数进行操作，就像对无符号数进行操作一样，结果可能超过硬件能表示的范围而产生溢出。溢出发生在二进制数最左边的符号位与采用无穷多位表示该数时左边位的值不同的情况下（符号位不正确）：该数为负时符号位是 0，或该数为正时符号位是 1。

78

硬件 / 软件接口 和算术运算一样，有符号数和无符号数对 load 指令也有影响。有符号数（数本身可能没有 64 位）取出后需要使用符号位填充寄存器左侧的所有剩余位，称为符号扩展（sign extension），但其目的是在寄存器中放入数字正确的表示方式。无符号数取出后，因为此时表示的是无符号数，故只需用 0 来填充寄存器左侧的剩余位，称为零扩展（zero extension）。

当把64位的双字加载到64位的寄存器中时，则没有上述区别，此时无符号数和有符号数的加载是一样的⊖。ARMv8提供了两种字节加载指令：一种是LDURB（load byte），将字节看作无符号数，使用零扩展来填充寄存器的左侧位；另一种是针对有符号整数的LDURSB（load byte signed）。由于C程序几乎都是使用字节来表示字符，而不是用来表示有符号短整数，所以实际中几乎所有字节加载都使用LDURB。

硬件/软件接口 与上面所讨论的有符号数不同，存储器地址从0开始递增到最大地址，此时负地址是没有意义的。因此，程序有时需要处理正数和负数，有时仅需要处理正数。一些编程语言反映了这个区别。例如，C语言将前者叫作整数（integer，程序中声明为long long int），而后者叫作无符号整数（程序中声明为unsigned long long int）。一些C编程风格的指导书甚至推荐将前者声明为signed long long int，以使区别更加明显。

下面介绍两种处理二进制补码数的简单方法。第一种方法对二进制补码数快速求负数。将每一位取反，0变1，1变0，然后结果加1。这种方法的原理是，一个数和它按位取反的结果相加，和是$111...111_{two}$，即-1。因为$x+\bar{x}=-1$，所以有$x+\bar{x}+1=0$或$\bar{x}+1=-x$。（我们使用$\bar{x}$表示将x的每位取反。）

例题　求负数的补码

对2_{ten}求补，然后对-2_{ten}求补，并观察结果。

答案

79

2_{ten} = 00000000 00000000 00000000 00000000 00000000 00000000 00000000 00000010_{two}

将该数按位取反再加1：

11111111 11111111 11111111 11111111 11111111 11111111 11111111 11111101_{two}
\+ 1_{two}

= 11111111 11111111 11111111 11111111 11111111 11111111 11111111 11111110_{two}
= -2_{ten}

另一方面，将

11111111 11111111 11111111 11111111 11111111 11111111 11111111 11111110_{two}

按位取反再加1：

00000000 00000000 00000000 00000000 00000000 00000000 00000000 00000001_{two}
\+ 1_{two}

= 00000000 00000000 00000000 00000000 00000000 00000000 00000000 00000010_{two}
= 2_{ten}

第二种方法用于将一个n位的二进制数更多的位来表示。该方法将原数的最高有效位（符号位）复制以填满新数，而非符号位部分简单复制到新数的右边部分。这种方法通常称为符号扩展（sign extend）。

⊖ 位宽一致，不需要扩展。——译者注

例题｜符号扩展

将 16 位二进制表示的 2_{ten} 和 -2_{ten} 转换为 64 位二进制数。

答案｜2 的 16 位二进制表示形式是

```
00000000 00000010two = 2ten
```

将最高有效位（0）复制 48 次放到 64 位字的左半部，而右半部分保持原 16 位的值：

```
00000000 00000000 00000000 00000000 00000000 00000000 00000000 00000010two = 2ten
```

80

使用前面介绍的方法对 2 的 16 位二进制表示求负数。故

```
0000 0000 0000 0010two
```

变成

```
  1111 1111 1111 1101two
+                    1two
-------------------------
= 1111 1111 1111 1110two
```

再将该结果符号位复制 48 次放到 64 位字的左半部分，右边部分保持不变，则有：

```
11111111 11111111 11111111 11111111 11111111 11111111 11111111 11111110two = -2ten
```

这种方法之所以正确，是因为二进制补码表示的正数实际上左侧有无限多个 0，而负数有无限多个 1。只是为了适应硬件的宽度，二进制表示的数的前导位被隐藏了，符号扩展只是简单地恢复了其中一部分。

小结

本节的重点是如何在计算机中表示正整数和负整数。虽然任何表示方法都有利弊，但自 1965 年以来，二进制补码表示成为计算机的一致选择。

精解 有符号十进制数没有长度的限制，所以可用“-”来表示负数。而对于一个给定长度的二进制或十六进制数（见图 2-4），符号可以编码到位串中。因此，二进制和十六进制中通常不使用“+”和“-”来表示正负。

精解 二进制补码得名于下述规则：一个 n 位的数与其 n 位的相反数做无符号加法，结果是 2^n，因此，x 的相反数或相补数 $-x$ 等于 2^n-x，或叫“二进制补码”。

除了“二进制补码”和“符号和幅值”（即原码）这两种表示法以外，第三种可选的表示法是 1 的补码（one’s complement）[⊖]。在反码表示中，一个数的相反数就是将这个数的每一位按位取反，0 变成 1，1 变成 0。反码中 x 的相反数是 2^n-x-1，反码也由此得名。与符号和幅值表示法相比，反码在某些方面是一个更好的解决方案，因此一些早期用于科学计算的计算机采用这种表示法。反码与补码类似，但是有两个零，正 0 为 $00...00_{two}$，负 0 为 $11...11_{two}$。绝对值最大的负数（即最小的负数）是 $10...000_{two}$，表示 $-2\,147\,483\,647_{ten}$，所以反码中正数和负数的个数是对等的。采用反码时，加法器需要

反码：使用 $10...000_{two}$ 表示最小负数，$01...11_{two}$ 表示最大正数，正数和负数的个数相同，但有两个零，一个正零（$00...00_{two}$），一个负零（$11...11_{two}$）。该术语也表示按位求反，即 0 置为 1，1 置为 0。

81

移码：最小的负数用 $00...000_{two}$ 表示，最大的正数用 $11...11_{two}$ 表示，0 一般用 $10...00_{two}$ 表示，即通过将数加一个偏移使其具有非负的表示形式。

⊖ 即反码。——译者注

一个额外的步骤，即减去一个数来修正结果。因此，现在计算机中还是补码占主导地位。

第3章将介绍一种浮点数的表示法。其中，最小的负数用 $00...000_{two}$ 表示，最大的正数用 $11...11_{two}$ 表示，0一般用 $10...00_{two}$ 表示。因为该方法通过将数加一个偏移使其具有非负的表示形式，所以称为移码表示（biased notation）。

小测验 求以下64位二进制补码数对应的十进制数。

$11111111\ 11111111\ 11111111\ 11111111\ 11111111\ 11111111\ 11111111\ 11111000_{two}$

1. -4_{ten}
2. -8_{ten}
3. -16_{ten}
4. $18\ 446\ 744\ 073\ 709\ 551\ 609_{ten}$

2.5 计算机中指令的表示

人命令计算机的方式与计算机看待指令的方式是不同的，本节解释其中的差别。

指令在计算机内部是以一系列或高或低的电信号表示的，形式上和数的表示相同。实际上，指令的各部分都可看成一个独立的数，将这些数拼接在一起就形成了指令。LEGv8中的32个寄存器用编号0～31表示。

例题 | **将LEGv8汇编语言指令翻译成机器指令**

下面以LEGv8汇编语言为例。对于符号表示的LEGv8指令

```
ADD X9,X20,X21
```

首先表示为十进制数的组合，然后表示为二进制数的组合。

答案 | 其十进制表示为：

82

1112	21	0	20	9

指令分为若干字段（field）。第一个字段（本例中包含1112的字段）告诉LEGv8计算机该指令要执行加法运算。第二个字段指明加法操作中第二个源操中数的寄存器编号（即X21的编号21），第四个字段指出另一个源操作数的寄存器编号（X20的20）。第五个字段表示存放运算结果的目的寄存器编号（X9的9）。第三个字段在这条指令中没有用到，故置为0。这条指令将寄存器X20和寄存器X21的内容相加，并将和放在寄存器X9中。

这条指令中的各个字段也可以表示成二进制的形式：

10001011000	10101	000000	10100	01001
11位	5位	6位	5位	5位

指令的布局形式叫作**指令格式**（instruction format）。从二进制位的数目可以看出，LEGv8指令占32位，即一个字或半个双字。遵循简单源于规整的原则，所有LEGv8指令都是32位长。

指令格式：二进制数字段组成的指令表示形式。

为了与汇编语言区分开，指令的数字形式称为**机器语言**（machine language），这样的指令序列称为机器码。

机器语言：计算机系统中用于交流的二进制表示形式。

为避免读写冗长乏味的二进制数串，通常可采用比二进制基数更大，但又易转化为二进制的表示方法。由于计算机中几乎所有的数据大小都是 4 的倍数，因此**十六进制**（hexadecimal）的使用非常普遍。16 是 2 的 4 次幂，因此每 4 位二进制可替换为 1 位十六进制，反之亦然。图 2-4 给出了十六进制和二进制之间的转化表。

十六进制：基数为 16 的数。

十六进制	二进制	十六进制	二进制	十六进制	二进制	十六进制	二进制
0_{hex}	0000_{two}	4_{hex}	0100_{two}	8_{hex}	1000_{two}	c_{hex}	1100_{two}
1_{hex}	0001_{two}	5_{hex}	0101_{two}	9_{hex}	1001_{two}	d_{hex}	1101_{two}
2_{hex}	0010_{two}	6_{hex}	0110_{two}	a_{hex}	1010_{two}	e_{hex}	1110_{two}
3_{hex}	0011_{two}	7_{hex}	0111_{two}	b_{hex}	1011_{two}	f_{hex}	1111_{two}

图 2-4　十六进制和二进制转换表。1 位十六进制数可替换为相应的 4 位二进制数，反之亦然。如果二进制数的位数不是 4 的整数倍，转化要从右往左进行

为了避免使用不同进制数时产生混淆，通常将十进制数加下标 ten，二进制数加下标 two，十六进制数加下标 hex。如果没有下标，默认为十进制。顺便说明，C 和 Java 中用符号 0xnnnn 来表示十六进制数。

83

例题｜**二进制和十六进制间的转换**

将下面的十六进制数转化成二进制数，二进制数转化成十六进制数：

$eca8\ 6420_{hex}$

$0001\ 0011\ 0101\ 0111\ 1001\ 1011\ 1101\ 1111_{two}$

答案｜按图 2-4 所示，通过十六进制－二进制转换表查表得：

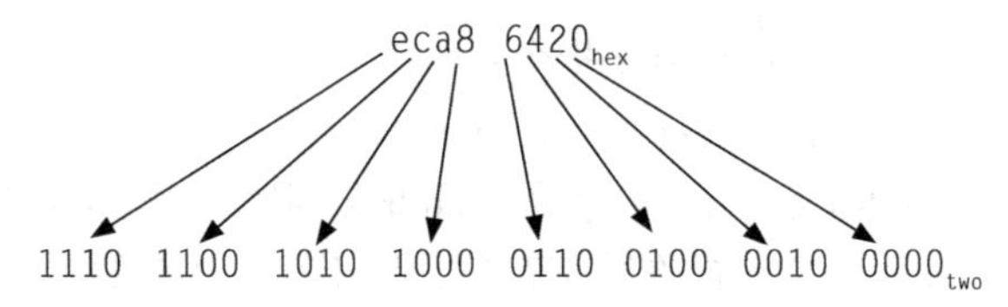

从二进制到十六进制的转换：

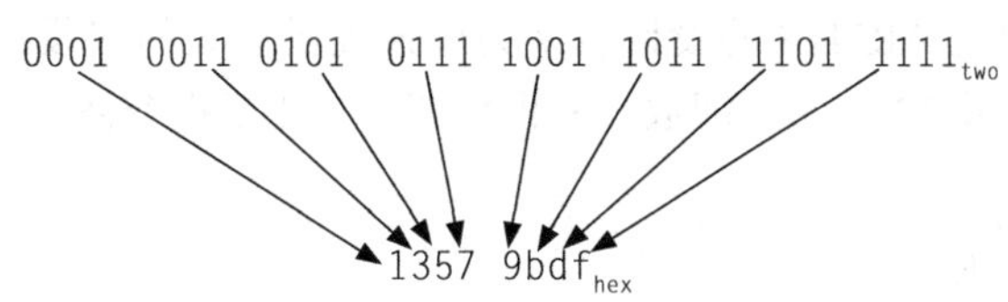

LEGv8 指令字段

为了便于讨论，将 LEGv8 指令中各字段命名如下：

opcode	Rm	shamt	Rn	Rd
11位	5位	6位	5位	5位

LEGv8 指令中各字段名称及含义如下：

操作码：指令中用来表示操作类型和格式的字段。

- opcode：**操作码**，指明指令完成的基本操作。
- Rm：第二个源操作数寄存器。
- shamt：位移量。（2.6 节中介绍移位指令和相关术语，在此之前的指令都不使用这个字段，故本节中此字段的内容为 0。）
- Rn：第一个源操作数寄存器。
- Rd：目的操作数寄存器，存放操作结果。

84

当某条指令需要的字段多于上述字段时，就会产生问题。例如，load register（取寄存器）指令必须指定两个寄存器和一个常数。在上述格式中，如果地址使用其中的一个 5 位字段，那么 load register 指令最大的常数就被限制在 2^5-1（即 31）。这个常数通常用来从数组或数据结构中选择元素，所以常常比 31 大得多。因此，5 位字段太小，难以发挥作用。

因此，一方面人们总是希望所有指令长度相同，另一方面又希望只有单一的指令格式。这种冲突引发了最后一条硬件设计原则。

设计原则 3：优秀的设计需要好的权衡和折中。

LEGv8 选择的折中方案是保持所有的指令长度相同，但不同类型的指令采用不同的指令格式。例如，上述格式称为 R 型（用于寄存器）。另一种指令格式称为 D 型，由数据传输指令（load 和 store）使用。D 型指令格式的字段如下所示：

opcode	address	op2	Rn	Rt
11位	9位	2位	5位	5位

9 位的地址字段意味着 load register 指令可以访问寄存器 Rn 所指基址前后 $\pm 2^8$ 或 256 个字节（$\pm 2^5$ 或者 32 个双字）范围内的任意双字。这种格式下，很难使用 32 个以上的寄存器，因为 Rn 和 Rt 字段都必须增加额外的位。指令长度有限，我们没法把所有的东西都塞在一个字里。（D 型指令的最后一个字段叫作 Rt 而不是 Rd，因为对于存储指令，该字段指明的是源数据而不是目的数据。）

对于 2.3.1 节例子中的 load register 指令：

```
LDUR X9, [X22,#64] // Temporary reg X9 gets A[8]
```

22（寄存器 X22）存放在 Rn 字段，64 存放在 address 字段，9（寄存器 X9）存放在 Rt 字段。注意，该指令中 Rt 字段代表目的操作数寄存器，用于存放从存储器中取到的数。

立即数指令如 ADDI 和 SUBI 等也需要相应的指令格式。尽管 D 型指令中的 9 位字段可以用来存放常量，但是 ARMv8 的设计者认为应该提供更大的字段存放立即数，甚至将操作码字段减少一位以构成 12 位的立即数。立即数指令或 I 型指令格式如下所示：

opcode	immediate	Rn	Rd
10位	12位	5位	5位

虽然多种指令格式增加了硬件的复杂性，但是保持指令格式的相似性在一定程度上可以降低复杂度。例如，三种指令格式的最后两个字段长度相同、名称相似、前两种指令格式的操作码字段长度相同。

85

三种指令格式由第一个字段的值来区分：每种格式的第一个字段（opcode）都赋给不同的值，以便让计算机硬件知道如何处理指令的剩余部分。图 2-5 给出了目前已介绍过的 LEGv8 指令中每个字段的值。

指令	格式类型	opcode	Rm	shamt	address	op2	Rn	Rd
ADD (add)	R	1112_{ten}	reg	0	n.a.	n.a.	reg	reg
SUB (subtract)	R	1624_{ten}	reg	0	n.a.	n.a.	reg	reg
ADDI (add immediate)	I	580_{ten}	reg	n.a.	constant	n.a.	reg	n.a.
SUBI (sub immediate)	I	836_{ten}	reg	n.a.	constant	n.a.	reg	n.a.
LDUR (load word)	D	1986_{ten}	reg	n.a.	address	0	reg	n.a.
STUR (store word)	D	1984_{ten}	reg	n.a.	address	0	reg	n.a.

图 2-5　LEGv8 指令编码。在上表中，“reg”表示寄存器的编号（0 ～ 31），“address”表示 9 位地址或 12 位常数，“n.a.”（not applicable）表示这个字段在该指令格式中不出现。“op2”是操作码字段的扩展

例题 | **将 LEGv8 汇编语言翻译成机器语言**

本例描述从程序员编写的代码到机器执行的指令的整个转换过程。X10 存放数组 A 的基址，h 存放在 X21 中，下面的 C 赋值语句

```
A[30] = h + A[30] + 1;
```

被编译成如下汇编语言：

```
LDUR X9, [X10,#240] // Temporary reg X9 gets A[30]
ADD  X9,X21,X9      // Temporary reg X9 gets h+A[30]
ADDI X9,X9,#1       // Temporary reg X9 gets h+A[30]+1
STUR X9, [X10,#240] // Stores h+A[30]+1 back into A[30]
```

那么这四条 LEGv8 指令的机器代码是什么？

答案 | 首先用十进制数表示机器语言指令。根据图 2-5 可得：

opcode	Rm/address	shamt/op2	Rn	Rd/Rt
1986	240	0	10	9
1112	9	0	21	9
580	1		9	9
1984	240	0	10	9

86

LDUR 指令第一个字段（opcode）的值为 1986（见图 2-5）。在第四个字段（Rn）中指定基址寄存器 10，目的寄存器 9 在最后一个字段（Rt）中。第二个字段 address 中存放用于指定 A[30] 的偏移量（$240 = 30 \times 8$）。

下一条 ADD 指令由第一个字段（opcode）1112 定义。三个寄存器操作数 9、21、9 分别在第二、四、五字段中。第三字段（shamt）值为 0。

ADDI 指令第一个字段（opcode）的值是 580。第二个字段存放立即数 1。最后两个字段存放寄存器操作数（均为 9）。

STUR 指令由第一个字段 1984 识别。这条指令的其余部分和 LDUR 指令一样。

$240_{ten} = 0\ 1111\ 0000_{two}$，因此与十进制形式对应的二进制机器指令如下所示：

11111000010	011110000	00	01010	01001
10001011000	01001	000000	10101	01001
1001000100	000000000001		01001	01001
11111000000	011110000	00	01010	01001

注意，第一条指令和最后一条指令的二进制表示非常相似，仅从左边数第 10 位不同。

精解 ARMv8 的汇编程序员一般直接使用 ADD 而不是 ADDI 表示立即数加，由汇编器根据操作数的类型（全部是寄存器，即 R 型指令；或有一个是常数，即 I 型指令）生成正确的操作码和指令格式。本书介绍汇编语言和机器语言时，为了避免不必要的混淆，在 LEGv8 中采用不同的指令名称表示不同的操作码和指令格式。

精解 注意，与 MIPS 指令集不同，在 LEGv8 中 I 型指令的立即数字段是 0 扩展的。因此，LEGv8 同时包括了 ADDI 和 SUBI 指令。而 MIPS 只有 ADDI 指令，且其指令的立即数可以是正数或负数。

硬件 / 软件接口 指令长度保持相同的需求与提供尽可能多的寄存器的需求是相互矛盾的。寄存器数量的增长会导致指令格式中各个寄存器字段至少增加 1 位。综合考虑这些限制和越少越快的设计原则，当今大多数指令系统中都只有 16 个或 32 个通用寄存器。

87

图 2-6 归纳了本节所描述的 LEGv8 机器语言。第 4 章将阐述，相关指令采用相似的二进制表示可以简化硬件设计。这种相似性也是 LEGv8 体系结构规整性的又一佐证。

LEGv8

名称	格式	示例						注释
ADD	R	1112	3	0		2	1	ADD X1, X2, X3
SUB	R	1624	3	0		2	1	SUB X1, X2, X3
ADDI	I	580	100			2	1	ADDI X1, X2, #100
SUBI	I	836	100			2	1	SUBI X1, X2, #100
LDUR	D	1986	100		0	2	1	LDUR X1, [X2, #100]
STUR	D	1984	100		0	2	1	STUR X1, [X2, #100]
字段的位数		11或10位	5位	5或4位	2位	5位	5位	所有ARM指令长度都是32位
R型	R	opcode	Rm	shamt		Rn	Rd	算术运算指令格式
I型	I	opcode	immediate			Rn	Rd	立即数指令格式
D型	D	opcode	address		op2	Rn	Rt	数据传输指令格式

图 2-6 2.5 节展示的 LEGv8 体系结构。目前为止介绍了 R 型、D 型和 I 型三种 LEGv8 指令。最后 10 位包括 Rn 字段，给出一个源操作数；Rd 或者 Rt 字段指出目的寄存器（存储指令中用于指明要存储的数据）。R 型指令将剩余部分划分为三个字段：11 位的操作码字段；5 位的 Rm 字段，指明另一个操作数；6 位的 shamt 字段，将在 2.6 节中介绍。I 型指令将 12 位组合为一个 immediate 字段，此时操作码字段减少一位（变为 10 位）。和 R 型指令一样，D 型指令采用 11 位的操作码（opcode）字段，还包括 9 位的 address 字段和 2 位的 op2 字段。op2 字段是操作码字段的逻辑扩展

重点 当今计算机基于以下两个关键准则构建：

- 指令用数的形式表示。
- 程序和数据一样，存储在存储器中进行读写。

这两个准则引发了存储程序原理的诞生，从而使计算机发挥了巨大的潜力。图 2-7 显示了存储程序的强大功能。存储器中既可以存放编辑器程序的源代码，也可以存放相应的编译后的机器码、编译后的程序需要使用的文本，甚至生成机器码的编译器。

指令以数的形式表示的一个好处是，程序可以被当成二进制数的文件发布。其商业意义在于计算机可以延用那些指令集兼容的现成软件。这种“二进制兼容”使得工业界围绕着几种指令集体系结构形成联盟。

88

精解 为什么图 2-1 给出的指令数有限，而 LEGv8 指令的操作码字段却非常大？主要

原因是完整的 ARMv8 指令集非常大，有大约 1000 条指令。本章最后几节，以及第 3 章和第 5 章都将对完整的 ARMv8 指令集进行相关分析。

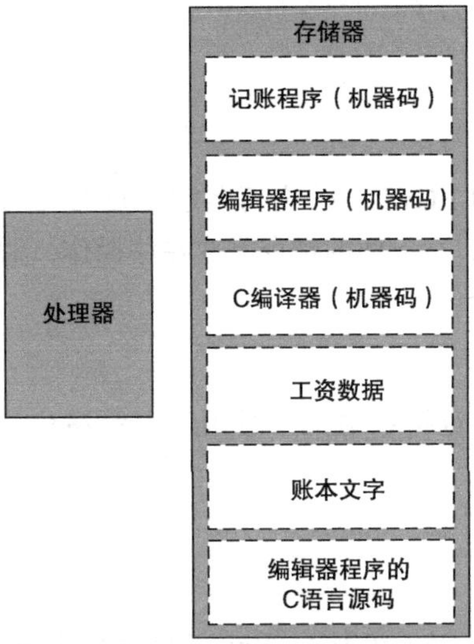

处理器

存储器

记账程序（机器码）

编辑器程序（机器码）

C编译器（机器码）

工资数据

账本文字

编辑器程序的C语言源码

图 2-7 存储程序原理。各类存储的程序使得一台用于记账的计算机转眼间就可变成一台可以帮助作者写书的计算机。这种切换只需将程序和数据加载到存储器中并告诉计算机从给定的存储器地址开始执行程序即可。将指令和数据以相同的方式处理，极大地简化了计算机系统的存储器硬件和软件。用于数据的存储技术同样也适用于程序，如编译器，能够将那些用易于人类使用的符号编写的代码翻译成机器能理解的代码

小测验 下面 LEGv8 指令的功能是什么？请从四个选项中选择。

opcode	Rm	shamt	Rn	Rd
1624	9	0	10	11

1. SUB X9, X10, X11
2. ADD X11, X9, X10
3. SUB X11, X10, X9
4. SUB X11, X9, X10

89

2.6 逻辑操作

“正相反，”叮当弟接着说，“如果那是真的，那它就可能是真的；如果那曾经是真的，它就是真过；但是既然现在它不是真的，那么现在它就是假的。这就是逻辑。”

Lewis Carroll, Alice's Adventures in Wonderland, 1865

虽然早期的计算机仅对整字进行操作，但人们很快就发现，对字中由若干位组成的字段甚至对单个位进行操作是很有用的。例如，检查一个字中每个 8 位的字符（见 2.9 节）。于是，编程语言和指令集体系结构中增加了一些指令，用于简化对字中若干位进行打包或者拆包的操作。这些指令被称为逻辑操作。图 2-8 给出了 C、Java 和 LEGv8 中的逻辑操作。

逻辑操作	C操作符	Java操作符	LEGv8指令
逻辑左移	<<	<<	LSL
逻辑右移	>>	>>>	LSR
按位与	&	&	AND, ANDI
按位或	|	|	OR, ORI
按位取反	~	~	EOR, EORI

图 2-8 C 和 Java 的逻辑操作及相应的 LEGv8 指令。实现 NOT（取反）操作的一种方式是与全 1 数（FFFF FFFF FFFF $FFFF_{hex}$）做异或操作

第一类逻辑操作称为移位（shift），将一个双字的所有位都向左或向右移动，并在空出的位上填充0。例如，假设寄存器 X19 中的数据是：

00000000 00000000 00000000 00000000 00000000 00000000 00000000 00001001_{two} = 9_{ten}

一条左移4位的指令执行后，得到的新值是：

00000000 00000000 00000000 00000000 00000000 00000000 00000000 10010000_{two} = 144_{ten}

与左移相对应的是右移。左移和右移这两条指令在LEGv8中的确切名字是*逻辑左移* LSL（logical shift left）和*逻辑右移* LSR（logical shift right）。下面的指令完成左移操作，假设源操作数在 X19 中，结果存储到 X11 中：

```
LSL X11,X19,#4 // reg X11 = reg X19 << 4 bits
```

前面介绍R型指令格式时没有解释shamt字段，在移位指令中该字段用于表示移位量（shift amount）。因此，上述指令对应的机器语言是：

90

opcode	Rm	shamt	Rn	Rd
1691	0	4	19	11

LSL 对应的opcode字段为1691，Rd为11，Rn为19，shamt为4，Rm字段没有使用，被置为0。

逻辑左移还有额外的作用。左移 i 位相当于乘以 2^i，就像十进制数左移 i 位相当于乘以 10^i。例如，上面的 LSL 指令左移了4位，相当于乘以 2^4 或16。所以，例子中原二进制数表示的值是9，而 $9 \times 16=144$，恰好就是移位后的结果。

第二个有用的逻辑操作是**按位与**（AND）。一般使用大写，以便与普通的英文单词区分。AND 是按位操作，两个操作位均为1时结果才为1。例如，寄存器 X11 为：

按位与：按位逻辑操作，仅当两个操作位均为1时结果才为1。

00000000 00000000 00000000 00000000 00000000 00000000 00001101 11000000_{two}

寄存器 X10 为：

00000000 00000000 00000000 00000000 00000000 00000000 00111100 00000000_{two}

执行以下LEGv8指令：

```
AND X9,X10,X11      // reg X9 = reg X10 & reg X11
```

则 X9 中的值是：

00000000 00000000 00000000 00000000 00000000 00000000 00001100 00000000_{two}

AND 提供了一种将二进制数中的某些位置为0的途径，即只需将另一个二进制数中的对应位置为设0。与 AND 结合使用的二进制数称为*掩码*（mask），即“隐藏”某些位。

按位或：按位逻辑操作，当两个操作位中的任意一位为1时结果为1。

与 AND 相对的操作是**按位或**（ORR），当两个操作位中的任意一位为1时结果为1。假设 X10 和 X11 中的值都和上面的例子一样，那么下述LEGv8指令

```
ORR X9,X10,X11 // reg X9 = reg X10 | reg X11
```

执行后 X9 的值是

00000000 00000000 00000000 00000000 00000000 00000000 00111101 11000000_{two}

最后一种逻辑操作是**按位取反**（NOT）。该操作仅有一个操作数，将 1 变成 0，0 变成 1，可用来计算 $\bar{x}$。

按位取反：按位逻辑操作，仅有一个操作数，将 1 变成 0，0 变成 1。

91

为了保持三操作数的格式，ARMv8 的设计者引入**异或**（EOR）指令来取代 NOT。在异或操作中，若两个操作数相同，结果为 0；若不同，结果为 1。因此，取反操作 NOT 等价于和全 1 数（111…111）做 EOR 操作。

异或：按位逻辑操作，仅当两个操作数不同时结果才为 1。

假设寄存器 X10 的值与上例相同，寄存器 X12 中的值是 0，那么下面的 LEGv8 指令

```
EOR X9,X10,X12 // reg X9 = reg X10 | reg X12
```

执行后，寄存器 X9 中的结果是：

$00000000\ 00000000\ 00000000\ 00000000\ 00000000\ 00000000\ 00110001\ 11000000_{two}$

图 2-8 显示了 C 和 Java 的操作符与 LEGv8 指令之间的关系。和算术运算一样，逻辑操作中常数也非常有用。因此 LEGv8 也提供了立即数与（ANDI）、立即数或（ORRI），以及立即数异或（EORI）指令。

精解 C 语言允许在双字内定义由若干位组成的一个或多个字段，并将其作为对象包装在一个字内，以便匹配 I/O 设备等的外部接口的需要。所有字段必须放在一个双字之中，字段是无符号整数，最少为 1 位。C 编译器使用 LEGv8 的逻辑指令（AND、ORR、LSL、LSR）插入和提取字段。

精解 完整的 ARMv8 指令集中，ANDI、ORRI 和 EORI 的立即数字段并不是简单的 12 位立即数。和 ARMv7 相似（ARMv7 采用复杂的方式对立即数进行编码），ARMv8 采用重复模式编码立即数。这意味着一些较小的常数（如 1、2、3、4 和 6）有效，而其他的（如 –1、0 和 5）不一定有效。而 LEGv8 中，只是简单地采用 12 位立即数，类似 ADDI 中。这种差异意味着指令 EORI X1,X1,#5 在 LEGv8 中是合法的，但是在 ARMv8 中不合法。此外，对立即数编码在其他指令集中也不常见，且这种编码方式还会显著增加数据通路（见第 4 章）的复杂度。

92

精解 与大多数计算机体系结构不同，ARMv8 和 ARMv7 允许算术运算或逻辑指令中包含寄存器移位操作：和任意移位寄存器相加，和任意移位寄存器相减，和任意移位寄存器相与，等等。这种组合在其他的计算机体系结构中不常见，也很少在编译器中生成，并且支持这种组合操作将大大增加数据通路的复杂度（也会使数据通路与一般处理器的数据通路有很大差异）。因此，本书中将移位操作当作独立的指令处理，这和其他体系结构的处理方式类似。尽管可以通过与 XZR 寄存器做 ADD 或 OR 操作实现移位操作，但是用与 ADD 或 OR 同样的操作码表示移位操作仍然会引起混淆。因此，本书遵循 ARMv8 的做法，采用 UBFM（Unsigned BitField Move，无符号位移）指令和相应操作码表示移位操作。本书中将 Rm 字段和 shamt 字段的值分别简化成 0 和实际的移位量，看上去与 ARMv8 汇编语言类似。在 UBFM 指令中，用于逻辑左移（LSL）的 Rm 和 shamt 字段值是（– 位移量对 64 取模）和（63– 位移量）；用于逻辑右移的 Rm 和 shamt 字段值是位移量和 63。ARMv8 指令中，操作码字段包含部分立即数字段，因此本书用操作码 1691 和 1690 分别表示 LSL 和 LSR 指令，以便进行区分。

小测验 下面哪个操作可以将双字中的一个字段分离出来？

1. AND
2. 先左移再右移

2.7 决策指令

计算机与简单计算器的区别在于决策能力。根据输入的数据和计算过程中产生的值，计算机可以执行不同的指令。程序语言中通常使用if语句描述决策，有时也和go to语句以及标签（lable）组合使用。LEGv8汇编语言中有两条决策指令，和if以及go to语句类似。第一条是：

```
CBZ register, L1
```

该指令表示：如果register的数值为0，则转到标签为L1的语句执行。助记符CBZ表示比较为0分支（compare and branch if zero）。

第二条指令是

```
CBNZ register, L1
```

该指令表示：如果register的数值不为0，则转到标签为L1的语句执行。助记符CBNZ表示比较不为0分支（compare and branch if not zero）。这两条指令传统上称为**条件分支**（conditional branch）指令。

93

自动化计算机的实用性取决于重复使用给定指令序列的可能性，重复的次数取决于计算的结果……这一选择可以根据数的符号来决定（计算机认为0是正数）。因此，我们引入一条“指令”（条件转移“指令”），它根据给定数的符号从两条路径中选择正确的一条来执行。

Burks, Goldstine, and von Neumann, 1947

条件分支：该指令对某个值进行比较，然后根据比较的结果决定是否转到程序中某个新的地址处执行。

例题 | **将if-then-else语句编译成条件分支指令**

在下面这段代码中，f、g、h、i、j都是变量，假设这五个变量依次对应于五个寄存器X19到X23。请写出这条C语言编写的if语句编译后形成的LEGv8代码。

```
if (i == j) f = g + h; else f = g – h;
```

答案 | 图2-9给出了LEGv8代码执行过程的流程图。第一个表达式用于比较寄存器中的两个变量是否相等。前面介绍的条件分支指令只能判断一个寄存器的值是否为0，因此第一步要将i和j相减，检查结果是否为0。接下来要做的似乎是如果结果为0，则进行分支（程序跳转），即使用CBZ指令。通常，通过测试分支的相反条件来跳过比较不相等要执行的代码，这样的代码效率会更高。故这里使用CBNZ指令。以下是相应的两条指令，寄存器X9存放i减j的差值：

```
SUB  X9,X22,X23 // X9 = i – j
CBNZ X9, Else   // go to Else if i ≠ j (X9 ≠ 0)
```

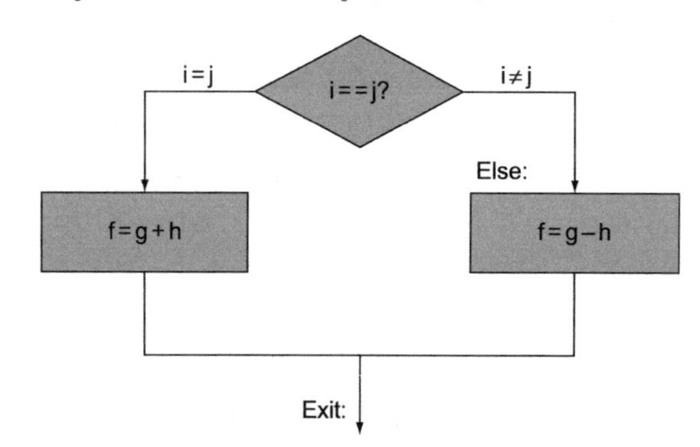

图2-9 上述if语句的操作流程图。左边方框对应if语句的then部分，右边方框对应else部分

下一个赋值语句只执行一个操作，如果所有的操作数都分配给寄存器，则只需一条指令：

```
ADD X19,X20,X21        // f = g + h (skipped if i ≠ j)
```

在 if 语句的结尾部分，需要引入另一种分支指令，通常叫作*无条件分支*（unconditional branch）指令[⊖]。当遇到这种指令时，处理器必须跳转。为了区分条件分支和无条件分支，LEGv8 将无条件分支指令命名为 branch，简写成 B（标签 Exit 将在后面定义）。

```
B Exit       // go to Exit
```

if 语句中 else 部分的赋值语句也可以编译为一条指令。我们只需将标签 Else 加在这条指令前。指令后面加入标签 Exit，表示 if-then-else 编译代码结束：

```
Else:SUB X19,X20,X21    // f = g − h (skipped if i = j)
Exit:
```

值得注意的是，汇编器将编译器和汇编语言程序员从分支地址计算以及 load/store 访存地址计算的乏味工作中解脱了出来（参见 2.12 节）。[⊜]

94

硬件/软件接口 编译器经常会创建一些在编程语言中没出现过的分支和标签。避免编写这些显式的标签和分支是使用高级编程语言的好处之一，也是该层次上编码速度快的一个原因。

2.7.1 循环

无论是在二选一的 if 语句中，还是在迭代计算的循环语句中，决策都起着重要作用。但在这两种情况下，用于实现决策的汇编语言指令是相同的。

例题 | 编译 C 语言中的 while 循环

下面是用 C 语言编写的一个传统循环程序：

```
while (save[i] == k)
      i += 1;
```

假设 i 和 k 存放在寄存器 X22 和 X24 中，数组 save 的基址存放在寄存器 X25 中。请写出这段 C 程序对应的 LEGv8 汇编代码。

答案 | 第一步将 save[i] 读入一个临时寄存器中。读入之前，首先要计算 save[i] 的地址。在将 i 加到 save 数组基址以形成访存地址前，由于 LEGv8 按字节编址的缘故，先要将 i 乘以 8。幸运的是，我们可以使用逻辑左移指令实现乘法，因为左移 3 位等价于乘 8。我们在该左移指令前增加一个标签 Loop，以便在循环末尾能够跳回该指令。

95

```
Loop: LSL X10,X22,#3     // Temp reg X10 = i * 8
```

为计算 save[i] 的地址，需要将 X10 和 X25 中 save 的基址相加：

```
ADD X10,X10,X25       // X10 = address of save[i]
```

现在根据新地址将 save[i] 读入临时寄存器中：

```
LDUR X9, [X10,#0]       // Temp reg X9 = save[i]
```

下一条指令将 save[i] 和 k 相减，差值存入 X11 中用于测试循环。如果 X11 不为 0，表明 save[i] 和 k 不相等。

⊖ 通常也称作跳转指令。——译者注

⊜ 程序员使用标签表明转移地址，而实际地址的计算由编译器和汇编器生成的指令完成，因而程序员无需计算转移地址或地址偏移量。——译者注

```
SUB X11,X9,X24       // X11 = save[i] - k
```

下一条指令执行循环判断，如果 save[i]≠k 则退出循环：

```
CBNZ X11, Exit     // go to Exit if save[i] ≠ k(X11 ≠ 0)
```

再下一条指令将 i 加 1：

```
ADDI X22,X22,#1       // i = i + 1
```

在循环的末尾，指令跳转到循环开始处的 while 测试。随后增加一个 Exit 标签，编译完成：

```
B       Loop       // go to Loop

Exit:
```

（见练习题中对该指令序列的优化。）

硬件/软件接口 以分支指令作为结束的指令序列对编译非常重要，因此有专门的术语描述：基本块。基本块（basic block）是分支指令只可能出现在末尾，分支目标/分支标签只可能出现在开始的指令序列。编译最初阶段的任务之一就是将程序分解为基本块。

基本块：没有分支（可能出现在末尾者除外）并且没有分支目标/分支标签（可能出现在开始者除外）的指令序列。

96

相等或不等是最常见的判断，但两数之间还有其他很多关系存在。例如，for 循环需要判断索引变量是否小于 0。其他比较操作还包括小于（<）、小于等于（≤）、大于（>）、大于等于（≥）、等于（=）和不等于（≠）。

比较位串的大小也必须区分有符号数和无符号数这两种情况。有符号数中，最高位为 1 的位串表示负数，比任何一个最高位为 0 的正数都小。而对于无符号数，最高位为 1 的数比任何最高位为 0 的数都大。（最高位的双重含义可以用来减少数组边界检查的开销。）

体系结构设计师很早之前就通过增加四个额外的二进制位来记录指令执行状态信息，从而解决上述问题。这些额外增加的位称为条件码（condition code）或标志位（flag）：

- 负数标志位（N）：若结果最高位为 1，则设置该条件码。
- 零标志位（Z）：若结果为 0，则设置该条件码。
- 溢出标志位（V）：若结果溢出，则设置该条件码。
- 进位标志位（C）：若结果向最高位进位或从最高位借位，则设置该条件码。

条件分支指令通过组合使用这些条件码完成条件判断。在 LEGv8 指令集中，这种条件分支指令是 B.cond。cond 可以用于任意有符号数的比较指令中，如 EQ（等于）、NE（不等于）、LT（小于）、LE（小于等于）、GT（大于）或 GE（大于等于）。cond 也可以用于无符号数的比较指令，如 LO（低于）、LS（低于或相同）、HI（高于）或者 HS（高于或相同）。假设设置条件码的指令是减法指令（A–B），则图 2-10 给出了 LEGv8 所有有符号数比较和无符号数比较操作对应的指令和条件码的值。

除了图 2-10 给出的 10 条条件分支指令外，LEGv8 还包括 4 条检测单一条件码的分支指令：

- 结果为负跳转（B.MI）：N=1。
- 结果为正跳转（B.PL）：N=0。
- 溢出位有效跳转（B.VS）：V=1。
- 溢出位清零跳转（B.VC）：V=0。

比较操作	有符号数 指令	有符号数 条件码检测	无符号数 指令	无符号数 条件码检测
=	B.EQ	Z=1	B.EQ	Z=1
≠	B.NE	Z=0	B.NE	Z=0
<	B.LT	N!=V	B.LO	C=0
≤	B.LE	~(Z=0 & N=V)	B.LS	~(Z=0 & C=1)
>	B.GT	(Z=0 & N=V)	B.HI	(Z=0 & C=1)
≥	B.GE	N=V	B.HS	C=1

图 2-10　假设设置条件码的指令是减法指令，如何实现比较操作。如果是 ADD 或者 AND 指令，条件码检测只需基于指令结果和 0 的比较。对于 AND 指令，C 和 V 一般总是设为 0[㊀]

代替设置条件码的一种解决方案是用指令比较两个寄存器数的大小，然后根据比较结果进行分支操作。第二种选择是比较两个寄存器数的值，然后用第三个寄存器记录比较是否成功，再然后由后续的条件分支指令检测第三个寄存器的值是否为 0（条件为假）或不为 0（条件为真）。MIPS 中的条件分支指令采用后一种方案（见 2.16 节）。

97

条件码的一个缺点是，如果许多指令频繁设置条件码，就可能造成依赖性问题，使得指令很难流水执行（见第 4 章）。因此，LEGv8 规定只有少数指令——ADD、ADDI、AND、ANDI、SUB 和 SUBI——能设置条件码，并且条件码的设置是可选择的。在 LEGv8 汇编语言中，如果想设置条件码，只需要在相应指令的尾部追加 S，如 ADDS、ADDIS、ANDS、ANDIS、SUBS 和 SUBIS。指令名称中实际上使用了术语“flag”，因此 ADDS 的正确解释应该是“add and set flags”，即加并设置标志位。

2.7.2　边界检查的简便方法

将有符号数作为无符号数来处理[㊁]，是一种检验 $0 \leqslant x < y$ 的开销较低的方法，并与数组索引的边界检查（是否越界）匹配。问题的关键在于，负数的二进制补码表示看起来像是一个很大的无符号数表示。因为最高有效位在有符号数中是符号位，而在无符号数中是具有最大权重的位。所以以无符号数比较 $x < y$，可以在检查 x 是否小于 y 的同时，检查 x 是否为负数。

例题

用以下方法检查索引是否越界：如果 X20 ≥ X11 或 X20 是负数，则跳转到 IndexOutOfBounds 处。[㊂]

答案　只需使用一条无符号数大于或等于指令即可以完成两种检查：

```
SUBS XZR,X20,X11 // Test if X20 >= length or X20 < 0
B.HS IndexOutOfBounds //if bad, goto Error
```

98

2.7.3　case/switch 语句

大多数编程语言中都包括 case 或 switch 语句，允许程序员根据某个值做出不同的选择。实现 switch 语句的最简单方法是借助一系列的条件判断，将 switch 语句转化为一组 if-then-else 语句。

㊀　若 $x > y$ 成立，做减法应该没有借位。——译者注
㊁　计算机采用二进制补码，符号位参与运算，因此计算机本身是不区分有符号数和无符号数的。——译者注
㊂　为何可以判断 X20 是负数呢？XZR 寄存器始终为 0，因此只能影响标志位，不能影响结果。——译者注

有时候另一种更有效的方法是将多个指令序列的地址编码为一张表，即**分支地址表**（branch address table）或**分支表**（branch table）。程序只需索引该表即可跳转到正确的指令序列。分支地址表是一个由代码中标签所对应地址构成的双字数组。进行分支时，程序首先将分支地址表中相应的入口地址加载到寄存器中，然后使用寄存器中的地址值进行跳转。为了支持这种情况，像LEGv8这样的计算机提供了寄存器分支指令BR（branch register），表明无条件跳转到寄存器指定的地址。下一节将介绍该指令的一种更常见用法。

分支地址表：又称作分支表，指包含不同指令序列地址的表。

硬件/软件接口　虽然在C或Java这样的编程语言中有许多语句可用于决策和循环，但是在指令集这一层次实现其功能的基本语句是条件分支。

小测验

Ⅰ. C语言中有很多决策和循环语句，但LEGv8中却很少。下述各项是否阐明了这种不均衡？为什么？

1. 更多的决策语句使得代码更容易阅读和理解。
2. 更少的决策语句简化了底层（负责执行）的任务。
3. 更多的决策语句意味着更少的代码量，从而节约了编程时间。
4. 更多的决策语句意味着更少的代码量，这意味着执行更少的操作。

Ⅱ. 为什么C语言提供了两种与操作（& 和 &&）和两种或操作（| 和 ||），而LEGv8没有提供呢？

1. 逻辑操作AND和ORR实现&和|，而条件分支实现&&和||。
2. 第1项说反了：&&和||对应于逻辑操作，而&和|对应于条件分支。
3. 它们是冗余的，并且是一回事。&&和||都是从B语言（C语言的前身）简单继承而来的。

99

2.8　计算机硬件对过程的支持

过程（procedure）或函数是程序员进行结构化编程的工具，两者均有助于提高程序的可理解性和代码的可重用性。过程允许程序员每次只需将精力集中在任务的某一部分；参数用于传递数值并返回结果，是过程与程序其他部分以及数据之间的接口。2.15节描述了Java语言中和过程等价的表示方法，虽然表示方法不同，但Java与C语言对计算机的要求是一致的。过程是软件中实现抽象的一种途径。

过程：根据提供的参数完成一定任务的子程序。

你可以将过程想象成一个间谍，带着一个神秘的计划离开，获取资源、执行任务、隐藏行踪，最后带着需要的结果返回起点。一旦任务完成就不再对系统产生任何干扰。此外，间谍仅仅在其“需要知道”的基础上工作，不能对其上线做任何假定。

在过程执行时，程序必须遵循以下6个步骤：

1. 将参数放到过程可以访问的地方。
2. 将执行的控制权转交给过程。
3. 获得过程执行所需的存储资源。
4. 执行需要的任务。
5. 将结果值放在调用程序可以访问的地方。
6. 将控制返回调用点，一个过程可能在程序中的多个点被调用。

如上所述，寄存器是计算机中保存数据最快的地方，所以我们希望尽可能多地利用寄存器。LEGv8软件在为过程调用分配寄存器时遵循以下约定：

- X0 ～ X7：作为参数寄存器（8 个），用于传递参数或返回结果。
- LR（X30）：作为返回地址寄存器（存放过程调用的返回地址），用于返回原始调用点。

除了分配寄存器外，LEGv8 汇编语言还为过程调用提供了一条指令：该指令在跳转到某个地址的同时，将下一条指令的地址保存在寄存器 LR（X30）中。这条**分支和链接指令**（branch-and-link ins-truction）BL 可简单表示为：

分支和链接指令：跳转到某个地址的同时将下一条指令的地址保存到寄存器中（LEGv8 中为寄存器 LR，即 X30）。

100

```
BL ProcedureAddress
```

指令名中的链接代表指向调用者的地址或链接，以允许过程返回到合适的地址。存储在寄存器 LR 中的“链接”称为**返回地址**（return address）。返回地址是必需的，因为同一过程可能在程序的不同地方被调用。

返回地址：指向调用点的链接，供过程执行结束时返回到合适的地址，LEGv8 存储在寄存器 LR 中。

为了支持从过程调用返回，计算机（如 LEGv8）使用了寄存器跳转（branch register）指令 BR，表示无条件跳转到寄存器所指定的地址：

```
BR   LR
```

寄存器跳转指令跳转到存储在 LR 寄存器中的地址——这正是用户所希望的。因此，调用程序或称为**调用者**（caller），将参数值放在 X0 ～ X7 中，然后使用 BL X 跳转到过程 X（有时称为**被调用者**（callee））。被调用者执行运算，将结果放在相同的参数寄存器中，然后通过 BR LR 指令将控制返回给调用者。

调用者：发起过程调用并提供必要参数的程序。

被调用者：根据调用者提供的参数完成一定任务的一系列指令，执行完毕后将控制权返回给调用者。

存储程序思想的一个隐含需求，是需要一个寄存器来保存当前正在执行的指令的地址。出于历史原因，这个寄存器通常称为**程序计数器**（program counter），LEGv8 体系结构中缩写为 PC。当然，这个寄存器更贴切的名字可能应该是**指令地址寄存器**。BL 指令实际上将 PC+4 保存在寄存器 LR 中，从而链接到下一条指令的字节地址，为过程返回做好准备。

程序计数器：存放正在执行指令的地址的寄存器。

2.8.1 使用更多的寄存器

假设对于一个过程，编译器需要的寄存器超过了 8 个参数寄存器的数量。由于在任务完成后必须消除过程产生的踪迹，因此调用者原先使用的寄存器都必须恢复到过程调用前的状态。这种情况可以看成是需要将寄存器溢出（换出）到存储器的一个例子，如“硬件/软件接口”部分（2.3.1 节）所提到的那样。

栈：一种后进先出队列，用于寄存器换出的数据结构。

栈指针：指示栈中最近分配的地址，表明寄存器被换出的位置，或寄存器旧值的存放位置。在 LEGv8 中，栈指针是寄存器 SP。

换出寄存器的最理想的数据结构是**栈**（stack）——一种后进先出的队列。栈需要一个指针指向栈中最新分配的地址，以指示下一个过程放置换出寄存器的位置，或是寄存器旧值存放的位置。在每次寄存器进行保存或恢复时，**栈指针**（Stack Pointer，SP）（LEGv8 的 32 个寄存器之一）以一个双字为单位进行调整。由于栈的应用十分广泛，因此向栈传递数据或从栈中取数都有专用术语：将数据放入栈中称为**压栈**（push），从栈中移除数据称为**弹栈**（pop）。

压栈：向栈中增加元素。

弹栈：从栈中移出元素。

按照历史惯例，栈从高地址向低地址“增长”。这意味着数据压栈时，栈指针值减小；而数据弹栈时，栈指针增大，（空闲）栈空间缩小。

101

精解　完整的ARMv8指令集中，栈指针与31号寄存器重叠。在一些指令中，如数据传输指令和立即数运算指令（当31号寄存器是目的寄存器或第一源操作数寄存器时，不设置标志位），31号寄存器表示栈指针。而在另外一些指令中，如寄存器算术指令或者设置标志位的指令，31号寄存器表示0寄存器XZR。这种取巧的方式实际只节省了一个寄存器，但是增加了数据通路（见第4章）的复杂度，并且容易引起混淆。因此，我们假设LEGv8的栈指针是其他31个通用寄存器中的一个，本书用寄存器X28作栈指针。

例题｜编译一个不调用其他过程的C过程

将2.2节的例子转化为一个C过程：

```
long long int leaf_example (long long int g, long long
int h, long long int i, long long int j)
{
       long long int f;

        f = (g + h) - (i + j);
        return f;
}
```

编译后的LEGv8汇编代码是什么？

答案｜参数变量g、h、i和j分别对应参数寄存器X0、X1、X2和X3，f对应X19。编译后的程序是以一个过程标号开始的：

```
leaf_example:
```

下一步是保存过程中使用的寄存器。过程实体中的C赋值语句使用了两个临时寄存器X9和X10。因此，需要保存三个寄存器：X19、X9和X10。我们将旧值“压栈”，即在栈中建立三个双字的空间（24个字节），并将三个寄存器的值存入：

```
SUBI SP,  SP, #24      // adjust stack to make room for 3 items
STUR X10, [SP,#16]     // save register X10 for use afterwards
STUR X9,  [SP,#8]      // save register X9 for use afterwards
STUR X19, [SP,#0]      // save register X19 for use afterwards
```

102　图2-11给出了在过程调用前、过程调用中以及过程调用后栈的变化情况。

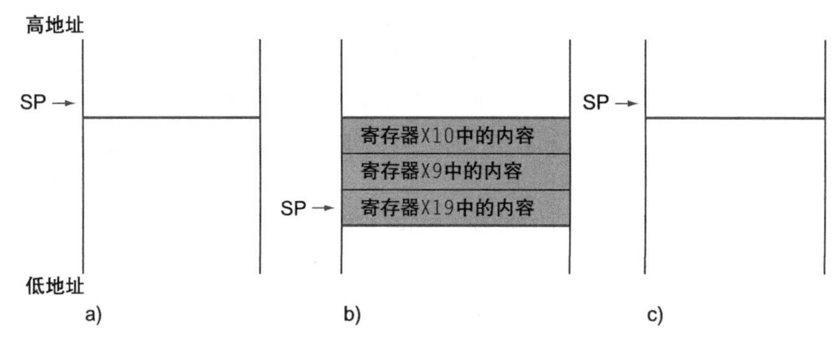

图2-11　在过程调用前（a）、调用中（b）和调用后（c）的栈指针以及栈的状态。栈指针总是指向栈顶，或者说是图中栈的最后一个双字

接下来三条语句对应过程体，与2.2节的例子相同：

```
ADD X9,X0,X1    // register X9 contains g + h
ADD X10,X2,X3   // register X10 contains i + j
SUB X19,X9,X10 // f = X9 - X10, which is (g + h) - (i + j)
```

为了返回 f 的值，我们将它复制到一个参数寄存器中：

```
ADD X0,X19,XZR // returns f (X0 = X19 + 0)
```

在返回前，还要通过“弹栈”恢复三个寄存器的旧值：

```
LDUR X19, [SP,#0]   // restore register X19 for caller
LDUR X9, [SP,#8]    // restore register X9 for caller
LDUR X10, [SP,#16]  // restore register X10 for caller
ADDI SP,SP,#24      // adjust stack to delete 3 items
```

过程最后通过一条寄存器分支指令跳转到返回地址：

```
BR    LR     // branch back to calling routine
```

上例中，我们使用了临时寄存器（X9 和 X10），并假设它们的旧值必须保存和恢复。为了避免保存和恢复一个从未被使用过的寄存器（通常是临时寄存器），LEGv8 软件将其中 19 个寄存器分为两组：㊀

- X9 ～ X17：在过程调用中，不需要由被调用者（被调用的过程）保存的临时寄存器。
- X19 ～ X28 ：在过程调用中必须被保存（一旦被使用，由被调用者保存和恢复）的保存寄存器。㊁

103

这一简单约定减少了寄存器的换出。在上面的例子中，因为调用者不期望在过程调用时保留寄存器 X9 和 X10㊂，所以我们可以去掉代码中的两次保存和两次载入操作。但仍需要保存和恢复 X19，因为被调用者只能假设调用者需要该值。㊃

2.8.2 过程嵌套

不调用其他过程的过程称为叶（leaf）过程。如果所有过程都是叶过程，那么情况就很简单，但实际并非如此。就像一个间谍，他可能会雇用其他间谍帮助自己完成部分任务，而被雇用的间谍又可以雇用更多的间谍，某个过程也可以这样调用其他过程。而递归过程甚至调用的是自身的“克隆”。就像在过程中使用寄存器需要十分小心一样，在调用非叶过程时也要特别注意。

例如，假设主程序调用过程 A，将参数 3 存入寄存器 X0，然后执行指令 BL A。再假设过程 A 通过 BL B 调用过程 B，参数为 7，同样存入 X0。由于 A 的任务尚未完成，所以 A、B 都要使用 X0，这将产生冲突。同样，在寄存器 LR 保存的返回地址上也存在冲突，因为现在保存了 B 的返回地址。必须采取措施来防止这类问题发生，否则冲突将导致过程 A 无法返回其调用者。

一种解决方法是将其他所有必须保留的寄存器压栈，就像将保存寄存器压栈一样。调用者将所有调用后需要的参数寄存器（X0 ～ X7）或临时寄存器（X9 ～ X17）压栈。被调用者将返回地址寄存器 LR 和被调用者使用的保存寄存器（X19 ～ X25）压栈。栈指针 SP 随着压入栈中的寄存器个数进行调整。返回时，寄存器从存储器中恢复，栈指针也随之重新调整。

例题 | 编译一个递归的 C 过程，演示嵌套过程的链接

下面是一个计算阶乘的递归过程：

㊀ 即约定哪些寄存器由调用者保存，哪些由被调用者保存。——译者注

㊁ 注意本书将 X9 ～ X17 划分为“临时寄存器”，X19 ～ X28 划分为“保存寄存器”。——译者注

㊂ 按照约定，被调用者不负责 X9 ～ X17。——译者注

㊃ 被调用者并不知道调用者是否要使用，故最保险的方式是保存 X19。——译者注

```
long long int fact (long long int n)
{
        if (n < 1) return (1);
                else return (n * fact(n - 1));
}
```

104 请写出对应的 LEGv8 汇编代码。

答案 参变量 n 对应参数寄存器 X0。编译后的程序从过程标签开始，然后将两个寄存器保存在栈中，一个是返回地址，另一个是 X0：

```
fact:
    SUBI  SP, SP, #16 // adjust stack for 2 items
    STUR  LR, [SP,#8] // save the return address
    STUR  X0, [SP,#0] // save the argument n
```

第一次调用 fact 时，STUR 保存程序中调用 fact 的地址。下面两条指令测试 n 是否小于 1，如果 n≥1 则跳转到 L1。

```
SUBIS    ZXR,X0, #1  // test for n < 1
B.GE     L1          // if n >= 1, go to L1
```

如果 n 小于 1，fact 将 1 放入一个参数寄存器 X1 并返回，具体步骤是：在 0 上加 1，和存入 X1，然后从栈中弹出两个已保存的值并跳转到返回地址：

```
ADDI    X1,XZR, #1  // return 1
ADDI    SP,SP,#16   // pop 2 items off stack
BR      LR          // return to caller
```

在从栈中弹出两项之前，本应该加载 X0 和 LR。但由于 n 小于 1 时，X0 和 LR 没有变化，所以跳过了这些指令。

如果 n 不小于 1，参数 n 减 1，然后使用减 1 后的值再次调用 fact：

```
L1: SUBI X0,X0,#1  // n >= 1: argument gets (n - 1)
    BL fact        // call fact with (n - 1)
```

下一条指令是 fact 的返回位置。下面恢复旧的返回地址、旧的参数，以及栈指针：

```
LDUR   X0, [SP,#0]   // return from BL: restore argument n
LDUR   LR, [SP,#8]   // restore the return address
ADDI   SP, SP, #16   // adjust stack pointer to pop 2 items
```

接下来，值寄存器 X1 得到旧参数 X0 和当前值寄存器的乘积，假设乘法指令是可用的（第 3 章介绍乘法指令）。

```
MUL     X1,X0,X1     // return n * fact (n - 1)
```

最后，fact 再次跳转到返回地址：

105

```
BR     LR     // return to the caller
```

硬件/软件接口 C 语言中的一个变量通常对应存储器中的一个位置，其解释取决于类型和存储方式。典型的类型包括整型和字符型（见 2.9 节）。C 语言提供两种存储方式：动态的和静态的。动态变量位于过程中，当过程退出时失效。静态变量在进入和退出过程时始终存在。在所有过程之外声明的 C 变量，以及声明时使用关键字 static 的变量都被视作静态的，其余的变量都被视作动态的。为了简化对静态数据的访问，LEGv8 编译器保留了一个寄存器，称为全局指针（global pointer），即 GP。例如，X27 寄存器可以保留作为全局指针。

全局指针：指向静态区域的保留寄存器。

图 2-12 总结了过程调用时所需保存的内容。需要注意的是，几种机制都保存了栈，以确保调用者出栈时得到与压栈时相同的数据。SP 以上的栈[⊖]通过确保被调用者不在 SP 以上进行写操作，就可以得到保存；而 SP 本身的保存是通过被调用者对 SP 加上将减去的值实现的，其他寄存器则通过将它们保存到栈（如果被使用到）再从栈中恢复来进行保存。

保留	不保留
保存寄存器：X19~X27	临时寄存器：X9~X15
栈指针寄存器：X28(SP)	参数/结果寄存器：X0~X7
帧指针寄存器：X29(FP)	
链接（返回地址）寄存器：X30(LR)	
栈指针以上的栈	栈指针以下的栈

图 2-12　过程调用时保留和不保留的内容。如果软件依赖于全局指针寄存器（后续小节将讨论），那么该寄存器也需要保留

2.8.3　在栈中为新数据分配空间

栈的另一点复杂性在于，栈还用来保存过程的局部变量，而这些变量可能不适用于寄存器，例如局部数组或结构体。栈中包含过程所保存的寄存器和局部变量的片段称为**过程帧**（procedure frame）或**活动记录**（activation record）。图 2-13 显示了过程调用前、调用时和调用后栈的状态。

有些 ARMv8 编译器使用**帧指针**（Frame Pointer，FP）指向过程帧的第一个双字。在过程中栈指针可能会发生改变。因此，在过程中的不同位置对存储器中局部变量的引用可能具有不同的偏移量，这使得过程更加难以理解。另一种方案是，帧指针在一个过程中为本地存储器引用提供一个固定的基址寄存器。注意，无论是否使用显式的帧指针，活动记录都出现在栈中。我们通过避免在过程中修改 SP 来避免使用 FP，在我们的例子中，栈只在进入和离开过程时调整。

过程帧：也称作活动记录，栈中包含过程所保存的寄存器以及局部变量的片段。

帧指针：指向给定过程中保存的寄存器和局部变量的值（指针）。

106

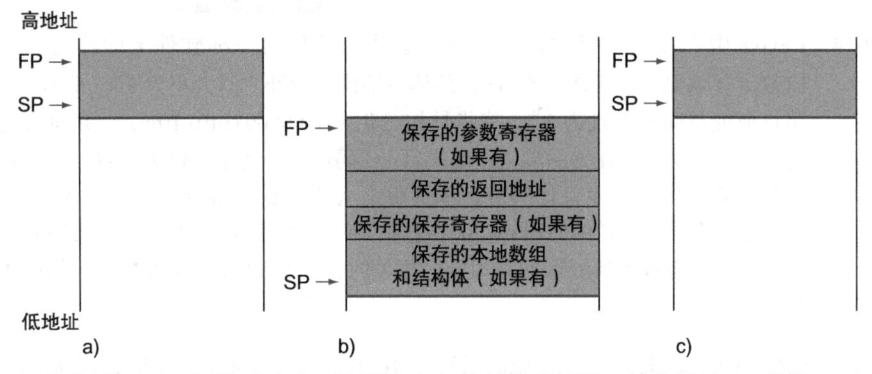

图 2-13　过程调用前（a）、调用时（b）、调用后（c）栈的分配情况。帧指针（FP 或者 X29）指向该帧的第一个双字（一般是保存的参数寄存器），栈指针（SP）指向栈顶。栈进行调整，为所有的保存寄存器和驻留在内存的局部（本地）变量提供足够的空间。因为在程序运行期间栈指针可能会改变，所以对于程序员而言，虽然使用栈指针和少量的地址运算就可能完成对变量的引用，但使用固定的帧指针引用变量会更为简单。如果在一个过程中栈中没有局部变量，则编译器可以不设置和不恢复帧指针以节省时间。使用帧指针时，在过程调用时使用 SP 中的地址初始化 FP，而 SP 可以使用 FP 来恢复。相关内容可以在 LEGv8 参考数据卡的第 4 列找到

⊖ 栈的生长方向是从高地址往低地址。——译者注

2.8.4 在堆中为新数据分配空间

> **代码段**：UNIX目标文件中的段，包含源文件中例程的机器语言代码。

除了动态变量（过程的局部变量）之外，C程序员还需要在内存中为静态变量和动态数据结构提供空间。图2-14给出了LEGv8在运行Linux操作系统时内存分配的约定。栈从用户地址空间（见第5章）的高端（高地址）开始并向下增长。内存低端的第一部分是保留的，接着是LEGv8机器代码，通常称为**代码段**（text segment）。代码段之上是静态数据段，是存储常量和其他静态变量的空间。数组通常具有固定长度，因而能与静态数据段很好地匹配。但类似链表这样的数据结构通常会在生命期内增长或缩短，这类数据结构对应的段通常称为堆（heap），一般在存储器中放在静态数据段之后。这种分配允许栈和堆相互增长（往相反方向），从而在两个段此消彼长的过程中实现对内存的高效使用。

C语言通过显式的函数调用在堆上分配和释放空间。malloc( )在堆上分配空间并返回指向该空间的指针，free( )释放指针指向的堆空间。内存分配由C程序控制，这是很多错误产生的根源。忘记释放空间会导致“内存泄漏”（memory leak），大量内存被消耗以至于操作系统可能崩溃。但过早释放空间会导致“悬挂指针”（dangling pointer），即造成指针指向程序从未打算访问的空间。Java使用自动内存分配和垃圾回收机制来避免类似错误的发生。

107

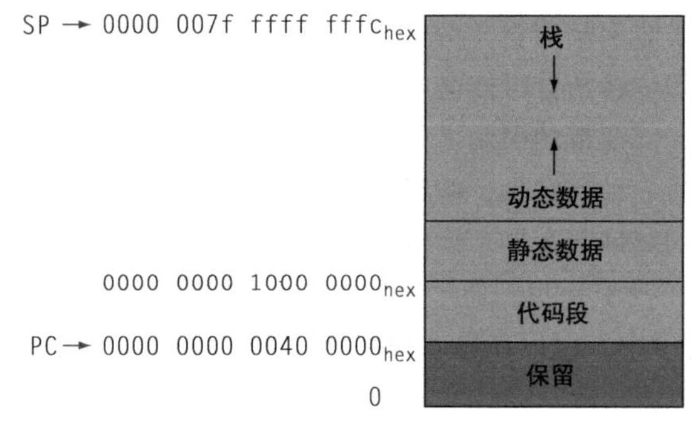

图2-14　LEGv8中程序和数据的内存分配。这些地址只是一种软件上的约定，并非LEGv8体系结构的要求。在64位的体系结构中地址空间大小为2^{64}（见第5章），用户地址空间大小设为2^{39}。栈指针初始化为0000 007f ffff $fffc_{hex}$，并向数据段的方向向下增长。在另一端，程序代码（代码段）从地址0000 0000 0040 0000_{hex}开始。静态数据紧跟着代码段，本例假定从地址0000 0000 1000 0000_{hex}开始。然后是动态数据（C中使用malloc分配，Java中使用new分配），朝栈的方向向上生长，动态数据所在区域称为堆。相关内容可在LEGv8参考数据卡的第4列找到

图2-15给出了LEGv8汇编语言中寄存器使用的约定。这种约定也体现了**加速大概率事件**的思想：大多数过程只需要8个参数寄存器、9个保存寄存器、7个临时寄存器就能满足执行需要，而无需使用存储器。

精解　如果参数多于8个该怎么办？LEGv8约定将额外的参数放在栈中帧指针的上方。这样，过程从寄存器X0到X7中获得前8个参数，通过帧指针在内存中寻址获得其余参数。

如图2-13所示，因为过程中所有栈内的变量引用都具有相同的偏移，所以帧指针使用起来非常方便。然而，帧指针并不是必需的。ARM C编译器使用帧指针，而其他的编译器（如C编译器）则没有使用，它们将寄存器29用作另一个保存寄存器。

名称	寄存器号	用途	调用时是否保存
X0～X7	0～7	参数/结果	否
X8	8	间接结果位置寄存器	否
X9～X15	9～15	临时变量	否
X16（IP0）	16	被链接器作为暂存寄存器（scratch register）使用，或作为临时寄存器	否
X17（IP1）	17	被链接器作为暂存寄存器使用，或作为临时寄存器	否
X18	18	在平台无关的代码中用作平台寄存器，否则作为临时寄存器	否
X19～X27	19～27	保存	是
X28（SP）	28	栈指针	是
X29（FP）	29	帧指针	是
X30（LR）	30	链接寄存器（返回地址）	是
XZR	31	常数0	不适用

图 2-15 LEGv8 寄存器使用约定。相关内容在 LEGv8 参考数据卡的第 2 列中可以找到。过程使用 X8 寄存器返回指针指向的结果。ARM 不鼓励使用 X16 ～ X18 寄存器，因为 X16 和 X17 可能被链接器使用（见 2.12 节），X18 寄存器可能被用来产生平台无关的代码（可能由平台的应用程序二进制接口规定）

精解 一些递归过程可以不通过递归而用迭代方式实现。通过消除递归时过程调用产生的相关开销，可以显著提高迭代性能。例如，考虑下面的求和过程：

```
long long int sum (long long int n, long long int acc) {
    if (n >0)
        return sum(n - 1, acc + n);
    else
        return acc;
}
```

考虑过程调用 sum(3, 0)。该过程递归调用 sum(2, 3)、sum(1, 5) 和 sum(0, 6)，结果 6 通过 4 次返回操作得到。这种求和的递归调用称为*尾调用*，这个尾递归的例子可以高效地实现（假设 X0=n 且 X1=acc，结果在 X2 中）：[⊖]

```
sum: SUBS XZR, X0, XZR  // compare n to 0
     B.LE sum_exit      // go to sum_exit if n <= 0
     ADD X1, X1, X0     // add n to acc
     SUBI X0, X0, #1    // subtract 1 from n
     B sum              // go to sum
sum_exit:
     ADD X2, X1, XZR    // return value acc
     BR LR              // return to caller
```

108
~
109

小测验 下面关于 C 和 Java 的描述哪些通常是正确的？

1. C 程序员显式地管理数据，而在 Java 中一般是自动的。
2. C 比 Java 导致更多的指针错误和内存泄漏错误。

⊖ 使用迭代法，减少过程调用。——译者注

2.9 人机交互

> !(@| = >(wow open tab at bar is great)
>
> *键盘诗 "Hatless Atlas" 第4行，1991（对ASCII字符的一些命名："!"是wow，"("是open，"|"是bar，等等）*

计算机发明最初是用于处理数字的，但在进入商业应用时，计算机已经能够处理文字了。今天计算机基本都使用8位的字节来表示字符，并遵循美国信息交换标准代码（即ASCII码）。图2-16给出了ASCII码对照表。

ASCII值	字符	ASCII值	字符	ASCII值	字符	ASCII值	字符	ASCII值	字符	ASCII值	字符
32	space	48	0	64	@	80	P	96	`	112	p
33	!	49	1	65	A	81	Q	97	a	113	q
34	"	50	2	66	B	82	R	98	b	114	r
35	#	51	3	67	C	83	S	99	c	115	s
36	$	52	4	68	D	84	T	100	d	116	t
37	%	53	5	69	E	85	U	101	e	117	u
38	&	54	6	70	F	86	V	102	f	118	v
39	'	55	7	71	G	87	W	103	g	119	w
40	(	56	8	72	H	88	X	104	h	120	x
41	)	57	9	73	I	89	Y	105	i	121	y
42	*	58	:	74	J	90	Z	106	j	122	z
43	+	59	;	75	K	91	[	107	k	123	{
44	,	60	<	76	L	92	\	108	l	124	|
45	-	61	=	77	M	93	]	109	m	125	}
46	.	62	>	78	N	94	^	110	n	126	~
47	/	63	?	79	O	95	_	111	o	127	DEL

图2-16 ASCII码对照表。注意，所有大写字母和对应小写字母的差均为32，这个规律可以用于快速检查和切换大小写。格式化字符的ASCII值没有列在上表中。例如，8代表退格，9代表tab字符，而13代表回车。另外一个有用的ASCII值是0，表示null，C语言常用它来标记字符串的结尾

110

例题 | ASCII码与二进制数

我们可以使用一串ASCII码字符而不用整数来表示数字。用一串ASCII码来表示10亿这个数，相对于用一个32位的整数来表示，存储空间增加了多少？

答案 | 10亿就是1 000 000 000，需要使用10位ASCII码表示，每一个ASCII码都是8位长。所以存储将增长到(10×8) /32，即2.5倍。除了存储空间增加外，硬件对这些十进制数字进行加、减、乘、除也变得困难，并需要更多的能耗。这些困难也解释了为什么计算专家越来越相信使用二进制是自然的，而昙花一现的十进制计算机是很怪异的。

通过使用一系列指令可以从一个双字中提取出一个字节，所以load register和store register足以完成字和字节的传输。然而，很多程序中经常要处理文本，因此LEGv8额外提供了字节移动指令。读字节指令`LDURB`（load byte）从内存中读出一个字节，并将其放在一个寄存器最右边的8位。存字节指令`STURB`（store byte）把一个寄存器最右边的8位（即一个字节）取出，并写到内存中。这样，我们可以用以下指令序列复制一个字节：

```
LDURB X9,[X0,#0]    // Read byte from source
STURB X9,[X1,#0]    // Write byte to destination
```

字符通常被组合为字符数目可变的字符串。表示一个字符串有三种方法：①保留字

符串的第一个位置用于给出字符串的长度；②附加一个指明字符串长度的变量（如在结构体中）；③字符串最后的位置用一个字符来标识其结尾。C 语言使用第三种方法，用一个值为 0（ASCII 码中的 null）的字节来结束字符串。因此，在 C 语言中，字符串“Cal”由 4 字节表示，由十进制表示分别为 67、97、108、0。（下面即将看到，Java 采用第一种方法。）

111

例题｜编译一个字符串复制过程，体会如何使用 C 语言的字符串

过程 strcpy 利用 C 语言中以 null 字节结束字符串的约定，将字符串 y 复制给字符串 x：

```
void strcpy (char x[], char y[])
{
   size t i;
   i = 0;
   while ((x[i] = y[i]) != '\0') /* copy & test byte */
   i += 1;
}
```

请给出编译后的 LEGv8 汇编代码。

答案｜下面是基本的 LEGv8 汇编代码段。假设数组 x 和 y 的基址在 X0 和 X1 中，而 i 在 X19 中。strcpy 调整栈指针，然后将保存寄存器 X19 保存在栈中。

```
strcpy:
    SUBI  SP,SP,#8      // adjust stack for 1 more item
    STUR  X19, [SP,#0]  // save X19
```

为了将 i 初始化为 0，下一条指令将 0 和 0 相加并将和放到 X19 中，从而将 X19 置为 0：

```
ADD  X19,XZR,XZR // i = 0 + 0
```

这是循环的开始。y[i] 的地址通过把 i 加到 y[] 上得到：

```
L1: ADD  X10,X19,X1  // address of y[i] in X10
```

注意，这里不必将 i 乘以 8，因为 y 是字节数组而并非双字数组。

为了读取 y[i] 中的字符，我们使用无符号字节读取（load byte unsigned）指令，将字符放入 X11 中：

```
LDURB  X11, [X10,#0]  // X11 = y[i]
```

112

采用类似的计算方式将 x[i] 的地址放在 X12 中，然后将 X11 中的字符存到该地址。

```
ADD    X12,X19,X0     // address of x[i] in X12
STURB  X11, [X12,#0]  // x[i] = y[i]
```

下一步，如果字符是 0 则退出循环。也就是说，如果遇到字符串的最后一个字符则退出：

```
CBZ  X11,L2  // if y[i] == 0, go to L2
```

如果不是，将 i 加 1 并继续循环：

```
ADDI  X19, X19,#1  // i = i + 1
B     L1           // go to L1
```

如果不继续循环，那就是到了字符串的最后一个字符，此时恢复 X19 和栈指针，然后返回。

```
L2: LDUR  X19, [SP,#0]  // y[i] == 0: end of string.
                        // Restore old X19
    ADDI  SP,SP,#8      // pop 1 doubleword off stack
    BR    LR            // return
```

在C中，字符串复制通常使用指针而非数组，从而避免上面代码中对 `i` 的操作。详见2.14节关于数组和指针的对比。

由于 `strcpy` 是一个叶过程，因此编译器可以把 `i` 分配给一个临时寄存器，从而避免对 `X19` 进行保存和恢复。因此，我们不必把这些寄存器仅用作临时寄存器，而可以将其用作被调用者可以方便使用的寄存器。当编译器遇到叶过程时，会在使用那些必须保存的寄存器之前，用尽所有的临时寄存器。

Java 中的字符和字符串

Unicode[⊖]提供了大多数人类语言字母表的通用编码。图2-17给出了一些Unicode字母表，Unicode中的字母数和ASCII编码中有用的符号数几乎一样多。为了增加包容性，Java对字符采用Unicode编码。默认情况下，Unicode使用16位来表示一个字符。

113

Latin	Malayalam	Tagbanwa	General Punctuation
Greek	Sinhala	Khmer	Spacing Modifier Letters
Cyrillic	Thai	Mongolian	Currency Symbols
Armenian	Lao	Limbu	Combining Diacritical Marks
Hebrew	Tibetan	Tai Le	Combining Marks for Symbols
Arabic	Myanmar	Kangxi Radicals	Superscripts and Subscripts
Syriac	Georgian	Hiragana	Number Forms
Thaana	Hangul Jamo	Katakana	Mathematical Operators
Devanagari	Ethiopic	Bopomofo	Mathematical Alphanumeric Symbols
Bengali	Cherokee	Kanbun	Braille Patterns
Gurmukhi	Unified Canadian Aboriginal Syllabic	Shavian	Optical Character Recognition
Gujarati	Ogham	Osmanya	Byzantine Musical Symbols
Oriya	Runic	Cypriot Syllabary	Musical Symbols
Tamil	Tagalog	Tai Xuan Jing Symbols	Arrows
Telugu	Hanunoo	Yijing Hexagram Symbols	Box Drawing
Kannada	Buhid	Aegean Numbers	Geometric Shapes

图2-17 Unicode字母表示例。Unicode 4.0版本有超过160个“块”，每个块是一个符号集的名字，且是16的整数倍。例如，希腊（Greek）字符从0370_{hex}开始，西里尔字符（Cyrillic）从0400_{hex}开始。前三列以Unicode的数字顺序粗略地列出了与48种人类语言对应的48个块。最后一列中的16个块是多种语言，并没有按照顺序排列。默认情况下，Unicode使用16位编码，称为UTF-16。而另一种称为UTF-8的可变长编码，保持ASCII子集为8位，而其余字符用16或32位来表示。UTF-32则使用32位表示一个字符。更多内容参见www.unicode.org

LEGv8指令集中的一些指令能够显示地读取和存储16位量，即半字。读半字指令 `LDURH`（load half）从存储器中读出一个半字，然后将其放在寄存器的最右边16位。与读字节类似，读半字指令 `LDURH` 也将半字看作有符号数，并进行符号扩展以填充寄存器中剩余的48位。存半字指令 `STURH`（store half）将寄存器最右边的16位写入存储器。下面的指令序列可以复制半字：

```
LDURH X19,[X0,#0] // Read halfword (16 bits) from source
STURH X9,[X1,#0]  // Write halfword (16 bits) to dest.
```

⊖ 即统一码、万国码。——译者注

字符串是一个标准的Java类，它对级联、比较、转换提供了自带的支持和预定义方法。与C不同的是，Java包含一个字来给出字符串长度，和Java数组相似。

精解 ARMv8软件试图保持栈按四字（16字节）地址对齐来获得更好的性能。这一约定意味着一个分配在栈中的char类型变量实际占了16字节，尽管它并不需要这么多。然而，一个C字符串变量或一个字节数组会把每16字节压缩为一个4字，而一个Java字符串变量或short类型数组会把每8个半字压缩为一个4字。

114

精解 为了体现Web的全球性，当今大部分Web页面采用Unicode，而非ASCII。因此，目前Unicode比ASCII码更为流行。

精解 LEGv8保持所有的数据处理都是64位，而ARMv8同时提供32位和64位的指令。这意味着LEGv8需要实现存字指令（`STURW`，store word），尽管该指令并没有在ARMv8的中出现。ARMv8在`STUR`指令中使用W型（32位）寄存器而不是X型（64位寄存器），以区别是对32位操作还是对64位操作。

小测验

Ⅰ. 下面关于C和Java中字符和字符串的陈述哪些是正确的？

1. C中一个字符串占用的存储空间是Java中同样字符串的一半。
2. 字符串只是C和Java中一个一维字符数组的非正规名字。
3. C和Java中采用null（0）来标记字符串的结尾。
4. 对字符串的操作，例如求长度，在C中比在Java中更快。

Ⅱ. 下面哪种类型的变量存放1000 000 000$_{ten}$占用的内存空间最大？

1. C语言中的`long long int`
2. C语言中的`string`
3. Java中的`string`

2.10 LEGv8中的宽立即数和地址的寻址

虽然将所有LEGv8指令固定为32位长简化了硬件，但有时使用32位或者更多位数的常量或地址更加方便。本节先介绍较大常量（宽立即数）的一般解决方法，然后描述分支中指令地址的优化措施。

2.10.1 宽立即数

常数通常比较短，能够用12位的字段表示，但有时也会很大。LEGv8指令集提供了`MOVZ`（move wide with zeros）和`MOVK`（move wide with keep）指令，专门用于设置寄存器中的16位常数。`MOVZ`指令将寄存器中剩余的位全部置0，而`MOVK`指令保持剩余的位不变。要加载的16位字段由指令`LSL`实现，`LSL`后面的数字（0、16、32或48）取决于需要64位双字[㊀]的哪个象限[㊁]。例如，下面这些指令能够通过两条32位指令产生一个32位的常数。图2-18给出了指令`MOVZ`和`MOVK`的操作过程。

115

㊀ 原书笔误，应该为双字。——译者注

㊁ 64位分为4个象限，每个象限16位，0对应第一个象限，即从最低有效位开始的0～15位，16对应第二个象限，即16～31位。——译者注

MOVZ X9,255,LSL 16的机器代码是：

110100101	01	0000 0000 1111 1111	01001

该指令执行后，寄存器X9中的常数是：

0000 0000 0000 0000	0000 0000 0000 0000	0000 0000 1111 1111	0000 0000 0000 0000

MOVK X9,255,LSL 0的机器代码是：

111100101	00	0000 0000 1111 1111	01001

基于上一条指令执行后X9中的值，该条指令执行后X9中新的常数是：

0000 0000 0000 0000	0000 0000 0000 0000	0000 0000 1111 1111	0000 0000 1111 1111

图2-18　MOVZ和MOVK指令示例。MOVZ指令将16位立即数常数加载到64位寄存器四个象限中的一个（最左边为数据最高有效位），其余的48位用0补齐。MOVK指令只改变寄存器的16位，其他位保持不变

例题　加载32位常数

将下面这个64位常量加载到寄存器X19中的LEGv8汇编代码是什么？

```
00000000 00000000 00000000 00000000 00000000 00111101 00001001 00000000
```

答案　首先，使用MOVZ加载16～31位，对应的十进制值是61：

```
MOVZ    X19, 61, LSL 16 // 61 decimal = 0000 0000 0011 1101 binary
```

执行上面的指令后，寄存器X19的值为

```
00000000 00000000 00000000 00000000 00000000 00111101 00000000 00000000
```

下一步是插入低16位，对应的十进制值是2304：

```
MOVK    X19, 2304, LSL 0 // 2304 decimal = 00001001 00000000
```

寄存器X19中的最终值就是所需要的值：

```
00000000 00000000 00000000 00000000 00000000 00111101 00001001 00000000
```

116

硬件/软件接口　编译器或汇编器必须把大的常数分解为若干小的常数，然后再合并到一个寄存器中。正如你想象的那样，对于load/store指令中的存储器地址以及立即数指令中的常数，立即数字段长度的限制都可能带来问题。

因此，LEGv8机器语言的符号表示不再受到硬件限制，但为汇编译器开发者所选择包括的内容所限制（见2.12节）。我们贴近硬件解释计算机的体系结构，但需要注意的是，我们所使用的汇编器的增强语言，在实际处理器中是不存在的。[㊀]

2.10.2　分支中的寻址

LEGv8跳转指令[㊁]采用最简单的寻址方式，使用B型LEGv8指令格式，操作码6位，其余位都是地址字段。因此，

```
B    10000    // go to location 10000ten
```

可以汇编为下面的格式（实际中要更复杂一些，我们后面将介绍）：

5	10000_{ten}
6位	26位

㊀ 实际处理器只能识别二进制的机器码，汇编语言是机器码的符号化表示。——译者注

㊁ 可将跳转视作一种特殊的分支，即无条件分支，为了便于区分，将无条件分支称为跳转。——译者注

其中跳转指令的操作码值为 5，分支地址为 10000_{ten}。

和跳转指令不同，条件分支指令除了分支地址之外还可以指定一个操作数。因此

```
CBNZ  X19, Exit  // go to Exit if X19 ≠ 0
```

被汇编为下面的指令，其中只有 19 位用于指定分支地址：

181	Exit	19
8位	19位	5位

对于条件分支指令，这种格式叫作 CB 型。（依赖条件码的条件分支指令也采用 CB 型，但是指令中最后一个字段用于选择分支条件。）

如果程序的地址只能放在 19 位的字段中，这意味着没有程序能大于 2^{19}，这在今天来说实在太小，因此是一种很不现实的选择。另一种办法是指定一个寄存器，该寄存器的值用于和分支地址的偏移量相加以得到最终地址，这样分支指令的地址可按如下方式计算：117

程序计数器 = 寄存器内容 + 分支地址偏移量

这个求和结果允许程序的大小达到 2^{64}，并且仍能使用条件分支，从而解决了分支地址大小的问题。但随之而来的问题是，使用哪个寄存器？

PC 相对寻址：一种寻址方式，将 PC 和指令中的常数相加作为地址。

答案取决于条件分支是如何使用的。条件分支在循环和 if 语句中都可以找到，它们倾向于转到附近的指令。例如，在 SPEC 基准测试程序中，大概一半的条件分支转移范围都在 16 条指令以内。因为程序计数器（PC）包含当前指令的地址，所以如果我们使用 PC 作为计算地址的寄存器，就可转移到距当前指令 $\pm 2^{18}$ 个字的地方。几乎所有的循环和 if 语句都远远小于 2^{18} 个字，因此 PC 是一个理想的选择。这种分支地址的寻址方式称为 **PC 相对寻址**（PC-relative addressing）。

像近期大多数计算机一样，LEGv8 对所有条件分支使用 PC 相对寻址，因为这些指令的跳转目标一般都比较接近分支指令本身。另一方面，分支和链接（branch-and-link）指令引发的过程则并不一定总是靠近调用者，所以通常使用其他寻址方式。因此，LEGv8 体系结构通过对分支指令以及分支和链接指令采用 B 型指令格式，为过程调用提供长地址。

因为 LEGv8 的所有指令都是 4 字节长，所以将 PC 相对寻址的地址设计成字地址而不是字节地址，从而可以扩展分支转移的范围。通过将字段解释成相对字地址而不是相对字节地址，19 位的地址字段所指示的转移范围扩大了 4 倍：当前 PC ± 1MB。同样，分支指令的 26 位字段也是字地址，即表示 28 位字节地址。

无条件分支（即跳转指令）也采用 PC 相对寻址，这意味着转移范围是当前 PC 值 ± 128MB。118

例题 | 在机器语言中描述分支的偏移量

假设 2.7.1 节的 while 循环被编译成下面的 LEGv8 汇编代码：

```
Loop:LSL  X10,X22,#3    // Temp reg X10 = 8 * i
     ADD  X10,X10,X25   // X10 = address of save[i]
     LDUR X9,[X10,#0]   // Temp reg X9 = save[i]
     SUB  X11,X9,X24    // X11 = save[i] - k
     CBNZ X11, Exit     // go to Exit if save[i] ≠ k (X11≠0)
     ADDI X22,X22,#1    // i = i + 1
     B    Loop          // go to Loop
Exit:
```

假设 loop 的起始地址是内存的 80000 处，那么该循环的 LEGv8 机器代码是什么？

答案 汇编后的指令及其地址如下：

<table>
<tr><td>80000</td><td>1691</td><td>0</td><td>3</td><td>22</td><td>10</td></tr>
<tr><td>80004</td><td>1112</td><td>25</td><td>0</td><td>10</td><td>10</td></tr>
<tr><td>80008</td><td>1896</td><td>0</td><td>0</td><td>10</td><td>9</td></tr>
<tr><td>80012</td><td>1624</td><td>24</td><td>0</td><td>9</td><td>11</td></tr>
<tr><td>80016</td><td>181</td><td colspan="3">3</td><td>11</td></tr>
<tr><td>80020</td><td>580</td><td colspan="2">1</td><td>22</td><td>22</td></tr>
<tr><td>80024</td><td>5</td><td colspan="4">-6</td></tr>
<tr><td>80028</td><td>...</td><td></td><td></td><td></td><td></td></tr>
</table>

注意 LEGv8 指令采用字节编址，所以相邻的字地址相差 4（一个字中的字节数），并且分支指令将其地址字段乘以 4，即一条 LEGv8 指令的字节数。第 5 行的 CBNZ 指令将 3 个字即 12 字节加到下一条指令地址上，指明转移目标在相对下一条指令（12+80016）的范围内，而不是使用完整的目标地址（80028）。最后一行的分支指令采用相似的计算方法，实现向后（回退）跳转至（–24 + 80024），对应于 Loop 标签。

119

硬件 / 软件接口 大多数条件分支都转移到一个附近的位置，但有时也会转移很远，超过条件分支指令的 19 位地址字段可以表示的范围。汇编器的解决方法和处理大地址或大常数的方法一样：插入一个跳转指令以转移到目标地址，并将条件取反以便由分支决定是否跳过该跳转指令。

例题 **远距离的分支**

假设寄存器 X19 等于 0 时进行分支：

```
CBZ    X19, L1
```

用两条指令替换上面的指令，并提供更远的转移距离。

答案 可用下面的指令替换短地址的条件分支指令：

```
        CBNZ    X19, L2
        B       L1
L2:
```

2.10.3 LEGv8 寻址模式总结

多种不同的寻址方式一般统称为**寻址模式**（addressing mode），图 2-19 给出了每种寻址模式下操作数如何被识别。LEGv8 的寻址模式如下所示：

> **寻址模式：**根据对操作数或地址的使用不同而加以区分的多种寻址方式中的一种。

- 立即数寻址，操作数是位于指令自身中的常数。
- 寄存器寻址，操作数是寄存器。
- 基址寻址或偏移寻址，操作数在内存中，其地址是一个寄存器和指令中常数的和。
- PC 相对寻址，地址是 PC 与指令中常数的和。

120

2.10.4 机器语言解码

有时必须通过逆向工程将机器语言恢复为原始的汇编语言，比如检查“内核转储”（core dump）。

图 2-20 描述了 LEGv8 机器语言中操作码字段的编码。该图可用于汇编语言和机器语言之间的手工翻译。

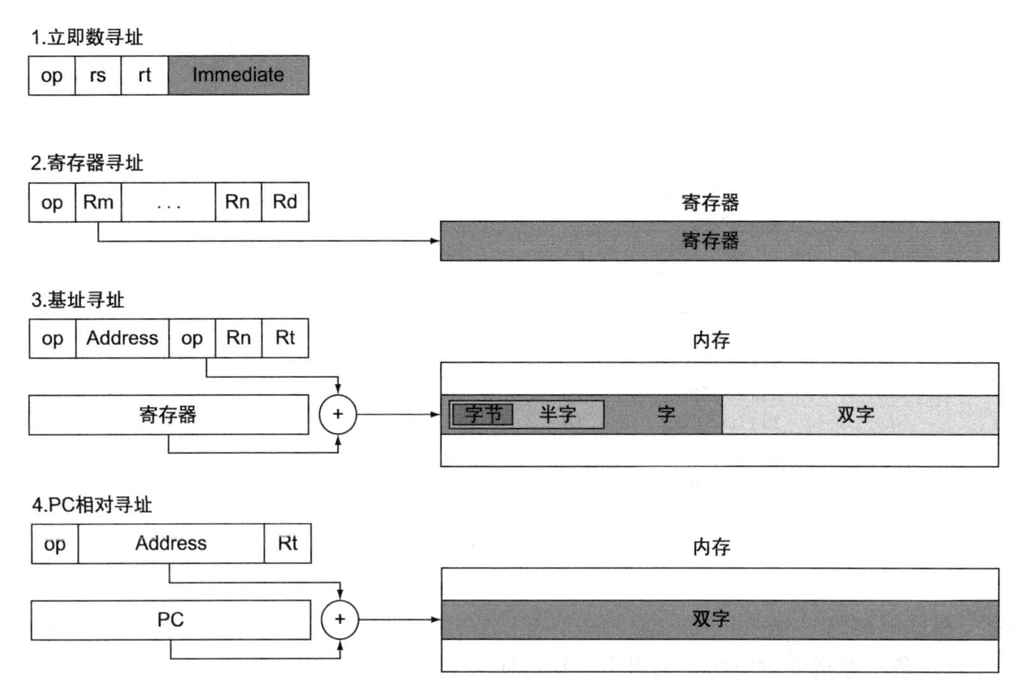

图 2-19　LEGv8 的四种寻址模式。阴影部分为操作数。模式 3 的操作数在内存中，模式 2 的操作数是寄存器。注意，load 和 store 有字节、半字、字或双字多种版本。模式 1 的操作数是指令自身的一部分。模式 4 要寻址的指令在内存中，将左移 2 位后的长地址（16 位）与 PC 相加获得需要的地址。注意，一种操作可能可以使用多种寻址模式。例如，加法可以使用立即数寻址（ADDI）或寄存器寻址（ADD）

121

指令	操作码	操作码位数	11位操作码范围		指令格式
			开始	结束	
B	000101	6	160	191	B型
STURB	00111000000	11	448		D型
LDURB	00111000010	11	450		D型
B.cond	01010100	8	672	679	CB型
ORRI	1011001000	10	712	713	I型
EORI	1101001000	10	840	841	I型
STURH	01111000000	11	960		D型
LDURH	01111000010	11	962		D型
AND	10001010000	11	1104		R型
ADD	10001011000	11	1112		R型
ADDI	1001000100	10	1160	1161	I型
ANDI	1001001000	10	1168	1169	I型
BL	100101	6	1184	1215	B型
ORR	10101010000	11	1360		R型
ADDS	10101011000	11	1368		R型
ADDIS	1011000100	10	1416	1417	I型
CBZ	10110100	8	1440	1447	CB型
CBNZ	10110101	8	1448	1455	CB型
STURW	10111000000	11	1472		D型
LDURSW	10111000100	11	1476		D型
STXR	11001000000	11	1600		D型

图 2-20　LEGv8 指令解码。操作码的数值可以被映射到最宽（位数最多）的操作码字段的空间上。通过检查指令前 11 位，就能确定这条指令的功能

指令	操作码	操作码位数	11位操作码范围		指令格式
			开始	结束	
LDXR	11001000010	11	1602		D型
EOR	11101010000	11	1616		R型
SUB	11001011000	11	1624		R型
SUBI	1101000100	10	1672	1673	I型
MOVZ	110100101	9	1684	1687	IM型
LSR	11010011010	11	1690		R型
LSL	11010011011	11	1691		R型
BR	11010110000	11	1712		R型
ANDS	11101010000	11	1872		R型
SUBS	11101011000	11	1880		R型
SUBIS	1111000100	10	1928	1929	I型
ANDIS	1111001000	10	1936	1937	I型
MOVK	111100101	9	1940	1943	IM型
STUR	11111000000	11	1984		D型
LDUR	11111000010	11	1986		D型

122

图 2-20 （续）

例题｜机器码解码

下面这条机器指令对应的汇编语言语句是什么？

$8b0f0013_{hex}$

答案｜首先将十六进制转换为二进制：

```
1000 1011 0000 1111 0000 0000 0001 0011
```

要解释这些二进制位，就要先确定指令的格式类型。因此，首先要找到操作码字段。问题在于指令格式不同，操作码的位数也从 6 位到 11 位不等。由于操作码具有唯一性，因此可以通过检查 11 位的操作码中有多少位与较短的操作码匹配来识别。

例如，下面这条分支指令 B 使用 6 位操作码，值如下：

```
00 0101
```

如果以 11 位操作码来衡量，那么这 6 位操作码占用了码值从

```
00 0101 00000
```

到

```
00 0101 11111
```

的所有 11 位操作码。

对于在这个范围内的任意 11 位操作码，如

```
00 0101 00100
```

这个操作码将和上面分支指令的 6 位操作码产生冲突。

图 2-20 按照操作码的数值大小列出了 LEGv8 的指令，给出了 11 位操作码的有效取值范围。例如，分支指令的操作码范围是 160 到 191（十进制表示的操作码数值）。要识别一个操作码，只需将指令的前 11 位转化成十进制形式，然后查表确定指令及其格式。

该例中，假设操作码字段是 10001011000_{two}，即 1112_{ten}。根据表 2-20，该操作码对应于使用 B 型指令格式的加法（ADD）指令。因此，这条二进制指令可以被分解为下面这些字段：

opcode	Rm	shamt	Rn	Rd
10001011000	01111	000000	00000	10011

123

指令的剩余部分可以根据其他字段的值进一步译码。Rm 字段的值是 15，Rn 是 0，Rd 是 19（shamt 字段没有用到）。这些数字分别代表寄存器 X15、X0 和 X19。现在可以给出对应的汇编指令：

```
ADD X19,X0,X15
```

图 2-21 给出了 LEGv8 的所有指令格式。图 2-1 给出了本章涉及的 LEGv8 汇编语言。下一章将介绍针对实数的乘、除和其他算术运算的指令。

名称	字段							注释
字段大小		6~11位	5~10位	5~4位	2位	5位	5位	所有的LEGv8指令都是32位长
R型	R	opcode	Rm	shamt		Rn	Rd	算术运算指令格式
I型	I	opcode	immediate			Rn	Rd	立即数格式
D型	D	opcode	address		op2	Rn	Rt	数据传输格式
B型	B	opcode	address					无条件分支格式[⊖]
CB型	CB	opcode	address				Rt	条件分支格式
IW型	IW	opcode	immediate				Rd	宽立即数格式

图 2-21 LEGv8 指令格式

精解 一种让硬件可以并行地确认指令格式的方法是，为硬件提供一个只读存储器，其地址空间与最大的操作码匹配，其内容告诉硬件具体的指令操作。因此，11 位操作码的指令（如 ADD）在该只读存储器中有唯一的入口，而 6 位操作码的指令（如 B）则有多个冗余的备份。事实上，B 指令有 $2^{11}/2^6 = 2^5 = 32$ 个入口。比只读存储器更高效且又能实现相同功能的硬件结构是可编程逻辑阵列（Programmable-Logic Array，PLA）。PLA 能够修改地址译码器，使得操作码无论多大都只有单一入口（参见附录 B）。

124

小测验

Ⅰ. 在 LEGv8 中条件分支的地址范围是多大（K=1024）？

1. 地址在 0 ~ 512K－1 之间
2. 地址在 0 ~ 2048K－1 之间
3. 分支前后大约 256K 的地址范围
4. 分支前后大约 1024K 的地址范围

Ⅱ. 在 LEGv8 中，分支（branch）指令以及分支和链接（branch and link）指令的地址范围是多大（M=1024K）？

1. 地址在 0 ~ 64M－1 之间
2. 地址在 0 ~ 256M－1 之间
3. 分支前后大约 32M 的地址范围
4. 分支前后大约 128M 的地址范围

⊖ 等价于无条件跳转。——译者注

2.11 并行与指令：同步

若任务间相互独立，则任务的并行执行是比较容易的。但任务之间往往需要相互协作，这种协作通常意味着某些任务要写的值正是其他任务需要读取的。只有知道写操作何时完成，其他任务才能安全地读取数据。因此，任务之间需要同步。若不同步，就可能产生**数据竞争**（data race），即程序运行结果根据事件发生的不同情况而变化。

数据竞争：若来自不同线程的两个访存操作访问同一个地址，它们连续出现，并且至少其中有一个是写操作，那么这两个访存操作就会形成数据竞争。

例如，第1章所提到的8个记者合作写一个故事的例子。假设一个记者在写总结之前需要阅读之前所有的章节，那么该记者必须知道其他人何时完成任务，这样他就不用担心总结写好后其他章节还有修改。因此，这些记者需要很好地同步各个章节的撰写和阅读过程，这样总结才能和前面章节中的内容保持一致。

在计算中，同步机制通常和用户级的程序或例程一起建立，依赖于硬件提供的同步指令。本节我们重点关注*加锁*和*解锁*同步操作。用加锁和解锁可以直接建立区域，即*互斥*(mutual exclusion）区，仅允许单个处理器操作。更复杂的同步机制的实现也与此类似。

在多处理器中实现同步的关键是需要一组硬件原语，能够对一个存储地址进行*原子读*和*原子写*，读写之间其他任何操作都不得插入和干预。若没有这样的硬件原语，那么建立基本同步机制的代价将会变得很高，并且这种代价会随着处理器数量的增加而变得更为离谱。

建立基本硬件原语有若干可选的方案，这些方案都可以提供对一个存储地址进行原子读和原子写的能力，并能用某种方法辨别一个读/写操作是否为原子操作。通常，体系结构架构师并不希望用户直接使用这些基本的硬件原语，而是希望系统程序员用这些原语来建立同步库（建立同步库的过程通常非常复杂）。

125

下面介绍一种硬件原语以及如何用这种原语建立基本的同步原语。*原子交换*（atomic exchange或atomic swap）是建立同步操作的一种典型操作，该原语将寄存器中的一个值和存储器中的一个值进行互换。

为了展示如何通过该原语建立同步原语，我们假定需要建立一个简单的锁，其数值为0时表示解锁，为1时表示加锁[⊖]。处理器尝试对锁单元加锁的方法是，用一个寄存器中的1与该锁对应的存储地址的值进行交换。若交换指令返回的值为1[⊜]，则表明该锁已被其他处理器占用。若返回值为0，则表示锁是自由的，可对其加锁。后一种情况下，加锁成功，锁值同样要被修改为1，以防止其他同样获得返回值0的处理器竞争占用。

例如，假定有两个处理器试图同时进行交换操作，这种竞争可以被阻止。因为一个处理器先进行交换，返回0；而第二个处理器进行交换时，返回值就变成了1。使用交换原语实现同步的关键是操作的原子性：交换操作是不可切分的，同时发生两个交换操作会由硬件进行排序。因此，在这种模式下，对两个试图设置同步变量的处理器而言，让它们都认为同时成功设置了同步变量是不可能的。

实现单个的原子存储器操作给处理器设计带来了新挑战，因为这要求存储器的读、写操作都要由单个的不可被中断的指令完成。

⊖ 该锁存放在一个存储单元中，因此有一个存储地址与其对应。——译者注

⊜ 锁的当前值。——译者注

一种可行的方法是采用指令对，由第二条指令返回一个值，表明这对指令是否按原子性执行。假如其他处理器的操作都是在这对指令之前或之后执行，那么这对指令就是有效的原子操作。因此，若一个指令对是原子的，那么其他处理器不能改变这对指令之间的值。

在 LEGv8 中，这对指令包括一条叫作 load exclusive register（LDXR，互斥取数）的特殊取数指令和一条叫作 store exclusive register（STXR，互斥存数）的特殊存数指令。这两条指令按顺序使用：如果 LDXR 指令所指定的存储地址（锁）的内容在具有相同地址的 STXR 指令执行前已被改变，那么 STXR 指令失败，不能将值写入该存储地址。STXR 指令包括两个功能，一是将存储地址的内容写入寄存器中，二是在成功时将另一个寄存器的内容修改为 0，失败时则修改为 1。因此，STXR 指令中需要定义三个寄存器：一个保存地址，一个指明原子操作成功还是失败，最后一个保存成功后要写入存储器的值。因为 LDXR 指令返回锁单元的原始值，STXR 指令仅在执行成功时返回 0，所以下面的指令序列实现了在存储器中的原子交换。存储器地址由 X20 指出。

```
again:LDXR X10,[X20,#0]      // load exclusive
      STXR X23, X9, [X20]    // store exclusive
      CBNZ X9,again          // branch if store fails
      ADD  X23,XZR,X10       // put loaded value in X23
```

126

任何时候，若有处理器插入并修改了 LDXR 和 STXR 两条指令之间存储器的值，STXR 指令就返回 1（在 X9 中），导致这段指令序列重新执行。该指令序列最后，寄存器 X23 中的内容和 X20 指向的存储地址（锁）的值实现了原子交换。

精解 虽然我们在多处理器同步中讨论原子操作，但实际上原子交换对于操作系统处理单个处理器上的多个进程也是十分有用的。为了确保单处理器中没有任何干扰，如果处理器在两个指令之间做上下文切换，也会造成 STXR 指令的失败（见第 5 章）。

精解 互斥取数/存数机制的优点在于，可以通过它们来构造其他同步原语，如原子比较和交换，以及原子取后递增等。这些同步原语被用在一些并行编程模型中。这些同步原语的实现需要在 LDXR 和 STXR 指令间插入更多的指令，但不需要太多。

因为任何试图对互斥取的地址[⊖]进行修改的存数操作或任何异常，都会导致之后的互斥存数操作失败，因此在选择 LDXR 和 STXR 之间插入的指令时要格外注意。特别需要注意的是，只有寄存器-寄存器指令允许被安全地使用。否则，处理器可能由于重复的页错误而始终无法完成 STXR 指令，而导致死锁状态产生。另外，互斥取数和互斥存数之间的指令数要尽可能少，从而尽量减少由不相关的事件或者处理器竞争导致互斥存数操作频繁失败的概率。

精解 上面的代码实现了原子交换，而下面这段代码可以更高效地在 X20 寄存器所指的地址处获得锁，0 表示锁空闲，可以被使用，1 代表锁已被占用。

```
       ADDI X11,XZR,#1        // copy locked value
again: LDXR X10,[X20,#0]      // load exclusive to read lock
       CBNZ X10, again        // check if it is 0 yet
       STXR X11, X9, [X20]    // attempt to store new value
       BNEZ X9,again          // branch if store fails
```

释放锁可以通过一个普通的存数指令写入 0 实现：

```
STUR XZR, [X20,#0]     // free lock by writing 0
```

⊖ 即锁。——译者注

小测验　什么时候使用如互斥取数和互斥存数这样的原语?

1. 当一个并行程序中相互协作的线程需要同步以获得对共享数据的正确读写行为时。

127

2. 当运行在单处理器上的相互协作的进程需要同步以便对共享数据进行读写时。

2.12　翻译并启动程序

本节描述了将一个存储在外存（磁盘或闪存）某文件中的C程序转换为计算机上可执行程序的四个步骤。图2-22展示了翻译中的各个层次。虽然有些系统可能将这些步骤合并以减少翻译的时间，但实际上程序都要经过这四个逻辑阶段（才能被执行）。本节将对这些翻译层次进行描述。

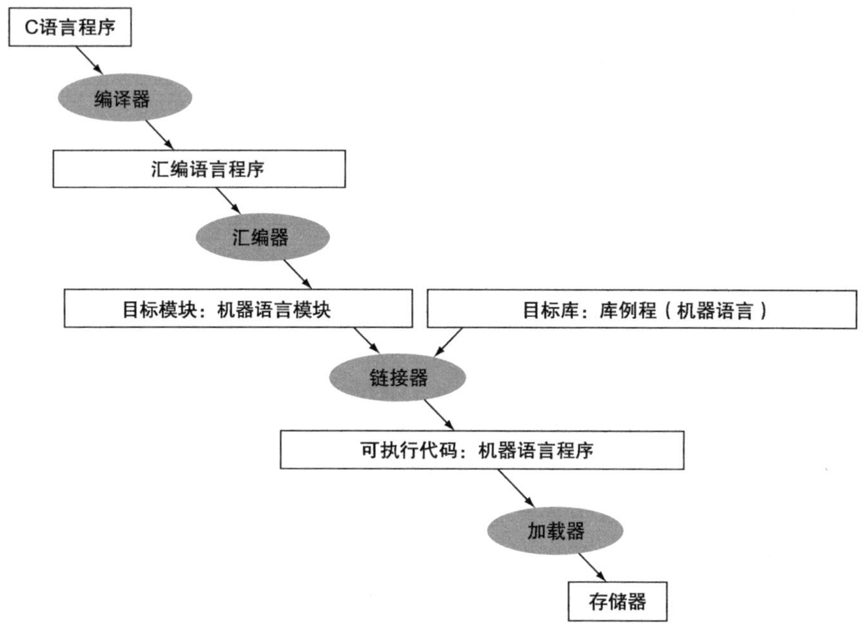

图2-22　C语言的翻译层次。用高级语言编写的程序首先被编译为汇编语言程序，然后被汇编为机器语言组成的目标模块。链接器将多个模块和库例程组合在一起解析所有的引用。加载器将机器代码加载到内存的适当位置供处理器执行。为了加速翻译过程，某些步骤被跳过或和其他步骤组合在一起。一些编译器直接产生目标模块，一些系统使用带链接功能的加载器直接完成后两步。为了识别文件类型，UNIX使用文件的后缀，x.c代表C源文件，x.s表示汇编文件，x.o表示目标文件，x.a表示静态链接库，x.so表示动态链接库，a.out默认情况下表示可执行文件。MS-DOS使用后缀.C、.ASM、.OBJ、.LIB、.DLL以及.EXE来达到同样的效果

128

2.12.1　编译器

编译器将C程序转换成机器能理解的符号形式的*汇编语言程序*。相比于汇编语言，高级语言编写程序的代码行数少得多，所以程序员的生产率更高。

1975年，因为存储器容量非常小并且编译器效率不高，很多操作系统和汇编器都用是用**汇编语言**（assembly language）编写的。但随着单个DRAM芯片存储容量呈百万倍的增长，程序员对程序大小

汇编语言：一种符号语言，能被翻译成二进制的机器语言。

的忧虑极大地减少了，并且今天优化的编译器能够产生出几乎与汇编语言专家所写的程序一样好的汇编程序，对于大型程序有时甚至效果更好。

2.12.2 汇编器

汇编语言对于高层次软件是一个接口，因此汇编器也能够处理一些机器语言指令的常见变种，就像这些变种本身就是指令一样。硬件不需要实现这些指令，然而它们在汇编语言中的出现可以简化程序转换和编程的过程。这类指令称为**伪指令**（pseudoinstruction）。

伪指令：汇编语言指令的一种常见的变形，经常被看作一条汇编指令。

如前所述，LEGv8 硬件确保寄存器 XZR（X31）总为 0，即任何时候使用寄存器 XZR，其提供的值都是 0，并且程序员不能修改寄存器 XZR 的值。寄存器 XZR 可以用于生成将一个寄存器中的内容复制到另一个中的汇编指令。因此，即使 LEGv8 机器语言中不存在下面这条指令，LEGv8 汇编器也能够识别它：

```
MOV X9,X10        // register X9 gets register X10
```

汇编器将这条汇编语言指令转换成如下功能等价的机器语言：

```
ORR X9,XZR,X10 // register X9 gets 0 OR register X10
```

LEGv8 汇编器也将比较指令 CMP（compare）转换成一条减法指令，该减法指令用于设置条件码，并将 XZR 寄存器设置为目的寄存器。因此

```
CMP X9,X10  // compare X9 to X10 and set condition codes
```

转换成

```
SUBS XZR,X9,X10  // use X9 - X10 to set condition codes
```

而一个到远距离的分支指令可以被拆成两个分支指令。如前所述，LEGv8 汇编器允许将大常量加载到一个寄存器中，不用考虑立即数指令的大小限制。因此，汇编器可以接受取地址指令 LDA（load address）并将其转换成必要的指令序列。最终，通过确定程序员想要的指令变种可以简化指令集。例如，对于算术和逻辑指令中的常量，LEGv8 汇编器不需要程序员明确指出指令中立即数的版本，汇编器可以产生适当的操作码。因此，

129

```
AND X9,X10,#15 // register X9 gets X10 AND 15
```

转换成

```
ANDI X9,X10,#15 // register X9 gets X10 AND 15
```

我们在指令名中加上“I”以提醒读者，该指令的操作码和指令格式均不同于无立即数操作数的 AND 指令。

总的来说，相比于硬件真正实现的指令，伪指令为 LEGv8 提供了更为丰富的汇编语言指令集。如果你打算写汇编程序，请使用伪指令来简化任务。为了理解 LEGv8 体系结构并获得最好的性能，无论如何，请学习图 2-1 和图 2-20 中真正的 LEGv8 指令。

汇编器同样接受不同基数的数字。除了二进制和十进制，通常还接受比二进制更为简明而又容易转化为位模式的基数。LEGv8 汇编器可以使用十六进制。

这种特性相当方便，但是汇编器的主要任务是汇编获得机器代码。汇编器将汇编语言程序转换成目标文件，该文件包括机器语言指令、数据，以及将指令正确放入内存所需要的信息。

为了产生汇编语言程序中每条指令对应的二进制表示，汇编器必须确定所有标号对应的

地址。汇编器将分支和数据传输指令中用到的标号都放入一个**符号表**（symbol table）中。正如你所想的，这个表包含了程序中出现的符号（标号）和地址对。

符号表：一个用来匹配标签名和指令所在的内存地址的列表。

UNIX 系统中的目标文件通常包含以下六个不同的部分：

- 目标文件头，描述目标文件其他部分的大小和位置。
- 代码段，包含机器语言代码。
- 静态数据段，包含在程序生命周期内分配的数据。（UNIX 系统允许程序使用存在于整个程序中的静态数据，也允许随程序的需要而增长或减少的动态数据。见图 2-14。）
- 重定位信息，标记了一些在程序加载进内存时依赖于绝对地址的指令和数据。
- 符号表，包含剩余未定义的标签，如外部引用。
- 调试信息，包含一份简明描述，说明模块如何编译，以便调试器能够将机器指令关联到 C 源文件，并使数据结构也变得可读。

130

下一小节将描述如何链接已经汇编完成的例程 / 子程序，如库程序。

精解　和前面提到的 ADD、ADDI 指令一样，完整的 ARMv8 指令集中没有 ANDI 指令（即使其中一个操作数是立即数）。指令集中只有 AND，由汇编器负责选择适当的操作码。为便于教学，LEGv8 仍然用不同的助记符区分这两种不同的情况。

2.12.3　链接器

到目前为止我们所描述的内容表明，对于一个程序中任意一行代码中的任意一个修改，都需要重新编译和汇编整个程序。全部重新翻译是对计算资源的严重浪费。这种重复对于标准库程序尤为浪费，因为程序员要编译和汇编那些定义后几乎从未变化的过程。另一种方法是单独编译和汇编每个过程，从而某一行代码的改变只需要编译和汇编一个过程。这种方法需要一个新的系统程序，称为**链接编辑器**（link editor）或**链接器**（linker），把所有独立汇编的机器语言程序“缝合”在一起。链接器有用的原因在于，对代码打补丁要比重编译和重汇编快得多。

链接器：也称链接编辑器，是一个系统程序，把各个独立汇编的机器语言程序组合起来并且解决所有未定义的标签，最后生成可执行文件。

链接器的工作分为三个步骤：

1. 将代码和数据模块象征性地放入内存。
2. 决定数据和指令标签的地址。
3. 修补内部和外部引用。

链接器使用每个目标模块中的重定位信息和符号表，来解析所有未定义的标签。这种引用发生在分支指令和数据寻址处，因此，这个程序的工作非常像一个编辑器：寻找所有旧地址并用新地址取代它们。编辑是“链接编辑器”或（简写）链接器的原始名字。

如果所有外部引用都解析完成，链接器接着确定每个模块将要占用的内存位置。回顾图 2-14 描述的 LEGv8 在内存中为程序和数据分配空间的方式。因为文件是单独汇编的，所以汇编器无法知道一个模块的指令和数据相对于其他模块而言会被放到哪里。当链接器将一个模块放到内存中时，所有绝对引用，即与寄存器无关的内存地址，必须重定位以反映其真实地址。

链接器生成可以在计算机上运行的**可执行文件**（executable file）。

可执行文件：一个具有目标文件格式的功能程序，不包含未解决的引用。它可以包含符号表和调试信息。“剥离的可执行程序”不包含这些信息，可能包含加载器所需的重定位信息。

通常，这个文件与目标文件具有相同的格式，但是它不包含未解决的引用。有一些文件可能是部分链接的，如库例程，其目标文件中仍含有未解析的地址。

131

例题｜链接目标文件

将下面两个目标文件链接。给出最终可执行文件中前几条指令更新过的地址。为了便于理解，我们使用汇编语言来表示指令，在实际文件中，这些指令都是用二进制数字表示的。

注意在目标文件中，我们已将必须在链接过程中更新的地址和标记用灰色表示了，分别是引用过程 A 和过程 B 的地址的指令，以及引用双字数据 X 和 Y 的地址的指令。

目标文件头			
	名称	过程A	
	代码大小	100_{hex}	
	数据大小	20_{hex}	
代码段	地址	指令	
	0	LDUR X0, [X27,#0]	
	4	BL 0	
	...	...	
数据段	0	(X)	
	...	...	
重定位信息	地址	指令类型	依赖
	0	LDUR	X
	4	BL	B
符号表	标签	地址	
	X	–	
	B	–	
	名称	过程B	
	代码大小	200_{hex}	
	数据大小	30_{hex}	
代码段	地址	指令	
	0	STUR X1, [X27,#0]	
	4	BL 0	
	...	...	
数据段	0	(Y)	
	...	...	
重定位信息	地址	指令类型	依赖
	0	STUR	Y
	4	BL	A
符号表	标签	地址	
	Y	–	
	A	–	

132

答案｜过程 A 需要找到 load 指令中标记为 X 的变量的地址和 BL 指令中过程 B 的地址。过程 B 需要找到 store 指令中变量 Y 的地址和 BL 指令中过程 A 的地址。

从图 2-14 中，我们可以看到代码段从地址 0000 0000 0040 0000_{hex} 开始而数据段从地址 0000 0000 1000 0000_{hex} 开始。过程 A 的代码被放置在第一个地址，数据被放置在第二个地址。过程 A 的目标文件头表明其代码段大小是 100_{hex} 字节而数据段大小是 20_{hex} 字节，所以过程 B 的代码段的起始地址是 40 0100_{hex}，而数据段则从地址 1000 0020_{hex} 开始。

可执行文件头		
	代码大小	300_{hex}
	数据大小	50_{hex}
代码段	地址	指令
	$0000\ 0000\ 0040\ 0000_{hex}$	LDUR X0, [X27,#0_{hex}]
	$0000\ 0000\ 0040\ 0004_{hex}$	BL $000\ 00FC_{hex}$
	...	...
	$0000\ 0000\ 0040\ 0100_{hex}$	STUR X1, [X27,#20_{hex}]
	$0000\ 0000\ 0040\ 0104_{hex}$	BL $3FF\ FEFC_{hex}$
	...	...
数据段	地址	
	$0000\ 0000\ 1000\ 0000_{hex}$	(X)
	...	...
	$0000\ 0000\ 1000\ 0020_{hex}$	(Y)
	...	...

现在链接器更新了指令的地址字段，使用指令类型字段确定待编辑地址的格式。此处共有两种类型：

- 分支和链接指令采用PC相对寻址。因此，地址$40\ 0004_{hex}$处的BL指令要跳转到$40\ 0100_{hex}$处（程序B的地址），BL指令必须将（$40\ 0100_{hex}$ − $40\ 0004_{hex}$）或$00\ 000FC_{hex}$存入指令的地址字段中。同样，因为$4\ 0000_{hex}$是过程A的地址，$40\ 0104_{hex}$处的BL指令将负值$3FF\ FEFC_{hex}$或（$40\ 0000_{hex}$ − $4001\ 0416_{hex}$）存入其指令的地址字段。
- 确定取数和存数指令相关的地址难度更大，因为这些地址和基址寄存器有关。本例使用X27作为基址寄存器。假设X27的初始值为$000\ 0000\ 0100\ 0000_{hex}$。为了得到地址$0000\ 0000\ 1000\ 0000_{hex}$（双字X的地址），我们将位于地址$40\ 0000_{hex}$处的LDUR指令的地址字段设置为$0_{hex}$。同样，为了得到地址$0000\ 0000\ 1000\ 0020_{hex}$（双字Y的地址），我们将地址$40\ 0100_{hex}$处的STUR指令的地址字段设置为$20_{hex}$。

133

精解　本书前面介绍过LEGv8指令按字对齐，因此BL指令丢弃最右侧2位来增加指令寻址范围。这样就可以使用26位来产生一个28位的字节地址。因此，本例中第一条BL指令的低26位对应的实际地址是$000003F_{hex}$，而不是$00\ 000F_{hex}$。

2.12.4　加载器

既然可执行文件已存在磁盘中了，操作系统就可以将其读入内存并启动执行。在UNIX系统中，**加载器**（loader）按照如下步骤工作：

加载器：把目标程序装载到内存中以准备运行的系统程序。

1. 读取可执行文件头来确定代码段和数据段的大小。
2. 为代码和数据创建一个足够大的地址空间。
3. 将可执行文件中的指令和数据复制到内存中。
4. 把主程序的参数（如果有）复制到栈中。
5. 初始化处理器中的相关寄存器，将栈指针指向第一个空位置。
6. 跳转到启动例程，该例程将参数复制到参数寄存器并且调用程序的main函数。当main函数返回时，启动例程通过系统调用exit终止程序。

实际上，计算机科学中的每个问题都可以在其他层次上间接地解决。
David Wheeler

2.12.5　动态链接库

本节的第一部分将描述程序运行前链接库的传统方法。虽然这种静态的方法是调用库例程的最快方式，但也有一些缺点：

- 库例程成为可执行代码的一部分。那么即使发布了新版本的库（新版本修正了一些错误或支持新的硬件设备），而静态链接的程序中使用的还是旧版本。
- 可执行文件中调用的所有库例程都会被加载进来，尽管很多调用并没有被执行。相对程序而言，库可能会很大，例如，标准的 C 语言库有 2.5MB。

这些不足导致了**动态链接库**（Dynamically Linked Library，DLL）的诞生，即只有到程序运行的时候，库例程才会被链接和加载。程序和库例程都对非局部过程的地址和名字保存额外信息。在 DLL 的最初版本中，加载器运行一个动态链接器，使用文件中的额外信息来找到适当的库并且更新所有外部引用。

动态链接库：在执行过程中才与具体程序链接的库例程。

134

DLL 最初版本的缺点是仍然链接可能被调用的所有库例程，而不是仅仅链接程序运行时实际调用的例程。这一点导致了惰性过程链接版 DLL 的出现，该版本中每个例程只有在调用后才被链接。

就像我们这个领域中的许多创新一样，这个技巧采用了一种间接的方法。图 2-23 展示了该技术。开始是一个非局部例程，该例程的末尾调用了一组虚拟例程，每个非局部例程都有一个入口。这些虚拟入口每个都包含一个间接跳转。

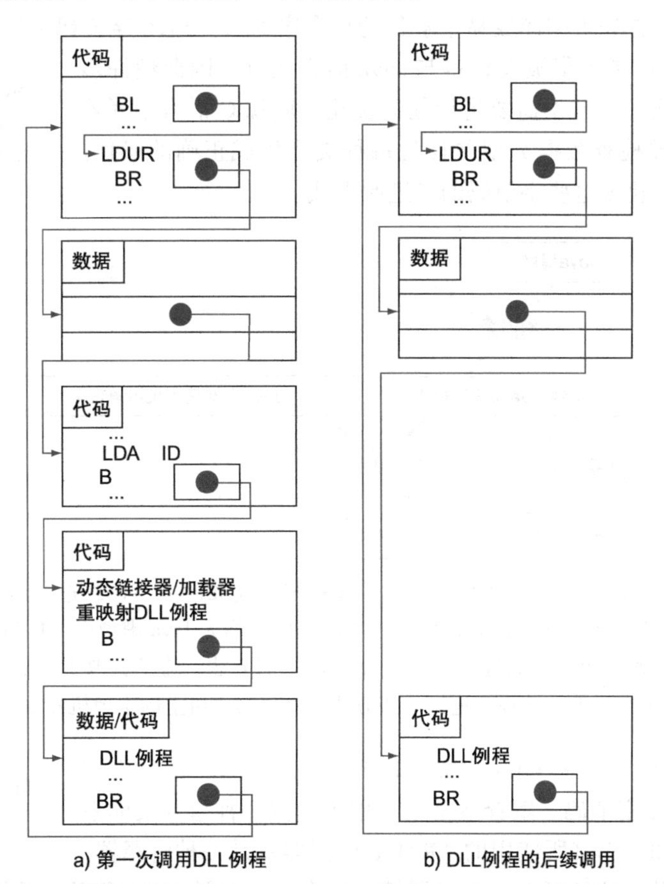

图 2-23　采用惰性过程链接的动态链接库。a）第一次调用 DLL 例程的步骤；b）后续调用中，查找例程、重映射和链接步骤被跳过。我们将在第 5 章看到，操作系统可以利用虚拟内存管理通过重映射来避免复制所需例程

135

第一次调用库例程时，程序首先调用虚拟入口，然后执行间接分支（跳转）指令。即通过一段代码，将一个数字放入寄存器来识别所需的库例程，然后跳转到动态链接器或加载器。链接器或加载器找到所需的例程，重映射并改变间接分支中的地址，使其指向该例程，从而跳转到该例程执行。例程执行完毕，则返回到初始调用点。此后，对该库例程的调用都会间接跳转到这个例程而不需额外的步骤。

总的来说，DLL 需要额外的空间来存储动态链接的信息，但是不需要复制或链接整个库。例程仅在第一次被调用时开销较大，此后就只需一个间接跳转。要注意的是，从库返回的操作不需要额外的开销。微软的 Windows 系统广泛地依赖于动态链接库。而动态链接库也是目前 UNIX 系统中程序执行的默认方式。

2.12.6 启动 Java 程序

前面讨论了程序执行的传统模式，其重点是使一个面向某个特定指令集体系结构编写的程序快速执行，该程序甚至是面向该体系结构的某个特定实现编写的。实际上，我们可以像 C 那样来执行 Java 程序。当然，Java 的开发本身是为了不同的目标。其中一个目标就是能够在计算机上安全地运行，尽管执行时间可能延长。

图 2-24 展示了翻译和执行 Java 程序的典型步骤。Java 程序并不会被编译成目标计算机的汇编语言，而是首先被编译成易于解释的指令序列——**Java 字节码**（Java bytecode）指令集（见 2.15 节）。该指令集被设计得与 Java 语言接近，因此编译步骤相对简单。事实上，并不需要进行任何优化。就像 C 语言编译器那样，Java 编译器检查数据类型并且为每种类型生成正确的操作。Java 程序最终将转化成这些字节码的二进制形式。

> **Java 字节码**：为解释 Java 程序而设计的指令集中的指令。

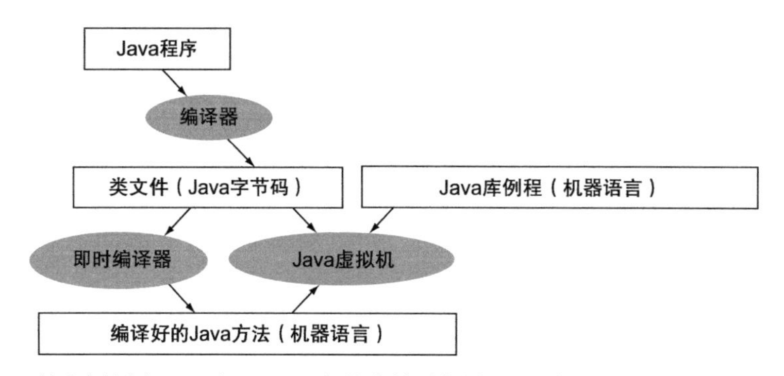

图 2-24　Java 的翻译层次。一个 Java 程序首先被编译成 Java 字节码二进制形式，其中所有的地址由编译器定义。此时，Java 程序已可以在称为 Java 虚拟机（JVM）的解释器上运行。JVM 链接程序执行时所需的 Java 库中的方法。为了获取更好的性能，JVM 能够调用 JIT 编译器，选择性地把一些方法编译成宿主机上的本地机器语言

136

一种称为 **Java 虚拟机**（Java Virtual Machine，JVM）的软件解释器能够执行 Java 字节码。解释器是一个用来模拟一种指令集体系结构的程序。例如，本书所使用的 ARMv8 模拟器就是一种解释器。由于翻译非常简单，地址可以由编译器填写或在运行时被 JVM 发现，因此不需要单独的汇编步骤。

> **Java 虚拟机**：解释 Java 字节码的程序。

解释的优势是可移植性。软件实现的 Java 虚拟机的可用性意味着在 Java 公布以后，大

部分人都可以立即编写和运行 Java 程序。今天，Java 虚拟机可以在从手机到网络浏览器等数以亿计的设备中找到。

解释的不足是性能较差。虽然 20 世纪 80 年代和 90 年代解释在性能上的飞速提高使它可用于很多重要的应用，但是与传统方式编译的 C 程序相比，10 倍的性能差距使得 Java 对一些应用并没有吸引力。

为了既保持可移植性又提高执行速度，Java 发展的下一阶段是实现能够在程序执行同时进行翻译的编译器。这种**即时编译器**（Just In Time complier，JIT）通过记录（profile）运行的程序来找到“热点”[⊖]，然后将它们编译成 Java 虚拟机所运行于的宿主机上的本地指令。编译过的部分被保存起来供下次程序运行时调用，从而使以后每次运行变得更快。解释和编译的平衡随着时间的推移逐步形成，因而对于频繁运行的 Java 程序，其解释开销就相对变小了。

即时编译器：一类通用编译器的名称，该类编译器能够在运行时将解释后的代码段翻译成宿主计算机上的本地代码（机器语言）。

随着计算机的速度越来越快，编译器能做的事情也越来越多。并且随着研究人员不断地开发出更好的技术来编译运行中的 Java 程序，Java 与 C 或 C++ 在性能上的差距正越来越小。2.15 节将进一步介绍 Java 程序、Java 字节码、JVM 和 JIT 编译器的实现。

小测验　与翻译器相比，对 Java 开发者来说，解释器的哪些优点是最重要的？

1. 解释器易于编写。
2. 更准确的错误消息。
3. 更少的目标代码。
4. 机器独立性。

2.13 综合实例：C 排序程序

以片断的方式展示汇编代码的危险之处在于，你无法了解完整的汇编语言程序是什么样的。本节给出了两个 C 过程对应的 LEGv8 代码：一个用于交换（swap）数组元素，另一个用于排序（sort）数组元素。

137

2.13.1 swap 过程

我们从图 2-25 中的过程 swap 开始。该过程简单地交换内存中两个位置的内容。我们按照以下常见的步骤把该程序从 C 手动翻译为汇编程序：

1. 为程序变量分配寄存器。
2. 为过程体生成汇编代码。
3. 保存过程调用间的寄存器。

```
void swap(long long int v[], size_t k)
 {
   long long int temp;
   temp = v[k];
   v[k] = v[k+1];
   v[k+1] = temp;
 }
```

图 2-25　一个将内存中两个不同位置的内容进行交换的 C 过程。该过程用于本小节的排序例子中

⊖ “热点”指程序中运行特别频繁的代码块。——译者注

本节将按照这三个步骤描述 swap 过程，包括把所有的步骤总结合并在一起。

为 swap 分配寄存器

如 2.8 节所述，在 LEGv8 中，使用寄存器 X0 到 X7 进行参数传递。由于 swap 只有两个参数 v 和 k，因此可以被分配给寄存器 X0 和 X1。仅剩的另一个变量是 temp，由于 swap 是一个叶过程（见 2.8 节），我们将其分配给寄存器 X9。这些寄存器的分配与图 2-25 中 swap 过程第一部分的变量声明相对应。

为 swap 过程体生成代码

swap 过程 C 代码中的剩余部分如下：

```
temp = v[k];
v[k] = v[k+1];
v[k+1] = temp;
```

LEGv8 存储地址按字节编址，因此双字由 8 个字节组成。因此，索引 k 需先乘以 8，再与地址相加。忘记连续的双字之间的地址相差 8 而不是 1，是用汇编语言编程时常见的错误。因此，第一步通过左移 3 位来将 k 乘以 8 以获得 v[k] 的地址：

138

```
LSL     X10, X1,#3       // reg X10 = k * 8
ADD     X10, X0,X10      // reg X10 = v + (k * 8)
                         // reg X10 has the address of v[k]
```

接下来根据 X10 取出 v[k] 的值，并将 X10 加 8 得到 v[k+1]：

```
LDUR    X9,  [X10,#0]     // reg X9 (temp) = v[k]
LDUR    X11, [X10,#8]     // reg X11 = v[k + 1]
                          // refers to next element of v
```

最后将 X9 和 X11 存储到需要交换数据的地址中：

```
STUR    X11, [X10,#0]     // v[k] = reg X11
STUR    X9,  [X10,#8]     // v[k+1] = reg X9 (temp)
```

至此，我们已经为该过程分配了寄存器并获得了实现交换操作的代码。保存 swap 中使用的保存寄存器的代码并没有包括在其中。但由于我们并不使用叶过程（这里 swap 是一个叶过程）中的保留寄存器，因此没有需要保留的东西。

完整的 swap 过程

现在可以得到完整的例程，包括过程标签以及返回的跳转指令。为了便于读者的理解，在图 2-26 中标明了过程中每个代码块的作用。

过程体

```
swap: LSL    X10, X1,#3       # reg X10 = k * 8
      ADD    X10, X0,X10      # reg X10 = v + (k * 8)
                              # reg X10 has the address of v[k]
      LDUR   X9, [X10,#0]     # reg X9 (temp) = v[k]
      LDUR   X11,[X10,#8]     # reg X11 = v[k + 1]
                              # refers to next element of v
      STUR   X11,[X10,#0]     # v[k] = reg X11
      STUR   X9, [X10,#8]     # v[k+1] = reg X9 (temp)
```

过程返回

```
      BR     LR               # return to calling routine
```

139

图 2-26 图 2-25 中 swap 过程的 LEGv8 汇编代码

2.13.2 sort 过程

为了确保读者能够领会汇编语言编程的严格性，本小节提供第二个更长的例子进行说明。该例中，我们将编写一个调用 swap 过程的例程，使用冒泡或交换排序算法（这种排序算法虽然不是最快的，但却是最简单的）对数组中的整数进行排序。图 2-27 给出了该程序的 C 代码。下面仍然先给出翻译过程的几个步骤，最后再把它们集成到一起。

```
void sort (long long int v[], size_t int n)
{
    size_t, j;
    for (i = 0; i < n; i += 1) {
        for (j = i - 1; j >= 0 && v[j] > v[j + 1]; j +=1) {
            swap(v,j);
        }
    }
}
```

图 2-27 一个对数组 v 中元素进行排序的 C 过程

为 sort 分配寄存器

参数寄存器 X0 和 X1 分配给过程 sort 的两个参数 v 和 n，寄存器 X19 和 X20 则分别分配给变量 i 和 j。

为 sort 过程体生成代码

过程体包含两个嵌套的 for 循环和一个带参数的 swap 调用。下面由外向内来展开代码。

第一步翻译第一个 for 循环：

```
for (i = 0; i <n; i += 1) {
```

C 语言中的 for 语句有三个部分：初始化、循环条件判断和迭代递增。将 i 初始化为 0 只需要一条指令，故 for 语句的第一部分为：

```
MOV   X19, XZR  // i = 0
```

（注意，MOV 是为了方便汇编程序员编程而由汇编器提供的伪指令，见 2.12.2 节。）将 i 递增同样也只需要一条指令实现，因此 for 语句的最后部分为：

```
ADDI  X19, X19, #1  // i += 1
```

当 i<n 非真时需要退出循环，换句话说，也就是当 i≥n 时循环退出。循环条件判断需要两条指令： 140

```
for1tst: CMP X19, X1     // compare X19 to X1(i to n)
         B.GE exit1      // go to exit1 if X19 ≥ X1 (i≥n)
```

循环最后仅仅跳回循环条件判断的地方：

```
        B    for1tst      // branch to test of outer loop
exit1:
```

第一个 for 循环的框架代码为

```
        MOV X19, XZR        // i = 0
for1tst:CMP X19, X1         // compare X19 to X1 (i to n)
        B.GE exit1          // go to exit1 if X19 ≥ X1 (i≥n)
        ...
        (body of first for loop)
        ...
        ADDI X19, X19, #1  // i += 1
        B    for1tst        // branch to test of outer loop
 exit1:
```

（课后的习题将探索如何为类似的循环编写更快的代码。）

第二个 for 循环的 C 语句如下：

```
for (j = i – 1; j >= 0 && v[j] > v[j + 1]; j – = 1) {
```

这个循环的初始化部分仍然只需一条指令：

```
SUBI      X20, X19, #1 // j = i – 1
```

循环末尾 j 的递减也只需一条指令实现：

```
SUBI      X20, X20, #1 // j – = 1
```

循环条件测试由两部分组成，任何一个条件为假就退出循环。因此，如果第一个条件测试为假（j<0），循环就要退出：

```
for2tst: CMP X20,XZR     // compare X20 to 0 (j to 0)
         B.LT exit2      // go to exit2 if X20 < 0 (j < 0)
```

141 这条跳转指令将跳过第二个条件测试。如果没有跳过，则 j≥0。

如 v[j] >v[j+1] 非真，或 v[j]≤v[j+1]，则第二个测试退出。将 j 乘以 8（我们需要字节地址），然后与 v 的基址相加：

```
LSL       X10, X20, #3       // reg X10 = j * 8
ADD       X11, X0, X10       // reg X11 = v + (j * 8)
```

现在取出 v[j]：

```
LDUR      X12, [X11,#0]       // reg X12 = v[j]
```

因为第二个元素恰好是顺序下一个双字，因此将寄存器 X11 中的地址值加 8 就可以取出 v[j+1]：

```
LDUR      X13, [X11,#8]       // reg X13 = v[j + 1]
```

测试 v[j]≤[j+1]，以判断是否跳出循环：

```
CMP       X12, X13    // compare X12 to X13
B.LE      exit2       // go to exit2 if X12 ≤ X13
```

循环末尾跳回到内层循环测试处：

```
B for2tst // branch to test of inner loop
```

将这些代码片段组合起来就可以得第二个 for 循环的框架：

```
          SUBI X20, X19, #1      // j = i - 1
for2tst:  CMP X20,XZR            // compare X20 to 0 (j to 0)
          B.LT exit2             // go to exit2 if X20 < 0 (j < 0)
          LSL X10, X20, #3       // reg X10 = j * 8
          ADD X11, X0, X10       // reg X11 = v + (j * 8)
          LDUR X12, [X11,#0]     // reg X12 = v[j]
          LDUR X13, [X11,#8]     // reg X13 = v[j + 1]
          CMP   X12, X13         // compare X12 to X13
          B.LE   exit2           // go to exit2 if X12 ≤ X13
              . . .
              (body of second for loop)
              . . .
          SUBI X20, X20, #1      // j -= 1
          B       for2tst        // branch to test of inner loop
exit2:
```

142

sort 中的过程调用

下一步处理第二个 for 循环体：

```
swap(v,j);
```

调用 swap 足够简单（一条 BL 指令即可实现）：

```
BL swap
```

sort 中的参数传递

当我们想传递参数时问题出现了，因为 sort 过程需要使用寄存器 X0 和 X1 中的值，而 swap 过程需要将其参数放入同样的寄存器中。一种解决办法是在过程执行的早期就将 sort 的参数复制到其他寄存器中，让出 X0 和 X1 寄存器供 swap 过程使用。（这种复制要比使用栈进行保存和恢复快得多。）在过程中，首先将寄存器 X0 和 X1 的值用如下方法复制到 X21 和 X22 中：

```
MOV X21, X0        // copy parameter X0 into X21
MOV X22, X1        // copy parameter X1 into X22
```

然后用下面两条指令将参数传递给 swap：

```
MOV X0, X21        // first swap parameter is v
MOV X1, X20        // second swap parameter is j
```

在 sort 中保存寄存器

剩下的代码保存和恢复寄存器值。显然，我们必须将返回地址保存在寄存器 LR 中，因为 sort 是一个过程并且本身也被调用。sort 过程还使用了由被调用者保存的寄存器 X19、X20、X21 和 X22，这些寄存器的值也必须被保存。因此，sort 过程开头的代码如下：

```
SUBI   SP,SP,#40       // make room on stack for 5 regs
STUR   LR,[SP,#32]     // save LR on stack
STUR   X22,[SP,#24]    // save X22 on stack
STUR   X21,[SP,#16]    // save X21 on stack
STUR   X20,[SP,#8]     // save X20 on stack
STUR   X19,[SP,#0]     // save X19 on stack
```

过程末尾只需简单地反向执行这些指令，最后加入一条 BR 指令以实现返回。

完整的 sort 过程

现将上述所有代码片段组合起来，如图 2-28 所示，注意 for 循环中对寄存器 X0 和 X1 的引用被替换成对寄存器 X21 和 X22 的引用。同样为了便于读者阅读和理解，图中的每个代码块都标注了用途。本例中，9 行 C 语言编写的 sort 过程变成了 34 行 LEGv8 汇编语言代码。

143

精解 这个例子可以使用一种称为过程内联（procedure inlining）的优化方法。编译器将 swap 过程体的代码复制到代码中出现 swap 调用的地方，而不是通过传递参数以及执行 BL 指令来调用代码。本例中，内联可以省掉 4 条指令。使用内联优化的缺点是如果内联后的过程需要在多个地方调用，那么编译后产生的代码量将变大。如果这种代码膨胀引起了 cache 缺失率的上升，那么就会导致性能的下降（见第 5 章）。

理解程序性能 图 2-29 给出了编译器优化对排序程序性能的影响，包括编译时间、时钟周期数、指令数和 CPI。注意，未优化的代码具有最好的 CPI，使用 O1 优化具有最少的指令数，但是 O3 优化的执行速度最快。而执行时间是准确衡量程序性能的唯一指标。

保存寄存器值

```
sort:   SUBI   SP,SP,#40       // make room on stack for 5 registers
        STUR   X30,[SP,#32]    // save LR on stack
        STUR   X22,[SP,#24]    // save X22 on stack
        STUR   X21,[SP,#16]    // save X21 on stack
        STUR   X20, [SP,#8]    // save X20 on stack
        STUR   X19, [SP,#0]    // save X19 on stack
```

过程体

传送参数

```
        MOV    X21, X0         # copy parameter X0 into X21
        MOV    X22, X1         # copy parameter X1 into X22
```

外部循环

```
        MOV    X19, XZR        # i = 0
for1tst:CMP    X19, X1         # compare X19 to X1 (i to n)
        B.GE   exit1           # go to exit1 if X19 ≥ X1 (i≥n)
```

内部循环

```
        SUBI   X20, X19, #1    # j = i - 1
for2tst:CMP    X20,XZR         # compare X20 to 0 (j to 0)
        B.LT   exit2           # go to exit2 if X20 < 0 (j < 0)
        LSL    X10, X20, #3    # reg X10 = j * 8
        ADD    X11, X0, X10    # reg X11 = v + (j * 8)
        LDUR   X12, [X11,#0]   # reg X12 = v[j]
        LDUR   X13, [X11,#8]   # reg X13 = v[j + 1]
        CMP    X12, X13        # compare X12 to X13
        B.LE   exit2           # go to exit2 if  X12 ≤ X13
```

传递参数和调用

```
        MOV    X0, X21         # first swap parameter is v
        MOV    X1, X20         # second swap parameter is j
        BL     swap
```

内部循环

```
        SUBI   X20, X20, #1    # j -= 1
        B      for2tst         # branch to test of inner loop
```

外部循环

```
exit2:  ADDI   X19, X19, #1    # i += 1
        B      for1tst         # branch to test of outer loop
```

恢复寄存器值

```
exit1:  STUR   X19, [SP,#0]    # restore X19 from stack
        STUR   X20, [SP,#8]    # restore X20 from stack
        STUR   X21,[SP,#16]    # restore X21 from stack
        STUR   X22,[SP,#24]    # restore X22 from stack
        STUR   X30,[SP,#32]    # restore LR from stack
        SUBI   SP,SP,#40       # restore stack pointer
```

过程返回

```
        BR     LR              # return to calling routine
```

图 2-28 图 2-27 中 sort 过程的 LEGv8 汇编代码

gcc优化选项	相对性能	时钟周期数（百万）	指令数（百万）	CPI
无	1.00	158 615	114 938	1.38
01（中等）	2.37	66 990	37 470	1.79
02（完全）	2.38	66 521	39 993	1.66
03（过程集成）	2.41	65 747	44 993	1.46

图 2-29 冒泡排序中编译器优化对性能、指令数、CPI 的影响。程序对数组中的 100 000 个 32 位字进行排序，数组用随机值初始化。程序运行在 3.06GHz 的 Pentium 4 处理器上，533MHz 系统总线，2GB PC2100 DDR SDRAM。操作系统使用 Linux 2.4.20 版

图 2-30 比较了编程语言、编译执行或解释执行、算法对排序程序性能的影响。第四列表明，对于冒泡排序，未优化的 C 程序比解释后的 Java 代码快 8.3 倍。使用 JIT 编译器可以使 Java 比没有优化的 C 程序快 2.1 倍，即使相比于按最高级别（O3）优化后的 C 代码，性能也慢了不到 1.13 倍。（2.15 节将给出更多关于 Java 解释执行和编译执行的细节，以及冒泡排序的 Java 和 LEGv8 代码。）对于第五列中的快速排序，变化比例就没那么接近了，可能的原因是在较短的执行时间内分摊运行时编译的开销较为困难。最后一列显示了采用一个更好的算法会带来的影响，当对 100 000 个元素进行排序时，可以达到三个数量级的性能提升。即使将第五列中解释执行的 Java 与第四列中最优化的 C 代码相比，快速排序仍比冒泡排序快了 50 倍（未优化 C 代码的 123（0.05×2468）倍除以 2.41 倍）。

编程语言	执行方式	优化选项	冒泡排序相对性能	快速排序相对性能	快速排序相对冒泡排序的加速比
C	编译器	无	1.00	1.00	2468
	编译器	01	2.37	1.50	1562
	编译器	02	2.38	1.50	1555
	编译器	03	2.41	1.91	1955
Java	解释器	–	0.12	0.05	1050
	即时编译器	–	2.13	0.29	338

图 2-30 两种排序算法分别用 C 和 Java 实现（Java 分别使用解释执行和优化编译），比较基准为未优化的 C 版本。最后一列给出了每种语言和执行方式下，快速排序相对冒泡排序的性能提升。这些程序都运行在图 2-29 所示的系统上。JVM 采用 Sun 1.3.1 版，JIT 的版本是 Sun Hotspot 1.3.1

精解 ARMv8 编译器总是在栈中为参数保留空间，以防这些参数需要存储。因此，栈指针 SP 总是减去 64 从而为 8 个参数寄存器（共 64 字节）预留空间。C 提供 vararg 选项以允许一个指针选择过程的第三个参数。当编译器遇到极少出现的 vararg 时，便会将 8 个参数寄存器拷贝到栈中的 8 个保留位置中。

144～145

2.14 数组和指针

理解指针对任何一个 C 编程新手来说都是一项挑战。通过对比使用数组和数组索引的汇编代码和使用指针的汇编代码，可以从本质上来理解指针。本节将分别基于 C 和 LEGv8 展示将内存中一串双字清零的两个过程：一个使用数组索引；另一个使用指针。图 2-31 给出了这两个 C 过程。

```
clear1(long long int array[], size_t int size)
{
    size_t i;
    for (i = 0; i < size; i += 1)
         array[i] = 0;
}
clear2(long long int *array, size_t int size)
{
    long long int *p;
    for (p = &array[0]; p < &array[size]; p = p + 1)
         *p = 0;
}
```

图 2-31 两个将数组清零的 C 过程。clear1 使用索引，clear2 使用指针。对于不熟悉 C 的人，第二个过程需要做一些解释。一个变量的地址使用 & 表明，指针所指向的对象则用 * 表示。array 和 p 被声明为指向整数的指针。clear2 中 for 循环的第一个部分将 array 第一个元素的地址赋值给指针 p。for 循环的第二部分判断该指针的指向是否超过了 array 的最后一个元素。for 循环的最后部分将指针加 1，意味着将指针移到其所声明空间中的下一个对象。由于 p 是一个指向整数的指针，编译器将会产生 LEGv8 指令将 p 按 8（一个 LEGv8 整数的字节数）递增。循环体中的赋值语句将 0 赋值给 p 所指向的对象

本节的目的在于展示指针如何映射为 LEGv8 指令，而不是强调一种过时的编程风格。本节最后，我们将看到现代编译优化技术对这两个过程的影响。

2.14.1 用数组实现 clear

我们从数组版本开始，clear1 主要关注循环体，忽略过程的其他关联代码。假设两个参数 array 和 size 分别在寄存器 X0 和 X1 中，i 分配给寄存器 X9。

146

for 循环的第一部分，直接初始化变量 i：

```
MOV     X9,XZR      // i = 0 (register X9 = 0)
```

为了将 array[i] 置 0，需要得到它的地址。首先将 i 乘以 8 获得字节地址：

```
loop1: LSL     X10,X9,#3      // X10 = i * 8
```

因为数组 array 的起始地址在寄存器中，因此必须通过一条加法指令将该首地址与下标（索引）相加以得到 array[i] 的地址：

```
ADD    X11,X0,X10      // X11 = address of array[i]
```

最后，将 0 存入该地址：

```
STUR     XZR, [X11,#0]     // array[i] = 0
```

这条指令是循环体中的最后一条指令，下一步是增加 i 值：

```
ADDI X9,X9,#1       // i = i + 1
```

循环测试条件检测 i 是否小于 size：

```
CMP     X9,X1       // compare i to size
B.LT    loop1       // if (i < size) go to loop1
```

147

以上是过程的所有片断。下面是使用索引来将一个数组清零的完整的 LEGv8 代码：

```
        MOV     X9,XZR         // i = 0
loop1:  LSL     X10,X9,#3      // X10 = i * 8
        ADD     X11,X0,X10     // X11 = address of array[i]
        STUR    XZR,[X11,#0]   // array[i] = 0
        ADDI    X9,X9,#1       // i = i + 1
        CMP     X9,X1          // compare i to size
        B.LT    loop1          // if (i < size) go to loop1
```

（只要 size 大于 0，这些代码就能正确工作；ANSI C 需要在循环前测试 size 值，此处我们略过了这个规定。）

2.14.2 用指针实现 clear

第二个过程使用指针将两个参数 array 和 size 分配给寄存器 X0 和 X1，将 p 分配给寄存器 X9。第二个过程的代码开始部分将数组 array 的首地址赋值给指针 p：

```
MOV    X9,X0      // p = address of array[0]
```

接下来的代码是 for 的循环体，简单地将 0 存入 p（指向的存储单元）：

```
loop2: STUR     XZR,[X9,#0]      // Memory[p] = 0
```

这条指令实现了循环体，下一条指令增加迭代子，即改变 p 使其指向下一个双字：

```
ADDI      X9,X9,#8      // p = p + 8
```

在C中将指针加1意味着将指针指向顺序的下一个对象。因为p是一个指向长整数（long long int）的指针，而每个长整数占用8字节，因此编译器将p加8。

接下来是循环条件测试。第一步是计算数组array最后一个元素的地址。首先将size乘以8得到字节地址。

```
LSL     X10,X1,#3      // X10 = size * 8
```

然后，将上面的乘积与数组的首地址相加以获得数组后面第一个双字的地址：

```
ADD    X11,X0,X10      // X11 = address of array[size]
```

循环测试仅仅是简单地判断p是否比array最后一个元素的地址小：

```
CMP   X9,X11       // compare p to &array[size]
B.LT  loop2        // if (p<&array[size]) go to loop2
```

148

至此，所有的代码片段都已完成，组合起来就可以得到通过指针将数组清零的代码了：

```
          MOV  X9,X0          // p = address of array[0]
loop2:    STUR XZR,[X9,#0]    // Memory[p] = 0
          ADDI X9,X9,#8       // p = p + 8
          LSL  X10,X1,#3      // X10 = size * 8
          ADD  X11,X0,X10     // X11 = address of array[size]
          CMP  X9,X11         // compare p to < &array[size]
          B.LT loop2          // if (p < &array[size]) go to loop2
```

同第一个例子一样，这段代码也假定size大于0。

注意，这个程序在每次循环迭代中都计算数组末尾的地址，尽管该地址并无变化。这段代码的另一种执行速度更快的版本是将计算放到循环体外面：

```
          MOV   X9,X0           // p = address of array[0]
          LSL   X10,X1,#3       // X10 = size * 8
          ADD   X11,X0,X10      // X11 = address of array[size]
loop2:    STUR  XZR,0[X9,#0]    // Memory[p] = 0
          ADDI  X9,X9,#8        // p = p + 8
          CMP   X9,X11          // compare p to < &array[size]
          B.LT  loop2           // if (p < &array[size]) go to loop2
```

2.14.3 比较两个版本的clear

下面将两段代码放在一起进行比较，对比采用数组索引和采用指针的区别（指针版本带来的变化用灰色显示）：

```
       MOV  X9,XZR          // i = 0                    MOV  X9,X0          // p = & array[0]
loop1: LSL  X10,X9,#3       // X10 = i * 8              LSL  X10,X1,#3      // X10 = size * 8
       ADD  X11,X0,X10      // X11 = &array[i]          ADD  X11,X0,X10     // X11 = &array[size]
       STUR XZR,[X11,#0]    // array[i] = 0      loop2: STUR XZR,[X9,#0])   // Memory[p] = 0
       ADDI X9,X9,#1        // i = i + 1                ADDI X9,X9,#8       // p = p + 8
       CMP  X9,X1           // compare i to size        CMP  X9,X11         // compare p to &array[size]
       B.LT loop1           // if () go to loop1        B.LT loop2  // if (p < &array[size]) go to loop2
```

左边的版本必须在循环中有“乘”和加的操作，因为i值增加后，每个地址都必须根据新的下标（索引）重新计算。而右边的指针版则直接增加指针p的值。指针版将尺度转换[⊖]和数组边界计算移到循环外，从而将每次迭代执行的指令数从6减少到4。这种手动的优化与编译器的强度削减（用移位代替乘）和归纳变量消除（消除循环中的数组地址计算）是一致的[⊜]。2.15节描述了这两种优化以及其他一些优化手段。

149

⊖ 即将p加8。——译者注

⊜ 即去除代码中的循环控制变量。——译者注

精解 正如前面提到的，C 编译器需要增加测试来确保 size 大于 0。一种方法是在循环的第一条指令之前加入一条跳转到 CMP 的分支 / 跳转指令。

理解程序性能 人们常常被告知要在 C 中使用指针来获得比使用数组更高的效率："使用指针，即使你根本不能理解代码。"而现代的优化编译器可以为数组版生成同样好的代码。但现在大部分程序员更喜欢让编译器去做更繁重的工作。

2.15 高级主题：编译 C 和解释 Java

本节简要描述 C 编译器如何工作以及 Java 如何被执行。因为编译器将对计算机的性能产生重要影响，所以理解当今的编译器技术是理解性能的关键。编译器构建的相关内容一般需要 1 ～ 2 个学期讲授，所以这里我们将仅仅接触一些基本内容。

本节第二部分是为对**面向对象语言**（objected oriented language）（例如 Java）如何在 LEGv8 体系结构上执行感兴趣的读者准备的。本节将展示用于解释执行的 Java 字节码，以及前面几节中出现的一些 C 程序段的 Java 版本的 LEGv8 代码，包括冒泡排序。内容将覆盖 Java 虚拟机和 JIT 编译器。

面向对象语言：一种针对对象而不是动作，或者针对数据而不是逻辑的编程语言。

本节的剩余内容可在配套网站上找到。

2.16 实例：MIPS 指令集

150

和 ARMv8 最接近的指令集是另一个公司开发的 MIPS 指令集。MIPS 和 ARMv8 设计理念相同，但 MIPS 的问世要比 ARMv8 早 25 年。如果你了解 ARMv8 指令集，那么了解 MIPS 也很容易上手。为了展示两者的相似性，图 2-32 对 ARMv8、MIPS 以及 ARMv7 指令集进行了对比。[⊖]

MIPS 指令集提供 32 位地址和 64 位地址两个版本，分别称为 MIPS-32 和 MIPS-64。这两种指令集几乎完全相同，区别在于较大的地址空间需要 64 位而不是 32 位的寄存器。下面是 ARMv8 和 MIPS 的一些共同特征：

- 两种体系结构的指令都是 32 位。
- 都有 32 个通用寄存器，并且其中一个寄存器的值由硬件恒置为 0。
- load 和 store 指令是访问内存的唯一途径。
- 和其他一些结构不同，无论 MIPS 或 ARMv8 都没有指令能存 / 取多个寄存器。
- 都有分支指令，能够根据寄存器值为 0 转移或不为 0 转移。
- 都有 32 位的浮点寄存器，第 3 章将会介绍。
- 两类结构的所有寻址方式都适用于字大小。

ARMv8 和 MIPS 一个最主要的区别是条件分支指令（为 0 转移或不为 0 转移等）。ARMv8 以及许多其他结构采用条件码。而 MIPS 依赖于比较指令，这些比较指令根据比较结果是否为真而将寄存器值置为 0 或 1。程序员则根据比较结果的需要，在比较指令之后加入一条为 0 转移分支或为 1 转移分支指令。遵循极简主义理念，MIPS 指令集只实现了"小于"的比较，由程序员根据需要的结果来改变操作数的顺序或改变分支指令的测试条件。MIPS 的小于指令有有符号数和无符号数两个版本，分别是 SLT 和 SLTU。

⊖ LEGv8 为 ARMv8 的一个子集，故图中用 LEGv8 代替 ARMv8。——译者注

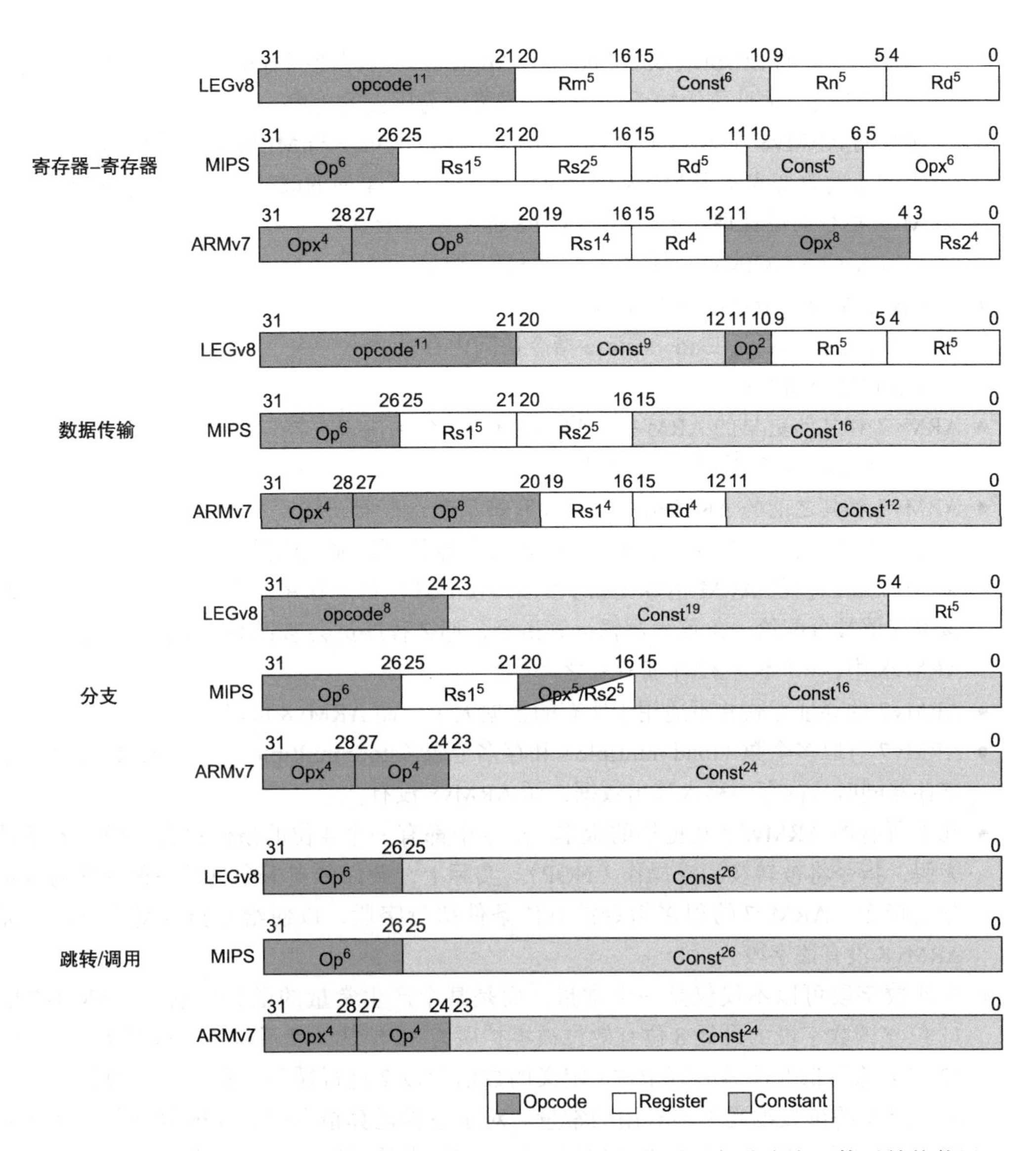

图 2-32 LEGv8、MIPS 和 ARMv7 的指令格式。格式间的差异一部分来自于体系结构使用 16 个（ARMv7）还是 32 个寄存器（ARMv8 和 MIPS）

除了经常使用的核心指令之外，ARMv8 和 MIPS 的另一个主要区别是，完整的 ARMv8 指令集比完整的 MIPS 指令集的规模更大（2.19 节将进行描述）。更大的规模意味着更多的指令格式、更多的寻址方式以及更多的操作类型。

2.17 实例：ARMv7（32 位）指令集

ARM 最初代表 Acorn RISC Machine，后来改为 Advanced RISC Machine。ARMv1 和 MIPS 同年诞生。这两种体系结构集都采用 32 位地址，这在 1985 年是完全适用的。随后，ARM 陆续推出了很多 32 位地址指令集版本，2005 年推出了 ARMv7。

ARM 架构师看到了 32 位地址计算机的局限性，并在 2007 年开始设计 64 位地址版本。指令集的设计中会存在诸多潜在的问题，其中一个几乎难以克服的问题是存储地址空间太

151
~
152

小。例如，16位地址的MOStek 6502[㊀]成就了Apple II，但即使拥有第一款在商业上获得成功的个人电脑的头衔，地址位的缺乏依然使其最终成为历史的尘埃。

64位地址的ARMv8在2011年发布，2013年样机上市。与MIPS通过将所有寄存器改为64位宽等微小的改变来实现MIPS-64不同，ARM做了全面的改变。更令人惊奇的是，我们发现ARMv8指令的设计理念更接近于MIPS而不是ARMv7。

下面是ARMv7和ARMv8两种指令集的相似之处：

- 两种体系结构的指令都是32位宽。
- 两种体系结构都通过load和store指令访问内存。

两者的不同之处如下：

- ARMv7和之前更早的ARM指令集都只有15个通用寄存器，编译器开发人员对此会很不高兴（增加了编译器开发的难度）。
- ARMv7和其之前的ARM指令集都没有将某个寄存器硬件置0，因此这些指令集需要额外的指令才能完成ARMv8通过XZR寄存器就可以完成的操作。
- ARMv7和之前的ARM指令集缺少的第16个寄存器是程序计数器（PC）。因此，若该寄存器被分配给一条算术逻辑运算指令，那么程序员会遇到不可预料的分支。而在ARMv8中，PC不是32个寄存器之一。[㊁]
- ARMv7的寻址方式并不适用于所有的数据大小，而ARMv8可以。
- ARMv7有取多个数（load multiple）和存多个数（store multiple）的指令，即允许几个寄存器同时从内存中移入移出数据，而ARMv8没有。
- 几乎所有的ARMv5（及更早的版本）指令中都有一个4位的条件执行字段，若条件为假，指令将被转换为空操作（NOP）。实际上，条件分支指令只是一种特殊的常规分支指令。ARMv7的很多指令没有该条件执行字段，以便给新指令腾出空间。而ARMv8没有该字段。
- 立即数字段可以不仅仅是一个常量，而是某个产生常量的函数的输入。ARMv7的12位立即数字段的最低8位有效位被零扩展为32位数，然后按该字段开头4位（即12位去除最低8位后的剩余位）定义的数值乘以2进行循环右移。这样做的目的是利用更少的位数编码更多有用的常量。对于逻辑运算指令中的立即数字段，完整的ARMv8指令集有专门的复杂的编码方法。该技术是否能够比简单的常量字段（MIPS采用的方式）获得更多的立即数，这是一个有趣的研究内容。
- 与ARMv8不同，早期的ARM指令集都省去了除法指令（参见第3章）。ARMv7中有除法指令，但只是兼容的ARMv7核中的可选配置。

153

2.18 实例：x86指令集

> 情人眼里出西施。
> *Margaret Wolfe Hungerford, Molly Bawn, 1877*

指令集的设计者有时会提供比ARM和MIPS指令更强大的操作，目的是减少程序执行的指令数。这样做的风险在于，这种缩减可能损失简单性，并可能增加程序的执行时间，因为指令执行本身变慢了。这种减慢可能是时钟周期变长或是比简单序列需要执行更多的周期造成的。

通向复杂操作的道路充满了危险。2.20节将证明复杂性的陷阱。

㊀ 摩托罗拉推出的一款处理器芯片。——译者注

㊁ PC是独立的寄存器。——译者注

2.18.1 Intel x86 的演进

ARMv8 和 MIPS 都是由单一的小组在相同的时间推出的。这两种体系结构的各个部分都能很好地配合在一起，但 x86 却不是。在 35 年的发展中，x86 由多个相互独立的小组开发，体系结构不断改进，原来的指令集中增加了很多新特性，这就像有些人往包装好的包里添加衣服一样。下面是 x86 发展过程中一些重要的里程碑。

- 1978 年：Intel 8086 体系结构问世，扩展了 Intel 8080（一款已获成功的 8 位微处理器）并在汇编语言上与其兼容。8086 是一种 16 位的结构，所有内部的寄存器都是 16 位。与 ARMv8 不同的是，其寄存器都是专用的，因此 8086 并不是**通用寄存器**（General-Purpose Register，GPR）体系结构。

通用寄存器：几乎可被任意指令用作地址或数据的寄存器。

- 1980 年：Intel 8087 浮点协处理器问世。该体系结构在 8086 的基础上扩展了 60 条浮点指令，并依赖于栈而非寄存器（见 2.22 节和 3.7 节）。
- 1982 年：80286 在 8086 的基础上将地址空间扩展到 24 位，设计了一种精细的内存映射和保护模式（见第 5 章），并增加了一些指令来丰富指令集以便处理保护模式。
- 1985 年：80386 将 80286 结构扩展到 32 位。除了 32 位的寄存器和 32 位的地址空间之外，80386 也增加了一些新的寻址模式和额外的操作。扩展的指令使得 80386 几乎就是通用寄存器机器。此外，除分段寻址之外，80386 还增加了对页的支持（参见第 5 章）。与 80286 一样，80386 也提供了一种模式，能够不做改动而执行 8086 的程序。

154

- 1989～1995 年：1989 年 80486 发布，1992 年 Pentium 发布，1995 年 Pentium Pro 发布。这些处理器仅在用户可见的指令集中加入了 4 条指令，以期获得更高的性能。其中三条指令用于多处理技术（参见第 6 章），另一条为条件移动（conditional move）指令。
- 1997 年：Pentium 和 Pentium Pro 出产后，Intel 公司宣布将用多媒体扩展指令 MMX（Multi Media Extension）来扩展 Pentium 和 Pentium Pro 的体系结构。新的指令集包含 57 条指令，使用浮点栈来加速多媒体和通信应用程序。MMX 指令可以一次处理多个短数据元素，即传统意义上的单指令多数据（Single Instruction，Multiple Data，SIMD）体系结构（参见第 6 章）。而 Pentium Ⅱ没有引入任何新指令。
- 1999 年：Intel 添加了另外 70 条指令，即 SSE（Streaming SIMD Extension），作为 Pentium Ⅲ的一部分。主要的变化是增加了 8 个独立的寄存器，将其宽度增加到 128 位，并且增加了一个单精度浮点数据类型。因此，4 个 32 位的浮点操作可以并行执行。为了提高内存性能，SSE 包括了 cache 预取指令以及能够旁路 cache 并直接写内存的流存储（streaming store）指令。
- 2001 年：Intel 增加了另外 144 条指令，称为 SSE2。新增加的数据类型是双精度算术类型，允许一对 64 位浮点操作同时执行。这 144 条指令几乎都是已有的对 64 位数据并行操作的 MMX 和 SSE 指令的变形。这种变化不仅允许更多的多媒体操作，并且与单独的栈架构相比，编译器多了一个新的浮点操作目标。编译器可以像其他计算机那样选择用 8 个 SSE 寄存器来作为浮点寄存器。这种变化加强了 Pentium 4（第一款包括了 SSE2 指令的微处理器）的浮点性能。
- 2003 年：这次另一家公司而不是 Intel 改进了 x86 体系结构。AMD 提出了一系列结构扩展技术把地址空间从 32 位增加到 64 位。与 1985 年 80386 将地址空间从 16 位扩展到32位的转变类似，AMD64将所有寄存器都拓宽到64位，并且将寄存器的数量增加到16个，同样也把128位宽的SSE寄存器的数量也增加到了16个。ISA的主要变化是新增加了称为长模式（long mode）的新模式，用64位的地址和数据重新定义了所有x86指令的执行。为了寻址更多的寄存器，指令中增加了一个新的前缀。根据计算方式的不同，长模式还添加了4～10条新指令并且去掉了27条旧指令。PC相155对数据寻址是另一个扩展。AMD64保持了一个和x86相同的模式（传统模式），并且增加了一个模式来限制用户程序使用x86，而允许操作系统使用AMD64（兼容模式）。这些模式使其比HP/Intel IA-64结构更好地从32位过渡到64位寻址。

- 2004年：Intel向AMD64屈服，重新标记了其扩展64位内存技术（Extended Memory64 Technology，EM64T）。主要区别是Intel增加了一个128位的原子比较和交换指令，可能应该包括在AMD64中。同时，Intel发布了新一代多媒体扩展指令。SSE3添加了13条指令来支持复杂算术运算、数组结构上的图形操作、视频编码、浮点转换以及线程同步（见2.11节）。AMD在后续的芯片中加入了SSE3，并在AMD64中增加了原来缺少的原子交换指令，从而和Intel保持二进制兼容。
- 2006年：Intel发布了54条新指令作为SSE4指令集扩展的一部分。这些扩展调整了绝对差求和、数组结构的点积、窄数据到宽数据的符号或零扩展以及统计等。此外，还增加了对虚拟机的支持（见第5章）。
- 2007年：AMD发布了170条指令作为SSE5的一部分，包括46条基本指令集的指令，并增加了像ARMv8那样的3操作数指令。
- 2011年：Intel发布了高级向量扩展（Advanced Vector Extension）指令，将SSE寄存器宽度从128位扩展到256位，从而重新定义了250条指令并添加了128条新指令。

这段历史说明了兼容性这个“金手铐”对x86的影响，每个阶段累积下来的软件非常重要，体系结构的重大变化不能对已有软件产生危害。

无论x86结构有多失败，该指令集仍然极大地推动了PC时代的发展，并且在后PC时代的云中占主导地位。虽然x86芯片每年3.5亿的产量相对于ARM芯片的140亿小很多，但是许多公司都热衷于控制这个市场。尽管如此，这个多变的家族带来的是一个难以解释并且无法让人喜欢的体系结构。

请鼓起勇气来面对你将要看到的内容！阅读本节时，你不需要担心编写x86程序，本节的目的是让读者熟悉这一世界上最流行的桌面机体系结构的优缺点。

本节主要关注来自80386的32位指令子集，而不是整个16位、32位和64位指令集。156我们从寄存器和寻址模式开始阐述，然后是整数操作，最后是指令编码。

2.18.2 x86寄存器和数据寻址模式

80386的寄存器展示了指令集的进化（图2-33）。80386将所有16位寄存器（除了段寄存器）扩展为32位，并在名字前用前缀E来标示32位版本。这些寄存器通常被称为通用寄存器（GPR）。80386只有8个通用寄存器。这意味着ARMv8和MIPS程序可以使用的寄存器数量是其4倍，而ARMv7可以使用的是其2倍。

从图2-34可以发现，算术、逻辑以及数据传输指令都是二操作数指令。这里有两个重要的不同之处。首先，x86的算术和逻辑指令中有一个操作数必须既是源操作数又是目的操作数，而ARMv7、ARMv8和MIPS允许源操作数和目的操作数是不同的寄存器。这种限制给有限的寄存器的使用带来了更多压力，因此一个源寄存器必须被改变。第二个重要的不同之处在于其中一个操作数可以在存储器中。如此，实际上任何指令都可能有一个操作数在存储器中，这与 ARMv7、ARMv8 和 MIPS 不同。[⊖]

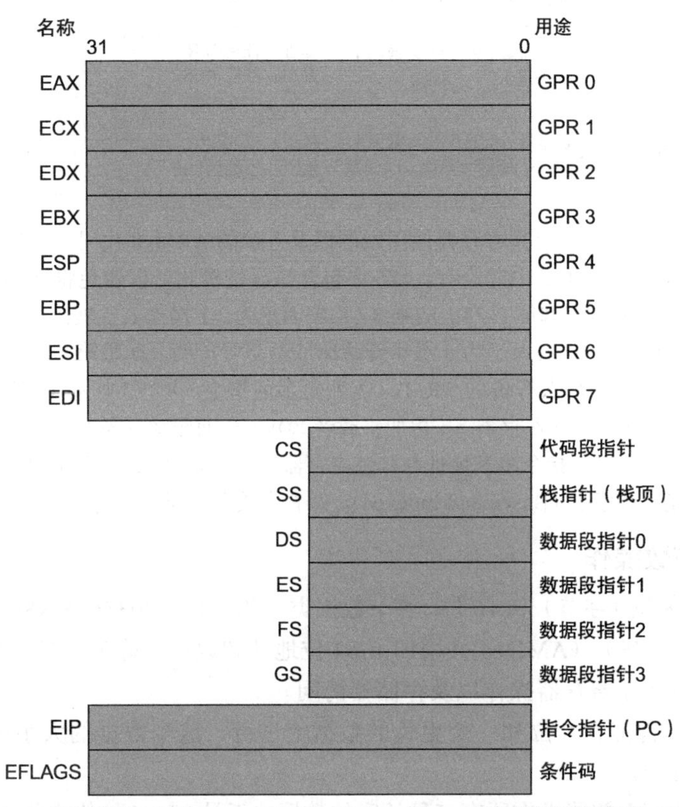

图 2-33 80386 寄存器组。从 80386 开始，最上面的 8 个寄存器被扩展到 32 位并可以作为通用寄存器使用

源/目的操作数类型	第二个源操作数
寄存器	寄存器
寄存器	立即数
寄存器	存储器
存储器	寄存器
存储器	立即数

图 2-34 算术、逻辑和数据传输指令的指令类型。x86 允许上表所示的组合。唯一的限制是没有存储器 – 存储器模式。立即数可以是 8 位、16 位或 32 位长，寄存器可以是图 2-33 中 14 个主要寄存器中的任意一个（不能是 EIP 或 EFLAGS）

数据的存储器寻址模式（下面会详细阐述）在指令中提供两种大小的地址。这种所谓的偏移可能是 8 位或 32 位。

虽然一个存储器操作数可以使用任何寻址模式，但是每种模式能够使用哪些寄存器是有限制的。图 2-35 展示了 x86 寻址模式以及每种模式下哪些 GPR 不能使用，并说明如何使用 ARMv8 指令来达到相同的效果。

⊖ ARMv7、ARMv8 和 MIPS 的算术、逻辑以及数据传输指令的操作数没有存储器型的。——译者注

模式	描述	寄存器限制	等价的ARMv8指令
寄存器间接寻址	地址在寄存器中	不能为ESP或EBP	LDUR X1, [X2,#40]
基址以及8位或32位偏移㊀	地址是基址寄存器与偏移量之和	不能为ESP	LDUR X1, [X2,#40] # <= 9-bit displacement

基址加可扩展索引寻址㊁	地址是基址+（$2^{扩展因子}$×索引），扩展因子是0、1、2或3	基址：任何GPR
		索引：不能为ESP
			MUL X0, X2, #8
			ADD X0, X0, X1
			LDUR X1, [X0,0]

基址加8位或32位偏移量加可扩展索引寻址㊂	地址是基址+（$2^{扩展因子}$×索引）+偏移量，扩展因子是0、1、2或3	基址：任何GPR
		索引：不能为ESP
			MUL X0, X2, #8
			ADD X0, X0, X1
			LDUR X1, [X0,#40] // <= 9-bit displacement

图 2-35　x86 的 32 位寻址模式及其寄存器使用限制以及等价的 ARMv8 代码。基址加可扩展索引寻址模式在 LEGv8 和 MIPS 中并没有。x86 中包含该寻址模式，以避免将寄存器中的指数转变为字节地址（见图 2-26 和图 2-28）的乘 8（扩展因子为 3）操作。扩展因子为 1 用于 16 位数据，2 用于 32 位数据。扩展因子为 0 意味着该地址不需要扩展。如果第二种或第四种模式中偏移量长度超过 9 位，那么等价的 ARMv8 需要更多的指令。MOVZ 加载 16 位的偏移量，并且由 ADDI 将高地址与基址寄存器 X2 相加；或者 MOVZ 后面跟随一条 MOVK 指令获得 32 位地址，并且加上一条 ADDI 指令将该地址与基址寄存器 X2 相加（Intel 的基址寻址模式有两个不同的名字——基址和索引（Based and Indexed），两者本质上相同，我们在这里将它们合并）

2.18.3　x86 整数操作

8086 提供对 8 位（字节）和 16 位（字）数据类型的支持。80386 在 x86 结构中加入了 32 位的地址和数据（*双字*）。（AMD64 又增加了 64 位地址和数据，称为*四字*；本节关注 80386。）数据类型的区别适用于寄存器操作以及存储器访问。

几乎所有操作都能在 8 位和一个更长的数据上进行，这个数据的大小由寻址模式决定，可能是 16 位或 32 位。

显然，有些程序希望能操作所有三种长度的数据，于是 80386 结构提供了一种方便的途径来指定每一种形式，而不需要显著增加代码的容量。大多数程序中 16 位或 32 位的数据占绝大多数，因此可以设定一个默认的长度。这个默认的数据长度由代码段寄存器中的一位指定。若要改变默认数据长度，就在指令前附加一个 8 位的前缀，告诉机器这条指令使用其他数据长度。

157～158

使用前缀的方法是从 8086 借鉴过来的，8086 允许使用多个前缀来改变指令的行为。最初的三个前缀包括重写默认的段寄存器，给总线加锁支持同步（见 2.11 节），或重复后面的指令直到寄存器 ECX 的值减少到 0。最后一个前缀配合字节移动指令使用，以移动可变数目的字节。80386 同样加入了一个前缀来改变默认的地址长度。

x86 整数操作主要分为四类：

- 数据传输指令，包括 move、push 和 pop。
- 算术和逻辑指令，包括测试、整数和十进制算术运算。
- 控制流，包括条件分支、无条件分支（跳转）、调用和返回。
- 字符串指令，包括字符串移动和字符串比较。

除了算术和逻辑操作指令允许目的操作数既可以是寄存器也可以是存储器外，前两种类型没有值得关注之处。图 2-36 展示了一些典型的 x86 指令及其功能。

㊀ 寄存器相对寻址。——译者注
㊁ 可扩展变址寻址。——译者注
㊂ 相对基址可扩展变址寻址。——译者注

指令	功能
je name	if equal(condition code) {EIP=name}; EIP-128 <= name < EIP+128
jmp name	EIP=name
call name	SP=SP-4; M[SP]=EIP+5; EIP=name;
movw EBX,[EDI+45]	EBX=M[EDI+45]
push ESI	SP=SP-4; M[SP]=ESI
pop EDI	EDI=M[SP]; SP=SP+4
add EAX,#6765	EAX= EAX+6765
test EDX,#42	Set condition code (flags) with EDX and 42
movsl	M[EDI]=M[ESI]; EDI=EDI+4; ESI=ESI+4

图 2-36　一些典型的 x86 指令及其功能。常用操作的列表如图 2-37 所示。CALL 将下一条指令的 EIP 保存在栈上（EIP 是 Intel 的程序计数器）

和 ARMv7 一样，x86 的条件分支取决于条件码或标志位。条件码作为一个操作的副作用被设置，大部分用于将结果与 0 比较。然后，分支指令测试条件码。PC 相对的分支地址必须以字节数来指定，和 ARMv7、ARMv8 以及 MIPS 不同，80386 的指令并不都是 4 字节长。

字符串指令是 x86 “祖先” 8080 的一部分，大部分程序中都不使用。这些指令常常比同等功能的软件例程要慢（见 2.20 节的谬误）。

图 2-37 列出了一些整数 x86 指令。大部分指令都同时有字节和字格式。　159

指令	含义
控制指令	**条件和无条件分支**
jnz, jz	条件成立则跳转到EIP+8位偏移量；JNE（for JNE）和JE（for JZ）都是可用的名称
jmp	无条件跳转——8位或16位偏移量
call	过程调用——16位偏移量；返回地址压入栈中
ret	从栈中弹出返回地址并跳转到该处
loop	循环分支——递减ECX；如果ECX非零，则跳转到EIP+8位偏移处
数据传输指令	**在寄存器之间或寄存器和存储器之间传递数据**
move	在两个寄存器之间或寄存器和存储器之间传递数据
push, pop	将源操作数压栈；从栈顶弹出操作数到寄存器中
les	从存储器中加载ES和GPR
算术、逻辑指令	**使用数据寄存器和存储器的算术和逻辑操作**
add, sub	将源操作数与目的操作数相加；从目的操作数中减去源操作数；寄存器-存储器格式
cmp	比较源和目的操作数；寄存器-存储器格式
shl, shr, rcr	左移；逻辑右移；循环右移并用条件码真充
cbw	将EAX最右8位字节转换成EAX最右16位字
test	将源操作数和目的操作数进行逻辑与，并设置条件码
inc, dec	递增目的操作数，递减目的操作数
or, xor	逻辑或；异或；寄存器-存储器格式
字符串指令	**在字符串操作数之间移动；长度由重复前缀给出**
movs	通过递增ESI和EDI从源字符串复制到目的字符串；可能重复
lods	从字符串中取字节、字或双字到寄存器EAX

图 2-37　一些典型的 x86 操作。很多操作使用寄存器 - 存储器格式，其中源操作数或目的操作数可以是存储器，另一个操作数可以是寄存器或立即数　160

2.18.4 x86 指令编码

把最难的留到最后——80386 的指令编码非常复杂，具有多种不同的指令格式。80386 指令长度可以从 1 字节（指令没有操作数时）到 15 字节变化。

图 2-38 展示了图 2-36 中几条示例指令的格式。操作码字节中通常有一位用来表明操作数是 8 位还是 32 位。对于一些指令，操作码还可能包含寻址模式和寄存器，比如很多具有“寄存器 = 寄存器操作立即数”形式的指令。其他指令使用一个“后置字节”(postbyte) 或额外的操作码字节，标记为“mod, reg, r/m”[⊖]，包含寻址模式信息。该后置字节在寻址存储器的很多指令中都有用到。基址加可扩展索引的寻址模式使用第二个后置字节，标记为“sc, index, base”。[⊖]

161

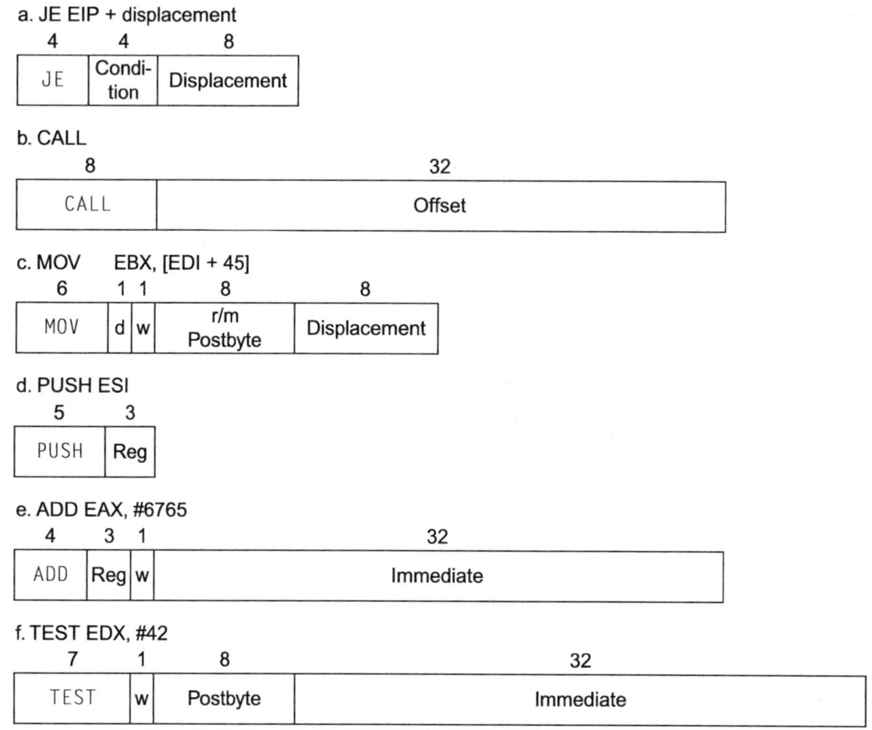

图 2-38 典型的 x86 指令格式。图 2-39 给出后置字节的指令编码。很多指令包含 1 位的 w 字段，用于说明操作一个字节还是一个双字。MOV 中的 d 字段用于从存储器中传出或传入数据的指令中，指明了传输方向。ADD 指令需要 32 位的立即数字段，因为在 32 位模式下，立即数是 8 位或 32 位。TEST 中的立即数字段也是 32 位长，因为在 32 位模式下没有 8 位的立即数判断。总的来说，指令长度可以从 1 字节到 15 字节变化。较长的长度产生于额外的 1 字节前缀，具有一个 4 字节的立即数和一个 4 字节的偏移地址，使用 2 个字节的操作码，并使用可扩展索引（scaled index）模式说明符，这还需要增加一个字节

图 2-39 展示了 16 位和 32 位模式下两个后置字节地址说明符的编码。不幸的是，为了全面理解哪些寄存器和寻址模式可用，你需要查看所有寻址模式的编码，甚至指令编码。

2.18.5 x86 总结

Intel 早于竞争对手两年推出了 16 位微处理器。尽管竞争对手推出的结构（如 Motorola 68000）

⊖ 模式，寄存器，寄存器 / 存储器。——译者注
⊖ 扩展，索引，基址。——译者注

更为优秀，但这个领先使得 8086 被选作 IBM PC 的 CPU。Intel 的工程师普遍承认 x86 要比 ARMv7 和 MIPS 的计算机更难制造，但是巨大的市场意味着在 PC 时代，AMD 和 Intel 可以提供更多的资源来克服额外的复杂性。尽管 x86 存在很多不足，但市场规模的优势仍使得 x86 显得非常美好。

reg	w=0	w=1		r/m	mod=0		mod=1		mod=2		mod=3
		16b	32b		16b	32b	16b	32b	16b	32b	
0	AL	AX	EAX	0	addr=BX+SI	=EAX	*same*	*same*	*same*	*same*	*same*
1	CL	CX	ECX	1	addr=BX+DI	=ECX	*addr as*	*addr as*	*addr as*	*addr as*	*as*
2	DL	DX	EDX	2	addr=BP+SI	=EDX	*mod=0*	*mod=0*	*mod=0*	*mod=0*	*reg*
3	BL	BX	EBX	3	addr=BP+SI	=EBX	*+ disp8*	*+ disp8*	*+ disp16*	*+ disp32*	*field*
4	AH	SP	ESP	4	addr=SI	=*(sib)*	SI+disp8	*(sib)*+disp8	SI+disp8	*(sib)*+disp32	"
5	CH	BP	EBP	5	addr=DI	=disp32	DI+disp8	EBP+disp8	DI+disp16	EBP+disp32	"
6	DH	SI	ESI	6	addr=disp16	=ESI	BP+disp8	ESI+disp8	BP+disp16	ESI+disp32	"
7	BH	DI	EDI	7	addr=BX	=EDI	BX+disp8	EDI+disp8	BX+disp16	EDI+disp32	"

图 2-39　x86 第一个地址说明符的编码：mod, reg, r/m。前四列表示 3 位的 reg 字段，它依赖于操作码中的 w 位以及机器是工作于 16 位模式（8086）还是 32 位模式（80386）。其余列解释了 mod 和 r/m 字段。3 位的 r/m 字段依赖于 2 位 mod 字段的值以及地址的大小。基本上，地址计算所使用的寄存器列在第六和七列中，对应于 mod=0 和 mod=1 时加上 8 位的偏移量，以及 mod=2 时加上 16 位或 32 位的偏移量，取决于寻址模式。例外的情况有：① 16 位模式下当 mod=1 或 mod=2 时，r/m=6，选择 BP 加上偏移；② 32 位模式下当 mod=1 或 mod=2 时，r/m=5，选择 EBP 加上偏移量；③ 32 位模式下 r/m=4，mod 不等于 3 时，(sib) 表示使用图 2-35 中的可扩展索引模式。当 mod=3 时，r/m 字段指定一个寄存器，与 w 位组合在一起和 reg 字段使用相同的编码

x86 的可取之处在于，其最常使用的体系结构组成部分是不难实现的，从 1978 年开始 AMD 和 Intel 就通过整数程序性能的快速改进证实了这一点。为了获得这样的性能，编译器必须避免那些难于快速实现的体系结构部分。

然而，在后 PC 时代，虽然有大量的体系结构和制造专家，但是 x86 在个人移动设备市场中仍不具有竞争力。

162

2.19　实例：ARMv8 指令集的其他部分

图 2-40 列出了 ARMv8 指令集中每类指令的汇编语言以及机器语言的数量，从而展示了整个 ARMv8 结构的规模。第 3 章将描述结构中的浮点、乘除以及 SIMD 部分，第 5 章将给出系统指令。本节重点关注整数操作和分支。

类型	load/store		操作		分支		共计	
	AL	ML	AL	ML	AL	ML	AL	ML
整型指令	49	145	74	105	–	–	123	250
浮点型和整型乘除指令	0	18	63	156	–	–	63	174
SIMD/vector指令	16	166	229	371	–	–	245	537
系统/特殊指令	11	55	52	40	–	–	63	95
–	–	–	–	–	23	14	23	14
共计	76	384	418	672	23	14	517	1070

图 2-40　每种类型的指令数量，对于每种指令类型，汇编语言指令数量（AL）和机器语言指令数量（ML）分别统计。该统计基于 ARM 体系结构参考手册《ARMv8, for ARMv8-A architecture profile, beta edition, 2014》并略微做了调整，以便和本书中的汇编语言指令版本匹配。例如，本书给出了单精度和双精度浮点算术指令的不同汇编语言指令（FADDS, FADDD，等等）但 ARMv8 实际只有一种版本（FADD），通过寄存器名称选择操作码

机器指令的数量比汇编指令数量多很多，其中一个原因是ARMv8在一个结构中同时包含了32位和64位指令版本。汇编语言中，程序员用名为W0，W1，…的寄存器而不是X0，X1，…来表示32位操作。因此，64位操作

```
ADD   X9,X21,X9
```

可以通过以下形式转化成一条32位指令：

```
ADD   W9,W21,W9
```

图2-40将上述形式算作一条汇编语言指令，但是两条机器指令，因为这两条指令有不同的操作码。

本节剩余部分将解释前面章节未涉及的ARMv8指令。同样也会向读者展示图2-1中的36条LEGv8指令如何增加到完整ARMv8指令集中的146条指令，即图2-40中第一列的123条汇编语言指令和第二到最后一列中的23条分支指令。

163

2.19.1 完整的ARMv8整数算术逻辑指令

ARMv8指令集独一无二的一点是所有算术和逻辑运算操作的第二个寄存器可以在运算之前进行移位。移位操作包括逻辑左移、逻辑右移、算术右移和循环右移。(对于12位立即数指令，只有一种移位操作，即逻辑左移12位。）虽然汇编器有名为LSL、LSR、SRA和ROR的移位指令，但这些只是具有单纯移位功能的指令的伪指令形式。在LEGv8中，我们只选取了那些将移位数量字段设置为0的指令版本，使得第二操作数保持不变。但是完整的ARMv8指令集允许移位操作作为算术和逻辑指令的一部分。

图2-41列出了完整的ARMv8指令集中所有74条整数操作的汇编语言指令。我们从图2-1给出的LEGv8指令集中的20条整数指令开始。首先，总的汇编指令数包括上述伪指令CMP、CMPI和MOV，因此，指令总数增加至23条。此外，还有5条伪指令基于LEGv8指令集—— negate，negate and set flags，compare negative，compare negativeimmediate和test immediate，指令数量增加至28条。

为了支持对更窄的数据类型的算术操作，有6条指令允许通过符号扩展或者零扩展来扩展第二个操作数的数据长度至全尺寸。*寄存器扩展*（extend-register）指令对字节、半字和字进行处理，指令数量增加至34条。

为了支持操作数宽度大于一个双字的加法和减法指令，ARM增加了6条汇编指令用于加减前一操作的进位。因此，第一条指令用操作数的右半部分进行常规加法并设置条件码（ADDS），第二条指令用操作数的左半部分做加法时加上前一操作产生的进位（ADC)。这6条指令使得指令总数增至40条。

逻辑指令（AND，ANDS，ORR，EOR）同样也有另外的版本，第二操作数是补码，即0变成1，1变成0。包括新的伪指令在内，这一变化又增加了6条指令，指令总数增至46条。

除了逻辑左移和逻辑右移指令外，ARMv8还有两种移位指令。ASR做的是算术右移，移位时复制扩展符号位，ROR将各个位循环右移，即从右边移出的位数补充在左边。尽管LEGv8中并没有列出各种类型的移位指令，但是所有移位指令都有一种新版本，即将移动的位数存入寄存器中而不是指令的立即数中。这种版本的移位指令新增加了6条指令，指令总数增至52条。

MOV也有宽指令版本MOVN，将16位常数补足为64位，但其余48位是1而不是0，并

且 16 位立即数字段也可以补齐。因此，指令总数增至 53 条。

为了实现对位的操作，完整的 ARMv8 指令集包含了 10 条指令，能够从寄存器中提取位字段，然后插入另一个寄存器中。这些指令又产生 5 条伪指令，可以通过符号扩展或零扩展将较窄的操作数扩展为寄存器的宽度。最后，还有 6 条“位翻转”(bit twiddling) 指令，这些指令统计高位的 0 或者 1 的个数，并且将位或者字节的顺序翻转。现在，完整的 ARMv8 指令集汇编语言中有 74 条整数操作指令。

164

类型	助记符	指令
算术运算（寄存器）	**ADD**	Add
	ADDS	Add and set flags
	SUB	Subtract
	SUBS	Subtract and set flags
	CMP	Compare
	CMN	Compare negative
	NEG	Negate
	NEGS	Negate and set flags
算术运算（立即数）	**ADDI**	Add Immediate
	ADDIS	Add and set flags Immediate
	SUBI	Subtract Immediate
	SUBIS	Subtract and set flags Immediate
	CMPI	Compare Immediate
	CMNI	Compare negative Immediate
算术运算扩展	ADD	Add Extended Register
	ADDS	Add and set flags Extended
	SUB	Subtract Extended Register
	SUBS	Subtract and set flags Extended
	CMP	Compare Extended Register
	CMN	Compare negative Extended
带进位的算术运算	ADC	Add with carry
	ADCS	Add with carry and set flags
	SBC	Subtract with carry
	SBCS	Subtract with carry and set flags
	NGC	Negate with carry
	NGCS	Negate with carry and set flags
逻辑运算（寄存器）	**AND**	Bitwise AND
	ANDS	Bitwise AND and set flags
	ORR	Bitwise inclusive OR
	EOR	Bitwise exclusive OR
	BIC	Bitwise bit clear
	BICS	Bitwise bit clear and set flags
	ORN	Bitwise inclusive OR NOT
	EON	Bitwise exclusive OR NOT
	MVN	Bitwise NOT
	TST	Test bits

类型	助记符	指令
逻辑运算（立即数）	**ANDI**	Bitwise AND Immediate
	ANDIS	Bitwise AND and set flags Immediate
	ORRI	Bitwise inclusive OR Immediate
	EORI	Bitwise exclusive OR Immediate
	TSTI	Test bits Immediate
移位（寄存器，立即数）	**LSL**	Logical shift left Immediate
	LSR	Logical shift right Immediate
	ASR	Arithmetic shift right Immediate
	ROR	Rotate right Immediate
	LSRV	Logical shift right register
	LSLV	Logical shift left register
	ASRV	Arithmetic shift right register
	RORV	Rotate right register
移动宽立即数	**MOVZ**	Move wide with zero
	MOVK	Move wide with keep
	MOVN	Move wide with NOT
	MOV	Move register
位字段的插入和提取	BFM	Bitfield move
	SBFM	Signed bitfield move
	UBFM	Unsigned bitfield move (32-bit)
	BFI	Bitfield insert
	BFXIL	Bitfield extract and insert low
	SBFIZ	Signed bitfield insert in zero
	SBFX	Signed bitfield extract
	UBFIZ	Unsigned bitfield insert in zero
	UBFX	Unsigned bitfield extract
	EXTR	Extract register from pair
符号扩展	*SXTB*	Sign-extend byte
	SXTH	Sign-extend halfword
	SXTW	Sign-extend word
	UXTB	Unsigned extend byte
	UXTH	Unsigned extend halfword
位操作	CLS	Count leading sign bits
	CLZ	Count leading zero bits
	RBIT	Reverse bit order
	REV	Reverse bytes in register
	REV16	Reverse bytes in halfwords
	REV32	Reverses bytes in words

图 2-41　完整 ARMv8 指令集中整数操作的汇编语言指令。粗体代表该指令也在 LEGv8 中，斜体代表是一条伪指令，粗斜体表示一条同时存在于 LEGv8 中的伪指令

2.19.2 完整的ARMv8整数数据传输指令

本书并没有给出LEGv8中10条整数数据传输指令所有可用的寻址方式。前面描述的寻址方式在ARMv8的术语中称为不可扩展有符号立即数偏移（unscaled signed immediate offset）。下面为另外五种：

- 基址加可扩展12位无符号立即数偏移。
- 基址加64位寄存器偏移，扩展可选。
- 基址加32位扩展寄存器偏移，扩展可选。
- 通过不可扩展的9位有符号立即数偏移进行前索引。
- 通过不可扩展的9位有符号立即数偏移进行后索引。

前三种寻址模式的“扩展”选项以字节传输的数据大小对立即数字段中或寄存器中的地址进行加倍或扩展。一般都希望地址是数据大小的倍数，这些寻址方式由硬件实现，因此程序员无需将寄存器中的索引值转换成字节地址。这些操作也增加了指令中立即数字段的表示范围。因此，如果X11中保存的数是$100\,000_{ten}$，那么

```
LDR X10, [X11, #16] // scaled addressing mode
```

指令从地址$100\,128_{ten}$（$100\,000_{ten} + 8 \times 16$）中取出双字（8个字节）存入寄存器X10中。

第二种寻址方式计算的地址是两个寄存器的简单相加，其中第二操作数可选左移1位、2位或3位，即乘以2、4或8。因此，如果X11中数值是$100\,000_{ten}$，X12中是1000_{ten}，那么

```
LDR X10, [X11, X12 LSL #3] // base + register, scaled
```

指令将从地址$108\,000_{ten}$（$100\,000_{ten} + 2^3 \times 1000$）取出一个双字（8个字节）存入X10中。第三种寻址方式简单地使用一个32位的寄存器（如W12），而不是一个64位的寄存器（如X12），扩展操作相同。

最后两种寻址模式将改变基址寄存器作为地址计算的一部分。一个应用案例是，如果依次访问顺序数组的元素，地址自增可以作为寻址模式的一部分实现，而不是使用单独的加减指令。因此，如果X11中保存的数是$100\,000_{ten}$，那么

```
LDR X10, [X11,#16]! // pre-indexed addressing mode
```

165~166

指令将从地址$100\,016_{ten}$处取出一个双字（8个字节）存入寄存器X10中，然后将X11的值改为$100\,016_{ten}$。另一方面，

```
LDR X10, [X11],#16 // post-indexed addressing mode
```

这条指令从地址$100\,000_{ten}$处取出一个双字（8个字节）存入寄存器X10中，然后将X11改为$100\,016_{ten}$。前索引和后索引中的“前”和“后”代表地址改变发生在访问操作数之前还是之后。

机器数据传输指令（125条）比汇编数据传输指令（49条）数量多的主要原因是，机器语言中的寻址模式需要独立的操作码，而如我们之前所见，这些在汇编语言中只是相同助记符的不同寻址符号。

图2-42列出了ARMv8中完整的整数数据传输指令。为了将LEGv8中的10条整型数据传输指令增加至ARMv8中的49条，首先加入LDA伪指令，获得11条。接下来，注意取字节（LDURSB）和取半字（LDURSH）指令都有有符号数据传输版本，因此指令数增至13条。除了双字互斥取和互斥存指令，ARMv8还包括字节、半字和双字对的互斥数据传输操作，

这又增加了 6 条指令，总数增至 19。

类型	助记符	指令	类型	助记符	指令
不可扩展的	**LDUR**	Load register (unscaled offset)	互斥	**LDXR**	Load Exclusive register
	LDURB	Load byte (unscaled offset)		LDXRB	Load Exclusive byte
	LDURSB	Load signed byte (unscaled offset)		LDXRH	Load Exclusive halfword
	LDURH	Load halfword (unscaled offset)		LDXP	Load Exclusive Pair
	LDURSH	Load signed halfword (unscaled offset)		**STXR**	Store Exclusive register
	LDURSW	Load signed word (unscaled offset)		STXRB	Store Exclusive byte
	STUR	Store register (unscaled offset)		STXRH	Store Exclusive halfword
	STURB	Store byte (unscaled offset)		STXP	Store Exclusive Pair
	STURH	Store halfword (unscaled offset)	互斥获取/释放	LDAXR	Load-aquire Exclusive register
	STURW	Store word (unscaled offset)		LDAXRB	Load-aquire Exclusive byte
	LDA	Load address		LDAXRH	Load-aquire Exclusive halfword
可扩展的，前/后索引	LDR	Load register		LDAXP	Load-aquire Exclusive Pair
	LDRB	Load byte		STLXR	Store-release Exclusive register
	LDRSB	Load signed byte		STLXRB	Store-release Exclusive byte
	LDRH	Load halfword		STLXRH	Store-release Exclusive halfword
	LDRSH	Load signed halfword		STLXP	Store-release Exclusive Pair
	LDRSW	Load signed word	成对	LDP	Load Pair
	STR	Store register		LDPSW	Load Pair signed words
	STRB	Store byte		STP	Store Pair
	STRH	Store halfword	PC	ADRP	Compute address of 4KB page at a PC-relative offset
				ADR	Compute address of label at a PC-relative offset

图 2-42　完整 ARMv8 指令集中整数数据传输操作的汇编指令列表。粗体表示 LEGv8 中也有该指令，斜体表示是一条伪指令，粗斜体表示是一条 LEGv8 中也有的伪指令

167

其他寻址方式的数据传输指令使用不同的助记符（LDR、STR 等），这又增加了 9 条指令来获取各种大小的有符号数和无符号数。为了加速数据传输，ARMv8 包含了三条成对取（load pair）和成对存（store pair）指令，可以同时传输两个双字。为了产生可作为参数传递的 PC 相对地址，ARMv8 中有两条指令，将当前指令的 21 位立即数和当前的 PC 值相加，结果（或左移 12 位后的结果）存入寄存器。这 14 条指令将指令总数增至 33 条。

最终，整数数据传输指令能够在多处理器环境下互斥访问内存。前面提到的指令 LDXR 和 STXR 就是例子。除了能提供对双字的互斥访问外，还有字节、半字和寄存器对的操作。ARMv8 也提供了按需取和存释放指令，实现释放一致性内存访问模式，以支持共享内存语义的编程语言标准。这些增加了 16 条互斥数据传输指令（图 2-42 的第二列），数据传输指令总数最终达到 49 条。

2.19.3　完整的 ARMv8 分支指令

图 2-43 列出了 ARMv8 中所有的分支指令。为了将 LEGv8 中的 6 条分支指令扩充为 ARMv8 中的 23 条，我们从测试寄存器中某一位是否为 0 或 1 的两条新条件分支指令开始。同样还有两条无条件分支指令。第一条是分支和链接指令的变体，该指令用一个寄存器作为分支地址（branch address，BALR）。第二条是从子程序中返回的指令（RET），该指令听起来和寄存器分支指令（BR）相似，原因是它们语义相同。对这 相同的操作 ARMv8 有不同的操作码，因此硬件分支预测器（见第 4 章）能够知道是否确实从子程序返回（RET），这样比较容易预测；或者在分支表（BR）中使用，此时较难预测，需要采用独特的机制实现。这些新增了 10 条分支指令。

168

类型	助记符	指令	类型	助记符	指令
条件分支	**B.cond**	Branch conditionally	条件选择	CSEL	Conditional select
	CBNZ	Compare and branch if nonzero		CSINC	Conditional select increment
	CBZ	Compare and branch if zero		CSINV	Conditional select inversion
	TBNZ	Test bit and branch if nonzero		CSNEG	Conditional select negation
	TBZ	Test bit and branch if zero		*CSET*	Conditional set
无条件分支	**B**	Branch unconditionally		*CSETM*	Conditional set mask
	BL	Branch with link		*CINC*	Conditional increment
	BLR	Branch with link to register		*CINV*	Conditional invert
	BR	Branch to register		*CNEG*	Conditional negate
	RET	Return from subroutine	条件比较	CCMP	Conditional compare register
				CCMPI	Conditional compare immediate
				CCMN	Conditional compare negative register
				CCMNI	Conditional compare negative immediate

图 2-43　ARMv8 指令集中分支的汇编语言指令列表。粗体表示 LEGv8 中也有该指令，斜体表示是一条伪指令，粗斜体表示是一条 LEGv8 中也有的伪指令

后面 9 条指令根据条件码将一个值存入某个寄存器中。如果条件为真，目的寄存器从第一个寄存器中取值。如果为假，则从第二个寄存器中取值。条件选择指令背后的设计目的是取代条件分支指令，因为如果无法预测，条件分支指令可能在流水线执行时引发错误。新增 9 条条件选择指令后，分支指令数增至 19。

最后 4 条指令和条件选择指令类似，但是这些指令的目的是条件码。也就是说，这些指令根据当前的条件码有条件地设置条件码，这可能有点让人困惑。如果选择的条件为真，条件码将被设为两个操作数算术比较的结果，为假则被设为一个立即数。条件比较指令的一个版本是检查两个寄存器，另一个版本是将一个寄存器数和较小的 5 位无符号数比较。最后这 4 条指令使得 ARMv8 的分支指令总数增加至 23 条。

2.20　谬误与陷阱

谬误：更强大的指令意味着更高的性能。

Intel x86 的一个强大之处在于其前缀能够改变后续指令的执行。某个前缀可以重复执行后面的指令直到计数器减少至 0。因此，为了在存储器中移动数据，看起来自然的指令序列是使用带重复前缀的 move 指令来实现 32 位的存储器到存储器的传输。

另外一种方法是使用所有计算机上都有的标准指令，将数据取到寄存器后再存回存储器。第二种形式的程序通过代码复制来减少循环开销，复制操作大约快 1.5 倍。第三种方式是使用 x86 中更大的浮点寄存器代替整数寄存器，复制操作比使用复杂的 move 指令快 2 倍。

谬误：使用汇编语言来获得最高的性能。

过去，编程语言的编译器曾产生很幼稚的指令序列。但编译器的不断改进和成熟，意味着编译器产生的代码与手工生成代码的差距正在快速消失。事实上，要与当今的编译器竞争，汇编语言程序员需要深刻理解第 4 章和第 5 章（处理器流水线和存储器层次结构）中的概念。 169

编译器和汇编语言程序员之间的战争正在逐渐消失。例如，C 为程序员提供了一个机会，可以指示编译器把哪些变量保存在寄存器中而不是换出到存储器中。当编译器在寄存器分配上能力较差时，这种指示对性能至关重要。事实上，一些老的 C 语言教科书花费大量的时间列举有效使用寄存器指示的例子。今天的 C 语言编译器通常忽略这些指示，因为在分配上，编译器比程序员工作得更为出色。

即使手工编写会产生更快的代码，编写汇编语言仍存在很多危险：延长了编码和调试的时间，损失了可移植性，并且这些代码难以维护。软件工程中几个被广泛接受的公理之一是，编写的程序行数越多所花时间也越多。显然，用汇编语言编写一个程序要比用C或Java需要更长的代码。此外，一旦代码编写完成，下一个危险是这些代码将变成流行的程序。这种程序存在的时间总是比预期要长，意味着程序员需要每隔几年就更新一下代码，使其可以运行在新发布的操作系统和新的机器上。然而，使用高级语言而不是汇编语言编写程序，不仅允许未来的编译器为未来的机器定制代码，还可以使软件易于维护并允许程序运行在更多品牌的计算机上。

谬误：商用计算机二进制兼容的重要性意味着成功的指令集不需改变。

在向后二进制兼容是神圣不可侵犯的同时，图2-44显示了x86体系结构的快速发展。在35年中，平均每个月至少增加了一条新指令。

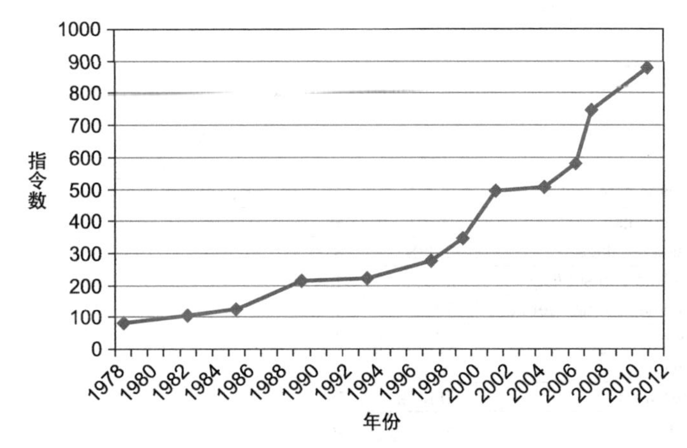

图2-44　x86指令集随时间的增长。这些扩展中有些是有明确技术价值的，但这种迅速的变化也给其他试图生产兼容处理器的公司增加了难度

170

陷阱：忘记在字节编址的机器中，连续的字或双字的地址相差不是1。

很多汇编语言程序员因为假设下一个字或双字的地址可以通过将某个寄存器的值加1而不是加一个字或双字的字节数来获得，因此长期以来产生了很多错误。凡事预则立！

陷阱：使用指针指向一个超过其所定义过程的自动变量。

处理指针的一个常见错误是从一个过程中传出结果，而该过程包含了一个指向该过程局部数组的指针。遵从图2-13中的栈规则，当过程返回时，包含局部数组的存储器将立即被重新使用。指向自动变量的指针会引发混乱。

2.21　本章小结

> *少就是多。*
>
> *Robert Browning，Andrea del Sarto，1855*

存储程序计算机的两个准则是指令的使用与数字没有区别，以及程序可以使用可变存储器。这些准则使得同一台计算机可为癌症研究人员、财务顾问和小说家等在其各自的专业里提供服务。选择一个机器可以理解的指令集需要精妙地平衡程序需要执行的指令数目、一条指令执行所需的时钟周期数以及时钟速度。就像本章所描述的，有三条准则可以指导指令集设计者做出权衡：

- 简单源于规整。规整性使得ARMv8指令集具有很多特点：所有指令长度统一、算术指令总是需要三个寄存器操作数、寄存器字段在大多数指令格式中位置相同。

- 越少越快。对速度的要求导致 ARMv8 只有 32 个寄存器而不是更多。
- 优秀的设计需要好的权衡和折中。ARMv8 在指令中提供更大的地址和常数，与保持所有指令长度相同之间进行了折中。

第 1 章中我们已经了解了计算机中的伟大思想，其中加速大概率事件的思想不仅适用于计算机体系结构，对指令集也同样适用。加速 ARMv8 中大概率事件的例子包括条件分支的 PC 相对寻址和大常数操作数的立即数寻址。

171　这些机器语言之上是人类可以阅读的汇编语言。汇编器将汇编语言翻译为机器可以理解的二进制数，编译器甚至通过创造硬件中没有的符号指令来“扩展”指令集。例如，太大的常量和地址被切割成大小合适的片段，常用的指令变体有自己的名字，等等。图 2-45 列举了到目前为止我们介绍过的 LEGv8 指令，包括实际指令和伪指令。从更高的级别隐藏细节是伟大思想抽象的另外一个例子。

LEGv8指令	名称	格式
add	ADD	R
subtract	SUB	R
add immediate	ADDI	I
subtract immediate	SUBI	I
add and set flags	ADDS	R
subtract and set flags	SUBS	R
add immediate and set flags	ADDIS	I
subtract immediate and set flags	SUBIS	I
load register	LDUR	D
store register	STUR	D
load signed word	LDURSW	D
store word	STURW	D
load half	LDURH	D
store half	STURH	D
load byte	LDURB	D
store byte	STURB	D
load exclusive register	LDXR	D
store exclusive register	STXR	D
move wide with zero	MOVZ	IM
move wide with keep	MOVK	IM
and	AND	R
inclusive or	ORR	R
exclusive or	EOR	R
and immediate	ANDI	I
inclusive or immediate	ORRI	I
exclusive or immediate	EORI	I
logical shift left	LSL	R
logical shift right	LSR	R
compare and branch on equal 0	CBZ	CB
compare and branch on not equal 0	CBNZ	CB
branch conditionally	B.cond	CB
branch	B	B
branch to register	BR	R
branch with link	BL	B

LEGv8伪指令	名称	格式
move	MOV	R
compare	CMP	R
compare immediate	CMPI	I
load address	LDA	M

图 2-45　目前为止介绍过的 LEGv8 指令集，左侧是真实的 LEGv8 指令，右侧是伪指令。2.19 节描述了完整的 ARMv8 体系结构。图 2-1 展示了与本章相关的 LEGv8 结构的更多细节。这里给出的信息可在 LEGv8 参考数据卡的第 1 和第 2 列查到

每一类 ARMv8 指令都与编程语言中出现的结构相关：

- 算术指令对应于赋值语句中的操作。
- 传输指令很可能发生在处理如数组和结构体这样的数据结构时。
- 条件分支用于 if 语句和循环中。
- 无条件分支用于过程调用和返回以及 case/switch 语句。

这些指令产生的频率不等，少数指令占据了指令出现频率的大部分。例如，图 2-46 展示了 SPEC CPU 2006 中每类指令出现的频率。指令出现的不同频率在数据通路、控制器和流水线的章节中扮演着重要的角色。

指令类型	LEGv8示例	相应的高级语言	频率	
			整数型	浮点型
算术运算	ADD, SUB, ADDI, SUBI	赋值语句的操作	16%	48%
数据传输	LDUR, STUR, LDURSW, STURW, LDURH, STURH, LDURB, STURB, MOVZ, MOVK	对数据结构的引用，例如数组	35%	36%
逻辑运算	AND, ORR, EOR, ANDI, ORRI, EORI, LSL, LSR	赋值语句的操作	12%	4%
条件分支	CBZ, CBNZ, B.cond, CMP, CMPI	if语句和循环语句	34%	8%
跳转	B, BR, BL	过程调用、返回和case/switch语句	2%	0%

图 2-46 LEGv8 指令类型、示例、对应的高级编程语言结构，以及 SPEC CPU 2006 整数（定点）和浮点测试程序中各类 LEGv8 指令执行的比例。第 3 章中的图 3-27 展示了每条 LEGv8 指令执行的平均比例

在第 3 章阐述计算机的算术运算之后，我们将揭示 ARMv8 指令集体系结构中更多的内容。

2.22 历史观点与拓展阅读

172 ~ 173

本节概述了指令集体系结构（ISA）的历史，并且介绍了编程语言和编译器的简短历史。ISA 包括累加器结构、通用寄存器结构、栈结构，以及 ARMv7 及 x86 的简短历史。我们还回顾了高级语言计算机结构中有争议的问题以及精简指令集体系结构。编程语言的历史包括 Fortran、Lisp、Algol、C、Cobol、Pascal、Simula、Smalltalk、C++ 和 Java。编译器的历史包括关键的里程碑和实现它们的先驱。本节剩余部分的内容可以阅读在线资料。

2.23 练习题

（读者在做练习之前可能想下载并安装 ARM DS-5 专业版软件套件的免费社区版，该软件包括了 ARMv8-A（64 位）体系结构模拟器。更多细节可登录本书相应的网页查询。）

LEGv8 和 ARMv8 的主要区别在于，LEGv8 是 ARMv8 的一个子集。因此，编译器可能会生成 LEGv8 中没有的 ARMv8 指令。这也是我们在 2.19 节、3.8 节和 5.14 节中列出其他 ARMv8 指令的一个原因。查看编译器的输出你会发现，最主要的一个区别就是编译器可能使用可扩展读取和存入指令（LDR 和 STR），而不是 LEGv8 指令集中的不可扩展存取指令（LDUR 和 STUR）。

为了方便教学，我们在 LEGv8 中对 ARMv8 做了一些修改，这在本书的“精解”中已经说明。这些修改不能在 ARMv8 的汇编器和模拟器中工作。以下列出了四点不同：

- ARMv8 中没有独立的立即数汇编指令。而 LEGv8 中有 ADDI、SUBI、ADDIS、SUBIS、ANDI、ORRI 和 EORI，这些在 ARMv8 中都没有。你可以简单使用非立即数的指令版本并使用一个立即数操作数。例如，ARMv8 汇编器接受下面的指令形式：

```
ADD X0, X1, #4
```

并且为加法 ADD 生成立即数版本的操作码，而在 LEGv8 中则直接使用 ADDI。

- 类似的，单精度和双精度浮点指令没有独立的汇编语言指令。因此，ARMv8 没有 FADDS、FADDD、174 FSUBS、FSUBD、FMULS、FMULD、FDIVS、FDIVD、FCMPS、FCMPD、LDURS、STURS 和 STURD，而 LEGv8 中有这些指令。相反，你只用写出浮点操作，然后由汇编器根据使用的寄存器名生成正确的操作码：S 代表单精度，D 代表双精度。例如，ARMv8 汇编器接受下面的指令：

```
FADD D0, D1, D2
```

然后为 FADD 生成双精度版本的操作码，而在 LEGv8 中直接使用指令 FADDD 完成该操作。

- 在完整的 ARMv8 指令集中，大多数指令中 31 号寄存器是 XZR，但在其他一些指令中是栈指针（SP）。我们认为这一点非常让人困惑，因此在 LEGv8 中 31 号寄存器始终为 XZR 而 SP 总是为 28 号寄存器。在使用汇编器或模拟器时，用 XZR 和 SP 作为寄存器的名字不会引起问题。但是在可视化处理器状态时，这种微妙的差别可能会显现出来。
- 在完整的 ARMv8 指令集中，ANDI、ORRI 以及 EORI 指令的立即数字段并不是我们在 LEGv8 中假设的简单的 12 位立即数。ARMv8 提供了一种算法将立即数值以重复模式编码。这意味着一些小常数（如 1、2、3、4、6）是有效的，而其他（如 0.5）则不是。因此，汇编器可能会插入比你期望的更多的指令以实现简单的常数，或者更少的指令（如果你幸运地选择了一个大常数）。官方的定义是位模式（bit pattern），这可以被视为“作为大小为 e = 2, 4, 8, 16, 32，64 位的相同元素的向量。每个元素包含相同的子模式，即从第 0 位开始有 1 到（e – 1）个非零位，然后是零位，再然后旋转 0 到（e – 1）位。”不要试图自己计算，留给汇编器来做。

2.1 ［5］<2.2>对于下面的 C 语句，写出相应的 LEGv8 汇编代码。假设 C 变量 f、g 和 h 已经分别放到寄存器 X0、X1 和 X2 中。请用最少的 LEGv8 汇编语句实现。

```
f = g + (h - 5);
```

2.2 ［5］<2.2>编写一个对应于下面两个 LEGv8 汇编指令的 C 语句。

```
ADD f, g, h
ADD f, i, f
```

2.3 ［5］<2.2, 2.3>对于下面的 C 语句，写出对应的 LEGv8 汇编代码。假设变量 f、g、h、i 和 j 分别存放在寄存器 X0、X1、X2、X3 和 X4 中。假设数组 A 和 B 的基址存放在寄存器 X6 和 X7 中。

175

```
B[8] = A[i-j];
```

2.4 ［10］<2.2, 2.3>对于下面的 LEGv8 汇编指令，相应的 C 语句是什么？假设变量 f、g、h、i 和 j 分别存放在寄存器 X0、X1、X2、X3 和 X4 中。假设数组 A 和 B 的基址分别存放在寄存器 X6 和 X7 中。

```
LSL  X9, X0, #3      // X9 = f*8
ADD  X9, X6, X9      // X9 = &A[f]
LSL  X10, X1, #3     // X10 = g*8
ADD  X10, X7, X10    // X10 = &B[g]
LDUR X0, [X9, #0]    // f = A[f]

ADDI X11, X9, #8
LDUR X9, [X11, #0]
ADD  X9, X9, X0
STUR X9, [X10, #0]
```

2.5 ［5］<2.2, 2.3, 2.6>在不改变功能的前提下，重写练习题 2.4 中的 LEGv8 汇编代码，使其指令数目尽可能少。

2.6 ［5］<2.3>分别给出数据 0xabcdef12 在大端模式和小端模式机器上是如何分布在存储器中

的。假定数据从地址 0 开始存储，字大小是 4 个字节。

2.7 [5] <2.4> 将 0xabcdef12 转化为十进制。

2.8 [5] <2.2, 2.3> 把下面的 C 代码翻译为 LEGv8 代码。假定变量 f、g、h、i 和 j 分别赋值给寄存器 X0、X1、X2、X3 和 X4。假定数组 A 和数组 B 的基址分别存放在 X6 和 X7 中。假定数组 A 和数组 B 中的元素均为 8 字节的双字：

```
B[8] = A[i] + A[j];
```

2.9 [10] <2.2, 2.3> 把下面的 LEGv8 代码翻译为 C 代码。假定变量 f、g、h、i 和 j 分别赋值给寄存器 X0、X1、X2、X3 和 X4。假定数组 A 和数组 B 的基址分别存放在 X6 和 X7 中。

```
ADDI  X9,  X6,  #8
ADD   X10, X6,  XZR
STUR  X10, [X9, #0]
LDUR  X9,  [X9, #0]
ADD   X0,  X9,  X10
```

176

2.10 [20] <2.2, 2.5> 对于练习题 2.9 中的每条 LEGv8 指令，写出操作码（Op）、源操作数寄存器（Rn）和目的操作数寄存器（Rd 或 Rt）字段的值（value）。对于 I 型指令，写出立即数字段的值。对于 R 型指令，写出第二源操作数寄存器（Rm）字段的值。

2.11 假定寄存器 X0 和 X1 分别存放数值 0x8000000000000000 和 0xD000000000000000。

2.11.1 [5] <2.4> 下面汇编代码中 X9 的值是多少？

```
ADD X9, X0, X1
```

2.11.2 [5] <2.4> X9 中的结果是期望的结果，还是发生溢出后的结果？

2.11.3 [5] <2.4> 对于上面定义的寄存器 X0 和 X1 的内容，下面汇编代码中 X9 的值是多少？

```
SUB X9, X0, X1
```

2.11.4 [5] <2.4> X9 中的结果是期望的结果，还是发生溢出后的结果？

2.11.5 [5] <2.4> 对于上面定义的寄存器 X0 和 X1 的内容，下面汇编代码中 X9 的值是多少？

```
ADD X9, X0, X1
ADD X9, X9, X0
```

2.11.6 [5] <2.4> X9 中的结果是期望的结果，还是发生溢出后的结果？

2.12 假定 X0 中的值为 128_{ten}。

2.12.1 [5] <2.4> 对于指令 ADD X9, X0, X1，求使结果产生溢出的 X1 的值的范围。

2.12.2 [5] <2.4> 对于指令 SUB X9, X0, X1，求使结果产生溢出的 X1 的值的范围。

2.12.3 [5] <2.4> 对于指令 SUB X9, X1, X0，求使结果产生溢出的 X1 的值的范围。

2.13 [5] <2.2, 2.5> 写出下面的二进制数值对应的指令类型和汇编语言指令：

$1000\ 1011\ 0000\ 0000\ 0000\ 0000\ 0000\ 0000_{two}$

提示：图 2-20 可能有帮助。

2.14 [5] <2.2,2.5> 给出下面指令的类型和十六进制表示：

```
STUR X9, [X10,#32]
```

177

2.15 [5] <2.5> 写出下面 LEGv8 字段描述的指令的类型、汇编语言指令和二进制表示：

```
op=0x658, Rm=13, Rn=15, Rd=17, shamt=0
```

2.16 [5] <2.5> 写出下面 LEGv8 字段描述的指令的类型、汇编语言指令和二进制表示：

```
op=0x7c2, Rn=12, Rt=3, const=0x4
```

2.17 假设将 LEGv8 寄存器文件扩展到 128 个寄存器，并将指令集中的指令数扩展为原来的 4 倍。

2.17.1 [5] < 2.5 > 这对 R 型指令每个位字段的大小有何影响？

2.17.2 [5] < 2.5 > 这对 I 型指令每个位字段的大小有何影响？

2.17.3 [5] < 2.5, 2.8, 2.10 > 在提出的这两种变化中，每种变化如何减少 LEGv8 汇编程序的大小？另一方面，又如何增大 LEGv8 汇编程序的大小？

2.18 假设如下寄存器内容：

```
X10 = 0x00000000AAAAAAAA, X11 = 0x1234567812345678
```

2.18.1 [5] < 2.6 > 对于以上的寄存器内容，下面的指令序列执行后 X12 的值是多少？

```
LSL X12, X10, #4
ORR X12, X12, X11
```

2.18.2 [5] < 2.6 > 对于以上的寄存器内容，下面的指令序列执行后 X12 的值是多少？

```
LSL X12, X11, #4
```

2.18.3 [5] < 2.6 > 对于以上的寄存器内容，下面的指令序列执行后 X12 的值是多少？

```
LSR  X12, X10, #3
ANDI X12, X12, 0xFEF
```

2.19 [10] < 2.6 > 找出完成如下功能的最短的 LEGv8 指令序列：从寄存器 X10 中提取第 16 位到第 11 位，然后使用这些位替换寄存器 X11 的第 31 位到第 26 位，保持其他位不变。(使用 X10 =0 和 X11=0xffffffffffffffff 测试你的代码。从中可以发现一个常见的疏忽。)

178

2.20 [5] < 2.6 > 写出可用来实现下面伪指令的 LEGv8 指令的最小子集：

```
NOT X10, X11        // bit-wise invert
```

2.21 [5] < 2.6 > 对于下面的 C 语句，写一个能够完成同样操作的最短 LEGv8 汇编指令序列。假设 X11=A 且 X13 是 C 的基址。

```
A = C[0] << 4;
```

2.22 [5] < 2.7 > 假设 X0 中存放数值 0x0000000000101000，下列指令执行后 X1 的值是多少？

```
       CMP X0, #0
       B.GE ELSE
       B DONE
ELSE:  ORRI X1, XZR, #2
DONE:
```

2.23 假设程序计数器（PC）被设置为 0x2000 0000。

2.23.1 [5] < 2.10 > 使用 LEGv8 分支（B）指令可以达到的地址范围是多少？(换句话说，分支指令执行后 PC 可能的值是多少？)

2.23.2 [5] < 2.10 > 使用 LEGv8 条件分支（CBZ）指令可以达到的地址范围是多少？(换句话说，分支指令执行后 PC 可能的值是多少？)

2.24 考虑一个名为 RPT 的新指令。该指令将循环的条件检查和计数器递减组合为一个指令。例如 RPT X12, loop 将执行以下操作：

```
if (X12 >0) {
        X12 = X12 -1;
        goto loop
    }
```

2.24.1 [5] < 2.7, 2.10 > 如果在 ARMv8 指令集中加入该指令，哪种指令格式最合适？

2.24.2 [5] <2.7> 能够实现相同操作的最短 LEGv8 指令序列是什么？ 179

2.25 考虑如下的 LEGv8 循环：

```
LOOP:  SUBIS X1, X1, #0
       B.LE DONE
       SUBI X1, X1, #1
       ADDI X0, X0, #2
       B LOOP
DONE:
```

2.25.1 [5] <2.7> 假设寄存器 X1 的初始值为 10，X0 初始值为 0，则循环执行完毕时寄存器 X0 的值是多少？

2.25.2 [5] <2.7> 对于上面的循环，写出等价的 C 代码。假定寄存器 X0、X1 分别为整数 acc 和 i。

2.25.3 [5] <2.7> 对于上面循环的 LEGv8 汇编代码，假定寄存器 X1 的初始值为 N，执行了多少条 LEGv8 指令？

2.25.4 [5] <2.7> 对于上面循环的 LEGv8 汇编代码，将指令 B.LE DONE 替换成 B.MI DONE。假设寄存器 X0 的初始值位 0，循环执行完毕后寄存器 X0 的值是多少？

2.25.5 [5] <2.7> 对于上面循环的 LEGv8 汇编代码，将指令 B.LE DONE 替换成 B.MI DONE 并写出等价的 C 代码。

2.25.6 [5] <2.7> 上述代码中指令 SUBIS 的目的是什么？

2.25.7 [5] <2.7> 如果将指令 SUBIS 和 SUBI 组合起来，如何减少上述代码中指令的数量。（提示：在循环外增加一条指令。）

2.26 [10] <2.7> 将下面的 C 代码翻译为 LEGv8 汇编代码。要求使用的指令数目最少。假设值 a、b、i 和 j 分别存放在寄存器 X0、X1、X10 和 X11 中。另外寄存器 X2 中存放数组 D 的基址。

```
for(i=0; i<a; i++)
    for(j=0; j<b; j++)
        D[4*j] = i + j;
```

2.27 [5] <2.7> 实现练习题 2.26 中的 C 代码需要多少条 LEGv8 汇编指令？如果变量 a 和 b 分别初始化为 10 和 1，并且 D 中所有元素初始化为 0，整个循环执行完成时，一共执行了多少条 LEGv8 指令？ 180

2.28 [5] <2.7> 将下面的循环翻译成 C 代码。假定寄存器 X10 中存放 C 语言级的整数 i，X0 中存放 C 语言级的整数 result，X1 存放整数数组 MemArray 的基址。

```
      ORR X10, XZR, XZR
LOOP: LDUR X11, [X1, #0]
      ADD X0, X0, X11
      ADDI X1, X1, #8
      ADDI X10, X10, #1
      CMPI X10, 100
      B.LT LOOP
```

2.29 [10] <2.7> 将练习题 2.28 中的循环重写以减少执行的 LEGv8 指令数。提示：注意变量 i 只能用于循环控制。

2.30 [30] <2.8> 使用 LEGv8 汇编实现下面的 C 代码。提示：栈指针必须保持 16 的倍数对齐。

```
int fib(int n){
    if (n==0)
        return 0;
    else if (n == 1)
        return 1;
    else
```

```
        return fib(n-1) + fib(n-2);
}
```

2.31 [20] <2.8>对于每一次函数调用，画出调用后栈的内容。假定栈指针初始为 0x7ffffffc，寄存器的使用情况和图 2-12 相同。

2.32 [20] <2.8>将下面的函数 f 翻译成 LEGv8 汇编语言。如果需要使用寄存器 X10 到 X27，请从编号小的寄存器开始使用。假设函数 g 的声明为“int g(int a,int b);”，函数 f 的代码如下：

```
int f(int a, int b, int c, int d){
  return g(g(a,b),c+d);
}
```

2.33 [5] <2.8>请问这个函数可以使用尾调用优化吗？如果不能，请说明原因。如果能，请说明优化前后执行 f 的指令数的差别。

181

2.34 [5] <2.8>在练习题 2.32 中的函数 f 返回之前，我们知道寄存器 X5、X29、X30 和 SP 的内容是什么吗？注意，我们知道函数 f 的全部，但是对于函数 g，我们只知道函数声明。

2.35 [30] <2.9>用 LEGv8 汇编语言写一段代码，将包含十进制正整数和负整数的 ASCII 码的数串转换成整数。在程序中使用寄存器 X0 保存非空字符串的地址，该字符串包含“+”和“-”符号并由数字 0 ～ 9 组成。程序应该计算与这个数字串等值的整数，并将这个整数存放在寄存器 X0 中。如果在字符串的任意位置出现非数字字符，程序停止并将 -1 存入 X0。例如，如果寄存器 X0 指向一个 3 字节的序列 50_{ten}，52_{ten}，0_{ten}（非终结的字符串“24”），当程序停止时，寄存器 X0 中的值应该是 24_{ten}。ARMv8 的 MUL 指令需要两个寄存器作为输入。没有 MULI 指令。因此，需要将常量 10 存入一个寄存器。

2.36 对于如下代码：

```
LDURB X10, [X11, #0]
STUR  X10, [X11, #8]
```

假设寄存器 X11 中存放地址 0x10000000，该地址中存放的数据是 0x1122334455667788。

2.36.1 [5] <2.3, 2.9>在大端机器中，地址 0x10000008 中存放的值是多少？

2.36.2 [5] <2.3, 2.9>在小端机器中，地址 0x10000008 中存放的值是多少？

2.37 [5] <2.10>写一段 LEGv8 汇编代码，生成 64 位常数 0x1122334455667788 并存入寄存器 X0 中。

2.38 [10] <2.11>写出实现下面 C 代码的 LEGv8 汇编代码：

```
lock(lk);
shvar=max(shvar,x);
unlock(lk);
```

假设变量 lk 的地址在 X0 中，变量 shvar 的地址在 X1 中，变量 x 的值在 X2 中。你所编写的这个重要部分的代码不能包含任何函数调用。使用 LDXR/STXR 指令实现 lock( ) 操作，而 unlock() 操作可以简单地使用存数指令。

182

2.39 [10] <2.11>重复练习题 2.38，这次使用 LDXR/STXR 直接完成对变量 shvar 的原子更新操作，不使用 lock() 和 unlock()。注意这次练习中没有变量 lk。

2.40 [5] <2.11>以练习题 2.38 中的代码为例，解释当两个处理器同时执行这段临界区域时，将发生什么情况？假设每个处理器执行一条指令正好需要一个周期。

2.41 假设给定处理器的算术指令的 CPI 是 1，取数 / 存数指令的 CPI 是 10，分支指令的 CPI 是 3。假设一个程序有 5 亿条算术指令、3 亿条取数 / 存数指令和 1 亿条分支指令。

2.41.1 [5] <1.6, 2.13>假设向指令集中添加了新的、功能更强的算术指令。通过使用这些功能更强大的算术指令，平均可以减少程序执行所需要的 25% 的算术指令，而时钟周期的开销增长了 10%。请问这是好的设计选择吗？为什么？

2.41.2 [5] < 1.6, 2.13 > 假设我们找到了一种可以使算术指令性能达到原来两倍的方法。请问此时机器的整体加速是多少？假设我们找到了一种可以使算术指令性能达到原来 10 倍的方法，那么机器性能的整体加速又是多少？

2.42 假设一给定程序所执行的指令中，70% 是算术指令、10% 是取数 / 存数指令，20% 是分支指令。

2.42.1 [5] < 1.6, 2.13 > 假设执行一条算术指令需要 2 个周期，执行一条取数 / 存数指令需要 6 个周期，而执行一条分支指令需要 3 个周期，求平均 CPI。

2.42.2 [5] < 1.6, 2.13 > 在取数 / 存数指令和分支指令执行时间不变的情况下，如果要使性能提升 25%，则算术运算指令的平均执行时间应该为多少？

2.42.3 [5] < 1.6, 2.13 > 在取数 / 存数指令和分支指令执行时间不变的情况下，如果要使性能提升 50%，则算术运算指令的平均执行时间应该为多少？

2.43 [10] < 2.19 > 使用完整的 ARMv8 指令集（特别是在加载数据时可扩展寄存器偏移量的特性），进一步减少执行练习题 2.4 中给出的功能所需的汇编指令的数量。

2.44 [10] < 2.19 > 使用完整的 ARMv8 指令集（特别是在加载数据时可扩展寄存器偏移量的特性），进一步减少实现练习题 2.8 中给出的 C 代码所需的汇编指令的数量。

183

2.45 [10] < 2.19 > 使用完整的 ARMv8 指令集，进一步减少完成练习题 2.19 所需的汇编指令的数量。

2.46 [10] < 2.19 > 给出实现如下伪代码需要的最少的 ARMv8 指令：

```
NOT X10, X11        // bit-wise invert
```

（注意，练习题 2.20 中的 LEGv8 指令代码未必是有效的 ARMv8 指令代码。）

2.47 [10] < 2.19 > 使用前索引寻址模式来尽量减少实现练习题 2.28 中给出的代码所需的 ARMv8 汇编指令的数量。

2.48 [5] < 2.19 > 使用后索引寻址模式来尽量减少实现练习题 2.28 中给出的代码所需的 ARMv8 汇编指令的数量。

2.49 [5] < 2.19 > 实现在整数数组中找到最大值的 ARMv8 汇编函数。以尽可能少的指令实现函数的功能。提示：使用 `CSEL` 指令，可以将循环体减少到五条指令。

小测验答案

2.2 节　ARMv8，C，Java

2.3 节　2. 非常慢

2.4 节　2. -8_{10}

2.5 节　3. `SUB X11, X10, X9`

2.6 节　都可以。将 `AND` 和全“1”的掩码一起使用会导致除了想要的区域之外，其他都变成 0。左移正确的位数将左边的位都移走。右移一定位数可以设置一个双字最右边的字段，而将 0 留在其他字段中。注意，`AND` 会保留字段原始的值，而成对移位（shift pair）操作将需要的字段移动到双字的最右边。

2.7 节　I. 全对；II. 1。

2.8 节　两个都正确。

2.9 节　I. 1 和 2；II. 3。

2.10 节　I. 4. ± 1024K；II. 4. ± 128M。

2.11 节　两个都正确。

2.12 节　4. 与机器无关。

184 ~ 185

第3章

Computer Organization and Design: The Hardware/Software Interface, ARM Edition

计算机的算术运算

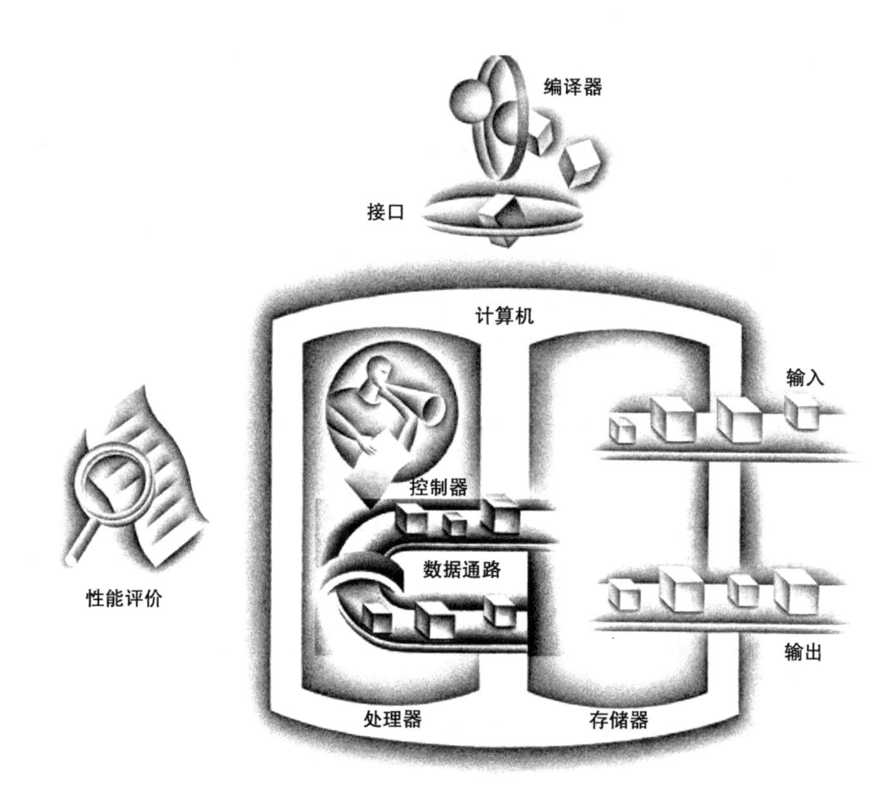

计算机的五个经典部件

3.1 引言

> 数值的精确度是科学的精髓。
> *Sir D'arcy Wentworth Thompson, On Growth and Form, 1917*

计算机中的字由位组成。因此，字可以表示为二进制的数。第2章里阐述了整数可以表示成十进制或者二进制形式，但是其他常用的数据如何表示？例如：

- 小数和其他实数如何表示？
- 当一个操作生成了一个无法表示的大数时会发生什么？
- 这些问题后面隐藏着的秘密：硬件如何真正地做乘法和除法？

本章的目的就是要揭示这些秘密，包括实数的表示、算术运算的算法、实现这些算法的硬件，以及所有这些对指令集的影响。有了这些知识后，你就能解释在使用计算机的过程中遇到的一些怪异的现象。此外，本章还将介绍如何使用这些知识加速算术运算密集型程序的运行。

> 减法：加法的微妙朋友。
> *No.10, Top Ten Courses for Athletes at a Football Factory, David Letterman et al., Book of Top Ten Lists, 1990*

3.2 加法和减法

加法是计算机中必备的操作。数据从右到左逐位相加，进位向左传递，就像手动计算一样。减法也可采用加法实现：相加之前，减数首先进行简单的取反操作。

例题 ｜ **二进制加法和减法**

在二进制形式下，首先计算 7_{ten} 加上 6_{ten}，然后计算 7_{ten} 减去 6_{ten}。

```
  00000000 00000000 00000000 00000000 00000000 00000000 00000000 00000111two = 7ten
+ 00000000 00000000 00000000 00000000 00000000 00000000 00000000 00000110two = 6ten
= 00000000 00000000 00000000 00000000 00000000 00000000 00000000 00001101two = 13ten
```

右边 4 位完成运算。图 3-1 给出了和与进位。其中，括号里存放进位，箭头指明了进位如何传递。

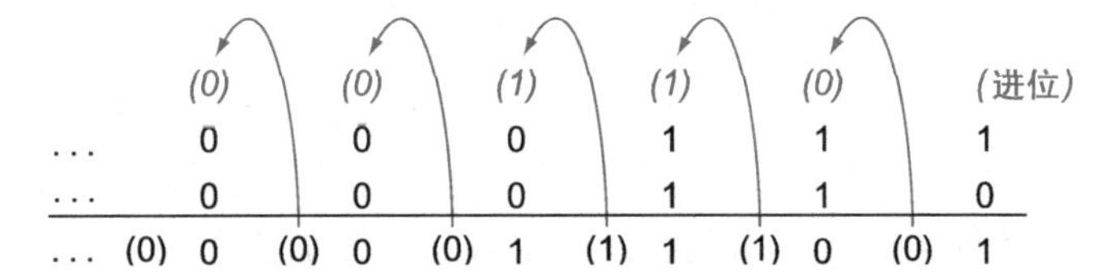

图 3-1　二进制加法，从右到左进位。最右边的位将 1 和 0 相加，得到该位的和为 1，该位进位为 0。因此，右边第二位的操作是 0 + 1 + 1。该操作产生的和为 0，进位为 1。第三位是 1 + 1 + 1 的和，得到的进位为 1，和为 1。第四位是 1 + 0 + 0，和为 1，无进位

答案 ｜ 7_{ten} 减去 6_{ten} 可以直接操作：

```
  00000000 00000000 00000000 00000000 00000000 00000000 00000000 00000111two = 7ten
+ 00000000 00000000 00000000 00000000 00000000 00000000 00000000 00000110two = 6ten
= 00000000 00000000 00000000 00000000 00000000 00000000 00000000 00000001two = 1ten
```

或者通过加上 –6 的二进制补码来实现：

```
  00000000 00000000 00000000 00000000 00000000 00000000 00000000 00000111two = 7ten
+ 11111111 11111111 11111111 11111111 11111111 11111111 11111111 11111010two = –6ten
= 00000000 00000000 00000000 00000000 00000000 00000000 00000000 00000001two = 1ten
```

当运算结果超过硬件的表示能力（本例为一个 64 位的字）时，就会产生溢出。加法何时会产生溢出？符号不同的两个操作数相加时不会发生溢出，原因是“和”不可能大于其中任何一个操作数。例如，–10 + 4 = –6。因为操作数可以用 64 位表示，而“和”不会大于其中任何一个源操作数，因此“和”也可以用 64 位表示。故当正数和负数相加时不会产生溢出。

在做减法时也有类似情况，但规则相反：当操作数的符号相同时，不会发生溢出。我们知道，c – a = c + (–a)，因为减法是把第二个操作数变相反符号然后相加。因此，当符号相同的数相减时，我们最终是把两个符号相异的数相加。因此也不会发生溢出。

知道在加减法中何时不会发生溢出非常重要，但当溢出确实发生时我们如何检测到呢？很明显，两个 64 位的数进行加或减，可能产生需要用 65 位来表示的结果。

189

缺少第 65 位，意味着溢出发生时，符号位可能被数值位占用，而不是用于代表结果的符号。但我们需要的是额外的一位，而不是占用符号位从而可能产生错误。因此，当两个正

数相加但和为负时，就说明产生了溢出，反之亦然。这个“虚假”的和意味着计算过程中产生了向符号位的进位。

在做减法时，如果一个正数减去一个负数得到一个负的结果，或者一个负数减去一个正数得到一个正的结果，则发生了溢出。这个错误的结果意味着从符号位产生了借位。图3-2给出了引起溢出操作、操作数和结果的组合。

操作	操作数A	操作数B	结果显示溢出
A+B	≥0	≥0	<0
A+B	<0	<0	≥0
A–B	≥0	<0	<0
A–B	<0	≥0	≥0

图3-2 加减法的溢出条件

上面介绍了如何检测计算机中的二进制补码运算的溢出。那么无符号整数的溢出情况又是如何呢？由于无符号数通常用于表示内存地址，这种情况下的溢出可以忽略。

鉴于溢出是四个条件码之一，因此编译器很容易检测加法和减法指令的溢出。C语言忽略溢出，但是Fortran语言需要检测和发现溢出。

附录A描述了实现加减法的硬件，即**算术逻辑单元**（Arithmetic Logic Unit，ALU）。

算术逻辑单元：执行加法、减法，通常也包括如逻辑与、逻辑或等逻辑操作的硬件。

硬件/软件接口 计算机设计者必须考虑如何处理算术溢出。虽然一些编程语言（如C和Java）忽略整数溢出，而另一些语言如Ada和Fortran则需要通知程序溢出。因此，程序员或编程环境必须决定在溢出发生时如何处理。

小结

本节的重点在于，无论采用哪种表示方法，计算机有限的字长意味着进行算术操作时可能产生太大的超过字长的结果。无符号数的溢出容易检测，但这些溢出往往被忽略。因为无符号数通常用于地址计算（自然数最常见的用法），而程序通常不需要检测地址计算的溢出。二进制补码表示[⊖]给溢出检测带来了挑战，但是有些软件系统需要识别溢出，所以今天所有的计算机都支持溢出检测。

190

精解 饱和（saturating）操作是通用微处理器中一个不常见的特性。饱和意味着当计算结果溢出时，结果被设置为最大的正数或者最小的负数，而不像二进制补码运算那样采用取模操作来获得结果。饱和操作很可能是用户需要的媒体操作。例如，当不断旋转收音机的音量旋钮时，起初声音逐渐增大，但当大到一定值后声音会突然变小。然而，支持饱和功能的旋钮会在最高音量时停下，无论已经旋转了多少。标准指令集上的多媒体扩展指令通常提供饱和运算。

精解 尽早确定向高位传递的进位可以加快加法执行的速度。有许多方案可以预先获得进位，因此最坏情况下的进位时间是加法器位长的$\log_2$的函数。这些预期信号传输更快，因为它们经过的门更少，但预先获得进位需要更多的逻辑门。最流行的结构是超前进位（carry look ahead）加法器，附录A中的A.6节进行了描述。

⊖ 即有符号数。——译者注

小测验 部分编程语言支持对一些以字节或者半字声明的变量进行二进制补码的整数运算，而LEGv8只有对整字的整数算术操作。回顾第2章，LEGv8中也有字节和半字的数据传输指令。那么对于字节和半字算术操作，应该使用哪些LEGv8指令？

1. 使用取数指令 `ldurb`、`ldurh`；算术指令 `add`、`sub`、`mul`、`div`，通过 `and` 指令将每次操作的结果“隐藏”到8位或者16位；存数指令 `sturb`、`sturh`。
2. 使用取数指令 `ldurb`、`ldurh`；算术指令 `add`、`sub`、`mul`、`div`；存数指令 `sturb`、`sturh`。

3.3 乘法

前面我们已经完成了对加法、减法的解释，下面开始分析更让人头疼的乘法操作。

乘法令人恼怒，除法更甚；三人准则困扰着我，做练习令我发疯。
Anonymous, Elizabethan manuscript, 1570

首先我们看看手工计算的十进制数乘法，以便回顾乘法的步骤和操作数的名称。我们只用0和1组成的十进制数作为例子，计算 1000_{ten} 乘以 1001_{ten}：

```
被乘数          1000ten
乘数     x      1001ten
                1000
               0000
              0000
             1000
积           1001000ten
```

191

第一个操作数称为被乘数（multiplicand），第二个称为乘数（multiplier），最终的结果称为积（product）。你可能会回想起小学学过的乘法规则，即每次从右到左选取乘数的一位，乘以被乘数，然后相对上一个中间积，将当前积左移一位。

首先可以观察到，积的位数远远大于被乘数和乘数。事实上，如果忽略符号位，若被乘数为 n 位，乘数为 m 位，则积为 $n+m$ 位，即需要 $n+m$ 位来表示所有可能的积。因此，和加法一样，乘法也需要处理溢出，因为经常需要将两个64位长的数相乘产生一个64位长的积。

在这个例子中，我们只使用了十进制中的0和1。因此只有两个选择，每一步乘法都很简单：

1. 当乘数位为1时，只需要将被乘数（1× 被乘数）复制到合适的位置。
2. 当乘数位为0时，将0（0× 被乘数）放置到合适的位置。

虽然上面十进制的例子限制只能使用0和1，但二进制数的乘法必须一直使用0和1，因此也只有这两种选择。

复习了乘法的基本原则之后，一般而言下一步是介绍高度优化的乘法硬件。然而，本书将打破这一传统。我们认为，通过了解乘法硬件和算法的演进，读者可以对计算机中的乘法有更好的理解。目前，我们假设只有正数相乘。

3.3.1 顺序乘法算法及硬件

该设计模仿了我们在小学学过的算法。图3-3给出了对应的硬件结构。在我们所画的结构中，数据流从顶至下，类似于用纸和笔计算的方法。

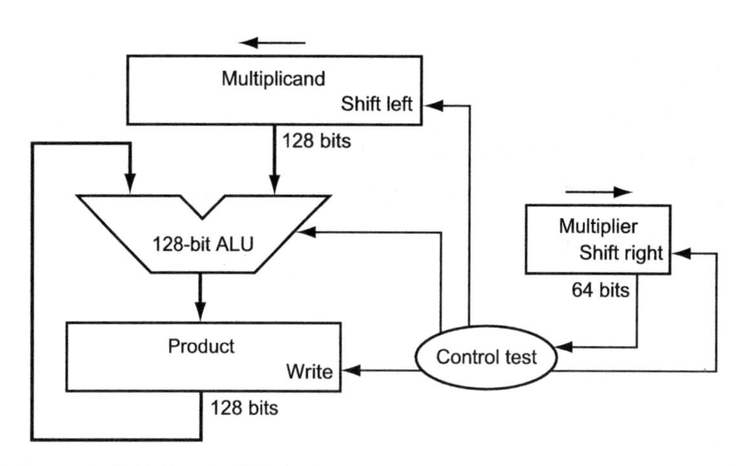

图 3-3　第一版乘法器硬件结构。被乘数寄存器、ALU 和积寄存器都是 128 位长，只有乘数寄存器为 64 位。（附录 A 对 ALU 进行了描述。）64 位的被乘数在开始时放置在被乘数寄存器的右半部分，然后每次左移一位。而乘数则每次向相反的方向移动。算法开始时，积被初始化为 0。控制器决定何时将被乘数和乘数寄存器移位，以及何时将新值写入积寄存器

假设乘数放置在 64 位的乘数寄存器中，128 位的积寄存器被初始化为 0。根据上面采用纸笔计算的例子，我们可以清楚地看到被乘数在每步需要左移一位，因为它需要与前面的中间乘积相加。经过 64 步后，64 位长的被乘数被左移 64 位。因此，我们需要一个 128 位的被乘数寄存器，初始化时右半部分是 64 位的被乘数，左半部分是 0。该寄存器每执行一步就左移一位，将被乘数与 128 位积寄存器中累积的和对齐。

192

图 3-4 给出了每一位所需的三个基本步骤。乘数的最低有效位（乘数的第 0 位）决定了被乘数是否被加到积寄存器上。第二步中左移的作用是将中间的操作数移到左边，如同用纸和笔做乘法一样。第三步中的右移给出了下一个迭代中要检查的乘数位。这三个步骤要重复 64 次以获得乘积。如果每步需要一个时钟周期，该算法需要大概 200 个时钟周期来完成两个 64 位的数相乘。乘法操作的相对重要性因程序而异，一般加法和减法出现的次数要比乘法多 5 ～ 100 倍。因此，在许多应用程序中，乘法会消耗若干个时钟周期而不会显著影响性能。然而，Amdahl 定律（见

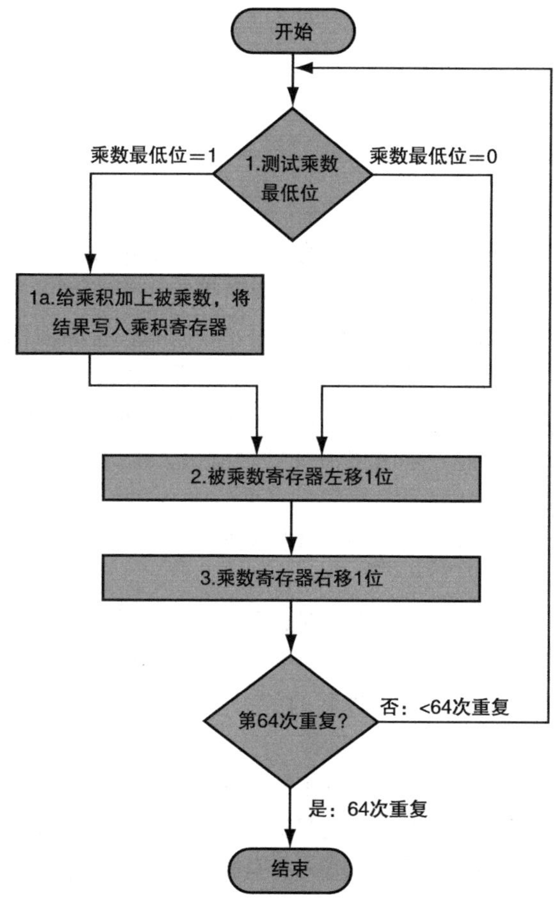

图 3-4　第一种乘法算法，使用图 3-3 中的硬件。如果乘数的最低有效位为 1，则将被乘数与积相加。否则，进入下一步。在下两步中将被乘数左移并将乘数右移。这三个步骤重复 64 次

1.10 节）提醒我们，一个缓慢执行的中等频率的操作，也可能限制程序的性能。

这个算法和硬件结构很容易改进成每一步只需要一个时钟周期。加速来自于对这些操作的并行执行：如果乘数位为 1，乘数和被乘数进行移位，同时将被乘数和积相加。硬件只需保证测试的是乘数中正确的位，并得到之前被移位的被乘数。注意到加法器和寄存器中有未使用的部分后，可以进一步优化硬件，将加法器和寄存器的位长减半。图 3-5 展示了改进后的硬件。 193

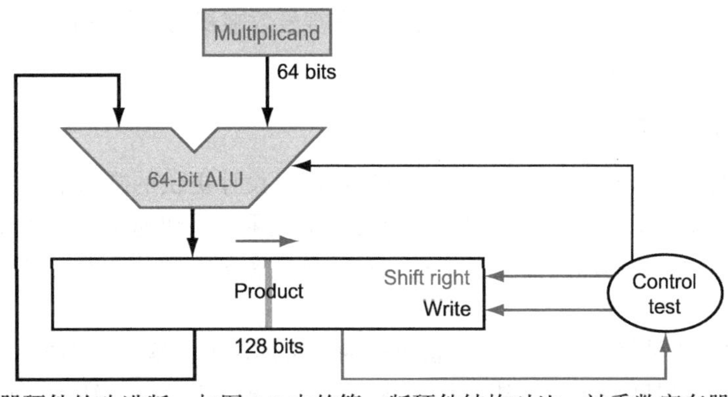

图 3-5　乘法器硬件的改进版。与图 3-3 中的第一版硬件结构对比。被乘数寄存器、ALU、乘数寄存器都是 64 位，只有积寄存器是 128 位。现在将积右移。单独的乘数寄存器也取消了。乘数放在积寄存器的右半部分。这些改变在图中用灰色表示（乘法寄存器实际上应该是 129 位，以保存加法器的进位，但这里只显示了 128 位，以突出从图 3-3 的演变）

硬件 / 软件接口　与常数相乘时，乘法也可以用移位来代替。一些编译器将含有短常数的乘法替换为一系列的移位和加法。因为左移一位等价于将一个数放大两倍，所以左移和乘以 2 为底的指数有着等同的效果。如第 2 章所介绍的，几乎每个编译器都将以 2 为底的指数乘法替换为向左移位来进行优化。 194

例题　乘法算法

为了节省篇幅，本例使用 4 位长的数，计算 $2_{ten} \times 3_{ten}$，或 $0010_{two} \times 0011_{two}$。

答案　图 3-6 给出了按图 3-4 中标出的每一步执行后各个寄存器的值，最终结果为 00000110_{two}，即 6_{ten}。灰色标记了每步中改变的寄存器值。带圈的位用于决定下一步的操作。

迭代次数	步骤	乘数	被乘数	乘积
0	初始值	001①	0000 0010	0000 0000
1	1a：1⇒乘积 = 乘积+被乘数	0011	0000 0010	0000 0010
	2：左移被乘数	0011	0000 0100	0000 0010
	3：右移乘数	000①	0000 0100	0000 0010
2	1a：1⇒乘积 = 乘积+被乘数	0001	0000 0100	0000 0110
	2：左移被乘数	0001	0000 1000	0000 0110
	3：右移乘数	000⓪	0000 1000	0000 0110
3	1：0⇒无操作	0000	0000 1000	0000 0110
	2：左移被乘数	0000	0001 0000	0000 0110
	3：右移乘数	000⓪	0001 0000	0000 0110
4	1：0⇒无操作	0000	0001 0000	0000 0110
	2：左移被乘数	0000	0010 0000	0000 0110
	3：右移乘数	0000	0010 0000	0000 0110

图 3-6　使用图 3-4 中算法的乘法例子。圈起来的是决定下一步操作的位

195

3.3.2 有符号乘法

到目前为止，我们处理的都是正数。对于理解如何处理有符号数，最简单的方法是首先将被乘数和乘数转化为正数，并记住原来的符号。算法下一步迭代 31 次[⊖]，符号位不参与运算。就像我们在小学学的一样，只有当原来两个数的符号不同时，才需要将乘积取负。

这表明后面的算法对于有符号数同样适用，只要记住处理的数据只有有限位数，我们仅仅用 64 位表示它们。因此，移位步骤需要对有符号数乘积的符号进行扩展。算法结束时，低位的双字存放 64 位的乘积。

3.3.3 更快速的乘法

摩尔定律提供了这么多的资源，硬件设计者可以设计更快的乘法器。在乘法运算开始时，通过检查乘数的 64 位，就可以知道是否要加上被乘数。快速乘法的主要思想是为乘数的每一位提供一个 64 位的加法器：一个输入是被乘数和某乘数位相与的结果，另一个是上一个加法器的输出。

一种直接的方法是将右边加法器的输出作为左边加法器的输入，形成一个高 64 位的加法器栈。另一种方法是将 64 个加法器组织成一个并行树，如图 3-7 所示。这样，我们只需要等待 $\log_2(64)$，即 6 次 64 位加法的时间，而不是等待 64 次加法的时间。

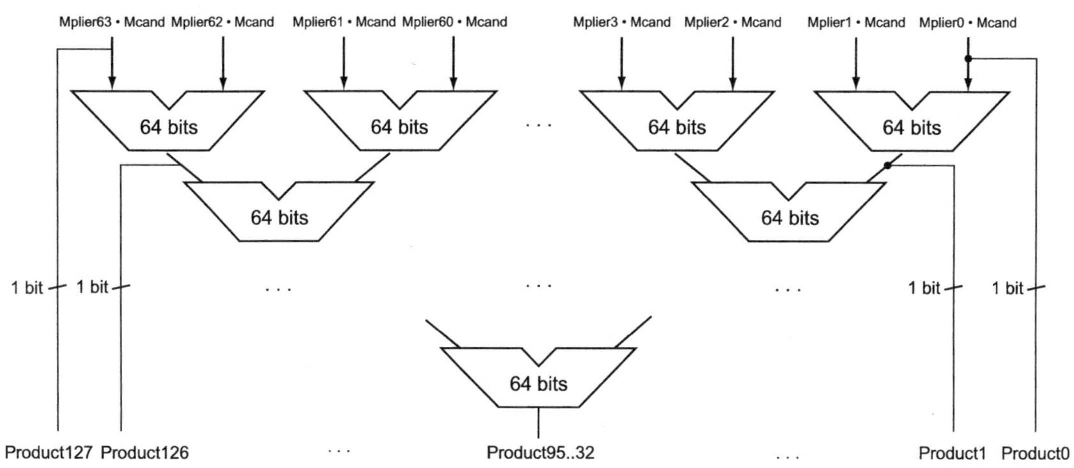

图 3-7 快速乘法器硬件结构。该结构使用 63 个加法器“展开循环”来实现最短延迟，而不是使用单个 64 位的加法器 63 次

196

事实上，通过使用进位保留加法器（carry save adder，见附录 A 的 A.6 节），我们可以让乘法的速度比 6 次加法更快。而且这种设计更容易被流水线化，以支持多个乘法（见第 4 章）同时执行。

3.3.4 LEGv8 中的乘法

为了产生正确的有符号和无符号的 128 位乘积，LEGv8 提供了三条指令：乘法（MUL）、有符号高位乘法（SMULH）和无符号高位乘法（UMULH）。为了获得 64 位的整数积，程序员需要使用 MUL 指令。为了获得 128 位积中的高 64 位，程序员需要使用 SMULH 或 UMULH 指令，具体使用哪种指令取决于乘数和被乘数的类型。

⊖ 如果是两个 32 位的有符号数相乘。——译者注

3.3.5 小结

乘法硬件进行简单的移位和加法，类似于小学生采用纸和笔的计算方法。编译器甚至会用移位指令来代替 2 的幂次的乘法操作。如果有更多硬件进行并行加法，运算速度还将提高更多。

硬件 / 软件接口 LEGv8 乘法指令并不会设置条件码中的溢出位，因此要由软件来检测是否因乘积过大而无法用 64 位表示。对于 UMULH 指令，若高 64 位是 0 就没有溢出。或对于 SMULH 指令，若高 64 位是低 64 位符号位的重复，那么也没有溢出。

3.4 除法

乘法的逆操作是除法，除法使用频率较乘法更少，而且很诡异，甚至可能会出现数学上的无效操作：被 0 除。

Divide et impera.

拉丁语，意为"分而治之"，马基雅维利引用的一句古代政治格言，1532

首先我们通过十进制数的长除来回忆一下除法操作数的命名以及小学时就学习过的除法算法。和前面的章节类似，为简单起见，我们限制每一个十进制位只能是 0 或 1。下面的例子计算 1001010_{ten} 除以 1000_{ten}：

```
                 1001ten      商
除数1000ten  ⟌1001010ten    被除数
             -1000
                10
                101
                1010
               -1000
                  10ten      余数
```

197

除法的两个操作数称为**被除数**（dividend）和**除数**（divisor），结果称为**商**（quotient），还有一个第二结果，称为**余数**（remainder）。这里用一种方式来表达它们之间的关系：

被除数 = 商 × 除数 + 余数

上式中余数小于除数。少数时候，程序使用除法指令可能仅仅为了获得余数，而忽略商。

被除数：被除的数。

小学时学过的最简单的除法算法每次尝试看最大能减多少，并产生商的一位。对于我们选用的只包含 0 和 1 的十进制例子，很容易判断出除数可以进入被除数部分多少次：0 次或者 1 次。二进制数仅包含 0 和 1，因此二进制除法也只有这两种选择，从而简化了二进制除法。

除数：除被除数的数。

商：除法的主要结果；该数乘以除数并加上余数产生被除数。

现在假设被除数和除数都是正数，因此商和余数非负。除法的操作数和两个结果都是 64 位的值，并且我们目前忽略符号位。

余数：除法的第二个结果，与商和除数的乘积相加产生被除数。

3.4.1 除法算法及硬件

图 3-8 给出了模拟小学除法算法的硬件结构。初始时，64 位的商寄存器设为 0。算法每次迭代将除数向右移一位，因此开始时除数放置在 128 位除数寄存器的左半部分，并且每一步右移 1 位以便和被除数对齐。余数寄存器以被除数的值进行初始化。

198

图 3-9 给出了第一种除法算法的 3 个步骤。不像人类那么聪明，计算机无法提前知道除数是否小于被除数。所以需要在第 1 步中先减去除数，类似于我们进行比较操作。如果结果为正，则除数小于或等于被除数，则在商中生成一个 1（第 2a 步）。如果结果为负，则下一步通过将除数加上余数来恢复原来的值，并在商中生成一个 0（第 2b 步）。除数右移，然后

再次迭代。迭代完成后，余数和商存放在以它们命名的寄存器中。

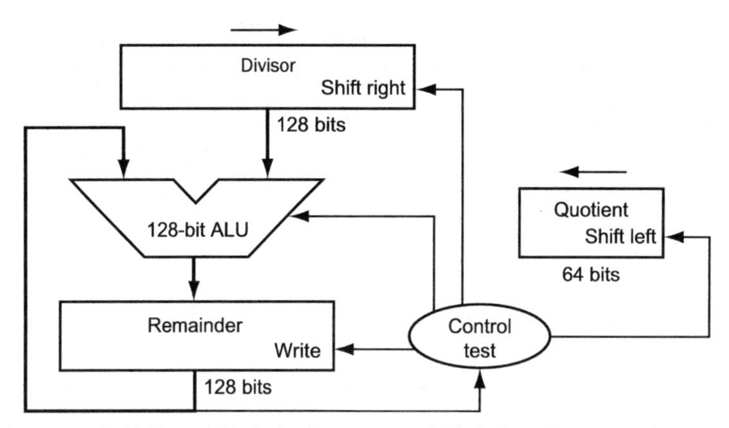

图 3-8 第一版除法器硬件结构。除数寄存器、ALU、余数寄存器都是 128 位，只有商寄存器是 64 位。64 位的除数开始放置在除数寄存器的左半部分，每次迭代右移一位。余数寄存器初始化为被除数。控制器决定何时对除数和商寄存器进行移位，以及何时将新值写入余数寄存器

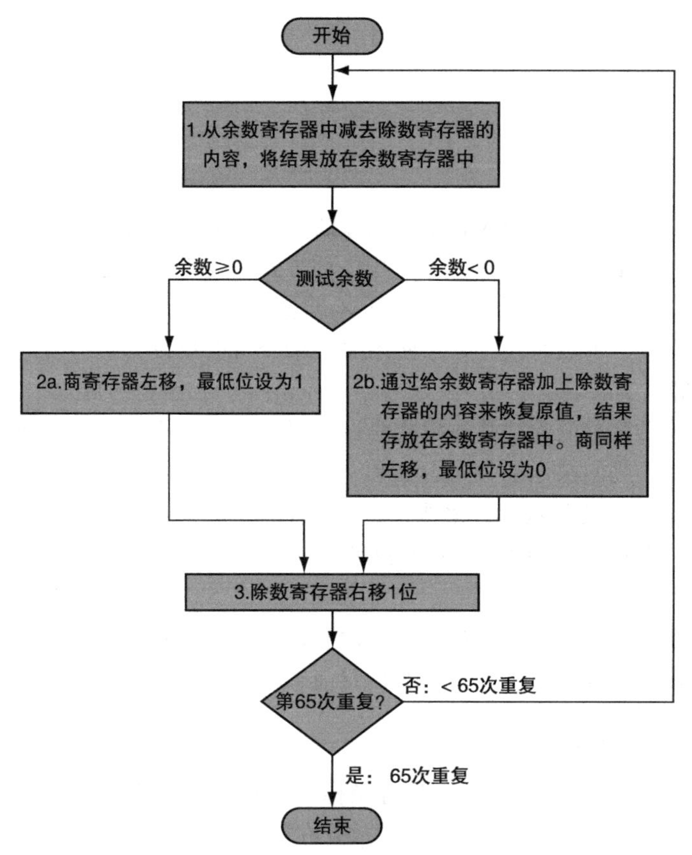

图 3-9 使用图 3-8 中硬件的除法算法。如果余数为正，则将除数从被除数中减去，因此在第 2a 步取商为 1。如果第 1 步之后余数为负，则意味着除数不能从被除数中减去，所以在第 2b 步中取商为 0，并将除数加到余数上，即做第 1 步中减法的逆操作[⊖]。第 3 步进行最后的移位，根据下一个迭代的被除数，将除数适当对齐。这些步骤需要重复 65 次

⊖ 通过加法恢复。——译者注

| 例题 | 除法算法

为了节省篇幅，我们使用4位数据验证算法。计算 7_{ten} 除以 2_{ten}，即 00000 111_{two} 除以 0010_{two}。

| 答案 | 图3-10给出了每步中各个寄存器的值，其中商为 3_{ten}，余数为 1_{ten}。注意，第2步中余数的正负检测只需要简单地测试余数寄存器的符号位是0还是1。令人惊讶的是，该算法需要 $n+1$ 步来获得适当的商和余数。

迭代次数	步骤	商	除数	余数
0	初始值	0000	0010 0000	0000 0111
1	1：余数=余数−除数	0000	0010 0000	①110 0111
	2b：余数<0⟹+除数，商左移，商最低位=0	0000	0010 0000	0000 0111
	3：除数右移	0000	0001 0000	0000 0111
2	1：余数=余数−除数	0000	0001 0000	①111 0111
	2b：余数<0⟹+除数，商左移，商最低位=0	0000	0001 0000	0000 0111
	3：除数右移	0000	0000 1000	0000 0111
3	1：余数=余数−除数	0000	0000 1000	①111 1111
	2b：余数<0⟹+除数，商左移，商最低位=0	0000	0000 1000	0000 0111
	3：除数右移	0000	0000 0100	0000 0111
4	1：余数=余数−除数	0000	0000 0100	⓪000 0011
	2a：余数≥0⟹商左移，商最低位=1	0001	0000 0100	0000 0011
	3：除数右移	0001	0000 0010	0000 0011
5	1：余数=余数−除数	0001	0000 0010	⓪000 0001
	2a：余数≥0⟹商左移，商最低位=1	0011	0000 0010	0000 0001
	3：除数右移	0011	0000 0001	0000 0001

图3-10 采用图3-9中算法的除法例子。图中圈起来的位用于决定下一步的操作

199～200

上述算法和对应的硬件结构可以改进得更快、更便宜。通过将操作数和商的移位与减法同时执行可以实现加速。这种改进将加法器和寄存器的宽度减少一半（注意寄存器和加法器还有未使用的部分）。图3-11给出了改进后的硬件结构。

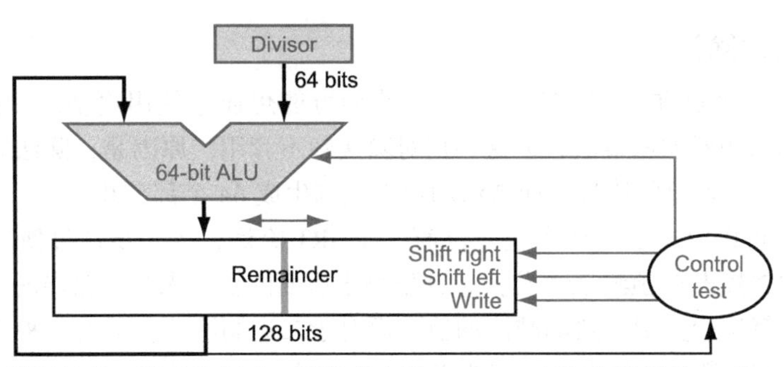

图3-11 除法器硬件的一种改进版本。除数寄存器、ALU、商寄存器都是64位，只有余数寄存器为128位。与图3-8相比，ALU和除数寄存器都是位宽减半，并且余数变成进行左移。这个结构将商寄存器和余数寄存器的右半部分进行了拼接（如图3-5中那样，余数寄存器应该是129位以保证加法器产生的进位不会丢失）

3.4.2 有符号除法

到目前为止，我们一直忽略了除法中的符号问题。最简单的解决方法是记住除数和被除数的符号，如果两者不同，则商取负。

精解 有符号除法的一个复杂之处是必须设置余数的符号。记住，下面的公式必须一直满足：

$$被除数 = 商 \times 除数 + 余数$$

为了理解如何设置余数的符号，我们来观察一下 $\pm 7_{ten}$ 除以 $\pm 2_{ten}$ 的各种组合。第一种情况很简单：

$$(+7) \div (+2)：商 = +3，余数 = +1$$

检查结果：

201

$$+7 = 3 \times 2 + (+1) = 6 + 1$$

如果改变被除数的符号，商也会改变：

$$(-7) \div (+2)：商 = -3$$

重写基本公式来计算余数：

$$余数 = (被除数 - 商 \times 除数) = (-7) - ((-3) \times (+2)) = (-7) - (-6) = -1$$

从而有

$$(-7) \div (+2)：商 = -3，余数 = -1$$

再次检查结果：

$$-7 = (-3) \times 2 + (-1) = -6 - 1$$

商是 -4 且余数是 $+1$ 同样也满足基本公式，但不能取这个答案。原因是在这种情况下，商的绝对值将会根据被除数和除数的符号而改变！很明显，如果

$$-(x \div y) \neq (-x) \div y$$

这将使编程面临更大的挑战。这种异常的行为可以通过保持被除数和余数的符号相同（而不管除数和商的符号如何）来避免。

我们采用相同的规则计算其他组合：

$$(+7) \div (-2)：商 = -3，余数 = +1$$

$$(-7) \div (-2)：商 = +3，余数 = -1$$

因此，正确的有符号除法算法在两个操作数的符号相反时令商为负，并使非零余数的符号与被除数匹配。

3.4.3　更快速的除法

与乘法类似，将摩尔定律应用于除法，我们可能想通过使用更多的硬件来加速除法。我们使用大量的加法器加速乘法，但这一招对除法却不管用。原因是，除法算法每进行下一个步骤之前都需要知道差的符号，而乘法却可以立刻生成64个部分积。

202

有一些技术可以每一步生成不止一位商。如SRT除法，每一步通过使用一个基于被除数和余数高位的查找表来预测若干位商，并依赖于后面的步骤来修正错误的预测。目前典型的位数是4位。算法的关键是猜测减法的值。而对于二进制除法，只有一种选择。这些算法使用余数的6位和除数的4位来索引查找表，从而决定每步的猜测。

这个快速算法的正确性取决于查找表中的值是否合适。3.9节给出了如果查找表不正确将会出现的情况。

3.4.4　LEGv8中的除法

你可能已经发现图3-5和图3-11中，乘法和除法可以使用相同的硬件结构。唯一需求是一个128位的可左右移位的寄存器和一个能做加减法的64位的ALU。

为了既可以处理有符号整数又可以处理无符号整数，LEGv8采用两条指令：有符号除（`SDIV`）和无符号除（`UDIV`）。

3.4.5 小结

乘法和除法具有相同的硬件支持，这允许 LEGv8 提供同一对 64 位寄存器用于乘法和除法。通过预测多位商的方法可以加速除法的执行，预测错误时进行恢复。图 3-12 汇总了前面两节中 LEGv8 体系结构的增强处理。

LEGv8汇编语言

类型	指令	示例	含义	注释
算术运算	add	ADD X1, X2, X3	X1 = X2 + X3	三个寄存器操作数
	subtract	SUB X1, X2, X3	X1 = X2 - X3	三个寄存器操作数
	add immediate	ADDI X1, X2, 20	X1 = X2 + 20	用于加常数
	subtract immediate	SUBI X1, X2, 20	X1 = X2 - 20	用于减常数
	add and set flags	ADDS X1, X2, X3	X1 = X2 + X3	加法，设置条件码
	subtract and set flags	SUBS X1, X2, X3	X1 = X2 - X3	减法，设置条件码
	add immediate and set flags	ADDIS X1, X2, 20	X1 = X2 + 20	加常数，设置条件码
	subtract immediate and set flags	SUBIS X1, X2, 20	X1 = X2 - 20	减常数，设置条件码
	multiply	MUL X1, X2, X3	X1 = X2 × X3	128位乘积的低64位
	signed multiply high	SMULH X1, X2, X3	X1 = X2 × X3	128位有符号乘积的高64位
	unsigned multiply high	UMULH X1, X2, X3	X1 = X2 × X3	128位无符号乘积的高64位
	signed divide	SDIV X1, X2, X3	X1 = X2 / X3	除法，将操作数作为有符号数
	unsigned divide	UDIV X1, X2, X3	X1 = X2 / X3	除法，将操作数作为无符号数
数据传输	load register	LDUR X1, [X2,40]	X1 = Memory[X2 + 40]	将双字从存储器取到寄存器
	store register	STUR X1, [X2,40]	Memory[X2 + 40] = X1	将双字从寄存器存入存储器
	load signed word	LDURSW X1, [X2,40]	X1 = Memory[X2 + 40]	将一个字从存储器取到寄存器
	store word	STURW X1, [X2,40]	Memory[X2 + 40] = X1	将一个字从寄存器存入存储器
	load half	LDURH X1, [X2,40]	X1 = Memory[X2 + 40]	将半字从存储器取到寄存器
	store half	STURH X1, [X2,40]	Memory[X2 + 40] = X1	将半字从寄存器存入存储器
	load byte	LDURB X1, [X2,40]	X1 = Memory[X2 + 40]	将一个字节从存储器取到寄存器
	store byte	STURB X1, [X2,40]	Memory[X2 + 40] = X1	将一个字节从寄存器存入存储器
	load exclusive register	LDXR X1, [X2,0]	X1 = Memory[X2]	取数，原子交换的第一部分
	store exclusive register	STXR X1, X3, [X2]	Memory[X2]=X1;X3=0 or 1	存数，原子交换的第二部分
	move wide with zero	MOVZ X1,20	X1 = 20 or 20 * 2^{16} or 20 * 2^{32} or 20 * 2^{48}	取16位常数，其余位置0
	move wide with keep	MOVK X1,20	X1 = 20 or 20 * 2^{16} or 20 * 2^{32} or 20 * 2^{48}	取16位常数，其余位不变
逻辑运算	and	AND X1, X2, X3	X1 = X2 & X3	三个寄存器操作数，按位与
	inclusive or	ORR X1, X2, X3	X1 = X2 | X3	三个寄存器操作数，按位或
	exclusive or	EOR X1, X2, X3	X1 = X2 ^ X3	三个寄存器操作数，按位异或
	and immediate	ANDI X1, X2, 20	X1 = X2 & 20	寄存器数和常数按位与
	inclusive or immediate	ORRI X1, X2, 20	X1 = X2 | 20	寄存器数和常数按位或
	exclusive or immediate	EORI X1, X2, 20	X1 = X2 ^ 20	寄存器数和常数按位异或
	logical shift left	LSL X1, X2, 10	X1 = X2 << 10	向左移动常数位
	logical shift right	LSR X1, X2, 10	X1 = X2 >> 10	向右移动常数位
条件分支	compare and branch on equal 0	CBZ X1, 25	if (X1 == 0) go to PC + 4 + 100	比较是否等于0；PC相对跳转
	compare and branch on not equal 0	CBNZ X1, 25	if (X1!= 0) go to PC + 4 + 100	比较是否不等于0；PC相对跳转
	branch conditionally	B.cond 25	if (condition true) go to PC + 4 + 100	条件码检测；结果为真则跳转
无条件跳转	branch	B 2500	go to PC + 4 + 10000	跳转到目标地址；PC相对
	branch to register	BR X30	go to X30	用于switch语句，过程返回
	branch with link	BL 2500	X30 = PC + 4; PC + 4 + 10000	用于PC相对的过程调用

图 3-12 LEGv8 核心体系结构。LEGv8 参考数据卡中列出了 LEGv8 机器语言

硬件 / 软件接口 LEGv8 除法指令忽略溢出，因此需要软件来检测商是否太大。除了溢出，除法还可能引起不当的计算：被 0 除。一些计算机会区别这两种异常事件。同溢出一样，LEGv8 软件必须检查除数来确定是否会被 0 除。

精解 一种更快的算法是在余数为负时，不需要立即将除数加回去。该算法在下一步中简单地将被除数加到移位后的余数上，因为 $(r + d)\times 2 - d = r\times 2 + d\times 2 - d = r\times 2 + d$。这种不恢复（nonrestoring）除法每步需要一个时钟周期，将会在练习题中进一步探究；而前面介绍的算法称为恢复（restoring）除法。第三种算法在减法结果为负时不保留减法的结果，称为不执行（nonperforming）除法。该算法平均可减少三分之一的算术运算。

203 ~ 204

3.5 浮点运算

> 如果方向错了，再快也白搭。
> 美国谚语

除了有符号和无符号整数，编程语言也支持带小数的数，即数学中的实数。例如：

$3.141\,592\,65\cdots_{ten}$ (π)

$2.718\,28\cdots_{ten}$ (e)

$0.000\,000\,001_{ten}$ 即 $1.0_{ten}\times 10^{-9}$（纳秒级）

$3\,155\,760\,000_{ten}$ 即 $3.155\,76_{ten}\times 10^{9}$（一个世纪的秒数）

注意，最后一例中的数字并不是一个很小的数，实际上比我们用 32 位有符号整数表示的数还要大。上例中最后两个数的记数法称为**科学记数法**（scientific notation），小数点左边只有一个数位。一个采用科学记数法表示的数，若没有前导零（且小数点左边只有一位数），则称为**规格化**（normalized）数。例如，$1.0_{ten}\times 10^{-9}$ 就是规格化的科学记数形式，但 $0.1_{ten}\times 10^{-8}$ 和 $10.0_{ten}\times 10^{-10}$ 不是。

> **科学记数法**：小数点左边只有一个数位的记数法。

> **规格化数**：用没有前导零的浮点记数法表示的数。

正如我们用科学记数法来表示十进制数那样，也可以用科学记数法来表示二进制数：

$$1.0_{two}\times 2^{-1}$$

为了保持二进制数的规格化形式，需要定义一个基数，该基数可通过移位（左移或右移）使小数点左边只保留一位非零数。只有基数为 2 满足需求。因为基数不是 10，所以我们需要一个新的名字来表示小数点——*二进制小数点*（binary point）。

计算机算术支持的这类数称为**浮点数**（floating point），因为其表示的数的二进制小数点是不固定的。C 语言中用 float 来表示这类数。正如科学记数法那样，数被表示为二进制小数点左边只有一位非零数的形式。在二进制中，其格式为：

> **浮点数**：计算机算术表示的二进制小数点不固定的数。

$$1.xxxxxxxxx_{two}\times 2^{yyyy}$$

（同其他数一样，计算机以 2 为基来表示指数。但为了简化表示，这里我们用十进制来表示指数。）

205

采用规格化形式的标准科学记数法表示实数具有三个优点：简化了包含浮点数的数据交换；简化了浮点算术算法，所有的数都用该形式表示；提高了一个字所存储的数的数据精度，因为二进制小数点右边的有效位代替了无用的前导零。[⊖]

⊖ 即尽可能增加有意义的位数。——译者注

3.5.1 浮点表示

浮点表示的设计者必须在**尾数**（fraction）位数和**指数**（exponent）位数之间找到折中，因为字的大小是固定的，这意味着有一部分增加一位，另一部分就要减少一位。这种折中是在精度和表示范围间进行权衡：增加尾数部分会增加表示精度，而增加指数部分会增加数的表示范围。正如第 2 章中所提到的设计原则，好的设计需要好的折中。

尾数：也称为小数，位于浮点数的尾数字段，其值在 0 和 1 之间。

指数：在浮点运算的数值表示系统中，位于指数字段的值。

浮点数通常是多个字的宽度。LEGv8 的浮点数表示如下：s 为浮点数的符号（1 表示负数），指数是一个 8 位字段所表示的值（包括指数的符号位），尾数字段为 23 位。如第 2 章所述，这种表示法称为符号和幅值，因为符号相对于其他数值部分是一个单独的位。

31	30	29	28	27	26	25	24	23	22	21	20	19	18	17	16	15	14	13	12	11	10	9	8	7	6	5	4	3	2	1	0
s	指数								尾数																						
1位	8位								23位																						

通常，浮点数表示为这样的形式：

$$(-1)^S \times F \times 2^E$$

F 为小数（尾数）字段的值，E 为指数字段的值。后面会详细讲解这些字段之间具体的关系。（我们很快会看到 LEGv8 的做法更为复杂。）

指数和尾数位数的选定，使得 LEGv8 计算机运算具有很大的数值表示范围。小到如 $2.0_{ten} \times 10^{-38}$ 的数，大到如 $2.0_{ten} \times 10^{38}$ 的数都可以在计算机中表示。但与无穷数不同，依然可能有些数因太大而不能表示。因此，和整数算术运算一样，浮点算术运算中也会产生溢出中断。注意，这里的**溢出**（overflow）㊀意味着指数太大而超过了指数字段的表示范围。

溢出（浮点的上溢）：正的指数太大而超过了指数字段的表示范围。

浮点也会出现一种新的异常事件。正如程序员想要知道他们计算的数何时太大而不能表示那样，他们同样也想知道一个非零的小数是否会因为太小而不能表示；任何一种事件都会造成程序给出错误的答案。为了和上溢区分开来，我们将其称为**下溢**（underflow）。下溢发生的条件是负的指数太大㊁而不能在指数字段中表示出来。

下溢：负的指数太大而超过了指数字段的表示范围。

206

一种减少上溢和下溢的方法是采用另一种格式，使得指数更大。C 语言中称为 double，基于 double 的操作称为**双精度**（double precision）浮点运算；之前的格式称为**单精度**（single precision）浮点。

双精度：由一个 64 位的双字表示的浮点值。

单精度：由一个 32 位的字表示的浮点值。

如下所示，双精度浮点数占用了一个 LEGv8 双字。其中，s 仍表示数据的符号，指数字段为 11 位，尾数字段为 52 位。

63	62	61	60	59	58	57	56	55	54	53	52	51	50	49	48	47	46	45	44	43	42	41	40	39	38	37	36	35	34	33	32
s	指数											尾数																			
1位	11位											20位																			

31	30	29	28	27	26	25	24	23	22	21	20	19	18	17	16	15	14	13	12	11	10	9	8	7	6	5	4	3	2	1	0
尾数																															
32位																															

㊀ 这里指上溢。——译者注

㊁ 负指数的绝对值太大。——译者注

LEGv8 双精度的表示范围从 $2.0_{ten} \times 10^{-308}$ 到 $2.0_{ten} \times 10^{308}$。尽管双精度增加了指数范围，但其主要优势还是通过更多的有效位来提供更大的表示精度。

3.5.2 异常和中断

上溢和下溢时如何通知用户出现了问题？LEGv8 能够产生一个**异常**（exception），在很多计算机中也叫**中断**（interrupt）。异常或中断本质上是一种计划外的程序调用。导致上溢的指令的地址保存在寄存器中，计算机跳转到一个预定义的地址处，调用合适的例程处理异常。中断地址也被保存下来，这样在某些情况下，程序在处理完异常之后能够继续执行（4.9 节会详细描述异常；第 5 章会描述异常和中断发生的其他场景）。

异常：也叫作中断。打断程序执行的非调度事件；用于检测溢出。

中断：处理器以外发生的异常事件（一些体系结构中用术语“中断”表示所有的异常）。

3.5.3 IEEE 754 浮点标准

这些格式超出了 LEGv8 体系结构的范围，它们是 IEEE 754 浮点标准的一部分。从 1980 年以来，几乎每台计算机都遵循该标准。该标准极大地简化了浮点程序的接口，并提高了计算机算术运算的质量。

为了能打包更多的数据位，IEEE 754 隐藏了规格化二进制数小数点前面的 1。因此，在单精度下，数据有 24 位（隐含的 1 和 23 位尾数），在双精度下为 53 位（1 + 52）。为了精确，我们用术语*有效位*（significand）来表示 24 位或者 53 位的数，即隐含的 1 加上尾数，尾数为 23 或 52 位。因为 0 没有前导位 1，其指数保留为 0，所以硬件不会将 1 加到尾数前面。

207

因此 $00\cdots00_{two}$ 代表 0；其他数的表示依然采用前面的形式，即加入一位隐含的 1：

$$(-1)^S \times (1 + \text{尾数})\ 2^E$$

其中，尾数代表一个 0 和 1 之间的数，E 指明了指数字段的值。如果从*左*到*右*将尾数各位标记为 s1，s2，s3，…，则数的值为

$$(-1)^S \times (1 + (s1 \times 2^{-1}) + (s2 \times 2^{-2}) + (s3 \times 2^{-3}) + (s4 \times 2^{-4}) + \cdots) \times 2^E$$

图 3-13 给出了 IEEE 754 浮点数的编码。IEEE 754 标准的其他特点是用特殊的符号来表示异常事件。例如，软件可以将结果设置成某种格式来表示 +∞ 或者 −∞，以替代除 0 中断；最大的指数保留下来用以标识一些特殊符号。当程序员打印结果时，程序会输出一个无穷符号。（对于经过数学训练的人而言，无穷的目的是形成实数的拓扑闭包。）

单精度		双精度		表示对象
指数	尾数	指数	尾数	
0	0	0	0	0
0	非0	0	非0	± 非规格化数
1 ~ 254	任何值	1 ~ 2046	任何值	± 浮点数
255	0	2047	0	± 无穷
255	非0	2047	非0	NaN（非数，即不是数）

图 3-13　IEEE 754 浮点数的编码。用一个单独的符号位来决定正负。非规格化数将在 3.5.8 节的精解中描述。这些信息也可以在 LEGv8 参考数据卡的第 4 列中找到

IEEE 754 甚至给出了一个符号用以表示无效操作的结果，如 0/0 或者无穷减无穷。该符号为 NaN，意为非数（Not a Number）。使用 NaN 的目的是让程序员推迟程序中的一些测试和决断，等到方便的时候再进行。

IEEE 754 的设计者还希望浮点数的表示形式能够比较容易地处理整数比较，特别是排序的时候。正因这个需求，符号位放在最高有效位，便于快速测试小于、大于、等于 0 的情况。（比起简单的整数分类，浮点稍微复杂些，因为这种记数法本质上是符号和幅值的形式，而不是补码形式。）

208

将指数放在有效位前也能够简化使用整数比较指令来实现的浮点数排序，因为在两个指数的符号相同的情况下，具有较大指数的数看起来要比指数较小的数大。

负的指数对简化排序造成了挑战。如果我们用补码或者其他的记数法，可能会使负指数中指数字段的最高位为 1，从而使一个负指数看上去是一个很大的数。例如，$1.0_{two} \times 2^{-1}$ 以单精度表示为：

31	30	29	28	27	26	25	24	23	22	21	20	19	18	17	16	15	14	13	12	11	10	9	8	7	6	5	4	3	2	1	0
●	1	1	1	1	1	1	1	1	0	0	0	0	0	0	0	0	0	0	0	0	0	0	0	0	0	0	0	0	0	0	0

（注意，有效位前面还有一个隐含的 1。）而数 $1.0_{two} \times 2^{+1}$ 看起来似乎是一个较小的二进制数。

31	30	29	28	27	26	25	24	23	22	21	20	19	18	17	16	15	14	13	12	11	10	9	8	7	6	5	4	3	2	1	0
0	0	0	0	0	0	0	0	1	0	0	0	0	0	0	0	0	0	0	0	0	0	0	0	0	0	0	0	0	0	0	0

我们希望记数法能将最小的负指数（绝对值最大的负指数）表示为 $00\cdots00_{two}$，而最大的正指数表示为 $11\cdots11_{two}$。这种约定称为*移码表示*（biased notation），从正常的数中减去一个无符号的偏差，从而获得真实的值。

IEEE 754 规定单精度的偏差为 127，因此指数 −1 表示为 $-1+127_{ten}$ 的二进制形式，即 $126_{ten}=01111110_{two}$，而 + 1 表示为 1 + 127，即 $128_{two}=10000000_{two}$。双精度的指数偏差为 1023。带偏差的指数意味着浮点数表示的值实际为：

$$(-1)^S \times (1+\text{尾数}) \times 2^{(\text{指数}-\text{偏差})}$$

从而，单精度数的表示范围从

$$\pm\ 1.00000000000000000000000_{two} \times 2^{-126}$$

到

$$\pm\ 11111111111111111111111_{two} \times 2^{+127}$$

下面举例演示。

209

例题 **浮点表示**

给出 -0.75_{ten} 的 IEEE 754 的单精度和双精度二进制表示。

答案 -0.75_{ten} 也可表示为

$$-3/4_{ten}\ \text{或}\ -3/2^2_{ten}$$

二进制小数形式为

$$-11_{two}/2^2_{ten}\ \text{或}\ -0.11_{two}$$

用科学记数法表示为

$$-0.11_{two} \times 2^0$$

规格化的科学记数形式为

$$-1.1_{two} \times 2^{-1}$$

单精度的通用表示形式为

$$(-1)^S \times (1 + \text{尾数}) \times 2^{(\text{指数}-127)}$$

将 $-1.1_{two} \times 2^{-1}$ 的指数减去 127，得到

$$(-1)^1 \times (1 + .1000\ 0000\ 0000\ 0000\ 0000\ 000_{two}) \times 2^{(126-127)}$$

故 -0.75_{ten} 的单精度二进制表示为

31	30	29	28	27	26	25	24	23	22	21	20	19	18	17	16	15	14	13	12	11	10	9	8	7	6	5	4	3	2	1	0
1	0	1	1	1	1	1	1	0	1	0	0	0	0	0	0	0	0	0	0	0	0	0	0	0	0	0	0	0	0	0	0

1位　　8位　　23位

双精度表示为

$$(1)^1 \times (1\ .1000\ 0000\ 0000\ 0000\ 0000\ 0000\ 0000\ 0000\ 0000\ 0000\ 0000\ 0000\ 0000_{two}) \times 2^{(1022-1023)}$$

31	30	29	28	27	26	25	24	23	22	21	20	19	18	17	16	15	14	13	12	11	10	9	8	7	6	5	4	3	2	1	0
1	0	1	1	1	1	1	1	1	1	1	0	1	0	0	0	0	0	0	0	0	0	0	0	0	0	0	0	0	0	0	0

1位　　11位　　20位

0	0	0	0	0	0	0	0	0	0	0	0	0	0	0	0	0	0	0	0	0	0	0	0	0	0	0	0	0	0	0	0

32位

210

下面我们再看一个反向的例子。

例题｜二进制转十进制浮点

下面单精度浮点表示的十进制数是什么？

31	30	29	28	27	26	25	24	23	22	21	20	19	18	17	16	15	14	13	12	11	10	9	8	7	6	5	4	3	2	1	0
1	1	0	0	0	0	0	0	1	0	1	0	0	0	0	0	0	0	0	0	0	0	0	0	0	0	0	0	0	0	0	0

答案｜符号位为 1，指数字段值为 129，尾数字段值为 $1 \times 2^{-2} = 1/4$，即 0.25。使用基本公式，

$$\begin{aligned}(-1)^S \times (1 + \text{尾数}) \times 2^{(\text{指数}-\text{偏差})} &= (-1)^1 \times (1 + 0.25) \times 2^{(129-127)} \\ &= -1 \times 1.25 \times 2^2 = -1.25 \times 4 \\ &= -5.0\end{aligned}$$

在下面的小节，我们将给出浮点加法和乘法的算法。其核心是对尾数使用相应的整数操作，但也需要额外的工作来处理指数部分并对结果进行规格化。我们先给出直观上的十进制算法，然后在图中给出有更多细节的二进制版本。

精解　根据 IEEE 的指导原则，在标准发布 20 年后，IEEE 754 委员会对标准进行了更新。更新后的 IEEE 754-2008 标准中包含了 IEEE 754-1985 标准的几乎全部内容，并且增加了 16 位（半精度）和 128 位（四精度）。虽然目前还没有硬件能够支持四精度，但日后必会实现。更新后的标准也增加了对十进制浮点运算的支持，这在 IBM 的大型机中已经实现。

精解　为了既不减少尾数位数，又能增大表示范围，在 IEEE 754 标准之前，有些计算机采用了 2 以外的基数。例如，IBM 360 和 370 计算机以 16 为基数。因此，IBM 机的指数每改变 1，意味着尾数将移 4 位，因而规格化数的前导零可能会多达 3 个！因此，十六进

制数位意味着有 3 位要从有效位中去掉，从而在浮点算术的精度上产生较大的问题。现在，IBM 大型机同时支持原来的十六进制模式以及 IEEE 754 标准。 211

3.5.4 浮点加法

为了说明浮点加法中的问题，我们首先以手工过程将科学记数法表示的两个数相加：$9.999_{ten} \times 10^{1} + 1.610_{ten} \times 10^{-1}$。假设有效位只有 4 个十进制数位，且指数为两个十进制数位。

步骤 1。为了能让两数相加，我们必须对指数较小的数的小数点进行调整，使 $1.610_{ten} \times 10^{-1}$ 的指数向较大的指数对齐。一个非规格化的浮点数有多种科学记数法的表示形式：㊀

$$1.610_{ten} \times 10^{-1} = 0.1610_{ten} \times 10^{0} = 0.01610_{ten} \times 10^{1}$$

最右边的形式是我们所需要的，因为其指数和较大的数 $9.999_{ten} \times 10^{1}$ 的指数相同。因此，第一步要将较小数的有效位右移，直至其指数和较大数的指数相同。由于我们只能表示 4 位十进制数，故移位后得到的数为

$$0.016_{ten} \times 10^{1}$$

步骤 2。将有效位相加：

$$\begin{array}{r} 9.999_{ten} \\ +\ 0.016_{ten} \\ \hline 10.015_{ten} \end{array}$$

和为 $10.015_{ten} \times 10^{1}$。

步骤 3。因为和不是规格化的科学记数法表示，因此需要调整：

$$10.015_{ten} \times 10^{1} = 1.0015_{ten} \times 10^{2}$$

因此，在加法后可能需要对和移位，使其变为规格化形式，同时相应地调整指数。这个例子中是右移，但如果一个数为正，一个数为负，则和可能会有许多前导 0，从而需要左移。无论指数是增加还是减少，都需要检查上溢或者下溢——必须保证指数能够被固定位数的指数字段所表示。

步骤 4。因为我们假设有效位只有 4 位十进制（不包括符号位），所以需要对结果进行舍入。小学时的算法规则是四舍五入。如

$$1.0015_{ten} \times 10^{2}$$ 212

舍入为 4 位的十进制数

$$1.002_{ten} \times 10^{2}$$

因为小数点右边第四位的数在 5 和 9 之间。注意，如果舍入有误，如将 1 加到了一串 9 上，则和不能再被规格化，需要再次执行步骤 3。

图 3-14 按照上述十进制例子的计算过程给出了二进制浮点加的算法。步骤 1 和步骤 2 与上例讨论的类似：调整指数较小的数的有效位，然后将两个数的有效位相加。步骤 3 对结果进行规格化，并强制检查是否上溢或下溢。步骤 3 中上溢和下溢的检查依赖于操作数的精度。回忆一下，指数全 0 保留用来表示浮点 0，指数全 1 用以标记超出正常浮点数范围的值和情况（见 3.5.8 节的精解）。在下面的例子中需要注意，对于单精度，最大的指数为 127，最小的指数为 −126。

㊀ 对齐并不改变数值本身。——译者注

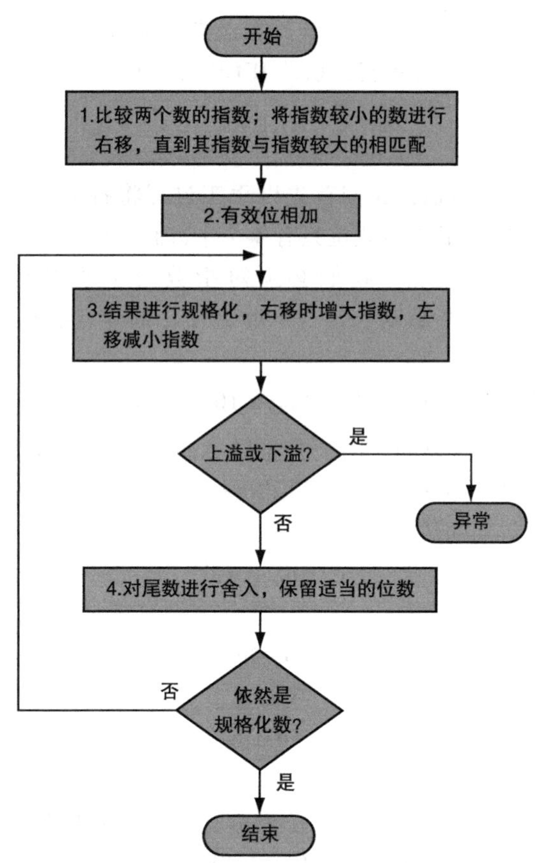

图 3-14　浮点加法。正常的路径是只执行一次步骤 3 和步骤 4，但如果舍入导致和未被规格化，则需重复步骤 3

例题｜二进制浮点加法

按照图 3-14 中的算法，尝试将 0.5_{ten} 和 -0.4375_{ten} 用二进制相加。

答案｜首先，看一下这两个数用规格化科学记数法表示的二进制形式，假设保持 4 位精度：

$$0.5_{ten} = 1/2_{ten} = 1/2^1_{ten}$$
$$= 0.1_{two} = 0.1_{two} \times 2^0 = 1.000_{two} \times 2^{-1}$$
$$-0.4375_{ten} = -7/16_{ten} = -7/2^4_{ten}$$
$$= -0.0111_{two} = -0.011_{two} \times 2^0 = -1.110_{two} \times 2^{-2}$$

执行如下算法：

步骤 1。指数较小的数（$-1.11_{two} \times 2^{-2}$）的有效位右移，直到其指数和较大数的指数相匹配：

$$-1.110_{two} \times 2^{-2} = -0.111_{two} \times 2^{-1}$$

步骤 2。将有效位相加：

213

$$1.000_{two} \times 2^{-1} + (-0.111_{two} \times 2^{-1}) = 0.001_{two} \times 2^{-1}$$

步骤 3。将和规格化，并检查上溢和下溢：

$$0.001_{two} \times 2^{-1} = 0.010_{two} \times 2^{-2} = 0.100_{two} \times 2^{-3} = 1.000_{two} \times 2^{-4}$$

$127 \geqslant -4 \geqslant -126$，没有上溢和下溢。(带偏差的指数为 $-4 + 127$，即 123，其在最小的指数 1 和最大的指数 254 之间（未保留的带偏差的指数)。)

步骤 4。舍入和：

$$1.000_{two} \times 2^{-4}$$

这个和正好用 4 位表示，故不需要再做舍入。然后

$$1.000_{two} \times 2^{-4} = 0.0001000_{two} = 0.001_{two}$$
$$= 1/2^4_{ten} \quad = 1/16_{ten} \quad = 0.0625_{ten}$$

即为 0.5_{ten} 与 -0.4375_{ten} 的和。

许多计算机有专门的硬件来实现浮点操作，使其运算速度尽可能快。图 3-15 给出了实现浮点加法的硬件的框架结构。

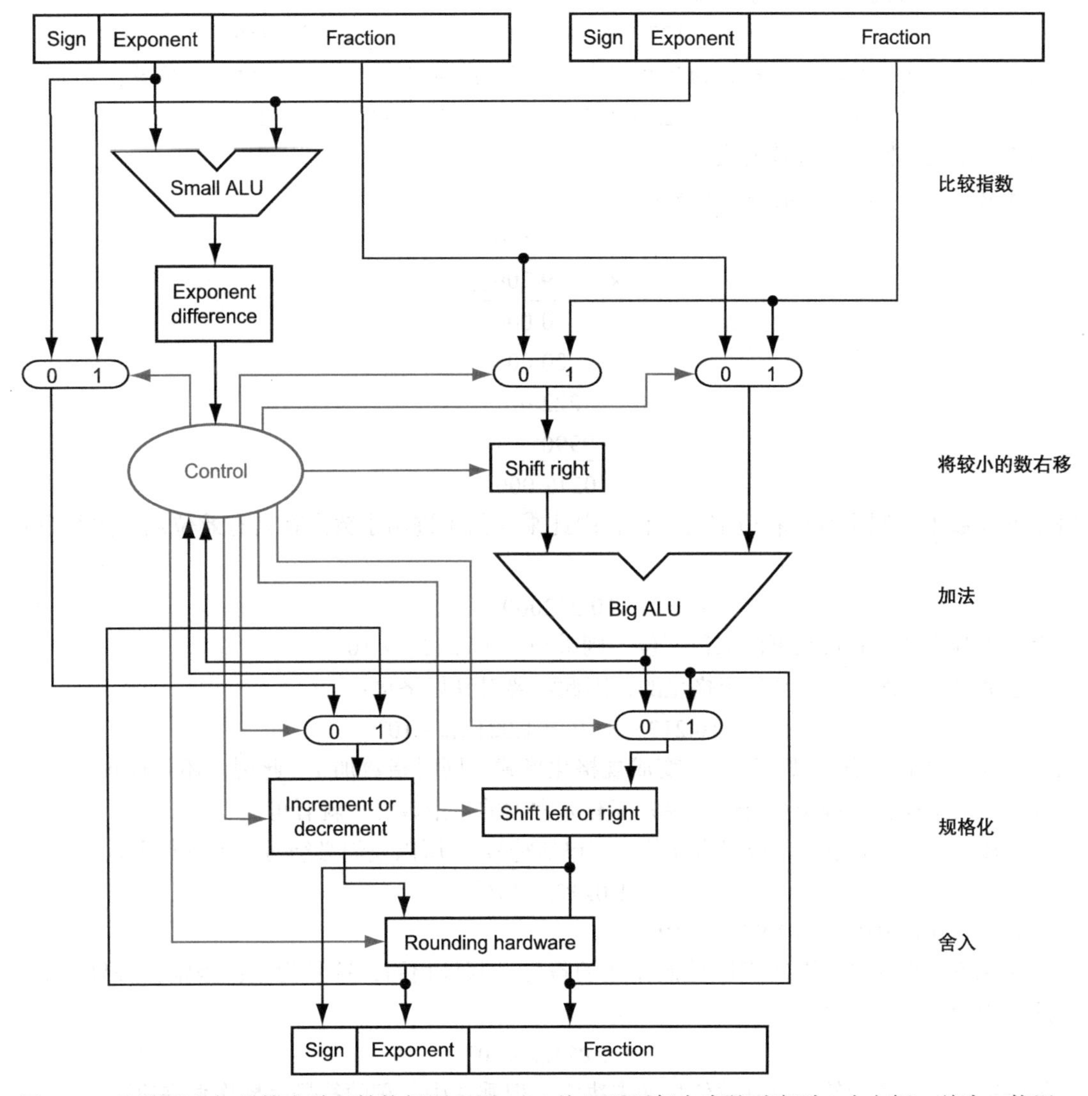

图 3-15 实现浮点加的算术单元结构框图。图 3-14 从上而下每个步骤对应到一个方框。首先，使用一个小的 ALU 将两个指数相减来决定哪个指数大及大多少。指数差将控制三个多路选择器；从左到右，选择出较大的指数、较小数的有效位，以及较大数的有效位。较小数的有效位右移，通过一个大的 ALU 与较大数的有效位相加。规格化步骤将和左移或者右移，同时增加或者减少指数。舍入产生最后的结果，可能需要再次规格化以生成最终的结果

3.5.5 浮点乘法

我们已解释了浮点加法，下面介绍浮点乘法。首先，手动实现用科学记数法表示的十进制数乘法：$1.110_{ten}\times10^{10}\times9.200_{ten}\times10^{-5}$。假设有效位只有 4 位，指数 2 位。

步骤 1。与加法不同，只需简单地将操作数的指数相加就可以计算乘积的指数：

$$新指数 = 10 + (-5) = 5$$

下面处理带偏差的指数，并确保获得相同的结果：$10 + 127 = 137$，而 $-5 + 127 = 122$，故

$$新指数 = 137 + 122 = 259$$

该结果对于 8 位的指数字段来说太大，因此肯定有地方出错了！问题出在偏差上，因为指数相加时，实际对偏差也进行了相加：

214 ~ 215

$$新指数 = (10 + 127) + (-5 + 127) = (5 + 2\times127) = 259$$

因此，当将带偏差的数相加时，为了得到正确的带偏差的和，必须从和中减去偏差：

$$新指数 = 137 + 122 - 127 = 259 - 127 = 132 = (5 + 127)$$

其中 5 就是我们刚开始计算的实际指数。

步骤 2。下面将两个有效位相乘：

$$\begin{array}{rr} & 1.110_{ten} \\ \times & 9.200_{ten} \\ \hline & 0\,000 \\ & 00\,00 \\ & 222\,0 \\ & 9990 \\ \hline & 10212\,000_{ten} \end{array}$$

每个操作数十进制小数点右边都有三位，因此乘积的十进制小数点在其有效位从右边数第 6 位处：

$$10.212000_{ten}$$

假设十进制小数点右边只可以保留三位，则乘积为 $10.212_{ten}\times10^{5}$。

步骤 3。上面的乘积是非规格化的，因此需要对其规格化：

$$10.212_{ten}\times10^{5} = 1.0212_{ten}\times10^{6}$$

因此，在乘法后，积可以右移一位变成规格化形式，同时指数加 1。此刻，还要检查上溢和下溢。当两个操作数都很小时——两者都有非常大的负指数时，就有可能发生下溢。

步骤 4。因为假设有效位只有 4 位（不包括符号），所以我们必须对结果进行舍入。

$$1.0212_{ten}\times10^{6}$$

舍入为只有 4 位有效位的 $1.021_{10}\times10^{6}$。

步骤 5。积的符号取决于原始操作数的符号。两号相同，符号为正；否则，符号为负。因此，积为

$$+1.021_{ten}\times10^{6}$$

216 ~ 217

在加法算法中，和的符号由有效位相加来决定。但乘法中，积的符号由操作数来决定。

如图 3-16 所示，二进制浮点数乘法的步骤和我们刚做完的步骤类似。首先，通过将带偏差的指数相加并减去一个偏差，获得乘积的新指数。然后，将有效位相乘，接着根据需要进行规格化。指数的大小用来检查上溢和下溢，然后对乘积进行舍入。当舍入引起进一步的规格化时，我们需要再次检查指数的大小。最后，如果两个操作数的符号相异，就将符号位

设为1（积为负）；如果相同，设为0（积为正）。

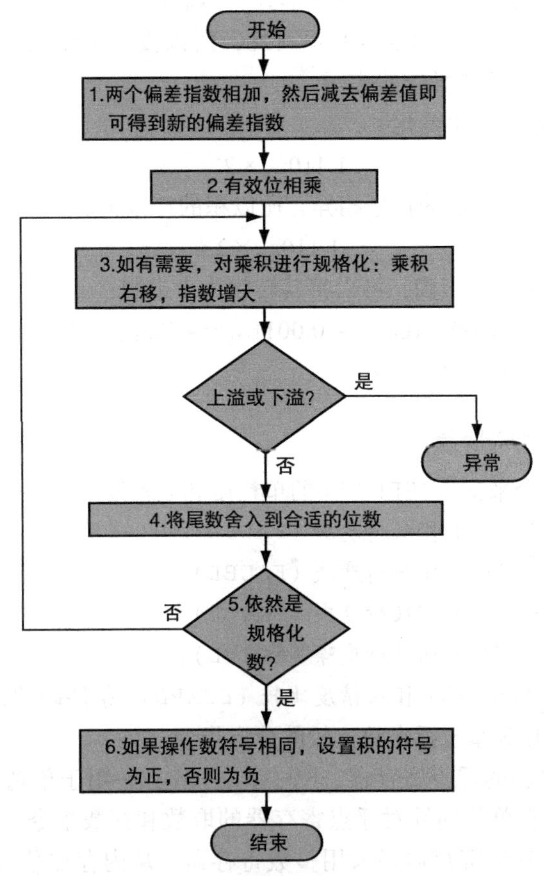

图3-16 浮点乘法。正常路径下步骤3和步骤4只执行一次，但如果舍入使积变为非规格化数，则需重复步骤3

| 例题 | 二进制浮点乘法

按照图3-16中的步骤，试计算 0.5_{ten} 和 -0.4375_{ten} 的乘积。

| 答案 | 在二进制下，本题将 $1.000_{two} \times 2^{-1}$ 和 $-1.110_{two} \times 2^{-2}$ 相乘。

步骤1。将不带偏差的指数相加：

$$-1 + (-2) = -3$$

或者，使用带偏差的表达式：

$$(-1 + 127) + (-2 + 127) - 127 = (-1 - 2) + (127 + 127 - 127) = -3 + 127 = 124$$

步骤2。将有效位相乘：

$$\begin{array}{r} 1.000_{two} \\ \times \quad 1.110_{two} \\ \hline 0000 \\ 1000 \\ 1000 \\ 1000 \\ \hline 1110000_{two} \end{array}$$

积为 $1.110000_{two} \times 2^{-3}$，但是只能保存4位，故为 $1.110_{two} \times 2^{-3}$。

步骤3。现在检查积以确保其为规格化形式，然后检查指数是否上溢或下溢。上面的积已经是规格化的，并且，因为 $127 \geq -3 \geq -126$，所以没有上溢和下溢。（使用带偏差的表示，$254 \geq 124 \geq 1$，可以用指数字段表示。）

218～219

步骤4。对积舍入没有产生变化：

$$1.110_{two} \times 2^{-3}$$

步骤5。因为两原始操作数的符号相异，所以积的符号为负。因此，积为

$$-1.110_{two} \times 2^{-3}$$

为了进一步检查结果是否正确，可以将其转化为十进制：

$$-1.110_{two} \times 2^{-3} = -0.001110_{two} = -0.0011_{two} = -7/2^5{}_{ten} = -7/32_{ten} = -0.21875_{ten}$$

而 0.5_{ten} 和 -0.4375_{ten} 的积的确是 -0.21875_{ten}。

3.5.6　LEGv8中的浮点指令

LEGv8通过以下指令来支持IEEE 754的单精度和双精度格式：

- 浮点单精度加（FADDS）和双精度加（FADDD）。
- 浮点单精度减（FSUBS）和双精度减（FSUBD）。
- 浮点单精度乘（FMULS）和双精度乘（FMULD）。
- 浮点单精度除（FDIVS）和双精度除（FDIVD）。
- 浮点单精度比较（FCMPS）和双精度比较（FCMPD），条件码的解释略有不同。

程序员用指令B.cond作为基于浮点数比较的分支指令。

LEGv8中增加了单独的浮点寄存器，S0，S1，S2，…用于单精度，D0，D1，D2，…用于双精度。因此，也有单独的针对浮点寄存器的取数和存数指令：LDURS和STURS。浮点数据传输地址计算的基址寄存器仍采用整数寄存器。从内存加载两个单精度数，将其相加，然后再将和存入内存的LEGv8代码可以实现为：

```
LDURS   S4, [X28,c]  //  Load 32-bit F.P. number into S4
LDURS   S6, [X28,a]  //  Load 32-bit F.P. number into S6
FADDS   S2, S4, S6   //  S2 = S4 + S6 single precision
STURS   S2, [X28,b]  //  Store 32-bit F.P. number from S2
```

单精度寄存器仅仅是双精度寄存器的低半部分。

图3-17汇总了本章介绍过的LEGv8体系结构中的浮点部分，其中为支持浮点而增加的部分以灰色标记。

220

精解　完整的ARMv8指令集并未使用FADDS或FADDD助记符，只有助记符FADD，由汇编器根据使用的是单精度（S）还是双精度（D）寄存器来决定选取哪个操作码。我们担心用同一个助记符表示两个不同的操作码容易引起歧义，因此为了便于教学，LEGv8中采用了不同的助记符。对于其他的浮点算术运算和数据传输操作，LEGv8和ARMv8保持一致。

硬件/软件接口　对于支持浮点算术运算，体系结构设计师面临一个问题：是使用和整数指令相同的寄存器，还是增加一组专用的浮点寄存器。因为程序通常对不同的数据执行整数和浮点操作，所以使用不同的寄存器仅会稍微增加程序执行所需的指令数。主要的影响是需要建立一组不同的数据传输指令用于在浮点寄存器和内存之间传输数据。

独立的浮点寄存器的好处是：虽然使寄存器数目增加了一倍，但指令格式中不需要使用更多的位；使用独立的整数和浮点寄存器使寄存器带宽增加了一倍；可以为浮点操作定制寄

存器，例如，一些计算机将寄存器中各种大小的源操作数转化为一种单一的内部格式。

LEGv8浮点操作数

名称	示例	注释
32个浮点寄存器	S0, S1, . . . , S31 或 D0, D1, . . . , D31	LEGv8的单精度浮点寄存器（S0, S1, …, S31）是双精度浮点寄存器（D0, D1, …, D31）的低半部分
2^{64}个存储双字	Memory[0], Memory[8], . . . ' Memory[4 611 686 018 427 387 900]	仅仅被数据传输指令访问。LEGv8使用字节地址，所以连续的双字地址相差8。存储器用来保存像数组这样的数据结构以及在过程调用中换出的寄存器

LEGv8浮点汇编语言

类型	指令	示例	含义	注释
算术运算	FP add single	FADDS S2, S4, S6	S2 = S4 + S6	浮点加（单精度）
	FP subtract single	FSUBS S2, S4, S6	S2 = S4 - S6	浮点减（单精度）
	FP multiply single	FMULS S2, S4, S6	S2 = S4 × S6	浮点乘（单精度）
	FP divide single	FDIVS S2, S4, S6	S2 = S4 / S6	浮点除（单精度）
	FP add double	FADDD D2, D4, D6	D2 = D4 + D6	浮点加（双精度）
	FP subtract double	FSUBD D2, D4, D6	D2 = D4 - D6	浮点减（双精度）
	FP multiply double	FMULD D2, D4, D6	D2 = D4 × D6	浮点乘（双精度）
	FP divide double	FDIVD D2, D4, D6	D2 = D4 / D6	浮点除（双精度）
条件分支	FP compare single	FCMPS S4, S6	Test S4 vs. S6	浮点比较（单精度）
	FP compare double	FCMPD D4, D6	Test D4 vs. D6	浮点比较（双精度）
数据传输	Load single FP	LDURS S1, [X23,100]	S1 = Memory[X23 + 100]	32位数据传给浮点寄存器
	Load double FP	LDURD D1, [X23,100]	D1 = Memory[X23 + 100]	64位数据传给浮点寄存器
	Store single FP	STURS S1, [X23,100]	Memory[X23 + 100] = S1	32位数据传给存储器
	Store double FP	STURD D1, [X23,100]	Memory[X23 + 100] = D1	64位数据传给存储器

LEGv8浮点机器语言

名称	格式	示例					注释
FADDS	R	241	6	10	4	2	FADDS S2, S4, S6
FSUBS	R	241	6	14	4	2	FSUBS S2, S4, S6
FMULS	R	241	6	2	4	2	FMULS S2, S4, S6
FDIVS	R	241	6	6	4	2	FDIVS S2, S4, S6
FADDD	R	243	6	10	4	2	FADDD D2, D4, D6
FSUBD	R	243	6	14	4	2	FSUBD D2, D4, D6
FMULD	R	243	6	2	4	2	FMULD D2, D4, D6
FDIVD	R	243	6	6	4	2	FDIVD D2, D4, D6
FCMPS	R	241	6	8	4	0	FCMPS S4, S6
FCMPD	R	243	6	8	4	0	FCMPD D4, D6
LDURS	D	1506	100	0	4	2	LDURS S2, [X23,100]
LDURD	D	2018	100	0	4	2	LDURD S2, [X23,100]
STURS	D	1504	100	0	4	2	STURS D2, [X23,100]
STURD	D	2016	100	0	4	2	STURD D2, [X23,100]
字段位数		11位	5或9位	6或2位	5位	5位	所有32位LEGv8指令

图 3-17　目前介绍的 LEGv8 浮点体系结构。这些信息也可以在 LEGv8 参考数据卡的第 2 列找到

例题｜将浮点 C 程序编译为 LEGv8 汇编代码

将华氏温度转为摄氏温度：

```
float f2c (float fahr)
    {
        return ((5.0/9.0) *(fahr - 32.0));
    }
```

假设浮点变量 fahr 用 S12 传递，结果存放在 S0 中。写出相应的 LEGv8 汇编代码。

| 答案 | 假设编译器将三个浮点常数放置在内存中，并且可以很容易地通过寄存器 X27 获得。前两条指令将常数 5.0 和 9.0 载入浮点寄存器：

221 ~ 222

```
f2c:
   LDURS S16, [X27,const5] // S16 = 5.0 (5.0 in memory)
   LDURS S18, [X27,const9] // S18 = 9.0 (9.0 in memory)
```

然后相除得到分数 5.0/9.0：

```
FDIVS S16, S16, S18 // S16 = 5.0 / 9.0
```

（很多编译器在编译的时候就将 5.0 除以 9.0，并将单精度常数 5.0/9.0 存入内存，从而避免了在运行时做除法。）下面载入常数 32.0，然后将其从 fahr(S12) 中减去：

```
LDURS S18, [X27,const32] // S18 = 32.0
FSUBS S18, S12, S18      // S18 = fahr - 32.0
```

最后，我们将两个中间结果相乘，将乘积放置在 S0 中作为返回结果，然后程序返回

```
FMULS S0, S16, S18 // S0 = (5/9)*(fahr - 32.0)
BR LR              // return
```

下面，我们对矩阵进行浮点操作，这些代码在科学计算程序中非常常见。

| 例题 | 将浮点二维矩阵的 C 程序编译为 LEGv8 汇编代码

很多浮点计算都采用双精度。现做矩阵乘法 $C = C + A \times B$，这通常称为*双精度通用矩阵乘法*（Double precision, GEneral Matrix Multiply，DGEMM）。3.9 节以及后续的第 4、5、6 章中都将再次出现 DGEMM 的版本。假定 A、B、C 都是每个维度具有 32 个元素的方形矩阵（32×32）。

```
void mm (double c[][], double a[][],  double b[][])
{
        size_t i, j, k;
        for (i = 0; i < 32; i = i + 1)
        for (j = 0; j < 32; j = j + 1)
        for (k = 0; k < 32; k = k + 1)
          c[i][j] = c[i][j] + a[i][k] *b[k][j];
}
```

数组的起始地址都是参数，存在 X0、X1 和 X2 中。假设整数变量分别存在 X19、X20 和 X21 中。这段程序的 LEGv8 汇编代码是什么？

223

| 答案 | 注意，c[i][j] 位于以上循环的最里层。因为循环变量是 k，不影响 c[i][j]，因此我们可以避免在每次迭代时载入和存储 c[i][j]。编译器将 c[i][j] 载入循环外的一个寄存器中，将 a[i][k] 和 b[k][j] 的乘积累加到这个寄存器，并在最里层循环退出时将和存入 c[i][j]。为了使代码更为简单，我们使用汇编语言伪指令 LDI，将一个常数载入一个寄存器。

程序体首先将循环退出条件，即值 32，存入一个临时寄存器中，然后初始化三个 for 循环变量：

```
   mm:...
      LDI   X10, 32   // X10 = 32 (row size/loop end)
      LDI   X19, 0    // i = 0; initialize 1st for loop
L1:   LDI   X20, 0    // j = 0; restart 2nd for loop
L2:   LDI   X21, 0    // k = 0; restart 3rd for loop
```

要计算 c[i][j] 的地址，首先要知道一个 32×32 的二维矩阵如何存储在内存中。正如你所期望的，其布局为 32 个一维数组，每个数组 32 个元素。因此，第一步跳过 i 个“一

维矩阵”或者 i 行，获得我们需要的元素。因此，我们将第一维的索引乘以行的大小 32。因为 32 是 2 的幂次方，所以可以用移位来代替乘：

```
LSL  X11, X19, 5    //  X11 = i * 2⁵(size of row of c)
```

现在加上第二维的索引来获得所需行的第 j 个元素：

```
ADD  X11, X11, X20    //  X11 = i * size(row) + j
```

为了将这个和转化为按字节的索引，我们给它乘上一个矩阵元素的字节大小。因为每个元素都是双精度（8 个字节），我们可以用左移 3 位来代替乘：

```
LSL  X11, X11, 3    //  X11 = byte offset of [i][j]
```

下面将这个和加上 c 的基址，得到 c[i][j] 的地址，然后将双精度数 c[i][j] 载入 D4 寄存器中：

```
ADD    X11, X0, X11     //  X11 = byte address of c[i][j]
LDURD  D4, [X11,#0]     //  D4 = 8 bytes of c[i][j]
```

接着的 5 条指令几乎和之前的 5 条一样：计算双精度数 b[k][j] 的地址，然后将其载入。

```
L3: LSL    X9, X21, 5     //  X9 = k * 2⁵(size of row of b)
    ADD    X9, X9, X20    //  X9 = k * size(row) + j
    LSL    X9, X9, 3      //  X9 = byte offset of [k][j]
    ADD    X9, X2, X9     //  X9 = byte address of b[k][j]
    LDURD D16, [X9,#0]  //  D16 = 8 bytes of b[k][j]
```

224

类似地，下面的 5 条指令与刚才的 5 条一样：计算双精度数 a[i][k] 的地址，然后将其载入。

```
LSL    X9, X19, 5    //  X9 = i * 2⁵(size of row of a)
ADD    X9, X9, X21   //  X9 = i * size(row) + k
LSL    X9, X9, 3     //  X9 = byte offset of [i][k]
ADD    X9, X1, X9    //  X9 = byte address of a[i][k]
LDURD  D18, [X9,#0]  //  D18 = 8 bytes of a[i][k]
```

现在，所有的数据已经载入，终于可以做一些浮点操作了！我们将分别存在 D18 和 D16 中的元素 a 和 b 相乘，然后累加到 D4 中。

```
FMULD  D16, D18, D16  // D16 = a[i][k] * b[k][j]
FADDD  D4, D4, D16    // f4 = c[i][j] + a[i][k] * b[k][j]
```

最后的部分递增循环变量 k，如果索引值没到 32，则返回循环。如果达到 32，即达到最里层循环的最后，则将累加在 D4 中的和存入 c[i][j]。

```
ADDI   X21, X21, 1    //  $k = k + 1
CMP    X21, X10       //  test k vs. 32
B.LT   L3             //  if (k < 32) go to L3
STURD  D4, [X11,0]    //  = D4
```

类似地，最后 6 条指令增加中间和最外层循环的索引变量，如果没到 32 则返回循环，否则退出循环。

```
ADDI  X20, X20, #1  //  $j = j + 1
CMP   X20, X10      //  test j vs. 32
B.LT  L2            //  if (j < 32) go to L2
ADDI  X19, X19, #1  //  $i = i + 1
CMP   X19, X10      //  test i vs. 32
B.LT  L1            //  if (i < 32) go to L1
. . .
```

图 3-23 给出了与图 3-22 中 DGEMM 版本略微不同的 x86 汇编语言代码。

精解 C语言以及很多其他编程语言使用上例中的数组分布，称为行优先（row-major order）。而Fortran采用列优先，即数组一列一列地存储。

225

精解 将整数和浮点寄存器分开的另外一个原因是，20世纪80年代的处理器还没有足够的晶体管将浮点单元和整数单元放在同一个芯片上。因此，浮点单元，包括浮点寄存器，只是一个可选的第二芯片（作为主芯片的辅助）。这种可选的加速芯片称为协处理器（coprocessor）芯片。自20世纪90年代早期起，微处理器将浮点单元（以及其他功能单元）集成在一个芯片上。因此，由加速器（accumulator）和磁芯存储器（core memory）组成的协处理器术语已经过时了。

精解 正如3.4节提到的，加速除法比乘法更有挑战性。除了SRT，还有一种利用快速乘法器的技术称为牛顿迭代，它将除法变换为通过寻找函数的零点来获得倒数$1/c$，然后与另一操作数相乘。如果不计算更多的位，迭代技术无法进行正确的舍入。TI的一款芯片通过计算倒数更多有效位的方法来解决这一问题。

精解 Java在定义浮点数据类型和操作时遵循了IEEE 754标准，因此可以更好地生成第一个例子中的代码，将华氏温度转换为摄氏温度。

上面第二个例子使用了多维数组，Java中不能显式支持。Java允许在数组中嵌套数组，但每个数组可能有自己的长度，这一点与C语言对多维数组的支持不同。与第2章中的例子类似，第二个例子的Java版本需要大量的代码来对数组边界进行检查，包括在行访问最后计算新的长度。此外，可能还需要检查对象引用是否非空。

3.5.7 算术精确性

与整数可以精确地表示最大数和最小数之间的所有数不同，浮点数通常是一个无法表示的数的近似值。原因是，即使在0和1之间，实数就有无穷多个，而双精度浮点最多可以精确表示的不超过2^{53}个。我们能做的最好的就是给出最接近实际数的浮点表示。因此，IEEE 754提供了几种舍入模式来供程序员选择所需的近似值。

保护位：在浮点数计算的中间过程中，在右边多保留的两位中的第一位，用于提高舍入精度。

舍入位：使浮点运算中间产生的浮点结果满足浮点格式，以便得到浮点格式能够表示的、最接近的数。在浮点数计算的中间过程中，在右边多保留的两位中的第二位，用于提高舍入精度。

舍入听起来很简单，但精确的舍入需要硬件在计算过程中保持更多的有效位。在前面的例子中，中间结果占有多少位并未提及，但很明显的是，如果每个中间结果都截短成准确的位数，那么就没有机会做舍入了。因此，在中间计算步骤中，IEEE 754总是使右边多保留两位，分别称为**保护位**（guard）和**舍入位**（round）。下面用一个十进制的例子来说明其作用。

226

例题 | 使用保护位来舍入

将$2.56_{ten} \times 10^0$和$2.34_{ten} \times 10^2$相加，假设只有三个十进制有效位。在使用保护位和舍入位，以及不使用两种情况下，将结果舍入到只有三位十进制位的最近的数。

答案 | 首先将较小的数右移以对齐指数，故$2.56_{ten} \times 10^0$变为$0.0256_{ten} \times 10^2$。因为有了保护位和舍入位，所以对齐指数时可以表示两个最低有效位。保护位为5，舍入位为6。和为：

$$
\begin{array}{r}
2.3400_{\text{ten}} \\
+\ \underline{0.0256_{\text{ten}}} \\
2.3656_{\text{ten}}
\end{array}
$$

因此，和为 $2.3626_{\text{ten}} \times 10^2$。因为需要舍入两位，所以以 50 为分水岭，值在 0~49 之间时舍，在 51 ～ 99 之间时入。以三个有效位舍入，变为 $2.37_{\text{ten}} \times 10^2$。

若没有保护位和舍入位，计算过程中丢掉两位。新的和为：

$$
\begin{array}{r}
2.34_{\text{ten}} \\
+\ \underline{0.02_{\text{ten}}} \\
2.36_{\text{ten}}
\end{array}
$$

答案是 $2.36_{\text{ten}} \times 10^2$，与上面的结果相比最低位上少 1。

舍入最坏的情况是实际的数在两个浮点表示的中间，浮点的精确性通常以有效位的低位上有多少位的误差来衡量。这种衡量称为**最后位置单位**（units in the last place, ulp）[㊀]。如果一个数在最低位上少 2，则称其少了 2 个 ulp。在没有上溢、下溢或无效操作异常的情况下，IEEE 754 保证了计算机使用的数的误差都在半个 ulp 以内。

最后位置单位：在实际数和表示的数之间，低有效位上误差的位数。

精解 尽管上面的例子实际只需要多出一位，但乘法需要两位。一个二进制乘积前面可能有一位 0，因此，规格化步骤必须将积左移一位，从而将保护位移入乘积的最低有效位，留下舍入位来辅助获得乘积的精确舍入。

IEEE 754 有四种舍入模式：总是向上舍入（向 + ∞），总是向下舍入（向 − ∞），截断舍入，向最靠近的偶数舍入。最后一种模式给出了当数值在中间时如何处理。美国国家税务局（U.S. Internal Revenue Service，IRS）也许为了自身的利益，总是将 0.50 美元向上舍入。一种更公平的办法是：一半时间里使用向上舍入，另一半时间里使用向下舍入。IEEE 754 提出，若这种中间情况的最后一位有效位是奇数，就加 1；若为偶数，则截去。因此，这种方法总是将最低位设为 0，正如舍入模式的名称所隐含的。这种模式是用得最多的，而且是 Java 唯一支持的模式。

227

使用额外的舍入位的目的是让计算机获得相同的结果，如同先以无穷的精度计算中间结果，然后进行舍入那样。为了支持这个目标并向最靠近的偶数舍入，IEEE 754 标准在保护位和舍入位之后还有第三位，只要舍入位右边有非 0 位，该位就被置 1。该位被称为粘贴位（sticky bit），它使得计算机在舍入时，能够看到 $0.50\cdots00_{\text{ten}}$ 和 $0.50\cdots01_{\text{ten}}$ 的区别。

粘贴位：保护位和舍入位之外用于舍入的位，当舍入位右边有非零的位时将其置 1。

粘贴位可能被置 1，例如，在加法中较小数右移时。假设在前面的例子里将 $5.01_{\text{ten}} \times 10^{-1}$ 和 $2.34_{\text{ten}} \times 10^2$ 相加。即使有保护位和舍入位，将 0.0050 和 2.34 相加，得到和 2.3450。因为右边的位非零，粘贴位被置 1。假设没有粘贴位来记录是否有 1 被移走，我们会假设这个数等于 2.345000…00，然后向最靠近的偶数舍入得到 2.34。使用粘贴位记录这个数是大于 2.345000…00 的，我们舍入后会得到 2.35。

精解 MIPS-64、PowerPC、SPARC64、AMD SSE5 和 Intel AVX 体系结构提供了一条单独的指令来对三个寄存器执行乘法和加法操作：$a = a + (b \times c)$。显然，对这一常用操作，该指令将获得更高的浮点性能。同样重要的是，不再需要两次舍入——乘法后和加法后（可

㊀ 或称最小精度单位。——译者注

能在分开的指令中出现)，该乘加指令只需在加法后执行一次舍入。一次舍入增加了乘加的精度。这样的一次舍入操作称为混合乘加(fused multiply add)，已被加入修订的IEEE 754-2008标准(见3.12节)。完整的ARMv8指令也提供了混合乘加(见3.8节)。

混合乘加：一条浮点指令，执行一次乘法和一次加法，但只在加法后进行一次舍入。

3.5.8 小结

下面的重点再次强调了第2章中存储程序的概念；信息的含义不能仅仅通过看数据位来确定，因为相同的位也可能代表了不同的对象。本节表明，计算机算术是有限的，因此和自然界的算术不同。例如，IEEE 754的标准浮点表示

$$(-1)^S \times (1 + 尾数) \times 2^{(指数 - 偏差)}$$

几乎总是一个真实实数的近似。计算机系统必须小心地减少计算机算术和真实世界算术之间的差距，而程序员有时也需要小心这种近似值的含义。

重点 位模式并没有内在的含义，它们可能代表有符号整数、无符号整数、浮点数、指令、字符串，等等。具体代表什么，取决于对其操作的指令。

228

计算机数和真实世界里的数的主要不同在于，计算机数的大小和精度是有限的，有时可能要计算因太大或太小而无法在一个计算机字中表示的数。程序员必须记住这些限制，并对照着编程。

硬件/软件接口 上一章给出了C语言的存储类型(见2.7节的硬件/软件接口部分)。下表给出了C和Java的一些数据类型、数据传输指令，以及第2章和本章出现的对那些数据类型进行操作的指令。注意Java省略了无符号整数。

C类型	Java类型	数据传输指令	操作
long long int	int	LDUR, STUR, MOVZ, MOVK	ADD, SUB, ADDI, SUBI, ADDS,SUBS, ADDIS, SUBIS, MUL,SMULH, SDIV, AND, ANDI, ORR,ORRI, EOR, EORI
unsigned long long int	—	LDUR, STUR, MOVZ, MOVK	ADD, SUB, ADDI, SUBI, ADDS,SUBS,ADDIS, SUBIS, MUL,UMULH, UDIV,AND, ANDI, ORR,ORRI,EOR, EORI
char	—	LDURB, STURB, MOVZ, MOVK	ADD, SUB, ADDI, SUBI, ADDS,SUBS, ADDIS, SUBIS, MUL,SMULH, SDIV, AND, ANDI, ORR,ORRI, EOR, EORI
—	char	LDURH, STURH, MOVZ, MOVK	ADD, SUB, ADDI, SUBI, ADDS,SUBS, ADDIS, SUBIS, MUL,UMULH, UDIV, AND, ANDI, ORR,ORRI, EOR, EORI
float	float	LDURS, STURS	AFADDS, FSUBS, FMULS, FDIVS, FCMPS
double	double	LDURD, STURD	FADDD, FDUBD, FMULD, FDIVD,FCMPD

229

精解 为了处理可能包含NaN的比较，IEEE 754标准包含了有序(ordered)和无序(unordered)比较。因此，完整的ARMv8指令集有很多种用于比较的指令来支持NaN。(Java不支持无序比较。)

为了从一次浮点操作中最大限度地获得精度位，标准允许一些数以未规格化的形式表示。IEEE允许有非规格化(denormalized)数(也称为非规格化(denorm)或亚规格化(subnormal))，以减小0和最小规格化数之间的间隙。这些非规格化数和0有相同的指数，但尾数非零。允许一个有效位变小直到0，称为逐级下溢(gradual underflow)。例如，最小

的正的单精度规格化数为

$$1.0000\ 0000\ 0000\ 0000\ 0000\ 000_{two} \times 2^{-126}$$

而最小的单精度非规格化数为

$$0.0000\ 0000\ 0000\ 0000\ 0000\ 001_{two} \times 2^{-126}，即\ 1.0_{two} \times 2^{-149}$$

对于双精度，非规格化间隙从 $1.0_{two} \times 2^{-1022}$ 到 $1.0_{two} \times 2^{-1074}$。

对于试图构造快速浮点单元的设计者来说，偶尔出现的非规格化操作数是一件令人头疼的事情。因此，许多计算机在操作数为非规格化数时产生异常，交给软件来完成相应的操作。尽管软件实现也可以完成任务，但软件的低效降低了非规格化数在可移植浮点软件中的受欢迎程度。此外，如果程序员不期望得到非规格化数，那么他们所写的程序可能会产生令人惊讶的结果。

小测验 IEEE 754-2008 标准中增加了一个 16 位的浮点格式，其中指数位为 5 位。下列哪一项是其能够表示的数据范围？

1. $1.0000\ 00 \times 2^{0}$ 到 $1.1111\ 1111\ 11 \times 2^{31}$，0
2. $\pm 1.0000\ 0000\ 0 \times 2^{-14}$ 到 $\pm\ 1.1111\ 1111\ 1 \times 2^{15}$，$\pm 0$，$\pm\ \infty$，NaN
3. $\pm 1.0000\ 0000\ 00 \times 2^{-14}$ 到 $\pm\ 1.1111\ 1111\ 11 \times 2^{15}$，$\pm 0$，$\pm\ \infty$，NaN
4. $\pm 1.0000\ 0000\ 00 \times 2^{-15}$ 到 $\pm\ 1.1111\ 1111\ 11 \times 2^{14}$，$\pm 0$，$\pm\ \infty$，NaN

3.6 并行与计算机算术：子字并行

每台手机、平板或笔记本的微处理器中都有自己的图形显示，因此，随着晶体管数量的增加，微处理器中不可避免地要增加对图形操作的支持。

很多图形系统最初都是用 8 位数据来表示三种基本颜色中的一种，外加 8 位表示像素的位置。电话会议和视频游戏中使用的扬声器和麦克风要求对声音进行支持。音频采样需要 8 位以上的精度，但 16 位已经足够。

每种微处理器对于字节或半字都有特殊的支持，使得它们在内存中占据较少的空间（见 2.9 节）。然而，在典型的整数程序中，由于针对这类大小数据的算术操作出现频率很低，因此除了数据传输之外，很少有其他的支持。体系结构设计师发现，很多视频和音频应用中会对这类数据的向量做相同的操作。通过在一个 128 位的加法器内对进位链进行分割，处理器可以通过并行同时处理 16 个 8 位、8 个 16 位、4 个 32 位或 2 个 64 位的操作数。 230

这种分割的加法器成本非常小，但是加速比非常大。

因为并行发生在一个宽字内部，因此这种扩展称为*子字并行*（subword parallelism）。也可以将其归类为更通用的名字，即*数据级并行*（data level parallelism）。它们也被称为向量或 SIMD，即单指令多数据（见 6.6 节）。多媒体应用的日益普及也造成了一些新的算术指令的出现，这些指令支持易于并行执行的窄位宽操作。

例如，ARMv8 增加了 32 个 128 位寄存器（V0，V1，…，V31）和 500 多条机器语言指令来支持子字并行。支持你所能想到的任何子字数据类型：

- 8 位、16 位、32 位、64 位和 128 位有符号整数与无符号整数。
- 32 位和 64 位浮点数。

图 3-18 总结了一些基本的 ARMv8 SIMD 指令，3.8 节将探讨完整的 SIMD 体系结构。

类型	描述	名称	大小（位）					浮点精度	
			8	16	32	64	128	SP	DP
加/减	Integer add	ADD	✓	✓	✓	✓	✓		
	FP add	FADD						✓	✓
	Integer subtract	SUB	✓	✓	✓	✓	✓		
	FP subtract	FSUB						✓	✓
乘	Unsigned integer multiply	UMUL	✓	✓	✓	✓	✓		
	Signed integer multiply	SMUL	✓	✓	✓	✓	✓		
	FP multiply	FMUL						✓	✓
比较	Integer compare equal	CMEQ	✓	✓	✓	✓	✓		
	FP compare equal	FCMEQ						✓	✓
最小值/最大值	Unsigned integer minmum	UMIN	✓	✓	✓	✓	✓		
	Signed integer minmum	SMIN	✓	✓	✓	✓	✓		
	FP minmum	FMIN						✓	✓
	Unsigned integer maximum	UMAX	✓	✓	✓	✓	✓		
	Signed integer maximum	SMAX	✓	✓	✓	✓	✓		
	FP maximum	FMAX						✓	✓
移位	Integer shift left	SHL	✓	✓	✓	✓	✓		
	Unsigned integer shift right	USHR	✓	✓	✓	✓	✓		
	Signed integer shift right	SSHR	✓	✓	✓	✓	✓		
逻辑运算	Bitwise AND	AND	✓	✓	✓	✓	✓		
	Bitwise OR	ORR	✓	✓	✓	✓	✓		
	Bitwise exclusive OR	EOR	✓	✓	✓	✓	✓		
数据传输	Load register	LDR	✓	✓	✓	✓	✓	✓	✓
	Store register	STR	✓	✓	✓	✓	✓	✓	✓

231

图 3-18　ARMv8 子字并行 SIMD 指令示例。图 3-21 将给出完整的 SIMD 指令集合

ARMv8 汇编器没有为不同的数据宽度使用不同的汇编助记符，而是对 SIMD 寄存器使用不同的后缀以表示不同的宽度，以便选择合适的机器语言操作码。后缀 B（byte）表示 8 位操作数，H（half）表示 16 位操作数，S（single）表示 32 位操作数，D（double）表示 64 位操作数，Q（quad）表示 128 位操作数。程序员会在寄存器名称前面设置一个数字，从而为该数据宽度定制子字并行操作的数量。因此，在 V2 和 V3 寄存器中的 8 位元素间执行 16 个并行整数加操作，并将 16 个 8 位的和放入 V1 中可以写为：

```
ADD V1.16B, V2.16B, V3.16B // 16 8-bit integer adds
```

执行 4 个并行的 32 位浮点加法，可以写为：

```
FADD V1.4S, V2.4S, V3.4S // 4 32-bit floating-point adds
```

3.7　实例：x86 中的流处理 SIMD 扩展和高级向量扩展

x86 中最初的 MMX（MultiMedia eXtension，多媒体扩展）指令和 SSE（Streaming SIMD Extension，流处理 SIMD 扩展）指令包含与 ARMv8 中类似的操作。第 2 章中提到，2001 年 Intel 在其体系结构中增加了 144 条指令作为 SSE2 的一部分，包括双精度浮点寄存器和操作，包含了可用作浮点操作数的 8 个 64 位寄存器。AMD 将寄存器数量扩展到 16 个，称为 XMM，作为 AMD64 的一部分，而 Intel 将其重新定义为 EM64T。图 3-19 总结了 SSE 和 SSE2 指令。

数据传输	算术运算	比较
MOV[AU]{SS|PS|SD|PD} xmm, {mem|xmm}	ADD{SS|PS|SD|PD} xmm,{mem|xmm}	CMP{SS|PS|SD|PD}
	SUB{SS|PS|SD|PD} xmm,{mem|xmm}	
MOV[HL]{PS|PD} xmm, {mem|xmm}	MUL{SS|PS|SD|PD} xmm,{mem|xmm}	
	DIV{SS|PS|SD|PD} xmm,{mem|xmm}	
	SQRT{SS|PS|SD|PD} {mem|xmm}	
	MAX{SS|PS|SD|PD} {mem|xmm}	
	MIN{SS|PS|SD|PD} {mem|xmm}	

图 3-19 x86 的 SSE/SSE2 浮点指令。xmm 意味着操作数是一个 128 位的 SSE2 寄存器；{mem/xmm} 表明另一个操作数或者在内存中，或是一个 SSE2 寄存器。该表采用正则表达式来表示指令的变化。因此，MOV[AU]{SS/PS/SD/PD} 实际代表了 8 条指令，即 MOVASS、MOVAPS、MOVASD、MOVAPD、MOVUSS、MOVUPS、MOVUSD 和 MOVUPD。方括号 [] 表示单选选项：A 表示存储器中对齐的 128 位操作数；U 表示存储器中不对齐的 128 位操作数；H 表示传输 128 位操作数的高半部分；L 表示传输 128 位操作数的低半部分。大括号 {} 和竖线 | 表示基本操作的多选项：SS 代表标量单精度（Scalar Single precision）浮点数，或一个 128 位 SSE2 寄存器中的一个 32 位操作数；PS 表示打包单精度浮点数（Packed Single precision），或者一个 128 位 SSE2 寄存器中的 4 个 32 位操作数；SD 表示标量双精度浮点数（Double Single precision），或一个 128 位寄存器中的一个 64 位操作数；PD 表示打包双精度浮点数（Packed Double precision），或者一个 128 位 SSE2 寄存器中的 2 个 64 位操作数

除了能够在寄存器中存放一个单精度或双精度数之外，Intel 也允许将多个浮点操作数打包在一个 128 位的 SSE2 寄存器中：4 个单精度或 2 个双精精度数。因此，SSE2 的 16 个浮点寄存器实际上是 128 位宽。如果操作数在存储器中能够组织为 128 位对齐的数据，则 128 位的数据传输可以使每条指令加载（load）或保存（store）多个操作数。这种打包的浮点格式由一种算术操作支持，该操作可以同时计算 4 个单精度（PS）或 2 个双精度（PD）数。

2011 年，Intel 通过高级向量扩展（Advanced Vector eXtension，AVX）再次将寄存器宽度加倍，现在称为 YMM。因此，一个单精度操作现在可以指定 8 个 32 位的浮点操作或 4 个 64 位的浮点操作。而遗留的 SSE 和 SSE2 指令现在可以对 YMM 寄存器的低 128 位进行操作。因此，从 128 位到 256 位操作，你需要在 SSE2 汇编语言指令前加上字母 v（表示向量），然后使用 YMM 寄存器名代替 XMM 寄存器名。例如，将 2 个 64 位浮点数相加的 SSE2 指令 [232]

```
addpd  %xmm0, %xmm4
```

变为

```
vaddpd  %ymm0, %ymm4
```

该指令产生 4 个 64 位浮点加法[⊖]。Intel 宣布计划在 x86 的后续版本中，将 AVX 寄存器先拓宽到 512 位，然后拓宽到 1024 位。

精解 AVX 也在 x86 中增加了三个地址的指令。例如，vaddpd 现在可以定义为：

```
vaddpd  %ymm0, %ymm1, %ymm4    // %ymm4 = %ymm0 + %ymm1
```

⊖ 原书为乘法，笔误。——译者注

而两个地址的指令为：

```
addpd  %xmm0, %xmm4  // %xmm4 = %xmm4 + %xmm0
```

（与 LEGv8 不同，x86 的目的操作数位于右边。）三个地址可以减少计算所需的寄存器数量和指令数量。233

3.8 实例：其他的 ARMv8 算术指令

图 2-40 列出了完整 ARMv8 指令集中的 63 条汇编指令（整数乘、整数除，以及浮点操作）和 245 条 SIMD 汇编指令。

图 2-40 也给出了 18 条浮点数据传输指令的机器语言形式，但没有对应的汇编语言。图 3-17 列出了 4 条浮点数据传输指令的汇编语言形式。出现这种自相矛盾的情况，是因为 ARMv8 汇编器能根据寄存器名字和数据传输指令的名字产生正确的操作码。例如，ARMv8 汇编器将下面三条指令

```
LDUR S1, [X23,#100]
LDUR D1, [X23,#100]
LDUR X1, [X23,#100]
```

转化成下列 LEGv8 指令的机器语言形式：

```
LDURS S1, [X23,#100]
LDURD D1, [X23,#100]
LDUR  X1, [X23,#100]
```

如早前的“精解”部分所提及的，本书使用不同的汇编语言名字来表示不同的浮点机器语言指令，因为我们认为保持这两个层次一一对应的关系，可以减少读者对于硬件如何工作的困惑。汇编器根据寄存器的名字就足以区分不同类型的指令，这在硬件上是如何做到？很多人可能对此很困惑。

3.8.1 完整的 ARMv8 整数和浮点算术指令

图 3-20 给出了完整 ARMv8 指令集中的全部 63 条整数算术和浮点指令，其中 15 条核心算术指令加粗显示，伪指令斜体显示。

和许多其他的 ARMv8 指令种类一样，也有一种整数乘法指令版本（`MNEG`）能够提供结果的相反数。4 条乘法指令也有“long”类型，操作数是 32 位（`long`）而不是 64 位（`long long`）。ARMv8 也有 6 条指令，能够对 3 个 long（32 位）或 3 个 long long（64 位）的操作数做整数乘加或乘减。事实上，6 条整数乘法指令只是乘加指令的伪指令，其中一个操作数为零寄存器（`XZR`）。这 11 条新的整数指令加上 ARMv8 的核心算术指令中的 5 条乘法和除法，共计 16 条。

和整数乘法一样，浮点乘也有一个版本（`FNMUL`）能产生乘积的相反数。和整数条件比较指令（`CCMP`）一样，比较指令也有一个版本（`FCCMP`），当初始条件为真时才进行比较。为了允许程序员检查操作数是否是非数（NaN），比较指令有两个版本：一个版本无论其中一个操作数是否为 NaN 都不会引起异常（静比较，quiet compare），另一个当检测到 NaN 时会引起异常（信号比较，signaling compare）。和整数乘法一样，也有 4 条浮点乘法指令在乘法之后做加法或者减法。ARMv8 还有 3 条单操作数浮点指令：取绝对值、取负数和求平方根。这 11 条指令和来自 ARMv8 算术核心指令中的 10 条指令使得指令总数达到 37 条。234~235

最大值和最小值浮点操作也因为 NaN 而略微复杂。有两条指令在检测到有一个操作数是

NaN 时引起陷入（trap）。而另外两条指令将 NaN 视为一个极值：最大值是正无穷，最小值是负无穷。ARMv8 不仅有一条浮点移动指令能够在浮点寄存器之间或整数寄存器和浮点寄存器之间复制数据，还有一条指令能够将浮点常量取到寄存器中。和整数条件选择（CSEL）一样，也有浮点条件选择（FCSEL）。这 7 条指令使得算术汇编指令总数增加到了 44 条。

类型	助记符	指令	类型	助记符	指令
整数乘和整数除	***MUL***	Multiply	整数乘加	MADD	Multiply-add
	SMULH	Signed multiply high		MSUB	Multiply-subtract
	UMULH	Unsigned multiply high		SMADDL	Signed multiply-add long
	SDIV	Signed divide		SMSUBL	Signed multiply-subtract long
	UDIV	Unsigned divide		UMADDL	Unsigned multiply-add long
	SMULL	Signed multiply long		UMSUBL	Unsigned multiply-subtract long
	UMULL	Unsigned multiply long	浮点乘加	FMADD	Floating-point fused multiply-add
	MNEG	Multiply-negate		FMSUB	Floating-point fused multiply-subtract
	UMNEGL	Unsigned multiply-negate long		FNMADD	Floating-point negated fused multiply-add
	SMNEGL	Signed multiply-negate long		FNMSUB	Floating-point negated fused multiply-subtract
浮点指令（两个源操作数）	**FADDS**	Floating-point add single	浮点数据移动	FMOV	Floating-point move to/from integer or FP register
	FSUBS	Floating-point subtract single		FMOVI	Floating-point move immediate
	FMULS	Floating-point multiply single	浮点选择	FCSEL	Floating-point conditional select
	FDIVS	Floating-point divide single			
	FADDD	Floating-point add double	浮点舍入	FRINTA	Floating-point round to nearest with ties to odd
	FSUBD	Floating-point subtract double		FRINTI	Floating-point round using current rounding mode
	FNMUL	Floating-point scalar multiply-negate		FRINTM	Floating-point round toward -infinity
	FMULD	Floating-point multiply double		FRINTN	Floating-point round to nearest with ties to even
	FDIVD	Floating-point divide double		FRINTP	Floating-point round toward +infinity
	FCMPS	Floating-point compare single (quiet)		FRINTX	Floating-pointl exact using current rounding mode
	FCMPD	Floating-point compare double (quiet)		FRINTZ	Floating-point round toward 0
	FCMPE	Floating-point signaling compare		FCVTAS	FP convert to signed integer, rounding to nearest odd
	FCCMP	Floating-point conditional quiet compare		FCVTAU	FP convert to unsigned integer, rounding to nearest odd
	FCCMPE	Floating-point conditional signaling compare		FCVTMS	FP convert to signed integer, rounding toward -infinity
浮点指令（单操作数）	FABS	Floating-point scalar absolute value	浮点转换	FCVTMU	FP convert to unsigned integer, rounding toward -infinity
	FNEG	Floating-point scalar negate		FCVTNS	FP convert to signed integer, rounding to nearest even
	FSQRT	Floating-point scalar square root		FCVTNU	FP convert to unsigned integer, rounding to nearest even
浮点指令（最大值/最小值）	FMAX	Floating-point scalar maximum		FCVTPS	FP convert to signed integer, rounding toward +infinity
	FMIN	Floating-point scalar minimum		FCVTPU	FP convert to unsigned integer, rounding toward +infinity
	FMAXNM	Floating-point scalar maximum number		FCVTZS	FP convert to signed integer, rounding toward 0
		(NaN = –Inf)		FCVTZU	FP convert to unsigned integer, rounding toward 0
	FMINNM	Floating-point scalar minimum number		SCVTF	Signed integer convert to FP, current rounding mode
		(NaN = +Inf)		UCVTF	Unsigned integer convert to FP, current rounding mode

图 3-20　完整的 ARMv8 整数和浮点算术汇编指令。加粗显示的指令是 LEGv8 的核心指令，斜体显示的是伪指令

最后两类指令用于浮点数舍入，以及在整数和浮点数之间进行转换。根据 IEEE 754 的多种舍入模式，ARMv8 有 7 条相应的指令。为了覆盖有符号、无符号整数和浮点数转换的所有组合以及不同的舍入模式，ARMv8 有 12 条数据类型转换指令。最后这两类指令使得算术汇编指令的数量增加到 63 条，如图 3-20 中所列。

3.8.2　完整的 ARMv8 SIMD 指令

图 3-21 给出了完整 ARMv8 指令集中的所有 245 条 SIMD 汇编指令。为了在一张表中列出 245 条指令，本书使用正则表达式，用一个表入口项表示几条不同的指令。图的标题回顾了我们使用的三个正则表达式。

类型	描述	名称	类型	描述	名称
加/减	Vector add	F?ADD	饱和算术运算	Integer saturating vector add	[US]QADD
	Integer vector add returning high, narrow	ADDHN2?		Integer saturating vector subtract	[US]QSUB
	Integer vector add long	[US]ADDL2?		Signed integer saturating vector accumulate of unsigned value	SUQADD
	Integer vector add wide	[US]ADDW2?		Unsigned integer saturating vector accumulate of unsigned value	USQADD
	Vector add pair	FADDP		Signed integer saturating vector absolute	SQABS
	Integer vector add long pair	[US]ADDLP		Signed integer saturating vector doubling multiply-add long	SQDMLAL2?
	Integer vector add and accumulate long pair	[US]ADALP		Signed integer saturating vector doubling multiply-subtract long	SQDMLSL2?
	Vector subtract	F?SUB		Signed integer saturating vector doubling multiply high half	SQDMULH
	Integer vector subtract returning high, narrow	SUBHN2?		Signed integer saturating vector doubling multiply long	SQDMULL2?
	Integer vector subtract long	[US]SUBL2?		Integer saturating vector narrow	[US]QXTN2?
	Integer vector subtract wide	[US]SUBW2?		Signed integer saturating vector and unsigned narrow	SQXTUN2?
	Vector negate	F?NEG		Signed integer saturating vector negate	SQNEG
乘/除/平方/平方根	Vector multiply	[FP]MUL		Signed integer vector saturating rounding doubling multiply high half	SQRDMULH
	FP vector multiply extended (0xINF→2)	FMULX	乘加	Vector chained multiply-add	MLA
	Vector multiply long	[USP]MULL2?		Vector fused multiply-add	FMLA
	Vector FP divide	FDIV		Integer vector multiply-add long	[US]MLAL2?
	FP vector square root	FSQRT		Vector chained multiply-subtract	MLS
	FP reciprocal square root	FRSQRTS		Vector fused multiply-subtract	FMLS
	Vector reciprocal square root estimate	[UF]RSQRTE		Integer vector multiply-subtract long	[US]MLSL2?
	Vector reciprocal estimate	[UF]RECPE	归约	Integer sum elements in vector	ADDV
	FP vector reciprocal step	FRECPS		Integer sum elements in vector long	[US]ADDLV
	FP vector reciprocal exponent	FRECPX		Maximum element in vector	[USF]MAXV
比较	FP vector absolute compare greater than or equal	FACGE		FP maxNum element in vector	FMAXNMV
	FP vector absolute compare greater than	FACGT		Minimum element in vector	[USF]FMINV
	FP vector absolute compare less than or equal	FACLE		FP minNum element in vector	FMINNMV
	FP vector absolute compare less than	FACLT	饱和移位	Integer saturating vector rounding shift left	[US]QRSHL
	Vector compare equal	F?CMEQ		Integer saturating vector shift right rounded narrow	[US]QRSHRN
	Vector compare greater than or equal	{CMHS|F?CMGE}		Signed integer saturating vector shift right rounded unsigned narrow	SQRSHRUN
	Vector compare greater than	{CMHI|F?CMGT}		Integer saturating vector shift left	[US]QSHL
	Vector compare less than or equal	{CMLS|F?CMLE}		Signed integer saturating vector shift left unsigned	SQSHLU
	Vector compare less than	{CMLO|F?CMLT}		Integer saturating vector shift right narrow	[US]QSHRN
	Vector test bits	CMTST		Signed integer saturating vector shift right unsigned narrow	SQSHRUN
逻辑运算	Bitwise vector AND	AND	最小值/最大值	Vector maximum	[USF]MAX
	Bitwise vector bit clear	BIC		FP vector maxNum	FMAXNM
	Bitwise vector OR	ORR		Vector minimum	[USF]MIN
	Bitwise vector OR NOT	ORN		FP vector minNum	FMINNM
	Bitwise vector exclusive OR	EOR		Vector max pair	[USF]MAXP
	Bitwise vector NOT	MVN		FP vector maxNum pair	FMAXNMP
移位	Integer vector shift left	SHL		Vector min pair	[USF]MINP
	Integer vector shift left long	[US]SHLL		FP vector minNum pair	FMINNMP
	Integer vector shift right	[US]SHR	转换	Vector FP convert to {signed | unsigned} integer (round to {0|x})	FCVT[Zx][SU]
	Integer vector shift right narrow	SHRN2?		Vector integer convert to FP	[US]CVTF
	Integer vector shift left and insert	SLI		Vector convert FP precision	FCVT[NL]
	Integer vector shift right and accumulate	[US]SRA		Vector convert double to single-precision (rounding to odd)	FCVTXN
	Integer vector shift right and insert	SRI	舍入	Vector FP round to integral FP value (towards x)	FRINTx
	Integer rounding vector shift left	[US]RSHL		Integer rounding vector shift right and accumulate	[US]RSRA
	Integer rounding vector shift right	[US]RSHR		Integer rounding vector subtract returning high, narrow	RSUBHN2
	Integer rounding vector shift right narrow	RSHRN2?		Integer rounding vector halving add	[US]RHADD
绝对值/差	Integer vector absolute difference and accumulate	[US]ABA		Integer vector rounding add returning high, narrow	RADDHN
	Integer vector absolute difference and accumulate long	[US]ABAL2?	插入/提取/反转/复制	Bitwise vector select	BSL
	Vector absolute difference	[USF]ABD		Bitwise vector extract	EXT
	Integer vector absolute difference long	[USF]ABDL2?		Bitwise vector insert if {true | false}	BI[TF]
	Vector absolute value	F?ABS		Vector reverse bits in bytes	RBIT
数据传输	Vector load {pair | register}	LD[PR]		Vector reverse elements	REV{16|32|64}
	Vector store {pair | register}	ST[PR]		Duplicate single vector element to all elements	DUP
	Vector move	[USF]MOV		Insert single element in another element	INS
	Vector structure/element load	LD[1234]		Vector element transpose	TRN[12]
	Vector replicated element load	LD[1234]R		Vector element zip	ZIP2?
	Vector structure store	ST[1234]		Vector element unzip	UZP[12]
计数位	Integer vector count leading {sign | zero} bits	CL[SZ]	向量长度	Integer vector lengthen	[US]XTL2?
	Vector count non-zero bits	CNT		Integer vector narrow	XTN
查表	Vector table lookup	TBL		Integer vector halving add	[US]HADD
	Vector table extension	TBX		Integer vector halving subtract	[US]HSUB

图 3-21　完整的 ARMv8 SIMD 指令，使用向量以便与标量操作数区分。为了以较小的篇幅体现 245 条汇编指令，我们使用正则表达式来代表有效的组合。问号意味着在其之前复制 0 或 1 个字母，如 F?ADD 代表两条指令 ADD 和 FADD。方括号表示其中每个字母有一个版本，如 [US]QADD 代表两条指令 UQADD 和 SQADD。最后，花括号以及分隔选项的竖线指出如何形成指令的多个版本，如 REV{16 | 32 | 64} 代表三条指令 REV16、REV32 和 REV64

很多SIMD指令提供三种版本：

- wide指目的操作数和第一源操作数中元素的宽度是第二源操作数中元素宽度的两倍。
- long指目的操作数中元素的宽度是所有源操作数中元素宽度的两倍。
- narrow指目的操作数中元素的宽度是所有源操作数中元素宽度的一半。

这三种选择分别用后缀W、L、N表示。类似于非SIMD指令，pair指在一对SIMD寄存器上进行操作，这些指令使用后缀P。

处理narrow型操作时，指令可以对128位SIMD寄存器的低半部分或高半部分进行操作。默认使用低半部分，后缀为2时表示对SIMD寄存器的高半部分进行操作。

前缀U、S和F指无符号整数、有符号整数和浮点数。当元素只是普通的位时，没有后缀。有三条指令使用多项式类型，这些指令使用后缀P。

大多数SIMD指令都简单易懂，不解自明，因此我们只解释那些不是很显而易见的指令。SIMD指令不设置条件码，而是对向量进行比较，如条件满足，目标向量元素将被设为全1，否则设为0。由于ARMv8指令集只有一半的比较（HS、GE、HI、GT），另外一半（LS、LE、LO、LT）由程序员通过反转操作数并使用互补比较来完成。也就是说，A<B等同于B ≥ A。归约操作在单个SIMD寄存器中的元素间，而不是不同的SIMD寄存器的元素之间进行，其余的SIMD指令也有同样的情形。正如种类名所示，这些指令执行的是典型的归约操作，如求和、最小化和最大化。最后，查表指令用1～4个SIMD寄存器查表。其他源操作数寄存器的元素保存表的索引，然后并行查表得到的结果存入目的寄存器中。

236～237

有了上面对wide、long、narrow和pair等概念的解释，那么各类指令的描述就容易理解了。下面是其中一些不易理解的：

- 3.5节的精解解释了乘加操作如何在一条指令里完成两个操作，从而只做一次舍入而不是你所想的两次舍入。ARMv8同时提供两种选择，即融合（fused）乘加操作（一次舍入）和链式（chained）乘加操作（两次舍入）。
- 整数向量左移并插入指令（SLI）提供了一种将两个不同向量的位进行组合的途径。
- 整数向量右移并累加指令（SSRA、USRA）在将结果加入较低精度的累加器之前，以较高的精度进行中间计算时非常有用。
- 向量结构体/元素取数指令（LD1、LD2、LD3、LD4）将一个、两个、三个或者四个元素的结构体载入SIMD寄存器。

3.9　加速：子字并行和矩阵乘法

为了说明子字并行对性能的影响，我们在无AVX和有AVX两种情况下，分别在Intel Core i7上运行相同的代码。图3-22给出了一个未优化的矩阵乘的C代码。如3.5节所述，该程序通常称为DGEMM，表示双精度通用矩阵乘法（Double precision GEneral Matrix Multiply）。从本书这一版起，我们增加了一个名为“加速”的小节来说明在底层硬件基础上使用适当的软件将获得的性能提升。这里的底层硬件是Intel Core i7的Sandy Bridge。第3、4、5、6章中的“加速”小节中，我们将使用每章介绍的思想来逐步提高DGEMM的性能。

图3-23给出了图3-22中内层循环的x86汇编代码。5条浮点指令以v开头，如AVX指令，但是它们使用XMM寄存器，而不是YMM寄存器。并且它们在指令名字里包含了sd，代表标量双精度。我们稍后将定义子字并行指令。

238

```
1.  void dgemm (size_t n, double* A, double* B, double* C)
2.  {
3.    for (size_t i = 0; i < n; ++i)
4.      for (size_t j = 0; j < n; ++j)
5.      {
6.        double cij = C[i+j*n]; /* cij = C[i][j] */
7.        for(size_t k = 0; k < n; k++ )
8.          cij += A[i+k*n] * B[k+j*n]; /*cij+=A[i][k]*B[k][j]*/
9.        C[i+j*n] = cij; /* C[i][j] = cij */
10.     }
11. }
```

图 3-22　未经优化的双精度矩阵乘 C 语言代码，也称为双精度通用矩阵乘法（DGEMM）。矩阵的维数通过参数 n 传递，该 DGEMM 版本使用矩阵 C、A、B 的一维版，并使用算术运算而不是使用 3.5 节中更为直观的二维数组来获得更好的性能。注释让我们想起这种更加直观的符号

```
 1. vmovsd (%r10),%xmm0              // Load 1 element of C into %xmm0
 2. mov    %rsi,%rcx                 // register %rcx = %rsi
 3. xor    %eax,%eax                 // register %eax = 0
 4. vmovsd (%rcx),%xmm1              // Load 1 element of B into %xmm1
 5. add    %r9,%rcx                  // register %rcx = %rcx + %r9
 6. vmulsd (%r8,%rax,8),%xmm1,%xmm1  // Multiply %xmm1,element of A
 7. add    $0x1,%rax                 // register %rax = %rax + 1
 8. cmp    %eax,%edi                 // compare %eax to %edi
 9. vaddsd %xmm1,%xmm0,%xmm0         // Add %xmm1, %xmm0
10. jg     30 <dgemm+0x30>           // jump if %eax > %edi
11. add    $0x1,%r11                 // register %r11 = %r11 + 1
12. vmovsd %xmm0,(%r10)              // Store %xmm0 into C element
```

图 3-23　图 3-22 中未优化 C 代码编译后内层嵌套循环体的 x86 汇编代码。虽然处理的只是 64 位数据，但编译器使用了 AVX 版本的指令，而不是 SSE2，因此每条指令可以使用三个地址而不是两个（见 3.7 节精解部分）

由于编译器的开发人员最终能够使用 x86 的 AVX 指令生成高质量代码，因此现在我们必须使用 C 的内联特性，通过“欺骗”的方式，告诉编译器如何生成好的代码。图 3-24 是图 3-22 的加强版，给出了 Gnu C 编译器产生的 AVX 代码。图 3-25 给出了编译时使用 gcc-O3 级优化选项输出的 x86 代码，同时给出了代码的注释。

图 3-24 第 6 行的声明使用了 _m256d 数据类型，以告诉编译器该变量将保存 4 个双精度浮点值。第 6 行的函数 _mm256_loas_pd() 使用 AVX 指令从矩阵 C 中并行（_pd）取出 4 个双精度浮点数到 c0 中。第 6 行的地址计算 C+i+j*n 表示元素 C[i+j*n]。与之对称，第 11 行中的最后一步使用 _mm256_store_pd() 将 c0 中的 4 个双精度浮点数保存到

矩阵 C 中。每次迭代都需要处理 4 个元素，因此第 4 行中的外层 for 循环的循环变量 i 以 4 递增，而不是图 3-22 中第 3 行的按 1 递增。

```
1.  //include <x86intrin.h>
2.  void dgemm (size_t n, double* A, double* B, double* C)
3.  {
4.    for ( size_t i = 0; i < n; i+=4 )
5.      for ( size_t j = 0; j < n; j++ ) {
6.        __m256d c0 = _mm256_load_pd(C+i+j*n); /* c0 = C[i][j] */
7.        for( size_t k = 0; k < n; k++ )
8.          c0 = _mm256_add_pd(c0, /* c0 += A[i][k]*B[k][j] */
9.                 _mm256_mul_pd(_mm256_load_pd(A+i+k*n),
10.                _mm256_broadcast_sd(B+k+j*n)));
11.       _mm256_store_pd(C+i+j*n, c0); /* C[i][j] = c0 */
12.     }
13. }
```

图 3-24　优化的 DGEMM C 版本，使用 C 语言的内联特性生成 x86 AVX 子字并行指令。图 3-25 将给出编译器生成的内存循环的汇编语言代码

在循环内部，首先在第 9 行再次使用 _mm256_loas_pd() 取出 A 的 4 个元素。为了将这些元素与 B 的一个元素相乘，第 10 行首先使用函数 _mm256_broadcast_sd()，将标量双精度数的 4 个相同的拷贝——在这种情况下为 B 的一个元素——放在一个 YMM 寄存器中。然后，第 9 行使用 _mm256_mul_pd() 并行乘以 4 个双精度结果。最后，第 8 行的 _mm256_add_pd() 将 4 个乘积加到 c0 的 4 个和上。

239~240

图 3-25 给出了编译器生成的内层循环体的 x86 代码。可以看到 5 条 AVX 指令——全部以 v 开头，并且其中 4 条使用了 pd 表示并行双精度——与前面提到的 C 内联特性一致。代码与图 3-23 中所示代码非常类似：都使用 12 条指令，整数指令几乎相同（但使用不同的寄存器），浮点指令的不同之处仅仅在于从使用 XMM 寄存器的标量双精度（sd）到使用 YMM 寄存器的并行双精度（pd）。图 3-25 第 4 行除外。A 中每个元素必须与 B 中的一个元素相乘。一种解决方法是将 64 位 B 元素的 4 个相同的拷贝一个接一个放入 256 位的 YMM 寄存器中，正如 vbroadcastsd 指令完成的功能一样。

对于 32 乘 32 的矩阵，图 3-22 中未优化的 DGEMM 在单核 2.6GHz 的 Intel Core i7（Sandy Bridge）上运行时性能为 1.7GigaFLOPS（每秒浮点操作次数）。图 3-24 中优化的代码性能为 6.4GigaFLPOS。AVX 版本快 3.85 倍，这和使用子字并行以同时进行 4 倍操作所获得 4 倍性能提升接近。

241

精解　如 1.6 节中的精解所述，Intel 提供了 Turbo 模式，可以暂时运行在较高时钟频率下，直到芯片过热。Intel Core i7（Sandy Bridge）在 Turbo 模式下可从 2.6GHz 增加到 3.3GHz。以上结果是在关闭 Turbo 模式下获得的。如果将 Turbo 模式打开，由于时钟频率提高了 3.3/2.6 = 1.27 倍，未优化的 DGEMM 性能将提升至 2.1GFLOPS，AVX 性能将提升为 8.1GFLOPS。当一个八核芯片中只使用一个核时，Turbo 模式工作得很好，因为在这种情况下，其他核处于空闲模式，因此单个核可以使用比共享情况下更多的功耗。

```
1.  vmovapd (%r11),%ymm0                // Load 4 elements of C into %ymm0
2.  mov     %rbx,%rcx                   // register %rcx = %rbx
3.  xor     %eax,%eax                   // register %eax = 0
4.  vbroadcastsd (%rax,%r8,1),%ymm1     // Make 4 copies of B element
5.  add     $0x8,%rax                   // register %rax = %rax + 8
6.  vmulpd (%rcx),%ymm1,%ymm1           // Parallel mul %ymm1,4 A elements
7.  add     %r9,%rcx                    // register %rcx = %rcx + %r9
8.  cmp     %r10,%rax                   // compare %r10 to %rax
9.  vaddpd %ymm1,%ymm0,%ymm0            // Parallel add %ymm1, %ymm0
10. jne     50 <dgemm+0x50>             // jump if not %r10 != %rax
11. add     $0x1,%esi                   // register % esi = % esi + 1
12. vmovapd %ymm0,(%r11)                // Store %ymm0 into 4 C elements
```

图 3-25 图3-24中优化的C代码编译后生成的嵌套循环的x86汇编代码。注意与图3-23相似，主要区别在于5个浮点操作现在使用YMM寄存器和pd版本的指令来进行并行双精度操作（而不是sd版的标量双精度）

3.10 谬误与陷阱

算术谬误与陷阱通常是由计算机算术的有限精度和自然界算术的无限精度之间的差异引起的。

> 数学可以被定义为这样的学科：我们从不知道自己在谈论什么，也不知道说的是否正确。
>
> *Bertrand Russell，Recent Words on the Principles of Mathematics，1901*

谬误：正如左移指令可以代替乘以2的幂次的整数乘法一样，右移指令也可以代替除以2的幂次方数的整数除法。

回忆一下一个二进制数x，其中x_i代表第i位，该数表示为

$$\cdots + (x_3 \times 2^3) + (x_2 \times 2^2) + (x_1 \times 2^1) + (x_0 \times 2^0)$$

将x右移n位看起来似乎与被2^n[⊖]相除相同。对于无符号整数确实如此。问题出在有符号整数上。例如，假设我们用-5_{ten}除以4_{ten}，商就是-1_{ten}。而-5_{ten}的补码形式是

$$11111111\ 11111111\ 11111111\ 11111111\ 11111111\ 11111111\ 11111111\ 11111011_{two}$$

根据这个谬误，右移2位就是除以4_{ten}（2^2）：

$$00111111\ 11111111\ 11111111\ 11111111\ 11111111\ 11111111\ 11111111\ 11111110_{two}$$

由于符号位是0，所以结果很明显是错的。右移后的值实际是$4\ 611\ 686\ 018\ 427\ 387\ 902_{ten}$而不是$-1_{ten}$。

一种解决办法是算术右移，即进行符号位扩展而不是移入0。-5_{ten}算术右移2位得到

$$11111111\ 11111111\ 11111111\ 11111111\ 11111111\ 11111111\ 11111111\ 11111110_{two}$$

242 结果是-2_{ten}而不是-1_{ten}，虽然很接近，但依然不正确。

陷阱：浮点加法能使用结合律。

结合律适用于一系列二进制补码整数加法，即使在计算过程中发生溢出。然而，因为浮点数是真实数的近似表示，且计算机算术精度有限，因此结合律不适用于浮点数。假定浮点数可以表示一个很大的值范围，当两个不同符号的大数与一个小数相加时就会发生问题。例如，对于$c + (a + b) = (c + a) + b$，假设$c = -1.5_{ten} \times 10^{38}$，$a = 1.5_{ten} \times 10^{38}$，$b = 1.0$，并且都是单精度数。

⊖ 原书为$2n$，应为笔误。——译者注

$$
\begin{aligned}
c + (a + b) &= -1.5_{\text{ten}} \times 10^{38} + (1.5_{\text{ten}} \times 10^{38} + 1.0) \\
&= -1.5_{\text{ten}} \times 10^{38} + (1.5_{\text{ten}} \times 10^{38}) \\
&= 0.0 \\
c + (a + b) &= (-1.5_{\text{ten}} \times 10^{38} + 1.5_{\text{ten}} \times 10^{38}) + 1.0 \\
&= (0.0_{\text{ten}}) + 1.0 \\
&= 1.0
\end{aligned}
$$

由于浮点数精度有限且结果是实数结果的近似值，$1.5_{\text{ten}} \times 10^{38}$ 远远大于 1.0_{ten}，因此 $1.5_{\text{ten}} \times 10^{38} + 1.0$ 仍然是 $1.5_{\text{ten}} \times 10^{38}$。这就是为什么根据浮点加法计算顺序的不同，$c$、$a$、$b$ 的和有 0.0 和 1.0 两种结果，因此有 $c + (a + b) \neq (c + a) + b$。所以，浮点加法不能使用结合律。

谬误：适用于整型数据类型的并行执行策略，同样也适用于浮点数据类型。

一般情况下，在编写并行运行的程序前先编写串行运行的程序，这就自然会产生一个问题："两个版本是否能得到相同的结果？"如果答案是否定的，那么你可以推断并行程序中有一个 bug 需要消除。

该方法假定从串行转化为并行时，计算机算术不会影响计算结果。这就是说，如果要将 100 万个数相加，无论使用 1 个处理器还是使用 1000 个处理器应该得到相同的结果。该假定适用于二进制补码整数，因为整数加法可以使用结合律。然而，因为浮点加法不能使用结合律，所以该假定不适用。

在并行计算机上，这个谬误可能产生更令人恼火的问题，因为并行机上的操作系统调度器会根据在并行计算机上运行的其他程序来使用不同数目的处理器。每次运行处理器数不同，将造成浮点和以不同的顺序求得，即使相同的代码、相同的输入，每次运行也会得到略微不同的答案，这将给那些对并行无意识的程序员造成恐慌。

在这个困境下，写并行代码并使用了浮点数的程序员需要验证结果是否可信，即便结果并未与顺序执行的结果不一致。处理这个问题的领域称为数值分析（numerical analysis），关于该问题本身就可以写一本教科书。这也是 LAPACK 和 SCALAPAK 这样的数学库流行的一个原因，这些数学库在顺序和并行执行下都被验证是有效的。 243

谬误：只有理论数学家才会关心浮点精度。

1994 年 11 月的报纸新闻标题证明了这个观点是错误的（见图 3-26）。下面是标题背后的故事。

Pentium 用一种标准的浮点除算法，每步生成多个商位，使用除数的若干高有效位和被除数猜测下两个商位。猜测通过一个含有 −2、−1、0、+ 1、+ 2 的查找表进行。猜测结果和除数相乘，然后从余数中减去，获得新的余数。同不恢复除法一样，如果前面的猜测使得余数太大，那么在后续的执行中将对余数进行调整。

Intel 的工程师认为 80486 的表中有 5 个元素从不会被访问到，因此，他们在 Pentium 中优化了 PLA，使得在这些情况下返回 0 而不是 2。但 Intel 错了：虽然前 11 位总是正确的，但错误会偶尔在第 12 ～ 52 位之间出现，或者说十进制下的第 4 ～ 15 位之间。 244

弗吉尼亚林奇伯格学院的数学家托马斯·内斯里（Thomas Nicely）在 1994 年 9 月发现了这个 bug。在拨打了 Intel 技术支持电话但没有获得官方回应后，他将自己的发现公布在网上。这引发了商业杂志上的一个故事，进一步导致 Intel 发布了一条声明。Intel 称该 bug 为"毛刺"（glitch），仅对理论数学家有影响，对于电子制表软件的用户来说，该错误只有 27000 年才会出现一次。IBM 研究机构很快提出反对，指出电子制表软件的用户平均每 24 天就能遇到一次这样的错误。很快，Intel 认输了，并在 12 月 21 日发布了如下声明：

Intel 对最近发布的 Pentium 处理器的缺陷处理真诚地道歉。“Intel Inside”标记的含义是指您的计算机拥有一颗在质量和性能上首屈一指的微处理器。几千名 Intel 雇员为了实现这个目标而努力工作。但是，没有一款微处理器是完美的。Intel 会继续相信，从技术层面上来讲，任何一个微小的问题都有它的生命期。尽管 Intel 肯定会对当前这版 Pentium 处理器负责到底，但我们也意识到了很多用户的担忧。我们希望能够解决这种担忧。任何消费者在计算机生命期的任何时刻，只要需要，Intel 会免费为您更换新的 Pentium 处理器，新版处理器中将不会再出现浮点除法缺陷。

A Closer Look
Warning: Intel Inside
BUSINESS
MARKETS • HIGH TECH • ECONOMY
TALKING BUSINESS
PERSONAL TECHNOLOGY
Intel to work on software patch for Pentium bug
Grove says he's sorry about Pentium bug
WORLD
The Voice of Personal Computing in the Enterprise
Photo finish: Although Photoshop outdoes Picture Publisher...
Bug Dodge Booed
Intel Knocked For Response On Flaw
Flawed...
Chip Shot
Computer Giants' War Over Flaw in Pentium Jolts the PC Industry
Who Is Twisting the Truth?
Intel Stands by Product As IBM Halts Shipments
I'd Be Totally Confused
Flawed Chip Bruises Intel
Investors react, stock plunges
INTEL'S MISTAKE
BUSINESS
Intel's Pentium Problem Persists
Some Scientists Are Angry Over Flaw In Pentium Chip, and Intel's Response
TECHNOLOGY
Intel's Grove Airs Apology for Pentium Over the Internet
Pentium woes continue
Faulty FPU flubs math in certain equations
Multithreading gets lost on P100 systems
IBM to stop shipping Pentium PCs

图 3-26　1994 年 11 月的一些报纸和杂志的节选，包括《纽约时代》《圣何塞信使报》《旧金山新闻》《信息世界》。Pentium 浮点除法的 bug 甚至成为电视节目“David Letterman Late Show”的“十大新闻”。Intel 最后花了 3 亿美元来替换掉有 bug 的芯片

分析家估计这次召回花费了 Intel 5 亿美元，这一年 Intel 的工程师没有拿到圣诞节奖金。

这次事件对每个人来说，都有一些值得思考的地方。如果在 1994 年 7 月修复了这个 bug 会少花多少钱？修复 Intel 的名声需要多大的代价？披露一个广泛应用的并依赖微处理器的产品中的漏洞，其责任有多么重大？

3.11　本章小结

在过去的几十年里，计算机算术在很大程度上被标准化，这极大地增强了程序的可移植性。在当今每台计算机中都有二进制补码整数算术运算，并且如果支持浮点，则提供 IEEE 754 二进制浮点算术。

计算机算术与用纸和笔手算的算术的不同之处在于，计算机有有限精度的约束。当计算大于或小于预定义限制的数时，精度限制可能会导致无效操作。这种异常称为“上溢”或“下溢”，可能导致异常或中断，类似于意外的子程序调用。第 4 章和第 5 章将更详细地讨论异常。

245

浮点数是对实际数字的近似，这给浮点算术增加了挑战性，要小心确保所选的计算机数

能最接近地表示实际数字。浮点的不精确和有限的表达带来的挑战是数值分析领域的部分来源。而转向并行的趋势使得数值分析再次活跃在聚光灯下，在顺序计算机上完全安全的方案，在并行计算机上必须重新考虑，寻找最快算法的同时也要保证正确的结果。

数据级并行，特别是子字并行，为算术操作密集型（无论是整数或者浮点数）程序性能的提高提供了一条简单的途径。我们展示了使用同时进行 4 个浮点操作的指令可以将矩阵乘法加速大约 4 倍。

本章解释计算机算术时，更多地采用 LEGv8 指令集进行描述。容易混淆的一点是本章涉及指令和 LEGv8 芯片中执行的指令以及 LEGv8 汇编器接受的指令之间的关系。下面提供了两个图以便说明。

图 3-27 列出了本章和第 2 章中提到的 LEGv8 指令。我们将图中左边的指令集称为 LEGv8 核心指令。右边的指令称为 LEGv8 算术核心指令。

LEGv8核心指令	名称	格式
add	ADD	R
subtract	SUB	R
add immediate	ADDI	I
subtract immediate	SUBI	I
add and set flags	ADDS	R
subtract and set flags	SUBS	R
add immediate and set flags	ADDIS	I
subtract immediate and set flags	SUBIS	I
load register	LDUR	D
store register	STUR	D
load signed word	LDURSW	D
store word	STURW	D
load half	LDURH	D
store half	STURH	D
load byte	LDURB	D
store byte	STURB	D
load exclusive register	LDXR	D
store exclusive register	STXR	D
move wide with zero	MOVZ	IM
move wide with keep	MOVK	IM
and	AND	R
inclusive or	ORR	R
exclusive or	EOR	R
and immediate	ANDI	I
inclusive or immediate	ORRI	I
exclusive or immediate	EORI	I
logical shift left	LSL	R
logical shift right	LSR	R
compare and branch on equal 0	CBZ	CB
compare and branch on not equal 0	CBNZ	CB
branch conditionally	B.cond	CB
branch	B	B
branch to register	BR	R
branch with link	BL	B

LEGv8算术核心指令	名称	格式
multiply	MUL	R
signed multiply high	SMULH	R
unsigned multiply high	UMULH	R
signed divide	SDIV	R
unsigned divide	UDIV	R
floating-point add single	FADDS	R
floating-point subtract single	FSUBS	R
floating-point multiply single	FMULS	R
floating-point divide single	FDIVS	R
floating-point add double	FADDD	R
floating-point subtract double	FSUBD	R
floating-point multiply double	FMULD	R
floating-point divide double	FDIVD	R
floating-point compare single	FCMPS	R
floating-point compare double	FCMPD	R
load single floating-point	LDURS	D
load double floating-point	LDURD	D
store single floating-point	STURS	D
store double floating-point	STURD	D

图 3-27 LEGv8 指令集。本书集中介绍左列的指令。这些信息也可以在 LEGv8 参考数据卡的第 1 列和第 2 列里找到

图3-28给出了SPEC CPU 2006整数和浮点基准测试程序中LEGv8指令的使用率。所列出来的指令至少占所有执行指令的0.2%。

ARMv8核心指令	名称	整数	浮点数
add	ADD	5.2%	3.5%
subtract	SUB	2.2%	0.6%
add immediate	ADDI	6.0%	4.8%
subtract immediate	SUBI	3.0%	2.4%
add and set flags	ADDS	1.3%	0.3%
subtract and set flags	SUBS	12.0%	2.8%
add immediate and set flags	ADDIS	0.4%	0.0%
subtract immediate and set flags	SUBIS	3.8%	0.4%
load register	LDUR	18.6%	5.8%
store register	STUR	7.6%	2.0%
load half	LDURH	1.3%	0.0%
store half	STURH	0.1%	0.0%
load byte	LDURB	3.7%	0.1%
store byte	STURB	0.6%	0.0%
move wide with zero	MOVZ	3.0%	0.5%
move wide with keep	MOVK	0.3%	0.1%
and	AND	0.2%	0.1%
inclusive or	ORR	4.0%	1.2%
exclusive or	EOR	0.4%	0.2%
and immediate	ANDI	0.7%	0.2%
inclusive or immediate	ORRI	1.0%	0.2%
logical shift left	LSL	4.4%	1.9%
logical shift right	LSR	1.1%	0.5%
compare and branch on equal 0	CBZ	0.9%	2.1%
compare and branch on not equal 0	CBNZ	0.9%	1.3%
branch conditionally	B.cond	15.3%	0.6%
branch to register	BR	1.1%	0.2%
branch with link	BL	0.7%	0.2%

ARMv8算术核心指令	名称	整数	浮点数
FP add double	FADDD	0.0%	10.6%
FP subtract double	FSUBD	0.0%	4.9%
FP multiply double	FMULD	0.0%	15.0%
FP divide double	FDIVD	0.0%	0.2%
FP add single	FADDS	0.0%	1.5%
FP subtract single	FSUBS	0.0%	1.8%
FP multiply single	FMULS	0.0%	2.4%
FP divide single	FDIVS	0.0%	0.2%
load word to FP double	LDURD	0.0%	17.5%
store word to FP double	STURD	0.0%	4.9%
load word to FP single	LDURS	0.0%	4.2%
store word to FP single	STURS	0.0%	1.1%
floating-point compare double	FCMPD	0.0%	0.6%
multiply	MUL	0.0%	0.2%
shift right arithmetic	ASR	0.5%	0.3%

图3-28　SPEC CPU 2006整数和浮点基准测试程序中LEGv8指令的使用率。所列出的指令至少占所有执行指令的0.2%。伪指令在执行前已转换为LEGv8指令，因此并未列出

注意，尽管程序员和编译器开发人员可能为了拥有更多的选择而使用完整的ARMv8指令集，但LEGv8核心指令在SPEC CPU 2006整数程序中占主导地位，而整数核心指令以及算术核心指令在SPEC CPU 2006浮点程序中占主导地位，如下表所列。

指令子集	整数	浮点数
LEGv8核心指令	98%	31%
LEGv8算术核心指令	2%	66%
其余ARMv8指令	0%	3%

本书剩余部分专注于LEGv8核心指令——除了乘法、除法以外的整数指令集，以使计算机设计变得易于解释。正如你所看到的，LEGv8核心包含了绝大多数流行的LEGv8指令。有一点可以保证的是，理解运行LEGv8核心指令的计算机将会给你足够的背景知识去理解更为复杂的计算机。无论何种指令集及大小——ARMv8、ARMv7、MIPS、x86——永远不

要忘记位模式没有内在的含义。相同的位模式可能表示带符号整数、无符号整数、浮点数、字符串、指令，等等。在存储程序计算机中，对位模式的操作决定其含义。

3.12 历史观点与拓展阅读

本节回溯到冯·诺依曼来纵览计算机浮点的历史，包括有争议的 IEEE 标准的令人惊讶的成就，以及 x86 中用于浮点的 80 位栈结构的基本原理。剩余内容请参考 3.12 节的网络内容。

> Gresham 法则（“劣币驱逐良币”），对于计算机则是“快的淘汰慢的，即使快的是错误的”。
>
> *W. Kahan, 1992*

246 ~ 248

3.13 练习题

> 永远不要放弃，永远不要放弃，永远，永远，永远——任何情况，无论大小，无论贵贱——永远不要放弃。
>
> *Winston Churchill, 在哈罗公学的演说, 1941*

3.1 [5] < 3.2 > 对于 5ED4–07A4，当这些值表示 16 位无符号十六进制数时，结果是多少？结果必须使用十六进制表示。给出你的解题过程。

3.2 [5] < 3.2 > 对于 5ED4–07A4，当这些值表示 16 位有符号十六进制数时，结果是多少？结果必须使用十六进制表示。给出你的解题过程。

3.3 [10] < 3.2 > 将 5ED4 转换成二进制数。在计算机中使用基为 16 的数值系统（十六进制）表示数值的吸引力在哪里？

3.4 [5] < 3.2 > 对于 4365–3412，当这些值表示 12 位无符号八进制数时，结果是多少？结果必须使用八进制表示。给出你的解题过程。

3.5 [5] < 3.2 > 对于 4365–3412，当这些值表示 12 位有符号八进制数时，结果是多少？结果必须使用八进制表示。给出你的解题过程。

3.6 [5] < 3.2 > 假定 185 和 122 是无符号 8 位十进制整数。计算 185 – 122。是否有上溢或下溢或都没有？

3.7 [5] < 3.2 > 假定 185 和 122 是带符号 8 位十进制整数且以“符号 – 数值”（原码）形式存放。计算 185 + 122。是否有上溢或下溢或都没有？

3.8 [5] < 3.2 > 假定 185 和 122 是带符号 8 位十进制整数且以“符号 – 数值”（原码）形式存放。计算 185 – 122。是否有上溢或下溢或都没有？

3.9 [10] < 3.2 > 假定 151 和 214 是带符号 8 位十进制整数且以二进制补码形式存放。使用饱和算术计算 151 + 214。结果必须使用十进制表示。给出你的解题过程。

3.10 [10] < 3.2 > 假定 151 和 214 是带符号 8 位十进制整数且以二进制补码形式存放。使用饱和算术计算 151 – 214。结果必须使用十进制表示。给出你的解题过程。

3.11 [10] < 3.2 > 假定 151 和 214 是无符号 8 位整数。使用饱和算术⊖计算 151 + 214。结果必须使用十进制表示。给出你的解题过程。

3.12 [20] < 3.3 > 使用和图 3-6 中类似的表格，计算八进制无符号 6 位整数 62 和 12 的乘积，使用图 3-3 中描述的硬件。必须给出每个步骤中每个寄存器的内容。

249

3.13 [20] < 3.3 > 使用和图 3-6 中类似的表格，计算十六进制无符号 8 位整数 62 和 12 的乘积，使用图 3-5 中描述的硬件。必须给出每个步骤中每个寄存器的内容。

3.14 [10] < 3.3 > 如果一个整数是 8 位宽，且操作的每个步骤需要 4 个时间单位，使用图 3-3 和图 3-4 的方法计算执行一次乘法必需的时间。假定在步骤 1a 中，无论是否加了被乘数还是加 0，加法都要执行。另外假设寄存器已经被初始化（只需要计算执行乘法循环本身所需的时间）。如果是在硬件中执行，对被乘数和乘数的移位可以同时进行。如果是在软件中执行，则需要一个接一个完成。对每种情况都给出解答。

⊖ 饱和运算是指当运算结果大于一个上限或小于一个下限时，结果就等于上限或下限。——译者注

3.15 ［10］< 3.3 >假设一个整数为 8 位宽，且一个加法器需 4 个单位时间。计算采用书中的方法（31 个垂直的加法器栈）执行一次乘法所需要的时间。

3.16 ［20］< 3.3 >假设一个整数为 8 位宽，且一个加法器需 4 个单位时间。计算采用图 3-7 中的方法执行一次乘法所需要的时间。

3.17 ［20］< 3.3 >正如书中讨论的，一种增强性能的办法是用一次移位和加来代替一次实际的乘。例如，因为 9×6 可以写成（$2 \times 2 \times 2 + 1$）$\times 6$，所以我们可以通过将 6 左移 3 次再加上 6 来计算 9×6。给出用移位和加 / 减法来计算 $0 \times 33 \times 0 \times 55$ 的最好方法。假设输入都是 8 位无符号整数。

3.18 ［20］< 3.4 >使用类似于图 3-10 中的表格，计算 74 除以 21，使用图 3-8 中描述的硬件结构。给出每一步中各个寄存器的值。假设输入都是 6 位无符号整数。

3.19 ［30］< 3.4 >使用类似于图 3-10 中的表格，计算 74 除以 21，使用图 3-11 中描述的硬件结构。给出每一步中各个寄存器的值。假设 A 和 B 都是 6 位无符号整数。这个算法使用一个和图 3-9 中稍微不同的方法。你可能会认为很难，做一次或两次试验，或者去网上寻找办法使其正确工作。（提示：一种可能的解决方案是利用图 3-11 中的暗示，余数寄存器既可右移也可左移。）

3.20 ［5］< 3.5 >如果是二进制补码整数，则位模式 0x0C000000 代表的十进制数是多少？如果是无符号整数呢？

3.21 ［10］< 3.5 >如果位模式 0x0C000000 放在指令寄存器中，那么将执行何种 MIPS 指令？

3.22 ［10］< 3.5 >如果是浮点数，则位模式 0x0C000000 代表的十进制数是多少？使用 IEEE 754 标准。

250

3.23 ［10］< 3.5 >写出十进制数 63.25 的二进制表示，采用 IEEE 754 单精度格式。

3.24 ［10］< 3.5 >写出十进制数 63.25 的二进制表示，采用 IEEE 754 双精度格式。

3.25 ［10］< 3.5 >写出十进制数 63.25 的二进制表示，采用 IBM 单精度格式存储（基数为 16 而不是 2，7 位指数）。

3.26 ［20］< 3.5 >写出 -1.5625×10^{-1} 的二进制位模式，假设采用一种类似 DEC PDP-8 使用的格式（左 12 位是以二进制补码形式存储的指数，而右 24 位是以二进制补码形式存储的尾数）。没有隐含 1。评估该 36 位模式同 IEEE 754 标准的单精度和双精度相比的范围和精度。

3.27 ［20］< 3.5 >IEEE 754-2008 包含一种“半精度”格式，只有 16 位宽。最左边仍为符号位，指数有 5 位且偏差为 15，尾数有 10 位。假设有 1 位隐含位。写出这种格式下 -1.5625×10^{-1} 的二进制位模式，使用 excess-16 格式存储指数。评估该 16 位浮点格式同 IEEE 754 单精度标准相比的范围和精度。

3.28 ［20］< 3.5 >惠普 2114、2115 和 2116 采用这样一种格式，最左边 16 位是以二进制补码形式存储的尾数，紧接着的另一个 16 位字段里，左边 8 位是尾数的扩展（使尾数达到 24 位宽），右边 8 位表示指数。然而，作为一种有趣的交叉，指数以“符号 – 数值”（原码）的形式存储且符号位在最右端！写出这种格式下 -1.5625×10^{-1} 的二进制位模式。没有隐含 1。评估该 32 位同 IEEE 754 单精度标准相比的范围和精度。

3.29 ［20］< 3.5 >手算 2.6125×10^{1} 和 $4.150390625 \times 10^{-1}$ 的和，假设 A 和 B 以练习题 3.27 中描述的 16 位半精度格式存储。假设有 1 位保护位、1 位舍入位和 1 位粘贴位，并向最近的偶数舍入。给出所有步骤。

3.30 ［30］< 3.5 >手算 -8.0546875×10^{0} 和 $-1.79931640625 \times 10^{-1}$ 的积，假设 A 和 B 以练习题 3.27 中描述的 16 位半精度格式存储。假设有 1 位保护位、1 位舍入位和 1 位粘贴位，并向最近的

偶数舍入。给出所有步骤。然而，作为书中已经做过的例子，你可以以人们可读的格式来完成这个乘法，而不用练习题 3.12 到练习题 3.14 中描述的技术。说明是否有上溢或者下溢。分别以练习题 3.27 中的 16 位浮点模式和十进制数写出你的答案。你的结果精确程度如何？和用计算器取得的结果相比呢？ 251

3.31 [30] <3.5> 手算 8.625×10^1 除以 -4.875×10^0。给出所有必要的步骤。假设有 1 位保护位、1 位舍入位和 1 位粘贴位，并在必要时使用。以练习题 3.27 中的 16 位浮点格式和十进制格式给出最终的结果，并将该十进制结果和用计算器得到的结果进行比较。

3.32 [20] <3.10> 手算 $(3.984375 \times 10^{-1} + 3.4375 \times 10^{-1}) + 1.771 \times 10^3$，假设每个数值都以练习题 3.27 中描述的 16 位半精度格式（书中也有介绍）存储。假设有 1 位保护位、1 位舍入位和 1 位粘贴位，并向最近的偶数舍入。给出所有步骤，并以 16 位浮点格式和十进制格式给出你的答案。

3.33 [20] <3.10> 手算 $3.984375 \times 10^{-1} + (3.4375 \times 10^{-1} + 1.771 \times 10^3)$，假设每个数值都以练习题 3.27 中描述的 16 位半精度格式（书中也有介绍）存储。假设有 1 位保护位、1 位舍入位和 1 位粘贴位，并向最近的偶数舍入。给出所有步骤，并以 16 位浮点格式和十进制格式给出你的答案。

3.34 [10] <3.10> 根据练习题 3.32 和 3.33 的结果，$(3.984375 \times 10^{-1} + 3.4375 \times 10^{-1}) + 1.771 \times 10^3 = 3.984375 \times 10^{-1} + (3.4375 \times 10^{-1} + 1.771 \times 10^3)$ 是否成立？

3.35 [30] <3.10> 手算 $(3.41796875 \times 10^{-3} \times 6.34765625 \times 10^{-3}) \times 1.05625 \times 10^2$，假设每个值都以练习题 3.27 中描述的 16 位半精度格式（书中也有介绍）存储。假设有 1 位保护位、1 位舍入位和 1 位粘贴位，并向最近的偶数舍入。给出所有步骤，并以 16 位浮点格式和十进制格式给出你的答案。

3.36 [30] <3.10> 手算 $3.41796875 \times 10^{-3} \times (6.34765625 \times 10^{-3} \times 1.05625 \times 10^2)$，假设每个值都以练习题 3.27 中描述的 16 位半精度格式（书中也有介绍）存储。假设有 1 位保护位、1 位舍入位和 1 位粘贴位，并向最近的偶数舍入。给出所有步骤，并以 16 位浮点格式和十进制格式给出你的答案。

3.37 [10] <3.10> 根据练习题 3.35 和练习题 3.36 的结果，$(3.41796875 \times 10^{-3} \times 6.34765625 \times 10^{-3}) \times 1.05625 \times 10^2 = 3.41796875 \times 10^{-3} \times (6.34765625 \times 10^{-3} \times 1.05625 \times 10^2)$ 是否成立？

3.38 [30] <3.10> 手算 $1.666015625 \times 10^0 \times (1.9760 \times 10^4 + (-1.9744) \times 10^4)$，假设每个值都以练习题 3.27 中描述的 16 位半精度格式（书中也有介绍）存储。假设有 1 位保护位、1 位舍入位和 1 位粘贴位，并向最近的偶数舍入。给出所有步骤，并以 16 位浮点格式和十进制格式给出你的答案。

3.39 [30] <3.10> 手算 $(1.666015625 \times 10^0 \times 1.9760 \times 10^4) + (1.666015625 \times 10^0 \times (-1.9744) \times 10^4)$，假设每个值都以练习题 3.27 中描述的 16 位半精度格式（书中也有介绍）存储。假设有 1 位保护位、1 位舍入位和 1 位粘贴位，并向最近的偶数舍入。给出所有步骤，并以 16 位浮点格式和十进制格式给出你的答案。 252

3.40 [10] <3.10> 根据练习题 3.38 和练习题 3.39 的结果，$(1.666015625 \times 10^0 \times 1.9760 \times 10^4) + (1.666015625 \times 10^0 \times (-1.9744) \times 10^4) = 1.666015625 \times 10^0 \times (1.9760 \times 10^4 + (-1.9744) \times 10^4)$ 是否成立？

3.41 [10] <3.5> 按照 IEEE 754 浮点格式，写出 –1/4 的位模式。你能精确表示 –1/4 吗？

3.42 [10] <3.5> 如果将 –1/4 自加 4 次得到多少？$-1/4 \times 4$ 是多少？它们相同吗？它们应该是多少？

3.43 [10] <3.5> 写出数值 1/3 的尾数的位模式，其浮点格式采用二进制编码的尾数。假设有 24 位，不需要规格化。这种表达精确吗？

3.44 ［10］<3.5>写出数值 1/3 的尾数的位模式，其浮点格式采用 BCD 编码（基为 10）而不是基为 2 的尾数。假设有 24 位，不需要规格化。这种表达精确吗？

3.45 ［10］<3.5>写出尾数的位模式，假设值 1/3 的尾数基为 15 而不是 2。（基为 16 的数使用符号 0 ～ 9 以及 A ～ F。基为 15 的数使用 0 ～ 9 以及 A ～ E。）假设有 24 位，并且不需要规格化。这种表达精确吗？

3.46 ［20］<3.5>写出尾数的位模式，假设值 1/3 的尾数基为 30 而不是 2。（基 16 的数使用符号 0 ～ 9 以及 A ～ F。基 30 的数使用 0 ～ 9 以及 A ～ T。）假设有 20 位，并且不需要规格化。这种表达精确吗？

3.47 ［45］<3.6, 3.7>下面的 C 代码实现了一个 4 阶 FIR 滤波器，其输入为数组 `sig_in`。假设所有的数组元素为 16 位定点数。

```
for (i = 3;i< 128;i+ +)
sig_out[i] = sig_in[i - 3] * f[0] + sig_in[i - 2] * f[1]
  + sig_in[i - 1] * f[2] + sig_in[i] * f[3];
```

假设你要面向一个具有 SIMD 指令集和 128 位寄存器的处理器，使用汇编语言对该代码进行优化。在不知道指令集细节的情况下，简要介绍一下如何实现该代码，最大限度地使用子字并行操作，并且使寄存器和存储器间的数据传输量最少。阐明对所使用指令集的所有假设。

小测验答案

3.2 节　2。

253

3.5 节　3。

处 理 器

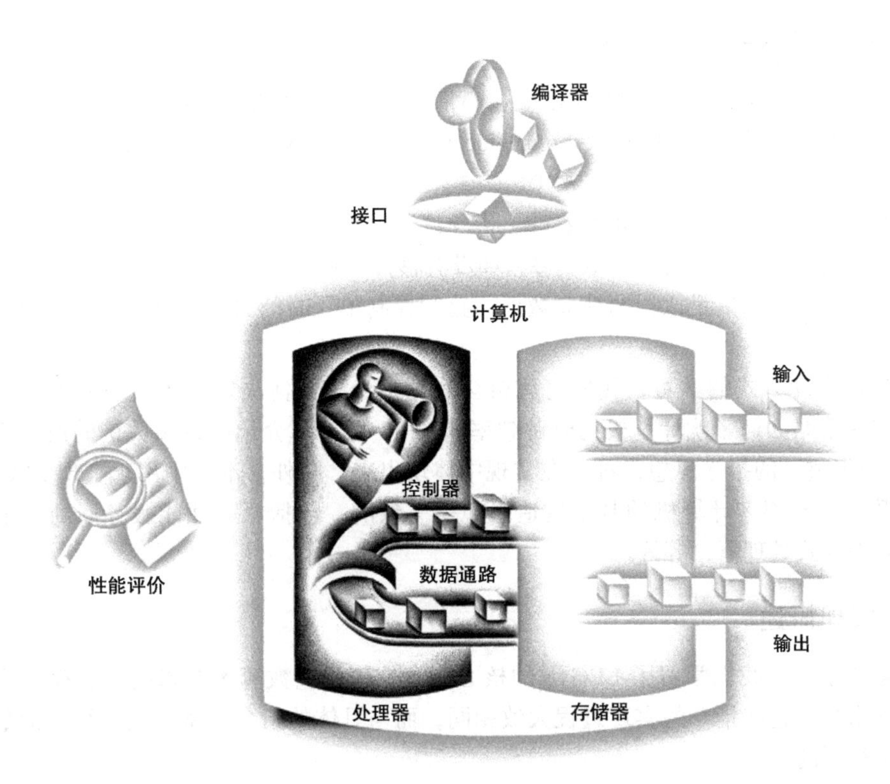

计算机的五个经典部件

4.1 引言

> 在关键问题上，没有什么细节是小事。
>
> *法国谚语*

第1章阐明了一台计算机的性能由三个关键因素决定：指令数目、时钟周期长度以及每条指令所需时钟周期数（CPI）。第2章阐明了编译器和指令集体系结构决定了一个程序所需的指令数目。然而，处理器的实现方式决定了时钟周期长度和每条指令的时钟周期数。本章将为LEGv8指令集的两种不同实现方式分别建立数据通路和控制单元。

本章解释实现一个处理器所需的原理和技术，本节先从一个高度抽象和简化的概述开始。下一节建立数据通路，并构建一个简单的处理器以实现像LEGv8这样的指令集。本章的主要内容还包括：一个更真实的流水线式的LEGv8实现，另有一小节介绍实现更复杂的指令集（如x86）时所必要的相关概念。

对理解指令的高层解释及其对程序性能的影响感兴趣的读者，本节以及4.5节给出了流水线的基本概念。4.10节介绍了最近的趋势，4.11节描述了最新的Intel Core i7和ARM Cortex-A53体系结构。4.12节展示了如何通过指令级并行将3.9节矩阵乘法的性能提高两倍以上。这几节为在高层理解流水线概念提供了必要的背景知识。

对深入理解处理器及其性能感兴趣的读者，4.3节、4.4节和4.6节很有帮助。对如何构建一个处理器感兴趣的读者可以阅读4.2节、4.7节、4.8节和4.9节。对现代硬件设计感兴趣的读者，4.13节描述了硬件设计语言与CAD工具如何用以实现硬件，以及如何使用硬件设计语言来描述一个流水化的实现。这些内容对于理解流水化硬件如何执行有很大帮助。(本章的硬件模型已经被作者开源，但并不代表ARM支持的体系结构。)

4.1.1 一种基本的LEGv8实现

下面我们将要考察一种包含LEGv8核心指令集的一个子集的实现：

254～256

- 存储器访问指令load register unscaled（LDUR）和store register unscaled（STUR）。
- 算术逻辑指令ADD、SUB、AND、ORR。
- 比较为0分支（CBZ）和分支（B）指令，最后实现。

上述子集并未包含所有的整数指令（如没有移位、乘法、除法指令），也没有包含任何浮点指令。然而，该子集足以说明建立数据通路和控制单元时的关键原理。实现其他指令也是类似的。

通过该实现方式的学习，我们将有机会看到指令集如何决定具体实现的各个方面，以及各种实现策略如何影响计算机的时钟频率和CPI。第2章介绍的许多关键的设计原理，如“简单源于规整”的指导思想，都将在实现中体现出来。此外，本章中用于实现LEGv8子集的大多数概念与很多计算机的基本构造思想是一致的，包括从高性能服务器到通用微处理器，再到嵌入式处理器，等等。

4.1.2 实现概述

在第2章中，我们学习了LEGv8的核心指令，包括整数算术逻辑指令、存储访问指令以及分支指令。这些指令的实现过程大致相同，而与具体的指令类型无关。每条指令实现的前两步是相同的：

1. 程序计数器（PC）指向指令所在的存储单元，并从中取出指令。

2. 通过指令字段的内容，选择读取一个或两个寄存器。对于LDUR和CBZ指令，只需读取一个寄存器，而其他大多数指令需要读两个寄存器。

这两步之后，为完成指令而进行的步骤取决于具体的指令类型。幸运的是，对三种指令类型（存储访问、算术逻辑、分支）的每一类而言，其动作大致相同，与具体指令无关。LEGv8指令集的简洁和规整使许多指令的执行很相似，因而简化了实现过程。

例如，除无条件分支（跳转）指令外的所有指令，在读取寄存器后，都要使用算术逻辑单元（ALU）。存储访问指令用ALU计算地址，算术逻辑指令用ALU执行操作，分支指令用ALU与0进行比较。在使用ALU之后，完成不同指令所需的动作就有所不同了。存储访问指令需要访问内存以便读取或存储数据。算术逻辑指令或取数指令将来自ALU或存储器的数据写入寄存器。最后，对于条件分支指令，需要根据比较的结果决定是否改变下一条指令地址；如果不修改，则将PC加4获得顺序的下一条指令。

图4-1给出了一种LEGv8实现的高层视图，描述了主要的功能单元及其互连。尽管该图给出了处理器中主要的数据流，但仍省略了指令执行过程中的两个重要方面。

257

首先，在图4-1中有这样几处，进入某个单元的数据来自两个不同的源。例如，写入PC的值可能来自两个加法器中的一个，写入寄存器文件的数据可能来自ALU或数据存储器，而ALU的第二个输入可能来自寄存器或指令中的立即数字段。实际上，这些数据线不能简单地直接连在一起，必须增加一个逻辑单元用以从不同的数据来源中选择一个并送给目标单元。这种选择操作通常可由一个称为*多路选择器*（multiplexor）的器件完成，尽管该单元叫*数据选择器*（data selector）可能更合适。附录A描述了多路选择器，通过设置控制信号选择不同输入。控制信号线主要根据当前执行指令中包含的信息设定。

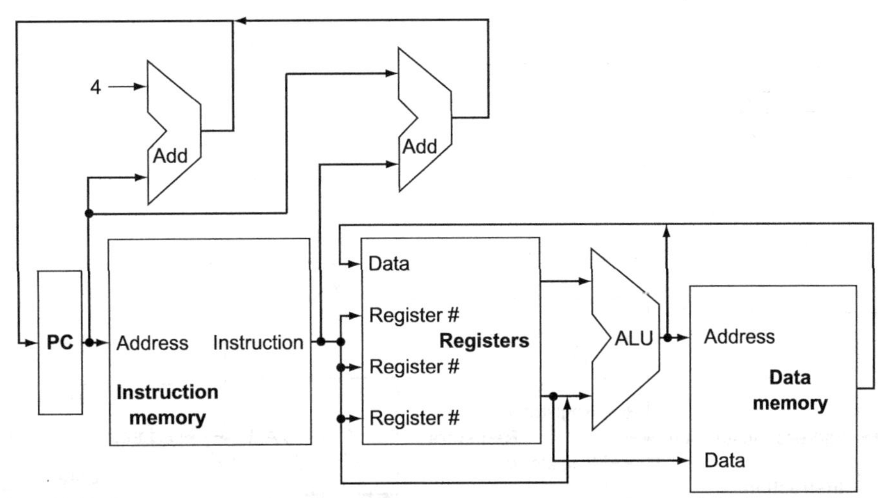

图4-1 LEGv8子集实现的抽象视图，描述了主要功能单元及其互连。所有指令的执行都开始于使用程序计数器获得指令在指令存储器中的地址。取到指令后，指令所使用的寄存器操作数由指令中的对应字段决定。在取到寄存器操作数之后，可以用来计算存储器地址（对于存取类指令），或者计算算术运算结果（对于整数算术逻辑类指令），或者与0进行比较（对于分支类指令）。如果指令是算术逻辑指令，ALU的结果必须写回寄存器。如果是存取类指令，ALU的结果可作为读写存储器的地址。ALU或存储器的结果可写回寄存器文件。分支指令需要使用ALU的输出来决定下一个指令地址，该地址可能来自ALU（在ALU中将PC值与分支偏移量相加），也可能来自一个加法器（当前PC值加4）。连接功能单元的粗线表示总线，其中包含多个信号。箭头用来指示信息流动的方向。因为信号线在图上可能交叉，所以如果交叉信号线连接在一起，则在相连处标记一个黑点

图4-1中省略的另一个方面是，有几个功能单元的控制是依赖于指令类型的。例如，load指令读数据存储器，而store指令写数据存储器。寄存器文件只在取数指令和算术逻辑指令时写入。很显然，ALU根据不同的指令执行不同的操作。（附录A描述了ALU的设计细节。）类似于多路选择器，这些操作都由控制信号确定，而控制信号由指令的某些字段所决定。

图4-2在图4-1的基础上在数据通路中增加了三个必需的多路选择器，以及主要功能单元的控制信号。图中的*控制单元*（control unit）以指令为输入，决定如何设置功能单元和两个多选器的控制信号。最上面的多路选择器，决定是将PC+4还是将分支目标地址写入PC，根据ALU的Zero输出标志设置，该ALU用以实现`CBZ`指令的比较操作。LEGv8指令集的简单性和规整性使得通过简单的译码就可以确定如何生成控制信号。

258
~
259

本章剩余部分将为图4-2加入更多的细节，包括进一步增加功能单元、增加单元间的互连，以及增强控制单元以控制根据不同指令类型产生不同的动作。4.3节和4.4节描述了一种简单的实现方式[⊖]，该方式下每条指令使用一个较长的时钟周期，并遵循图4-1和图4-2中的

⊖ 单周期方式。——译者注

一般形式。在第一个设计中，每条指令在一个时钟沿上开始执行，并在下一个时钟沿完成。

尽管这种方法易于理解，但是并不实际，因为时钟周期必须延长以满足执行时间最长的指令。在实现了这种简单计算机的控制后，我们将会讨论一种流水的实现方式及其带来的复杂性，包括异常。

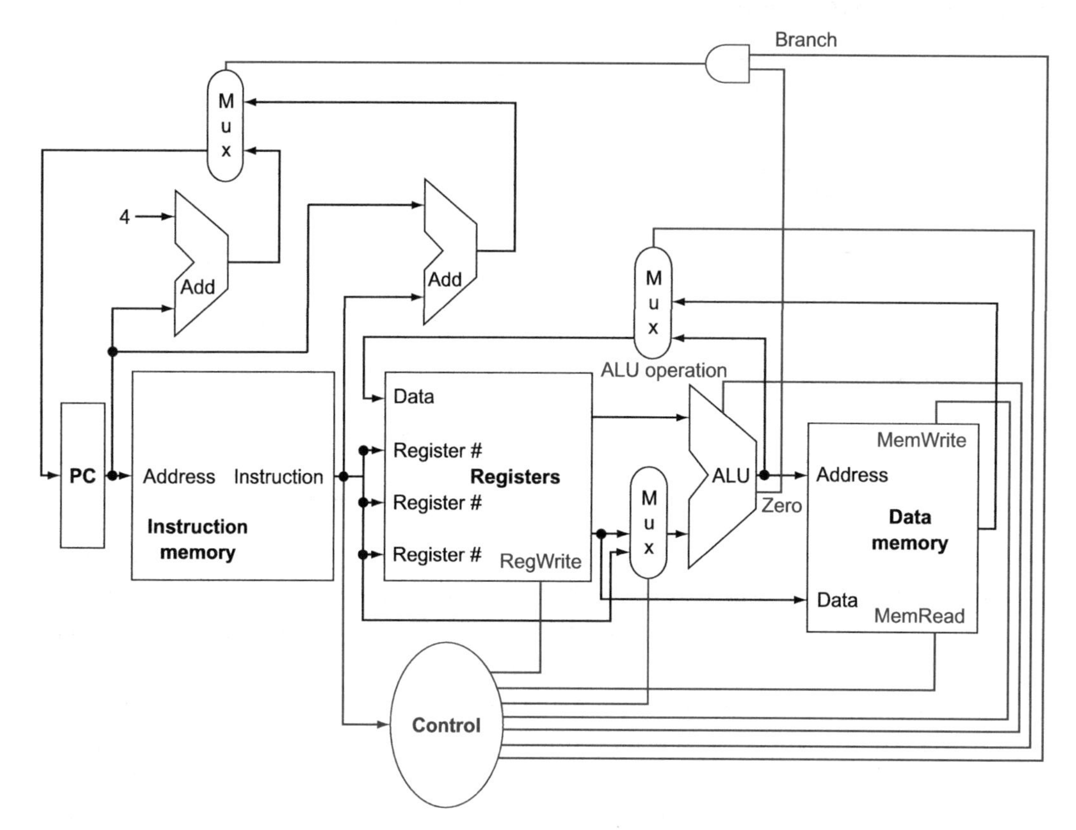

图4-2　LEGv8子集的一个基本实现，包含了必要的多路选择器和控制信号。最上面的多路选择器（Mux）控制写入PC的值（PC+4或分支目标地址），该多路选择器由一个门控制，该门将ALU的零输出与一个指示指令是否为分支指令的信号相“与”。中间的多路选择器的输出返回到寄存器文件，用来选择将ALU的输出（算术逻辑指令时）还是数据存储器的输出（取数指令时）写入到寄存器文件中。最后，最下面的多路选择器决定ALU的第二个输入是来自寄存器文件（算术逻辑指令或分支指令时）还是指令中的偏移量字段（存数或取数指令时）。新增的控制信号控制ALU应执行什么样的操作、数据存储器是读还是写，以及寄存器文件是否写入等。控制信号在图中用灰色线标识出来以便识别

小测验　图4-1和图4-2包含了本章开始给出的计算机五大经典部件中的哪几个？

4.2　逻辑设计的一般方法

在考虑计算机的设计时，必须决定实现计算机的硬件逻辑如何运作以及计算机如何运行。本节将回顾一些本章大量用到的数字逻辑的关键思想。如果你对数字逻辑知之甚少，那么在继续学习之前，阅读附录A将有所帮助。

LEGv8 实现中的数据通路包括两种不同类型的逻辑单元：处理数据值的单元和存储状态的单元。处理数据值的单元都是**组合逻辑**（combinational），它们的输出只取决于当前的输入。输入相同时，组合逻辑单元产生的输出也相同。在图 4-1 中出现并在附录 A 中详细讨论的 ALU 就是一种组合逻辑单元。由于没有内部存储，对于给定的一组输入，总是产生同样的输出。

组合逻辑单元：一个操作单元，如与门或 ALU。

状态单元：一个存储单元，如寄存器或存储器。

设计中的其他单元不是组合逻辑，它们包含*状态*（state）。如果一个单元带有内部存储，那么该单元包含状态，这些单元称为**状态单元**（state element）。如果我们关闭计算机的电源，那么重启时通过给这些状态单元恢复断电之前所包含的值，计算机可以准确地重新恢复到断电前的状态继续执行。因此，这些状态单元完全描述了计算机的状态。图 4-1 中，指令存储器、数据存储器以及寄存器都是状态单元。

260

一个状态单元至少有两个输入和一个输出。必需的输入是待写入单元的数据值，以及决定何时写入的时钟信号。状态单元的输出提供了前一个时钟信号写入单元的数据值[⊖]。例如，逻辑上最简单的一种状态单元是 D 触发器（参见附录 A），它有两个输入（一个数据值和一个时钟）和一个输出。除了触发器，LEGv8 的实现中还使用了另外两类状态单元：存储器和寄存器（都已出现在图 4-1 中）。时钟用于决定状态单元何时被写入。状态单元随时可读。

包含状态的逻辑部件又被称为*时序逻辑*（sequential），因为它们的输出由输入和内部状态共同决定。例如，代表寄存器的功能单元的输出取决于所提供的寄存器号以及以前写入寄存器的内容。附录 A 详细论述了组合逻辑和时序逻辑单元的操作及结构。

时钟策略

时钟策略（clocking methodology）规定了信号可以读出和写入的时间。规定读出和写入的时间非常重要，因为若一个信号在写入的同时被读出，那么读出的值可能是之前的旧值，也可能是新写入的值，甚至是两者的混合！计算机的设计中显然不允许这种不确定性。时钟策略即是为避免这种情况而提出的，以确保硬件行为是可预测的。

时钟策略：用以确定数据相对于时钟何时有效和稳定的方法。

边沿触发的时钟：一种所有的状态改变发生在时钟沿的时钟机制。

简单起见，我们假定采用**边沿触发的时钟**（edge-triggered clocking）方法，即在时序逻辑单元中存储的所有值仅在时钟边沿更新。时钟边沿意味着从低到高或从高到低的跳变（见图 4-3）。因为只有状态单元能存储数据值，所有的组合逻辑都必须从状态单元接收输入，并将输出写入状态单元中。其输入为前一个时钟周期写入的数据，而输出可在下一个时钟周期使用。

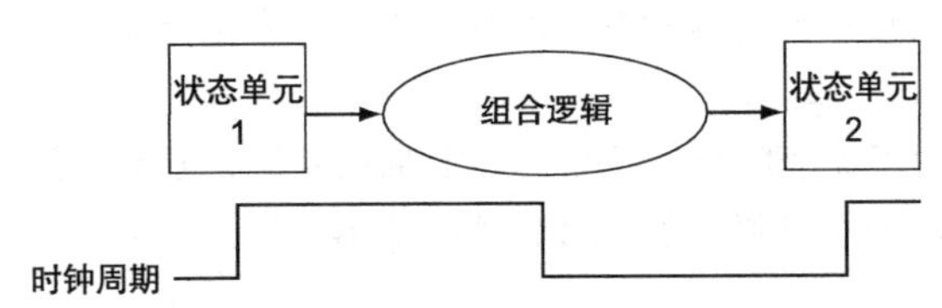

图 4-3 组合逻辑、状态单元和时钟紧密相关。在一个同步数字系统中，时钟信号决定带有状态的单元何时将数值写入其内部存储中。在有效的时钟边沿导致状态变化之前，状态单元的输入信号必须达到稳定（也就是说，状态单元的值保持不变，直到时钟沿到来）。本章假定所有状态单元（包括存储器）都是上升沿触发的，即只在时钟上升沿发生变化

261

⊖ 即前一个时钟信号时单元的输入值。——译者注

图 4-3 描述了一个组合逻辑单元及其周围的两个状态单元。该组合逻辑在一个时钟周期内完成操作：所有信号在一个时钟周期内从状态单元 1 经组合逻辑到达状态单元 2。信号到达状态单元 2 所需的时间决定了时钟周期的长度。

简单起见，当一个状态单元在每个有效的时钟边沿都进行写入时，我们不必给出写**控制信号**（control signal）。相反，若一个状态单元不是每个周期都进行更新，那么就需要一个显式的写控制信号。写控制信号和时钟信号都是输入信号，只有时钟边沿到来并且写控制信号有效时，状态单元才改变状态。

控制信号：用来决定多路选择器选择或指导功能单元操作的信号；而数据信号包含由功能单元操作的信息。

我们使用术语**有效**（asserted）表示信号为逻辑高，**无效**（deasserted）表示逻辑低。我们之所以使用术语“有效”和“无效”，是因为在实现硬件时，1 有时表示逻辑高，有时表示逻辑低。

有效：信号为逻辑高或真。

无效：信号为逻辑低或假。

边沿触发的方法允许在一个时钟周期内读出一个寄存器的内容，然后经过一些组合逻辑，再将新值写入该寄存器。图 4-4 给出了一个通用的例子。选择在时钟的上升沿（从低到高）还是下降沿（从高到低）进行写操作无关紧要，因为组合逻辑的输入只有在所规定的时钟边沿才可能发生变化。本书使用时钟上升沿。边沿触发的时钟策略下，在一个时钟周期内不会出现反馈，图 4-4 中的逻辑可以正确工作。附录 A 中还介绍了其他的一些时序约束（如建立和保持时间）和时序策略。

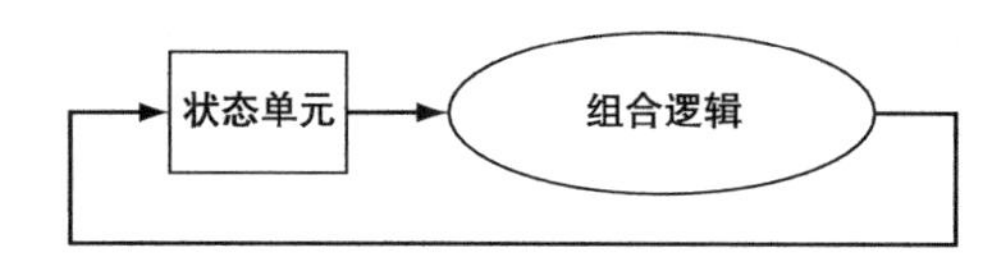

图 4-4　一种边沿触发策略，允许在同一个时钟周期内读写状态单元而不会因竞争而导致不确定的数据值。当然，时钟周期必须足够长，以使得当有效的时钟边沿到来时输入已经稳定。由于状态单元的改变由时钟边沿触发，因此不可能在一个时钟周期之内出现反馈。如果有反馈，这个设计就不能正常工作。本章和下一章的设计都采用边沿触发的时钟策略，结构与本图类似

对 64 位 LEGv8 体系结构而言，几乎所有这些状态和逻辑单元的输入和输出都为 64 位，因为 64 位是处理器处理的大多数数据的宽度。若某单元的输入或输出不是 64 位，我们会特别指出。图示中用粗线表示总线（bus），其宽度为 1 位以上的信号。有时，我们会把若干总线合起来构成更宽的总线，例如将两个 32 位总线合成 64 位总线。在这种情况下，总线标注将给出相应说明。箭头指明了单元间数据流的方向。最后，用灰色线表示控制信号，以便将其与数据信号区分开来，两者的差别将随本章的进展愈趋明显。

262

精解　还有一种 32 位版本的 ARMv8 体系结构，其中绝大多数数据通路都是 32 位宽。

小测验　真或假：由于寄存器文件在同一个时钟周期内既要读出又要写入，所以使用边沿触发方式写入的 LEGv8 数据通路中必须包含一个以上的寄存器文件。

4.3　建立数据通路

设计数据通路比较合理的方法是首先分析每类 LEGv8 指令执行所需要的主要部件。我们先来看看每条指令需要哪些**数据通路部件**（datapath element），按抽象层展开。在给出数据通路部件的同时，我们也会指出它们的控制信号。我们将自底向上使用抽象方法进行解释。

图 4-5a 给出了我们需要的第一个部件：存储程序指令的存储单元，能够根据给定的地址提供指令。图 4-5b 展示了**程序计数器**（Program Counter，PC），第 2 章中已介绍过 PC 是一个用于保存当前指令地址的寄存器。最后，需要一个加法器来增加 PC 值，使其指向下条指令的地址。该加法器是一个组合逻辑单元，可以用附录 A 中设计的 ALU 实现，只需简单将其中的控制信号设为总是进行加法操作即可。如图 4-5 所示，我们将给这样的 ALU 加上“Add”标记，以表明该 ALU 一直作为一个加法器使用而不能再进行其他 ALU 操作。

数据通路部件：处理器中操作或保存数据的部件。在 LEGv8 实现中，数据通路部件包括指令存储器、数据存储器、寄存器文件、ALU 和加法器。

程序计数器：存放下一条将要被执行指令的地址的寄存器。

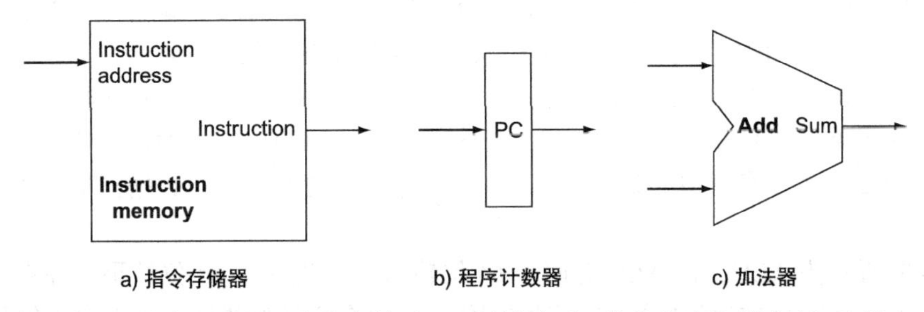

图 4-5 存储和访问指令所需的两个状态单元，以及计算下一条指令地址所需的加法器。两个状态单元分别是指令存储器和程序计数器。因为数据通路不需写指令，因此指令存储器只提供读访问。因为指令存储器是只读的，我们将其视为组合逻辑：任意时刻的输出都反映了输入地址指向的内容，并且不需要读控制信号。（在装载程序时需要写指令存储器，这一点实现起来并不难，所以为了简单起见我们将其忽略。）程序计数器是一个 64 位的寄存器，它在每个时钟周期结束时都会被写入，所以不需要写控制信号。加法器通过 ALU 实现，但该 ALU 设置为总是将两个 64 位的输入相加，并输出结果

任何指令的执行，都首先要从存储器中取出指令。为准备执行下一条指令，必须增加程序计数器以使其指向下一条指令，即向后移动 4 字节。图 4-6 展示了如何将图 4-5 中的三个部件组合起来形成一个数据通路，能够取指令并能增加 PC 值以获得顺序下一条指令的地址。

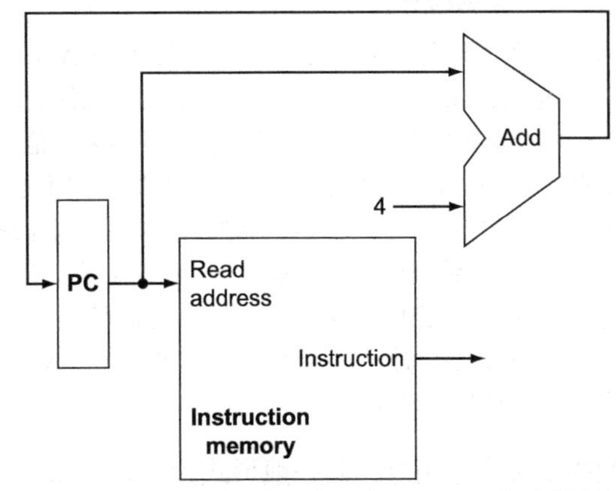

图 4-6 用于取指和增加程序计数器的数据通路部分。取出的指令供数据通路的其他部分使用

现在讨论 R 型指令（参见图 2-21）。这类指令读两个寄存器并对这两个寄存器的内容执行 ALU 操作，然后将结果写回寄存器。我们称这类指令为 R 型指令或算术逻辑指令（因为

263 它们执行算术或逻辑操作)。这类指令包括第2章介绍的ADD、SUB、AND、ORR指令。ADD X1,X2,X3是此类指令的一个典型例子，读取X2和X3，并将结果写入X1。

处理器的32个通用寄存器位于一个叫作**寄存器文件**（register file）的结构中[⊖]。寄存器文件即寄存器集合，通过指定相应的寄存器号来读写具体的寄存器。寄存器文件包含了计算机的寄存器状态。另外，还需要一个ALU来对从寄存器读出的数值进行操作。

寄存器文件：包含一系列寄存器的状态单元，可以通过提供的寄存器号进行读写访问。

由于R型指令有3个寄存器操作数，因此每条指令都要从寄存器文件中读出两个数据字，再写入一个数据字。要从寄存器中读出一个数据字，需要给寄存器文件一个输入，以指明所要读的寄存器号，并且寄存器文件将产生一个输出，包含从寄存器文件读出的值。写入一个数据字时，需要给寄存器文件提供两个输入：一个指明要写的寄存器号，另一个提供要写的数据。寄存器文件总是根据输入的寄存器号输出相应的寄存器内容，而写操作由写控制信号控制，使写操作在时钟边沿产生。如图4-7a所示，一共需要4个输入（3个寄存器号和1个数据）和2个输出（2个数据）。输入的寄存器号为5位，可指定32（$32=2^5$）个寄存器中的某一个，而一条数据输入总线和两条数据输出总线宽度均为64位。

图4-7b所示为ALU，该ALU有两个64位输入，产生一个64位结果，并有1位信号指明结果是否为0。ALU的4位控制信号在附录A中有详细的描述。在需要了解如何设置ALU控制信号时，我们将进行简要的回顾。

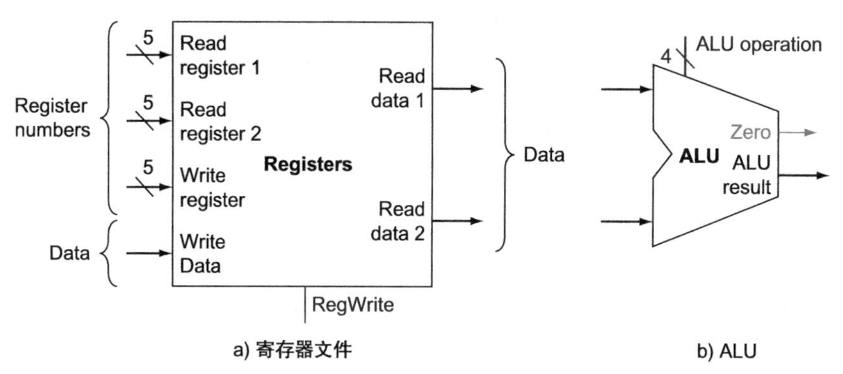

图4-7　实现R型指令ALU操作所需的两个单元——寄存器文件和ALU。寄存器文件包括了所有的寄存器，有两个读端口和一个写端口。多端口寄存器文件的设计在附录A的A.8节讨论。寄存器文件的读输出总是对应于读寄存器号，不需要其他的控制信号。但是写寄存器必须明确使能写控制信号。由于写操作是边沿触发的，因此写操作的所有输入（要写的内容、寄存器号、写控制信号）必须在时钟边沿有效。因为寄存器文件的写入是边沿触发的，故可以在同一时钟周期内读出和写入同一寄存器：读操作将读出以前写入的内容，而写入的内容在下一时钟周期才可读。输入的寄存器号都是5位，数据线为64位。若采用附录A中的ALU设计，则ALU的操作可由4位ALU操作信号控制。我们使用ALU的零检测输出信号实现分支指令

264~265

下面考虑LEGv8取数指令和存数指令，其一般形式为LDUR X1,[X2,offset_value]或STUR X1,[X2,offset_value]。在这类指令中，通过将基址寄存器（如X2）的内容与指令中的9位带符号偏移字段相加，得到存储器地址。如果是存数指令，待写数据要从寄

⊖ 也称寄存器组或寄存器堆。——译者注

存器 X1 中读出。如果是取数指令，则要将从存储器中读出的数据存入寄存器文件中指定的寄存器中，如 X1。因此，图 4-7 中的寄存器文件和 ALU 都需要。

此外，还需要一个单元将指令中的 9 位偏移字段**符号扩展**（sign-extend）为 64 位的带符号值，以及一个保存读出或写入数据的数据存储单元。数据存储单元在存储指令时被写入，因此数据存储器有读写控制信号、输入地址和待写入存储器的输入数据。图 4-8 展示了这两种单元。

符号扩展：为增加数据项的长度，将原数据项最高位的符号位复制多份到新数据项的高位。

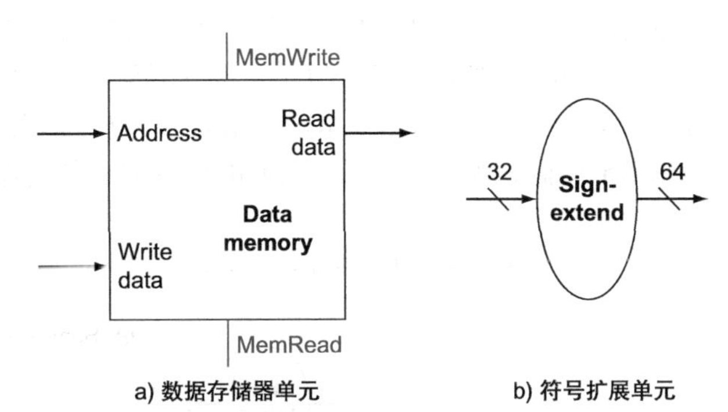

图 4-8 除了图 4-7 中的寄存器文件和 ALU 外，load 和 store 指令实现所需的两个单元——数据存储器单元和符号扩展单元。数据存储器单元是一个状态单元，两个输入为地址和待写入的数据，一个输出为读出的结果。读、写控制信号都是独立的，尽管任意时钟只能激活其中一个。与寄存器文件不同，存储器单元需要一个读控制信号，因为读一个无效地址可能会出现问题，第 5 章会给出这种情况。符号扩展单元有一个 32 位的指令作为输入[㊀]，该指令选取 9 位用于存取数据，或选取 19 位用于比较为 0 分支[㊁]，符号扩展为 64 位输出（见第 2 章）。假定数据存储器的写操作是边沿触发。标准的存储器芯片实际上有一个写使能信号用于写操作。尽管写使能信号不是边沿触发的，但我们的边沿触发设计很容易应用于真正的存储器芯片。关于真实存储器芯片如何工作的进一步讨论，见附录 A 的 A.8 节

CBZ 指令有两个操作数，一个寄存器用于测试结果是否为 0，另一个是 19 位偏移量，用于计算相对于分支指令所在地址的**分支目标地址**（branch target address）。指令格式为 `CBZ X1,offset`。为了实现该指令，我们必须将 PC 值与符号扩展后的指令偏移量字段相加以得到分支目标地址。分支指令（见第 2 章）的定义中有两个需要注意的地方：

分支目标地址：分支指令指定的地址，若分支产生，该地址将成为新的 PC 值。在 LEGv8 体系结构中，分支目标为指令中的偏移字段与分支指令地址之和。

- 指令集体系结构规定分支地址计算时使用的基址是分支指令本身的地址。
- 该结构还规定偏移量左移 2 位（以字为单位的偏移量），这样偏移量的有效范围就扩大了 4 倍。

为了处理后面这种情况，我们需要把偏移量字段左移 2 位。

除了计算分支目标地址，我们还必须确定下一条指令将执行的指令是顺序的下一条指令，还是分支目标地址处的指令。当分支条件为真（例如，操作数为 0）时，分支目标地址成为新的 PC，我们就说**分支发生**（branch taken）了。若操作数不为 0，自增后的 PC 将

分支发生：分支条件满足，PC 变为分支目标地址。所有的无条件跳转都是发生的分支。

㊀ 但符号扩展单元实际只需要指令中的 9 位或 19 位进行扩展。——译者注
㊁ 即 CBZ 指令。——译者注

取代当前PC（就像其他普通指令一样），这时就说**分支未发生**（branch not taken）。

分支未发生：分支条件不满足，PC变为分支指令的下一条指令的地址。

因此，分支指令的数据通路需要两个操作：计算分支目标地址和测试寄存器内容。（分支指令也会影响数据通路的取指部分，这一点我们稍后解释。）图4-9给出了数据通路中处理分支的部分。为了计算分支目标地址，分支数据通路包含了一个如图4-8所示的符号扩展单元和一个加法器。为了进行比较，需使用图4-7a中的寄存器文件提供寄存器操作数（但不需向寄存器文件写入数据）。另外，比较可以通过使用附录A设计的ALU完成。因为ALU提供一个指示结果是否为0的输出信号，故可以将寄存器数送给ALU，同时设置控制信号以传递寄存器值。若ALU输出的零信号有效，则可知寄存器值为0。尽管零输出信号始终指示结果是否为0，但我们只用它来实现条件分支时的比较操作。稍后将详细介绍在数据通路中使用ALU时，如何连接控制信号。

266

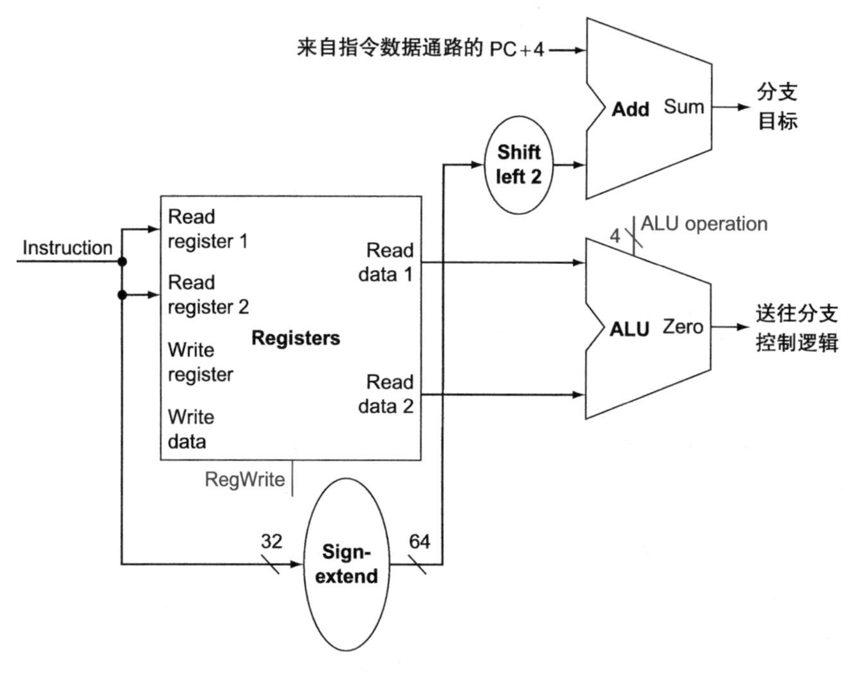

图4-9 分支指令的数据通路，使用ALU计算分支条件是否成立，使用另一个加法器将自增后的PC值与符号扩展后左移2位的19位指令字段（分支偏移量）相加，得到分支目标地址。标有“左移2位”的单元只是输入到输出之间的一条简单路径，将符号扩展后的偏移量字段的低位加上两个0（二进制）。因为“移位”的数量是固定的，所以并不需要真正的移位电路。因为偏移量从19位符号扩展而来的，所以移位仅会丢掉“符号位”。控制逻辑根据ALU的零输出决定是用递增的PC还是分支目标地址来取代当前的PC

分支指令将指令中的26位偏移地址字段左移2位，并和PC相加。通过在偏移量后面加上两个0可以实现左移2位（如第2章所述）。

创建一个简单的数据通路

我们已经讨论了不同指令类型所需要的数据通路单元，现在可以把它们组合成一个数据通路，并加上控制来完成实现。这个最简单的数据通路试图使每一条指令的执行都在一个时钟周期内完成。该设计意味着，每条指令执行过程中任何数据通路单元都只能使用一次，如果需要使用多次，则必须将该数据通路单元复制多份。因此，我们除了需要一个指令存储器来存放指令之外，还需要一个数据存储器来存储数据。尽管有的功能单元需要复制，但很多单元可以在不同的指令流中共享。

为了在两种不同类型的指令间共享数据通路单元，我们需要允许一个功能单元的某个输入连接多个来源，通过多路选择器和控制信号来从多个输入来源中进行选择。

例题 | 建立一个数据通路

算术逻辑指令（或 R 型指令）的数据通路与访存指令的数据通路很相似。关键区别在于：

267 ~ 268

- 算术逻辑指令使用 ALU，其输入来自两个寄存器。存储器指令也使用 ALU 来进行地址计算，但其 ALU 的第二个输入是指令中 9 位偏移量的符号扩展。
- 存入目的寄存器中的值来自于 ALU（对 R 型指令而言）或者存储器（对取数 load 而言）。

试设计访存指令和算术逻辑指令操作部分的数据通路，使用一个寄存器文件和一个 ALU 处理两种指令，增加必要的多路选择器。

答案 | 为了只用一个 ALU 和一个寄存器文件来创建数据通路，ALU 的第二个输入要有两个不同的来源。同样，寄存器文件的待写数据也有两个不同的来源。因此，在 ALU 的输入和寄存器文件的输入数据处各放置一个多路选择器。图 4-10 给出了合并后数据通路的操作部分。

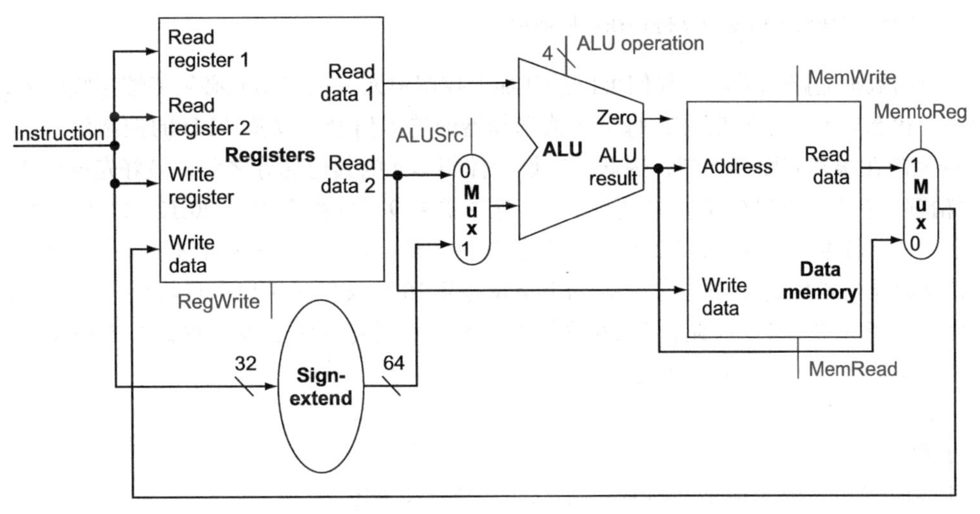

图 4-10 访存指令和 R 型指令数据通路的合并。这个例子说明了如何通过加入多路选择器将图 4-7 和图 4-8 合并成一个数据通路，其中增加了两个多路选择器

现在，加上取指数据通路（图 4-6）、R 型指令和访存指令数据通路（图 4-10），以及分支指令数据通路（图 4-9），我们可以把所有部件合并在一起，构建一个简单的 LEGv8 核心体系结构数据通路，如图 4-11 所示。分支指令使用主 ALU 检测寄存器操作数，所以必须保证图 4-9 中的加法器完成分支目标地址的计算。此外还增加了一个多路选择器，用于选择是将顺序的指令地址（PC+4）还是分支目标地址写入 PC。

269

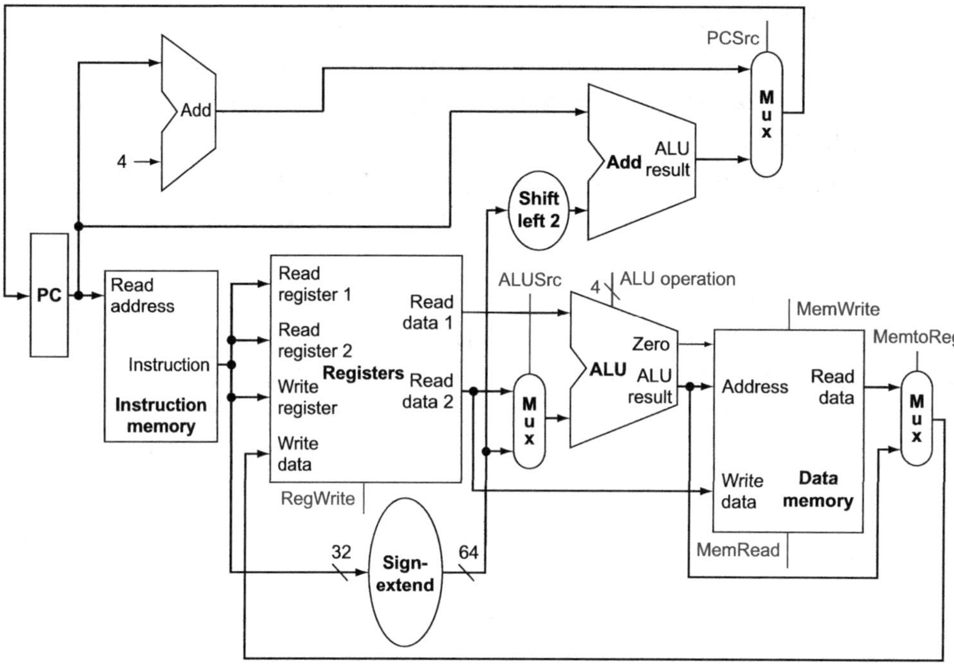

图 4-11　将不同类型指令所需的功能单元合并在一起实现的一个简单的核心 LEGv8 数据通路。图中的部件来自图 4-6、图 4-9 和图 4-10。该数据通路可以在一个时钟周期内完成一条基本指令（存取寄存器、ALU 操作和分支）。为了支持分支指令还增加了一个额外的多路选择器。对无条件分支（跳转）指令的支持将在以后增加

270

简单的数据通路完成后，我们可以给其加上控制单元。控制单元必须能够接收输入，并能为每个状态单元产生写信号、每个多路选择器的选择信号，以及 ALU 的控制信号。由于 ALU 的控制在很多方面都不同，因此，在设计控制单元的其他部分之前，最好先设计 ALU。

精解　符号扩展逻辑必须二选一，一是符号扩展 9 位（指令中的 20:12 位）用于数据传输指令，二是符号扩展 19 位（23:5 位）用于条件分支。因为输入指令都是 32 位，所以可以通过指令的操作码位选择合适的字段。LEGv8 的第 26 位操作码在数据传输指令中恰好为 0，在条件分支指令中为 1。因此，第 26 位操作码可以控制符号扩展逻辑中的二选一多路选择器，值为 0 时选择 9 位，为 1 时选择 19 位。

小测验

Ⅰ. 对取数指令 load 来说，以下哪个是正确的？参考图 4-10。

a. 设置 MemtoReg 信号，使得存储器中的数据发送至寄存器文件。

b. 设置 MemtoReg 信号，使得正确的目的寄存器发送至寄存器文件。

c. 对取数指令而言，MemtoReg 信号的设置无关紧要。

Ⅱ. 本节描述的单周期数据通路必须有独立的指令存储器和数据存储器，因为：

a. LEGv8 中指令与数据的格式不同，因此需要不同的存储器。

b. 使用独立的存储器成本更低。

c. 处理器在一个周期内进行操作，不能在该周期内使用一个（单端口）存储器进行两次不同的存取。

4.4 一种简单的实现机制

在本节中，我们将学习如何实现一个简单的 LEGv8 子集。我们使用上一节的数据通路并增加一个简单的控制单元来构建这一简单的实现，支持取寄存器（LDUR）、存寄存器（STUR）、比较为 0 分支（CBZ）以及算术逻辑指令加法（ADD）、减法（SUB）、与（AND）、或（ORR）。后面我们还将实现无条件分支指令（B）。

4.4.1 ALU 控制

附录 A 中的 LEGv8 ALU 为其 4 位控制信号定义了下列 6 种有效的输入组合：

ALU控制信号	功能
0000	与（AND）
0001	或（OR）
0010	加（add）
0110	减（subtract）
0111	传递输入b（pass input b）
1100	或非（NOR）

根据指令类型的不同，ALU 将执行上述前五种功能中的一种。（NOR 可用于 LEGv8 指令集的其他部分，但并不在我们目前实现的子集中。）对于取寄存器和存储寄存器指令，ALU 用加法计算存储器地址。对于 R 型指令，根据指令低 11 位的操作码字段（见第 2 章）的值，ALU 执行 4 种操作中的一种（AND、OR、subtract 或 add）。对于比较为 0 分支指令，ALU 仅传递寄存器的输入值。 271

使用一个小的控制单元即可生成 4 位的 ALU 控制输入信号，该单元输入为指令的操作码字段和 2 位的 ALUOp 控制字段。ALUOp 指明要进行的操作是存取指令需要的加法（00）、CBZ 需要的传递输入 b（01），还是由指令操作码字段（10）译码决定的操作。ALU 控制单元的输出信号为 4 位，通过生成前面所示的 4 位组合，直接对 ALU 进行控制。

图 4-12 说明了如何基于 2 位的 ALUOp 控制信号和 11 位的操作码字段，生成 ALU 的控制信号。在本章的后面将会看到怎样由主控制单元生成 ALUOp。

指令	ALUOp	指令操作	opcode字段	ALU动作	ALU控制输入
LDUR	00	load register	XXXXXXXXXXX	add	0010
STUR	00	store register	XXXXXXXXXXX	add	0010
CBZ	01	compare and branch on zero	XXXXXXXXXXX	pass input b	0111
R-type	10	ADD	10001011000	add	0010
R-type	10	SUB	11001011000	subtract	0110
R-type	10	AND	10001010000	AND	0000
R-type	10	ORR	10101010000	OR	0001

图 4-12 如何根据 ALUOp 控制位和 R 型指令的 opcode 字段设置 ALU 控制信号。第一列中的指令决定了 ALUOp 位的设置。所有的编码以二进制给出。注意，当 ALUOp 为 00 或 01 时，所需的 ALU 的动作不依赖于 opcode 字段，即操作码的值无所谓是多少，故这些位记为 X。当 ALUOp 为 10 时，opcode 字段用于设置 ALU 控制输入信号。详情见附录 A

这种多级译码的方法（主控制单元生成 ALUOp 作为 ALU 控制单元的输入，再由 ALU 控制单元生成真正的 ALU 控制信号）是一种常用的实现技术。使用多级控制可以减小主控制单元的规模。使用多个小控制单元也可能减少控制单元的延迟。这种优化是很重要的，因为控制单元的延迟对决定时钟周期的长短非常关键。

有多种不同方法可把2位的ALUOp字段和11位的opcode字段映射为4位ALU控制信号。因为opcode字段的2048种可能取值中只有很小一部分有意义，并且只有当ALUOp为10时才使用opcode字段，因此我们可以用一个小逻辑单元去识别可能的取值，并生成正确的ALU控制信号。

272

设计逻辑单元时，可以将ALUOp和opcode字段有意义地组合构成一张真值表，如图4-13所示。该**真值表**（truth table）说明了如何根据两个输入字段得到4位的ALU控制信号。由于完整的真值表非常大（2^{13}=8192项），并且我们并不关心所有的输入组合，因此该真值表只列出了ALU控制信号有效的部分表项。在本章中，我们将一直采用这样的方式表示真值表，只列出必须设置的选项，而忽略那些恒为0或无关的项。(这样做也有缺点，我们在附录C的C.2节中讨论)。

真值表：逻辑操作的一种表示方法，即列出输入的所有情况和对应的输出。

ALUOp		opcode字段											操作
ALUOp1	ALUOp0	I[31]	I[30]	I[29]	I[28]	I[27]	I[26]	I[25]	I[24]	I[23]	I[22]	I[21]	
0	0	X	X	X	X	X	X	X	X	X	X	X	0010
X	1	X	X	X	X	X	X	X	X	X	X	X	0111
1	X	1	0	0	0	1	0	1	1	0	0	0	0010
1	X	1	1	0	0	1	0	1	1	0	0	0	0110
1	X	1	0	0	0	1	0	1	0	0	0	0	0000
1	X	1	0	1	0	1	0	1	0	0	0	0	0001

图4-13　4位ALU控制信号（称为操作）的真值表。输入为ALUOp和opcode字段。只列出了ALU控制有效的项，以及一些无关项。例如，ALUOp不使用编码11，故真值表包含1X和X1，而不是10和01。对于opcode的所有11位，可以发现4条R型指令只有第30、29和24位不同。因此，ALU控制单元只需要这3位而不是全部11位操作码作为输入

由于在许多情况下，我们对某些输入的取值并不关心，同时为了简化真值表，我们也列出**无关项**（don't-care term）。真值表中的无关项（在输入列中用X表示）表明，输出与该列对应的输入值无关。如图4-13的第一行所示，当ALUOp取00时，无论opcode字段取何值，ALU控制总为0010。这时，真值表中此行的opcode字段就是无关项。后面，我们还将看到另一种类型的无关项。如果你不熟悉无关项的概念，请阅读附录A。

无关项：逻辑函数的一个元素，表示输出与该输入值无关。无关项可以用不同的方式指定。

真值表建好以后，可以进行优化并转化成门电路。这是一个完全机械的过程。因此，这里我们不再给出最终的步骤，而是将此过程及其结果放在附录C中的C.2节讨论。

4.4.2　主控制单元的设计

我们已经描述了如何使用opcode和2位信号作为输入来设计ALU控制单元，现在来看看控制的其他部分。在开始之前，首先看一条指令的各个字段以及图4-11所构建数据通路所需的控制信号。为了理解怎样将指令的各个字段与数据通路相连，需要复习一下三种指令类型的格式：R型指令、分支指令和存取指令，如图4-14所示。

273

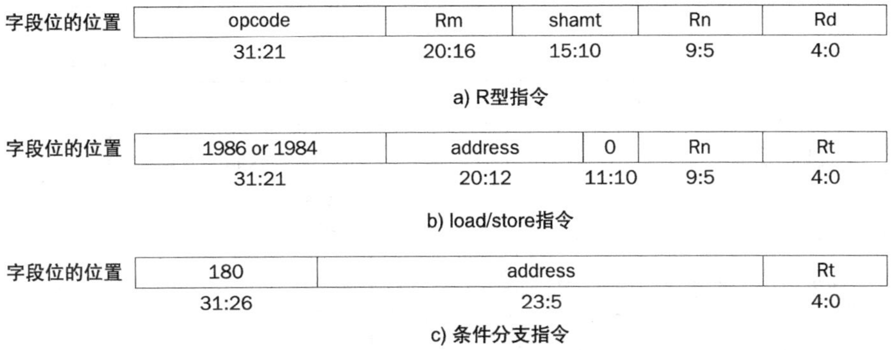

字段位的位置	opcode	Rm	shamt	Rn	Rd
	31:21	20:16	15:10	9:5	4:0

a) R型指令

字段位的位置	1986 or 1984	address	0	Rn	Rt
	31:21	20:12	11:10	9:5	4:0

b) load/store指令

字段位的位置	180	address	Rt
	31:26	23:5	4:0

c) 条件分支指令

图 4-14　三种指令类型（R 型、取数 / 存数和条件分支）使用的三种指令格式。后面马上会讲到，无条件分支（跳转）指令使用另一种格式。a) R 型指令的格式，有三个寄存器操作数：Rn，Rm 和 Rd。Rn 和 Rm 字段为源操作数，Rd 字段为目的操作数。opcode 字段指出 ALU 的功能，由前面设计的 ALU 控制单元译码。我们实现的 R 型指令有 ADD、SUB、AND 和 ORR。shamt 字段只用于移位，本章中暂不考虑。b) load 指令（操作码 $=1986_{ten}$）和 store 指令（操作码 $=1984_{ten}$）的格式。Rn 寄存器作为基址与 9 位的地址字段相加以得到访存地址。对于 load 指令，Rt 是目的寄存器。对于 store 指令，Rt 是待存入数据所在的寄存器。c) CBZ 指令（比较为 0 分支指令，操作码 =180）的格式。Rt 是源寄存器，用于测试值是否为 0。19 位地址进行符号扩展、移位，然后与 PC 相加以得到分支目标地址

指令格式中我们可能用到的信息有：

- opcode 字段，6～11 位宽，位于指令中的 31:26 位到 31:21 位。
- 对于 R 型指令和 load/store 指令的基址寄存器，第一寄存器操作数（Rn）总是位于 9:5 位。
- 另一个寄存器操作数有两个出处。R 型指令是 20:16 位（Rm），load 指令的写入寄存器是 4:0 位（Rt）。该字段也用来指明 CBZ 指令所需要测试的寄存器。因此，我们需要增加一个多路选择器，以选择指令中哪个字段指明了所要读的寄存器号。
- 另一个操作数可能是，比较为 0 分支指令的 19 位偏移或者是 load/store 指令的 9 位偏移。
- R 型指令和 load 指令的目的寄存器（分别是 Rd 和 Rt）由 4:0 位指出。

opcode：指明指令操作类型和格式的字段。

第 2 章给出的第一个设计原则——简单源于规整——在控制器设计里就体现出来了。

274

根据上述信息，我们可以在简单的数据通路中加上指令标记并增加一个多路选择器（用于选择寄存器文件需要读的寄存器号），图 4-15 展示了这些增加的部件和 ALU 控制块，以及状态单元的写信号、数据存储器的读信号和多路选择器的控制信号。由于所有的多路选择器都是两个输入端，因此每个多路选择器都需要一条单独的控制线。

图 4-15 给出了 7 个 1 位控制信号和 2 位 ALUOp 控制信号。前面已经说明了 ALUOp 控制信号如何工作，在决定指令执行过程中如何设置这些控制信号之前，最好先定义一下其他 7 条控制信号如何工作。图 4-16 描述了这 7 个控制信号的功能。

了解了每个控制信号的功能之后，我们再来看看如何设置这些信号。所有控制信号，除了 PCSrc 外，都可由控制单元根据指令的操作码来确定。PCSrc 信号在指令为 CBZ（控制单元可以做出的决定），且 ALU 的零输出有效时被置位。若要生成 PCSrc 信号，需将来自控制单元的称为“Branch”（分支）的信号和 ALU 的零输出信号相“与”。

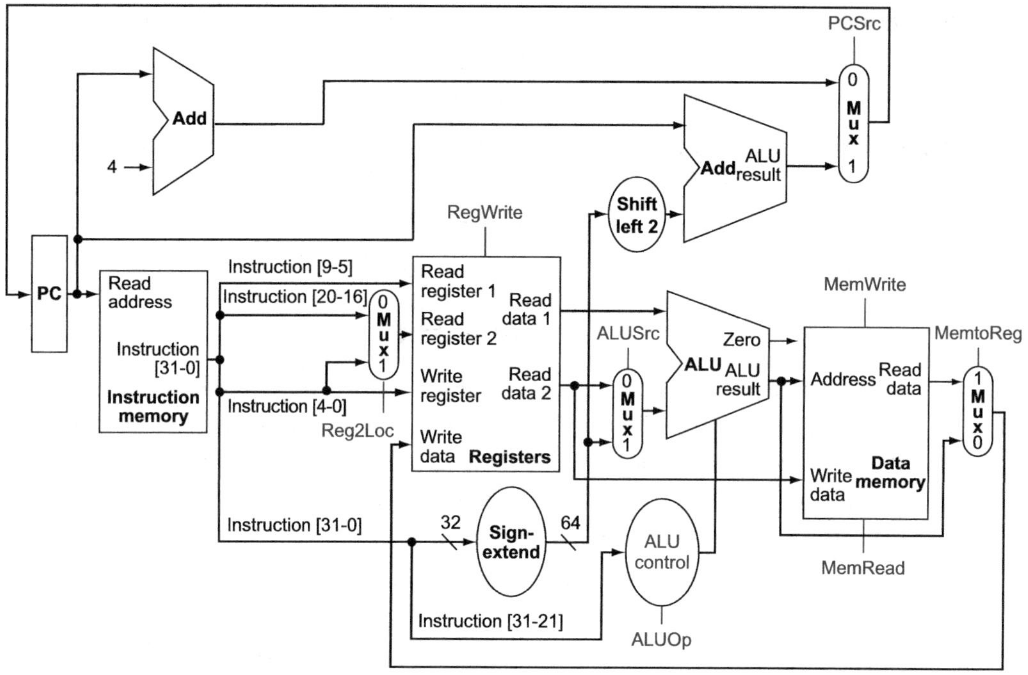

图 4-15　图 4-11 的数据通路上增加了所有必需的多路选择器，并标识出了所有的控制信号。控制信号以灰色线表示。图中还增加了 ALU 控制单元。PC 不需要写控制信号，因为 PC 在每个时钟周期结束时都被写入一次。分支控制逻辑决定将 PC 递增还是写入分支目标地址

275

信号名称	置无效时的效果	置有效时的效果
Reg2Loc	读寄存器2的寄存器号来自Rm字段（位20:16）	读寄存器2的寄存器号来自Rt字段（位4:0）
RegWrite	无	数据写入寄存器文件中由写寄存器输入端口指定的寄存器
ALUSrc	ALU的第二个操作数来自寄存器文件的第二个输出（读数据2）	ALU的第二个操作数为指令低16位的符号扩展
PCSrc	PC由PC+4取代，PC+4由一个加法器计算产生	PC由分支目标地址（由一个加法器产生）取代
MemRead	无	地址输入端指定的存储器单元内容输出到读数据输出端口
MemWrite	无	将写入数据输入端的数据写入到地址输入端指定的存储器单元中
MemtoReg	写入寄存器的值来自ALU	写入寄存器的数据来自数据存储器

图 4-16　7 个控制信号的作用。当两路多路选择器的 1 位控制信号有效时，选择第 1 个输入，否则选择第 0 个输入。注意，所有状态单元都有一个隐含的输入——时钟信号，且该时钟被用于写操作的控制。在状态单元外部进行时钟门控可能导致时序问题的产生（附录 A 中对此问题有进一步的讨论）

现在，这 9 位控制信号（图 4-16 的 7 位和 2 位 ALUOp）可以根据控制单元输入信号（操作码 31:26 位）来设置。图 4-17 给出了包含控制单元和控制信号的数据通路。

在尝试为控制单元写出方程式或真值表之前，首先对控制功能进行形式化的定义。由于

控制信号的设置仅依赖于操作码，我们需要定义在每种操作码下每个控制信号的取值：0、1或任意值 X。根据图 4-12、图 4-16 和图 4-17，图 4-18 定义了每种操作码对应的控制信号应如何设置。

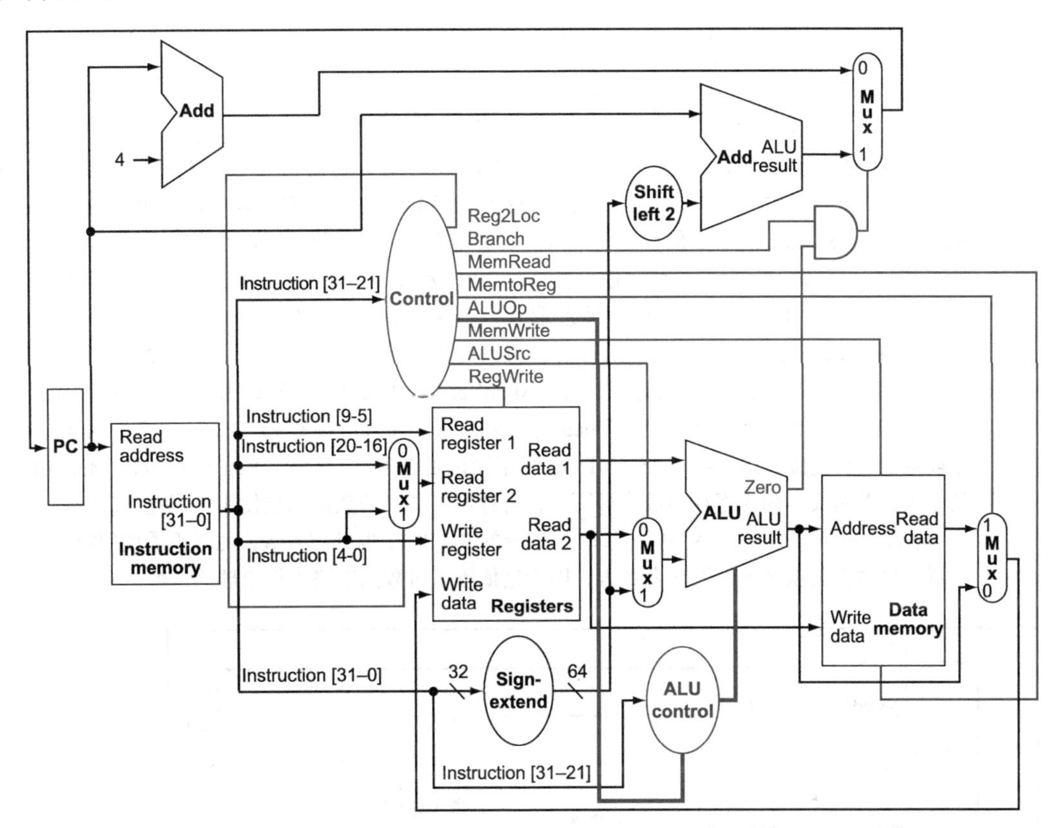

图 4-17 包含控制单元的简单数据通路。控制单元的输入为指令的 11 位操作码字段，输出包括三个 1 位的多路选择器控制信号（Reg2Loc、ALUSrc 和 MemtoReg），三个寄存器文件和存储器读写的控制信号（RegWrite、MemRead 和 MemWrite），一个决定是否可能分支的 1 位信号（Branch），以及一个 ALU 的 2 位控制信号（ALUOp）。分支控制信号和 ALU 的零输出一起送入一个与门，其输出控制下一个 PC 的选择。注意 PCSrc 是一个衍生而来的信号，不是从控制单元直接得来。因此，在后面的图中没有标出这个信号名称

4.4.3 数据通路的操作

根据图 4-16 和图 4-18 包含的信息，可以设计出控制单元逻辑，但在此之前，我们先分析一下每条指令如何使用数据通路。下面几个图展示了三种不同类型的指令在数据通路中的执行过程。图中有效的控制信号和活跃的数据通路部件已着重标出。注意，控制信号为 0 的多路选择器，即使其控制信号没有着重标出，也有明确的动作。对于多位信号，只要其中任何信号有效，就将其着重标出。

图 4-19 给出了 R 型指令（如 `ADD X1,X2,X3`）的数据通路操作。尽管所有操作都在一个时钟周期内完成，我们仍可以将指令的执行分为 4 步，按信息流向排序如下： [276]

1. 取指，递增 PC。

2. 从寄存器文件中读出寄存器 X2 和 X3。同时，主控制单元计算控制信号的状态。

3. ALU 对从寄存器文件读出的数据进行操作，根据 opcode 字段确定 ALU 的功能。

277

4. 将 ALU 的结果写入寄存器文件中的目的寄存器（X1）。

指令	Reg2Loc	ALUSrc	MemtoReg	RegWrite	MemRead	MemWrite	Branch	ALUOp1	ALUOp0
R型	0	0	0	1	0	0	0	1	0
LDUR	X	1	1	1	1	0	0	0	0
STUR	1	1	X	0	0	1	0	0	0
CBZ	1	0	X	0	0	0	1	0	1

图 4-18　控制信号的设置完全由指令操作码字段设置。表的第一行对应于 R 型指令（ADD、SUB、AND、ORR）。对于这些指令，源寄存器字段为 Rn 和 Rm，目的寄存器字段为 Rd，这决定了 ALUSrc 和 Reg2Loc 信号如何设置。此外，R 型指令要写一个寄存器（RegWrite=1），但是不读写数据存储器。当 Branch 控制信号为 0 时，PC 无条件更新为 PC+4；反之，如果 ALU 的零输出也为高，则 PC 由分支目标地址取代。当 R 型指令的 ALUOp 为 10 时，ALU 的控制信号根据 opcode 字段生成。表中第二行和第三行给出了 LDUR、STUR 指令的控制信号设置：ALUSrc 和 ALUOp 被设为进行地址计算；MemRead 和 MemWrite 被设为进行存储器访问；最后，Reg2Loc 和 RegWrite 被设为在 load 指令中将结果存入寄存器 Rt 中。分支指令的 ALUOp 字段被设为传递输入 b（ALUOp = 01[⊖]），用于测试是否为 0。注意，RegWrite=0 时 MemtoReg 的设置无关紧要，因为寄存器没有被写入，寄存器写端口的数据未被使用。因此，表中最后两行 MemtoReg 项用无关项 X 填入。LDUR 指令的 Reg2Loc 也可加入 X，此时不需使用第二个寄存器。这种无关项必须由设计者加入，因为这依赖于对数据通路工作原理的了解

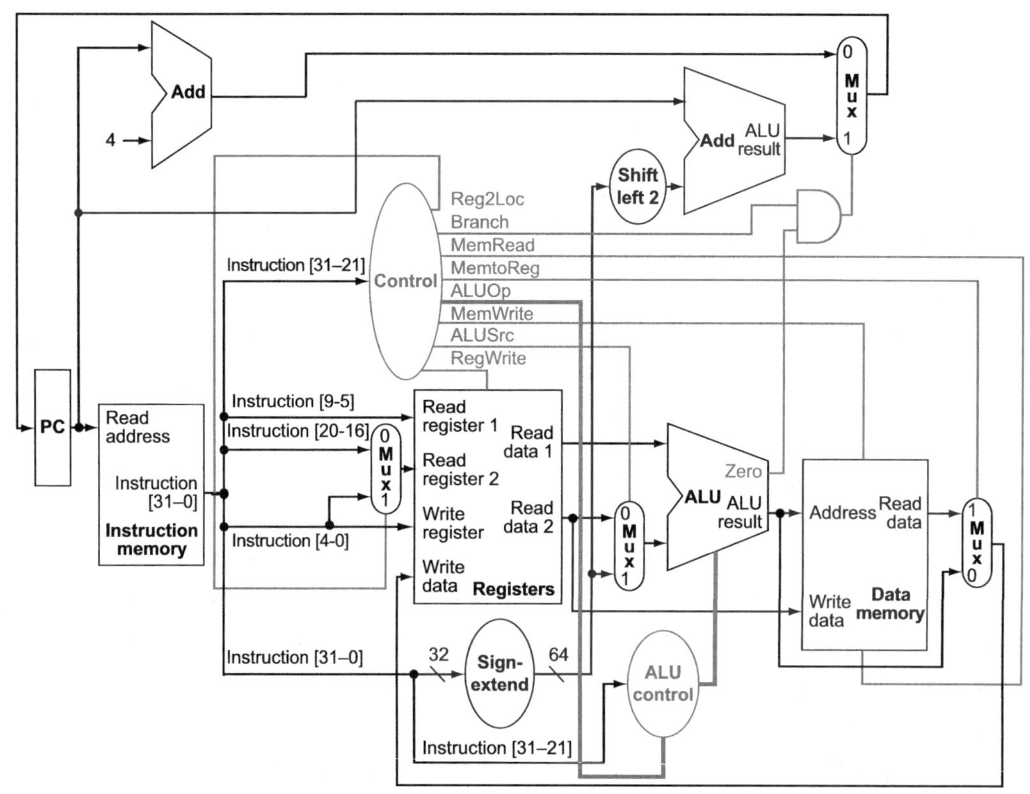

图 4-19　R 型指令（如 ADD　X1,X2,X3）数据通路中的操作。操作中用到的控制信号、数据通路单元和连接均突出显示

278

⊖ 原书为 ALUcontrol = 01，应为笔误。——译者注

我们可以采用类似图 4-19 的方式描述 load 指令（如 LDUR X1,[X2,offset]）的执行。图 4-20 给出了 load 指令有效的功能单元和控制信号。load 指令的执行可以分为 5 步（类似于 R 型指令的四个步骤）：

1. 从指令存储器取指，递增 PC。
2. 从寄存器文件读出寄存器 X2 的值。
3. ALU 将从寄存器文件读出的值与符号扩展后的指令低 9 位值（offset）相加。
4. 将 ALU 的结果作为数据存储器的地址。
5. 将存储单元的数据写入寄存器文件（X1）。

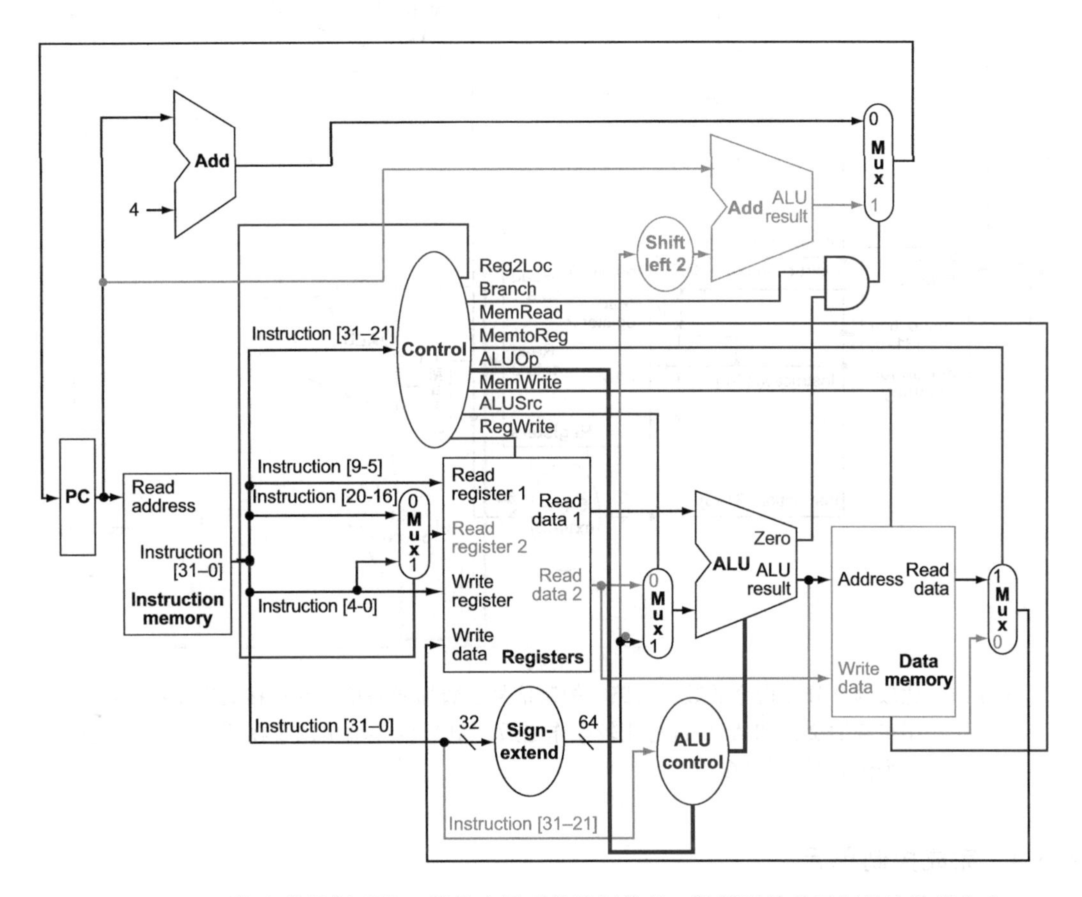

图 4-20 load 指令的数据通路。操作中用到的控制信号、数据通路单元以及连接线突出显示。store 指令的操作与此类似。主要区别是，数据存储器的控制信号表明要进行写操作，而不是读，读出的第二个寄存器的值作为待存储的数据，并且不会产生将数据存储器的值写入寄存器的操作

279

最后，我们以同样方式给出比较为 0 分支指令（如 CBZ X1,offset）的相应操作。该指令操作类似于 R 型指令，但 ALU 的输出用于决定是将 PC+4 还是将分支目标地址写入 PC。图 4-21 给出了执行过程的四个步骤：

1. 从指令存储器中取指，递增 PC。
2. 根据指令中的 4:0 位，从寄存器文件中读出寄存器 X1。
3. ALU 传递从寄存器文件中读出的数据值。PC 值与符号扩展并左移 2 位后的指令低 19

位（offset）相加，结果是分支目标地址。

4. 根据 ALU 的零输出决定将哪个加法器的结果存入 PC 中。

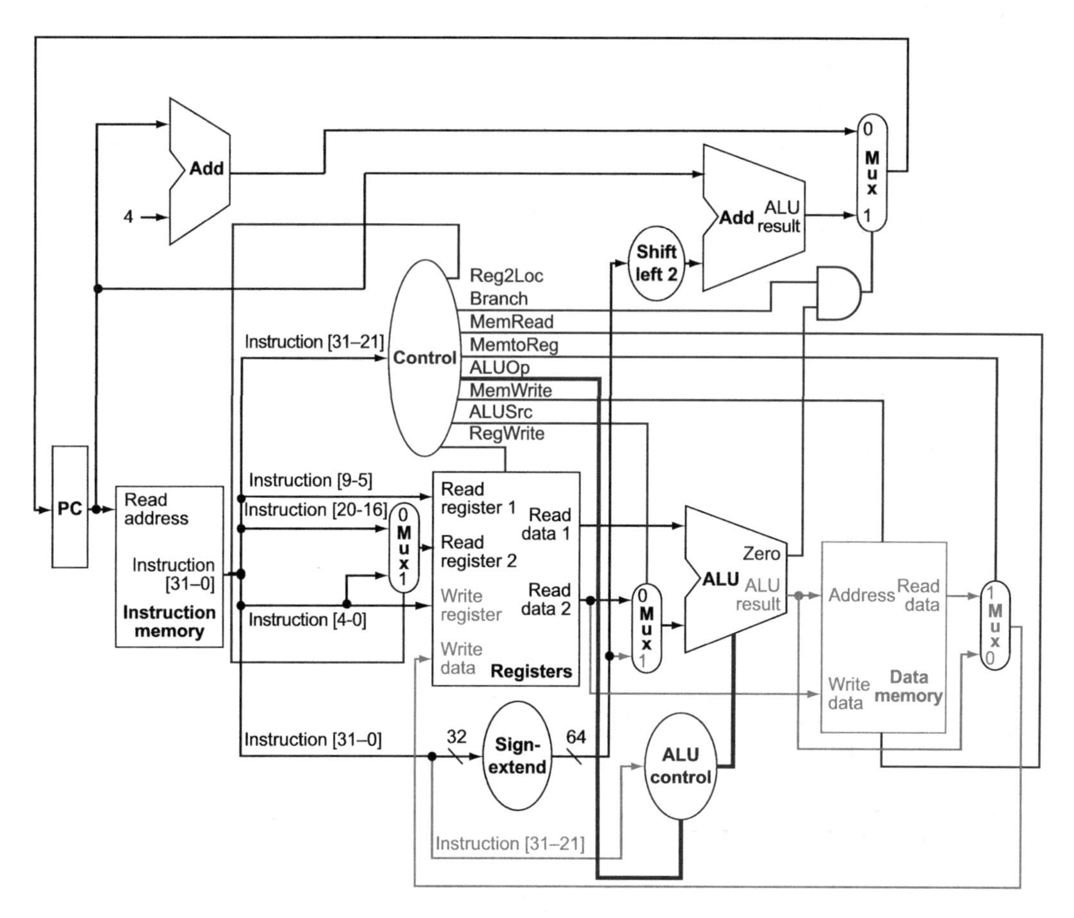

图 4-21　比较为 0 分支指令的数据通路。控制信号、数据通路单元和连接突出显示。在使用寄存器文件和 ALU 进行比较操作之后，ALU 的零输出用于在两个候选中选择一个作为下一个 PC

280

4.4.4　完成控制单元

到目前为止，我们已经了解了指令的各操作步骤，现在继续讨论控制单元的实现。控制单元的功能可以使用图 4-18 精确定义，其输入为操作码字段，输出为控制信号。因此，可以基于操作码的二进制编码为每个输出建立一张真值表。

图 4-22 将以操作码为输入的所有输出组合在一起，将控制单元的逻辑关系定义在一张大的真值表中。该表完整地描述了控制单元的功能，并可以自动地直接以门电路实现。附录 C 的 C.2 节给出了最终的步骤。

目前，我们已经得到了包含 LEGv8 核心指令集中绝大多数指令的**单周期实现**（single-cycle implementation），下面我们加入无条件分支（跳转）指令，看看如何扩展基本数据通路和控制单元，来实现指令集中的其他指令。

单周期实现：也称为单时钟周期实现，即一个时钟周期执行一条指令的实现机制。虽然易于理解，但因太慢而不实用。

输入或输出	信号名称	R型	LDUR	STUR	CBZ
输入	I[31]	1	1	1	1
	I[30]	X	1	1	0
	I[29]	X	1	1	1
	I[28]	0	1	1	1
	I[27]	1	1	1	0
	I[26]	0	0	0	1
	I[25]	1	0	0	0
	I[24]	X	0	0	0
	I[23]	0	0	0	X
	I[22]	0	1	0	X
	I[21]	0	0	0	X
输出	Reg2Loc	0	X	1	1
	ALUSrc	0	1	1	0
	MemtoReg	0	1	X	X
	RegWrite	1	1	0	0
	MemRead	0	1	0	0
	MemWrite	0	0	1	0
	Branch	0	0	0	1
	ALUOp1	1	0	0	0
	ALUOp0	0	0	0	1

图 4-22 简单单周期实现的控制单元的功能真值表。表的上半部分以每种一列的方式，给出了与 4 种指令类型相应的各种输入信号组合。这些输入决定了控制单元的输出。表的下半部分给出了 4 种操作码中每一种相应的输出。因此，RegWrite 将在两种不同的输入组合情况下有效。我们在输入部分使用无关项将 4 种 R 型指令组合在一列中，虽然也可以为 ADD、SUB、AND、ORR 指令每个单列一列。4 种 R 型指令的输出相同

281

| 例题 | 无条件分支（跳转）指令的实现

图 4-17 给出了第 2 章中许多指令的实现，但其中缺少无条件分支指令。扩展图 4-17 中的数据通路和控制单元，以支持无条件分支（跳转）指令，并说明新控制信号如何设置。

| 答案 | 无条件指令类似于分支指令，有较长的偏移量，但是无条件执行的。与分支指令一样，分支地址的最低两位恒为 00_{two}。64 位地址中的次低 26 位来自指令中的 26 位立即数字段，并经过符号扩展。因此，通过使用 PC 以及符号扩展并移位的 26 位偏移量的和更新 PC，就可以实现分支指令。图 4-23 展示了在图 4-17 基础上增加的对分支指令的支持。图中增加了一个或门，与控制信号一起用来选择分支目标指令地址。该控制信号称为 UncondBranch，只有当指令为无条件分支指令时才有效。

282

精解 符号扩展单元也需要进行修改，以包含该指令中的 26 位地址。解决方案是，扩展第 26 位操作码控制的 2:1 多路选择器（前面的精解中讨论过），使其包含该地址，并用第 31 和 26 位操作码控制。值 01 表示为 B 指令选择地址，10 表示为 LDUR 和 STUR 指令选择地址，11 表示为 CBZ 指令选择地址。

4.4.5 为什么不使用单周期实现

虽然单周期设计也可以正确工作，但效率太低，因此现代设计中并未采用。原因之一

是，在单周期设计中，所有指令的时钟周期必须一样长。因此，时钟周期由处理器中最长的路径（执行时间最长的指令）决定。该指令最可能是load指令，依次使用了5个功能单元：指令存储器、寄存器文件、ALU、数据存储器、寄存器文件。虽然CPI为1（见第1章），但因为时钟周期太长，单周期实现方式的总体性能很差。

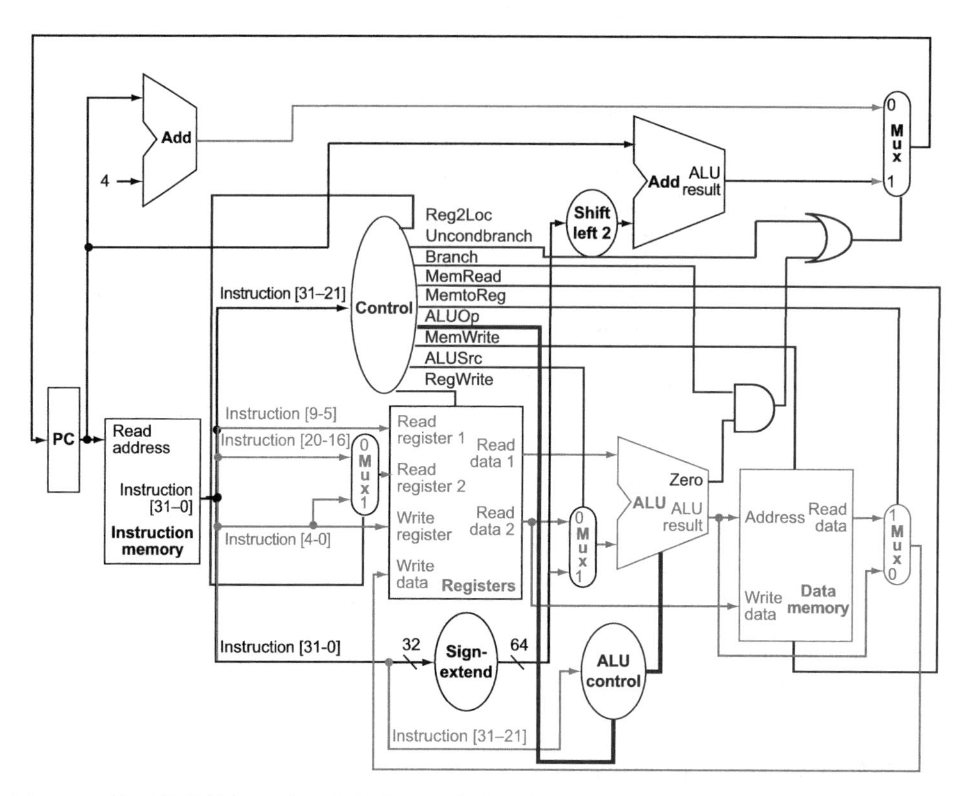

图4-23　扩展简单数据通路和控制单元以支持无条件分支指令。增加的或门（右上角）用于控制多路选择器，在分支目标或顺序指令之间做出选择。或门的一个输入是Uncondbranch控制信号。尽管没有显示，但符号扩展逻辑将识别无条件分支指令的操作码，将分支指令的低26位符号扩展为64位，并与PC相加

使用时钟周期固定的单周期设计代价虽然很大，但对于小指令集来说可能能够接受。早期具有简单指令集的计算机就曾经采用过这种实现方式。然而，若要实现浮点单元或包含更复杂指令的指令集，这样的单周期设计就不能胜任了。

因为时钟周期必须满足所有指令中最坏的情况，故无法使用那些缩短常用指令执行时间的技术，因为这些技术无法改进最坏情况的周期时间。因此，单周期实现方式违背了第1章中加速大概率事件这一设计原则。

下一节将讨论另一种实现技术——流水线，其使用与单周期类似的数据通路，但因吞吐率更高而更高效。流水线通过同时执行多条指令来提高效率。

小测验　观察图4-22中的控制信号，能否将其中一些组合在一起？是否有控制信号可以被其他控制信号的逆信号（取反）替代（提示：将无关项考虑进去）？如果有，能否不加反相器就用一个控制信号替代另一个呢？

4.5 流水线概述

> 永远不要浪费时间。
> *美国谚语*

流水线（pipelining）是一种实现多条指令重叠执行的技术。目前，流水线技术应用广泛。

流水线：一种实现技术，能使多条指令重叠执行，与装配流水线类似。

本节通过一个比喻对流水线的概念及相关问题进行了概述。如果你只是想了解流水线技术的整体情况，那么可以集中阅读本节，然后直接跳到 4.10 节和 4.11 节了解在当前处理器（Intel Core i7 和 ARM Cortex-A53）中所使用的高级流水线技术。如果你想深入解剖流水线式计算机，本节给 4.6~4.9 节做了一个很好的导引。

283

任何一个经常洗衣服的人都会不自觉地使用流水线技术。非流水线方式的洗衣过程包括以下几个步骤：

1. 把一批脏衣服放入洗衣机里清洗。
2. 洗衣机洗完后，把湿衣服放入烘干机中。
3. 烘干机任务完成后，将干衣服放到桌子上并折叠起来。
4. 衣服叠好后，请室友将衣服拿走。

当你的室友把衣服拿走后，再开始洗下一批脏衣服。

如图 4-24 所示，流水线方法可以节省大量的时间。当第一批脏衣服在洗衣机中完成洗涤并被放入烘干机之后，第二批脏衣服就可以放入洗衣机里进行清洗了。当第一批衣服烘干后，你就可以将它们放到桌子上开始折叠，同时把洗净的下一批湿衣服放入烘干机中，并将下一批脏衣服放入洗衣机里清洗。然后，请你的室友把第一批衣服拿走，你开始叠第二批衣服，这时烘干机中的是第三批衣服，同时你可以把第四批脏衣服放入洗衣机。在这一点上，所有的步骤——称为流水线的级（stage）——同时操作。只要每一个步骤中都有独立的资源（工作单元）时，任务就可以流水化执行。

284

流水线方式下，单独一批衣服从放进洗衣机到烘干、折叠、打包取走的总时间并没有缩短。在多任务时流水线之所以更快的原因是，所有的工作都在并行执行，每小时内能够完成更多的工作量。流水线提高了洗衣系统的*吞吐率*。因此，洗单批衣服的洗衣时间虽然没有缩短，但如果有很多衣服要洗，吞吐率的改进可以减少完成所有工作的时间。

如果所有步骤所需的时间相同，并且有足够多工作需要做，那么流水线带来的加速和流水线中的步骤数一致，在洗衣例子中是 4 倍：洗涤、烘干、折叠和取走。流水化的洗衣比非流水方式快了 4 倍：前者处理 20 批衣服所需的时间是处理一批衣服所需时间的 5 倍，而后者洗完 20 批衣服所需的时间是顺序洗完一批衣服的 20 倍。在图 4-24 中，处理速度仅提高了 2.3 倍，因为图中只显示了 4 批衣服的处理过程。注意图 4-24 中流水线中工作负载的开始和结束阶段，此时流水线未完全充满。当任务数量达不到流水线级数时，启动和结束将影响流水线的性能。在本例中，如果任务数量远大于 4，那么绝大多数时候流水线都将是充满的，此时吞吐率的提升将非常接近于 4 倍。

同样的原理也可以应用到处理器中，我们将指令的执行流水化。LEGv8 指令通常包含如下五个处理步骤：

1. 从指令存储器中取指。
2. 读寄存器并对指令译码。
3. 执行操作或计算地址。

4. 从数据存储器中读取操作数（如有需要）。

5. 将结果写回寄存器（如有需要）。

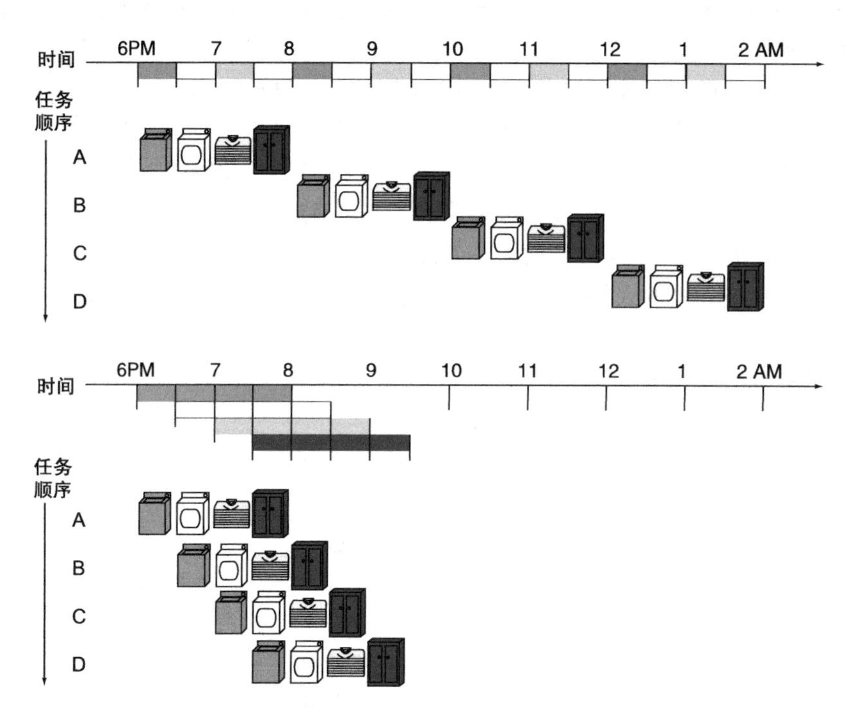

图 4-24　以洗衣店为例类比流水线。Ann、Brain、Cathy 和 Don 每个人都有一些脏衣服要清洗、烘干、折叠及取走。洗衣机、烘干机、“折叠机”和“收纳机”每个都需要 30 分钟来完成各自的任务。顺序的洗涤方法将花费 8 小时的时间洗完 4 批衣服，而流水线的洗涤方法只需要 3.5 小时。该图通过在二维时间上将资源复制 4 次，以展示不同批次任务的各个流水段，实际上每种资源只有一个

因此，本章讨论的 LEGv8 流水线具有五级。正如流水线能加速洗衣店的工作一样，下面的例子将说明流水线如何加快指令的执行。

例题｜单周期性能与流水线性能

为了使问题具体化，我们首先构造一个流水线结构。本例以及本章的其余部分将只考虑 7 条指令：取数（LDUR）、存数（STUR）、加（ADD）、减（SUB）、与（AND）、或（ORR）、比较为 0 分支（CBZ）。

本例将单周期实现（所有的指令都在一个时钟周期内完成执行）中指令执行的平均时间，与流水实现下指令执行的平均时间进行对比。假设本例中主要功能单元的操作时间为：访问指令或数据存储器 200ps，ALU 操作 200ps，读写寄存器文件 100ps。单周期模型中，每条指令执行都只需一个时钟周期，因此需要延展时钟周期以满足最慢的指令。

285

答案｜图 4-25 给出了 7 条指令中每一条指令执行所需的时间。单周期设计必须支持最慢的指令，图 4-25 中是 LDUR，因此，每条指令所需的执行时间是 800ps。与图 4-24 类似，图 4-26 比较了三条取数指令在非流水线与流水线方式下的执行过程。在非流水线设计中，第一条与第四条指令之间的时间差是 $3 \times 800\text{ps}=2400\text{ps}$。

指令类型	取指令	读寄存器	ALU操作	数据存取	写寄存器	总时间
取数 (LDUR)	200 ps	100 ps	200 ps	200 ps	100 ps	800 ps
存数 (STUR)	200 ps	100 ps	200 ps	200 ps		700 ps
R型指令 (ADD, SUB, AND, ORR)	200 ps	100 ps	200 ps		100 ps	600 ps
分支 (CBZ)	200 ps	100 ps	200 ps			500 ps

图 4-25　根据各功能单元所需时间计算出来的每条指令的总执行时间。假设多路选择器、控制单元、PC 访问以及符号扩展单元都没有延迟

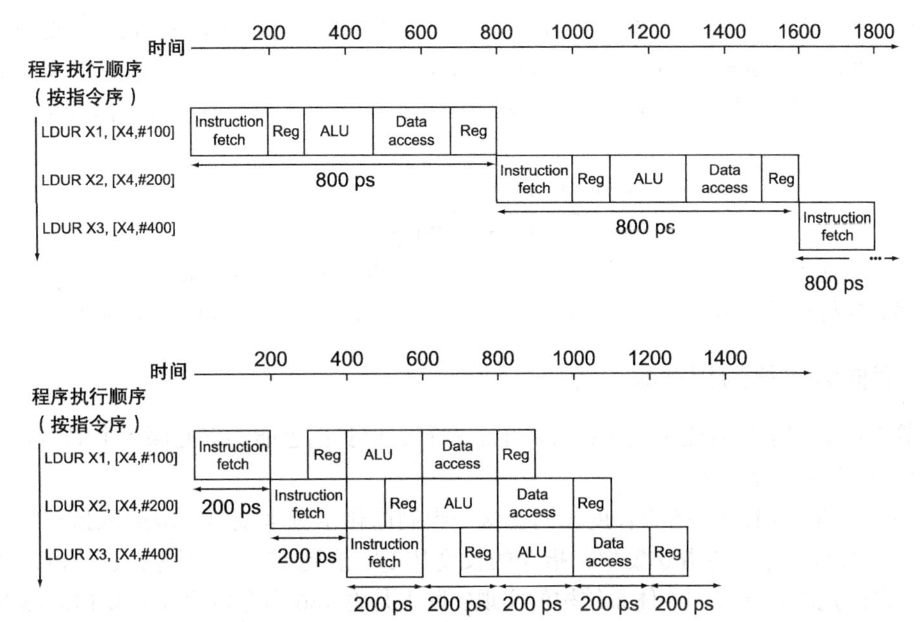

图 4-26　单周期、非流水线执行（上）与流水线执行（下）。两者采用相同的硬件单元，各单元处理时间如图 4-25 所示。在这种情况下，指令执行达 4 倍的加速比，从 800ps 降到 200ps。将本图与图 4-24 比较。在洗衣的例子中，我们假设所有步骤需要相同的时间。如果烘干机运行得最慢，那么就把烘干时间设定为各步骤需要的处理时间。计算机流水线各级所需的时间也受限于最慢的步骤，可能是 ALU 操作或存储器访问。同时我们假设对寄存器文件的写操作发生在时钟周期的前半段，而读操作发生在后半段，该假设贯穿本章

流水线中每一级都需要一个时钟周期，因此，时钟周期必须能够满足最慢的操作的执行。就像单周期设计中最坏情况下时钟周期为 800ps 一样（虽然有些指令只需 500ps），流水线设计中时钟周期也必须满足最坏情况 200ps，尽管有些步骤只需要 100ps。流水线能够提供 4 倍的性能提升：第一与第四条指令之间的时间差缩短为 $3 \times 200\text{ps}=600\text{ps}$。

上面讨论的流水线性能加速可以归纳为一个公式。如果流水线各级的操作平衡，那么流水线处理器上的指令执行时间为（在理想情况下）：

$$\text{指令执行时间}_{\text{流水线}} = \frac{\text{指令执行时间}_{\text{非流水线}}}{\text{流水线级数}}$$

即在理想情况且有大量指令的情况下，流水线所带来的性能加速比与流水线的级数近似相等。例如一个五级流水线能获得的加速比接近于 5。

上述公式说明，一个五级流水线将提供相对非流水线（800ps）5 倍的性能提升，即 160ps 的时钟周期。例子表明，流水线各级间并不是完全平衡的。此外，流水线引入了一些

286

开销，开销的来源稍后解释。因此，流水线处理器中每条指令的执行时间会超过这个最小的可能值，因此流水线能够获得的加速比将小于流水线的级数。

虽然我们在前面的分析中声称能将指令的执行速度提高4倍，但在本例中三条指令的总执行时间上并没有反映出来，实际获得的加速比为2400ps/1400ps。当然，这是因为执行指令的数量不够多。如果增加指令数目会发生什么呢？我们将前面图中的指令增加到1 000 003条，即在上面的流水线例子中加入1 000 000条指令，每条指令都将导致整体执行时间增加200ps。故整体执行时间变为1 000 000×200ps+1400ps，即200 001 400ps。在非流水线的例子中，我们也加入1 000 000条指令，每条指令的执行时间是800ps，因此总的执行时间为1 000 000×800ps+2400ps，即800 002 400ps。在这些条件下，真实程序在非流水线处理器上的执行时间相对于在流水线处理器上的执行时间的比值，将接近于两者指令平均执行时间的比值：

287

$$\frac{800\ 002\ 400\text{ps}}{200\ 001\ 400\text{ps}} \approx \frac{800\text{ps}}{200\text{ps}} \approx 4.00$$

流水线通过增加指令的吞吐率而不是减少单条指令执行的时间来提高性能。由于实际程序通常都会执行成千上万条指令，因此，指令的吞吐率是一个很重要的度量标准。

4.5.1 面向流水线的指令集设计

尽管上面的例子只对流水线进行了简单的解释，但我们也能够据此深入了解面向流水线执行设计的LEGv8指令集。

第一，所有的LEGv8指令长度相同。这一限制简化了流水线第一级的取指与第二级的译码。在诸如x86之类的指令集中，指令的长度从1字节到15字节不等，这给流水线执行带来了更多的挑战。现代x86体系结构的实现实际上是将x86指令转化成类似LEGv8指令的简单操作，然后再将这些简单操作流水化，而不是直接对原始的x86指令流水！（见4.10节）

第二，LEGv8只有很少的几种指令格式，并且指令中源寄存器和目的寄存器字段位于相同的位置。

第三，LEGv8中的存储器操作数仅出现在load和store指令中。这一限制意味着可以利用执行级计算存储器地址，接着在下一级访问存储器。如果可以直接操作内存中的操作数（就像在x86中那样），那么第三级与第四级将会扩展为地址计算、存储访问和执行级。稍后我们将讨论更长的流水线有什么负面作用。

4.5.2 流水线冒险

流水线会出现这样一种情况，即在下一个时钟周期中下一条指令不能执行。这种情况称为冒险（hazard），有三种类型。

结构冒险

第一种冒险称为**结构冒险**（structural hazard），指硬件不支持多条指令在同一时钟周期执行。在洗衣店的例子中，如果用洗衣烘干一体机代替独立的洗衣机与烘干机，或者如果你的室友正忙于其他事情而不能帮助你将衣服打包拿走，这时就会发生结构冒险。如果发生类似情况，那我们精心构筑的流水线就会受到破坏。

结构冒险：因硬件不支持待执行的指令组合而导致计划的指令不能在预定的时钟周期内执行。

288

正如前面所述，LEGv8的指令集是为流水线设计的，这使得设计者在设计流水线时能够非常容易地避免结构冒险。假设只有一个存储器而不是两个存储器[⊖]。如果图 4-26 中的流水线还有第四条指令，那么在同一个时钟周期内，第一条指令正在访问存储器中的数据，而同时第四条指令正从同一个存储器中取出指令。因为没有两个独立的存储器，此时流水线就会发生结构冒险。

数据冒险

当一个步骤必须等待另一个步骤完成才能进行，此时将造成流水线暂停，产生**数据冒险**（data hazard）。假设你在折叠衣服时发现有一只袜子找不到与之配对的另一只，此时你可能会跑到房间里，在衣橱中翻找另一只袜子。很明显，当你在寻找的时候，已经烘干的衣服正在等待折叠，同时已经洗涤完的衣服正在等待烘干。

数据冒险：也称为流水线数据冒险，即指令执行所需的数据尚未准备好而导致指令不能在预定的时钟周期内执行。

在计算机流水线中，数据冒险是由于一条指令依赖于之前还在流水线中的另一条指令而造成的（这种情况在洗衣的例子中并不存在）。例如，假设有一条加法指令，后面紧跟一条减法指令，并且减法指令要使用加法指令的和（X19）：

```
ADD  X19, X0, X1
SUB  X2, X19, X3
```

没有任何干预的情况下，数据冒险将严重阻碍流水线。加法指令直到第五步才能写回结果，这意味着流水线中将浪费三个时钟周期。

虽然我们可以尝试通过编译器来避免这些冒险的发生，但结果仍很难令人满意。这些依赖关系经常发生，过长的延迟使得我们不能指望编译器把我们从这种困境中拯救出来。

一种基本的解决方法是基于以下发现：在解决数据冒险问题之前不需要等待指令完全执行完毕。对于上述代码序列，一旦 ALU 生成了加法运算的结果，就可以将该结果用作减法运算的一个输入。增加硬件以便从内部资源中提前获得缺失的项目称为**前推**（forwarding）或者**旁路**（bypassing）。

前推：也称为旁路。一种解决数据冒险的方法，从内部缓冲中提前获取缺失的数据，而非等到从程序员可见的寄存器或存储器中取出数据。

例题 两条指令的旁路

对于上述的两条指令，说明哪些流水级应当通过旁路连接起来。图 4-27 描述了流水线数据通路的五级。与图 4-24 中的洗衣店流水线类似，为每条指令列出一套数据通路。

289

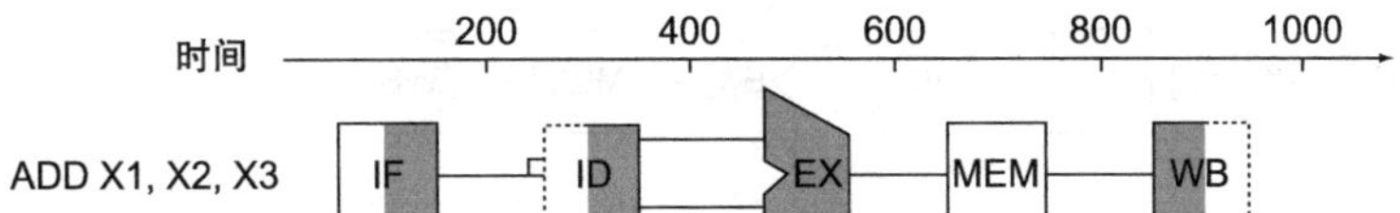

图 4-27 指令流水线的图形表示，与图 4-24 中的洗衣店流水线类似。本图使用符号来代表本章流水线各级使用的物理资源。五级流水线的符号为：IF 表示取指级，其外方框表示指令存储器；ID 表示指令译码 / 寄存器文件读取级，虚线方框表示读取寄存器文件；EX 表示指令的执行级，其符号表示 ALU；MEM 表示存储器访问级，方框代表数据存储器；WB 表示写回级，其虚线方框代表写寄存器文件。阴影表示该资源被指令所使用。因为 ADD 指令不需要访问数据存储器，所以 MEM 背景为白色。寄存器文件或存储器右半边的阴影表示其内容在此步骤中被读取，左半边的阴影表示它们在此步骤中被写入。因此，由于第二步需要读取寄存器文件，ID 的右半边有阴影，而由于第五步中需要写入寄存器文件，WB 的左半边有阴影

⊖ 指令存储器和数据存储器合为一个。——译者注

答案 图 4-28 展示了旁路，将 ADD 指令执行级之后 X1 中的值与 SUB 指令执行级的输入互连。

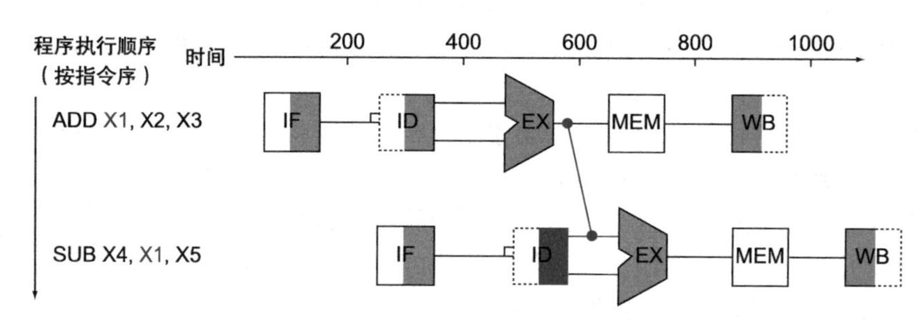

图 4-28　旁路的图形表示。图中的连接表示 ADD 指令 EX 级的输出与 SUB 指令 EX 级的输入之间的旁路，替换掉 SUB 指令第二级从寄存器 X1 读出的值

在图 4-28 中，只有当目的级在时间上晚于源级时旁路才有效。例如，从第一条指令存储器访问级的输出到下一条指令执行级的输入之间就不能实现旁路，因为那样的话将意味着时间的倒退。

旁路可以有效工作，4.7 节将对此进行详细描述。但是，旁路仍然不能够避免所有的流水线阻塞。例如，假设第一条指令不是 ADD，而是装载 X1 寄存器。根据图 4-28 可以想象，所需要的数据只有在有依赖关系的第一条指令的第四级之后才有效，这对于 SUB 指令第三级的输入来说太迟了。因此，如图 4-29 所示，即使采用了旁路机制，在遇到**取数 – 使用型数据冒险**（load-use data hazard）[⊖]时，流水线必须阻塞一个步骤。图中显示了一个重要的流水线概念，正式的叫法是**流水线阻塞**（pipeline stall），或经常被昵称为**气泡**（bubble）。我们经常会在流水线中看到阻塞的发生。4.7 节展示如何处理这种复杂情况，即采用硬件检测和阻塞，或者采用软件重新对代码排序以避免取数 – 使用型流水线阻塞。下面的例子将对此进行说明。

290

取数 - 使用型数据冒险：一类特殊的数据冒险，指当 load 指令要取的数尚未可用时，另一条指令就需要使用的情况。

流水线阻塞：也称为气泡。为了解决冒险而实施的一种阻塞。

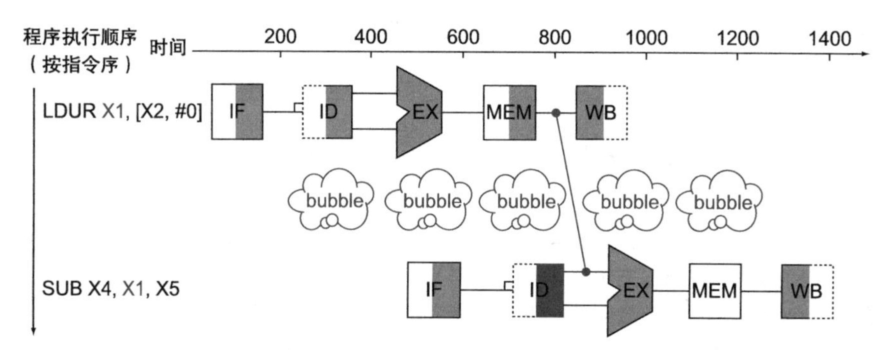

图 4-29　当一条 R 型指令之后紧跟一条需要使用其结果的 load 指令时，即使使用了旁路，仍然会产生一次流水线阻塞。若没有该阻塞，从存储器访问级的输出到执行级的输入之间的路径在时间上是倒退的，这显然是不可能的。事实上，该图仅是一个简化的示意图，因为直到减法指令被取出并译码之后，我们才能知道是否需要阻塞。4.7 节详细介绍了冒险时究竟会发生什么

⊖ 读后写冒险。——译者注

例题 | 重排序代码以避免流水线阻塞

考虑下面这段C代码：

```
a = b + e;
c = b + f;
```

下面是这段C代码对应的LEGv8代码，假设所有的变量都在存储器中，且以X0为基址进行寻址：

```
LDUR   X1, [X0,#0]  // Load b
LDUR   X2, [X0,#8]  // Load e
ADD    X3, X1,X2    // b + e
STUR   X3, [X0,#24] // Store a
LDUR   X4, [X0,#16] // Load f
ADD    X5, X1,X4    // b + f
STUR   X5, [X0,#32] // Store c
```

291

试找出上述代码段中存在的冒险，并对指令重新排序以避免流水线阻塞。

答案 | 两条ADD指令都存在冒险，因为它们都依赖于上一条LDUR指令。注意，通过旁路可以消除其他一些潜在的冒险，包括第一条ADD指令对第一条LDUR指令的依赖，以及仍与store指令相关的冒险。将第3条LDUR指令上移到第3条指令的位置可以消除两个冒险：

```
LDUR   X1, [X0,#0]
LDUR   X2, [X0,#8]
LDUR   X4, [X0,#16]
ADD    X3, X1,X2
STUR   X3, [X0,#24]
ADD    X5, X1,X4
STUR   X5, [X0,#32]
```

在一个具有旁路功能的流水线处理器中，重排序后的指令序列执行时间要比原序列快2个时钟周期。

除了4.5.1节提到的三种特点之外，旁路揭示了LEGv8结构的另一个特点。即每条LEGv8指令最多只写一个结果并在流水线的最后一级写入。如果每条指令有多个结果要写，或者要在指令执行的早期写结果，都将使旁路设计变得很困难。

精解 "前推"这个名称来源于将结果从前面的指令直接传递给后面的指令的思想。"旁路"这个名称来源于将寄存器文件中的结果直接传递到需要的单元中。

控制冒险

第三种冒险称为**控制冒险**（control hazard），当决策依赖于一条指令的结果，而其他指令正在执行时发生。

控制冒险：也称为分支冒险。由于取出的指令并不是所需要的（或者说指令地址流并不是流水线所预期的）而导致指令不能在预定的时钟周期内执行。

假设洗衣店的店员接到了一个令人高兴的任务——为一支足球队清洗队服。由于衣服非常脏，我们需要确定洗涤剂的用量以及设置足以将衣服清洗干净的水温，但同时要保证不致磨损衣物。在洗衣店流水线中，我们必须等到第二阶段检查烘干的衣服时才能确定是否需要改变洗衣机的设置。在这种情况下应如何处理呢？

首先有两种办法可以解决洗衣店的控制冒险，计算机中也可以使用等价的方法。

阻塞（stall）：在第一批衣服被烘干之前按串行的方式操作，并且重复这一过程直到找到正确的洗衣设置为止。

这种保守的方法当然可以保证正常工作，但速度较慢。

292

计算机中的决策就是条件分支指令。注意，在分支指令取出后的下一周期，必须取出该分支指令的下一条指令。然而，流水线并不知道下一条真正要执行的指令是什么，因为它才刚刚从指令存储器中获得分支指令！与洗衣店的例子一样，一种可能的解决方法是取出分支指令后立即阻塞流水线，直到流水线确定分支指令的结果并确定下一条真正要执行的指令的地址。

假设可以加入足够多的硬件使得在流水线的第二级能够测试寄存器、计算分支地址并更新 PC（详情见 4.8 节）。增加这些额外的硬件，包含条件分支的流水线如图 4-30 所示。如果分支失败，待执行的指令将在启动之前被阻塞 200ps 的额外时钟周期。

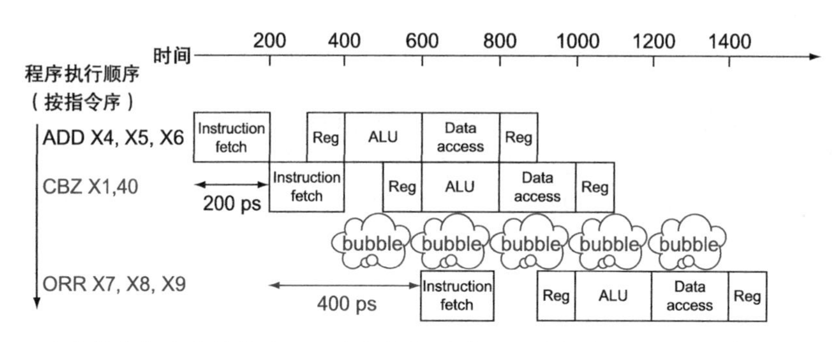

图 4-30 流水线在每个条件分支上阻塞是控制冒险的一种解决方法。这个例子假设分支发生，并且分支目标地址处是一条 ORR 指令。分支指令之后会插入一个周期的流水线阻塞，或称气泡。事实上，阻塞的产生过程更为复杂，4.8 节将予以说明。这种方法对性能的影响与插入气泡是一样的

例题 “分支阻塞”的性能

评估分支阻塞对 CPI 的影响。假设其他所有指令的 CPI 都为 1。

答案 图 3-28 指出在 SPEC int 2006 中，分支指令约占指令执行总数的 17%。由于其他指令的 CPI 都为 1，而分支指令因阻塞要多一个时钟周期，因此平均 CPI 为 1.17。与理想的情况相比，速度下降 1.17 倍。

293

如果不能在流水线的第二级解决分支问题（这种情况在较长的流水线中经常发生），那么条件分支导致的阻塞将导致更大的速度下降。对很多计算机来说，这种方法代价太大因而不被采用，因此也促使了另外一种消除控制冒险的方法的产生，该方法使用了第 1 章中所提到的伟大思想：

预测（predict）：如果你确定已知道洗涤那些队服的正确流程，那么预测这个流程将正确工作，并在等待第一批衣服烘干的同时开始洗涤第二批衣服。

预测正确时，这种做法不会降低流水线的速度。但如果预测错误，那么预测时已经洗的衣服就要重新洗涤。

计算机的确采用预测的方法来处理分支。一种简单的方法就是总是预测分支不发生。当预测正确时，流水线会全速执行。只有当条件分支发生时，流水线才会阻塞。图 4-31 给出了一个例子。

294

一种更成熟的**分支预测**（branch prediction）方法是预测一些分支发生而预测另一些分支不发生。如在洗衣店的例子中，深色和主场的队服使用一种洗衣设置，而浅色或客场的队服则使用另一种设

分支预测：一种解决分支冒险的方法，假设条件分支的结果并沿假设方向执行，而不是等真正的分支结果确定后才开始执行。

置。在计算机编程中，循环体底部的分支总是会跳回到循环体的顶部。因为这种分支总是发生并向后（向分支之前的指令）跳转，因此我们可以预测这些条件分支总是会发生并跳转到前面的某一地址处。

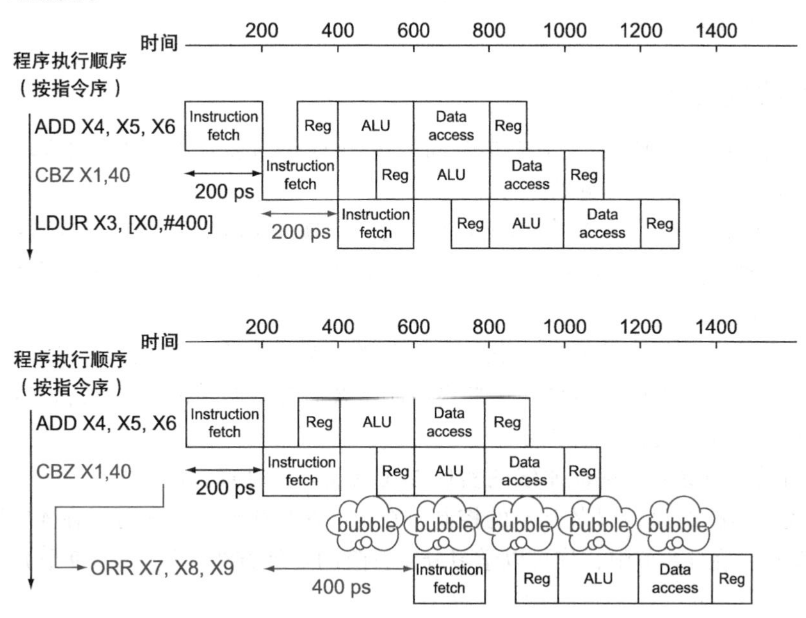

图 4-31　预测分支不发生作为一种控制冒险的解决方法。上面的图显示了分支不发生时的流水线，下面的图是分支发生时的流水线。类似于图 4-30，这种插入气泡的方式是对实际情况的一种简化，至少对紧跟分支指令的下一个时钟周期而言是这样。4.8 节将给出其中的细节

这些刻板的分支预测方法依赖于固定的行为，没有考虑特定分支指令本身的特点。动态硬件预测器则与此形成了鲜明的对比，它根据每条条件分支的行为进行猜测，并且在程序的整个生命周期内可能改变分支预测的结果。仍然使用洗衣店类比，使用动态预测方法，店员将会观察衣服脏的程度并猜测一种洗衣设置，根据最近猜测的成功情况调整下一次预测。

条件分支动态预测方法的一种比较普遍的方式是保存每次条件分支的历史记录，然后利用近期的行为来预测将来。稍后我们将看到，历史记录的数量和类型足够多时，这种动态分支预测的方式能够达到 90% 的正确率（见 4.8 节）。当预测错误时，流水线控制必须确保预测错误的分支后面的指令执行不会产生实际效果，并且必须从正确的分支地址处重新启动流水线。在洗衣店的例子中，我们必须停止接受新的任务，从而可以重新执行预测错误的任务。

如同其他解决控制冒险的方法一样，较长的流水线会使问题加剧，增加预测错误的代价。4.8 节中将为控制冒险的解决办法给出更加详细的描述。

精解　解决控制冒险还有第三种方法，称为延迟决定（delayed decision）。在洗衣店的例子中，每当要决定如何洗衣服时，就将一批非足球队的衣服放进洗衣机里，同时等待球服被烘干。只要有足够多不需要决策的脏衣服，这种方法就很有效。

在计算机中这种方法被称为延迟分支（delayed branch，或称分支延迟），也是 MIPS 体系结构中实际使用的方法。延迟的分支总是顺序执行下一条指令，在这条指令延迟之后分支才发生。由于汇编器会自动排列指令，以获得程序员需要的分支行为，因此这对于 MIPS 的汇编程序员是透明的。MIPS 软件会在延迟分支指令之后放置一条不受该分支影响的指

令。发生的分支仅改变这条安全指令之后的指令地址。在我们的例子中，图4-30中分支前的ADD指令不影响分支，因此可以移到分支之后以完全隐藏分支延迟。因为当分支延迟较短时，延迟分支有效，所以没有处理器使用超过一个时钟周期的延迟分支。对更长的分支延迟，一般都会使用基于硬件的分支预测。

295

4.5.3 流水线概述小结

流水线技术利用了顺序指令流中指令间的并行性。与多处理器编程不同（见第6章），其优势在于它对程序员是不可见的。

在本章下面几节中，我们将使用4.4节单周期实现的LEGv8指令子集覆盖流水线的概念，并且给出一种简化的流水线版本。然后讨论流水线可能引入的一些问题以及在一些典型情况下所能获得的性能。

如果你想集中关注更多流水线对软件和性能的影响，那么你已经具有足够的背景知识，可以直接跳到4.10节。4.10节介绍了一些高级流水线概念，如超标量、动态调度等。4.11节介绍了一些最新的微处理器的流水线。

反之，如果你想深入了解流水线的实现方式以及如何处理冒险现象，可以接着阅读4.6节中流水线数据通路的设计以及基本的控制。在4.6节的基础上，你可以在4.7节中学习旁路和阻塞的实现。在4.8节中，你可以学习分支冒险的处理方法。最后，4.9节介绍了如何处理异常。

理解程序性能 除了存储系统以外，流水线的有效操作是决定处理器CPI及其性能最重要的因素。正如我们将在4.10节看到的那样，现代多发射流水线处理器的性能非常复杂，相对简单流水线处理器而言需要理解更多的问题。不管怎样，结构冒险、数据冒险和控制冒险在简单流水线处理器和更复杂的流水线处理器中都是非常重要的。

对现代流水线而言，结构冒险经常出现在浮点单元附近，因为浮点单元通常不能完全流水化。而控制冒险更多地出现在整数程序中，因为整数程序中条件分支和预测的分支出现的频率更高。数据冒险在整数和浮点程序中都可能成为性能瓶颈。通常，浮点程序中的数据冒险更容易处理，因为条件分支出现的频率更低，并且更多规则的存储器访问使得编译器能够尝试调度指令以避免冒险。而整数程序中涉及大量的指针，规则的存储器访问更少，因此编译器优化就要困难一些。在4.10节中我们将看到，有很多编译器和硬件技术通过调度（schedule）来减少数据间的依赖。

296

重点 流水线增加了同时执行的指令数目以及指令开始和结束的速率。流水线并不能减少完成单条指令的时间（也称为延迟（latency））。例如，一个五级流水线仍然需要5个时钟周期来完成一条指令。若用第1章的术语来描述，流水线提高了指令的吞吐率（throughput）而不是减少了单条指令的执行时间（execution）或延迟（latency）。

延迟：流水线的级数或者执行过程中两条指令间的级数。

对流水线的设计者而言，指令集既可能使设计简单化，也可能更复杂。流水线设计者必须解决结构冒险、控制冒险和数据冒险。分支预测、旁路机制能够在保证得到正确结果的前提下提高计算机的运行速度。

小测验 对下面每个指令序列，说明是否有阻塞，是否仅通过旁路就可以避免阻塞，没有旁路或阻塞是否能够执行。

指令序列1	指令序列2	指令序列3
LDUR X0, [X0,#0]	ADD X1, X0, X0	ADDI X1, X0, #1
ADD X1, X0, X0	ADDI X2, X0, #5	ADDI X2, X0, #2
	ADDI X4, X1, #5	ADDI X3, X0, #3
		ADDI X4, X0, #4
		ADDI X5, X0, #5

4.6 流水线数据通路及其控制

> 看起来很多，其实不然。
> *Tallulah Bankhead, remark to Alexander Woollcott, 1922*

图 4-32 以流水级的形式给出了 4.4 节中单时钟周期的数据通路。将指令划分为五个阶段意味着采用五级流水线，也就意味着在任何一个时钟周期内，最多有五条指令在执行。因此，我们必须把数据通路分为五个部分，每一部分用与之对应的指令执行阶段来命名。

1. IF：取指令。
2. ID：指令译码及读寄存器文件。
3. EX：执行或计算地址。
4. MEM：访问数据存储器。
5. WB：写回。

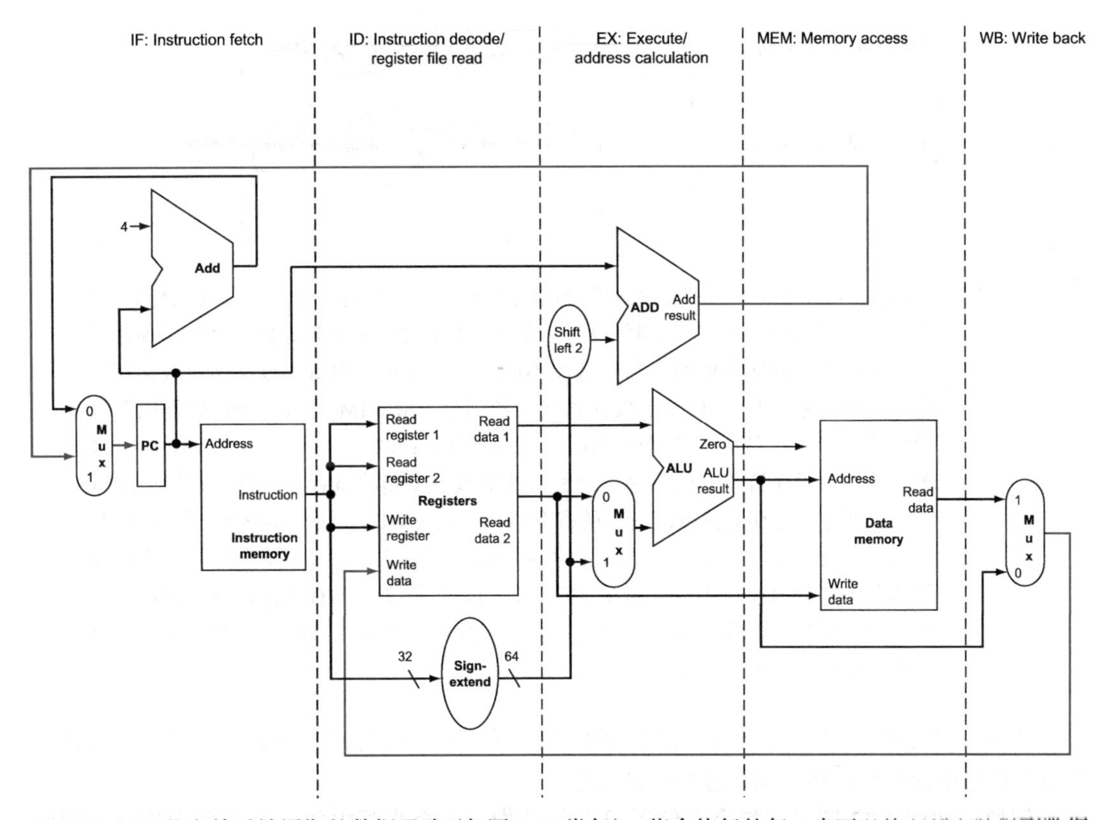

图 4-32 4.4 节中单时钟周期的数据通路（与图 4-17 类似）。指令执行的每一步可以从左到右映射到数据通路中。PC 的更新以及写回级是唯一的例外（图中以灰色表示），它们将 ALU 的结果或存储器的数据发送到左边的寄存器文件中（我们通常使用灰色线表示控制，但在这里表示数据线）

图 4-32 的五个部分大致与数据通路相符：指令与数据随着执行过程从左到右依次通过五级流水线。正如洗衣店的例子一样，衣服沿着一条工作线依次完成清洗、烘干和整理，而不会反向移动。

然而，从左到右的指令流中有两个例外：

- 写回级，将结果写回数据通路中间的寄存器文件中。
- 选择下一个 PC 值时，在递增的 PC 和 MEM 级的分支地址间进行选择。

297 ~ 298

从右向左的数据流不会影响当前指令，这些反向的数据移动只会影响流水线中后面的指令。需要注意的是，第一个从右到左的数据流会导致数据冒险，而第二个会导致控制冒险。

一种展示流水线执行的方法是假定每一条指令都有独立的数据通路，然后把这些数据通路放在同一时间轴上表示出它们之间的关系。图 4-33 在同一时间轴上表示了图 4-26 中指令执行过程中各自的数据通路。图 4-33 展示了使用图 4-32 中的数据通路执行指令的情况。

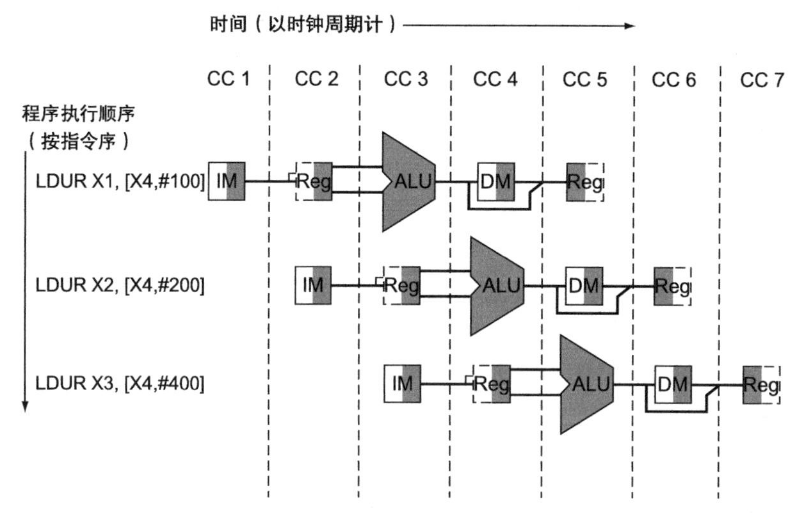

图 4-33 使用图 4-2 中单时钟周期数据通路的指令执行过程（假定以流水线方式执行）。与图 4-27 到图 4-29 类似，本图假设每一条指令都有独立的数据通路，并根据使用情况将相应的部分涂上阴影。与这些图不同的是，流水线的每一级都用该级使用的物理资源标示，与图 4-32 中数据通路的各部分对应。IM 表示指令存储器以及取指级的 PC，Reg 代表指令译码（ID）/ 寄存器文件读取级的寄存器文件和符号扩展单元等。为了保持正确的时序，这种形式的数据通路将寄存器文件从逻辑上划分为两个部分：寄存器读取级所读的寄存器和写回（WB）级所写的寄存器。这种复用在图中表示为：在 ID 级，当寄存器文件没有被写入时，将没有阴影的寄存器文件的左半部分用虚线表示；而在 WB 级，当寄存器文件没有被读取时，将没有阴影的右边部分用虚线表示。与以前一样，假设寄存器文件在时钟周期的前半部分写入，而在后半部分读取

图 4-33 中看似三条指令需要三条数据通路。事实上，我们可以增加寄存器，从而让单个数据通路中的部件在指令执行过程中被共享。

例如，如图 4-33 所示，指令存储器只在每条指令五个步骤中的一个步骤中用到，因此允许指令存储器在其他四步中被后续的指令共享。为了在其他四步中保持指令的值，从指令存储器中读出的值必须保存在寄存器中。类似的，对于流水线中的每一级，我们必须在

图 4-33 中各级间的分割线处加入寄存器。再回到洗衣店的类比中，两个步骤间应该放置一个篮子用来存放下一步的衣服。

299

图 4-34 描述了流水线的数据通路，其中流水线寄存器突出表示。在每个时钟周期，所有指令都会从一个流水线寄存器传递到另一个流水线寄存器中。寄存器以被其分隔的两级来命名，如 IF 和 ID 之间的流水线寄存器称为 IF/ID。

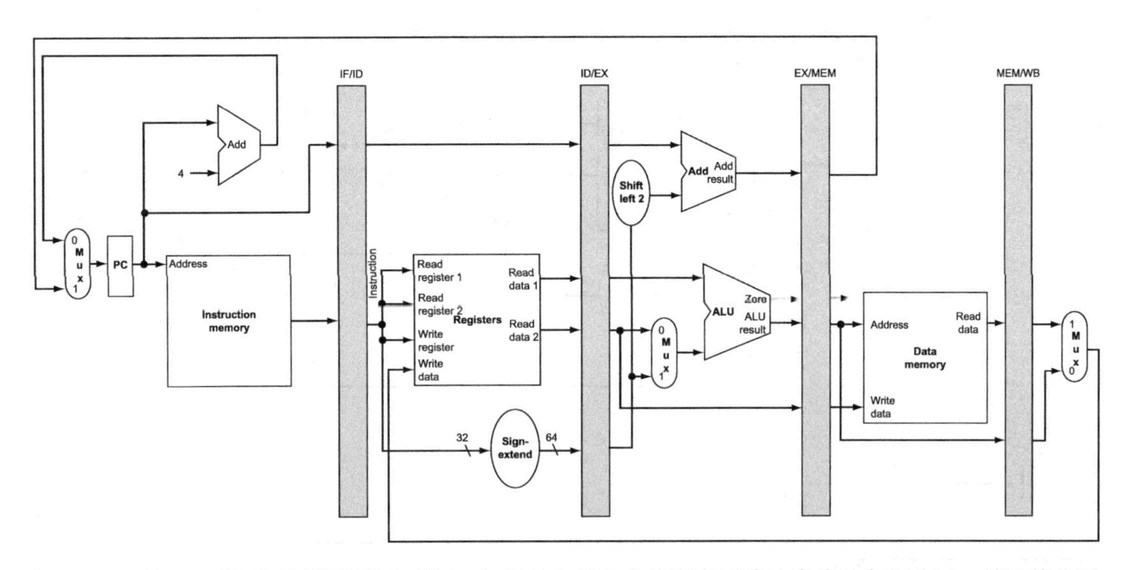

图 4-34　图 4-32 中数据通路的流水线版。灰色标识的流水线寄存器将流水线的各级分开，并以其分隔的级来命名。例如，第一个标记为 IF/ID，因为该寄存器将指令取指和译码级分开。寄存器必须足够宽以存储所有穿过它的数据。例如，因为 IF/ID 寄存器必须为 96 位宽，以保存从存储器中提取出的 32 位[⊖]指令以及递增的 64 位 PC 地址。我们将在本章中逐渐增加这些寄存器的宽度，但目前另外三个流水线寄存器的宽度分别是 256 位、193 位和 128 位

注意，写回级后面没有流水线寄存器。所有指令都会更新处理器中的某些状态，如寄存器文件、存储器或 PC，因此各个流水线寄存器对于更新后的状态来说是多余的。例如，load 指令将结果放入 32 个寄存器中的某一个，后续任何需要此数据的指令只需简单读取相应的寄存器。

当然，每条指令都会更新 PC，不管是通过递增 PC 还是将其设置为分支目标地址。PC 可被视为一个流水线寄存器：给流水线的 IF 段提供数据。与图 4-34 中那些打上阴影的流水线寄存器不同，PC 是可见体系结构状态的一部分，发生异常时其内容必须被保存下来，而流水线寄存器的内容可被丢弃。以洗衣店的例子类比，你可以把 PC 看成洗涤步骤之前装脏衣服的篮子。

为了描述流水线如何工作，本章将使用一系列图片以时间推进的次序来表示这些操作。这些内容需要一定时间去理解。但不要害怕，这些图片实际上比看上去要容易理解，因为你可以对比这些图片，观察每个时钟周期内所发生的变化。4.7 节描述了流水线指令间发生数据冒险的情况，这里暂时忽略。

300

图 4-35 ～图 4-37 是第一个系列，展示了 load 指令在通过流水线的五级时数据通路的活跃部分。先讨论 load 指令是因为该指令刚好使用了流水线的五个阶段。图 4-27 ～图 4-29 中，当寄存器或存储器被读取时，其右半部分被突出显式；被写入时，左半部分被突出显示。

⊖　原书为 64 位，应为笔误。——译者注

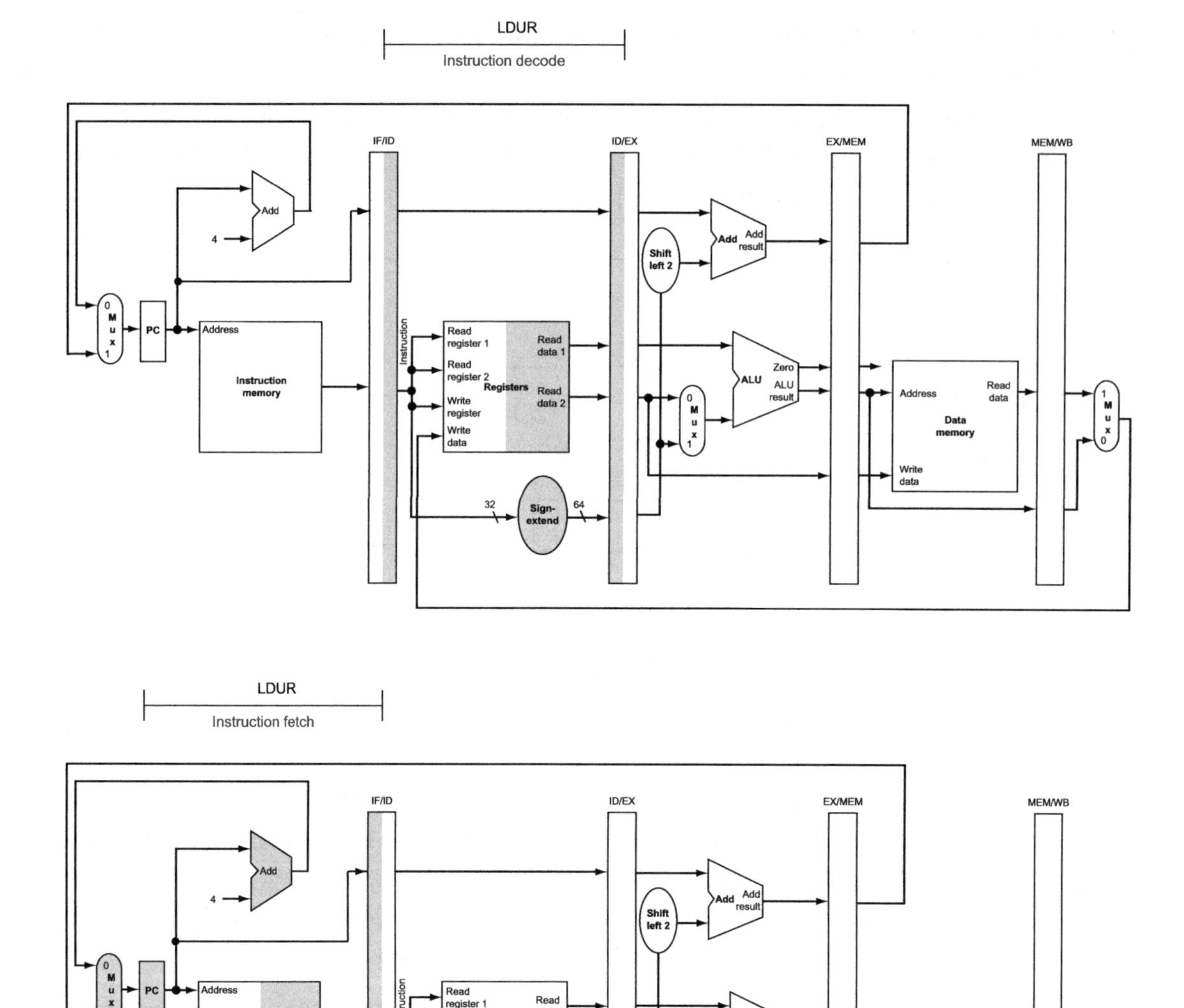

图 4-35 IF 和 ID：一条指令在流水线中的第一级和第二级，图 4-34 中数据通路的活跃部分突出显示。这种突出显示与图 4-27 相同。正如 4.2 节中介绍的那样，读写寄存器并不会发生冲突，因为寄存器内容的变化只在时钟的边缘发生。虽然 load 只需要第二级中顶部的寄存器，但多做一些潜在的工作并没有什么坏处，因此将常数进行符号扩展并将两个寄存器的值都读入 ID/EX 流水线寄存器中。虽然我们并不需要三个操作数，但是保留全部三个操作数可以简化控制

我们以每幅图中活跃的流水线级的名字展示 LDUR 指令的执行。五级如下：

1. 取指令：图 4-35 的顶部表示使用 PC 中的地址从存储器中读取指令，然后放入 IF/ID 流水线寄存器中。PC 地址加 4，然后写回 PC 以便为下个时钟周期做好准备。增加后的地址同时也存在 IF/ID 流水线寄存器中以备后面的指令（如 CBZ）使用。计算机并不知道所取指

令的类型，所以必须考虑到所有可能的指令，并沿流水线传递所有可能有用的信息。

2. 指令译码及读寄存器文件：图 4-35 底部显示了 IF/ID 流水线寄存器的指令部分，包括一个立即数字段（符号扩展为 64 位）和两个寄存器号（用于读取寄存器）。这三个值[⊖]和增加的 PC 地址一起存入 ID/EX 流水线寄存器中。这里同样必须传递下一个时钟周期中任何指令可能需要的所有信息。

3. 执行或计算地址：图 4-36 表示 load 指令从 ID/EX 流水线寄存器中读取一个寄存器并符号扩展立即数，然后使用 ALU 将它们相加，和存入 EX/MEM 流水线寄存器中。

4. 访问数据存储器：图 4-37 的顶部表示 load 指令使用从 EX/MEM 流水线寄存器中得到的寄存器中的地址读取数据存储器，并将数据存入 MEM/WB 流水线寄存器中。

5. 写回：图 4-37 的底部给出了最后一个步骤，从 MEM/WB 流水线寄存器中读取数据并将其写到图中部的寄存器文件中。

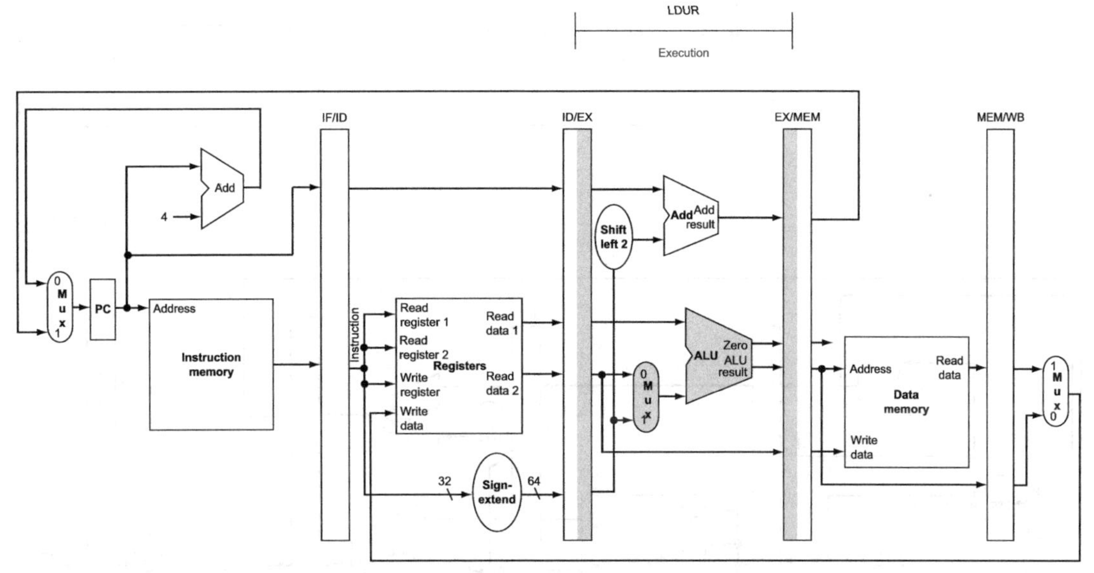

图 4-36 EX：load 指令在流水线中的第三级，该流水级所使用的数据通路部件突出显示。将寄存器的值与符号扩展后的立即数相加，和放入 EX/MEM 流水线寄存器中

load 指令的执行过程表明，任何后面流水线级可能用到的信息必须通过该级的流水线寄存器传递。store 指令的执行类似，也需要将信息传递给后面的级。下面是 store 指令的五个流水级：

301 ~ 302

1. 取指令：根据 PC 中的地址从存储器中读出指令，并放入 IF/ID 流水线寄存器中。这个步骤发生在指令译码之前，因此图 4-35 中顶端部分对 load 指令和 store 指令都适用。

2. 指令译码及读寄存器文件：IF/ID 流水线寄存器中的指令提供了两个待读寄存器的寄存器号以及符号扩展的立即数操作数。读出的两个寄存器值和符号扩展后的 64 位立即数都存放在 ID/EX 流水线寄存器中。图 4-35 中的底部既可以描述 load 指令也可以描述 store 指令第二个流水级中的操作。由于此时尚不知道要执行的指令类型，因此所有指令都要执行这两个步骤。（尽管 store 指令在该级中用 Rt 字段读取第二个寄存器，但是该流水线图中并没有展示这一细节，因此可以使用同一张图表示 load 和 store 指令的这一级。）

⊖ 扩展后的 64 位立即数，根据寄存器号从寄存器文件中读出的寄存器内容。——译者注

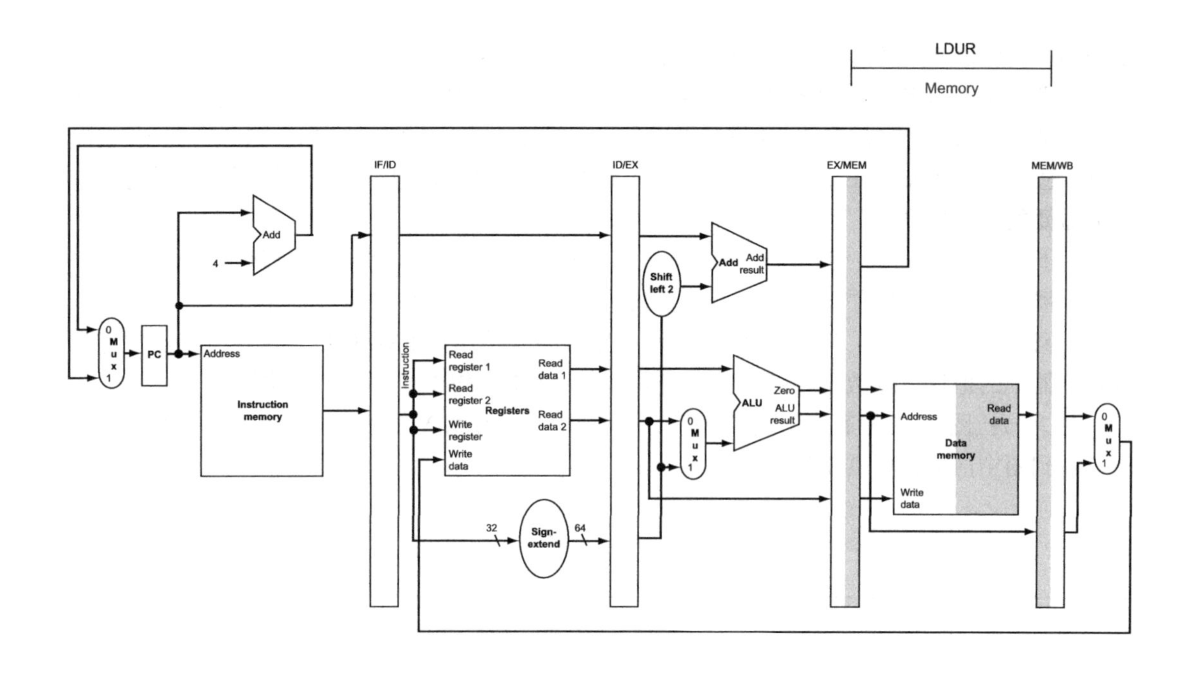

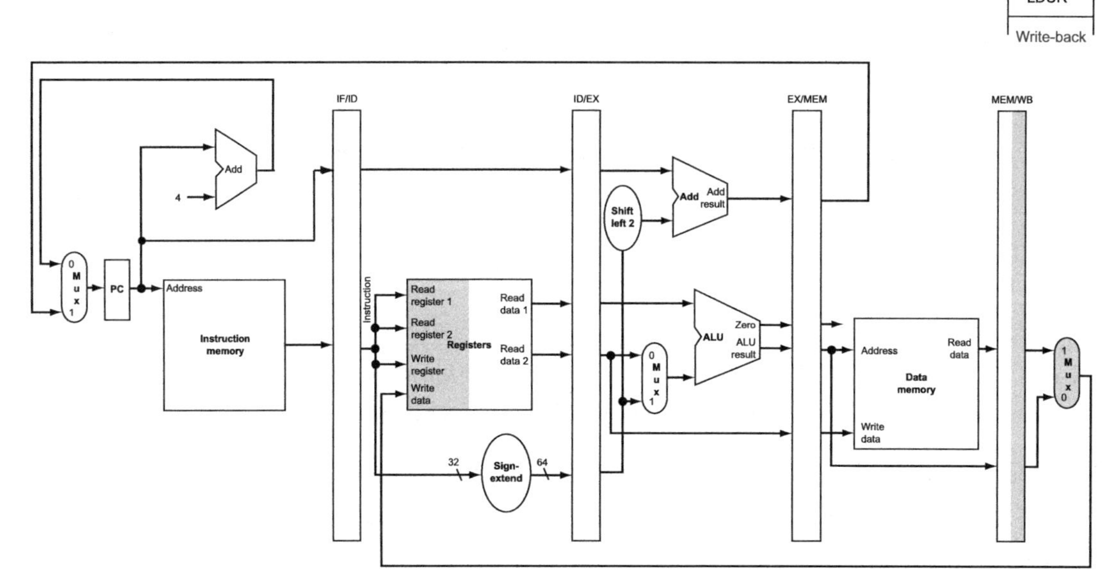

图 4-37 MEM 和 WB：load 指令在流水线中的第四级和第五级，将图 4-34 数据通路中该流水段使用的部分突出显示。利用 EX/MEM 流水线寄存器中包含的地址读取数据存储器，并将读取的数据放入 MEM/WB 流水线寄存器中，然后从 MEM/WB 流水线寄存器中读取数据并写回数据通路中部的寄存器文件。注意：该图中有一个错误，将在图 4-40 中修复

3. 执行或计算地址：图 4-38 描述了第三个步骤，有效地址存放在 EX/MEM 流水线寄存器中。

4. 访问数据存储器：图 4-39 的顶端描述了写入存储器的数据。注意，保存待写数据的寄存器在较早的流水级中已经读出并存放在 ID/EX 中。使数据在 MEM 级有效的唯一方法是，在 EX 级将数据放入 EX/MEM 流水线寄存器中，类似于将有效地址放入 EX/MEM 中。

303 ~ 304

5. 写回：图 4-39 的底部描述了 store 指令的最后一步。该指令在写回级什么都不做。由于 store 指令后的每一条指令都已经进入流水线中，所以无法加速这些指令。因此，任何一条指令都必须经过流水线的每一个步骤，即使在这个步骤中该指令没有任何实际操作，因为后面的指令已经按照最大的速率在流水线中执行。

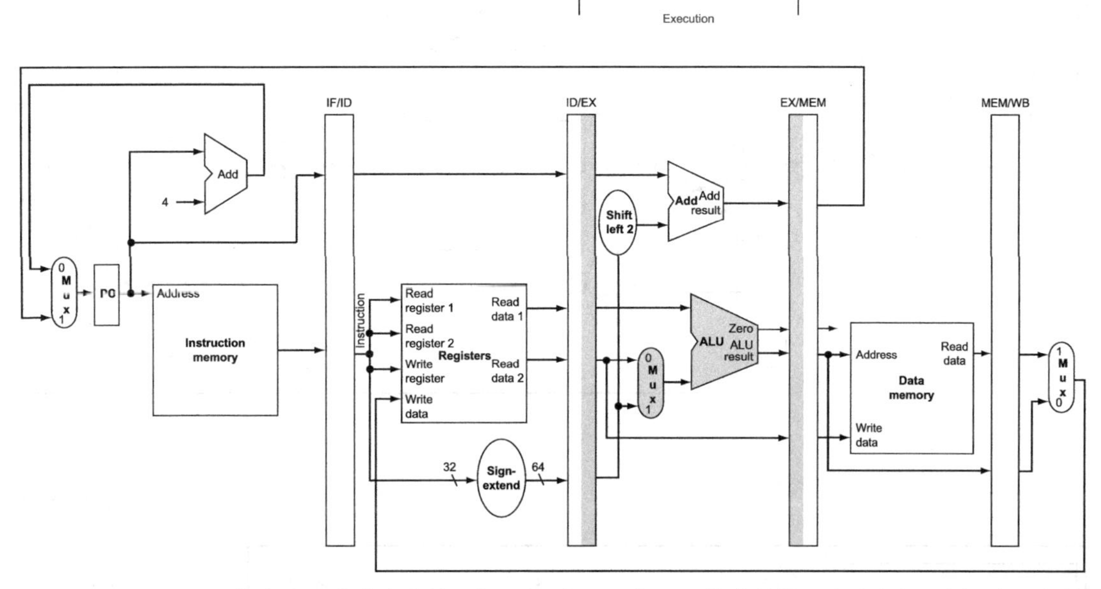

图 4-38 EX：store 指令在流水线中的第三级。与图 4-36 中 load 指令的第三个流水级不同，本图中第二个寄存器中的数据被装入 EX/MEM 流水线寄存器中，以便在下一级中使用。虽然总是将第二个寄存器中的数据装入 EX/MEM 流水线寄存器中并不会产生危害，但为了使流水线更易于理解，我们只在存储指令中写入第二个寄存器的内容

存储指令再次说明在流水线中若要将信息从前面的流水级传递给后面的流水级，那么必须将信息放入流水线寄存器中，否则当下一条指令进入该流水级时这些信息将会丢失。对于 store 指令，需要将 ID 级读出的一个寄存器中的内容传递给 MEM 级供写入存储器。这些数据首先放在 ID/EX 流水线寄存器中，然后传送到 EX/MEM 流水线寄存器中。

load 和 store 指令揭示了另一个重要特性，即数据通路中的每一个逻辑单元（如指令存储器、寄存器读取端口、ALU、数据存储器以及寄存器写端口）都只能在一个流水级中使用，否则就会产生**结构冒险**（4.5.2 节）。因此，这些单元及其控制可以和一个流水级相关联。

现在我们可以修复 load 指令设计中的错误了。你发现这个错误了吗？在 load 指令的最后一级，哪个寄存器发生变化了呢？更确切地说，哪条指令提供了写寄存器号呢？IF/ID 流水线寄存器中的指令提供了写寄存器号，但这条指令发生在 load 指令*之后*！

305

因此，我们必须保存 load 指令中的目的寄存器编号。就像 store 指令将寄存器的内容从 ID/EX 传送到 EX/MEM 中以便在 MEM 级使用一样，load 指令必须把寄存器号从 ID/EX 经过 EX/MEM 传送到 MEM/WB 流水线寄存器中，以便在 WB 级使用。另一种传递寄存器号的方法是共享流水线的数据通路，我们需要在 IF 级中保存读取的指令，因此每一个流水线寄存器都要保存当前和后续流水级所需的部分指令。

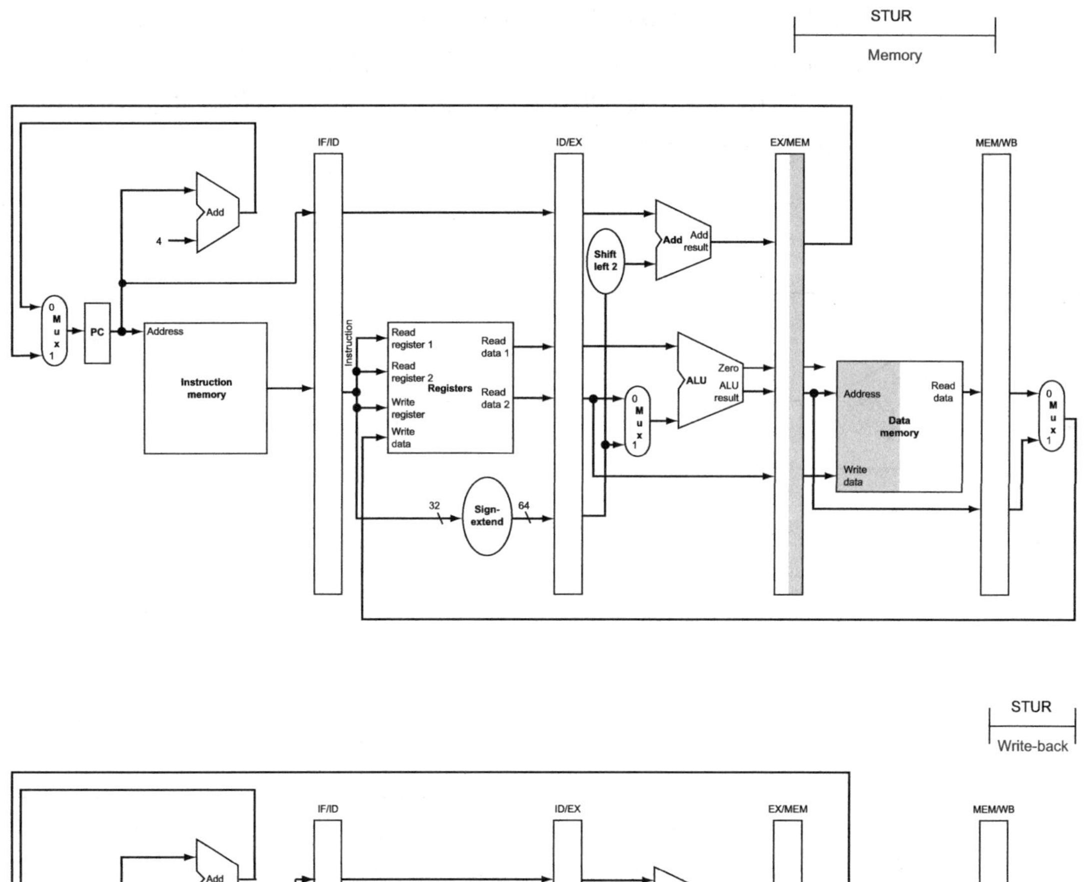

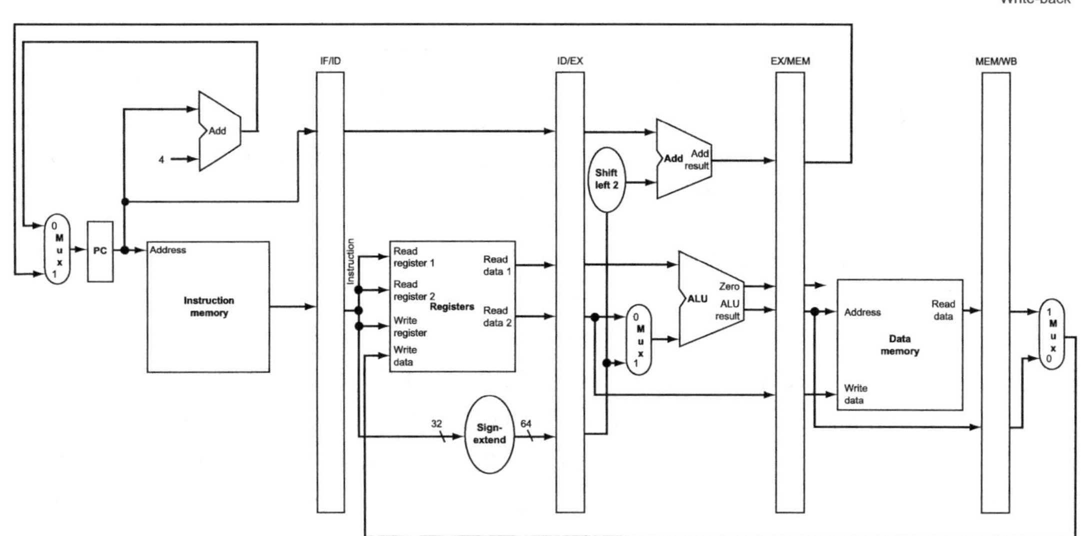

图 4-39　MEM 和 WB：store 指令在流水线中的第四级和第五级。在第四级，store 指令将数据写入数据存储器中。注意，数据来自于 EX/MEM 流水线寄存器，并且 MEM/WB 流水线寄存器没有变化。一旦数据写入存储器，store 指令就完成功能，所以 store 指令的第五级中没有任何实际操作

图 4-40 给出了正确的数据通路，首先将写寄存器号传送到 ID/EX 寄存器，然后送到 EX/MEM 寄存器，最后送到 MEM/WB 寄存器。在 WB 级使用寄存器号指定要写入的寄存器。图 4-41 是正确数据通路的综合表示，将图 4-35 到图 4-37 中 load 指令五个流水级中要使用的硬件都标注出来。4.8 节将解释如何使分支指令按期望的方式工作。

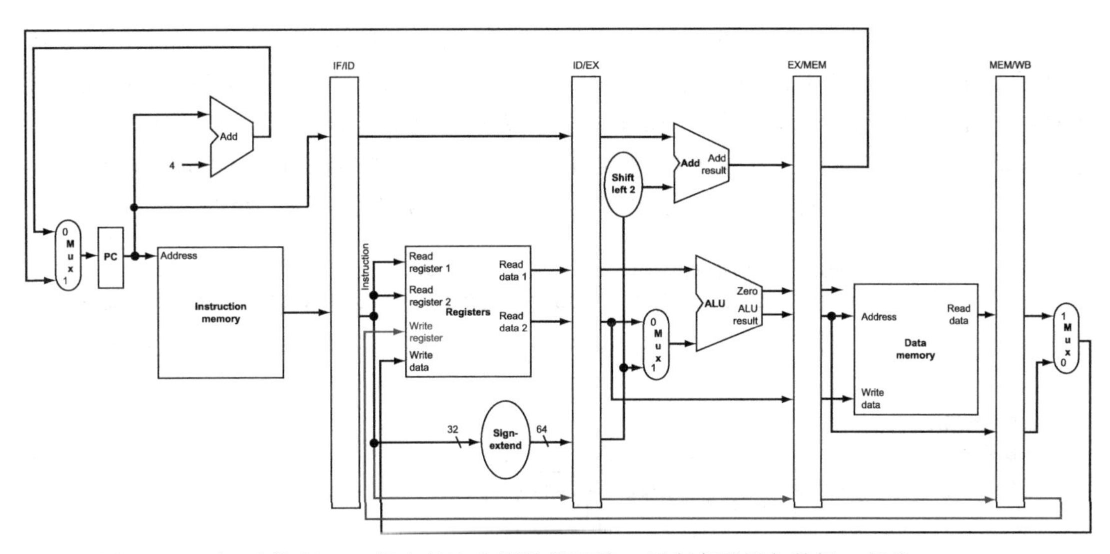

图 4-40 可正确执行 load 指令的流水线数据通路。写寄存器号与数据一起从 MEM/WB 流水线寄存器中得到。寄存器号从 ID 流水段开始传递直到到达 WB 流水线寄存器，最后三个流水线寄存器上增加了 5 位

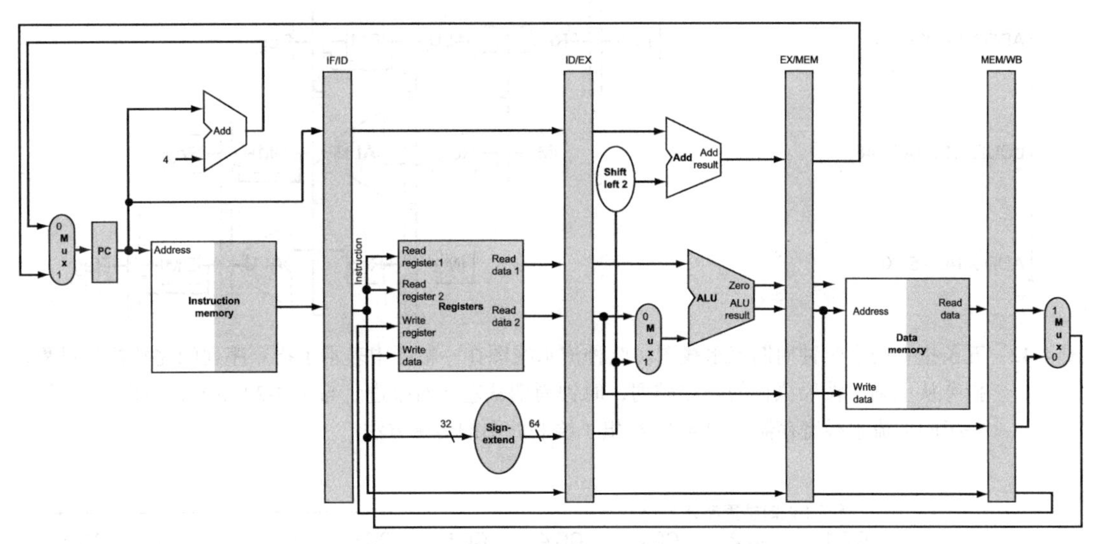

图 4-41 load 指令五级流水线使用的数据通路（图 4-40）

4.6.1 图形化表示的流水线

306
~
307

流水线技术难以掌握，因为在每一个时钟周期内同时会有很多指令在一个数据通路中执行。为了帮助大家理解流水线，有两种基本的流水线图形化表示方法，即多时钟周期流水线图（如图 4-33）和单时钟周期流水线图（如图 4-35 ～图 4-39）。多时钟周期图更简单，但不包括所有的细节。例如，下面以五条指令构成指令序列：

```
LDUR    X10, [X1,#40]
SUB     X11, X2, X3
ADD     X12, X3, X4
LDUR    X13, [X1,#48]
ADD     X14, X5, X6
```

图4-42给出了这些指令的多时钟周期流水线图。在这些图中，时间从左向右、指令从上到下推进，类似于图4-24中的洗衣店流水线表示。沿着指令轴分别表示各流水级及其所占据的时钟周期。这些数据通路以图形化的方式表示了流水线的五个级别，但用方框来命名每个流水线级也是很好的表示方法。图4-43给出了一个更加传统的多时钟周期流水线图。注意，图4-42中描述了每一级中用到的物理资源，而图4-43使用了每一级的名字。

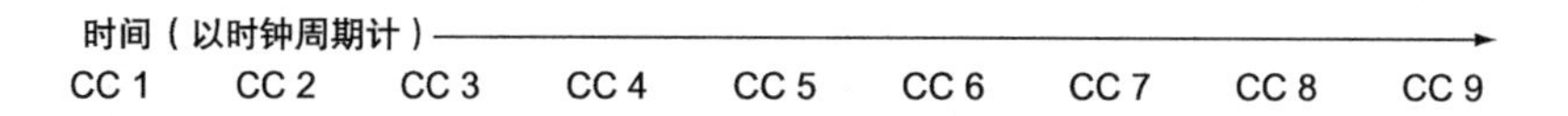

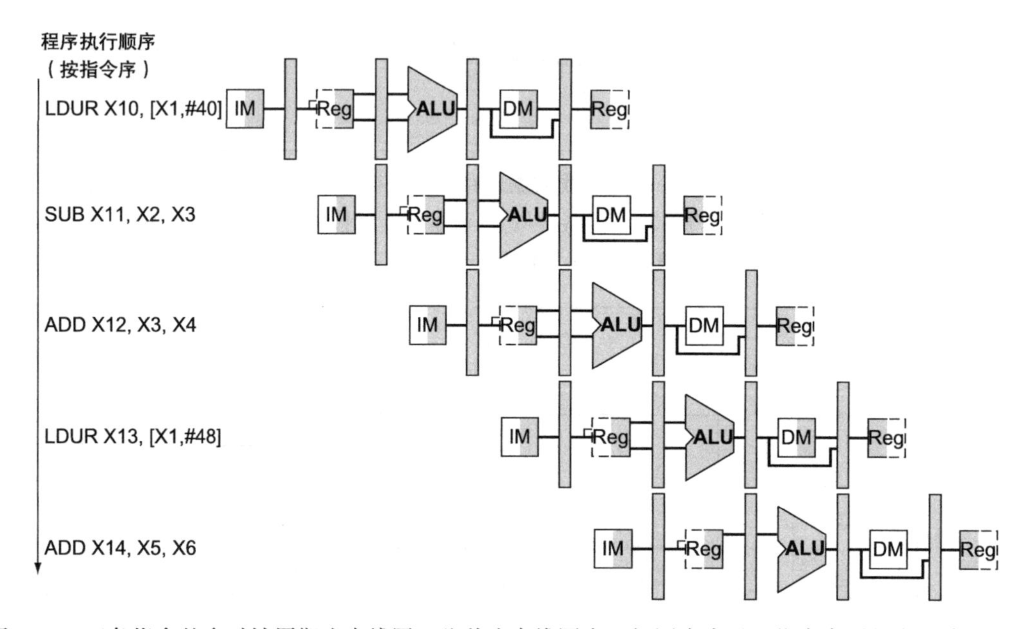

图4-42　五条指令的多时钟周期流水线图。此种流水线图在一幅图中表示了指令序列的完整执行过程。指令从上到下按照执行的顺序排列，时钟周期从左向右推进。与图4-27不同，本图给出了每一级间的流水线寄存器。图4-43给出了绘制此图的传统方法

时间（以时钟周期计）

程序执行顺序（按指令序）	CC 1	CC 2	CC 3	CC 4	CC 5	CC 6	CC 7	CC 8	CC 9
LDUR X10, [X1,#40]	Instruction fetch	Instruction decode	Execution	Data access	Write-back				
SUB X11, X2, X3		Instruction fetch	Instruction decode	Execution	Data access	Write-back			
ADD X12, X3, X4			Instruction fetch	Instruction decode	Execution	Data access	Write-back		
LDUR X13, [X1,#48]				Instruction fetch	Instruction decode	Execution	Data access	Write-back	
ADD X14, X5, X6					Instruction fetch	Instruction decode	Execution	Data access	Write-back

图4-43　图4-42中五条指令的传统多时钟周期流水线图

单时钟周期流水线图给出了一个时钟周期内整个数据通路的状态，通常流水线中的所有五条指令都在各流水级上做相应的标记。这种流水线图描述了在每个时钟周期内流水线中所发生事件的细节。通常，可使用一组单时钟周期流水线图来表示在一系列时钟周期内的流水线操作，而使用多时钟周期流水线图对流水线进行总体概述。（如果你想了解更多关于图 4-42 的细节，可参考 4.13 节对单时钟周期图的描述。）单时钟周期图代表了一系列多时钟周期图在某个时钟周期的垂直片段，显示了流水线中每条指令在指定时钟周期内对数据通路的使用。例如，图 4-44 的单时钟周期图对应于图 4-42 和图 4-43 的第五个时钟周期。显然，单时钟周期图具有更多的细节，但需要更多的空间来表示相同的时钟周期数。本章后面的练习题会要求你为其他的指令序列画出对应的流水线图。 [308]

ADD X14, X5, X6	LDUR X13, [X1,48]	ADD X12, X3, X4	SUB X11, X2, X3	LDUR X10, [X1,40]
Instruction fetch	Instruction decode	Execution	Memory	Write-back

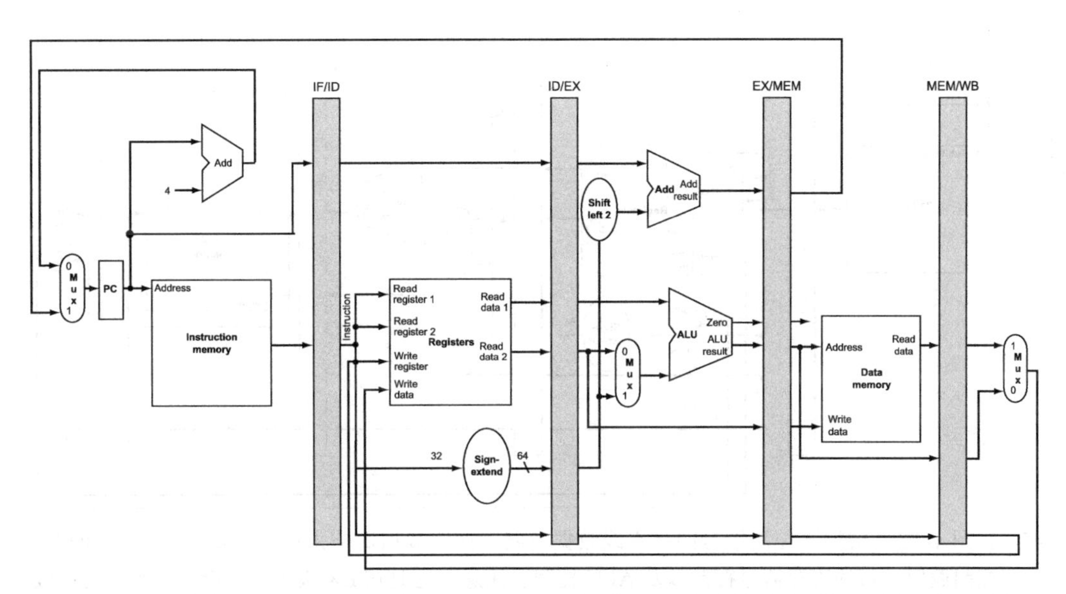

图 4-44 与图 4-42 和图 4-43 中流水线第五个时钟周期对应的单时钟周期流水线图。从图中可以看出，单时钟周期图是多时钟周期图的一个垂直片段

[309～310]

小测验 一组学生在讨论五级流水线的效率问题。有一个学生指出并非所有指令在流水线的每一级中都是活跃的。在忽略冒险的情况下，他们做出了 4 个断言，哪些是正确的？

1. 允许分支、ALU 指令使用比五级（load 指令需要的级数）更少的级数，这将在所有情况下增加流水线的性能。
2. 允许一些指令使用更少的周期并不能提高性能，因为吞吐率由时钟周期决定。每条指令所需的流水线级数影响的是延迟时间，而不是吞吐率。
3. 不能减少 ALU 指令所需的时钟周期数，因为该指令需要写回结果。但分支指令可以使用更少的时钟周期数，因此存在改进性能的机会。
4. 相对于尝试减少指令所需的时钟周期数，我们可以延长流水线的级数，虽然每条指令要花费更多的时钟周期数，但时钟周期的长度变短了。这样可以提高性能。

4.6.2 流水线控制

> 相对以前的任何计算机，6600型计算机的控制系统是大不相同的。
>
> *James Thornton, Design of a Computer: The Control Data 6600, 1970*

如同4.3节在单周期数据通路中加入控制器，下面我们在流水线的数据通路中加入控制。我们从一个简单的设计开始，从乐观的一面来看待问题。

311

第一步是在现有的数据通路上标注控制信号，如图4-45所示。我们尽量借用图4-17中简单数据通路的控制，使用相同的ALU控制逻辑、分支逻辑、第二读寄存器号多路选择器以及控制信号。这些功能已在图4-12、图4-16以及图4-18中定义。为了使下面的内容更易于理解，图4-46～图4-48重新给出了其中的关键信息。

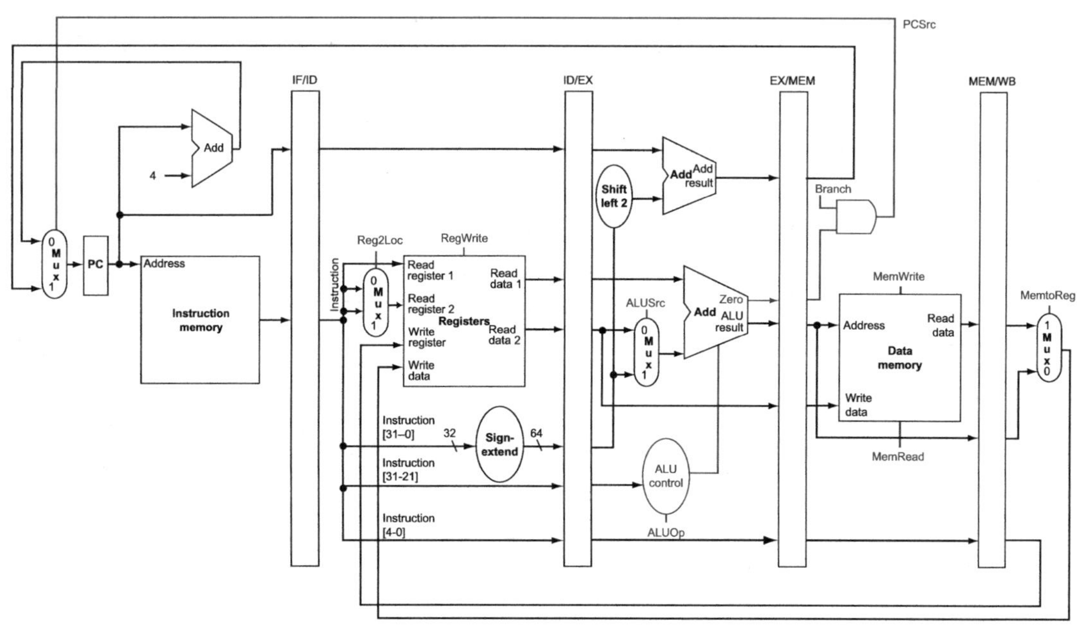

图4-45 在图4-40上增加了控制信号的流水线数据通路。这个数据通路采用了与4.4节中相同的PC控制逻辑、目的寄存器号控制以及ALU控制。注意，这时在EX级中需要指令的操作码字段作为ALU控制的输入，所以这些位（操作码字段）必须存放在ID/EX流水线寄存器中

指令	ALUOp	指令操作	opcode	ALU动作	ALU控制输入
LDUR	00	load register	XXXXXXXXXXX	add	0010
STUR	00	store register	XXXXXXXXXXX	add	0010
CBZ	01	compare and branch on zero	XXXXXXXXXXX	pass input b	0111
R-type	10	ADD	10001011000	add	0010
R-type	10	SUB	11001011000	subtract	0110
R-type	10	AND	10001010000	AND	0000
R-type	10	ORR	10101010000	OR	0001

图4-46 图4-12的一个副本。本图描述了如何根据ALUOp控制位和不同R型指令的操作码设置ALU控制信号

与单时钟周期实现类似，我们假定每个时钟周期内都会写PC，因此PC不需要独立的写信号。同理，流水线寄存器（IF/ID、ID/EX、EX/MEM和MEM/WB）也不需要单独的写信号，因为这些流水线寄存器的每个周期都会被写入。

信号名称	置无效（0）时的效果	置有效（1）时的效果
Reg2Loc	读寄存器2的寄存器号来自Rm字段（位20:16）	读寄存器2的寄存器号来自Rt字段（位4:0）
RegWrite	无	数据写入寄存器文件中由写寄存器输入端口指定的寄存器
ALUSrc	ALU的第二个操作数来自寄存器文件的第二个输出（读数据2）	ALU的第二个操作数为指令低16位的符号扩展
PCSrc	PC由PC+4取代，PC+4由一个加法器计算产生	PC由分支目标地址（由一个加法器产生）取代
MemRead	无	地址输入端指定的存储器单元内容输出到读数据输出端口
MemWrite	无	将写入数据输入端的数据写入到地址输入端指定的存储器单元中
MemtoReg	写入寄存器的值来自ALU	写入寄存器的数据来自数据存储器

图 4-47 图 4-16 的一个副本。图中定义了 7 个控制信号的功能。ALUOp 已经在图 4-46 的第二列中定义。当一个二选一多路选择器的 1 位控制位有效时，多选器选择 1 对应的输入。否则，如果控制位无效，多路选择器选择 0 对应的输入。注意，PCSrc 是由图 4-45 中的一个与门控制的。如果 Branch 信号与 ALU 的零输出信号都有效，则 PCSrc 为 1，否则为 0。控制单元仅在 CBZ 指令中才设置 Branch 信号，其他时候 PCSrc 为 0

指令	译码级控制信号	执行/计算地址级控制信号			访问数据存储器级控制信号			写回级控制信号	
	Reg2Loc	ALUOp1	ALUOp0	ALUSrc	Branch	MemRead	MemWrite	RegWrite	MemtoReg
R型	0	1	0	0	0	0	0	1	0
LDUR	X	0	0	1	0	1	0	1	1
STUR	1	0	0	1	0	0	1	0	X
CBZ	1	0	1	0	1	0	0	0	X

图 4-48 控制信号的值与图 4-18 中相同，但根据最后四个流水级分成了四组

为了详细说明如何控制流水线，我们只需要在每一个流水级中设置相应的控制信号。由于每个控制信号只与某个流水级中某个活跃的功能单元相关，因此我们可以根据流水线的五级将控制信号分成五组：

1. *取指令*：读指令存储器和写 PC 的控制信号总是有效，因此这一级没有特别需要控制的部件。

2. *指令译码及读寄存器文件*：这一级需要为第二个读寄存器单端口选择正确的寄存器号，因此需要设置 Reg2Loc 信号。该信号选择采用指令的 20:16 位（Rm）还是 4:0 位（Rt）。

3. *执行或计算地址*：这一级将设置的控制信号为 ALUOp 和 ALUSrc（见图 4-46 和图 4-47）。这些信号选择 ALU 的操作，并选择将寄存器文件读出的数据还是符号扩展的立即数作为 ALU 的输入。

4. *访问数据存储器*：这一级设置的控制信号有 Branch、MemRead 和 MemWrite，分别由比较为 0 分支、load 和 store 指令设置。直到 Branch 控制信号有效且 ALU 结果为 0，图 4-47 中的 PCSrc 信号才选择下一个顺序的地址。

5. *写回*：这一级的两个控制信号为 MemtoReg 和 RegWrite，前者决定是将 ALU 结果还

是将存储器数据传输到寄存器文件，后者决定是否写入寄存器文件。

由于数据通路的流水化并不会改变控制信号的含义，因此可以使用与简单数据通路相同的控制信号。图4-48就与4.4节具有相同的控制信号，但这9个控制信号按流水级进行了分组。

312 ~ 313

实现控制就是为每条指令的每个执行级将9个控制信号设置为合适的值。在流水线的ID段对指令译码的同时，我们需要设置Reg2Loc以读取正确的寄存器，需要使用操作码字段来控制这个多路选择器，正如前面精解中讲到的符号扩展一样。仔细观察操作码就会发现，如图4-22中，R型指令的第28位是0，其余是1。这正是控制寄存器地址多路选择器所需要的，因此只需简单地将指令的第28位连到Reg2Loc上。

由于其他的控制信号从EX级开始，因此可以在指令译码时为后续级创建控制信号。传递控制信号最简单的方式是扩展流水线寄存器以包含控制信息。图4-49描述了当指令在流水线中行进时控制信号的使用，如同图4-40中load指令的目的寄存器号在流水线中的传递。图4-50描述了完整的数据通路，其中扩展了流水线寄存器、控制线与对应的流水级相连（指令第28位控制Reg2Loc寄存器地址多路选择器）。（如果你想知道更多的细节，4.13节给出了更多LEGv8代码在流水线硬件中执行的单时钟周期流水线图。）

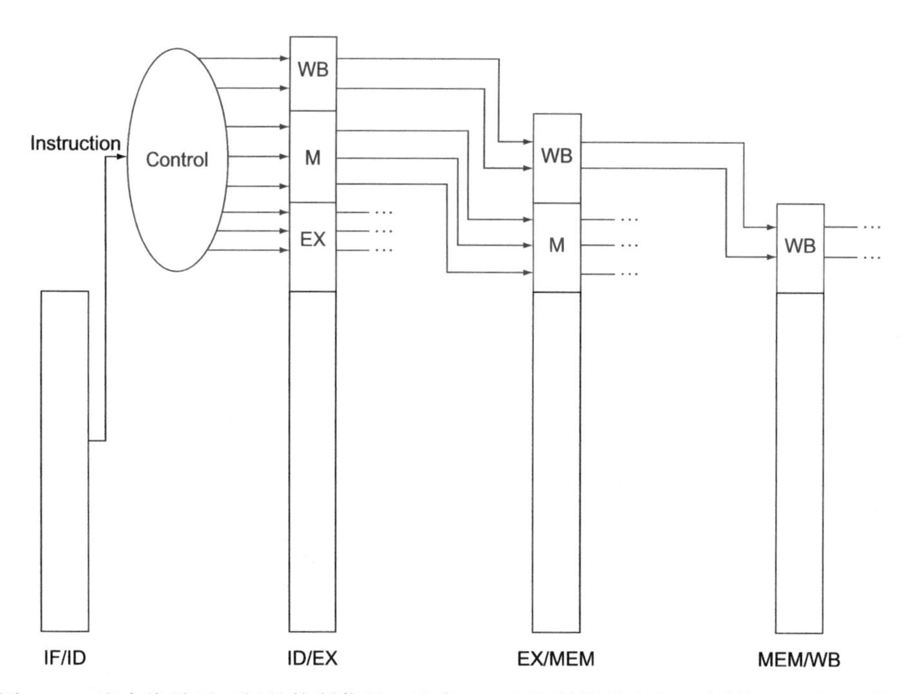

图4-49 流水线最后三级的控制信号。注意，8个控制信号中有3个用于EX级，剩下5个被传递到扩展的EX/MEM流水线寄存器中，用以保存控制信号，其中3个在MEM级使用，最后2个传递到MEM/WB并在WB级使用

314

精解 在MIPS指令格式中，源操作数寄存器总是在相同的位置，而LEGv8指令的一个源操作数寄存器的位置不固定，这给LEGv8计算机的设计者带来了更大的挑战。因此，MIPS的译码级不做任何译码工作就可以读出两个寄存器。而LEGv8的ID级需要一个具有三个端口的寄存器文件以读出三个可能的寄存器，或需要进行部分译码，如本章前面的讨论。

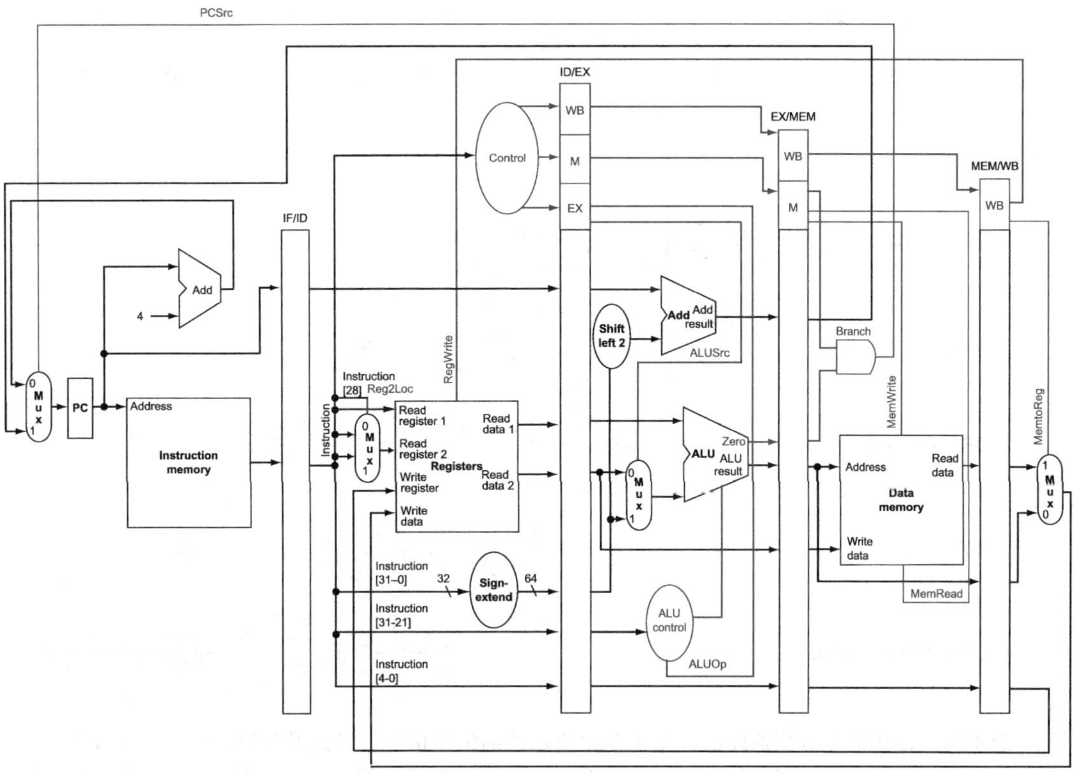

图 4-50 图 4-45 中的流水线数据通路，控制信号与流水线寄存器的控制部分相连。流水线最后三级的控制信号在指令译码级创建，随后放入 ID/EX 流水线寄存器中。每个流水级使用相应的控制信号，剩余的控制信号传递到下个流水级中

315

4.7 数据冒险：旁路与阻塞

> 你是什么意思，为什么要构建它？这是旁路，你必须构建旁路。
>
> *Douglas Adams，The Hitchhiker's Guide to the Galaxy，1979*

上节的例子展示了流水线执行的强大功能以及硬件如何以流水线的方式执行任务。本节我们抛开乐观情况，看看在实际程序中发生了什么。图 4-42 ～图 4-44 中的各 LEGv8 指令之间相互独立，其中任何一条指令都没有用到任何其他指令的计算结果。然而，在 4.5 节中我们已发现数据冒险是流水线执行的主要障碍之一。

下面这段代码序列具有很多的依赖性（依赖关系以灰色标出）：

```
SUB   X2, X1,X3      // Register X2 written by SUB
AND   X12,X2,X5      // 1st operand(X2) depends on SUB
OR    X13,X6,X2      // 2nd operand(X2) depends on SUB
ADD   X14,X2,X2      // 1st(X2) & 2nd(X2) depend on SUB
STUR  X15,[X2,#100] // Base (X2) depends on SUB
```

最后四条指令都依赖于第一条指令寄存器 X2 中的结果。如果寄存器 X2 在 sub 指令执行之前的值为 10，而在 sub 指令执行之后的值为 –20，程序员认为 –20 将被后续引用寄存器 X2 的指令使用。

该指令序列在流水线中如何执行？图 4-51 用多时钟周期流水线方式说明了这些指令的执行过程。为了在当前流水线中说明这个指令序列的执行过程，图 4-51 的顶部给出了寄存器 X2 中的值，该值在第五个时钟周期的中间发生改变，也就是 sub 指令写结果的时候。

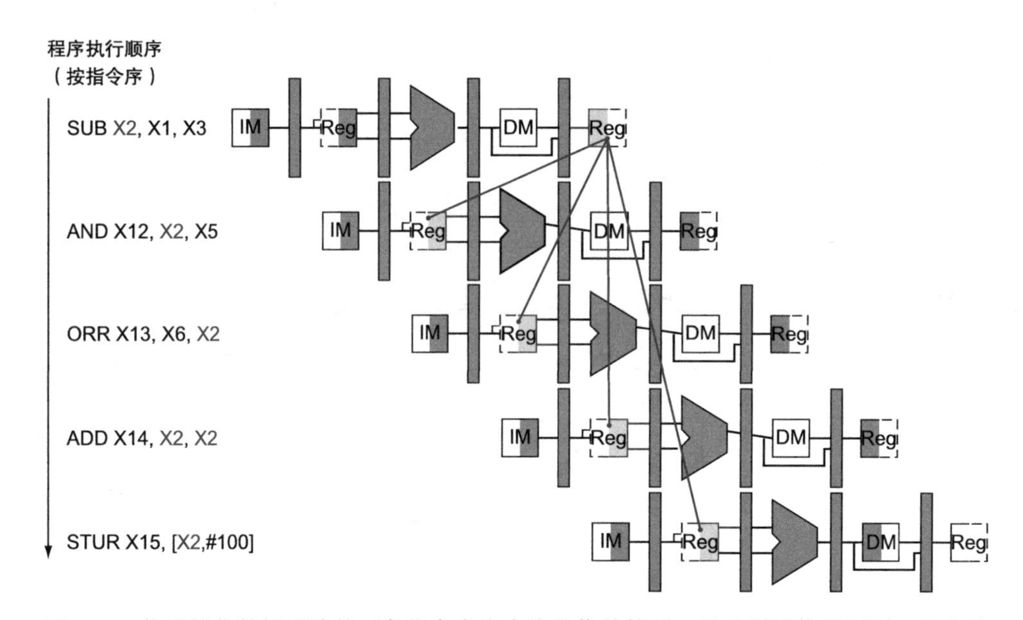

图 4-51　使用简化数据通路的五条指令中流水线的依赖情况，以此说明依赖问题。所有的依赖动作都用灰色标记，图中顶部的“CC 1”表示第一个时钟周期。第一条指令写寄存器 X2，所有后续的指令读 X2。X2 在第五个时钟周期被写入，因此在第五个时钟周期之前 X2 的值都是无效的。（当这样的写操作发生时，一个时钟周期中寄存器的读操作返回的值是该周期前半段结束时写入的值。）数据依赖性用数据通路中从顶部到底部的灰色线表示。那些在时间轴上倒退的线就是流水线数据冒险

最后一个潜在的冒险可以通过寄存器文件的硬件设计解决。在一个时钟周期内同时读写一个寄存器时会发生什么呢？假设在时钟周期的前半部分写，后半部分读，因此读操作将读取到最新写入的内容。大多数寄存器文件采用这种实现方法，因而这种情况下不会产生数据冒险。

图 4-51 表明如果读操作发生在第五个时钟周期之前，那么从寄存器 X2 中读到的值就不会是 sub 指令的结果。因此，指令 ADD 和 STUR 可得到正确结果 –20，而指令 AND 和 ORR 将得到错误结果 10。使用这种风格的流水线图，当一条依赖关系的方向与时间轴相反时，问题就会变得很明显。

正如 4.5 节所提到的那样，SUB 指令在 EX 级或第三个时钟周期的末尾结果才有效。那么 AND 指令和 ORR 指令什么时候真正需要该数据呢？答案是 AND 指令和 ORR 指令 EX 级的开始，或分别是第四个和第五个时钟周期。因此，在数据从寄存器文件读出之前，一旦数据有效我们就能将其旁路给所需的单元，那么就能够无阻塞地执行这段指令。

316

旁路如何工作？出于简化的目的，本节剩余部分我们仅考虑在 EX 级旁路一个操作的挑战，该操作可能是 ALU 操作，也可能是有效地址的计算。这意味着如果一条指令试图在 EX 级使用前一条指令计划在 WB 级写入的寄存器时，我们实际需要将这些数据送到 ALU 的输入端。

一种更精确的表示依赖性[注]的方法是使用流水线寄存器的命名。例如，ID/EX.RegisterRn1表示一个寄存器号，该寄存器的值从寄存器文件的第一个读端口中获得，可在流水线寄存器ID/EX中找到。这个名称的第一部分，即句号的左边，表示流水线寄存器的名字；第二部分表示寄存器中字段的名字。使用这种表示方法，两对冒险条件是：

317

1a. EX/MEM.RegisterRd = ID/EX.RegisterRn1

1b. EX/MEM.RegisterRd = ID/EX.RegisterRm2

2a. MEM/WB.RegisterRd = ID/EX.RegisterRn1

2b. MEM/WB.RegisterRd = ID/EX.RegisterRm2

考虑本节开头的指令序列，第一个冒险发生在寄存器 X2 上，即 SUB X2,X1,X3 的结果和 ADD X12,X2,X5 的第一个读操作数之间。这个冒险在 AND 指令处于 EX 级而前一条 SUB 指令处于 MEM 级时就能检测出来，这就是冒险 1a：

EX/MEM.RegisterRd = ID/EX.RegisterRn1 = X2

例题 | 依赖性检测

本节开头指令序列中的依赖性进行分类：

```
SUB  X2,   X1, X3     // Register X2 set by SUB
AND  X12,  X2, X5     // 1st operand(X2) set by SUB
OR   X13,  X6, X2     // 2nd operand(X2) set by SUB
ADD  X14,  X2, X2     // 1st(X2) & 2nd(X2) set by SUB
STUR X15, [X2,#100]  // Index(X2) set by SUB
```

答案 | 如上所述，SUB-AND 是一个 1a 类冒险。其余的冒险分别是：

- SUB-ORR 是一个 2b 类冒险：

  MEM/WB.RegisterRd = ID/EX.RegisterRm2 = X2

- SUB-ADD 上的两个依赖性都不是冒险，因为寄存器文件在 ADD 的 ID 级就能提供相应的数据。
- SUB 指令和 STUR 指令之间也不存在数据冒险，因为 STUR 指令在 SUB 指令写寄存器 X2 后的时钟周期读取 X2。

有些指令不需要写回寄存器，因而旁路策略可能不准确，因为有时一些旁路是不必要的。一种简单的解决方法是检测 RegWrite 信号是否活跃，即在 EX 和 MEM 级检测流水线寄存器的 WB 控制字段以确定 RegWrite 是否有效。注意，LEGv8 要求 XZR（X31）寄存器始终为 0，因此如果流水线中的一条指令以 XZR 作为目的寄存器（如 SUBS XZR,X1,2），那么必须避免把可能的非零结果旁路。避免将 XZR 作为目的的结果旁路，使得汇编程序员和编译器不必考虑避免使用 XZR 作为目的寄存器的情况。我们只需在第一类冒险条件中加入条件 EX/MEM.RegisterRd ≠ 31，在第二类冒险条件中加入 MEM/WB.RegisterRd ≠ 31。

318

最后一个细节是，指令 STUR 和 CBZ 通过 Rt 字段（4:0）而不是 Rm 字段（20:16）来指明第二寄存器操作数。流水线在 ID 级通过一个二选一多路选择器和 Reg2Loc 控制信号进行选择。为了简化流水线控制，我们直接使用该多路选择器的输出代替实际的 Rm 字段，这样控制逻辑总是能够获得正确的第二寄存器操作数。我们仍将该操作数叫作 RegisterRm，但能够保证指令 STUR 和 CBZ 获得正确的操作数。

[注] 也称相关性。——译者注

至此，我们能够检测冒险，问题已经解决了一半。但我们还需要旁路正确的数据。

319

图 4-52 描述了图 4-51 的指令序列中流水线寄存器和 ALU 输入间的依赖性。与图 4-51 不同的是，这里的依赖性开始于一个流水线寄存器而不是等待 WB 级写回寄存器文件。由于流水线寄存器保存了需要旁路的数据，因此后面的指令能够及时获得相应的数据。

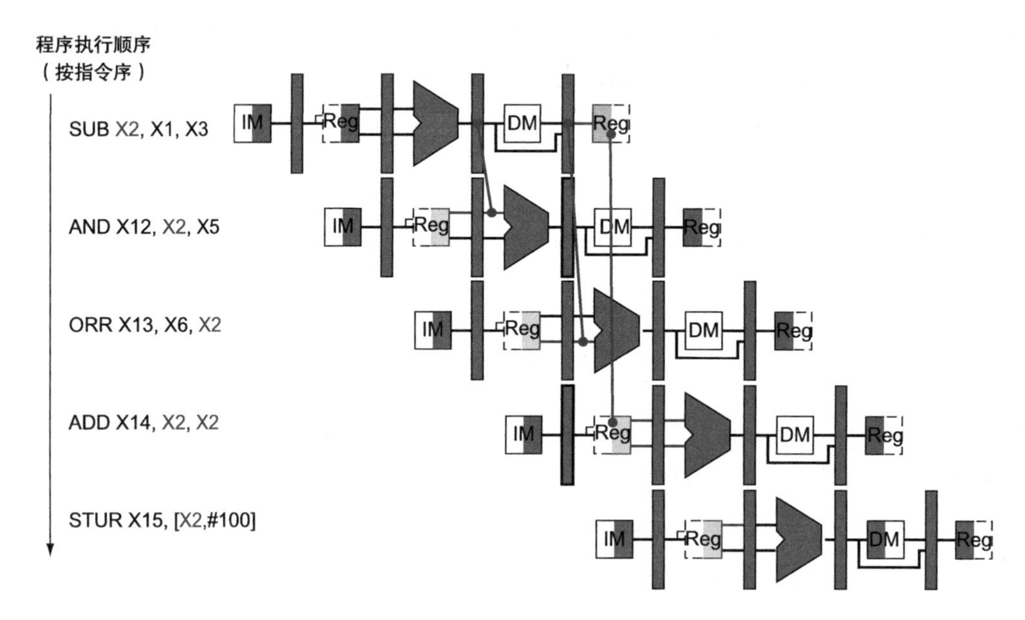

图 4-52 流水线寄存器间随时间推进的依赖性，通过旁路流水线寄存器中的结果就可能能为 AND 指令和 ORR 指令提供所需的 ALU 输入。流水线寄存器的值说明，所需要的值在其被写入寄存器文件之前就已经有效了。假设寄存器文件能够旁路在同一时钟周期内读写的数据，那么 ADD 指令就不需要阻塞，但其需要的值来自于寄存器文件而不是流水线寄存器。寄存器文件“旁路”（即读操作获得同一个时钟周期写的值）使得图中 X2 寄存器在第五个时钟周期开始时的值是 10，而在周期结束时是 -20

如果可以从任意流水线寄存器而不仅仅从 ID/EX 中得到 ALU 的输入，那么就可以旁路正确的数据。通过在 ALU 的输入端加上多路选择器以及正确的控制信号，流水线可以在存在依赖性的情况下全速运行。

现在，假设需要旁路的指令是四个 R 型指令：ADD、SUB、AND 和 ORR。图 4-53 给出了在加入旁路机制前后，ALU 和流水线寄存器的示意图。图 4-54 给出了在寄存器文件值和某一旁路的数值间进行选择的 ALU 多路选择器的控制信号值。

因为 ALU 旁路多选器在 EX 级，因此旁路控制也在这一级中完成。因此，我们必须通过 ID/EX 流水线寄存器从 ID 段中传递操作数寄存器号，从而决定是否旁路。旁路之前，ID/EX 寄存器不需要提供空间来保存 Rn 和 Rm 字段。因此，这两个字段需被加入 ID/EX 流水线寄存器。

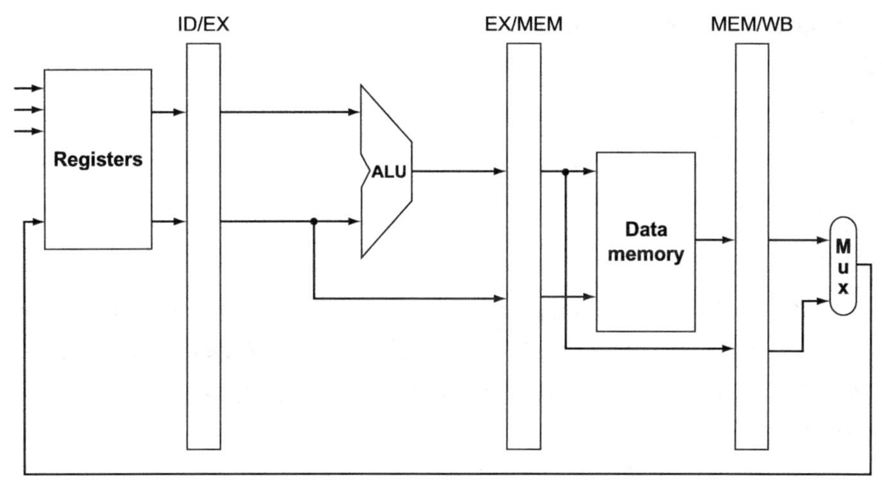

a) 未使用旁路

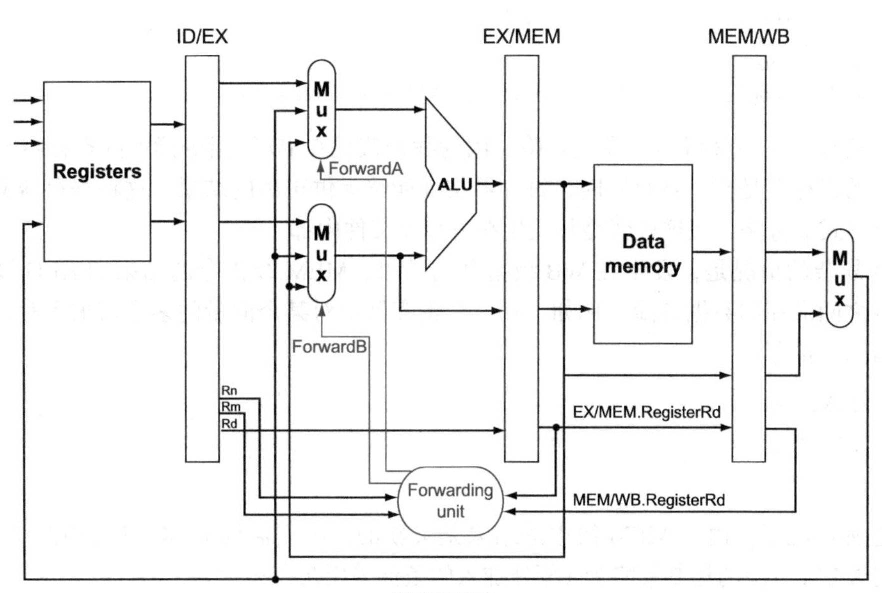

b) 使用旁路

图 4-53 上面的图是加入旁路机制前的 ALU 和流水线寄存器。下面的图中，多路选择器增加了旁路路径，并标注了旁路单元。新增的硬件用灰色表示。本图只是一个示意图，没有标识完整路径中诸如符号扩展硬件之类的细节

多路选择器控制	源	解释
ForwardA = 00	ID/EX	第一个ALU操作数从寄存器文件中获得
ForwardA = 10	EX/MEM	第一个ALU操作数由上一个ALU运算结果旁路获得
ForwardA = 01	MEM/WB	第一个ALU操作数从数据存储器或者前面的ALU结果中旁路获得
ForwardB = 00	ID/EX	第二个ALU操作数从寄存器文件中获得
ForwardB = 10	EX/MEM	第二个ALU操作数由上一个ALU运算结果旁路获得
ForwardB = 01	MEM/WB	第二个ALU操作数由数据存储器或者前面的ALU结果旁路获得

图 4-54 图 4-53 中旁路多路选择器的控制信号。作为 ALU 另一个输入的带符号立即数将在本节后面的“精解”部分中解释

下面给出检测冒险的条件以及解决冒险的控制信号：

1. EX 冒险：

```
if  (EX/MEM.RegWrite
and (EX/MEM.RegisterRd ≠ 31)
and (EX/MEM.RegisterRd = ID/EX.RegisterRn1)) ForwardA = 10

if  (EX/MEM.RegWrite
and (EX/MEM.RegisterRd ≠ 31)
and (EX/MEM.RegisterRd = ID/EX.RegisterRm2)) ForwardB = 10
```

这种情况将前一条指令的结果旁路到任何一个 ALU 的输入中。如果前一条指令要写寄存器文件，且要写的寄存器号与 ALU 输入（A 或 B）要读的寄存器号一致（不是寄存器 31），那么就控制多路选择器以选择数据，代替从流水线寄存器 EX/MEM 中读取。

2. MEM 冒险：

```
if  (MEM/WB.RegWrite
and (MEM/WB.RegisterRd ≠ 31)
and (MEM/WB.RegisterRd = ID/EX.RegisterRn1)) ForwardA = 01
if  (MEM/WB.RegWrite
and (MEM/WB.RegisterRd ≠ 31)
and (MEM/WB.RegisterRd = ID/EX.RegisterRm2)) ForwardB = 01
```

如上所述，在 WB 级不会发生冒险，因为我们假设在 ID 级指令读取的寄存器与 WB 级指令写入的寄存器是同一寄存器时，寄存器文件能够提供正确的结果。这种寄存器文件实现了另一种形式的旁路，但这种旁路只发生在寄存器文件内部。

320 ~ 321

更为复杂的情况是，发生在 WB 级指令的结果、MEM 级指令的结果和 ALU 级指令的源操作数之间潜在的数据冒险。例如，在一个寄存器中对某个向量的多个值求和时，指令序列将读写同一寄存器：

```
ADD X1,X1,X2
ADD X1,X1,X3
ADD X1,X1,X4
. . .
```

在这种情况下，由于 MEM 级中的结果是最新的，因而需要对 MEM 级中的结果旁路。因此，对 MEM 冒险的控制策略为（额外加入的条件采用灰色表示）：

```
if   (MEM/WB.RegWrite
and  (MEM/WB.RegisterRd ≠ 31)
and  not(EX/MEM.RegWrite and (EX/MEM.RegisterRd ≠ 31)
         and (EX/MEM.RegisterRd ≠ ID/EX.RegisterRn1))
and  (MEM/WB.RegisterRd = ID/EX.RegisterRn1)) ForwardA = 01

if   (MEM/WB.RegWrite
and  (MEM/WB.RegisterRd ≠ 31)
and  not(EX/MEM.RegWrite and (EX/MEM.RegisterRd ≠ 31)
         and (EX/MEM.RegisterRd ≠ ID/EX.RegisterRm2))
and  (MEM/WB.RegisterRd = ID/EX.RegisterRm2)) ForwardB = 01
```

有些操作需要使用 EX 级的结果，因而需要为这些操作实现旁路。图 4-55 给出了支持这些旁路所必需的硬件。注意，图中 EX/MEM.RegisterRd 字段是一条 ALU 指令（来自指令的 Rd 字段）或 load 指令（来自 Rt 字段，但本节仍使用 Rd 表示）的目的寄存器。

322

如果你想看到更多使用单周期流水线图的例子，4.13 节给出了一些图，展示了两段带有冒险的 LEGv8，而这些冒险需要使用旁路解决。

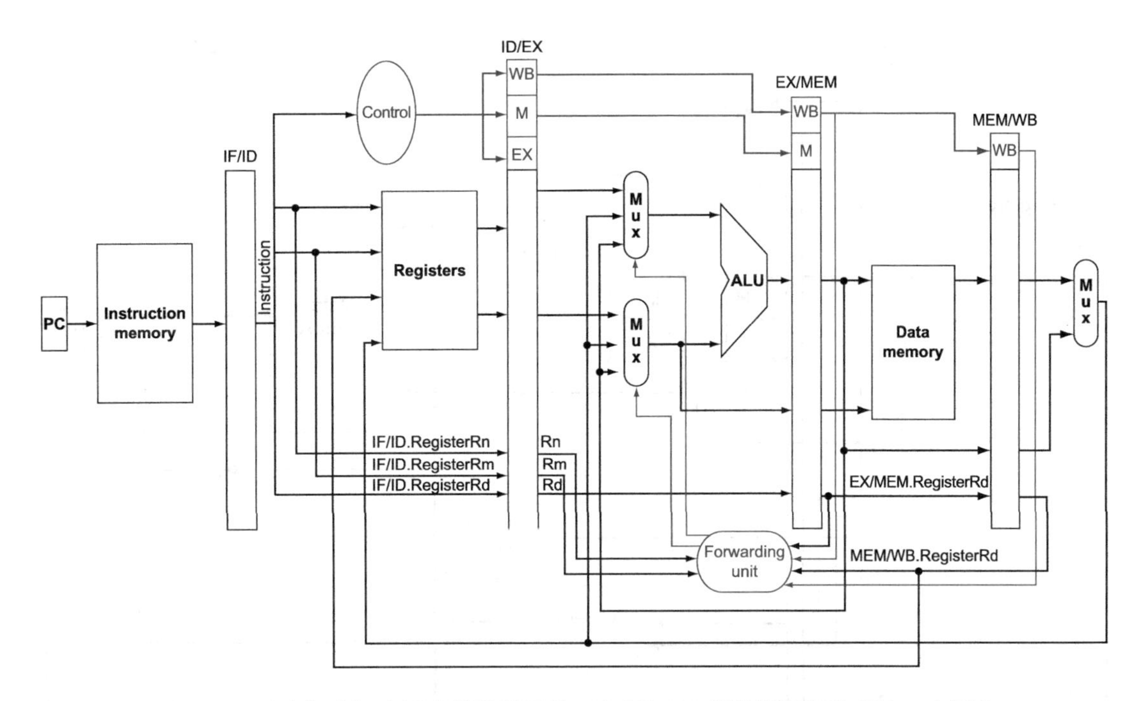

图 4-55　通过旁路解决冒险的数据通路。与图 4-50 中的数据通路相比，本图在 ALU 的输入端加入了多路选择器。图中忽略了完整数据通路中的一些细节，如分支硬件和符号扩展硬件

精解　旁路还可以帮助解决因 store 指令依赖其他指令而导致的冒险。由于 store 指令在 MEM 级只使用一个数据，因此旁路较为容易。考虑 load 指令后面紧跟 store 的情况，旁路在 LEGv8 体系结构中实现存储器 - 存储器间复制时很有帮助。由于复制操作非常频繁，为了提高复制的速度，我们需要加入更多的旁路硬件。如果我们重画图 4-52，并分别使用 LDUR 和 STUR 指令代替 SUB 和 AND 指令，将发现这时也可能避免一次阻塞，因为 load 指令的 MEM/WB 寄存器中的数据能够及时地提供给 store 指令在 MEM 级使用。为了实现这个功能，我们需要在存储器访问级加入旁路。我们将如何对其进行修改作为练习留给读者。

此外，图 4-55 的数据通路中省略了 load 指令和 store 指令所需的 ALU 输入端的带符号立即数。由于中央控制决定如何在寄存器和立即数之间进行选择，而且旁路单元选择流水线寄存器作为 ALU 的一个寄存器输入，因此最简单的解决方法就是加入一个 2:1 的多选器，以便在 ForwardB 多路选择器的输出和带符号立即数之间进行选择。图 4-56 描述了新增的部分。

323

冒险与阻塞

如 4.5 节所述，当一条写某个寄存器的 load 指令之后紧跟一条读该寄存器的指令时，旁路就无法发挥作用了。图 4-57 说明了这个问题。第四个时钟周期中，数据正从存储器读出的同时，ALU 正在为后续指令执行操作。因此，当 load 指令后紧跟着一个需要读取其结果的指令时，必须采用相应的机制阻塞流水线。

如果第一次没有成功，那就重新定义成功。
Anonymous

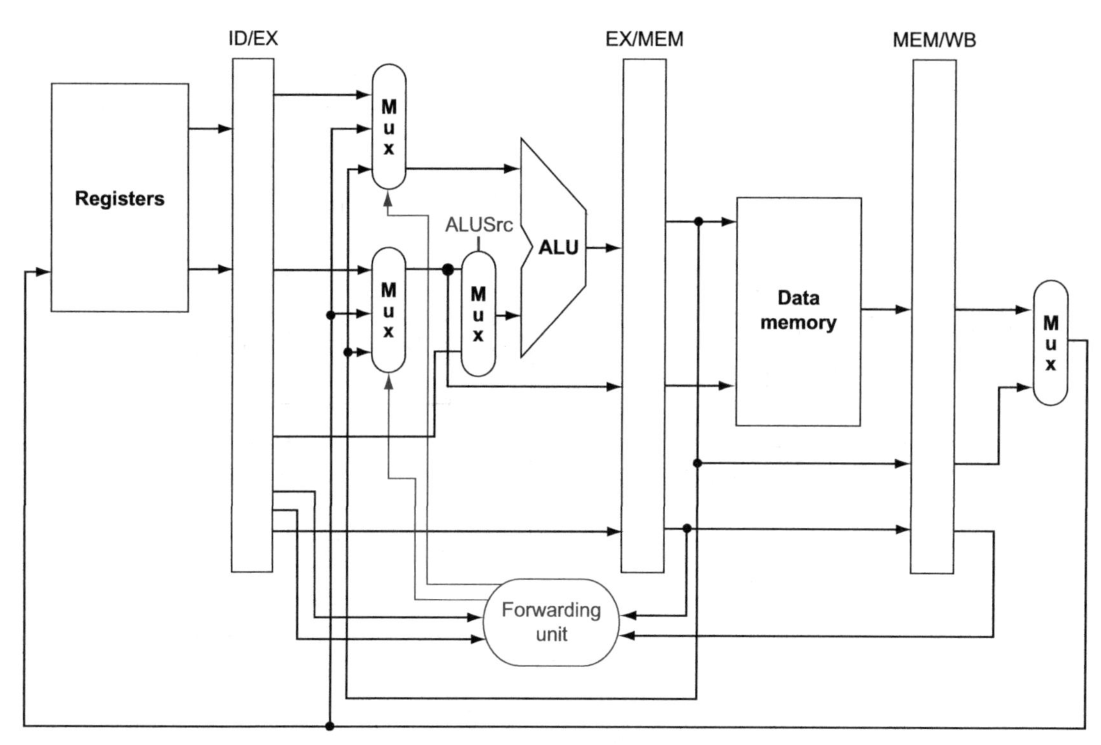

图 4-56　在图 4-53 的数据通路中加入了一个 2:1 的多路选择器，用以选择带符号立即数作为 ALU 的一个输入[⊖]

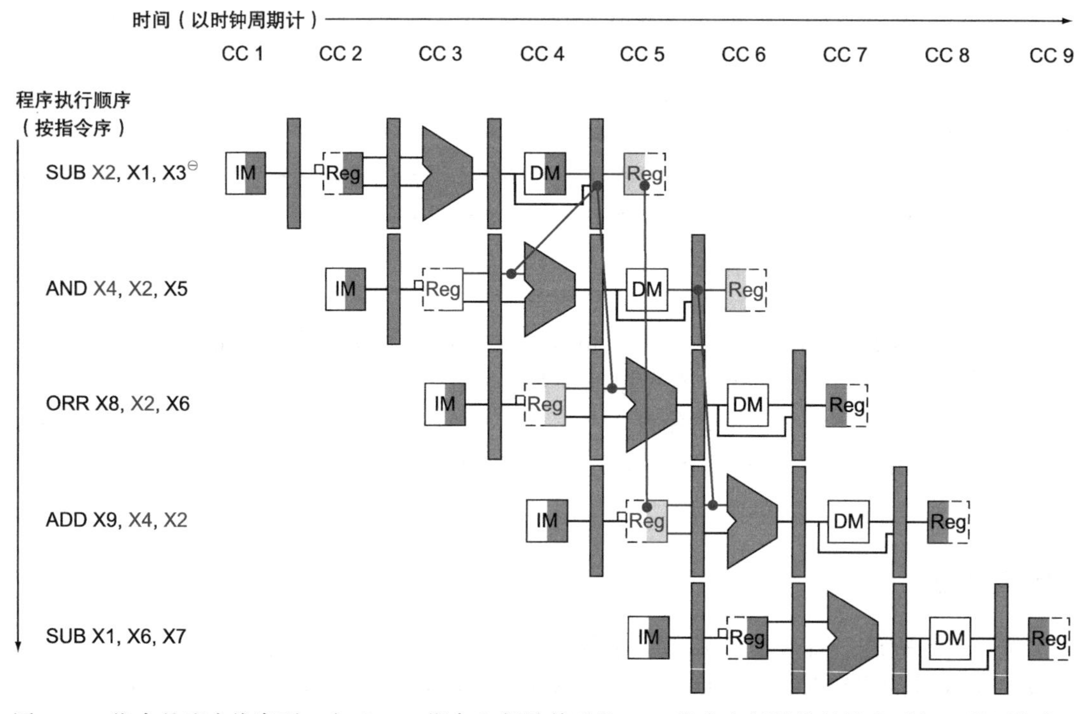

图 4-57　指令的流水线序列。由于 load 指令和紧随其后的 AND 指令之间的依赖性在时间上是回溯的，这种冒险不可能通过旁路来解决。因此，这类指令组合会导致冒险检测单元产生阻塞

⊖ 原书有误，应为一条 load 指令，如 LDUR X2, [X, #20]。——译者注

因此，除了一个旁路单元以外，我们还需要一个冒险检测单元在ID级进行检测，从而在load指令与依赖于它的指令间插入阻塞。该冒险检测单元检测load指令，其控制满足一个条件：

```
if  (ID/EX.MemRead and
    ((ID/EX.RegisterRd = IF/ID.RegisterRn1) or
      (ID/EX.RegisterRd = IF/ID.RegisterRm2)))
      stall the pipeline
```

我们使用RegisterRd引用load指令和R型指令中4:0位指定的寄存器。第一行检查指令是否是一条load指令（只有load指令从存储器中读取数据）。后面两行检测EX级load指令的目的寄存器是否与ID级指令的某一个源寄存器相匹配。如果条件成立，指令将阻塞一个时钟周期。经过这一个周期的阻塞，旁路逻辑就可以处理依赖性，且指令可以继续执行（如果没有采用旁路，那么图4-57中的指令还需要阻塞一个周期）。

如果处于ID级的指令被阻塞，那么处于IF级的指令也必须被阻塞，否则，已经取到的指令就会丢失。防止这两条指令继续执行的方法是保持PC寄存器和IF/ID流水线寄存器不变。如果这些寄存器保持不变，那么IF级的指令将继续使用相同的PC取指，而在ID级将继续使用IF/ID流水线寄存器中相同的指令字段读寄存器。回到洗衣店类比中，这一过程就好像是重新打开洗衣机洗相同的衣服，并让烘干机继续空转一样。当然，就像烘干机一样，从EX级开始的流水线后半部分必须做点“事”，即执行不会产生任何效果的**空指令**（nop）。

324
~
325

空指令：一种不改变任何机器状态的指令。

那么，如何在流水线中插入空指令（就像气泡一样）呢？图4-48中，将EX、MEM和WB级的8个控制信号都置为无效（置为0），就会产生一个“什么都不做”的指令，即空指令。通过识别ID级的冒险，以及将ID/EX流水线寄存器在EX、MEM和WB级的控制信号都置为0，就可以在流水线中插入一个气泡。这些控制信号在每个时钟周期都向前传递，产生正确的效果：如果控制信号都是0，那么所有寄存器和存储器都不进行写操作。

图4-58描述了硬件中实际发生的情况：与AND指令相关的流水线执行槽被插入一条空指令，所有从AND开始的指令都被延迟一个时钟周期。就像水管中的气泡，一个阻塞的气泡会延缓后面所有指令的执行，每个时钟周期向后推进一级，直到退出流水线为止。在这个例子中，冒险强迫AND和OR指令在第四个时钟周期重复第三个时钟周期所做的操作：AND指令读寄存器并进行译码，ORR指令被从指令存储器中取出。这种重复的工作看起来像阻塞，但其效果实际是拉长了指令AND和ORR的时间，并且延迟了ADD指令的取指。

326

图4-59给出了冒险检测单元和旁路单元在流水线中的连接。如前面所述，旁路单元控制ALU多路选择器，用相应的流水线寄存器的值代替通用寄存器的值。冒险检测单元控制PC和IF/ID流水线寄存器的写入，并且控制在实际控制信号值与全0中进行选择的多路选择器。如果上面的读后写（load-use）冒险检测为真，那么冒险检测单元就阻塞并清除所有的控制字段。如果你想了解更多细节，4.13节给出了一段LEGv8代码的单时钟周期流水线图，代码中含有会导致阻塞的冒险。

327

重点 尽管编译器通常依赖于硬件解决冒险性以保证指令正确执行，但编译器必须了解流水线，以便达到最好的效果。否则，未预料的阻塞会降低编译代码的执行效率。

精解 前面提到为了避免写寄存器或存储器而将所有的控制信号都置为0，事实上只需将信号RegWrite和MemWrite置为0，而不用关心其他控制信号。

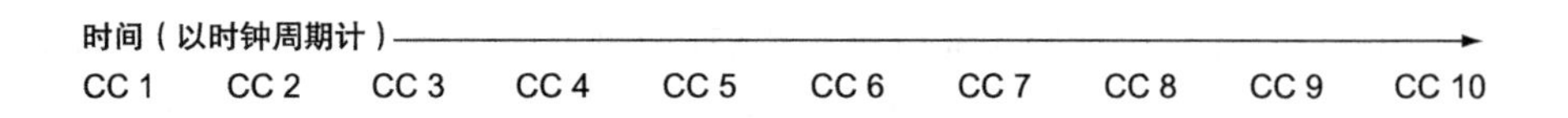

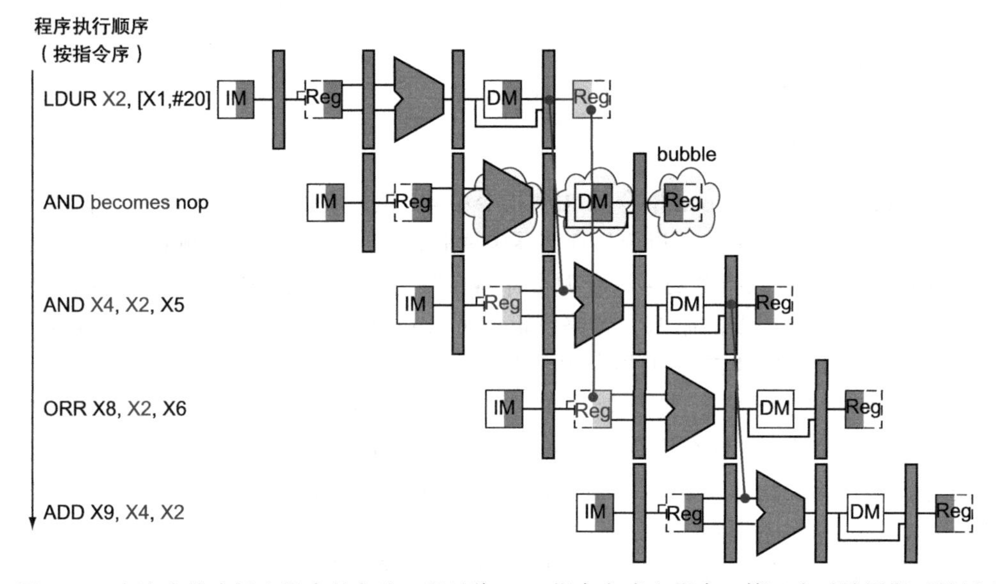

图 4-58　在流水线中插入阻塞的方法。通过将 AND 指令变成空指令，第四个时钟周期开始插入了一个气泡。注意，AND 指令实际分别在第二个和第三个时钟周期被取指和译码，但 EX 级一直被推迟到第五个时钟周期（相对于第四个时钟周期不阻塞的位置）。与此类似，ORR 指令在第三个时钟周期被取指，但其 ID 级一直被推迟到第五个时钟周期（相对于不阻塞时第四个时钟周期的位置）。在插入气泡后，所有的依赖性沿时间前进，冒险不再发生

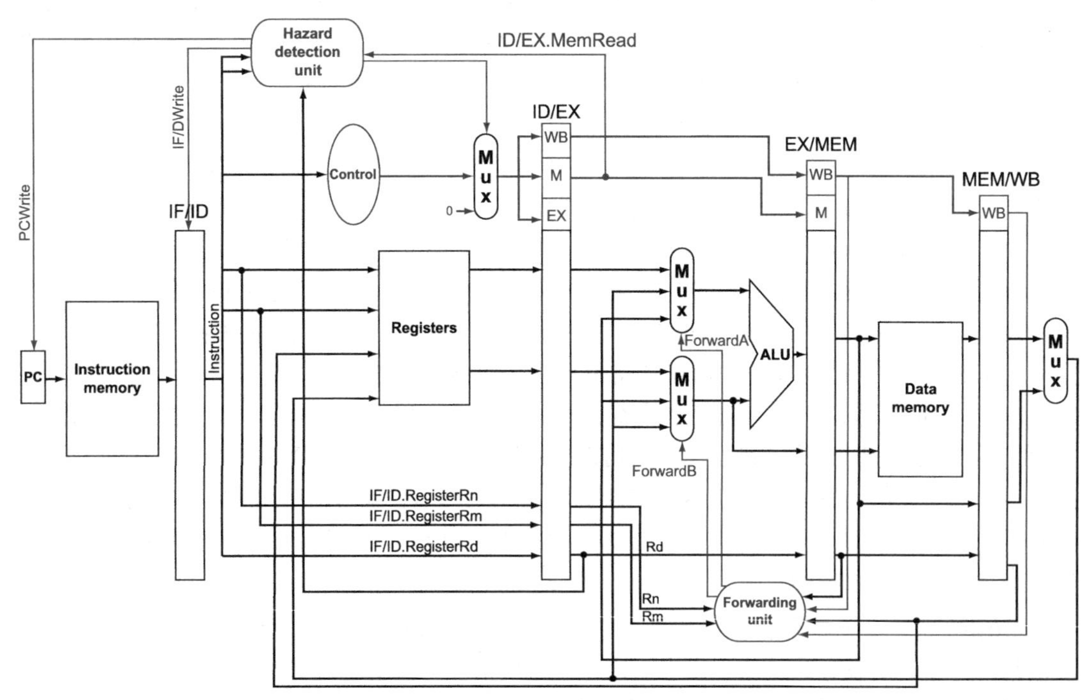

图 4-59　流水线控制概览，包括两个用于旁路的多路选择器、冒险检测单元和旁路单元。虽然 ID 和 EX 级进行了简化（省略了立即数符号扩展和分支逻辑），但本图说明了旁路硬件的基本需求

4.8 控制冒险

> 对邪恶从侧面进行上千次攻击，也比不上从根源上进行一次攻击。
> *Henry David Thoreau, Walden, 1854*

目前为止，我们只考虑了算术运算和数据传输中的冒险。然而，正如 4.5 节所述，还有一类包含分支的流水线冒险。图 4-60 描述了一个指令序列，同时说明了在该流水线中何时会发生分支。为了维持流水线的运行，每个时钟周期都必须取指，但在我们的设计中必须等到 MEM 级才能确定分支是否发生。如 4.5 节所述，与前面讨论的数据冒险相对，这种为了确定取出正确指令而导致的延迟称为**控制冒险**或**分支冒险**。

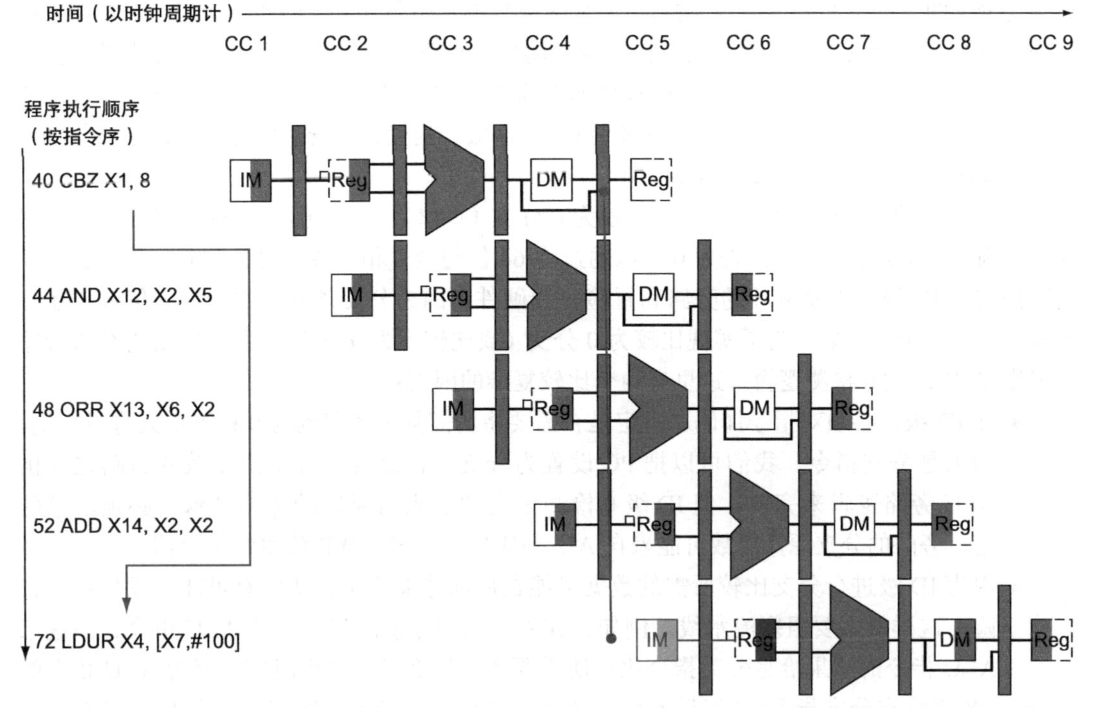

图 4-60 分支指令对流水线的影响。指令左边的数字（40，44，…）表示指令的地址。由于分支指令在 MEM 级（CBZ 指令的第四个时钟周期）才能决定是否进行分支，分支指令后面的三条指令将被取出并开始执行。如果不加干涉，这三条指令将在 CBZ 指令跳转到地址 72 处的 LDUR 指令之前就开始执行了（图 4-30 通过引入额外的硬件从而将控制冒险减少到一个时钟周期，本图使用的数据通路未经优化）

本节对于控制冒险的讨论要比前几节关于数据冒险的描述短得多。原因在于，因为控制冒险相对易于理解，其出现的频率也比数据冒险要小得多，而且与采用旁路就能有效地解决数据冒险相比，还没有有效的方法能够解决控制冒险。因此，我们使用较简单的机制。本节将介绍两种解决控制冒险的方法，并对这些机制进行优化。

4.8.1 假定分支不发生

如 4.5 节所述，采用阻塞直到分支判断完毕才来处理控制冒险的速度太慢。一种分支阻塞的改进方法是预测条件分支不发生，并继续执行顺序的指令流。如果分支发生，那么已经取出并译码的指令必须被丢弃。指令从分支目标处继续执行。如果分支不发生的可能性是 50%，并且丢弃指令的代价很小，那么这种优化方法可以将控制冒险的代价减半。

328

为了丢弃指令，只需要将最初的控制信号置为0，这一点与通过使用阻塞解决读后写数据冒险类似。不同之处在于当分支指令到达MEM级时，必须分别改变IF、ID和EX级中的三条指令。而对于读后写阻塞，只需要将ID级的控制信号置为0，并在流水线中传递。丢弃指令意味着我们必须能够将流水线IF、ID和EX级中的指令都**清空**（flush）。

清空：将流水线中的指令清除掉，通常由意外产生的事件造成。

329

4.8.2 减少分支延迟

一种提高分支效率的方法是减少分支发生的成本。目前为止，我们都假设在MEM级才能确定分支的下一个PC。但如果我们在流水线中越早开始条件分支的执行，那么需要清空的指令就越少。将分支决策提前，需要提前两个动作：计算分支目标地址和判断分支条件。提前分支目标地址的计算相对简单。IF/ID流水线寄存器中已经有了PC的值和立即数字段，所以只需要将计算分支地址的加法器从EX级移到ID级。当然，尽管对所有指令都会进行分支目标地址的计算，但仅在需要时才会使用。

分支条件的判断较为复杂。对于比较为0分支（CBZ），需要比较从ID级读出的一个寄存器，判断其值是否为0。是否为0可以通过将64位与全0相“或”进行判断。将分支条件判断提前到ID级，需要额外的旁路和冒险检测硬件，因为分支条件的判断可能依赖于还在流水线中的结果。例如，为了实现比较为0分支（或比较不为0分支），我们需要将结果旁路到工作在ID级的0检测逻辑。这里有两个比较复杂的因素：

- 在ID级，必须对指令译码，决定是否需要将所需数据旁路到为0检测单元进行检测。如果是分支指令，我们可以把PC设置为分支目标地址。分支操作数的旁路之前由ALU旁路逻辑来完成，但ID级0检测单元的引入需要新的旁路逻辑。必须注意的是，旁路的分支源操作数可能来自ALU/MEM或MEM/WB流水线锁存器。
- 因为ID级进行分支比较所需的数据可能在后面才能产生，所以有可能会发生数据冒险，这样就需要阻塞流水线。例如，如果分支指令前刚好是一条ALU指令，而这条ALU指令的结果恰是分支指令比较所需要的，那么必然产生阻塞，因为ALU指令的EX级将在分支指令ID级后发生。此外，如果分支指令前刚好是一条load指令，并且load的结果恰是分支指令判断所需要的，那么必须产生两个阻塞，因为load指令的结果将在MEM级结束时产生，但在分支指令ID级的开始时就会用到。

尽管有这些困难，将分支执行提前到ID级依然是一种有效的改进，因为它将分支发生时预测错误的代价减小到只有一条指令，也就是当前正被取出的那条指令。下面的例题对旁路路径和检测冒险的实现细节进行了讨论。

为了在IF级清空指令，我们加入了一条称为IF.Flush的控制信号，即将IF/ID流水线寄存器的指令字段置为0。清空寄存器的结果是将取到的指令转变成为空指令，该指令不做任何操作，也不改变机器的状态。

330

例题｜流水线分支

假定流水线对分支不发生的情况进行了优化，并且分支的执行提前到ID级。试说明下面的指令序列在分支发生时的执行情况：

```
36  SUB  X10, X4, X8
40  CBZ  X1,  X3, 8 //  PC-relative branch to 40+8*4=72
44  AND  X12, X2, X5
48  ORR  X13, X2, X6
52  ADD  X14, X4, X2
```

```
56  SUB  X15, X6, X7
. . .
72  LDUR X4,  [X7,#50]
```

答案 图 4-61 描述了分支产生时指令序列的执行情况。与图 4-60 不同，这里在一个发生的分支上只有一个流水线气泡。

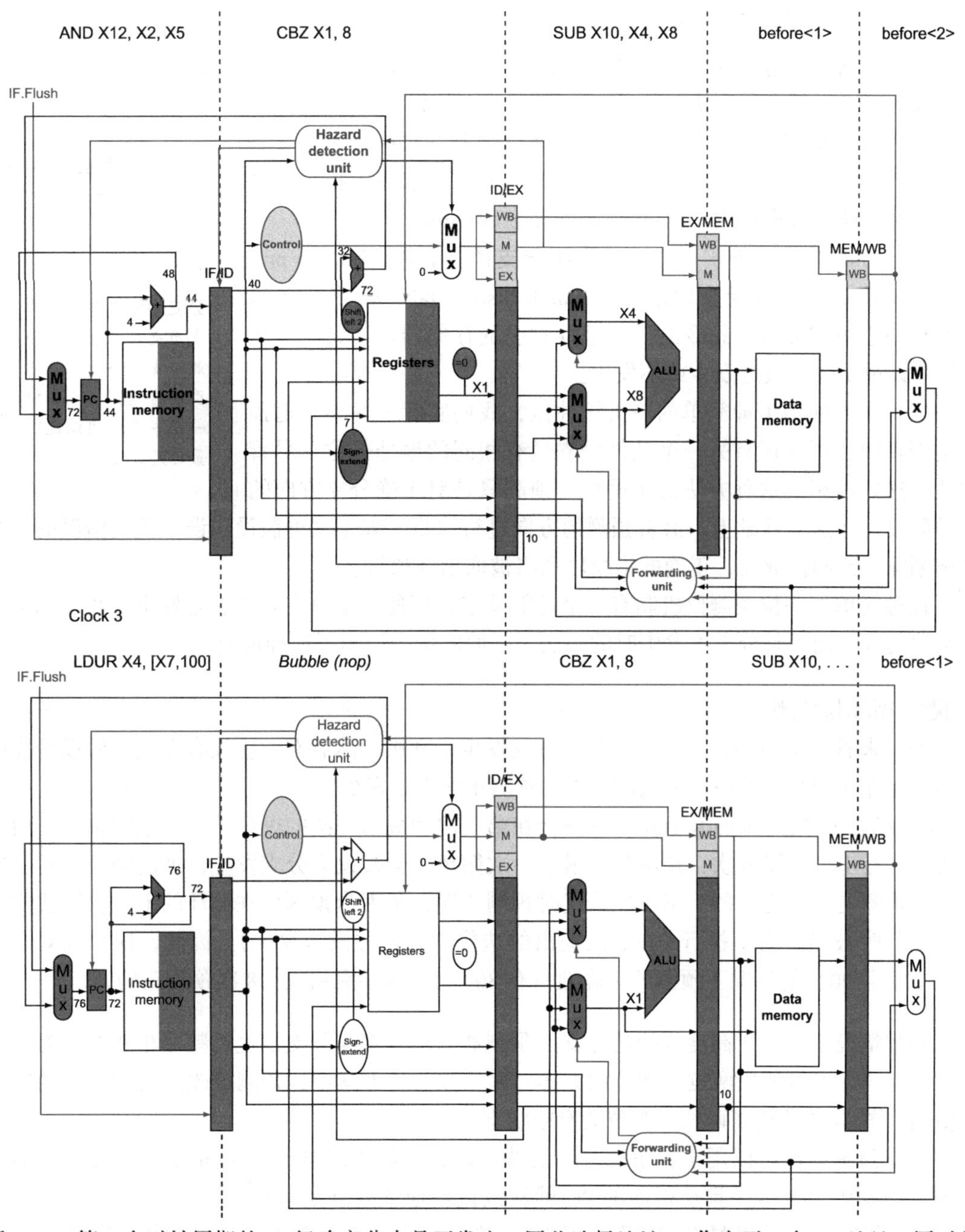

图 4-61 第三个时钟周期的 ID 级确定分支是否发生，因此选择地址 72 作为下一个 PC 地址，同时将为下一个时钟周期取出的指令置为 0。时钟周期 4 描述了地址 72 处的取指，以及因分支发生在流水线中产生的一个气泡或一条空指令

4.8.3 动态分支预测

假设分支不发生是一种简单的分支预测方法。在这种情况下，总是预测分支不发生，如果预测错误就清空流水线。对简单的五级流水线而言，这种方法结合基于编译器的预测可能就已足够。对于更深的流水线而言，分支错误将耗费更多的时钟周期。类似地，对于多发射（见4.10节），分支错误的代价随丢失指令数的增加而增加。这种组合意味着，在一个激进的流水线中，简单的静态预测机制将可能浪费大量的性能。如4.5节所述，通过更多的硬件支持，我们可以尝试在程序执行的过程中预测分支的行为。

一种方法是查找指令的地址，判断该指令上一次执行时分支是否发生，如果发生，就从上次分支发生的地方开始取新的指令。这种技术称为**动态分支预测**（dynamic branch prediction）。

动态分支预测：根据运行信息在运行过程中预测分支。

上述方法的另一种实现方法是采用**分支预测缓冲**（branch prediction buffer）或**分支历史记录表**（branch history table）。分支预测缓冲是一小块按照分支指令的低位地址索引的存储器区，其中包括一位用以说明分支最近发生或不发生。

分支预测缓冲：也称为分支历史记录表。一小块按照分支指令的低位地址索引的存储器区，其中包括一位或多位用以说明分支最近是否发生。

这种预测使用了最简单的一类缓冲区，我们实际上并不知道预测是否正确，可能还有另一个条件分支具有相同的地址低位。尽管如此，这并不影响这种方法的正确性。预测只是对正确分支方向的一种假设，在这个基础上，沿着预测的方向进行取指。如果这种假设错误，预测错误的指令将被删除，预测位取反，正确的指令序列将被取出并执行。

331 ~ 332

这种简单的一位预测位机制有一个性能缺陷：即使一个分支几乎总是发生，我们仍会预测错误两次，而不是分支不发生时的一次。下面的例子说明了这种情况。

例题 | 循环与预测

我们来看一个循环分支，在一行上分支发生了9次，然后有一次没有发生。假设分支的预测位保存在预测缓冲中，那么该分支的预测正确率是多少？

答案 | 稳态/静态（steady-state）预测会在第一次和最后一次的循环迭代时预测错误。由于分支在一行上发生了9次，预测位在最后一次循环时会被设为分支发生，因此循环最后一次的错误预测是不可避免的。第一次迭代时预测错误，是因为预测位在循环的上一次迭代的前一个执行时被设置为不执行（在那次退出的迭代中分支并没有发生）。因此，这个预测方法在分支发生90%的情况下预测的正确性只有80%（两次预测错误，8次预测正确）。

理想情况下，对于高度规律的分支，预测器的正确率与分支发生的频率相匹配。为了弥补这一缺陷，经常使用两位预测位的方案。两位预测位方案中，预测位改变之前将有两次预测错误。图4-62给出了两位预测位的有限状态机。

分支预测缓冲可以用小容量的专用缓冲实现，在流水线IF级通过指令地址访问。如果预测分支发生，那么一旦获得新的PC就从该目标地址处开始取指（如4.8.1节所述，可以早至ID级）。否则就顺序取指并继续执行。如果预测的结果错误，就按照图4-62所示的方法改变预测位。

分支目标缓冲：用于缓存分支的目标地址或目标指令，通常用带有标志位（tag）的cache实现，比简单的分支预测缓冲成本更高。

精解 分支预测器指出分支是否发生，但仍需要计算分支目标地址。在五级流水线中，分支目标地址的计算需要一个时钟周期，即分支发生将需要一个时钟周期的损失。可以通过使用分支目标缓冲(branch target buffer)保存分支目标地址或分支目标指令来解决。

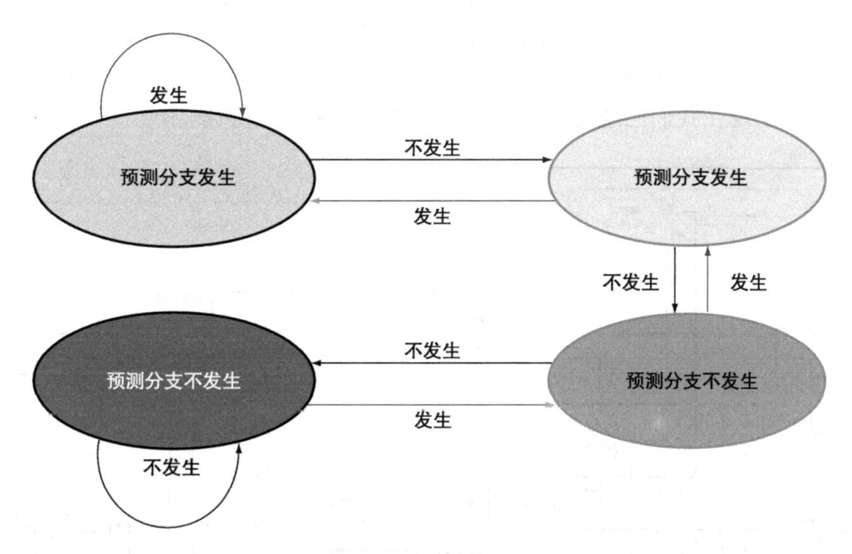

图 4-62 两位预测位机制的状态图。通过使用两位(不是一位)预测位,在分支经常发生或经常不发生的情况下(大多数分支都是这样),只会预测错误一次。两位可以对系统中的四种状态进行编码。两位方案是基于计数器预测方法的一个应用。基于计数器的预测方法,当预测成功时计数器加 1,预测失败时计数器减 1,然后使用计数器表示范围的中点作为分支与不分支的分界点

两位动态预测机制仅使用某个特定分支的信息。研究人员发现,在使用相同数量的预测位的情况下,同时使用局部分支和最近执行分支的全局行为信息,能够产生更高的预测正确率。这种预测器称为**相关预测器**(correlating predictor)。一个典型的相关预测器为每个分支提供两个两位的预测器,其选择依据是上次分支执行的结果(分支发生与否)。因此,全局分支行为可以被看成是在预测查找表中加入额外的索引位。

相关预测器:将某个特定分支的局部行为和最近执行的一些分支的全局信息相结合的分支预测器。

333

还有一种分支预测方法是使用竞争预测器。**竞争预测器**(tournament branch predictor)对每个分支使用多个预测器,并记录哪个预测器的预测结果最好。典型的竞争预测器对每个分支地址有两个预测:一个基于局部信息,另一个基于全局分支行为。有一个选择器用于选择预测器。选择器的操作类似于一个一位或两位的预测器,当然两位预测器的正确率更高。最新的一些微处理器都使用了这种集成预测器。

竞争预测器:一种分支预测器,对每个分支有多种预测,有一个选择器为给定的分支选择一个预测器作为预测结果。

精解 一种减少条件分支数量的方法是加入条件移动指令(conditional move instruction)。不同于条件分支指令改变 PC 值,条件移动指令将根据条件改变移动的目的寄存器。例如,完整的 ARMv8 指令集体系结构中有一条条件选择指令 `CSEL`。该指令需要一个目的寄存器、两个源寄存器和一个条件。如果条件为真,目的寄存器获得第一个源寄存器的值,否则获得第二个源寄存器的值。因此,如果条件码表明操作结果不等于 0,那么指令 `CSEL X8,X11,X4,NE` 将把 `X11` 寄存器的值复制到 `X8` 寄存器中,否则把 `X4` 寄存器的值复制给 `X11` 寄存器。因此,采用 ARMv8 指令集的程序中的条件分支比采用 LEGv8 核心指令集的程序中的条件分支更少。

334

4.8.4 流水线小结

我们从洗衣店的例子开始，展示了日常生活中的流水线原理。以这个例子类比，逐步解释了指令的流水化，即在单周期数据通路的基础上逐步增加流水线寄存器、旁路路径、数据冒险检测，以及产生分支预测错误或读后写数据冒险时指令的清空。图4-63给出了最终的数据通路及控制。现在我们已经准备好处理另一种控制冒险：异常。

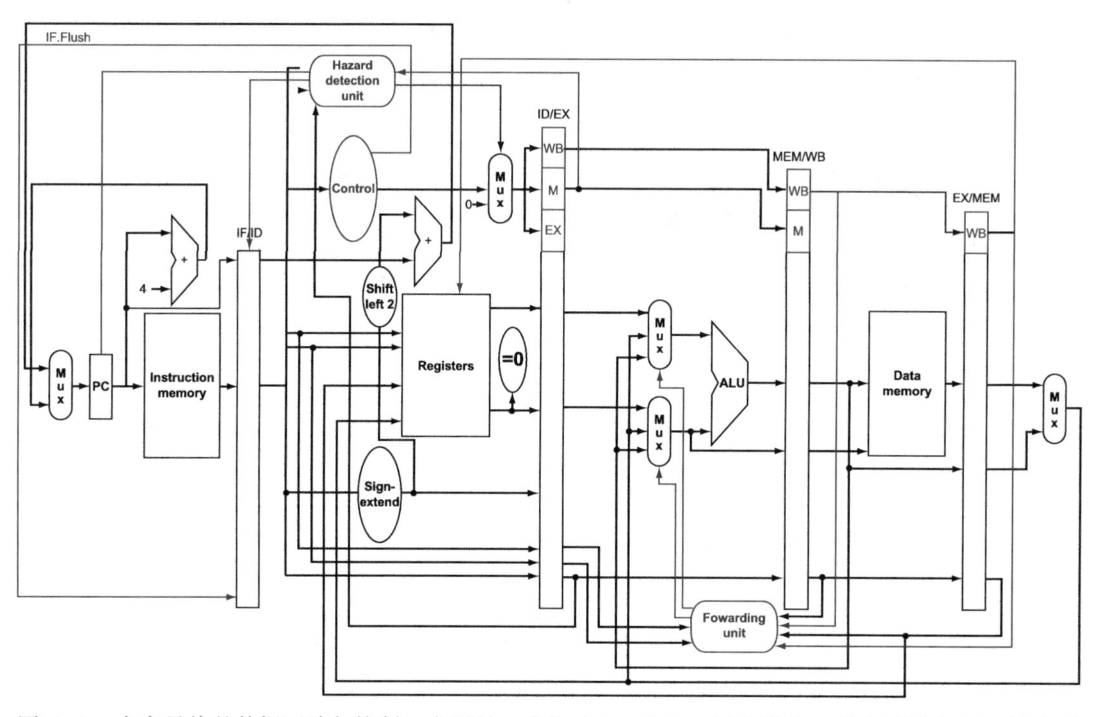

图4-63 本章最终的数据通路与控制。本图是一个概略图，没有覆盖到数据通路的所有细节，缺少了如图4-56中的ALUsrc多路选择器和图4-50中的多路选择器控制

小测验 考虑三种分支预测机制：预测分支不发生、预测分支发生和动态分支预测。假设这三种机制在预测正确时无开销，预测错误时开销为两个时钟周期，并假设动态预测器的平均预测准确率为90%。那么，对下面的分支而言，哪种预测器是最好的选择？

335

1. 条件分支发生概率为5%。
2. 条件分支发生概率为95%。
3. 条件分支发生概率为70%。

4.9 异常

> 使一台计算机具有自动程序中断能力并非一件简单的事，因为中断发生时处于不同执行阶段的指令数量可能非常多。
>
> *Fred Brooks, Jr., Planning a Computer System: Project Stretch, 1962*

控制是处理器设计中最具挑战性的一个方面：最难达到正确，也最难提高速度。控制要完成的任务之一是实现**异常**（exception）和**中断**（interrupt）——除分支以外改变正常指令执行流的事件。异常和中断最初用来处理来自处理器内部的意外事件，如浮点运算溢出。在第5章中我们将看到，这两种机制经扩展后也可用于I/O部件与处理器的通信。

许多体系结构和作者不区分中断和异常，而是经常使用其中一个指代两种类型的事件。例如，Intel x86 使用中断。我们使用术语异常指控制流中任何意外的改变，无论其产生原因是来自处理器内部还是外部。我们仅用术语中断表示外部引起的事件。下面的例子说明了哪些是处理器内部产生的事件，哪些是外部产生的，以及 ARM 中使用的名称。

异常：也称为中断，指打断程序正常执行的突发事件，用于检测溢出等。

中断：来自处理器外部的异常。某些体系结构也用“中断”表示所有的异常。

事件类型	来源	ARMv8术语
系统重置	外部	异常
I/O设备请求	外部	中断
从用户程序进行操作系统调用	内部	异常
浮点算术运算上溢或下溢	内部	异常
使用未定义的指令	内部	异常
硬件故障	内部或外部	异常或中断

导致异常发生的特殊情况对异常处理的支持提出了诸多要求。第 5 章将再次讨论这个话题，那时我们将更好地理解异常机制的额外支持。本节讨论两种异常检测机制，这些异常从我们已讨论过的指令集及其实现产生。

检测异常条件并采取适当的措施，通常处于处理器的关键路径上。该路径决定了时钟周期的长度以及处理器的性能。如果在控制单元的设计中没有充分考虑异常，那么在复杂实现中加入异常支持会明显降低性能，并使设计更加复杂。

336

4.9.1 LEGv8 体系结构中的异常处理

目前实现中可能产生的异常是未定义指令的执行、浮点的上溢和下溢，以及硬件故障。在接下来的部分，我们将以 `ADD X1, X2, X1` 指令执行中产生的硬件故障作为异常的例子。异常发生时，处理器必须进行的基本操作是，将出错指令的地址保存在异常链接寄存器（Exception Link Register，ELR）中，然后把控制权转交给操作系统的特定地址。

操作系统可以采取适当的行动，如给用户程序提供一些服务，对故障执行预定义的操作，或终止程序的执行并报告错误。在完成处理异常所需动作后，操作系统可以终止程序，也可以继续执行程序，通过使用 ELR 决定从哪里开始重新执行。第 5 章将更详细地讨论重新开始执行的问题。

为了处理异常，操作系统除了要知道是哪条指令引起异常之外，还必须知道引起异常的原因。主要有两种方法用于确定产生异常的原因。LEGv8 中使用的方法是设置一个寄存器（称为异常综合寄存器（Exception Syndrome Register, ESR）），该寄存器中有一个字段用于指出异常的原因。

第二种方法是使用**向量中断**（vectored interrupt）。在向量中断中，控制权被转移到的地址由异常原因决定，通常加到指明向量中断存储器范围的基址寄存器上。例如，我们可以为一些异常类型定义下列异常向量地址：

向量中断：由异常原因决定中断控制转移地址的中断。

异常类型	加到向量表基址寄存器的异常向量地址
未知原因	$00\ 0000_{two}$
浮点算术异常	$10\ 1100_{two}$
系统错误（硬件故障）	$10\ 1111_{two}$

操作系统根据异常开始的地址得知导致异常的原因。当出现的异常不属于向量异常时，如 LEGv8 中，那么所有异常可以使用单个入口点，并且操作系统对状态寄存器进行译码以找到原因。对于带有向量异常的体系结构，地址由 32 字节或 8 条指令进行分割，并且操作系统必须记录异常的原因，并依此顺序执行一些有限的处理。

通过在基本实现中加入一些额外的寄存器和控制信号，并将控制进行一些扩展，就可以处理异常。假设我们所实现的异常系统有单个中断入口点，地址为 0000 0000 1C09 0000_{hex}。337（实现向量异常也不难。）需要在当前的 LEGv8 实现中加入两个寄存器：

- ELR：64 位寄存器，用于保存异常指令的地址（向量异常也需要这样一个寄存器）。
- ESR：记录异常原因的寄存器。在 LEGv8 体系结构中，该寄存器为 32 位，虽然其中一些位当前没有使用。假定有一个字段对前面提到的三种可能的异常原因进行编码，8 代表未定义指令，10 代表算术上溢和下溢，12 代表硬件故障。

4.9.2 流水线实现中的异常

在流水线实现中，异常被视为另一种形式的控制冒险。例如，假设指令 ADD 产生了一个硬件故障。正如上一节对分支发生的处理，我们必须清空流水线中 ADD 指令后的一系列指令，并从新的地址开始取指。我们将使用与分支发生相同的机制，但这时异常将造成控制信号置为无效。

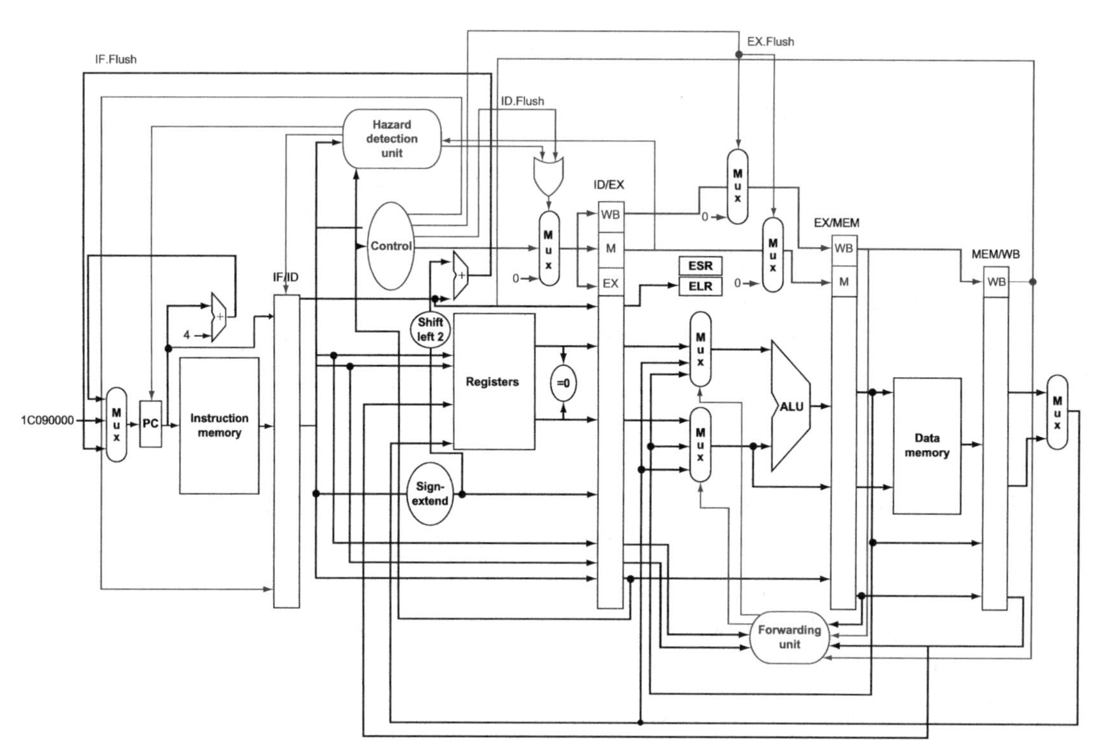

图 4-64　处理异常的数据通路与控制。主要增加的部分包括：在 PC 多路选择器中增加了一个新的输入 0000 0000 1C09 0000_{hex}，一个记录异常产生原因的 ESR 寄存器，以及一个保存导致异常的指令地址的 ELR 寄存器。0000 0000 1C09 0000_{hex} 是发生异常时开始取指的初始地址

在处理分支预测错误时，我们已经了解了如何通过将 IF 级的指令转换成 nop 来清空指

令。为了清空 ID 级的指令，我们使用 ID 级已有的多路选择器，将控制信号置零以产生阻塞。一个称为 ID.Flush 的新控制信号与冒险检测单元的阻塞信号相或，用以清空 ID 级的指令。为了清空 EX 级的指令，我们使用一个称为 EX.Flush 的新信号，用其控制新的多路选择器将控制信号置零。为了从 0000 0000 1C09 0000_{hex} 地址（LEGv8 异常地址）处开始取指令，只要简单地在 PC 多路选择器上加入一个额外的输入，将 0000 0000 1C09 0000_{hex} 传递到 PC。图 4-64 描述了这种变化。

这个例子指出了异常存在的一个问题，即如果在指令执行期间不中止指令的执行，那么程序员将无法看到寄存器 X1 的原始值，因为 X1 将作为指令 ADD 的目的寄存器被冲掉。假设异常在 EX 级检测到，那么我们可用 EX.Flush 信号避免 EX 级的指令在 WB 级写回结果。很多异常需要将引起异常的指令像正常执行一样执行完。实现这一点最简单的方法是清空这条指令，然后在异常处理完后再重新执行这条指令。

最后一步是将导致异常的指令的地址保存到异常链接寄存器（ELR）中。图 4-64 给出了一个数据通路，包括分支硬件以及为处理异常所进行的必要调整。 338

例题 | 流水线计算机中的异常

给出以下指令序列：

```
40hex  SUB   X11, X2, X4
44hex  AND   X12, X2, X5
48hex  ORR   X13, X2, X6
4Chex  ADD   X1,  X2, X1
50hex  SUB   X15, X6, X7
54hex  LDUR  X16, [X7,#100]
. . .
```

假定异常处理程序的开始部分如下：

```
1C090000hex  STUR     X26, [X0,#1000]
1C090004hex  STUR     X27, [X0,#1008]
. . .
```

339

如果 ADD 指令发生异常，那么流水线中会发生什么情况？

答案 | 图 4-65 给出了从 ADD 指令的 EX 级开始发生的情况。假设在该级检测到硬件故障[⊖]，0000 0000 1C09 0000_{hex} 被强制送入 PC。在第 7 个时钟周期，ADD 指令及其后面的指令被清空，并且异常代码的第一条指令被取出。注意，ADD 指令下一条指令的地址（$4C_{hex}+4 = 50_{hex}$）被保存下来。

前面提到了几个异常的例子，第 5 章还会给出其他的例子。任何时钟周期流水线中都有五条活跃指令，因此如何确定哪条指令引起了异常是一个挑战。并且，一个时钟周期内还可能发生多个异常。解决方法是对异常划分优先级，当多个异常同时发生时以便决定先处理哪个。在 LEGv8 实现中，硬件对异常进行排序，从而使得最先发生的指令被中断。

I/O 设备请求与硬件故障并不与特定的指令相关，因此在中断流水线的时机的实现上具有一定的灵活性。因此，用于其他异常的机制在这里也可以很好地工作。

ELR 捕捉被中断指令的地址，如果产生多个异常，那么 ESR 寄存器记录优先级最高的异常事件。

⊖ 如溢出。——译者注

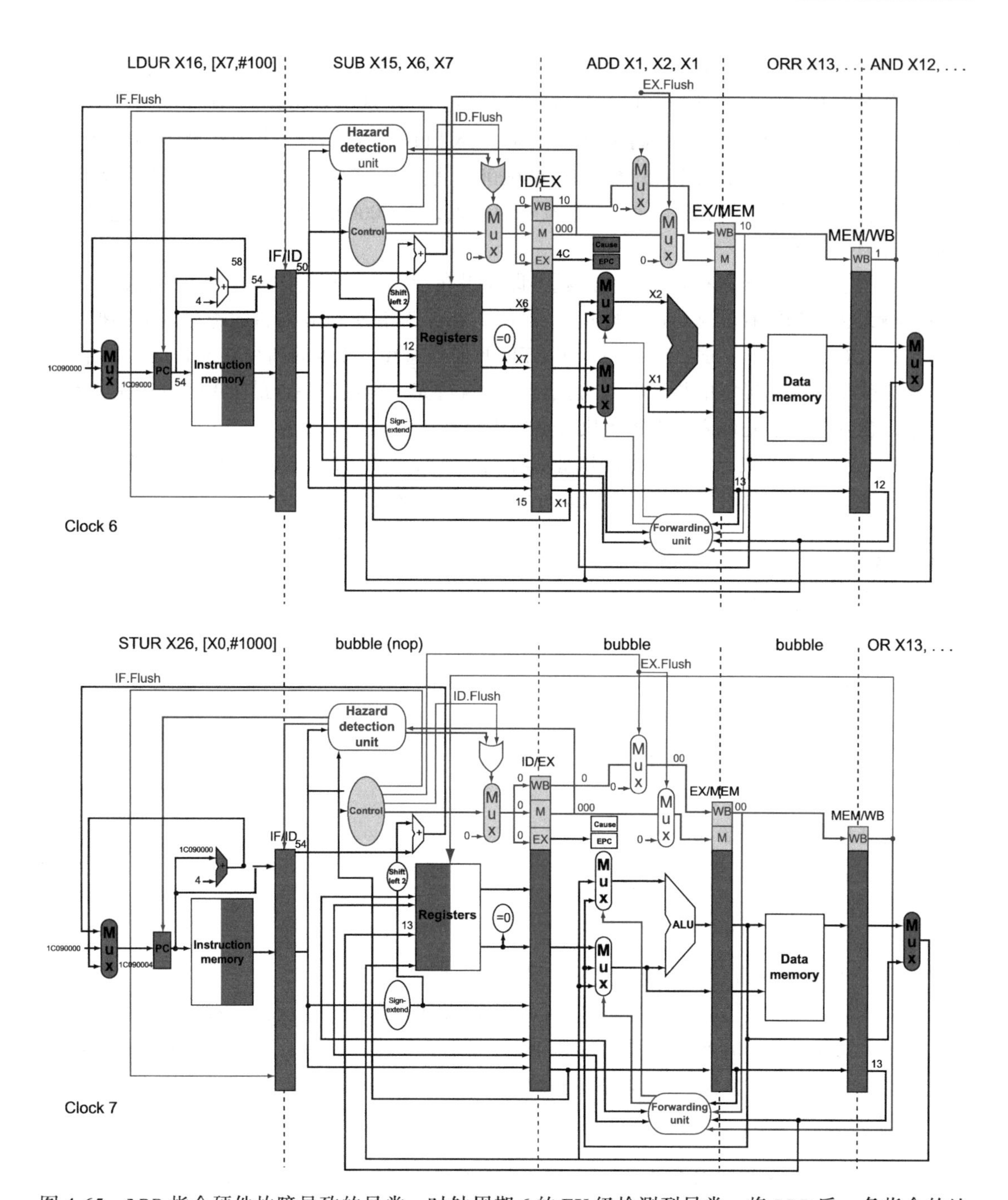

图 4-65　ADD 指令硬件故障导致的异常。时钟周期 6 的 EX 级检测到异常，将 ADD 后一条指令的地址（4C+4=50_{hex}）保存到 ELR 寄存器中。在该周期结束时所有的 Flush 信号都设置为 1，并将 ADD 的控制信号设为无效（置为 0）。时钟周期 7 显示了流水线中转化为气泡的指令和取出的异常处理程序的第一条指令 STUR X25,[X0,#1000]（从指令地址 0000 0000 1C09 0000_{hex} 处取得）。注意，ADD 之前的 AND 指令和 ORR 指令仍然会执行完毕

硬件/软件接口　硬件与操作系统必须协同工作，才能按照人们期望的方式处理异常。硬件处理过程通常包括：暂停指令流中导致异常的指令，同时执行完该指令前的所有指令，清空该指令后的所有指令，并且设置一个寄存器描述异常发生的原因，保存导致异常发生的

指令的地址，然后跳转到预先约定的地址开始执行。操作系统的处理过程包括：查看异常发生的原因，并采取相应的操作。对于一个未定义指令或硬件失效引起的异常，操作系统通常终止程序的执行并返回对失效原因的描述。对于I/O设备请求或操作系统服务调用，操作系统保存程序的当前状态，执行所需的任务，然后在某个时刻重新载入程序继续运行。在I/O设备请求的情况下，我们可能经常需要在继续执行发出I/O设备请求的任务前先运行另一个任务，因为发出I/O设备请求的任务一般在I/O完成之后才能继续执行。正因为有异常处理，保存和恢复任务的状态非常重要。最重要且频繁出现的异常之一是缺页与TLB异常。第5章将详细描述这些异常及其处理过程。

340 ~ 341

精解 在流水线计算机中，将异常与导致异常的指令对应起来的难度很大，因此一些计算机设计师在一些非关键情况下降低了这种要求。这种处理器一般称为具有非精确中断（imprecise interrupt）或者非精确异常（imprecise exception）。在上面的例子中，尽管导致异常的指令地址是$4C_{hex}$，但在检测到异常后下一个时钟周期开始时PC的值通常为58_{hex}。具有非精确异常处理的处理器可能会将58_{hex}放入ELR中，并让操作系统确定是哪一条指令导致了异常。LEGv8以及当前的大量主流处理器都提供精确中断（precise interrupt）或精确异常（precise exception）。原因之一是，深度流水线（流水线中具有较多的级数）的设计师可能想要在ELR中记录一个不同的值，但这可能给操作系统造成麻烦。为了避免这种情况，较深的流水线需要记录和五级流水线中相同的PC。而仅记录错误指令的PC要更为简单。（另一个原因是为了支持虚拟存储器，第5章将对此进行介绍。）

非精确中断：也称为非精确异常。流水线计算机中的中断或异常，与导致中断或异常的指令没有关联。

精确中断：也称为精确异常。流水线计算机中的中断或异常，总是与导致中断或异常的指令关联。

精解 LEGv8基于ARMv8体系结构，使用0000 0000 1C09 0000_{hex}作为异常入口。根据平台的不同，ARMv8可能有不同的异常入口地址。

精解 LEGv8中的异常分为三级，每一级都有独立的ELR和ESR寄存器，第5章中将详细介绍。

小测验 在下面的指令序列中会首先识别哪个异常？

```
1. XXX X1, X2, X1    // undefined instruction
2. SUB X1, X2, X1    // hardware error
```

4.10 指令级并行

本节是对一些有趣但较为复杂的高级主题的概述。如果你希望了解更多的细节，可以参考我们的另一本教材：《计算机体系结构：量化研究方法》（第5版）。本节大约13页的内容在该书中扩充到近200页（含附录）！

流水线挖掘了指令间潜在的并行性。这种并行被称为**指令级并行**（Instruction-Level Parallelism，ILP）。有两种方法可以增加潜在的指令级并行程度。第一种是增加流水线的深度，以便让更多的指令重叠执行。仍使用洗衣店的例子类比，假设洗涤周期比其他周期要长，那么我们可以进一步把洗涤过程划分成三个机器的任务，分别完成原洗衣机的洗涤、漂洗、脱水三个步骤。原来的四级流水线变成了六级流水线。为了达到完全的加速效果，我们需要重新平衡其他步

342

指令级并行：指令间的并行性。

骤，以使得每个步骤长度相同，这一点在处理器和洗衣店中都是一样的。因为有更多的操作可以重叠执行，所以可以挖掘出更高的并行度。由于时钟周期缩短，性能也会得到潜在的提升。

另一种方法是复制计算机内部部件的数量，使得每个流水级都可以支持多条指令执行。这种技术一般被称为**多发射**（multiple issue）。一个多发射的洗衣店会把一台洗衣机和烘干机替换为三台洗衣机和三台烘干机，同时还需要雇用更多的帮工在同样的时间内折叠和打包相对原来三倍的衣服。这种方法的缺点是需要额外的工作让所有机器同时运转并将负载传递到下个流水级。

多发射：一种单时钟周期内发射多条指令的机制。

在每一级启动多条指令允许指令执行率超过时钟频率，也就是CPI小于1。正如第1章所述，有时候可以使用相反的标准，即IPC（每时钟周期执行的指令数）作为度量。因此，一个3GHz四路多发射微处理器能以每秒120亿指令的峰值速率执行，其最好情况下的CPI达到0.33，或IPC达到3。假设是五级流水线，这个处理器任何时刻都可能有15条指令在同时执行。当前的高端微处理器尝试在每个时钟周期发射3~6条指令。甚至中端设计都有IPC为2的目标峰值。然而，一般来说存在很多约束，如哪些类型的指令可以同时执行，以及产生依赖时会发生什么。

实现多发射处理器主要有两种方式，主要区别是编译器和硬件之间的工作分工。工作分工是指决策是静态决定（编译时决定）还是动态决定（执行时决定），因此这两种方式有时也被称为**静态多发射**（static multiple issue）和**动态多发射**（dynamic multiple issue）。两种方式还有其他更通用的名字，但这些名字可能没那么精确，或有更多的限制。

静态多发射：实现多发射处理器的一种方法，其中决策在执行前的编译级完成。

动态多发射：实现多发射处理器的一种方法，其中决策在处理器执行级完成。

多发射流水线必须处理以下两个主要且必需的任务：

- 将指令打包到**发射槽**（issue slot）中。处理器如何确定在给定的时钟周期发射多少条指令以及发射何种指令？在大多数静态发射处理器中，这个过程至少有一部分是由编译器处理的。而在动态发射处理器中，这个问题一般是由处理器在运行时处理的，尽管编译器经常已经尝试通过调整指令顺序以帮助提高发射率。
- 处理数据冒险和控制冒险。在静态发射处理器中，编译器静态处理部分甚至全部的数据冒险和控制冒险。相反，大多数动态发射处理器试图通过在执行时使用一些硬件技术消除某些类型的冒险。

发射槽：能在给定时钟周期内发射指令的位置，可以类比于短跑比赛中的起点位置。

343

尽管这里我们把它们看成两种不同的方法，但实际上这两种方法经常借用对方的技术，没有哪一种方法可以称得上是完全独立的。

4.10.1 推测的概念

推测是寻找和挖掘更多ILP最重要的方法之一。基于预测这一伟大思想，**推测**（speculation）允许编译器或处理器“猜测”指令可能的执行情况，使依赖于被推测指令的其他指令可以执行。例如，我们可以推测分支指令的结果，这样分支后面的指令就可以提前执行。另一个例子是，推测load前的store指令访问的存储器地址和load不同，从而

推测：一种编译器或处理器推测指令结果以消除执行其他指令对该结果的依赖的方法。

允许 load 指令提前到 store 指令之前执行。推测的难点在于推测可能错误。因此，任何推测机制必须既包含一种方法能检查推测是否正确，又包含一种方法能在推测错误时回滚或取消已推测执行的指令的影响。实现这种回滚能力增加了额外的复杂性。

推测可以由编译器或硬件完成。例如，编译器可以利用推测对指令进行重排序，将一条指令移过分支，也可将 load 指令移到 store 指令之前。而通过使用本节稍后将讨论的技术，处理器硬件也可以在运行时实现同样的转换。

但软硬件推测的错误恢复机制非常不同。对于软件推测，编译器经常插入额外的指令以检查推测的正确性并提供一个专门的修复例程供推测错误时使用。对于硬件推测，处理器经常缓存推测的结果，直至推测的结果得到确认。如果推测是正确的，缓存的结果写回寄存器文件或存储器，指令执行完成。如果推测错误，硬件将清空缓存，并重新执行正确的指令序列。推测错误通常需要清空流水线或者至少造成流水线阻塞，从而进一步降低了性能。

推测还可能导致另一个问题：对某些指令的推测可能会导致原本不存在的异常产生。例如，假设一条 load 指令被按推测方式移动了[1]，但是在推测错误的情况下，该指令所使用的地址是非法的。此时，一个原本不应发生的异常发生了。该问题复杂的原因在于，如果这条 load 指令不是推测的，那么该异常必然发生。在基于编译器的推测中，这类问题可以通过加入特殊的推测支持来避免，即暂时忽略这些异常，直至可以确定异常必须发生。在基于硬件的推测中，异常将被简单地缓存起来，直到导致异常的指令不再是推测的[2]，此时，异常产生并进入正常的异常处理程序。

344

推测在猜测正确时能改进性能，而不慎使用可能降低性能，因此需要大量的工作来决定何时采用推测。本节后半部分将介绍静态和动态的推测技术。

4.10.2 静态多发射

静态多发射处理器都使用编译器来帮助封装多条指令以及处理冒险。在一个静态发射处理器中，可以在给定的时钟周期内发射一个指令集合，也称为**发射包**（issue packet）。发射包就像一条很长的带有多个操作的指令。这种观点不只是为了进行类比。因为静态多发射处理器一般对一个给定的时钟周期内能发射的指令有所限制，因此可以把发射包看成允许同时进行多个操作的一条指令（有多个预定义的操作码字段）。这种观点引出了这种方法的最初名字：**超长指令字**（Very Long Instruction Word，VLIW）。

发射包：在一个时钟周期内发射的多条指令的集合，可以由编译器静态确定，也可以由处理器动态确定。

超长指令字：一种指令集体系结构，可以将多个独立的操作放在单一的一条宽指令中，并且有多个独立的操作码字段。

绝大多数静态多发射处理器也依赖编译器处理数据冒险和控制冒险。编译器的任务可能包括静态分支预测和代码调度，以减少或阻止所有的冒险。下面先来看一个简单的静态多发射 LEGv8 处理器的例子，这些技术将在后续描述的更先进的处理器中采用。

实例：LEGv8 指令集的静态多发射

为了理解静态多发射，我们先考查一个简单的双发射 LEGv8 处理器，其中一条指令可以是整型 ALU 操作或分支，另一条指令可以是 load 指令或 store 指令。在某些嵌入式处理

[1] 即调整了指令执行顺序。——译者注

[2] 即确定会执行。——译者注

器中采用与此类似的设计。每个时钟周期发射两条指令意味着需要取出并译码 64 位的指令。很多静态多发射处理器，甚至所有的 VLIW 处理器，都严格限制了可同时发射的指令，以简化译码和发射过程。因此，我们要求指令必须成对，并按 64 位边界对齐存放，并且将 ALU 指令或分支指令放在前面。此外，如果一对指令中有一条指令不能使用，那么就用 nop 指令代替。因此，指令总是成对发射，其中一个槽中可能是一条 nop 指令。图 4-66 给出了指令成对出现在流水线中的情况。

指令类型	流水线级							
ALU或分支	IF	ID	EX	MEM	WB			
load或store	IF	ID	EX	MEM	WB			
ALU或分支		IF	ID	EX	MEM	WB		
load或store		IF	ID	EX	MEM	WB		
ALU或分支			IF	ID	EX	MEM	WB	
load或store			IF	ID	EX	MEM	WB	
ALU或分支				IF	ID	EX	MEM	WB
load或store				IF	ID	EX	MEM	WB

图 4-66　静态双发射流水线。ALU 指令与数据传输指令同时发射。这里假设使用与单发射相同的五级流水线。虽然并非严格如此，但使用五级流水确实会带来一些好处。特别是在流水线的最后写寄存器，可以简化异常处理，还可以简化精确异常模型的维护，而这些问题在多发射处理器中变得更难以处理

静态多发射处理器之间的不同在于如何处理潜在的数据冒险和控制冒险。在有些设计中，编译器全权负责移除所有冒险、调度指令、插入 nop 指令，从而使得代码在执行时不需要冒险检测和硬件产生阻塞。在另一些设计中，硬件检测数据冒险并在两个发射包间产生阻塞，而编译器只负责避免一个指令包中所有的依赖性。尽管如此，冒险仍会使包含依赖指令的整个发射包阻塞。不管软件必须处理所有的冒险还是只负责减少不同发射包之间的冒险，包含多个操作的长指令都应被加强。在这个例子中，我们假定使用第二种方法。

345

为了并行发射一个 ALU 操作和数据传输操作，首先需要增加一些硬件：除了冒险检测和阻塞逻辑之外，还需要为寄存器文件增加额外的端口（见图 4-67）。在一个时钟周期内，我们可能需要为一个 ALU 操作读两个寄存器，并为 store 操作再读两个，同时 ALU 操作需要一个写端口，而 load 操作也需要一个写端口。因为 ALU 要用来进行 ALU 操作，所以还需要一个额外的加法器来计算数据传输的有效地址。如果没有这些额外的硬件资源，双发射流水线将受到结构冒险的损害。

显然，该双发射处理器最多能将性能提高两倍。事实上，为了达到这一点，需要将双发射流水线中重叠执行的指令数翻倍。额外的重叠使数据冒险和控制冒险带来的相对性能损失也增加了。例如，在我们简单的五级流水线中，load 指令有一个时钟周期的**使用延迟**（use latency），以防止一条指令无阻塞地使用其结果。在双发射五级流水线中，load 指令的结果不能在下个时钟周期使用。这意味着下两条指令不能无阻塞地使用 load 的结果。此外，在简单五级流水线中没有使用延迟的 ALU 指令现在有一个指令的使用延迟，因为其结果不能在与其配对的 load 指令或 store 指令中使用。为了有效地挖掘多发射处理器中潜在的并行性，需要使用更高级的编译器或硬件调度技术，而静态多发射要求编译器来承担这一任务。

使用延迟：在 load 指令与可以无阻塞使用其结果的指令间相隔的时钟周期数。

346

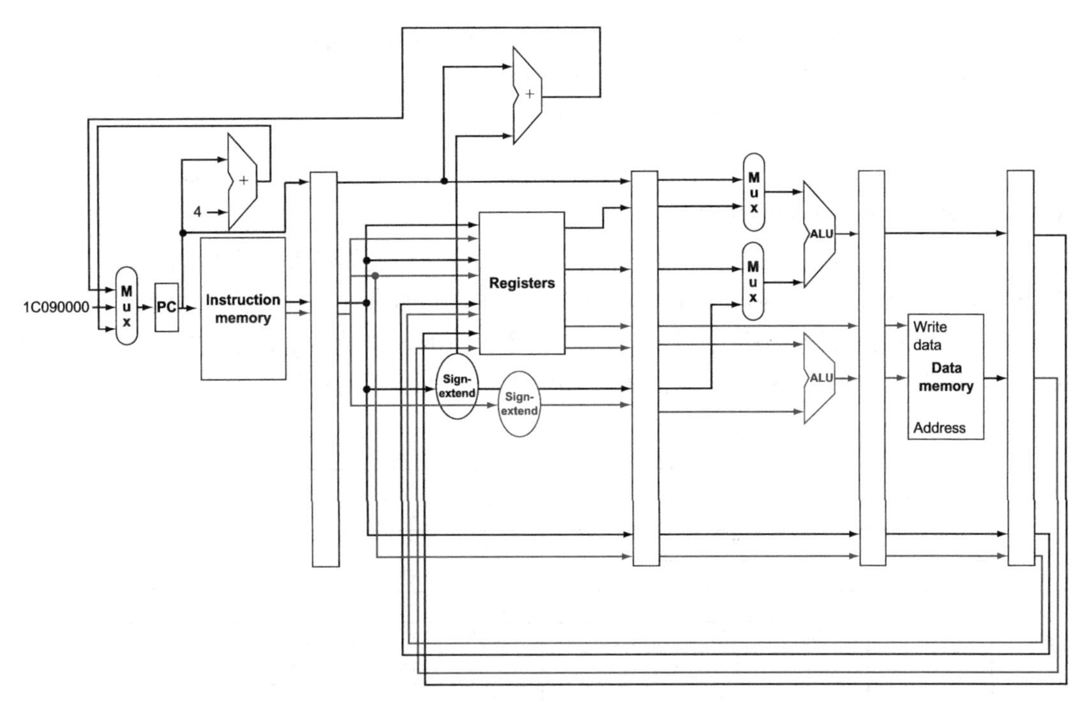

图 4-67 一个静态双发射的数据通路。双发射所需的额外硬件突出显示，主要包括：来自指令存储器的额外 32 位输出，寄存器文件增加的两个读端口和一个写端口，增加的一个 ALU。这里假设下面的 ALU 处理数据传输时的地址计算，而上面的 ALU 处理所有其他操作

例题 简单的多发射代码调度

在一个 LEGv8 静态双发射流水线中，下面这个循环将如何调度？

```
Loop: LDUR X0, [X20,#0]  // X0=array element
      ADD  X0,X0,X21     // add scalar in X21
      STUR X0, [X20,#0]  // store result
      SUBI X20,X20,#8     // decrement pointer
      CMP  X20,X22       // compare to loop limit
      BGT  Loop          // branch if X20 > X22
```

对该指令序列进行重排序，以尽可能地避免流水线阻塞。假设分支是可预测的，即控制冒险由硬件处理。

答案 前三条指令间以及后两条指令间都存在数据依赖。图 4-68 给出了这些指令的最佳调度方式。注意，只有一对指令同时使用了两个发射槽。每次循环需要花费 5 个时钟周期。在 5 个时钟周期内执行 6 条指令，CPI 最坏情况下为 0.83，最好为 0.5，而 IPC 最坏为 1.2，最好为 2.0。注意，在计算 CPI 或 IPC 时，我们没有把执行的 nop 指令算为有效指令。如果算进去能提高 CPI，但并不能提高真实性能。

347

	ALU或分支指令	数据传输指令	时钟周期
Loop:		LDUR X0,[X20,#0]	1
	SUBI X20, X20, #8		2
	ADD X0, X0, X21		3
	CMP X20, X22		4
	BGT Loop	STUR X0,[X20,#8]	5

图 4-68 在双发射 LEGv8 流水线中调度的代码。空白槽中是 nop 指令

有一种重要的从循环中获得更高性能的编译技术称为**循环展开**（loop unrolling）。循环展开时循环体会被复制多份。循环展开后，通过重叠不同迭代中的指令可以获得更高的 ILP。

循环展开：一种从访问数组的循环中获取更多性能的技术，将循环体复制多份，并将不同迭代中的指令调度到一起。

例题 多发射流水线中的循环展开

对上面的例子进行循环展开和调度。出于简化目的，假设循环索引是4的倍数。

答案 为了无延迟地调度循环，我们需要把循环体复制四份。在展开循环和消除了不必要的循环开销指令后，新的循环包含四条 LDUR 指令、四条 ADD 指令、四条 STUR 指令，以及 SUBI、CMP 和 CBZ 指令各一条。图 4-69 给出了展开并调度后的代码。

	ALU或分支指令	数据传输指令	时钟周期
Loop:	SUBI X20, X20,#32	LDUR X0, [X20,#0]	1
		LDUR X1, [X20,#24]	2
	ADD X0, X0, X21	LDUR X2, [X20,#16]	3
	ADD X1, X1, X21	LDUR X3, [X20,#8]	4
	ADD X2, X2, X21	STUR X0, [X20,#32]	5
	ADD X3, X3, X21	STUR X1, [X20,#24]	6
	CMP X20, X22	STUR X2, [X20,#16]	7
	BGT Loop	STUR X3, [X20,#8]	8

图 4-69 图 4-68 中代码进行循环展开并在一个静态双发射 LEGv8 流水线中调度后的代码。空白槽中是 nop 指令。因为循环中的第一条指令将 X20 寄存器中的值减 32，而装载的地址是 X20 寄存器中的原始值，所以将该地址依次减 8、减 16、减 24

在循环展开的过程中，编译器引入了额外的寄存器（X1、X2、X3）。这个过程被称为**寄存器重命名**（register renaming），目的是消除一些虚假的数据依赖，但也可能导致潜在的冒险或妨碍编译器灵活调度代码。考虑一下如果只使用 X0，展开的代码会是什么样？那么会有重复的 LDUR X0,[X20,#0]、ADD X0,X0,X21、STUR X0,[X20,#8] 指令序列。这些指令序列尽管使用了 X0，但实际是独立完成的，即一个指令序列与下一个指令序列之间没有任何数据流动。这类情况称为**反依赖**（antidependence）或**名字依赖**（name dependence）[⊖]，即仅因为重用寄存器名引起的依赖，而并非一个真正的数据依赖（也称为真依赖（true dependence））。

寄存器重命名：由编译器或硬件对寄存器进行重命名以消除反依赖。

反依赖：也称为名字依赖，因为名字（一般是寄存器名）的重用导致的依赖，而不是两条指令中使用同一个值而导致的真正依赖。

在循环展开过程中的重命名寄存器，使得编译器能够移动那些不存在依赖的指令，然后更好地调度代码。重命名的过程消除了名字依赖，同时保留了真正的依赖。

348

注意，循环中 15 条指令中的 14 条是按对执行的。4 次循环迭代将花费 8 个时钟周期，CPI 为 15/8=1.88。循环展开与调度使得性能提高了两倍多（4 次迭代从 20 个周期到 8 个周期），一部分原因是减少了循环控制指令，另一部分原因是双发射执行。这种性能提高的代价是使用了 4 个而非 1 个临时寄存器，同时代码量也增大了约两倍。

4.10.3 动态多发射

动态多发射处理器通常也称为**超标量**（superscalar）处理器，或简称超标量。在最简单

⊖ 也称为反相关或名字相关。——译者注

的超标量处理器中，指令顺序发射，每个周期处理器决定是发射0条、1条还是多条指令。显然，在这种处理器上要达到较好的性能仍然需要编译器对指令进行调度，移除依赖部分，并改进指令的发射率。尽管使用了编译器调度，但这种简单的超标量处理器与VLIW处理器间存在一个显著的不同：不管代码是否经过调度，都是由硬件来保证执行的正确性[⊖]。并且，编译得到的代码应当始终正确执行，而与指令发射速率和处理器的流水线结构无关。在某些VLIW的设计中情况并非如此，当代码在不同的处理器模型间移动时，可能需要重新编译。在其他一些静态发射处理器上，代码可以在不同的实现平台上正确运行，但效果可能很差以至于需要更有效的编译。

超标量：一种高级流水线技术，通过在执行级进行选择，可以使每个周期处理器执行的指令数超过一条。

349

动态流水线调度：对指令进行重排序以避免阻塞的硬件支持。

许多超标量处理器扩展了基本的动态发射决策，将**动态流水线调度**（dynamic pipeline scheduling）包含在内。动态流水线调度选择某个时钟周期内将执行的指令，同时尝试避免冒险和阻塞。下面从一个简单的数据冒险的例子出发来进行说明。考虑下面的指令序列：

```
LDUR  X0,  [X21,#20]
ADD   X1,  X0, X2
SUB   X23, X23, X3
ANDI  X5,  X23, 20
```

即使SUB指令准备好执行，但也必须等待LDUR和ADD指令先执行完毕。如果内存很慢，那么这种情况将耗费很多时钟周期（第5章解释了cache失效，即有时访存操作会很慢的原因）。动态流水线调度可以部分或者完全避免这种冒险。

4.10.4 动态流水线调度

动态流水线调度选择后续要执行的指令，并可能对指令重新排序以避免阻塞。在这种处理器中，流水线被划分为三个主要单元：取指与发射单元、多功能单元（在2015年的高端处理器中有十多种或更多）以及一个**提交单元**（commit unit）。图4-70描述了这个模型。第一个单元进行取指、译码，然后将每条指令发送到相应的功能单元执行。每个功能单元都有自己的缓冲区，称为**保留站**（reservation station），用来保存操作数和操作（下一节我们将讨论最新处理器中使用的一种可以替代保留站的方法）。一旦缓冲区中包含了所有的操作数，并且功能单元就绪时，就可以计算并获得结果。结果计算出来后，将被发送到等待该结果的保留站和提交单元。提交单元缓存这个结果，并在安全时将这个结果写回寄存器文件或存储器（对store指令）。提交单元中的缓冲区通常称为**重排序缓冲区**（reorder buffer），也可以用来提供操作数，其工作方式类似于静态调度流水线中的旁路逻辑。一旦结果提交给寄存器文件，就可以从寄存器文件中直接被取出，就像在普通的流水线中一样。

提交单元：动态流水线或乱序流水线中的一个单元，用以决定何时可以安全地将操作结果送至程序员可见的寄存器或存储器。

保留站：功能单元中用来保存操作数和操作的缓冲区。

重排序缓冲区：动态调度处理器中用于保存结果的缓冲区，在安全时将结果写回寄存器或存储器。

将操作数缓存在保留站中以及将结果缓存在重排序缓冲区中，实际上提供了一种寄存器重命名机制，类似于前面循环展开例子中编译器所使用的方法。为了分析该方式如何运作，考虑下面几个步骤：

⊖ 在超标量处理器中。——译者注

1. 当一条指令发射时，该指令先被复制到合适功能单元的保留站中。如果该指令的操作数在寄存器文件中或重排序缓冲区中可用，那么这些操作数也立即被复制到保留站中。指令被缓存在保留站中，直到所有的操作数和所需的功能单元可用。如果指令被发射，那么其操作数的寄存器副本不再需要，如果此时发生了对该寄存器的写，其值可以被覆盖。

350

2. 如果某个操作数不在寄存器文件或重排序缓冲区中，那么必须等待该操作数被某个功能单元计算产生。产生该结果的功能单元的名字被记录追踪。当该单元最终计算出结果时，该结果将直接从功能单元复制到保留站中，跳过寄存器文件。

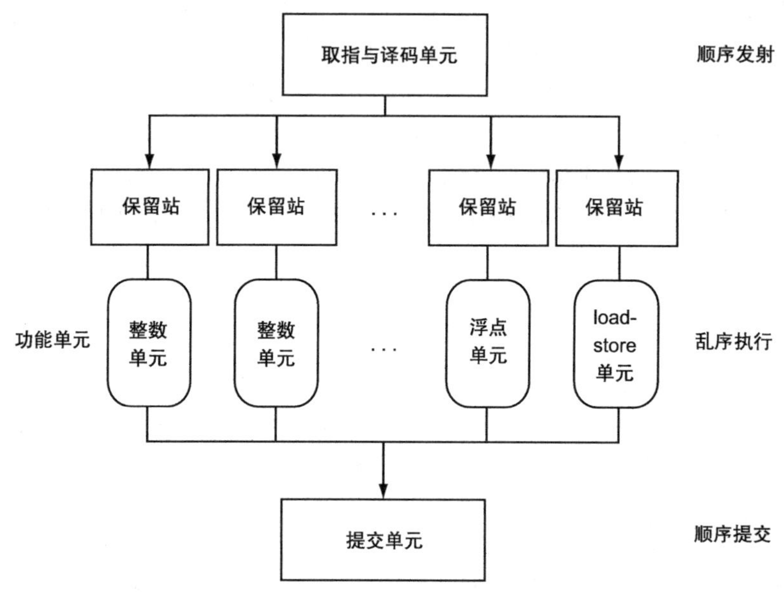

图 4-70　动态调度流水线中的三个主要单元。状态更新的最后一步也被称为退出（retirement）或提交（graduation）

上面两步有效地利用重排序缓冲区和保留站以实现寄存器重命名。

从概念上讲，流水线的动态调度可以被视为对程序数据流结构的一种分析。处理器在保留程序原有数据流顺序的前提下以某种顺序执行指令。这种执行方式被称为**乱序执行**（out-of-order execution），因为指令的执行顺序可以与取指的顺序不同。

为了使程序表现得像是在一个简单的顺序流水线上执行，取指和译码单元必须顺序发射指令，以便能够记录程序中的依赖关系。而提交单元也必须按照取指顺序将结果写回寄存器文件和存储器。这种保守的模式称为**顺序提交**（in-order commit）。因此，当异常发生时，处理器可以指向最后执行的那条指令，并且只有被导致异常的指令之前的指令写的那些寄存器才会被修改。虽然流水线的前端（取指和发射）和后端（提交）按照顺序进行，但各功能单元可以在所需数据可用时随时开始执行过程。目前，所有的动态调度流水线都采用顺序提交。

351

乱序执行：流水线执行的一种情况，即执行中的某条指令被阻塞时不会导致后面的指令等待。

顺序提交：流水线执行的结果以取指顺序写回程序员可见寄存器的一种提交方式。

动态调度经常与基于硬件的推测机制相结合，特别是对分支的推测。通过预测分支的方向，动态调度处理器可以在推测方向上继续取指和执行。由于指令是顺序提交的，因此在预测路径上任何指令提交之前就可以知道分支预测是否正确。一个推测执行的动态调度流水线同样可以支持对 load 指令目标地址的推测，允许对 load 和 store 的重排序，并且使用提交单元避免错误的推测。下一节中将讨论 Intel Core i7 处理器中的动态调度以及推测机制。

理解程序性能 既然编译器可以根据数据依赖关系调度代码，那么为什么超标量处理器还要使用动态调度？主要原因有三点。第一，并不是所有的阻塞都可以预测。尤其是存储器层次结构的 cache 失效（见第 5 章）导致的不可预测的阻塞。动态调度允许处理器在等待阻塞结束的同时，通过继续执行其他指令来隐藏阻塞。

第二，如果处理器采用动态分支预测来推测分支的结果，那么精确的指令顺序无法在编译时知道，因为这些信息依赖于预测和分支的实际执行情况。采用动态推测而不是动态调度来开发更多的指令级并行（ILP），会极大地限制推测带来的收益。

第三，由于流水线延迟和发射宽度因处理器实现的不同而不同，因此编译代码序列最佳的方法也会不同。例如，如何调度一个带依赖关系的指令序列与发射宽度和延迟存在着密切关系。流水线的结构会影响循环展开（以避免可能的阻塞）的次数，同样还会影响基于编译器的寄存器重命名的过程。动态调度允许硬件将大部分的细节隐藏起来。因此，用户和软件发行商不需要担心一个程序在同一指令集的不同（处理器）实现上的多个版本问题。同样，以前的代码不用重新编译就能从更新的处理器实现中受益。 352

重点 流水线和多发射都提高了指令的峰值吞吐率并试图开发指令级并行。然而，由于处理器有时必须等待依赖关系明确后才能继续工作，因此程序中的数据依赖和控制依赖往往限制了可达性能的上限。以软件为中心开发指令级并行的方法依赖于编译器来找到依赖，并减少这些依赖可能造成的影响。而以硬件为中心的方法则通过对流水线的扩展以及多发射机制。推测执行无论由编译器还是硬件完成，都可以通过预测增加指令级并行的数量。但使用时必须小心，因为错误的推测可能会降低性能。

硬件 / 软件接口 现代高性能微处理器能在每个时钟周期内发射多条指令。不幸的是，保持这种高发射率非常困难。例如，尽管一个处理器可以每个时钟周期发射 4~6 条指令，但只有很少的应用程序能保持每周期发射两条以上指令。这里面主要有两个原因。

首先，在流水线中，主要的性能瓶颈产生于那些不能立即解决的依赖性，这就限制了指令间的并行度以及持续的发射速率。对于真正的数据依赖而言没有太多的处理方法，通常编译器或硬件并不能精确知道依赖是否存在，因而只能保守地假设依赖存在。例如，使用指针的代码（特别是以导致别名（aliasing）的方式使用时），可能导致更多潜在的隐式依赖。反之，更为规律的数组访问允许编译器推测出没有依赖存在。同样，在编译或运行期间都不能被精确预测的分支将会限制 ILP 的开发。通常，虽然可以开发额外的 ILP，但编译器或硬件从广为分散的代码中寻找 ILP（有时在上千条指令的执行中）的能力是有限的。 353

其次，存储器层次结构（见第 5 章）中的失效同样限制了流水线满载运行的能力。尽管存储器系统的一些阻塞可以被隐藏起来，但有限的 ILP 同样会限制阻塞被隐藏的程度。

4.10.5 能耗效率与高级流水线

通过动态多发射和推测执行来开发指令级并行的副作用是能耗效率问题。每项创新都将更多的晶体管转化为性能，但是这种转化往往极其低效。因为功耗墙问题的存在，我们看到目前新的处理器设计都是每片上有多个处理器，并且这些处理器与前期的处理器不同，没有深度流水线，也没有激进的推测执行。

虽然简单的处理器没有复杂处理器那么快，但是在每焦耳能耗下能获得更好的性能。所以当设计的约束更多来自能耗而非晶体管数量时，多核处理器能在单芯片上获得更高的性能。

图 4-71 给出了若干过去和近期 Intel 微处理器的流水线级数、发射宽度、推测级别、时钟频率、每芯片的核数以及功耗。注意从单核发展到多核时流水线级数和功耗的减少。

微处理器	年份	时钟频率	流水线级数	发射宽度	乱序/推测	核数/芯片	功耗
Intel 486	1989	25 MHz	5	1	No	1	5 W
Intel Pentium	1993	66 MHz	5	2	No	1	10 W
Intel Pentium Pro	1997	200 MHz	10	3	Yes	1	29 W
Intel Pentium 4 Willamette	2001	2000 MHz	22	3	Yes	1	75 W
Intel Pentium 4 Prescott	2004	3600 MHz	31	3	Yes	1	103 W
Intel Core	2006	2930 MHz	14	4	Yes	2	75 W
Intel Core i5 Nehalem	2010	3300 MHz	14	4	Yes	2–4	87 W
Intel Core i5 Ivy Bridge	2012	3400 MHz	14	4	Yes	8	77 W

图 4-71 Intel 微处理器的流水线复杂度、核数和功耗的发展。其中，Pentium 4 的流水线级数不包括提交级。如果加上提交级，Pentium 4 的流水线级数会更深

354

精解 提交单元控制寄存器文件和存储器的更新。一些动态调度处理器在执行过程中即时更新寄存器文件，使用额外的寄存器来实现重命名功能，并保存寄存器旧的复本直到更新该寄存器的指令不再是推测得出的。其他处理器通常把结果缓存在重排序缓冲中，而对寄存器文件的更新在稍后的提交级产生。在指令提交之前，写存储器的数据必须先缓存在存储缓冲区（store buffer，见第 5 章）或重排序缓冲区中。当缓冲区具有有效地址和数据，并且 store 操作不再依赖预测的分支时，提交单元允许从缓冲区中将值写入存储器。

精解 访存操作可以从非阻塞 cache（nonblocking cache）中受益，即在 cache 失效（参见第 5 章）时能够继续提供 cache 访问服务。乱序执行的处理器需要 cache 允许指令在 cache 失效时继续执行。

小测验 说明下列开发指令级并行的技术或单元主要是基于硬件还是基于软件。对某些项来说两者都有可能。

1. 分支预测
2. 多发射
3. 超长指令字（VLIW）
4. 超标量
5. 动态调度
6. 乱序执行
7. 推测机制
8. 重排序缓冲
9. 寄存器重命名

4.11 实例：ARM Cortex-A53 和 Intel Core i7 流水线

图 4-72 给出了本节将要考察的两个微处理器，它们是后 PC 时代的两个标志性产品。

处理器	ARM A53	Intel Core i7 920
市场	个人移动设备	服务器，云计算
热设计功耗	100milliWatts（1core @ 1GHz）	130Watts
时钟频率	1.5GHz	2.66GHz
核/芯片	4（可配置）	4
浮点	有	有
多发射	动态	动态
峰值指令数/周期	2	4
流水线级数	8	14
流水线调度	静态顺序	动态乱序推测执行
分支预测	混合	2级
1级cache/核	16-64KiB指令，16-64KiB数据	32KiB指令，32KiB数据
2级cache/核	128～2048KiB（共享）	256KiB（每核）
3级cache（共享）	依赖于平台	2～8MiB

图 4-72 ARM Cortex-A53 和 Intel Core i7 920 处理器规格

4.11.1 ARM Cortex-A53

ARM Cortex-A53 处理器主频为 1.5GHz，具有八级流水线，执行 ARMv8 指令集。采用动态多发射技术，每个时钟周期可以发射两条指令。采用静态顺序流水线，指令发射、执行和提交均顺序执行。流水线包含取指令、指令译码和执行三级。图 4-73 给出了流水线的整体情况。

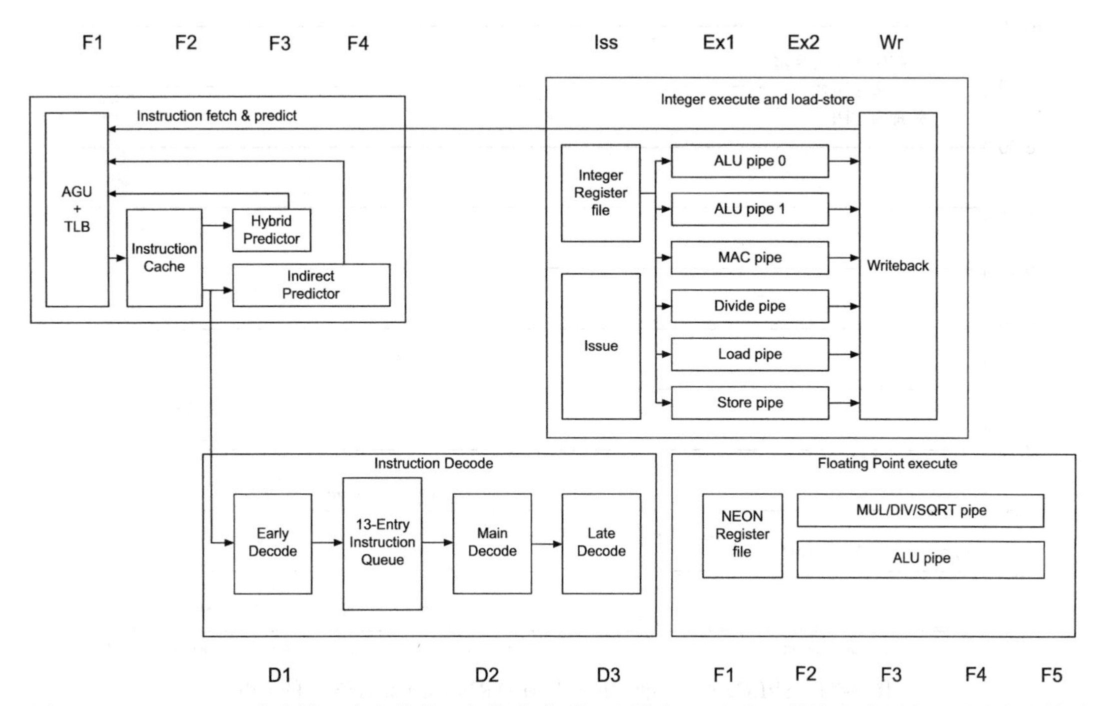

图 4-73 Cortex-A53 流水线。流水线前三级指令取到一个具有 13 个入口的指令队列中。地址产生单元（Address Generation Unit，AGU）使用一个混合预测器（hybrid predictor）、一个间接预测器（indirect predictor）以及一个返回栈（return stack）进行分支预测以保持预取队列处于满状态。指令译码和指令执行各有三个流水级。另外两个流水级用于浮点数和 SIMD 操作

355～356

前三个流水级每次取出两条指令，使得带有13个入口的指令队列保持装满状态。使用了一个6kb的混合分支目标预测器、一个256入口的间接分支预测器，以及一个用于预测未来功能单元返回内容的8入口的返回地址栈。间接分支的预测需要一个额外的流水级。当分支预测错误或指令cache不命中时，如果指令队列不能将译码级和执行级从取指级分离出来，那么将导致额外的延迟。分支预测错误时，流水线被清空，产生8个时钟周期的误预测开销。

译码级确定一对指令间是否存在可导致顺序执行的依赖，并且确定在执行级将指令送往哪条流水线。

指令执行部分主要有三个流水级，并提供了一条用于load指令的流水线、一条用于store指令的流水线、两条整数算术操作流水线，以及独立的专门用于整数乘法和除法的流水线。指令对中的任何一条指令都可以发射到load或store流水线。这些执行级在流水线间具有全旁路。

浮点操作和SIMD操作在指令执行部分又增加了两个流水级，并将一条流水线用于乘、除、平方根运算，另一条用于其他算术运算。

图4-74给出了Cortex-A53运行SPEC 2006基准程序的CPI。虽然理想的CPI是0.5，357但是图中最好情形达到1.0，中间值是1.3，最差是8.6。对于中间情况，60%的流水线阻塞由冒险引起，40%由存储器层次引起。流水线阻塞由分支误预测、结构冒险以及指令对间的数据依赖造成。由于Cortex-A53采用静态流水线，因此由编译器来尽可能避免结构冒险和数据依赖。

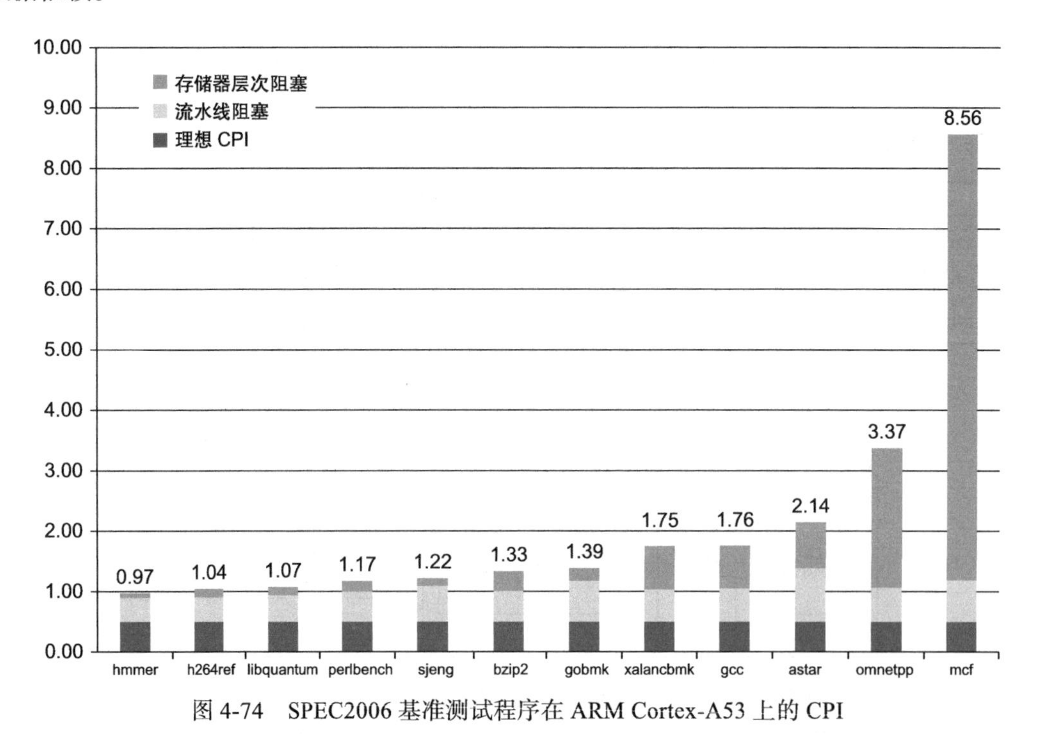

图4-74　SPEC2006基准测试程序在ARM Cortex-A53上的CPI

精解 Cortex-A53是一个支持ARMv8指令集的可配置内核，以IP（Intellectual Property，知识产权）核方式交付使用。IP核是嵌入式、个人移动设备和相关市场中技术交付的主要形式，数十亿的ARM和MIPS处理器都是由这种IP核产生的。

注意，IP 核与 Intel i7 多核计算机中的核不同。IP 核（本身可能就是多核）的设计目标是与其他逻辑集成在一起（因此是一个芯片的“核心”）以形成一个面向某种应用优化的处理器，这里其他逻辑包括专用处理器（例如视频编解码器）、I/O 接口和存储器接口。虽然处理器核在逻辑上几乎相同，但最终的芯片有许多不同。一个参数就是 L2 cache 的容量，差别可以相差 16 倍。

4.11.2 Intel Core i7 920

x86 微处理器采用了复杂的流水线技术，包括动态多发射、带乱序执行和推测执行的动态流水线调度技术。然而，正如第 2 章中提到的，这些处理器依然面临着实现复杂 x86 指令集的挑战。Intel 取出 x86 指令并翻译为类似 ARMv8 的中间指令，称之为微操作（micro-operation）。微操作由复杂的基于推测执行的动态调度流水线执行，该流水线的执行率可达每个时钟周期 6 个微操作。本节集中讨论微操作流水线。

当我们考虑这类复杂处理器的设计时，功能单元、cache 和寄存器文件、指令发射以及整个流水线控制的设计混合在一起，难以把数据通路从流水线中分离出来。因此，很多工程师和研究人员使用术语**微体系结构**（microarchitecture）来描述处理器内部体系结构的细节。

微体系结构：处理器的组织，包括主要的功能单元、内部互连以及控制。

Intel Core i7 使用重排序缓冲区和寄存器重命名技术来解决反依赖和推测错误。寄存器重命名技术显式地将处理器中的**体系结构寄存器**（architectural register）（在 64 位版本的 x86 体系结构中是 16 个）重命名为一个更大的物理寄存器集合。Core i7 使用寄存器重命名技术来消除反依赖。寄存器重命名需要处理器维护体系结构寄存器和物理寄存器之间的映射关系，并指出哪个物理寄存器是某个体系结构寄存器的最新备份。通过跟踪已经发生的重命名，寄存器重命名提供了另一种推测错误时的恢复方法：简单地撤销所有第一条推测错误指令后产生的所有映射。撤销将导致处理器的状态返回到最后一条正确执行的指令处，并保持结构寄存器与物理寄存器之间的正确映射。

体系结构寄存器：处理器中的可见寄存器。如 LEGv8 中的 32 个整数寄存器和 32 个浮点寄存器。

图 4-75 给出了 Core i7 的整体组成以及流水线结构。下面是一条 x86 指令执行需要经历的 8 个步骤。

1. 取指令——处理器使用一个多级分支目标缓冲区在速度和预测准确率之间进行平衡。还有一个返回地址栈用于加速函数返回。误预测将导致 15 个周期的开销。取指单元可以使用预测地址从指令 cache 中取出 16 个字节。

2. 这 16 字节被放入预译码指令缓冲区——预译码级将这 16 字节转换为独立的 x86 指令。由于 x86 指令长度可以是 1 ～ 15 字节不等，因此预译码操作并不简单，需要在确定指令长度之前扫描多个字节。单独的 x86 指令被放入一个 18 个入口的指令队列中。

358 ～ 359

3. 微操作译码——每条 x86 指令被翻译为微操作（micro-op）。有三个译码器将 x86 指令直接翻译为一个微操作。而对于具有复杂语义的 x86 指令，则使用微代码引擎产生一个微操作序列；该引擎能够在每个周期生成 4 个微操作直到必需的微操作序列生成为止。这些微操作按照 x86 指令的顺序放入具有 28 个入口的微操作缓冲区中。

4. 微操作缓冲区执行循环流检测（loop stream detection）——如果有一个小的指令序列（少于 28 条指令或长度小于 256 字节）包含一个循环，循环流检测器将识别该循环，并直接从缓冲区中发射微操作，防止取指和译码级被激活。

5. 执行基本指令发射——在将微操作发射到保留站之前，在寄存器表中查找寄存器位置、对寄存器进行重命名、分配重排序缓冲区入口、从寄存器或重排序缓冲区中取出结果。

6. i7 使用一个被 6 个功能单元共享的 36 入口的集中式保留站。在每个周期内最多可以向功能单元分派 6 个微操作。

7. 各个功能单元执行微操作，并将执行结果送回等待的保留站以及寄存器提交部件中，当确定指令不再是推测执行时，更新寄存器状态。重排序缓冲区中与指令对应的入口标记为完成。

8. 当重排序缓冲头部的一条或多条指令被标记为完成时，在寄存器提交单元中等待的写操作就可以执行，这些指令可以从重排序缓冲区中移走。

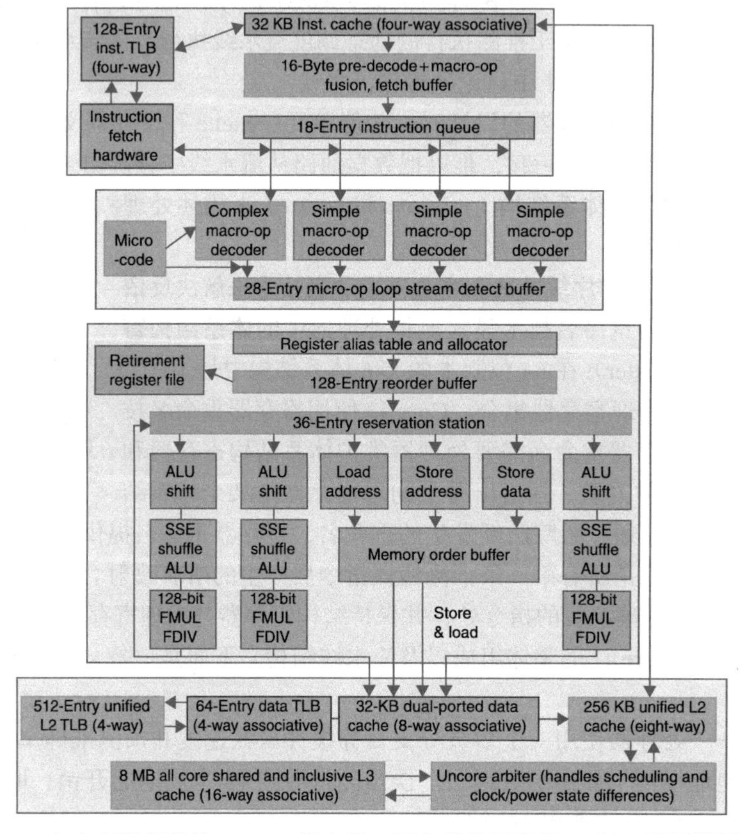

图 4-75 包含存储部件的 Core i7 流水线。流水线总深度为 14 级，误预测耗费 17 个时钟周期。该设计可以缓存 48 个 load 和 32 个 store。6 个相关的部件在每个时钟周期可以开始执行一个准备好的微操作

精解 第二步和第四步中的硬件能够将操作进行合并，从而减少需要执行的微操作的数量。第二步中的宏操作（macro-op）合并将 x86 指令进行组合，例如将比较后面紧跟一个分支合并成一个操作。第四步中的微操作合并（microfusion）将 load/ALU 操作和 ALU/store 之类的微操作对进行合并，并发射到一个保留站中（在这里它们依旧可以独立发射），从而提高了缓冲区的利用率。在对 Intel 核体系结构（结合了微操作合并和宏操作合并）的研究中，Bird 等［2007］发现微操作合并对性能影响很小，而宏操作合并似乎对整数性能有适度的正面影响，而对浮点性能影响很小。

360

4.11.3 Intel Core i7 920 的性能

图 4-76 给出了每个 SPEC 2006 基准测试程序在 Intel Core i7 上执行的 CPI。虽然理想的 CPI 是 0.25，但最佳情况是 0.44，中间情况是 0.79，最差 2.67。

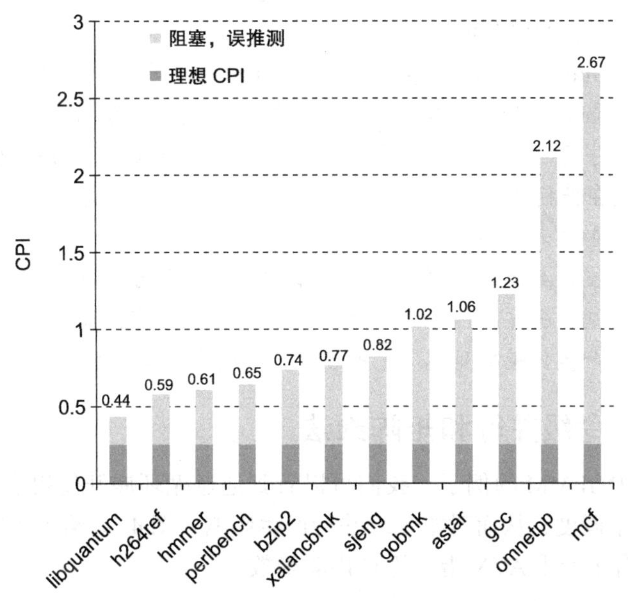

图 4-76 Intel Core i7 920 运行 SPEC 2006 整数基准测试程序的 CPI

虽然在动态乱序执行的流水线中，很难区分流水线阻塞和访存阻塞，但依然能够展示分支预测和推测执行的有效性。图 4-77 给出了分支预测错误的比例，以及与所有微操作分派相关的未提交（即结果被取消）工作的比例（以分派进入流水线的微操作数量衡量）。分支误预测的最小值、中间值和最大值分别是 0%、2% 和 10%。对于浪费的工作，分别是 1%、18% 和 39%。

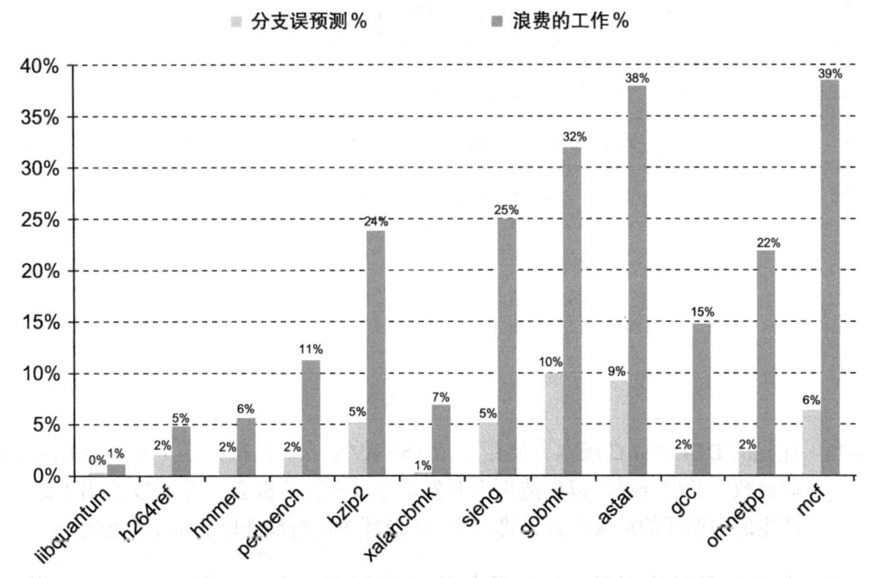

图 4-77 在 Intel Core i7 920 上运行 SPEC 2006 整数基准测试程序时，分支误预测的比例以及无效的推测所浪费的工作的比例

浪费的工作在有些情况下与分支误预测率接近，例如 gobmk 和 astar 测试程序。在一些情况下，例如 mcf，浪费的工作的比例相对要大于误预测比例。这种差别可能来源于存储器行为。当数据 cache 的失效率很高时，只要有足够的保留站用以存放阻塞的访存，那么 mcf 将在错误的推测中分派很多指令。当很多推测执行指令中的一个分支最终确定为误预测时，与这些指令相关的微操作都将被清除。

理解程序性能 Intel Core i7 组合使用一个 14 级的流水线和激进的多发射来获取高性能。在保持背对背（back-to-back）操作低延迟的同时，减少了数据依赖的影响。那么对运行在这个处理器上的程序而言，最严重的潜在性能瓶颈在哪里呢？下面列出了一些可能的性能问题，最后三个问题在任何高性能流水线处理器中都会以某种形式出现。

- 使用了不能映射成若干简单微操作的 x86 指令。
- 难于预测的分支，导致预测错误时的阻塞和推测失败时的重启。
- 长依赖——典型的引发原因是执行时间很长的指令或存储器层次结构——导致阻塞。
- 存储器访问中产生的性能延迟（见第 5 章）导致处理器阻塞。

361 ~ 362

4.12　加速：指令级并行和矩阵乘法

回到第 3 章中 DGEMM 的例子，我们可以看到通过循环展开使得多发射乱序执行处理器有更多的指令用于调度，从而对指令级并行产生影响。图 4-78 给出了图 3-23 中程序循环展开后的版本，包含了产生 AVX 指令的 C 内联函数。

```
1  //include <x86intrin.h>
2  //define UNROLL (4)
3
4  void dgemm (int n, double* A, double* B, double* C)
5  {
6      for ( int i = 0; i < n; i+=UNROLL*4 )
7          for ( int j = 0; j < n; j++ ) {
8              __m256d c[4];
9              for ( int x = 0; x < UNROLL; x++ )
10                 c[x] = _mm256_load_pd(C+i+x*4+j*n);
11
12             for( int k = 0; k < n; k++ )
13             {
14                 __m256d b = _mm256_broadcast_sd(B+k+j*n);
15                 for (int x = 0; x < UNROLL; x++)
16                 c[x] = _mm256_add_pd(c[x],
17                     _mm256_mul_pd(_mm256_load_pd(A+n*k+x*4+i), b));
18             }
19
20             for ( int x = 0; x < UNROLL; x++ )
21                 _mm256_store_pd(C+i+x*4+j*n, c[x]);
22             }
23     }
```

图 4-78　优化的 DGEMM C 版本，使用生成 x86 AVX 子字并行指令（图 3-23）的 C 内联函数，并展开循环以创造更多开发指令级并行的机会。图 4-79 给出了编译器产生的内循环的汇编语言，将三个 for 循环体进行展开以显示指令级并行

与图 4-69 中循环展开的例子一样，我们将循环展开 4 次。与图 3-23 中手工将 C 循环中每个循环体复制 4 份不同，我们可以依赖于 gcc 编译器的 O3 优化选项来展开循环。（在 C 代

码中使用常数 UNROLL 来控制想展开的次数。）我们将一个带有 4 个迭代的简单 for 循环包围在每个内联函数周围（第 9、15 和 20 行），将图 3-23 中的标量 C0 用一个 4 个元素的数组 c[]（第 8、10、16 和 21 行）替换。 363

图 4-79 给出了展开后的汇编语言代码。正如所期望的一样，图 3-24 中的每条 AVX 指令（只有一个例外）在图 4-79 中有 4 个版本。因为在循环中，我们可以反复使用寄存器 %ymm0 中 B 元素的 4 个副本，因此只需要一个 vbroadcastsd 指令副本。所以，图 3-24 中的 5 条 AVX 指令变成了图 4-79 中的 17 条。并且，尽管常数和地址根据循环展开的次数而变化，但 7 条整数指令在两种情况下没有变化。因此，即使循环展开了 4 次，循环体中的指令数量只翻了一倍：由 12 条变为 24 条。

```
1  vmovapd (%r11),%ymm4            // Load 4 elements of C into %ymm4
2  mov     %rbx,%rax               // register %rax = %rbx
3  xor     %ecx,%ecx               // register %ecx = 0
4  vmovapd 0x20(%r11),%ymm3        // Load 4 elements of C into %ymm3
5  vmovapd 0x40(%r11),%ymm2        // Load 4 elements of C into %ymm2
6  vmovapd 0x60(%r11),%ymm1        // Load 4 elements of C into %ymm1
7  vbroadcastsd (%rcx,%r9,1),%ymm0    // Make 4 copies of B element
8  add     $0x8,%rcx               // register %rcx = %rcx + 8
9  vmulpd (%rax),%ymm0,%ymm5       // Parallel mul %ymm1,4 A
10 vaddpd %ymm5,%ymm4,%ymm4        // Parallel add %ymm5, %ymm4
11 vmulpd 0x20(%rax),%ymm0,%ymm5 // Parallel mul %ymm1,4 A
12 vaddpd %ymm5,%ymm3,%ymm3        // Parallel add %ymm5, %ymm3
13 vmulpd 0x40(%rax),%ymm0,%ymm5 // Parallel mul %ymm1,4 A
14 vmulpd 0x60(%rax),%ymm0,%ymm0 // Parallel mul %ymm1,4 A
15 add     %r8,%rax                // register %rax = %rax + %r8
16 cmp     %r10,%rcx               // compare %r8 to %rax
17 vaddpd %ymm5,%ymm2,%ymm2        // Parallel add %ymm5, %ymm2
18 vaddpd %ymm0,%ymm1,%ymm1        // Parallel add %ymm0, %ymm1
19 jne     68 <dgemm+0x68>         // branch if %r8 !=  %rax
20 add     $0x1,%esi               // register % esi = % esi + 1
21 vmovapd %ymm4,(%r11)            // Store %ymm4 into 4 C elements
22 vmovapd %ymm3,0x20(%r11)        // Store %ymm3 into 4 C elements
23 vmovapd %ymm2,0x40(%r11)        // Store %ymm2 into 4 C elements
24 vmovapd %ymm1,0x60(%r11)        // Store %ymm1 into 4 C elements
```

图 4-79 对图 4-78 中循环展开后的 C 代码编译产生的嵌套循环体的 x86 汇编语言 364

图 4-80 给出了使用 DGEMM 计算 32 × 32 的矩阵时，从使用未优化的 AVX 到使用循环展开的 AVX 时性能的增长情况。其中，循环展开使性能翻倍，由 6.4GFLOPS 增加到了 14.6GFLOPS。相对于图 3-21 中未优化的 DGEMM，子字并行和指令级并行优化获得了 8.59 的加速比。

精解 如 3.8 节中精解所提到的，这些结果是在 Turbo 模式关闭情况下获得的。如果将 Turbo 模式打开，与第 3 章相同，时钟频率临时提高了 3.3/2.6=1.27 倍，未优化的 DGEMM 性能提升为 2.1GFLOPS，使用 AVX 性能提升为 8.1GFLOPS，同时使用循环展开和 AVS 性能提升为 18.6 GFLOPS。如 3.8 节所述，当一个八核芯片中只使用一个核时 Turbo 模式会工作得很好。

精解 尽管寄存器 `%ymm5` 在图 4-69 中第 9 ~ 17 行被重用，但由于 Intel Core i7 流水线对寄存器进行了重命名，因此没有流水线阻塞。

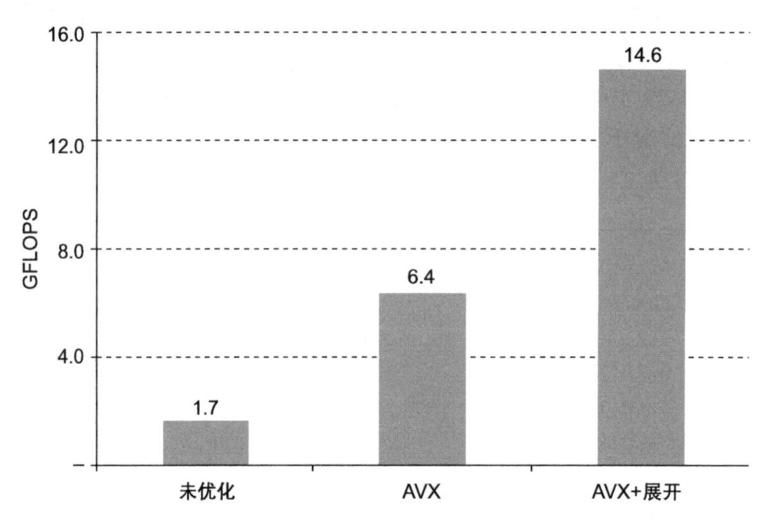

图 4-80　三个用于计算 32 × 32 矩阵的 DGEMM 版本的性能。相对于图 3-21 中未优化的代码，子字并行和指令级并行将性能提高了近 9 倍

小测验　判断下列表述的正误。

1. Intel Core i7 使用多发射流水线直接执行 x86 指令。
2. A53 和 Core i7 都使用动态多发射。
3. Core i7 微体系结构中的寄存器比 x86 所要求的更多。
4. Intel Core i7 的流水线级数比早期 Intel Pentium 4 Prescott 的一半还少（见图 4-71）。

365

4.13　高级主题：采用硬件设计语言描述和建模流水线的数字设计技术以及更多流水线示例

现代数字设计采用硬件描述语言和现代计算机辅助综合工具完成，其中辅助综合工具能使用库和逻辑综合将描述转化为详细的硬件设计。关于这些语言及其在数字设计中的使用有相关书籍说明。本节（在配套网站上）仅进行简单的介绍，并展示了一种硬件设计语言（Verilog）如何分别从行为级和硬件可综合的形式描述处理器控制。然后提供了一系列用 Verilog 描述的五级流水线的行为级模型。最初的模型忽略了冒险，随后增加的部分强调了旁路、数据冒险和分支冒险所做的改变。

我们接着提供了大量使用单时钟周期图形化流水线表示的示意图，以帮助读者更好地理解执行一连串 LEGv8 指令时流水线的工作细节。

4.14　谬误与陷阱

谬误：流水线很简单。

本书证明了正确执行的流水线的精妙之处。我们另一本书（《计算机体系结构：量化研究方法》）的第1版尽管经过了上百人的审阅，并且曾经在18个大学的课堂上使用过，但仍然存在一个流水线方面的错误（bug）。直到有人根据该书设计处理器时才发现了这个错误。用 Verilog 来描述一个如 Intel Core i7 的流水线需要成千上万行代码，可见流水线的复杂。因此设计流水线必须非常小心！

谬误：流水线概念的实现与工艺无关。

当芯片上晶体管的数量和晶体管的速度决定五级流水线是最好的方案时，延迟分支（4.5.2节的精解）是一种简单的处理控制冒险的方法。但对于长流水线、超标量执行以及动态分支预测，延迟分支变为冗余。在20世纪90年代早期，动态流水线调度耗费太多资源且不需要用于高性能。但随着晶体管预算持续翻倍（摩尔定律），并且逻辑电路变得比存储器更快，多个功能单元和动态流水线变得更有意义。而如今，对于功耗的考虑将导致设计变得少激进但更高效。

陷阱：没有考虑指令集的设计将反过来影响流水线。

366

流水线中的很多困难都是由指令集的复杂性造成的，例如下面的例子：

- 指令长度和指令运行时间变化太大会导致各流水级的不均衡，并且在指令集一级严重增加了流水线设计中冒险检测的复杂度。这个问题已经解决，早在20世纪80年代后期的 DEC VAX 8500 中，便采用了微操作和微流水线（micropipeline）的方案，这也是今天 Intel Core i7 所采用的方案。当然，在微操作和实际指令间的转化和一致性维护上依旧存在开销。
- 复杂的寻址模式可能导致很多难题。更新寄存器的寻址模式会使冒险的检测更为复杂。而需要多次访问存储器的寻址模式会使流水线的控制复杂化，并且难以保持流水线平稳流动。
- 最好的例子可能是 DEC Alpha 和 DEC NVAX。Alpha 的新指令集使得其性能是 NVAX 性能的两倍多。另一个例子中，Bhandarkar 和 Clark［1991］通过统计 SPEC 基准测试程序运行的时钟周期数，比较了 MIPS M/2000 和 DEC VAX 8700，得到的结论为：尽管 MIPS M/2000 执行了更多的指令，但是 VAX 执行的平均时钟周期数是 MIPS 的2.7倍，因此 MIPS 更快。

4.15 本章小结

本章我们看到，处理器的数据通路和控制器的设计，可以从指令集体系结构和对工艺基本特性的理解开始。在4.3节中，我们看到了一个 LEGv8 处理器的数据通路如何基于指令集体系结构和单周期实现构造起来。当然，底层的工艺也影响了很多设计决策，如数据通路中哪些部件可用，以及单周期实现是否有意义等。

> 百分之九十的智慧是聪明得及时。
> *美国谚语*

流水线提高了吞吐率，但不能提高指令固有的执行时间或**指令延迟**（instruction latency）；对某些指令而言，指令延迟与单周期实现的长度类似。多指令发射在数据通路中增加了额外的硬件，允许每个时钟周期有多条指令开始，但是却增加了有效延迟。流水线作为减少简单的单周期实现数据通路的时钟周期的技术被提出。相比之下，多发射关注减少每条指令的时钟周期数（CPI）。

> **指令延迟**：一条指令固有的执行时间。

367

流水线和多发射都试图开发指令级并行。数据和控制依赖的存在（可能导致冒险），是限制有多少并行性能被开发的主要因素。在软件或硬件上通过预测来调度和推测，是降低依赖对性能的影响的主要手段。

我们展示了将 DGEMM 循环展开 4 次可以产生更多的指令，从而充分利用 Core i7 乱序执行引擎的优势，获得双倍以上的性能。

20 世纪 90 年代中期开始使用的更长的流水线、多指令发射和动态调度技术，帮助维持了从 20 世纪 80 年代早期以来每年 60% 的处理器性能增长速度。正如第 1 章中所提到的，这些微处理器保留了顺序编程模型，但是最终遇到了功耗墙问题。因此，工业界被迫转向多核处理器，在更粗粒度上开发并行性（第 6 章的主题）。这种趋势也迫使设计者对 20 世纪 90 年代中期以来发明的一些功耗 – 性能含义重新进行评估，其结果是在最新的微体系结构中简化了流水线。

为了维持通过并行处理器带来的性能提升，Amdahl 定律预言系统中的其他部件将会成为瓶颈。这个瓶颈就是下一章要讨论的主题——存储器层次结构。

4.16　历史观点与拓展阅读

本节放在配套网站中，讨论了第一个流水线处理器、最早的超标量处理器、乱序执行与推测执行技术的发展，以及同期编译器技术的发展。

4.17　练习题

4.1　考虑下面的指令：

指令：`AND Rd, Rn, Rm`

解释：`Reg[Rd] = Reg[Rn] AND Reg[Rm]`

368

4.1.1　[5]<4.3>对该指令，图 4-10 中的控制单元产生的控制信号的值是多少？

4.1.2　[5]<4.3>对该指令，哪些资源（功能单元）是有用的？

4.1.3　[10]<4.3>对该指令，哪些资源（功能单元）不会产生输出？哪些产生的输出不会被使用？

4.2　[10]<4.4>解释图 4-18 中的每个“无关项”。

4.3　考虑下面的指令组合：

R-type	I-Type	LDUR	STUR	CBZ	B
24%	28%	25%	10%	11%	2%

4.3.1　[5]<4.4>多少指令用到数据存储？

4.3.2　[5]<4.4>多少指令用到指令存储？

4.3.3　[5]<4.4>多少指令用到符号扩展？

4.3.4　[5]<4.4>不需要符号扩展输出的时钟周期里，符号扩展做什么？

4.4　硅芯片在制造过程中，材料（如硅）的缺陷和生产错误可能导致产生有缺陷的电路。非常常见的一个缺陷是信号线损坏，总是为逻辑 0，称为“固定 0”(stuck-at-0) 故障。

4.4.1　[5]<4.4>如果 MemToReg 线固定为 0，哪些指令不能正确操作？

4.4.2　[5]<4.4>如果 ALUSrc 线固定为 0，哪些指令不能正确操作？

4.4.3　[5]<4.4>如果 Reg2Loc 线固定为 0，哪些指令不能正确操作？

4.5　这道练习题详细检查一条指令在单周期数据通路中如何执行。下面的问题都是在一个时钟周期内，其中处理器取得指令字 `0xf8014062`。

4.5.1　[5]<4.4>该指令字的符号扩展和左移 2 位单元（靠近图 4-23 顶部）的输出是什么？

4.5.2 [10] < 4.4 > 该指令 ALU 控制单元的输入值是什么？

4.5.3 [5] < 4.4 > 该指令执行后，新的 PC 地址是什么？高亮标出该值决定的路径。 369

4.5.4 [10] < 4.4 > 给出指令执行过程中每个多路选择器的输入和输出值。列出 `Reg[Xn]` 的输出值。

4.5.5 [10] < 4.4 > ALU 和两个加法单元的输入值是什么？

4.5.6 [10] < 4.4 > 寄存器单元的所有输入值是什么？

4.6 4.4 节没有讨论像 `ADDI` 或 `ANDI` 这样的 I 型指令。

4.6.1 [5] < 4.4 > 如果在图 4-23 中给出的 CPU 中增加 I 型指令，需要增加哪些逻辑块？在图 4-23 中增加必需的逻辑块，并解释增加的目的。

4.6.2 [10] < 4.4 > 列出控制单元为 `ADDI` 指令产生的信号值。解释所有“无关”控制信号的原因。

4.7 本练习题假定在实现处理器的数据通路时，逻辑模块的延迟如下：

I-Mem / D-Mem	Register File	Mux	ALU	Adder	Single gate	Register Read	Register Setup	Sign extend	Control
250 ps	150 ps	25 ps	200 ps	150 ps	5 ps	30 ps	20 ps	50 ps	50 ps

“寄存器读”是指时钟上升沿到来后新寄存器值出现在输出端所需要的时间。这个值只适用于 PC。“寄存器建立”是指时钟上升沿到来之前，寄存器输入数据保持稳定所需要的时间。这个值同时适用于 PC 值和寄存器文件。

4.7.1 [20] < 4.4 > 尽管控制单元总共需要 50ps，碰巧我们可以直接从指令中提取 Reg2Loc 控制线的正确值。因此，该控制线的值可以和指令同时得到。请解释如何能够直接从指令中提取该值。提示：仔细检查图 2-20 所示的操作码。同时，记住 `LSR` 和 `LSL` 不需要使用 Rm 字段。最后，忽略 `STXR`。

4.7.2 [5] < 4.4 > R 型指令的延迟是多少？（即 R 型指令正确工作需要多长的时钟周期？）

4.7.3 [10] < 4.4 > `LDUR` 指令的延迟是多少？（仔细检查你的答案。许多学生在关键路径上放置了额外的多路选择器。）

4.7.4 [10] < 4.4 > `STUR` 指令的延迟是多少？（仔细检查你的答案。许多学生在关键路径上放置了额外的多路选择器。）

4.7.5 [5] < 4.4 > `CBZ` 指令的延迟是多少？

4.7.6 [5] < 4.4 > `B` 指令的延迟是多少？

4.7.7 [5] < 4.4 > I 型指令的延迟是多少？ 370

4.7.8 [5] < 4.4 > 该 CPU 的最小时钟周期是多少？

4.8 [10] < 4.4 > 假设你可以构造一个 CPU，其每条指令的时钟周期都不相同。对于下面的混合指令，该新 CPU 相对于图 4-23 中 CPU 的加速比是多少？

R-type/I-type	LDUR	STUR	CBZ	B
52%	25%	10%	11%	2%

4.9 考虑在图 4-23 所示 CPU 中增加一个乘法器。增加后，ALU 的延迟增加了 300ps，但指令数减少了 5%（因为不再需要仿真乘法指令）。

4.9.1 [5] < 4.4 > 改进前后的时钟周期各是多少？

4.9.2 [10] < 4.4 > 改进后获得的加速比是多少？

4.9.3 [10] < 4.4 > 在仍能改进性能的前提下，ALU 最慢（最长延迟）是多少？

4.10 当处理器设计师对处理器数据通路进行改进时，改进方案通常依赖于开销 / 性能之间的权衡。在下列三个问题中，假设从图 4-23 给出的数据通路开始，采用和练习题 4.7 中相同的延迟，开销如下表所示：

I-Mem	Register File	Mux	ALU	Adder	D-Mem	Single Register	Sign extend	Single gate	Control
1000	200	10	100	30	2000	5	100	1	500

假设将通用寄存器数量从 32 增加到 64 将减少 12% 的 LDUR 和 STUR 指令，但寄存器文件的延迟从 150ps 增加到 160ps，开销从 200 增加到 400。（采用练习题 4.8 的混合指令，忽略练习题 2.18 中讨论的指令集体系结构的其他影响。）

4.10.1 ［5］<4.4>改进后性能加速比能达到多少？

4.10.2 ［10］<4.4>比较性能变化和开销的变化。

4.10.3 ［10］<4.4>结合刚计算出的开销 / 性能比，分别描述哪种情况下可以增加更多的寄存器，哪种情况下增加寄存器是没有意义的。

4.11 考察将指令 LWI Rd, Rm(Rn)（递增取）添加到 LEGv8 指令集中的难度。

371

解释：Reg[Rd] = Mem[Reg[Rm]+Reg[Rn]]

4.11.1 ［5］<4.4>该指令需要（如果需要）哪些新的功能块？

4.11.2 ［5］<4.4>哪些已存在的（如果有）功能块需要修改？

4.11.3 ［5］<4.4>该指令需要哪些新的数据通路（如果有）？

4.11.4 ［5］<4.4>需要控制器中哪些新的控制信号（如果有）来支持该指令？

4.12 考察将指令 swap Rd, Rn 添加到 LEGv8 指令集中的难度。

解释：Reg[Rd] = Reg[Rn]; Reg[Rn]=Reg[Rd]

4.12.1 ［5］<4.4>该指令需要哪些（如果有）新的功能块？

4.12.2 ［10］<4.4>哪些已存在的（如果有）功能块需要修改？

4.12.3 ［5］<4.4>该指令需要哪些新的数据通路（如果有）？

4.12.4 ［5］<4.4>需要控制器中哪些新的控制信号（如果有）来支持该指令？

4.12.5 ［5］<4.4>修改图 4-23，给出这条新指令的一种实现。

4.13 考察将指令 ss Rd, Rm, Rn（存和）添加加到 LEGv8 指令集中的难度。

解释：Mem[Reg[Rd]] = Reg[Rn]+immediate

4.13.1 ［10］<4.4>该指令需要哪些新的功能块（如果有）？

4.13.2 ［10］<4.4>哪些已存在的功能块需要修改（如果有）？

4.13.3 ［5］<4.4>需要哪些新的数据通路（如果有）支持该指令？

4.13.4 ［5］<4.4>控制器中需要哪些新的控制信号（如果有）来支持该指令？

4.13.5 ［5］<4.4>修改图 4-23，给出这条新指令的一种实现。

372

4.14 ［5］<4.4>关键路径中，哪些指令（如果有）需要符号扩展模块？

4.15 LDUR 是 4.4 节 CPU 中延迟最长的指令。如果修改 LDUR 和 STUR 指令，去掉偏移量（offset）计算（例如，在调用 LDUR 或 STUR 指令之前必须将 load 或 store 的地址计算出来），那么就没有指令同时使用 ALU 和数据存储器。这种改动可以减少时钟周期。然而，这也增加了指令数，因为很多 LDUR 和 STUR 指令需要换成 LDUR/ADD 或 STUR/ADD 指令组合。

4.15.1 ［5］<4.4>新的时钟周期是多少？

4.15.2 ［10］<4.4>由练习题 4.7 中混合指令构成的程序在这个新 CPU 上运行更快还是更慢？快或慢多少？（出于简化目的，假设每条 LDUR 和 STUR 指令分别由连续的两条指令代替。）

4.15.3 ［5］<4.4>影响程序在新 CPU 上运行速度的主要因素是什么？

4.15.4 ［5］<4.4>你认为原来的 CPU（如图 4-23 所示）还是新的 CPU 的整体设计更好？

4.16 本题考察流水线对处理器时钟周期的影响。假设数据通路中每个流水级延迟如下：

IF	ID	EX	MEM	WB
250ps	350ps	150ps	300ps	200ps

假设处理器将执行的指令如下：

ALU/Logic	Jump/Branch	LDUR	STUR
45%	20%	20%	15%

4.16.1 [5]<4.5>流水线和非流水线处理器的时钟周期各是多少？

4.16.2 [10]<4.5>LDUR 指令在流水线和非流水线处理器中的总延迟各是多少？

4.16.3 [10]<4.5>如果可以将数据通路中的某个流水级拆分成两个新的级，每级的延迟是原来的一半，那么你会拆分哪一级？处理器的新时钟周期是多少？

4.16.4 [10]<4.5>假设没有阻塞或冒险，数据存储器的作用是什么？

373

4.16.5 [10]<4.5>假设没有阻塞或冒险，寄存器单元的写寄存器端口的作用是什么？

4.17 [10]<4.5>在一个具有 k 级流水线的 CPU 中，执行 n 条指令需要的最少时钟周期数是多少？列出公式并证明。

4.18 [5]<4.5>假设 X1 的初始值是 11，X2 的初始值是 22。在 4.5 节所述不处理数据冒险（即程序员需要在必要的地方插入 nop 指令来处理数据冒险）的流水线中执行下面的代码。寄存器 X3 和 X4 的最终结果是多少？

```
ADDI X1, X2, #5
ADD  X3, X1, X2
ADDI X4, X1, #15
```

4.19 [10]<4.5>假设 X1 初始为 11，X2 初始为 22。在 4.5 节所述不能处理数据冒险（程序员需要在必要的地方插入 nop 指令来处理数据冒险）的流水线中执行下面的代码。寄存器 X5 的最终结果是多少？假设寄存器文件在时钟周期开始时写，在时钟周期结束时读。因此，ID 级可以返回 WB 级在同一个时钟周期内产生的结果。4.7 节和图 4-51 有详细说明。

```
ADDI X1, X2, #5
ADD  X3, X1, X2
ADDI X4, X1, #15
ADD  X5, X1, X1
```

4.20 [5]<4.5>在下面的代码中添加 nop 指令，保证代码能够在无法处理数据冒险的流水线中正确执行。

```
ADDI X1, X2, #5
ADD  X3, X1, X2
ADDI X4, X1, #15
ADD  X5, X3, X2
```

4.21 考虑 4.5 节所述的无法处理数据冒险的流水线（即程序员负责在必要的地方插入 nop 指令来处理数据冒险）。假设（优化之后）一个典型的 n 条指令的程序需要额外增加 .4*n 条 nop 指令来处理数据冒险。

374

4.21.1 [5]<4.5>假设该流水线（没有旁路机制）的时钟周期是 250ps。假设增加旁路硬件可以将 NOP 指令的数量从 .4*n 减少到 .05*n，但时钟周期增加到 300ps。和原来的流水线相比，新流水线的加速比是多少？

4.21.2 [10]<4.5>不同的程序需要不同数量的 nop 指令。当一个典型程序运行在带旁路的流水线之前，程序中还有多少 nop 指令（用指令条数百分比表示）？

4.21.3 ［10］<4.5>重做练习题4.21.2，但这一次用 x 代表相对于 n 的 nop 指令的数量（练习题4.21.2中，x 等于 .4)，答案用 x 表示。

4.21.4 ［10］<4.5>一个只有 .075*n 条 nop 指令的程序能否在带旁路的流水线中执行得更快？解释能或者不能的原因。

4.21.5 ［10］<4.5>程序在有旁路的流水线中要执行更快，最少需要多少条 nop 指令（用指令条数百分比表示）？

4.22 ［5］<4.5>考虑下面的 LEGv8 汇编代码段：

```
STUR X16, [X6, #12]
LDUR X16, [X6, #8]
SUB  X7, X5, X4
CBZ  X7, Label
ADD  X5, X1, X4
SUB  X5, X15, X4
```

修改流水线，只保留一个存储器（指令和数据共用一个存储器）。这种情况下，如果在同一个时钟周期内同时取指令和访问数据，将产生结构冒险。

4.22.1 ［5］<4.5>画出流水线图，展示上述代码是否将产生阻塞。

4.22.2 ［5］<4.5>一般来说，重排序代码能否减少阻塞数或 nop 指令的数量？

4.22.3 ［5］<4.5>上述结构冒险必须用硬件处理吗？数据冒险能够通过添加 nop 指令消除，结构冒险能够用相同的方法处理吗？如果能，给出解决方案；如果不能，解释一下原因。

4.22.4 ［5］<4.5>你认为该结构冒险将导致一个典型的程序产生多少阻塞（使用练习题4.8给出的混合指令）？

375

4.23 如果用寄存器作为 load/store 指令的存储地址（无偏移量），那么这些指令将不再需要使用 ALU（参见练习题4.15）。因此，MEM 和 EX 流水级可以重叠，流水线只有四级。

4.23.1 ［10］<4.5>流水线深度的减少对时钟周期有何影响？

4.23.2 ［5］<4.5>这种改变将如何提升流水线的性能？

4.23.3 ［5］<4.5>这种改变将如何降低流水线的性能？

4.24 ［10］<4.7>下面两个流水线示意图，哪个更好地描述了流水线冒险检测单元的操作？为什么？

选项1：

```
LDUR X1, [X2, #0]:   IF ID EX ME WB
ADD X3, X1, X4:         IF ID EX..ME WB
ORR X5, X6, X7:           IF ID..EX ME WB
```

选项2：

```
LDUR X1, [X2, #0]:   IF ID EX ME WB
ADD X3, X1, X4:         IF ID..EX ME WB
ORR X5, X6, X7:           IF..ID EX ME WB
```

4.25 考虑下面的循环：

```
LOOP: LDUR X10, [X1, #0]
      LDUR X11, [X1, #8]
      ADD  X12, X10, X11
      SUBI X1, X1, #16
      CBNZ X12, LOOP
```

假设使用了完美的分支预测（没有控制依赖引起的阻塞），没有延迟槽，流水线支持完全旁路机制，分支处理在 EX 级（不是 ID 级）进行。

4.25.1 ［10］<4.7>画出该循环前两次迭代的流水线执行图。

4.25.2 [10] <4.7>标记出做无用功的流水线级。流水线满负荷工作，某个时钟周期中五个流水级全部都在进行有效工作的频率是多少？（从 SUBI 指令位于 IF 级的时钟周期开始，到 CBNZ 指令位于 IF 级的时钟周期结束。）

376

4.26 本题旨在帮助你理解流水线处理器中旁路机制的代价 / 复杂度 / 性能的权衡。本练习中的问题涉及图 4-53 中的流水线数据通路。假设处理器执行的所有指令中，有 RAW[⊖]数据依赖的指令所占比例如下表所示。RAW 数据依赖被产生结果的流水级（EX 或 MEM 级）和使用该结果的下一条指令（产生结果的指令后紧跟的第一条或第二条指令）检测到。假设寄存器写在时钟周期前半段完成，寄存器读在时钟周期的后半段完成，因此“EX 到第 3 条指令”和“MEM 到第 3 条指令”的依赖关系不会被计算在内，因为这两种情况不会引起数据依赖。同样假设分支在 EX 级处理（应该是 ID 级），并且如没有数据依赖，处理器的 CPI 为 1。

EX to 1st Only	MEM to 1st Only	EX to 2nd Only	MEM to 2nd Only	EX to 1st and EX to 2nd
5%	20%	5%	10%	10%

假设每个流水级的延迟如下所示。对于 EX 级，分别给出没有旁路机制和有不同类型旁路机制时处理器的延迟。

IF	ID	EX (no FW)	EX (full FW)	EX (FW from EX/MEM only)	EX (FW from MEM/WB only)	MEM	WB
120ps	100ps	110ps	130ps	120ps	120ps	120ps	100ps

4.26.1 [5] <4.7>对于上面列出的每种 RAW 依赖，给出至少三条汇编语句来表示该依赖。

4.26.2 [5] <4.7>对于上面列出的每种 RAW 依赖，需要在练习题 4.26.1 你所提供的代码中插入多少 nop 指令才能在没有旁路机制或冒险检测的流水线中正确执行？给出 nop 指令插入的位置。

4.26.3 [10] <4.7>单独分析每条指令将多计算程序在没有旁路机制或冒险检测的流水线中正确执行所需的 nop 指令的数量。写一个三条汇编语句组成的语句序列，当单独分析每条指令时，插入的阻塞数将比该序列为了避免数据依赖实际需要的阻塞数多。

4.26.4 [5] <4.7>假设没有其他冒险，上表描述的程序在没有旁路机制的流水线中运行的 CPI 是多少？阻塞所占的时钟周期数的比例是多少？（为便于简化，假设所有必需的条件都在上表中列出，并都能单独进行分析处理。）

4.26.5 [5] <4.7>如果采用全旁路机制（旁路转发所有能够转发的结果），CPI 是多少？阻塞的时钟周期数所占比例是多少？

377

4.26.6 [10] <4.7>假设无法提供全旁路机制需要的三输入多路选择器。现在需要判断只从 EX/MEM 流水线寄存器进行转发（下一时钟周期转发）的效果更好，还是只从 MEM/WB 流水线寄存器进行转发（两个周期后转发）更好。每种选择的 CPI 是多少？

4.26.7 [5] <4.7>对于给出的冒险发生的可能性和各个流水线级的延迟，相对于无旁路机制的流水线，每类旁路机制（EX/MEM、MEM/WB 或全旁路机制）获得的加速比是多少？

4.26.8 [5] <4.7>如果采用“穿越”转发机制来消除所有的数据依赖，和练习题 4.26.7 提供的最快的处理器相比，此时获得的额外的加速比是多少？假设这种待实现的“穿越”转发机制使得全转发的 EX 级的延迟增加 100ps。

4.26.9 [5] <4.7>冒险类型表区分了“EX to 1st”以及“EX to 1st and EX to 2nd”的入口。为什么没有

⊖ Read After Write，写后读。——译者注

"MEM to 1st and MEM to 2nd" 的入口？

4.27 本题用到下面的指令序列。假设该指令序列在一个五级流水线的数据通路中执行。

```
ADD   X5, X2, X1
LDUR  X3, [X5, #4]
LDUR  X2, [X2, #0]
ORR   X3, X5, X3
STUR  X3, [X5, #0]
```

4.27.1 [5]<4.7>如果没有转发或者冒险检测，插入 nop 指令保证该指令序列的正确执行。

4.27.2 [10]<4.7>现在，修改或重排该指令序列以将需要的 nop 指令减少到最少。假设在修改后的代码中，X7 寄存器可以用来存储临时变量。

4.27.3 [10]<4.7>假设处理器有转发机制，但是忘记实现冒险检测单元，那么题目提供的原始代码执行时会发生什么情况？

4.27.4 [20]<4.7>假设有转发机制，在代码执行的前七个时钟周期，图 4-59 中的转发单元和冒险检测单元每个时钟周期将发出哪些信号？

4.27.5 [10]<4.7>如果没有转发机制，图 4-59 中的冒险检测单元需要哪些新的输入和输出信号？用本题提供的指令序列作为例子，解释每个信号增加的原因。

4.27.6 [20]<4.7>对于练习题 4.27.5 提供的新的冒险检测单元，说明指令序列执行的前五个时钟周期都发出了哪些输出信号。

378

4.28 好的分支预测器的作用取决于条件分支执行的频率。再加上分支预测器的精度，两者决定了分支预测错误将产生多少阻塞。本题中，假设动态指令可被分为如下几类：

R-Type	CBZ/CBNZ	B	LDUR	STUR
40%	25%	5%	25%	5%

同时，假设分支预测器精度如下：

Always-Taken	Always-Not-Taken	2-Bit
45%	55%	85%

4.28.1 [10]<4.8>分支预测失败导致的阻塞周期将增加 CPI。"总是执行"预测器预测失败导致的额外 CPI 是多少？假设没有数据依赖，没有使用延迟槽，分支结果在 ID 级产生，在 EX 级使用。

4.28.2 [10]<4.8>对于"总是不执行"预测器，重复练习题 4.28.1 中的分析。

4.28.3 [10]<4.8>对于 2 位预测器，重复练习题 4.28.1 中的分析。

4.28.4 [10]<4.8>对于 2 位预测器，如果将一半的分支指令转换成一些 ALU 指令，将获得怎样的加速比？假设正确预测和非正确预测的指令被替换的可能性相同。

4.28.5 [10]<4.8>对于 2 位预测器，如果将一半的分支指令每条替换成两条 ALU 指令，将获得怎样的加速比？假设正确预测和非正确预测的指令被替换的可能性相同。

4.28.6 [10]<4.8>某些分支指令比其他的更易预测。如果所有执行的分支指令中有 80% 很容易预测的回环（loop-back）分支（这类分支总是能预测成功），那么 2 位预测器对于剩下 20% 的分支指令的预测精度如何？

4.29 本题考察不同类型的分支预测器对于下面这种重复分支输出模式（即一个循环中）的预测精度：T, NT, T, T, NT。

4.29.1 [5]<4.8>"总是执行"和"总是不执行"预测器对于该序列分支结果的预测精度如何？

4.29.2 [5] <4.8> 2 位预测器对于该序列中的前四条分支指令的预测精度如何？假设预测器从图 4-62 左下角的状态（预测不发生）开始预测。 379

4.29.3 [10] <4.8> 如果该模式一直重复下去，2 位预测器的预测精度如何？

4.29.4 [30] <4.8> 设计一个预测器，在该模式无限重复下去的情况下能够达到完美的预测精度。设计的预测器应该是一个时序电路，其一个输出提供一个预测（1 代表跳转，0 代表不跳转）；只有时钟作为输入；控制信号指出该指令是一条条件分支指令。

4.29.5 [10] <4.8> 如果给出一个和该题提供的模式完全相反的模式，练习题 4.29.4 中设计的预测器的预测精度如何？

4.29.6 [20] <4.8> 重复练习题 4.29.4，但此次设计的预测器要求能够完美地预测（在预测的预热周期之后，预热周期允许预测失败）该题中的模式及其相反模式。该预测器应该有一个输入来告诉预测器真正的输出是什么。提示：该输入可以使得预测器能够判断给出的是哪种重复模式。

4.30 本题分析异常处理如何影响流水线设计。前三个问题使用下面这两条指令：

指令1	指令2
CBZ X1,LABEL	LDUR X1,[X2,#0]

4.30.1 [5] <4.9> 这些指令能够触发哪些异常？对于触发的每个异常，说明该异常会在哪个流水级被检测到。

4.30.2 [10] <4.9> 如果每个异常都有独立的异常处理入口地址，那么如何修改流水线的设计才能处理异常？可以假设设计处理器时知道异常处理程序的入口地址。

4.30.3 [10] <4.9> 如果第二条指令在第一条指令之后被立即取出，描述当第一条指令触发了 4.30.1 题中你列出的第一个异常时，流水线会发生什么情况？给出从第一条指令被取出到异常处理程序的第一条指令完成期间的流水线执行图。

4.30.4 [20] <4.9> 向量化异常处理中，异常处理程序的入口地址表存放在数据存储器中的一个已知（固定）地址中。改变流水线结构来实现这种异常处理机制。使用修改的流水线和向量化异常处理，重复练习题 4.30.3。

4.30.5 [15] <4.9> 现在我们在一台只有一个固定入口地址的机器上仿真向量化异常处理（如练习题 4.30.4 所述）。写出该固定异常处理程序入口地址的代码。提示：这段代码应能够识别异常，从异常处理向量表中获得正确的异常处理程序地址，然后将执行交给异常处理程序。 380

4.31 本题对单发射和双发射处理器的性能进行比较，将优化双发射执行可实施的代码转换考虑在内。本题使用下面的循环（C 语言编写）：

```
for(i=0;i!=j;i+=2)
    b[i]=a[i]-a[i+1];
```

进行少量优化或不进行优化的编译器可能产生下面这段 LEGv8 汇编代码：

```
        MOV   X5, XZR
        B     ENT
TOP:    LSL   X10, X5, #3
        ADD   X11, X1, X10
        LDUR  X12, [X11, #0]
        LDUR  X13, [X11, #8]
        SUB   X14, X12, X13
        ADD   X15, X2, X10
        STUR  X14, [X15, #0]
        ADDI  X5,  X5, #2
 ENT:   CMP   X5,  X6
        B.NE  TOP
```

上面的代码用到下面这些寄存器：

i	j	a	b	临时值
X5	X6	X1	X2	X10～X15

假设本题中的双发射、静态调度处理器有如下特性：

1. 一条指令必须是存储器操作，另一条指令必须是算术 / 逻辑运算指令或一条分支指令。
2. 处理器流水线的各级间有所有可能的转发路径（包括到 ID 级的用于解决分支问题的路径）。
3. 处理器有完美的分支预测。
4. 如果一条指令依赖于另外一条，两条指令不会在同一个包中一起发射（见 4.10.2 节）。
5. 如果需要阻塞，发射包中的两条指令都需要阻塞（见 4.10.2 节）。

做完这些练习题你会发现，要获得达到近似最优加速比的代码需要做多少工作。

4.31.1 [30] <4.10>给出一个流水线执行图，展示上述 LEGv8 代码在双发射处理器上如何执行。假设两个迭代后循环退出。

381

4.31.2 [10] <4.10>从单发射处理器到双发射处理器的加速比是多少？（假设循环执行数千次迭代。）

4.31.3 [10] <4.10>重排或重写上述 LEGv8 代码，以便在单发射处理器上达到更好的性能。提示：如果 `j=0`，用指令“`CBZ X6, XZR, DONE`”直接跳出循环。

4.31.4 [20] <4.10>重排或重写上述 LEGv8 代码，以便在双发射处理器上获得更好的性能，但不要展开循环。

4.31.5 [30] <4.10>重复练习题 4.31.1，此次使用练习题 4.31.4 中的优化代码。

4.31.6 [10] <4.10>执行练习题 4.31.3 和练习题 4.31.4 中的优化代码，从单发射处理器到双发射处理器的加速比是多少？

4.31.7 [10] <4.10>将练习题 4.31.3 中的 LEGv8 代码循环展开，展开的循环中每个迭代可以处理原来代码中的两个迭代。然后，重排或重写展开的代码，以便在单发射处理器上获得更好的性能。假设 `j` 是 4 的倍数。

4.31.8 [20] <4.10>将练习题 4.31.4 中的 LEGv8 代码循环展开，展开后循环中的每个迭代可以处理原来循环中的两个迭代。然后，重排或重写展开的代码，以便在双发射处理器上获得更好的性能。你可以假设 `j` 是 4 的倍数。（提示：重新组织循环，使得一些计算出现在循环的外面和循环结束处。你可以假设临时寄存器中的值在循环之后不再需要。）

4.31.9 [10] <4.10>执行练习题 4.31.7 和练习题 4.31.8 中循环展开以及优化后的代码，从单发射处理器到双发射处理器的加速比是多少？

4.31.10 [30] <4.10>重复练习题 4.31.8 和练习题 4.31.9，但此次假设双发射处理器能同时执行两条算术 / 逻辑指令。（也就是说，发射包中的第一条指令可以是任意类型的指令，但第二条必须是算术或逻辑指令。两条存储器操作指令不能同时被调度。）

4.32 本题探讨能量效率和性能的关系。本题假设指令存储器、寄存器和数据存储器中的活动能耗如下表所示，数据通路其他部分的能耗忽略不计（寄存器读和寄存器写只针对寄存器文件）。

382

I-Mem	1 Register Read	Register Write	D-Mem Read	D-Mem Write
140pJ	70pJ	60pJ	140pJ	120pJ

假设数据通路中的部件延迟如下表所示，数据通路中其他部件的延迟忽略不计。

I-Mem	Control	Register Read or Write	ALU	D-Mem Read or Write
200ps	150ps	90ps	90ps	250ps

4.32.1 ［5］<4.3, 4.6, 4.14>在单周期处理器和五级流水线的处理器上执行一条 ADD 指令，分别需要消耗多少能量？

4.32.2 ［10］<4.6, 4.14>消耗能量最多的 ARMv8 指令是什么？执行这条指令消耗多少能量？

4.32.3 ［10］<4.6, 4.14>如果降低能量消耗是最重要的，那么你会如何修改流水线设计？改进之后，执行一条 LDUR 指令消耗的能量降低了多少百分比？

4.32.4 ［10］<4.6, 4.14>还有哪些指令能从练习题 4.32.3 的改进中潜在受益？

4.32.5 ［10］<4.6, 4.14>练习题 4.32.3 的改进如何影响流水线 CPU 的性能？

4.32.6 ［10］<4.6, 4.14>我们可以去掉 MenRead 控制信号，并在每个周期读数据存储器，即将 MemRead 的值恒置为 1。解释为什么这样改变后处理器仍然能正常工作。如果有 25% 的指令是 load 指令，这个改变对时钟频率和能耗的影响是什么？

4.33 制造硅芯片时，材料（例如，硅）的缺陷和生产错误会导致产生错误的电路。一个常见的错误是一根线上的信号对另一个信号产生影响。这种情况称为串扰（cross-talk fault）。有一类特殊的串扰问题，即一个信号连接到一个具有常量的线上（如电源线）。这些故障称为“固定为 0”（stuck-at-0）或“固定为 1”（stuck-at-1）故障，其中受影响的信号总是具有逻辑值 0 或 1。下面的问题中，故障发生在图 4-23 中寄存器文件的 Write Register 输入端的第 0 位。

4.33.1 ［10］<4.3, 4.4>假设这样测试处理器的缺陷：①先给 PC、寄存器文件、数据和指令存储器设置一些值（自行选择填充的值），②执行一条指令，③读 PC、存储器以及寄存器文件。检查读出的值以判断处理器中是否存在缺陷。你能否设计一个测试方案（PC、存储器以及寄存器的值），检查该信号上是否有固定为 0 缺陷？

383

4.33.2 ［10］<4.3, 4.4>重做练习题 4.33.1，这次检查固定为 1 缺陷。能否只设计一个测试方案同时检查固定为 0 缺陷和固定为 1 缺陷？如果可以，请解释如何实现；如果不能，说明理由。

4.33.3 ［10］<4.3, 4.4>如果我们知道处理器在该信号上有一个固定为 1 缺陷，那么该处理器还能用吗？为了使这个处理器仍然可用，我们必须将原来能在正常 LEGv8 处理器上运行的程序做一些变换，使之可以在这个处理器上运行。假设指令存储器和数据存储器都很大，足够存储变换后的程序和额外的数据。

4.33.4 ［10］<4.3, 4.4>重做练习题 4.33.1，此次检测的错误是，Branch 控制信号为 0 时，MemRead 控制信号是否变为 0，变化则有缺陷，否则无缺陷。

4.33.5 ［10］<4.3, 4.4>重做练习题 4.33.1，此次检测的错误是，RegDst 控制信号为 1 时，MemRead 控制信号是否变为 1，变化则有缺陷，否则无缺陷。提示：该题需要操作系统的相关知识，考虑一下什么会引起段错误（segmentation fault）。

4.33.6 ［10］<4.3, 4.4>重做练习题 4.33.1，此次检测的错误是，Reg2Loc 控制信号为 0 时，Branch 控制信号是否为 0，变化则有缺陷，否则无缺陷。

小测验答案

4.1 节 5 个中 3 个：控制、数据通路、存储器。输入和输出省略。

4.2 节 错误。边沿触发器件使得同时进行读和写变为可能和明确。

4.3 节 I. a；II. c。

4.4 节 是，Branch 和 ALUOp0 是相同的。此外，你可以灵活地将无关位和其他信号组合在一起。通过将 MemtoReg 的两个无关位置为 1 和 0，可使 ALUSrc 和 MemtoReg 相同。通过将 Reg2Loc 的无关位置为 0，可使 Reg2Loc 和 RegWrite 相反。不需要反相器，只需简单使用其他信号并将 Reg2Loc 多路选择器输入的顺序翻转即可。

4.5 节　1. LDUR 结果的读后写数据冒险造成的阻塞。2. 通过转发 ADD 的结果，避免第三条指令的阻塞，该指令将产生 X1 上的写后读（read-after-write）数据冒险。3. 不需要阻塞，即便是没有转发。

4.6 节　语句 2 和 4 是正确的，其余错误。

4.8 节　1. 预测不发生。2. 预测发生。3. 动态预测。

4.9 节　第一条指令，因为逻辑上该指令在其他指令之前执行。

4.10 节　1. 两个。2. 两个。3. 软件。4. 硬件。5. 硬件。6. 硬件。7. 两个。8. 硬件。9. 两个。

4.12 节　前两个为假，后两个为真。

384
~
385

大容量和高速度：开发存储器层次结构

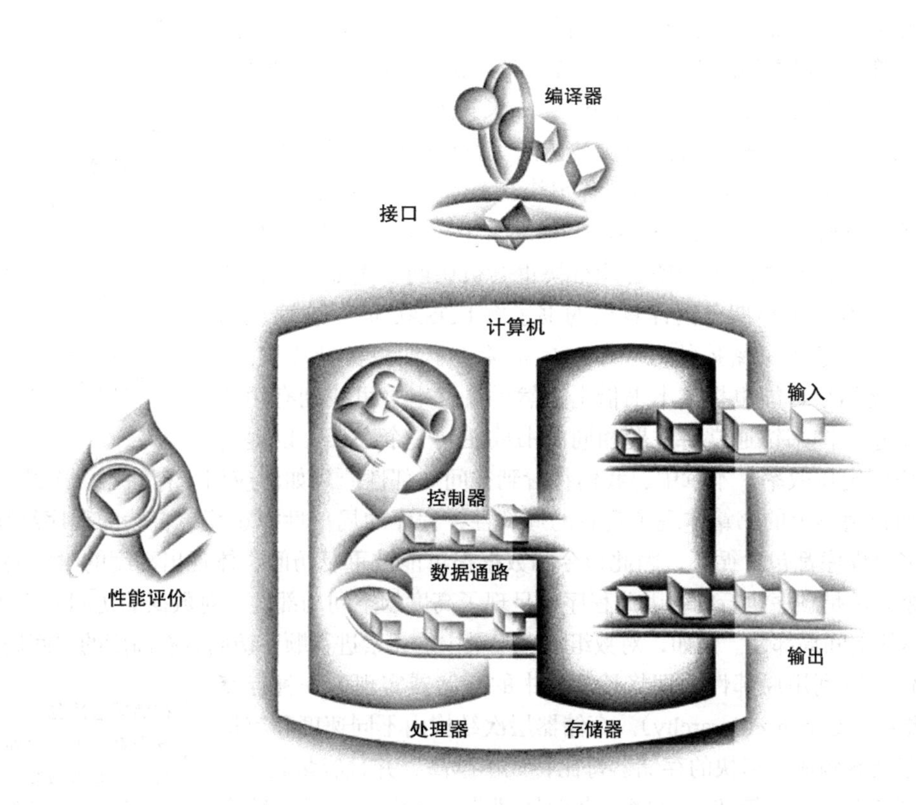

计算机的五个经典部件

5.1 引言

从早期的计算开始，程序员就希望拥有无限容量的快速存储器。本章帮助程序员实现这一“幻想”。首先，让我们通过一个简单的类比来说明即将使用的关键原理和机制。

> 理想情况下，人们希望存储器容量无限大，这样，任何特定的情况下……都可以立刻使用……我们不得不承认构建存储器层次结构的可能性，其中每一层都比其上一层拥有更大的容量，但访问速度更慢。
> *A. W. Burks, H. H. Goldstine, and J. von Neumann, Preliminary Discussion of the Logical Design of an Electronic Computing Instrument, 1946*

假定你是一个学生，正在撰写一份关于计算机硬件重要历史性发展的论文。你坐在图书馆的桌子前，桌上放着你正在查阅的从图书馆书架上抽出的一些书籍。你从这些书中找到了需要描述的几种重要的计算机，但是其中没有和 EDSAC 相关的。因此，你返回书架去寻找其他书，并找到了一本关于早期英国计算机的书，其中覆盖了 EDSAC 的相关内容。一旦在书桌上有了一些选好的书，很可能你需要的内容都可以从这些书中找到，那么你的大部分时间只需花在阅读这些书上，而无需返回书架。相比于只拿一本书并反复返回书架拿别的书，将几本书放在书桌前会更节省时间。

根据同样的原理，我们可以构建一个假象，即有一个大容量的存储器，并能够像小容量存储器那样被快速访问。就像你不会以相同的概率同时访问图书馆中所有的书那样，一个程序也不会以相同的概率同时访问全部代码或数据。否则，不可能让存储器在保持大容量的同时又能快速访问，就像你不可能把图书馆中所有的图书放在书桌上，并快速找到所需的书一样。

局部性原理（principle of locality）不仅适用于在图书馆查找资料的工作方式，而且适用于程序的执行。局部性原理指出，在任何时间内，程序仅访问地址空间中相对较小的一部分内容，就像你仅仅查阅图书馆中很少的一部分资料一样。局部性有两种不同类型：

- **时间局部性**（temporal locality）：如果某个数据项被访问，那么在不久的将来它可能再次被访问。就像你刚借了一本书放在书桌上查阅，那么很可能你很快又会需要再次查阅。
- **空间局部性**（spatial locality）：如果某个数据项被访问，那么与其地址相邻的数据项可能很快也会被访问。例如，当你找到一本关于早期英国计算机的书了解EDSAC时，你发现书架上和这本书紧挨的另一本书也是关于早期机械计算机的，因此你很可能也把这本书借走，然后在这本书里找到有用的信息。图书馆通常将主题相同的书放在同一个书架上以提高空间定位效率。本章中，我们将看到空间局部性原理如何应用于存储器层次结构。

时间局部性：某个数据项在被访问之后可能很快被再次访问的局部性原理。

空间局部性：某个数据项在被访问之后，与其地址相近的数据项可能很快被访问的局部性原理。

386
~
388

正如查阅桌上的书籍体现了自然的局部性，程序的局部性源于简单自然的程序结构。例如，大多数程序都包含循环，因此指令和数据很可能被重复访问，体现出高度的时间局部性。由于指令通常是顺序执行的，因此程序也呈现了高度的空间局部性。对数据的访问同样体现了一种自然的空间局部性。例如，对数组或者记录中的元素进行顺序访问具有高度的空间局部性。

我们可以利用局部性原理将计算机中的存储器实现为一种**存储器层次结构**（memory hierarchy）。存储器层次结构由不同速度和容量的多级存储器构成。越快的存储器每比特成本越高，并且容量越小。

存储器层次结构：一种由多个存储器层次组成的结构，存储器的容量和访问时间随着离处理器距离的增加而增加。

如图5-1所示，较快的存储器靠近处理器，下面是较慢并较为便宜的存储器。其目的是以成本最低的工艺向用户提供尽可能大的存储容量，同时提供与最快的存储器相当的访问速度。

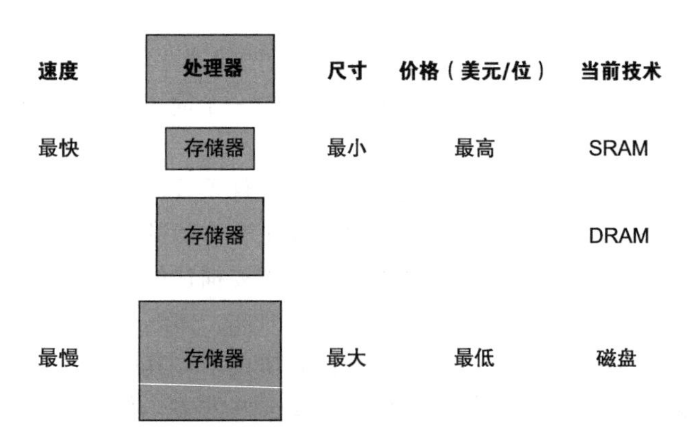

图5-1 存储器的基本层次结构。通过将存储系统以层次结构实现，用户感觉到的存储器具有层次结构最底层最大的存储容量，而访问速度和最快的存储器相当。在很多个人移动设备中，闪存（flash）已经代替了磁盘，并可能在台式计算机和服务器的存储器层次中引入新的一层（见5.2节）

同样，数据也可以组织成类似的层次化结构：靠近处理器那一层中的数据是那些较远层次中的子集，所有的数据都被存储在最底层中。我们依然使用图书馆的例子来进行类比，书桌上的书籍是你所在图书馆藏书的一个子集，同时也是学校中所有图书馆藏书的一个子集。并且，离处理器越远的层次访问时间也越长，就像我们在学校图书馆系统中可能遇到的情况一样。

存储器层次结构可以由多个层次构成，但是数据每次只能在相邻的两个层次之间进行复制，因此我们只需将注意力集中在两个层次上。高层的存储器靠近处理器，比低层存储器容量小但访问速度更快，因为高层存储器采用的工艺成本更高。如图 5-2 所示，我们将信息最小单元（不管是否存在于两级层次结构中）称为**块**（block）或**行**（line），在图书馆的类比中，一个信息块就是一本书。

389

块或行：存储器层次间信息传输的最小单元。

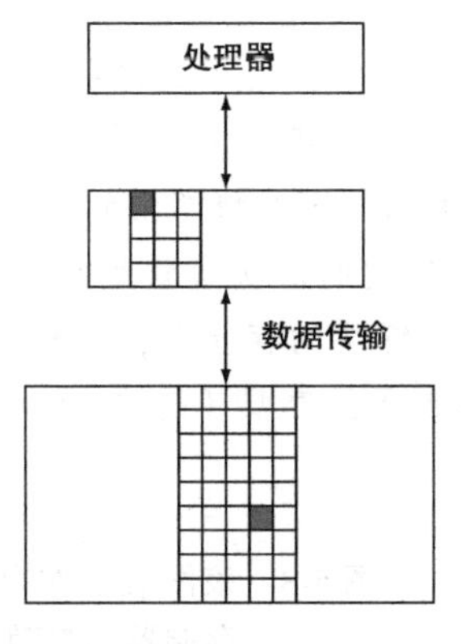

图 5-2 可以将存储器层次结构中的每两个层次看作一个是高层，一个是低层。在每一层中，信息的最小单元称为块或者行，无论其是否存在。通常在层次之间进行复制时，按整块进行传输

如果处理器需要的数据存放在高层存储器中的某个块中，则称为一次命中（就像你从书桌上的一本书中找到所需的信息一样）。如果在高层存储器中没有找到所需的数据，这次数据请求则称为一次缺失。缺失后将访问低层存储器来寻找包含所需数据的那一块（如同从书桌前走到书架旁去寻找所需的书籍）。**命中率**（hit rate）或命中比率（hit ratio），是指在高层存储器中找到数据的存储访问比例，通常被当成存储器层次结构性能的一个衡量标准。**缺失率**（miss rate）（1 – 命中率）则是指在高层存储器中没有找到数据的存储访问比例。

命中率：在一个存储器层次中找到所需数据的存储访问比例。

缺失率：在一个存储器层次中没有找到所需数据的存储访问比例。

性能是我们使用存储器层次结构的主要目的，因而命中时间和缺失时间非常重要。**命中时间**（hit time）是指访问存储器层次结构中的高层存储器所需要的时间，包括判断当前访问是命中还是缺失所需的时间（相当于浏览书桌上书籍所花费的时间）。**缺失代价**（miss penalty）是指将相应的块从低层存储器替换到高层存储器中的时间，加上将该信息块传送给处理器的时间（即从书架上取另一本书并放到桌上的时间）。由于较高层容量较小并且使用更快的存储器部件，命中时间要比访问存储器层次中下一层的时间（这也是缺失代价的主要组成部分）少得多。（同样，查找书桌上书籍的时间要比站起来到书架前查找一本新书所需的时间少得多。）

命中时间：访问一个存储器层次所需要的时间，包括判断当前访问是命中还是缺失所需的时间。

缺失代价：将相应的块从低层存储器取到高层存储器所需的时间，包括访问块、将数据块逐层传输、将数据块插入发生缺失的存储层，以及将信息块传送给请求者的时间。

390

在本章中我们将看到，用来构建存储器系统的这些概念也影响了计算机的许多其他方面，包括操作系统如何管理存储器和I/O，编译器如何产生代码，甚至应用程序如何使用计算机。当然，由于所有程序都要花费大量时间访问存储器，因而存储系统必然成为决定机器性能的一个主要指标。利用存储器层次结构来达到性能的提升，意味着在过去程序员可以把存储器看成一个线性的随机访问存储设备，而现在必须理解存储器层次结构才能获得良好的性能。稍后的例子中我们将展示这种理解的重要性，如图5-18和5.14节将展示如何使矩阵乘法性能加倍。

由于存储系统对性能至关重要，计算机设计人员在这些系统上花费了大量精力，并开发了复杂的机制来提高存储系统的性能。本章讨论了主要的概念性观点，为了不至于使篇幅过长和使内容太复杂，我们对许多概念进行了简化和抽象。（本章中的硬件模型由作者提供，并不代表是ARM支持的体系结构。）

重点 程序不仅表现出时间局部性，即重复使用最近被访问的数据项的趋势，同时也表现出了空间局部性，即访问与最近被访问过的数据项地址空间相近的数据项的趋势。存储器层次结构通过将最近访问的数据项保存在更靠近处理器的存储器层次中来利用时间局部性。而对空间局部性的利用，则通过将存储器中包含多个相邻字的块移动到上层存储器中实现。

图5-3表明，在存储器层次结构中，离处理器越近的层次容量越小，速度越快。因此，在最高层命中的访存能很快被处理。而缺失需要访问低层的存储器，容量大但速度慢。如果命中率足够高，存储器层次结构的有效访问时间接近于最高层（最快）的访存时间，同时容量接近于最底层（容量最大）的容量大小。

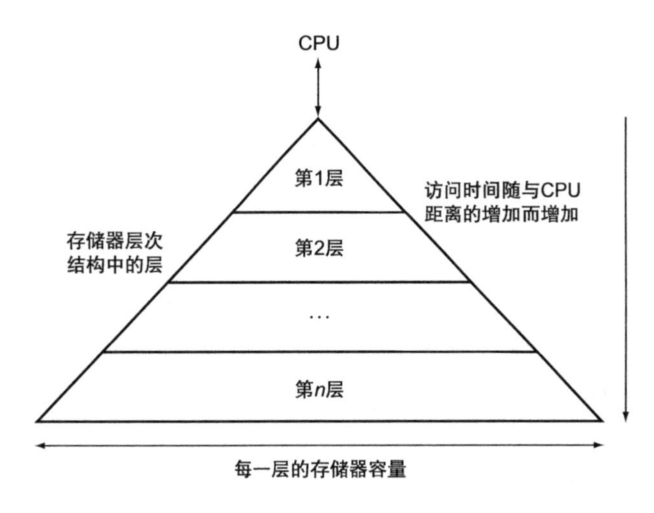

图5-3　该图表明在存储器层次结构中，存储器容量随其与处理器距离的增加而增加。当采用合适的操作机制时，这种结构允许处理器具有主要由第一个存储层决定的访存时间，并具有第n层的存储容量。本章的主题就是要实现这种结构。尽管本地磁盘一般位于存储器层次结构的最底层，但是一些系统会使用磁带或者局域网内的文件服务器作为层次结构的下一层

在很多系统中，存储器是一个真实的层次结构，这意味着数据若要在第i层存在，那么必须在第$i+1$层也存在。

小测验　下面哪些表述通常是正确的？

1. 存储器层次利用了时间局部性。
2. 在一次读操作中，返回的值取决于哪些块在cache中。
3. 存储器层次结构的大部分成本处于最高层。
4. 存储器层次结构的大部分容量处于最低层。

391

5.2 存储器技术

目前，存储器层次结构中主要使用了四种技术。主存储器由 DRAM（动态随机存取存储器）实现，而靠近处理器的层次（cache）使用 SRAM（静态随机存取存储器）。DRAM 每比特成本要低于 SRAM，但是速度比 SRAM 慢。价格的差异源于 DRAM 每比特占用的存储空间较少，因此对于等量的硅，DRAM 的容量更大。速度的差异则由多种因素造成，附录 A 的 A.9 节对此进行了描述。第三种技术是闪存，这种非易失存储器用作个人移动设备中的二级存储器。第四种技术是磁盘，用于服务器中容量最大但速度最慢的一层。这四种技术的访问时间和每比特成本变化很大，下表给出了 2012 年的典型数据。

存储器技术	典型访问时间（ns）	2012年每GiB的价格（美元）
SRAM半导体存储器	0.5 ~ 2.5	500 ~ 1000
DRAM半导体存储器	50 ~ 70	10 ~ 20
闪存半导体存储器	5000 ~ 50 000	0.75 ~ 1.00
磁盘	5 000 000 ~ 20 000 000	0.05 ~ 0.10

本节的剩余部分将对每种存储技术进行描述。 392

5.2.1 SRAM 技术

SRAM 是一种简单的集成电路，其存储阵列通常只有一个访问端口，提供读或写。虽然读和写的访问时间可能不同，但 SRAM 对任何数据访问时间都是固定的。

SRAM 不需要刷新，因此其访问时间与周期时间非常相近。SRAM 每位通常采用 6 ～ 8 个晶体管以防止读操作时损坏信息。在空闲模式下，SRAM 只需要最小的功率来保持电荷。

过去，大多数 PC 和服务器系统中通常使用独立的 SRAM 芯片实现一级、二级甚至三级 cache。而如今，由于摩尔定律的推动，各级 cache 都集成在处理器芯片中，因此独立的 SRAM 芯片几乎在市场上消失了。

5.2.2 DRAM 技术

只要持续供电，SRAM 中的数值就可以一直保持。而在动态 RAM（DRAM）中，存储单元中的值以电容中电荷的方式存储。DRAM 中使用一个晶体管对存储的电荷进行访问，以实现对保存的电荷的读取或写入。因为 DRAM 每存储位只使用一个晶体管，所以相对 SRAM，DRAM 每位密度更高且价格更便宜。由于 DRAM 在电容上保存电荷，因此不能长久地保持数据，必须周期性地刷新。这就是与 SRAM 单元的静态存储相比，该存储结构被称为动态的原因。

对 DRAM 单元进行刷新时，只需读出其内容然后写回，电荷可以保持几微秒。如果 DRAM 中的每一位都需要单独读出然后写回，那么就需要持续刷新 DRAM，这将导致没有时间可用于正常的访问操作。幸运的是，DRAM 采用了一种两级译码结构，允许以一个读周期后紧跟一个写周期的方式一次刷新一整行（一行单元共用一个字线）。

图 5-4 给出了 DRAM 的内部组织结构，图 5-5 给出了 DRAM 的密度、成本、访问时间多年来的变化情况。

行组织结构不但有助于刷新，还有助于性能的提高。为了提高性能，DRAM 对行进行缓存以便重复访问。缓冲区与 SRAM 类似，在下一行被访问之前，可通过改变地址来访问缓冲区中的任意一位。由于访问该行中数据的时间短了很多，因此极大地减小了数据访问时间。更宽的芯片也可以增加芯片的存储带宽。当一行数据在缓冲区中时，无论 DRAM 的宽度是多少（典型情况为 4、8 或 16 位），都可以通过连续地址传输，或者通过指定要传送的数据块及其在缓冲区中的起始地址的方式进行传输。

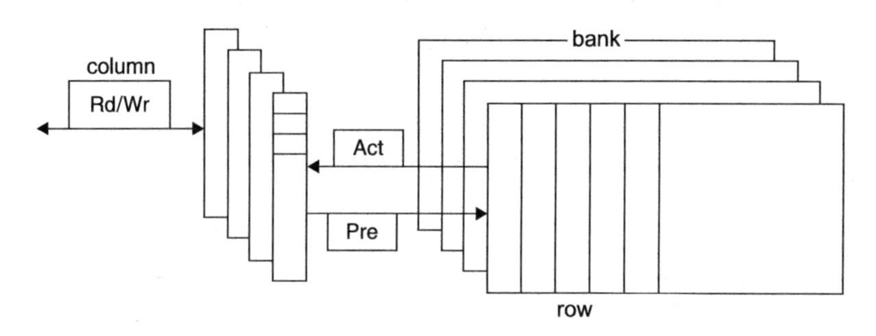

图 5-4　DRAM 的内部组织。现代 DRAM 以 bank（存储块）形式组织，DDR3 中有 4 个 bank。每个 bank 由一系列行组成。发送一条 Pre（预充电）命令能够打开或者关闭一个 bank。行地址使用 Act（激活）发送，行被传送到一个缓冲区中。当一行数据在缓冲区中时，无论 DRAM 数据宽度是多少（典型情况为 4、8 或 16 位），都可以通过连续地址传输，或者通过指定要传送的数据块及其在缓冲区中的起始地址的方式进行传输。与数据块的传送一样，每条命令使用时钟进行同步

生产年份	芯片容量	每GiB价格（美元）	访问新的一行/一列的总时间（ns）	访问缓冲区行中一列的平均时间（ns）
1980	64 Kibibit	1 500 000	250	150
1983	256 Kibibit	500 000	185	100
1985	1 Mebibit	200 000	135	40
1989	4 Mebibit	50 000	110	40
1992	16 Mebibit	15 000	90	30
1996	64 Mebibit	10 000	60	12
1998	128 Mebibit	4 000	60	10
2000	256 Mebibit	1 000	55	7
2004	512 Mebibit	250	50	5
2007	1 Gibibit	50	45	1.25
2010	2 Gibibit	30	40	1
2012	4 Gibibit	1	35	0.8

图 5-5　直到 1996 年，DRAM 芯片容量大约每三年增加为原来的 4 倍，之后增长速度变得非常慢。访问时间的改进很慢，但是仍然在持续减少。虽然价格经常受到其他诸如可用性和需求等因素的影响，但是也基本上按照存储密度增加的速度在降低。每 Gibibit 的价格没有按通货膨胀调整

为了进一步优化与处理器的接口，DRAM 增加了时钟，因此称为同步（synchronous）DRAM，或 SDRAM。SDARM 的优势在于使用时钟消除了存储器和处理器同步的时间。DRAM 速度上的优势源于不需要额外指定地址位以突发方式传送数据位的能力，由时钟在突发方式下传输连续的数据位。最快的版本称为*双倍数据速率*（Double Data Rate，DDR）SDRAM。该名称表示在时钟的上升沿和下降沿都可以传送数据，因此可以在期望的时钟频率和数据宽度的基础上获得双倍的带宽。该技术的最新版本是 DDR4。DDR4-3200 DRAM 每秒可以传输 3200 兆次，意味着其时钟频率为 1600MHz。

393

维持如此高的带宽需要在DRAM内部进行精心组织。与只有一个快速行缓冲区不同，DRAM内部可以组织成对多个bank进行读或写操作，各个bank都有独立的行缓冲区。将一个地址发送给多个bank允许对它们同时进行读或写。例如，对于4个bank而言，只需一次访问时间，然后以轮转（rotate）方式对这4个bank进行访问以提供4倍的带宽。这种轮转访问机制称为*地址交叉*（address interleaving）。 394

虽然iPad（见第1章）之类的个人移动设备使用独立的DRAM，但服务器的存储器（内存）通常是以称为*双列直插式存储模块*（Dual Inline Memory Module，DIMM）的小电路板形式售卖[⊖]。DIMM通常含有4～16块DRAM芯片，并针对服务器系统组织成8字节宽。使用DDR4-3200 SDRAM的DIMM每秒可以传送8 × 3200 = 25600兆字节。这类DIMM以其带宽命名：PC25600。虽然一个DIMM可以有如此多的DRAM芯片，但仅有一部分可以用于特定的传输，因此需要一个术语来表示DIMM上共享公共地址线的芯片子集。为了避免与DRAM内部的行和bank的名字混淆，我们使用*存储器rank*（memory rank）来表示DIMM中的一个芯片子集。

精解 一种测试cache之后的存储器系统性能的方法是使用流基准程序（stream benchmark）[McCalpin，1995]。该测试集测试长向量操作的性能，没有时间局部性，并且访问的阵列比所测试的计算机中的cache要大。

5.2.3 闪存

*闪存*是一种*电可擦除的可编程只读存储器*（Electrically Erasable Programmable Read-Only Memory，EEPROM）。

不同于磁盘和DRAM，但与其他EEPROM技术类似，对闪存的写操作会使存储位产生损耗。为了应对这种局限性，很多闪存产品都有一个控制器，用来将写操作从已经写入很多次的块中重映射到写入次数较少的块中，从而使写操作尽量分散。这种技术称为*损耗均衡*（wear leveling）。采用损耗均衡技术，个人移动设备很难超过闪存的写极限。虽然该技术降低了闪存的潜在性能，但却是必需的，除非有更高一级的软件来监控块磨损。通过将生产过程中出错的存储单元屏蔽掉，实现损耗均衡的闪存控制器也能够提高闪存的成品率。

5.2.4 磁盘存储器

如图5-6所示，一个磁质硬盘包含一组圆形盘片，绕着轴心每分钟转动5400～15 000圈。金属盘片两侧均被磁性记录材料覆盖，类似于磁带和录像带采用的材料。为了对硬盘上的信息进行读写，盘片每面上方都有一个包含小型电磁线圈的*读写磁头*。整个驱动器被永久地密封起来以控制驱动器内部，从而使得磁头可以距离驱动器表面非常近。

图5-6 一个具有10个盘面和读写头的磁盘。当今磁盘的直径是2.5或3.5英寸，并且每个驱动器通常有1或2个盘片

⊖ 即台式机和笔记本中常见的内存条。——译者注

395 每个磁盘的表面被划分为同心圆盘，称为**磁道**（track）。每面通常有成千上万条磁道。每条磁道被划分为用于存储信息的**扇区**（sector），每条磁道有几千个扇区。每个扇区的容量通常是512～4096字节。保存在磁介质上的系列信息为扇区号、空隙、该扇区的信息（包含纠错码（见5.5节））、空隙、下一扇区的扇区号，等等。

磁道：组成磁盘表面的同心圆中的任意一个。

扇区：构成磁盘上磁道的多个段中的一段，是磁盘上数据读写的最小单位。

每个盘面的磁头连在一起移动，因此每个盘面的磁头位于相同的扇区。术语柱面（cylinder）[⊖]表示在某点上磁头下方所有盘面上的所有磁道。

寻道：把读写磁头移动到磁盘上适当的磁道上的过程。

为了访问数据，操作系统必须对磁盘进行三步操作。第一步是将磁头移动到适当的磁道之上，称为**寻道**（seek），将磁头移动到目标磁道所需的时间称为*寻道时间*。

磁盘生产商在产品手册中会给出最小、最大以及平均寻道时间。最小和最大寻道时间较容易测量，但平均寻道时间因与寻道距离相关而有不同的测试值。工业界计算平均寻道时间的方法是对所有可能的寻道时间取平均值。平均寻道时间通常建议为3～13ms，但由于应用程序以及磁盘访问调度策略的不同，及对磁盘访问的局部性，实际的平均寻道时间通常只有标称数据的25%～33%。这种局部性的产生有两个原因，其一是同一文件产生的连续访问，其二是操作系统也会尽量把这些访问调度在一起。 396

一旦磁头到达了正确的磁道，就必须等待要访问的扇区转动到读写头下面。该等待时间称为**旋转延迟**（rotational latency或rotational delay）。平均延迟通常是磁盘转动一周时间的一半。磁盘转速通常为5400～15 000 RPM。5400 RPM对应的平均旋转延迟为

旋转延迟：指定扇区转到读写头下方所需的时间。通常假定为磁盘转动一周时间的一半。

$$平均旋转延迟=\frac{0.5\text{ 周}}{5400\text{ RPM}}=\frac{0.5\text{ 周}}{5400\text{ RPM}/\left(60\,\frac{\text{秒}}{\text{分钟}}\right)}=0.0056\text{ 秒}=5.6\text{ 毫秒}$$

磁盘访问的最后一部分是*传输时间*，即传输一个数据块所需的时间。传输时间是扇区大小、旋转速度以及磁道记录介质密度的函数。2012年时传输速率在每秒100～200MB之间。

大多数磁盘控制器都有一个保存最近传输扇区数据的内建缓存，从该缓存中传输数据的速率通常更高，2012年达到每秒750MB（每秒6Gbit）。

现在，块号存放在哪里已不再直观了。前面所述的扇区-磁道-柱面模型有如下假定：邻近的块在同一磁道上；访问同一柱面上的块时间较少，因为同一柱面上的块不需要寻道时间；一些磁道比其他磁道距磁头更近。变化的原因是磁盘接口层次的提升。为了加速顺序传输，这些高层的接口将磁盘组织得更像磁带，而不像随机访问设备。在单个磁面上，逻辑块以蛇纹形式排列，尽可能使所有扇区以相同的位密度记录信息，从而获得最好的性能。因此，顺序的块可能位于不同的磁道上。

总的来说，磁盘和半导体存储器技术间两个主要的差别就是磁盘的访问速度较慢，因为它们是机械器件——闪存比磁盘快1000倍，DRAM比磁盘快100 000倍——但是磁盘用适度的成本即可获得很大的存储容量，因而每位的成本更低——磁盘便宜10～100倍。与闪存类似，磁盘是非易失的，但与闪存不同的是，磁盘不存在写损耗问题。然而，闪存更加结实，更符合个人移动设备的需求。

⊖ 所有盘面上半径相同的磁道构成一个柱面。——译者注

5.3 cache 的基本原理

在图书馆例子中，书桌就好比一个 cache——一个存放所需东西（书籍）的安全场所。在早期的商业计算机中，cache 用于代表处理器和主存之间额外的存储器层次。第 4 章数据通路中的存储器可以简单地被 cache 替代。现在，尽管这仍然是 cache 的主要用途[㊀]，但该术语也用来指代任何基于局部性原理来管理的存储器。cache 最早出现在 20 世纪 60 年代早期的研究型计算机中，后期被应用于商业计算机。目前生产的每一台通用计算机，从服务器到低功耗嵌入式处理器，都含有 cache。

> cache：一个隐藏或者存储东西的安全场所。
> *Webster's New World Dictionary of the American Language, Third College Edition, 1988*

397

本节中，我们先来看一个简单的 cache，处理器每次请求一个字，并且每个块由一个单独的字组成（已经熟悉 cache 基本原理的读者可以跳至 5.4 节）。图 5-7 展示了该简单 cache 在请求数据项（该数据项初始不在 cache 中）前后的状态。请求发出之前，cache 中保存了最近所访问过的数据项 X_1，X_2，…，X_{n-1}，而处理器请求一个不在 cache 中的字 X_n。该请求将引起一次失效，然后 X_n 从存储器中取到 cache 中。

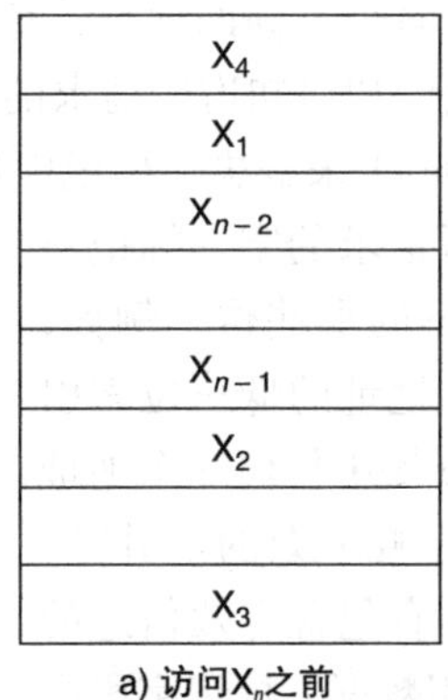

a) 访问X_n之前

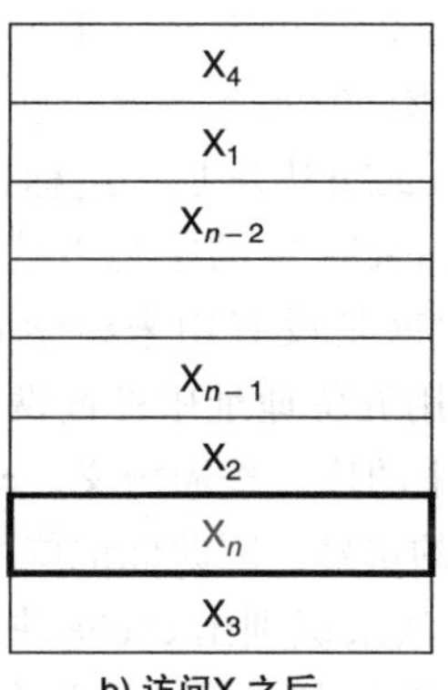

b) 访问X_n之后

图 5-7 访问字 X_n 前后 cache 中的内容，X_n 初始不在 cache 中。该访问引起了一次缺失，并强制 cache 从存储器中取出 X_n，并将 X_n 插入 cache 中

观察图 5-7，有两个问题需要解决：如何知道一个数据项是否在 cache 中？如果在 cache 中，如何找到该数据项？这两个问题的答案是相关的。如果每个字都只能放在 cache 中确定的位置，那么只要它在 cache 中，我们就能直接找到它。在 cache 中为主存中每个字分配一个位置的最简单方法就是根据这个字的主存地址进行分配，这种 cache 结构称为**直接映射**（direct mapped），即每个存储器地址映射到 cache 中一个确定的地址。对于直接映射 cache，主存地址和 cache 位置之间的映射比较简单。例如，几乎所有的直接映射 cache 都使用以下映射方法来找到一个块：

> **直接映射 cache**：一种 cache 结构，其中每个存储器地址被映射到 cache 中的一个确定的位置。

（块地址）mod（cache 中的块数）

如果 cache 中的块数是 2 的幂，取模的计算就很简单，只需要取地址的低 $\log_2$（块中的 cache 容量）位[㊁]。因此，一个 8 块的 cache 使用块地址的最低三位（$8 = 2^3$）。例如，图 5-8 中

㊀ 即处理器和主存之间的存储器层次。——译者注

㊁ 即对块大小以 2 为底取对数。——译者注

展示了一个直接映射的 8 个字的 cache 中，存储器地址 1_{ten}（00001_{two}）到 29_{ten}（11101_{two}）如何映射到 cache 中 1_{ten}（001_{two}）到 5_{ten}（101_{two}）的位置。⊖

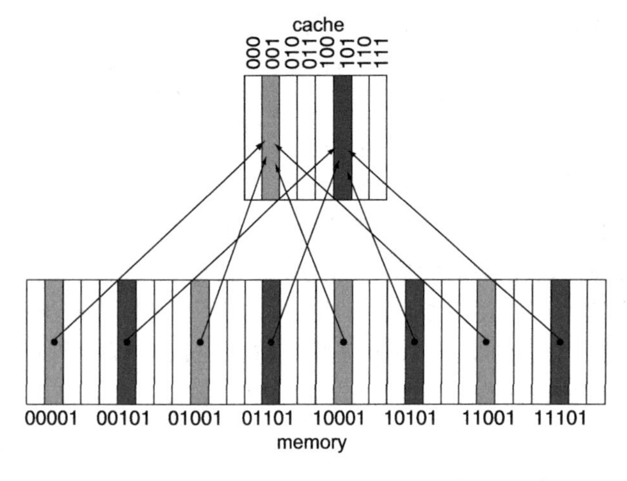

图 5-8　具有 8 个项的直接映射 cache 中，主存地址 0 ~ 31 映射到 cache 中的相应位置。由于 cache 中有 8 个字，地址 X 被直接映射到 X mod 8，即低 $\log_2(8)=3$ 位被用作 cache 索引。因此，地址 00001_{two}、01001_{two}、10001_{two} 和 11001_{two} 都对应于 cache 中第 001_{two} 号入口，而地址 00101_{two}、01101_{two}、10101_{two} 和 11101_{two} 都对应于 cache 中第 101_{two} 入口

由于 cache 中的每个位置可能对应于主存中多个不同的地址，那么我们如何确定 cache 中的数据项是否是所请求的字呢？也就是说，我们如何知道所请求的字是否在 cache 中？对于该问题，我们可以在 cache 中增加一组**标记**（tag）来解决。标记中包含了地址信息，这些地址信息可以用来判断 cache 中的字是否就是所请求的字。标记只需包含地址的高位，也就是没有用来检索 cache 的那些位。例如，图 5-8 中标记位只需使用五位地址中的高两位，地址的低三位索引字段则用来选择 cache 中的块。按照定义，cache 块中任何一个地址的索引字段必定是该块的块号，因此标记位可以省略冗余的索引位。

标记：存储器层次结构使用的表中的一个字段，包含了地址信息，这些地址信息可以用来判断存储器层次中的字是否就是所请求的字。

398 ~ 399

我们还需要一种方法来识别出 cache 块中没有包含有效信息的情况。例如，当处理器启动时，cache 中没有有用数据，标记字段中的值没有任何意义。甚至在执行了很多指令后，cache 中的一些项依然为空，如图 5-7 所示。因此，在 cache 中，这些项的标记应该被忽略。最常用的方法就是增加一个**有效位**（valid bit）来标识一个 cache 项是否含有有效地址。如果该位没有被设置，则块匹配不成功。

有效位：存储器层次结构中的一个字段，用来标识层次中的块是否含有有效数据。

本节剩余部分将重点说明如何在 cache 中进行读。通常来说，处理读要比处理写简单一些，因为读操作不需要改变 cache 中的内容。在探讨了读操作和 cache 缺失如何处理的基本原理后，我们将考察实际计算机中 cache 的设计并详细讨论这些 cache 如何处理写操作。

重点　cache 可能是预测思想最重要的例子。cache 依赖于局部性原理，以期在存储器层次结构的更高层中寻找需要的数据，并且提供机制以保证当预测错误时能够从低层的存储器层次中找到并获取正确的数据。现代计算机中 cache 预测命中率通常在 95% 之上（见图 5-46）。

5.3.1　cache 访问

下面是对容量为 8 块的空 cache 进行 9 次访问的一个序列，包括每次访问的行为。图 5-9 给出了每次缺失时 cache 内容的变化。由于 cache 中有 8 个块，地址的低三位给出了块号。

⊖ 此例中的存储器地址应为字地址或块（每行一个字）地址。——译者注

访问的十进制地址	访问的二进制地址	在cache中命中/缺失	分配的cache块（查找或者放置的位置）
22	10110_{two}	缺失（图5-9b）	$(10110_{two} \bmod 8) = 110_{two}$
26	11010_{two}	缺失（图5-9c）	$(11010_{two} \bmod 8) = 010_{two}$
22	10110_{two}	命中	$(10110_{two} \bmod 8) = 110_{two}$
26	11010_{two}	命中	$(11010_{two} \bmod 8) = 010_{two}$
16	10000_{two}	缺失（图5-9d）	$(10000_{two} \bmod 8) = 000_{two}$
3	00011_{two}	缺失（图5-9e）	$(00011_{two} \bmod 8) = 011_{two}$
16	10000_{two}	命中	$(10000_{two} \bmod 8) = 000_{two}$
18	10010_{two}	缺失（图5-9f）	$(10010_{two} \bmod 8) = 010_{two}$
16	10000_{two}	命中	$(10000_{two} \bmod 8) = 000_{two}$

Index	V	Tag	Data
000	N		
001	N		
010	N		
011	N		
100	N		
101	N		
110	N		
111	N		

a) 上电后cache的初始状态

Index	V	Tag	Data
000	N		
001	N		
010	N		
011	N		
100	N		
101	N		
110	Y	10_{two}	Memory (10110_{two})
111	N		

b) 处理地址（10110_{two}）缺失后的cache状态

Index	V	Tag	Data
000	N		
001	N		
010	Y	11_{two}	Memory (11010_{two})
011	N		
100	N		
101	N		
110	Y	10_{two}	Memory (10110_{two})
111	N		

c) 处理地址（11010_{two}）缺失后的cache状态

Index	V	Tag	Data
000	Y	10_{two}	Memory (10000_{two})
001	N		
010	Y	11_{two}	Memory (11010_{two})
011	N		
100	N		
101	N		
110	Y	10_{two}	Memory (10110_{two})
111	N		

d) 处理地址（10000_{two}）缺失后的cache状态

Index	V	Tag	Data
000	Y	10_{two}	Memory (10000_{two})
001	N		
010	Y	11_{two}	Memory (11010_{two})
011	Y	00_{two}	Memory (00011_{two})
100	N		
101	N		
110	Y	10_{two}	Memory (10110_{two})
111	N		

e) 处理地址（00011_{two}）缺失后的cache状态

Index	V	Tag	Data
000	Y	10_{two}	Memory (10000_{two})
001	N		
010	Y	10_{two}	Memory (10010_{two})
011	Y	00_{two}	Memory (00011_{two})
100	N		
101	N		
110	Y	10_{two}	Memory (10110_{two})
111	N		

f) 处理地址（10010_{two}）缺失后的cache状态

图 5-9 每次请求缺失后 cache 中的内容、索引（Index）和标记（Tag）字段（二进制表示）。cache 初始为空，所有有效位（cache 中的 V 位）关闭（N）。处理器请求以下地址：10110_{two}（缺失）、11010_{two}（缺失）、10110_{two}（命中）、11010_{two}（命中）、10000_{two}（缺失）、00011_{two}（缺失）、10000_{two}（命中）、10010_{two}（缺失）以及 10000_{two}（命中）。这些图给出了每次缺失处理后 cache 中的内容。当地址 10010_{two}（18）被访问时，地址 11010_{two}（26）对应的项就要被替换掉，随后再访问 11010_{two} 又会引起缺失。标记字段只包含地址的高位部分。cache 块 i、标记字段为 j 中的字的完整地址是 $j \times 8 + i$，或者等效为标记字段 j 和索引 i 的级联。例如，上面图 f 中，索引 010_{two}，标记为 10_{two}，对应地址 10010_{two}

由于 cache 初始为空，第一次访问一些数据时将产生缺失，图 5-9 对每次存储访问进行了描述。第 8 次访问将会对 cache 块产生冲突请求。地址 18（10010_{two}）的字将被取到 cache 的第 2 块（010_{two}）中，替换已存在于 cache 第 2 块（010_{two}）中地址为 26（11010_{two}）中的字。这种行为使得 cache 利用了时间局部性：最近访问过的字替换掉较早访问过的字。

这种情况就好比要从书架上取一本书，而书桌上已经没有任何地方可以放这本书了，因此原先放在书桌上的一些书必须被放回书架。在直接映射 cache 中，只有一个位置可以存放最新请求的数据项，因此对于哪个数据项被替换也只有一种选择。

对每个可能的地址，在 cache 中进行如下查找：地址的低位用来找到 cache 中与该地址匹配的唯一项。图 5-10[㊀]说明了地址如何划分：

- *标记字段*：用来与 cache 中标记字段的值进行比较。
- *cache 索引*：用来选择块。

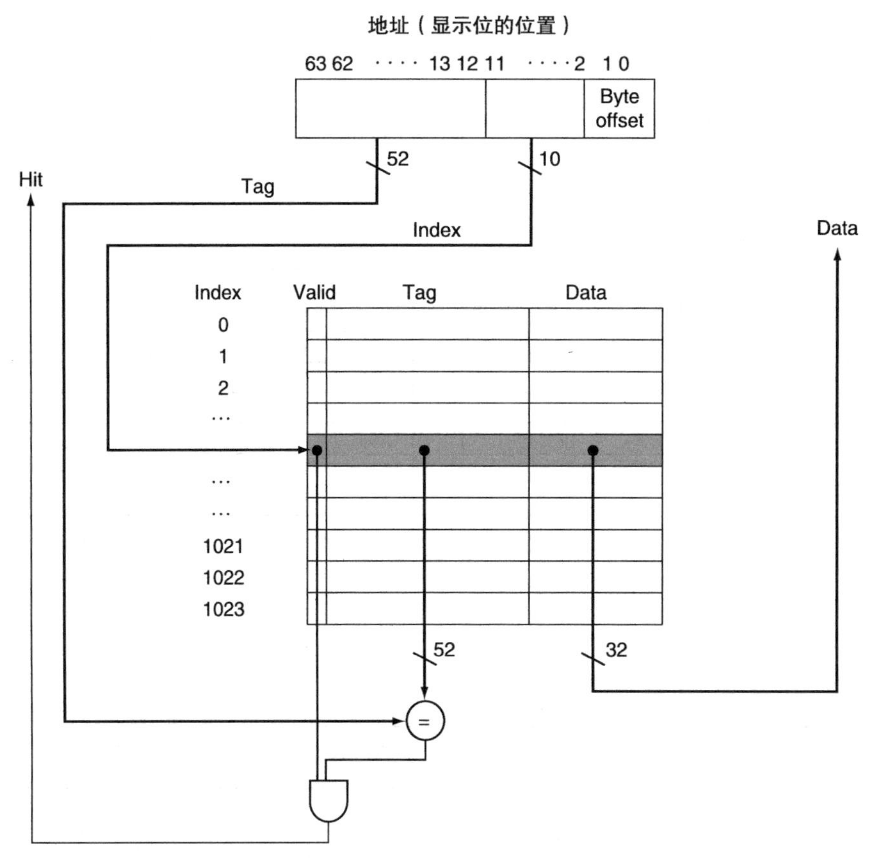

图 5-10　对于该 cache，地址的低位用来选择由数据字和标记组成的一个 cache 项。该 cache 有 1024 个字，即 4KiB。除非特殊说明，本章假设使用 64 位的地址。cache 中的标记与地址高位相比较，判断 cache 中的项是否就是请求的地址。由于 cache 有 2^{10}（1024）个字，块大小为 1 个字，索引 cache 需要 10 位，剩下的 64 − 10 − 2 = 52 位用来和标记相比较。如果标记和地址的高 52 位相等，并且有效位置 1，那么请求在 cache 中命中，请求的字被提供给处理器。否则发生缺失

cache 块的索引以及标记唯一确定了 cache 块中所包含的字的存储（主存）地址。由于索

㊀ 原书此图为地址为 32 位的情况，此处已进行了更正。——译者注

引字段用来在 cache 中进行查找，并且 n 位的字段有 2^n 种值[⊖]，因此直接映射 cache 中总的项数必须为 2 的幂。由于字是以 4 字节的倍数对齐的，每个地址的最低两位指定了字中的一个字节。因此，如果存储器中的字是对齐的，那么选择块中的一个字时，最低两位可以忽略。本章假设数据在存储器中对齐存放，精解部分将讨论如何处理非对齐的 cache 访问。

由于 cache 不仅存储数据也存储标记位，因此一个 cache 所需的总位数是 cache 大小和地址位数的函数。上述块的大小为 1 个字（4 字节），但通常块由多个字组成。对于下面的情况：

- 64 位地址。
- 直接映射 cache。
- cache 大小为 2^n 个块，因此 n 位被用来作为索引。
- 块大小为 2^m 个字（2^{m+2} 字节），因此 m 位用来查找块中的字，两位用作字节地址。

标记字段的大小为

$$64-(n+m+2)$$

直接映射 cache 的总位数为

$$2^n \times（块大小+标记字段大小+有效位字段大小）$$

由于块大小为 2^m 个字（2^{m+5} 位），同时需要 1 位有效位，因此这样一个 cache 的位数是

$$2^n \times (2^m \times 32+(64-n-m-2)+1)=2^n \times (2^m \times 32+63-n-m)$$

尽管以上计算是实际的位数，但通常命名 cache 时只考虑数据的大小而不考虑标记字段和有效位字段的大小。因此，图 5-10 中的 cache 称为一个 4KiB 的 cache。

402
～
403

例题　cache 中的位数

一个直接映射的 cache 有 16KiB 的数据，块大小为 4 个字，地址为 64 位，那么该 cache 总共需要多少位？

答案　我们知道 16KiB 是 4096（2^{12}）个字，块大小是 4 个字（2^2），那么就有 1024（2^{10}）个块。每个块有 $4 \times 32=128$ 位的数据，加上 $64-10-2-2$ 位的标记字段，再加上一个有效位，因此，总的 cache 大小是

$$2^{10} \times (4 \times 32+(64-10-2-2)+1)=2^{10} \times 179=179\text{KiB}$$

即 16KiB 的 cache 总共需要 22.4KiB 的容量。该 cache 的总位数是数据存储量的 1.4 倍。

例题　将一个地址映射到多个字的 cache 块中

考虑一个 cache，有 64 个块，每块 16 字节，那么字节地址 1200 映射到 cache 中的哪一块？

答案　根据 5.3 节开始提到的公式，块由下面的公式给出：

$$（块地址）\bmod（cache 中的块数）$$

其中块地址为

$$\frac{字节地址}{每块字节数}$$

注意，这个块地址包含了所有在

$$\frac{字节地址}{每块字节数} \times 每块字节数$$

404

⊖ 原书中为 $2n$，应为笔误。——译者注

和

$$\frac{\text{字节地址}}{\text{每块字节数}} \times \text{每块字节数} + (\text{每块字节数} - 1)$$

之间的地址。

因此，由于每个块有16字节，字节地址1200对应的块地址为

$$\frac{1200}{16} = 75$$

对应于cache中的块号（75 mod 64）= 11。事实上，地址1200和1215之间的所有地址都映射到这一块。

较大的cache块能更好地开发空间局部性以降低缺失率。如图5-11所示，增加块大小通常会使缺失率下降。而当块大小在cache容量中所占比例增加到一定程度时，缺失率也随之增加。因为此时cache中可以容纳的块的数量变得很少，因此这些块将被大量竞争使用。结果，就造成一个块中的数据在被多次访问之前就被替换出cache。或者说，对于一个太大的块，块中字之间的空间局部性降低了。因此，缺失率降低所带来的收益也会相应减少。

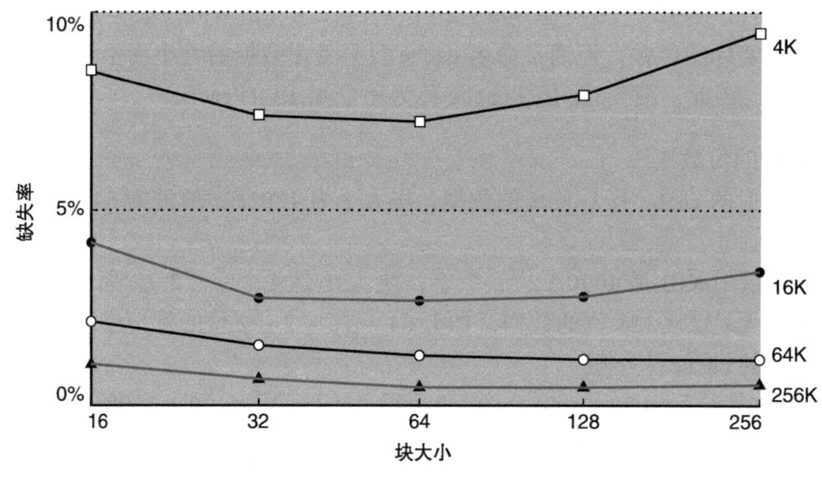

图5-11　缺失率与块大小。注意，如果块大小相对cache容量太大，缺失率实际上是上升的。每条曲线代表不同容量的cache（图中没有考虑相联度，稍后讨论）。不幸的是，如果包括块大小，那么SPEC CPU 2000追踪信息将花费太长的时间，因此这些数据都是基于SPEC92获得的

405

仅仅增加块大小所带来的一个更加严重的后果是缺失成本的增加。缺失代价由从存储器层次中较低的下一级中取出块并存放至cache中所花费的时间决定。取出块的时间可以分为两部分：第一个字的延迟时间以及块中剩余部分的传输时间。显然，除非改变存储系统，否则传输时间（也就是缺失代价）将随着块大小的增大而增加。此外，块变大时，缺失率的改善也开始降低。结果是当块过大时，缺失代价的增长将掩盖缺失率的降低，因此cache的性能也随之降低。当然，如果把存储器设计得能更有效地传输较大的块，我们就能增加块的大小并在cache性能方面获得进一步改进。这一点我们将在下一节讨论。

精解　尽管很难减少大块缺失代价中的长延迟，但我们可以隐藏一些传输时间来有效降低缺失代价。最简单的方法是提前重启（early restart），即块中所需字一旦返回就马上继续执行，而不需要等到整个块都传过来之后再执行。很多处理器利用这种技术进行指令访问，效

果很好。大部分指令访问都具有顺序性，因此如果存储系统每个时钟周期都能传送一个字，只要存储系统能及时传递新的指令字，那么当所请求的字返回时，处理器就可以重新开始操作。这种技术对于数据 cache 通常效率要低一些，因为数据 cache 可能以一种不太可预测的方式请求字，并且在传输结束前处理器请求另一块中另一个字的可能性也很高。如果数据传输正在进行时处理器无法访问数据 cache，那么必然产生阻塞。

另一种更复杂的机制是通过组织存储器，使得被请求的字先从存储器传到 cache 中。然后再传送该块的剩余部分，从所请求字的下一个地址开始传送，再回到块的开始。这种技术被称为请求字优先（requested word first）或者关键字优先（critical word first），比提前重启要快一些，但与提前重启一样，会因为同样的问题而受到限制。

5.3.2 cache 缺失处理

在研究一个真实系统中的 cache 之前，我们先来看一下控制单元（5.9 节将详细介绍 cache 控制器）如何处理 **cache 缺失**（cache miss）。控制单元必须能检测到缺失，并从主存（或者较低一级的 cache）中取出所需的数据来处理缺失。如果在 cache 中命中，计算机继续使用该数据，就好像什么都没有发生过。

cache 缺失：由于数据不在 cache 中而导致被请求的数据不能满足。

处理器的控制器不需要太多的修改就可以处理命中，但是处理缺失则需要增加一些额外的工作。cache 缺失处理由两部分协作完成：处理器控制单元，以及一个能初始化主存访问并重新填充 cache 的独立控制器。cache 缺失会引起流水线阻塞（见第 4 章），这与异常或中断不同，异常或中断发生时需要保存所有寄存器的状态。发生 cache 缺失时，我们可以阻塞整个处理器，冻结临时寄存器和程序员可见寄存器中的内容，等待主存操作完成。而更为复杂的乱序执行处理器可以在等待 cache 缺失处理的同时，依然允许指令的执行。但是，本节假设顺序执行处理器在 cache 缺失时产生阻塞。 406

我们再进一步讨论一下指令发生缺失时将如何处理，同样的方法略加修改便可以用来处理数据缺失。如果指令访问引起一次缺失，那么指令寄存器中的内容无效。为了将正确的指令取回 cache，我们必须通知存储器层次结构中的较低层次执行一次读操作。由于在执行的第一个时钟周期中程序计数器已经递增，因此产生指令 cache 缺失的那条指令的地址等于程序计数器中的值减去 4。当地址产生时，我们需要通知主存执行一次读操作，并且等待存储器响应（访问主存可能需要多个时钟周期），随后把取回的包含所需指令的字写入 cache。

现在我们可以定义指令 cache 缺失的处理步骤：

1. 将程序计数器 PC 的原始值送到存储器中。

2. 通知主存执行一次读操作，并等待主存完成访问。

3. 写 cache 项，将从主存取回的数据写入 cache 中存放数据的部分，并将地址的高位（从 ALU 中获得）写入标记字段，设置有效位（置 1）。

4. 重启指令执行第一步，重新取指，这次该指令在 cache 中命中。

数据访问时对 cache 的控制基本相同：发生缺失时，处理器产生阻塞，直到存储器返回数据并响应。

5.3.3 写操作处理

写操作略微不同。假设有一个 store 指令，我们只将数据写入数据 cache（而不改变主存的内容）；那么在写入cache之后，主存与cache相应位置中的值将不同。在这种情况下，cache和主存被认为不一致（inconsistent）。保持主存和cache一致性最简单的方法是将数据同时写入主存和cache中，这种方法称为**写直达**（write-through）。

写直达：写操作总是同时更新cache和下一存储器层次，确保二者的数据一致。

写操作要考虑的另一个关键是写缺失时将发生什么情况。我们首先从主存中取出包含所需字的块。块被取回并存入cache后，我们就可以将引起缺失的字重新写入cache中。同时，我们使用全地址[⊖]将该字写入主存。

尽管这种方案能简单地处理写操作，但不能提供良好的性能。使用写直达的机制，每次写操作都要把数据写入主存中。这些写操作将花费很长的时间，可能至少100个处理器时钟周期，并且大大降低处理器的速度。例如，假设10%的指令是store指令，没有cache缺失的情况下CPI为1.0，每次写操作要额外花费100个周期，将导致CPI变为$1.0 + 100 \times 10\% = 11$，性能降低10倍多。

407

这个问题的一种解决方法是采用**写缓冲**（write buffer），写缓冲区用来存储等待被写入主存的数据。当把数据写入cache和写缓冲区后，处理器可以继续执行。当写主存完成后，写缓冲区中的数据项被释放。如果处理器执行到一个写操作时写缓冲区已满，那么处理器必须阻塞直到写缓冲区中有一个位置空出来。当然，如果存储器完成写操作的速度比处理器产生写操作的速度慢，那么再多的缓冲区也没有用，因为产生写操作比存储系统能接收的还要快。

写缓冲：一个保存等待写入主存数据的队列。

写操作产生的速度也可能比存储器能够接收的速度慢，尽管这样，仍有可能发生阻塞。当写操作以突发模式产生时，就可能发生这种情况。为了减少这种阻塞的发生，处理器通常要增加写缓冲区的深度。

除了写直达，另一种可供选择的方法为**写回**（write-back）。在写回机制中，当发生写操作时，新值仅被写入cache块中。只有当修改过的块被替换时才需要写到较低层的存储器结构中。写回机制可以提高系统的性能，尤其是当处理器产生写操作的速度和主存处理写操作的速度一样快甚至更快时；但是，写回机制的实现也比写直达复杂得多。

写回：一种写操作的处理机制，当发生写操作时，新值仅被写入cache块中，只有当修改过的块被替换时才写到较低层的存储结构中。

在本节的剩余部分，我们介绍实际处理器中的cache，探讨这些cache如何处理读和写。5.8节将更详细地描述写操作的处理。

精解 写操作将读操作中不存在的一些复杂情况引入了cache。这里讨论其中两种：写缺失时的策略以及使用写回机制的cache中写操作的有效实现。

考虑在写直达cache中的缺失，最常使用的策略是在cache中分配一个块，称为写分配（write allocate）。该块从主存中取出，并且该块中的恰当区域被重写。另一种策略则是更新主存中块的部分，但不写入cache中，这种方法称为写不分配（no write allocate）。这种机制产生的原因是，有时程序会写整个数据块，就像有时操作系统会将存储器中的一页全部填零一样。在这种情况下，与初始的写缺失相关的取数据就不必要了。一些计算机允许基于每一页来更改写分配策略。

实际上，在使用写回策略的cache中实现有效的写要比在写直达cache中实现复杂得多。写直达的cache可以将数据写入cache并且读标记，如果标记不匹配，就发生缺失。由于cache采用写直达策略，重写cache中的块不会有危险，因为主存中存储了正确的值。在写回cache

⊖ 即完整的主存地址。——译者注

中，如果 cache 中的数据被修改过并产生了 cache 缺失，那么我们必须先将块写回主存中。如果在确定 store 是否在 cache 中命中（在写直达的 cache 中可以知道）之前就简单地根据 store 指令重写块，那么块中的内容就会被破坏掉，而这些内容并没有在存储器层次结构的较低层中备份。 408

在写回 cache 中，由于无法重写块，store 操作需要两个周期（一个周期用来检查命中情况，下一个周期真正执行写操作），或者需要一个写缓冲区来保存数据——通过流水线有效地使存储操作只花费一个周期。如果使用存储缓冲区，处理器在正常的 cache 访问周期内查找 cache 并把数据放入存储缓冲区中。如果 cache 命中，在下一个未使用的 cache 访问周期中，新数据被从存储缓冲区写入 cache 中。

相比较而言，在写直达 cache 中，写操作总是可以在一个周期内完成。我们读标记位，并且写被选块的数据部分。如果标记与被写块的地址相匹配，处理器可以继续正常执行，因为正确的块已经更新过了。如果标记与被写块的地址不匹配，处理器产生一个写缺失并将与该地址对应的块的剩余部分取出。

很多采用写回机制的 cache 也使用写缓冲区，用于在发生缺失并替换一个被修改的块时降低缺失代价。在这种情况下，被修改的块被移入与 cache 相联的写回缓冲区（write-back buffer），同时从主存中读出所需要的块。随后，写回缓冲区中的数据被写回主存。如果下一次缺失没有立刻发生，那么当一个脏块必须被替换时，这种方法可以将缺失代价减半。

5.3.4 cache 实例：Intrinsity FastMATH 处理器

Intrinsity FastMATH 是一个的嵌入式微处理器，采用 MIPS 架构和简单的 cache 实现。本章最后，我们将了解 ARM 和 Intel 微处理器中更为复杂的 cache 设计，但是出于教学的目的，我们先从这个简单的实例开始。图 5-12 给出了 Intrinsity FastMATH 数据 cache 的结构。注意该计算机的地址大小为 32 位，而非本书其他部分的 64 位。

该处理器采用 12 级流水线。以峰值速度执行时，处理器每个时钟周期可以请求一个指令字和一个数据字。为了满足不阻塞流水线的需求，使用了分离的指令 cache 和数据 cache。每个 cache 容量为 16KiB，即 4096 个字，每块有 16 个字。

对 cache 的读请求简单直接。由于使用了分离的指令 cache 和数据 cache，读写每个 cache 都需要独立的控制信号（记住当发生缺失时，需要更新指令 cache）。因此，对任何一个 cache 的读请求步骤如下：

1. 将地址送到适当的 cache 中。该地址来自程序计数器（对于指令），或者来自 ALU（对于数据）。

2. 如果 cache 发出命中信号，请求的字就出现在数据线上。由于在请求的块中有 16 个字，因此需要选择正确的那个字。块索引字段用来控制多路选择器（如图 5-12 底部所示），从检索到的块中选择 16 个字中的某个字。 409

3. 如果 cache 发出缺失信号，我们把地址送到主存。当主存返回数据时，把该数据写入 cache 后再读出以满足请求。

对于写操作，Intrinsity FastMATH 同时提供写直达和写回机制，由操作系统来决定对一个应用使用哪种机制。此外，Intrinsity FastMATH 还有一个只包含一项的写缓冲区。

Intrinsity FastMATH 所采用的 cache 结构的缺失率如何？图 5-13 给出了指令 cache 和数据 cache 的缺失率。综合缺失率是在考虑了指令和数据的不同访问频率后每个程序每次访问的实际缺失率。

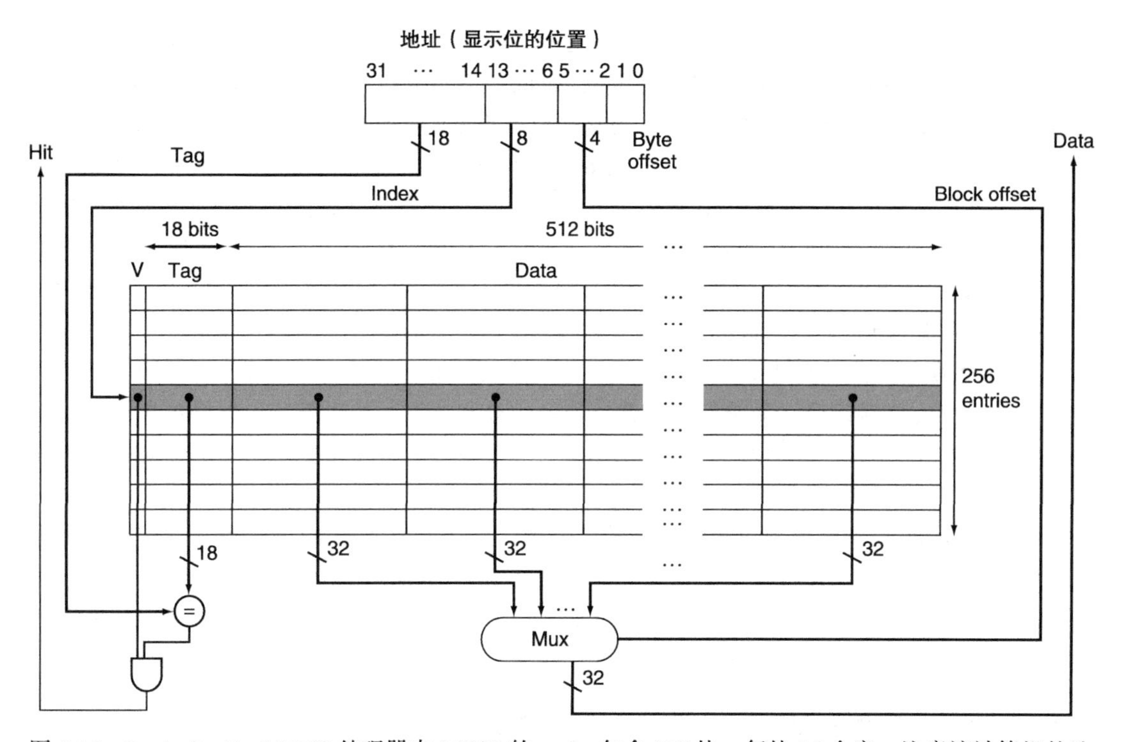

图 5-12 Intrinsity FastMATH 处理器中 16KiB 的 cache 包含 256 块，每块 16 个字。注意该计算机的地址大小只有 32 位。标记字段 18 位，索引字段 8 位，一个 4 位（第 5 ～ 2 位）的字段用来在块内进行索引，并使用一个 16 选 1 的多路选择器从块中选择所需的字。实际上，为了消除多路选择器，cache 使用一个单独的大容量 RAM 存放数据，用一个较小的 RAM 存放标记，块偏移为大容量数据 RAM 提供了额外的地址位。这样，大容量 RAM 为 32 位宽，并且字的数量必须为 cache 中块数的 16 倍

410

指令缺失率	数据缺失率	实际综合缺失率
0.4%	11.4%	3.2%

图 5-13 Intrinsity FastMATH 处理器执行 SPEC CPU 2000 测试程序时指令和数据的近似缺失率。综合缺失率是将 16KiB 的指令 cache 和 16KiB 的数据 cache 结合起来考虑的实际缺失率，通过将指令和数据访问的频率加权指令和数据各自的缺失率获得

尽管缺失率是 cache 设计的一个重要特征，但最终的衡量标准是存储系统对程序执行时间的影响。稍后我们将讨论缺失率与执行时间之间的关系。

精解 一个总容量等于两个分离 cache（split cache）容量之和的混合 cache（combined cache）通常具有更好的命中率，原因是混合 cache 没有将指令使用的 cache 块与数据使用的 cache 块严格切分开来。尽管如此，目前几乎所有的处理器都使用分离的指令和数据 cache 以提高 cache 带宽，进而满足现代流水线的需求（同时也可以减少冲突失效，见 5.8 节）。

分离 cache： 存储器层次中的一层，由两个独立但并行工作的 cache 组成，一个处理指令，一个处理数据。

下面是 Intrinsity FastMATH 处理器中 cache 的缺失率，混合 cache 的容量等于两个分离 cache 容量之和。

- cache 总容量：32KiB。

- 分离 cache 的实际缺失率：3.24%。
- 混合 cache 的缺失率：3.18%。

分离 cache 的缺失率只是稍差一点。

通过支持指令和数据同时访问来使 cache 带宽加倍，这一优点很容易掩盖缺失率稍微增加的缺点。这也提醒我们缺失率不是衡量 cache 性能的唯一标准，正如 5.4 节所示。

5.3.5 小结

本节从最简单的 cache 开始：每块只有一个字的直接映射 cache。在这样的 cache 中，命中和缺失都很简单，因为每个字都明确地被写入到一个位置，同时每个字都有单独的标记。为了保持 cache 和主存的一致性，可以使用写直达机制，这样，每次对 cache 进行写操作都会引起主存的更新。不同于写直达，写回机制仅在 cache 块被替换时才将该块复制到主存中。在后面的章节中我们将进一步讨论这一机制。

411

为了利用空间局部性，cache 中的块必须大于一个字。使用更大的块可以降低缺失率，并且通过减少 cache 中与数据存储量相关的标记存储量来提高 cache 的效率。尽管更大的块可以降低缺失率，但同时也会带来缺失代价的增加。如果缺失代价与块大小成线性关系增长，那么较大的数据块很容易导致性能变差。

为了避免性能损失，可以通过增加主存的带宽来更高效地传输 cache 块。增加 DRAM 外部带宽最常用的方法是增加存储器宽度以及交叉存取（interleaving）。DRAM 设计者还逐步改进了处理器和存储器之间的接口以增加突发模式下传输的带宽，从而减少使用更大 cache 块的成本。

小测验 存储系统的速度会影响设计人员对 cache 块大小的选择。下面哪些 cache 设计者的指导思想是正确的？

1. 存储器延迟越短，cache 块越小。
2. 存储器延迟越短，cache 块越大。
3. 存储器带宽越高，cache 块越小。
4. 存储器带宽越高，cache 块越大。

5.4 cache 性能的评估和改进

本节首先考察评估和分析 cache 性能的方法，然后探讨两种不同的 cache 性能改进技术。第一种技术是通过减少存储器中不同数据块争用 cache 中同一位置的概率来降低缺失率。第二种技术通过在存储器层次结构中额外增加一层来减少缺失代价，这种技术称为*多级 cache*（multilevel caching）。多级 cache 技术最初出现在 1990 年售价超过 100 000 美元的高端计算机中，此后该技术被广泛应用于个人移动设备中，而售价只有几百美元！

412

CPU 时间可以划分为 CPU 执行程序所花费的时钟周期和 CPU 等待存储系统花费的时钟周期。通常，我们假定 cache 访问命中的开销是 CPU 正常执行周期的一部分。因此，

CPU 时间 =（CPU 执行时钟周期数 + 存储器阻塞的时钟周期数）× 时钟周期时间

存储器阻塞的时钟周期数主要来自于 cache 缺失，这里我们同样进行这种假设。同时，我们将讨论限制在存储系统的简化模型上。在实际的处理器中，由读、写操作产生的阻塞可能十分复杂，并且对性能的准确预测通常需要对处理器和存储系统进行细致的模拟。

存储器阻塞的时钟周期数可以被定义为读操作与写操作引起的阻塞的时钟周期数之和：

$$\text{存储器阻塞时钟周期数} = (\text{读引起阻塞的时钟周期数} + \text{写引起阻塞的时钟周期数})$$

读阻塞的时钟周期数可以根据每个程序中读的次数、读操作发生缺失时的代价（时钟周期数）以及读缺失率来定义：

$$\text{读阻塞的时钟周期数} = \frac{\text{读的次数}^{㊀}}{\text{程序}} \times \text{读缺失率} \times \text{读缺失代价}$$

写操作更为复杂。对于写直达机制，有两种情况引起阻塞：一种是写缺失，通常要求在继续执行写操作之前取回数据块（关于写处理的更多细节参考5.3.3节的精解部分）；另一种是写缓冲区阻塞，当写操作发生时写缓冲区已满则可能发生这种情况。因此，写操作阻塞的时钟周期数为这两者之和，即：

$$\text{写阻塞的时钟周期数} = \frac{\text{写的次数}}{\text{程序}} \times \text{写缺失率} \times \text{写缺失代价} + \text{写缓冲区阻塞数}$$

由于写缓冲区阻塞取决于写操作的时机，而不仅仅是频率，因此无法给出一个简单公式来计算这种阻塞。幸运的是，如果系统中写缓冲区的深度合适（例如，4个或多个字），并且存储器接收写操作的速率要明显超过程序中的平均写频率（例如，两倍），那么写缓冲区的阻塞将变得很少，以致可以将其安全忽略。如果一个系统达不到这些标准，则说明没有设计好；设计人员应该使用更深的写缓冲区或使用写回机制作为替代。 413

写回机制同样可能产生额外的阻塞，因为当一个cache块被替换时需要将该块写回到主存中，此时可能会产生阻塞。5.8节将对此进行更详细的讨论。

在大多数写直达cache结构中，读和写的缺失代价是一样的（都是从主存中取出所需块的时间）。如果假设写缓冲区阻塞可以忽略，那么我们可以将读写操作合并，并使用单一的缺失率和缺失代价：

$$\text{存储器阻塞的时钟周期数} = \frac{\text{存储器访问次数}}{\text{程序}} \times \text{缺失率} \times \text{缺失代价}$$

也可表示为：

$$\text{存储器阻塞的时钟周期数} = \frac{\text{指令数}^{㊁}}{\text{程序}} \times \frac{\text{缺失数}}{\text{指令数}} \times \text{缺失代价}$$

让我们通过一个简单的例子来理解cache的性能对处理器性能的影响。

例题　计算cache的性能

假设指令cache的缺失率为2%，数据cache的缺失率为4%，处理器的CPI为2，没有存储器阻塞，且所有缺失的代价均为100个时钟周期，如果使用一个从不发生缺失的理想cache，处理器的速度快多少？这里假定全部load和store的频率为36%。

答案　指令数记为I，由指令缺失引起的存储器缺失时钟周期数为

$$\text{指令缺失时钟周期数} = \text{I} \times 2\% \times 100 = 2.00 \times \text{I}$$

由于所有load和store出现的频率为36%，我们可以计算出数据访问的存储器缺失时钟周期数：

414

$$\text{数据缺失时钟周期数} = \text{I} \times 36\% \times 4\% \times 100 = 1.44 \times \text{I}$$

总的存储器阻塞时钟周期数为2.00I + 1.44I = 3.44I。也就是每指令存储器阻塞超过3个时钟

㊀ 即每程序中读的次数。——译者注

㊁ 这里应为存储访问指令数。——译者注

周期。因此，包括存储器阻塞在内的总的 CPI 是 2 + 3.44 = 5.44。由于指令计数器或时钟频率都没有改变，CPU 执行时间的比率为

$$\frac{\text{有阻塞的 CPU 执行时间}}{\text{配置理想 cache 的 CPU 执行时间}}=\frac{I\times CPI_{\text{阻塞}}\times\text{时钟周期}}{I\times CPI_{\text{理想}}\times\text{时钟周期}}=\frac{CPI_{\text{阻塞}}}{CPI_{\text{理想}}}=\frac{5.44}{2}$$

因此，配置了理想 cache 的 CPU 的性能是原来的 5.44/2 = 2.72 倍。

如果处理器速度变得更快，而存储系统却没有跟上变化，那么会发生什么？存储器阻塞上花费的时间占据执行时间的比例将会上升，第 1 章介绍的 Amdahl 定律也提醒了我们这个事实。一些简单的例子会说明这个问题有多严重。假设我们加速上面例子中的计算机，通过改进流水线，在不改变时钟频率的情况下，将 CPI 从 2 降到 1。那么具有 cache 缺失的系统的 CPI 为 1 + 3.44 = 4.44，而配置理想 cache 的系统性能是

$$\frac{4.44}{1}=4.44\text{ 倍}$$

存储器阻塞所花费的时间将从

$$\frac{3.44}{5.44}=63\%$$

上升到

$$\frac{3.44}{4.44}=77\%$$

同样，仅仅提高时钟频率而不改进存储系统也会因 cache 缺失而加剧性能的损失。

前面的例子和公式假设命中时间不作为决定 cache 性能的因素。显然，如果命中时间增加，那么从存储系统中访问一个字的总时间也会增加，继而可能导致处理器时钟周期的增加。稍后我们还将看到其他一些关于提高命中时间的例子。这里还有一个例子是关于增加 cache 容量的。大容量的 cache 显然访问时间也更长，就像如果图书馆的书桌很大（比如 3 平米），那么在桌上找到一本书必然要花费更长的时间。命中时间的增加可能要在流水线中增加一级，因为 cache 命中需要多个时钟周期完成。尽管计算深度流水对性能的影响更为复杂，但在某种程度上，大容量 cache 命中时间的增加影响了命中率的改进，从而导致处理器性能的下降。 415

为了捕获命中和缺失情况下数据访问时间对性能影响的证据，设计人员有时会使用平均访存时间（Average Memory Access Time，AMAT）作为另一种检测 cache 设计的途径。平均访存时间是综合考虑了命中、缺失以及不同访问的频率后得出的平均访存时间，计算公式如下：

$$\text{AMAT}=\text{命中时间}+\text{缺失率}\times\text{缺失代价}$$

例题 | 计算平均访存时间

一个处理器时钟周期为 1ns，缺失代价是 20 个时钟周期，缺失率为每条指令 0.05 次缺失，cache 访问时间（包括命中判断）为 1 个时钟周期。假设读操作和写操作的缺失代价相同并且忽略其他写阻塞。请计算 AMAT。

答案 | 每条指令的平均访存时间为

$$\text{AMAT}=\text{命中时间}+\text{缺失率}\times\text{缺失代价}=1+0.05\times 20=2\text{ 个时钟周期}$$

即 2ns。

下一节将讨论另一种 cache 组织结构，这种结构减少了缺失率，但是有时可能会增加命中时间。在 5.16 节将给出其他的例子。

5.4.1 通过更灵活的块放置策略来减少 cache 缺失

到目前为止，我们采用简单的放置机制将一个块放置在 cache 中，即一个块只能放到 cache 中一个确定的位置。正如前面所述，这种方法称为直接映射，因为存储器中任何一块都被直接映射到存储器层次结构中较高层的唯一位置上。实际上，有一整套放置块的方法。直接映射是一种极端的情况，此时块被精确地放到一个位置上。

416

另一个极端是：块可以被放置在 cache 中的任意位置。这种机制称为**全相联**（fully associative），因为存储器中的块可以与 cache 中的任何一项相关。若想在全相联 cache 中找到一个指定的块，由于该块可能存放在 cache 中的任何位置，因此需要检索 cache 中所有的项。为了使检索更加有效，检索由一个与 cache 中每个项都相关的比较器并行完成。这些比较器极大增加了硬件开销，因而，全相联只适合块数较少的 cache。

全相联 cache：一种 cache 组织方式，块可以放置到 cache 中的任何位置。

组相联 cache：块可以放置到 cache 中固定的几个位置（至少两个），而在这几个位置中可以任意放置。

介于直接映射和全相联之间的设计是**组相联**（set associative）。在组相联 cache 中，每个块有若干个可以放置的固定位置。每个块有 *n* 个位置可放的组相联 cache 称为 *n* 路组相联 cache。一个 *n* 路组相联 cache 由很多个组构成，每个组中有 *n* 块。根据索引字段，存储器中的每个块对应到 cache 中唯一的组，并且块可以放在这个组中的任何位置上。因此，组相联策略将直接映射和全相联映射结合起来：块首先被直接映射到组，然后检索该组中所有的块以判断是否匹配。例如，图 5-14 给出了三种策略下，块 12 被放置在一个容量为 8 块的 cache 中的情况。

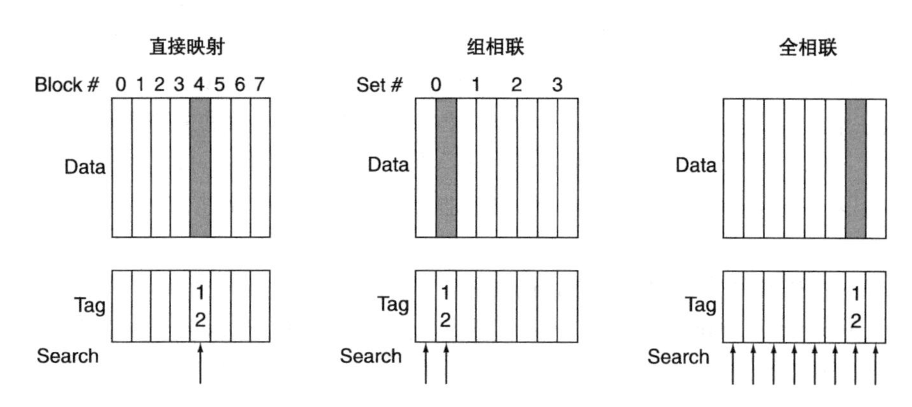

图 5-14　采用直接映射、组相联以及全相联机制时，地址为 12 的主存块在容量为 8 块的 cache 中的位置。在直接映射方式下，主存块 12 只能放置在 cache 中唯一的块中，该块为（12 mod 8）= 4。在两路组相联 cache 中，有 4 个组，主存块 12 必须放在第（12 mod 4）= 0 组中，并可以放在该组的任何位置。在全相联方式下，块地址为 12 的主存块可以放在 cache 中 8 个块的任意一块

回顾在直接映射 cache 中，存储块的位置如下：

417

$$(\text{块号}) \bmod (\text{cache 中的块数})$$

而在组相联 cache 中，包含存储块的组如下：

$$(\text{块号}) \bmod (\text{cache 中的组数})$$

由于块可能被放在组中的任何位置，因此组中所有块的标记都要被检查。而在全相联 cache 中，块可以被放在任何位置，因此 cache 中所有块的所有标记都要被检查。

我们同样可以把所有的块放置策略看成组相联的一个特例。图 5-15 给出了一个 8 块的 cache 可能的相联结构。直接映射 cache 是一个简单的一路组相联 cache：cache 的每项有一个块，并且每组只有一个元素。可以将具有 m 项的全相联 cache 看成一个简单的 m 路组相联 cache，只有一个组，组里有 m 块，每一项可以放在该组的任何一块中。

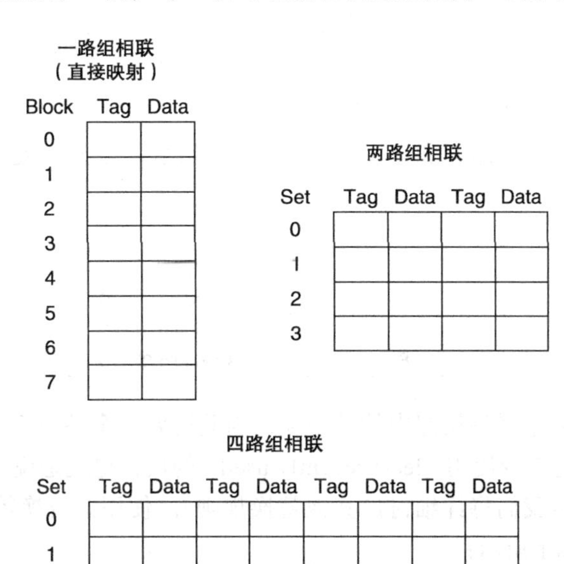

图 5-15　拥有 8 个块的 cache 配置成直接映射、两路组相联、四路组相联以及全相联结构。cache 中块的总数等于组数乘以相联度。因此，对于一个固定大小的 cache，增加相联度的同时减少了组数，同时也增加了每组的元素数量。一个容量为 8 个块的八路组相联 cache 等同于一个全相联 cache

提高相联度的好处在于通常能够降低缺失率，如下例所示。而主要的缺点则是潜在地增加了命中时间，稍后我们将详细讨论。 418

例题 **cache 的缺失与相联度**

假设有三个小容量的 cache，每个都有 4 个块，块大小为 1 个字。第一个 cache 是全相联方式，第二个是两路组相联，第三个是直接映射。求按块地址 0、8、0、6、8 依次访问时，每个 cache 的缺失次数。

答案 直接映射 cache 最简单，首先确定每个块地址对应的 cache 块：

块地址	cache块
0	(0 modulo 4) = 0
6	(6 modulo 4) = 2
8	(8 modulo 4) = 0

现在，我们可以在每次访问后在 cache 中填入内容，空白项表示无效的块。灰色的项表

示在相关访问中，有一个新的项被加入 cache 中，其他的项则表示 cache 中旧的项。

被访问的存储器的块地址	命中/缺失	访问后cache中的内容			
		0	1	2	3
0	缺失	Memory[0]			
8	缺失	Memory[8]			
0	缺失	Memory[0]			
6	缺失	Memory[0]		Memory[6]	
8	缺失	Memory[8]		Memory[6]	

直接映射 cache 的 5 次访问产生 5 次缺失。

组相联 cache 有两组（组 0 和组 1），每组两个元素，首先确定每个块地址映射到哪一组：

块地址	cache组
0	(0 modulo 2) = 0
6	(6 modulo 2) = 0
8	(8 modulo 2) = 0

由于缺失时，我们需要选择替换组中的某一项，因此需要一个替换规则。组相联 cache 通常会选择替换一组中最近最少使用（least recently used）的块；也就是说，在过去最久远用到的那一块将被替换（稍后我们将详细讨论其他替换规则）。使用该替换策略时，每次访问后组相联 cache 中的内容如下所示：

419

被访问的存储器的块地址	命中/缺失	访问后cache中的内容			
		组0	组0	组1	组1
0	缺失	Memory[0]			
8	缺失	Memory[0]	Memory[8]		
0	命中	Memory[0]	Memory[8]		
6	缺失	Memory[0]	Memory[6]		
8	缺失	Memory[8]	Memory[6]		

注意，块 6 被访问时，将替换块 8，因为相比块 0，块 8 是最近最少使用的块。两路组相联 cache 总共有 4 次缺失，比直接映射 cache 少 1 次。

全相联 cache 有 4 个 cache 块（在一个组中），存储器中任意一块可放到 cache 的任何位置。全相联 cache 性能最好，只有 3 次缺失：

被访问的存储器的块地址	命中/缺失	访问后cache中的内容			
		块0	块1	块2	块3
0	缺失	Memory[0]			
8	缺失	Memory[0]	Memory[8]		
0	命中	Memory[0]	Memory[8]		
6	缺失	Memory[0]	Memory[8]	Memory[6]	
8	命中	Memory[0]	Memory[8]	Memory[6]	

对于这一系列的访问，3 次缺失是我们可以得到的最好结果，因为有 3 个不同地址的块被访问。注意，如果 cache 中有 8 块，那么两路组相联 cache 中将不会发生替换（请读者自己验

证)，并且缺失次数与全相联 cache 一样多。类似的，如果有 16 块，这三种 cache 会有相同的缺失次数。这个简单的例子已经说明了在判断 cache 性能时，cache 容量和相联度不是相互独立的。

相联度能使缺失率下降多少呢？图 5-16 显示了一个容量为 64KiB，块大小为 16 字的数据 cache，当相联度从直接映射到八路组相联变化时性能的改进情况。从一路到两路组相联，缺失率下降了大约 15%，但是对更高的相联度，缺失率的改善就很小了。 420

相联度	数据缺失率
1	10.3%
2	8.6%
4	8.3%
8	8.1%

图 5-16 采用与 Intrinsity FastMATH 处理器类似结构，执行 SPEC CPU 2000 基准测试程序，相联度从一路到八路变化时，数据 cache 的缺失率。这 10 个 SPEC CPU 2000 测试程序的结果来自 Hennessy 和 Patterson（2003）

5.4.2 在 cache 中查找块

现在，我们考虑如何在组相联 cache 中查找块。正如在直接映射 cache 中一样，组相联 cache 中每一块都包含一个地址标记用来确定块地址。在被选中组中每个 cache 块的标记都要进行检查，判断其是否和来自处理器的块地址相匹配。图 5-17 分解出了地址的组成。索引值用来选择包含所需地址的组，该组中所有块的标记都必须被检查。由于速度是最重要的性能之一，所以并行检索被选中的组中所有块的标记。就像在全相联 cache 中一样，顺序检索将使得组相联 cache 的命中时间变得太长。

Tag	Index	Block offset

图 5-17 组相联或者直接映射 cache 中地址的三个组成部分。索引（Index）用来选择一个组，标记（Tag）用来和选中组中的块进行比较从而选择块，块内偏移（Block offset）是块中被请求数据的地址

如果 cache 总容量保持不变，提高相联度就增加了每组中的块数，也就是并行查找时同时比较的数量：相联度每增加到两倍就会使每组中的块数加倍，并使组数减半。相应地，相联度每增加两倍，索引就会减少 1 位，标记增加 1 位。在全相联 cache 中只有一组，所有块必须并行检测。因此，没有索引，并且除了块内偏移，整个地址都需要和每个 cache 块的标记进行比较。换句话说，我们不通过索引，而是查找整个 cache。

在直接映射 cache 中，只需要一个比较器，因为每一项只能有一个块，并且可以通过索引简单地访问 cache。图 5-18 中，一个四路组相联 cache 需要四个比较器以及一个 4 选 1 的多路选择器，用来在选定组中的四个可能成员之间进行选择。cache 访问包括索引相应的组，然后在组中检测标记。组相联 cache 的开销包括额外的比较器以及由于对组中元素进行比较和选择而产生的延迟。 421

在存储器层次结构中选择直接映射、组相联还是全相联映射，取决于缺失代价和相联度实现的代价之间的权衡，既要考虑时间，也要考虑硬件开销。

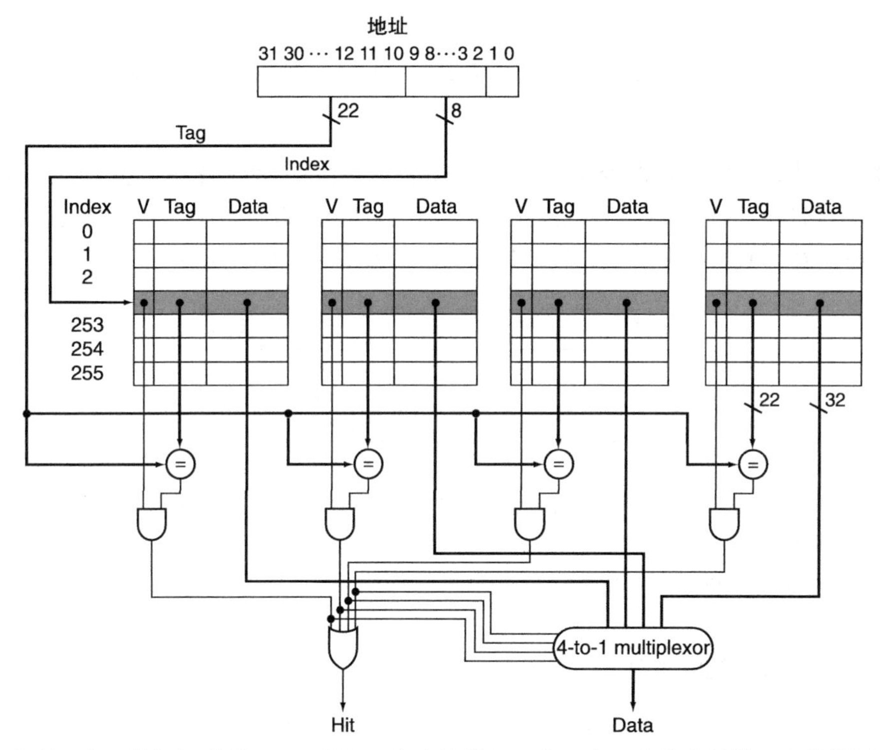

图 5-18 实现一个四路组相联的 cache 需要四个比较器和一个 4 选 1 多路选择器。比较器用来判断被选中的组（如果有）中哪一个单元与标记匹配。比较器的输出通过使用带有译码选择信号的多路选择器，在被索引的组中的四个块中选择数据。在一些具体实现中，cache RAM 数据部分的输出使能信号可以用来选择驱动输出的组中的数据项。输出使能信号来自比较器，使得匹配的单元驱动数据输出。这种结构不需要使用多路选择器

精解 内容可寻址存储器（Content Addressable Memory, CAM）[⊖]是一种将比较和存储结合在一个器件上的电路结构。CAM 不像 RAM 那样根据地址读数据，而是由用户提供数据，然后 CAM 查看它是否有副本并且返回匹配行的索引。CAM 意味着 cache 设计者能够实现更高的相联度，这比在 SRAM 和比较器之外构建硬件才能实现的相联度还要高。在 2013 年，CAM 更大的容量和功耗使得两路和四路组相联结构一般采用标准的 SRAM 和比较器构建，而八路以及更多路组相联的结构则采用 CAM 构建。

422

5.4.3 替换块的选择

当直接映射 cache 发生缺失时，被请求的块只能放置于 cache 中唯一的位置，而原先占据该位置的块就必须被替换掉。在相联 cache 中，请求的块放置在哪需要进行选择，因此替换哪一块也要进行选择。在全相联 cache 中，所有的块都可能被替换。在组相联 cache 中，我们必须在选中的组中挑选被替换的块。

最常用的策略是**最近最少使用**（Least Recently Used，LRU）算法，也是前面例子中使用的方法。在 LRU 算法中，被替换的块是最久没有被使用的块。5.4.1 节组相联的例子中就使用了 LRU 算法，这也是我们替换 Memory(0) 而不是 Memory(6) 的原因。

最近最少使用：一种替换策略，总是替换最长时间没有使用的块。

⊖ 也称为相联存储器。——译者注

LRU 替换算法通过追踪一组内每个元素相对组内其他元素使用的时间来实现。对于一个两路组相联 cache，追踪组中两个元素何时被使用可以这样实现：在每组中单独保留一位，当某个元素被访问时，就设置该位以指出该元素。当相联度提高时，实现 LRU 将变得困难些；5.8 节将会讨论另一种替换机制。

例题｜标记位大小与相联度

提高相联度需要更多的比较器，并且每个 cache 块需要更多的标记位。假设一个 cache 有 4096 个块，块大小为 4 个字，地址为 64 位，请分别计算在直接映射、两路组相联、四路组相联和全相联情况下，cache 的总组数以及总的标记位数。

答案｜由于每块有 16（$= 2^4$）个字节，64 位地址字段中的 $64 - 4 = 60$ 位用来提供索引和标记位。直接映射中组数和块数数量一样，因此有 12 位作为索引（$\log_2(4096) = 12$）；因此一共有 $(60 - 12) \times 4096 = 48 \times 4096 = 197$Kb 标记位。

相联度每增加 1 倍，组数就会减少 1/2，因此用来索引 cache 的位数也要相应减 1，而标记位位数则增 1。因此，对于一个两路组相联 cache，有 2048 个组，总的标记位数为 $(60 - 11) \times 2 \times 2048 = 98 \times 2048 = 401$Kb。而四路组相联中，组数为 1024，一共有 $(60 - 10) \times 4 \times 1024 = 100 \times 1024 = 205$Kb 标志位。

对于全相联 cache，只有一个有 4096 个块的组，每个标记位有 60 位，因此总的标记位数是 $60 \times 4096 \times 1 = 246$Kb。

423

5.4.4 使用多级 cache 减少缺失代价

所有现代计算机都使用 cache。为了进一步减小现代处理器高时钟频率与日益增长的 DRAM 访问时间之间的差距，大多数微处理器都会增加额外一级 cache。这种二级 cache 通常位于同一个芯片内，当一级 cache 缺失时被访问。如果二级 cache 中包含所需要的数据，那么一级 cache 的缺失代价主要就是二级 cache 的访问时间，这要比访问主存的时间少得多。如果一级和二级 cache 中均不包含所需的数据，就需要访问主存，从而产生更大的缺失代价。

二级 cache 带来的性能改进有多少？下面这个例子将会告诉我们。

例题｜多级 cache 的性能

假定一个处理器的基本 CPI 为 1.0，并假设所有访问在一级 cache 中均命中，时钟频率为 4GHz。主存访问时间为 100ns，包括缺失处理时间。假设一级 cache 中每条指令缺失率为 2%。如果增加一个二级 cache，其命中或缺失的访问时间都是 5ns，而且容量大到使访问主存的缺失率减少到 0.5%，那么此时处理器速率能提高多少？

答案｜主存的缺失代价为

$$\frac{100\text{ns}}{0.25\,\frac{\text{ns}}{\text{时钟周期}}} = 400\text{ 个时钟周期}$$ ㊀

只有一级 cache 的处理器的有效 CPI 由下列公式给出：

$$\text{总 CPI} = \text{基本 CPI} + \text{每条指令的存储器阻塞时钟周期}$$

即

$$\text{总 CPI} = 1.0 + \text{每条指令的存储器阻塞时钟周期} = 1.0 + 2\% \times 400 = 9$$

㊀ 即每个时钟周期为 0.25ns。——译者注

对于两级 cache，一级 cache 缺失时可以由二级 cache 或者主存来满足。访问二级 cache 的缺失代价为

424

$$\frac{5\text{ns}}{0.25\dfrac{\text{ns}}{\text{时钟周期}}} = 20 \text{ 个时钟周期}$$

如果缺失由二级 cache 满足，那么这就是整个缺失代价。但如果缺失需要访问主存，那么总的缺失代价就是二级 cache 访问时间和主存访问时间之和。

因此，对于一个两级的 cache，总 CPI 是两级 cache 的阻塞时钟周期数和基本 CPI 之和：

$$\begin{aligned}\text{总 CPI} &= 1 + \text{一级 cache 中每条指令的阻塞} + \text{二级 cache 中每条指令的阻塞} \\ &= 1 + 2\% \times 20 + 0.5\% \times 400 = 1 + 0.4 + 2.0 = 3.4\end{aligned}$$

因此，具有二级 cache 的处理器性能是没有二级 cache 处理器性能的

$$\frac{9.0}{3.4} = 2.6 \text{ 倍}$$

我们还可以使用另一种方法来计算阻塞时间，即将在二级 cache 中命中的那些访问的阻塞周期相加（$(2\% - 0.5\%) \times 20 = 0.3$）。而对于那些必须访问主存的阻塞，必须同时包括访问二级 cache 和访问主存的时间，即 $0.5\% \times (20 + 400) = 2.1$。求和为 $1.0 + 0.3 + 2.1$，同样等于 3.4。

一级 cache 和二级 cache 的设计思想有很大的不同，因为相对于单级 cache，其他 cache 的存在改变了最佳选择。特别是，一个两级 cache 结构中一级 cache 致力于减少命中时间以获得较短的时钟周期或者较少的流水级，而二级 cache 则侧重于改善缺失率以减少长时间的内存访问代价。

通过将每一级 cache 与优化设计的单级 cache 进行比较，我们可以看出这些变化对两级 cache 的影响。与单级 cache 相比，**多级 cache**（multilevel cache）中的第一级/初级通常很小。另外，初级 cache 可能使用较小的块容量，与较小的 cache 容量匹配，并减少缺失代价。相比之下，由于二级 cache 的访问时间不是关键，因此二级 cache 的容量通常比一个单级 cache 要大得多。由于总容量更大，二级 cache 可以使用比单级 cache 更大的块。此外，二级 cache 还经常使用比一级 cache 更高的相联度以减少缺失率。

多级 cache：存储器层次由多级 cache 组成，而不仅仅只有一个 cache 和主存。

理解程序性能 程序员已经对排序进行了详尽的分析，以找到更好的算法，如冒泡排序（bubble sort）、快速排序（quicksort）和基数排序（radix sort）等。图 5-19a 给出了使用基数排序和快速排序时指令的执行情况。正如预期的那样，对于大的数组，在操作次数上，基数排序比快速排序更有优势。图 5-19b 是每个排序项平均所需的时间，而不是执行的指令数。我们可以看到两条曲线开始的轨迹与图 5-19a 中相似，但是随着排序数据的增加，基数排序的曲线开始偏离。这是为何？图 5-19c 用每项排序平均 cache 缺失数回答了这个问题：快速排序每个排序项的缺失数要少得多。

425

标准算法分析通常会忽略存储器层次结构的影响。正如更快的时钟频率和摩尔定律允许体系结构设计师从指令流中获取所有的性能，合理地使用存储器层次结构是获得高性能的关键。如我们在引言中所述，理解存储器层次结构的行为对于理解当今计算机程序的性能是十分关键的。

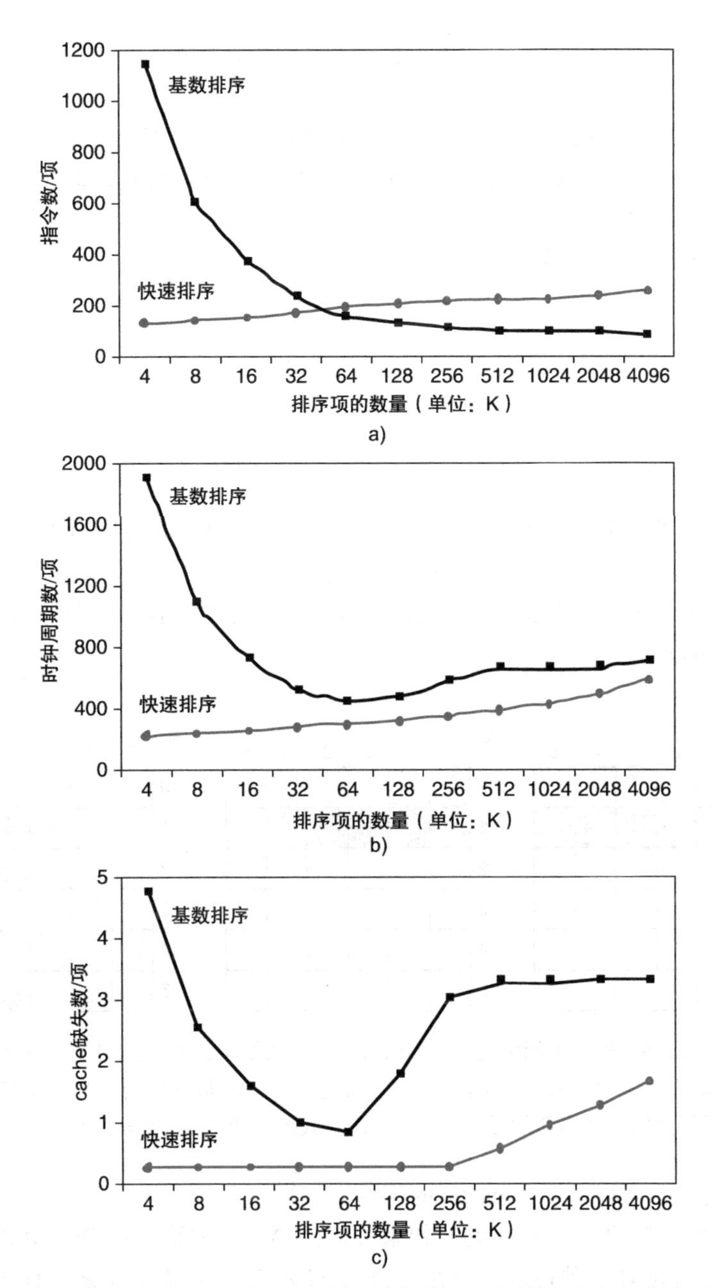

图 5-19 比较快速排序和基数排序：a）每个排序项平均执行指令数，b）每个排序项平均时间，c）每个排序项平均 cache 缺失数。这些数据出自 LaMarca 和 Ladner 在 1996 年的一篇文章。由于这些结果，人们发明了新的基数排序算法，将存储器层次结构考虑进来，以重新获得算法的优势（见 5.15 节）。cache 优化的基本思想是在某个块被替换前，重复使用该块中所有的数据

5.4.5 通过分块进行软件优化

由于存储器层次对程序性能具有重要的影响，因此许多软件优化技术通过重用 cache 中的数据显著提高了性能，并因为改进了时间局部性而降低了缺失率。

在处理数组时，如果将数组元素存储在存储器中并顺序访问，那么就能从存储系统中获得很好的性能。假定要处理多个数组，有些数组按行访问，另一些按列访问。因为在每次循

环迭代中，行和列都要被使用，因此无论按行（也称为行优先）存储数组或按列（也称为列优先）存储数组都不能解决问题。

与对一个数组的整行或整列操作不同，分块的算法对子矩阵或块进行操作。其目标是在数据被替换出去之前，最大限度地对已装入 cache 的数据进行访问，即通过提升时间局部性来降低 cache 缺失率。

例如，DGEMM 的内循环（图 3-22 中的 4 ～ 9 行）如下：[⊖]

```
for (int j = 0; j < n; ++j)
    {
     double cij = C[i+j*n]; /* cij = C[i][j] */
     for( int k = 0; k < n; k++ )
      cij += A[i+k*n] * B[k+j*n]; /* cij += A[i][k]*B[k][j] */
     C[i+j*n] = cij; /* C[i][j] = cij */
     }
```

该程序段读取了数组 B 中的 N×N 个元素，反复读取了数组 A 中对应行中的 N 个元素，并对数组 C 中对应行的 N 个元素进行了写。（注释使得矩阵的行列更容易识别。）图 5-20 给出了三个数组的访问情况。深色阴影表示最近访问的元素，浅色阴影表示早期访问的元素，白色表示还没有被访问的元素。

426～427

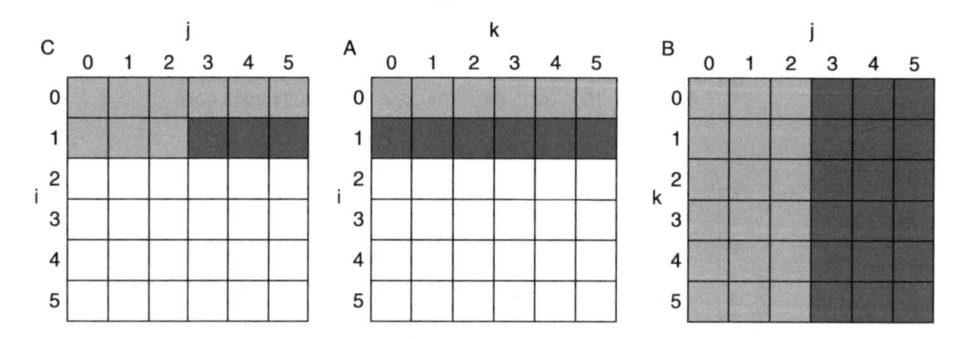

图 5-20　三个数组 C、A、B 的访问情况，N = 6，i = 1。数组元素的访问时间情况用阴影表示：白色表示尚未访问，浅色阴影表示早期访问，深色阴影表示最近访问。与图 5-22 相比，A 和 B 中元素被反复读取以计算新的元素 C。用于访问数组的变量 i、j 和 k 标注在行或列旁

显然，缺失次数依赖于 N 和 cache 的容量。如果三个 N×N 矩阵都能放在 cache 中，并且没有 cache 冲突，则没有任何问题。如果我们为第 3 章和第 4 章 DGEMM 中的矩阵选择 32×32 的尺寸，就符合这种情况。每个矩阵有 32×32 = 1024 个元素，且每个元素为 8 字节，因此这三个矩阵将占据 24KiB 的空间，适合于 Intel Core i7（Sandy Bridge）中 32KiB 的数据 cache。

如果 cache 中能够容纳一个 N×N 的矩阵和一个长度为 N 的行，那么至少 A 的第 i 行和数组 B 可驻留在 cache 中。如果 cache 容量再小，将可能导致访问 B 和 C 产生缺失。在最坏情况下，将有 $2N^3+N^2$ 个存储器字访问 N^3 次操作。

为了确保正在访问的元素能够在 cache 中命中，可以修改原始代码使其对一个子矩阵进行计算。因此，我们可以反复调用图 4-78 中的 DGEMM 程序处理大小为 BLOCKSIZE×BLOCKSIZE 的数组，其中 BLOCKSIZE 称为分块因子（blocking factor）。

⊖ 原书代码最后多了一个括号，应为笔误。——译者注

图 5-21 给出了 DGEMM 的分块版本。函数 do_block 是图 3-22 中的 DGEMM，三个新参数 si、sj 和 sk 表示 A、B、C 每个子数组的起始位置。do_block 的两个内层循环以 BLOCKSIZE 为步进长度进行计算，而不是整个 B 和 C 的长度。gcc 优化器通过“内联”（inling）函数去除任何函数调用的开销，即直接插入代码以避免传统的参数传递和返回地址簿记（bookkeeping）指令。

```
1  #define BLOCKSIZE 32
2  void do_block (int n, int si, int sj, int sk, double *A, double
3  *B, double *C)
4  {
5     for (int i = si; i < si+BLOCKSIZE; ++i)
6        for (int j = sj; j < sj+BLOCKSIZE; ++j)
7           {
8              double cij = C[i+j*n];/* cij = C[i][j] */
9              for( int k = sk; k < sk+BLOCKSIZE; k++ )
10                cij += A[i+k*n] * B[k+j*n];/* cij+=A[i][k]*B[k][j] */
11             C[i+j*n] = cij;/* C[i][j] = cij */
12          }
13 }
14 void dgemm (int n, double* A, double* B, double* C)
15 {
16    for ( int sj = 0; sj < n; sj += BLOCKSIZE )
17       for ( int si = 0; si < n; si += BLOCKSIZE )
18          for ( int sk = 0; sk < n; sk += BLOCKSIZE )
19             do_block(n, si, sj, sk, A, B, C);
20 }
```

图 5-21　图 3-22 中 DGEMM 的 cache 分块版本。假定 C 初始化为 0。函数 do_block 来源于第 3 章中基本的 DGEMM，使用了新参数来指明大小为 BLOCKSIZE 的子矩阵的起始位置。gcc 优化器通过内联 do_block 函数消除函数调用指令产生的开销

图 5-22 显示对三个数组分块访问的情况。只考虑容量失效，被访问的总的存储器字数为 $2N^3$/BLOCKSIZE + N^2 次。这个数量是关于 BLOCKSIZE 因子的改进。因此，分块技术同时利用了空间局部性和时间局部性，其中访问 A 利用了空间局部性，访问 B 利用了时间局部性。

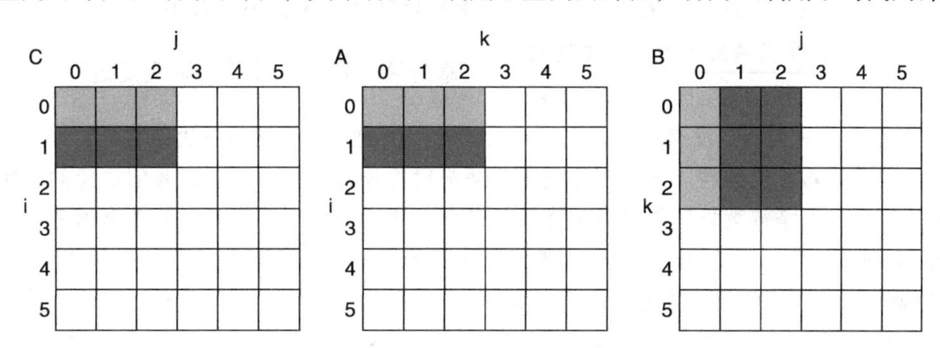

图 5-22　当 BLOCKSIZE＝3 时，数组 C、A 和 B 的访问时间。注意，与图 5-20 相反，访问的元素减少了

虽然我们的目标是降低 cache 缺失率，但分块技术也可以用来帮助进行寄存器分配。通过采用较小的分块，使得一个块可以容纳在寄存器中，程序中的 load 和 store 操作可以减到最少，从而再度提高性能。

428
~
429

图 5-23 给出了 cache 分块技术对未优化的 DGEMM 性能的影响，其中矩阵尺寸逐渐增加，甚至不能在 cache 中完全容纳这三个矩阵。对于最大的矩阵尺寸，未优化 DGEMM 的性

能下降一半。即使矩阵尺寸为 960 × 960，或者比第 3 章和第 4 章中 32 × 32 的矩阵大了 900 倍时，采用 cache 分块的 DEGMM 性能仅下降了不到 10%。

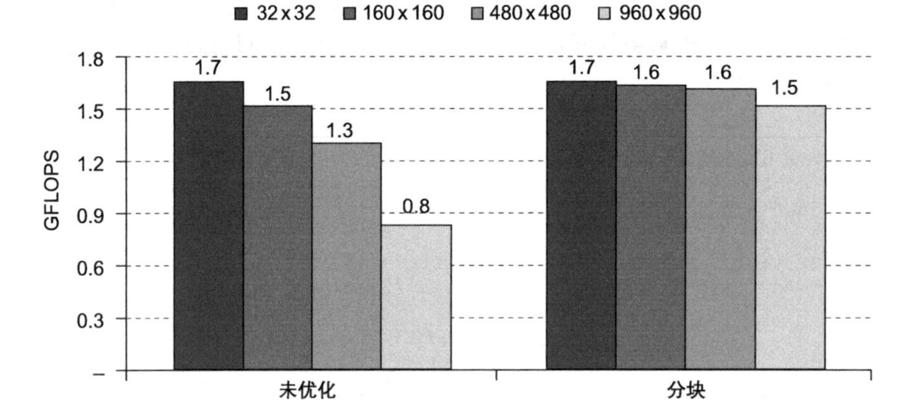

图 5-23　未优化的 DGEMM（图 3-22）和采用 cache 分块技术的 DGEMM（图 5-21）的性能比较。在采用 cache 分块技术时，矩阵尺寸由 32 × 32（三个矩阵均放入 cache 中）到 960 × 960 变化

全局缺失率：在多级 cache 的所有级中都缺失的访问的比率。

局部缺失率：在多级 cache 中某一级的缺失率。

精解　多级 cache 会产生很多复杂情况。首先，存在多种不同类型的缺失以及相应的缺失率。在 5.4.4 节的例子中，我们看到了一级 cache 缺失率以及全局缺失率（global miss rate），即在所有级 cache 中都缺失的访问比率。同时二级 cache 也有缺失率，即二级 cache 所有缺失次数除以其访问次数。这个缺失率称为二级 cache 的局部缺失率（local miss rate）。由于一级 cache 过滤了一些访问，特别是那些具有较好空间局部性和时间局部性的访问，这就使得二级 cache 的局部缺失率要大大高于全局缺失率。在 5.4.4 节的例子中，二级 cache 的局部缺失率为 0.5%/2% = 25%！幸运的是，全局缺失率决定了访问主存的频度。

精解　对于乱序处理器（见第 4 章），由于其在缺失时仍能执行指令，因而性能更加复杂。我们使用每条指令缺失数来代替指令缺失率和数据缺失率，公式如下：

430

$$\frac{\text{存储器阻塞周期数}}{\text{指令数}}=\frac{\text{缺失数}}{\text{指令数}}\times(\text{总的缺失延迟}-\text{重叠的缺失延迟})$$

计算重叠的缺失延迟没有通用的方法，因此对乱序处理器存储器层次结构进行评估需要模拟处理器和存储器层次结构。只有观测到每次缺失时处理器的执行情况，我们才能知道缺失时处理器是停顿下来等待数据还是简单地在执行其他工作。一个指导原则是处理器通常会隐藏在一级 cache 缺失而在二级 cache 命中时的那部分缺失代价，但很少隐藏二级 cache 的缺失代价。

精解　算法性能的挑战在于对相同的结构采用不同的实现方法，包括 cache 容量、相联度、块大小以及 cache 的数量，都会使得存储器层次结构变得多样化。为了应对这些变化，近来一些数值库将它们的算法变得参数化，通过在运行时搜索参数空间来找到特定计算机上的最佳组合。这种方法称为自动调谐（autotuning）。

小测验　关于多级 cache 的设计，下面哪个通常是正确的？

1. 一级 cache 更关注命中时间，二级 cache 则更关注缺失率。
2. 一级 cache 更关注缺失率，二级 cache 则更关注命中时间。

5.4.6 小结

本节集中讨论了四个问题：cache 性能，利用相联度来降低缺失率，利用多级 cache 结构来降低缺失代价，以及采用软件优化技术提高 cache 的有效性。

存储系统对程序执行时间有着重要影响。存储器阻塞时钟周期数取决于缺失率和缺失代价。在 5.8 节中将会看到，我们面临的挑战是如何降低这些因素中的一个而不会影响到存储器层次结构中的其他关键因素。

为了降低缺失率，我们对相联结构的放置机制进行研究。这些机制通过在 cache 中更灵活地放置数据块以降低缺失率。全相联机制允许将块放在 cache 中的任何位置，但是仍然需要查找 cache 中的每一块以找到所需要的块。较高的成本使得大容量全相联 cache 的实现不切实际。组相联 cache 是一种可行的选择，我们只需要在索引唯一选中的组中进行查找。组相联 cache 缺失率更高，但是访问速度更快。使用何种相联度能达到最佳性能不仅取决于技术本身，还取决于实现的细节。

我们探讨了多级 cache 技术，通过使用一个大的二级 cache 来处理一级 cache 的缺失，从而降低了缺失代价。二级 cache 已经逐渐普遍，因为设计者发现由于硅的局限以及高时钟频率的要求，一级 cache 的容量已经无法更大了。二级 cache 的容量通常是一级 cache 的 10 倍甚至更多，可以处理很多一级 cache 缺失引起的访问。在这些情况下，缺失代价就是二级 cache 的访问时间（通常小于 10 个处理器周期）而不是主存访问时间（通常大于 100 个处理器周期）。和相联度的考虑相似，在二级 cache 容量和访问时间之间的权衡取决于实现过程中的很多方面。 431

最后，针对存储器层次对性能影响的重要性，我们讨论了如何改进算法从而改善对 cache 的操作，处理大数组时，分块是一种重要的技术。

5.5 可信存储器层次结构

本章前面所有的讨论隐含的一点是存储器层次结构不会遗忘[㊀]。然而不可信的存储系统，即使速度再快也不具有吸引力。正如第 1 章所述，实现可信性（dependability）[㊁]的一个有效方法就是冗余。本节首先定义与失效（failure）[㊂]相关的术语和度量标准，然后讨论如何通过冗余构造可信的存储器。

5.5.1 失效的定义

假定有对某类服务的需求，针对该需求，用户可以看到一个系统在交付的服务的两种状态之间切换：

1. 服务完成（service accomplishment）：交付的服务与需求相符。

2. 服务中断（service interruption）：交付的服务与需求不符。

失效导致状态 1 到状态 2 的转换，而由状态 2 到状态 1 的转换过程称为恢复（restoration）。失效可以是永久性的，也可以是间歇性的。后者更为复杂，因为当一个系统在两个

㊀ 原书采用 forget 一词，可理解为存储器的内容不会出错或丢失。——译者注

㊁ 在第 1 章中，我们将 8 个伟大思想之一的 dependability 翻译为“可靠性”，请读者注意。——译者注

㊂ 在 cache 部分的讨论中，失效指缺失，即 miss，这里失效指 failure，读者需要根据上下文语境来理解。——译者注

状态间摇摆时，问题的诊断更为困难。而永久性失效的诊断要容易许多。

这种定义将引出两个相关术语：可靠性和可用性。

可靠性（reliability）是对一个系统或模块从某个参考点开始持续提供服务的度量，或者说某个参考点开始到失效的时间。因此，平均无故障时间（Mean Time To Failure，MTTF）[⊖]是一种可靠性度量方法。与之相关的一个术语是年失效率（Annual Failure Rate，AFR），指在给定MTTF情况下，在一年内预期的器件失效比例。MTTF变大可能会产生误导，因此AFR更为直观。

例题　磁盘的MTTF和AFR

目前一些磁盘的MTTF达到1 000 000小时，大约是1 000 000/（365 × 24）= 114年，看起来这些磁盘永远不会失效。运行搜索引擎等因特网服务的仓储式计算机可能有50 000台服务器，假定每台服务器有两块磁盘，使用AFR计算每年预期会有多少块磁盘失效。

432

答案　一年有365 × 24 = 8760小时。1 000 000小时的MTTF意味着AFR为8760/1 000 000 = 0.876%。由于系统中有100 000块磁盘，因此每年预期有876块磁盘失效，即平均每天有超过两块磁盘失效！

服务中断使用平均修复时间（Mean Time To Repair，MTTR）来度量。平均失效间隔时间（Mean Time Between Failure，MTBF）= MTTF + MTTR。虽然MTBF广泛应用，但MTTF是一个更为合适的术语。可用性（availability）是根据系统在正常工作和中断之间的交替，对系统服务能力的一种度量。可用性可以量化为：

$$可用性 = \frac{\text{MTTF}}{(\text{MTTF}+\text{MTTR})}$$

需要注意的是，可靠性和可用性是可以量化的，而可信性（dependability）是不可量化的。与增加MTTF类似，减少MTTR可以提高可用性。例如，失效检测、诊断和修复工具可以减少故障维修花费的时间，从而提高可用性。

我们希望系统具有很高的可用性。一种速记法是每年“9的可用性”的数量。例如，一台很好的因特网服务器可提供4个或5个“9的可用性”。一年有365天，即365 × 24 × 60 = 526 000分钟，速记表示如下：

1个9：90%	=>	36.5天维修/年
2个9：99%	=>	3.65天维修/年
3个9：99.9%	=>	526分钟维修/年
4个9：99.99%	=>	52.6分钟维修/年
5个9：99.999%	=>	5.26分钟维修/年

以此类推。

提高MTTF，可以通过提高器件的质量实现，也可以通过设计能够在器件失效的情况下继续工作的系统实现。由于一个器件的失效不一定会导致系统的失效，因此需要根据上下文定义失效。为了使区分更为明确，术语故障（fault）用来表示一个器件的失效。改进MTTF有如下三种方式：

- 故障避免（fault avoidance）：通过合理构建系统来避免故障的出现。
- 故障容忍（fault tolerance）：采用冗余措施，当发生故障时，通过冗余措施保证系统仍然正常工作。

⊖ failure意为失效、故障，这里我们译为“故障”，“平均无故障时间”是更为通用的用法。——译者注

- 故障预测（fault forecasting）：预测故障的存在和产生，在允许器件失效前对其进行替换。 433

5.5.2 纠1检2汉明码（SEC/DED）

Richard Hamming 发明了一种广泛应用于存储器的冗余技术，并因此获得了 1968 年的图灵奖。为了理解冗余码的构造，我们首先讨论正确的二进制数之间有多“近”。所谓汉明距离（Hamming distance）是指任意两个正确的二进制数间对应位置不同的位的数量。例如，011011 和 001111 的距离为 2。在编码时，如果码字之间的最小距离为 2，且其中有 1 位出错，那么将会发生什么？这将会使一个有效码字转化为一个无效码字。因此，如果能够检测出一个码字是否正确，我们就能够检测出 1 位的错误，称为 1 位**错误检测编码**。[⊖]

错误检测编码：一种编码方式，能够检测出数据中有一个错误，但不能确定错误的精确位置，因此也不能纠正错误。

汉明使用奇偶校验码（parity code）检测错误。奇偶校验码计算码字中 1 的数量是奇数个还是偶数个。当一个字写入存储器时，奇偶校验位也被写入（1 代表奇数，0 代表偶数）。这就是说，$N+1$ 位码字中 1 的个数永远为偶数。然后，当该字被读出时，校验码也被读出并进行检测。如果根据存储内容计算出的校验码与保存的奇偶校验位不符，则说明产生了错误。

例题

计算十进制数 31 对应的 8 位二进制数的奇偶性，并写出存储器中的表示形式。假设奇偶校验位在最右边，并且假定存储器中最高有效位发生了翻转，然后将其读回。请问能否检测到错误？如果最高两位同时翻转呢？

答案 31_{ten} 的二进制形式为 00011111_{two}，有 5 个 1。为了使编码后码字中的 1 为偶数，需要向校验位写入 1，也就是 000111111_{two}。如果最高位发生翻转，读回的将是 100111111_{two}，其中有 7 个 1。由于我们期望码字为偶性，但是计算结果却是奇性，因此将产生一个错误信号。如果最高两位同时发生翻转，则得到 110111111_{two}，具有 8 个 1 或者说具有偶性，此时不会产生错误信号。

如果产生了两位错误，那么码字的奇偶性不变，因此一位奇偶校验机制无法检测到这种错误。（实际上，一位奇偶校验机制可以检测到任意奇数个错误，但实际情况是，出现三位错的概率远小于出现两位错的概率，因此一位奇偶校验码仅限于检测 1 位错。）

当然，奇偶校验码不能纠正错误，而汉明希望既能检错又能纠错。如果我们采用的编码最小距离为 3，那么任意一个发生 1 位错的码字与正确码字之间的距离要小于其与其他有效码字的距离。汉明提出了一种易于理解的映射方法，将数据映射到距离为 3 的码字，这种编码方法称为汉明纠错码（Hamming Error Correction Code，Hamming ECC）（以致敬汉明）。我们采用额外的奇偶校验位以确定单个错误的位置。下面是计算汉明纠错码的步骤： 434

1. 对数据部分从左到右由 1 开始依次编号，与传统的从最右开始由 0 开始编号的做法相反。
2. 将所有位置为 2 的整数次幂的位标记为奇偶校验位（位置 1，2，4，8，16，…）。
3. 其他位置用作数据位（位置 3，5，6，7，9，10，11，12，13，14，15，…）。
4. 奇偶校验位的位置决定了被检查的数据位的序列为（图 5-24 用图形方式进行了说明）：
   - 校验位 1（0001_{two}）检查第 1，3，5，7，9，11，…位，这些位二进制编号的最右边一位均为 1（0001_{two}，0011_{two}，0101_{two}，0111_{two}，1001_{two}，1011_{two}，…）。

⊖ 或称 1 位检错码。——译者注

- 校验位 2（0010_{two}）检查第 2，3，6，7，10，11，14，15，…位，这些位二进制编号的最右边起第二位均为 1。
- 校验位 4（0100_{two}）检查第 4 ～ 7，12 ～ 15，20 ～ 23，…位，这些位二进制编号的最右边起第三位均为 1。
- 校验位 8（1000_{two}）检查第 8 ～ 15，24 ～ 31，40 ～ 47，…位，这些位二进制编号的最右边起第四位均为 1。

注意，每个数据位都被至少两个奇偶校验位覆盖。

5. 设置奇偶校验位，对各组进行偶校验。

位的位置		1	2	3	4	5	6	7	8	9	10	11	12
编码后的数据位		p_1	p_2	d_1	p_4	d_2	d_3	d_4	p_8	d_5	d_6	d_7	d_8
奇偶校验位覆盖范围	p_1	X		X		X		X		X		X	
	p_2		X	X			X	X			X	X	
	p_4				X	X	X	X					X
	p_8								X	X	X	X	X

图 5-24　8 位数据位的汉明编码，包括奇偶校验位、数据位及校验位覆盖范围

看起来如同魔术一样，通过查看校验位可以确定数据位是否出错。采用图 5-24 中的 12 位编码，如果 4 个校验位计算出（p_8，p_4，p_2，p_1）为 0000_{two}，那么没有发生错误。但是，如果是 1010_{two}，也就是 10_{ten} 时，汉明纠错码告诉我们第十位（d_6）出错了。由于是二进制数，我们只需将第十位取反以进行纠错。

435

例题

假定某字节数据为 10011010_{two}。首先写出对应的汉明纠错码，然后把该字节数据第 10 位取反，说明纠错码如何找到并纠正该位错误。

答案 空出校验位位置，12 位码字为 __1_001_1010。

位置 1 检查第 1、3、5、7、9、11 位，如 __**1_001_101**0 所示。为使该组为偶性，我们应当把第 1 位填 0。

位置 2 检查第 2、3、6、7、10、11 位，即 0_**1**_0**01**_1**01**0 或为奇性，我们在第 2 位填入 1。

位置 4 检查第 4、5、6、7、12 位，即 011_**001**_101**0**，所以我们在第 4 位填入 1。

位置 8 检查第 8、9、10、11、12 位，即 0111001_**1010**，所以我们在第 8 位填入 0。

最终得到的码字为 011100101010。把数据位第 10 位取反变成 011100101**1**10。

校验位 1 为 0（**0**1**1**1**0**0**1**0**1**1**1**0 有 4 个 1，为偶性，故该组无错误）。

校验位 2 为 1（0**11**00**10**1**11**0 有 5 个 1，为奇性，故该组某个位置上有错误）。

校验位 4 为 1（011**1001**0111**0** 有两个 1，为偶性，故该组无错误）。

校验位 8 为 1（0111001**01110** 有 3 个 1，为奇性，故该组某个位置上有错误）。

校验位 2 和 8 不正确。因为 2 + 8 = 10，第 10 位肯定是错的。因此，我们将其翻转为 011100101**0**10，即完成了纠错。

汉明并没有止步于 1 位纠错码。以增加 1 位为代价，可以让码字中的最小汉明距离变为 4。这就意味着我们可以纠正 1 位错并检测到 2 位错。该方法增加了 1 位奇偶校验位，对整个字进行计算校验。以 4 位数据字为例，只需要 7 位就能完成 1 位错检测。计算出汉明奇偶

校验位 H（p_1, p_2, p_3），这里仍然采用偶校验，最后计算出整个字的偶校验位 p_4：

$$\begin{matrix} 1 & 2 & 3 & 4 & 5 & 6 & 7 & \underline{8} \\ p_1 & p_2 & d_1 & p_3 & d_2 & d_3 & d_4 & \underline{\mathbf{p_4}} \end{matrix}$$

上述用于纠正 1 位错并检测 2 位错的算法仍像之前那样先计算出 ECC 码组（H）的奇偶性，然后再计算全组的奇偶校验位 p_4。以下是可能出现的四种情况：

- H 为偶并且 p_4 为偶，表明没有错误发生。
- H 为奇并且 p_4 为奇，表明出现了一位可纠正错误。（当出现 1 位错时，p_4 应当为奇。）
- H 为偶并且 p_4 为奇，表明出现的仅仅是 p_4，因此将 p_4 取反即可。
- H 为奇并且 p_4 为偶，表明出现了两位错。（当出现两位错时，p_4 应当为偶。）

436

纠 1 位错 / 检 2 位错（SEC/DED）的技术现在广泛应用于服务器的内存中。方便的是，8 字节的数据块做 SEC/DED 时只需要恰好一个字节的额外开销。这也是为什么很多 DIMM（双列直插式存储模块）宽度为 72 位的原因。

精解 为了计算出 SEC 需要的位数，假定 p 表示校验位的总位数，d 表示 $d+p$ 位字中数据位的位数。如果 p 个纠错位指示错误位（码字长度为 $p+d$ 的情况下），再加上没有出现错误的一种情况，我们需要：

$$2^p \geqslant p+d+1 \text{ 位，因此 } p \geqslant \log(p+d+1)$$

例如，8 位数据意味着 $d=8$，并且 $2^p \geqslant p+8+1$，所以 $p=4$。类似的，数据长度为 16 位时 $p=5$，32 位时 $p=6$，64 位时 $p=7$，以此类推。

精解 在大型系统中，出现多位错的概率以及一个宽内存芯片完全失效的概率变得显著起来。为解决这一问题，IBM 引进了一种叫作 chipkill 的技术，很多大型系统都采用了该技术（Intel 称他们的版本为 SDDC）。chipkill 技术本质上类似于磁盘阵列中采用的 RAID 技术（见 5.11 节），将数据和 ECC 信息分散开来，因此当一个宽内存芯片完全失效时，可以通过其他内存芯片中的内容对缺失的内容进行重建。假定现有一个由 10 000 个处理器构成的集群（cluster），每个处理器配备 4GiB 内存，IBM 针对为期三年的运行时间计算出了以下不可恢复内存错误出现的比率：

- 仅采用奇偶校验——大约 90 000 次不可恢复（或者不可检测）错误，也就是每 17 分钟就出现 1 次。
- 仅采用 SEC/DED——大约 3500 次，也就是每 7.5 小时出现 1 次不可检测或者不可恢复的错误。
- 采用 chipkill——6 次，或者说每两个月出现 1 次不可检测或不可恢复的错误。

因此，chipkill 成为数据仓库级别的计算机的一个重要需求。

精解 虽然存储器系统出现 1 位错或者 2 位错的情况比较典型，但是网络系统中可能会出现突发型的位错误。解决该问题的一个方法是循环冗余校验（cyclic redundancy check）。对于一个具有 k 位的字块，发送端生成一个 $n-k$ 位长度的帧（frame）校验序列。最终发送 n 位序列，并且该序列对应的数值可以被某个数整除。接收端用该整数去除接收到的帧。如果余数为 0，就认为没有发生错误。如果余数不为 0，接收端丢弃收到的消息，并通知发送端重新发送。从第 3 章你可以猜测到，对于某些二进制数，可以利用移位寄存器方便地完成除法运算，这使得即便在硬件更为昂贵的时代，CRC 校验码也可以被广为采用。更进一步，里德 – 索罗蒙（Reed-Solomon）编码使用伽罗瓦（Galois）字段来纠正多位传输错误，数据被看作多项式系数，校验码空间被看作多项式的值。里德 – 索罗蒙计算复杂度远远高于二进制除法！

437

5.6 虚拟机

虚拟机（Virtual Machine，VM）最早出现于20世纪60年代中期，多年来一直是大型机中的重要组成部分。尽管在20世纪80年代和90年代单用户计算机时代中被忽略，但虚拟机最近又受到关注，原因是：

- 在现代计算机系统中，隔离和安全的重要性持续增长。
- 标准操作系统在安全性和可靠性方面存在缺陷。
- 在多个不相关的用户间共享一台计算机，尤其是在云计算中。
- 过去几十年里处理器速度大幅增长，使得虚拟机引起的开销可为人们接受。

最广泛的虚拟机的定义包括基本上所有的仿真方法，这些方法提供一个标准的软件接口，如Java虚拟机。本节关注虚拟机在二进制*指令集体系结构*（ISA）的层次上提供的一个完整的系统级环境。尽管一些虚拟机运行与本地硬件不同的ISA，但这里我们假设它们都能与硬件匹配。这样的虚拟机被称为*系统虚拟机*（system virtual machine），如IBM VM/370、VirtualBox、VMware ESX Server以及Xen。

系统虚拟机让用户觉得自己在独占使用包括操作系统副本在内的整个计算机。一台运行多个虚拟机的计算机可以支持多个不同的*操作系统*。在传统的平台上，一个单独的操作系统“拥有”所有的硬件资源，但是通过使用虚拟机，多个操作系统可共享硬件资源。

支持虚拟机的软件被称为*虚拟机监视器*（Virtual Machine Monitor，VMM）或者*管理程序*（hypervisor），VMM是虚拟机技术的核心。底层的硬件平台称为*主机*（host），其资源被*客户*（guest）虚拟机共享。VMM决定如何将虚拟资源映射到物理资源：物理资源可能是分时共享、划分，甚至通过软件模拟的。VMM比传统的操作系统小很多，一个VMM的隔离部分可能只有10 000行代码。

尽管我们所感兴趣的是虚拟机所提供的保护功能，但是虚拟机还有另两个具有重大商业意义的优势：

- *管理软件*：虚拟机提供一个可以运行完整软件栈的抽象，甚至包含像DOS这样的较老的操作系统。虚拟机典型的应用包括：一些虚拟机运行旧的操作系统，多数虚拟机运行当前稳定的操作系统，少数虚拟机用来测试下一代操作系统版本。
- *管理硬件*：需要多个服务器的一个原因是为了让每个应用程序运行在一台单独的拥有兼容操作系统的计算机上，因为这种分隔能够提高可信性。虚拟机允许这些独立的软件栈在独立运行的同时共享硬件，从而合并了服务器的数量。另一个例子是，一些VMM支持将一个正在运行的虚拟机移植到另一台不同的计算机上，从而可以平衡负载或在硬件故障时实施迁移。

438

硬件/软件接口 亚马逊Web服务（Amazon Web Service，AWS）在其云计算平台中使用虚拟机提供EC2㊀主要有五个原因：

- 在用户共享同一个服务器时，AWS可提供用户间的保护。
- 简化了仓储式计算机上软件的分布。用户安装一个配置了合适软件的虚拟机映象，AWS将其分布到用户希望使用的所有实例上。
- 当用户完成工作时，用户（和AWS）可以“杀死”一个VM来控制资源的使用。
- 虚拟机隐藏了运行用户应用软件的硬件的特性，这意味着AWS可以在继续使用旧服

㊀ 亚马逊弹性计算云（Elastic Compute Cloud，EC2）是一个允许使用者租用云端电脑运行所需应用的系统。——译者注

务器的同时引入更有效的新服务器。用户希望所获得的机器性能与“EC2 计算单元”匹配，AWS 将其定义为：提供与 1.0-1.2GHz 2007 AMD Opteron 或 2007 Intel Xeon 处理器相等的 CPU 能力。依据摩尔定律，新服务器显然能够比旧服务器提供更多的 EC2 计算单元，但只要是经济合算的，AWS 仍可以继续出租旧服务器。

- 虚拟机监视器可以控制一个 VM 使用处理器、网络和磁盘空间的比率，这就使得 AWS 可以在相同的底层服务器上提供许多价格不同的节点类型。例如，2012 年时 AWS 提供 14 种实例类型，从 0.08 美元 / 小时的小型标准实例到 3.10 美元 / 小时的高 I/O 四倍超大实例。

通常来说，处理器虚拟化的开销取决于工作量。用户级处理器绑定的程序没有虚拟化开销，因为操作系统很少被调用，因此所有程序都能以本地的速度运行。I/O 密集型负载通常也是操作系统密集型的，会执行很多系统调用和特权指令，从而导致很高的虚拟化开销。另一方面，如果 I/O 密集型负载同样也是 I/O 绑定型的，那么由于在等待 I/O 时处理器通常处于空闲状态，因此处埋器虚拟化的开销就能被完全掩藏。

开销取决于需要由 VMM 模拟的指令数以及每个模拟所花费的时间。因此，假设客户端虚拟机和主机运行同样的 ISA，系统架构和 VMM 的目标是尽可能在本地硬件上直接运行所有指令。 439

5.6.1 虚拟机监视器的要求

虚拟机监视器必须做什么？它给客户软件提供了一个软件接口，它必须分隔每个客户的状态，并且必须将自己从客户端软件中（包括客户操作系统）隔离保护。定性的要求是：

- 除了性能相关的行为或因多虚拟机共享而造成的固定资源限制以外，客户软件在虚拟机上的运行应该和其在本地硬件上的运行完全相同。
- 客户软件不能直接改变实际系统中的资源分配。

为了对处理器进行“虚拟化”，VMM 必须能控制一切——访问特权状态、I/O、异常以及中断——尽管客户虚拟机和当前运行的操作系统指示临时使用它们。

例如，对于定时器中断的情况，VMM 需要挂起当前正在运行的客户虚拟机，保存其状态，处理中断，然后决定下面该运行哪个客户虚拟机，并加载其状态。依赖定时器中断的客户虚拟机由 VMM 提供的一个虚拟定时器以及一个模拟定时器中断。

为了进行管理，VMM 必须运行在一个比用户虚拟机（通常运行在用户模式）更高的特权级别上，这也确保了任何特权指令的执行都需要由 VMM 来处理。支持虚拟机的基本系统要求如下：

- 至少两个处理器模式，系统级和用户级。
- 特权级指令集合只能在系统模式下使用，如果在用户模式下执行将会产生陷入（trap）；所有系统资源只能通过这些指令控制。

5.6.2 指令集体系结构（缺乏）对虚拟机的支持

如果在 ISA 设计过程中考虑到了虚拟机的使用，那么减少 VMM 执行的指令数以及提高其模拟速度就会相对容易。允许虚拟机直接在硬件上执行的体系结构被称为可虚拟化（virtualizable），IBM 370 以及 ARMv8 就是如此。

由于虚拟机只是近期才被考虑应用于 PC 以及服务器，因此大部分指令集在创建时都没有考虑虚拟化。这些指令集包括 x86 和大部分 RISC 结构，包括 ARMv7 以及 MIPS。

由于 VMM 必须保证客户系统只能和虚拟资源交互，因此传统的客户操作系统以用户模式程序的形式运行在 VMM 的顶层。然后，如果客户操作系统试图通过特权指令访问或者修改相关硬件资源的信息——例如，读/写一个能够使能中断的状态位——则会陷入 VMM。VMM 会进行适当的调整来对应实际资源。

440

因此，如果任何指令试图在用户模式下读/写这样敏感的信息，VMM 可以将其拦截并提供一个如客户操作系统所需的敏感信息的虚拟版本。

如果没有上述支持，那么就需要采用其他方法。VMM 必须采取特殊的预防措施来定位所有存在问题的指令，并且确保它们能被客户操作系统正确执行，从而增加了 VMM 的复杂度，并降低了运行虚拟机的性能。

5.6.3 保护和指令集体系结构

实现保护需要体系结构和操作系统的共同努力，但是随着虚拟存储器的广泛使用，体系结构设计者需要对已有指令集体系结构中一些棘手的不方便使用的细节进行修改。

例如，x86 指令 `POPF` 从存储器栈的顶部加载标志寄存器。其中有一个标志是中断使能（Interrupt Enable，IE）标志。如果在用户模式下运行 `POPF`，它只是简单地改变除了 IE 以外的所有标志，而不是产生陷入。但在系统模式下，它确实会改变 IE 标志。由于客户操作系统运行在 VM 内部的用户模式，该操作系统希望看见 IE 标志的改变，因此这将产生问题。

在过去，IBM 大型机硬件和 VMM 采用下面三个步骤来改善虚拟机的性能：

1. 降低处理器虚拟化的开销。
2. 降低由虚拟化引起的中断开销。
3. 将中断交给相应的虚拟机，而不用调用 VMM，从而降低中断开销。

2006 年，AMD 和 Intel 试图通过降低处理器虚拟化的开销来解决第一点。体系结构和 VMM 需要经过多少代的改进才能完全解决上述三点？ 21 世纪应用于 x86 的虚拟机需要经过多长时间才能像 20 世纪 70 年代的 IBM 大型机和 VMM 一样有效？这些问题都非常有趣。

精解 ARMv8 提供了第三种状态（EL2），从而允许 VMM 运行在一个比用户操作系统更高的特权等级上。

5.7 虚拟存储器

前面的章节阐述了 cache 如何对程序中最近访问的代码和数据提供快速访问。类似的，主存也可以充当二级存储（通常以磁盘形式实现）的“cache”。这项技术称为**虚拟存储器**（virtual memory）。从历史观点来说，构造虚拟存储器主要有两个动机：允许在多个程序之间有效且安全地共享存储器，例如云计算中多个虚拟机所需要的存储器；消除一个小的容量受限的主存对程序编写造成的影响。在虚拟存储器提出的 50 年后，第一点成为目前的主要动机。

441

> ……设计了一个系统，使核心磁鼓组合起来作为一个单级存储器呈现给程序员，自动进行必要的传输。
>
> *Kilburn et al., One-level storage system, 1962*

> **虚拟存储器**：一种将主存用作二级存储的“cache”的技术。

当然，为了允许多个虚拟机共享同一个存储器，虚拟机之间必须进行保护，确保每个程序只能对分配给它的那部分主存进行读写。主存中只需保存众多虚拟机中的活跃部分，就像 cache 中只存放程序的活跃部分一样。因此，局部性原理也同样适用于虚拟存储器，虚拟存储器使得我们能有效地共享处理器和主存。

编译时，我们并不知道哪些虚拟机将和其他虚拟机共享存储器。事实上，运行时共享存储器的虚拟机是动态变化的。由于这种动态的相互影响，我们希望将每个程序编译到其自己的地址空间（address space），即只有该程序能够访问的一系列单独的存储位置。虚拟存储器实现程序地址空间到**物理地址**（physical address）的转换。这种转换过程加强了程序的地址空间与其他虚拟机之间的**保护**（protection）。

物理地址：主存储器中的地址。

保护：一系列机制确保共享处理器、主存、I/O设备的多个进程之间不能相互干涉，不能故意或无意地读写其他进程的数据。这些机制也可以将操作系统和用户的进程隔离开来。

使用虚拟存储器的第二个动机就是允许单用户程序使用超过主存储器的容量。以前，如果程序对于存储器来说太大，那么要由程序员负责将其变成合适的大小。程序员将程序切分，并确定其中互斥的部分。这些程序段（overlay）在执行过程中由用户程序控制装入或换出，由程序员保证程序不会访问没有装载的程序段，并且装载的程序段不会超过存储器的总容量。程序段通常被组织成模块，每个模块包含代码和数据。不同模块中的过程调用将导致一个模块与另一个模块的重叠。

可以想象，这种责任对程序员来说是很大的负担。虚拟存储器的发明就是为了将程序员从这种困境中解脱出来，自动管理由主存（为了区别虚拟存储器，有时也称为物理存储器）和二级存储器[⊖]组成的两级存储层。

尽管虚拟存储器和cache的工作原理相同，但其不同的历史根源决定我们要使用不同的术语。虚拟存储器中的块被称为页（page），而访问缺失被称为**缺页**（page fault）。在虚拟存储器中，处理器产生一个**虚拟地址**（virtual address），由一系列硬件和软件转换成一个物理地址，然后就可以用来访问主存。图5-25显示了虚拟地址编址的存储空间，其中的页映射到主存。这个过程称作地址映射或者**地址转换**（address translation）。如今，在个人移动设备中，由虚拟存储器控制的两级存储器层次通常是DRAM和闪存，而在服务器中则是DRAM和磁盘（见5.2节）。如果回到之前图书馆的类比，我们可以认为虚拟地址就是一本书的书名，而物理地址则是这本书在图书馆中的位置，例如美国国会图书馆书号。

缺页：因访问的页不在主存储器中而产生的事件。

虚拟地址：虚拟空间中的地址，访问存储器时需要通过地址映射转换为物理地址。

地址转换：也称为地址映射。在访问存储器（内存）时将虚拟地址映射为物理地址的过程。

442

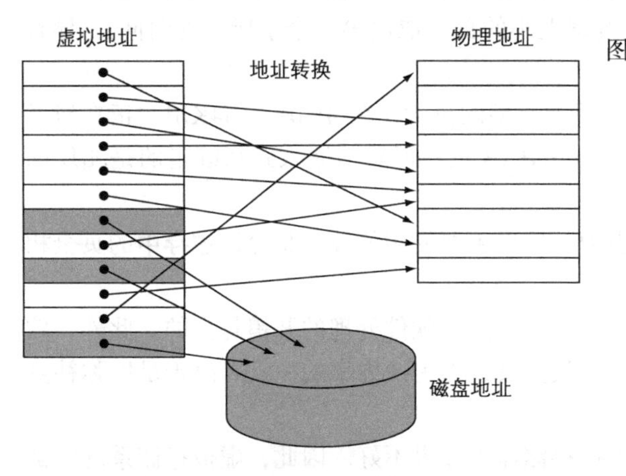

图5-25 虚拟存储器中，主存中的块（称为页）从一组地址（称为虚拟地址）映射到另一组地址（称为物理地址）。处理器产生虚拟地址，主存通过物理地址访问。虚拟存储器和物理存储器都被划分成页，因此虚拟页被映射到物理页。当然，虚拟页也可能不在主存中，从而无法映射到物理地址；在这种情况下，页存在磁盘上。物理页可能被两个指向相同物理地址的虚拟地址共享，这种特性使两个不同的程序可以共享数据或代码

虚拟存储器还可以通过提供重定位（relocation）来简化执行时程序的加载。在用虚拟地址访问存储器之前，重定位将程序使用的虚拟地址映射到物理地址。重定位允许我们将程序加载到主存中的任意位置。此外，现今使用的所有虚拟存储器系统将程序重定位成一组固定大小的块

⊖ 如磁盘等。——译者注

(页)，从而不需要在主存中寻找连续的块来放置程序，而只需操作系统在主存中找到足够的页。

在虚拟存储器中，地址被划分为*虚拟页号*（virtual page number）和*页偏移*（page offset）。图 5-26 给出了虚拟页号到*物理页号*（physical page number）的转换。尽管 ARMv8 采用 64 位地址，但是高 16 位并没有使用。所以被映射的地址为 48 位。该图假设物理内存为 1TiB，即 2^{40} 字节，需要 40 位地址。物理页号构成物理地址的高位部分，而页偏移不变，构成物理地址的低位部分。页偏移的位数决定了页的大小。虚拟地址可寻址的页数可以与物理地址可寻址的页数不同。正是因为可以拥有远多于物理页的虚拟页，虚拟存储器才可以给人们一个容量无限的假象。

443

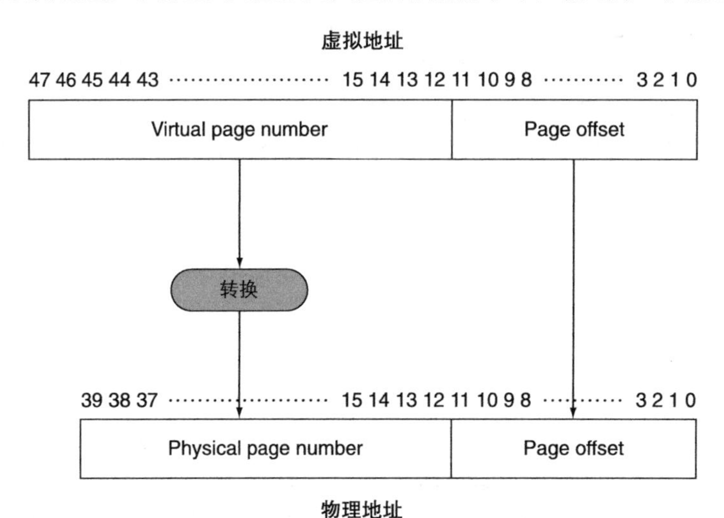

图 5-26　虚拟地址到物理地址的映射。页大小为 2^{12} = 4KiB。物理页号有 28 位，因此存储器中允许的物理页数为 2^{28}。因此，主存最多可达 1TiB，而虚拟地址空间为 256TiB。ARMv8 允许物理内存达到 256TiB；这里选择 1TiB，因为该大小与 2015 年一些 ARMv8 计算机的最大内存匹配

页缺失产生的高代价是虚拟存储器系统多种设计选择的重要原因。一次到磁盘的缺页处理将花费数百万个时钟周期（5.2 节的表表明，磁盘的延迟大约比主存储器延迟快 100 000 倍）。这一巨大的缺失代价（主要取决于从典型大小的页中取出第一个字所需的时间），导致了设计虚拟存储系统时的几个关键决策：

- 页要足够大以分摊较长的访问时间。目前典型的页大小为 4KiB ～ 64KiB。正在研发的新的桌面机和服务器将支持 32KiB ～ 64KiB 页，但新的嵌入式系统走的是相反的方向，页大小为 1KiB。
- 降低缺页率的组织结构非常具有吸引力。这里主要使用的技术是允许**主存中**的页全相联放置。
- 缺页可以用软件处理，因为相对访问磁盘的时间，软件处理的开销是少的。此外，软件可以使用一些先进的算法来选择如何放置页，因为缺失率的一点点改善足以弥补算法的开销。
- 由于写操作的时间太长，写直达在虚拟存储器中效果不好。因此，虚拟存储系统中都采用写回机制。

444

下面几节将把这些因素融入虚拟存储器的设计中。

精解　我们引入虚拟存储器的动机是多个虚拟机器共享同一个存储器，但是，虚拟存储器最初被发明时是用来使多个程序能够将一台计算机作为分时系统的一部分共享。由于现今

很多读者对分时系统没有概念，我们使用虚拟机作为本节引入虚拟存储器的动机。

精解 ARMv8使用术语颗粒（granule）代替页，并称缺页为内存管理单元（Memory Management Unit，MMU）异常。尽管最大的虚拟地址为48位，ARMv8允许使用较少的虚拟机地址，并允许物理地址达到48位。对于最小页或颗粒大小，ARMv8提供三种选择：4、16以及64Kibibyte。

精解 对于服务器和PC而言，32位地址的处理器是有问题的。虽然，我们通常认为虚拟地址要远大于物理地址，但是当处理器地址的大小相对于存储器技术较小的时候，相反的情况也会出现。单个程序或虚拟机不能受益，但是一组程序或虚拟机同时执行时，就可能因无需交换出主存或者在并行处理器上执行而受益。

精解 本书对虚拟存储器的讨论集中在分页上，即使用固定大小的块。还有一种长度可变的块机制，称为分段（segmentation）。对于段式管理，分段地址由两部分组成：段号和段内偏移。段号映射到一个物理地址，加上段内偏移找到实际物理地址。因为段的大小可变，因此需要边界检查以确保偏移量在段内。分段的主要用途是提供更有效的方法以对一个地址空间进行保护和共享。相比分页，大多数操作系统教科书都会更多地讨论分段，以及如何利用分段来逻辑共享地址空间。分段的主要缺点在于将地址空间划分为许多逻辑上独立的分片（piece），这些分片必须作为两部分地址来操作：段号和段内偏移。相反，分页使得页号和偏移量之间的界限对于程序员和编译器不可见。

分段：一种可变长度的地址映射机制，其中每个地址包括两部分：映射到物理地址的段号和段内偏移。

分段也曾被用作不改变计算机字长而扩展地址空间的方法。然而这些尝试都没有成功，原因在于使用两部分地址本身的不便和性能代价，这一点程序员和编译器必须意识到。

很多体系结构将地址空间划分成固定大小的大块以简化操作系统和用户程序之间的保护，并提高分页实现的效率。尽管这些划分常被称为“段”，但是这种机制要比块大小可变的分段简单得多，并且对用户程序不可见，稍后我们将对此详细讨论。

445

5.7.1 页的存放和查找

由于缺页代价高得惊人，设计人员通过对页的放置进行优化从而降低缺页的频率。如果允许虚拟页映射到任何一个物理页，那么当缺页发生时，操作系统可以选择任意一个页进行替换。例如，操作系统可以使用复杂的算法和数据结构来跟踪页的使用情况，以选择在较长一段时间内不会被用到的页。采用更灵活的替换策略可以降低缺页率，并简化全相联方式下的页的放置。

正如5.4节中提到的，使用全相联放置策略的困难在于入口的确定，原因在于入口可能是较高的存储器层次中的任何位置。全部检索是不切实际的。在虚拟存储系统中，我们通过使用一个索引主存的表来定位页，这种结构称为**页表**（page table），存放在主存中。页表使用虚拟地址中的页号进行索引，以找到对应的物理页号。每个程序都有自己的页表，将该程序的虚拟地址空间映射到主存中。与图书馆进行类比，页表对应于书名和该书位置之间的映射。就像卡片目录可能包含学校另一个图书馆中书的条目，而不仅是本地的分馆，我们将看到页表也可能包含不在存储器中的页的条目。为了指出页表在存储器中的位置，硬件包含一个指向页表首地址的寄存器，称为页表寄存器（page table register）。现在假设页表存在存储器中一个固定的连续的区域内。

页表：虚拟存储器中保存虚拟地址和物理地址之间转换关系的表。页表存储在主存中，通常使用虚拟页号来索引，页表中每一项（入口）包含虚拟页（如果该页当前在主存中）对应的物理页号。

硬件/软件接口　页表、程序计数器以及寄存器定义了一个虚拟机的状态（state）。如果我们想让另一个虚拟机使用处理器，就必须保存该状态。然后，在该状态恢复之后，虚拟机能够继续执行。通常称该状态为进程（process）。如果一个进程占用了处理器，就称该进程是活跃的（active），否则就认为是非活跃的（inactive）。操作系统可以通过加载进程的状态使一个进程变为活跃，加载的状态包括程序计数器，从而可以使进程从保存的程序计数器值所指的位置开始执行。

进程的地址空间及其在主存中可以访问的所有数据，都由贮存在主存中的页表定义。操作系统只是简单地加载页表寄存器以指向它想激活的进程的页表，而不是保存整个页表。由于不同进程使用相同的虚拟地址，因此每个进程都有自己的页表。操作系统负责分配物理主存并更新页表，因此不同进程的虚拟地址空间不会产生冲突。稍后我们很快会看到，使用独立的页表同样能提供进程间的保护。

446

图5-27使用页表寄存器、虚拟地址以及被指定的页表来说明硬件如何形成物理地址。如同cache中那样，每个页表项使用1位有效位。若该位无效，表明该页不在主存中，并产生一次缺页。若该位有效，表明该页在主存中，并且该项含有物理页号。

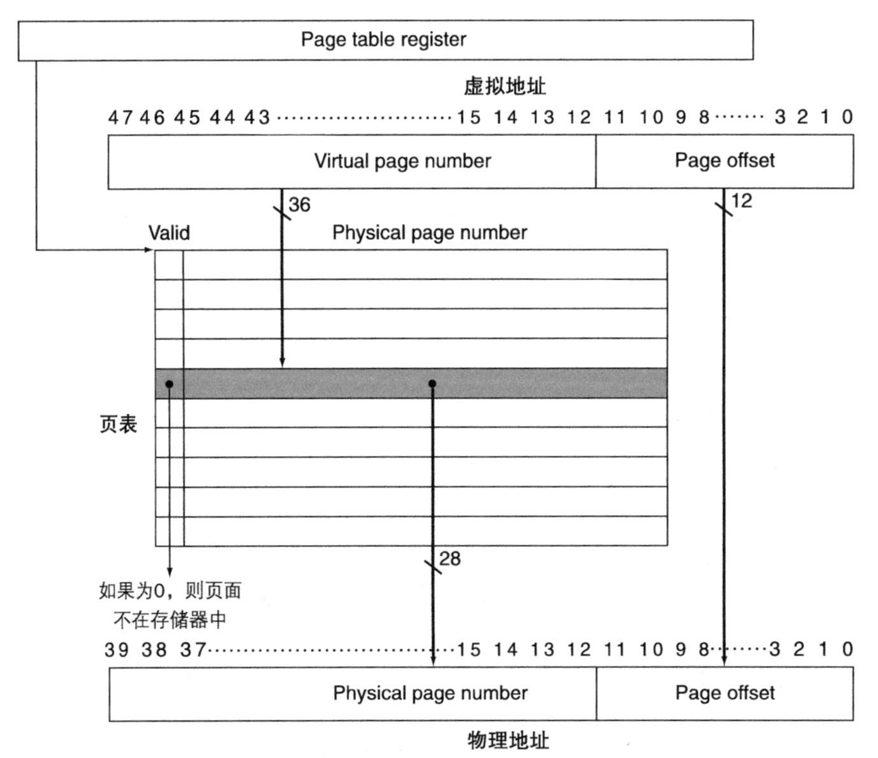

图5-27　用虚拟页号索引页表以获得对应的物理地址部分。假定地址为48位。页表指针[⊖]给出了页表的首地址。在本图中，页大小为2^{12}字节，即4KiB，虚拟地址空间为2^{48}字节，即256TiB，物理地址空间为2^{40}字节，可以支持高达1TiB的主存。如果ARMv8使用本图中的一个页表，页表项数可以为2^{36}，即640亿项。（后面我们将会看到ARMv8是通过什么样的方法来精简项数的。）每一项的有效位指出了映射是否合法。如果该位为无效（0），那么该页不在主存中。尽管图中所示的页表项宽度只需29位，但为了索引方便一般将其扩大为2的指数次方。ARMv8的页表项有64位。额外的位将用来存放每页都要保留的基本的附加信息，如保护信息

⊖ 即页表寄存器。——译者注

由于页表包含了每个可能的虚拟页的映射，因此不需要标记位。用来访问页表的索引包含了整个块地址，这里即为虚拟页号。 447

5.7.2 缺页故障

如果虚拟页的有效位为无效，就会产生缺页。操作系统必须获得控制权。控制的转移由异常机制完成，这点我们在第 4 章已经看到并将在本节稍后进行讨论。一旦操作系统获得控制权，就必须在下一级存储器层次（通常是闪存或磁盘）中找到该页，并决定将所需要的页放到主存中的哪个位置。

仅仅是虚拟地址并不能马上告诉我们页在二级存储器中的哪个位置。仍以图书馆的例子类比，我们不能仅仅依靠书名就找到图书在书架上的具体位置。而是按目录查找，获得书在书架上的位置信息，例如美国国会图书馆的书号。同样，在虚拟存储系统中，我们必须保持跟踪记录虚拟地址空间每一页在二级存储器中的位置。

由于我们无法提前获知存储器中的某一页什么时候将被替换出去，因此操作系统在创建进程的时候通常会在闪存或磁盘上为进程中所有的页创建空间。这一空间称为**交换区**（swap space）。同时，操作系统也会创建一个数据结构来记录每个虚拟页在磁盘上存放的位置。这个数据结构可能是页表中的一部分，也可能是一个寻址方式和页表一样的辅助数据结构。图 5-28 给出了一个包含物理页号或辅助存储器地址的表的结构。

交换区：磁盘上为一个进程全部存储空间所保留的磁盘空间。

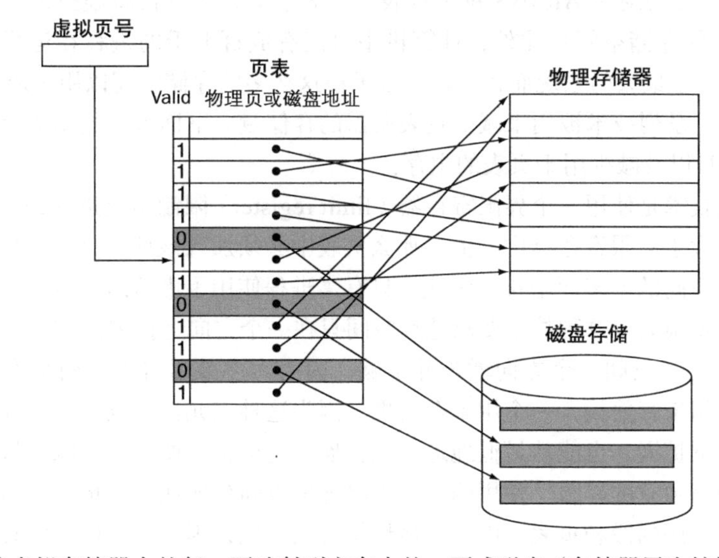

图 5-28　页表将虚拟存储器中的每一页映射到主存中的一页或磁盘（存储器层次结构中的下一层）上的一页。虚拟页号用来检索页表。如果有效位开启，页表提供虚拟页对应的物理页号（如存储器中该页的首地址）。如果有效位关闭，那么该页当前只存在于磁盘上某个指定的磁盘地址上。因为在很多系统中，物理页地址和磁盘页地址的表在逻辑上是一个，但是保存在两个独立的数据结构中。使用双表是合理的，因为我们必须保存所有页的磁盘地址，即便这些页当前在主存中。记住，主存中的页和磁盘上的页大小相等

操作系统也会创建一个数据结构来跟踪记录每个物理页被哪些进程和哪些虚拟地址使用。当一次缺页产生时，如果主存中所有的页都在使用，那么操作系统仍选择一页进行替

换。因为希望将缺页次数减到最少，所以大多数操作系统都会选择它们猜测近期内不会被使用的页进行替换。使用过去的信息预测未来，操作系统遵循5.4节中提到的最近最少使用（LRU）替换策略。操作系统查找最近最少使用的页，假定某一页在很长一段时间都没有被访问，那么该页再被访问的可能性比最近经常访问的页的可能性要小。被替换的页被写入二级存储器的交换区。操作系统本身只是另一个进程，而这些控制主存的表也在主存中；这个看似矛盾的细节将稍后解释。

448～449

硬件/软件接口 要实现一个完全正确的LRU机制代价太高，因为每次存储器访问时都需要更新数据结构。因此，大多数操作系统采用近似的LRU，跟踪记录哪些页最近被使用，哪些页最近没有被用到。为了帮助操作系统估算最近最少使用的页，一些计算机提供了一个引用位（reference bit）或者称为使用位（use bit），当一个页被访问时该位被置位。（ARMv8称之为访问位（access bit）。）操作系统定期将引用位清零，并记录下来，从而可以确定在某个特定的时间段中哪些页被访问过。有了这些使用信息，操作系统就可以从那些最近最少访问的页（通过检查其引用位是否关闭来检测）中选择一页。如果硬件没有提供这一位，操作系统必须找到其他的方法来估算哪些页被访问过。

引用位：也称为使用位或访问位。当一个页面被访问时该位被置位，用于实现LRU或其他替换策略。

5.7.3　用于大型虚拟地址的虚拟内存

图5-27的图题指出，若地址为48位，页大小为4kiB，对于一个单级页表，我们需要640亿个页表项。因为对于ARMv8每个页表项为8字节，所以仅将虚拟地址映射到物理地址就需要0.5TiB的存储空间！此外，计算机中可能有成百上千的进程在运行，每个都有自己的页表。即使对于最大的系统而言，也无法承担这么多的存储空间以用于地址转换。

目前，已有一系列技术被用来减少页表所需的存储量。下面五种技术的目标是减少所需的总的最大存储量以及减少用于页表的主存：

- 最简单的技术是使用一个界限寄存器（limit register）限制给定进程的页表大小。如果虚拟页号大于界限寄存器中的值，那么页表中必须加入该项。这种技术允许页表随着进程消耗空间的增多而增长。因此，只有当进程使用了虚拟地址空间的很多页时，页表才会变得很大。这种技术要求地址空间只在一个方向上扩展。
- 允许地址空间只朝一个方向增长并不够，因为大多数语言需要两个大小可扩展的区域：一个用来存放栈，一个用来存放堆。因为这种二元性，划分页表并使其既能从最高地址向下扩展，也能从最低地址向上扩展，变得很方便。这意味着将有两个独立的页表和两个独立的界限。使用两个页表将地址空间分成两段。地址的高位通常用来确定该地址使用的段和页表。由于高地址位定义了段，因此每一段可以有地址空间的一半大。每段的界限寄存器指定了段的当前大小，该大小以页为单位增长。这种类型的分段被用于很多体系结构中，包括ARMv8和MIPS。与5.7节精解中讨论的段类型不同，这种段对应用程序是不可见的，尽管其对操作系统可见。这种机制主要的缺陷在于当以一种稀疏方式使用地址空间而不是一组连续的虚拟地址时，该机制的执行效果不好。

450

- 另一种减小页表容量的方法是对虚拟地址使用哈希函数，从而使页表需要的容量仅仅是主存中物理页数的大小。这种结构称为*反向页表*（inverted page table）。当然，反向页表的查找过程略微复杂一点，因为此时我们不能仅仅索引页表了。

- 为了减少页表实际占用的主存空间，很多系统现在也允许对页表进行分页。虽然听起来很复杂，但其实使用了和虚拟存储器相同的基本原理，简单地允许页表驻留在虚拟地址空间中。此外，还有一些很小却很关键的问题，例如必须避免的不断出现的缺页故障。如何解决这些问题涉及很多细节，并且一般都是高度依赖于处理器的。简单来说，要避免这些问题，可以将全部页表置于操作系统地址空间中，并且至少把操作系统中的一部分页表放在物理寻址的一块主存区域中，这部分区域总是存在于主存而非二级存储器中。
- 多级页表还可以用来减少页表的总存储量。ARMv8 使用该方法减少了地址转换时对内存的占用。图 5-29 展示了一个从 48 位虚拟地址到一个 4KiB 页 40 位物理地址的四级地址转换过程。该地址转换过程中，首先使用地址最高的几位查看 0 级页表。如果该页表中的地址有效，那么再使用后续的几位高位地址位在段表项指示的页表中进行查找，以此类推。因此，0 级页表将虚拟地址映射到一个 512GB（2^{39} 字节）的区域。1 级页表将虚拟地址映射到一个 1GB（2^{30} 字节）的区域。下一级则映射到一个 2MB（2^{21} 字节）的区域。最后一级页表将虚拟地址映射到 4KiB（2^{12} 字节）的内存页。这种机制允许以一种稀疏的方式（多个不相连的段都可以处于活跃状态）来使用地址空间，不需要分配整个页表。这种机制对于非常大的地址空间以及需要非连续地址分配的软件系统尤为有效。而这种多级映射机制的主要不足在于其地址转换过程更为复杂。

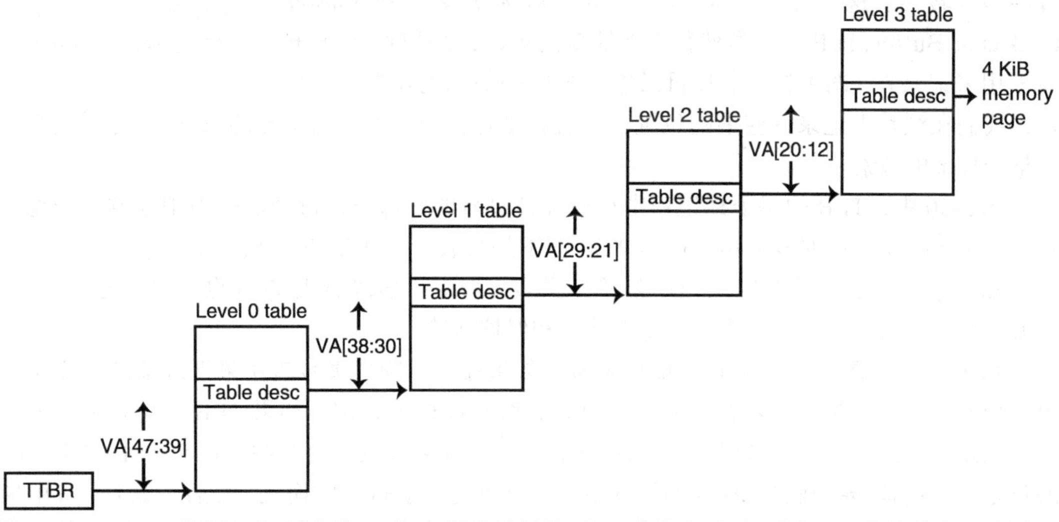

图 5-29 ARMv8 使用四级页表将 48 位虚拟地址转换到 40 位物理地址。图 5-27 中的单个页表需要 640 亿个页表项，而图中分层的方法仅仅需要很小的空间。每一步转换使用虚拟地址中的 9 位来找到下一级页表，直到虚拟地址的高 36 位都被映射到所需的 4KiB 页的物理地址。每个 ARMv8 页表项为 8 字节，因此 512 个页表项可以填满一个 4KiB 的页。转换页表基址寄存器（Translation Table Base Register，TTBR）给出第一个页表的起始地址

精解 前面精解中曾提到，ARMv8 提供了三种最小页选择，即 4、16 和 64KiB。图 5-29 的图题指出，每级页表为一页，对应转换每级虚拟地址中的 9 位。如果一个系统使用较大的最小页大小，那么在一个页中便可以映射更多的虚拟地址位，同时页本身也变大，故页大小为 64KiB 的系统仅需要三层页表。

5.7.4 关于写

cache访问时间和主存访问时间之间相差上百个时钟周期，我们可以使用写直达机制，但是需要一个写缓冲区来隐藏来自处理器的写延迟。在虚拟存储器系统中，写下一级存储器层次（磁盘）需要数百万个处理器时钟周期；因此，创建一个写缓冲区使系统写直达磁盘是完全不可行的。相反，虚拟存储器系统必须使用写回机制，单独的写操作在内存中的页上进行，并在页被替换出主存时再将其复制（写回）到二级存储器中。

硬件/软件接口 写回机制在虚拟存储系统中还有另一个主要的优点。因为磁盘的传输时间相对其访问时间少得多，所以把整页复制回磁盘要比把单个字写回磁盘高效得多。尽管写回操作比传输单个字更高效，但仍然开销很大。因此，当某一页被替换时，我们希望知道该页是否需要被写回。为了追踪读入主存中的页是否被写过，页表中增加了一个脏位（dirty bit）。当页中任一字被写时，该位置位。若操作系统选择替换某页，那么脏位指明了该页在主存中的位置让给另一页之前，是否需要将该页写回。因此，一个修改过的页也通常被称为脏页（dirty page）。

5.7.5 加快地址转换：TLB

由于页表存放在主存中，因此程序每次访存至少需要两次：一次访存获得物理地址，第二次访存获得数据。提高访问性能的关键在于依靠页表的访问局部性。当一次转换的虚拟页号被使用时，可能不久又会被用到，因为对该页中字的引用同时具有时间局部性和空间局部性。

因此，现代处理器都包含一个特殊的cache，以追踪最近使用过的地址转换。这个特殊的地址转换cache称为**快表**（Translation-Lookaside Buffer，TLB）[注]，虽然称为地址变换cache更精确。TLB相当于用来记录在（图书馆）卡片目录中查找的一组书的位置的小纸片，我们在纸片上记录一些书的位置，并且将纸片作为图书馆索书号的cache，这样就不用在整个目录中搜索。

快表：用于记录最近使用地址的映射信息的cache，以避免每次都要访问页表。

图5-30中，TLB的每个标记项中存放虚拟页号的一部分，每个数据项中存放一个物理页号。由于每次访问时我们访问的是TLB而不是页表，因此TLB需要包括其他状态位，如脏位和引用位。尽管图5-30给出的是单个页表，但对于多级页表TLB也可以很好地工作。TLB简单地从最后一级页表中加载物理地址和保护标签。

每次访问都要在TLB中查找虚拟页号。如果命中，物理页号就用来形成地址，相应的引用位被置位。如果处理器执行的是写操作，脏位同样被置位。如果TLB产生缺失，我们必须判断产生的是缺页还是仅仅是一次TLB缺失。如果该页在主存中，那么TLB缺失意味的只是一次地址转换缺失。在这种情况下，处理器可以通过将转换从（最后一级）页表中加载到TLB中，然后重新访问来处理TLB缺失。如果该页不在主存中，那么TLB缺失就意味着一次真正的缺页故障。在这种情况下，处理器通过异常调用操作系统。由于TLB中的项数要比主存中的页数少得多，TLB缺失会比真正的缺页出现得频繁得多。

452~453

TLB缺失既可以通过硬件处理，也可以通过软件处理。实际上，两种方法的性能差别很小，因为两种方法的基本操作是一样的。

在产生了TLB缺失，并且缺失的转换已在页表中寻回后，我们需要从TLB中选择一项进行替换。由于TLB表项中包含了引用位和脏位，因此某项被替换时，这些位也需要复制回页表项中。这些位是TLB表项中唯一可以修改的部分。利用写回策略（即只在缺失时将这

[注] 转换地址缓冲区，俗称“快表”。——译者注

些表项写回而不是在每次写操作时写回）是非常有效的，因为我们期望 TLB 缺失率更低。一些系统使用其他技术来近似引用位和脏位的功能，以消除除了缺失后装入新表项之外（将这些位）写入 TLB 的需求。

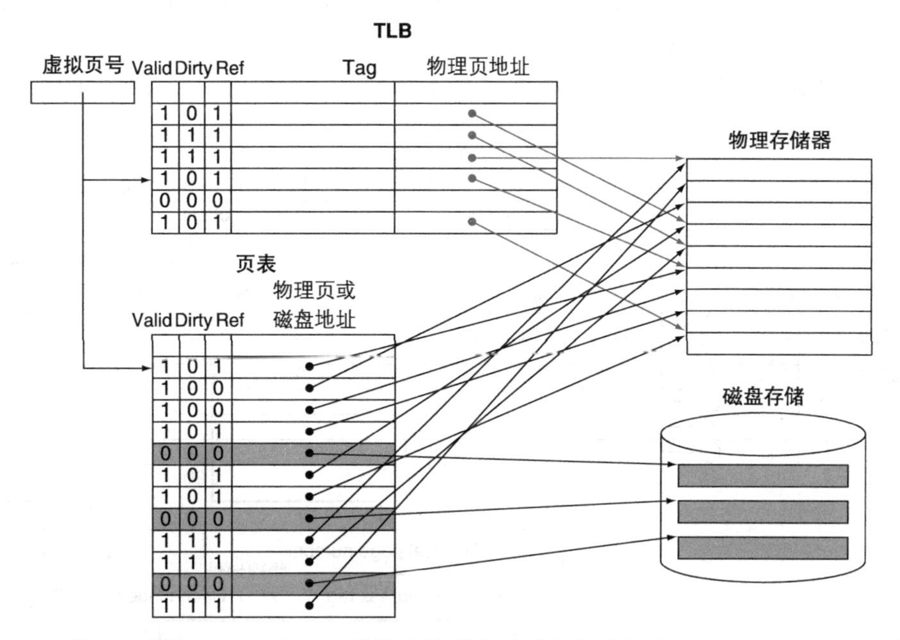

图 5-30 TLB 作为页表的 cache，仅用于存放映射到物理页中的那些项。TLB 包含了页表中从虚拟页到物理页映射的一个子集。TLB 映射以灰色线显示。因为 TLB 是一个 cache，所以必须有标记字段。如果页在 TLB 中没有匹配的项，那么就必须检查页表。页表或者提供该页的物理页号（可用来创建一个 TLB 项），或者指明该页在磁盘上，这种情况下就会发生一次缺页。由于页表对于每个虚拟页都有一个相应的项，因此不需要标记字段；也就是说，不同于 TLB，页表并不是 cache

TLB 的一些典型参数为：

- TLB 大小：16 ～ 512 个项。
- 块大小：1 ～ 2 个页表项（通常每个 4 ～ 8 字节）。
- 命中时间：0.5 ～ 1 个时钟周期。
- 缺失代价：10 ～ 100 个时钟周期。
- 缺失率：0.01% ～ 1%。

设计者在 TLB 中使用了多种相联度配置。有些系统使用小的全相联 TLB，因为全相联有较低的缺失率；此外，由于 TLB 很小，全相联映射的成本也不会太高。其他一些系统使用大容量的 TLB，通常相联度较低。在全相联映射方式下，替换项的选择变得十分复杂，因为用硬件实现 LRU 策略代价很大。另外，由于 TLB 缺失比缺页频繁得多，因此必须用较低的代价来处理 TLB 缺失。与处理缺页故障不同，我们无法承担 TLB 缺失处理昂贵的软件算法。所以很多系统都支持随机选择替换表项。5.8 节中将会更详细地讨论替换策略。

5.7.6 Intrinsity FastMATH TLB

为了看到这些理念在实际处理器中的应用，我们来进一步了解 Intrinsity FastMATH 的

TLB。存储系统页大小为 4KiB，地址空间为 32 位，因此，虚拟页号为 20 位长。物理地址和虚拟地址长度相等。TLB 包含 16 项，采用全相联映射，在指令和数据访问间共享。每个项为 64 位宽，包含一个 20 位的标记（该 TLB 表项的虚拟页号）、对应的物理页号（也是 20 位）、一个有效位、一个脏位，以及一些其他的簿记位（bookkeeping bit）。与大多数 MIPS 系统类似，使用软件处理 TLB 缺失。

图 5-31 给出了 TLB 和其中一个 cache，图 5-32 展示了一次读或写请求的处理步骤。当

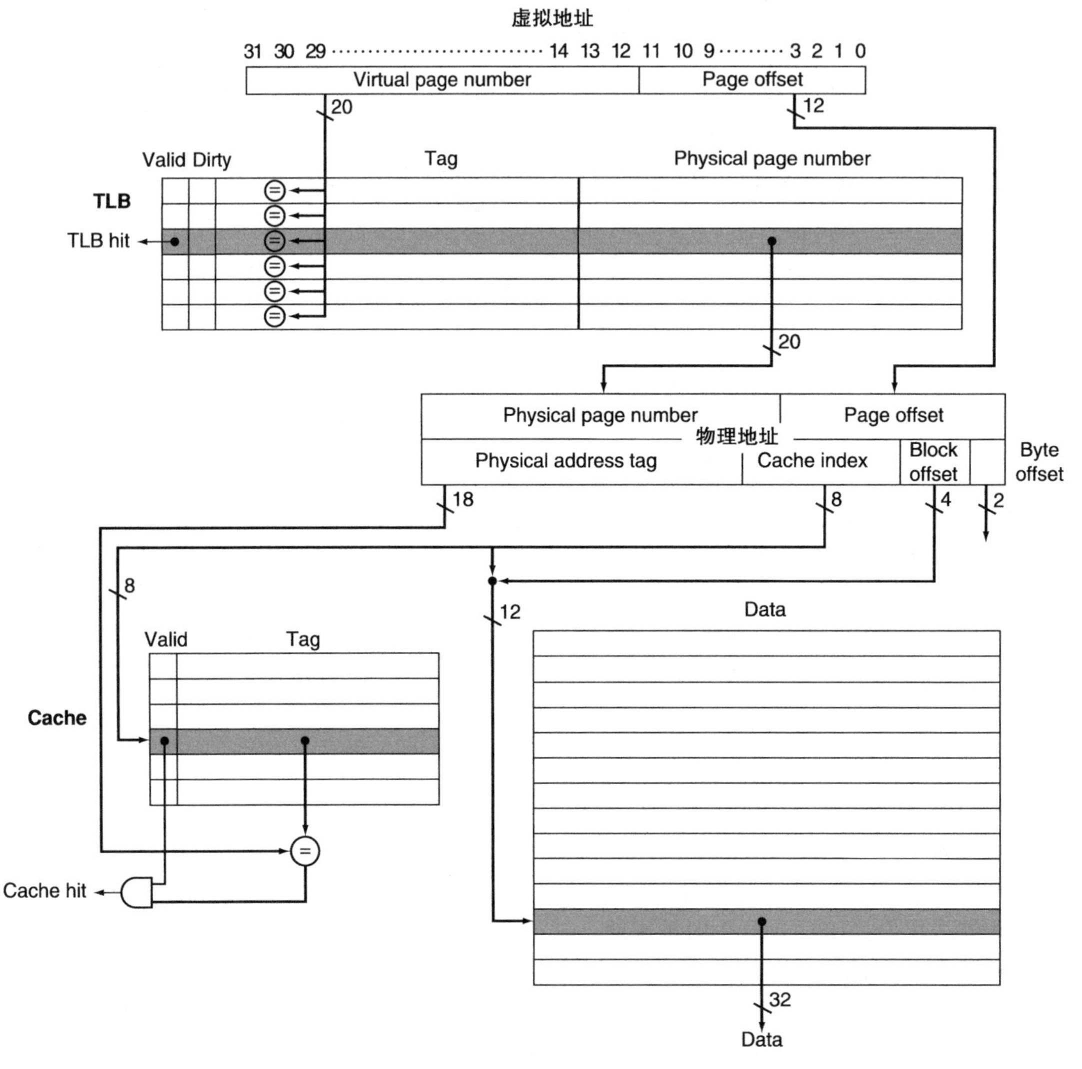

图 5-31　TLB 和 cache 实现了 Intrinsity FastMATH 中从一个虚拟地址到数据项的转换过程。本图描述了 TLB 和数据 cache 的结构，这里假设页大小是 4KiB。注意，此处地址大小仅为 32 位。本图侧重于读操作，图 5-32 则描述了如何处理写。与图 5-12 不同的是，此处标记和数据 RAM 是分开的。通过使用 cache 索引和块偏移来寻址长而窄的数据 RAM，我们可以选出块中所需的字，无需使用 16:1 的多路选择器。当 cache 采用直接映射方式时，TLB 是全相联的。实现全相联 TLB 需要将每个 TLB 标记与虚拟页号进行比较，因为需要的项可能存在于 TLB 中的任何位置（参考 5.4.2 节精解中内容可寻址存储器的内容）。如果匹配项的有效位有效，那么 TLB 命中，物理页号与页偏移中的位共同形成访问 cache 的索引

454
~
455

一次 TLB 缺失产生时，硬件把访问的页号保存在一个特殊寄存器中，并产生一次异常。异常请求操作系统通过软件处理缺失。为了找到缺失页的物理地址，TLB 缺失通过虚拟地址的页号和页表寄存器来索引页表，页表寄存器给出了活跃进程页表的起始地址。通过使用一系列能够更新 TLB 的特殊系统指令，操作系统将页表中的物理地址放入 TLB 中。假设代码和页表项分别在指令 cache 和数据 cache 中，那么一次 TLB 缺失大概需要花费 13 个时钟周期。如果页表项中没有有效物理地址，就会产生一次真正的缺页。硬件保存着被建议替换项的索引，替换项的选择是随机的。

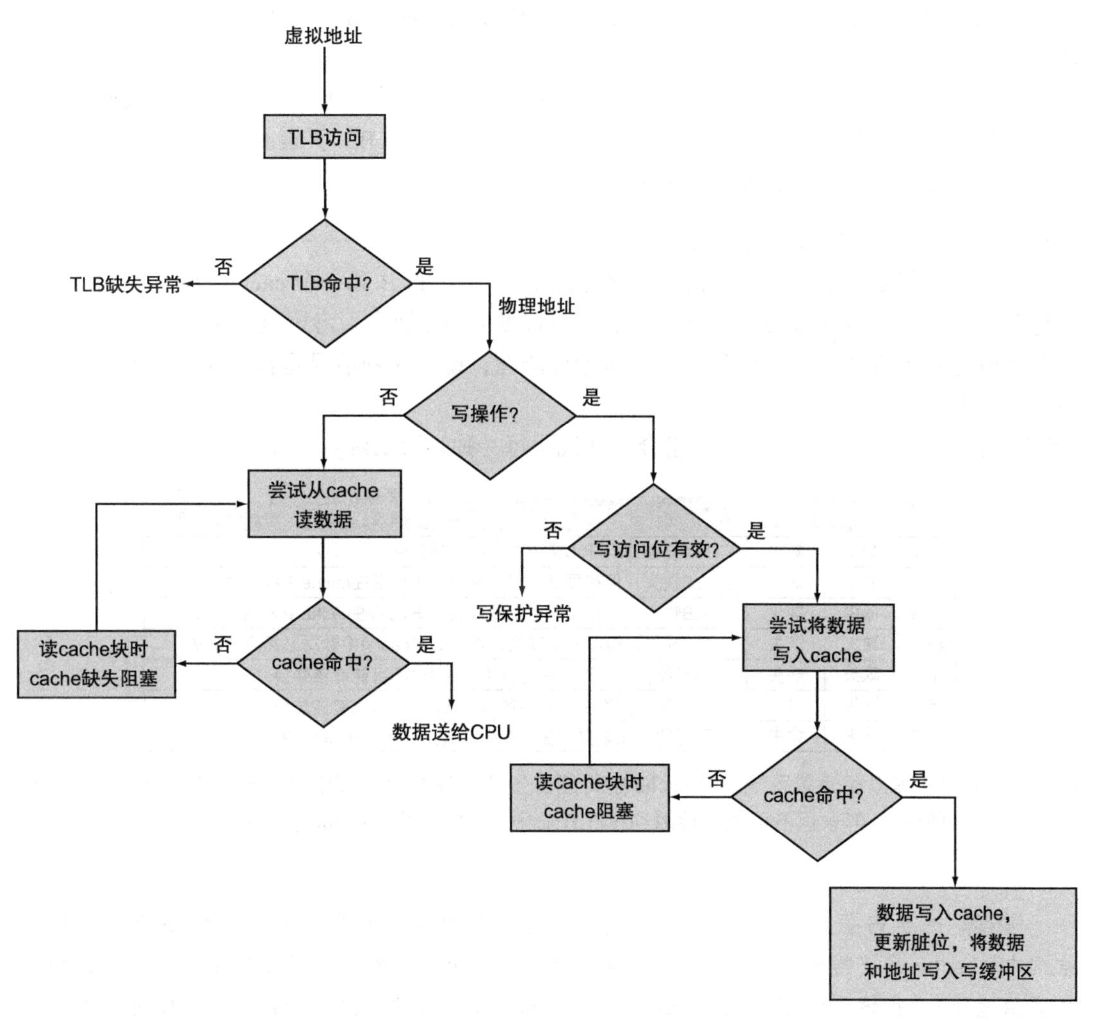

图 5-32 在 Intrinsity FastMATH 的 TLB 和 cache 中一次读或写直达的操作过程。如果 TLB 命中，cache 就可以通过（TLB 命中）得到的物理地址访问。对于读操作，cache 产生命中或缺失，提供数据或者引起阻塞（当从存储器中借取数据时）。对于写操作，若命中，cache 数据项中的一部分内容将被重写，并且若采用写直达策略，还要将数据送到写缓冲区中。除了数据块从存储器中读出后会被修改之外，写缺失和读缺失差不多。写回策略需要写操作同时将 cache 块的脏位置位，并且只有在读或写缺失且被替换块的脏位有效时，才将整块加载到写缓冲区中。注意，TLB 命中和 cache 命中是相互独立的事件，但 cache 命中只可能发生在 TLB 命中之后，这就意味着数据必须在主存中。TLB 缺失和 cache 缺失之间的关系将在后续例子和本章最后的练习题中进一步研究。注意此处计算机的地址大小仅为 32 位

对于写请求还有一个额外的复杂问题，即必须检查 TLB 中的写访问位。该位可以防止程序向其仅具有读权限的页中进行写操作。如果程序试图写，且写访问位关闭，那么就会产生异常。写访问位构成了保护机制的一部分，稍后我们将进行讨论。

5.7.7 集成虚拟存储器、TLB 和 cache

虚拟存储器和 cache 系统一起构成一个层次结构。因此，若数据不在主存中，那么也不可能在 cache 中。操作系统帮助管理该层次结构，当其决定将某一页移到二级存储器上时，就从 cache 中将该页内容清空。同时，操作系统修改页表和 TLB，因此，尝试访问该页上的任意数据都将产生缺页。

在最好的情况下，虚拟地址由 TLB 进行转换，并被送到 cache，找到相应的数据，取回并送入处理器。在最坏情况下，访问在存储器层次结构中 TLB、页表和 cache 三个部分都产生缺失。下面的例子将详细地演示这些交互过程。

456
~
457

例题 | 存储器层次结构的全部操作

在一个类似于图 5-31 的存储器层次结构（包括一个 TLB 和一个 cache）中，一次访存可能遇到三种不同类型的缺失：TLB 缺失、缺页以及 cache 缺失。考虑这三种缺失发生一个或多个时所有可能的组合（7 种可能）。对每种可能性，说明这种情况是否实际会发生，在什么情况下发生。

答案 | 图 5-33 列出了所有可能的组合，并说明每一种是否实际可能发生。

TLB	页表	cache	是否可能发生？若可能，在什么情况下发生？
命中	命中	缺失	可能，虽然若TLB命中页表不会被检查
缺失	命中	命中	TLB缺失，但在页表中找到表项；重试后在cache中找到数据
缺失	命中	缺失	TLB缺失，但在页表中找到表项；重试后在cache中未找到数据
缺失	缺失	缺失	TLB缺失，随后发生缺页；重试后在cache中数据必然产生缺失
命中	缺失	缺失	不可能：如果页不在主存中，TLB中不可能有该转换
命中	缺失	命中	不可能：如果页不在主存中，TLB中不可能有该转换
缺失	缺失	命中	不可能：如果页不在主存中，数据不允许在cache中存在

图 5-33 TLB、虚拟存储器系统以及 cache 中可能发生的事件组合。其中有三种是不可能的，有一种是可能的，但永远不可能被检测到（TLB 命中，页表命中，cache 缺失）

精解 图 5-33 假定在访问 cache 之前，所有的存储器地址都被转换成物理地址。在这种结构中，cache 是按物理地址索引并且是物理标记的（cache 索引和标记都是物理地址，而不是虚拟地址）。在该系统中，假定 cache 命中，那么访存时间必须包括一次 TLB 访问和一次 cache 访问的时间。当然，这些访问是可以按流水线执行的。

另外，处理器可以用一个完整的或者部分虚拟的地址索引 cache。这称为虚拟寻址 cache（virtually addressed cache），使用虚拟地址作为标记，因此这种 cache 是按虚拟地址索引并且是虚拟标记的。在这种 cache 中，地址转换硬件（TLB）在正常的 cache 访问中没有被使用，因为 cache 是通过未被转换成物理地址的虚拟地址来访问的。这样就把 TLB 排除在关键路径之外，减少了 cache 延迟。当 cache 缺失产生时，处理器需要将该地址转换成物理地址，以便从主存中取出 cache 块。

虚拟寻址 cache：使用虚拟地址而不是物理地址访问的 cache。

当使用一个虚拟地址访问cache，并且进程间共享页时（进程可能使用不同的虚拟地址访问页），就可能有别名（aliasing）存在。当同一个对象有两个名字时就会产生别名——在这种情况下，两个虚拟地址对应于同一页。这种多义性会产生一个问题，即由于该页上的一个字可能存在于cache中的两个不同位置上，而每个位置对应了一个不同的虚拟地址。这种歧义将允许一个程序写数据，而另一个程序并不知道数据已被改变。完全以虚拟地址寻址的cache或者减少对cache和TLB的设计限制以减少别名，或者要求操作系统或可能是用户来采取措施以保证别名不会发生。

别名：两个地址访问同一个目标的情形，可能发生在虚拟存储器中两个虚拟地址对应同一个物理页时。

物理寻址cache：使用物理地址寻址的cache。

这两种设计观点之间一个常用的折中方法是采用虚拟地址索引的cache——有时仅使用地址的页偏移部分，该部分实际上是物理地址，因为没有被转换——但使用物理标记。这些采用虚拟索引和物理标记的设计，试图同时拥有虚拟地址索引cache的性能优势以及物理寻址cache（physical addressed cache）的简单结构。例如，在这种情况下就没有别名的问题。图5-31中假定页大小为4KiB，但实际上有16KiB，因此Intrinsity FastMATH就使用了这种把戏。要实现这种方法，必须在最小页大小、cache大小以及相联度之间进行谨慎的权衡。ARMv8允许指令cache使用物理或者虚拟索引，但必须使用物理标记。要求数据cache表现得好像是采用物理标记和索引，但并不强制实现。例如，采用虚拟索引和物理标记的数据cache可以使用额外的逻辑以确保其行为与ARMv8的定义一致。 458

5.7.8 虚拟存储器中的保护

现今，虚拟存储器最重要的功能是允许多个进程共享一个主存，同时为这些进程和操作系统提供存储保护。保护机制必须确保，即使多个进程在共享同一个主存，恶意进程不能向用户进程的地址空间或操作系统中写数据（无论有意或是无意）。TLB中的写访问位可以防止页被改写。如果没有这一级保护，计算机病毒将更加泛滥。

硬件/软件接口 为了使操作系统能为虚拟存储系统提供保护，硬件必须至少提供下面总结的三种基本能力。注意，前两个与虚拟机的需求相同。

- 支持至少两种模式[1]，这两种模式能够指明当前运行的进程是用户进程还是操作系统进程，操作系统进程（process）也称为管理（supervisor）进程、核心（kernel）进程或者执行（executive）进程。[2]
- 提供一部分处理器的状态，供用户进程读但不能写。这些状态包括指示处理器处于用户模式还是管理模式的用户/管理模式位、页表指针、TLB。操作系统使用仅在管理模式下可用的特殊指令对这些状态进行写。
- 提供让处理器能够在用户模式和管理模式下相互切换的机制。从用户模式到管理模式通常由系统调用（system call）异常处理完成，由一条特殊指令（如ARMv8指令集中的SVC）将控制权传到管理代码空间的指定位置。和其他异常一样，系统调用处的程序计数器中的值被保存在异常链接寄存器

管理模式：也称核心模式，该模式下运行的进程是操作系统进程。

系统调用：一条特殊指令，将控制权从用户模式转换到管理模式代码空间的指定位置，触发进程中的异常机制。

[1] mode，也称为态。——译者注

[2] 这里的“进程”与操作系统中的“进程”概念有所不同，这里更侧重于“过程”，读者应注意区分。——译者注

(Exception Link Register,ELR) 中，处理器被置于管理模式。从异常返回至用户模式，使用异常返回（Exception RETurn，ERET）指令，重置为用户模式，并且跳转到 ELR 中的地址处。

通过使用这些机制并把页表保存在操作系统的地址空间中，操作系统可以更改页表，并459防止用户进程改变它们，确保用户进程只能访问由操作系统提供给它的存储空间。

我们同样要防止一个进程读取另一个进程的数据。例如，我们不希望一个学生程序读到处理器主存中的教师评分。一旦开始共享主存，我们必须为进程提供保护，防止其数据被其他进程读或写；否则，共享主存将变得乱七八糟。

每个进程都有自己的虚拟地址空间。因此，如果操作系统使页表组织起来，那么独立的虚拟页映射到不相交的物理页上，一个进程就无法访问另一个进程的数据。当然，这也要求用户进程不能改变页表的映射。如果操作系统能防止用户进程更改页表，那么操作系统就能保证安全。然而，操作系统必须能够修改页表。将页表放在操作系统保护的地址空间中就能满足这两个要求。

当进程希望以一种受限的方式共享信息时，操作系统必须提供支持，因为访问另一个进程的信息需要改变访问进程的页表。写访问位可以用来把共享限制为只读，并且和页表中其他位一样，该位只能被操作系统修改。为了允许另一个进程 P1 去读属于进程 P2 的页，那么 P2 将请求操作系统在 P1 地址空间中为一个虚拟页生成页表项，指向 P2 想要共享的同一个物理页。如果 P2 要求，操作系统可以使用写保护位以防止 P1 改写数据。由于只有 TLB 缺失才会访问页表，因此任何决定页访问权限的位要同时包含在页表和 TLB 中。

精解 当操作系统决定从运行进程 P1 切换到运行进程 P2（称为上下文切换（context switch），或者进程切换）时，必须保证 P2 不能访问 P1 的页表，否则会影响数据保护。如果没有 TLB，只要使页表寄存器指向 P2 的页表（而不是 P1 的）就足够了；如果有 TLB，我们必须清除属于 P1 的 TLB 表项——不仅为了保护 P1 的数据，而且可以迫使 TLB 装入 P2 的表项。如果进程切换的频率很高，这样做的效率就很低。例如，在操作系统切换回 P1 之前，P2 可能只装入了很少的 TLB 表项。不幸的是，P1 随后发现其所有的 TLB 表项都不见了，必须通过 TLB 缺失来重新加载。产生该问题的原因是，P1 和 P2 的虚拟地址空间是相同的，并且必须清除 TLB 以防止这些地址的混淆。

上下文切换：为允许另一个不同的进程使用处理器，处理器内部状态发生改变，包括保存状态以便返回当前正在执行的进程。

另一种常用的方法是通过增加一个进程标识符（process identifier）或任务标识符（task identifier）来扩展虚拟地址空间。Intrinsity FastMATH 有一个 8 位地址空间标识（Address Space ID，ASID）字段。这个字段标识了当前正在运行的进程；当进程切换时，它保存在由操作系统装入的寄存器中。ARMv8 也提供了 ASID 来减少上下文切换时的 TLB 刷新。进程标识符与 TLB 的标记部分相连接，因此只有在页号和进程标识符匹配时，TLB 才会命中。这样的话，除非极少的偶然情况，这种组合就可以消除清除 TLB 的需要。

cache 中也可能发生类似的问题，因为在进程切换的时候，cache 将包含正在运行的进程的数据。对于物理寻址和虚拟寻址的 cache，这些问题将以不同的方式产生，并且有不同460的解决方法，例如进程标识符用于确保一个进程能获得自己的数据。

5.7.9　处理 TLB 缺失和缺页

尽管在 TLB 命中时利用 TLB 将虚拟地址转换成物理地址简单直接，但如我们前面所看到的，处理 TLB 缺失和缺页要复杂得多。当 TLB 中没有一个表项能与虚拟地址匹配时，TLB 缺失就会产生。回顾 TLB 缺失，其有下面两种可能：

- 页在主存中，只需要创建缺失的 TLB 表项。
- 页不在主存中，需要将控制权交给操作系统来处理缺页。

处理 TLB 缺失或者缺页需要使用异常机制来中断活跃的进程，将控制权转移给操作系统，然后恢复执行被中断的进程。缺页将在访存时钟周期的某一时刻被发现。为了在缺页处理完毕后重新启动指令，这条引起缺页的指令的程序指针必须被保存。异常链接寄存器（ELR）就用来保存这个值。

此外，TLB 缺失或者缺页异常必须在访存发生的同一个时钟周期的末尾被判定，从而下一个时钟周期将开始进行异常处理而不是继续正常指令的执行。如果在该时钟周期没有识别到缺页，那么一条 load 指令可能会改写寄存器，而当我们试图重新启动该指令时，这可能引发灾难。例如，考虑指令 `LDUR X1,[X1,#0]`：计算机必须防止写流水级发生，否则，就可能不能重新启动指令，因为 `X1` 的内容将被破坏。store 指令有时也会发生类似的复杂情况。当出现缺页时，我们必须防止实际写入内存；这通常通过将主存写控制线置为无效来完成。

硬件/软件接口 在操作系统开始进行异常处理和保存完毕进程所有状态的时刻之间，操作系统特别脆弱。例如，如果在操作系统正在处理第一个异常时，另一个异常又发生了，控制单元将重写异常链接寄存器，那么就不能返回到引起缺页的那条指令。我们可以通过提供禁止（disable）和使能异常（enable exception）来避免这种灾难。当一个异常第一次发生时，处理器设置一个位，以禁止其他异常的发生；这可以与处理器设置管理模式位同时进行。操作系统随后保存足够用以恢复的状态（若有另一个异常发生），即异常链接寄存器（ELR）和异常特征寄存器（ESR），后者在第 4 章中提到过，用以记录异常的原因。ARMv8 中的 ELR 和 ESR 是两个特殊的控制器寄存器，用以协助处理异常、TLB 缺失以及缺页。然后，操作系统可以重新使能异常，即允许异常发生。这些步骤保证了异常不会造成处理器丢失任何状态，从而不会出现无法重新执行中断指令的情况。

异常使能：也称为中断使能，用于控制进程是否响应异常的信号或动作；在处理器安全地保存重启所需的状态之前，必须阻止异常的发生。

461

一旦操作系统知道了造成缺页的虚拟地址，就必须完成以下三个步骤：

1. 使用虚拟地址查找页表项，并在二级存储器上找到被访问的页的位置。
2. 选择一个物理页替换；如果被选中的页是脏页（被修改过），那么在把新的虚拟页装入这个物理页之前，必须先将这个物理页写回到二级存储器上。
3. 启动读操作，将被访问的页从二级存储器上取回到所选择的物理页上。

当然，最后一步将花费数百万个时钟周期（如果被替换的页是脏页，那么第二步也需要花费这么多时间）；因此，操作系统通常都会选择另一个进程在处理器上执行，直到磁盘访问完成。由于操作系统已经保存了当前进程的状态，因此可以将控制权交给另一个进程。

当从二级存储器读页面完成后，操作系统可以恢复原先引起缺页的进程的状态，并且执行从异常返回的指令。该指令将处理器从核心模式恢复到用户模式，同时恢复程序计数器的值。用户进程接着重新执行引发缺页的那条指令，成功地访问请求的页，然后继续执行。

数据访问引起的缺页异常处理很难在处理器中正确实现，原因在于以下三个特性：

- 它们发生于指令中间，不同于指令缺页。
- 在异常处理之前指令没有结束。

- 异常处理之后，指令必须重新执行，就好像什么都没发生过。

使指令**可重新启动**（restartable）（以便能够处理异常并在异常处理结束后继续执行指令），这在类似于ARMv8的结构中实现起来相对简单。因为每条指令只能写一个数据项并且只在指令周期的最后进行写，我们可以简单地阻止指令的完成（不执行写操作）并且在开始处重新启动指令。

可重启指令：一种可以在异常处理结束后恢复执行的指令，并且指令执行结果不受异常的影响。

精解 对于有着更为复杂指令的处理器来说，可能会访问主存中的很多位置并且写很多数据项，因此使指令可重新启动更为困难。处理一条指令可能会在指令中间产生多次缺页。例如，x86处理器有块移动指令，能够访问上千个数据字。在这类处理器中，指令通常无法从起始位置重新启动，比如ARMv8指令。相反，指令必须被中断，稍后从执行中间（中断）处继续执行。在指令执行的中间恢复一条指令通常需要保存一些特殊状态，处理异常，然后恢复这些特殊状态。要正确地执行这项工作需要在操作系统的异常处理代码和硬件间细致而周密的协调协作。

462

精解 与每次访存都需要额外一级间接寻址不同，虚拟存储器监视器（virtual memory monitor）（见5.6节）使用影子页表（shadow page table）直接从用户虚拟地址空间映射到硬件物理地址空间。通过检测对用户页表的所有修改，VMM可以确保硬件正在用于转换的影子页表表项与客户操作系统中的页表表项一致，但除去正确的物理页替换了用户表项中真正的页之外。因此，VMM必须在客户操作系统试图改变其页表或访问页表指针时产生陷入。这通常由客户操作系统通过对用户页表进行写保护和对页表指针的任何访问产生陷入来实现。如前所述，如果访问页表指针是一个特权操作，那么后一种情况就会自然产生。

精解 体系结构中虚拟化的最后一部分是I/O。由于计算机中I/O设备数量和类型不断增加，I/O虚拟化就变成了系统虚拟化中最难的一部分。另一个难点是在多个虚拟机间共享一个实际设备，还有一个难点是要支持各种各样的设备驱动程序，特别是在同一个虚拟机上支持多个客户操作系统时更为困难。通过给每个VM提供每种I/O设备的通用驱动版本，并留给VMM来管理实际的I/O，可使VM虚拟化得到维持。

精解 除了为虚拟机进行指令集虚拟化之外，另一个挑战是虚拟化存储器，因为每个虚拟机上的每个客户操作系统都要管理自己的页表。为了完成这一工作，VMM区分了实存储器（real memory）和物理存储器（physical memory）两个不同的概念（这两个概念经常被看作相同的），实存储器是位于虚拟存储器和物理存储器之间的一个独立的层次。（有人使用虚拟存储器、物理存储器和机器存储器来表示相同的三个层次。）客户操作系统通过页表将虚拟存储器映射到实存储器，VMM页表将客户实存储器映射到物理存储器，虚拟存储器体系结构通过页表来指定，如IBM VM/370、x86和ARMv8中的做法。

5.7.10　小结

虚拟存储器是管理主存和二级存储器之间数据缓存的存储器层次。虚拟存储器允许单个程序将地址空间扩展到主存的界限之外。更重要的是，虚拟存储器支持以一种保护方式在多个同时活跃的进程间共享主存。

因为缺页的代价很高，因此管理主存和磁盘之间的存储器层次非常有挑战性。下面几种技术可以用来降低缺失率：

- 增加页大小以利用空间局部性并降低缺失率。

- 通过页表实现虚拟地址和物理地址之间的映射采用全相联的方式，从而虚拟页可以放置到主存中的任何位置。
- 操作系统使用类似 LRU 和访问位之类的技术来选择被替换的页。

463

写二级存储器代价很高，因此虚拟存储器使用写回机制，并跟踪记录一个页面是否未被修改（采用脏位）以避免将干净的页写回。

虚拟存储器提供从程序使用的虚拟地址到用来访问主存的物理地址空间之间的转换。该地址转换允许对主存进行受保护的共享，同时还提供了一些额外的好处，比如简化存储器的分配。为了保证进程间受到保护，要求只有操作系统才能改变地址转换，这通过防止用户程序更改页表来实现。在进程间受控地共享页可以在操作系统和页表中的访问位（指明用户程序是对页进行读还是写）的协助下实现。

如果对于每一次访问，处理器都要访问主存中的页表来进行转换，那么虚拟存储器的开销就太大了，cache 也将失去意义。相反，TLB 在从页表的转换中扮演了 cache 的角色。使用 TLB 中的转换，虚拟地址被转换为物理地址。

cache、虚拟存储器和 TLB 都依赖于一组共同的原理和策略。下节将对此进行讨论。

理解程序性能 尽管构建虚拟存储器的目的是使一个小容量的存储器看起来像一个大容量的存储器，但二级存储器和主存之间的性能差异意味着，如果一个程序经常访问的虚拟存储器比其拥有的物理存储器多，那么程序会运行得非常慢。这样一个程序会不断地在主存和二级存储器之间交换页面，称为抖动（thrashing）。抖动的发生将会造成灾难，但抖动本身很少发生。如果你的程序产生抖动，那么最简单的解决方法就是让该程序运行在一个存储器更大的计算机上，或者为你的计算机购买更多 / 更大的存储器。一个更复杂的办法是重新检查所用的算法和数据结构，看看能否改变局部性，从而减少程序同时使用的页数。这一组页通常被通俗地称为工作集（working set）。

一个更常见的性能问题是 TLB 缺失。由于一个 TLB 可能只能同时处理 32 ~ 64 个页表项，因此程序很容易有较高的 TLB 缺失率——处理器只能直接访问不到四分之一 MiB，即 64 × 4KiB = 0.25MiB。例如，对于基数排序，TLB 缺失通常是一个挑战。为了缓解这个问题，现在很多计算机体系结构都支持更大的页面。例如，除了最小 4KiB 的页面，ARMv8 硬件还支持 2MiB 和 1GiB 大小的页面。因此，如果程序使用大页面，该程序就能直接访问更多主存而没有 TLB 缺失。

464

实际的挑战在于令操作系统允许程序选择这些较大容量的页面。此外，减少 TLB 缺失更为复杂的一种方法是重新检查算法和数据结构，以减少页面工作集；另外，考虑到存储器访问对于性能以及 TLB 缺失率至关重要，一些工作集较大的程序已经在这方面做了重新设计。

精解 ARMv8 通过图 5-29 所示的多级页表支持较大的页面。除了在第一、二级指向下一级页表外，还允许块转换（block translation），将虚拟地址映射到 1GiB 的物理地址上（如果块转换在第一级），或映射到 2MiB 的物理地址上（如果块转换在第二级）。如果最小的页面大于 4KiB，那么块转换也会更大：对于 16KiB 的页大小为 4GiB 和 32MiB，对于 64KiB 的页大小为 4096GiB 和 512MiB。

精解 ARMv8 具有很多的选项和优化方法，本书因篇幅所限没有涉及；在 ARMv8 结构手册中，关于虚拟内存的描述就有 200 页。例如，虽然最小的系统仅有两个异常级别（EL0 和 EL1），但为了支持虚拟机监视器，增加了可选的第三异常级别（EL2）和第四异常级别（EL3）用于安全机制监视器。每一级都有特定的 ELR 和 ESR。为了从 TLB 中获取更大的性能，ARMv8 提供了一个隐藏的机制，即单个表项可以对应 16 个具有同样权限和属性的连续范围（contiguous range)，从而将该表项可达的范围扩展到 16 的倍数。相比于一组芯片，为了向同一芯片内的核提供不同类型的共享地址，ARMv8 区分了内部共享（inner sharability）和外部共享（outer sharability)，前者总是共享与后者相同的域。

小测验　将左边的术语与右边的定义匹配。

1. 一级 cache　　a. cache 的 cache
2. 二级 cache　　b. 磁盘的 cache
3. 主存　　c. 主存的 cache
4. TLB　　d. 页表项的 cache

5.8　存储器层次结构的一般框架

到目前为止，你可能已经发现不同类型的存储器层次结构都有一个共同的思想。尽管存储器层次结构中很多方面都有量的区别，但决定层次结构功能的许多策略和特性性质上是相同的。图 5-34 给出了存储器层次结构的一些定量特征的区别。本节的剩余部分将讨论存储器层次结构的一些通用操作，以及这些操作如何决定它们的行为。我们通过四个问题来考察存储器层次结构中任意两个层次之间使用的策略。为了简单起见，我们主要使用 cache 中的术语。

465

特征	一级cache的典型值	二级cache的典型值	页式存储器的典型值	TLB的典型值
总块数	250 ~ 2000	2500 ~ 25 000	16 000 ~ 250 000	40 ~ 1024
总KB数	16 ~ 64	125 ~ 2000	1 000 000 ~ 1 000 000 000	0.25 ~ 16
块字节数	16 ~ 64	64 ~ 128	4000 ~ 64 000	4 ~ 32
缺失代价的时钟周期数	10 ~ 25	100 ~ 1000	10 000 000 ~ 100 000 000	10 ~ 1000
缺失率（二级cache是全局缺失）	2% ~ 5%	0.1% ~ 2%	0.00001% ~ 0.0001%	0.01% ~ 2%

图 5-34　反映计算机存储器层次结构中主要元素特征的关键定量设计参数。这些层次的数值是 2012 年的典型值。值的范围很大，一部分原因是随时间推移的很多值都是相关的；例如，当 cache 容量变大以克服较高的缺失代价时，块容量也随之增长。图中没有显示的是，当今服务器处理器中还有三级 cache，通常容量为 2 ～ 8MiB，块数比二级 cache 多很多。三级 cache 将二级 cache 的缺失代价降低到 30 ～ 40 个时钟周期

5.8.1　问题 1：块放在何处

我们已经看到，高层存储器层次结构中有很多块替换策略，从直接映射到组相联，再到全相联。如前所述，这些不同的机制都可以看成组数和每组块数不同的组相联特例：

机制	组数	每组块数
直接映射	cache中的块数	1
组相联	$\frac{\text{cache中的块数}}{\text{相联度}}$	相联度（一般为2 ~ 16）
全相联	1	cache中的块数

增加相联度的好处是通常能降低缺失率。缺失率的改进来自于减少竞争同一位置而产生的缺失。稍后会对此详细讨论。首先来看看能获得多少性能改进。图 5-35 显示了不同的

cache 容量和相联度（从直接映射到八路组相联）下的缺失率。最大的改进出现在直接映射变化到两路组相联的时候，缺失率下降了 20% ～ 30%。当 cache 容量增加时，相联度带来的改进变化很小，因为容量越大的 cache 总缺失率越低，因而缺失率改进的机会减少，并且由相联度引起的缺失率的改进显著缩减。如前所述，相联度增加的潜在缺点是增加了代价以及访问时间。

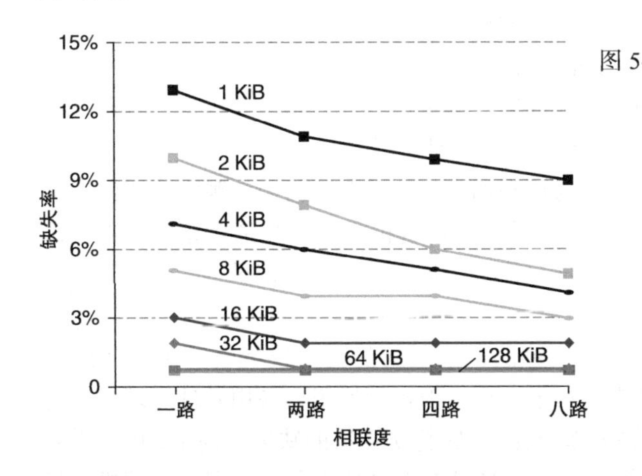

图 5-35 8 种不同容量数据 cache 相联度增加时的缺失率。从一路（直接映射）到两路组相联变化时获益显著，但进一步增加相联度所获得的好处相对小一些（例如，从两路到四路提高了 1% ～ 10%，而从一路到两路提高了 20% ～ 30%）。从四路到八路组相联的改进更少，接近于全相联 cache 的缺失率。小容量 cache 从相联度获得的绝对收益相对更大，因为小容量 cache 本身的缺失率更高。图 5-16 解释了这些数据是如何收集的

5.8.2 问题 2：如何找到块

如何选择一个块的存放位置取决于块放置机制，可能的位置数由机制确定。这些机制可以总结如下：

相联度	定位方法	需要的比较次数
直接映射	索引	1
组相联	索引组，查找组中元素	相联度
全相联	查找所有cache项	cache容量
	独立的查找表	0

在存储器层次结构中选择直接映射、组相联还是全相联映射取决于缺失代价和相联度实现代价之间的权衡，包括时间和额外的硬件开销。在片上包含二级 cache 允许实现更高的相联度，因为命中时间不再关键，设计者也不需要依靠标准 SRAM 芯片来构建块。除非容量很小，否则一般避免使用全相联 cache。因为对于小容量 cache，比较器的开销并不是压倒性的因素，而绝对缺失率的改进是最明显的。 467

在虚拟存储器系统中，页表是一个独立的映射表，用来索引存储器。除了表本身需要占用存储资源外，使用索引表还需要一次额外的访存。选择全相联作为页替换策略并选择额外的页表，有以下几个原因：

- 全相联可以带来收益，因为缺失代价非常昂贵。
- 全相联允许软件使用复杂的替换策略以降低缺失率。
- 全映射很容易被索引，不需要额外的硬件，也不需要进行查找。

因此，虚拟存储系统通常使用全相联替换策略。

组相联策略通常用于 cache 和 TLB，访问时包括索引和在一个小组内查找。一些系统使用直接映射的 cache，这是因为其访问时间短且实现简单。访问时间短是因为不需要比较就能找到被请求的块。这样的设计选择取决于很多的细节实现，如 cache 是否集成在片上，实

现 cache 的技术，以及 cache 访问时间对确定处理器时钟周期长短的重要性。

5.8.3 问题3：cache 缺失时替换哪一块

在相联的 cache 中发生缺失时，必须决定替换哪一块。如果是全相联 cache，所有的块都是可被替换的候选者。如果 cache 是组相联的，我们必须在某一组的块中进行选择。当然，直接映射 cache 的替换很简单，因为只有一个候选者。

在组相联或全相联 cache 中，有两种主要的替换策略：

- *随机*：随机选择候选块，可能使用一些硬件辅助实现。
- *最近最少使用*（LRU）：被替换的块是最久没有被使用过的块。

在实际应用中，在多个相联度（典型的是两路到四路）的层次结构中，跟踪使用信息的代价很高，因此 LRU 策略的实现代价太高。甚至对于四路组相联，LRU 通常也是近似实现的，例如，跟踪记录哪一对块是最近最少使用的（需要 1 位），然后跟踪记录每一对中哪一块又是最近最少使用的（每对需要 1 位）。

468

对于更高的相联度，可以使用近似的 LRU 算法，或采用随机替换策略。在 cache 中，替换算法是由硬件实现的，这意味着算法应当易于实现。随机替换很容易用硬件实现，而对于两路组相联的 cache，随机替换策略的缺失率要比 LRU 替换算法的缺失率高 1.1 倍。随着 cache 变得更大，两种替换策略的缺失率都下降了，绝对差别也变小了。事实上，随机替换有时比易于硬件实现的简单近似 LRU 算法性能更好。

在虚拟存储器中，一些 LRU 都是近似的，因为当缺失代价巨大时，缺失率的一点微小的降低都是很重要的。引用位或其他等价的功能通常用来使操作系统更方便地追踪一组最近较少使用的页。由于缺失代价太高，并且缺失相对来说不常发生，因此主要用软件来近似这些信息是可以接受的。

5.8.4 问题4：写操作如何处理

任何存储器层次结构的一个关键问题是如何处理写操作。我们已看到了两种基本选项：

- *写直达*：信息被同时写到 cache 中的块和较低存储器层次结构的块中（对 cache 而言是主存）。5.3 节中的 cache 使用该机制。
- *写回*：信息仅被写到 cache 中的块。改动过的块只有在被替换时才被写到较低的存储器层次中。虚拟存储器系统通常采用写回策略，原因在 5.7 节中讨论过。

写回和写直达策略都有优点。写回的关键优点如下：

- 处理器可以以 cache 而不是存储器能接收的速度写单个的字。
- 同一块内的多次写只需对存储器层次结构的较低层写一次。
- 当块被写回时，由于是写一整块，系统可以有效利用高传输带宽。

写直达的优点如下：

- 缺失较简单，代价较小，因为不需要把整个块写回到较低的存储器层次中。

469

- 写直达比写回更易于实现，但写直达 cache 仍需要一个写缓冲区。

在虚拟存储器系统中，由于写较低的存储器层次延迟很大，因此只有写回策略是可行的。尽管允许存储器的物理、逻辑宽度更宽，并对 DRAM 采用突发模式，但处理器产生写操作的速度通常还是超过存储系统可以处理的速度。因此，目前最低一级的 cache 通常采用写回策略。

重点 cache、TLB 和虚拟存储器可能开始看起来非常不同，但其实都基于两个相同的局部性原理，并且可以通过对以下四个问题的回答来理解。

问题 1：块可以被放在何处？

答：一个位置（直接映射），一些位置（组相联），或任何位置（全相联）。

问题 2：如何找到块？

答：有四种方法：索引（在直接映射 cache 中），有限的查找（在组相联 cache 中），全部查找（在全相联 cache 中），以及单独的查找表（在页表中）。

问题 3：失效时替换哪一块？

答：通常是最近最少使用的块或随机选取的一块。

问题 4：如何处理写操作？

答：层次结构中的每一层都可以使用写直达或写回策略。

5.8.5 3C：一种理解存储器层次结构行为的直观模型

本节介绍一个模型，通过该模型能够很好地洞察存储器层次结构中引起缺失的原因，以及层次结构的变化对缺失的影响。我们以 cache 来解释这些观点，尽管这个观点对其他层次也直接适用。在该模型中，所有的缺失被划分为下三类（3C 模型）之一：

- **强制缺失**（Compulsory miss）：对从未在 cache 中出现的块第一次进行访问引起的缺失。也称为**冷启动缺失**（cold-start miss）。
- **容量缺失**（Capacity miss）：由于 cache 容纳不了一个程序执行中所需要的所有块而引起的 cache 缺失。当块被替换出去，随后再被调入时，将发生容量缺失。
- **冲突缺失**（Conflict miss）：在组相联或直接映射 cache 中，多个块竞争同一个组时引起的 cache 缺失。冲突缺失在直接映射或组相联 cache 中存在，而在同样大小的全相联 cache 中不存在。这种 cache 缺失也称为**碰撞缺失**（collision miss）。

3C 模型：一种 cache 模型，将所有 cache 缺失归为三种类型之一，即强制缺失、容量缺失和冲突缺失。因三种类型的英文单词首字母均为 C 而得名。

强制缺失：也称为冷启动缺失。第一次访问一个从未在 cache 中出现过的块而产生的缺失。

容量缺失：由于 cache 在全相联时都不可能容纳所有请求的块而产生的缺失。

470

冲突缺失：也称为碰撞缺失。在组相联或直接映射 cache 中，当多个块竞争同一组时产生的缺失。这种缺失在相同大小的全相联 cache 中不会产生。

图 5-36 显示了缺失率如何划分为以上三种原因。改变 cache 设计中的某一方面就能直接影响这些缺失的原因。由于冲突缺失直接产生于竞争同一个 cache 块，因此提高相联度可以减少冲突缺失。然而，提高相联度可能会延长访问时间，导致整体性能降低。

容量缺失可以简单地通过增大 cache 来减少。的确，二级 cache 的容量多年来稳步增长。当然，在增大 cache 的同时，我们也必须注意访问时间的增加，这将导致整体性能的降低。因此，第一级 cache 增长得非常缓慢。

由于强制缺失是第一次访问块时产生的，因此 cache 系统减少强制缺失最主要的方法是增加块大小。由于程序将由较少的 cache 块组成，因此增加块大小就减少了对程序每一块都要访问一次的情况下所需的访问次数。如前所述，块容量增加太多可能对性能产生负面影响，因为缺失代价会增长。

471

重点 存储器层次结构设计所面临的挑战在于：任何一个改进缺失率的设计同时也可能对整体性能产生负面影响，如图 5-37 所示。正面与负面作用的结合就使得存储器层次结构的设计令人关注。

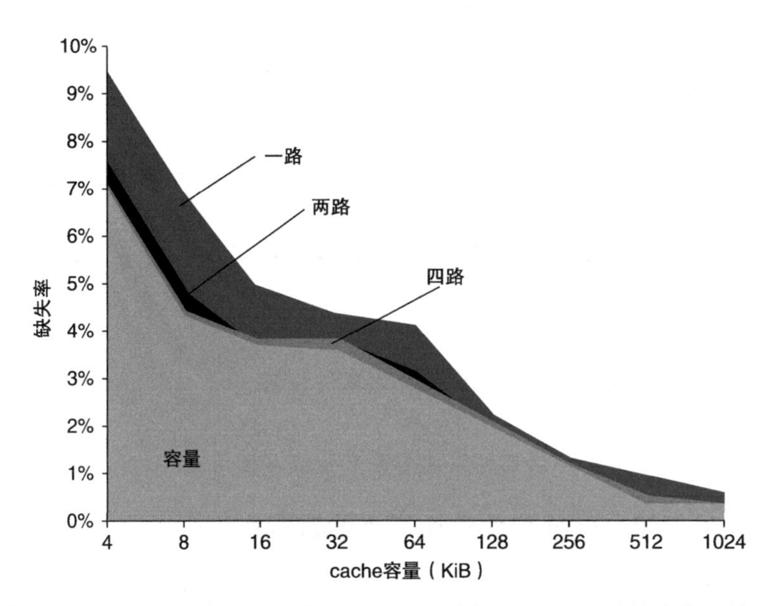

图 5-36 缺失率根据缺失原因分为三种。该图显示了不同容量 cache 的总缺失率及其组成。这些数据收集于 SPEC CPU 2000 整数和浮点基准测试程序，与图 5-35 的数据出自同一来源。强制缺失部分只占 0.006%，在本图中不可见。下一部分是容量缺失，取决于 cache 容量。冲突缺失部分既取决于相联度，又取决于 cache 容量，图中给出了相联度从一路到八路的冲突缺失率。在每种情况下，图中标记的地方对应于相联度从下一（更高）相联度变化到该相联度时缺失率的增加。例如，标有两路的部分说明当 cache 相联度为两路而不是四路时产生的额外的缺失。因此，同样大小的直接映射 cache 和全相联 cache 的缺失率的差别由标记为八路、四路、两路和一路的各部分之和给出。八路和四路之间差距太小，以至于在图中很难区分

设计变化	对缺失率的影响	可能对性能产生的负面影响
增加cache容量	减少容量缺失	可能增加访问时间
增加相联度	由于冲突缺失减少，缺失率降低	可能增加访问时间
增加块容量	由于空间局部性，对很宽范围内的块大小，都能降低缺失率	增加缺失代价，太大的块可能会增加缺失率

图 5-37 存储器层次结构设计面临的挑战

将缺失分成 3C 是个有用的定性模型。在实际 cache 设计中，许多设计选择是相互影响的，改变 cache 的一个特征通常会影响另一些缺失率的组成部分。尽管存在这些缺点，3C 模型对于观察 cache 设计的性能来说仍是一种有效的方法。

小测验 下面哪些表述（如果有）是正确的？

1. 没有减少强制缺失的方法。
2. 全相联 cache 没有冲突缺失。
3. 在减少缺失方面，相联度比容量更重要。

5.9 使用有限状态机控制简单的 cache

就像第 4 章中实现单周期和流水线数据通路的控制一样，现在我们可以构造 cache 的控

制。本节从定义一个简单的 cache 开始，然后描述有限状态机（Finite-State Machine，FSM）。最后介绍了该简单 cache 的控制器的 FSM。5.12 节进行更深入的介绍，用一种新的硬件描述语言来实现 cache 和控制器。 472

5.9.1 一个简单的 cache

我们将为一个简单的 cache 设计控制器。该 cache 的关键特征如下：

- 直接映射 cache。
- 写回机制，采用写分配策略。
- 块大小为 4 个字（16 字节或者 128 位）。
- cache 大小为 16KiB，可以容纳 1024 个块。
- 32 位地址。
- cache 中每个块包含一个有效位和一个写入位。

根据 5.3 节，我们可以计算出 cache 的地址字段：

- cache 索引为 10 位。
- 块偏移为 4 位。
- 标记为 32 –（10 + 4），即 18 位。

处理器和 cache 之间的信号为：

- 1 位读 / 写信号。
- 1 位有效信号，表明是否有一个 cache 操作。
- 32 位地址。
- 32 位数据（从处理器到 cache）。
- 32 位数据（从 cache 到处理器）。
- 1 位准备（Ready）信号，指示 cache 操作完成。

除了数据字段现在是 128 位宽外，存储器与 cache 之间的接口有着和处理器与 cache 之间相同的字段。目前的微处理器中一般都有额外的存储器位宽，可以处理处理器中的 32 位或 64 位字，而 DRAM 控制器通常是 128 位。使 cache 块与 DRAM 位宽匹配，可以简化设计。下面是一些信号：

- 1 位读 / 写信号。
- 1 位有效信号，指示是否有一个存储器操作。
- 32 位地址。
- 128 位数据（从 cache 到存储器）。
- 128 位数据（从存储器到 cache）。
- 1 位准备信号，指示存储器操作完成。 473

注意，到存储器的接口并没有固定的周期数。假设当存储器读或写完成后，存储器控制器会通过准备信号来通知 cache。

在描述 cache 控制器之前，我们需要回顾一下有限状态机，通过有限状态机可以控制一个需要多个时钟周期完成的操作。

5.9.2 有限状态机

为了给单周期的数据通路设计控制单元，我们需要使用真值表，根据指令的分类来指定控制信号的设置。对于 cache，由于操作可能是一系列步骤，因此控制更为复杂。对 cache 的控制必须指定在任一步骤中的信号设置，并且指出序列中的下一个步骤。

最常见的多步控制方法是基于**有限状态机**（finite-state machine）实现的，通常以图形化方式表示。一个有限状态机由一组状态以及状态改变的方向组成。方向由**下一状态函数**（next-state function）来定义，将当前状态和输入映射到一个新的状态。当我们使用有限状态机进行控制时，每个状态还要定义机器在该状态下的一组输出值。有限状态机的实现通常假定那些没有明确置为有效的输出是无效的。类似地，数据通路的正确操作需要将没有明确设置为有效的信号设置成无效状态，而不是将信号值设为无关项[⊖]。

有限状态机：一种时序逻辑函数，包含一组输入和输出，一个下一状态函数（将当前状态和输入映射为一个新状态），一个输出函数（将当前状态和输入映射为一组输出）。

下一状态函数：一种组合函数，根据输入和当前状态来确定有限状态机的下一状态。

多路选择控制略微有些不同，因为多路选择器从输入中选择一个输出，不管输入值是 0 还是 1。因此，在有限状态机中要定义所有我们关注的多路选择控制信号。当我们使用逻辑实现有限状态机时，可以将一个控制信号设置为 0 作为默认值，那么就不需要任何门电路。附录 A 中给出了一个简单的有限状态机的例子，如果你对有限状态机的概念并不熟悉，那么在继续下面的内容之前你可能需要先花一些时间来研究附录 A。

有限状态机可以通过一个临时寄存器和一个组合逻辑实现，临时寄存器保持当前状态，组合逻辑确定数据通路的有效信号以及下一状态。图 5-38 给出了这种实现的示意图。附录 C 详细描述了如何使用该结构实现有限状态机。附录 A 的 A.3 节中，有限状态机的组合逻辑由 ROM（Read-Only Memory，只读存储器）或 PLA（Programmable Logic Array，可编程逻辑阵列）来实现。（附录 A 中描述了这些逻辑单元。）

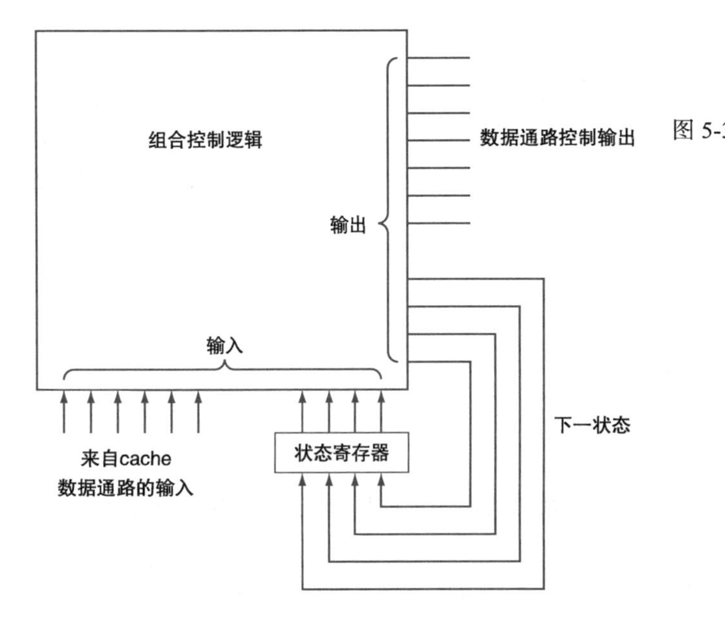

图 5-38　有限状态机控制器通常由一个组合逻辑和一个保存当前状态的寄存器来实现。组合逻辑的输出是下一个状态号以及当前状态的有效控制信号。组合逻辑的输入是当前的状态以及用来决定下一状态的一些输入。注意，在本章所使用的有限状态机中，输出仅由当前状态来决定，而与输入无关。图中我们通过灰色来区分控制线路逻辑和数据线路逻辑。精解部分对此进行了更详细的解释

精解　注意，这种简单的设计称为阻塞式（blocking）cache，处理器必须等到 cache 处理完请求之后才能继续执行。5.12 节中将会讲述另一种选择，称为非阻塞式 cache。

474

⊖　即真值表中的 X。——译者注

精解 本书中的有限状态机类型称为 Moore 型有限状态机，以 Edward Moore 的名字命名。其特征是输出仅取决于当前状态。对于 Moore 机，组合控制逻辑可以分为两部分：一部分包括控制输出且仅有状态输入；另一部分仅包含下一状态输出。

另一种状态机是 Mealy 型有限状态机，以 George Mealy 的名字命名。Mealy 机的输出取决于输入和当前状态。Moore 机在速度和控制单元的规模上具有潜在的实现优势。因为其控制信号可以在时钟周期早期产生，不依赖于输入，仅依赖于当前状态，因此速度可以提升。在附录 A 中，用逻辑门实现这种有限状态机时，可以很明显地看到其在规模上的优势。Moore 机潜在的缺点是可能需要额外的状态。例如，在两个状态序列中仅有一个状态不同的情况下，Mealy 机通过使用输出依赖输入的方法将状态统一。

475

5.9.3　一个简单 cache 控制器的有限状态机

图 5-39 给出了一个简单 cache 控制器的四个状态：

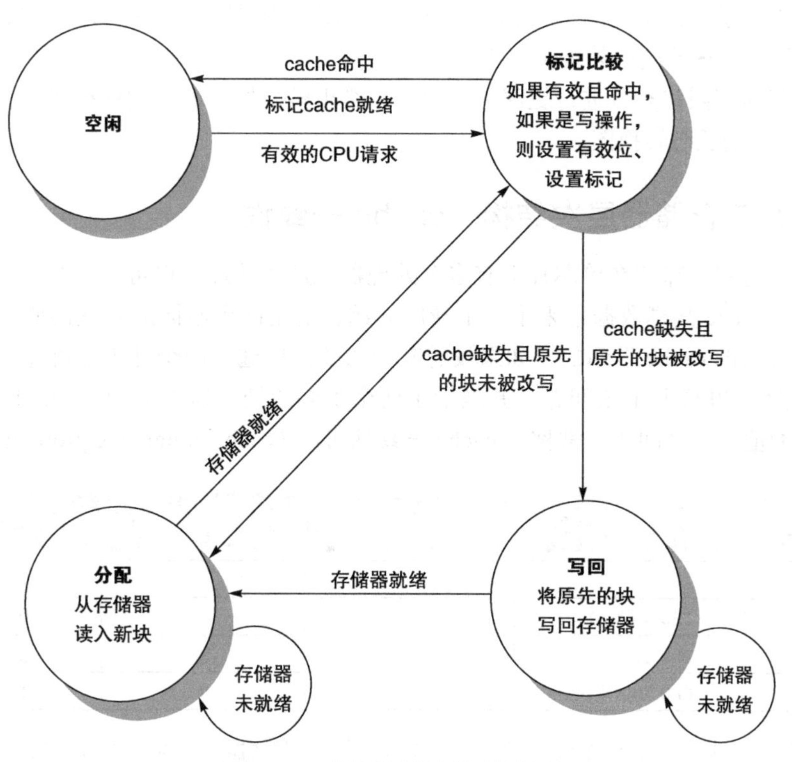

图 5-39　简单控制器的四个状态

- 空闲：该状态等待从处理器发出有效读 / 写请求，使 FSM 转到标记比较状态。
- 标记比较：如名称所示，该状态检测读 / 写请求是命中还是缺失。地址的索引部分选择标记用于比较。若地址索引部分指向的 cache 有效，并且地址的标记部分和标记匹配，则命中。如果是 load，则将数据从选中的字中读出，若为 store，则将数据写入选中的字中。然后 cache 准备信号被置位。如果是写操作，还要将脏位设置为 1。注意，如果是写命中，还要设置有效位和标记字段；虽然这些设置看起来并不需要，但必须设置，因为标记使用单独的存储器，从而改变脏位时，也需要改变有效位和标记字段。如果命中并且 cache 块有效，有限状态机返回到空闲状态。发生一次缺失时首先要更新 cache 标记，然后如果这个位置的块的脏位为 1，则转到写回状态；若脏位为 0，则进入分配状态。

476

- **写回**：该状态根据标记和 cache 索引组合的地址，将 128 位的块写回存储器。保持该状态并等待存储器返回准备信号。当写存储器完成时，有限状态机进入分配状态。
- **分配**：从存储器中取出新块。保持该状态并等待从存储器返回准备信号。当读存储器操作完成时，有限状态机转入标记比较状态。尽管我们可以转移到一个新的状态来完成操作，而不再使用标记比较状态，但中间有很多重叠，包括当访问是写操作时更新块中恰当的字。

这个简单的模型可以扩展更多的状态以改进性能。例如，标记比较状态在一个单独的时钟周期里既进行比较，又读 / 写 cache 数据。通常，比较和 cache 访问可以放在独立的状态中，以改进时钟周期。另一个优化是增加一个写缓冲区，这样就可以先保存脏块，然后再读出新块。从而当脏块缺失时，处理器就不用等待两次存储器访问。随后，cache 从写缓冲区中将脏块写回，处理器同时处理被请求的数据。

5.12 节将对有限状态机进行更深入的讨论，给出整个控制器的硬件描述语言描述，以及这个简单 cache 的状态转换图。

5.10　并行与存储器层次结构：cache 一致性

多核多处理器意味着在单芯片上有多个处理器，这些处理器很可能会共享一个公共的物理地址空间。cache 共享数据带来了一个新的问题，由于两个不同的处理器所保存的存储器视图是通过各自的 cache 得到的，如果没有其他的防范措施，两个处理器可能分别得到两个不同的值。图 5-40 说明了该问题，并展示了两个不同的处理器如何会在相同的存储器位置上得到不同的值。这个问题通常称为 **cache 一致性问题**（cache coherence problem）。

时间步	事件	CPU A中cache的内容	CPU B中cache的内容	存储器位置X处的内容
0				0
1	CPU A读X　0	0		0
2	CPU B读X　0	0	0	0
3	CPU A向X写入1	1	0	1

图 5-40　cache 一致性问题：两个处理器（A 和 B）对同一个存储器位置 X 进行读写操作。假设最初两个 cache 中都不包含该变量并且 X 的值为 0。假设该 cache 采用写直达，若是写回 cache 则会增加一些额外但相似的复杂性。当 X 的值被 A 改写后，A 的 cache 和存储器中都是新值，但是 B 的 cache 没有，如果 B 读 X，得到的值为 0

如果在一个存储器系统中读取任何一个数据项的返回结果总是最近写入的值，那么可以非正式地认为该存储器具有一致性。这个定义尽管看起来是正确的，但仍是很模糊且简单的，实际情况要复杂得多。这个简单的定义包括了存储器系统行为的两个不同方面，这两个方面对于编写正确的共享存储的程序至关重要。第一个方面称为**一致性**（coherence），定义了读操作可以返回什么数值。第二个方面称为**连贯性**（consistency），定义了写入的数据什么时候才能被读操作返回。

477

首先来看一致性。存储系统若满足如下条件，那么认为该系统是一致的：

- 处理器 P 对位置 X 先进行写，然后进行读，中间没有其他处理器对 X 进行写，读操作总是返回 P 写入的数值。因此，在图 5-40 中，若 CPU A 在时间 3 之后读 X，则得到数值 1。
- 在其他处理器对 X 写之后，处理器 P 对 X 进行读，若这两个操作之间有足够的间隔并且没有其他处理器对 X 进行写操作，那么读操作返回的是写入的数值。因此，在图 5-40 中，我们需要一个机制，使得 CPU B 的 cache 中的 0 值被时间步 3 中 CPU A 写入 X 的值 1 所替换。
- 对同一个地址的写是*串行的*（serialized），也就是说，任何两个处理器对同一个地址的两个写操作在所有处理器看来都有相同的顺序。例如，如果时间步 3 之后，CPU B 向地址 X 中写入 2，那么处理器绝不会从地址 X 中先读出 2 再读出 1。

第一个性质简单地保证了程序的顺序——我们希望在单处理器中也要保证这个性质。第二个性质定义了存储器的一致性意味着什么——如果一个处理器能够持续读到旧的数值，那么就认为该存储器是非一致性的。

写串行化（write serialization）更为微妙，但同等重要。假定没有将写操作串行化，并且处理器 P1 写入地址 X 之后，紧跟着处理器 P2 也会写入地址 X。写串行化确保每个处理器都能在某个点上看到 P2 写入的结果。如果没有将写操作串行化，那么情况可能就会变成一些处理器先看到 P2 写入的结果，然后再看到 P1 写入的结果，从而始终保留了 P1 写入的数值。避免这种情况最简单的方法就是保证对同一个地址的所有写操作在所有处理器看来都具有相同的顺序，这种性质称为*写串行化*。

478

5.10.1 实现一致性的基本方案

在一个支持 cache 一致性的多处理器中，cache 提供共享数据的*迁移*（migration）和*复制*（replication）。

- *迁移*：一个数据项可以移入本地 cache 并以一种透明的方式使用。迁移不但减少了访问远程共享数据项的延迟，而且减少了对共享存储器带宽的需求。
- *复制*：当共享数据被同时读取时，cache 在本地产生该数据项的备份。复制减少了访问延迟和读取共享数据时的竞争现象。

迁移和复制对于访问共享数据的性能来说是至关重要的，因此很多多处理器引入了硬件协议来维护 cache 一致性。这些维护多个处理器一致性的协议称为 *cache 一致性协议*。实现 cache 一致性协议的关键在于跟踪数据块的共享状态。

最常用的 cache 一致性协议是*监听*（snooping）协议。每个含有物理存储器中数据块副本的 cache 同样还要保留该数据块共享状态的副本，但不需要保存集中的状态。cache 可以通过一些广播媒介（总线或网络）访问，所有的 cache 控制器对媒介进行监视或者监听，来确定它们是否含有总线或者交换机上请求的数据块副本。

在后面章节我们将介绍用共享总线实现的基于监听的 cache 一致性机制，任何可以向所有处理器广播 cache 缺失的通信媒介都可以用来实现基于监听的一致性机制。这种向所有 cache 广播的方法使得监听协议易于实现，但是也限制了其可扩展性。

5.10.2 监听协议

一种实现一致性方法是，确保一个处理器在写数据项之前能独占访问该数据项。这类协议称为写无效协议，因为进行写操作时会作废其他cache中的副本。独占访问确保了写操作执行时不存在其他可读或可写的数据项副本：其他cache中该数据项的所有副本都作废了。

图5-41给出了一个基于监听总线的写无效协议的例子，其中cache使用写回机制。为了说明该协议如何保证一致性，考虑写操作后面紧跟另一处理器读的情况：由于写操作需要独占访问，执行读操作的处理器中保存的任何副本都要作废（协议因此得名）。因此，进行读时cache中发生缺失，cache取回数据的新副本。对于一次写操作，我们要求执行写操作的处理器独占访问，以防止其他处理器同时进行写。如果两个处理器试图同时写同一个数据，那么只有其中一个会在竞争中获胜，使得另一个处理器的副本作废。其他竞争失败的处理器要完成写操作，就必须取得该数据的新副本，副本中必须包含更新后的数据。因此，该协议也强制实现了写操作的串行化。

处理器动作	总线动作	CPU A中cache的内容	CPU B中cache的内容	存储器位置X处的内容
				0
CPU A读X	X在cache中缺失	0		0
CPU B读X	X在cache中缺失	0	0	0
CPU A向X写入1	令X无效	1		0
CPU B读X	X在cache中缺失	1	1	1

图5-41 写无效协议在监听总线上工作的例子，对单个cache块X操作，cache采用写回机制。假设最初两个cache中都没有X，而存储器中X的值为0。CPU和存储器的内容显示的是处理器和总线动作都完成后的数值。空格表示没有动作或者没有存放副本。当B产生第二次缺失时，CPU A回应，同时取消来自存储器的响应。此外，B的cache中的内容和存储器中X的内容都被更新。这种当块变为共享时对存储器进行更新的方法简化了协议，但是可能要跟踪记录所有权，并且只有当块被替换时才强制写回。这需要引入一个被称为“所有者”的额外状态，以表明块可以被共享，但是当块被改变或是替换时，由所有者处理器负责更新其他处理器和存储器

硬件/软件接口 一种观点认为块大小在cache一致性中扮演着非常重要的角色。例如，对于一个cache进行监听，cache块大小为8个字，单个字可以被两个处理器读或写。大多数协议在两个处理器之间交换整个块，因此增加了所需要的一致性带宽。

大的块也会引起所谓的假共享（false sharing）：当两个不相关的共享变量存在于相同的cache块中时，尽管处理器访问的是不同的变量，但处理器之间还是将整个块进行交换。因此，程序员和编译器需要谨慎地放置数据以避免发生假共享。

假共享：当两个不相关的共享变量存在于相同的cache块中时，尽管处理器访问的是不同的变量，但处理器之间还是将整个块进行交换。

精解 尽管前面三个属性已足够确保一致性，但是何时能看见写入的值，这个问题同样很重要。让我们来看看为什么。注意到在图5-40中，我们不能要求对X的读操作立刻能看见其他处理器对X写入的值。如果一个处理器对X的写稍稍先于另一处理器对X的读，那么可能就不能保证读返回的是被写入的值，因为在那一刻，被写的数据可能甚至还没有离开处理器。写入的数据必须何时被读操作看到，这个问题由存储一致性模型（memory consistency model）定义。

我们做两个假设：第一，一个写操作直到所有处理器都看到写的效果才算完成（并允许下一个写操作发生）；第二，关于其他任何存储器访问，处理器不能改变任何写入的顺序。这两个条件意味着：如果处理器在写位置 X 之后再写位置 Y，那么任何看到 Y 的新值的处理器也必须看见 X 的新值。这些限制条件允许处理器对读操作重新排序，但强制处理器以程序执行的顺序完成写操作。

精解 由于输入操作可以改变 cache 背后的内存，并且在写回 cache 中，输出操作需要最新的值，因此在单处理器中也存在 I/O 和 cache 之间一致性的问题，与多处理器 cache 间的一致性问题相同。多处理器和 I/O（见第 6 章）的 cache 一致性问题尽管起因类似，但特性不同，从而影响了解决方法。与几乎很少有多个数据副本的 I/O 不同——只要可能有就应该避免——一个运行在多个处理器上的程序通常在多个 cache 中都有相同数据的多个副本。

精解 除了监听式 cache 一致性协议（共享块的状态是分布保存），基于目录的 cache 一致性协议只在一个地方保存物理存储器块的共享状态，称为目录（directory）。尽管基于目录的一致性比监听式的实现开销略高一些，但是这种方法可以减少 cache 之间的通信，并且因此可以扩展更多的处理器。

5.11 并行与存储器层次结构：廉价冗余磁盘阵列

本节内容在网站上，阐述了如何采用多个磁盘协同工作以提供更高的吞吐率，该技术是廉价冗余磁盘阵列（Redundant Arrays of Inexpensive Disks，RAID）产生最初的灵感所在。然而，RAID 技术真正流行的原因更多在于采用适当数量的冗余磁盘带来的可靠性的提高。本节解释了不同 RAID 级别在性能、成本和可靠性等方面的差别。 481

5.12 高级主题：实现 cache 控制器

本节内容在网站上，介绍了如何实现 cache 的控制，如同第 4 章中实现单周期以及流水处理器的数据通路的控制一样。本节开始描述了有限状态机以及一个简单数据 cache 中控制器的实现，包括用硬件描述语言来描述 cache 控制器。随后详细介绍了一个 cache 一致性协议的例子以及该协议实现的难点。

5.13 实例：ARM Cortex-A53 和 Intel Core i7 的存储器层次结构

本节中我们将考察第 4 章中提到的两种微处理器（ARM Cortex-A53 和 Intel Core i7）的存储器层次结构。本节内容部分基于《计算机体系结构：量化研究方法》（第 5 版）的 2.6 节。

图 5-42 总结了这两种处理器的地址大小和 TLB。注意，Cortex-A53 包含了两个各有 10 项的全相联微 TLB（micro-TLB），配合着一个共享的 512 项的四路组相连主 TLB，具有 48 位虚拟地址空间和 40 位物理地址空间。Core i7 有三个 TLB，一个 48 位的虚拟地址空间，一个 44 位的物理地址空间。虽然这些处理器中的 64 位寄存器可以装下更大的虚拟地址，但是没有软件需要如此大的空间，48 位虚拟地址不但缩小了页表占据的内存，也减小了 TLB 的硬件。

图 5-43 给出了这两款处理器的 cache。Cortex-A53 可以有 1 ～ 4 个处理器或者核，而 Core i7 则固定为 4 核。Cortex-A53 每个核具有容量为 16 ～ 64KiB 的两路 L1 级指令

cache，Core i7 每个核具有容量为 32KiB 的四路组相联 L1 级指令 cache。两款处理器的 cache 块大小都为 64 字节。Cortex-A53 将数据 cache 的相联度提升到四路，其他参数保持不变。类似的，Core i7 除了将相联度提升到八路外其他也保持不变。Core i7 为每个核提供了一个 256KiB 的八路组相联 L2 cache，块大小为 64 字节。相比之下，Cortex-A53 提供了一个 L2 cache 供 1 ～ 4 个核之间共享。该 cache 采用十六路组相联，块大小为 64 字节，容量在 128KiB ～ 2MiB 之间。由于 Core i7 主要用于服务器，因此它还提供了一个被所有片上核共享的 L3cache，其容量大小由核的数量决定。四核情况下，L3 cache 的大小为 8MiB。

特点	ARM Cortex-A53	Core i7
虚拟地址	48位	48位
物理地址	40位	44位
页大小	可变：4、16、64KiB；1、2MiB；1 GiB	可变：4KiB；2/4MiB
TLB组织	每核1个指令TLB、1个数据TLB 两个微TLB均为全相联，10项，轮转替换策略 64项四路组相联TLB 硬件处理TLB缺失	每核1个指令TLB、1个数据TLB 两个L1 TLB均为四路组相联，采用LRU替换策略 L1 I-TLB对于小页面有128个入口，对大页面每线程有7个入口 L1 D-TLB对于小页面有64个入口，大页面有32个入口 L2 TLB为四路组相联，LRU替换策略 L2 TLB有512个入口 硬件处理TLB缺失

图 5-42 ARM Cortex-A53 和 Intel Core i7 920 的地址转换和 TLB 硬件。两个处理器均支持用于操作系统或映射为帧缓冲区的大页面。大页面机制避免了使用多个入口映射始终存在的单个对象的情况

Cortex-A53 和 Core i7 这样的处理器，能够在每个时钟周期中执行一条以上的访存指令，这对于 cache 设计者而言是一个巨大的挑战。一种常用的技术是将 cache 分成多个 bank（存储块），从而在不发生 bank 冲突时，能够对多个 bank 并行访问。该技术与 DRAM 中的 bank 间交叉类似（见 5.2 节）。

Cortex-A53 和 Core i7 采用了另外一些优化技术来降低缺失开销。第一种是缺失时请求字优先策略。在 cache 缺失时，继续执行访问数据 cache 的指令。设计师为了隐藏 cache 缺失开销通常采用该技术，称为**非阻塞 cache**（nonblocking cache）。他们实现了两种非阻塞：缺失下的命中（hit under miss）允许在缺失期间有其他的 cache 命中；缺失下的缺失（miss under miss）允许有多个未解决的 cache 缺失。这两者中第一个致力于用其他工作来隐藏一部分缺失延迟，而第二个的目标在于重叠两个不同缺失的延迟。

非阻塞 cache：一种 cache，允许处理器在处理前面的 cache 缺失时仍可以访问 cache。

对多个未完成的缺失重叠大部分的缺失时间，需要一个高带宽的存储系统来并行地处理多个缺失。在个人移动设备中，存储器系统可以对请求进行适当的流水化、合并、重排序以及设置优先级。大型服务器和多处理器的存储系统通常能并行处理多个未完成的缺失。

Cortex-A53 和 Core i7 对数据访问采用了预取技术。在缺失产生前，根据数据缺失的类

型来预测下一个数据访问的地址，并使用该地址开始取数据。这些技术在访问循环中的数组时非常有效。

特点	ARM Cortex-A53	Intel Core i7
L1 cache组织	指令cache和数据cache分离	指令cache和数据cache分离
L1 cache容量	数据/指令cache容量可配置16~64KiB	每核数据/指令cache均为32KiB
L1 cache相联度	两路（I）、四路（D）组相联	四路（I）、八路（D）组相联
L1替换策略	随机	近似LRU
L1块大小	64字节	64字节
L1写策略	写回，不同的分配策略（默认采用写分配）	写回，不写分配
L1命中时间（读后写）	2个时钟周期	4个时钟周期，流水执行
L2 cache组织	统一（指令和数据）	每个核统一（指令和数据）
L2 cache容量	128KiB~2MiB	256KiB（0.25MiB）
L2 cache相联度	十六路组相联	八路组相联
L2替换策略	近似LRU	近似LRU
L2块大小	64字节	64字节
L2写策略	写回，按写分配	写回，写分配
L2命中时间	12个时钟周期	10个时钟周期
L3 cache组织	—	统一（指令和数据）
L3 cache容量	—	8MiB，共享
L3 cache相联度	—	十六路组相联
L3替换策略	—	近似LRU
L3块大小	—	64字节
L3写策略	—	写回，写分配
L3命中时间	—	35个时钟周期

图 5-43 ARM Cortex-A53 和 Intel Core i7 920 中的 cache

这些芯片存储器层次结构非常复杂，并且管芯（die）上很大一部分用作 cache 和 TLB。这些表明需要大量的设计工作，以缩小处理器周期时间和内存延迟之间的差距。。 484

Cortex-A53 和 Core i7 存储器层次结构的性能

测量 Cortex-A53 存储器层次结构时的配置包括，一个 32KiB 两路组相联 L1 指令 cache，一个 32KiB 四路组相联 L1 数据 cache，一个 1MiB 十六路组相联 L2 cache，运行 SPEC 2006 整数基准测试程序。

对于这些基准测试程序，Cortex-A53 指令 cache 的缺失率非常低。图 5-44 给出了 Cortex-A53 的数据 cache 的测试结果，其 L1 和 L2 的缺失率都比较高。L1 数据 cache 的缺失率为 0.5% ～ 37.3%，均值为 6.4%，中值为 2.4%。全局 L2 cache 缺失率为 0.1% ～ 9.0%，均值为 1.3%，中值为 0.3%。1GHz Cortex-A53 的 L1 缺失开销为 12 个时钟周期，L2 缺失开销为 124 个时钟周期。根据这些失效开销，图 5-45 给出了每次数据访问的平均缺失开销。当这些低缺失率与高缺失开销相乘，你可以发现对于 12 个 SPEC2006 基准测试程序中的 5 个，该乘积占据了 CPI 中的绝大部分。

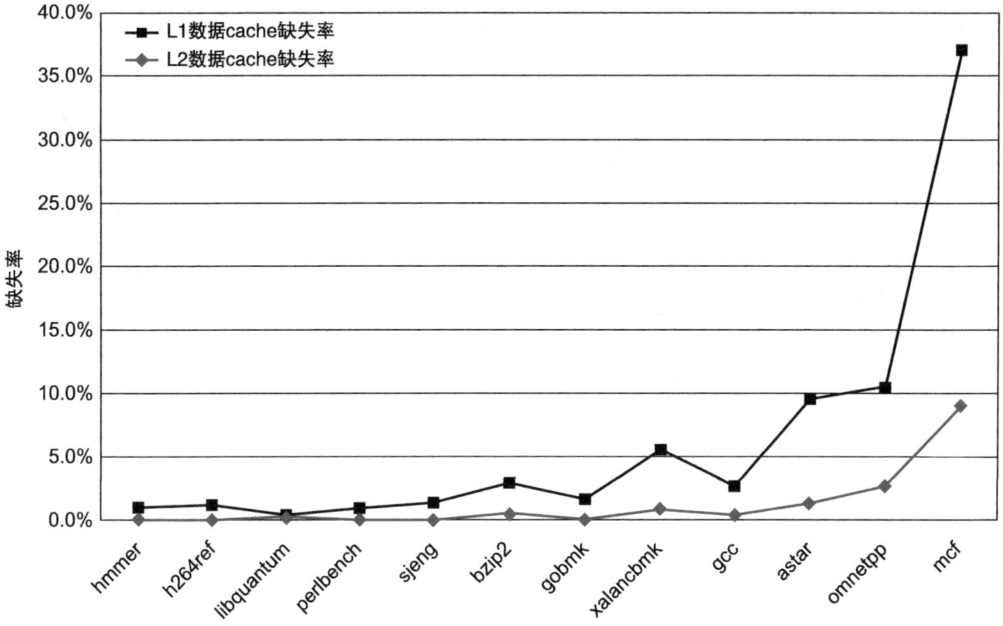

图 5-44　ARM Cortex-A53 上运行 SPEC 2006 整数基准测试程序时数据 cache 的缺失率。对于占用较大存储空间的应用具有更高的 L1 cache 和 L2 cache 缺失率。注意，L2 cache 缺失率是全局缺失率，也就是说，涵盖了所有的访问，包括 L1 cache 中命中的部分（见 5.4 节精解部分）。mcf 是公认的对 cache 不友好的程序。注意，本图与第 4 章图 4-74 使用相同的系统和基准测试程序

485

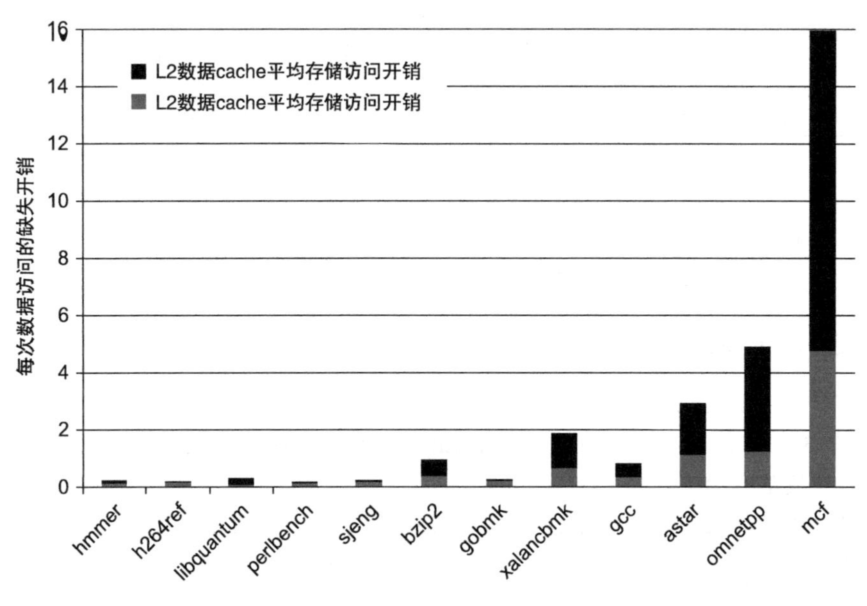

图 5-45　ARM 处理器上运行 SPEC 2006 整数基准测试程序时，每次访问数据存储器时 L1 和 L2 cache 的平均访存开销（时钟周期数）。虽然 L1 cache 的缺失率非常高，但 L2 cache 的缺失开销高了 5 倍以上，这意味着 L2 cache 的缺失影响更大

图 5-46 给出了 Core i7 运行 SPEC 2006 基准测试程序时的 cache 缺失率。L1 指令 cache

的缺失率在 0.1% ～ 1.8% 之间，平均刚过 0.4%。该缺失率与运行 SPEC 2006 基准测试程序时指令 cache 的行为一致，表明指令 cache 具有较低的缺失率。L1 数据 cache 的缺失率在 5% ～ 10%，有时高一些，而 L2 和 L3 cache 的重要性应该是显而易见的。由于缺失时访存开销在 100 个时钟周期以上，并且 L2 的平均数据缺失率为 4%，因而 L3 cache 非常关键。假定有一半的指令是 load 或 store 指令，如果没有 L3 cache，那么 L2 cache 的缺失将导致 CPI 每指令增加 2 个时钟周期！相比之下，L3 数据 cache 平均 1% 的缺失率仍是很高的，但比 L2 的缺失率低 4 倍，比 L1 的缺失率低 6 倍。

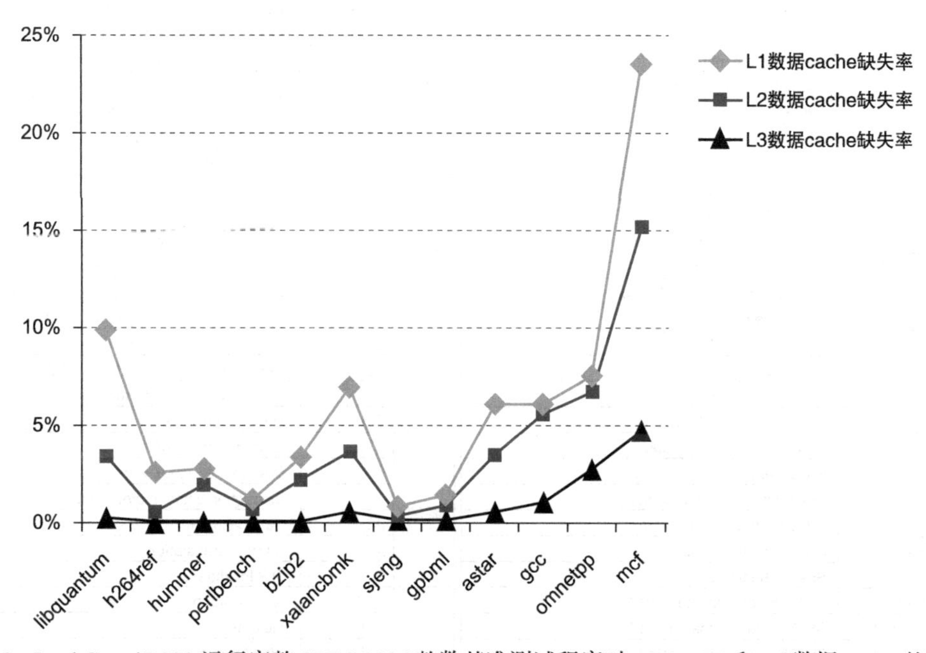

图 5-46　Intel Core i7 920 运行完整 SPEC 2006 整数基准测试程序时，L1、L2 和 L3 数据 cache 的缺失率

精解　由于推测执行有时可能出现错误（见第 4 章），因此有一些对 L1 数据 cache 进行访问的 load 或 store 指令最终没有执行，图 5-44 中的数据是对所有数据请求的统计，包括那些被取消的访问。仅用真正完成的数据访问统计的缺失率要高 1.6 倍（对于 L1 数据 cache 平均为 9.5% 比 5.9%）。

486

5.14　实例：ARMv8 系统的剩余部分以及特殊指令

图 5-47 列出了剩余的 63 条 ARMv8 指令，包括用于特殊目的的指令和系统指令。我们在图中从上到下、从左到右地描述这些指令。

两条“非缓存”(non-cache) 或“非分配”(no allocate) 指令 LDNP 和 STNP，用于大规模数据流，因此这些数据以后不太可能会被用到，没有时间局部性。这些指令暗示存储器层次结构不要将从内存读出或写入的数据放入 cache 中，而是直接在主存储器和处理器寄存器之间传输数据。通过指定一对寄存器，大数据传输过程会处理得更迅速。

栅栏（barrier）指令为指令（ISB）和数据（DSB 和 DMB）提供同步栅栏。后两个栅栏指令都会影响数据访存顺序，并且仅在严格程度上存在不同。专用指令（CLREX）告诉处理器放弃对于之前请求的内存地址的独占访问。

487

8 条 CRC 指令可以用于计算字节、半字、字或者双字的循环冗余校验（CRC-32 或 CRC-32C），以便捕获大数据集中的错误（参考5.5节的精解部分）。类似的，15条[1]密码（cryptographic）指令使用SIMD寄存器来加速高级加密标准（Advanced Encryption Standard，AES）、伽罗瓦/计数器模式（Galois/Counter Mode，GCM）以及安全哈希算法（Secure Hash Algorithm，SHA）的加密过程。

类型	助记符	指令
非缓存	LDNP	Load Non-temporal Pair
	STNP	Store Non-temporal Pair
栅栏	CLREX	Clear exclusive monitor
	DSB	Data synchronization barrier
	DMB	Data memory barrier
	ISB	Instruction synchronization barrier
CRC	CRC32B	CRC-32 sum from byte
	CRC32H	CRC-32 sum from halfword
	CRC32W	CRC-32 sum from word
	CRC32X	CRC-32 sum from doubleword
	CRC32CB	CRC-32C sum from byte
	CRC32CH	CRC-32C sum from halfword
	CRC32CW	CRC-32C sum from word
	CRC32CX	CRC-32C sum from doubleword
密码	AESD	AES single round decryption
	AESE	AES single round encryption
	AESIMC	AES inverse mix columns
	AESMC	AES mix columns
	PMULL	Polynomial multiply long
	SHA1C	SHA1 hash update (choose)
	SHA1H	SHA1 fixed rotate
	SHA1M	SHA1 hash update (majority)
	SHA1P	SHA1 hash update (parity)
	SHA1SU0	SHA1 schedule update 0
	SHA1SU1	SHA1 schedule update 1
	SHA256H	SHA256 hash update (part 1)
	SHA256H2	SHA256 hash update (part 2)
	SHA256SU0	SHA256 schedule update 0
	SHA256SU1	SHA256 schedule update 1
移动系统寄存器	MRS	Move system register to general-purpose register
	MSR	Move general-purpose register or immediate to system register

类型	助记符	指令
非特权	LDTR	Load Unprivileged registe r
	LDTRB	Load Unprivileged byte
	LDTRSB	Load Unprivileged signed byte
	LDTRH	Load Unprivileged halfword
	LDTRSH	Load Unprivileged signed halfword
	LDTRSW	Load Unprivileged signed word
	STTR	Store Unprivileged registe r
	STTRB	Store Unprivileged byte
	STTRH	Store Unprivileged halfword
异常	BRK	Software breakpoint instructio n
	HLT	Halting software breakpoint instructio n
	HVC	Generate exception targeting Exception level 2
	SMC	Generate exception targeting Exception level 3
	SVC	Generate exception targeting Exception level 1
	ERET	Exception return using current ELR and SPSR
调试	DCPS1	Debug switch to Exception level 1
	DCPS2	Debug switch to Exception level 2
	DCPS3	Debug switch to Exception level 3
	DRPS	Debug restore PE state
系统	SYS	System instruction
	SYSL	System instruction with result
	IC	Instruction cache maintenance
	DC	Data cache maintenance
	AT	Address translation
	TLBI	TLB Invalidate
提示	NOP	No operation
	YIELD	Yield hint
	WFE	Wait for event
	WFI	Wait for interrupt
	SEV	Send event
	SEVL	Send event local
	HINT	Unallocated hint

图5-47　完整ARMv8指令集中的系统和特殊操作的汇编语言指令。粗体的指令同样存在于LEGv8中

2条移动系统寄存器指令，MSR指令将数据从一个通用寄存器或将一个立即数移到处理器状态寄存器中，MRS指令将数据从处理器状态寄存器移到一个通用寄存器中。上述31条指令涵盖了一半的ARMv8特殊指令和系统指令。

从图5-47右侧顶部开始，9条处理不同数据宽度的“非特权”（unprivileged）load和store指令，使在EL1中断等级的处理器执行load和store时，表现得好像是在EL0等级进行操作一样，这就意味着它们可能有保护故障。在EL0或高于EL1的层次执行时，它们表现得如同普通的load和store。

异常产生指令包括软件断点（Software Breakpoint，BRK）、停止软件断点（Halting Software Breakpoint，HLT）、管理程序调用（Supervisor Call，SVC）以及2条类似于SVC的指令（不同之处在于这2条指令会进入更高的异常级：HVC进入管理级（EL2），而SMC进入安全监视器级（EL3））。异常返回（Exception RETurn，ERET）指令允许从异常中返回。

[1] 原书为14条，应为笔误。——译者注

4 条调试指令中，DCPS1、DCPS2、DCPS3 指令切换到更高的异常等级，DRPS 指令还原之前的处理器单元状态。

6 条系统管理指令，包括 2 条通用指令（SYS 和 SYSL），以及 4 条存储器层次管理指令、分别为指令 cache、数据 cache、地址转换以及 TLB 作废。

最后，7 条提示（hint）指令提供了各种体系结构提示，包括等待中断、等待数据、发送事件、让步（yield）以及 nop。图 5-47 右边的 32 条指令使完整 ARMv8 指令集中的特殊指令和系统指令达到 63 条。

5.15 加速：cache 分块和矩阵乘法

下面我们继续从底层硬件的角度优化 DGEMM 的性能，将 cache 分块技术加入到第 3 章和第 4 章的子字并行和指令级并行优化中。图 5-48 给出了图 4-78 中 DGEMM 的分块版本。其变化与之前从图 3-22 中未优化的 DGEMM 版本到图 5-21 的分块版本类似。此处我们使用第 4 章中循环展开后的 DGEMM 版本，并将其在 A、B、C 的子矩阵上多次调用。事实上，除了用循环展开量增加第 7 行中的 for 循环外，图 5-48 中第 28 ～ 34 行和第 7 ～ 8 行分别与图 5-21 中第 14 ～ 20 行和第 5 ～ 6 是相同的。

```
 1 #include <x86intrin.h>
 2 #define UNROLL (4)
 3 #define BLOCKSIZE 32
 4 void do_block (int n, int si, int sj, int sk,
 5                double *A, double *B, double *C)
 6 {
 7   for ( int i = si; i < si+BLOCKSIZE; i+=UNROLL*4 )
 8     for ( int j = sj; j < sj+BLOCKSIZE; j++ ) {
 9       __m256d c[4];
10       for ( int x = 0; x < UNROLL; x++ )
11         c[x] = _mm256_load_pd(C+i+x*4+j*n);
12      /* c[x] = C[i][j] */
13       for( int k = sk; k < sk+BLOCKSIZE; k++ )
14       {
15         __m256d b = _mm256_broadcast_sd(B+k+j*n);
16      /* b = B[k][j] */
17         for (int x = 0; x < UNROLL; x++)
18           c[x] = _mm256_add_pd(c[x], /* c[x]+=A[i][k]*b */
19                  _mm256_mul_pd(_mm256_load_pd(A+n*k+x*4+i), b));
20       }
21
22
23       for ( int x = 0; x < UNROLL; x++ )
24         _mm256_store_pd(C+i+x*4+j*n, c[x]);
           /* C[i][j] = c[x] */
25     }
26 }
27
28 void dgemm (int n, double* A, double* B, double* C)
29 {
30   for ( int sj = 0; sj < n; sj += BLOCKSIZE )
31     for ( int si = 0; si < n; si += BLOCKSIZE )
32       for ( int sk = 0; sk < n; sk += BLOCKSIZE )
33         do_block(n, si, sj, sk, A, B, C);
34 }
```

图 5-48 图 4-78 中 DGEMM 使用 cache 分块优化后的 C 版本。这些变化与图 5-21 中的相同。编译器为 do_block 函数生成的汇编代码与图 4-79 中的代码几乎相同。需要再次强调的是，由于编译器采用内联函数调用，调用 do_block 并没有开销

488 ～ 489

与前面的章节不同，本节没有给出对应的x86代码，原因是内循环代码与图4-79中的代码几乎相同，分块并未影响计算，影响的只是访问存储器中数据的顺序。发生变化的是实现循环的簿记整数指令。从图4-78中内循环之前的14条指令和之后的8条指令，分别扩展为图5-48中产生的簿记代码中内循环之前的40条指令和之后的28条指令。然而，相比cache缺失率减少带来的性能提升，这些额外的指令开销就显得微不足道了。图5-49对比了未优化的以及采用子字并行、指令级并行和cache优化的情况。对于大矩阵，分块相对于展开的AVX代码，性能提升了2～2.5倍。如果同时采用这三种优化技术，则性能提高8～15倍，且矩阵越大，性能提升越大。

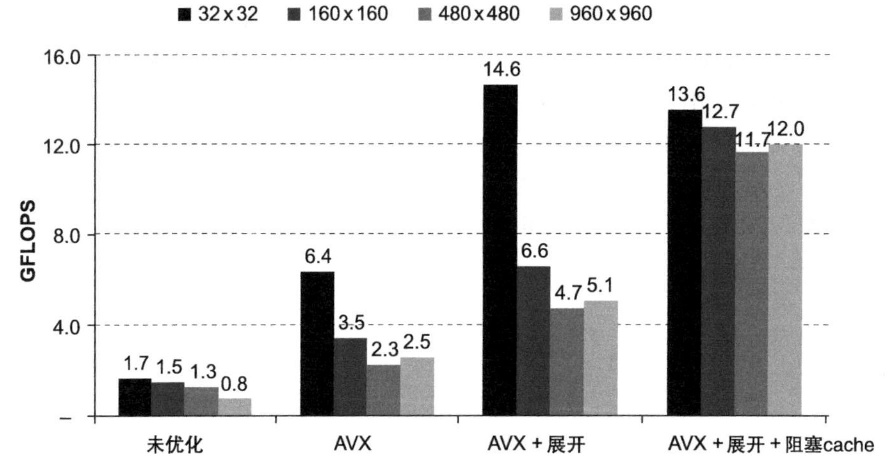

图5-49 矩阵规模从32 × 32到960 × 960间四种版本DGEMM的性能。对于最大的矩阵，完全优化的代码的性能几乎是图3-22中未优化代码的15倍

精解 如3.9节中精解所述，这些结果都是在Turbo模式关闭时获得的。如第3章和第4章，若将Turbo模式打开，通过将时钟频率临时增加到3.6/2.6 = 1.27倍，可以改进所有的结果。在这种情况下，由于只使用了片上八个核中的一个核，因此Turbo模式运行得很好。然而，如果要运行得更快，就需要使用所有的核，这将在第6章中讲述。

490

5.16 谬误与陷阱

作为计算体系结构中最自然的定量部分，存储器层次结构看似不太容易受到谬误和陷阱的影响。但实际上不仅有许多谬论传播，而且遇到了陷阱，有些还导致了重大的负面结果。下面以学生在练习和考试中经常遇到的一个陷阱开始讲解。

陷阱：在写程序或编译器生成代码时忽略存储系统的行为。

这也可以写成一个谬误："写代码时，程序员可以忽略存储器层次结构。"图5-19中的排序和5.14节的cache分块证明了，如果程序员在设计算法时考虑存储系统的行为，则很容易将性能翻倍。

陷阱：模拟cache时，忘记算上字节编址或cache块大小。

模拟cache时（手动或通过计算机），我们必须保证，在确定一个给定的地址被映射到哪个cache块中时，必须考虑字节编址和多字块的影响。例如，一个容量为32字节的直接映射cache，块大小为4字节，则字节地址36映射到cache块1，因为字节地址36是块地址9，而（9 mod 8）= 1。另一方面，如果地址36是一个字地址，那么就映射到块（36 mod 8）= 4。

491

要确保清楚地说明了地址的基。

同样，我们必须说明块的大小。假设 cache 有 256 字节，块大小为 32 字节。那么字节地址 300 应落入哪一块中？如果我们将地址 300 划分成字段，就能看到答案：

63	62	61	... ...	11	10	9	8	7	6	5	4	3	2	1	0
0	0	0	... ...	0	0	0	1	0	0	1	0	1	1	0	0
								cache块号			块内偏移				
块地址															

字节地址 300 是块地址

$$\left\lfloor \frac{300}{32} \right\rfloor = 9$$

cache 中的块数是

$$\left\lfloor \frac{256}{32} \right\rfloor = 8$$

块号 9 对应于 cache 块号（9 mod 8）= 1。

这个错误很多人都犯过，包括作者（在早期的书稿中）和那些忘记自己预期的地址是双字、字、字节或块号的教师。当你做练习时一定要注意这个陷阱。

陷阱：对于共享 cache，组相联度少于核的数量或少于共享该 cache 的线程数。

如果不特别注意，一个运行在 2^n 个处理器或线程上的并行程序可以轻易为数据结构分配地址，而该地址可能映射到共享 L2 cache 的同一个组中。如果 cache 至少是 2^n 路组相联，那么通过硬件可以隐藏这些程序偶尔发生的冲突。如果不是，程序员则可能要面对明显的性能缺陷——由 L2 cache 冲突缺失引起的——在程序迁移时发生，例如从 16 核的设计迁移到 32 核的设计上，如果它们都使用 16 路组相联的 L2 cache。

陷阱：使用存储器平均访问时间来评估乱序执行处理器的存储器层次结构。

如果一次 cache 缺失中处理器阻塞了，那么你可以分别计算存储器阻塞时间和处理器执行时间，因此可以使用存储器平均访问时间来独立地评估存储器层次结构（见 5.4 节）。 492

如果处理器在 cache 缺失时继续执行指令，并且甚至可能维持更多的 cache 缺失，那么唯一可以用来精确评估存储器层次结构的方法是模拟乱序执行处理器以及存储器层次结构。

陷阱：通过在未分段的地址空间的顶部增加段来扩展地址空间。

20 世纪 70 年代，很多程序都变得很大，以至于不是所有的代码和数据都能仅用 16 位地址寻址。于是计算机进行了修改，提供 32 位地址，或通过使用未分段的 32 位地址空间（也称为*平面地址空间*（flat address space）），或通过将 16 位的段地址加到已存在的 16 位地址上。从市场角度来看，增加程序员可见的段，并迫使程序员和编译器将程序划分成段，可以解决寻址问题。但遗憾的是，任何时候，当一种程序设计语言要求的地址大于段时就会产生麻烦，例如大数组的索引、无限制的指针或是引用参数。此外，增加段可以将每个地址变成两个字——一个用于段号，另一个用于段内偏移——在使用寄存器中的地址时就会出现问题。

谬误：实际的磁盘故障率和规格说明中声明的一致。

最近两项研究评估了大量磁盘，检查运行的实际结果和规格说明之间的关系。其中一项研究了近 100 000 个磁盘，这些磁盘标称其 MTTF 为 1 000 000 ～ 1 500 000 小时，或 AFR 为 0.6% ～ 0.8%。他们发现 2% ～ 4% 的 AFR 是常见的，通常比标称故障率高 3 ～ 5 倍［Schroeder 和 Gibson,2007]。另一项研究了 Google 的 100 000 多个磁盘（标称具有 1.5% 的 AFR），发现第一年磁盘故障率为 1.7%，到第三年磁盘故障率上升到 8.6%，即标称故障率的 5 ~ 6 倍[Pinheiro、Weber 和 Barroso，2007]。

谬误：操作系统是调度磁盘访问最好的地方。

如 5.2 节所提到的，高层磁盘接口为宿主操作系统提供逻辑块地址。考虑到这一高层抽象，OS 所能做的提升性能最好的方法是将逻辑块地址按照递增的顺序排序。然而，由于磁盘知道逻辑地址被映射到实际的物理扇区、磁道以及磁面上，因此可以通过重调度减少旋转以及寻道的时间。

例如，假设工作负载是四个读操作[Anderson，2003]：

操作	LBA起始地址	长度
读	724	8
读	100	16
读	9987	1
读	26	128

493

宿主 OS 可以将四个读操作重新排序为逻辑块的顺序：

操作	LBA起始地址	长度
读	26	128
读	100	16
读	724	8
读	9987	1

依赖于数据在磁盘上的相对位置，重排序可能会使情况变得更糟，如图 5-50 所。磁盘调度的读操作在磁盘 3/4 的旋转周期就全部完成，而操作系统调度的读操作花费了三个旋转周期。

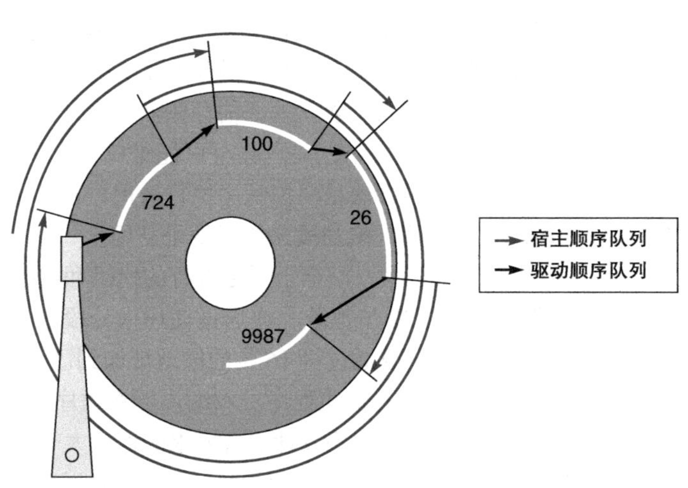

图 5-50　OS 调度与磁盘调度访问的例子，标记为宿主顺序队列和驱动顺序队列。前者完成四个读操作需要三个旋转周期，而后者仅在 3/4 的旋转周期即可完成（资料来源：Anderson[2003]）

陷阱：在不面向虚拟化设计的指令集体系结构上实现虚拟机监视器。

在 20 世纪 70 年代和 80 年代，很多计算机架构师并未确保所有读写与硬件资源相关信息的指令都是特权指令。这种放任的态度导致了这些体系结构上的 VMM 都存在问题，包括

x86（这里以此为例）。

图 5-51 描述了 18 条造成虚拟化问题的指令 [Robin 和 Irvine,2000]。其中两大类指令是：

- 在用户模式下读控制寄存器，显示客户操作系统运行在一个虚拟机上（如前面提到的 POPF）。
- 检查段式体系结构所需的保护，但假设操作系统运行在最高特权级。

494

问题种类	x86问题指令
在用户模式运行时，访问敏感寄存器而没有陷入	存储全局描述符表寄存器（SGDT） 存储局部描述符表寄存器（SLDT） 存储中断描述符表寄存器（SIDT） 存储机器状态字（SMSW） 标志入栈（PUSHF，PUSHFD） 标志出栈（POPF，POPFD）
在用户模式下访问虚拟存储机制时，指令在x86保护检查中失效	从段描述符读取访问权限（LAR） 从段描述符读取段的边界（LSL） 检验段描述符是否可读（VERR） 检验段描述符是否可写（VERW） 弹栈到段寄存器（POP CS，POP SS，...） 段寄存器压栈（PUSH CS，PUSH SS，...） 远程调用不同的特权级（CALL） 远程返回至不同的特权级（RET） 远程跳转至不同的特权级（JMP） 软件中断（INT） 存储段选择寄存器（STR） 移入/移出段寄存器（MOVE）

图 5-51 造成虚拟化问题的 18 条 x86 指令 [Robin 和 Irvine，2000]。上面一组的前 5 条指令允许用户模式下的程序读控制寄存器（例如描述符表寄存器），而不会造成陷入。标志出栈指令用敏感信息修改控制寄存器，但在用户模式下将失效而无任何提示。x86 段式体系结构的保护检查在下面一组指令中，读取控制寄存器时，这些指令都会隐式地检查特权级，作为指令执行的一部分。进行检查时操作系统必须运行在最高特权级，但对客户虚拟机没有这样的要求。只有移入段寄存器指令试图修改控制状态，但是，保护检查同样会阻止它这么做

为了简化 x86 上 VMM 的实现，AMD 和 Intel 都提出通过新的模式扩展体系结构。Intel 的 VT-x 为虚拟机运行提供了一个新的执行模式、一个面向虚拟机状态的体系结构定义、快速虚拟机切换指令，以及一大组用来选择 VMM 调入的环境参数。总之，VT-x 在 x86 中增加了 11 条新指令。AMD 的 Pacifica 做了相似的改进。

另一种修改硬件的方法是，对操作系统做微小的改动以避免使用体系结构中麻烦的部分。这种技术称为*泛虚拟化*（paravirtualization），例如开源的 Xen VMM 就是一个很好的例子。Xen VMM 提供给客户操作系统一个虚拟机抽象，仅使用 VMM 所运行的 x86 物理硬件中易于虚拟化的部分。

495

5.17 本章小结

构建一个能和快速处理器保持同步的存储系统非常困难，原因是无论在最快的计算机还是最慢最便宜的计算机中，构成主存的原材料——DRAM 本质上都是相同的。

局部性原理为克服存储器访问的长延迟提供了机会——这一策略的正确性已在存储器层次结构的各级中得到了证明。尽管这些层次从量的角度来看非常不同，但是在操作过程中都

遵循相似的策略，并且开发相同的局部性。

多级 cache 可以更方便地使用更多的优化，主要有两个原因。第一，较低级 cache 的设计参数与一级 cache 不同。例如，较低级 cache 的容量要大得多，因此可以使用更大的块。第二，较低级 cache 并不像一级 cache 那样不断被处理器使用。这使得我们考虑可以使较低级 cache 在其空闲时做一些事情，以预防将来的缺失。

另一个趋势是寻求软件的帮助。使用多种程序转换和硬件设备来有效管理存储器层次结构，是优化编译器的主要焦点。两种不同的想法正在探索中。一种是重新组织程序结构以增强其空间和时间局部性。这种方法主要针对以大数组为主要数据结构的面向循环的程序；大规模的线性代数问题就是一个典型的例子，例如 DGEMM。通过重新组织访问数组的循环可以大幅改善局部性——也因此改进了 cache 性能。

另一种方法是**预取**（prefetching）。在预取机制中，一个数据块在被真正访问之前先被放入 cache 中。很多微处理器使用硬件预取以尝试预测那些对软件而言很难发现的访问。

预取：使用指定块地址的特殊指令将未来可能用到的 cache 块提前搬到 cache 中的一种技术。

第三种方法是使用特殊的 cache 感知指令来优化存储器传输。例如，6.10 节中的微处理器使用了一种优化设计：当发生写缺失时，并不从主存中取出块的内容，因为程序要写整个块。对于内核来说，这种优化明显减少了存储器的传输。

我们将在第 6 章中看到，对并行处理器来说，存储系统是一个核心设计问题。存储器层次结构决定系统性能的重要性在不断增长，这也意味着在未来的几年内，这一领域对设计者和研究者来说将持续成为焦点。

496

5.18　历史观点与拓展阅读

本节内容在网站上，给出了存储器技术的概况，从水银延迟线到 DRAM、存储器层次结构的发明、保护机制和虚拟机，以及对操作系统发展历史的简单总结，包括 CTSS、MULTICS、UNIX、BSD UNIX、MS-DOS、Windows 和 Linux。

5.19　练习题

除了特别说明外，假定存储器采用字节寻址，并且一个字为 64 位。

5.1　本题考察矩阵计算中存储器的局部特性。下面的代码由 C 语言编写，同一行中的元素连续存放。假定每个字是一个 64 位整数。

```
for (I=0; I<8; I++)
  for (J=0; J<8000; J++)
    A[I][J]=B[I][0]+A[J][I];
```

5.1.1　[5] <5.1> 一个 16 字节的 cache 块中可以存放多少 64 位的整数？

5.1.2　[5] <5.1> 访问哪些变量会显示出时间局部性？

5.1.3　[5] <5.1> 访问哪些变量会显示出空间局部性？

局部性同时受访问顺序和数据存放位置的影响。同样的计算也可以用下面的 MATLAB 语言编写，但与 C 代码不同的是，下面的代码将同一列的矩阵元素连续存放。

```
for I=1:8
  for J=1:8000
    A(I,J)=B(I,0)+A(J,I);
  end
end
```

5.1.4 [5] < 5.1 > 访问哪些变量会显示出时间局部性？

5.1.5 [5] < 5.1 > 访问哪些变量会显示出空间局部性？

497

5.1.6 [15] < 5.1 > 存放使用 MATLAB 的矩阵的 64 位矩阵元素需要多少 16 字节的 cache 块？（假设每行包含多于一个元素）

5.2 cache 对于向一个处理器提供高性能存储器层次结构而言十分重要。下面是一系列 64 位存储器地址引用，给出的是字地址。

```
0x03, 0xb4, 0x2b, 0x02, 0xbf, 0x58, 0xbe, 0x0e, 0xb5,
0x2c, 0xba, 0xfd
```

5.2.1 [10] < 5.3 > 已知一个直接映射 cache，有 16 个块，块大小为 1 个字。对于每次访问，确定二进制字地址、标记以及索引，并列出每次访问是命中还是缺失。假设 cache 最开始为空。

5.2.2 [10] < 5.3 > 已知一个直接映射 cache，有 8 个块，块大小为 2 个字。对于每次访问，确定二进制字地址、标记以及索引，并列出每次访问是命中还是缺失。假设 cache 最开始为空。

5.2.3 [20] < 5.3, 5.4 > 请你对已知的访问优化 cache 设计。这里有三种可能的直接映射 cache 设计方案，每个容量都为 8 个字：

- C1 块大小为 1 个字。
- C2 块大小为 2 个字。
- C3 块大小为 4 个字。

5.3 按照惯例，cache 通常根据其包含的数据量命名（例如一个 4KiB 的 cache 可以持有 4KiB 的数据）；然而，cache 还需要 SRAM 存储元数据，例如标记位和有效位。本题中，你将会观察到 cache 配置将会如何影响其实现所需要的 SRAM 容量，以及不同配置对 cache 性能的影响。假定 cache 按字节寻址，地址和字都是 64 位。

5.3.1 [10] < 5.3 > 计算实现一个 32KiB、块大小 1 个字的 cache 所需要的总位数。

5.3.2 [10] < 5.3 > 计算实现一个 64KiB、块大小 16 个字的 cache 所需要的总位数。这个 cache 比练习题 5.3.1 中的 cache 大了多少？（注意，通过改变块大小，我们将数据量增加了一倍，但整个 cache 的大小并没有增大一倍。）

498

5.3.3 [5] < 5.3 > 解释为何 64KiB 的 cache，尽管其数据规模比较大，但所提供的性能可能比第一个 cache 要低。

5.3.4 [10] < 5.3, 5.4 > 请给出一系列的读请求，使其在 32KiB 的两路组相联 cache 上的失效率要低于练习题 5.3.1 中的 cache。

5.4 [15] < 5.3 > 5.3 节中展示了索引直接映射 cache 的典型方法，即（块地址）mod（cache 中的块数）。假设一个 64 位地址的 cache，含有 1024 个块，考虑一种不同的索引方法：块地址的 [63:54] 位异或块地址的 [53:44] 位。能否使用该方法来索引直接映射 cache？如可以，解释原因，并讨论 cache 可能需要的修改。如果不可以，解释原因。

5.5 对于一个 64 位地址的直接映射 cache，下面的地址位用来访问 cache。

标记	索引	偏移量
63~10	9~5	4~0

5.5.1 [5] < 5.3 > cache 块的大小是多少（单位为字）？

5.5.2 [5] < 5.3 > cache 有多少项？

5.5.3 [5] < 5.3 > 这样的 cache 实现时所需的总位数与数据存储位数之间的比率是多少？

下表记录了从上电开始后 cache 访问的字节地址。

	地址											
十六进制	00	04	10	84	E8	A0	400	1E	8C	C1C	B4	884
十进制	0	4	16	132	232	160	1024	30	140	3100	180	2180

5.5.4 [20] < 5.3 > 对于每个访问而言，请列出：①标记、索引、偏移，②是否命中或缺失，③哪些字节被替换（如果有）。

5.5.5 [5] < 5.3 > 命中率是多少？

5.5.6 [5] < 5.3 > 列出 cache 的最终状态，每个有效项表示为 <索引，标记，数据> 的形式。例如：

```
<0, 3, Mem[0xC00]-Mem[0xC1F]>
```

5.6 回顾两个写策略和写分配策略，其组合既可以在 L1 cache 中实现，也可以在 L2 cache 中实现。假定 L1 和 L2 cache 选择如下：

499

L1	L2
写直达，非写分配	写回，写分配

5.6.1 [5] < 5.3, 5.8 > 存储器层次结构的不同层次之间使用缓冲区（buffer）来降低访问延迟。对这个给定的配置，列出 L1 与 L2 cache 之间，以及 L2 cache 与存储器之间可能需要的缓冲区。

5.6.2 [20] < 5.3, 5.8 > 描述处理 L1 cache 写缺失的过程，考虑涉及的组件以及替换一个脏块的可能性。

5.6.3 [20] < 5.3, 5.8 > 对于一个多级独占 cache（一个块只能存放在 L1 和 L2 cache 中的一个）配置，描述一个 L1 写缺失和一个 L1 读缺失的处理过程，考虑涉及的组件以及替换一个脏块的可能性。

5.7 考虑下面的程序和 cache 行为。

每1000条指令中读数据的次数	每1000条指令中写数据的次数	指令cache缺失率	数据cache缺失率	块大小（字节）
250	100	0.30%	2%	64

5.7.1 [10] < 5.3, 5.8 > 假定一个 CPU，使用写直达法、写分配策略 cache，CPI 为 2，那么 RAM 和 cache 之间的读写带宽是多少（以每周期的字节数测量）？（假设每个缺失都会产生对一个块的请求）

5.7.2 [10] < 5.3, 5.8 > 对于一个使用写回、写分配策略的 cache，假定 30% 被替换的数据块为脏块，如果 CPI 为 2，那么所需的读 / 写带宽是多少？

5.8 播放音频或视频文件的多媒体应用是一类被称为“流”负载（取入大量数据，但大部分数据都不会再使用）的一部分。考虑一个视频流负载，依次访问一个 512KiB 的工作集，字地址流如下：

```
0, 1, 2, 3, 4, 5, 6, 7, 8, 9 ...
```

5.8.1 [10] < 5.4, 5.8 > 假设有一个 64KiB 的直接映射 cache，块大小为 32 字节。那么对于上面的地址流，缺失率是多少？ cache 或工作集容量对缺失率影响如何？根据 3C 模型，这些缺失如何分类？

5.8.2 [5] < 5.1, 5.8 > 当块大小分别为 16 字节、64 字节和 128 字节时，重新计算缺失率。该负载所采用的是哪种局部性？

5.8.3 [10] < 5.13 > “预取”技术：当一个 cache 块被访问时，利用可预测的地址模式推测地取出其他的 cache 块。预取的一个例子是流缓冲区，当一个特定的 cache 块被取出时，将与其相邻的 cache 块也依次预取到一个独立的缓冲区中。如果所需的数据在预取缓冲区中，则看成是

500

一次命中，并将数据移入 cache，同时预取下一个 cache 块。假设一个流缓冲区有两项，并且假设 cache 延迟满足在先前 cache 块的计算完成之前可以加载下一个 cache 块。那么对于上面的地址流，缺失率是多少？

5.9 cache 块大小（B）会影响缺失率和缺失延迟。假设一台机器的基本 CPI 为 1，每条指令平均访问次数（指令和数据）为 1.35，对于下列不同容量和不同缺失率，请找出使得总缺失延迟最小的块大小。

8: 4%	16: 3%	32: 2%	64: 1.5%	128: 1%

5.9.1 [10] < 5.3 > 缺失延迟为 20 × B 个周期时，最佳的块大小是多少？

5.9.2 [10] < 5.3 > 缺失延迟为 24 + B 个周期时，最佳的块大小是多少？

5.9.3 [10] < 5.3 > 缺失延迟为恒定值时，最佳的块大小是多少？

5.10 本题将研究不同容量对整体性能的影响。通常来说，cache 访问时间与 cache 容量成比例。假设访问主存需要 70ns，并且在所有指令中有 36% 的指令需要访问数据存储器。下表是 P1 和 P2 两个处理器各自的 L1 cache 的数据。

	L1 cache容量	L1 cache缺失率	L1 cache命中时间
P1	2 KiB	8.0%	0.66ns
P2	4 KiB	6.0%	0.90ns

5.10.1 [5] < 5.4 > 假设 L1 cache 的命中时间决定了 P1 和 P2 的周期时间，那么它们的时钟频率各为多少？

5.10.2 [10] < 5.4 >P1 和 P2 的平均存储器访问时间（Average Memory Access Time, AMAT）(周期数）分别是多少？

5.10.3 [5] < 5.4 > 假定没有任何存储器阻塞时基本 CPI 为 1.0，那么 P1 和 P2 的总 CPI 各为多少？哪个处理器更快？（我们说基本 CPI 为 1.0，意味着指令在一个周期内完成，除非指令访问或数据访问产生了 cache 缺失。）

对下面三个问题，我们考虑在 P1 中增加一个 L2 cache，以弥补 L1 cache 的容量限制。解决问题时，仍使用上表中 L1 cache 的容量和命中时间。显示的 L2 缺失率是其局部缺失率。

L2 cache容量	L2 cache缺失率	L2 cache命中时间
1 MiB	95%	5.62ns

501

5.10.4 [10] < 5.4 > 增加 L2 cache 后，P1 的 AMAT 是多少？增加 L2 cache 后，AMAT 更好还是更差？

5.10.5 [5] < 5.4 > 假定没有任何存储器阻塞时基本 CPI 为 1.0，增加一个 L2 cache 后，P1 的总 CPI 是多少？

5.10.6 [10] < 5.4 > 要使有 L2 cache 的 P1 比没有 L2 cache 的 P1 更快，那么 L2 的缺失率需要为多少？

5.10.7 [15] < 5.4 > 要使有 L2 cache 的 P1 比没有 L2 的 P2 快，那么 L2 的缺失率需要为多少？

5.11 本题考察测试不同 cache 设计的影响，特别是比较 5.4 节的关联 cache 和直接映射 cache。对于这些练习题，参照下面的字地址序列：

```
0x03, 0xb4, 0x2b, 0x02, 0xbe, 0x58, 0xbf, 0x0e, 0x1f,
0xb5, 0xbf, 0xba, 0x2e, 0xce
```

5.11.1 [10] < 5.4 > 请概述一个总容量为 48 个字，块大小为 2 个字，采用三路组相联的 cache 的结构。你的概述应类似于图 5-18，但请明确指出标记和数据字段的宽度。

5.11.2　[10] < 5.4 > 跟踪练习题 5.11.1 中 cache 的行为。假设采用真正的 LRU 替换策略。对于每次引用，请指出：

- 二进制字地址。
- 标记。
- 索引。
- 偏移。
- 该引用是命中还是缺失。
- 每个引用被处理后，cache 每一路中的标记各是什么。

5.11.3　[5] < 5.4 > 概述一个总容量为 8 个字，块大小为 1 个字，采用全相联的 cache 的结构。你的概述应类似于图 5-18，但是请明确指出标记和数据字段的宽度。

5.11.4　[10] < 5.4 > 跟踪练习题 5.11.3 中 cache 的行为。假设采用真正的 LRU 替换策略。对于每次引用，请指出：

- 二进制字地址
- 标记。
- 索引。
- 偏移。
- 该引用是命中还是缺失。
- 每个引用被处理后，cache 中的内容是什么。

502

5.11.5　[5] < 5.4 > 概述总容量为 8 个字，块大小为 2 个字，采用全相联的 cache 的结构。你的概述应类似于图 5-18，但是请明确指出标记和数据字段的宽度。

5.11.6　[10] < 5.4 > 跟踪练习题 5.11.5 中 cache 的行为。假设采用 LRU 替换策略。对于每次引用，请指出：

- 二进制字地址。
- 标记。
- 索引。
- 偏移。
- 该引用是命中还是缺失。
- 每个引用被处理后，cache 中的内容是什么。

5.11.7　[10] < 5.4 > 使用最近使用原则 MRU（Most Recently Used）替换策略重做练习题 5.11.6。

5.11.8　[15] < 5.4 > 使用优化替换策略（例如缺失率最低的策略）重做练习题 5.11.6。

5.12　多级 cache 是一项重要技术，克服第一级 cache 提供的空间有限的不足，同时仍然维持了速度。假设处理器参数如下：

没有存储器阻塞的基本CPI	处理器速度	主存访问时间	每条指令的第一级cache缺失率	第二级cache（直接映射）的速度	包含直接映射的第二级cache时的缺失率	八路组相联的第二级cache的速度	包含八路组相联的第二级cache时的缺失率
1.5	2GHz	100ns	7%	12个周期	3.5%	28个周期	1.5%

注：第一级 cache 缺失率是对于每条指令的。假设 L1 cache 的总缺失数量（包含指令和数据）为总指令数的 7%。

5.12.1　[10] < 5.4 > 计算表中处理器的 CPI：①只有第一级 cache；②一个直接映射的第二级 cache；

③一个八路组相联的第二级 cache。如果主存访问时间加倍，这些数据如何变化（CPI 的绝对变化量以及百分比）？注意 L2 cache 能够隐藏慢内存影响所能达到的程度。 503

5.12.2 [10] <5.4> 拥有比两级更多的 cache 层次可能吗？上述处理器有一个直接映射的第二级 cache，设计者希望增加一个三级 cache，其访问时间为 50 个周期，并且缺失率为 13%。这种设计能提供更好的性能吗？通常来说，增加一个三级 cache 的优点和缺点分别是什么？

5.12.3 [20] <5.4> 在以前的处理器中，如 Intel Pentium 或 Alpha 21264，第二级 cache 在主处理器和第一级 cache 的外部（放置在不同的芯片上）。这使得第二级 cache 很大，访问延迟也高得多，并且由于第二级 cache 以较低的频率运行，因此带宽通常也较低。假设一个 512KiB 的片外第二级 cache 的缺失率为 4%。如果 cache 每增加 512KiB 容量可以使缺失率降低 0.7%，并且 cache 总的访问时间为 50 个周期，那么 cache 容量为多大时才能匹配表中直接映射的第二级 cache 的性能？

5.13 平均失效间隔时间（Mean Time Between Failure，MTBF）、平均修复时间（Mean Time To Replacement，MTTR）和平均无故障时间（Mean Time To Failure，MTTF）对于评估存储资源的可靠性和可用性而言是非常有用的指标。回答下面的问题并探索上述概念，设备参数如下：

MTTF	MTTR
3年	1天

5.13.1 [5] <5.5> 计算该设备的 MTBF。

5.13.2 [5] <5.5> 计算该设备的可用性。

5.13.3 [5] <5.5> 若 MTTR 接近于 0，则可用性如何变化？这是一种现实的情况吗吗？

5.13.4 [5] <5.5> 若 MTTR 变得非常高，例如一台设备非常难维修，则可用性如何变化？这是否意味着该设备可用性很低？

5.14 本题讨论纠 1 检 2（SEC/DED）汉明码。

5.14.1 [5] <5.5> 使用 SEC/DED 保护一个 128 位的字，最少需要多少奇偶位？

5.14.2 [5] <5.5> 5.5 节指出，现代服务器存储器模块（DIMM）采用 SEC/DEC ECC 来进行保护，每 64 位有 8 位奇偶位。计算该编码的开销 / 性能比，并与练习题 5.14.1 进行比较。此处开销是指所需的相对奇偶位，性能是指相对的能够纠正的错误数量。哪种编码较好？

5.14.3 [5] <5.5> 考虑一个采用 4 位奇偶位来保护 8 位字的 SEC。如果读出值为 0x375，是否有错？如果有错，纠正错误。 504

5.15 对于一个高性能系统，如数据库的 B 树索引，页的大小主要由数据大小和磁盘性能决定。假设一个 B 树索引页平均使用 70% 的固定大小的项。一个页面的效用就是 B 树的深度，以 $\log_2$（项数）来计算。下表中，每项 16 个字节，一个已使用 10 年的磁盘延迟为 10ms、传输率为 10MB/s，最优的页大小是 16K。

页大小（KiB）	页效用或B树深度（保存的磁盘访问次数）	索引页的访问开销（ms）	效用/代价
2	6.49或$\log_2$（2048/16×0.7）	10.2	0.64
4	7.49	10.4	0.72
8	8.49	10.8	0.79
16	9.49	11.6	0.82
32	10.49	13.2	0.79
64	11.49	16.4	0.70
128	12.49	22.8	0.55
256	13.49	35.6	0.38

5.15.1 [10] <5.7> 如果项变为 128 字节，最佳的页大小是多少？

5.15.2 [10] <5.7> 根据练习题 5.15.1，如果页处于半满状态，最佳的页大小是多少？

5.15.3 [20] <5.7> 根据练习题 5.15.2，如果使用的是最新的磁盘，延迟 3ms、传输率为 100MB/s，最佳的页大小是多少？请解释为什么未来的服务器可能用较大的页？

在 DRAM 中保存“频繁使用”的页（即“热”页）可以节省磁盘访问，但是对于一个系统，我们如何确定“频繁使用”的精确含义？数据工程师利用 DRAM 和磁盘访问之间的开销比率对热页的重用时间阈值进行量化。磁盘访问的开销是 $ Disk/accesses_per_sec，而将页保存在 DRAM 中的开销是 $ DRAM_MiB/page_size。一些时间节点上典型的 DRAM 和磁盘开销，以及典型的数据库页大小如下表所示：

年份	DRAM开销 ($/MiB)	页大小 (KiB)	磁盘开销 ($/disk)	磁盘访问率 (访问/秒)
1987	5000	1	15 000	15
1997	15	8	2000	64
2007	0.05	64	80	83

5.15.4 [10] <5.7> 若保持使用相同的页大小（从而避免软件重写），那么其他哪些因素会有所改变？以当前的技术和成本发展的趋势，探讨其可能性。

505

5.16 如 5.7 节所述，虚拟存储器使用一个页表来追踪虚拟地址到物理地址之间的映射。本题说明当地址被访问时，页表必须如何更新。下面的数据构成了一个系统上可见的虚拟字节地址流。假设 4KiB 的页，一个具有 4 项的全相联 TLB，采用真正的 LRU 替换算法。如果必须从磁盘中取回页，那么增加下一个最大的页码：

十六进制	4669	2227	13916	34587	48870	12608	49225
十进制	0x123d	0x08b3	0x365c	0x871b	0xbee6	0x3140	0xc049

TLB：

有效位	标记位	物理页号	距最后一次访问的时间
1	0xb	12	4
1	0x7	4	1
1	0x3	6	3
0	0x4	9	7

页表：

索引	有效位	物理页或磁盘中
0	1	5
1	0	磁盘
2	0	磁盘
3	1	6
4	1	9
5	1	11
6	0	磁盘
7	1	4
8	0	磁盘
9	0	磁盘
a	1	3
b	1	12

5.16.1 [10] < 5.7 > 对于以上每次访问，请列出：

- 访问在 TLB 中命中还是缺失。
- 访问在页表中命中还是缺失。
- 访问是否产生页故障。
- TLB 更新后的状态。

5.16.2 [15] < 5.7 > 重复练习题 5.16.1，但这次使用 16KiB 的页来代替 4KiB 的页。使用更大的页有哪些好处？又有哪些缺点？

506

5.16.3 [15] < 5.7 > 重复练习题 5.16.1，但这次使用 4KiB 的页以及一个两路组相联 TLB。

5.16.4 [15] < 5.7 > 重复练习题 5.16.1，但这次使用 4KiB 的页以及一个直接映射 TLB。

5.16.5 [10] < 5.4, 5.7 > 讨论为什么 CPU 必须有 TLB 以保持高性能。如果没有 TLB，如何处理虚拟存储器访问。

5.17 有一些参数会对页表整个大小产生影响。下面列出的是一些关键的页表参数。

虚拟地址位数	页大小	页表项大小
32 bits	8 KiB	4 bytes

5.17.1 [5] < 5.7 > 根据以上参数，计算一个运行 5 个进程的系统最大可能页表的大小。

5.17.2 [10] < 5.7 > 根据以上参数，计算一个系统总的页表大小，该系统运行 5 个应用，每个使用一半的虚拟内存，假定使用一个两级页表，第一级有 256 项。假设主页表中每项是 6 字节。计算该页表所需的最小和最大内存容量。

5.17.3 [10] < 5.7 > 一位 cache 设计人员希望增加一个 4KiB 的虚拟索引、物理标记的 cache 的容量。对于以上页大小，假设每块有两个 64 位的字，那么是否可能构建一个 16KiB 的直接映射 cache？设计者如何增加 cache 的数据大小？

5.18 本题将考察页表的空间 / 时间优化。下表列出了一个虚拟存储系统的参数。

虚拟地址（位）	物理DRAM	页大小	PTE大小（字节）
43	16 GiB	4 KiB	4

5.18.1 [10] < 5.7 > 对于一个单级页表，需要多少页表项（PTE）？需要多少物理存储空间来存放页表？

5.18.2 [10] < 5.7 > 通过仅在物理存储器中保存活跃 PTE，使用多级页表可以减少页表消耗的物理存储空间。如果不限制段表（高一级页表）的大小，那么需要多少级页表？若 TLB 缺失，那么地址转换需要多少次存储访问？

507

5.18.3 [10] < 5.7 > 假设段限制为 4KiB 页大小（从而可以分页）。4 字节对于所有的页表项是否足够大（包括在段表中的项）？

5.18.4 [10] < 5.7 > 如果将段限制为 4KiB 页大小，那么需要多少级页表？

5.18.5 [15] < 5.7 > 反向页表可以用来进一步优化空间和时间。存放页表需要多少 PTE？假设实现一个哈希表，当 TLB 缺失时，在正常情况下和最差情况下的存储器访问次数分别是多少？

5.19 下表给出了一个具有四项内容的 TLB：

入口ID	有效位	虚拟地址页	页修改位	保护位	物理地址页
1	1	140	1	RW	30
2	0	40	0	RX	34
3	1	200	1	RO	32
4	1	280	0	RW	31

5.19.1 [5] < 5.7 > 在什么情况下第三项的有效位被置为 0？

5.19.2 [5] < 5.7 > 当一条指令写虚拟地址页 30 时，会发生什么？什么时候软件管理的 TLB 比硬件管理的 TLB 速度快？

5.19.3 [5] < 5.7 > 当一条指令写虚拟地址页 200 时，会发生什么？

5.20 本题将考察替换策略如何影响缺失率。假设有一个两路组相联 cache，有 4 个块，每块 1 个字。考虑下面的字地址序列：0，1，2，3，4，2，3，4，5，6，7，0，1，2，3，4，5，6，7，0。

5.20.1 [5] < 5.4, 5.8 > 假定使用 LRU 替换策略，哪些访问命中？

5.20.2 [5] < 5.4, 5.8 > 假定使用 MRU 替换策略，哪些访问命中？

5.20.3 [5] < 5.4, 5.8 > 通过掷硬币来模拟随机替换策略。例如，“正面”表示逐出组中第一块，“反面”表示逐出组中第二块。那么这组地址序列中有多少次命中？

5.20.4 [10] < 5.4, 5.8 > 描述该序列的一种最优替换策略，用该策略哪些访问命中？

5.20.5 [10] < 5.4, 5.8 > 说明为什么实现对所有地址序列来说都是最优的 cache 替换策略是十分困难的？

5.20.6 [10] < 5.4, 5.8 > 假设在主存引用时，你都可以决定被请求的地址是否要缓存（cache），那么这对缺失率有什么影响？

508

5.21 虚拟机广泛使用最大的障碍之一是运行虚拟机所产生的性能开销。下表列出了不同的性能参数和应用程序行为。

基本CPI	每10 000条指令中的特权O/S访问次数	陷入客户O/S的开销	陷入VMM的开销	每10 000条指令中的I/O访问次数	I/O访问时间（包括陷入到客户O/S的时间）
1.5	120	15个时钟周期	175个时钟周期	30	1100个时钟周期

5.21.1 [10] < 5.6 > 计算上述系统的 CPI，假设没有 I/O 访问。如果 VMM 开销翻倍，那么 CPI 为多少？如果减半呢？如果一个虚拟机软件公司希望将性能损失限制在 10%，那么陷入到 VMM 最长的开销可能是多少？

5.21.2 [15] < 5.6 > I/O 访问对系统整体性能有着很大的影响。计算一台机器的 CPI，使用上面的性能特征值，假设是非虚拟化系统。如果使用虚拟化系统，CPI 又是多少？如果系统中 I/O 访问减半，那么这些 CPI 如何变化？

5.22 [15] < 5.6, 5.7 > 比较虚拟存储器和虚拟机的概念。它们各自的目标是什么？各自的利弊是什么？列出一些需要虚拟存储器的情况，以及一些需要虚拟机的情况。

5.23 [10] < 5.6 > 5.6 节讨论的虚拟化，假设了虚拟化的系统和底层硬件运行相同的 ISA。然而，虚拟化的一种可能的用途就是仿真非本地的 ISA。例如，QEMU 可以仿真多种 ISA，如 MIPS、SPARC 以及 PowerPC。与这种虚拟化相关的难点是什么？被仿真的系统是否可能比在本地 ISA 上运行得更快？

5.24 本题将考察处理器中带有写缓冲区的控制器中的控制单元。使用图 5-39 的有限状态机作为设计有限状态机的起点。假设 cache 控制器适用于 5.9 节图 5-39 所描述的简单直接映射 cache，但要增加一个写缓冲区，容量为 1 个块。

写缓冲区的目的是用来临时存储，因此在发生脏块缺失时，处理器就不需要等待两次存储器访问。比起在读新块之前就写回脏块，写缓冲区缓存了脏块并立即开始读新块。从而当处理器工作时，脏块可以随后被写入主存。

509

5.24.1 [10] < 5.8, 5.9 > 如果处理器发出一个请求并在 cache 中命中，同时一个块正在从写缓冲区写回到主存，此时会发生什么？

5.24.2 ［10］< 5.8, 5.9 > 如果处理器发出一个请求并在 cache 中缺失，同时一个块正从写缓冲区写回到主存，此时会发生什么？

5.24.3 ［30］< 5.8, 5.9 > 设计一个能够使用写缓冲区的有限状态机。

5.25 cache 一致性关注给定缓存块上的多个处理器。下面的数据显示了两个处理器以及它们对一个 cache 块 X 中两个不同字的读 / 写操作（初始 `X[0] = X[1] = 0`）。

P1	P2
X[0] ++; X[1] = 3;	X[0] = 5; X[1] +=2;

5.25.1 ［15］< 5.10 > 列出给定 cache 块在正确的 cache 一致性协议实现下的可能的值。如果协议不保证 cache 一致性，列出至少一个可能的 cache 块值。

5.25.2 ［15］< 5.10 > 对于监听协议，列出每个处理器 /cache 完成上面的读 / 写操作的有效操作顺序。

5.25.3 ［10］< 5.10 > 在最好和最差情况下，执行以上列出的读 / 写指令所需的 cache 缺失次数分别是多少？

存储器一致性考虑的是多个数据项。下面的数据给出了两个处理器以及它们在不同 cache 块上的读 / 写操作（A 和 B 的初始值为 0）。

P1	P2
A = 1; B = 2; A+=2; B++;	C = B; D = A;

5.25.4 ［15］< 5.10 > 对于所有确保 5.10 节两个一致性假设的实现，列出 C 和 D 可能的值。

5.25.5 ［15］< 5.10 > 如果假设不成立，列出至少一对 C 和 D 可能的值。

5.25.6 ［15］< 5.3, 5.10 > 对于不同的写策略和写分配策略的组合，哪些组合可以简化协议的实现？

5.26 片上多处理器（Chip Multiprocessor, CMP）在单个芯片上有多个核以及自己的 cache。CMP 片上 L2 cache 设计时要进行有趣的权衡。下表列出了两个基准测试程序在私有 L2 cache 和共享 L2 cache 两种情况下的缺失率和命中延迟。假设 L1 cache 缺失率为 3%，并且访问时间为 1 个周期。 510

	私有	共享
基准测试程序A的缺失率	10%	4%
基准测试程序B的缺失率	2%	1%

假设命中延迟如下：

私有cache	共享cache	存储器
5	20	180

5.26.1 ［15］< 5.13 > 对于每个基准测试程序，哪种 cache 设计更好？请用数据来支持你的结论。

5.26.2 ［15］< 5.13 > 随着 CMP 核数的增加，片下带宽成为瓶颈。这些瓶颈如何影响私有和共享的 cache 系统？影响有何不同？如果第一个片下链接延迟翻倍，请选择最佳的设计。

5.26.3 ［10］< 5.13 > 讨论共享 L2 cache 和私有 L2 cache 对于单线程、多线程以及多道程序负载的优缺点。如有片上 L3 cache，请重新考虑这些问题。

5.26.4 ［10］< 5.13 > 非阻塞 L2 cache 在共享 L2 cache 的 CMP 上，还是在私有 L2 cache 的 CMP 上提供的性能改进更多？为什么？

5.26.5 [10] < 5.13 > 假设新一代的处理器核数每 18 个月翻倍。为了保证每核性能处于相同水平，那么一个三年后发布的处理器需要多少片下存储器带宽?

5.26.6 [15] < 5.13 > 考虑整个存储器层次结构，哪种优化可以改进同时发生的缺失数量?

5.27 本题给出了网络服务器日志的定义，并考察了代码优化，以改进日志处理速度。日志的数据结构定义如下：

```
struct entry {
 int srcIP; // remote IP address
 char URL[128]; // request URL (e.g., "GET index.html")
 long long refTime; // reference time
 int status; // connection status
 char browser[64]; // client browser name
} log [NUM_ENTRIES];
```

511

假定日志的处理函数如下：

```
topK_sourceIP (int hour);
```

该函数决定了给定时间内最频繁观察到的源 IP。

5.27.1 [5] < 5.15 > 对于给定的日志处理函数，一个日志项中的哪些字段将被访问? 假设 cache 块为 64 字节，没有预取，那么给定的函数平均每项会引发多少次 cache 缺失?

5.27.2 [10] < 5.15 > 如何重新组织数据结构以改善 cache 的效用和访问局部性?

5.27.3 [10] < 5.15 > 请举例说明另一种采用不同数据结构的日志处理函数。如果两个函数都很重要，如何重写程序以改进整体性能? 用代码片段和数据补充讨论。

5.28 对于下面的问题，下表所示的基准测试程序对使用的数据出自“SPEC CPU 2000 基准测试程序的 cache 性能”(http://www.cs.wisc.edu/multifacet/misc/spec2000cache-data/)，如下所示。

a.	Mesa/gcc
b.	mcf/swim

5.28.1 [10] < 5.15 > 对于不同相联度的 64KiB 数据 cache，每个基准测试程序每种缺失类型（强制、容量和冲突缺失）的缺失率分别是多少?

5.28.2 [10] < 5.15 > 为两个基准测试程序共享的 64KiB L1 数据 cache 选择组相联度。若 L1 cache 是直接映射的，那么为 1MiB 的 L2 cache 选择组相联度。

5.28.3 [20] < 5.15 > 请列举一个缺失率表的例子，其中较高的相联度实际上增加了缺失率。构建 cache 配置以及访问流来给出证明。

5.29 为了支持多虚拟机，需要两级存储器虚拟化。每个虚拟机仍控制从*虚拟地址*（Virtual Address，VA）到物理地址（Physical Address，PA）之间的映射，同时管理程序将每个虚拟机的 PA 映射到实际的*机器地址*（Machine Address，MA）。为了加速映射过程，一种被称为“影子分页”的软件方法在管理程序中复制了每个虚拟机的页表，并且侦听从虚拟地址到物理地址的映射变化，以保证两个副本的一致性。为了消除影子页表的复杂性，一种被称为*嵌套页表*（Nested Page Table，NPT）的硬件方法可以明确地支持两种页表（VA=>PA 和 PA=>MA），并且完全依靠硬件来查找这些表。

512

考虑下面的操作序列：创建进程；TLB 缺失；缺页；上下文切换。

5.29.1 [10] < 5.6, 5.7 > 给定的操作序列对影子页表和嵌套页表分别会产生什么影响?

5.29.2 [10] < 5.6, 5.7 > 假设一个基于 x86 架构的四级页表同时存在于客户页表和嵌套页表中，那么在处理本地页表 TLB 缺失和嵌套页表 TLB 缺失时，分别需要多少次存储器访问?

5.29.3 [15] < 5.6, 5.7 >TLB 缺失率、TLB 缺失延迟、缺页率、缺页处理延迟中，对影子页表来说，哪些指标更重要？对于嵌套页表来说，哪些指标更重要？

下表是影子分页系统的参数。

每1000条指令的TLB缺失	NPT TLB缺失延迟	每1000条指令的缺失延迟	影子页缺失代价
0.2	200个时钟周期	0.001	30 000个时钟周期

5.29.4 [10] < 5.6 > 一个基准测试程序的本地执行 CPI 为 1，如果使用影子页表，CPI 是多少？如果使用嵌套页表（假设只有页表虚拟化开销），CPI 又是多少？

5.29.5 [10] < 5.6 > 使用什么技术可以减少影子页表所带来的开销？

5.29.6 [10] < 5.6 > 使用什么技术可以减少嵌套页表所带来的开销？

小测验答案

5.1 节　1 和 4。（3 错误，因为每个计算机的存储器层次结构的开销是不同的，但 2016 年最高开销通常是 DRAM。）

5.3 节　1 和 4。更低的缺失代价可以允许使用更小的 cache 块，因为没有更多的延迟需要分摊；而更高的存储带宽通常导致更大的块，因为缺失代价只是稍微大了一些。

5.4 节　1。

5.7 节　1-a，2-c，3-b，4-d。

5.8 节　2。（大块和预取都能降低强制缺失，因此 1 是错误的。）

513

第 6 章

Computer Organization and Design: The Hardware/Software Interface, ARM Edition

并行处理器：从客户端到云[⊖]

多处理器或集群结构

6.1 引言

> 我奋力挥舞，用尽一切力量，要么获得巨大成功，要么输得一败涂地。我喜欢拼尽全力活得精彩。
>
> *Babe Ruth（美国棒球运动员）*

> 在月球的山脉上，沿着阴影笼罩的山谷，前进，勇敢地前进——如果你在寻找理想中的黄金国！
>
> *Edgar Allan Poe, El Dorado, stanza 4, 1849*

计算机架构师一直在寻求计算机设计的“黄金之城”（El Dorado）：只需将现有的多个小计算机简单地连接在一起就能构成功能强大的计算机。这种美好的想法就是**多处理器**（multiprocessor）产生的根源。理想情况下，用户可以按照其能力订购足够多的处理器，从而获相应的性能。因此，多处理器软件必须设计为能在不同数量的处理器上工作。如第 1 章所述，无论是数据中心还是微处理器，功耗已经成为首要问题。在软件可以有效地使用每个处理器的情况下，用很多小而高效的处理器代替大而低效的处理器，可在每单位焦耳上获得更高的性能。因此，在多处理器的情况下，改进的能源效率提供了可扩展的性能。

由于多处理器软件支持可变数量的处理器，因此一些设计可以支持在硬件损坏的情况下进行操作；也就是说，如果在包含 n 个处理器的多处理器系统中有一个处理器失效，这些系统仍可以使用 n–1 个处理器继续提供服务。因此，多处理器也提高了可用性（见第 5 章）。

对于独立的任务而言，高性能意味着更高的吞吐率，称作**任务级并行**（task-level parallelism）或**进程级并行**（process-level parallelism）。这些任务是独立的单线程应用程序，是多处理器重要且普遍的应用。这种方法与在多个处理器上运行单一任务是相反的。我们使用术语**并行处理程序**（parallel processing program）来表示一个同时运行在多个处理器上的程序。

多处理器：至少含有两个处理器的计算机系统，与单处理器相对，现在单处理器越来越少了。

并行处理程序：同时运行在多个处理器上的单一程序。

任务级并行或进程级并行：通过同时运行独立程序的方法来利用多处理器。

⊖ 本章的撰写风格与前几章有较大的不同，更为抽象，信息量也更大，读者可以参考各类相关资料来更好地理解本章内容。——译者注在过去数十年里，很多科学问题都需要更快的计算机，同时这些问题也用来评价新型并行计算机的性能。其中一些问题今天处理起来很简单，使用安装在许多独立服务器中的微处理器组成的**集群**（cluster）即可完成（见 6.7 节）。此外，集群还可以为科学计算以外的有类似要求的应用程序，如搜索引擎、Web 服务器、电子邮件服务器和数据库服务。

集群：通过局域网连接的一组计算机，其作用等同于单一的大型多处理器。

如第 1 章所述，多处理器已成为研究焦点，因为功耗问题意味着未来处理器性能的提高将主要来自于显式的硬件并行，而不是更高的主频或大幅改进的 CPI。如第 1 章那样，我们采用**多核微处理器**（multicore microprocessor）而不是多处理器微处理器（multiprocessor microprocessor）这一名称，以避免命名上的冗长。因此，多核芯片内的处理器通常称为核（core）。核的数量预计按摩尔定律（Moore's Law）增长。这些多核处理器通常都是**共享内存处理器**（Shared Memory Processor，SMP），因为它们通常共享一个物理地址空间。6.5 节将更深入地讨论 SMP。

多核微处理器：在单一集成电路上包含多个处理器（"核"）的微处理器。目前几乎所有的桌面机和服务器中都采用多核微处理器。

514
~
516

共享内存多处理器：具有单一物理地址空间的并行处理器。

当今的技术状况意味着关心性能的编程人员必须掌握并行编程，因为串行程序现在意味着慢速的程序。

业界面临的一个巨大挑战是，如何构建易于正确编写并行处理程序的软硬件系统，使得单芯片中核数增加时，程序执行在性能和功耗上依旧表现良好。

微处理器设计中的这种突然转变，导致很多设计人员措手不及，因而产生了很多关于术语及其内涵的混淆。图 6-1 试图阐述串行（serial）、并行（parallel）、顺序（sequential）和并发（concurrent）等术语之间的差异。图中的每一列代表软件，这些软件本身是顺序的或是并发的。图中的每一行代表硬件，或串行或并行。例如，编写编译器的程序员认为编译器是顺序程序，因为编译步骤包含分析、代码生成和优化等。与之相反，编写操作系统的程序员一般认为操作系统是并发程序，因为操作系统需要协同处理一个计算机中多个独立作业产生的各种 I/O 事件。

		软件	
		顺序	并发
硬件	串行	运行于Intel Pentium 4上的使用MATLAB编写的矩阵乘法	运行于Intel Pentium 4上的Windows Vista操作系统
	并行	运行于Intel Core i7上的使用MATLAB编写的矩阵乘法	运行于Intel Core i7上的Windows Vista操作系统

图 6-1　硬 / 软件分类以及若干并发应用程序与并行硬件的对比示例

图 6-1 说明，并发软件可以运行于串行硬件上（如运行在 Intel Pentium 4 单处理器上的操作系统），也可以运行于并行硬件上（如运行在最新的 Intel Core i7 上的操作系统）。而对于串行软件也是如此。例如，MATLAB 程序员认为矩阵乘是顺序的，但可以串行地在 Pentium 4 上运行，也可以并行地在 Intel Core i7 上运行。

你也许会认为并行革命的唯一挑战是如何使顺序的软件在并行硬件上获得高性能，但如何让并发程序在多处理器上随处理器数量增加而提高性能也是一个难点。为了加以区别，本章剩余部分将使用并行处理程序（parallel processing program）或并行软件（parallel software）表示运

517 行在并行硬件上的顺序软件或并发软件[⊖]。下一节讲述为什么很难编写高效的并行处理程序。

在进一步讨论并行方法之前，别忘了前面章节的相关内容：

- 2.11 节“并行与指令：同步”。
- 3.6 节“并行与计算机算术：子字并行”。
- 4.10 节“指令级并行”。
- 5.10 节“并行与存储器层次结构：cache 一致性”。

小测验　判断：为了从多处理器中受益，应用程序必须是并发的。

6.2　创建并行处理程序的难点

并行的难点不在于硬件，而是目前只有极少数重要的应用程序被重写，以便在多处理器上更快地完成任务。编写程序以使用多处理器来更快地完成任务是很困难的，并且随着处理器数量的增加，问题会变得更加困难。

为什么会这样呢？为什么并行处理程序相对于顺序程序更难以开发呢？

第一个原因是，你必须从多处理器上的并行处理程序中获取更高的性能或更好的能效；否则，不如在单处理器上使用顺序程序，编写顺序程序要简单得多。事实上，单处理器设计技术（如超标量和乱序执行）利用了指令级并行（见第 4 章），并且通常不需要程序员的介入。这些技术减少了重写程序的需求，程序员不做任何事情就可以使他们的串行程序在新计算机上运行得更快。

为什么编写快速运行的并行处理程序非常困难，尤其是处理器数量增加的时候？第 1 章中我们打了个比方，让 8 个记者同时编写一个故事，希望以 8 倍的速度完成。为了实现目标，任务必须被分解为等量的 8 份，否则会有一些记者处于空闲等待状态，而其他记者忙于完成较大的片段。另外一个影响加速的障碍是，记者们可能要花费大量时间进行沟通，而不是专心编写自己的片段。无论是这个类比还是并行编程，都要面临如下挑战：调度、将任务 518 分割成并行部分、负载均衡、同步时间和不同部分间的通信开销。当有更多记者完成一篇新闻报道，或使用更多处理器来完成并行编程时，挑战会更为严峻。

第 1 章中还讨论了另外一个障碍，即 Amdahl 定律。这提示我们，为了充分利用多核，程序中即使一个很小的部分也需要并行化。

例题｜**加速的挑战**

如果希望在 100 个处理器上获得 90 倍的加速，那么原始计算中最多有多少是可以顺序执行的呢？

答案｜Amdahl 定律（第 1 章）指出：

$$\text{改进后的执行时间} = \frac{\text{受改进影响的执行时间}}{\text{改进量}} + \text{未受改进影响的执行时间}$$

我们可以使用加速相对初始执行时间的形式重新表示 Amdahl 定律：

$$\text{加速比} = \frac{\text{改进前的执行时间}}{(\text{改进前的执行时间} - \text{受改进影响的执行时间}) + \dfrac{\text{受改进影响的执行时间}}{\text{改进量}}}$$

该公式通常被改写为假定改进前的执行时间为 1 个时间单元的形式，并且将受改进影响的执

⊖ 即将运行在并行硬件上的顺序 / 并发程序（或软件）都称为并行处理程序或并行软件。——译者注

行时间视作原始执行时间的比例：

$$加速比=\frac{1}{(1-受改进影响的执行时间比例)+\frac{受改进影响的执行时间比例}{改进量}}$$

将加速比替换为 90，改进量替换为 100[㊀]，代入上述公式中：

$$90=\frac{1}{(1-受改进影响的执行时间比例)+\frac{受改进影响的执行时间比例}{100}}$$

519

然后简化该公式并求解受改进影响的执行时间比例：

$$90\times(1-0.99\times 受改进影响的执行时间比例)=1$$
$$90-(90\times 0.99\times 受改进影响的执行时间比例)=1$$
$$90-1=90\times 0.99\times 受改进影响的执行时间比例$$
$$受改进影响的执行时间比例=89/89.1=0.999$$

因此，要在 100 个处理器上获得加速比 90，顺序执行部分最多占 0.1%。

然而，有些应用程序并行性较高，我们将在下面看到。

例题 | 加速的挑战：更大规模的问题

假设要执行两个加法：一个加法对 10 个标量求和，另一个对两个 10 × 10 的二维矩阵求和。假设只有矩阵求和可以并行化，以后我们会讨论如何对标量求和进行并行化。使用 10 个和 40 个处理器的加速比分别是多少？如果矩阵维数是 20 × 20 呢？

答案 | 假定性能是加法时间 t 的函数，那么有 10 次加法不能从并行处理器中获益，100 次加法可以获益。如果单处理器上执行时间为 $110t$，那么在 10 个处理器上执行的时间是

$$改进后的执行时间=\frac{受改进影响的执行时间}{改进量}+未受改进影响的执行时间$$

$$改进后的执行时间=100t/10+10t=20t$$

因此，使用 10 个处理器的加速比是 $110t/20t=5.5$。使用 40 个处理器的执行时间是

$$改进后的执行时间=\frac{100t}{40}+10t=12.5t$$

因此，使用 40 个处理器的加速比是 $110t/12.5t=8.8$。故对于该问题规模，使用 10 个处理器达到了潜在加速比的 55%，但是使用 40 个处理器仅达到了潜在加速比的 22%。

520

再来看看矩阵规模增大时会发生什么。顺序程序现在的执行时间为 $10t+400t=410t$。10 个处理器的执行时间是

$$改进后的执行时间=\frac{400t}{10}+10t=50t$$

因此，使用 10 个处理器的加速比是 $410t/50t=8.2$。40 个处理器的执行时间是

$$改进后的执行时间=\frac{400t}{40}+10t=20t$$

因此，使用 40 个处理器的加速比是 $410t/20t=20.5$。故对于较大的问题规模，使用 10 个处理器获得了大约 82% 的潜在加速比，而 40 个处理器时为 51%。

㊀ 将可并行部分从单个处理器改到 100 个处理器上执行，速度提高了 100 倍。——译者注

这些例子说明，在一个多处理器上获得更高加速比，同时保持问题规模不变，相对于通过增加问题规模获得高加速比要更加困难。为此我们引入两个术语来描述按比例放大的方式。

强比例缩放（strong scaling）指保持问题规模不变的情况下测量加速比。**弱比例缩放**（weak scaling）意味着问题的规模与处理器数量成比例增长。假定问题规模 M 是主存中的工作集，处理器数量为 P，那么每个处理器所占用的内存对于强比例缩放大约是 M/P，对于弱比例缩放大约是 M。

强比例缩放：在问题规模不变的多处理器上可获得的加速比。

弱比例缩放：在问题规模与处理器数量成比例增长的多处理器上可获得的加速比。

注意，传统认知认为弱比例缩放会比强比例缩放简单，但是存储器层次结构可能对这一传统认知产生影响。例如，如果弱比例缩放数据集不再适用于多核微处理器中最后一层的 cache，会导致性能比使用强比例缩放时更加糟糕。

不同应用程序可以选择不同的缩放方法。例如，TPC-C 借贷数据库基准测试程序需要按每分钟内的事务处理次数成比例地增加客户数量。这是因为如果银行装备了更快的计算机，我们也不能假定客户从此以后每天使用 100 次 ATM，很明显这是没有实际意义的。因此，如果要证明系统每分钟处理的事务次数可以提高 100 倍，应当将顾客数量提高 100 倍进行实验。大规模问题往往需要更多的数据，这是弱比例缩放的一个特点。

最后一个例子说明了负载均衡的重要性。

例题｜加速的挑战：负载均衡

521

为了在前面 40 个处理器的较大问题规模中实现 20.5 的加速比，我们假定了负载是完全均衡的。也就是说，40 个处理器中，每一个都完成了 2.5% 的工作。事实上，如果一个处理器的负载高于其他处理器，那么加速比就会受到影响。请计算当其中一个处理器完成两倍负载（5%）和五倍负载（12.5%）时的加速比。其他处理器的利用率如何？

答案｜如果一个处理器承担 5% 的并行负载，那么它需要完成 5%×400，即 20 次加法，其余 39 个处理器分担剩余的 380 次加法。由于它们是同时运算的，我们可以取两个工作时间的最大值。

$$\text{改进后的执行时间} = \text{Max}\left(\frac{380t}{39}, \frac{20t}{1}\right) + 10t = 30t$$

加速比从 20.5 降低至 $410t/30t = 14$。剩下 39 个处理器的利用率不及原来的一半：在等待任务最重的处理器完成 $20t$ 时，它们只计算了 $380t/39 = 9.7t$。

如果一个处理器承担 12.5% 的负载，它必须执行 50 次加法。公式为：

$$\text{改进后的执行进间} = \text{Max}\left(\frac{350t}{39}, \frac{50t}{1}\right) + 10t = 60t$$

加速比进一步降低至 $410t/60t = 7$。其余处理器的利用率不到原来的 20%（$9t/50t$）。这个例子说明了负载均衡的重要性：仅有一个处理器的负载是其他处理器的两倍时，加速比几乎降低了三分之一；而当一个处理器的负载是其他处理器的五倍时，加速比几乎降低了三分之二。

现在我们对并行处理的目标和挑战有了更好的理解，这里先给出本章剩余内容的概览。6.3 节介绍了一个比图 6-1 更古老的分类方法。该节也给出了两种可以支持串行程序运行在并行硬件上的指令集结构，称为单指令多数据（SIMD）和向量（vector）。6.4 节介绍了多线程（multithreading），这个概念经常容易与多进程（multiprocessing）混淆，部分原因是它们都依赖于程序中相似的并行性。6.5 节介绍了第一种基本并行硬件特性的两种方案，区别在于系统中所有处理器是否采用单一的物理地址空间。如前面所提到的，其中两种常见形式是共享内存多处理器（SMP）和集群，该节讲述的是前者。6.6 节介绍了一种来自图形硬件领域的相对较新的计算机，称为图形处理单元（Graphics-Processing Unit，GPU），只有单一的物理地址空间（附录 B 更详细地讨论了 GPU）。6.7 节介绍了集群，这是使用多个物理地址空间计算机的一个常见的例子。6.8 节介绍了将多个处理器（可以是集群中的多个服务节点，也可以是微处理器中的多个核）链接起来的典型拓扑结构。6.9 节介绍了通过以太网在集群中多个节点间进行通信的硬件和软件。该节展示了如何使用客户软件和硬件来优化性能。接下来 6.10 节探讨了寻找并行测试程序集的困难。该节也包含一个简单但是很有启发意义的性能模型，这个模型可用于辅助应用程序及体系结构的设计。6.11 节使用该模型和并行测试集对多核计算机和 GPU 进行比较。6.12 节展示了加速矩阵乘法这一旅程的最后也是最庞大的一个步骤。对于无法在 cache 中放下的矩阵，使用 16 个核进行并行处理得到 14 倍的性能改进。本章最后分析了一些常见谬误和陷阱，并进行了总结。

522

下一节将介绍代表不同并行计算机类型的英文首字母缩写（你可能已经见过了）。

小测验　判断：强比例缩放不受 Amdahl 定律的约束。

6.3 SISD、MIMD、SIMD、SPMD 和向量

20 世纪 60 年代提出的一种并行硬件分类方法一直沿用至今。该分类基于指令流的数量和数据流的数量，如图 6-2 所示。因此，传统的单处理器具有单一的指令流和单一的数据流，而传统的多处理器具有多个指令流和多个数据流。这两种类别分别称为 SISD（Single Instruction stream，Single Date stream）和 MIMD（Multiple Instruction stream，Multiple Data stream）。

SISD：单指令流单数据流的单处理器。

MIMD：多指令流多数据流的多处理器。

		数据流	
		单	多
指令流	单	SISD：Intel Pentium 4	SIMD：x86的SSE指令
	多	MISD：目前没有示例	MIMD：Intel Core i7

图 6-2　基于指令流和数据流数量的硬件分类和示例：SISD、SIMD、MISD 和 MIMD

虽然可以编写独立的程序运行在一个 MIMD 计算机的不同处理器上，并让这些程序一起工作，协同完成一个共同的大目标，但是编程人员通常仅编写单一程序运行在 MIMD 计算机的所有处理器上，依赖于条件语句使不同的处理器执行不同的代码段。这称为**单程序多数据**（SPMD），是 MIMD 计算机编程的方式。

SPMD：单程序多数据流。传统 MIMD 编程模型，一个程序运行在所有处理器上。

最接近多指令流单数据流（MISD）的处理器应该是“流处理器”了，流处理器在流水线形式中对一个单独的数据流执行一系列计算：从网络中解析输入，分析数据，解压数据，查找匹配，等等。而与 MISD 相反的 SIMD 更常见一些。SIMD 计算机对向量数据进行操作。

SIMD：单指令流多数据流。同样的指令应用于多个数据流，如在向量处理器中那样。

523

例如，单一的SIMD指令可以把64个数相加，只需要把64个数据流发送到64个ALU，从而在一个时钟周期内得到64个和。3.6节和3.7节中的子字并行指令是另一个SIMD的例子；实际上，Intel的SSE中的第二个S就代表SIMD。

SIMD的优点在于所有的并行执行单元都是同步的，并且这些单元都响应单个程序计数器（PC）发出的单个指令。从程序员的角度来看，这接近于我们已经熟悉的SISD。尽管每个单元都将执行相同指令，但是每个执行单元都有自己的地址寄存器，因此每个单元可以有不同的数据地址。因此，就图6-1而言，一个顺序应用程序编译后可能运行于组织为SISD形式的串行硬件上，也可能运行于组织为SIMD形式的并行硬件上。

SIMD的初衷是将控制单元的成本分摊到几十个执行单元上。因此，SIMD的另一个优点是降低了指令宽度和空间——SIMD只需要同时执行代码的一个副本，而消息传递的MIMD可能每个处理器都需要一个副本，共享内存MIMD则需要多个指令cache。

SIMD在处理for循环中的数组时最为有效。因此，为了在SIMD中并行工作，必须有大量相同结构的数据，一般称为**数据级并行**（data-level parallelism）。SIMD在处理case或switch语句时效率最低，此时每个执行单元必须根据不同的数据执行不同的操作。带有错误数据的执行单元必须被摒弃，而带有正确数据的执行单元将继续执行。若有n个case，在这种情况下，SIMD处理器将会以峰值性能的$1/n$运行。

数据级并行：对独立数据执行相同操作所获得的并行。

促使SIMD类型产生的阵列处理器已褪变成历史（见网站上6.15节），但是直到现在对SIMD的两种解释依然在使用。

6.3.1 x86中的SIMD：多媒体扩展

如第3章所述，对窄整型数据的子字并行是1996年x86多媒体扩展（Multimedia Extension，MMX）指令产生的最初灵感来源。随着摩尔定律的持续，更多的指令被加入进来，产生了最初的SSE(Streaming SIMD Extension）指令集，现在为AVX(Advanced Vector Extension）指令集。AVX支持4个64位浮点数据同时执行。操作和寄存器的位宽编码到多媒体指令的操作码中。随着寄存器和操作的位宽增加，多媒体指令的操作码数量也在增加，现在已经有数百条SSE和AVX指令（见第3章）。

6.3.2 向量

SIMD的一个更古老、更优雅的解释是向量体系结构（vector architecture），非常接近于Seymour Cray在20世纪70年代开始设计制造的计算机。向量体系结构非常适合有大量数据并行的问题。与早期的阵列处理器类似，向量体系结构将ALU流水化，而不是用64个ALU同时执行64次加法，从而以较低的成本获得高性能。向量体系结构的基本理念是从存储器中收集数据元素，并按顺序放到一大组寄存器中，然后使用流水线式的执行单元在寄存器中对它们依次操作，最后将结果写回存储器。向量体系结构的一个关键特征是有一组向量寄存器。因此，向量体系结构可能拥有32个向量寄存器，每个寄存器包含64个64位宽的元素。

524

例题 | 向量代码与常规代码的比较

假设用向量指令和向量寄存器扩展LEGv8指令集体系结构。向量操作沿用LEGv8的操作名称，但在其后增加一个字母“V”。例如，FADDDV表示将两个双精度向量相加。同样，将

SIMD 指令使用的 32 个向量寄存器从 2 个 64 位元素扩展为 64 个 64 位元素。向量指令的输入可以是一对向量（V）寄存器（FADDDVS），也可以是一个向量寄存器和一个标量寄存器（FADDDVS）。后一种情况下，标量寄存器的值用作所有操作的输入——FADDDVS 操作将会把一个标量寄存器的内容加到向量寄存器中的每个元素上。LDURDV 和 STURDV 分别代表向量 load 和向量 store，即 load 或 store 整个双精度数据向量。LDURDV 和 STURDV 的一个操作数是要被 load 或 store 的向量寄存器；另一个操作数是 LEGv8 的通用寄存器，用来给出向量在存储器中的起始地址。

根据上述简要说明，给出下面表达式的常规 LEGv8 代码以及向量 LEGv8 代码：

$$Y = a \times X + Y$$

其中 X 和 Y 是 64 位双精度浮点数的向量，初始保存在存储器中；a 是一个双精度标量。（这个例子就是所谓的 DAXPY 循环，其构成了 Linpack 基准测试程序的内部循环。DAXPY 表示 double precision $a \times X$ plus Y。）假定 X 和 Y 的起始地址分别保存在 X19 和 X20 中。

答案 下面是 DAXPY 的常规 LEGv8 代码：

```
        LDURD  D0,[X28,a]    //load scalar a
        ADDI   X0,X19,512    //upper bound of what to load
  loop: LDURD  D2,[X19,#0]   //load x(i)
        FMULD  D2,D2,D0      //a x x(i)
        LDURD  D4,[X20,#0]   //load y(i)
        FADDD  D4,D4,D2      //a x x(i) + y(i)
        STURD  D4,[X20,#0]   //store into y(i)
        ADDI   X19,X19,#8    //increment index to x
        ADDI   X20,X20,#8    //increment index to y
        CMPB   X0,X19        //compute bound
        B.NE   loop          //check if done
```

525

下面是 DAXPY 的向量 LEGv8 代码：

```
  LDURD     D0,[X28,a]      //load scalar a
  LDURDV    V1,[X19,#0]     //load vector x
  FMULDVS   V2,V1,D0        //vector-scalar multiply
  LDURDV    V3,[X20,#0]     //load vector y
  FADDDV    V4,V2,V3        //add y to product
  STURDV    V4,[X20,#0]     //store the result
```

比较该例中的两段代码，你会发现一些有趣的地方。最引人注目的是向量处理器大大降低了动态指令[⊖]的带宽，仅用 6 条指令就完成了将近 600 条传统 LEGv8 指令的工作。降低的原因一是向量操作一次处理 64 个元素，二是 LEGv8 中接近一半开销的循环指令在向量代码中不存在了。正如你所想的一样，指令取指和执行次数的降低也会节省能耗。

另一个重要的不同在于流水线阻塞频率（见第 4 章）。在简单的 LEGv8 代码中，每个 FADDD 必须等待一个 FMULD，并且每个 STURD 必须等待 FADDD，另外每个 FADDD 和 FMULD 必须等待 LDURD。在向量处理器中，每条向量指令只会在每个向量的起始元素处阻塞，后续元素都会顺畅地通过流水线。因此，流水线阻塞在每次向量操作时只会发生一次，而不是每个向量元素一次。在这个例子中，LEGv8 中的流水线阻塞频率比 LEGv8 向量版的阻塞频率高了约 64 倍。当然，LEGv8 可以采用循环展开技术减少流水线阻塞（见第 4 章）。但是指令带宽的巨大差异是无法减小的。

由于向量元素是相互独立的，因此可以并行操作，很像 Intel x86 AVX 指令的子字并行。

⊖ 即实际执行的指令数量，一条指令多次执行，就对应多个动态指令。——译者注所有现代向量计算机都带有具有多个并行流水线（称为向量通道（vector lane），见图 6-2 和图 6-3）的向量功能单元，每个时钟周期可以产生两个甚至更多的结果。

精解 以上例子中的循环大小与向量长度精确匹配。当循环变短时，向量体系结构可以使用降低向量操作长度的寄存器。当循环变大时，我们可以增加簿记代码来迭代全长度的向量操作，并处理剩余部分。后面的处理过程称作条带开发（strip mining）。

6.3.3 向量与标量

与常规指令集体系结构（这里称为标量体系结构）相比，向量指令具有几个重要的属性：

- 一条向量指令可以指定很多工作——等价于执行整个循环。因而，指令取指和译码带宽的需求显著降低了。
- 通过使用向量指令，编译器或程序员隐含指明向量中每个结果的计算与同一向量中其他结果的计算是不相关的，因而硬件无须检查一条向量指令内的数据相关。
- 相对于使用 MIMD 多处理器，向量结构和编译器编写高效的应用程序（包含数据级并行）要容易得多。
- 硬件只需要在两条向量指令之间对每个向量操作数检查一次数据相关，而不是对向量内的每个元素检查一次。因此，检查次数的降低也会使得能耗降低。
- 访问内存的向量指令有一个已知的访问模式。如果向量元素都是地址连续的，那么从一组高度交叉的 bank 中取出一个向量将会很快。因此，对整个向量而言，主存延迟的开销看上去只有一次，而不是对向量中每个字都有一次。
- 因为整个循环被一条具有预定义行为的向量指令所替换，所以通常由循环分支指令造成的控制相关就不存在了。
- 节省的指令带宽和相关检查以及存储器带宽的有效使用，使得向量体系结构在能耗方面优于标量体系结构。

526

由于这些原因，对于相同数量的数据项，向量操作比一组标量操作序列更快，并且如果应用程序可以频繁使用这些向量操作，设计者就会考虑加入向量单元。

6.3.4 向量与多媒体扩展

与 x86 AVX 多媒体扩展指令类似，向量指令可以指定多个操作。然而，多媒体扩展指令通常仅指定少数几个操作，而向量指令可以指定几十个操作。与多媒体扩展不同，向量操作中元素的数量不在操作码中，而是在一个单独的寄存器中。这个区别意味着不同版本的向量体系结构只需修改该寄存器的值，就能够实现不同的向量体系结构版本，并保持二进制代码的兼容性。相反，在 x86 的多媒体扩展体系结构中（MMX、SSE、SSE2、AVX、AVX2……），每次“向量”长度改变时都需要加入大量新的操作码。

还有一点与多媒体扩展不同，数据传输不必是连续的。向量同时支持按步长访问和按索引访问。对于前者，硬件加载内存中的每 n 个数据元素；对于后者，硬件找到数据项的地址，并将数据项加载到向量寄存器中。按索引访问也称作聚集－分散（gather-scatter），按索引 load 将内存中的数据元素聚集成连续的向量元素，而按索引 store 将向量元素分散到内存中。

与多媒体扩展类似，向量结构可以灵活地支持不同的数据宽度，既可以在 32 个 64 位数据上进行向量操作，也可以在 64 个 32 位数据、128 个 16 位数据或者 256 个 8 位数据上进行向量操作。向量指令的并行特性使其可以采用一个深度流水线功能单元、一个并行功能单元阵列或并行功能单元与流水线功能单元的组合来实现。图 6-3 说明了如何通过并行流水线执行一条向量加法指令来提高向量的性能。

527

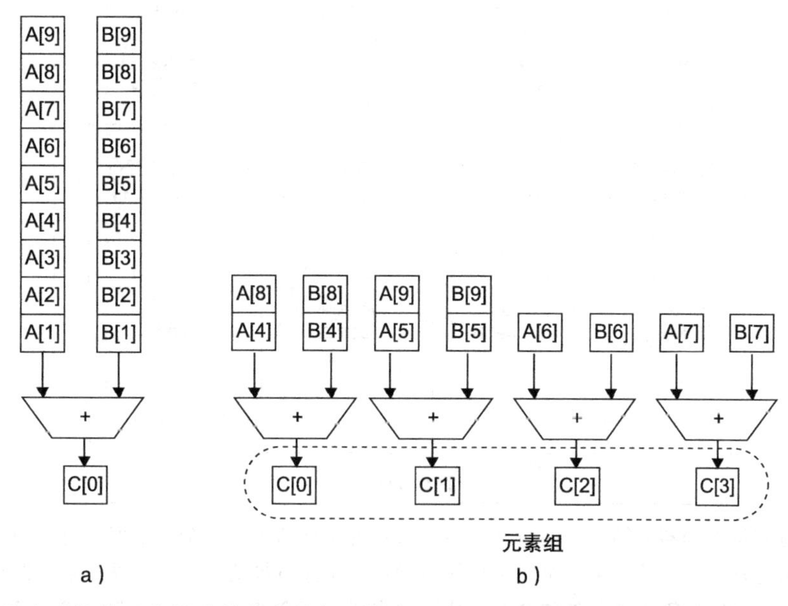

图 6-3　使用多个功能单元来提升单个向量加法指令 C=A+B 的性能。左侧向量处理器有一条加法流水线，一个周期完成一个加法。右侧向量处理器有四条加法流水线（或通道），一个周期可以完成四个加法。一条向量加法指令的数据元素被分叉地放到四个通道中

向量算术指令通常只允许一个向量寄存器的元素 N 与其他向量寄存器的元素 N 进行计算。这极大地简化了高度并行化的向量单元的实现，即可以构造为多个并行**向量通道**（vector lane）的形式。和高速公路一样，我们可以通过增加更多的通道数量来提高向量单元的峰值吞吐率。图 6-4 展示了一个四通道的向量单元的结构。因此，从一个通道增加至四个，将每条向量指令的周期数减少至约为原来的 1/4。要使多通道具有优势，应用程序和体系结构都必须支持长向量。否则，指令会很快地执行完毕以至于没有新的指令去执行，那么就需要类似第 4 章中的指令级并行技术来提供足够的向量指令。

向量通道：一个或多个向量功能单元以及向量寄存器文件中的一部分。受提高交通速度的高速公路通道数的启发，多个通道同时执行向量操作。

总的来说，向量体系结构是执行数据并行处理程序的一种有效途径，比多媒体扩展更适合与编译器技术匹配。并且相对 x86 体系结构的多媒体扩展，向量技术更容易随时间推移不断进化。

上面给出了一些经典的分类方法，接下来考察如何发掘指令的并行流来提高单处理器的性能，该方法还将在多处理器中重用。

528

精解　既然向量有这些优点，那么为何在高性能计算领域之外，向量并没有流行呢？主要原因包括：向量寄存器的巨大状态增加了上下文切换时间，以及向量存取产生的缺页故障的处理难度；SIMD 指令也可以获得向量指令的部分优势。此外，只要指令级并行可以提供摩尔定律承诺的性能提升，那么就没有理由去改变体系结构的类型。

精解　向量和多媒体扩展的另一个优点是，用这些指令扩展标量指令集体系结构并提高数据并行操作的性能是相对容易的。

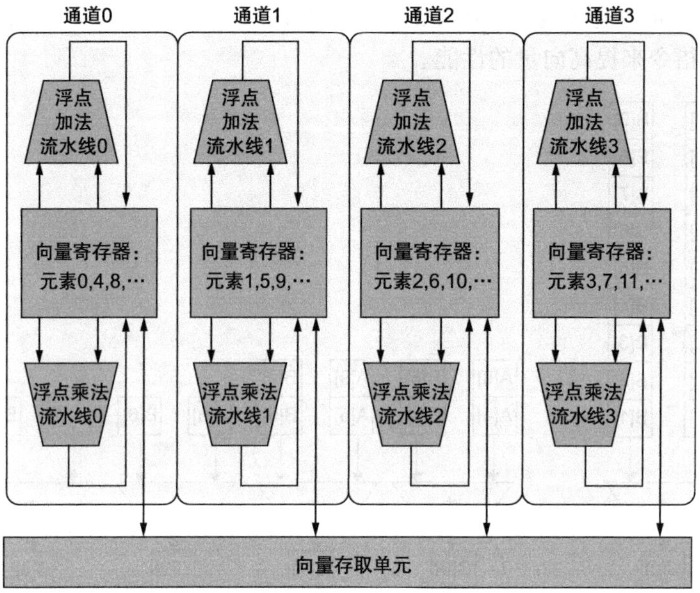

图6-4 四通道向量处理器的结构。向量寄存器分布在各个通道中，每个通道保存每个向量寄存器四分之一的元素。图中给出了三个向量功能单元：一个浮点加法器、一个浮点乘法器和一个存取单元。每一个向量算术单元都包含四个执行流水线，每个通道一个，一起完成一条向量指令。注意向量寄存器的每一部分是如何只需要为自己的通道的功能单元提供足够的读和写端口（见第4章）的

精解 Intel 的 Haswell x86 处理器支持 AVX2 指令集，AVX2 只有聚集操作而没有分散操作。

小测验 判断：以 x86 为例，多媒体扩展可以被视作一种向量体系结构，采用短向量，仅支持连续向量数据传输。

529

6.4 硬件多线程

和 MIMD 相关的一个概念，特别是从程序员的角度来看，就是**硬件多线程**（hardware multithreading）。MIMD 依赖于多个**进程**（process）或**线程**（thread）以试图使多个处理器处于忙碌状态，而硬件多线程允许多个线程以一种重叠的方式共享单处理器的功能单元，以有效地利用硬件资源。为了支持这种共享，处理器复制每个线程的独立状态。例如，每个线程必须拥有寄存器文件和 PC 的独立备份。存储器自身可以通过虚拟存储机制（支持多道程序设计）实现共享。此外，硬件必须能够以相对较快的速度切换线程。特别地，线程切换相对进程切换应该更加有效，线程切换可以是实时的，而进程切换一般需要数百个到数千个处理器周期。

硬件多线程主要有两种实现方法。**细粒度多线程**（fine-grained multithreading）在每条指令的线程间切换，使得多个线程交叉执行。这种交叉通常以轮转（round-robin）方式进行，并跳过该时钟周期内处于阻塞状态的线程。为了实现细粒度多线程，处理器必须能够在

硬件多线程：当一个线程阻塞时，切换到另一个线程以提高处理器的效用。

进程：进程包含一个或多个线程、地址空间以及操作系统状态。因此一次进程切换通常需要调用操作系统，但线程切换不需要。

线程：线程包含程序计数器、寄存器状态和栈。线程是轻量级的进程；多个线程通常共享单一的地址空间，而进程不是。

细粒度多线程：硬件多线程的一种形式，每条指令之后都要进行线程切换。

每个时钟周期进行线程切换。细粒度多线程的一个优点是可以隐藏由短阻塞和长阻塞引起的吞吐率损失，因为当一个线程阻塞时，其他线程的指令可以执行。细粒度多线程的主要缺点是降低了独立线程的执行速度，因为处于就绪状态且没有阻塞的线程会因为其他线程的指令而延迟执行。

粗粒度多线程是细粒度多线程的一种替代，仅在高开销阻塞（如最后一级 cache 缺失）时才进行线程切换。这种变化缓解了快速线程切换的需求，并且几乎不会降低单个线程的执行速度，因为其他线程的指令只会在一个线程遇到一个高开销的阻塞时才会被发射。然而，粗粒度多线程有一个严重的缺点，即在隐藏吞吐率损失方面能力受限，特别是短阻塞。这种限制源自粗粒度多线程中的流水线启动开销。因为粗粒度多线程处理器从单一线程发射指令，在阻塞发生时，必须清空或冻结流水线。阻塞之后开始执行的新线程必须在指令完成之前填充流水线。由于启动开销相对较高，粗粒度多线程更加适合用来降低高开销阻塞带来的损失，因为在这种情况下，与阻塞时间相比，流水线重新填充时间可以忽略。

粗粒度多线程：硬件多线程的一种形式，仅在一些重要事件（如最后一级 cache 缺失）之后进行线程切换。

同时多线程：多线程的一种形式，利用多发射、动态调度微体系结构的资源降低多线程的开销。

530

同时多线程（Simultaneous MultiThreading，SMT）是硬件多线程的一个变种，使用多发射动态调度流水线处理器的资源来挖掘线程级并行，并同时开发指令级并行（见第 4 章）。SMT 提出的主要原因是多发射处理器通常有更多的功能单元并行性，而这对单线程而言是难以充分利用的。此外，借助于寄存器重命名和动态调度（见第 4 章），来自于独立线程的多个指令可以在不考虑彼此之间的依赖性的情况下就被发射；依赖性可以由动态调度来处理。

由于 SMT 依赖于现有的动态机制，因此不需要每个周期切换资源。事实上，SMT 总是执行来自多个线程的指令，由硬件将指令槽和重命名寄存器与适当的线程关联起来。

531

图 6-5 说明了不同配置下处理器开发超标量资源时能力的差别。上面的部分表示四个线程如何在不支持多线程的超标量处理器上独立运行。下面的部分表示四个线程如何组合起来，以三种不同的多线程方式在处理器上更加有效地运行：

- 支持粗粒度多线程的超标量。
- 支持细粒度多线程的超标量。
- 支持同时多线程的超标量。

在不支持硬件多线程的超标量处理器中，指令发射槽的使用受限于指令级并行的缺乏。此外，一个重要的阻塞（如指令缓存缺失）会使整个处理器空闲。

在粗粒度多线程超标量处理器中，切换到其他线程使用处理器资源，可以部分隐藏长阻塞。尽管这能降低完全空闲的时钟周期的数量，但是流水线的启动开销仍然会带来空闲周期，并且 ILP 的限制意味着所有发射槽都不会被使用。在细粒度多线程中，线程的交叉执行主要消除了空闲时钟周期。由于在给定的时钟周期仅有单一线程发射指令，指令级并行的限制仍会导致某些时钟周期出现空闲发射槽。

532

在 SMT 中，线程级并行和指令级并行都得到了开发，在单个时钟周期内有多个线程使用发射槽。理想情况下，发射槽的使用仅受多个线程间资源失衡和资源可用性的限制。实际上，还有一些其他因素限制了可使用的发射槽的数量。尽管图 6-5 大大简化了这些处理器的实际操作，但是它确实体现了多线程在一般多线程和（特别是）SMT 上潜在的性能优势。

图 6-6 画出了在 Intel Core i7 960 的一个处理器上多线程的性能和能耗优势，Intel Core

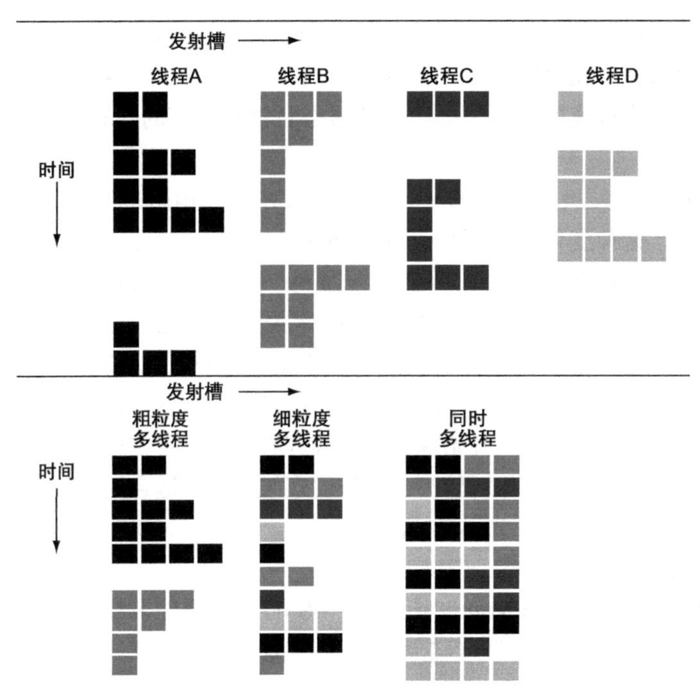

图 6-5　四个线程如何以不同方式利用超标量处理器中的发射槽。上面四个线程显示了每个线程独立运行在不支持多线程的标准超标量处理器上的情况。下面给出了三个线程以三种不同多线程模式一起执行时的情况。水平方向表示每个时钟周期的指令发射量。垂直方向表示时钟周期的序列。空块（白块）表示该周期对应的发射槽没有被使用。不同灰度的块对应于多线程处理器中的四个不同线程。粗粒度多线程中额外的流水线启动开销在本图中没有体现，这个开销会导致粗粒度多线程更多的吞吐率损失

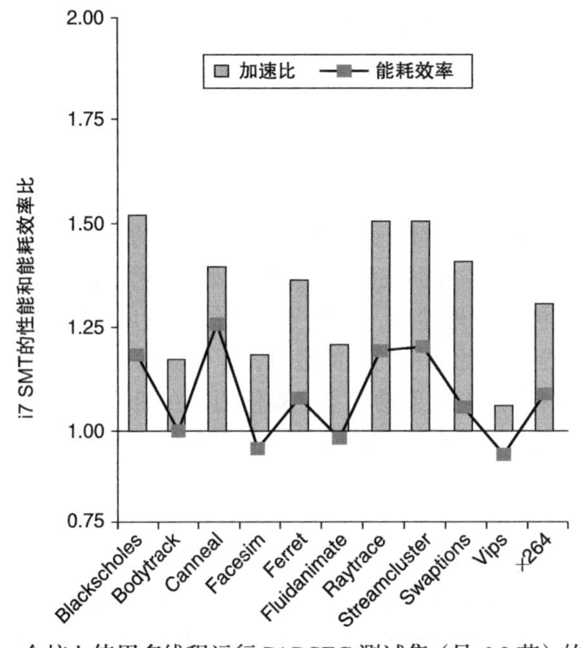

图 6-6　在 i7 处理器的一个核上使用多线程运行 PARSEC 测试集（见 6.9 节）的平均加速比为 1.31，功耗效率提升达 1.07。该数据是由 Esmaeilzadeh 等收集并分析［2011］

i7 960 支持两个线程。平均加速比为 1.31，考虑到硬件多线程中适度的额外资源，这并不算坏。平均能耗效率提升为 1.07，效果很好。总之，对于在能耗不变的前提下性能得到了提升总是使人高兴的。

现在我们看到了多个线程如何更有效地使用单个处理器的资源，接下来看看如何利用多线程来发掘多处理器的资源。

小测验

1. 判断：多线程和多核都依赖并行来从芯片中获得更高的效率。
2. 判断：同时多线程使用线程来提高动态调度的乱序处理器的资源使用率。

6.5 多核和其他共享内存多处理器

尽管硬件多线程以适度的成本提升了处理器的效率，但过去十年中的一大挑战是如何通过有效的编程来利用每芯片上数量不断增长的处理器以使性能按摩尔定律继续增长。

由于重写原有程序以使之在并行硬件上很好地运行是很困难的，因此一个自然的问题就是：计算机设计者如何做才能简化任务。一种方法是提供一个可被所有处理器共享的单一物理地址空间，从而使程序不必关心它们的数据在哪里，只要知道程序可以并行执行。在这种方法中，程序的所有变量可以对其他任何处理器在任何时刻都是可见的。另一种方法是每个处理器都有一个独立的地址空间，并且必须显式共享；6.7 节将对此进行描述。当物理地址空间公用时，通常由硬件提供 cache 一致性，以便保证共享内存的一致性（参见 5.8 节）。

综上所述，*共享内存多处理器*（Shared Memory Multiprocessor，SMP）为程序员提供了跨越所有处理器的*单一物理地址空间*——这是多核芯片常见的状态——尽管更准确的术语应该是*共享地址多处理器*。处理器通过存储器中的共享变量进行通信，所有处理器都可以通过 load/store 指令访问存储器中的任何位置。图 6-7 给出了 SMP 的典型组成。注意，这些系统仍可以在自己的虚拟地址空间中运行独立的程序，即便它们共享同一个物理地址空间。 533

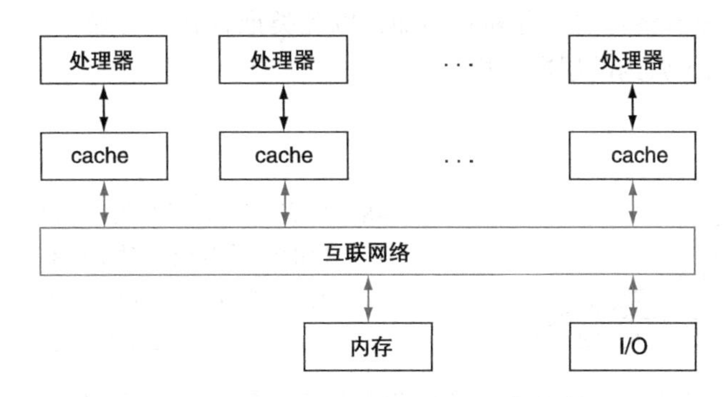

图 6-7 共享内存多处理器的典型组成

单一地址空间的多处理器有两种类型。对于第一种类型，存储器中一个字的访问延迟与由哪个处理器提出访存请求无关。这类机器称为**统一存储访问**（Uniform Memory Access，UMA）多处理器。对于第二种类型，一些访存请求会比其他的快，取决于哪个处理器访问哪个字，主要原因是主存被分割并分配给同一个芯片上的不同

统一存储访问：一种多处理器类型，无论访存请求由哪个处理器发出，主存中任意字的访问延迟基本相同。

处理器或内存控制器。这类机器称为**非统一存储访问**（Nonuniform Memory Access，NUMA）多处理器。NUMA 多处理器的编程难度要高于 UMA 多处理器，但 NUMA 机器可以扩展到更大规模，并且 NUMA 访问附近的存储器时延迟较低。

非统一存储访问：单一地址空间多处理器的一种类型，某些存储访存速度高于其他访存，访存速度与访问哪个处理器的哪个字相关。

由于并行执行的处理器一般都需要共享数据，因此在操作共享数据时需要进行协调；否则，一个处理器可能会在其他处理器尚未完成对共享数据的操作时就开始使用该数据了。这种协调称为**同步**（synchronization），如第 2 章中所述。当单一地址空间支持共享时，必须提供一套独立的同步机制。一种方法是为每个共享变量使用**锁**（lock）。一次只能有一个处理器获得锁，其他需要该共享数据的处理器必须等待，直到之前的处理器解锁该变量为止。2.11 节描述了 ARMv8 指令集结构中与锁操作相关的指令。

同步：对可能运行于不同处理器上的两个或者更多进程的行为进行协调的过程。

锁：一种同步装置，一次仅允许访问一个处理器的数据。

534

例题｜**一个共享地址空间的简单并行处理程序**

假设我们需要在一个共享内存的多处理器计算机上对 64 000 个数据求和，假设该计算机具有统一的存储器访问时间，处理器数量为 64。

答案｜第一步是保证每个处理器的负载是均衡的，因此我们将这组数分成相同大小的子集。由于该机器具有单一存储器空间，因此我们不把这些子集分配到不同的存储器空间上，而是只给每个处理器分配不同的起始地址。用 Pn 表示不同处理器，编号在 0 ～ 63 之间。所有处理器通过运行一个对子集中的数进行求和的循环来启动程序：

```
sum[Pn] = 0;
for (i = 1000*Pn; i < 1000*(Pn+1); i += 1)
  sum[Pn] += A[i]; /*sum the assigned areas*/
```

（注意，在 C 代码中 i+=1 是 i=i+1 的简写形式。）

下一步将这 64 个部分和加起来。这个步骤称为**归约**（reduction），我们采用分而治之的方法完成。首先用一半处理器将部分和对相加，然后用四分之一处理器将新的部分和对相加，以此类推直到获得最终的和。图 6-8 展示了归约的层次结构。

归约：处理一个数据结构并返回单一值的函数。

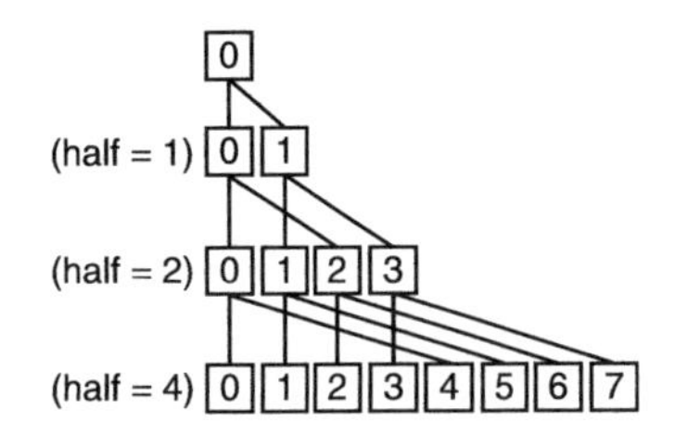

图 6-8　自底向上对每个处理器结果求和的归约过程的最后四级。对于所有编号 i 小于 half 的处理器，将自己产生的部分和与编号（i+half）的处理器产生的部分和相加

在该例中，在“消费者”处理器从“生产者”处理器写入的存储位置读取结果之前，两个处理器必须同步；否则，消费者可能读到数据的旧值。我们希望每个处理器都有自己的循环计数器变量 i，因此必须将其声明为“私有”变量。下面是相应的代码（half 也是私有的）：

535

```
half = 64; /*64 processors in multiprocessor*/
do
    synch(); /*wait for partial sum completion*/
    if (half%2 != 0 && Pn == 0)
        sum[0] += sum[half-1];
```

```
        /*Conditional sum needed when half is
        odd; Processor0 gets missing element */
        half = half/2; /*dividing line on who sums */
        if (Pn < half) sum[Pn] += sum[Pn+half];
    while (half > 1); /*exit with final sum in Sum[0] */
```

硬件/软件接口 长久以来人们对并行编程一直有着浓厚的兴趣，目前已经尝试创建了上百种并行编程系统。一个有局限性但是很常用的例子就是OpenMP。OpenMP只是一个应用程序编程接口（Application Programmer Interface，API），带有一系列编译器提示、环境变量和运行时库例程，能够对现有标准编程语言进行扩展。OpenMP为共享内存多处理器提供了一个便携的、可扩展的简单编程模型。其最初目标是实现循环并行化以及减少执行。

OpenMP：一个用于运行在UNIX或Microsoft平台上的C、C++或Fortran语言的共享内存多处理器的API。它包含一些给编译器的提示、一个库和一些运行时提示。

大部分C语言编译器已经提供了对OpenMP的支持。在UNIX C语言编译器中使用OpenMP API的命令如下：

```
cc -fopenmp foo.c
```

OpenMP使用pragma对C语言进行扩展，类似C宏预处理器命令`#define`和`#include`。将处理器数量设置为我们所需的64，使用命令：

```
#define P 64 /* define a constant that we'll use a few times */
#pragma omp parallel num_threads(P)
```

这样，运行时库必须使用64个并行线程。

要将一个串行的for循环变为一个并行的for循环，并且要把任务在所有的线程间等分，我们只需要写如下代码（这里假设sum初始为0）：

```
#pragma omp parallel for
for (Pn = 0; Pn < P; Pn += 1)
    for (i = 0; 1000*Pn; i < 1000*(Pn+1); i += 1)
      sum[Pn] += A[i]; /*sum the assigned areas*/
```

536

对于递归，我们可以使用另一个命令告诉OpenMP什么是归约操作符以及用什么变量代替归约运算的结果。

```
#pragma omp parallel for reduction(+ : FinalSum)
for (i = 0; i < P; i += 1)
      FinalSum += sum[i]; /* Reduce to a single number */
```

注意，现在要靠OpenMP库来找到有效的代码，使用64个处理器有效地将64个数据相加。

尽管OpenMP使得编写并行代码变得简单，但对于调试并不是很有帮助，因此很多程序员使用比OpenMP更复杂的并行编程系统，就像今天有很多程序员使用比C语言效率更高的编程语言一样。

以上给出了经典的MIMD硬件和软件的例子，下一步将介绍一个非常不同的MIMD结构，它集成了不同的设计思路并对并行编程挑战有着非常不同的见解。

精解 一些作者使用简写SMP表示对称多处理器（symmetric multiprocessor），以此来说明从处理器到存储器的延迟对所有的处理器都是一样的。这么做是为了和大规模NUMA多处理器做区别，两者都是共享单一地址空间。由于集群比大规模NUMA多处理器更为常见，本书仍使用SMP的原始含义（即共享内存多处理器），并用它来区别于使用多个地址空间的处理器，例如集群。

精解 除了共享物理地址空间之外，还有一种方法是使用独立的物理地址空间，但共享同一虚拟地址空间，由操作系统来处理通信。这种方法已经有过尝试，但是为了给注重性能的程序员提供一个实用的共享内存的抽象，所承担的开销也是巨大的。

537

小测验 判断：共享内存多处理器不能利用任务级并行的优势。

6.6 图形处理单元

在现有体系结构中增加 SIMD 指令的最初理由是，许多微处理器都连接到 PC 或工作站的图形显示设备上，因此图形显示处理的时间所占比例越来越大。因此，当微处理器中可用晶体管的数量随着**摩尔定律**增加时，提高图形处理能力就变得很有必要。

提高图形处理能力的主要动力是计算机游戏产业，包括 PC 和专用的游戏终端（如 Sony PlayStation）。快速增长的游戏市场促使许多公司增加了快速图形硬件方面的研发，这种正反馈使得图形处理能力的增长超过了主流微处理器通用处理能力的增长。

由于图形和游戏开发与微处理器开发的目标不同，因而图形处理采用了自己的一套处理风格和术语。随着图形处理器的日益强大，以图形处理单元（Graphics Processing Unit，GPU）命名，以区分于 CPU。

如今，人们只花几百美元就能买到带有上百个并行浮点运算单元的 GPU，高性能计算变得更为容易。当这种趋势与使 GPU 易于编程的程序设计语言相结合时，GPU 计算得到了快速发展。因此，现在很多科学计算和多媒体应用的编程人员开始犹豫是使用 GPU 还是 CPU。（本节专注于使用 GPU 进行计算。如需了解 GPU 计算如何与传统的图形加速相结合，请参阅附录 B。）

下面是 GPU 与 CPU 的几个主要差别：

- GPU 是补充 CPU 的加速器，不必执行 CPU 的所有任务。这种定位使得 GPU 将其所有资源用于图形处理。鉴于一个系统中既有 GPU 又有 CPU，GPU 可以对某些任务执行效率很低甚至不执行，因为 CPU 也可以完成这些任务（如果需要）。
- GPU 的问题规模通常为几百 MB 到 GB，而不是几百 GB 到 TB。

这些差异导致了体系结构的不同：

- 最大的不同可能就是，GPU 不像 CPU 那样依赖多级 cache 来隐藏访问存储器的长延迟，而是依赖硬件多线程（6.4 节）来隐藏访存延迟。也就是说，在存储器请求和数据到达时间之间，GPU 会执行数以百计甚至数以千计的与该请求无关的线程。

538

- GPU 的主存是面向带宽而不是面向延迟的。甚至有面向 GPU 的特殊图形 DRAM 芯片，相对于面向 CPU 的 DRAM，其宽度更大并能提供更高的带宽。此外，GPU 的存储器历来都比传统微处理器的存储器小。在 2013 年，GPU 一般有 4 ～ 6GiB 的存储器或者更少，而 CPU 一般在 32 ～ 256GiB 之间。最后需要注意的是，对于通用计算，必须将 CPU 存储器和 GPU 存储器之间的数据传输时间包含进来，因为 GPU 是一个协处理器。
- 考虑到依赖多线程来获得良好的存储器带宽，除了多线程，GPU 还可以容纳很多并行处理器（MIMD）。因此，每个 GPU 处理器相比于 CPU 有更多的线程，并有更多的处理器。

硬件 / 软件接口 尽管 GPU 是面向众多应用程序中很小的一部分设计的，但一些程序员希望能以某种形式定义他们的应用，从而可以利用 GPU 潜在的高性能。在厌倦了使用图形 API 和语言描述问题之后，他们开发了类 C 编程语言，可以直接在 GPU 上编程。其中一个例子就是 NVIDIA 的 CUDA（Compute Unified Device Architecture），使得程序员能够编写运行在 GPU 上的 C 程序（虽然仍有一些限制）。附录 B 给出了 CUDA 代码的例子。（OpenCL 是由多家公司发起并开发的一种可移植的编程语言，可以利用 CUDA 的很多优势。）

NVIDIA 决定将所有形式的并行都定义为 CUDA 线程。使用这种最底层的并行作为编程原语，编译器和硬件可以在 GPU 上将上千个 CUDA 线程聚集起来使用各种类型的并行：多线程、MIMD、SIMD 和指令级并行。这些线程被聚集成块，一次 32 个一组一起执行。GPU 内部的多线程处理器执行这些线程块，一个 GPU 包含 8 ~ 32 个这种多线程处理器。

6.6.1 NVIDIA GPU 体系结构简介

我们使用 NVIDIA 系统作为例子，因为它们是 GPU 体系结构的代表。特别地，我们沿用 CUDA 并行编程语言中的术语，并使用 Fermi[㊀]体系结构作为例子。

与向量体系结构一样，GPU 只对数据级并行问题效果较好。这两种结构都有聚集 - 分散数据传输，并且 GPU 处理器甚至比向量处理器有更多的寄存器。与大多数向量体系结构不同，GPU 也依赖于单个多线程 SIMD 处理器中的硬件多线程以隐藏访存延迟（见 6.4 节）。 539

多线程 SIMD 处理器与向量处理器类似，但是前者有很多并行功能单元，而不像后者只有少数高度流水化的功能单元。

如前所述，GPU 包含多线程 SIMD 处理器的集合；也就是说，GPU 是一个由多个多线程 SIMD 处理器组成的 MIMD 处理器。例如，NVIDIA 的 Fermi 结构有四种不同的实现，根据价格的不同分别有 7、11、14 或 15 个多线程 SIMD 处理器。为了在含有不同数量多线程 SIMD 处理器的 GPU 上实现透明的可扩展性，线程块调度器这一硬件将线程块分配给多线程 SIMD 处理器。图 6-9 给出了简化的多线程 SIMD 处理器的模块图。

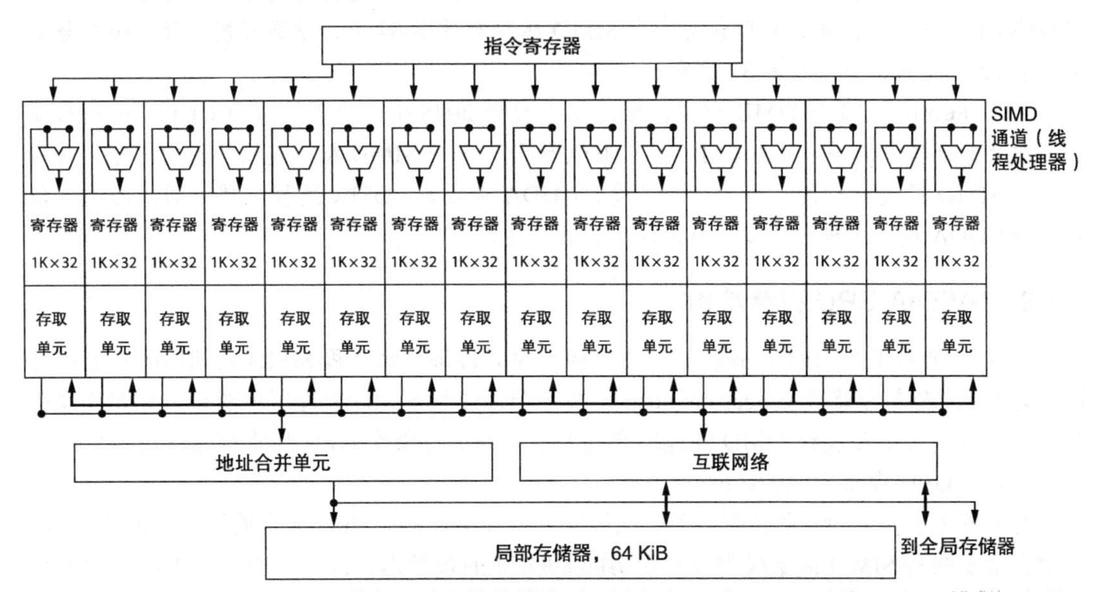

图 6-9 多线程 SIMD 处理器数据通路的简化模块图。图中有 16 个 SIMD 通道。SIMD 线程调度器有很多相互独立的 SIMD 线程，通过选择而运行在该处理器上

㊀ NVIDIA 发布的一种 GPU 架构。——译者注

再往下深入一层，硬件产生、管理、调度并执行的机器目标代码是一个由SIMD指令组成的线程，也称为SIMD线程。这是一个传统意义上的线程，但是包含互斥的SIMD指令。这些SIMD线程有自己的程序计数器并运行在一个多线程SIMD处理器上。SIMD线程调度器含有一个控制器，用以确定哪些SIMD指令线程已经准备就绪并可以执行，它将这些线程发送给分派单元，然后分派到多线程SIMD处理器上执行。这个调度器同传统多线程处理器中的硬件线程调度器（见6.4节）一样，但调度的是SIMD指令。因此，GPU硬件有两层硬件调度器：

540

- 线程块调度器（thread block scheduler）将线程块分配到多线程SIMD处理器上。
- 当SIMD线程准备就绪时，SIMD处理器内部的SIMD线程调度器进行调度。

这些线程的SIMD指令为32位宽，所以每个SIMD指令线程都会对32个元素进行计算。由于线程是由SIMD指令组成的，SIMD处理器必须有并行功能单元来执行这些操作。我们称之为SIMD通道（lane），这与6.3节的向量通道非常相似。

精解 根据GPU版本的不同，每个SIMD处理器中的通道数量也有所不同。对于Fermi，每个32位的SIMD指令线程被映射到16个SIMD通道上。所以一个SIMD指令线程中的每条指令需要两个时钟周期来完成。SIMD指令的每个线程都在锁步骤中执行。继续将SIMD处理器比作一个向量处理器，我们可以说它有16个通道，并且向量长度为32。这种又宽又浅的特性正是我们使用术语SIMD处理器而不是向量处理器的原因所在，这样更为直观。

根据定义，SIMD指令的线程间是相互独立的，SIMD线程调度器可以挑选任何准备就绪的SIMD指令线程执行，不必一定要使用单个线程中顺序的下一条SIMD指令。因此，若使用6.4节中的术语，这里使用的是细粒度多线程。

为了保存这些数据元素，Fermi SIMD处理器有多达32 768个32位寄存器。就像向量处理器一样，这些寄存器在向量通道（或称为SIMD通道）上进行逻辑划分。每个SIMD线程最多64个寄存器，所以可以认为一个SIMD线程有最多64个向量寄存器，且每个向量寄存器有32个元素，每个元素32位宽。

由于Fermi有16个SIMD通道，因此每个包含2048个寄存器。每个CUDA线程获得每个向量寄存器中的一个元素。注意，CUDA线程只是对SIMD指令线程的纵向切分，对应于一个SIMD通道执行的一个元素。注意，CUDA线程与POSIX线程非常不同，因为不能在一个CUDA线程中进行随意的系统调用和同步操作。

6.6.2 NVIDIA GPU存储结构

图6-10展示了NVIDIA GPU的存储结构。我们将每个多线程SIMD处理器的片上存储器称为本地/局部存储器（local memory），被一个多线程SIMD处理器中的多个SIMD通道共享，但不在多个多线程SIMD处理器之间共享。我们称整个GPU和所有线程块共享的片外存储器为GPU存储器（GPU memory）。

与依赖大容量cache来保存整个应用程序的工作集不同，GPU通常使用较小的流cache以及大量多线程SIMD指令线程来隐藏访问DRAM的长延迟，因为这些工作集通常为上百MB。因此，这些数据无法在一个多核处理器的最后一级cache中放下。考虑到使用硬件多线程来隐藏DRAM延迟，处理器系统中用于cache的芯片面积被用于实现计算资源和大量寄存器（用于保存很多SIMD指令线程的状态）。

541

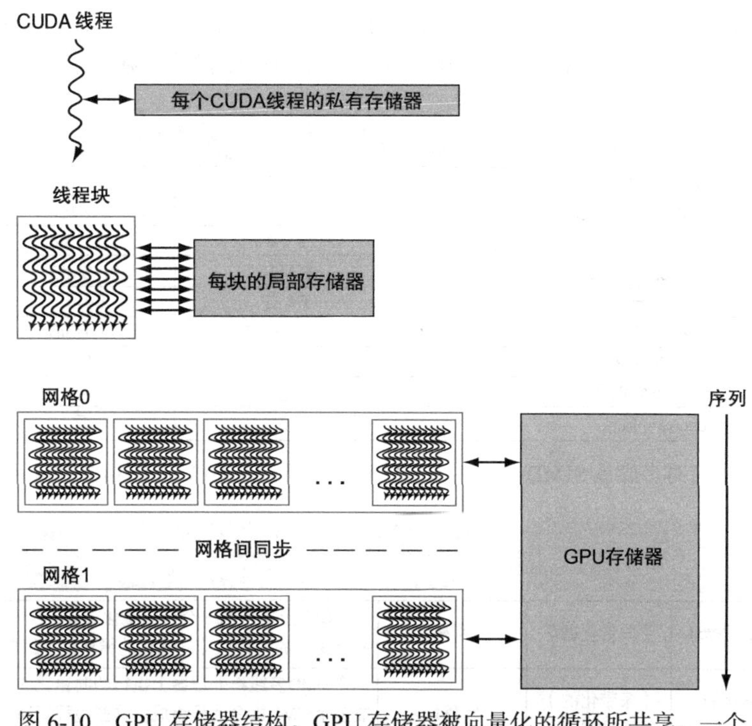

图 6-10　GPU 存储器结构。GPU 存储器被向量化的循环所共享。一个线程块中的所有 SIMD 指令线程共享局部存储器

精解　尽管隐藏访存延迟是基本的原则，但最新的 GPU 和向量处理器都增加了 cache。例如，最近的 Fermi 结构增加了 cache，但它们被认为是带宽滤波器，以减少对 GPU 内存的需求，或者作为少数变量（延迟不能被多线程隐藏）的加速器。用于栈帧、函数调用以及寄存器溢出的局部存储器可以与 cache 很好地匹配，因为在函数调用时延迟很重要。cache 也能够减少能耗，因为访问片上 cache 要比访问多个片外 DRAM 能耗少得多。　542

6.6.3　正确理解 GPU

在高层次上，具有 SIMD 指令扩展的多核计算机的确与 GPU 有一些共同点。图 6-11 总结了两者的相似点与不同点。两者都是 MIMD，使用多个 SIMD 通道，但 GPU 有更多的处理器和通道数。两者都是通过使用硬件多线程来提高处理器的利用率，但 GPU 的硬件支持更多的线程。两者都使用 cache，但 GPU 使用容量更小的流 cache，而多核计算机使用大的多级 cache（以试图将整个工作集都放进去）。两者都使用 64 位地址空间，但 GPU 的物理主存小很多。虽然 GPU 支持页级的存储保护，但还不支持请求页面调度。

SIMD 处理器和向量处理器也有相似之处。GPU 中的多个 SIMD 处理器像独立的 MIMD 核一样工作，就像很多向量计算机有多个向量处理器一样。故可以将 Fermi GTX 580 视为一个对多线程提供硬件支持的 16 核机器，其中每个核含有 16 个通道。最大的区别在于多线程，多线程对于 GPU 是最基本的概念，而在大多数向量处理器中却不存在。

GPU 和 CPU 在计算机体系结构发展史上没有相同的“祖先”；没有一种过渡环节能解释这种现象。这种不同寻常的继承关系，使得 GPU 并没有使用计算机体系结构领域中常用的术语，这让人们开始对 GPU 是什么以及 GPU 是如何工作的产生困惑。为了解决这种混淆，图 6-12（从左到右）列出了本节使用的更具有描述性的术语，首先是主流计算中最接近的

术语，然后是NVIDIA GPU官方术语（如果你感兴趣），最后是对该术语的简单解释。这种“GPU罗塞塔石”可以将本节的内容和想法与更传统的GPU描述（见附录B）联系起来。

特点	使用SIMD的多核	GPU
SIMD处理器	4 ~ 8	8 ~ 16
SIMD通道/处理器	2 ~ 4	8 ~ 16
支持SIMD线程的多线程硬件	2 ~ 4	16 ~ 32
最大cache容量	8 MiB	0.75MiB
存储器地址大小	64位	64位
主存容量	8 ~ 256GiB	4 ~ 6GiB
页面级存储保护	是	是
请求页面调度	是	否
cache一致性	是	否

图6-11　带有多媒体SIMD扩展的多核处理器与最近的GPU间的相似点与不同点

类型	描述性名称	传统近似术语	CUDA/NVIDIA官方术语	教科书的定义
程序抽象	可向量化循环	可向量化循环	网格	在GPU上执行的一个可向量化循环，由一个或多个可并行执行的线程块（向量化的循环体）组成
	向量化的循环体	（条带化的）向量 化循环体	线程块	在SIMD多线程处理器上执行的向量化的循环，由一个或多个SIMD指令线程组成。这些线程间通过局部存储器进行通信
	SIMD通道操作序列	标量循环的一次迭代	CUDA线程	SIMD指令线程的垂直切割，对应于一个SIMD通道执行的一个元素。结果的保存取决于屏蔽寄存器以及预测寄存器
机器目标代码	SIMD指令的一个线程	向量指令线程	Warp	一个传统线程，仅包含在SIMD多线程处理器上执行的SIMD指令。根据每个元素掩码存储结果
	SIMD指令	向量指令	PTX指令	横跨多个SIMD通道执行的一个SIMD指令
处理硬件	多线程SIMD处理器	（多线程）向量处理器	流式多处理器	一个多线程SIMD处理器，执行SIMD指令的线程，独立于其他SIMD处理器
	线程块调度器	标量处理器	千兆（Giga）线程引擎	分配多个线程块（向量化的循环）到多线程SIMD处理器上
	SIMD线程调度器	多线程CPU中的线程调度器	Warp调度器	调度并发射SIMD指令线程（当这些线程准备好执行时）的硬件单元，包括一个记分牌，用于追踪SIMD线程的执行
	SIMD通道	向量通道	线程处理器	一个SIMD通道，在单个元素上执行一个SIMD指令的线程，根据掩码存储结果
存储器硬件	GPU存储器	全局存储器	全局存储器	GPU中所有多线程SIMD处理器均可访问的DRAM存储器
	本地存储器	本地存储器	共享存储器	一个多线程SIMD处理器的本地快速SRAM存储器，其他SIMD处理器不能访问
	SIMD通道寄存器	向量通道寄存器	线程处理器寄存器	单个SIMD通道中在整个线程块（向量化的循环体）上分配的寄存器

图6-12　GPU术语的快速介绍。第一列给出硬件术语。12个术语被分成4组。从上到下为：程序抽象、机器目标代码、处理硬件和存储器硬件[⊖]

虽然GPU正在向主流计算进军，但并未放弃在图形加速方面的发展。由于有很多硬件

⊖ 图中的通道（lane）可以理解为执行单元。——译者注

是为了加速图形处理的，因此，假定硬件可以很好地进行图形处理，那么当架构师开始考虑如何扩展 GPU 的性能并为更多类型的应用服务时，GPU 设计就更有意义。

本节给出了两种共享地址空间的 MIMD 类型，下节将介绍并行处理器，其中每个处理器都有自己独立的地址空间，这会使构建更大型的系统变得更简单。人们每天使用的互联网服务就是依靠这些大规模系统工作的。

543～544

精解 尽管 GPU 引入时和 CPU 间有独立的内存空间，但 AMD 和 Intel 都宣称已经有可以组合 GPU 和 CPU 以共享一个内存的“混合”产品。对于这种混合结构来说，挑战就是如何维护高存储带宽，这也是 GPU 的基本问题。

小测验 判断：GPU 依靠图形 DRAM 芯片来减少存储延迟，并提高图形应用程序的性能。

6.7 集群、仓储式计算机和其他消息传递多处理器

对处理器来说，共享地址空间的另一种方法是每个处理器都有自己私有的物理地址空间。图 6-13 给出了具有多个私有地址空间的多处理器的典型组成。这种多处理器必须通过显式的**消息传递**(message passing) 进行通信，传统上也把这类计算机称为消息传递计算机。系统提供**发送消息例程**（send message routine）和**接收消息例程**（receive message routine)，通过消息传递协调工作，因为发送处理器知道何时发送消息，接收处理器也知道消息何时到达。如果发送者需要确认消息已经送达，那么接收处理器可以向发送者返回确认消息。

消息传递：通过显式发送和接收信息的方式在多个处理器间进行通信。

发送消息例程：具有私有存储器的机器中一个处理器将消息发送给另一个处理器的例程。

接收消息例程：具有私有存储器的机器中一个处理器接收来自其他处理器消息的例程。

人们曾经尝试过基于高性能消息传递网络构建大规模计算机，这确实比使用局域网构建的集群通信性能更好。事实上，现今很多超级计算机使用自己的网络。但问题是这要比局域网（如以太网）成本更高。目前除高性能计算之外，只有很少的应用程序证明有更高的通信性能，而成本也要高得多。

545

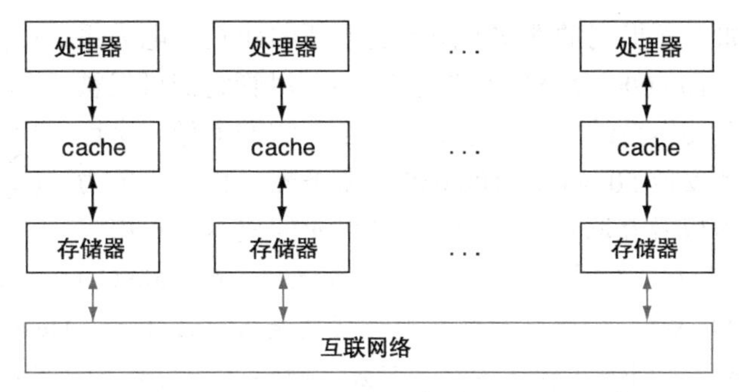

图 6-13 具有多个私有地址空间的多处理器的组成，传统上称为消息传递多处理器。与图 6-7 中的 SMP 不同，互联网络不在 cache 和存储器之间，而在处理器 – 存储器的节点之间

硬件 / 软件接口 相比于 cache 一致性的共享内存，依赖于消息传递机制的计算机对于硬件设计者来说更容易构建（见 5.8 节）。这对于编程人员来说也有好处，通信都是显式的，这意味着相比于 cache 一致性共享内存计算机的隐式通信，其性能方面的意外更少。对于编程人员而言，其缺点是将一个顺序程序移植到消息传递机制的计算机上更困难，因为所有的

通信都必须提前识别，否则程序就不会工作。cache 一致性共享内存允许硬件指明哪些数据需要进行通信，这使得移植更容易。考虑到隐式通信的优点与不足，关于哪种方式是获得高性能的最佳途径尚存在分歧，但在今天的市场上却并没有这种困惑。多核微处理器使用共享物理内存机制进行通信，而集群的节点之间使用消息传递机制进行通信。

一些并行应用程序在并行硬件上运行良好，与该硬件提供的是共享地址机制还是消息传递机制无关。特别的，使用任务级并行和通信比较少的应用程序——如 Web 搜索、邮件服务器和文件服务器——不需要共享地址机制也可以良好运行。因此，**集群**（cluster）成为当今基于消息传递机制的并行计算机最普遍使用的例子。由于有独立的存储器，集群的每个节点都运行操作系统的一个独立的副本。相反，微处理器内部的核在芯片上通过高速的互联网络相连，而多个芯片共享的存储系统使用存储互联网络进行通信。存储互联网络具有更高的带宽和更低的延迟，使得共享内存多处理器有更好的通信性能。

集群：在标准网络交换机上通过 I/O 连接的计算机集合，以形成一个消息传递多处理器。

从并行编程的角度看，用户存储器中独立存储器的缺点成为系统可靠性（见 5.5 节）的一个优点。由于集群由通过局域网连接起来的独立计算机组成，所以相比于共享内存多处理器，在不影响系统性能的前提下替换一个计算机要容易得多。从根本上讲，共享地址意味着若没有操作系统的工作和服务器的硬件设计，将一个处理器隔离并进行替换是很难的。当一个服务器坏掉时，集群很容易降级，因此提高了可靠性。由于集群上的软件运行在每个计算机上的本地操作系统的顶层，因此断开并替换一个计算机要容易得多。

546

集群是由多个计算机和独立可扩展的互联网络组成的，这种隔离使得扩展系统变得很容易，并且不会降低运行在集群顶层的应用的性能。

尽管与大规模共享内存多处理器相比，集群的通信性能较差，但低成本、高可用性和快速可扩展性仍使集群对服务互联网提供商具有吸引力。上亿人每天都在使用的搜索引擎就依赖于该技术。Amazon、Facebook、Google、Microsoft 等都有多个数据中心，每个中心都有成千上万个服务器集群。显然，多个处理器在网络服务公司中的使用取得了巨大的成功。

仓储式计算机

互联网服务（如上面提到的那些）需要建造新的建筑、电力系统以及冷却系统（对 100 000 台服务器进行冷却）。尽管它们可以被归类为大型集群，但其体系结构和操作更为复杂。它们就像一个巨大的计算机，连接和安放 50 000 ～ 100 000 台服务器，机房、电力和冷却系统、服务器以及互联设备需要 1.5 亿美元的成本。我们将他们归为一类新的计算机，称为仓储式计算机（Warehouse-Scale Computer，WSC）。

任何人都可以构建一个快速 CPU，诀窍是建立一个快速的系统。
Seymour Cray（超级计算机之父）

硬件 / 软件接口 WSC 中最流行的批处理架构是 MapReduce［Dean,2008］及其开源的“孪生兄弟”Hadoop。受 Lisp 中同名函数的启发，Map 首先将程序员提供的函数应用到每个逻辑输入记录上。Map 运行在上千台服务器上，并产生键 - 值对（key-value pair）的一个中间结果。Reduce 将分布的任务的输出结果收集起来，并使用另一个程序员提供的函数来对其进行压缩。通过适当的软件处理，这两部分可以高度并行化并且易于理解和使用。在 30 分钟内，编程新手就可以在上千台服务器上运行 MapReduce。

例如，MapReduce 程序要计算一大堆文档中每个单词出现的次数。下面是该程序的一个简化版本，只给出了内层循环，并假设在一个文档中所有英文单词只出现一次。

```
map(String key, String value):
      // key: document name
      // value: document contents
      for each word w in value:
      EmitIntermediate(w, "1"); // Produce list of all words
reduce(String key, Iterator values):
// key: a word
// values: a list of counts
      int result = 0;
      for each v in values:
      result += ParseInt(v); // get integer from key-value pair
      Emit(AsString(result));
```

547

Map 函数中使用的 EmitIntermediate 函数输出文档中的每一个单词以及值“1”。然后 Reduce 函数将每个文档中每个词的所有值加起来，使用 ParseInt() 函数获得每个词在所有文档中出现的次数。MapReduce 运行时环境将 Map 任务和 Reduce 任务调度到 WSC 中的服务器上。

在这种极端的规模下，需要在电源分布、冷却、监控和操作上都做出创新，WSC 可以算是 20 世纪 70 年代的超级计算机的后代——这使得 Seymour Cray 成为当今 WSC 体系结构之父。他的超级计算机可以解决其他计算机无法解决的问题，但是太过昂贵，只有少数几家公司有能力购买。现在 WSC 的目标是为全世界提供信息技术，而不是专门为科学家和工程师提供高性能计算。因此，WSC 在今天的社会中扮演着比 Cray 超级计算机在那个年代更加重要的角色。

尽管与服务器有相同的目标，但 WSC 有以下三点主要区别：

- *充足简单的并行*。服务器架构师的一个考虑是，目标市场上的应用程序是否具有能在并行硬件上运行的足够的并行性，以及为了发掘这些并行性而使用足够多的硬件是否代价过高。但 WSC 架构师却没有这方面的顾虑。首先，像 MapReduce 这样的批处理程序可以从大量需要独立处理的数据集中受益，例如网页抓取中数以亿计的网页。其次，交互式互联网服务应用，也称作**软件即服务**（Software as a Service，SaaS），可以从数以百万计的相互独立的交互式互联网服务用户中受益。在 SaaS 中，读和写之间的依赖关系很少，所以 SaaS 基本上不使用同步操作。例如，查找操作使用一个只读的索引，而电子邮件通常读和写独立的信息。我们将这种简单的并行称作*请求级并行*，因为很多独立的工作可以自然地并行处理，所以只需要很少的通信和同步操作。

软件即服务：相比于出售那些安装并运行在客户计算机上的软件，SaaS 中的软件是运行在远程站点上的，通常通过互联网经 Web 接口向用户提供服务。SaaS 客户基于使用情况而非所有权情况来付费。

- *操作成本*。传统上，服务器架构师要在开销预算内设计系统以达到峰值性能，并且要考虑能耗，确保不会超过系统的冷却能力。他们经常忽略服务器的运营开销，假定和购买成本相比，运营开销可以忽略。WSC 有更长的寿命——建筑、电气和冷却基础设施的成本通常在十年或更长时间内摊销。所以运营成本（能耗、电源分布和冷却系统）的总和在这十年中要超过 WSC 价格的 30%。
- *规模以及规模带来的机遇和问题*。要建造 WSC，你必须购买 100 000 台服务器以及配套设施。WSC 的内部如此庞大，以至于即使只有少数 WSC，你也会得到一定的规模经济。这种规模经济导致了*云计算*（cloud computing）的出现，因为每个单元更低的成本意味着云计算公司可以用比用户自己购买这些服务更低的价格将服务出租给用户以获得利润。规模经济的负面影响就是需要解决这种规模下的故障率。即使

548

服务器有着高达25年（200 000小时）的平均无故障时间（MTTF），WSC架构师也要考虑每天5次服务器失效的可能。5.15节提到了Google测试得到的年均磁盘失效率（AFR）为2%～4%。如果每台服务器有4个磁盘，并且它们的年均失效率为2%，那么WSC架构师必须每小时都发现一次磁盘失效。因此，容错性对于WSC架构师要比对服务器架构师重要得多。

WSC带来的规模经济使得长久以来人们梦寐以求的将计算变成一种设施的梦想成为现实。云计算意味着任何人在任何地方，只要有一个好想法、一个商业模式以及一张信用卡，就可以使用数以千计的服务器向全世界传播自己的想法。当然，云计算的发展也有一些严重的障碍，例如安全、隐私、标准化以及互联网带宽的增长率，但是我们可以预见这些障碍都会被解决，因而WSC和云计算终将繁荣起来。

考虑到云计算的增长率，2012年亚马逊宣布每天都会增加足够的新服务器，支持亚马逊的全球基础设施，增加量相当于2003年亚马逊的所有服务器数量，那时的亚马逊年收入为52亿美元，拥有6000名员工。

现在我们理解了消息传递机制多处理器的重要性（特别是对于云计算），接下来要介绍WSC中节点的互联方法。归功于**摩尔定律**以及每芯片上不断增加的核数，现在芯片内部也需要互联网络，所以这些拓扑结构无论在小规模还是大规模计算机上都很重要。

精解 MapReduce架构在Map阶段的最后将键-值对进行移动（shuffle）和分类（sort），生成所有共享相同关键值的组。然后这些组被传递到Reduce阶段。

精解 另一种大规模计算是网格计算（grid computing），其计算机分布于很大的范围，运行于其上的软件必须通过长距离的网络进行通信。网格计算中最流行和最独特的形式由SETI@home项目首创。若数以百万计的计算机在空闲的时候什么都不做，这些计算机就可以被收集起来并得到充分利用，只要有人能开发一个软件运行在这些计算机上，并将任务分成独立的部分分配给这些计算机去运行。最早的一个例子是寻找外星智慧项目（Search for ExtraTerrestrial Intelligence，SETI），1999年在加州大学伯克利分校启动。超过200个国家的500万计算机用户签署了SETI@home项目，其中有超过50%的非美国用户。到2011年年底，SETI@home网格的平均性能为3.5PetaFLOPS。

549

小测验

1. 判断：同SMP相同，消息传递机制的计算机依赖于锁来进行同步。
2. 判断：集群有独立的存储器，所以需要操作系统的多个副本。

6.8　多处理器网络拓扑简介

多核芯片需要通过片上网络将各个核连接到一起，而集群需要通过局域网将服务器连接到一起。本节讨论不同互联网络拓扑的优点与缺点。

网络成本包括开关的数量、每个开关连接到网络上的链路数、每条链路的宽度（比特数）以及网络映射到芯片时链路的长度。例如，某些核或服务器可能是相邻的，而其他的可能在芯片或数据中心的另一端。网络性能也是多方面的，包括：在一个无负载的网络中发送和接收消息的延迟，以给定时间内能够传输的最大消息数所计算的吞吐率，由网络的一部分竞争引起的延迟，以及由通信模式决定的可变性能。网络的另一个义务是容错，因为系统可能需要在一些部件受损的情况下继续工作。最后，在系统能耗受限的时代，不同组织的能效可能胜过了其他的关注点。

网络通常绘制为图形形式，图中每条边代表通信网络中的一条链路。本节的图中，处理器－存储器节点表示为一个黑色方块，开关表示为一个灰色圆点。假设所有链路都是双向（bidirectional）的；也就是说，信息可以向两个方向流动。所有网络都由开关（switch）组成，链接到处理器－存储器节点和其他开关。第一个网络将若干节点序列连接到了一起：

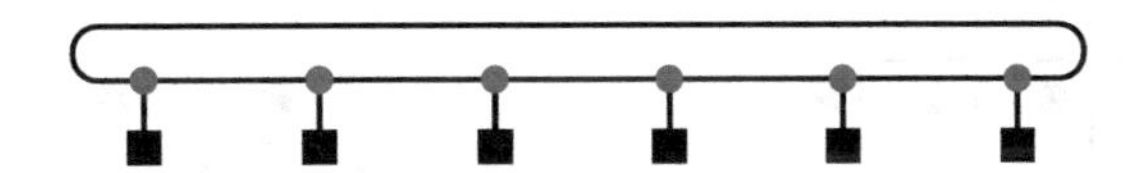

该拓扑称为环（ring）。由于一些节点不是直接连接的，因此一些信息必须在中间节点间跳步，直到到达最后的目标节点。

和总线（总线允许一组连线向所有相连的节点发送广播）不同，环可以同时进行多个传输。 550

因为有众多的拓扑结构可以选择，所以需要性能指标来区分这些设计。其中有两个最为常用。第一个是总**网络带宽**（network bandwidth），即每条链路带宽与链路数量的乘积，代表了峰值带宽。对于上面的环网络，若有 P 个处理器，那么总网络带宽就是一条链路带宽的 P 倍；一条总线的总网络带宽仅仅是该总线的带宽。

为了平衡最佳带宽的情况（不只评估最好情况下的带宽），我们引入一个接近于最差情况的指标：**对分带宽**（bisection bandwidth）。对分带宽将机器分割为两半进行计算，然后将跨分割线的链路带宽加起来。环的对分带宽是链路带宽的两倍，是总线链路带宽的一倍。如果一条链路和总线一样快，那么在最差情况下，环的速度是总线速度的两倍，最好情况下是总线的 P 倍。

由于有些网络拓扑是非对称的，因此在切分网络时会产生一个问题，即切分线划在哪里。切分带宽是最差情况下的度量，因此答案是选择会导致最差网络性能的切分。换句话说，就是计算所有可能的对分带宽，然后选择最小的作为最终结果。之所以选择这种最差情况，是因为并行程序常常受通信链中最薄弱链路的限制。

环的另一极端是**全连接网络**（fully connected network），其中每个处理器与其他处理器之间都有一条双向链路。对于全连接网络，总网络带宽是 $P\times(P-1)/2$，对分带宽是 $(P/2)^2$。

然而，全连接网络性能的极大提升却被急剧增加的成本抵消了。这激励工程师开发新的拓扑结构，使其介于环的成本和全连接网络的性能之间。评估新拓扑是否成功，很大程度上依赖于计算机上所运行的并行程序负载的通信特征。

虽然已经公开发布的各种拓扑结构难以计数，但只有少数几个已被用于商业并行处理器中。图 6-14 给出了两种常见的拓扑。

除了在网络中的每个节点上都放置一个处理器之外，也可以在其中一些节点上只保留开关。开关比处理器－存储器－开关节点小，因此可以更密集地放置，进而缩短距离并提高性能。这样的网络通常称为**多级网络**（multistage network），因为消息需要经过多级传输才能到达目的地。多级网络的类型和单级网络是一样多的，图 6-15 给出了两种常见的多级结构。**全连接网络**或**交叉开关网络**（crossbar network）允许任何节点通过网络中的一次传输就可以与其他任何节点通信。Omega 网络使用的硬件比交叉开关网络少（前者需要 $2n$

网络带宽：非正式地表示网络传输速度的峰值；既可以指单一链路的速度，也可以指网络中所有链路的共同传输速度。

对分带宽：多处理器中两个相等部分之间的带宽，是对多处理器最差拆分情况下的测量。

全连接网络：通过在每个节点之间提供专用通信链路而将处理器－存储器节点连接起来的网络。

多级网络：每个节点提供一个小开关的网络。

交叉开关网络：任何节点通过一次传输就可以与其他任何节点通信的网络。

551 log 2n 个开关，后者需要 n^2 个开关)，但消息之间可能会发生冲突，这取决于通信模式。例如，图 6-15 中的 Omega 网络在从 P_1 向 P_4 发送信息的同时，不能从 P_0 向 P_6 发送信息。

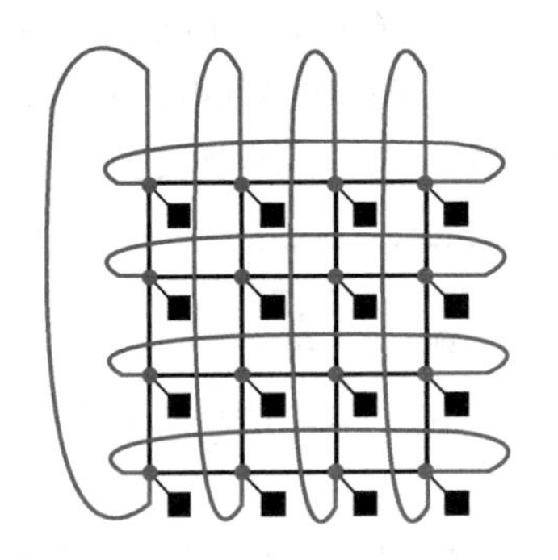

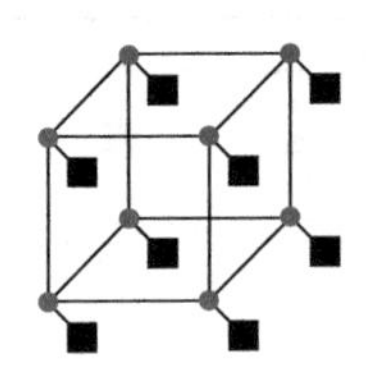

a) 16个节点的2D网格结构　　b) 8个节点的n–立方树（由于$8=2^3$，所以$n=3$）

图 6-14　已经出现在商业并行处理器中的网络拓扑。其中灰色圆点表示开关，黑色方块表示处理器 - 存储器节点。尽管一个开关可以有多条链路，但是通常只有一条连接到处理器。布尔 n - 立方体拓扑是一个使用 2^n 个节点构成的 n 维互连结构，每个开关需要 n 条链路（加上一条处理器链路），因此有 n 个最近相邻节点。这些基本拓扑常常会补充一些额外链路，从而提高性能和可靠性

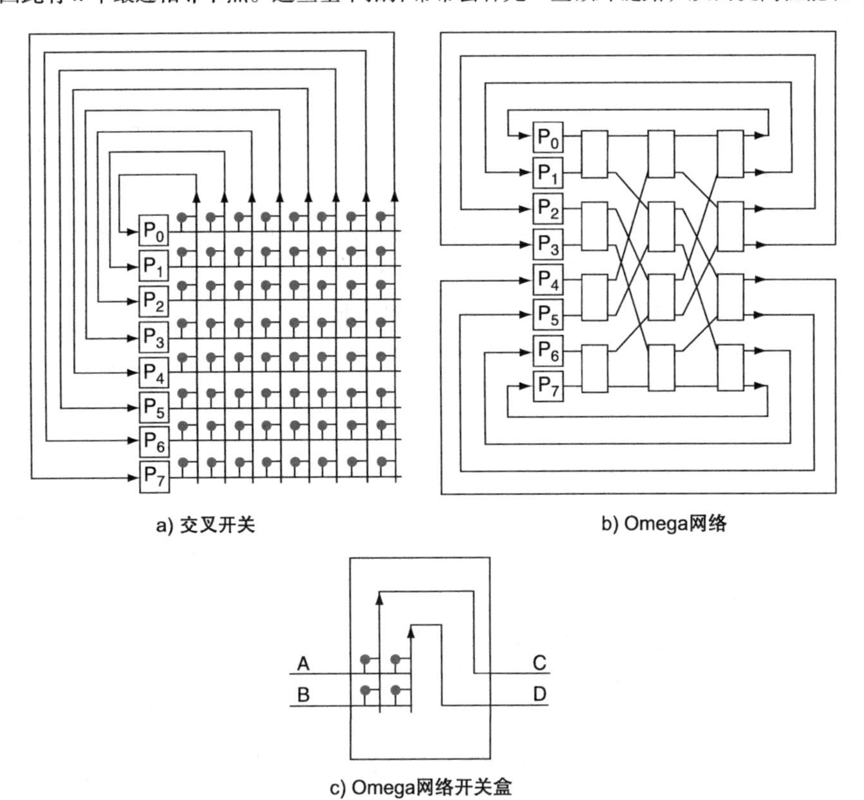

a) 交叉开关　　b) Omega网络

c) Omega网络开关盒

图 6-15　常见的八节点多级网络拓扑。图中的开关比前面图中的更加简单，因为本图中的链路是单向的，数据从左边进入，从右边退出。图 c 中的开关盒可以将 A 传送到 C、将 B 传送到 D，或将 B 传送到 C、将 A 传送到 D。交叉开关使用 n^2 个开关，其中 n 是处理器的数量，而 Omega 网络需要 2n log 2n 个大的开关盒，每个开关逻辑上由 4 个更小的开关组成。在这种情况下，交叉开关网络需要 64 个开关，而 Omega 网络需要 12 个开关盒（或 48 个开关）。但交叉开关网络可以支持处理器间消息传递的任意组合，而 Omega 网络却不能

网络拓扑的实现

本节对所有网络进行简单分析的时候，忽略了在网络构建时需要考虑的实际因素。在高速时钟下，每条链路的距离都会影响通信的成本——一般来说，距离越长，在高速时钟下的成本越大。对于较短的距离，更容易将更多连线增加到链路中，因为连线越短，驱动连线所需要的能耗越少。较短的连线也比较长的连线便宜。另外一个实际限制是三维拓扑图必须映射到芯片的二维媒介上。最后一点需要考虑的是能耗。例如，能耗可能迫使多核芯片必须采用简单网格拓扑。总之，在黑板上画出的很美的拓扑，在使用硅工艺或数据中心构造时可能是不切实际的。

现在我们已经了解了集群的重要性，并且看到了可以将它们连接起来的拓扑方法，接下来我们要看一看网络与处理器的软硬件接口。

小测验　判断：对于一个有 P 个节点的环，总网络带宽与对分带宽的比为 $P/2$。

552

6.9　与外界通信：集群网络

本节内容在本书配套的网站上。本节讲述了用来连接集群节点的网络硬件和软件。例子中采用 PCIe 连接到计算机上的 10Gb/s 的以太网。这个例子展示了软硬件优化如何提升网络的性能，包括零拷贝消息传递、用户空间通信、使用轮询机制代替 I/O 中断以及使用硬件计算校验总和。尽管例子讲的是互联网络，但本节介绍的这些技术也可以应用到存储控制器和其他 I/O 设备上。

553

本节内容从底层详细讲述了互联网络的性能，下节介绍如何用更多高层的程序来评测各种多处理器。

6.10　多处理器基准测试程序和性能模型

如我们在第 1 章中看到的那样，评测系统一直是一个敏感的话题，因为这是判断哪个系统更好的一种高度直观的方式。测试结果不仅影响商业系统的销售，而且也会影响这些系统设计者的声誉。因此，所有参赛者都想赢得比赛，但是如果别人获胜，他们也希望确认获胜者的系统确实更好。这些期望导致测试结果不是（针对测试程序）简单的工程技巧，而应能够真正促进实际应用程序性能的提高。

为了避免可能的作弊，一个典型的原则是不能修改基准测试程序。源代码和数据集是固定的，并且只有唯一的正确结果。违反原则会导致测试结果无效。

很多多处理器基准测试程序都遵守这些惯例。一个共同的例外是允许增加问题规模，从而可以在具有不同数量处理器的系统上运行基准测试程序。也就是说，很多基准测试程序允许弱比例缩放而不是强比例缩放，即使在对运行不同问题规模的程序的结果进行比较时也要小心。

图 6-16 对几种并行基准测试程序进行了总结。描述如下：

- Linpack 是一组线性代数例程，是由执行高斯消元的例程构成的基准测试程序。3.5.6 节第二个例题中的 DGEMM 例程是 Linpack 基准测试程序源代码中的一小部分，但占用了该基准测试程序大部分的执行时间。它允许弱比例缩放，让用户选择任何规模的问题。此外，它允许使用者以几乎任何形式和任何语言重写 Linpack，只要能计算出正确的结果并对给定的规模执行相同数量的浮点操作。每隔两年，www.top500.org 会公布具有最快 Linpack 性能的 500 台计算机。排名第一的被媒体认为是世界上最快的计算机。

基准测试程序	是否可比例缩放	是否可编程	描述
Linpack	弱	是	稠密矩阵线性代数［Dongarra, 1979］
SPECrate	弱	否	独立任务并行化［Henning, 2007］
SPLASH 2［Woo et al., 1995］	强（虽然提供了两种问题规模）	否	复杂1D FFT 模块化LU分解 模块化稀疏Cholesky分解 整数基数排序 Barnes Hut 自适应快速多极算法 海洋仿真 层次辐射 射线跟踪程序 声音渲染器 空间数据结构的水仿真 非空间数据结构的水仿真
NAS［Bailey et al., 1991］	弱	是（只能是C或Fortran）	EP：高度并行 MG：简化的多重网格计算 CG：面向共轭梯度方法的非结构化网格 FT：使用FFT的3D偏微分方程 IS：大型整数排序
PARSEC［Bienia et al., 2008］	弱	否	Blackscholes：使用Black-Scholes PDE的期权定价 Bodytrack：人体跟踪 Canneal：使用cache感知的模拟退火进行路由优化 Dedup：采用数据去重的下一代压缩 Facesim：人脸运动仿真 Ferret：内容相似性搜索服务器 Fluidanimate：SPH方法的流体动力学动画 Freqmine：频繁项集挖掘 Streamcluster：输入流的在线聚集 Swaptions：互换期权的证券组合定价 Vips：图像处理 x264：H.264视频编码
伯克利设计数据集［Asanovic et al., 2006］	强或弱	是	有限状态机 组合逻辑 图的遍历 结构化网格 稠密矩阵 稀疏矩阵 光谱法（FFT） 动态编程 N–体问题 MapReduce 反向跟踪/分支与边界 图模型推导 非结构化网格

图6-16 并行基准测试程序实例

- SPECrate是一个基于SPEC CPU基准测试程序（如SPEC CPU 2006，见第1章）的吞吐率指标。SPECrate同时运行程序的很多副本，而不是报告单个程序的性能。因此，它主要测量任务级并行，并且这些任务之间没有通信。运行的程序副本数是不受限制的，因此这也是弱比例缩放的一种形式。
- SPLASH和SPLASH 2（Stanford Parallel Applications for Shared Memory）是斯坦福大学研究人员于20世纪90年代提出的一种作用类似于SPEC CPU基准测试集的并行测试程序集。它由核心程序和应用程序构成，许多都来自高性能计算领域。尽管该程序有两组数据集，但仍需要强比例缩放。
- NAS（NASA Advanced Supercomputing）并行基准测试程序是20世纪90年代以来多处理器基准测试程序的另一尝试，由五个核心程序构成，来源于流体力学计算。NAS

554～555

通过定义少数几个数据集以允许弱比例缩放。像 Linkpack 一样，这些基准测试程序可以重写，但要求编程语言只能使用 C 或 Fortran。

- PARSEC（Princeton Application Repository for Shared Memory Computer）基准测试程序集由采用 Pthreads（POSIX 线程）和 OpenMP（Open MultiProcessing，见 6.5 节）的多线程程序组成，专注于新兴的计算领域，由九个应用程序和三个内核组成。其中八个依赖数据并行，三个依赖流水并行，另外一个依赖非结构化并行。
- 加利福尼亚大学伯克利分校的研究人员提出了一种方法。他们确定了 13 个会成为未来应用的设计模式。一些框架或内核实现了这些设计模式，实例包括稀疏矩阵、结构化网格、有限状态机、映射归约和图遍历等。通过将定义保持在高级别层次，他们希望鼓励在系统的任何层次进行创新。因此，具有最快稀疏矩阵求解的系统除了使用新型体系结构和编译器之外，还可以使用任何数据结构、算法和编程语言。

Pthreads：创建和操作线程的一个 UNIX API，组织为库的形式。

对基准测试程序的这种约束所造成的负面影响是“创新”主要受限于体系结构和编译器。更好的数据结构、算法、编程语言等通常不能使用，因为这可能会产生误导的结果——系统可能因为其他原因（例如算法）而不是硬件或编译器的原因而获得更高性能。

尽管这些准则在计算基础相对稳定时是可以理解的——就像上世纪 90 年代和这十年前一半一样——但在编程变革中就不受欢迎了。为了变革的成功，我们需要鼓励所有层次上的创新。

6.10.1 性能模型

和基准测试程序相关的一个话题就是性能模型。就像我们在本章中看到的不断增加的体系结构多样性——多线程、SIMD、GPU——如果我们有一个简单的模型来分析不同体系结构的性能，那将是十分有益的。这个模型不需要是完美的，只要有所见地就行。

[556] 第 5 章用于 cache 性能评测的 3C 模型是性能模型的一个实例。它并不是完美的性能模型，因为忽略了一些潜在的重要因素，如块大小、块分配策略和块替换策略。并且，它还含有一些怪异的地方。例如，缺失在一个设计中产生的原因可能是容量，但在另一个相同大小的 cache 中可能是因为冲突。然而 3C 模型已经流行了 25 年，因为它提供了深刻理解程序行为的一种途径，有助于体系结构设计者和程序员基于模型的观察来改进他们的创新。

为了找到这样一个并行计算机的模型，让我们从小的核心程序开始，就像图 6-16 中的 13 个伯克利设计模式一样。尽管这些核心程序的不同数据类型有许多版本，但是浮点在几种实现中都很常见。因此，在给定计算机上的峰值浮点性能是这类核心程序的速度瓶颈。对于多核芯片，峰值浮点性能是芯片上所有处理器核峰值性能的总和。如果系统中包含多个处理器，那么应当将每芯片的峰值性能与芯片数量相乘。

内存系统的需求可以通过将峰值浮点性能除以每个字节访问的浮点运算的平均数来估计：

$$\frac{\text{浮点操作数 / 秒}}{\text{浮点操作数 / 字节}} = \text{字节 / 秒}$$

存储器每访问一字节所包含的浮点操作比例称作**算术密度**（arithmetic intensity）。它的计算可以用程序中总的浮点操作数除以程序执行期间主存传输的数据总字节数来获得。图 6-17 给出了图 6-16 中几种伯克利设计模式的算术密度。

算术密度：程序中的浮点操作数量与从主存访问的字节数的比值。

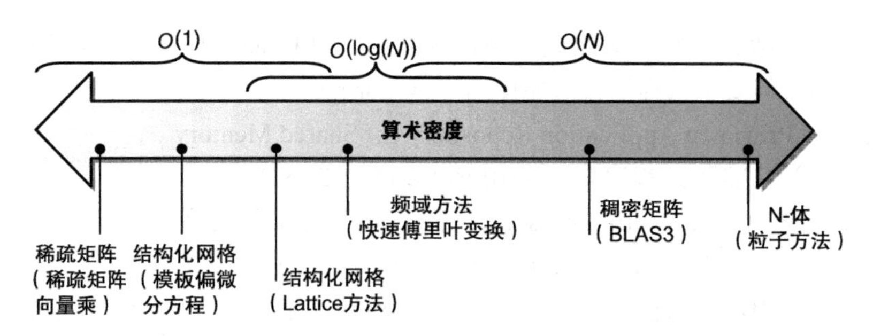

图 6-17　算术密度，即程序中的浮点操作数除以访问主存的字节数［Williams, Patterson, 2009］。一些核心程序的算术密度与问题规模成比例扩展，如稠密矩阵，但是也有许多核心程序，其算术强度与问题大小无关。对于前者，弱比例缩放会导致不同的结果，因为其对存储系统的需求减少了很多

557

6.10.2　Roofline 模型

该简单模型将浮点性能、算术密度和存储性能联系在一个二维图中［Williams，Waterman，Patterson，2009］。峰值浮点性能可以在上面提到的硬件规格说明书中找到。这里所考虑的核心程序的工作集不适合使用 cache，因此峰值存储性能可以使用 cache 后面的存储器系统来定义。找到峰值存储性能的一种方法是使用流基准测试程序（见 5.2.2 节的精解）。

图 6-18 展示了这一模型，该模型是针对一台计算机的，而不是针对每个核心程序的。纵轴表示浮点性能，从 0.5 到 64.0GFLOP/s。横轴表示算术密度，从 1/8 FLOP/DRAM 字节到 16 FLOP/DRAM 字节。注意该图采用重对数图尺。

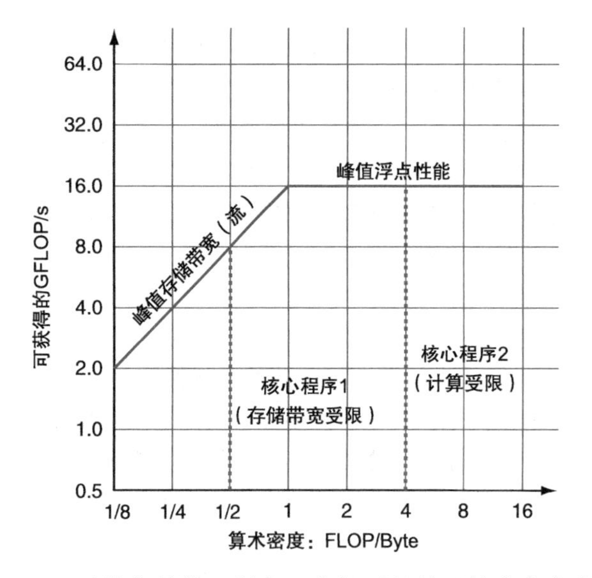

图 6-18　Roofline 模型［Williams, Waterman, Patterson, 2009］。本例中，峰值浮点性能为 16GFLOP/s，峰值存储带宽为 16GB/s，数据来自流基准测试程序（由于流实际上是 4 次测量，因此图中的线是 4 次的均值）。左边的垂直虚线代表核心程序 1，其计算密度为 0.5FLOP/byte。由于存储带宽的限制，其在 Operon X2 上不超过 8GFLOP/s。右边的垂直虚线代表核心程序 2，计算密度为 4FLOP/byte，仅限于计算到 16GFLOP/s（这些数据基于 AMD Opteron X2（版本 F），使用运行在双插槽系统中的 2GHz 双核）

对给定的核心程序，我们可以基于算术密度在 X 轴上找到一个点。如果画一条垂直线通过该点，那么核心程序在该计算机上的性能一定在该垂直线的某个位置上。我们可以画一条水平线显示该计算机的峰值浮点性能。显然，实际的浮点性能不会超过这条水平线，因为这是一个硬界限。

558

如何画出峰值存储性能（单位为 byte/s）？由于 X 轴是 FLOP/byte，Y 轴是 FLOP/s，故 byte/s 只是图中一条 45° 的对角线。因此，我们画出第三条线来表示对于给定的算术密度该计算机存储系统所能支持的最大浮点性能。我们可以用下面的公式表示该界限，以便在

图 6-18 中画出该线：

可达到的 GFLOP/s = Min（峰值存储带宽 × 算术密度，峰值浮点性能）

水平线和对角线描绘出这个简单模型的名称并指出了它的值。这条“屋顶线”（Roofline）根据其算术强度设置了内核性能的上界。给定一台计算机的屋顶线后，你可以重复地使用它，因为它不会随核心程序的不同而变化。

如果我们认为算术强度是撞在屋顶上的一根杆子，那么它可能碰到屋顶的倾斜部分，这意味着性能最终受到存储带宽的限制，或者碰到屋顶的平坦部分，这意味着性能在计算上受限。在图 6-18 中，核心程序 1 是前者的例子，而核心程序 2 属于后者。

注意“脊点”（ridge point），即对角线和水平线相交的点，它为我们提供了一些有趣的信息。如果该点过于靠右，那么只有极高算术密度的核心程序才能获得计算机的最大性能。如果过于靠左，那么几乎所有核心程序都可能达到最大性能。

6.10.3 两代 Opteron 的比较

四核的 AMD Opteron X4（Barcelona）是两核 Opteron X2 的后续版本。为了简化主板设计，Opteron X4 使用了相同的插槽，有相同的 DRAM 通道，因而有相同的峰值存储带宽。除了核数加倍外，Opteron X4 还将每核峰值浮点性能提高到原来的两倍：Opteron X4 核每时钟周期可发射两条浮点 SSE2 指令，而 Opteron X2 核最多只能发射一条。由于这两个系统时钟频率接近——Opteron X2 为 2.2GHz，Opteron X4 为 2.3GHz——因此 Opteron X4 的峰值浮点性能是 Opteron X2 的 4 倍，而两者 DRAM 带宽完全相同。Opteron X4 还有 2MiB 的 L3 cache，而 Opteron X2 没有。

图 6-19 比较了两个系统的 Roofline 模型。正如我们所期望的那样，脊点向右移动，从 Opteron X2 的 1 移到了 Opteron X4 的 5。因此，为了看到下一代 Opteron 处理器性能的改进，核心程序的算术密度必须大于 1，或者工作集能够适合 Opteron X4 的 cache。

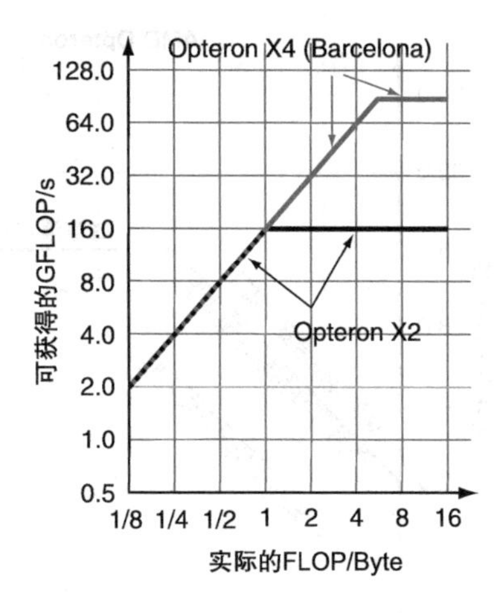

图 6-19 两代 Opteron 的 Roofline 模型。Opteron X2 的屋顶线与图 6-18 中相同，使用黑色绘制，而 Opteron X4 的屋顶线使用灰色绘制。Opteron X4 更大的脊点意味着在 Opteron X2 中计算受限的核心程序在 Opteron X4 上可能是存储性能受限的

Roofline 模型给出了性能的上界。假设你的程序远远低于该上界，那么应进行哪些优化呢？顺序如何？

559

为了减少计算瓶颈，下面的两种优化可以改进几乎任何核心程序：

- 浮点操作混合。计算机的峰值浮点性能通常需要相同数量的几乎同时进行的加法和乘法运算。这种均衡不仅是因为计算机支持融合的乘加指令（见 3.5.7 节），也因为浮点

单元具有相同数量的浮点加法器和浮点乘法器。最佳性能还要求指令组合的很大一部分是浮点运算而不是整数指令。

- 提高指令级并行并应用 SIMD。对当代的体系结构，最高性能在每个时钟周期取指、执行并提交 3 ～ 4 条指令时获得（见 4.10 节）。这一目标可以通过由编译器改进代码来增加指令级并行实现。一种方法是循环展开，如 4.12 节所述。对于 x86 体系结构，一条 AVX 指令可以操作 4 个双精度操作数，因此应该尽可能地使用这些指令（见 3.7 节和 3.8 节）。

为了减少存储瓶颈，下面两种优化可以起到帮助作用：

- 软件预取。通常，要获得最高性能需要保持很多存储器操作一直运行，通过执行软件预取指令来预测访存要比等到计算需要该数据时才进行访存容易得多。
560
- 内存关联。当今微处理器都在片内包含了内存控制器，从而提高了存储器层次结构的性能。如果系统中含有多个芯片，就意味着一些地址访问本地芯片的 DRAM，而其他地址需要通过芯片互连才能访问其他芯片的 DRAM（对于其他芯片是本地的）。这种分隔导致了 6.5 节介绍的非统一存储访问。通过另一个芯片进行访存会降低性能。第二种优化方法是尝试分配数据和线程，以将该数据操作到同一存储器 - 处理器对，这样处理器几乎不会访问其他芯片上的存储器。

Roofline 模型可以帮助我们决定选用哪一种优化，以及优化的实施顺序。我们可以把每一种优化视为适当屋顶线下面的一层“天花板”，这意味着在没有实施相应优化的情况下不能突破天花板。

计算屋顶线可以从手册中找到，而存储屋顶线可以通过运行流基准测试程序获得。计算天花板（如浮点均衡）也可从该计算机的手册中找到，存储天花板（如存储器关联）需要在每台计算机上运行实验以确定它们之间的差距。好消息是这一过程在每台计算机上只需进行一次，只要有人描述了该计算机的天花板，那么任何人都可以用该结果来指导计算机优化的先后次序。

图 6-20 在图 6-18 中的 Roofline 模型中增加了天花板，左图给出了计算天花板，右图给

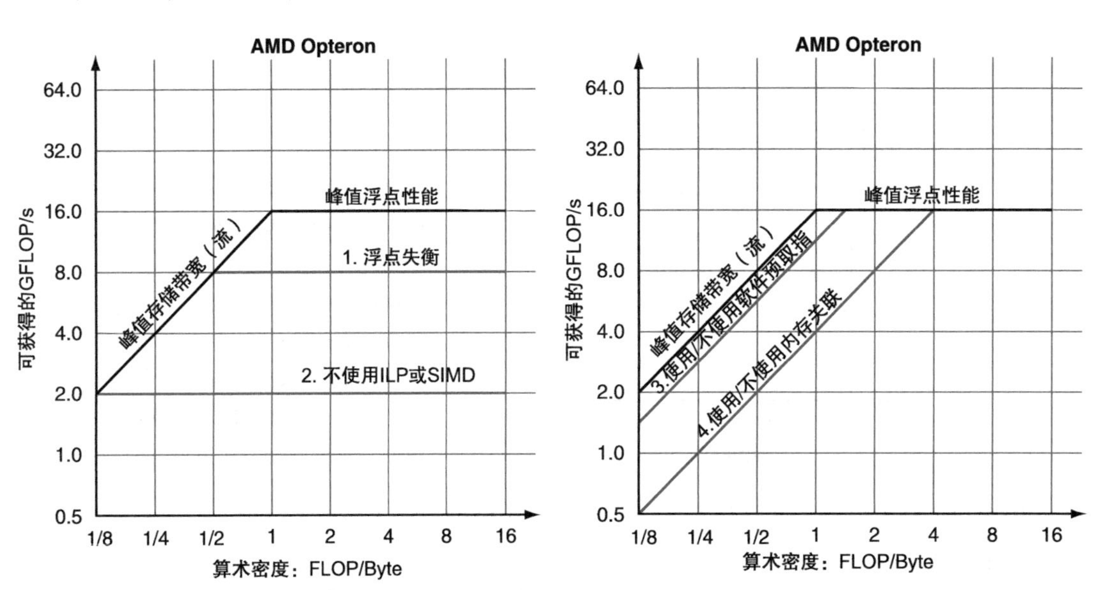

图 6-20 带天花板的 Roofline 模型。左图表示计算性能的天花板，浮点操作混合失衡情况下性能为 8GFLOP/s，未使用 ILP 和 SIMD 优化情况下为 2GFLOP/s。右图表示存储带宽的天花板，没有软件预取指时为 11GB/s，没有内存关联时为 4.8GB/s

出了存储带宽天花板。尽管较高的天花板没有标记两种优化，但是其隐含使用了全部优化手段；若要打破最高的天花板，首先必须打破下面所有的天花板。

天花板与下一个上限之间的宽度是尝试优化的空间。因此，图 6-20 建议优化 2 和优化 4。前者改善 ILP，对于改善该计算有很大益处；后者改善内存关联，对于改善存储带宽有很大益处。

图 6-21 将图 6-20 中的天花板整合到一张图中。核心程序的算术密度决定了优化区域，而优化区域反过来又给出了哪些优化可以尝试。注意，计算优化和存储带宽优化对大多数算术密度是重叠的。图 6-21 中有三处不同的阴影标记，用于区分不同的优化策略。例如，核心程序 2 落在右边的梯形区域，表示只在计算优化上工作。核心程序 1 落在中间的平行四边形区域，表示两种优化均可尝试，并且建议从优化 2 和优化 4 开始。注意核心程序 1 的垂直线低于浮点失衡优化，因此优化 1 是没有必要的。如果核心程序落在左下角的三角形区域，则表示只需进行存储优化。

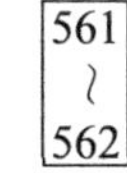

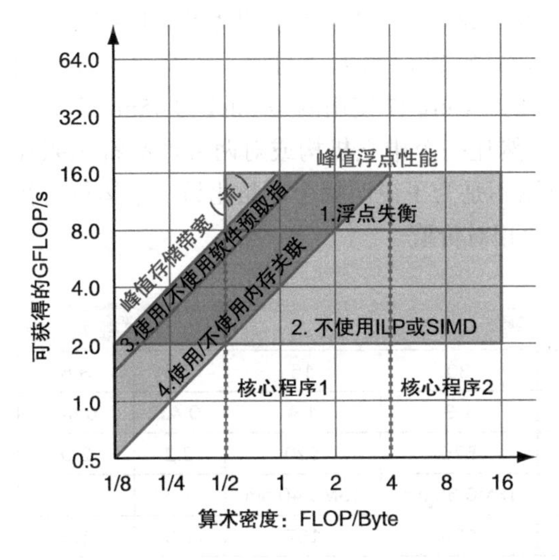

图 6-21　带天花板的 Roofline 模型，以及图 6-18 中的两个核心程序。算术密度处于右边梯形区域的核心程序应当着重于计算优化，而处于左下三角形区域的核心程序应当着重于存储带宽优化。中间平行四边形区域的核心程序两种优化都应当考虑。由于核心程序 1 落在中间的平行四边形中，可尝试优化 ILP 和 SIMD、内存关联、软件预取等。核心程序 2 落在右边的梯形区域，可尝试优化 ILP 和 SIMD 以及浮点操作均衡

到目前为止，我们一直假设算术密度是固定的，但是实际情况并非如此。首先，有些核心程序的算术密度会随问题规模增长，如稠密矩阵和 N 体问题（见图 6-17）。事实上，这也是程序员处理弱比例缩放较之强比例缩放更成功的原因之一。第二，存储器层次结构的效应影响访存的次数，因此改善 cache 性能的优化也能改善算术密度。一个例子是通过循环展开，并将地址近似的语句组合到一起来改善时间局部性。很多计算机提供特殊的 cache 指令，将数据分配到 ca+che 中，而不是先从存储器中填充数据，因为数据可能很快被改写。这些优化降低了存储器流量，从而将算术密度极点向右移动了一个因子，例如 1.5。这种右移将核心程序放入一个不同的优化区域。

虽然上面的例子展示了如何帮助程序员改进程序性能，而体系结构架构师也可以利用这个模型来决定在哪里优化硬件，以提升他们认为重要的核心程序的性能。

下一节使用 Roofline 模型展示多核微处理器和 GPU 之间的性能差异，并说明这些差异是否反映了真实程序的性能。

563

精解　天花板是有层次的，较低的天花板更容易优化。显然，程序员可以按任意顺序优化，但是遵循这个顺序可以避免将时间浪费在因其他约束而无效的优化上。类似 3C 模型，只要 Roofline 模型进行了抽象，就会存在一些理想的假设。例如，屋顶线假定所有处理器间

负载是均衡的。

精解 流基准测试程序的一种替换方法是使用原始DRAM带宽作为屋顶线。尽管原始带宽密度是一个硬件上界，但存储器的实际性能往往与此相差甚远，因此没有什么用处。也就是说，没有程序能够接近该上界。使用流的负面作用是非常仔细的编程可能超过流的结果，因此存储器屋顶线不像计算屋顶线那样坚实。我们坚持使用流是因为很少有程序员能比流发现器提供更多的内存带宽。

精解 尽管给出的Roofline模型是针对多核处理器的，但对于单处理器一样有效。

小测验 判断：传统并行计算机评测方法的主要缺陷是在确保公平性的同时压制了软件创新。

6.11 实例：Intel Core i7 960和NVIDIA Tesla GPU的评测及Roofline模型

Intel的一组研究人员发表了一篇论文［Lee et al.,2010］，将带有多媒体SIMD扩展的四核Intel Core i7 960与前一代GPU（NVIDIA Tesla GTX 280）进行了对比。图6-22列出了两个系统的特点。两个产品都是在2009年秋天购买的。Core i7使用的是Intel的45nm半导体工艺，而GPU使用的是TSMC的65nm工艺。虽然让一个中立机构或对两种产品都感兴趣的机构进行评估可能更公平一些，但是本章的意图不是为了说明哪个产品比另一个运行得快多少，而是试图理解这两种截然不同的结构特征的相对价值。

	Gore i7 960	GTX 280	GTX 480	280/i7	480/i7
处理单元的数量（核或线程数）	4	30	15	7.5	3.8
时钟频率（GHz）	3.2	1.3	1.4	0.41	0.44
管芯尺寸	263	576	520	2.2	2.0
工艺	Intel 45 nm	TSMC 65 nm	TSMC 40 nm	1.6	1.0
功耗（芯片，非模块）	130	130	167	1.0	1.3
晶体管数量	700 M	1400 M	3030 M	2.0	4.4
存储带宽（GB/s）	32	141	177	4.4	5.5
单精度SIMD宽度	4	8	32	2.0	8.0
双精度SIMD宽度	2	1	16	0.5	8.0
峰值单精度标量FLOPS (GFLOP/s)	26	117	63	4.6	2.5
峰值单精度SIMD FLOPS (GFLOP/s)	102	311~933	515 ~ 1344	3.0~9.1	6.6~13.1
（SPI加或乘）	不支持	(311)	(515)	(3.0)	(6.6)
（SPI融合乘加指令）	不支持	(622)	(1344)	(6.1)	(13.1)
（Rare SP双发射融合乘加和乘）	不支持	(933)	不支持	(9.1)	–
峰值双精度SIMD FLOPS (GFLOP/s)	51	78	515	1.5	10.1

图6-22 Intel Core i7-960、NVIDIA GTX 280以及GTX 480的规格。最右面的列展示了Tesla GTX 280和Fermi GTX 480与Core i7的对比。尽管本节给出的例子是针对Tesla 280和i7的，但这里也给出了Fermi 480与Tesla 280的对比，因为本章中介绍到了这点。注意这里的存储带宽要比图6-23中的高，因为这些是DRAM引脚的带宽，而图6-23中是通过基准测试程序测量得到的处理器中的带宽（出自［Lee et al., 2010］中的表2）

图 6-23 中给出的 Core i7 960 和 GTX 280 的 Roofline 模型，展示了这两种计算机的不同。GTX 280 不仅有更高的存储带宽和双精度浮点性能，而且其双精度脊点更靠左。GTX 280

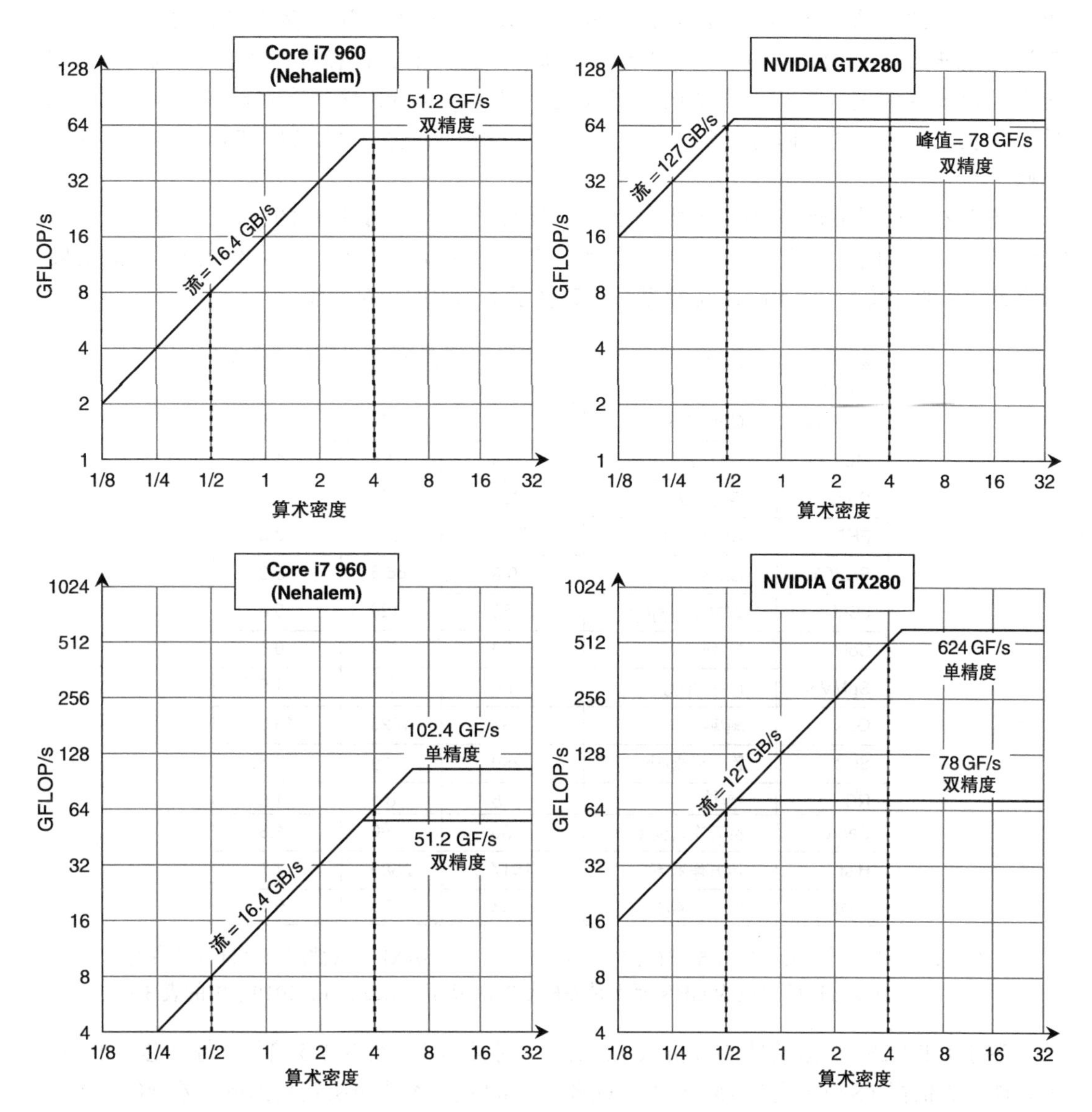

图 6-23 Roofline 模型［Williams, Waterman, Patterson, 2009］。图中上面一行屋顶线给出了双精度浮点性能，下面一行是单精度浮点性能。（双精度浮点性能的屋顶线也在底下一行给出。）左边 Core i7 960 的峰值双精度浮点性能为 51.2GFLOP/s，峰值单精度浮点性能为 102.4GFLOP/s，峰值存储带宽为 16.4GB/s。NVIDIA GTX 280 的峰值双精度浮点性能为 78GFLOP/s，峰值单精度浮点性能为 624GFLOP/s，峰值存储带宽为 127GB/s。图中左侧的垂直虚线表示 0.5FLOP/Byte 的算术运算强度。Core i7 的算术运算强度受存储带宽的限制不能超过 8GFLOP/s（对于双精度浮点和单精度浮点都如此）。图中右侧垂直虚线的算术运算强度为 4FLOP/Byte。在 Core i7 上限制在 51.2GFLOP/s（双精度）以及 102.4GFLOP/s（单精度），在 GTX 280 上限制在 78GFLOP/s（双精度）以及 624GFLOP/s（单精度）。为了在 Core i7 上达到最高的计算速率，需要使用全部 4 个核和 SSE 指令，以及数量相当的乘法和加法。对于 GTX 280，则需要在所有多线程的 SIMD 处理器上使用混合的乘加指令

的双精度脊点在 0.6，而 Core i7 的在 3.1。上面曾提到，若 Roofline 模型的脊点更靠左，则更容易达到峰值计算性能。对于单精度性能，两种计算机的脊点都更为靠右，因此要达到单精度性能的峰值相当困难。注意，内核的算术强度基于访问主存的字节数，而不是基于访问 cache 的字节数。因此，就像之前提到的，若大部分访存都能落在 cache 中，那么缓存可以改变特定计算机上内核的算术强度。同样要注意，该带宽在两种架构中都用于单位步长的访问。我们即将看到，真实的聚集 – 分散地址在 GTX 280 和 Core i7 上会更慢一些。

研究者根据对最近提出的四种基准测试集的计算以及存储特性的分析，选择了一些基准测试程序，组成了能够捕获这些特性的*吞吐率计算核心*测试集。图 6-24 给出了性能结果，数字越大表明速度越快。Roofline 模型帮助解释了本例中的相对性能。

核心程序	单位	Core i7 960	GTX 280	GTX 280/i7–960
SGEMM	GFLOP/s	94	364	3.9
MC	十亿条路径/秒	0.8	1.4	1.8
Conv	百万像素/秒	1250	3500	2.8
FFT	GFLOP/s	71.4	213	3.0
SAXPY	GB/s	16.8	88.8	5.3
LBM	百万次查询/秒	85	426	5.0
Solv	帧/秒	103	52	0.5
SpMV	GFLOP/s	4.9	9.1	1.9
GJK	帧/秒	67	1020	15.2
Sort	百万元素/秒	250	198	0.8
RC	帧/秒	5	8.1	1.6
Search	百万次查询/秒	50	90	1.8
Hist	百万像素/秒	1517	2583	1.7
Bilat	百万像素/秒	83	475	5.7

图 6-24　两个平台的原始和相对性能。在这项研究中，SAXPY 只被用来测试存储带宽，所以右边的单位为 GB/s 而不是 GFLOP/s（基于［Lee et al., 2010］中的表 3）

564 ~ 566

鉴于 GTX 280 的原始性能规格从 2.5 倍慢（时钟速率）变为 7.5 倍快（每个芯片的核），而性能从 2 倍慢（Solv）变为 15.2 倍快（GJK），Intel 的研究人员决定找到造成差别的原因：

- *存储带宽*。GPU 有 4.4 倍的存储带宽，这解释了为什么 LBM 和 SAXPY 的运行快 5.0 倍和 5.3 倍；它们的工作集为几百兆字节，因此数据不能全放入 Core i7 的 cache 中。（为了集中地访问内存，故意不使用第 5 章中的 cache 阻塞。）因此，Roofline 模型的斜率解释了它们的性能。SpMV 同样也有一个很大的工作集，但运行只快了 1.9 倍，原因是 GTX 280 的双精度浮点运算只比 Core i7 的快 1.5 倍。
- *计算带宽*。剩下的核心程序中五个是计算绑定的：SGEMM、Conv、FFT、MC 和 Bilat。GTX 运行这五个程序时分别快 3.9、2.8、3.0、1.8 和 5.7 倍。其中前三个使用单精度浮点运算，而且 GTX 280 的单精度运算要快 3 ～ 6 倍。MC 使用双精度浮点运算，这解释了为什么它只快 1.8 倍，因为双精度的性能只快了 1.5 倍。Bilat 使用 GTX 280 直接支持的超越函数。Core i7 执行 Bilat 时，三分之二的时间用来计算超越函数，故 GTX 280 要快 5.7 倍。这些结果也体现了使用硬件支持负载的特定操作（双精度浮点运算，甚至是超越函数）的意义。

567

- cache 收益。在 GTX 上 RC（Ray Casting）只快了 1.6 倍，因为 Core i7 的 cache 阻塞技术可以防止其变成存储带宽绑定的情况（参见 5.4 节和 5.14 节），就像在 GPU 上那样。cache 阻塞技术也可以帮助 Search 程序。如果索引树小到可以在 cache 中装下，那么 Core i7 的速度会快 2 倍。大的索引树会使程序被存储带宽绑定（受存储带宽的限制）。总体来说，GTX 运行 Search 程序快 1.8 倍。cache 阻塞技术也对 Sort 程序有利。尽管大部分程序员不会在 SIMD 处理器上运行 Sort，但它可以用称为 split 的 1 位 Sort 原语编写。但是，split 算法比标量 Sort 程序执行的指令更多。结果是，Core i7 比 GTX 280 快 1.25 倍。注意，cache 对于运行在 Core i7 上的其他核心程序也有帮助，因为 cache 阻塞技术允许 SGEMM、FFT 和 SpMV 变为受计算绑定的程序。这项观察再次强调了第 5 章中 cache 阻塞优化技术的重要性。
- 聚集 – 分散。如果数据分散在主存中，那么多媒体 SIMD 扩展几乎没有帮助，只有当访问的数据是 16 字节对齐时才会获得最佳性能。因此，在 Core i7 上 GJK 程序从 SIMD 中获得的好处很少。就像前面提到过的，GPU 提供向量结构支持而大部分 SIMD 扩展不支持的聚集 – 分散技术。内存控制器甚至批次访问同一个 DRAM 页面（见 5.2 节）。这一组合意味着 GTX 280 在运行 GJK 时比 Core i7 快 15.2 倍，比图 6-22 中的任何单个物理参数都要大。这种观察再次证明了聚集 – 分散技术对于向量和 SIMD 扩展中缺少的 GPU 体系结构的重要性。
- 同步。同步的性能受到原子更新的限制，这占据了 Core i7 28% 的总执行时间，尽管 Core i7 有硬件读取并自增指令。因此，Hist 程序在 GTX 280 上只快了 1.7 倍。Solv 程序使用少量指令以及一个紧跟的同步栅栏来解决一批独立的限制约束。Core i7 可以从原子指令以及存储一致性模型（保证结果是正确的，即使之前所有的访存指令并未全部完成）之中获益。由于没有存储一致性模型，当 GTX 280 从系统处理器那里得到若干批操作时，其性能只是 Core i7 的 0.5 倍。这一结果指出了同步的性能对于一些数据并行问题的重要性。

由 Intel 研究人员选择的内核测试程序所揭示的 Tesla GTX 280 的弱点已经在其后续架构中得到解决：Fermi 拥有更快的双精度浮点性能、更快的原子操作以及 cache。另一个有趣的情况是，向量结构支持的聚集 – 分散机制早于 SIMD 指令几十年就出现了，而对 SIMD 扩展的有效利用非常重要，这在此次比较之前就已经有人预言到了。Intel 的研究人员注意到，14 个核心程序中有 6 个在 Core i7 提供的更有效的聚集 – 分散支持下，可以更好地发掘 SIMD。这项研究当然也确立了 cache 阻塞技术的重要性。

568

现在我们已经看到了测评不同多处理器所得出的很多结果，接下来让我们回到 DGEMM 的例子上，看看程序的 C 代码需进行多少修改才能发挥多处理器的优势。

6.12 加速：多处理器和矩阵乘法

本节继续调整 DGEMM，使其在底层 Intel Core i7（Sandy Bridge）硬件上不断提升性能，这是优化 DGEMM 的最后一步，也是性能提升最大的一步。每个 Core i7 有 8 个核，我们用的计算机有 2 个 Core i7。因而共有 16 个核来运行 DGEMM 程序。

图 6-25 给出了使用这些核的 OpenMP 版 DGEMM。注意，第 30 行是相对于图 5-48 唯

一增加的一行代码，以使程序可以运行在多处理器上。OpenMP 的 pragma 语句告诉编译器在最外层循环使用多线程，即告诉计算机将最外层循环的任务分配给所有线程去执行。

```
 1 #include <x86intrin.h>
 2 #define UNROLL (4)
 3 #define BLOCKSIZE 32
 4 void do_block (int n, int si, int sj, int sk,
 5                double *A, double *B, double *C)
 6 {
 7   for ( int i = si; i < si+BLOCKSIZE; i+=UNROLL*4 )
 8     for ( int j = sj; j < sj+BLOCKSIZE; j++ ) {
 9       __m256d c[4];
10       for ( int x = 0; x < UNROLL; x++ )
11         c[x] = _mm256_load_pd(C+i+x*4+j*n);
12      /* c[x] = C[i][j] */
13       for( int k = sk; k < sk+BLOCKSIZE; k++ )
14       {
15         __m256d b = _mm256_broadcast_sd(B+k+j*n);
16      /* b = B[k][j] */
17         for (int x = 0; x < UNROLL; x++)
18           c[x] = _mm256_add_pd(c[x], /* c[x]+=A[i][k]*b */
19                  _mm256_mul_pd(_mm256_load_pd(A+n*k+x*4+i), b));
20       }
21
22       for ( int x = 0; x < UNROLL; x++ )
23         _mm256_store_pd(C+i+x*4+j*n, c[x]);
24         /* C[i][j] = c[x] */
25     }
26 }
27
28 void dgemm (int n, double* A, double* B, double* C)
29 {
30 #pragma omp parallel for
31   for ( int sj = 0; sj < n; sj += BLOCKSIZE )
32     for ( int si = 0; si < n; si += BLOCKSIZE )
33       for ( int sk = 0; sk < n; sk += BLOCKSIZE )
34         do_block(n, si, sj, sk, A, B, C);
35 }
```

图 6-25 图 5-48 中 DGEMM 程序的 OpenMP 版。第 30 行是唯一一条 OpenMP 语句，使最外层的 for 循环并行执行。这行代码是本图与图 5-48 的唯一区别

图 6-26 画出了一个经典的多处理器加速比图，展示了当线程数量增加时相对于单线程的性能提升。从该图可以很容易地看到强比例缩放相对于弱比例缩放的挑战。当所有数据都可以放入第一级数据 cache 中时，例如 32×32 矩阵，增加线程数量实际上会降低性能。这种情况下，16 个线程的 DGEMM 的性能差不多是单线程的一半。相反，最大的两个矩阵在使用 16 个线程时，性能提升了 14 倍，从而得到了图 6-26 最上面和最右面的两条线。

图 6-27 给出了线程数从 1 增加到 16 时的绝对性能增长。对于 960×960 的矩阵，DGEMM 程序以 174GFLOPS 的速率执行。图 3-22 中未经优化的 C 版本的 DGEMM 只有 0.8GFLOPS 的运行速率，因此通过第 3 ～ 6 章基于硬件对代码进行的优化，性能提升了 200 倍！

接下来我们将给出关于多进程的谬误与陷阱。在很多失败的计算机体系结构中，有很多并行处理项目忽略了这些谬误与陷阱。

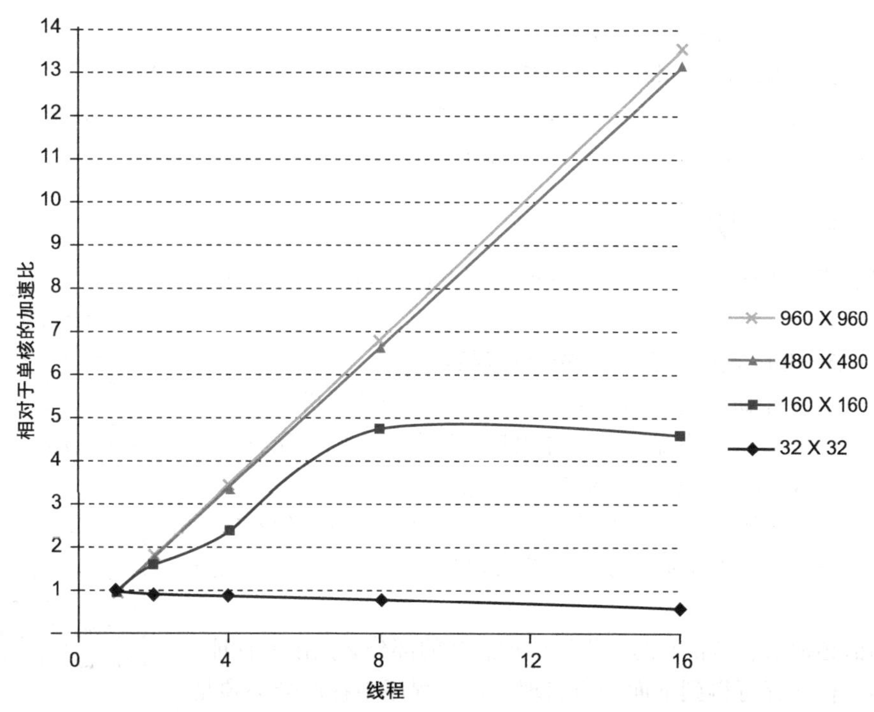

图 6-26　线程数增加时，相对单线程的性能提升。表达本图最客观的方法是将多线程性能与优单线程性能进行比较，这也是我们的做法。与本图进行对比的是图 5-48 中未使用 OpenMP pragma 语句的代码

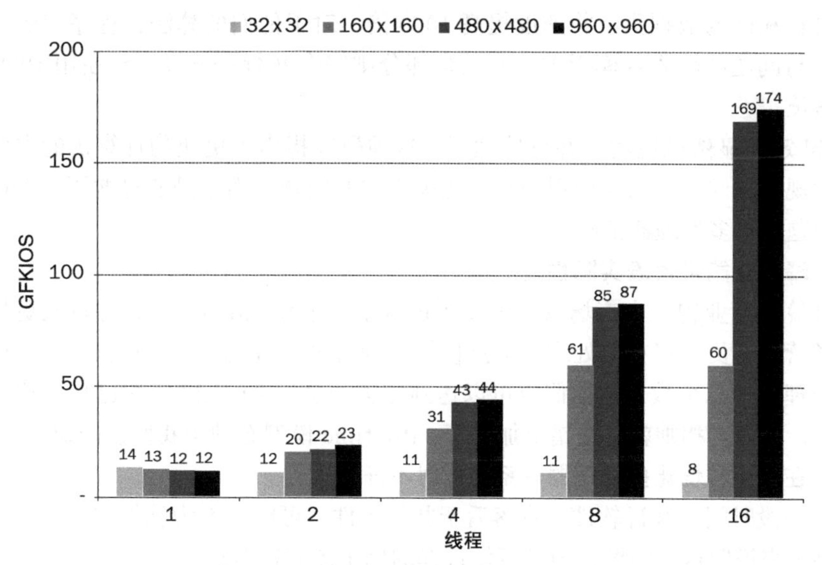

图 6-27　四个大小不同矩阵的 DGEMM 程序的性能。对于 960 × 960 矩阵，在使用 16 个线程时与图 3-22 中未经任何优化的代码相比，性能提升了 212 倍

精解 这些结论是在 Turbo 模式关闭的情况下得到的。该系统是一个双芯片系统，因此使用 1 个线程（只有其中一个芯片上有一个核）或 2 个线程（每个芯片上一个核）都能得到完整的 Turbo 加速（3.3/2.6 = 1.27）。当线程数增加时（有效核数也增多），从 Turbo 模式的获益将减少，因为用于这些核的功耗预算相对更少了。对于 4 个线程，平均 Turbo 加速比是

1.23，8个线程时为1.13，16个线程时为1.11。

精解 虽然Sandy Bridge支持每核两个硬件线程，但当使用的线程达到32个时，就无法得到更多的性能提升。因为一个AVX硬件在一个核上复用的两个线程间共享，因此每核分配两个线程实际上会因为复用开销而损害性能。

569～571

6.13 谬误与陷阱

> 十多年来，先知们已经展开了这样的争论，单个计算机的组织形式已经到达了极限，真正重大的性能改进只能通过将多台计算机互联以通过合作方案来实现……单处理器方法的持续有效性证明了……
>
> *Gene Amdahl, "Validity of the single processor approach to achieving large scale computing capabilities", Spring Joint Computer Conference, 1967*

大量的研究工作揭示了并行处理的诸多谬误和陷阱，这里我们讨论其中四个。

谬误：Amdahl定律不适用于并行计算机。

1987年，一个研究组织的负责人宣称一台多处理器机器打破了Amdahl定律。为了试图理解这些媒体报道的依据，我们首先看一下文献中对Amdahl定律的描述［1967, p.483］：

此时可以得出的一个相当明显的结论是：为获得高并行处理速率所花费的努力都是无用的，除非顺序处理速度提高的数量级也与其十分接近。

这句话必须依然是正确的，程序中被忽视的部分必然限制性能。该定律的一种解释可得到下面一条引理：每个程序中各部分必须是顺序的，因此处理器的数量必然有一个经济的上限，比如100。而使用1000个处理器达到的线性增长，证明该引理是错误的，因而得出了Amdahl定律被打破的结论。

这些研究人员使用的方法是弱比例缩放：他们在类似的时间内将计算工作量提高1000倍，而不是在相同的数据集上将速度提高1000倍。对于他们的算法，程序中顺序执行的部分是常数，与问题的输入规模无关，而其余部分则完全并行——故得到使用1000个处理器时的线性增长。

Amdahl定律显然也适用于并行处理器。这项研究指出了更快的计算机的主要用途之一是运行更大规模的问题。只要确保用户真正关心这些问题，而不是通过购买一个昂贵的计算机来发现问题使很多处理器忙碌。

谬误：峰值性能可代表实际性能。

超级计算机行业曾经在市场营销中使用过这个（峰值）指标，并且并行机更加重了这一谬误。市场营销人员不仅在单处理器节点使用这种几乎不可能达到的峰值性能指标，而且还将其乘以处理器的总个数，从而假定可以达到完美加速！Amdahl定律已指出达到两种峰值是多么困难，将两者相乘就更是错上加错了。Roofline模型有助于我们正确地看待峰值性能。

陷阱：在利用和优化多处理器体系结构时不开发软件。

有很长一段时间，并行软件一直落后于并行硬件，可能是因为软件问题更为困难。我们给出一个例子来说明这一问题，但是可供选择的例子还有很多！

572

当为单处理器设计的软件用于多处理器环境时经常会遇到这样一个问题。例如，Silicon Graphics操作系统最初假定页分配不频繁，通过锁来保护页表。在单处理器中，这并不是性能问题。而在多处理器中，这对某些程序而言则变成一个主要的性能瓶颈。考虑这样一种情况，一个程序使用大量的页，这些页在启动时进行初始化，正如UNIX为静态分配页所做的操作那样。假设该程序被并行化，从而有多个进程分配页。由于分配页需要使用页表，而页表在每次使用时是被锁定的，因此如果进程都试图同时分配页面（恰好就是我们在初始化时所预期的情况），那么即使是允许多个线程的 OS 内核也会被序列化 / 串行化。

页表的序列化 / 串行化消除了初始化中的并行性，并对整体并行性能有显著影响。该性能瓶颈甚至在任务级并行中也存在。例如，假设我们将并行处理程序分为若干独立的作业并运行，一个处理器上运行一个作业，作业之间没有任何共享。（这恰好是用户的做法，因为他合理地认为性能问题是应用程序中非预期的共享或冲突所造成的。）不幸的是，锁机制依然将所有作业串行化，因此即使独立的作业性能也会很低。

这个缺陷表明，当软件在多处理器上运行时，可能会出现一些微妙但显著的性能缺陷。和其他许多关键的软件组件一样，操作系统的算法和数据结构在多处理器环境下需要重新考虑。在页表较小的区域加锁可以有效地避免这个问题。

谬误：在不提供内存带宽的情况下，也可以获得良好的向量性能。

从 Roofline 模型中可以看到，存储带宽对各种体系结构都很重要。DAXPY 每个浮点操作需要 1.5 次存访，对于很多科学计算代码而言这是一个很标准的比例。即使浮点操作不需要花费时间，但由于存储受限，Cray-1 计算机也不能增加 DAXPY 向量序列的性能。当编译器使用阻塞机制改变计算时（使数据可以保存在向量寄存器中），Cray-1 运行 Linpack 的性能有了跳跃式提升。该方法减少了每个浮点运算需要的访存次数，并使性能提升了将近两倍。因此，Cray-1 的存储带宽对于之前有更多带宽需求的循环来说足够了，这正是 Roofline 模型所预期的。 573

6.14 本章小结

> 我们正致力于将未来产品的开发转到多核设计上。我们相信这对工业界是一个重要转折点……这不是一场竞争。这是计算领域翻天覆地的变化……
>
> *Paul Otellini（Intel 总裁），Intel 开发者论坛，2004*

通过简单地聚合处理器来构建计算机的梦想，在计算机最早的时代就已经出现了。然而，构建并充分有效利用并行处理器的进程是缓慢的。其原因一方面是受软件限制；另一方面是为了提高可用性和效率，多处理器体系结构的改进之路同样漫长。本章中讨论了很多软件方面的挑战，包括因 Amdahl 定律而导致的编写高加速比程序的困难。不同体系结构之间的差异性，以及很多并行体系结构短暂的生命周期及有限的能力，使得软件困难更加严重。6.15 节（网络内容）讨论了这些多处理器的历史。要对本章所讲述的主题有更深入的理解，请参阅《计算机体系结构：量化研究方法》（第 5 版）第 4 章中更多关于 GPU 以及 CPU 与 GPU 对比的内容，以及第 6 章中关于 WSC 的内容。

正如第 1 章所述，尽管过去的历程漫长而坎坷，但信息技术产业的未来与并行计算已经紧密联系在一起了。虽然这种努力可能会像过去一样失败，但依然有很多理由让前景充满希望：

- 软件即服务（SaaS）的重要性正不断增长，并且集群已经被证明是提供此类服务的一种非常成功的方法。通过在更高层次提供冗余，包括地理分布的数据中心，此类服务可以为全世界的客户提供 24 × 7 × 365 的可用性。
- 我们相信仓储式计算机正在改变服务器设计的目标和原则，就像移动客户的需求正在改变微处理器设计的目标和原则一样。这两者同样也造成了软件产业的革命。单位美元带来的性能和单位焦耳带来的性能驱动着移动客户端硬件和 WSC 硬件的发展，而并行是达到这些目标的关键。
- SIMD 和向量操作很适合多媒体应用（在后 PC 时代占据重要地位）。它们比传统的并行 MIMD 编程更容易，并且比 MIMD 更节能。为了观察 SIMD 与 MIMD 的重要性，图 6-28 绘制了 MIMD 的内核数，以及随时间推移 x86 计算 SIMD 模式中每时钟周期的 32 位和 64 位操作的数目。对于 x86 计算机，我们期待每两年在芯片上增加两个核并且每四年 SIMD 宽度增加一倍。根据这些假设，下一个十年，SIMD 的并行加速会是 MIMD 并行的两倍。考虑到 SIMD 对多媒体的有效性及其在后 PC 时代持续增长的重要性，这种强调可能是适当的。因此，至少应理解 SIMD 并行和 MIMD 并行同等重要，尽管后者已经得到了更多的关注。

574

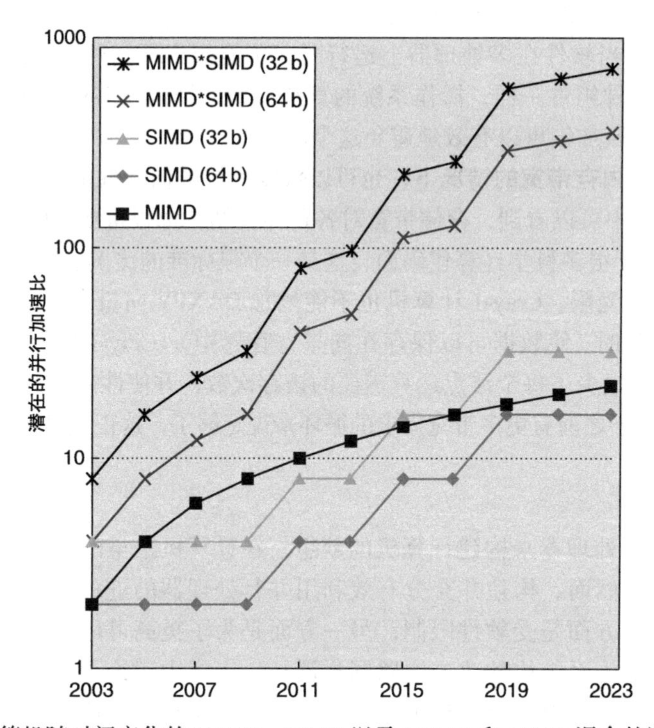

图 6-28 x86 计算机随时间变化的 MIMD、SIMD 以及 MIMD 和 SIMD 混合的潜在并行加速比。该图假设每两年单芯片上 MIMD 的核数增加两个，每四年 SIMD 操作的数目翻倍

- 并行处理在科学计算和工程计算等领域中非常普遍。这类应用领域对计算能力几乎充满无限的渴望。很多应用具有天然的并行性。集群再一次占据了此类应用领域。例如，根据 2012 Top 500 报告，集群在 Linpack 测试的 500 强中占据了 80%。
- 所有的桌面和服务器微处理器厂商正在生产多处理器以获得更高的性能，与过去不同的是，串行应用程序不再有获取更高性能的捷径。正如之前所述，串行程序现在是慢程序。因此，需要更高性能的程序员必须将代码并行化，或者编写新的并行处理程序。

575

- 过去，微处理器和多处理器对于成功的定义是不同的。提升单处理器性能时，若单线程性能随硅面积的开方增长，微处理器设计者会感觉很满意，满足于性能随资源数量的亚线性增长。多处理器的成功在过去通常定义为与处理器数量相关的线性加速比函数，并假定 n 个处理器的采购成本或管理成本是单处理器的 n 倍。现在并行性正在以片上多核的形式实现，因而我们可以使用已经获得成功的传统微处理器标准来评测亚线性的性能提升。
- 运行时编译技术和自动调谐的成功使得人们认为软件能够适应并利用每个芯片上越来越多的内核，提供了静态编译器所不能提供的灵活性。
- 与过去不同的是，开源已成为软件产业的关键组成部分。开源可以改善工程解决方案，促进开发者之间的知识共享。同时也鼓励了创新，改变旧软件，欢迎新语言和新软件产品。这种开放的文化在这个快速变化的时期是非常有益的。

为了鼓励读者接受这种变革，我们通过第 3 ～ 6 章中的“加速”小节来证明矩阵乘法在 Intel Core i7（Sandy Bridge）上的潜在并行性：

- 第 3 章中的数据级并行通过使用 256 位操作数的 AVX 指令并行执行 4 个 64 位浮点操作使性能提升了 3.85 倍，证明了 SIMD 的价值。
- 第 4 章中的指令级并行通过 4 次循环展开给乱序执行的硬件提供了更多的指令去调度，从而使性能提升了 2.3 倍。
- 第 5 章中的 cache 优化使用 cache 阻塞来减少 cache 缺失，使得不能放进 L1 cache 的矩阵性能提升了 2.0 ～ 2.5 倍。
- 本章中的线程级并行通过使用多核芯片上所有 16 个核，使无法放入单一 L1 cache 的矩阵性能提升了 4 ～ 14 倍，从而证明了 MIMD 的价值。并且这只需通过加入一行 OpenMP pragma 语句就能实现。

使用本书中的方法并且根据该计算机对软件进行修改，在 DGEMM 程序上加了 24 行代码。对于 32 × 32、160 × 160、480 × 480 和 960 × 960 的矩阵，通过这几行代码和本书的方法得到的总性能加速比为 8、39、129 和 212！

576

软硬件接口上的并行变革可能是过去 60 年来所面临的最大挑战。但也可以认为这是一个极好的机会，就像“加速”小节中所展示的。这一变革在 IT 界内外提供了许多新的研究和商业前景，并且主导多核时代的公司可能并不是那些主导单处理器时代的公司。在理解了底层硬件发展的趋势以及学会了如何根据硬件来改变软件之后，也许你也会成为创新者中的一员，抓住未来一定会出现的机遇。我们期待着从你的发明中获益！

6.15 历史观点与拓展阅读

本节给出了过去 50 年来多处理器的发展历史（精彩且充满波折），详细内容请阅读本书的网络内容。

6.16 练习题

6.1 首先把你每天（工作日）的日常活动列一个表。例如，起床、沐浴、穿衣、吃早饭、弄干头发、刷牙。确保把清单分解，这样你至少有 10 个活动。

6.1.1 [5] < 6.2 > 考虑哪些活动已经利用了某种形式的并行（例如，是同时刷多颗牙还是一次只刷一颗牙，是一次只带一本书到学校，还是将所有书装到背包里“并行”携带）。分析每个活动是否已经并行工作，如没有，分析原因。

577

6.1.2 [5] < 6.2 > 接下来考虑哪些活动可以并发执行（例如，吃早餐和听新闻）。分析哪些活动可以成对并发进行。

6.1.3 [5] < 6.2 > 对于练习题 6.1.2，如何改变现有系统（例如，淋浴设备、衣服、电视机、汽车等）从而并行执行更多的任务？

6.1.4 [5] < 6.2 > 如果你想能尽可能多地并行执行任务，估计完成这些任务可以缩短的时间是多少？

6.2 假设你要制作三份蓝莓蛋糕。蛋糕的配料如下：

- 1 杯黄油，软化备用
- 1 杯糖

- 4 个鸡蛋
- 1 茶匙香草精
- 0.5 茶匙盐
- 0.25 茶匙肉豆蔻
- 1.5 杯面粉
- 1 杯蓝莓

蛋糕的制作流程如下：

- 第 1 步：烤箱预热至 325oF（160℃）。在烤盘上抹黄油和面粉。
- 第 2 步：在一只大碗中使用搅拌器以中速将奶油和糖混合在一起，直到松发。加入鸡蛋、香草精、盐和肉豆蔻，搅拌到完全混合。将搅拌器降到低速，一次加入 0.5 杯面粉，搅拌到完全混合。
- 第 3 步：慢慢加入蓝莓，将蛋糕均匀地放在烤盘中，烤制 60 分钟。

6.2.1 [5] <6.2> 你的任务是尽可能高效率地完成三份蛋糕。假定只有烤箱，且只能容纳一份蛋糕、一个大碗、一个烤盘、一个搅拌器，请做出合理的调度以尽可能快地完成任务，并找出任务中的瓶颈。

6.2.2 [5] <6.2> 假设现在有三个碗、三个烤盘和三个搅拌器。在增加了资源后，工序加快了多少？

6.2.3 [5] <6.2> 假设现在有两个朋友可帮你烹饪，并且有一个可容纳三个蛋糕的大烤箱。这些将对练习题 6.2.1 中的计划有何改变？

6.2.4 [5] <6.2> 将制作蛋糕与并行计算机中循环的三个迭代进行类比。分析蛋糕制作中存在的数据级并行和任务级并行。

578

6.3 许多计算机应用程序需要对一组数据进行搜索和排序。已经出现了很多种高效的搜索和排序算法用以减少这些任务的执行时间。在本题中，我们将考虑如何最好地并行化这些任务。

6.3.1 [10] <6.2> 考虑下面的二进制搜索算法（一种经典的分而治之算法），该算法可以在已经排序的 N 元素数组 A 中搜索值 X，并返回匹配项的索引号：

```
BinarySearch(A[0..N-1], X) {
    low = 0
    high = N -1
    while (low <= high) {
        mid = (low + high) / 2
        if (A[mid] >X)
            high = mid -1
        else if (A[mid] <X)
            low = mid + 1
        else
            return mid // found
    }
    return -1 // not found
}
```

假设在一个有 Y 个核的多核处理器上运行 BinarySearch，且 Y 远远小于 N。请问从 Y 和 N 预期获得的加速比是多少？请画图表示。

6.3.2 [5] <6.2> 接下来，假设 Y 等于 N，这会对你前面的结论有何影响？如果要求你获得最佳加速比（例如强比例缩放），那么应如何修改代码？

6.4 考虑下面的 C 代码片段：

```
for (j=2;j<=1000;j++)
    D[j] = D[j-1]+D[j-2];
```

对应的 ARMv8 代码如下所示：

```
      MOV     X10 #8000
      ADD     X2, X0, X10
      ADDI    X1, X0, #16
LOOP: LDUR    D0, [X1, #-16]
      LDUR    D2, [X1, #-8]
      FADDD   D4, D0, D2
      STUR    D4, [X1, #0]
      ADDI    X1, X1, #8
      CMP     X1, X2
      B.LE    LOOP
```

579

指令延迟指该指令和使用该指令结果的指令之间所必须间隔的周期数。假设浮点指令的延迟如下（以周期为单位）：

FADD	LDUR	STUR
4	6	1

6.4.1 [10] <6.2> 执行该代码需要多少周期？

6.4.2 [10] <6.2> 对该代码重新排序以减少阻塞。重排序以后执行该代码需要多少周期？（提示：可以通过改变 STUR 指令的偏移量来减少额外的阻塞。）

6.4.3 [10] <6.2> 当循环中后面迭代中的一条指令依赖于前面迭代（同一循环）产生的数据时，我们称循环的迭代之间存在*循环依赖性*。分析上面代码中的循环依赖性。识别其中相关的程序变量和汇编级寄存器。可以忽略循环变量 j。

6.4.4 [10] <6.2> 重写代码，使用寄存器保存迭代之间的数据（与从主内存中存储和重载数据相反）。指出代码在哪里阻塞，并计算执行所需要的周期数。

6.4.5 [10] <6.2> 第 4 章中描述了循环展开。循环展开并优化上述代码，从而使每个展开的循环处理三个之前循环的迭代过程。指出代码在哪里阻塞，并计算执行所需要的周期数。

6.4.6 [10] <6.2> 练习题 6.4.5 中的循环展开运行效率高，因为我们需要的迭代数恰巧为三的倍数。如果编译时无法获知要迭代的次数，那么会发生什么？如果总的迭代次数不是循环展开的迭代次数的整数倍，那么又该如何有效地处理这些迭代呢？

6.4.7 [15] <6.2> 考虑在一个两节点的采用内存消息传递机制的分布式系统上运行此代码。假设我们要使用 6.7 节中介绍的消息传递方法，引入一个新的操作 send(x,y) 将值 y 发送给节点 x，以及一个 receive() 操作来等待接收传递给它的消息。假定 send 操作需要一个周期来发射（也就是说同一个节点中后面的指令可以在下一个周期执行），但是接收节点需要几个周期来接收。receive 指令将会停止其所执行节点上后续指令的执行，直到接收到消息。你能否使用这样的系统来加速本例中的代码？如果可以，那么可以接收到消息的可容忍最大延迟是多少？如果不可以，为什么？

580

6.5 考虑下面的递归归并排序算法，这是一种经典的分而治之算法。归并排序 (mergesort) 由 John Von Neumann 于 1945 年首次提出。其基本思想是将含有 m 个元素的未排序序列 x 分为两个子序列，其中每个序列长度都大约是原来的一半。然后对每个子序列重复类似的动作，直至序列长度为 1。然后，再从长度为 1 的子序列开始，将两个子序列归并为一个排序后的序列。

```
Mergesort(m)
   var list left, right, result
   if length(m) ≤ 1
      return m
   else
```

```
var middle = length(m) / 2
for each x in m up to middle
    add x to left
for each x in m after middle
    add x to right
left = Mergesort(left)
right = Mergesort(right)
result = Merge(left, right)
return result
```

归并步骤由下面的代码实现：

```
Merge(left,right)
    var list result
    while length(left) >0 and length(right) > 0
        if first(left) ≤ first(right)
            append first(left) to result
            left = rest(left)
        else
            append first(right) to result
            right = rest(right)
    if length(left) >0
        append rest(left) to result
    if length(right) >0
        append rest(right) to result
    return result
```

6.5.1 [10] <6.2>假设 Mergesort 运行在具有 Y 个核的多核处理器上，且 Y 远远小于长度 m。那么从 Y 和 m 预期的加速比是多少？请画图表示。

6.5.2 [10] <6.2>接下来，假设 Y 与长度 m 相等，这对你前面的结论有何影响？如果要求你获得最佳加速比（例如强比例缩放），那么应该如何修改代码？

581

6.6 矩阵乘在很多应用中扮演了重要的角色。只有当第一个矩阵的列数和第二个矩阵的行数相等时，两个矩阵才可以相乘。

假设有一个 $m \times n$ 的矩阵 A，需要乘以一个 $n \times p$ 的矩阵 B。乘积为一个 $m \times p$ 的矩阵 AB（或 $A \cdot B$）。如果令 $C = AB$，$c_{i,j}$ 代表在矩阵 C 中位置 (i,j) 处的元素，其中 $1 \leqslant i \leqslant m$ 且 $1 \leqslant j \leqslant p$，$c_{i,j} = \sum_{k=1}^{n} a_{i,k} \times b_{k,j}$。请考察现在是否可以将 C 的计算并行化。假设矩阵在存储器中顺序存放：$a_{1,1}$，$a_{2,1}$，$a_{3,1}$，$a_{4,1}$，…。

6.6.1 [10] <6.5>假设我们分别在单核 / 四核共享内存的系统中计算 C，请问四核相对于单核的预期加速比是多少？可忽略存储器相关的问题。

6.6.2 [10] <6.5>重新计算练习题 6.6.1，假设当一行（即索引 i）中的连续元素被更新时，对 C 的更新会因错误的共享而引发 cache 缺失。

6.6.3 [10] <6.5>如何解决可能发生的错误共享问题？

6.7 下面的两个不同程序的片段同时运行在一个包含 4 个处理器的 SMP（Symmetric Multicore Processor，对称多核处理器）上。假设代码运行之前，x 和 y 的初值均为 0。

- 核 1：x=2
- 核 2：y=2
- 核 3：w=x+y+1
- 核 4：z=x+y

6.7.1 [10] <6.5>w、x、y、z 所有可能的结果分别是什么？对每种可能的情况，解释如何达到这些值。你需要检查所有可能的指令交叉的情况。

6.7.2 [5] < 6.5 > 怎样才能使执行更具确定性，从而只产生一组可能的值。

6.8 哲学家就餐问题是一个经典的同步和并发问题。该问题通常描述为哲学家们坐在圆桌周围并且只做两件事之一：吃饭或思考。吃饭时，不思考，反之亦然。在圆桌中心有一碗通心粉。每两个哲学家之间有一只叉子，这样每个哲学家左面有一把叉子，右面也有一把叉子。按常规，哲学家需要两把叉子才能吃通心粉，而且只能使用紧挨着他左右的两把叉子。每个哲学家不能和其他人说话。

582

6.8.1 [10] < 6.7 > 描述没有任何哲学家可以吃通心粉的情景（例如，绝食）。什么样的事件序列会导致该情景的产生？

6.8.2 [10] < 6.7 > 解释如何通过引入优先级的概念来解决这一问题？能否保证每个哲学家都得到公平对待？解释原因。

现在假定有一个服务员负责为哲学家们分配叉子。只有经过服务员允许，哲学家才可以拿起叉子。服务员了解所有叉子的状态。并且，如果我们要求所有哲学家总是先请求拿起左边的叉子再请求拿起右边的叉子，这样就可以保证避免死锁。

6.8.3 [10] < 6.7 > 实现请求时，可以将请求放入一个队列，也可以周期性地重试请求。采用队列方式时，请求可以按收到的顺序依次处理。但问题是即使请求排在队列的最前面，我们也不能保证总是为其提供服务（由于资源的不可用）。描述这样一个场景，1 个队列，5 个哲学家，即使有的哲学家左右的两把叉子都可用，但仍然不允许为其服务（因为他的请求排在队列的后部）。

6.8.4 [10] < 6.7 > 如果我们周期性地重复请求，直到资源变为可用，以这种方式实现请求是否能够解决练习题 6.8.3 中的问题？解释原因。

6.9 考虑下面三种 CPU 组成：

- CPU SS：一个双核超标量微处理器，支持在两个功能单元（Function Unit，FU）上的乱序发射。每个核一次只能运行单个线程。
- CPU MT：一个细粒度多线程处理器，支持来自两个线程的指令并发执行（也就是说，有两个功能单元），尽管每个周期只有一个线程的指令可以发射。
- CPU SMT：SMT 处理器允许来自两个线程的指令并发执行（也就是说，有两个功能单元），并且每个周期可以发射一个线程或两个线程的指令。

假定在 CPU 上有两个线程 X 和 Y 在运行，包括下面的操作：

线程X	线程Y
A1：需三个周期执行	B1：需两个周期执行
A2：无依赖	B2：与B1的一个功能单元冲突
A3：与A1的一个功能单元冲突	B3：取决于B2的结果
A4：取决于A3的结果	B4：无依赖并且需要两个周期执行

583

除非特别标记或者遇到冒险，假定所有的指令都是单周期执行。

6.9.1 [10] < 6.4 > 如果使用一个 SS CPU，执行这两个线程需要多少个周期？因冒险阻塞浪费的发射槽有多少？

6.9.2 [10] < 6.4 > 如果使用两个 SS CPU，执行这两个线程需要多少个周期？因冒险阻塞浪费的发射槽有多少？

6.9.3 [10] < 6.4 > 如果使用一个 MT CPU，执行这两个线程需要多少个周期？因冒险阻塞浪费的发射槽有多少？

6.9.4 [10] < 6.4 > 如果使用一个 SMT CPU，执行这两个线程需要多少个周期？因冒险阻塞浪费的发射槽有多少？

6.10 虚拟化软件正在用于降低管理高性能服务器的成本。如VMWare、Microsoft和IBM等公司都开发了一系列虚拟化产品。常用的概念（见第5章）是管理程序层，它位于硬件和操作系统之间，使多个操作系统可以共享同一物理硬件。管理程序层负责分配CPU和存储器资源，同时处理通常由操作系统完成的服务（如I/O）。

虚拟化为底层（宿主）硬件提供了一个抽象层，以承载操作系统和应用软件。这使得我们重新思考未来如何设计多核和多处理器系统以支持多个操作系统并发地共享CPU和存储器。

6.10.1 [30] < 6.4 > 选择目前市场上的两种管理程序，对比它们是如何虚拟化和管理底层硬件的。

6.10.2 [15] < 6.4 > 为了更好地满足未来多核CPU平台的资源需求，哪些措施是必需的？例如，多线程技术是否可以减轻计算资源间的竞争？

6.11 我们希望尽可能高效地执行下面的循环。假设有两种不同的机器，一种是MIMD，另一种是SIMD。

```
for (i=0; i<2000; i++)
  for (j=0; j<3000; j++)
       X_array[i][j] = Y_array[j][i] + 200;
```

6.11.1 [10] < 6.3 > 对于四个CPU的MIMD机器，请给出每个CPU上可能执行的LEGv8指令序列。此MIMD机器的加速比是多少？

584

6.11.2 [20] < 6.3 > 对一个宽度为8的SIMD机器（即8个并行的SIMD功能单元），使用你自己的LEGv8 SIMD扩展指令编写一个汇编程序以执行该循环。比较SIMD和MIMD机器上执行的指令数量。

6.12 脉动阵列是MISD机的一个例子，是一个由数据处理单元构成的流水线网络或“波阵面”。这些单元都不需要程序计数器，因为执行是通过数据到达触发的。时钟脉动阵列在“锁定步骤”中计算，每个处理器承担交替的计算和通信阶段。

6.12.1 [10] < 6.3 > 分析脉动阵列的各种实现机制（可以在互联网或出版物中查找相关资料），尝试用MISD模型对上一题中的循环进行编程，讨论遇到的困难。

6.12.2 [10] < 6.3 > 分析MISD和SIMD机之间的相似点和不同点。用数据级并行中的术语回答。

6.13 假设我们想在本章中描述的NVIDIA 8800 GTX GPU上执行DAXP循环（6.3.2节的ARMv8汇编代码）。该问题中，假定所有的算术操作都在单精度浮点数上进行（故重命名为循环SAXPY）。假定指令的执行周期数如下所示。

Loads	Stores	Add.S	Mult.S
5	2	3	4

6.13.1 [20] < 6.6 > 描述在8核处理器中如何构建Warp来完成SAXPY循环？

6.14 从https://developer.nvidia.com/cuda-toolkit下载CUDA Toolkit和SDK。确保使用emurelease（Emulation Mode）版本（此版本运行时可以不需要实际的NVIDIA硬件）。编译SDK中提供的示例程序，并确认它们运行在仿真器上。

6.14.1 [90] < 6.6 > 以SDK的示例程序（template）为起点，编写一个完成下列向量操作的CUDA程序：

1. $a - b$（向量减法）

2. $a \cdot b$（向量点积）

两个向量 $a = [a_1, a_2, \cdots, a_n]$ 和 $b = [b_1, b_2, \cdots, b_n]$ 的点积定义如下：

$$a \cdot b = \sum_{i=1}^{n} a_i b_i = a_1 b_1 + a_2 b_2 + \cdots + a_n b_n$$

提交演示每个操作的程序代码，并验证结果的正确性。 585

6.14.2 [90] < 6.6 > 假设有可用的 GPU 硬件，请完成对程序的性能分析，查看在向量大小不同的情况下 GPU 和 CPU 版本的计算时间，解释可能的各种结果。

6.15 AMD 最近宣布将图形处理单元与它们的 x86 内核集成到一个封装中（尽管每个核都有不同的时钟）。这是异构多处理器系统的一个例子。其中关键的设计是允许 CPU 和 GPU 之间的高速数据通信。在 AMD 的 Fusion 体系结构之前，CPU 与 GPU 芯片之间需要通信。目前的计划是采用多个（至少 16 个）PCIe 来促进通信。

6.15.1 [25] < 6.6 > 比较这两种互联技术的带宽和延迟。

6.16 参照图 6-14b 中给出的三阶 *n* 维立方体拓扑结构（将 8 个节点互连）。*n* 维立方体拓扑的一个优势是在部分互连损坏的情况下依然可以保持连接性。

6.16.1 [10] < 6.8 > 设计一个公式，计算 *n* 维立方体中最多多少互连损坏时，我们仍然可以保证有一个未间断的链接存在，以连接 *n* 维立方体中的任何节点。

6.16.2 [10] < 6.8 > 比较 *n* 维立方体和全互联网络的可靠性。画图表示，将可靠性的比较作为两个拓扑中增加的链路数的函数。

6.17 基准测试程序用于在指定的计算平台上运行有代表性的工作负载，从而比较不同系统之间的性能。在本题中，我们将比较两种基准测试程序集：Whetstone CPU 基准测试程序和 PARSEC 基准测试集。从 PARSEC 中选择一个程序（所有程序都可从网上免费下载）。考虑 6.11 节描述的各个系统上运行 Whetstone 的多个份副本或 PARSEC 基准测试程序的情况。

6.17.1 [60] < 6.10 > 两种工作负载运行在这些多核系统上时的本质区别是什么？

6.17.2 [60] < 6.10 > 对于 Roofline 模型，分析在运行这些基准测试程序时，运行结果对工作负荷中共享和同步数量的依赖性有多大？

6.18 在计算稀疏矩阵时，存储器层次结构中的延迟变得越发重要。由于稀疏矩阵缺乏矩阵操作中常见的空间局部性，因此需要新的矩阵表示方法。 586

最早的稀疏矩阵表示方法之一是 Yale 稀疏矩阵格式，采用三个一维数组存储一个初始的 $m \times n$ 矩阵，*M* 为三个一维数组的行。令 *R* 代表 *M* 中的非零项数目。我们构造一个长度为 *R* 的数组 *A* 来存储 *M* 中的所有非零项（按照从左到右、从上到下的顺序）。再构造第二个数组 *IA*，长度为 $m + 1$（即每行一项，加 1）。$IA(i)$ 包含第 *i* 行中第一个非零项在 *A* 中的索引号。原矩阵中第 *i* 行的元素从 $A(IA(i))$ 扩展到 $A(IA(i + 1)–1)$。第三个数组 *JA* 包含 *A* 中每个元素的列索引号，因此其长度也为 *R*。

6.18.1 [15] < 6.10 > 分析下面的稀疏矩阵 *X*，并编写 C 程序以 Yale 稀疏矩阵格式存储。

```
Row 1 [1, 2, 0, 0, 0, 0]
Row 2 [0, 0, 1, 1, 0, 0]
Row 3 [0, 0, 0, 0, 9, 0]
Row 4 [2, 0, 0, 0, 0, 2]
Row 5 [0, 0, 3, 3, 0, 7]
Row 6 [1, 3, 0, 0, 0, 1]
```

6.18.2 [10] < 6.10 > 在存储空间方面，假定矩阵 *X* 中的每个元素都是单精度浮点数，计算用 Yale 稀疏矩阵格式存储上面矩阵所需的总存储空间。

6.18.3 [15] < 6.10 > 对下面的矩阵 *X* 和矩阵 *Y* 进行矩阵乘。

```
[2, 4, 1, 99, 7, 2]
```

将该计算放入循环中，并对执行过程进行计时。确保增加循环执行的次数，以在时间测量中获得较好的分辨率。比较原始表示的矩阵的运行时间和 Yale 稀疏矩阵格式表示的矩阵的运行时间。

6.18.4 [15] < 6.10 > 你是否能够找到更加有效的稀疏矩阵表示方法（考虑空间和计算开销）？

6.19 在未来的系统中，我们期待能够看到由异构 CPU 构成的异构计算平台。我们已经看到嵌入式处理市场中出现了一些在多芯片模块封装中同时包含浮点 DSP 和微控制器 CPU 的系统。

假定你有三类 CPU：

- CPU A：每周期可执行多条指令的中速多核 CPU（有浮点单元）。
- CPU B：每周期可执行单条指令的快速单核整型 CPU（例如，无浮点单元）。
- 587 CPU C：每周期可执行相同指令多个副本的慢速向量 CPU（具备浮点能力）。

假设我们的处理器以下面的频率运行：

CPU A	CPU B	CPU C
1GHz	3GHz	250MHz

每个时钟周期，CPU A 可以执行 2 条指令，CPU B 可以执行 1 条指令，CPU C 可以执行 8 条指令（尽管是相同指令）。假定所有的操作可以在一个单周期延迟中完成执行，且没有任何冒险。

三个 CPU 均可执行整型算术，尽管 CPU B 不能进行浮点运算。CPU A 和 B 具有与 LGEv8 处理器相似的指令集。CPU C 仅能执行浮点加、减以及存储器存、取操作。假定所有 CPU 均可访问共享存储器，并且同步开销为零。

你的任务是比较两个矩阵 X 和 Y，每个都包含 1024×1024 个浮点元素。输出应该是 x 中的值大于或等于 y 中的值的索引数的个数。

6.19.1 [10] < 6.11 > 请描述如何将问题划分到三个不同的 CPU 上，以获得最佳性能。

6.19.2 [10] < 6.11 > 你会向向量 CPU C 中增加何种指令，以获得更好的性能？

6.20 本题着眼于给定最大事务处理速率的系统中发生的排队数量，以及事务平均观察到的延迟时间。延迟包括服务时间（由最大速率计算得出）和队列时间。

假设四核计算机系统能够以每秒所要求速率的最大稳定状态速率进行数据库查询。同时假定，每个事务平均花费固定的时间来处理。下表给出了几对事务延迟和处理速率。

平均事务延迟	最大事务处理速率
1ms	5000/sec
2ms	5000/sec
1ms	10000/sec
2ms	10000/sec

对于表中的每一对数据，回答下面的问题：

6.20.1 [10] < 6.11 > 在任意给定的时刻，平均有多少请求被处理？

6.20.2 [10] < 6.11 > 如果移到八核系统中，理想情况下，系统的吞吐率将发生什么变化（例如，计算机每秒处理多少请求）？

588 **6.20.3** [10] < 6.11 > 讨论为什么通过简单增加核数很少能获得这种加速？

小测验答案

6.1 节　错误。任务级并行可以帮助串行应用，使串行应用在并行硬件上运行，尽管会有很多挑战。

6.2 节　错误。弱比例缩放可以补偿程序的串行部分（串行部分限制了可缩放），但不能限制强比例缩放。

6.3 节　正确。但缺少有用的向量特性，如改进向量结构有效性的聚集 – 分散和向量长度寄存器。

（如同本节中的精解部分提到的，AVX2 SIMD 扩展通过聚集操作提供了变址加载，但不通过分散操作提供变址存储。Haswell x86 微处理器是第一个支持 AVX2 的处理器。）

6.4 节　1. 正确。2. 正确。

6.5 节　错误。由于共享地址是物理地址，因此每个在自己的虚拟地址空间中的多个任务可以在共享内存多处理器上很好地运行。

6.6 节　错误。图形 DRAM 芯片因其更高的带宽而受到重视。

6.7 节　1. 错误。发送和接收消息是隐式的同步，同样也是一种共享数据的方式。2. 正确。

6.8 节　正确。

6.9 节　1. 带 load 和 store 的轮询。2.DMA 中断。

6.10 节　正确。我们可能需要在各个层次的硬件和软件栈上进行创新，以使并行计算成功进行。

589

逻辑设计基础

A.1 引言

> 我一直很喜欢这个词：布尔。
> Claude Shannon[⊖], IEEE Spectrum, April 1992
> （Shannon 的硕士论文提出，George Boole 在 19 世纪初发明的代数可以代表电器开关的工作原理。）

附录 A 简要讨论了逻辑设计的基本原理。这部分内容不能替代相关的逻辑设计课程，也不能使你设计出重要的逻辑系统。但如果你很少或根本没有接触过逻辑设计，那么本附录可以为你提供足够的背景知识，以便了解本书中提到的内容。此外，如果你想了解计算机是如何实现的，那么本附录也可以为你提供有用的介绍。如果你对附录之外的内容还感到好奇，那么附录最后的参考文献可以提供更多的信息。

A-1 ~ A-3

A.2 节介绍了构造逻辑的基础单元，即门。A.3 节中使用门来构建简单的组合逻辑系统（不含存储器）。如果你对逻辑设计或数字电路有所了解，那么对前两节内容就不会陌生。A.5 节介绍了如何利用 A.2 节和 A.3 节中的概念来设计 LEGv8 处理器中的 ALU。A.6 节介绍了如何设计快速加法器（如果对该部分不感兴趣，可以直接跳过）。A.7 节简单介绍了时钟，了解时钟（时序）对于讨论存储元件如何工作是必需的。A.8 节介绍了存储元件，A.9 节进行了扩充并重点介绍了随机存取存储器。这两节介绍了存储器的特点——这对于理解如何使用存储器很重要（如第 4 章中的描述），而且描述了存储器层次结构（第 5 章中的描述）的背景知识。A.10 节介绍了有限状态机（时序逻辑块）的设计和使用。如果你计划阅读附录 C，那么必须了解 A.2 ～ A.10 节所有的内容。如果你只是希望掌握第 4 章的内容，那么可以直接跳到 A.11 节。A.11 节是为那些想要更深入理解**时钟策略和时序**的人准备的，这一节介绍了边缘触发时钟的工作原理，引入了另一种时序方法，并简单介绍了异步输入的同步问题。

附录 A 中，对于一些适当的逻辑片段，我们也给出了其对应的 Verilog 描述（A.4 节将介绍 Verilog 语言）。更为完整的 Verilog 教程可以在本书配套的网站上找到。

A.2 门、真值表和逻辑方程式

现代计算机的内部电路为*数字电路*。数字电路仅工作在两个电压，即高电压和低电压。所有其他电压值都是暂时的，只在高低电压值间的转换过程中产生。（正如本节稍后将要讨论的，数字电路设计中存在的一个陷阱就是在尚未明确是高电压还是低电压时，就对信号进行采样。）计算机是数字电路这一事实也是计算机采用二进制数的一个关键原因，因为二进制系统和数字电路中内在的抽象是相匹配的。在各种逻辑大家庭中，两个电压值间的关系和对应的值有所不同。因此，我们不去关注电压值的高低，而只讨论信号是（逻辑）真或 1 或**有效**（asserted），以及信号是（逻辑）假或 0 或**无效**（deasserted）。值 0 和 1 间也称为*互补*或*反相*。

> **有效信号**：信号为逻辑真或 1。

> **无效信号**：信号为逻辑假或 0。

⊖ Shannon（香农），美国数学家，信息论创始人。——译者注逻辑电路根据是否包含存储器件分为两大类。不包含存储器件的逻辑电路称为组合逻辑，组合逻辑的输出只取决于当前的输入。而在包含存储器件的电路中，输出不仅与当前的输入有关，而且与存储器件中存储的值有关，其中存储的值称为逻辑电路的状态。在A.2节和A.3节中，我们只介绍**组合逻辑**（combinational logic）。在A.8节中介绍完各种存储元件后，我们再介绍如何设计包含电路状态的**时序逻辑**（sequential logic）。

组合逻辑：组合逻辑不包含存储元件，因此相同的输入产生相同的输出。

A-4

时序逻辑：时序逻辑包含存储元件，因此输出取决于输入和当前存储元件的内容。

A.2.1 真值表

由于组合逻辑不包含存储元件，因此完全可以为每个可能的输入集定义对应的输出值。通常用真值表来描述组合逻辑。对一个包含 n 个输入的组合电路，有 2^n 种可能的输入组合，因此真值表中有 2^n 项。每一项都指定了该特定输入组合的所有输出值。

例题｜真值表

假设一个逻辑函数包含三个输入 A、B、C 和三个输出 D、E、F。函数如下定义：如果有一个输入为真，则 D 为真；如果有两个输入为真，则 E 为真；如果三个输入都为真，则 F 为真。请写出该函数的真值表。

答案｜真值表包含 $2^3 = 8$ 项。如下所示：

输入			输出		
A	*B*	*C*	*D*	*E*	*F*
0	0	0	0	0	0
0	0	1	1	0	0
0	1	0	1	0	0
0	1	1	1	1	0
1	0	0	1	0	0
1	0	1	1	1	0
1	1	0	1	1	0
1	1	1	1	0	1

真值表可以描述任意组合逻辑函数，但是真值表的规模（随着输入的增加）增长很快，可能会变得不容易理解。有时，我们需要构造一个逻辑函数，其中很多输入组合的结果均为0，此时我们只需要描述真值表中非0的输出组合。这种方法在第4章和附录C中使用。

A-5

A.2.2 布尔代数

另一种表达组合逻辑函数的方法是使用逻辑方程式。这可以通过使用布尔代数（以19世纪数学家布尔的名字命名）来完成。在布尔代数中，所有的变量均取值为0或1，并且典型的表达式中包含如下三种操作：

- 或（OR）操作，记为+，例如 $A + B$。如果任意一个变量为1，则或操作的结果为1。由于任意一个操作数为1结果就为1，因此或操作也被称为逻辑和。
- 与（AND）操作，记为·，例如 $A \cdot B$。仅当所有输入均为1时，与操作的结果才为1。由于所有操作数为1时结果才为1，因此与操作也称为逻辑乘。

- 非（NOT）操作，记为 $\overline{A}$，如果输入为 0，则非操作的结果为 1。对逻辑值执行非操作会导致值的反转（若输入为 0，则输出为 1，反之亦然）。

布尔代数中有几条定律对处理逻辑方程式很有帮助。

- 同一律：$A + 0 = A, A \cdot 1 = A$
- 0/1 律：$A + 1 = 1, A \cdot 0 = 0$
- 互补律：$A + \overline{A} = 1, A \cdot \overline{A} = 0$
- 交换律：$A + B = B + A, A \cdot B = B \cdot A$
- 结合律：$A + (B + C) = (A + B) + C, A \cdot (B \cdot C) = (A \cdot B) \cdot C$
- 分配律：$A \cdot (B + C) = (A \cdot B) + (\mathrm{A} \cdot C), A + (B \cdot C) = (A + B) \cdot (A + C)$

此外，还有两条很有用的定理，称为德 · 摩根律，将在练习题中进行深入讨论。

任何逻辑函数都可以写成一系列方程式，其中等式的左边为输出，等式右边为变量及上述三种操作符组合成的公式。 A-6

例题 逻辑方程式

请写出上个例题中逻辑函数 D、E、F 的逻辑等式。

答案 D 的逻辑方程式为：

$$D = A + B + C$$

F 的逻辑方程式为：

$$F = A \cdot B \cdot C$$

E 需要一点技巧。将其分为两部分：E 肯定为真的情况（三个输入中两个必须为真），E 不能为真的情况（三个输入都不为真）。因此 E 可以描述为：

$$E = ((A \cdot B) + (A \cdot C) + (B \cdot C)) \cdot \overline{(A \cdot B \cdot C)}$$

我们也可以通过另一种方法推出 E。考虑到只有当两个输入为真时 E 才为真，因此我们可以将 E 写成三个可能的式子的或操作，其中每个式子中有两个真输入与一个假输入，如下所示：

$$E = (A \cdot B \cdot \overline{C}) + (A \cdot C \cdot \overline{B}) + (B \cdot C \cdot \overline{A})$$

练习题中将验证两个逻辑等式是等价的。

在 Verilog 中，我们可以使用赋值语句来描述组合逻辑，这部分将在 A-4 节描述。我们可以使用 Verilog 中的异或操作来定义 E：

```
assign E = (A ^ B ^ C) * (A + B + C) * (A * B * C)
```

这也是另外一种描述逻辑函数的方法。D 和 F 的表达更加简单，与 C 代码类似：

A-7

```
D = A | B | C, F = A & B & C
```

A.2.3 门

逻辑电路是由实现基本逻辑功能的门（gate）构成的。例如，与门实现与功能，或门实现或功能。因为 AND 和 OR 操作是可交换、可结合的操作，因此与门、或门可以有多个输入，输出为所有输入的 AND、OR 操作的结果。NOT 操作通过一个反相器实现，只有一个输入。这三种逻辑门的标准表示形式如图 A-2-1 所示。

门：实现基本逻辑功能的器件，如与门、或门。

在描述非门时，相比明确地画出一个反相器，更实用的方法是在（逻辑门的）相应的输入或输出上加一个“气泡”，表示将对应的输入或输出取反。例如，图 A-2-2 给出了 $\overline{A+B}$ 的逻辑图，左侧使用了一个反相器，而右侧的输入和输出使用“气泡”表示取反。

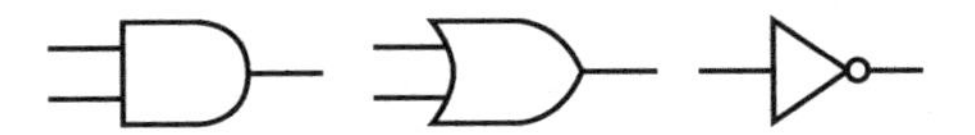

图 A-2-1　从左到右，依次为与门、或门、非门的标准表示形式。每个门的左侧信号为输入，右侧为输出。与门和或门各有两个输入信号，非门只有一个输入信号

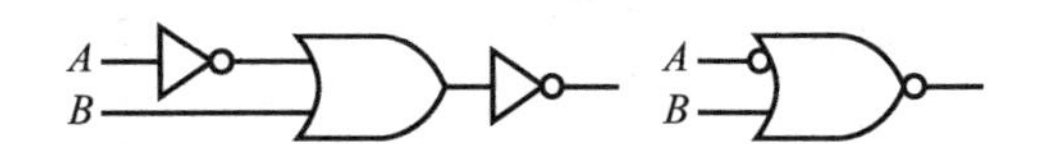

图 A-2-2　$\overline{\overline{A}+B}$ 的逻辑门实现，左边使用一个反相器，右边使用了“气泡”输入和输出。该逻辑函数可以简化为 $A \cdot \overline{B}$，或使用 Verilog 语言 A & ～B 来表示

任何逻辑函数都可以通过与门、或门和非门来构造，练习题中要求使用这些门来实现一些常见的逻辑函数。下一节中，我们将看到如何使用这些门来实现任意的逻辑函数。

事实上，所有逻辑函数都可以通过单一的某种门来实现，只要这种门是反相的。两种常见的**反相门为或非门**（NOR）和与非门（NAND），分别对应于或门的取反和与门的取反。或非门和与非门称为万能门，因为任何逻辑函数都可以通过其中的一种门来实现。练习题将对此做进一步探索。

或非门：输出取反的或门。

与非门：输出取反的与门。

小测验　下面的两个逻辑表达式是否等价？如果不等价，给出一组取值证明它们不等价。

- $(A \cdot B \cdot \overline{C}) + (A \cdot C \cdot \overline{B}) + (B \cdot C \cdot \overline{A})$
- $B \cdot (A \cdot \overline{C} + C \cdot \overline{A})$

A.3　组合逻辑

A-8

本节将介绍几个频繁使用的较大的逻辑块。同时，我们将讨论结构化逻辑块的设计，这些逻辑块可以通过一种翻译程序自动由逻辑方程式或真值表来实现。本节最后讨论逻辑块组成的阵列。

A.3.1　译码器

译码器（decoder）是构造大型逻辑单元时经常用到的一种逻辑块。最常见的译码器有 n 个输入，2^n 个输出，对每一种输入组合，只有一个输出信号置为 1。这种译码器将 N 位输入转换为对应于 N 位输入的二进制值的信号。因此，译码器的输出通常可以编号为 Out0，Out1，…，Out2^n−1 之类的形成。如果输入数据对应的值为 i，则 Out$i$ 被置为 1，其他所有的输出信号均为 0。图 A-3-1 显示了一个 3 位译码器及其真值表。由于该译码器有 3 个输入，8（2^3）个输出，因此也被称为 3-8 译码器。相对于译码器，编码器的功能正好相反，编码器有 2^n 个输入和 n 个输出。

译码器：一种逻辑块，有 n 位输入和 2^n[㊀] 个输出，对每一种输入组合，只有一个输出信号有效。

㊀ 原书为 2n 位输出，应为笔误。——译者注

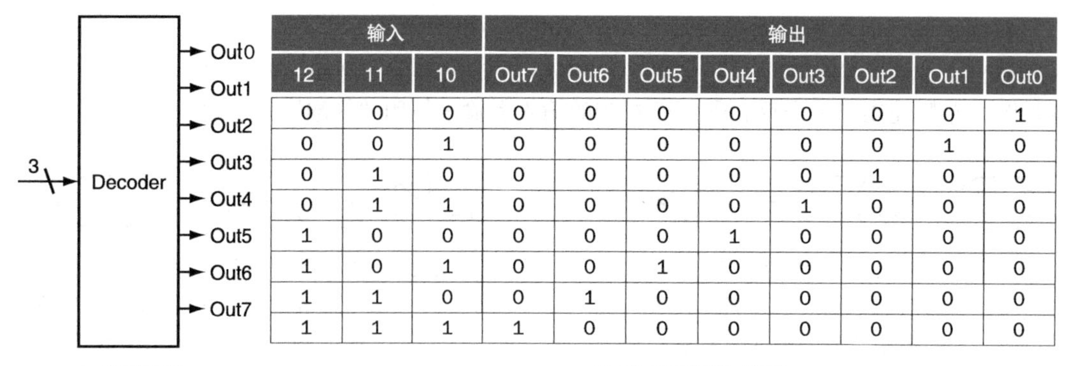

输入			输出							
12	11	10	Out7	Out6	Out5	Out4	Out3	Out2	Out1	Out0
0	0	0	0	0	0	0	0	0	0	1
0	0	1	0	0	0	0	0	0	1	0
0	1	0	0	0	0	0	0	1	0	0
0	1	1	0	0	0	0	1	0	0	0
1	0	0	0	0	0	1	0	0	0	0
1	0	1	0	0	1	0	0	0	0	0
1	1	0	0	1	0	0	0	0	0	0
1	1	1	1	0	0	0	0	0	0	0

a) 3位译码器　　b) 3位译码器的真值表

图 A-3-1　3 位译码器包含 3 个输入（12、11、10）和 8 个输出（Out0 ～ Out7）。正如真值表所示，只有与输入信号二进制值对应的输出为真（1）。译码器输入端的 3 表示输入信号为 3 位宽

A-9

A.3.2　多路选择器

第 4 章中经常用到一种逻辑块：多路选择器（multiplexor）。多路选择器称为选择器可能更为恰当，因为其输出由控制信号从输入中选择一个产生。下面考虑两输入多路选择器。图 A-3-2 左侧给出了该多路选择器，包含三个输入：两个数据信号和一个**选择（控制）信号**（selector（control）value）。控制信号决定哪一个输入信号将成为输出。图 A-3-2 右侧给出了两输入多路选择器的门级形式，其对应的逻辑函数为 $C=(A\cdot\bar{S})+(B\cdot S)$。

选择信号：也称为控制信号。控制信号用来从多路选择器的输入信号中选择一个作为多路选择器的输出信号。

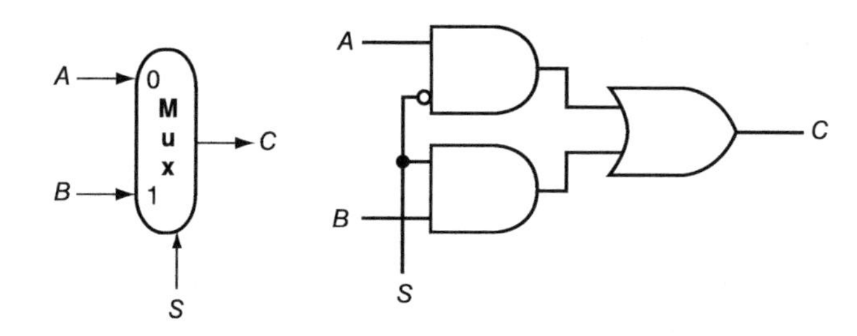

图 A-3-2　左侧为一个两输入的多路选择器，右侧为其对应门级实现。多路选择器包含两个输入（*A* 和 *B*），分别标记为 0 和 1，并且包含一个选择输入信号（*S*）和一个输出信号（*C*）。用 Verilog 来实现多路选择器需要更多一点的工作量，尤其是当输入多于两个时。我们将在 A.4 节进行介绍

多路选择器可以有任意数量的输入。当只有两个输入信号时，只需要一个选择信号，若选择信号为真（1），则选择其中的一个输入作为输出；如果选择信号为假（0），则选择另一个输入作为输出。如果有 n 个数据输入，则需要 $\lceil\log_2 n\rceil$ 个选择信号。因此，多路选择器主要由三部分组成：

- 一个译码器，生成 n 个信号，每一个信号代表一个不同的输入值。
- 一个 n 个与门构成的阵列，每个与门都将一个输入与来自译码器的一个信号组合在一起。
- 一个较大的或门，用来合并与门的输出。

为了将输入信号与控制信号联系起来，我们经常把数据输入标记为数字（如 $0,1,2,\cdots,n-1$），并将数据选择器输入解释为二进制数。有时，我们也会利用多路选择器未译码的选择信号。

A-10

在 Verilog 中，通过 if 语句可以很简单地表述多路选择器。对于大型的多路选择器，使

用 case 语句将更加方便，但是在对组合逻辑进行综合的时候，需要十分小心。

A.3.3 两级逻辑和 PLA

如上一节所述，任何逻辑函数都可以通过与、或、非实现。事实上，还有更加规整的实现方法。任何逻辑函数都可以写成规范形式，其中每个输入信号都是一个真变量或者其互补变量，并且只有两级门——与门和或门，最后的输出也可能反转[㊀]。这类表示称为两级表示法，有两种形式：**积之和**（sum of products），**和之积**（product of sums）[㊁]。积之和表示所有乘积（各项与）的逻辑和（或）；和之积正好相反。在前面的例子中，输出 E 有两种形式：

积之和：一种逻辑表达形式，即对所有乘积（对项进行与）进行逻辑求和（或）。

$$E = ((A \cdot B) + (A + C) + (B \cdot C)) \cdot (\overline{A \cdot B \cdot C})$$

和

$$E = (A \cdot B \cdot \overline{C}) + (A \cdot C \cdot \overline{B}) \cdot (B \cdot C \cdot \overline{A})$$

第二个表达形式为积之和的形式：包含两级逻辑，并且非操作只发生在单个变量上面。第一个表达式包含三级逻辑。

精解 我们也可以将 E 写成和之积的形式：

$$E = \overline{(\overline{A} + \overline{B} + C) \cdot (\overline{A} + \overline{C} + B) \cdot (\overline{B} + C + A)}$$

要得到这种表达形式，需要使用德·摩根定律，德·摩根定律在练习题中讨论。

本书中，我们使用积之和的形式。显而易见，对于任何逻辑函数来说，我们都可以从它的真值表中构造出积之和的形式。真值表中该函数为真（1）的表项对应一个乘积项。乘积项为所有输入或输入的互补项的乘积，是输入还是输入的互补项取决于真值表对应表项中该变量是 1 还是 0。而逻辑函数就是函数为真的那些乘积项的逻辑和。通过一个例子可以更容易理解。

A-11

例题 | 积之和

请写出下面真值表中 D 的乘积和的表达式。

输入		输出	
A	B	C	D
0	0	0	0
0	0	1	1
0	1	0	1
0	1	1	0
1	0	0	1
1	0	1	0
1	1	0	0
1	1	1	1

答案 由于真值表中有 4 个表项对应的 D 为 1，因此总共有 4 个乘积项，如下：

$$\overline{A} \cdot \overline{B} \cdot C$$

$$\overline{A} \cdot B \cdot C$$

$$A \cdot \overline{B} \cdot \overline{C}$$

$$A \cdot B \cdot C$$

㊀ 即需要一个反相器。——译者注

㊁ 即“与或式”和“或与式”。——译者注

由此，我们可以写出 D 的积之和的形式：

$$D=(\overline{A}\cdot\overline{B}\cdot C)(\overline{A}\cdot B\cdot\overline{C})(A\cdot\overline{B}\cdot\overline{C})(A\cdot B\cdot C)$$

注意，真值表中只有输出为 1 的表项，才能生成方程式中的乘积项。

我们可以利用真值表和两级门表示方法之间的关系，为任何逻辑函数生成一个门级的实现。一个逻辑函数集对应一个包含多个输出列的真值表，如 A.2.1 节中的例子所示。其中，每一个输出列对应一个不同的逻辑函数，这些逻辑函数都可以直接从真值表中构造出来。

可编程逻辑阵列：一种结构化逻辑单元，由一组输入信号或其反相信号和一个两级逻辑构成。第一级逻辑用来生成输入信号和其反相信号的乘积项，第二级逻辑用来生成这些乘积项的和。因此，PLA 通过乘积项的和实现逻辑函数。

积之和的表示方法对应一种常见的称为**可编程逻辑阵列**（Programmable Logic Array，PLA）的结构化逻辑实现方法。一个 PLA 包含一组输入、输入取反的信号（通过反相器来实现）和两级逻辑。第一级逻辑是一个与门阵列，用来生成**乘积项**（product term）（也称为**最小项**（minterm）），每一个乘积项都由输入信号或其反相信号构成。第二级为一个或门阵列，生成任意数量乘积项的逻辑和。图 A-3-3 显示了 PLA 的基本构成。

最小项：也称为乘积项。由与操作连接的一组逻辑输入。乘积项构成了 PLA 的第一级逻辑。

A-12

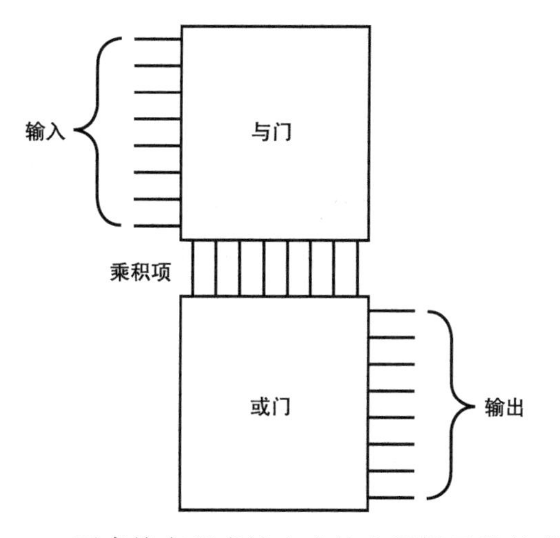

图 A-3-3　PLA 由与门阵列和紧跟的或门阵列构成。与门阵列的每一个输入都是若干输入信号或其反相信号的乘积。或门阵列的每一个输入为若干数量的乘积项的和

PLA 可直接实现多输入多输出逻辑函数的真值表。真值表中输出为真的表项需要一个乘积项，在 PLA 中对应一行。真值表中每一个输出都与第二级或门阵列中潜在的某一行对应。或门的数量与真值表中输出为真的表项数对应。如图 A-3-3 所示，PLA 的规模等于与门阵列以及或门阵列的大小之和。通过观察图 A-3-3 可以发现，与门阵列的大小等于输入信号的数量乘以不同乘积项的数量，或门阵列的大小等于输出信号的数量乘以乘积项的数量。

PLA 有两个特点，使其成为实现逻辑函数的有效方法。首先，只有真值表中输出至少有一个为真的表项，才需要对应的逻辑门。其次，每个不同的乘积项在 PLA 中仅对应一个表项，即使该乘积项被多个输出使用。下面让我们来看一个例子。

例题｜**PLA**

A-13

考虑 A.2.1 节中定义的一组逻辑函数。写出 D、E、F 的 PLA 实现方法。

答案｜以下是前面构造的真值表。

输入			输出		
A	B	C	D	E	F
0	0	0	0	0	0
0	0	1	1	0	0
0	1	0	1	0	0
0	1	1	1	1	0
1	0	0	1	0	0
1	0	1	1	1	0
1	1	0	1	1	0
1	1	1	1	0	1

由于真值表中输出部分至少有一个为 1 的表项有 7 个，因此与门阵列将有 7 列。与门阵列中行数为 3（因为共有 3 个输入），同时或门阵列中也包含 3 行（因为共有 3 个输出）。图 A-3-4 为最终的 PLA，其中的乘积项与真值表中自顶向下的表项相对应。

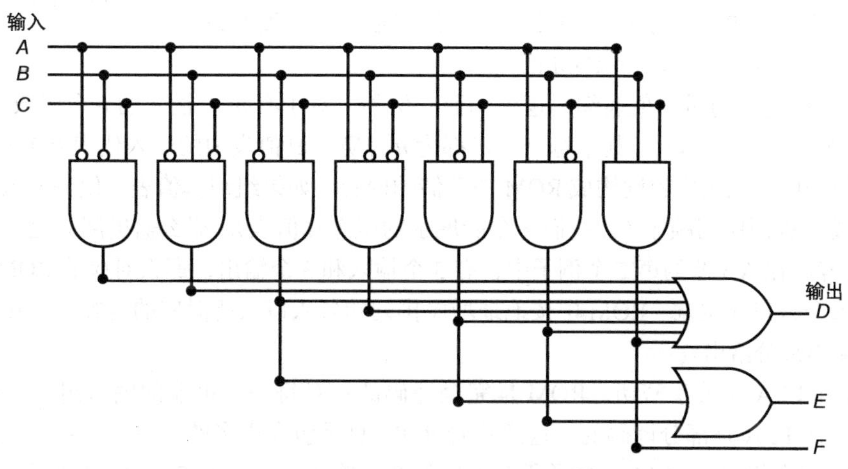

图 A-3-4　例题中逻辑函数对应的 PLA 实现

图 A-3-4 将所有的门都画了出来，事实上，设计者常常只需画出与门和或门的位置，而在乘积项信号线与输入信号或输出信号交叉的地方使用圆点来标注此时需要与门或者或门。图 A-3-4 中的 PLA 使用这种方法表示的结果如图 A-3-5 所示。PLA 的功能在创建时就固定下来了，但是也存在类似 PLA 结构的逻辑块，称为 PAL，由设计者通过编程的方式来使用。

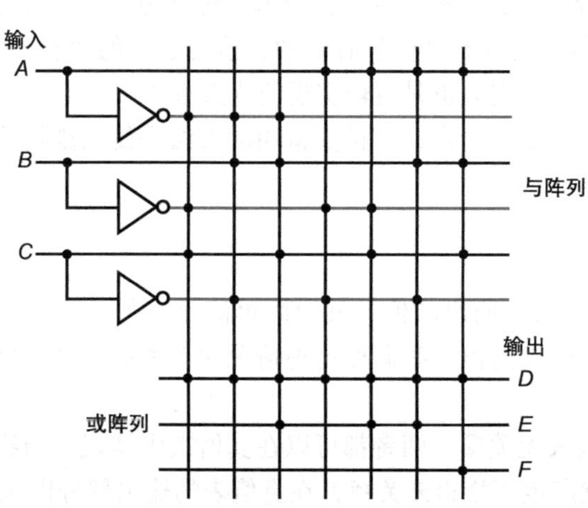

图 A-3-5　在阵列中用点来表示乘积项及乘积项之和的 PLA 结构。图中没有在门上使用反相器，而是将所有输入信号及其互补的信号连接到与阵列的每个输入上。与阵列中的点表示该输入或其反相值出现在乘积项中。或阵列中的点表示相应的乘积项出现在相应的输出上

A.3.4 ROM

另一种可以实现一系列逻辑函数的结构化逻辑称为**只读存储器**（Read-Only Memory，ROM）。ROM被称为存储器是因为其包含一组可以进行读操作的位置，然而，这些位置的内容是固定的，一般在制造的时候就固定下来。也有**可编程只读存储器**（Programmable ROM，PROM），当设计者知道内容时，可以电子化编程写入。还有可擦除PROM，这类器件需要一个缓慢的擦除过程，过程中需要使用紫外线。因此除了设计和调试外，这类器件只用作只读存储器。

> **只读存储器**：一种存储器，其内容在制造时就固定下来，此后内容只能被读出。ROM作为结构化逻辑用以实现逻辑函数，使用逻辑函数中的项作为地址输入，并将输出作为存储器中每个字中的位。

> **可编程ROM**：一种只读存储器，设计者可以将内容编程写入。

ROM包含一组输入地址线和一组输出。ROM中可寻址的项数决定了地址线的数量：如果ROM包含$2m$个可寻址的项（称为高度），则需要m条地址线。每个可寻址项包含的位数等于输出信号的位数，有时也称为ROM的宽度。ROM中总的位数等于高度乘以宽度。有时将高度和宽度统称为ROM的形状。

A-14

ROM可以直接通过真值表编码逻辑函数。例如，对于有m个输入的n个函数，ROM需要m条地址线（2^m个入口），其中每个入口都为n位宽。真值表中的输入代表ROM中的入口地址，真值表中的输出内容则构成ROM中存储的内容。如果组织真值表，使得输入部分的入口顺序构成二进制序列顺序（如我们迄今所展示的所有真值表），那么输出部分也按序给出了ROM的内容。在A.3节的第二个例子中，有3个输入和3个输出，那么对应的ROM有$2^3=8$个入口，每个入口3位宽。ROM中按地址增序排列的各入口项所对应的内容可直接由例子中真值表的输出部分给出。

ROM和PLA间关系密切。ROM是完全译码的：对每一个可能的输入组合，都有一个全输出字。而PLA是部分译码的。这意味着ROM总是包含更多的入口项。对于A.3节的第二个例子中的真值表，ROM包含了所有可能的8个输入入口，而PLA只包含了7个有效的乘积项。随着输入数量的增加，ROM中的入口数量呈指数增长。与此相反，对大多数实际的逻辑函数，乘积项数量的增长缓慢得多（参考附录C的例子）。这种差异使得PLA成为实现组合逻辑函数更有效的方法。ROM的优势在于，当输入和输出数量匹配时，ROM可以实现任意的逻辑函数。这种优势使得当逻辑函数发生变化时，ROM中的内容很容易改变，因为ROM的大小不需要改变。

A-15

除了ROM和PLA外，现代的逻辑综合系统也会将小的组合逻辑块转化为一系列门的组合，自动完成布局布线。尽管一些小的门集合通常不是面积有效的，但对于小的逻辑函数，它们的开销仍要比ROM和PLA的刚性结构少，因此也是逻辑实现的优选方法。

对于在全定制或半定制集成电路之外设计逻辑而言，一种更常用的方法是使用现场可编程器件，我们将在A.12节中进行讨论。

A-16

A.3.5 无关项

在实现组合逻辑时，有时我们并不在乎某些输出的值，其原因可能是有另一个输出为真，或者是只有一些输入组合的子集决定了输出的值。我们称这种情况为*无关项*。因为可以简化逻辑函数的实现，因此无关项很重要。

无关项包含两种类型：输出无关项和输入无关项，两者都可以在真值表中体现。当我们对一些输入组合产生的输出不太关心时，就产生了*输出无关项*，在真值表的输出部分以X标记。当一个输出对于一些输入的组合来说属于无关项时，设计者或逻辑优化程序就可以自由地将这些输入产生的输出赋值为 1 或 0。当输出只取决于一部分输入时，就产生了输入无关项，在真值表的输入部分用 X 标记。

例题 **无关项**

考虑一个包含 A、B、C 三个输入的逻辑函数，其定义如下：

- 不管 B 的值为多少，只要 A 或 C 为真，则输出 D 为真。
- 不管 C 的值为多少，只要 A 或 B 为真，则输出 E 为真。
- 虽然 D 和 E 都为真时，我们不关心 F 的值，但是只要三个输入中一个为真，则输出 F 为真。

请写出该逻辑函数完整的真值表和带有无关项时的真值表。对每一个真值表，PLA 各需要多少个乘积项？

答案 下面是不带无关项的完整的真值表：

输入			输出		
A	B	C	D	E	F
0	0	0	0	0	0
0	0	1	1	0	1
0	1	0	0	1	1
0	1	1	1	1	0
1	0	0	1	1	1
1	0	1	1	1	0
1	1	0	1	1	0
1	1	1	1	1	0

A-17

在没有优化时，这个真值表需要 7 个乘积项。带有输出无关项的真值表如下：

输入			输出		
A	B	C	D	E	F
0	0	0	0	0	0
0	0	1	1	0	1
0	1	0	0	1	1
0	1	1	1	1	X
1	0	0	1	1	X
1	0	1	1	1	X
1	1	0	1	1	X
1	1	1	1	1	X

当加入输入无关项时，真值表可以被进一步简化，如下所示：

输入			输出		
A	B	C	D	E	F
0	0	0	0	0	0
0	0	1	1	0	1
0	1	0	0	1	1
X	1	1	1	1	X
1	X	X	1	1	X

简化后的真值表对应的 PLA 只需要 4 个最小项，或者可以采用一个两输入的与门和三

个或门来实现（其中两个或门包含三个输入，另一个包含两个输入）。而原始的真值表需要 7 个最小项，并可能需要 4 个与门。

逻辑最小化对获得高效的实现很重要。对任一逻辑进行手工最小化的一个有效工具是卡诺图（Karnaugh map）。卡诺图将真值表以图的形式表示出来，因此可以很容易看出哪些乘积项可以进行合并。但是，由于卡诺图的尺寸及其复杂性，用其优化较大的逻辑函数是不切实际的。幸运的是，逻辑最小化的过程已经高度机械化，可以通过设计工具来完成。在最小化的过程中，设计工具利用了无关项的这个优势，因此，指定哪些是无关项很重要。附录最后的参考文献中提供了更多的内容，包括逻辑最小化、卡诺图以及最小化算法背后的原理。

A.3.6　逻辑单元阵列

总线：在逻辑设计中，将数据线作为一个单一逻辑信号一起处理的集合，即有多个源和用途的共享线集合。

对数据进行的很多组合逻辑操作经常需要一次处理整个字（64 位）。因此我们希望能够构建一个逻辑单元的阵列，将一个操作作用在整个输入的集合上。很多时候，我们要在机器内部的一对总线中进行选择。**总线**（bus）是作为单一逻辑信号一起处理的数据线的集合。（名词总线也用来表示有多个信号源和用途的一组共享信号线。）

A-18

例如，在 LEGv8 指令集中，被写入寄存器的指令运行结果可能有两个来源。此时，需要用一个多路选择器来从两个总线（各 64 位）中选择一个写入结果寄存器。前面提到的 1 位多路选择器，在这里需要被复制 64 次。

在画图时，我们用粗线来区分信号线是总线还是 1 位信号线。大多数总线都是 64 位宽，如果不是 64 位宽，就明确地写出其位宽。当一个逻辑单元的输入和输出是总线时，意味着该逻辑单元必须被复制足够的次数来满足输入的位宽。图 A-3-6 中的多路选择器在一对 64 位宽

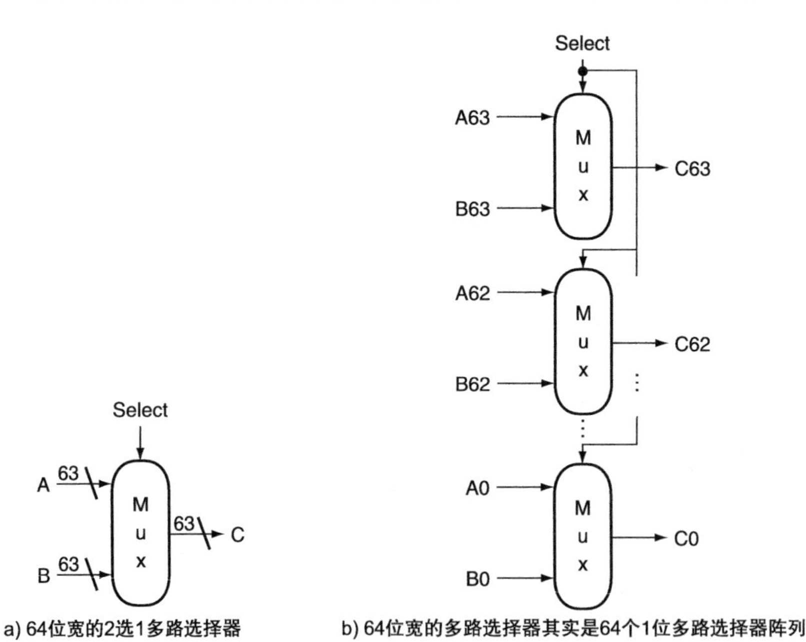

图 A-3-6　多路复用器复制 64 次以在两个 64 位输入之间进行选择。注意，对 64 个 1 位多路选择器仍使用一位选择信号

的总线间进行选择。同时，图中也显示了该多路选择器是如何通过扩展 1 位多路选择器实现的。有时，我们需要构造逻辑单元的阵列，其中有些单元的输入来自于前面单元的输出。例如，多位宽的 ALU 就是这样构造的。在这一类例子中，我们必须明确地显示出如何构造更宽的阵列，因为此时阵列中的单个元件并不是独立存在的，正如 64 位宽多路选择器的例子所示。 A-19

小测验 对于奇偶性校验函数，其输出取决于输入中 1 的数量。对于偶校验，如果输入中 1 的数量为偶数，则输出 1。假设用 ROM 来实现包含 4 位输入的偶校验函数，*A*、*B*、*C*、*D* 中哪一个可以表示 ROM 中的内容？

地址	*A*	*B*	*C*	*D*
0	0	1	0	1
1	0	1	1	0
2	0	1	0	1
3	0	1	1	0
4	0	1	0	1
5	0	1	1	0
6	0	1	0	1
7	0	1	1	0
8	1	0	0	1
9	1	0	1	0
10	1	0	0	1
11	1	0	1	0
12	1	0	0	1
13	1	0	1	0
14	1	0	0	1
15	1	0	1	0

A.4 使用硬件描述语言

当前，处理器和相关硬件系统都是通过**硬件描述语言**（hardware description language）来进行数字系统的设计。硬件描述语言有两个作用。首先，提供了对硬件的一种抽象描述，通过这种描述可以对设计进行模拟和调试。其次，借助于逻辑综合和硬件编译工具，硬件描述可以被编译成硬件实现。

硬件描述语言：一种描述硬件的编程语言，用来模拟硬件设计，可以输入给综合工具生成实际的硬件。

本节将介绍硬件描述语言 Verilog，并展示如何使用 Verilog 来设计组合逻辑。在附录的其他部分中，我们将 Verilog 的使用扩展到时序逻辑的设计上。在第 4 章的网络选读内容中，我们使用 Verilog 来描述处理器的实现。在第 5 章的网络选读内容中，我们使用 System Verilog 来描述 cache 控制器的实现。System Verilog 为 Verilog 增加了一些结构和其他有用的特征。

Verilog：两种最常用的硬件描述语言中之一。

Verilog 是两种基本硬件描述语言中的一种，另一种是 VHDL。相对基于 Ada 的 VHDL，Verilog 基于 C 语言，在工业界使用更为广泛。对 C 语言比较熟悉的读者会发现，附录中用到的 Verilog 的基本原理是很容易理解的。对 VHDL 比较熟悉的读者，如果对 C 语言的语法有所了解的话，也会发现 Verilog 的概念很简单。

VHDL：两种最常用硬件描述语言之一。

A-20

Verilog 可以同时在行为级和结构级描述一个数字系统。**行为**

行为级描述：描述一个数字系统如何在功能上操作运行。

级（behavioral specification）描述数字系统的功能操作。**结构级**（structural specification）描述数字系统的详细组织结构，并且通常采用层次描述。结构级可以从基本元件的层次结构方面描述硬件系统，比如在门级和开关级。因此，Verilog 可以用来描述真值表的具体内容和最后一节中的数据通路。

结构级描述：描述一个数字系统是如何通过基本元件的层次化连接进行组织的。

随着**硬件综合工具**（hardware synthesis tool）的出现，大多数设计者都使用 Verilog 或 VHDL，只对数据通路进行结构级描述，之后通过逻辑综合从行为级描述中生成控制系统。另外，大多数 CAD 系统都提供了广泛的标准元件库，如 ALU、多路选择器、寄存器文件、存储器和可编程逻辑块，当然也包含基本的门。

硬件综合工具：一种计算机辅助设计软件，可以通过数字系统的行为级描述来生成门级的设计。

如果要通过库和逻辑综合获得可接受的结果，就需要在描述时着眼于最终的综合及所需的输出。对于简单的设计而言，这意味着我们要明确期望在组合逻辑中实现什么，以及期望在时序逻辑中需要什么。在本节及剩余附录中的大部分例子中，我们在写 Verilog 代码时就考虑到了最终的综合。

A.4.1 Verilog 的数据类型和操作类型

Verilog 有两种基本数据类型：

- wire 表示组合信号。
- reg（register）存储数据，该数据随着时间的推移而变化。尽管实现中 reg 常常与一个寄存器相关联，但并不意味着 reg 必须对应于一个实际的寄存器。

wire：在 Verilog 中表示组合逻辑信号。

reg：在 Verilog 中表示寄存器。

假设有一个 wire 或 reg（命名为 X）为 64 位宽，可以声明为：`reg [63:0] X` 或 `wire [63:0] X`，索引 0 指定寄存器的最低有效位。由于经常需要访问 reg 或 wire 的子字段，因此可以通过 [起始位：结束位] 访问 reg 或 wire 中一段连续的位，其中起始位和结束位必须为常数。

reg 阵列可以用来表示寄存器文件或存储器，声明为：

```
reg [63:0] registerfile[0:31]
```

上述声明的寄存器文件变量等效于 LEGv8 中的寄存器文件，其中寄存器 0 是第一个寄存器。当访问该阵列时，与 C 语言一样，可以使用 `registerfile[regnum]` 访问其中某个数据。

A-21

Verilog 中 reg 或 wire 型数据可能的取值有：

- 0 或 1，表示逻辑假或真。
- X，表示取值未知，所有寄存器的初值、未被连接的 wire 的值均为 X。
- Z，表示三态门处于高阻态，在本附录中不对其进行讨论。

常量可以被指定为十进制、二进制、八进制或十六进制。通常我们需要确切地知道一个常量包含多少二进制位，这可以通过一个十进制的前缀来声明常量的大小（所含的二进制位）。例如：

- `4'b0100` 表示一个值为 4 的 4 位二进制常量，等价于 `4'd4`。
- `-8'h4` 定义了一个值为 -4 的 8 位常量数（二进制补码表示）。

数值也可以置于逗号分隔的 `{}` 中实现级联，`{x{bitfield}}` 表示将 `bitfield` 复制 `x` 次。例如：

- {32{2'b01}} 创建了一个具有模式 0101…01 的 64 位数值。
- {A[31:16],B[15:0]} 创建了一个数值，其中高 16 位来自 A，低 16 位来自 B。

Verilog 从 C 语言中继承了一元组和二进制操作符，包括算术运算符（+，-，*，/）、逻辑运算符（&，|，~）、比较运算符（==，!=，>，<，<=，>=）、移位运算符（<<，>>）和 C 语言的条件运算符（?，其使用格式为 condition?expr1:expr2，当 condition 为真时返回 expr1，否则返回 expr2）。Verilog 中增加了一组逻辑归约运算符（&，|，^），这类运算符对操作数的所有位进行逻辑操作，最后得到一位的值。例如，&A 返回 A 中所有位进行与操作的结果，^A 返回 A 中所有位异或的结果。

小测验 下面的定义中，哪些定义了相同的数值？

1. 8'b11110000
2. 8'hF0
3. 8'd240
4. {{4{1'b1}},{4{1'b0}}}
5. {4'b1,4'b0)

A-22

A.4.2 Verilog 程序的结构

Verilog 程序由模块组合构成。这些模块小到一个逻辑门，大到一个完整的系统。Verilog 中的模块类似于 C++ 中的类，但没有类那样强大的功能。模块定义了它的输入和输出，输入和输出分别对应了模块与外部进行连接时的输入接口和输出接口。模块也可能声明一些附加的变量。模块的主体由以下几个部分构成：

- initial 结构，该结构可以对 reg 型变量进行初始化。
- 连续赋值语句，这类语句只能定义组合逻辑。
- always 结构，该结构既可以定义组合逻辑，也可以定义时序逻辑。
- 模块实例化，用来对已经定义的模块进行实例化操作。

A.4.3 用 Verilog 表示复杂组合逻辑

持续赋值语句用关键字 assign 表示，具有组合逻辑函数的特点：输出被持续赋值，并且输入一旦发生变化，输出值也马上发生变化。wire 型变量只能通过持续赋值语句进行赋值。我们可以采用持续赋值语句来定义一个模块，实现半加器，如图 A-4-1 所示。

```
module half_adder (A,B,Sum,Carry);
   input A,B; //two 1-bit inputs
   output Sum, Carry; //two 1-bit outputs
   assign Sum = A ^ B; //sum is A xor B
   assign Carry = A & B; //Carry is A and B
endmodule
```

图 A-4-1 使用持续赋值语句定义一个半加器的 Verilog 模块

使用持续赋值语句是 Verilog 中一种有效的构造组合逻辑的方法。但是，当需要构造更复杂的结构时，持续赋值语句将变得很笨拙和乏味。另一种描述组合逻辑的方法是使用 always 模块，虽然使用时要多加小心。always 块中可以使用 Verilog 的控制语句，如 if-then-else、case、for 和 repeat 语句。这些语句与 C 语言中的类似，只有少许变化。

每个 always 块会指定一个信号列表，表明该块对列表中的信号敏感（列表以 @ 开始）。

A-23

列表中任一信号发生变化，always 块都将重新执行。如果省略了敏感信号列表，则 always 块将被不停地重新执行。当 always 块表示组合逻辑时，**敏感列表**（sensitivity list）需要包含所有的输入信号。如果 always 块中要执行多条 Verilog 语句，那么这些语句要用关键字 begin 和 end 包含，就像 C 语言中的 {and}。always 块的示例如下所示：

> **敏感列表**：一些信号构成的列表，当这些信号中任一信号发生变化时，always 块都将重新执行。

```
always @(list of signals that cause reevaluation) begin
   Verilog statements including assignments and other
control statements end
```

reg 型变量只能在 always 块内部进行赋值，使用过程赋值语句（与前面介绍的持续赋值不同）。有两种不同的过程赋值语句。其中赋值操作符 = 的使用与 C 语言中的类似，即等号右侧计算出结果，并赋值给左侧。而且与 C 语言中的赋值语句执行相同，即在下一条语句执行前，该赋值语句完成执行。因此，赋值操作符 = 被称为**阻塞赋值**（blocking assignment）。阻塞赋值对构造时序逻辑来说很有用，我们稍后再回来介绍。另一种过程赋值语句为**非阻塞赋值**（nonblocking assignment），记为 <=。对于非阻塞赋值，当 always 块中所有非阻塞赋值语句右侧执行获得结果时，同时赋值给左侧变量。作为第一个使用 always 块实现的组合逻辑例子，图 A-4-2 给出了一个 4 选 1 多路选择器的实现，使用了 case 语句简化构造。case 与 C 语言中的 switch 语句类似。图 A-4-3 给出了 LEGv8 中 ALU 的实现，其中也使用了 case 语句。

> **阻塞赋值**：Verilog 中，在下一条语句执行前必须完成执行的赋值语句。

> **非阻塞赋值**：在右侧执行完后继续进行赋值的赋值语句，仅在所有右侧都执行完后才赋值左边的值。[⊝]

```
module Mult4to1 (In1,In2,In3,In4,Sel,Out);
   input [31:0] In1, In2, In3, In4; /four 32-bit inputs
   input [1:0] Sel; //selector signal
   output reg [31:0] Out;// 32-bit output
   always @(In1, In2, In3, In4, Sel)
   case (Sel) //a 4->1 multiplexor
      0: Out <= In1;
      1: Out <= In2;
      2: Out <= In3;
      default: Out <= In4;
   endcase
endmodule
```

图 A-4-2　使用 case 语句实现的 4 选 1 多路选择器（包含 32 位输入）。case 语句与 C 语言中的 switch 语句类似，不同之处在于，在 Verilog 中，只有被 case 选择到的语句才会被执行（就好像每一个 case 状态后面都加了 break 一样），并且不能转到下一个分支去

由于在 always 块中只能给 reg 型变量赋值，因此如果希望使用 always 块描述组合逻辑，则必须小心确保这个 reg 变量不会被综合为一个寄存器，下面的“精解”中描述了各种“陷阱”。

精解　持续赋值语句总是产生组合逻辑，但是其他一些 Verilog 结构，即使在 always 块中，也可能在逻辑综合过程中产生意想不到的结果。最常见的问题是，使用已经存在的锁存

⊝　只有计算出所有非阻塞语句等号右侧的结果时，才对左侧进行赋值。——译者注

器或寄存器来实现时序逻辑，这将导致生成的结果比预期的要慢，并且开销更大。为了保证你设计的组合逻辑可以按这种方式被综合，请务必做到以下几点：

- 将所有的组合逻辑放在持续赋值语句或 always 块中。
- 确保作为输入的所有信号都出现在 always 块的敏感列表中。
- 保证每一个通过 always 块的数据通路，都将值赋给同一组位。

最后一点是最容易被忽略的。图 A-5-15 中的例子说明为何要坚持最后一点。 A-24

```
module MIPSALU (ALUctl, A, B, ALUOut, Zero);
   input [3:0] ALUctl;
   input [31:0] A,B;
   output reg [31:0] ALUOut;
   output Zero;
   assign Zero = (ALUOut==0); //Zero is true if ALUOut is 0; goes anywhere
   always @(ALUctl, A, B) //reevaluate if these change
      case (ALUctl)
         0: ALUOut <= A & B;
         1: ALUOut <= A | B;
         2: ALUOut <= A + B;
         6: ALUOut <= A - B;
         7: ALUOut <= A < B ? 1:0;
         12: ALUOut <= ~(A | B); // result is nor
         default: ALUOut <= 0; //default to 0, should not happen;
      endcase
endmodule
```

图 A-4-3 LEGv8 中 ALU 的 Verilog 行为级定义。通过使用包含基本算术和逻辑操作的模块库，就可以对其进行综合 A-25

小测验 假设所有变量都初始化为 0，那么执行完包含在 always 块中的 Verilog 代码后，A、B 的值分别为多少？

```
C=1;
A<=C;
B=C;
```

A.5 构建基本的算术逻辑单元

算术逻辑单元（Arithmetic Logic Unit，ALU）是计算机的关键，是计算机执行算术运算（比如加法和减法）和逻辑运算（比如与操作和或操作）的器件。本节将通过 4 个硬件块（与门、或门、反相器和多路选择器）来构造一个 ALU，并演示组合逻辑是如何工作的。下一节中，我们将展示如何通过更加聪明的设计来加速加法。

因为 LEGv8 中一个字为 64 位宽，因此我们需要一个 64 位宽的 ALU。假设我们使用 64 个 1 位宽 ALU 来构建所需的 ALU。那

ALU（Arthritic Logic Unit 或 Arithmetic Logic Unit）：被所有计算机系统作为标准提供的一个随机数生成器。
Stan Kelly-Bootle，魔鬼词典，1981

么我们先从构建 1 位宽 ALU 开始。

A.5.1　1 位 ALU

逻辑操作是最简单的，因为可以直接映射为图 A-2-1 中的硬件元件。

AND 和 OR 对应的 1 位逻辑单元如图 A-5-1 所示。右边的多路选择器选择是进行 *a* AND *b* 操作还是 *a* OR *b* 操作，取决于 Operation 的值为 0 还是 1。为了与数据信号线进行区分，多路选择器的控制信号用灰色表示。需要注意的是，我们重新命名了多路选择器的控制线和输出线，以便反映它们在 ALU 中的功能。

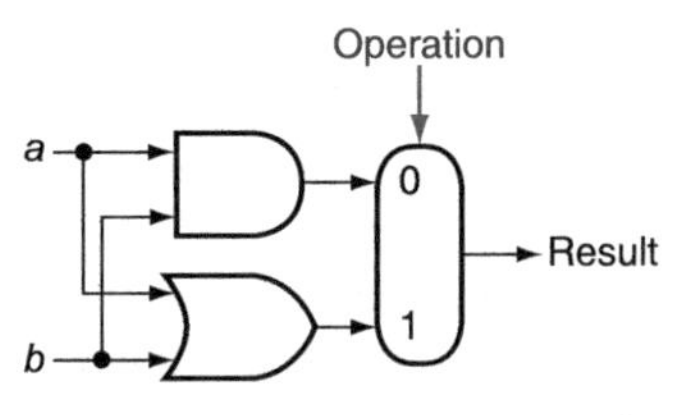

图 A-5-1　与和或的 1 位逻辑单元

下一个需要增加的功能是加法。加法器必须包含两个输入操作数，并输出一位和。同时，需要另外一个输出来传输进位，称为 CarryOut。因为来自相邻加法器的进位是作为输入处理的，因此加法器需要第三个输入。这个输入称为 CarryIn。图 A-5-2 显示了一位加法器的输入和输出。因为我们知道加法应该做什么，因此可以根据输入来指定这个“黑匣子”的输出，如图 A-5-3 所示。

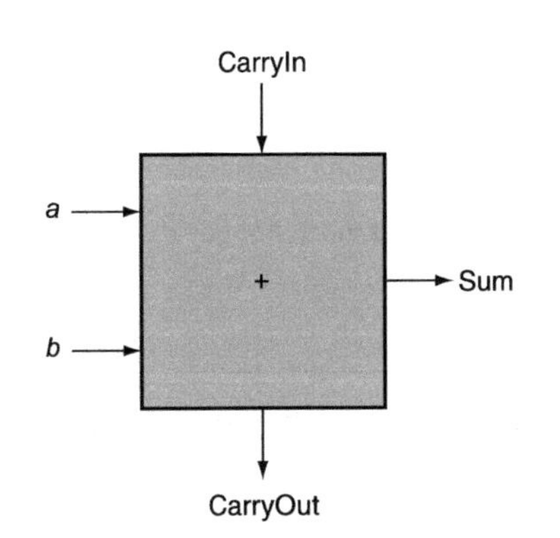

图 A-5-2　1 位加法器。该加法器称为全加器，也称为（3，2）加法器，因为有 3 个输入和 2 个输出。如果一个加法器只有 *a* 和 *b* 两个输入，则称为（2，2）加法器或半加器

输入			输出		描述
a	*b*	CarryIn	CarryOut	Sum	
0	0	0	0	0	$0+0+0=00_{two}$
0	0	1	0	1	$0+0+1=01_{two}$
0	1	0	0	1	$0+1+0=01_{two}$
0	1	1	1	0	$0+1+1=10_{two}$
1	0	0	0	1	$1+0+0=01_{two}$
1	0	1	1	0	$1+0+1=10_{two}$
1	1	0	1	0	$1+1+0=10_{two}$
1	1	1	1	1	$1+1+1=11_{two}$

图 A-5-3　1 位加法器的输入输出定义

我们可以用逻辑方程式来表示输出函数 CarryOut 和 Sum，这些方程式又可以通过逻辑门来实现。以 CarryOut 为例。图 A-5-4 显示了当 CarryOut 为 1 时，对应输入的值。

我们可以将该真值表转化为逻辑方程式：

$$\text{CarryOut}=(b\cdot\text{CarryIn})+(a\cdot\text{CarryIn})+(a\cdot b)+(a\cdot b\cdot\text{CarryIn})$$

输入		
a	*b*	CarryIn
0	1	1
1	0	1
1	1	0
1	1	1

图 A-5-4 当 CarryOut 为 1 时的输入值

如果 $a \cdot b \cdot \text{CarryIn}$ 为真，则剩余的三个乘积项也必然为真，因此我们可以对应真值表的第 4 行将最后一项省略掉，从而将方程式简化为：

$$\text{CarryOut} = (b \cdot \text{CarryIn}) + (a \cdot \text{CarryIn}) + (a \cdot b)$$

图 A-5-5 显示了加法器黑盒内部的硬件，其中 CarryOut 由三个与门和一个或门组成。三个与门分别对应上式中括号内的乘积项，或门用来得到三个乘积项的和。

当有一个输入为 1 或三个输入都为 1 时，Sum 设置为 1。Sum 对应的布尔等式较为复杂（$\bar{a}$ 表示 NoT a），如下所示：

$$\text{Sum} = (a \cdot \bar{b} \cdot \text{CarryIn}) + (\bar{a} \cdot b \cdot \text{CarryIn}) + (\bar{a} \cdot \bar{b} \cdot \text{CarryIn}) + (a \cdot b \cdot \text{CarryIn})$$

A-26 ~ A-28

如何画出加法器中 Sum 对应的逻辑，留给读者作为练习。

图 A-5-6 所示的是用加法器和之前的部件组成的 1 位 ALU。有时设计人员也希望 ALU 能完成更多的简单操作，比如生成 0。增加操作最简单的方法是扩大由操作线控制的多路选择器，例如，将 0 直接连到扩展的多路选择器的新输入端。

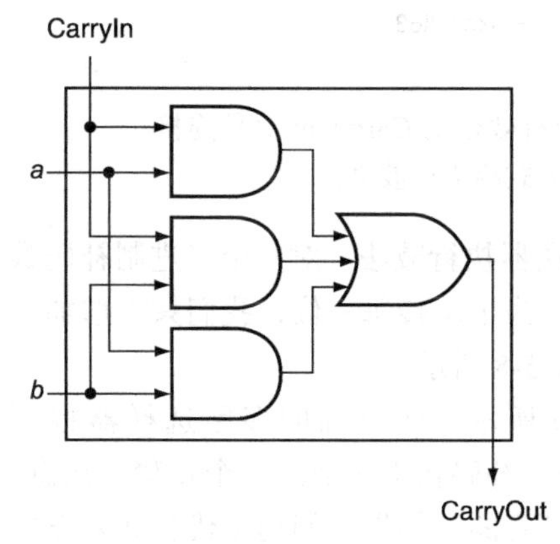

图 A-5-5 加法器中产生 CarryOut 信号的硬件。加法器硬件的剩余部分即上式中输出和（Sum）的硬件逻辑

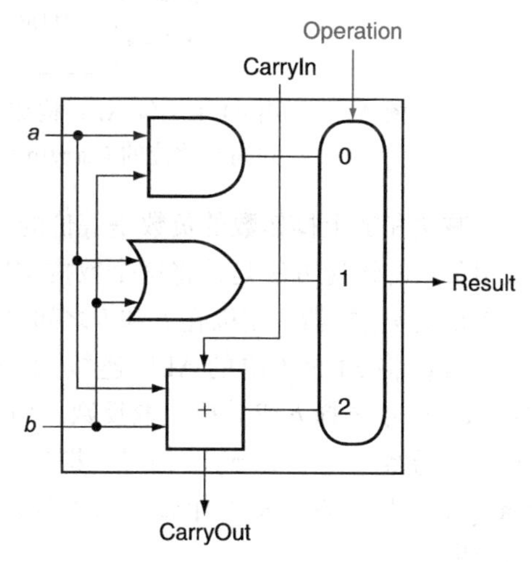

图 A-5-6 完成“与”“或”和“加法”运算的一个 1 位 ALU（见图 A-5-5）

A.5.2 64 位 ALU

既然已经实现了 1 位的 ALU，那么 64 位 ALU 就可以通过将相邻的“黑盒子”连接构成。用 *xi* 表示 *x* 的第 *i* 位，图 A-5-7 所示的是一个 64 位的 ALU。犹如一块石头也能使涟漪辐射到平静的湖岸一样，最低有效位的一个进位（Result0）能通过所有的加法器传输，使得最高有效位（Result63）产生进位[㊀]。因此，将 1 位加法器进位直接相连的加法器称为行波进

㊀ 原书为 Result31，应为笔误。——译者注

位加法器。从 A.6 节开始我们将看到一种更快连接 1 位加法器的方法。

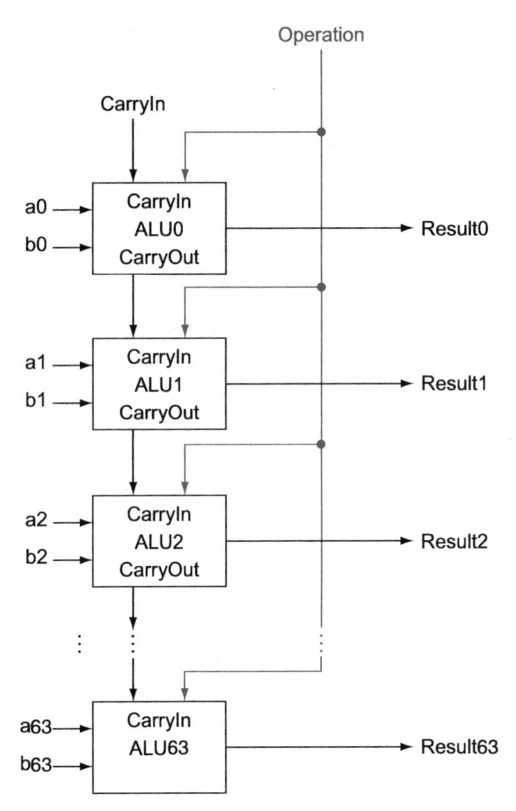

图 A-5-7　由 64 个 1 位 ALU 构成的 64 位 ALU。低有效位的 CarryOut 信号连接到高有效位的 CarryIn 信号上，这种组织方式称为行波进位

减法和加上操作数的负数是等价的，因此可以用加法器执行减法。对一个二进制补码数求相负数的快速方法是，将这个数按位取反，然后加 1。为了反转每一位，我们只需增加一个 2:1 多路选择器，用以在 b 和 $\overline{b}$ 之间进行选择，如图 A-5-8 所示。

假设将 64 个 1 位的 ALU 连接到一起，如图 A-5-7 所示。所添加的多路选择器根据 Binvert 信号选择 b 或其按位取反数，但是这仅是对二进制补码数求负数的一个步骤。注意，最低位仍然有一个 CarryIn 信号，即使这对加法并不是必要的。如果我们用 1 代替 0 来设置 CarryIn 信号，将会发生什么？加法器会计算 $a+b+1$。通过将 b 取反，就能得到我们想要的结果：

$$a+\overline{b}+1=a+(\overline{b}+1)=a+(-b)=a-b$$

A-29 ~ A-30

二进制补码加法器设计的简单性有助于解释为什么二进制补码会成为整数计算机算术运算的通用标准。

LEGv8 的 ALU 还需要或非（NOR）功能。我们可以通过重复使用 ALU 内部已经有的硬件（如同我们在减法的实现中所做的一样）来实现这种功能，而不需单独增加一个或非门。基本的原理来自于以下有关或非的事实：

$$(\overline{a+b})=\overline{a}\cdot\overline{b}$$

即 a 或 b 的非和非 a 与非 b 是等价的，这也被称为德・摩根定律，练习题中将对此进行更加深入的探究。

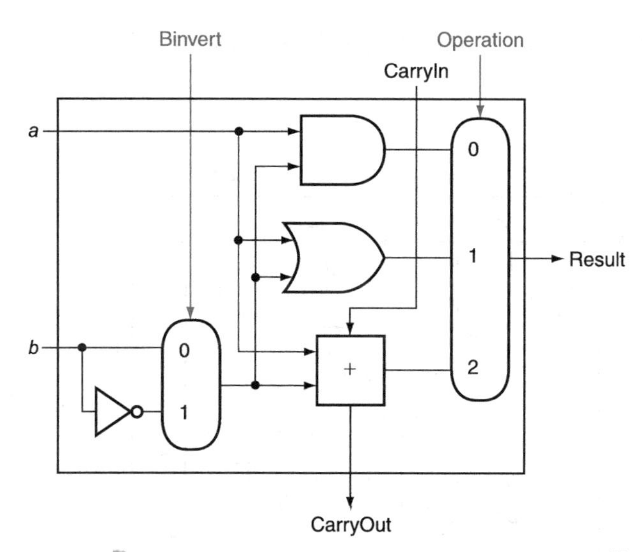

图 A-5-8 对 a 和 b 或 a 和 $\overline{b}$ 执行与、或以及加法的 1 位 ALU。通过选择 $\overline{b}$（Binvert = 1），并将最低有效位上的 CarryIn 设置为 1，我们得到 b 的补码减法，而不是 b 到 a 的加法

ALU 上已经有了与和非 b，因此只需要再增加非 a，图 A-5-9 所示的是改变后的结构。

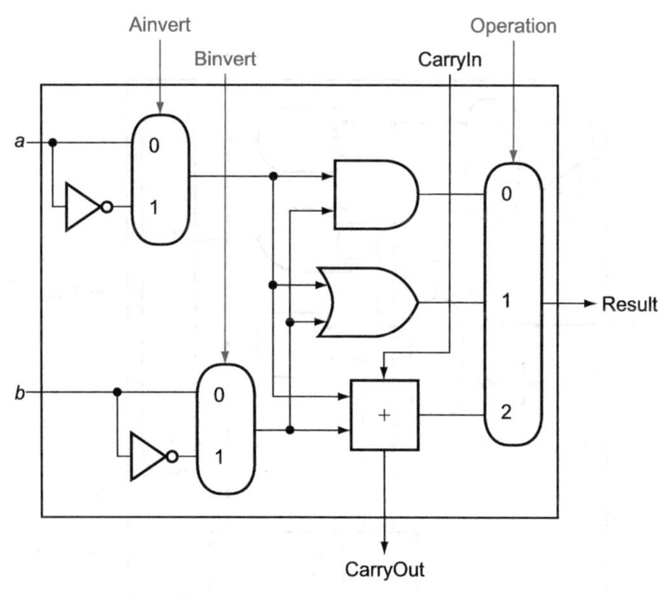

图 A-5-9 对 a 和 b 或者 $\overline{a}$ 和 $\overline{b}$ 进行与、或以及加法的 1 位 ALU。通过选择 $\overline{a}$（Ainvert=1）和 $\overline{b}$（Binvert = 1），能得到 a 或非 b 而不是 a 与 b

A.5.3 实现 LEGv8 的 64 位 ALU

加、减、与、或四个操作几乎在每一台计算机的 ALU 部件里面都能找到，并且大多数的 LEGv8 指令都能由 ALU 实现。但 ALU 的设计并未完成。

还有一条需要支持的指令是比较为 0 分支指令 CBZ。回顾一下，ALU 只传输寄存器输入值的操作。要使得 ALU 执行 CBZ，我们首先需要扩展图 A-5-8 中的三输入多路选择器，为 CBZ 结果增加一个输入。新的输入称为 Pass，并仅用于 CBZ。

图 A-5-10 上面给出的是一个新的扩展了多路选择器的 1 位 ALU。图 A-5-11 给出了 64 位 ALU。

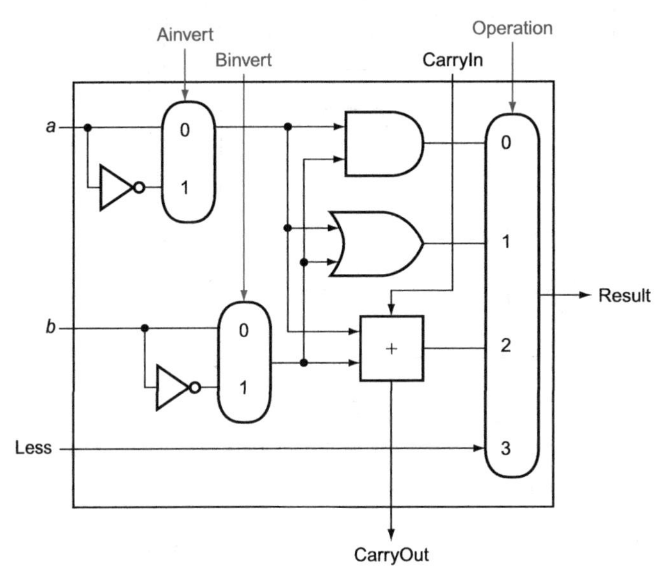

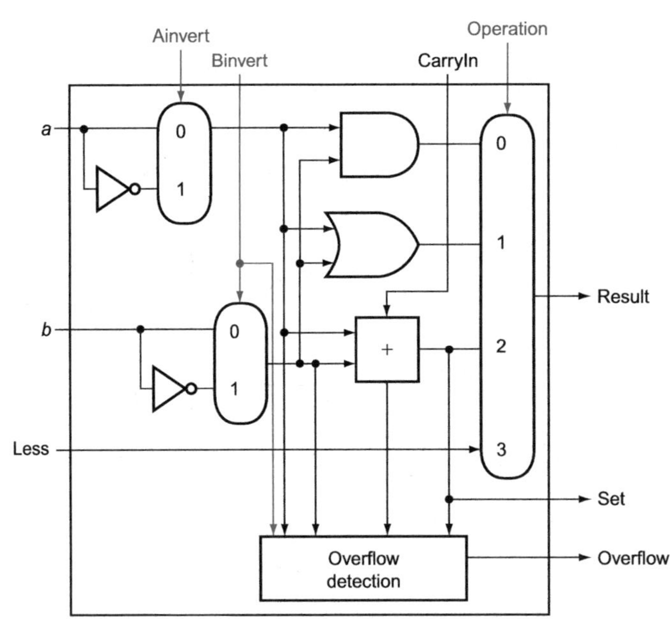

图 A-5-10　顶部为一个对 a 和 b 或者 $\overline{b}$ 执行与、或以及加法的 1 位 ALU，底部为最高有效位的 1 位 ALU。顶部的图上有一个直接输入，用以执行 slt 操作（见图 A-5-11）；底部图中的加法器有一个用于指示小于比较的直接输出，称为 Set（见练习题 A.24，了解如何用较少的输入计算溢出）

为了进一步实现适用于 LEGv8 指令集的 ALU，我们必须支持条件分支指令。这些指令根据两个寄存器相等或不相等进行分支。通过 ALU 检测是否相等最简单的方法是执行 $a-b$ 的操作，并测试结果是否为 0，由于

$$(a-b=0) \Rightarrow a=b$$

因此，如果我们增加检测结果是否为 0 的硬件，就能测试两个寄存器是否相等。最简单的方式是将所有输出进行或操作并将结果取反（送入反相器），即：

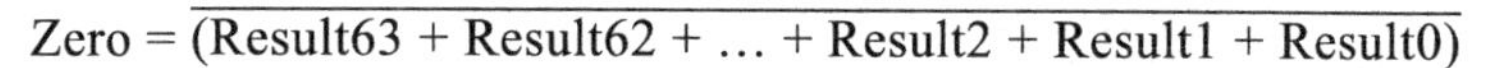

$$\text{Zero} = \overline{(\text{Result63} + \text{Result62} + \ldots + \text{Result2} + \text{Result1} + \text{Result0})}$$

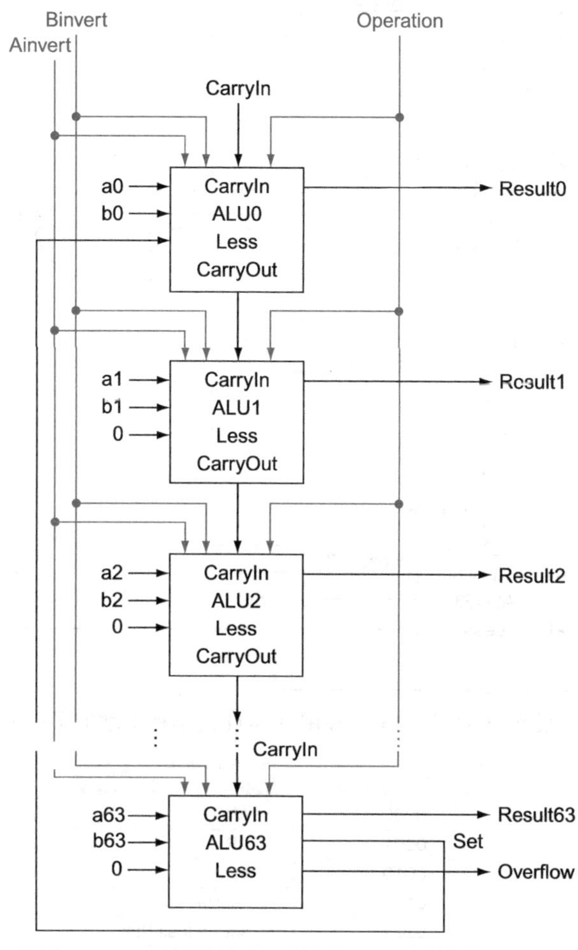

图 A-5-11　一个复制 63 个图 A-5-10 顶部结构和一个图 A-5-10 底部结构组成的 64 位 ALU。除了最低有效位，输入 Less 都连接到 0，最低有效位连接至最高有效位的 Set 输出。如果 ALU 执行 $a-b$，并且我们选择图 A-5-10 中多路选择器的输入 3，那么如果 $a<b$，Result = 0…001，其他情况 Result = 0…000

图 A-5-12 给出了修改后的 64 位 ALU。考虑将 1 位 Ainvert 线、1 位 Binvert 线以及 2 位的 Operation 线作为 4 位的 ALU 控制线结合在一起，用以指示进行加、减、与、或，或者 slt 指令中的哪一种。图 A-5-13 给出了 ALU 控制线以及相应的 ALU 操作。

最终，我们看到了 64 位 ALU 的内部结构，我们用通用符号表示完整的 ALU，如图 A-5-14 所示。

A-32 ~ A-33

A.5.4　用 Verilog 定义 LEGv8 ALU

图 A-5-15 展示了如何用 Verilog 定义 LEGv8 ALU（组合逻辑），这样的定义可能会通过实例化标准单元库中的加法器来进行编译。为了完整性，图 A-5-16 中展示了 LEGv8 的 ALU 控制器（在第 4 章使用过），在这个控制器上我们建立了一个 Verilog 版本的 LEGv8 数据通路。

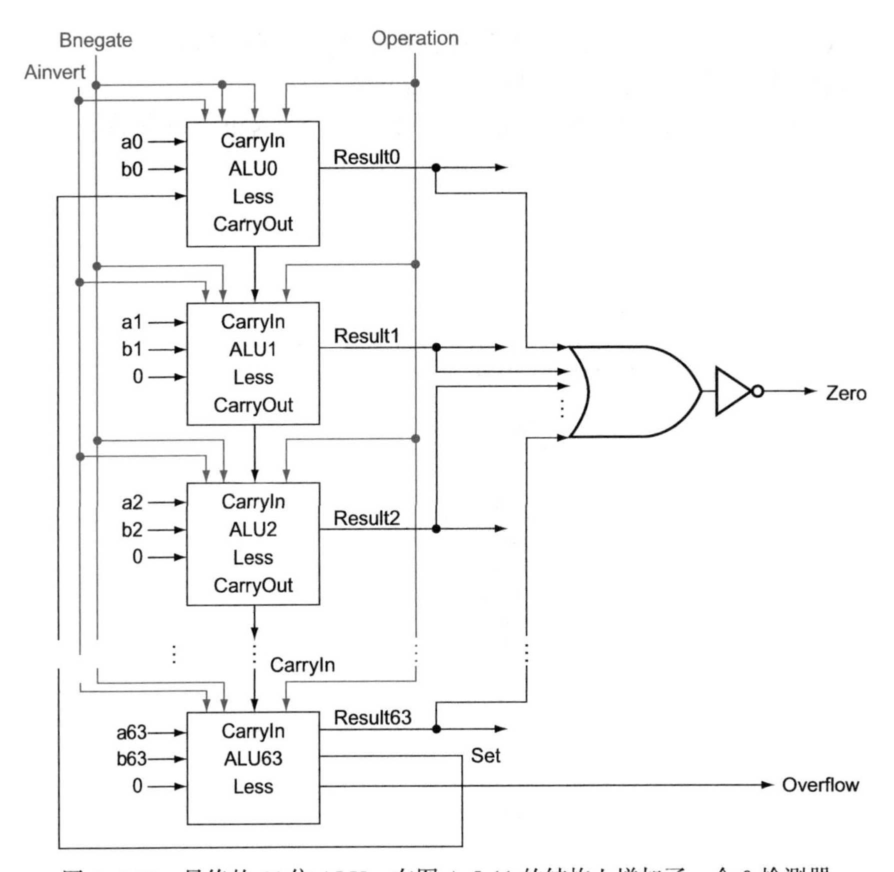

图 A-5-12　最终的 64 位 ALU。在图 A-5-11 的结构上增加了一个 0 检测器

ALU控制线	功能
0000	AND
0001	OR
0010	add
0110	subtract
0111	set on less than
1100	NOR

图 A-5-13　三个 ALU 控制线、Bnegate 和 Operation 的值以及对应的 ALU 操作

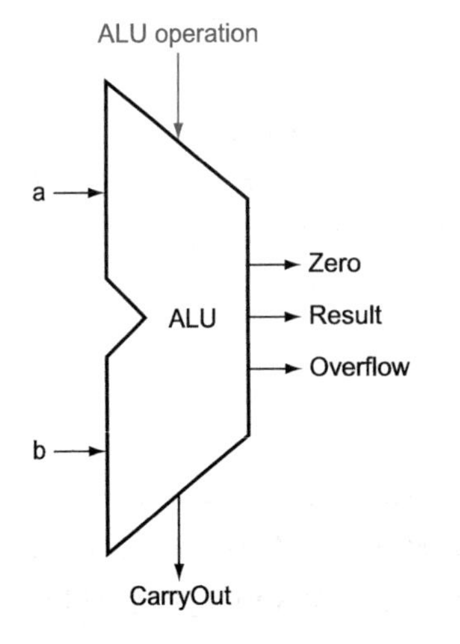

图 A-5-14　ALU 常用表示符号。该符号也用来表示加法器，因此通常需要标记出 ALU 或 Adder

```
module MIPSALU (ALUctl, A, B, ALUOut, Zero);
   input [3:0] ALUctl;
   input [63:0] A,B;
   output reg [63:0] ALUOut;
   output Zero;
   assign Zero = (ALUOut==0); //Zero is true if ALUOut is 0
   always @(ALUctl, A, B) begin //reevaluate if these change
      case (ALUctl)
         0: ALUOut <= A & B;
         1: ALUOut <= A | B;
         2: ALUOut <= A + B;
         6: ALUOut <= A - B;
         7: ALUOut <= A < B ? 1 : 0;
         12: ALUOut <= ~(A | B); // result is nor
         default: ALUOut <= 0;
      endcase
    end
endmodule
```

图 A-5-15　LEGv8 ALU 的 Verilog 行为级定义

A-34 ~ A-36

```
module ALUControl (ALUOp, FuncCode, ALUCtl);
   input [1:0] ALUOp;
   input [5:0] FuncCode;
   output [3:0] reg ALUCtl;
   always case (FuncCode)
   32: ALUOp<=2; // add
   34: ALUOp<=6; //subtract
   36: ALUOP<=0; // and
   37: ALUOp<=1; // or
   39: ALUOp<=12; // nor
   42: ALUOp<=7; // slt
   default: ALUOp<=15; // should not happen
   endcase
endmodule
```

图 A-5-16　LEGv8 ALU 控制：简单的组合控制逻辑

下一个问题是，ALU 将两个 64 位的操作数相加能有多快？我们能决定输入 a 和 b，但是输入 CarryIn 取决于相邻的 1 位加法器的操作。如果我们跟踪有依赖关系的进位链，将最高有效位连接到最低有效位上，那么和的最高有效位必须等到所有 64 个 1 位加法器顺序完成计算后才能得到。这种顺序链的反应太慢，以至于不能在时间关键的硬件电路中使用。下一节将探究如何加快加法的速度。这个论题对于理解附录的其余部分并不重要，可以跳过。

小测验　假设想增加 NOT（a AND b）操作，称为与非（NAND），应如何修改 ALU 以支持该操作？

1. 没有改变。你可以用当前的 ALU 快速计算出 NAND，因为 $(\overline{a \cdot b})=\overline{a}+\overline{b}$，而且已经有 NOT a、NOT b 以及或门。
2. 必须扩展多路选择器以增加另外的输入，然后增加新的逻辑电路来计算 NAND。

A.6　快速加法：超前进位

A-37

加快加法的关键在于更快地确定高阶位的进位。有多种方案来预测进位，使得最坏情况是加法器中所有位数 log2 的函数。由于进位经过的逻辑门较少，所以这些预测信号执行得比较快，但是需要更多的门来进行预测。

理解快速进位的关键在于：无论输入何时改变，硬件都是并行执行的，这一点与软件不同。

A.6.1　使用“无限”硬件的快速进位

正如前面提到的，任何一个方程式都能用两级逻辑表示。因为外部输入只有两个操作数和加法器的最低位的 CarryIn，在理论上我们可以在两级逻辑层上计算出到加法器所有剩余位的 CarryIn 值。

例如，加法器 bit 2 的 CarryIn 实际是 bit 1 的 CarryOut，因此公式为：

$$\text{CarryIn2} = (\text{b1} \cdot \text{CarryIn1}) + (\text{a1} \cdot \text{CarryIn1}) + (\text{a1} \cdot \text{b1})$$

类似地，CarryIn1 可以定义为

$$\text{CarryIn1} = (\text{b0} \cdot \text{CarryIn0}) + (\text{a0} \cdot \text{CarryIn0}) + (\text{a0} \cdot \text{b0})$$

用 ci 代替 CarryIni，上式重写为

$$c2 = (b1 \cdot c1) + (a1 \cdot c1) + (a1 \cdot b1)$$

$$c1 = (b0 \cdot c0) + (a0 \cdot c0) + (a0 \cdot b0)$$

将表达式 c1 带入第一个公式，可得：

$$\begin{aligned} c2 = {} & (a1 \cdot a0 \cdot b0) + (a1 \cdot a0 \cdot c0) \cdot (a1 \cdot b0 \cdot c0) \\ & + (b1 \cdot a0 \cdot b0) + (b1 \cdot a0 \cdot c0) + (b1 \cdot b0 \cdot c0) + (a1 \cdot b1) \end{aligned}$$

可以想象一下，对于加法器中的更高位，方程式会如何扩大？它将随着位数的增加而快速增加。这一复杂性影响了快速进位的硬件开销，因此这一简单方案对于宽加法器而言非常昂贵。

A.6.2　采用第一级抽象的快速进位：进位传输和进位生成

大多数的快速进位方法都会限制方程式的复杂性以简化硬件，同时与行波进位相比速度得到了大幅度提高。其中一种机制称为*超前进位加法器*。在第 1 章中已经介绍了，计算机系统通过使用抽象层次来处理复杂性。超前进位加法器依赖于其实现过程中的抽象级别。

A-38

首先考虑原始方程：

$$c_{i+1} = (b_i \cdot c_i) + (a_i \cdot c_i) + (a_i \cdot b_i) = (a_i \cdot b_i) + (a_i + b_i) \cdot c_i$$

如果用这个公式重写 c2 的方程，我们将会看到一些重复的部分：

$$c2 = (a1 \cdot b1) + (a1 \cdot b1) \cdot ((a0 \cdot b0) + (a0 + b0) \cdot c0)$$

注意到（$a_i \cdot b_i$）和（$a_i + b_i$）在上面的公式中重复出现，这两个重要函数通常称为*进位生成*（g_i）和*进位传输*（p_i）：

$$g_i = a_i \cdot b_i$$

$$p_i = a_i + b_i$$

用它们来定义 c_{i+1}，可得：

$$c_{i+1} = g_i + p_i \cdot c_i$$

为了理解信号是从哪里得到的，假设 $g_i = 1$，即

$$c_{i+1} = g_i + p_i \cdot c_i = 1 + p_i \cdot c_i = 1$$

也就是说，加法器生成一个独立于 CarryIn（c_i）值的 CarryOut（c_{i+1}）。现在假设 $g_i = 0$，$p_i = 1$，则

$$c_{i+1} = g_i + p_i \cdot c_i = 0 + 1 \cdot c_i = c_i$$

也就是说，加法器将 CarryIn 传输到 CarryOut。将以上二者放在一起可得，无论 $g_i = 1$ 或者 $p_i = 1$ 且 $\text{CarryIn}_i = 1$，$\text{CarryIn}_{i+1} = 1$。

作为比喻，想象一排多米诺骨牌。假设两张牌之间没有间隙，那么推倒远处的一张牌可以将最后一张多米诺骨牌推倒。类似地，一个进位可以通过远处的一个生成因子而使其为真，只要它们之间所有的传输因子均为真。

根据传输因子和生成因子的定义，我们将其作为第一级抽象，从而能更加方便地描述 CarryIn 信号。下面所示的是 4 位的情况：

$$c1 = g0 + (p0 \cdot c0)$$

$$c2 = g1 + (p1 \cdot g0) + (p1 \cdot p0 \cdot c0)$$

$$c3 = g2 + (p2 \cdot g1) + (p2 \cdot p1 \cdot g0) + (p2 \cdot p1 \cdot p0 \cdot c0)$$

$$c4 = g3 + (p3 \cdot g2) + (p3 \cdot p2 \cdot g1) + (p3 \cdot p2 \cdot p1 \cdot g0) + (p3 \cdot p2 \cdot p1 \cdot p0 \cdot c0)$$

A-39

这些方程式只代表一般情况：如果之前的加法器生成了一个进位，并且所有中间加法器都传输进位，那么 CarryIni = 1。图 A-6-1 采用管道来解释先行（超前）进位。

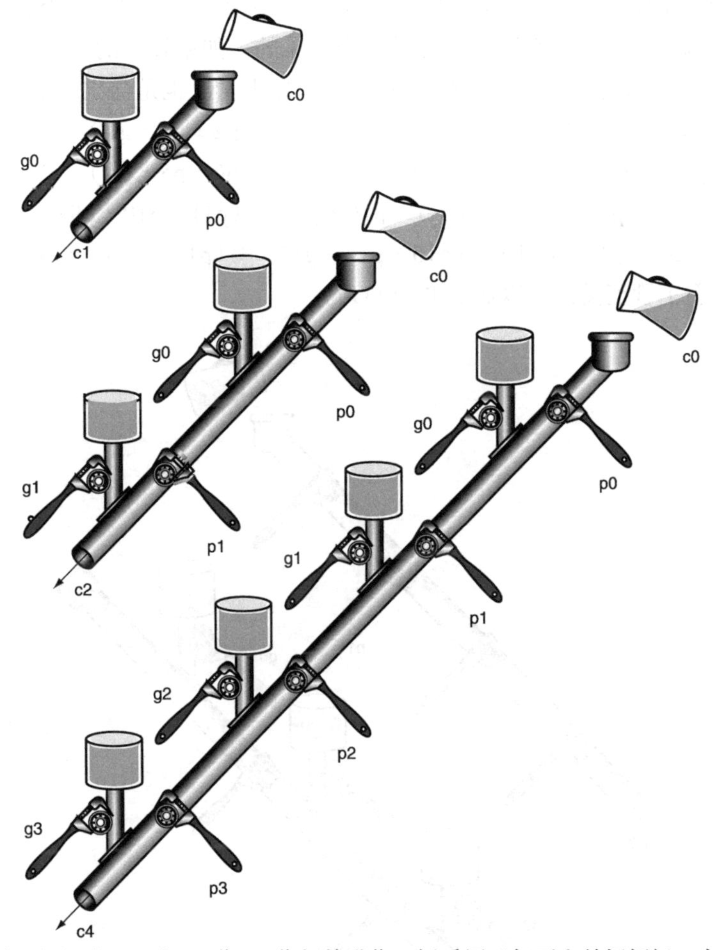

图 A-6-1　以管道和阀门类比 1 位、2 位、4 位超前进位。扳手用于打开和关闭阀门。水用灰色部分表示。如果最近的进位生成因子的值（gi）处于打开状态，或者第 i 个进位传输因子（pi）也是打开的，并且上游有水（来自之前生成的或从后面传过来的水），那么管道的输出（$ci+1$）将会变满。没有任何生成因子，CarryIn（c0）也能产生一个进位输出，但是需要所有传输因子的帮助

即便是这种简化的形式也会导致大的方程式，因此即使是一个 16 位的加法器也有相当可观的逻辑。下面我们试着移动两个抽象层次。

A.6.3　采用第二级抽象的快速进位

首先，我们考虑 4 位的加法器，其超前进位逻辑作为一个单独的块。如果将 4 位加法器以

行波进位方式相连构成一个 16 位的加法器，那么加法将比原来更快，并且只增加了少数的硬件。

为了执行得更快，需要将超前进位放置在更高层上。为了实现 4 位加法器的超前进位，需要将传输因子和生成因子信号也置于较高的层次。下面是 4 位加法器的块：

$$P0 = p3 \cdot p2 \cdot p1 \cdot p0$$
$$P1 = p7 \cdot p6 \cdot p5 \cdot p4$$
$$P2 = p11 \cdot p10 \cdot p9 \cdot p8$$
$$P3 = p15 \cdot p14 \cdot p13 \cdot p12$$

因此，当且仅当组中每一位都将传输一个进位时，用于 4 位抽象的“超级”传输信号（Pi）为真。

对于“超级”生成信号（Gi），我们只关心 4 位的组中最高有效位是否有一个进位。如果最高有效位生成因子为真，那么这些情况是显而易见的。如果较早的一个生成因子为真，并且所有中间传输因子（包括最高有效位的）也为真，以上情况也是会出现的。

$$G0 = g3 + (p3 \cdot g2) + (p3 \cdot p2 \cdot g1) + (p3 \cdot p2 \cdot p1 \cdot g0)$$
$$G1 = g7 + (p7 \cdot g6) + (p7 \cdot p6 \cdot g5) + (p7 \cdot p6 \cdot p5 \cdot g4)$$
$$G2 = g11 + (p11 \cdot g10) + (p11 \cdot p10 \cdot g9) + (p11 \cdot p10 \cdot p9 \cdot g8)$$
$$G3 = g15 + (p15 \cdot g14) + (p15 \cdot p14 \cdot g13) + (p15 \cdot p14 \cdot p13 \cdot g12)$$

图 A-6-2 更新了管道类比，以显示 P0 和 G0。

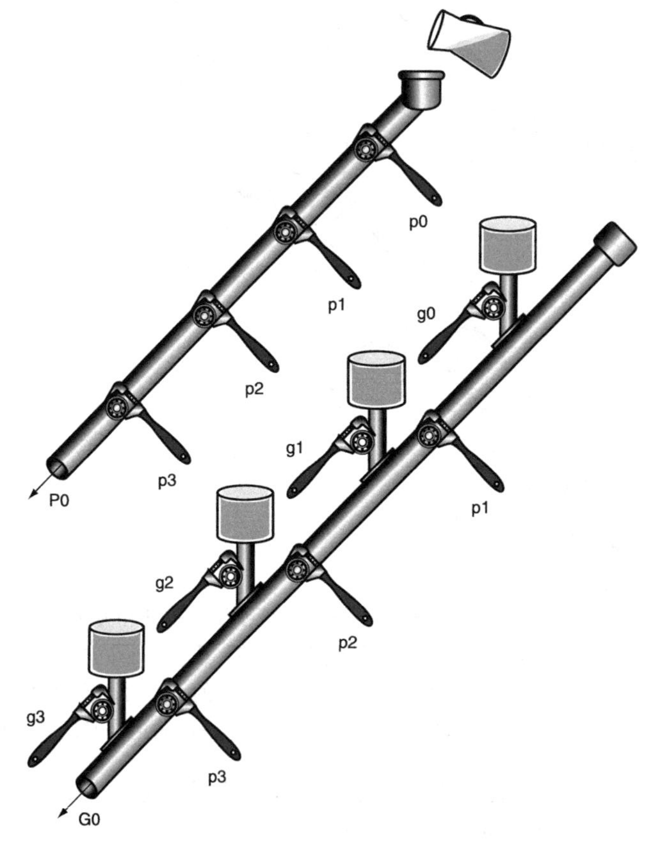

图 A-6-2　下一级超前进位信号 P0 和 G0 的管道类比。仅当所有 4 个进位传输因子（pi）都打开时 P0 打开；G0 里有水流，仅当至少有一个进位生成因子（gi）打开，并且从该生成因子开始下游所有的进位传输因子都是打开的

A-40 ~ A-42

对16位加法器的每一个4位组的进位在较高的层次上抽象为C1、C2、C3、C4（如图A-6-3），类似于A.6.2节4位加法器的c1、c2、c3、c4：

$C1 = G0 + (P0 \cdot c0)$

$C2 = G1 + (P1 \cdot G0) + (P1 \cdot P0 \cdot c0)$

$C3 = G2 + (P2 \cdot G1) + (P2 \cdot P1 \cdot G0) + (P2 \cdot P1 \cdot P0 \cdot c0)$

$G4 = G3 + (P3 \cdot G2) + (P3 \cdot P2 \cdot G1) + (P3 \cdot P2 \cdot P1 \cdot G0) + (P3 \cdot P2 \cdot P1 \cdot P0 \cdot c0)$

图A-6-3中4位的加法器连接到这样一个超前进位单元。练习题中会探究这些进位方案间速度的差异、多位传输信号和生成信号的不同表示，并讨论64位加法器的设计。

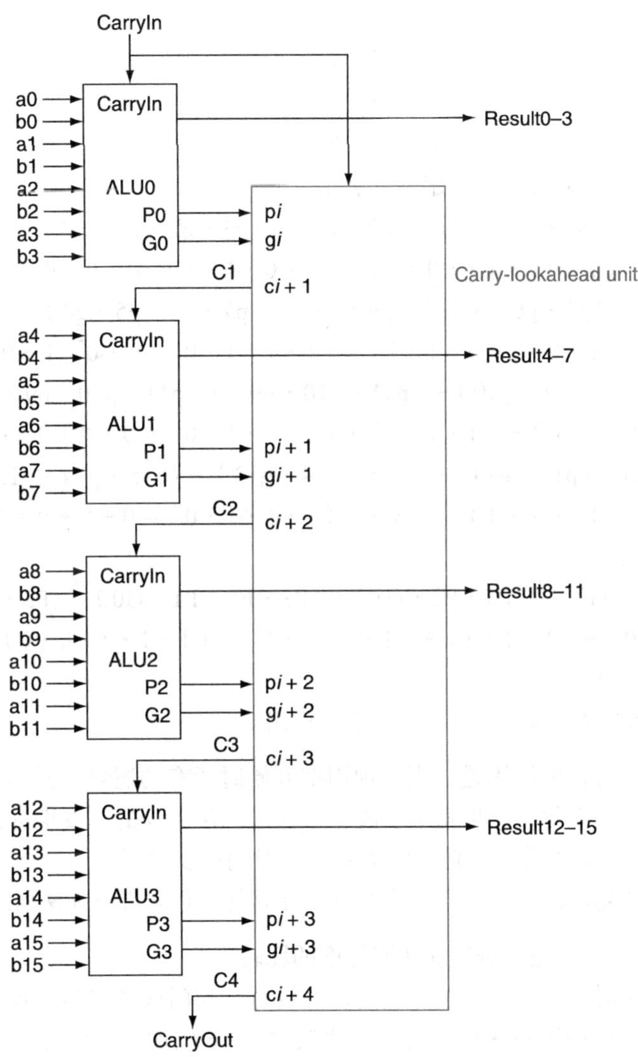

图A-6-3　4个4位ALU使用超前进位形成16位加法器。注意，进位均来自超前进位单元，而不是4位的ALU

例题　进位传输因子和进位生成因子

确定下列两个16位数的*gi*、*pi*、P*i*以及G*i*值：

```
a:      0001 1010 0011 0011two
b:      1110 0101 1110 1011two
```

同样，CarryOut15（C4）的值是多少？

答案　将各位对准，以便更容易观察进位生成因子 gi（ai · bi）和进位传输因子 pi（ai + bi）的值：

```
a:      0001  1010  0011  0011
b:      1110  0101  1110  1011
gi:     0000  0000  0010  0011
pi:     1111  1111  1111  1011
```

从左到右各位依次标记为 15 ～ 0。"超级"进位传输因子（P3、P2、P1、P0）是低级进位传输因子的简单相与。

$$P3 = 1 \cdot 1 \cdot 1 \cdot 1 \cdot 1$$
$$P2 = 1 \cdot 1 \cdot 1 \cdot 1 \cdot 1$$
$$P1 = 1 \cdot 1 \cdot 1 \cdot 1 \cdot 1$$
$$P0 = 1 \cdot 0 \cdot 1 \cdot 1 \cdot 0$$

"超级"进位生成因子较复杂一些，用下式表示：

$$\begin{aligned} G0 &= g3 + (p3 \cdot g2) + (p3 \cdot p2 \cdot g1) + (p3 \cdot p2 \cdot p1 \cdot g0) \\ &= 0 + (1 \cdot 0) + (1 \cdot 0 \cdot 1) + (1 \cdot 0 \cdot 1 \cdot 1) = 0 + 0 + 0 + 0 = 0 \\ G1 &= g7 + (p7 \cdot g6) + (p7 \cdot p6 \cdot g5) + (p7 \cdot p6 \cdot p5 \cdot g4) \\ &= 0 + (1 \cdot 0) + (1 \cdot 1 \cdot 1) + (1 \cdot 1 \cdot 1 \cdot 0) = 0 + 0 + 1 + 0 = 1 \\ G2 &= g11 + (p11 \cdot g10) + (p11 \cdot p10 \cdot g9) + (p11 \cdot p10 \cdot p9 \cdot g8) \\ &= 0 + (1 \cdot 0) + (1 \cdot 1 \cdot 0) + (1 \cdot 1 \cdot 1 \cdot 0) = 0 + 0 + 0 + 0 = 0 \\ G3 &= g15 + (p15 \cdot g14) + (p15 \cdot p14 \cdot g13) + (p15 \cdot p14 \cdot p13 \cdot g12) \\ &= 0 + (1 \cdot 0) + (1 \cdot 1 \cdot 0) + (1 \cdot 1 \cdot 1 \cdot 0) = 0 + 0 + 0 + 0 = 0 \end{aligned}$$

最后，CarryOut15 为：

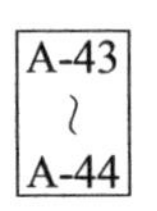

$$\begin{aligned} C4 &= G3 + (P3 \cdot G2) + (P3 \cdot P2 \cdot G1) + (P3 \cdot P2 \cdot P1 \cdot G0) + (P3 \cdot P2 \cdot P1 \cdot P0 \cdot c0) \\ &= 0 + (1 \cdot 0) + (1 \cdot 1 \cdot 1) + (1 \cdot 1 \cdot 1 \cdot 0) + (1 \cdot 1 \cdot 1 \cdot 0 \cdot 0) \\ &= 0 + 0 + 1 + 0 + 0 = 1 \end{aligned}$$

因此，这两个 16 位的数相加之后会有一个进位输出。

超前进位能快速进位的原因是，当时钟周期开始时所有的逻辑单元同时开始计算，并且一旦每个门的输出停止变化，结果就不会改变。通过利用更少的门发送进位信号这种快捷方式，门的输出将很快停止变化，因此加法器花费的时间就变少了。

为了更好地理解超前进位的优点，我们可以计算其与行波进位加法器之间的相对性能。

例题　**行波进位加法器和超前进位加法器速度的比较**

一种为逻辑建立时间模型的简单方法是，假设每个与门或者或门的延迟是相同的。通过简单计算逻辑路径上门的数量来估计时间。比较两个 16 位加法器路径上门延迟的数量，一个用行波进位，另一个用两级超前进位。

答案　A.5 节中图 A-5-5 所示的每个进位输出信号每位需要两个门延迟。从最低有效位上的进位输入到最高有效位上的进位输出之间的门延迟为 32 × 2=64。

对于超前进位，最高有效位的进位输出正是例子中定义的 C4。用 Pi 和 Gi 两级逻辑（几个 AND 组成的 OR 式）定义了 C4。Pi 在一级逻辑（AND）中用 pi 定义，Gi 在两级逻辑中用 pi 和 gi 定义。因此，对该下一级抽象最差的情况是两级逻辑。pi 和 gi 都是用 ai 和 bi 定义的一级逻辑。假设这些方程中，每个逻辑级都是一个门延迟，那么最坏的情况是 2 + 2 + 1 = 5 个门延迟。

因此，采用这种简单的硬件速度估算方法，对于从进位输入到进位输出的路径，16 位超前进位加法器的速度是行波进位加法器的 6 倍。

A.6.4 小结

超前进位提供了比 32 个 1 位加法器构成的行波进位更快的路径。这个快速通路由两个信号保证，即进位生成因子和进位传输因子。前者在不考虑进位输入的情况下计算进位，而后者传输进位。超前进位加法器又是一个很好的例子，说明了抽象思想对于计算机设计时解决复杂化问题的重要性。

A-45

精解 我们基本已经描述了核心 LEGv8 指令集的全部操作，除了一个算术逻辑操作之外：图 A-5-14 中的 ALU 省略了对移位指令的支持。可以将 ALU 的多路复用器加宽，以包括左移 1 位或右移 1 位。但硬件设计人员设计了一种电路，称为桶形移位器（barrel shifter），它可以从 1 移到 63 位，而消耗的时间不多于将两个 64 位的数相加的时间，所以移位操作通常在 ALU 外部完成。

精解 A.5 节中，全加器输出 Sum 的逻辑方程可以用一个比与门和或门能力更强的门来表示，即异或门。如果两个操作数不同，异或门输出为真，即

$$x \neq y \Rightarrow 1 \quad 且 \quad x == y \Rightarrow 0$$

在一些技术中，异或门比两级的与门和或门的执行效率更高。用⊕来表示异或运算，则等式可以重新表达为：

$$\text{Sum} = a \oplus b \oplus \text{CarryIn}$$

同样，我们用这种传统的门级表示方法来表示 ALU 电路。当今的计算机都是用 CMOS 晶体管（基本是开关）设计的。CMOS ALU 以及桶形移位器利用了开关的优点，并且使用的多路选择器比文中的设计少得多，但设计原理是相似的。

精解 当有两个以上级别时，用小写和大写字母来区分进位生成和进位传输因子的层次结果。另一种表示方法是使用 $gi..j$ 和 $pi..j$ 代表从 i 位到 j 位的进位生成信号和进位传输信号。因此，位 1 生成 g1..1，位 4 到位 1 生成 g4..1，位 16 到位 1 生成 g16..1。

小测验 使用门延迟对硬件执行速度进行简单评估，8 位的行波进位加法和 64 位的超前进位加法的相对性能如何？

1. 64 位超前进位加法器快 3 倍：8 位加法器有 16 个门延迟，64 位则有 7 个门延迟。
2. 速度大约相等，因为 64 位加法在 16 位加法器中需要更多的逻辑层次。
3. 8 位加法比 64 位的快，即使有超前进位。

A-46

A.7 时钟

在我们讨论存储元件和时序逻辑之前，有必要简要地讨论一下时钟。本节讨论这一主题，内容同 4.2 节中的讨论类似。更多的关于时钟和时序方法的细节在 A.11 节讨论。

时序逻辑需要时钟来决定包含状态的存储元件何时被更新。时钟是一个具有固定周期时间的不停运行的信号，时钟频率是周期时间的倒数。如图 A-7-1 所示，时钟周期时间或者说时钟周期被分为两部分，即高电平时钟和低电平时钟。本书中，我们只使用**边沿触发时钟**（edge-triggered

边沿触发时钟：一种时钟机制，所有状态改变都发生在时钟边沿。

clocking)。这意味着所有的状态改变都将发生在时钟边沿。我们之所以使用基于边沿触发的时钟策略，是因为该策略更易于解释。从工艺学的角度来看，该策略可能是也可能不是**时钟同步方法**（clocking methodology）的最佳选择。

时钟同步方法：一种根据时钟来决定数据何时有效和稳定的方法。

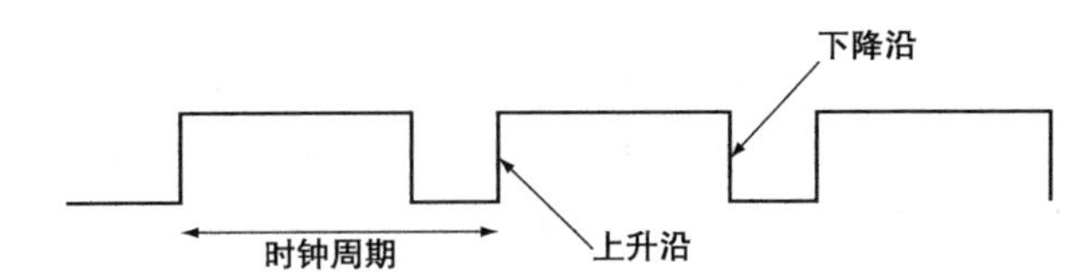

图 A-7-1 时钟信号在高电平和低电平之间振荡。时钟周期是一个完整周期的时间。在边沿触发的设计中，有效的上升沿或下降沿都可以造成状态的改变

在一种边沿触发的方法中，时钟的上升沿或下降沿都可以是有效的，并可以造成状态的改变。在下一节中我们会看到，边沿触发设计中的**状态单元**（state element），其内容仅在有效的时钟沿改变。选择哪一个时钟边沿作为有效边沿受实现策略的影响，且不会影响逻辑设计中所涉及的概念。

状态单元：一种存储元件

时钟边沿可以作为采样信号，导致状态单元的输入值被采样且存储在状态单元中。使用边沿触发器意味着采样过程实际上是瞬时的，可以消除信号在很小的时间差内被采样可能导致的问题。

时钟系统即**同步系统**（synchronous system），最主要的限制是被写入状态单元的信号在有效时钟边沿必须是有效的。信号稳定（不改变）时才是有效信号，并且在输入不变时，信号值不会改变。因为组合电路没有反馈，因此如果组合逻辑的输入没有改变，那么组合逻辑的输出最终会变为有效。

A-47

同步系统：使用时钟的存储系统，只有当时钟表明信号值是稳定状态时，数据信号才可被读取。

图 A-7-2 显示了一个同步时序逻辑设计中状态单元和组合逻辑单元间的关系。状态单元的输出只在时钟边沿之后改变，并为组合逻辑块提供有效的输入。为了保证在有效时钟边沿写入状态单元的数据是有效的，时钟周期必须足够长，才能保证组合逻辑块中的所有信号都达到稳定，并且时钟边沿采样这些数据，并将其存储在状态单元中。这个约束设置了时钟周期长度的下界，即时钟周期必须足够长，以便所有状态单元的输入有效。

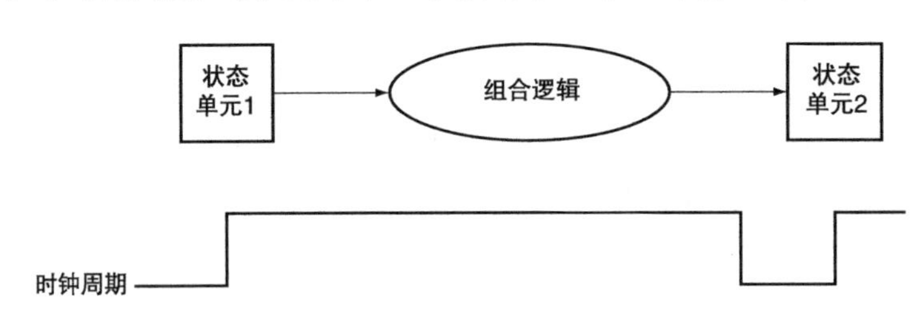

图 A-7-2 组合逻辑块的输入来自状态单元，同时其输出被写入状态单元。时钟边沿决定了状态单元的内容何时被更新

在附录的其他部分和第 4 章，我们通常忽略时钟信号，因为我们假设所有的状态单元都会在同一时钟边沿更新。一些状态单元会在每个时钟边沿被写入，而其他一些仅仅在确定的条件下被写入（如某个寄存器被更新）。在这种情况下，我们会使用一个显式的写信号来控制这个状态单元。写信号必须经过时钟门控，从而只有在写信号有效时，状态单元才能在时

钟边沿上进行更新。我们将在下一节学习和使用这一机制。

边沿触发机制的另一优势是可以将一个状态单元同时作为同一组合逻辑块的输入和输出，如图 A-7-3 所示。实际上，在这种情况下必须要防止竞争，同时要保证时钟周期足够长。这一问题将在 A.11 节讨论。

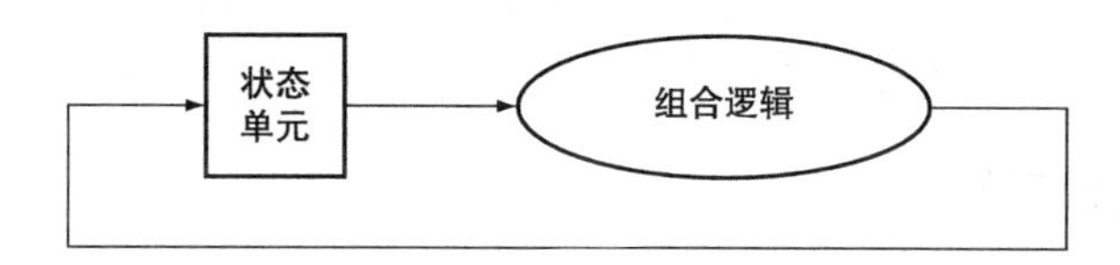

图 A-7-3　边沿触发策略允许一个状态单元在同一个时钟周期内被读写，不会引起导致不确定数据值的竞争。时钟周期必须足够长，从而使有效时钟沿到来时输入数据值是稳定的

现在我们已经讨论了时钟是如何用来更新状态单元的，可以进一步讨论如何构建状态单元。

精解 有时，设计者发现，让少数状态单元在和大多数状态单元相反的时钟沿进行状态变化是非常有用的。但是在使用这种方法时需要十分小心，因为会影响到状态单元的输入和输出。为什么设计者还要这么做呢？考虑这样的情况，一部分作为状态单元输入或者输出的组合逻辑十分小，以至于它们可以在半个周期内完成，而不是通常的完整时钟周期。因此状态单元可以在半个周期的时钟边沿被写入，因为输入和输出在半个时钟周期之后都是有效的。这种技术经常被用在寄存器文件中，在寄存器文件中，简单的寄存器文件读写通常可以在半个时钟周期内完成。第 4 章使用这种策略来减少流水线开销。

A-48

寄存器文件： 包含一系列寄存器的状态单元，通过寄存器号进行读写。

A.8　存储元件：触发器、锁存器和寄存器

在本节及下一节中，我们将讨论存储元件的基本原理，从触发器、锁存器开始，再介绍寄存器文件，最后介绍存储器。所有的存储元件都存储着一些状态：存储元件的输出不仅取决于当前的输入，而且与当前存储的数据值有关。因此所有包含存储元件的逻辑块都包含有状态信息，属于时序逻辑。

A-49

最简单的存储元件类型是无时钟的，即这些元件都没有任何时钟输入。虽然本书中我们只使用时钟控制的存储元件，但因为无时钟的锁存器是最简单的存储元件，所以我们将先讨论这种元件。图 A-8-1 为一个 S-R 锁存器（set-reset 锁存器），该锁存器由一对或非门构成（或门加输出反相）。输出信号 Q 和 $\overline{Q}$ 表示存储的数据及其反相数据。当 S 和 R 都为无效时，交叉耦合的或非门就作为一个反相器，存储先前的 Q 和 $\overline{Q}$ 的值。

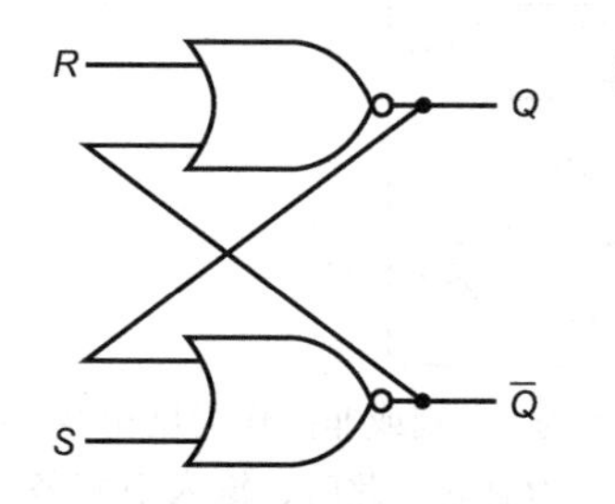

图 A-8-1　一对交叉耦合的或非门可以存储一个内部值。存储在输出 Q 上的值通过反转来获得 $\overline{Q}$，然后再反相 $\overline{Q}$ 以获得 Q。如果 R 或 $\overline{Q}$ 有效，那么 Q 无效，反之亦然

例如，如果输出 Q 为真，那么下面的反相器将产生一个值为假的输出（即 $\overline{Q}$），这个输出又成为上面反相器的输入，上面的反相器产生一个值为真的输出，即 Q，之后一直循环下去。

如果 S 有效，那么输出 Q 为有效，$\overline{Q}$ 为无效；如果 R 有效，则输出 $\overline{Q}$ 有效，Q 无效。如果 S 和 R 都有效，则 Q 和 $\overline{Q}$ 最后的值将被存储在交叉耦合结构内。同时将 S 和 R 置为有效，可能会导致错误的操作：这取决于 S 和 R 是如何被拉高的[⊖]，锁存器可能会不停地摆动，也可能处于亚稳态（这部分将在 A.11 节中详细介绍）。

这种交叉耦合结构是复杂存储元件（存储数据信号）的基础。这些存储元件包含额外的门用来存储信号，并使得该状态仅与时钟一起更新。下一节将讲述如何构建这些存储元件。

A.8.1 触发器和锁存器

触发器（flip-flop）和**锁存器**（latch）是最简单的存储元件。在触发器和锁存器中，输出信号的值都与存储元件中存储的状态一致。而且，与上面提到的 S-R 锁存器不同，从现在开始，我们使用的所有触发器和锁存器都是带时钟的，这意味着这些存储元件将包含时钟输入信号，并且状态改变由时钟触发。触发器与锁存器间的差别在于，在哪个时间点上时钟会导致状态实际改变。在一个包含时钟的锁存器中，当输入变化并且时钟信号有效时，状态发生变化。而在触发器中，状态仅在时钟边沿改变。在本书中，我们使用边沿触发的时钟方法，即存储状态只在时钟边沿发生变化，因此我们只使用触发器。触发器通常由锁存器构成，因此我们先介绍简单的带时钟的锁存器，然后讨论由这些锁存器构成的触发器的一些操作。

触发器：一种存储元件，其输出与内部存储的状态一致，并且内部状态只在时钟边沿发生变化。

锁存器：一种存储元件，其输出与内部存储的状态一致，只要输入发生变化并且时钟有效，存储状态就会随之发生变化。

D 触发器：包含一个输入数据的触发器，这类触发器只在时钟信号的边沿，才将输入信号存储到内部元件中。

对计算机应用程序来说，触发器和锁存器的功能都是存储信号。D 锁存器或 **D 触发器**（flip-flop）将输入的数据信号存储在内部元件中。尽管有很多类型的锁存器和触发器，但 D 触发器是我们所需的唯一的基本构件。D 锁存器包含两个输入和两个输出。两个输入中一个是要存储的数据（D），一个是时钟信号（C），时钟信号用来指示锁存器何时读取输入 D 的值并进行存储。输出信号就是内部状态 Q 及其反相信号 $\overline{Q}$ 的值。当输入时钟 C 有效时，称为锁存器打开状态，此时输出信号 Q 的值变为输入信号 D 的值。当时钟输入 C 无效时，锁存器处于关闭状态，此时输出 Q 的值等于锁存器最后一次打开时所存储的数据值。

A-50

图 A-8-2 显示了如何在交叉耦合的或非门上增加两个额外的门来构造 D 锁存器。由于当锁存器处于打开状态时，输出 Q 的值随输入 D 的改变而变化，因此这种结构有时也称为透明锁存器。图 A-8-3 显示了 D 锁存器是如何工作的，图中假设输出 Q 初始为假，并且 D 先改变。

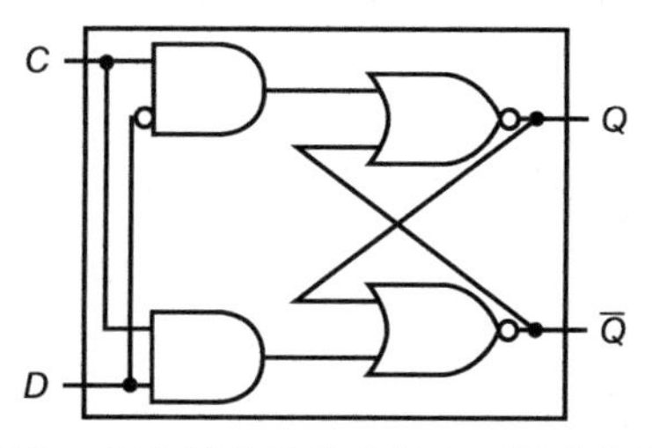

图 A-8-2 用或非门实现的 D 锁存器。如果其他的输入为 0，则或非门作为反相器使用。因此，交叉耦合的或非门存储状态值，直到时钟输入 C 变为有效。此时，输入 D 将替代 Q 并被存储。时钟信号 C 由有效变为无效时，输入信号 D 必须保证稳定

⊖ 原书为“拉低”，应为笔误。——译者注

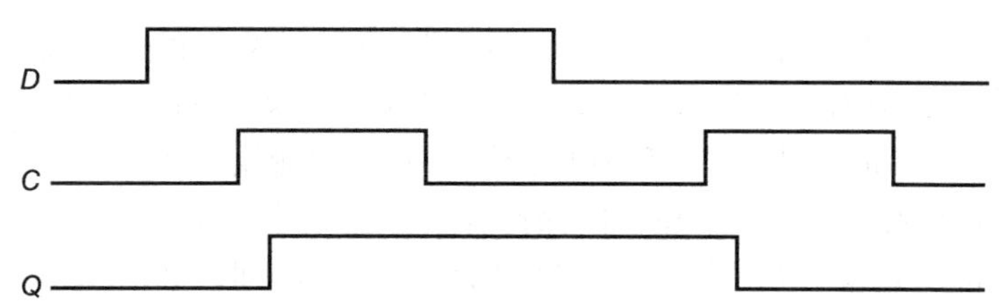

图 A-8-3 D锁存器的操作，假设输出信号初始为无效。当时钟 *C* 有效时，锁存器被打开，输出信号 *Q* 的值立即变为输入 *D* 的值

正如前面提到的那样，我们使用触发器作为基本构造单元，而不是使用锁存器。触发器不是透明的：其输出只在时钟边沿发生变化。触发器可以设计成在时钟上升沿或下降沿触发，在本书的设计中我们可以使用任意一种类型。图 A-8-4 显示了如何用一对 D 锁存器来构造下降沿触发的 D 触发器。在 D 触发器中，输出在时钟边沿存储。图 A-8-5 显示了这个 D 触发器是如何操作的。

A-51

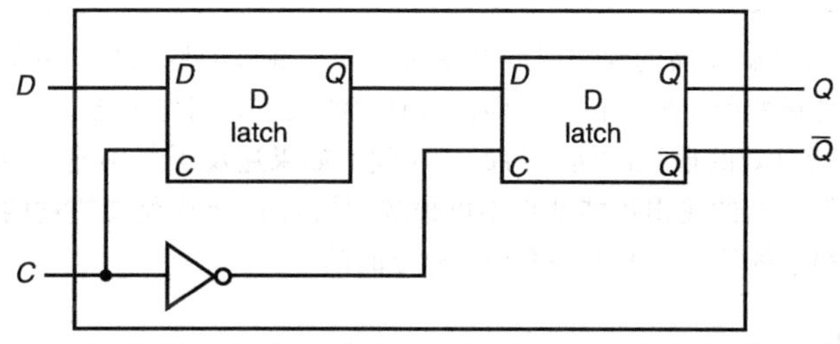

图 A-8-4 下降沿触发的 D 触发器。当输入时钟 *C* 有效时，第一个锁存器（称为主锁存器）打开，接受输入数据 *D*。当输入时钟 *C* 变低时，主锁存器关闭，但第二个锁存器（称为从锁存器）打开，并从主锁存器的输出获取输入值

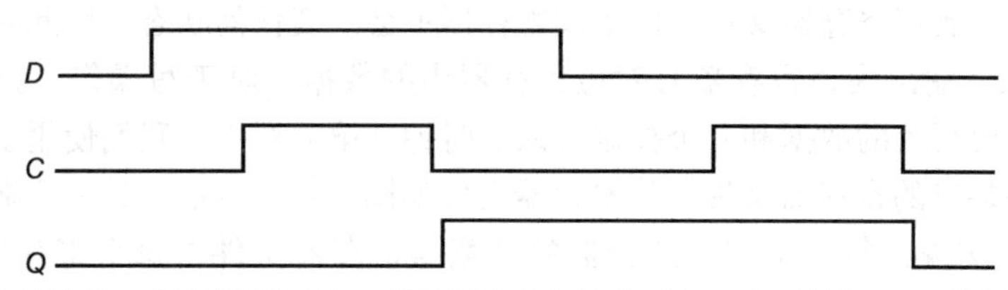

图 A-8-5 下降沿触发的 D 触发器的操作，假设其输出初始为无效。当时钟输入 *C* 从有效变为无效时，输出 *Q* 存储输入信号 *D* 的值。与图 A-8-3 中的时钟控制的 D 锁存器做比较。在带时钟的锁存器中，只要时钟 *C* 为高电平，存储的数据和输出 *Q* 就发生变化，与仅在 *C* 翻转时才发生变化相反

下面是一个上升沿触发的 D 触发器的 Verilog 代码，假设 *C* 为时钟输入，*D* 为数据输入。

```
module DFF(clock,D,Q,Qbar);
   input clock, D;
   output reg Q; // Q is a reg since it is assigned in an
always block
   output Qbar;
   assign Qbar= ~ Q; // Qbar is always just the inverse
of Q
   always @(posedge clock) // perform actions whenever the
clock rises
      Q=D;
endmodule
```

由于输入 *D* 在时钟边沿被采样，因此在时钟边沿前后一段时间内，*D* 必须保持有效。

在时钟边沿前，输入信号必须保持有效的最短时间，称为**建立时间**（setup time）；在时钟边沿后，输入信号必须保持有效的最短时间，称为**保持时间**（hold time）。因此，任何触发器（或任何由触发器构造的结构）的输入必须在一个时间窗口内保持有效，这个时间窗口开始于时钟边沿前的 t_{setup} 时间，结束于时钟边沿后的 t_{hold} 时间，如图 A-8-6 所示。A.11 节中将更详细地介绍时钟和时序约束，包括触发器的传输延时。

A-52

建立时间：在时钟发生跳变前，输入信号必须保持有效的最短时间。

保持时间：在时钟发生跳变后，输入信号需要保持有效的最短时间。

我们可以使用 D 触发器的阵列来构建一个寄存器。寄存器可以存储多位数据，比如一个字节或一个字。在第 4 章中，我们在数据通路中使用了寄存器。

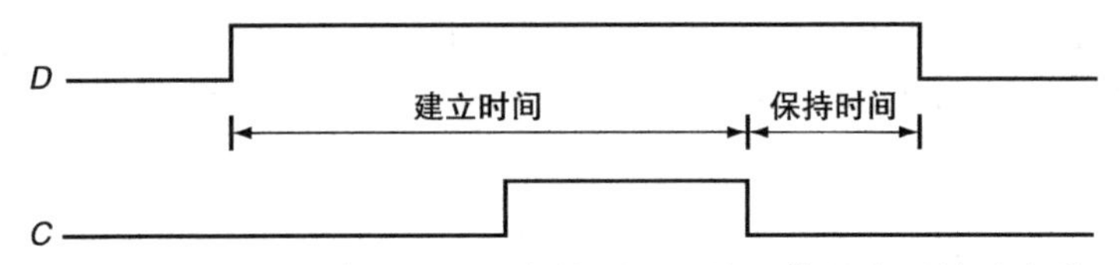

图 A-8-6 下降沿触发的 D 触发器的建立时间和保持时间。输入信号在时钟跳变前后的一段时间内保持有效。时钟跳变前，输入信号需要保持有效的最短时间称为建立时间；时钟跳变后，输入信号需要保持有效的最短时间称为保持时间。如果违反了最小建立时间和最小保持时间的要求，那么触发器的输出可能变得不可预测，如 A.11 节中将要描述的。保持时间要么为 0，要么是一个很小的值，因此不需要担心建立时间

A.8.2 寄存器文件

寄存器文件是数据通路中一个重要的核心结构。寄存器文件包含一组可读写的寄存器，通过寄存器号访问。通过一个由 D 触发器构成的寄存器阵列，并对每一个输入或输出端口添加译码器，就可以实现寄存器文件。由于读寄存器不会改变任何状态，因此我们只需提供寄存器号作为输入，输出为该寄存器号对应寄存器中的数据。对于写操作，我们需要三个输入：寄存器号、要写入的数据和一个控制写入的时钟。第 4 章中，我们使用了一个包含两个读端口和一个写端口的寄存器文件。该寄存器文件如图 A-8-7 所示。其中读端口可以通过一对多路选择器来实现，每一个多路选择器的位宽与寄存器文件中每个寄存器的位宽相等。图 A-8-8 给出了一个 64 位宽寄存器文件两个读端口的实现方法。

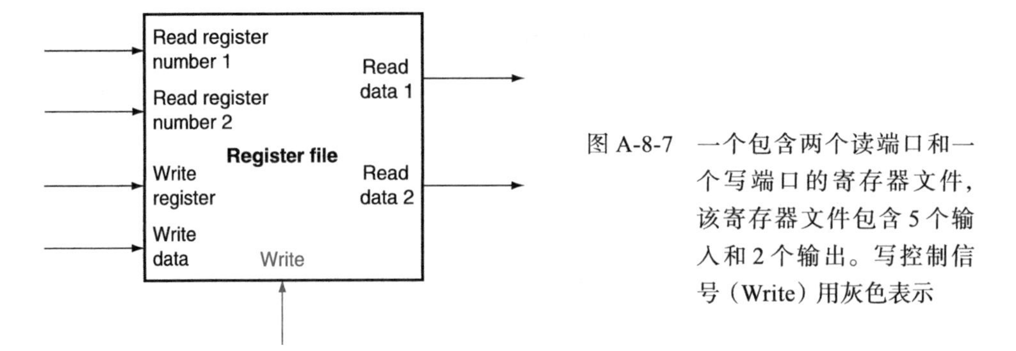

图 A-8-7 一个包含两个读端口和一个写端口的寄存器文件，该寄存器文件包含 5 个输入和 2 个输出。写控制信号（Write）用灰色表示

实现寄存器写端口稍复杂一点，因为我们只能更改指定寄存器的内容。为了达到这个目的，可以使用译码器来生成一个信号，用该信号来决定要对哪个寄存器进行写操作。图 A-8-9 显示了如何实现寄存器文件的写端口。需要注意的是，触发器的状态只在时钟边沿发生变化。

在第 4 章中，我们明确地为寄存器文件连接了写信号，并假设图 A-8-9 中的时钟是隐含连接的。

如果在一个时钟周期中，对寄存器同时进行读和写，将会发生什么？因为写寄存器文件出现在时钟边沿，因此在读操作时，寄存器是有效的，正如图 A-7-2 中所示。读出的数据将是上一个时钟周期写入的数据。如果我们想要读出当前正在写入的数据，则需要在寄存器文件内部或外部添加额外的逻辑。第 4 章广泛使用了这类寄存器。 A-53

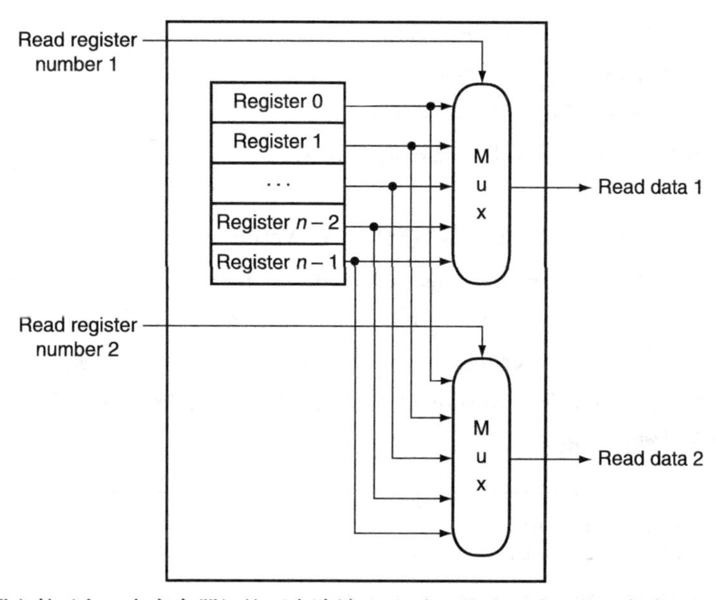

图 A-8-8 寄存器文件（含 n 个寄存器）的两个读端口，可以通过一对 n 选 1 多路选择器（每个 64 位宽）来实现。寄存器数据读信号用来作为多路选择器的选择信号。图 A-8-9 显示了如何实现写端口 A-54

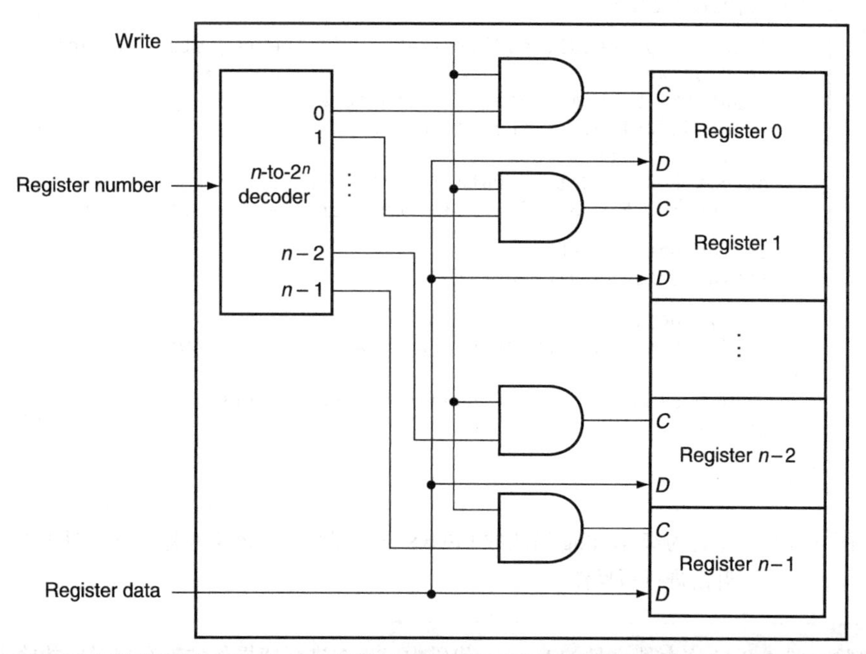

图 A-8-9 寄存器文件的写端口通过一个译码器来实现，译码器与写控制信号一起生成信号 C 并输入到寄存器中。所有三个输入（寄存器号、数据、写控制信号）都存在建立时间和保持时间的约束，以保证正确的数据被写到寄存器文件中

A.8.3 用 Verilog 描述时序逻辑

用 Verilog 来描述时序逻辑时，我们必须理解如何生成时钟，如何描述何时将数据写入寄存器中，及如何指定时序控制。我们先来描述时钟。时钟并不是 Verilog 中预定义的对象，我们可以在一条语句前使用符号 #n 来生成时钟，这将导致该语句在 *n* 个模拟时间单位之后被执行。在大多数 Verilog 模拟器中，也可以产生一个时钟作为外部输入，允许用户在模拟过程中，指定需要模拟器运行的时钟周期数。

图 A-8-10 中的代码实现了一个简单的时钟，该时钟的高电平和低电平都保持一个模拟时间单元，之后翻转状态。我们使用了延迟和阻塞赋值语句来实现时钟。

```
reg clock; // clock is a register
always
#1 clock = 1; #1 clock = 0;
```

图 A-8-10 时钟定义

A-55

接下来，我们定义边沿触发寄存器的操作。在 Verilog 中，这是通过使用 always 块的敏感信号列表实现的，并分别使用 posedge 或 negedge 来指定是上升沿触发还是下降沿触发。因此，下面的 Verilog 代码中，在时钟上升沿，寄存器 A 被写入值 b。

通过本章内容及第 4 章的 Verilog 部分，我们将给出一个上升沿触发的设计。图 A-8-11 显示了一个 LEGv8 寄存器文件的 Verilog 代码，代码中包含了两次读操作和一次写操作，其中只有写操作是受时钟控制的。

```
    reg [63:0] A;
    wire [63:0] b;

    always @(posedge clock) A <= b;

module registerfile (Read1,Read2,WriteReg,WriteData,RegWrite,
Data1,Data2,clock);

   input [5:0] Read1,Read2,WriteReg; // the register numbers
to read or write
   input [63:0] WriteData; // data to write
   input RegWrite, // the write control
     clock; // the clock to trigger write
   output [63:0] Data1, Data2; // the register values read
   reg [63:0] RF [31:0]; // 32 registers each 64 bits long

   assign Data1 = RF[Read1];
   assign Data2 = RF[Read2];

   always begin
      // write the register with new value if Regwrite is
high
      @(posedge clock) if (RegWrite) RF[WriteReg] <=
WriteData;
   end
endmodule
```

图 A-8-11 用行为级 Verilog 描述的 LEGv8 寄存器文件。该寄存器文件在时钟上升沿进行写操作

A-56

小测验 图 A-8-11 寄存器文件的 Verilog 代码中，正在进行读操作的寄存器对应的输出端口使用连续赋值语句进行赋值。但被写入的寄存器在 always 块中被赋值。下面哪一项是其原因？

a. 没有特殊原因，只是为了方便。

b. 因为 Data1 和 Data2 是输出端口，并且 WriteData 是输入端口。

c. 因为读操作是一个组合事件，而写操作则是一个时序事件。

A.9　存储元件：SRAM 和 DRAM

寄存器和寄存器文件可以作为基本单元来构造小容量存储器。但大容量存储器由 SRAM（静态随机访问存储器）或是 DRAM（动态随机访问存储器）来构建。我们首先讨论比较简单的 SRAM，然后介绍 DRAM。

A.9.1　SRAM

SRAM 是很简单的集成电路，由存储阵列构成，通常包含一个访问端口，该端口提供读或写。SRAM 对任一单元的访问时间都是固定的，尽管读操作和写操作的特征不同。根据可寻址单元的数量和每个可寻址单元的位宽，SRAM 芯片有特定的配置。例如，一个 4M × 8 的 SRAM，可以提供 4M 的入口，每个入口 8 位宽。因此有 22 条地址线（$4M = 2^{22}$）、8 位宽的输出数据线和 8 位宽的输入数据线。与 ROM 类似，可寻址单元的数量通常称为高度，每个可寻址单元的位数称为宽度。由于多种技术原因，最新最快的 SRAM 常常使用较窄的配置：×1 和 ×4。图 A-9-1 显示了一个 2M × 16 的 SRAM 的输入和输出信号。

SRAM：一种存储器，其中数据是静态存储的（如触发器），而不是动态存储的（如 DRAM）。SRAM 比 DRAM 快，但是密度较小，每位的价格更高。

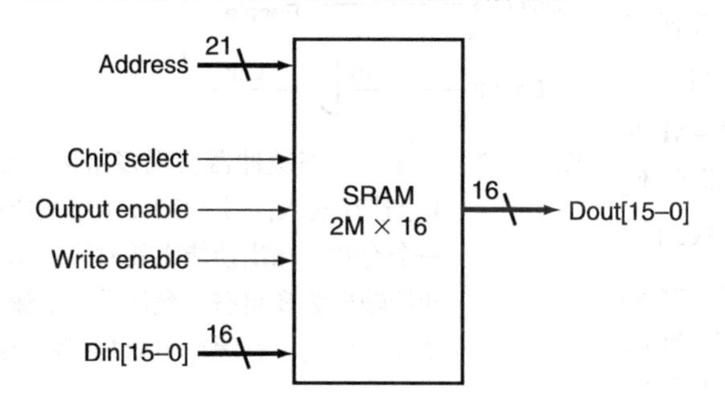

图 A-9-1　一个 32K × 8 的 SRAM，包含 21 位地址线（$32K = 2^{15}$）和 16 位数据输入线，3 条控制线和 16 位数据输出线

A-57

为了启动读写操作，片选信号（Chip select）必须处于有效状态。对于读操作，必须激活输出使能信号（Output enable），该信号用来控制被地址选中的数据能否驱动到引脚上。输出使能信号允许多个存储器连接到单输出总线上，并且用于决定由哪个存储器来驱动总线。SRAM 读取数据所需的时间通常被定义为从输出使能信号和地址线有效一直到数据输出为止的延迟。2004 年，最快的 CMOS 部件的 SRAM 的读取时间为 2 ～ 4ns，但这样的 SRAM 容量较小，数据宽度较窄，更大部件（2004 年时已达到 32M 位数据以上）的 SRAM 的读取时间为 8 ～ 20ns。过去 5 年间，消费类产品和数码设备对低功耗 SRAM 的需求极大增长，这些 SRAM 通常具有更低的待机和访问功耗，但速度通常慢了 5 ～ 10 倍。最近，类似同步 DRAM（下一节讨论）的同步 SRAM 也开发出来了。

对于写操作，必须提供待写入的数据和地址，以及写控制信号。当写使能信号（Write enable）和片选信号为真时，数据输入线上的值就被写入地址线指定的存储单元。正如 D 触发器和 D 锁存器，SRAM 的地址线和数据线上的信号也有建立时间和保持时间的要求。同时，写使能信号不是时钟边沿触发的，而是有最小宽度要求的脉冲。写操作完成时间由建立时间、保持时间以及写使能脉冲宽度所共同决定。

大容量 SRAM 不能通过构件寄存器文件的方式实现。寄存器文件中采用的 32-1 多路选择器是切实可行的，但为 64K × 1 SRAM 采用 64K-1 多路选择器是不切实际的。大容量存储器不采用多路选择器，而是通过一条共享的输出信号线来完成，该输出信号线也称为位线，可被存储阵列的多个存储单元设置。为了满足多个存储单元驱动一条信号线，需要用到三态缓冲器。三态缓冲器有两个输入，即数据信号和输出使能信号，还有一个输出信号，输出信号有三种状态，分别为有效、无效或高阻。如果输出使能信号有效，那么三态缓冲的输出为数据输入信号的值（无论是否有效）。否则，其输出为高阻态，这时将由其他的输出使能有效的三态缓冲器决定共享输出的值。

图 A-9-2 描述了一个由一组三态缓冲器和译码后输入构成的多路选择器。该电路的关键在于，任意时刻至多允许一个缓冲器的输出使能有效；否则，三态缓冲器将会发生输出线竞争现象。在 SRAM 中，每个存储单元通过使用三态缓冲器，就能实现存储单元对输出信号线的共享。采用分布式的三态缓冲器比大规模集中式的多路选择器效率更高。三态缓冲器通常被合并到组成 SRAM 基本单元的触发器中。图 A-9-3 描述了一个小容量 4 × 2 SRAM 的实现，其中用到了带有使能输入的 D 锁存器来控制三态输出。

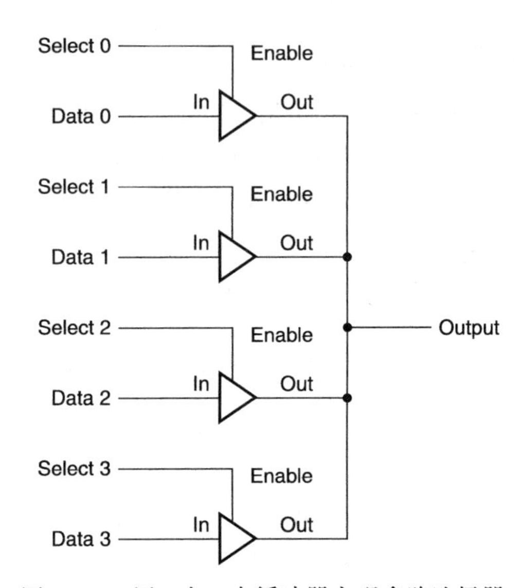

图 A-9-2　用 4 个三态缓冲器实现多路选择器。4 个选择输入信号（Select）中只能有一个有效。输出使能无效时，三态缓冲器输出为高阻态，允许另一个输出使能有效的三态缓冲驱动共享输出线

A-58

图 A-9-3 中没用到多路选择器，但用到了一个非常大的译码器和大量的字线。例如，在一个 4M × 8 的 SRAM 中，我们需要 22-4M 的译码器，以及 4M 条字线（用于各触发器的使能）！为解决这个问题，大容量的存储器被组织成矩形阵列，并且使用了二级译码。图 A-9-4 显示了一个 4M × 8 型 SRAM 是如何利用二级译码来实现的。我们可以看到，二级译码对于理解 DRAM 如何运作非常重要。

同步 SRAM（SSRAM）和同步 DRAM（SDRAM）近年来都在发展。同步 RAM 的关键优点在于其能将存储阵列或存储行中一系列顺序地址中的数据以突发（burst）方式传输。突发传输要定义一个起始地址和突发传输长度。同步 RAM 的速度优势在于，在突发方式传输时，无需指定额外的地址位。但在传输突发中的连续位时需要使用时钟。突发传输模式下，省去指定地址的开销将大大增加数据块的传输速率。正因为这个优点，同步 SRAM 和同步 DRAM 迅速成为计算机内存系统的首选 RAM。下一节和第 5 章中将更详细地讨论存储系统中同步 DRAM 的使用。

A-59

A.9.2　DRAM

在静态 RAM（SRAM）中，一个单元中的数据保存在一对反相门电路中，只要持续供电，数据就可以一直保持下去。而在动态 RAM（DRAM）中，一个单元中的数据是以电荷量的形式被保存在电容中，通过一个晶体管来访问存储的电荷，即读取值或者重写存储的电荷。由于动态 RAM 中，每一位存储位只使用一个晶体管，因此其密度更高，单位价格更低。

相比而言，SRAM 每位需要 4 ～ 6 个晶体管。由于 DRAM 将电荷存储在电容中，因此不能永久保存，需要不断地*刷新*。这就是该存储结构称作动态的原因，与 SRAM 单元的静态存储相反。

为了进行刷新，我们需要读出该内容并且回写到原单元中。电荷量通常能维持几毫秒，可能相当于近 100 万个时钟周期。目前，单芯片存储控制器通常能独立于处理器完成刷新功能。如果 DRAM 的每一位都要单独读出并回写，那么对于包含几兆字节的大容量存储器，我们必须持续刷新 DRAM，而没有时间对数据进行存取。幸好 DRAM 中也采用了二级译码

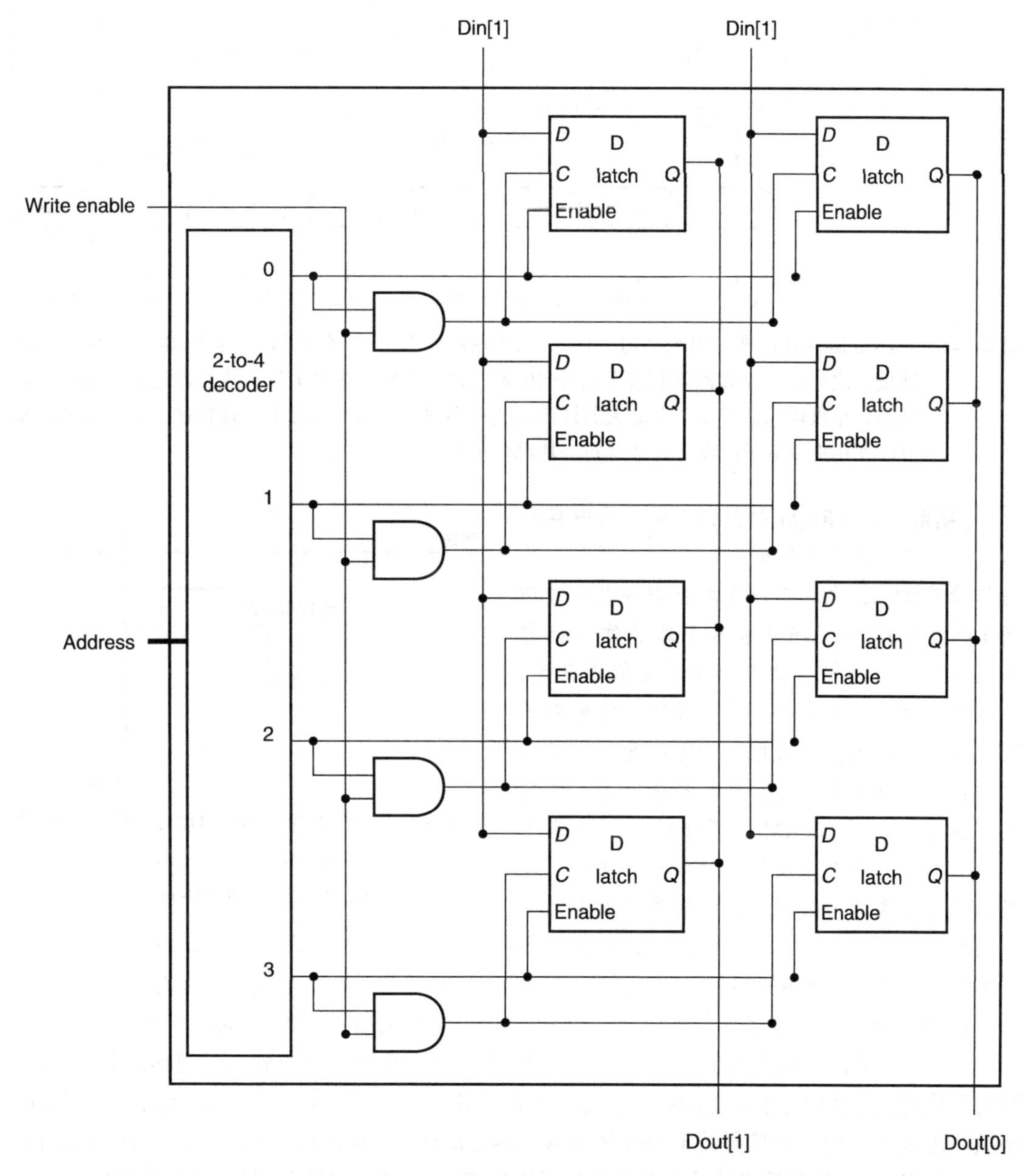

图 A-9-3　4 × 2 SRAM 的基本结构，其中译码器用以选择哪一对单元有效。被激活的单元采用三态输出连接到垂直位线（提供所要求的数据）上。单元地址信息则通过水平地址线中的某一条（称为字线）来传送。为简单起见，此处省略了输出使能信号和片选信号，但可以简单地通过与门加入

结构，这就可以在读周期内刷新一整行（一行共享一条字线）。读周期后紧跟一个写周期。通常，刷新工作只占了 DRAM 1% ～ 2% 的活跃周期，剩下 98% ～ 99% 的时间可以用来处理数据的读写。

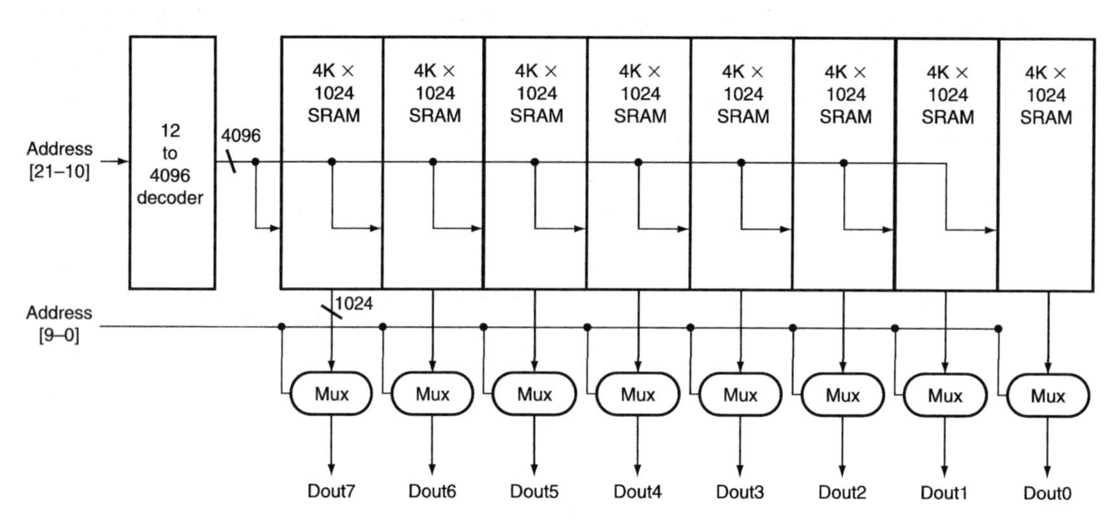

图 A-9-4　4M × 8 SRAM 的典型组织结构（4K × 1024 阵列）。第一个译码器产生 8 个 4K × 1024 阵列的地址，之后的一组多路选择器从每个 1024 位宽的阵列中选出 1 位。该设计远比单级译码器简单，单级译码器需要一个庞大的译码器或者多路选择器。实际上，现在这个大小的 SRAM 可能使用更多数量的模块，并且每一块都会更小

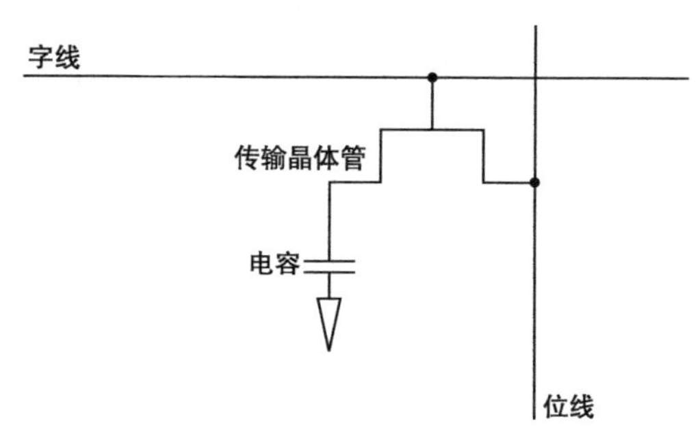

图 A-9-5　单晶体管实现的 DRAM 单元，包含一个用于存储单元内容的电容，以及一个用于读写的晶体管

精解 动态 RAM 如何读 / 写单元中存储的信息？单元内的晶体管实际是一个开关，称为传输晶体管，允许存放在电容中的电荷被访问（读或写）。图 A-5-9 显示了单晶体管存储单元的外观。传输晶体管的作用类似于开关：当字线上的信号有效时，开关关闭，将电容连到位线上。如果是写操作，待写的数据就被放到位线上。如果值为 1，则电容被充电；否则电容放电。由于 DRAM 必须能检测到电容中很少的电量，所以读操作略为复杂。通常，在激活字线准备读出数据前，位线先被充电到一半状态。然后，通过激活字线，电容上的电荷可被读出到位线。这导致位线稍微向高电平或低电平方向移动，并且这种变化能通过灵敏放大器（能够检测电平上很小的变化）进行检测。

A-60 ~ A-63

DRAM 有一个二级译码器，包含一个行访问和一个列访问，如图 A-9-6 所示。其中行访问选中一行，并激活对应的字线。被激活的行中所有列的内容被保存到一组锁存器中。然后，列访问从列锁存器中选取相应的数据。为了节省引脚并进一步减少封装开销，行地址 / 列地址将共享地址线。由一对信号线 RAS（Row Access Strobe，*行访问选通脉冲*）和 CAS（Column Access Strobe，*列访问选通脉冲*）来表明是行还是列地址。刷新过程只是简单地将列信息读入列锁存器，然后再写回相同的值。因此，一个周期之内就可以刷新一整行。二级寻址方法再加上中间转换电路，导致 DRAM 的访问时间比 SRAM 的访问时间长很多（5 ～ 10 倍）。2004 年，

典型的 DRAM 访问时间为 45 ～ 65ns，256Mb 的 DRAM 已量产，2004 年第一季度第一个 1GB 的 DRAM 样品也生产出来了。单位比特更低的成本使得 DRAM 成为主存的首选，而更快的访问时间使得 SRAM 成为 cache 的首选。

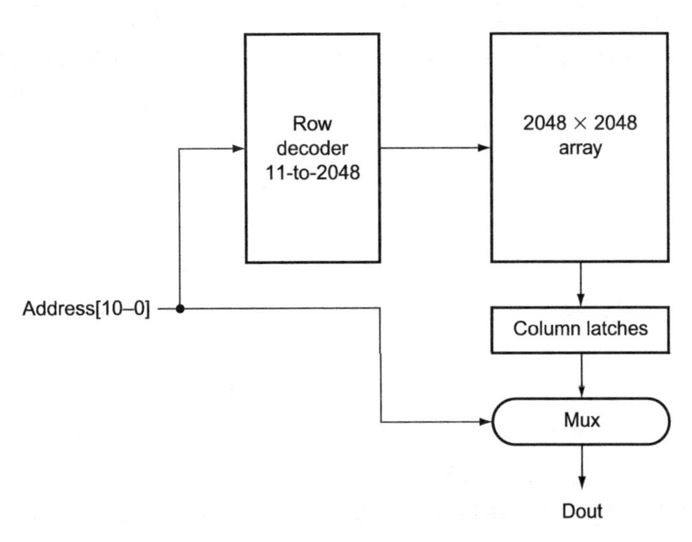

图 A-9-6 用 2048 × 2048 阵列组成 4M × 1 DRAM。行访问采用 11 位选择一行，然后锁存到 2048 个 1 位锁存器中。多路选择器从 2048 个锁存器中选择输出。RAS 和 CAS 信号则分别控制地址线是送给行译码器还是列多路选择器

你可能会注意到，64M × 4 的 DRAM 在每次行访问时，实际能访问 8K 位，然后在列访问时就丢弃了几乎所有位，只剩下 4 位。DRAM 设计者早已使用 DRAM 的内部结构，从 DRAM 中提供更宽的带宽。这通过允许列地址变化而行地址不变实现，这导致对列锁存器中其他位的访问。为了使这个过程更快更精确，地址输入被时钟控制，这样便产生了目前 DRAM 的主要使用形式：同步 DRAM 或称为 SDRAM。

1999 年以来，SDRAM 成为大多数基于 cache 的主存系统的首选存储芯片。SDRAMS 通过在时钟信号的控制下顺序传送突发传输中的所有位，提供对行内的一系列位的快速访问。2004 年，DDRRAM（Double Data Rate RAM，*双倍数据传输率* RAM）是使用最多的 SDRAM 类型。DDRRAM 之所以称为双倍数据传输率，是因为在外部时钟的上升沿和下降沿都能传输数据。如第 5 章所讨论的，这些高速传输可用于提高主存储器中可用的带宽，以满足处理器和高速缓存的需要。

A.9.3 纠错

因为在大容量存储器中可能发生数据损坏的情况，故而大多数计算机系统都会采用各种校验码来检测可能的数据错误。一种简单并且常用的校验码是*奇偶校验码*。在奇偶校验码中，数据中 1 的个数为奇数，则属于奇校验，否则属于偶校验。当数据往内存写入时，校验位也被写入（奇校验 1，偶校验 0）。当数据被读出时，校验位也被读出并校验。如果所存储的数据的奇偶性和读出的校验位不一致时，说明数据出错。 A-64

1 位奇偶校验能检测出最多 1 位错。如果有 2 位错，那么 1 位校验法就可能无法检测到错误，因为校验位正好会与两个错误匹配。（实际上，1 位校验法能测出任何奇数位错。但 3

位错的概率要比 2 位错的概率小得多，所以 1 位校验码通常只用来检测 1 位错。）当然，奇偶校验无法判断数据中哪位出错。

检错码：能够检查数据是否出错，但无法确定错误位置并纠正错误的校验码。

1 位奇偶校验是一种**检错码**（error detection code）。而纠错码（Error Correction Code，ECC）既能检测错误，还能对错误进行纠正。对于大容量主存，许多系统采用的纠错码不仅能检测到 2 位以内出错的情况，并且还能纠正 1 位错。这些校验码使用更多的位来编码数据，例如，主存采用的典型的编码每 128 位数据需要 7 或 8 位校验码。

精解 1 位奇偶校验码是距离为 2 的编码方法，这就是说，对于数据和校验位而言，任何 1 位数字的改变都会被检测出该数据出错。例如，当改变某个数据位时，校验位就出错；反之亦然。当然，如果我们同时改变两位（2 个数据位，或 1 个数据位和 1 个校验位），那么校验位同数据依旧匹配，也就无法检测出错误了。因此，在奇偶校验和数据的合法组合间，距离为 2。

为了能检测出多于 1 个的错误或纠正 1 个错误，我们需要距离为 3 的校验码。也就是说，纠错码和数据位的任何组合至少需要有 3 位与其他组合不同。假设存在这样的校验码，并且数据中有 1 位出错。这时，校验码加上数据就有 1 位和合法组合不同，我们就能检测到并纠正；如果有两位出错，我们能检测到错误的发生，但无法纠正。下面参考一个例子，表中为一个 4 位数据项数据字和距离为 3 的纠错码。

数据	校验位	数据	校验位
0000	000	1000	111
0001	011	1001	100
0010	101	1010	010
0011	110	1011	001
0100	110	1100	001
0101	101	1101	010
0110	011	1110	100
0111	000	1111	111

A-65

为了说明校验过程，我们不妨选择一个数据为例。如 0110，其纠错码是 011。该数据发生一位错的情况有 4 种：1110，0010，0100，0111。下面观察具有相同校验码 011 的数据项，即数据 0001 所在的表项。如果纠错译码器收到某个含有 1 位错的数据（四个可能错误的数据之一），那么需要选择纠正为 0110 或是 0001。这四个错误的数据和正确的 0110 只有 1 位不同，每个相对于 0001 有 2 位不同。因此，该校验码可以很容易地选择纠正为 0110，因为 1 位错的概率高得多。考察 2 位错能被检测出来的情况，注意两位错的所有组合都有不同的编码。重用相同编码，码字中要有 3 位不同。如果纠正 2 位错误，就会得到错误的结果，因为该纠正机制将假设仅产生了 1 位错。如果我们希望纠正 1 位错，并检测 2 位错，那么需要一个距离为 4 的校验码。

虽然我们将数据和校验码区分了出来，但事实上，纠错码把编码和数据看作一个更长的字（例子中是 7 位）。因此，编码和数据中的错误是被等同对待的。

尽管上例中的 n 位数据需 $n-1$ 位校验码，但随着数据倍数的增加，校验的位数增长较慢。例如，在距离为 3 的校验码中，64 位数据只需 7 位校验码，128 位数据只需 8 位校验码就能实现。这种校验码叫汉明码，以 R. Hamming 命名，他首先提出了该校验码的编码方法。

A.10 有限状态机

数字逻辑电路可分为组合逻辑电路和时序逻辑电路。时序系统的状态存放在存储器中，其行为不仅依赖于输入信号，同时也与存储器中的内容和系统状态有关。因此，时序系统无法用真值表加以描述，而可以用**有限状态机**（finite-state machine，也称为状态机）来描述。有限状态机有一组状态量和两个函数，称为*输出函数*和*下一状态函数*（next-state function）。状态集合对应于内部存储器中所有可能的值。因此，对于 n 位存储器，有 2^n 个状态量。下一状态函数是一种组合逻辑函数，给定输入和当前状态，就能确定系统的下一状态。输出函数根据当前状态和输入产生一组输出。图 A-10-1 是有限状态机的图示。

有限状态机：一个包含一组输入和输出、一个下一状态函数（将当前状态和输入映射为一个新状态）、一个输出函数（将当前状态和可能的输入映射为有效的输出）的时序逻辑函数。

下一状态函数：一个组合逻辑函数，根据输入和当前状态确定有限状态机的下一状态。

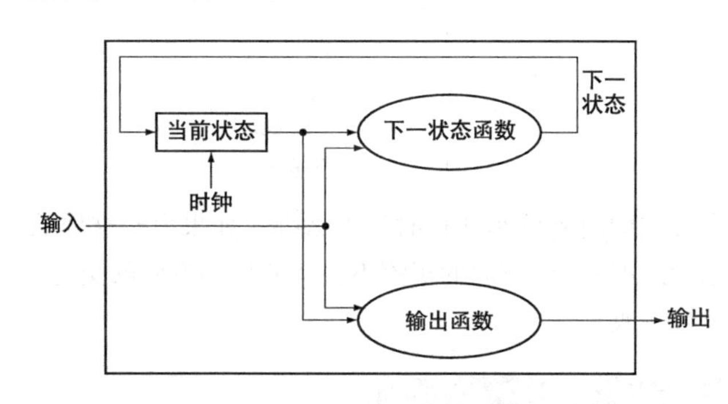

图 A-10-1 状态机由包含状态的内部存储单元和两个组合逻辑函数构成：下一状态函数和输出函数。通常，输出函数被限制为只将当前状态作为输入，这样就不会改变时序机的能力，但会对内部造成影响

本节和第 4 章讨论的状态机都是*同步的*。也就是说，状态随时钟周期变化，并且每个时钟周期都会计算新状态。因此，状态元件仅在时钟边沿更新。本节和整个第 4 章都使用了该方法，但我们通常不显式地显示出时钟。在第 4 章中，我们使用了状态机来控制处理器的执行以及数据通路的操作。

A-66

为了说明有限状态机如何操作和设计，我们引用简单经典的“交通灯”实例加以说明（第 4、5 章的例子中利用有限状态机来控制处理器的执行过程）。当有限状态机用作控制器时，输出函数通常被限制为仅仅依赖于当前状态。这样的有限状态机称作*摩尔机*（Moore machine）。在本书中，我们都采用了这种有限状态机。如果输出函数既依赖于当前输入，也依赖于当前状态，这样的状态机称为*米利机*（Mealy machine）。这两种状态机在功能上是等价的，二者可以互相转化。摩尔机的优点是相对更快，而米利机则结构更小，因为其比摩尔机所需要的状态数更少。第 5 章对其差别已进行了更详细的讨论，并给出了米利机的 Verilog 描述。

假设在东西大道和南北大街相交的十字路口有一个交通灯需要控制。为简单起见，这里只考虑红灯和绿灯（练习题中有加上黄灯的逻辑设计）。我们希望每个方向上灯切换的周期 ≤ 30 秒。因此采用了频率为 0.033Hz 的时钟信号，这样就能保证机器在状态间循环的周期 ≤ 30 秒。其中有两个输出信号：

A-67

- NSlite：当该信号有效时，南北方向的交通灯为绿色；反之为红色。
- EWlite：当该信号有效时，东西方向的交通灯为绿色，反之为红色。

此外，还有两个输入：

- NScar：说明有汽车在探测器处，该探测器放置在南北向道路交通灯前方的路基上。

- EWcar：说明有汽车在探测器处，该探测器放置在东西向道路交通灯前方的路基上。

只有当其他方向有汽车在等待时，交通灯才会在红绿灯之间切换；否则，交通灯的状态保持为绿色，直到该方向上所有汽车都顺利通过为止。

为了实现这一简单的交通灯，我们需要两个状态量：

- NSgreen：南北方向的交通灯为绿色。
- EWgreen：东西方向的交通灯为绿色。

下面，我们建立一个下一状态函数表：

	输入		
	NScar	EWcar	下一状态
NSgreen	0	0	NSgreen
NSgreen	0	1	EWgreen
NSgreen	1	0	NSgreen
NSgreen	1	1	EWgreen
EWgreen	0	0	EWgreen
EWgreen	0	1	EWgreen
EWgreen	1	0	NSgreen
EWgreen	1	1	NSgreen

注意，我们没有在算法中指定当两个方向同时有汽车通行时该怎么办。如果出现这样的情况，上面的下一状态函数需要进行修改，以保证一个方向的车流不会堵塞另一方向的交通。

然后，有限状态机可通过指定输出函数完成。

	输出	
	NSlite	EWlite
NSgreen	1	0
EWgreen	0	1

在考察如何实现这个有限状态机之前，我们先来看一个有限状态机的图形表示。在图解中，节点表示状态，节点中放置的是该状态下有效的一些输出。有向弧用于指出下一状态函数值，弧上的标记指定输入作为逻辑函数。图 A-10-2 给出了该有限状态机的图形表示。

A-68

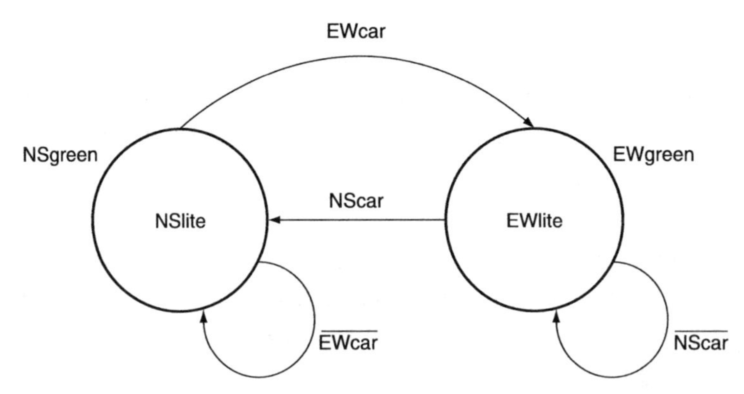

图 A-10-2　两个状态的交通灯控制器的图形表示。其中简化了状态传输的逻辑函数。例如，状态表中 NSgreen 到 EWgreen 的转换是 $(\overline{NScar} \cdot EWcar) + (NScar \cdot EWcar)$，与 EWcar 相等

有限状态机可这样实现：由寄存器保持当前状态，由组合电路计算出下一状态函数和输出函数。图 A-10-3 描述了一个状态为 4 位（16 种状态）的有限状态机的框图。在实现有限状

态机之前，我们先将每个状态编号，该过程称为状态分配。例如，我们将 NSgreen 记为状态 0，EWgreen 记为状态 1。状态寄存器则只有 1 位。下一状态函数可由以下公式计算：

$$\text{NextState} = (\overline{\text{CurrentState}} \cdot \text{EWcar}) + (\text{CurrentState} \cdot \overline{\text{NScar}})$$

其中 CurrentState（当前状态）是状态寄存器的内容（0 或 1）。NextState（下一状态）是下一状态函数的输出，将在时钟周期结束时被写入状态寄存器。输出函数也很简单：

$$\text{NSlite} = \overline{\text{CurrentState}}$$

$$\text{EWlite} = \text{CurrentState}$$

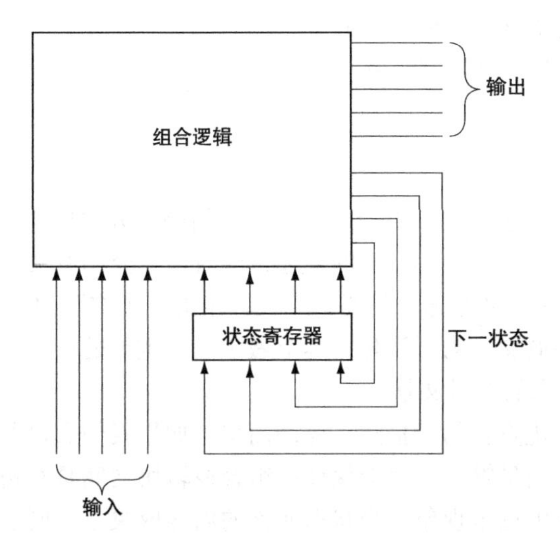

图 A-10-3 有限状态机的实现，包括一个状态寄存器用以保存当前状态，一个组合逻辑用以计算下一状态和输出函数。后两个功能通常采用两个独立的逻辑块分开实现，这样可能需要更少的门电路

组合逻辑通常采用结构化的逻辑电路实现，例如采用 PLA。PLA 可以根据下一状态表和输出函数表自动构建。CAD（Computer-Aided Design，计算机辅助设计）工具可以将图形化或文本化表示的有限状态机自动实现并优化为电路设计。在第 4、5 章中，有限自动机用于控制处理器的执行。附录 C 详细讨论了用 PLA 和 ROM 来实现这些控制。 A-69

为了说明如何使用 Verilog 写出控制逻辑，图 A-10-4 给出了一个用于综合的 Verilog 版

```
module TrafficLite (EWCar,NSCar,EWLite,NSLite,clock);
   input EWCar, NSCar,clock;
output EWLite,NSLite;
reg state;
initial state=0;  //set initial state
//following two assignments set the output, which is based
only on the state variable
assign NSLite = ~ state; //NSLite on if state = 0;
assign EWLite = state; //EWLite on if state = 1
always @(posedge clock) // all state updates on a positive
clock edge
   case (state)
      0: state = EWCar; //change state only if EWCar
      1: state = NSCar; //change state only if NSCar
   endcase
endmodule
```

图 A-10-4 交通灯控制器的 Verilog 描述

本。注意，对于这个简单的控制功能，米利机没有用处，但第 5 章中为实现控制功能采用的是米利机，比摩尔机控制器所需的状态更少。A-70

小测验 要满足米利机所需的状态数比摩尔机所需的状态数少这个条件，摩尔机最少的状态数是多少？

a. 2，因为 1 个状态的米利机有可能做相同的事情。

b. 3，因为可以构造一个简单的摩尔机，跳转到两个不同状态之一，并且在此之后总是返回先前状态。对于这种简单的机器，2 个状态的米利机是可能的。

c. 需要至少 4 个状态，才能体现出米利机相对摩尔机的优越性。

A.11 时序方法

本附录以及本书的剩余部分中，我们采用边沿触发的时序方法[⊖]。边沿触发方法比电平触发方法更易于解释和理解。本节将对时序方法进行较为详细的阐述，同时也会介绍有关电平触发的内容。本节末将简单地讨论异步信号和同步信号，这是数字设计中的一个重要问题。A-71

本节的主要目的是介绍时序方法的主要概念。为了简化，本节做了一些重要的假设；如果你想要进一步了解时序方法，可参阅附录末的参考文献。

我们采用边沿触发方法是因为其有两个优点：易于描述，应用简单。如果我们假设所有时钟都同时到达，那么只要简单地让时钟周期足够长，就能保证在组合逻辑块之间具有边缘触发寄存器的系统可以正确工作，而不会发生竞争现象。当状态元素的内容取决于不同逻辑元素的相对速度时，就会发生竞争。

在边沿触发的电路设计中，时钟周期必须足够长，这样才能满足从一个触发器通过组合逻辑到另一个触发器的路径，满足建立时间的要求。图 A-11-1 描述了采用上升沿触发的系统所需的条件。在这种系统中，时钟周期必须至少达到

$$t_{prop}+t_{combinational}+t_{setup}$$

三个延迟分量的最坏情况。三个延迟分别定义如下：

- t_{prop} 是信号通过触发器传输的时间，有时也称为 clock-to-Q。
- $t_{combinational}$ 是一个组合逻辑（两端为两个触发器）的最长延时。
- t_{setup} 是时钟上升沿到来前，触发器输入必须有效的时间。

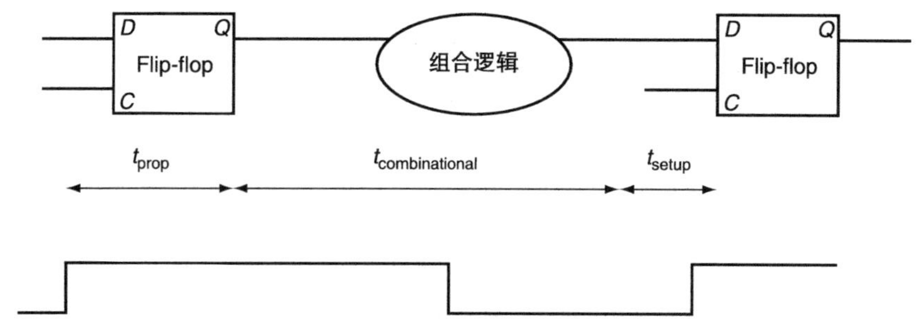

图 A-11-1 在边沿触发的设计中，时钟周期必须足够长，以保证在下一个时钟沿到来之前信号在要求的建立时间内有效。信号从触发器输入端传输到触发器输出端的时间为 t_{prop}，然后经过 $t_{combinational}$ 的时间通过组合逻辑，并在下一个时钟沿到来之前 t_{setup} 时刻有效A-72

⊖ 也称时序策略。——译者注

下面做一个简化假设：保持时间要求已满足。在现代逻辑设计中，保持时间已是几乎不需要考虑的问题。

在边沿触发的设计中还必须考虑的一个复杂问题是**时钟偏移**（clock skew）。时钟偏移是指两个状态单元看到同一个时钟沿时的绝对时间差。时钟偏移产生的原因是时钟信号经常使用两条不同的路径到达两个不同的状态单元，因而延迟略有不同。如果时钟偏移足够大，那么一个状态单元可能变化并导致另一个触发器的输入端在第二个触发器看到时钟沿之前就发生了改变。

时钟偏斜：两个状态单元看到一个时钟沿的绝对时间差。

图 A-11-2 显示了该问题，其中忽略了建立时间和触发器的传输延迟。为避免这种错误，可以增加时钟周期以容忍最大的时钟偏移。因此，时钟周期至少应大于

$$t_{\text{prop}} + t_{\text{combinational}} + t_{\text{setup}} + t_{\text{skew}}$$

图 A-11-2　时钟偏移如何引发竞争，导致错误的操作。由于两个触发器看到时钟信号的时刻存在差异，存储在第一个触发器中的信号可能会向前竞争传输，并在时钟到达第二个触发器之前改变第二个触发器的输入值

有了这一时钟周期约束，即使两个时钟到达的先后次序颠倒，即第二个时钟早到了 T_{skew}，电路依旧能正常工作。设计人员为减少时钟偏移，需要仔细布局时钟信号，将到达时间的差异减到最小。另外，聪明的设计师还提供了一些余量，使时钟比最小的时间稍长一点；这允许组件和电源的变化。由于时钟偏移也会影响保持时间约束，最小化偏移量是非常重要的。

边沿触发有两个缺点：需要额外的逻辑电路，有时会更慢。比较 D 触发器和电平敏感锁存器，我们会发现边沿触发的设计需要更多的逻辑。另一种方法是采用**电平敏感时钟**（level-sensitive clocking）。因为状态改变是电平敏感的而不是瞬时的，电平敏感机制要稍微复杂一些，并且需要考虑更多因素以使其正确执行。

电平触发时钟控制：一种时序方法，状态变化发生在时钟为高电平或低电平期间，与边沿触发设计中变化的瞬时发生不同。

A-73

A.11.1　电平敏感时序

电平敏感时序中，状态改变发生在高电平或低电平期间，与边沿触发方法下的瞬时改变不同。由于状态不是瞬时变化的，因此竞争现象很容易产生。为了保证在时钟足够慢的情况下，电平敏感的设计仍能正常工作，设计人员使用了一种*双相时钟*。双相时钟使用了两个不相重叠的时钟信号（Φ_1, Φ_2）。因此任一给定时刻，最多只有一个时钟信号为高电平，如图 A-11-3 所示。我们可以采用双相时钟构建系统，这样的系统包含电平敏感的锁存器，但没有竞争现象，效果与边沿触发电路一样。

设计这种系统的一种简单的方法是交替使用在 Φ_1 打开的锁存器和在 Φ_2 打开的锁存器。因为两个时钟不是同时处于有效状态，因此不可能产生竞争。如果组合电路的输入为 Φ_1，那么其输出将被 Φ_2 时钟锁存。当输入锁存器关闭，并因此输出有效时，其输出值只能在 Φ_2 的有效信号期间开放，于是能保证输出信号有效。图 A-11-4 显示了一个具有双相时序以及交替锁存器的系统是如何工作的。正如边沿触发的设计中那样，必须注意时钟偏移，尤其是

A-74

在两个时钟相位之间。通过增加两个相位之间非重叠的数量，我们可以减少潜在的误差幅度。因此，如果每个相位足够长，并且相位之间的非重叠部分足够大，那么系统可以保证正确运行。

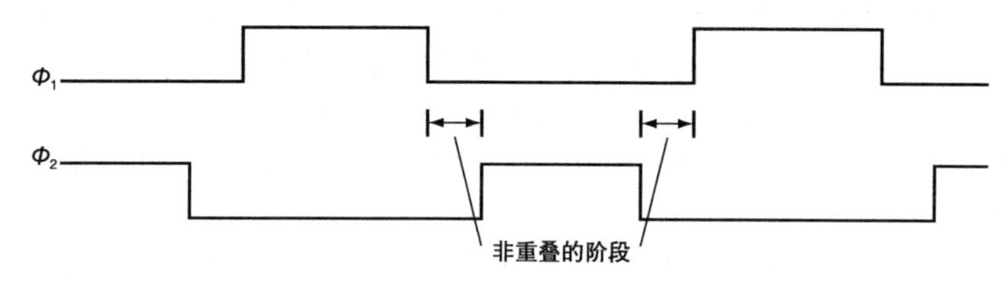

图 A-11-3　双相时钟机制下的每个时钟周期以及非重叠的阶段

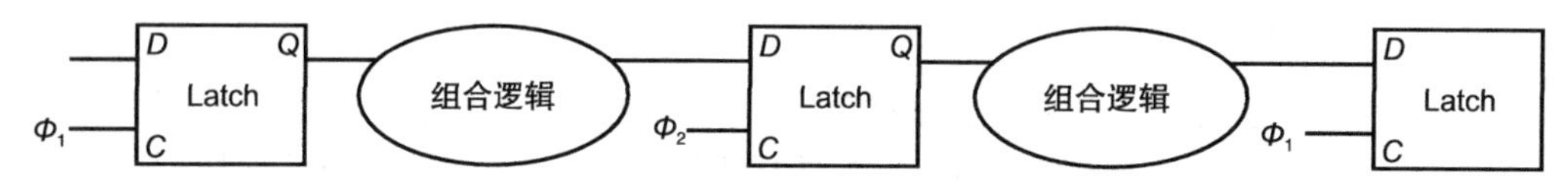

图 A-11-4　在带交替锁存器的双相时序机制下，系统如何在两个时钟相位上运行。锁存器的输出在与其输入 *C* 相反的相位上是稳定的。因此，第一个组合逻辑块在 Φ_2 期间有稳定的输入，其输出则被 Φ_2 锁存。第二个（最右边）组合块以相反的方式工作，Φ_1 期间输入稳定。因此，经过组合块的时延决定了各时钟必须有效的最短时间。非重叠时域的长度则由任意逻辑块的最大时钟偏移和最小时延决定

A.11.2　异步输入和同步器

通过使用单个时钟或双相时钟，如果能够避免时钟偏移问题，那么就能消除竞争现象。不幸的是，整个系统仅使用一个时钟信号并且保持很小的时钟偏移是不切实际的。CPU 可以使用单个时钟，而 I/O 设备可能也会有自己的时钟。异步设备可以通过一系列握手步骤与 CPU 进行通信。为了将异步输入信号转化为同步信号并用于改变系统的状态，我们需要使用同步器。同步器的输入为异步信号和一个时钟，输出信号与输入时钟同步。

我们首先尝试使用边沿触发的 D 触发器实现同步器，其中 D 输入是异步信号，如图 A-11-5 所示。由于我们采用握手协议进行通信，因此在一个时钟或下一个时钟是否检测异步信号的有效状态并不重要，因为该信号会一直保持有效直到被确认。因而，你可能会认为这种简单的设计足以准确地对信号进行采样，除了一个小问题以外。

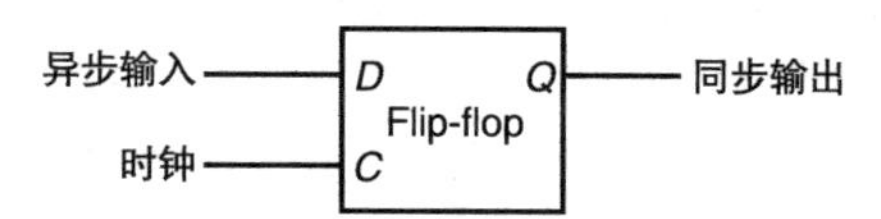

图 A-11-5　由 D 触发器构成的同步器，用于采样异步信号，并将产生和时钟同步的输出信号。该同步器不能正常工作

该问题是一种称为**亚稳态**（metastability）的情况。假设当时钟边沿到达时，异步信号在高低电平间振荡。显然，难以判断信号是被锁存为高电平还是低电平。这个问题可以克服。不幸的是，情况更糟：如果被采样信号在建立时间和保持时间不稳定，那么触发器可能会进入亚稳态。这种状态下，输出将不具有合法的高电平值或

亚稳态：采样时信号不满足建立时间和保持时间的要求所产生的情况，可能导致采样数据落入高低电平间的不确定区域内。

低电平值，而是介于二者之间。此外，无法保证触发器在有限的时间内退出这种状态（稳定下来）。此时，一些查看触发器输出的逻辑模块可能看到的输出是 0，而其他的可能看到的是 1。这种现象叫作**同步器故障**（synchronizer failure）。

同步器故障：触发器进入亚稳态状态，并且有些逻辑模块读到触发器输出为 0，而另外一些模块读到触发器输出为 1。

A-75

在纯同步系统中，通过确保满足输出器或锁存器的建立时间和保持时间约束，可以避免同步失败，但是当输入是异步信号时会出现例外。唯一可能的解决方案是，在查看触发器输出信号之前，等待足够长的时间以确保其输出稳定，并且如果进入的话，触发器已退出亚稳态。那究竟该等多长时间呢？触发器处于亚稳态的概率是按指数级衰减的，因此在较短的时间之后，触发器处于亚稳态的概率就非常低了；但永远不会为 0！因此，设计人员需要等待足够长的时间才能使同步失败的概率很小，而这些失败的间隔可能是几年甚至几千年。

对于大多数触发器的设计而言，经过几个建立时间后，同步失败的概率就非常小了。如果时钟频率比亚稳态周期要长（这种情况是可能的），那么就可以用两个 D 触发器来构造一个安全的同步器，如图 A-11-6 所示。有兴趣的读者可进一步阅读参考文献。

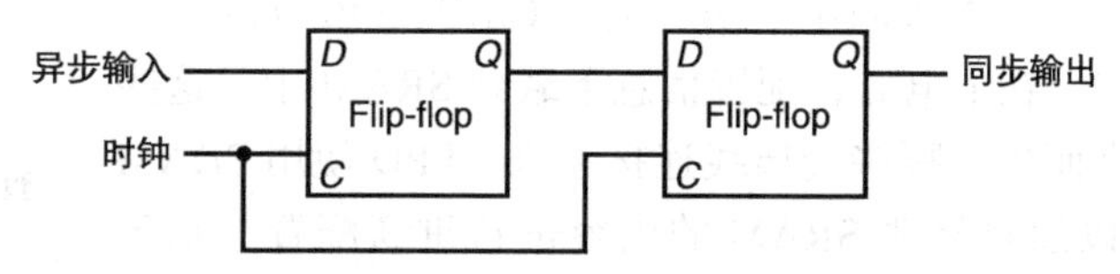

图 A-11-6　如果亚稳态的时间小于时钟周期，该同步器就可以正常工作。尽管第一个触发器的输出可能是亚稳态，但其他任何逻辑单元在第二个时钟之前看不到亚稳态。第二个 D 触发器在第二个时钟采样信号，此时第一个触发器不应再处于亚稳态

小测验　假设设计中有非常大的时钟偏移，比寄存器的传输时间大。那么这样的设计是否总有可能使时钟速度减到足够慢，从而保证逻辑正常工作？

传输时间：触发器的输入传输到触发器的输出所需要的时间。

a. 可以，如果时钟足够慢，即使时钟偏移非常大，信号也总是能正常传输，整个电路设计能正确运行。

b. 不可以，因为有可能存在这样一种情况：两个寄存器看到同一个时钟边沿的时间相差过大，以致一个寄存器被触发，其输出被传输出去，并被第二个寄存器在相同的时钟边沿看到。

A-76

A.12　现场可编程器件

对于全定制或半定制芯片，设计者可以利用底层结构的灵活性方便地实现组合或时序逻辑。对于那些不想使用全定制或半定制 IC 的设计者，如何利用高级集成电路实现复杂的逻辑设计呢？全定制和半定制 IC 之外实现时序逻辑和组合逻辑最常用的是**现场可编程器件**（Field Programmable Device，FPD）。FPD 是一种集成电路，包括的组合逻辑和可能的存储器件可以由使用者配置。

现场可编程器件：一种包含组合逻辑，可能也包含存储器件的集成电路，用户可以对其进行配置。

FPD 主要分为两个阵营：**可编程逻辑器件**（Programmable Logic

可编程逻辑器件：一种包含组合逻辑的集成电路，功能可由用户配置。

Device，PLD）是纯粹的组合逻辑；**现场可编程门阵列**（Field Programmable Gate Array，FPGA）提供组合逻辑和触发器。PLD 由两种形式组成：**简单 PLD**（Simple PLD，SPLD），通常是 PLA 或者**可编程阵列逻辑**（Programmable Array Logic，PAL）；复杂 PLD，包括多于一个的逻辑模块以及模块间的可配置互连线路。当谈到 PLD 中的 PLA 时，通常是指带有用户可编程与阵列和或阵列的 PLA。PAL 类似于 PLA，但其或阵列是固定的。

现场可编程门阵列：一种可配置的由组合逻辑块和触发器构成的集成电路。

简单可编程逻辑器件：包含一个可编程的与阵列，以及一个固定的或阵列。

在讨论 FPGA 以前，先来看看 FPD 是如何配置的。配置的主要问题就是在何处建立或打破连接。门电路和寄存器结构是静态的，但是连接是可配置的。注意，通过配置连接，用户可以决定实现何种逻辑功能。考虑一个可配置的 PLA：通过决定与阵列和或阵列在何处连接，用户决定 PLA 实现什么样的逻辑功能。FPD 中的连接可以是永久的，也可以是可配置的。永久连接涉及在两个连线之间建立或破坏连接。现在的 FPLD 都使用**反熔丝**（antifuse）技术，允许在编程时建立连接然后再永久固定下来。配置 CMOS FPLD 的另一种方法是使用 SRAM。在上电时，配置信息下载到 SRAM 中，这些内容控制开关设定进而决定哪些金属线连接起来。FPD 使用 SRAM 控制的好处在于可以通过修改 SRAM 的内容进行重新配置。基于 SRAM 控制的两个缺点是：配置信息是易失的，必须在上电时重新加载；用于开关的有源晶体管的使用稍微增加了这种连接的电阻。

可编程阵列逻辑：由一个可编程的与阵列后跟一个可编程的或阵列组成的可编程逻辑电路。

反熔丝：集成电路中的一种结构，编程时在两条导线之间形成永久连接。

查找表：现场可编程器件中单元的名称，因为这些单元由少量的逻辑和 RAM 组成。

A-77 FPGA 包含逻辑和存储器件，通常组织为二维阵列结构，由通道划分为行、列，用于阵列单元间的全局互连。每个单元是门和触发器的组合，可以编程执行特定功能。因为它们基本上是小型、可编程 RAM，因此也被称为**查找表**（Lookup Table，LUT）。更新的 FPGA 包括更复杂的构建模块，例如加法器和用来构建寄存器文件的 RAM 块。一些大型的 FPGA 甚至包含 32 位的 RISC 核。

除了可以对每个单元进行编程以执行特定的功能外，单元间的互连也是可编程的，这就使得现在包含上百模块和上千门电路的 FPGA 可以实现复杂的逻辑功能。互连是可定制芯片中最大的挑战，对于 FPGA 更是如此，因为单元不代表结构化设计的自然分解单元。许多 FPGA 有 90% 的面积用来实现互连，只有 10% 是逻辑和存储模块。

正如你不可能不使用 CAD 工具来设计全定制或半定制芯片一样，你也需要 CAD 工具来设计 FPD。已经开发出针对 FPGA 的逻辑综合工具，允许从结构或行为级的 Verilog 描述中使用 FPGA 来生成一个系统。

A.13 本章小结

本附录介绍了逻辑设计的一些基础知识。在了解了这些内容之后，你可以继续阅读第 4、5 章。这两章使用了本附录中讨论的概念和原理。

拓展阅读

关于逻辑设计，有很多好书，以下列出了其中一些。

Ciletti, M. D. [2002]. *Advanced Digital Design with the Verilog HDL*, Englewood Cliffs, NJ: Prentice Hall.
A thorough book on logic design using Verilog.

Katz, R. H. [2004]. *Modern Logic Design*, 2nd ed., Reading, MA: Addison-Wesley.
A general text on logic design.

Wakerly, J. F. [2000]. *Digital Design: Principles and Practices*, 3rd ed., Englewood Cliffs, NJ: Prentice Hall.
A general text on logic design.

A-78

A.14 练习题

A.1 [10] <A.2>除本节中讨论的基本定律之外，还有两个重要的定律，称为德·摩根定律：

$$\overline{A+B}=\overline{A\cdot B} \quad 和 \quad \overline{A\cdot B}=\overline{A}+\overline{B}$$

请使用下面的真值表对上面的德·摩根定律进行证明：

A	B	$\overline{A}$	$\overline{B}$	$\overline{A+B}$	$\overline{A}-\overline{B}$	$\overline{A-B}$	$\overline{A}+\overline{B}$
0	0	1	1	1	1	1	1
0	1	1	0	0	0	1	1
1	0	0	1	0	0	1	1
1	1	0	0	0	0	0	0

A.2 [15] <A.2>用德·摩根定律和A.2节中介绍的公理证明A.2.2节例题中E的两个表达式是等价的。

A.3 [10] <A.2>给出一个n输入的逻辑函数，对应的真值表有2^n项。

A.4 [10] <A.2>异或函数具有多种用途（可用于加法器或校验码计算）。对于一个二输入的异或函数，当且仅当只有一个输入为“真”时输出才为“真”。写出一个二输入异或函数的真值表，并用与门、或门和反相器（非门）实现该函数。

A.5 [15] <A.2>通过使用二输入的或非门实现与、或、非三种逻辑功能，证明利用或非门可以实现任何逻辑功能。

A.6 [15] <A.2>通过使用二输入的与非门实现与、或、非三种逻辑功能，证明利用与非门可以实现任何逻辑功能。

A.7 [10] <A.2, A.3>写出四输入奇校验函数的真值表（奇偶校验参见A.9.3节）。

A.8 [10] <A.2, A.3>用输入端和输出端带有“气泡”的与门和或门实现四输入的奇校验函数。

A.9 [10] <A.2, A.3>用PLA实现四输入的奇校验函数。

A.10 [15] <A.2, A.3>通过使用多路选择器实现与非门（或者或非门），证明二输入多路选择器可以实现任何逻辑功能。

A-79

A.11 [5] <4.2, A.2, A.3>假设X包含三位，x_2、x_1、x_0。分别写出下列4个逻辑函数（当且仅当满足下面的条件时逻辑函数为真）：

- X中只有一个0。
- X中有偶数个0。
- 当X被当作无符号二进制数时，X小于4。
- 当X被当作有符号数（二进制补码）时，X是负数。

A.12 [5] <4.2, A.2, A.3>用PLA实现练习题A.11的4个逻辑函数。

A.13 [5] <4.2, A.2, A.3>假设X由三位x_2、x_1、x_0组成，Y由三位y_2、y_1、y_0组成。写出下列三个逻辑表达式（当且仅当满足下面的条件时逻辑表达式为“真”）：

- $X<Y$，X、Y作为无符号二进制数处理。
- $X<Y$，X、Y作为有符号（二进制补码）数处理。

- $X=Y$。

使用分层的方法可以扩展到很多位的情况。说明如何扩展为 6 位的比较。

A.14 [5] <A.2, A.3> 实现一个开关网络，具有 2 个输入（A 和 B），2 个输出（C 和 D），1 一个控制信号（S）。如果 $S=1$，网络为直通模式，并且 $C=A$，$D=B$；如果 $S=0$，网络为交叉模式，并且 $C=B$，$D=A$。

A.15 [15] <A.2, A.3> 由 A.2 节中 E 的"积之和"形式推出其"和之积"形式。你需要使用德·摩根定律。

A.16 [30] <A.2, A.3> 设计一个算法，该算法能够对任何包含与、或、非逻辑的函数构建其"积之和"形式的表达式。算法应当具有递归性，并且不应在过程中构建真值表。

A.17 [5] <A.2, A.3> 写出多路选择器的真值表（输入为 A、B 和 S，输出为 C），使用可能的无关项来简化真值表。

A-80

A.18 [5] <A.3> 下面的 Verilog 模块实现了何种功能：

```
module FUNC1 (I0, I1, S, out);
      input I0, I1;
      input S;
      output out;
      out = S? I1: I0;
endmodule

module FUNC2 (out,ctl,clk,reset);
      output [7:0] out;
      input ctl, clk, reset;
      reg [7:0] out;
      always @(posedge clk)
      if (reset) begin
                    out <= 8'b0 ;
      end
      else if (ctl) begin
                    out <= out + 1;
      end
      else begin
                    out <= out - 1;
      end
endmodule
```

A.19 [5] <A.4>A.8.1 节给出了 D 触发器的 Verilog 代码，请给出 D 锁存器的 Verilog 代码。

A.20 [10] <A.3, A.4> 写出 2-4 译码器（与 / 或编码器）的 Verilog 模块实现。

A.21 [10] <A.3, A.4> 根据下面给出的累加器的逻辑图，写出其 Verilog 模块实现。假定使用上升沿触发寄存器和异步 Rst。

A-81

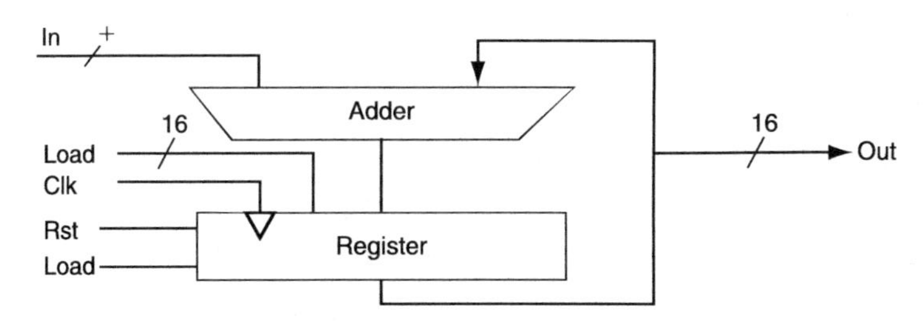

A.22 [20] <A.3, A.4, A.5> 3.3 节介绍了乘法器的基本操作和可能的实现。这一实现的基本单元是一个移位加法单元。给出这个单元的 Verilog 实现，并说明如何使用这个单元构建一个 32 位的乘法器。

A.23 [20] <A.3, A.4, A.5> 根据上一题，实现无符号除法器。

A.24 ［15］<A.5>仅使用加法器的符号位，ALU 可以支持 slt（小于设置）。用这种方法比较 -7_{ten} 和 6_{ten}，为简单起见，使用 4 位二进制表示 1001_{two} 和 0110_{two}。

$$1001_{two} - 0110_{two} = 1001_{two} + 1010_{two} = 0011_{two}$$

这个结果表示 −7>6，显然是错误的。因此在判断时必须考虑到溢出。修改图 A-5-10 中的 1 位 ALU 来正确处理 slt。为了节省时间可以直接在复印的图上修改。

A.25 ［20］<A.6>在加法中检查溢出的一个简单方法是看最高有效位的 CarryIn 是否和最高有效位的 CarryOut 相同。证明这个方法和图 3-2 是一样的。

A.26 ［5］<A.6>使用新定义重写 A.6.3 节中 16 位加法器的超前进位逻辑公式。首先，使用加法器独立位 CarryIn 信号的名字，即使用 c4, c8, c12,…，而不是使用 C1, C2, C3,…；此外，$P_{i,j}$ 表示 i 位到 j 位的传输信号，$G_{i,j}$ 表示 i 位到 j 位的生成信号，例如，公式

$$C2 = G1 + (P1 \cdot G0) + (P1 \cdot P0 \cdot c0)$$

可改写成

A-82

$$c8 = G_{7,4} + (P_{7,4} \cdot G_{3,0}) + (P_{7,4} \cdot P_{3,0} \cdot c0)$$

该定义在建立位数更宽的加法器时非常有用。

A.27 ［15］<A.6>使用练习题 A.26 的新定义写出 64 位加法器的超前进位逻辑公式，使用 16 位加法器作为基础模块。并给出类似图 A-6-3 的图。

A.28 ［10］<A.6>下面计算加法器的相对性能。假定任一公式对应的硬件只包含 AND 或者 OR（例如 A.6.2 节的 p*i* 和 g*i* 公式），运行时间为一个时间单位 *T*。而由 OR 和若干 AND 构成的公式（例如 A.6.2 节中的公式 c1、c2、c3 和 c4）执行时间需要 2*T*。原因是其需要一个 *T* 来生成 AND 项，并需要另一个 *T* 来产生 OR 的结果。分别计算 4 位行波进位加法器和超前进位加法器的运算次数和性能的比。如果公式中的项由其他公式定义，则增加中间公式带来的相应时延，并反复迭代直到公式中使用的都是加法器的实际输入为止。画出每个加法器，标出计算时延，并标明最坏时延的路径。

A.29 ［15］<A.6>类似练习题 A.28，不过这次只计算相对 16 位加法器的相对速度，这些加法器结构分别是：（1）行波进位加法器；（2）4 位一组，组内超前进位，组间行波进位；（3）采用 A.6.2 节方案的超前进位加法器。

A.30 ［15］<A.6>与练习题 A.28 和 A.29 类似，本题计算 64 位加法器的相对速度，加法器的结构分别是：（1）行波进位加法器；（2）4 位一组，组内超前进位，组间行波进位；（3）16 位一组，组内超前进位，组间行波进位；（4）采用练习题 A.27 方案的超前进位加法器。

A.31 ［10］<A.6>我们不仅可以把加法器看成一个把两个数相加然后与进位连接到一起的装置，也可以令加法器把三个数（a*i*, b*i*, c*i*）相加，并且产生两个输出（*s*, c*i*+1）。当进行两个数的加法时，我们并不能据此做些什么。但是当我们将两个以上的操作数相加时，就有可能减少进位的开销。该想法是构造两个独立的“和”，分别叫作 *S′*（和位）和 *C′*（进位位）。在这一过程的末尾，我们需要用一个普通的加法器把 *S′* 和 *C′* 加到一起。这个把进位传输推迟到加法运算最后阶段的技术称为*进位保留加法*。图 A-14-1 右下角的模块图显示了该加法器的结构，其中两级进位保留加法器通过一个普通加法器连接在一起。

计算将 4 个 16 位数相加的延迟，分别采用完全超前进位加法器、带有超前进位加法器（用来形成最终的累加和）的进位保留加法器（时间单位 *T* 与练习题 A.28 相同）。

A-83

A.32 ［20］<A.6>在计算机当中最有可能同时把多个数相加到一起的情形，可能出现在试图在一个时钟周期中通过采用多个加法器将多个数相加来加快乘法运算的时候。相比于第 3 章中的乘法算法，具有多个加法器的进位保留方案可以实现 10 倍以上的乘法运算速度。本题评估一个组合逻辑乘法器计算两个 16 位正数乘法的开销和速度。假设有 16 个中间项 M15，M14，…，

M0，也称为部分积。这些部分积代表被乘数和乘数每一位（m15, m14, …, m0）进行“与”运算的结果。我们的想法是用进位保留加法器将 n 个操作数减少到 $2n/3$ 个并行组（每组 3 个），反复迭代直至得到两个大数，最后用普通加法器把二者加到一起。

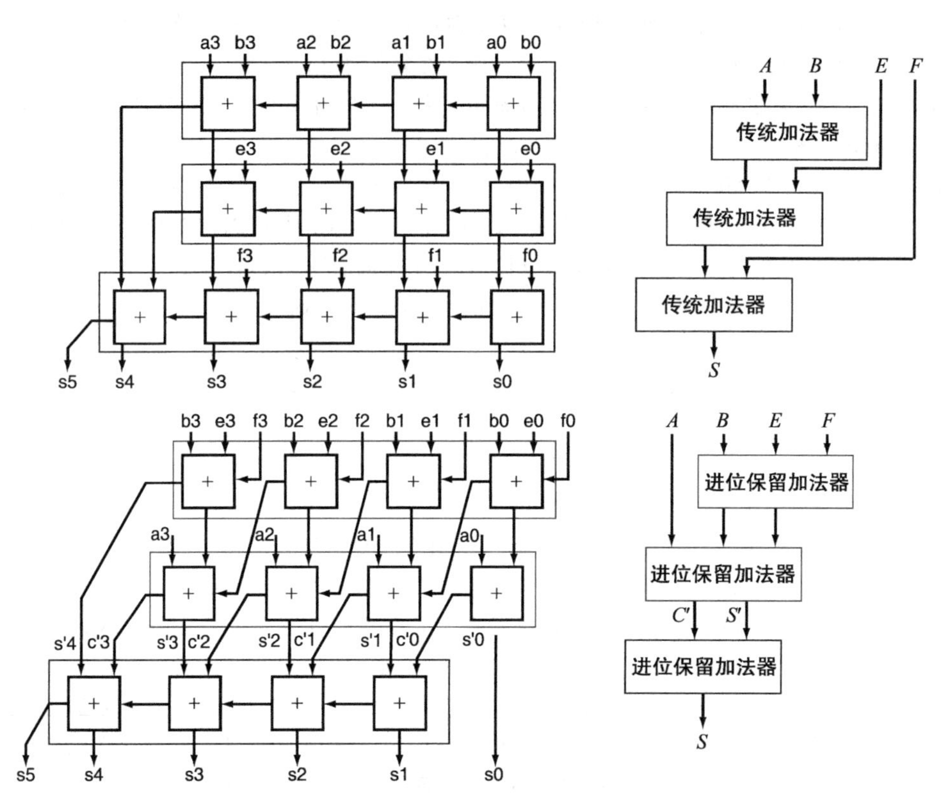

图 A-14-1　4 个 4 位数相加的传统行波进位加法器和进位保留加法器。左边给出了加法器的细节，其中单独信号用小写表示，相应的高层模块见右图，组合信号用大写表示。注意，4 个 n 位数的和需要 $n+2$ 位

A-84

首先，画出将这 16 项相加的 16 位进位保留加法器的结构图，如图 A-14-1 右半部分所示。然后计算这 16 项相加的延迟。再然后计算把这 16 项加到一起的延迟。将该延迟与第 3 章中的迭代乘法方案进行比较，但这里仅假定 16 次迭代过程中使用的是具有完全超前进位的 16 位加法器，该加法器的速度在练习题 A.29 中已经计算过。

A.33　[10] <A.6> 有时用户想要将一组数加在一起。假设现在要使用 1 位全加器将 4 个 4 位数（A, B, E, F）相加，忽略超前进位。你可能想按图 A-14-1 上部的组织形式将这些 1 位加法器连接起来。在传统组织形式之下是一种全新的全加器组织形式。使用这两种组织结构实现 4 个数的加法，来确定你得到了相同的答案。

A.34　[5] <A.6> 首先，画出将这 16 项相加的 16 位进位保留加法器的组织结构图，如图 A-14-1 所示。假定通过每个 1 位加法器的时间是 $2T$。计算分别采用图 A-14-1 上下两个结构将 4 个 4 位数相加所需的时间。

A.35　[5] <A.8> 很多时候你可能希望给定一个时序图，该时序图包含了对发生在数据输入端 D 和时钟输入端 C（分别如图 A-8-3 和 A-8-6 所示）的变化的描述，那么 D 锁存器和 D 触发器的输出端波形（Q）是不同的。用一两句话描述两个输出端波形之间没有差别的情况（如输入的性质）。

A.36　[5] <A.8> 图 A-8-8 描述了 LEGv8 数据通路中寄存器文件的实现。假设需要建立一个新的寄存

器文件，但是只有两个寄存器和一个读端口，并且每个寄存器只有两位数据。重绘图 A-8-8，使图中每根连接线仅与一位数据对应（不像图 A-8-8 中那样，有些连接线为 5 位，有些则为 32 位）。采用 D 触发器重绘图中的寄存器。无需画出 D 触发器或多路选择器的具体实现。

A.37 [10] <A.10> 有个朋友想让你帮忙设计一个仿安全装置的"电子眼"。该设备由排成一行的三个灯组成，这三个灯分别受输出 Left、Middle 和 Right 控制，即当这三个信号当中的某一个有效时，对应的灯被点亮。每次仅有一个灯被点亮，并且灯光从左到右"移动"，然后再从右到左，这样可以吓跑那些误以为该设备正在监控其行踪的小偷。画出用于控制该"电子眼"的有限状态机图示。注意，"眼睛"的移动速率受时钟速度（不应当过高）的控制，并且根本没有输入信号。

A.38 [10] <A.10> 为上题中的有限状态机分配状态号，并写出每个输出信号以及下一状态各位的逻辑表达式。

A-85

A.39 [15] <A.2, A.8, A.10> 用 3 个 D 触发器和若干逻辑门构造一个 3 位计数器。计数器的输入包括一个复位信号 reset（将计数器复位至 0），以及一个计数器增加信号 inc。输出为计数器的值。当计数器值为 7 并且继续增加时，计数值回滚到零。

A.40 [20] <A.10> 格雷码是一个二进制序列，序列中相邻的两个编码最多有一位不同。例如，下面是一个 3 位格雷码序列：000，001，011，010，110，111，101，100。用三个 D 触发器和一个 PLA 实现 3 位格雷码计数器，具有两个输入信号：复位信号 reset（将计数器设为 000）和增量信号 inc（使计数器进入序列中的下一状态）。注意，该编码序列是循环的，所以序列中 100 的下一个值为 000。

A.41 [25] <A.10> 我们希望在 A.10 节的交通灯例子中添加一个黄灯。将时钟频率调整为 0.25Hz（时钟周期 4 秒），即黄灯的持续时间。为防止绿灯和红灯循环过快，我们加入了一个 30 秒的计时器。该计时器只有一个输入信号 TimerReset，用于对计时器进行重启；一个输出信号 TimerSignal，表示 30 秒时间已经期满。同时，为了把黄灯包含进去，我们必须重新定义交通信号，每个灯定义两个输出信号 green 和 yellow。如果输出 NSgreen 有效，绿灯被点亮；如果输出 NSyellow 有效，黄灯被点亮。如果两个信号都无效，则红灯被点亮。green 和 yellow 信号不能同时有效，否则美国司机见到之后肯定会感到困惑，即使欧洲司机明白其中的含义！画出上述改进后的控制器对应的有限状态机图示。注意，状态名称不要和输出信号同名。

A.42 [15] <A.10> 写出练习题 A.41 中交通灯控制器的下一状态表和输出函数表。

A.43 [15] <A.2, A.10> 为练习题 A.41 的交通灯分配状态编码，并使用练习题 A.42 中的表格写出每个输出信号的逻辑表达式，包括下一状态输出。

A.44 [15] <A.3, A.10> 用 PLA 实现练习题 A.43 的逻辑表达式。

小测验答案

A.2 节　否。如果 $A = 1, C = 1, B = 0$，那么第一个为真，第二个为假。

A.3 节　C。

A.4 节　全部相同。

A.4 节　$A = 0$，$B = 1$。

A.5 节　2。

A.6 节　1。

A.8 节　c。

A.10 节　b。

A.11 节　b。

A-86

索　　引

索引中的页码为英文原书页码，与书中页边标注的页码一致。

A

B

C

D

E

F

M

N

Q

R

S

T

U

V

W

X

Y

Z

推荐阅读

计算机体系结构：量化研究方法（英文版·原书第6版）

作者：John L. Hennessy 等 ISBN：978-7-111-63110-1 定价：269.00元

这本书是我的大爱，它出自工程师之手，专为工程师而作。书中阐明了数学给计算机科学的发展施加的限制，以及材料科学为之带来的可能性。通过一个个实例，你将理解体系结构设计师在构建系统的过程中，是如何进行分析、度量以及必要的折中的。

当前，摩尔定律逐渐失效，而深度学习的算力需求如无底洞般膨胀。在这一关键节点，第6版的推出恰逢其时，新增的关于领域特定体系结构的章节讨论了一些有前景的方法，并预言了计算机体系结构的重生。就像文艺复兴时期的学者一样，今天的设计师必须先了解过去，再把历史教训与新兴技术结合起来，去创造我们的世纪。

—— Cliff Young，Google

第6版在技术革新、成本变化、行业实例和参考文献方面做了全面修订，同时依然保留了那些经典的概念。特别是，本版采用RISC-V指令集，开启了开源体系结构的新篇章。

—— Norman P. Jouppi，Google

此书之经典犹如佳酿，历久弥香。遥想第一次阅读时，我才本科毕业，而今，它仍然是我最常参考的书籍之一。

—— James Hamilton，Amazon Web Service

还记得当年的第1版吗？那时，学校里的研究生要用5万个晶体管来组装计算机。现在，仓储式计算机集群包含众多服务器，每个服务器包含数十个独立处理器和数十亿个晶体管。技术突进马不停蹄，而本书的每一版都对新涌现的重要思想进行了准确的阐释和分析，记载着计算机体系结构的每一次飞跃。

—— James Larus，Microsoft Research

推荐阅读

深入理解计算机系统（原书第3版）

作者：[美] 兰德尔 E. 布莱恩特 等 译者：龚奕利 等 书号：978-7-111-54493-7 定价：139.00元

理解计算机系统首选书目，10余万程序员的共同选择

卡内基-梅隆大学、北京大学、清华大学、上海交通大学等国内外众多知名高校选用指定教材

从程序员视角全面剖析的实现细节，使读者深刻理解程序的行为，将所有计算机系统的相关知识融会贯通

新版本全面基于X86-64位处理器

基于该教材的北大“计算机系统导论”课程实施已有五年，得到了学生的广泛赞誉，学生们通过这门课程的学习建立了完整的计算机系统的知识体系和整体知识框架，养成了良好的编程习惯并获得了编写高性能、可移植和健壮的程序的能力，奠定了后续学习操作系统、编译、计算机体系结构等专业课程的基础。北大的教学实践表明，这是一本值得推荐采用的好教材。本书第3版采用最新x86-64架构来贯穿各部分知识。我相信，该书的出版将有助于国内计算机系统教学的进一步改进，为培养从事系统级创新的计算机人才奠定很好的基础。

—— 梅宏　中国科学院院士/发展中国家科学院院士

以低年级开设“深入理解计算机系统”课程为基础，我先后在复旦大学和上海交通大学软件学院主导了激进的教学改革……现在我课题组的青年教师全部是首批经历此教学改革的学生。本科的扎实基础为他们从事系统软件的研究打下了良好的基础……师资力量的补充又为推进更加激进的教学改革创造了条件。

—— 臧斌宇　上海交通大学软件学院院长

推荐阅读

计算机系统：系统架构与操作系统的高度集成

作者：Umakishore Ramachandran　译者：陈文光

ISBN：978-7-111-50636-2 定价：99.00元

计算机系统：核心概念及软硬件实现（原书第4版）

作者：J. Stanley Warford　译者：龚奕利

ISBN：978-7-111-50783-3 定价：79.00元

数字逻辑设计与计算机组成

作者：Nikrouz Faroughi　译者：戴志涛

ISBN：978-7-111-57061-5 定价：89.00元

计算机组成与设计：硬件/软件接口（原书第5版·RISC-V版）

作者：David A. Patterson, John L. Hennessy　译者：易江芳

ISBN：978-7-111-65214-4 定价：169.00元